Fluorine-Containing Pesticides

含氟农药

U0389501

肖吉昌
许天明
林锦鸿
陈红斌
编著

化学工业出版社
·北京·

内 容 简 介

本书由两部分组成：第 1 部分主要阐述了含氟农药的发现过程，氟元素在农药及生物化学中的作用；第 2 部分收集了目前已经上市（截至 2023 年 2 月）的含氟农药分子 297 个，对每种含氟农药进行了较为详细的介绍，包括名称、化学结构式、理化性质、合成路线、分析方法、毒性、代谢、作用机理、制剂以及应用等，并附有主要参考文献。

本书可供从事含氟农药研究与开发的单位和企业作为参考，也可以作为高等院校氟化学、农学等专业学生和教师的参考书。

图书在版编目（CIP）数据

含氟农药/肖吉昌等编著. —北京：化学工业出版社，2024.1

ISBN 978-7-122-44214-7

Ⅰ.①含… Ⅱ.①肖… Ⅲ.①氟化合物-农药工业-研究 Ⅳ.①TQ453.1

中国国家版本馆 CIP 数据核字（2023）第 180584 号

责任编辑：仇志刚 高 宁　　文字编辑：刘 璐 王文莉
责任校对：宋 夏　　装帧设计：王晓宇

出版发行：化学工业出版社（北京市东城区青年湖南街 13 号 邮政编码 100011）
印 装：北京建宏印刷有限公司
787mm×1092mm 1/16 印张 32¼ 字数 798 千字 2024 年 10 月北京第 1 版第 1 次印刷

购书咨询：010-64518888　　售后服务：010-64518899
网 址：http://www.cip.com.cn
凡购买本书，如有缺损质量问题，本社销售中心负责调换。

定 价：268.00 元

序言

农药在农业生产活动中是一种非常重要的生产工具并有着悠久的历史。它能够有效地保护农作物免受或减轻各种病、虫和杂草所造成的侵害，以提高农作物的产量和质量，减少粮食的病菌污染，对于维护农业生产、粮食安全、社会稳定和人类发展具有十分重要的意义。

随着全球人口的不断增长和城市化进程的加快，农业生产面临着巨大压力。科学技术的不断发展和进步，凸显了农药在现代农业生产中的积极作用。除了防控病、虫、草害和提高农业生产的效率和质量外，还肩负着推动农村经济进步、增进农业生产可持续发展的重任。

氟元素具有独特的化学物理性质，有机分子中引入氟元素后会产生伪拟效应、增加有机物的亲脂性和代谢稳定性、提高生物利用度等。在过去的几十年里，氟元素在农药学领域得到了广泛使用，含氟农药已经成为新农药创制的重要方向。20 世纪 90 年代后上市的农药中，含氟农药占到了 30%以上。仅 2021 年上市的 18 种农药中就有 10 种含有氟原子，2022 年上市的 15 种中则有 11 种是含氟农药，含氟农药的研究与开发呈现日趋活跃的趋势。

让我感到高兴的是，中国科学院上海有机化学研究所的肖吉昌教授及合作者，历经三年完成了《含氟农药》一书。该书系统地阐述了含氟农药的发现过程，以及氟元素在农药和生物化学中的作用。全面收集和整理了迄今发现的近 300 个含氟小分子农药，全面系统地介绍了这些含氟农药的合成方法与生物活性，对于从事含氟农药研究与开发的科研工作者具有深远意义。该书的出版不仅为氟化学及农药科研工作者提供了一本优秀的参考书，也将对含氟农药的研究开发起到积极推动作用，并为氟化学在未来农药发展中作用的评价提供系统的参考。

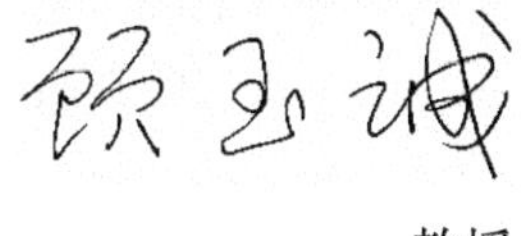

教授

先正达集团英国集能山国际研究中心首席技术专家

前言

随着世界人口的连续增加、可用耕地面积的持续减少、人们环保意识的日益增强以及食品安全忧虑的不断加剧，改善粮食作物生产成了亟待解决的问题。农药在植物保护中发挥着重大关键作用。传统农药由于毒性、抗性以及环境影响等问题，受到了越来越多的质疑，开发高活性、高选择性、低毒、低用量、低残留的新农药已成为当务之急。人们发现，有机分子中氟元素的引入会改变其 pK_a 值、脂溶性、构象、分子间作用等，从而对其生物活性、代谢以及毒性等产生不同程度的影响，因而含氟分子在医药和农药中得到了广泛应用。近年来，含氟农药的发展相当迅速，已成为当今世界农药开发的热点。

在完成《含氟药物》书稿后，出版社建议再编写一本《含氟农药》。除涉及化学领域外，《含氟农药》还涉及农学、生物、环境等诸多领域，编写过程中感觉困难重重而差点放弃，终于在同仁们的支持和鼓励下，尽己所能，历时三年，与许天明、林锦鸿、陈红斌等几位博士一起，共同完成了书稿。

本书结构分为两部分：第 1 部分主要阐述了含氟农药的发现过程和氟元素在农药中的作用。第 2 部分收集了目前已经上市的含氟农药分子 297 个，对每种含氟农药进行了较为详细的介绍，包括名称、化学结构式、理化性质、合成路线、分析方法、毒性、代谢、作用机理、制剂以及应用等。农药分子的合成尽量参考原始文献和工业制备方法，特别是其中含氟农药中间体的合成；物性、毒性、应用和代谢等资料取材于公开发表的文献以及《农药手册》等。本书将不同用途（除草、杀虫、杀菌、灭鼠）的含氟农药，按照其作用机制进行分类，对不同作用机制的农药按照其所属分子结构类型进行编排，各农药分子按照其中文名的首字母排序；对于作用机制未知或复杂的农药分子，则将其单独整理。书末附有含氟农药的中英文名称索引；同时，为方便读者通过不同含氟基团去查找农药分子，增加了一个按含氟基团索引。

本书大量资料的收集和整理得到了浙江省化工研究院魏优昌教授、浙江工业大学刘幸海博士、中国科学院上海有机化学研究所向绍基博士和张丰绪博士的大力支持，对于他们的辛勤努力和无私奉献，在此深表谢意。感谢中国科学院分子植物科学卓越创新中心辰山科研中心/上海辰山植物园田代科研究员的有益讨论。

本书的出版得到了上海国化医药科技有限公司的支持，谨此致谢。

由于笔者学识和时间所限，书中难免会有许多疏漏之处，恳请同行和广大读者批评指正，以备修订再版时补正完善。

肖吉昌

2023 年 10 月

目录

1

概述

1.1 含氟农药的发现

含氟农药的出现和有机氟化学的发展有着密切联系。天然的有机氟化物很少[1]，有机氟化物基本靠人工合成，因此含氟农药的研发就有赖于有机氟化学的发展。据记载，有机氟化学的研究可追溯到1782年，当时就尝试将萤石和硫酸混合产生的蒸气与乙醇反应[2]，如果反应顺利，就可将乙醇转化为氟代乙烷，但反应并未成功。之后也有一些类似的失败试验。直到1835年，才报道了首例有机氟化物的成功制备，以硫酸二甲酯和氟化钾反应，生成一氟甲烷[2]。随后几十年里，脂肪族氟化物的合成陆续有些研究，但总体来说仍十分稀少。而芳香族氟化物直到1870年才开始有报道，发现芳基重氮化合物在氢氟酸作用下可转化为芳基氟化物[2-3]，这为芳基氟化物在生物学中的研究和应用提供了重要基础。1883年首次报道了有机氟化物的生物学研究，采用的就是芳基氟化物：单氟苯甲酸的邻、间、对三种异构体分别喂给狗吃后，发现排出体外的仍然是相对应的单氟马尿酸，碳氟键并没有发生断裂[4]。该项研究说明，碳氟键在生物体内具有较强的代谢稳定性。可惜的是，这一研究结果在当时并没有引起足够的重视。

虽然有机氟化学早有研究，但是初期发展极为缓慢，主要有几方面的原因：早期缺乏氟化试剂，使用的氟化试剂如氟气和氟化氢具有很强的毒性及腐蚀性，缺少有效的氟化方法，错误地认为有机氟化物毒性大[2]。1928年，氟利昂的问世刷新了人们对制冷剂的认知[5]；1938年，聚四氟乙烯的出现及其在原子弹制造中的应用展示出氟化物的超强抗腐蚀性[6]。氟利昂以及聚四氟乙烯的出现，逐渐引起了人们对有机氟化学的研究兴趣，有机氟化学也逐渐得到稳步发展，并与含氟农药的研发相互促进。

首个含氟农药是单氟乙酸盐（钾盐、钠盐），主要用于灭鼠。它最开始作为农药使用，与对有机氟化学的认识并没有多大关系，因为当时人们用的是天然植物，对植物中的有毒成分也一无所知。最早使用的时间并没有记载，但在1904年就有文献报道："*Chailletia toxicaria* …… grows plentifully in West Africa and South America, and the fruit which contains the poisonous substance is used largely for the destruction of rats and other animals"[7]（译：毒裂瓣花……在西

非和南美洲大量生长，含有这种有毒物质的果实主要用于消灭老鼠及其他动物)；毒裂瓣花中的毒性成分引起了不少化学家的兴趣[8]，后来证明这种天然植物中的有毒成分就是单氟乙酸盐[9]。这也说明，单氟乙酸盐作为农药使用是在1904年之前。单氟乙酸钠作为灭鼠剂的活性测试是从1945年才开始的[10]，试验筛选了1000多个化合物，第1080个化合物即为单氟乙酸钠，后来“1080”就成了单氟乙酸钠的商品名[11]。虽然单氟乙酸钠曾被广泛用作灭鼠剂，但因其毒性太大，其使用也就受到了限制。

二战时期出现了一个含氟农药活性分子——DFDT［1,1-二（4′-氟苯基）-2,2,2-三氯乙烷或简称二氟二苯基三氯乙烷］，该分子是从著名的接触性杀虫剂DDT［1,1-二（4′-氯苯基）-2,2,2-三氯乙烷］衍生而来的（图1-1）。DDT作为杀虫剂的使用具有不寻常的历史。早在1874年，DDT就由奥地利化学家Zeidler首次合成[12]，当时并没有研究其农药活性。此后的50年里，基本没有相关文献记载。1930年才又出现了关于DDT的文献，报道了DDT分子的转化反应[13]。1939年，瑞士科学家P. H. Müller发现了DDT的杀虫特性，并因此获得了1948年诺贝尔生理学或医学奖[14]。Müller在1925年取得博士学位，从事有机化学研究[15]，1935年才开始研究杀虫剂。当时可用的杀虫剂虽然有好几种，但都存在不同的局限性，比如价格高昂、杀虫广谱性不强等[16]。Müller尝试了很多分子，基本上都失败了，但他发现了一个规律：含一氯甲基的化合物通常会有一定的活性。同一时期，他同事的研究团队发现，$(4\text{-}ClC_6H_4)_2X$（X = SO_2、SO、S、O等）这类分子对蛾具有口服毒性。而Müller查阅文献时正好发现了在苯环上引入含三氯甲基（CCl_3）基团的方法[17]。结合这些研究基础，他就提出疑问：若$(4\text{-}ClC_6H_4)_2X$分子中的X含三氯甲基（即形成DDT），那会有怎样的杀虫活性？在这一好奇心驱动下，很快就出现了举世闻名的DDT[16]。DDT的危害性一开始并没有显现出来，其低廉的价格、高效的杀虫活性对增产粮食、遏制由害虫引起的疾病传染（如疟疾）等起到了重要作用。然而，随着DDT的广泛使用，其毒性以及对环境的破坏性也就逐渐表露出来[18]，最终迫使美国在1972年出台禁令——禁止使用DDT[19]。DDT就像一把双刃剑，其利与弊的权衡，仍然存在较大的争议[19]。

图1-1　DDT及首个合成的含氟农药活性分子DFDT

DFDT（商品名为Gix）是德国Höechst A. G.公司开发的，只在二战时期被德国使用[20]。二战中，德国每月为北非和东方战线中的德军至少生产40吨DFDT[20b,21]，应该是为了阻止传染病的肆虐。从生产成本来看，DFDT明显高于DDT，但德国仍大量使用，主要可能有两方面的原因：一方面是为了规避DDT的许可费[20b]；另一方面，有可能是因为二战时在德国生产DFDT的原料比DDT的原料更容易获得[22]。至于为什么会想到以氟原子来替代DDT中的氯原子，并没有相关记录，当时也应该没有去研究氟元素的作用。但DFDT与DDT的杀虫活性是曾做过比较的。Müller在诺贝尔奖颁奖典礼上明确提到：The most interesting perhaps is *p*, *p*′-difluorodiphenyl-trichloroethane, which has shown a somewhat faster contact-insecticidal activity than *p*, *p*′-dichlorodiphenyl-trichloroethane but an insufficient residual activity[16]（译文：最有趣的可能是*p*, *p*′-二氟二苯基三氯乙烷（DFDT），它表现出比*p*, *p*′-二氯二苯基三氯乙烷（即

DDT）更快一些的接触杀虫活性，但残留活性不足）。与 DDT 相比，尽管 DFDT 的残留活性不足，但接触性杀虫活性更快。尽管 DFDT 不断有杀虫活性研究[20b,23]，《纽约时报》也提出过拷问“A Nazi Version of DDT Was Forgotten. Could It Help Fight Malaria?”[22]（译：纳粹版本的 DDT 被遗忘了，它（DFDT）能帮助对抗疟疾吗？），但 DFDT 一直没有被注册为农药，可能也是考虑到毒性以及对环境的破坏性。

单氟乙酸钠作为农药使用最早来源于天然产物，DFDT 是人工合成的分子，但并未被真正注册成为农药。第一个合成的含氟农药是氟乐灵（trifluralin）（图 1-2）。氟乐灵 1964 年在美国注册成为农药[24]（注：不同文献中对此化合物注册为农药的时间不太一致。《农药手册》中提到，氟乐灵是 1961 年引进到美国[24a]；但文献[24b]中提到注册时间为 1964 年。），是一种广泛使用的除草剂。据美国环保局统计，2001 年美国使用的氟乐灵约为 1200 万～1600 万磅（约 6400 吨）[25]，而后有所降低[26]；但欧洲在 2000 年初就禁用氟乐灵，主要是考虑其难降解性，会影响土壤和地下水[27]。

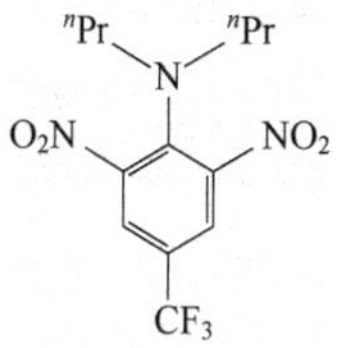

图 1-2　氟乐灵

最近有篇综述详细介绍了氟乐灵的研发过程[24b]。氟乐灵的研发起初主要是为了保护大豆和棉花的生长。美国在 1960 年以前，常用的除草剂有莠去津和 2,4-二氯苯氧乙酸（2,4-D）等，这些除草剂虽可施用于大豆[28]和棉花[29]，但据统计，当时只有＜5%的大豆和棉花种植面积施用化学除草剂处理[24,30]，因为如果莠去津和 2,4-D 使用不当就很容易对庄稼造成伤害。20 世纪 50 年代末，礼来公司启动了一项研究计划，就是要发展适合大豆和棉花的除草剂。开始的研究表明，化合物 **1a** 具有芽前和芽后除草活性[31]（图 1-3）。而 **1a** 与当时已知的具有除草活性的 **2** 存在一定结构相似性[32]。**2** 的除草活性与其羟基较强的酸性有关。**1a** 虽含活性氢，但酸性明显弱于 **2**；研发人员原以为 **1a** 及其衍生物 **1b**、**1c** 的活性都不如 **2**，但研究结果却大相径庭：**1b** 和 **1c** 的活性都明显高于 **2**[33]（后来的研究表明，**1b** 和 **1c** 的活性作用机理与 **2** 不同）[34]。更加意外的是，不含活性氢的 **3a** 的活性比 **1a** 和 **1b** 的都要好；氮上取代基链更长的 **3b** 活性又优于 **3a**。随后合成了一些芳环上有取代基的化合物 **4a**～**4c**，发现 **4a** 的活性最高。本想对 **4a** 进行更深的活性测试，但一年后又发现氟乐灵的活性高于 **4a**。然而可惜的是，在标准的芽前测试条件下，氟乐灵的田间试验效果并不理想，无奈只能终止氟乐灵的试验。事情的进展很快又有了反转。几周之后，研究人员惊奇地发现，施用过氟乐灵的土地上都没有杂草生长出来，这才意识到测试方法可能存在问题，因此改变了测试方法[35]。将氟乐灵施用于靠近土壤表层的地方，氟乐灵的除草活性竟然提高了 7 倍。有了这一重要发现，氟乐灵很快就被注册为农药使用了。

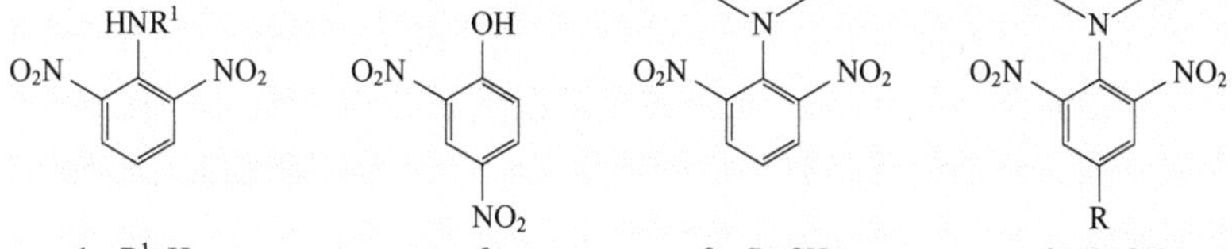

1a, R^1=H
1b, R^1=CH_3
1c, R^1=ⁿPr

2

3a, R=CH_3
3b, R=ⁿPr

4a, R=CH_3
4b, R=Cl
4c, R=NO_2

图 1-3　与氟乐灵研发相关的一些活性分子

氟乐灵的出现与有机氟化学的发展密切相关。前面提到，氟利昂和聚四氟乙烯的重要应用，使得有机氟化学逐渐被关注；1954 年，氟氢可的松的发现，突显了氟元素在药物中的重要作用[36]。在这些基础的推动下，自然而然就产生了对含氟农药的研究。以三氟甲基为取代基是比较意外的，因为当时对三氟甲基这个基团在生物活性分子中的作用几乎没什么认识。幸运的是，三氟甲基苯胺的合成在氟乐灵分子出现前二十年就已有报道[37]，这对氟乐灵分子的研究起到了重要推动作用。

在单氟乙酸钠、DFDT、氟乐灵这些具有农药活性的含氟分子出现之后，氟元素在农药中的作用也渐渐显露，使得含氟农药研究如雨后春笋般地涌现出来。

1.2 氟元素的作用

氟是一个极为特殊的元素：在所有化学元素中，氟的电负性最强（鲍林电负性：4.0）[38]；极化率很低；共价半径和范德华半径都很小，仅比氢原子大（稀有气体元素除外）（氢共价半径 0.30Å❶，范德华半径 1.20Å；氟共价半径 0.62Å，范德华半径 1.47Å）[38]。碳原子参与的单键中，碳氟键的键能最强（C—F 键能为 115 kcal/mol，即 481.5kJ/mol）[39]。由于这些特殊的性质，氟就像是一个有“魔法”的元素。有机分子中的部分氢原子被氟原子取代后，虽然分子的几何形状不一定会有明显改变，但是，氟元素的强电负性却会对分子的电荷分布产生重要影响，分子的物理化学性质也可能因此发生变化。在《含氟药物》一书中，我们根据已有文献总结了氟元素在医药中所能发挥的重要作用[40]。在含氟农药中，氟元素也具有类似作用，可在分子层面调节农药分子的酸碱性、静电相互作用、亲脂性、代谢稳定性等，从而在生理层面上增加农药的生物利用度、提高农药对生物体内靶标的选择性、降低农药的使用剂量等。尽管可以预测，氟元素在农药中的作用与在医药中的作用会非常相似，但是，氟元素在农药中的具体作用并没有像在医药中一样研究得那么透彻；很多时候只是发现了含氟取代基对分子的生物活性等性能具有正面效果，但具体作用机制并不十分明确。含氟农药已有不少综述[41]，其中德国拜耳的 Peter Jeschke 发表了数篇侧重性能讨论的文章[41a,41d,41e,41h]。下面将首先介绍氟元素在农药中的作用；然后结合这些性能影响，选取一些代表性的农药分子来展示氟元素对农药化学的重要意义；同时，还简述了含氟农药中氟元素的引入方法等。

1.2.1 酸碱性

在农药分子中引入氟元素后，氟的强电负性会使邻近基团的酸性增强、碱性减弱。这种电荷分布的改变可能会导致许多变化，如溶解性、药代动力学特性、农药分子与生物靶标的静电相互作用等。1998 年，Schlosser 系统综述了氟元素对 O—H、N—H 和 C—H 键酸性的影响[42]，对含氟农药分子的设计具有一定指导意义。氟元素对酸碱性的影响比较容易理解，这里不再过多论述。

1.2.2 氢键

有机氟化物中的 H…FC 氢键曾经是一个研究热点，主要是因为曾经存在一些争议。若能

❶ 1Å=10^{-10}m。

形成氢键，氟原子需要供出一部分电荷与氢原子共享；但是氟的电负性又特别强，对孤对电子的束缚很牢，难以共享电荷。1997 年，Dunitz 和 Taylor 从剑桥数据库（*Cambridge Structural Database*）和布鲁克海文蛋白质数据库（*Brookhaven Protein Data Bank*）的单晶结构中，找出了 5947 个 C—F 键结构，发现仅有 37 个结构中 CF…HX 键的距离小于 2.3 Å（这个距离表示形成了氢键）[43]。Dunitz 和 Taylor 得出一个结论——有机物中的氟原子几乎不会形成氢键，并以此作为文章标题发表在杂志上。这篇文章有较大影响力，被多次参考引用。而随着有机氟化学的不断发展，表征数据也越来越多。2012 年，Schneider 综述了有机氟化物的 H…FC 键：在溶液或气相中，尽管氢键作用力不是很强，但氢键却是可以形成的[44]。之所以与晶体中的情况形成反差，Schneider 认为是由于晶体中存在许多 C—H 键之间的非键作用力，这些作用力会削弱 H…FC 键作用力；而在溶液状态下，溶剂化会抵消这些 C—H 键之间的非键作用力，使得 H…FC 的氢键作用能够显现出来。

吡虫啉（imidacloprid）是一种广谱性杀虫剂，具有高效、低毒、低残留特性，害虫不易产生抗性，并有触杀、胃毒和内吸等多重作用[45]。Kagabu 等人对该结构进行修饰，发现以三氟乙酰基替换末端的硝基并对五元杂环进行改造之后（图 1-4，**5** 和 **6**），靶点选择性和杀虫活性都有所提升[46]。他们还进一步研究了这些分子与家蝇中激动剂分子激活的烟碱型乙酰胆碱受体（nAChR）的相互作用，发现三氟甲基中的氟原子与靶点氨基酸片段中的氨基 N—H 键/吲哚 N—H 键都存在氢键作用[47]。

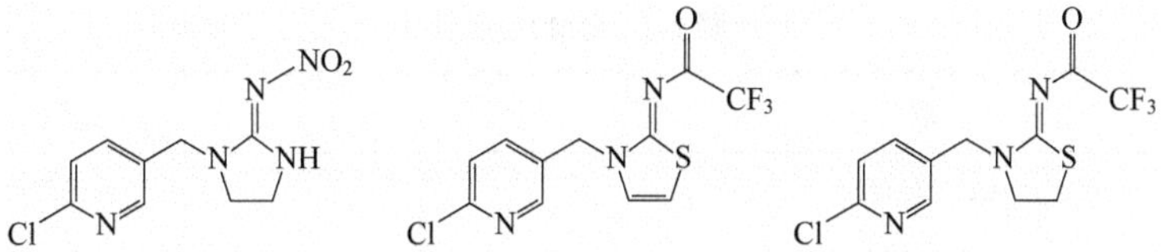

吡虫啉 **5** **6**

图 1-4 吡虫啉及其衍生物

1.2.3 亲脂性

施用时，农药通常以水溶液的形式喷洒，这就要求农药分子具有亲水性；然而农药被害虫或植物吸收需要透过细胞膜，农药分子与靶点的相互作用也可能是在疏水环境中形成的，这一般要求农药分子具有一定的亲脂性。如何调节农药的亲脂性，是农药研发的重要一环。Hansch 等人总结了芳环中多种基团的亲脂性常数（π）以及 Hammett 常数（σ_p、σ_m）[48]。表 1-1 列举了常见含氟基团的取代基常数。可以看出，大多数含氟基团不但具有较高的亲脂效应，而且也有很强的吸电子特性。

表 1-1 芳环取代基的亲脂性常数和 Hammett 常数的值

常数	F	—CF_3	—C(H)F_2	CF_3O—	CF_3S—	HC(F_2)S—	—SF_5
π	0.14	0.88	—	1.04	1.44	—	1.23
σ_p	0.06	0.54	0.32	0.35	0.50	0.37	0.68
σ_m	0.34	0.43	0.29	0.38	0.40	0.33	0.61

需要注意的是，π 值衡量的是芳环上的取代基的亲脂性。农药分子设计时，含氟基团并

不一定与芳环直接相连，因此，分子中引入含氟基团，亲脂性也就不一定能得到提高。Smart曾归纳了含氟基团对亲脂性的影响[49]：氟化通常可以但并不总是增加亲脂性；芳香族化合物的氟化可增加亲脂性；全氟化或多氟化可增加亲脂性；在π键（羰基除外）上引入含氟基团可增加亲脂性；烷烃的单氟化和三氟甲基化会降低亲脂性。对芳环以及π值的总结比较容易理解，这与亲脂性常数π值的趋势一致。当含氟基团与羰基相连时，含氟基团增强了羰基的亲电性而使羰基容易水合，但亲脂性效应却与使用的溶剂有一定关系。在水与低极性溶剂如正己烷或苯组成的混合溶剂体系中，水合导致亲水性提高、亲脂性减弱；然而在醇/水体系中，醇却可能优先与羰基发生缩醛/缩酮化，意味着含氟基团也可能导致整个分子亲脂性的提高。因此，含氟基团对羰基亲脂性的影响，有时也需要将溶剂考虑在内。烷烃中引入氟原子个数较少时，氟原子反而会降低亲脂性。例如，CH_3CH_3 在辛醇/水体系中的 $\lg P$ 值为 1.81，而 CH_3CF_2H 却降到 0.75（P 为溶质在油相和水相间达到热力学平衡时的浓度比值，$\lg P$ 可衡量分子的亲脂性）。当分子中含有杂原子时，含氟基团与杂原子的距离对亲脂性也会有所影响。表 1-2 列出了一些醇的 $\lg P$ 值[49-50]，从表中可以看出，当三氟甲基离羟基较近时（相隔 1～3 个碳原子），三氟甲基提高了亲脂性。这也容易理解，因为三氟甲基的强吸电性降低了氧原子的电子云密度，削弱了氧与水形成氢键的能力，从而降低了亲水性，提高了亲脂性。但是，当三氟甲基离羟基较远时（相隔≥4 个碳原子），两者之间不存在关联，三氟甲基对亲脂性的影响就又与烷烃中少氟基团的影响一样，降低了分子的亲脂性。

表 1-2　醇的 lg*P* 值

醇	lg*P*
CH_3CH_2OH	−0.32
CF_3CH_2OH	0.36
$CH_3CH_2CH_2OH$	0.34
$CF_3CH_2CH_2OH$	0.39
$CH_3CH_2CH_2CH_2OH$	0.88
$CF_3CH_2CH_2CH_2OH$	0.90
$CH_3CH_2CH_2CH_2CH_2OH$	1.40
$CF_3CH_2CH_2CH_2CH_2OH$	1.15
$CH_3CH_2CH_2CH_2CH_2CH_2OH$	2.03
$CF_3CH_2CH_2CH_2CH_2CH_2OH$	1.14

对羟基苯基丙酮酸双氧酶（4-hydroxyphenylpyruvate dioxygenase，HPPD）是一种含 Fe（Ⅱ）的非血红素加氧酶，已被确认是除草剂靶标之一[51]。拜耳作物科学公司发展的除草剂磺酰草吡唑（pyrasulfotole），就是 HPPD 的抑制剂（图 1-5）[52]。单晶结构表明，含铁原子的 HPPD 的活性位点位于由七条 β 链组成的扭曲 β 片中[53]。磺酰草吡唑与 HPPD 作用时，铁中心与六个配位点组成八面体，六个配位点分别是：两个组氨酸残基、一个谷氨酸残基、一个水分子、抑制剂磺酰草吡唑中的两个氧原子（吡唑啉酮羟基氧和苯甲酰氧）。而抑制剂中的三氟甲基则处于 HPPD 一个狭窄的

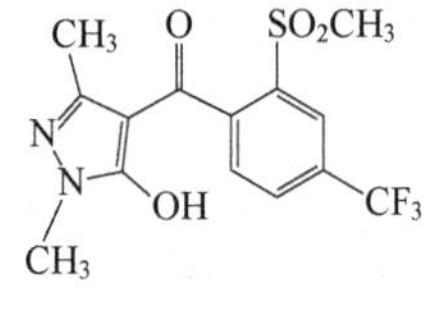

图 1-5　除草剂磺酰草吡唑

疏水环境中——能够进入狭窄空间，展现出亲脂性的重要作用[41d,54]。

1.2.4 代谢稳定性

农药分子要与靶点相结合才能发挥作用。然而，农药施用之后，如果在与靶点结合之前就在酶或微生物作用下发生了代谢或降解，不但可能会失去药效还可能对农作物造成伤害。因此，在农药研发中，需要尽可能阻断这种失活的代谢，也就是要提高分子的代谢稳定性。前面提到，碳氟键是碳原子形成的单键中键能最强的化学键。C—F 键的高稳定性使得有机分子不易被酶或微生物代谢，所以，农药中引入氟元素的一个重要目的就是要提高分子的代谢稳定性。

除虫菊酯是一类具有杀虫活性的天然有机物，杀虫作用机理是扰乱昆虫神经的正常生理，使之由兴奋、痉挛到麻痹而死亡[55]。分子结构中烯丙基位置的 C—H 键很容易被微粒体细胞色素 P450 酶氧化代谢而降低或失去活性。Ando 等人对除虫菊酯进行结构修饰，合成了多种衍生物，尤其注重的是在末端烯丙位引入氟原子[56]，并开展了这些衍生物对未处理的家蝇以及经胡椒基丁醚处理的家蝇的毒性测试（胡椒基丁醚可作为杀虫剂的增效剂）（表 1-3）。发现对于未经处理的家蝇，氟原子的引入可提高分子的杀虫活性，这是因为氟原子可阻断氧化代谢。对于处理过的家蝇，含氟分子的活性更低，主要是因为胡椒基丁醚已经阻止了氧化代谢，氟原子的作用就显现不出来了，但同时作者推测，此时氟原子对活性的副作用可能是因为氟原子降低了分子与靶点的结合能力。比较 **7** 与 **8** 的测试结果，可以看出顺式构型中烯丙位的 C—H 键更容易发生氧化代谢。

表 1-3 除虫菊酯衍生物对家蝇的毒性

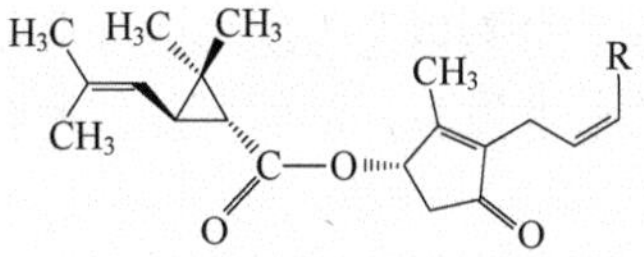

除虫菊酯

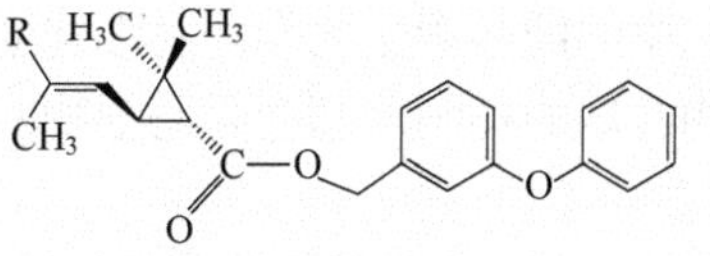

7a, R=CH_3；**7b**, R=CF_2H

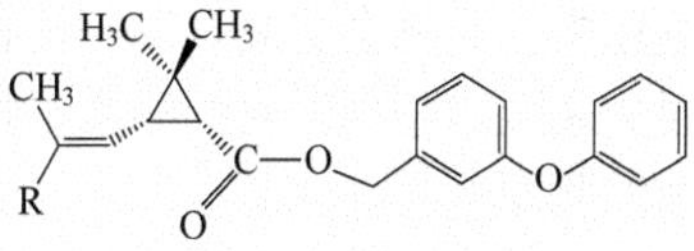

8a, R=CH_3；**8b**, R=CF_2H

化合物	LD_{50}/（μg/g）	
	−PB	+PB
7a	1.45	0.19
7b	1.01	0.36
8a	4.18	0.26
8b	1.19	0.90

注：−PB 表示未经处理的家蝇；+PB 表示经胡椒基丁醚处理的家蝇。

1.2.5 生物电子等排体

“生物电子等排体”的概念可追溯到 1919 年，Langmuir 提出了“电子等排体”的概念[57]。当时的电子等排体还局限于具有相同数量电子并且电子排布一样的原子或基团，比如 O^{2-} 和 F^-、CH_4 和 NH_4^+，每一组的两个基团之间可相互视为电子等排体。之后，电子等排体的概念逐步发展[58]。1950 年，Friedman 首次提出了“生物电子等排体”的概念，强调其要具有相似的生物活性[59]。1986 年，Burger 进一步修改为：分子形状和体积几乎相等、电子分布大致相同、物理性质相似的化合物或基团称为生物电子等排体[60]。重要的是，生物电子等排体要求作用于相同的药理靶点、具有相互关联的生物学特性。如今，生物电子等排体被划分为经典与非经典两类[61]。经典的生物电子等排体概念注重于电子排布以及位阻效应等方面的相似性，非经典的生物电子等排体则强调生物活性的相似性，而在电子/位阻效应或物理化学性质等方面则可以有明显区别。

含氟基团作为生物电子等排体在医药研发中发挥了重要作用。Meanwell 曾对这方面的研究做了详细总结[62]；我们也在《含氟药物》一书中做了深入阐述[40]。农药与医药同属于具有特定生物功能的化学品，具有相似的理化性质与毒理学特征，两者之间存在许多共同点。在医药中可作为生物电子等排体的含氟基团，在农药中也同样适用。因此，这里就不再赘述含氟的生物电子等排体。

1.3 含氟农药的研发

下文将展示一些代表性含氟农药分子的研发过程以及氟元素对活性的影响。

1.3.1 含氟除草剂

1.3.1.1 纤维素生物合成抑制剂

纤维素是植物细胞壁的主要成分，占所有初生细胞壁干质量的 15%～30%，而在次生细胞壁中的比例会更高。高等植物中的纤维素生物合成对细胞生长和分裂以及组织形成与分化至关重要。任何针对纤维素生物合成的抑制剂都会阻碍植物的生长和发育，从而可能作为有效的除草剂[63]。

1990 年，日本公司 Idemitsu Kosan 发现一类均三嗪衍生物具有除草活性；当均三嗪的 2,4-位为氨基取代、6-位为氟烷基取代时，活性较高[64]。其中化合物三嗪氟草胺（triaziflam）（图 1-6）后来被注册为除草剂，这种除草剂能够有效地控制阔叶杂草，主要用于草坪杂草的控制[65]。三嗪氟草胺的作用方式不仅包括抑制光系统 Ⅱ 的电子传递，还包括抑制纤维素的生物合成。结合高效的杂草控制能力，研发过程中提出了一个问题：是否可能仅通过抑制纤维素生物合成来进一步改善除草效果。基于这种设想，就对三嗪氟草胺进行结构修饰，合成了许多衍生物[65]。这些衍生物的活性测试结果表明，化合物 **9** 具有最好的杂草控制能力。

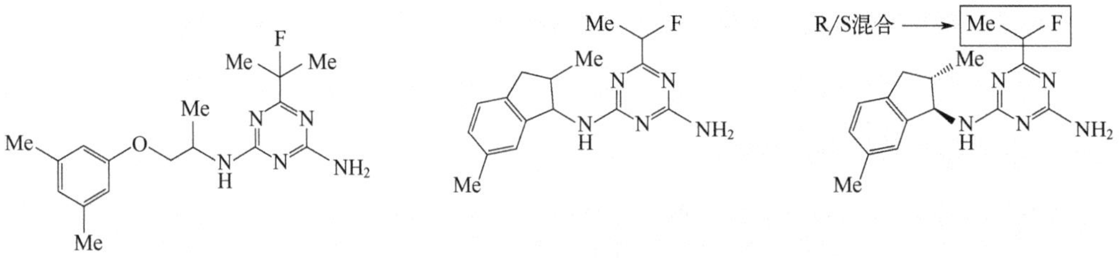

三嗪氟草胺　　**9**(八个异构体)　　茚嗪氟草胺(两个异构体)

图 1-6　三嗪氟草胺与茚嗪氟草胺

但是，化合物 **9** 的作用方式同时包含了抑制光系统Ⅱ的电子传递和抑制纤维素的生物合成。化合物 **9** 具有三个手性中心，所以它实际上是八个化合物的混合物。为了明确异构体的作用方式，这八个异构体都被拆分开来。进一步的构效关系研究确认了茚嗪氟草胺 indaziflam 具有最高活性，其作用方式主要就是抑制纤维素的生物合成。分子结构中，与氟相连的碳是个手性中心，茚嗪氟草胺实际上是两种构型的混合物。茚嗪氟草胺对多种杂草控制都可保持长期有效。

1.3.1.2 生长素除草剂

生长素即吲哚-3-乙酸，是促进植物生长的激素。最早用于控制杂草生长的有机物就是合成的生长素，例如 2,4-二氯苯氧乙酸（2,4-D）等[66]。1998 年，陶氏化学发现氯氨吡啶酸（aminopyralid）具有杂草防除活性（图 1-7），于是之后就有许多工作着重于研究吡啶环上取代基对活性的影响[67]。2003 年陶氏在专利中报道，各种 6-芳基取代的吡啶甲酸（6-arylpicolinates，6-AP，见图 1-7）表现出很高的活性[68]；进一步的研究使得在 2007 年和 2012 年分别出现了含氟农药氟氯吡啶酯（halauxifen-methyl，美国陶氏益农公司商品名 Arylex™）[69]和氯氟吡啶酯（florpyrauxifen benzyl，陶氏益农商品名 Rinskor™）[70]（图 1-7）。氯氟吡啶酯在水稻中具有优异并广谱的除草活性和良好的选择性，吡啶环上 5-位的氟原子被氢或其他卤素原子取代会导致除草活性的降低（5-Br＜5-Cl＜5-H＜5-F）[67]。

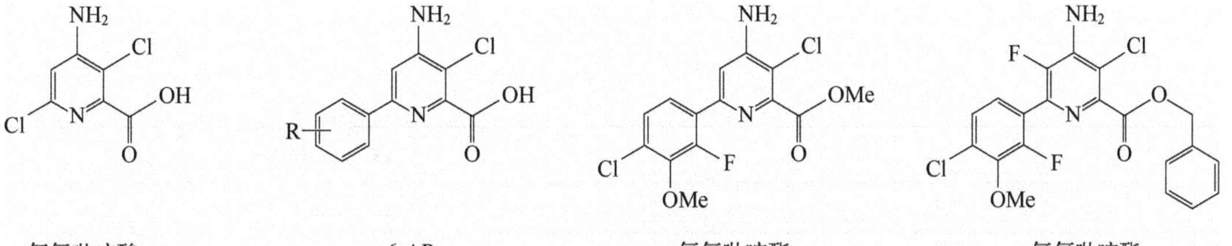

氯氨吡啶酸　　6-AP　　氟氯吡啶酯　　氯氟吡啶酯

图 1-7　生长素除草剂

1.3.2 含氟杀虫剂

1.3.2.1 烟碱型乙酰胆碱受体的竞争性调节剂

烟碱型乙酰胆碱受体（nAChR）是杀虫剂的重要靶点之一，它在昆虫中枢神经系统快速兴奋性突触传递的调节中起着核心作用。已有许多文章综述了 nAChR 竞争性调节剂作为杀虫剂的重要应用[71]。国际杀虫剂抗性行动委员会（IRAC）将作用于 nAChR 的杀虫剂归于第 4 组，第 4 组又分成 5 个亚组：4A-新烟碱类、4B-烟碱类、4C-亚砜亚胺类、4D-丁烯酸内酯类和 4E-介离子类[41n]。氟啶虫胺腈（sulfoxaflor）是首个含氟的 nAChR 杀虫剂，属于 4C-亚砜亚胺类亚组；随后出现的 4D-丁烯酸内酯类的吡啶呋虫胺（flupyradifurone）以及 4E-介离子类的三氟苯嘧啶（triflumezopyrim）都是含氟分子，下面对这几个分子分别进行简要介绍。

1.3.2.1.1 亚砜亚胺类

亚砜亚胺结构在 20 世纪 40 年代就有报道[72]，但这类化合物在农药中的应用却鲜有研究。2005 年，陶氏化学发现亚砜亚胺类化合物 **10** 具有杀蚜活性[73]，这使得人们对亚砜亚胺类化合物的广谱杀虫活性研究表现出极大兴趣。亚砜亚胺的结构修饰得益于当时为数不多的已知合成方法[74]，随后就出现了更高杀蚜活性的化合物 **11**（图 1-8）[75]。结构修饰中固定化合物 **11** 的亚砜亚胺基团不变，变换吡啶环为其他杂环或者改变结构 **12** 中的各个取代基（R^1、R^2、R^3）；发现 R^1 和 R^2 均为甲基时，活性较高[75,76]。而对吡啶环上取代基 R^3 的考察表明，吸电子能力强、亲脂性高的基团可提高活性；当 R^3 为三氟甲基时，活性最高，此化合物即为杀虫剂氟啶虫胺腈[75]。

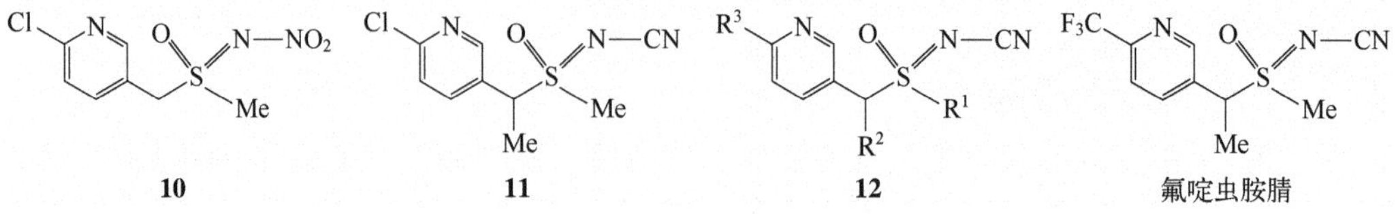

图 1-8　氟啶虫胺腈的研发

表 1-4 列出了吡啶环上带不同取代基的化合物对青桃蚜虫的杀虫活性[77]。可以看出，取代基对活性有着重要影响。当 R 是 CH_3 时，活性有明显下降；为 OCH_3 或 CO_2CH_3 时，活性有几千倍的差别；延长氟烷基链（CF_2CF_3 或 $CF_2CF_2CF_3$）时，活性也很低，可能是因为大位阻降低了活性分子与靶点的结合能力[77,78]。

表 1-4　带不同取代基的化合物对青桃蚜虫的杀虫活性

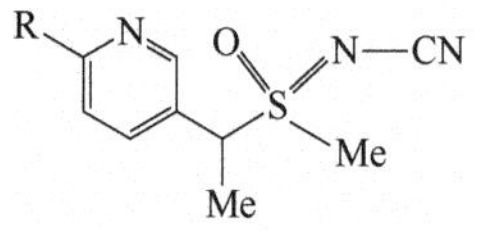

R	LC_{50}/（μg/g）
CF_3	0.11
CF_2Cl	0.11
F	1.22
Cl	0.29
Br	0.40
I	0.33
CH_3	2.83
OCH_3	300
CO_2CH_3	200
CF_2CH_3	0.68
CF_2H	0.98
CF_2CF_3	45.5
$CF_2CF_2CF_3$	200

1.3.2.1.2　丁烯酸内酯类

百部叶碱（stemofoline）类天然产物是从百部属植物的叶和茎分离得到的，由于其是一种潜在的 nAChR 激动剂而被作为杀虫剂的先导化合物[79]。研究表明，百部叶碱中的 γ-丁内酯五元杂环是一个药效基团，进一步对该药效基团进行探索发现了一个新的活性骨架——含烯胺的五元环 **13**（图 1-9）[80]。通过对五元环的结构修饰与性能测试，寻找到了具有杀虫活性的五元环 **14**。对结构 **14** 中的各个取代基（R^1、R^2、R^3、R^4）都进行了详细考察，最后才发展出杀虫剂吡啶呋虫胺[80]。该杀虫剂中的二氟乙基对杀虫活性有重要影响。CYP6CM1（一种 P450 氧化酶）容易对活性分子进行氧化代谢而使分子失活。对吡啶呋虫胺与 CYP6CM1 的分子对接研究表明，朝向 CYP6CM1 氧化代谢活性位点（血红素铁中心）的是代谢稳定性很强的二氟乙基，这种朝向因为阻止了吡啶呋虫胺分子中其他部位与血红素铁中心的结合，从而有效阻断了其氧化代谢；二氟乙基的作用还不仅限于此，该基团同时也提高了杀虫活性[81]。另外，通过创建敏感蚜虫 nAChR 的同源模型发现，吡啶呋虫胺可以通过其二氟乙基中的氟原子与 α 亚单位酪氨酸残基以氢键方式相互作用[78]，这种作用应该可以增强吡啶呋虫胺与靶点的结合力。

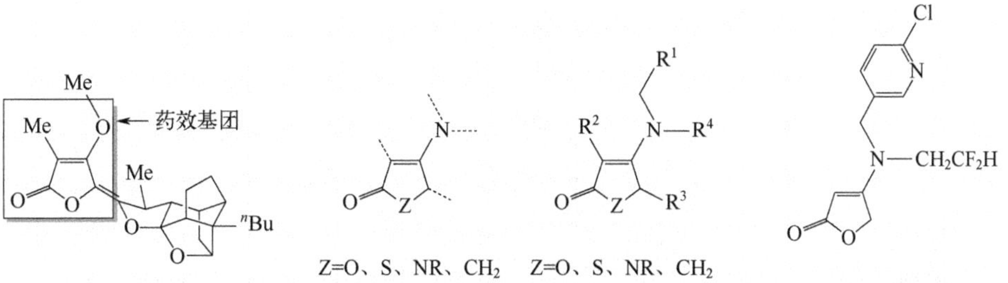

百部叶碱　　**13**　　**14**　　吡啶呋虫胺

图 1-9　吡啶呋虫胺的研发

1.3.2.1.3　介离子类

五元或六元杂环化合物中，若环内 π 电子处于离域状态、环上带有正电荷而环上连接的原子或基团带负电荷、杂环是共平面或接近共平面、这种杂环又不能用无电荷分离的共价结构准确表示，则这样的五元或六元杂环就称为介离子类化合物[82]。介离子类杀虫剂三氟苯嘧啶（**23**）源于一个杀菌剂的研发项目[83]。该项目中，原本想对化合物 **15** 中的羟基甲基化得到 **16**。尽管甲基化反应能顺利发生，但却总会生成一个高极性的副产物，经分离鉴定后确认为介离子类化合物 **17**，于是就合成了各种不同的介离子化合物。可惜的是，这些化合物都没有杀菌活性。意外的是，其中一种介离子化合物 **18** 却表现出杀虫活性，在 50μg/g 浓度下对玉米飞虱仍具有一定活性，这才开始了介离子化合物在杀虫剂应用中的研究（图 1-10）。

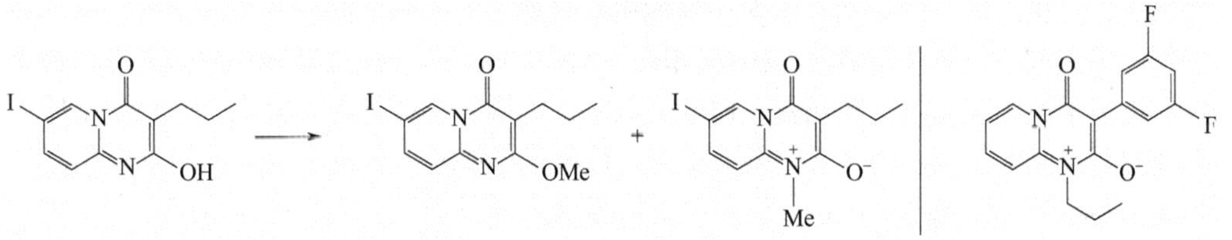

15　　**16**(期望产物)　　**17**(意外产物)　　**18**

图 1-10　意外的介离子化合物

固定化合物 **18** 中的六元环介离子母核，对母核上的取代基进行了许多考察，包括链状、环状，以及烷基、芳基等各种取代基[83]。表 1-5 列出了杀虫活性较高的一些衍生物。测试研究表明，取代基对活性有很大影响。当 N 上取代基为 6-氯吡啶甲基时，杀虫活性具有一定的广谱性；但此时苯环上 R 取代基是否为含氟基团，作用还不是很明显（**19～21**）。6-氯吡啶甲基的有效性促使吡啶环进一步替换为其他不同杂环，发现嘧啶环取代时活性较高（**22、23**）。这类化合物中，R 为三氟甲基的分子（**23**，即为三氟苯嘧啶）不管是在实验室研究还是在农田现场测试时，都表现出很强的杀虫活性，因而发展成了农药。三氟苯嘧啶能以较低的施用量控制敏感和抗药性的飞虱群种，从而对农作物提供有效保护。它作为杀虫剂的作用主要是抑制烟碱乙酰胆碱受体，对有益生物的毒性影响较小。

表 1-5　介离子化合物的杀虫活性（LC_{90}）　　　　单位：μg/g

害虫名称	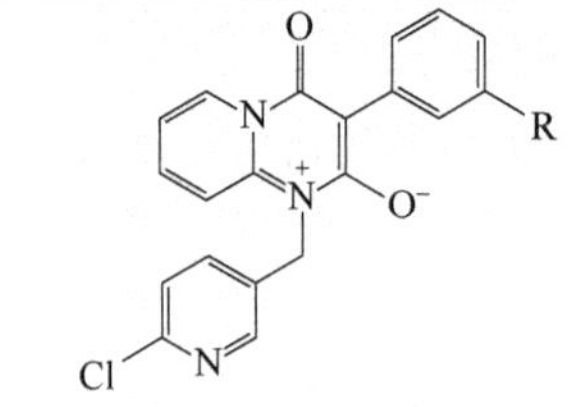 **19～21**			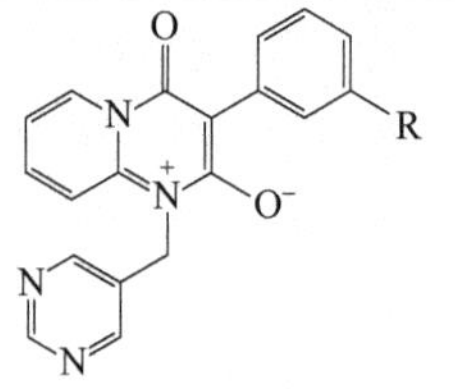 **22、23**	
	19 R = OCF_3	**20** R = Br	**21** R = CF_3	**22** R = OCF_3	**23** R = CF_3
棉蚜/瓜蚜	＞250	＞250	250	50	50
青桃蚜虫	＞250	50	＞250	＞50	50
玉米飞虱	50	10	10	2	2
马铃薯叶蝉	10	10	10	2	10
褐飞虱	10		10	0.4	0.4
绿叶蝉	50			2	2

1.3.2.2　γ-氨基丁酸（GABA）门控氯离子通道变构调节剂

氟虫双酰胺（flubendiamide）具有很强的杀虫活性，尤其是对鳞翅目害虫，其分子中有一个特殊的含氟基团：七氟异丙基[84]。因其显著的杀虫活性及对非靶标生物的安全性，引起了研究者对氟虫双酰胺的结构修饰的研究兴趣[85]。氟虫双酰胺分子中含有邻苯二酰胺结构，而日本三井化学公司在结构修饰研究中发现，间苯二酰胺对鳞翅目害虫也展现了高活性，并且施用后害虫表现出的症状与施用氟虫双酰胺不同[85,86]。研究者根据症状不同推测出作用靶点或作用方式也应该有所区别，这促使他们更有兴趣了解间苯二酰胺结构的活性，从而发展出了新的杀虫剂溴虫氟苯双酰胺（broflanilide）（图 1-11）[85]。溴虫氟苯双酰胺具有广谱杀虫活性，可用于控制鳞翅目、鞘翅目、白蚁、蚂蚁、蟑螂和苍蝇等各种害虫[41]。事实证明，两者的作用靶点确实不同。RyR（雷诺丁受体）钙离子释放通道是氟虫双酰胺的首要靶点[87]；而溴虫氟苯双酰胺则是 GABA 门控氯离子通道变构调节剂[85]。溴虫氟苯双酰胺分子中含有 12 个卤原子（11 个氟原子和 1 个溴原子），如此高的卤原子含量可能是为了通过提高亲脂性而更好地作用于 GABA 靶点[41]。

构效关系研究表明（表 1-6）[85]，分子中 A 苯环上的氟原子对杀虫活性有重要影响：当将氟原子替换成氯原子或甲氧基时，对斜纹夜蛾和小菜蛾的杀虫活性降低到千分之一或更低；而氟原子在该芳环的其他位置时，活性也明显降低。B 苯环中的三氟甲基和溴原子不但可提高活性，还使得化合物对棉铃虫也有活性（**24h**）。酰胺基团中的 R^1 不管是氢（**24h**）还是甲基（溴虫氟苯双酰胺），活性比较接近。然而，跨层效应实验却显示活性有所区别：将每种化合物的溶液（25μg/g）喷洒在叶片的上侧，并评估对叶片下侧的小菜蛾的杀虫活性；溴虫氟苯双酰胺导致的死亡率为100%，而**24h**只有75%的死亡率。这一活性差别可能是因为甲基提高了膜渗透性和代谢稳定性。但是，溴虫氟苯双酰胺在施用后却可能是需要经历脱甲基的代谢过程才能发挥作用[88]。

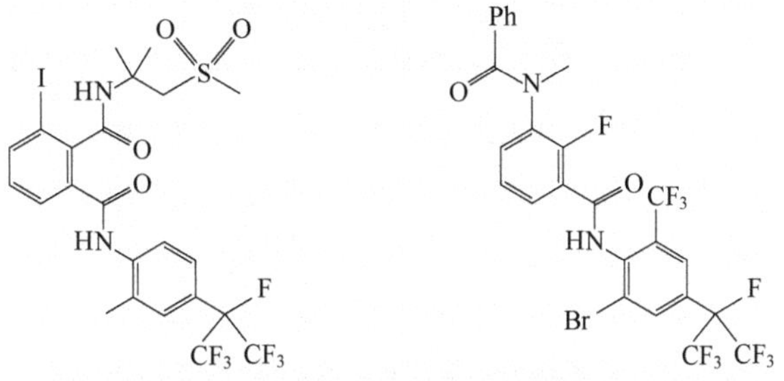

氟虫双酰胺　　　　溴虫氟苯双酰胺

图1-11　氟虫双酰胺的结构修饰而研发出溴虫氟苯双酰胺

表1-6　取代基对杀虫活性的影响

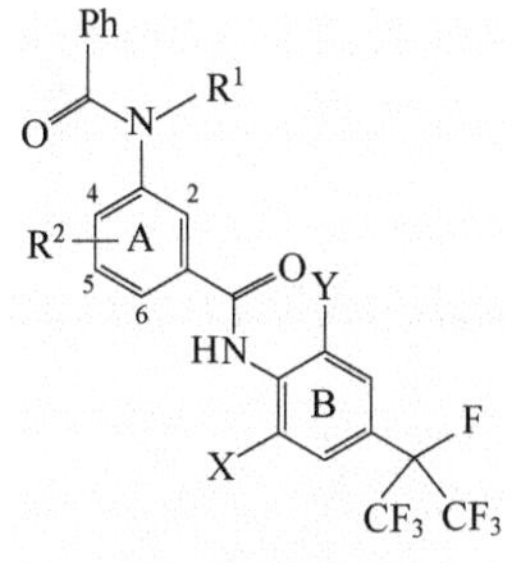

24a～**24h**

化合物	R^1	R^2	X	Y	EC_{70}/（mg/L）		
					斜纹夜蛾	小菜蛾	棉铃虫
24a	H	H	Me	Me	10	10	ND
24b	H	2-F	Me	Me	1	1	ND
24c	H	4-F	Me	Me	1～10	10	ND
24d	H	4-F	Me	Me	100～1000	100～1000	ND
24e	H	2-MeO	Me	Me	1000	1000	ND
24f	H	2-Cl	Me	Me	＞1000	＞1000	ND
24g	H	2-F	Me	CF_3	1	0.1～1	ND
24h	H	2-F	Br	CF_3	0.1	0.1	0.1
溴虫氟苯双酰胺	Me	2-F	Br	CF_3	0.1	0.1	ND

注：ND＝没有数据，即没有测试；溴虫氟苯双酰胺的其他杀虫活性数据未列于表中。

1.3.2.3　线粒体复合物Ⅱ电子传输抑制剂

吡唑酰苯胺（pyflubumide）是一种对叶螨属和甲螨属的蜘蛛螨都具有显著活性的含氟杀螨剂[89]。这一分子的结构设计与杀虫剂氟虫双酰胺（详见**2.2.2.2**）和琥珀酸脱氢酶抑制剂（杀菌剂）如吡噻菌胺（penthiopyrad）的结构都有关系（图 1-12）[41h]。氟虫双酰胺中的七氟异丙基结构与琥珀酸脱氢酶抑制剂中的吡唑酰基对结构设计起到了重要作用，将这两个基团组合之后就有了先导化合物 **25**，进而发展出吡唑酰苯胺。

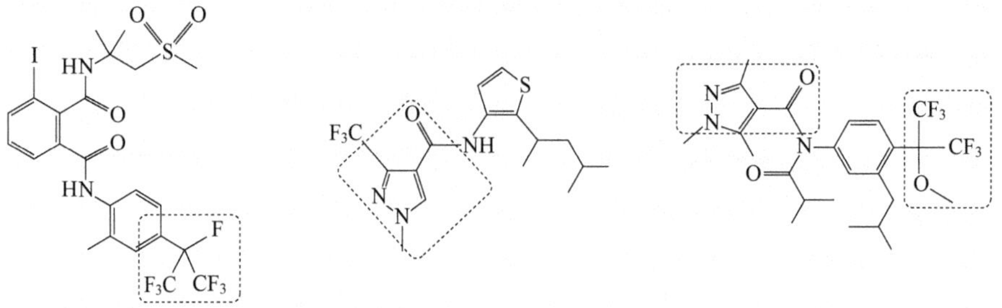

氟虫双酰胺　　　　吡噻菌胺　　　　吡唑酰苯胺

图 1-12　杀螨剂吡唑酰苯胺及其结构设计相关的农药

活性研究表明，化合物 **25** 中取代基的微调对杀螨活性有重要影响[89]。表 1-7 列举了一些取代基及相应活性。亲脂性是医药和农药的一项重要参数，高亲脂性一般有利于提高生物利用度。七氟异丙基有较强亲脂性；然而奇怪的是，将七氟异丙基中的一个氟原子换为氢原子之后，尽管亲脂性降低了，活性却有显著提高（**25b** 相对 **25a**）；将这个氟原子换成各种烷氧基后，发现甲氧基的活性最高。进一步考察了其他位置取代基的影响，从而顺利地发展出吡唑酰苯胺（**25d**）。

表 1-7　吡唑酰苯胺及其先导化合物对二斑叶螨的杀螨活性

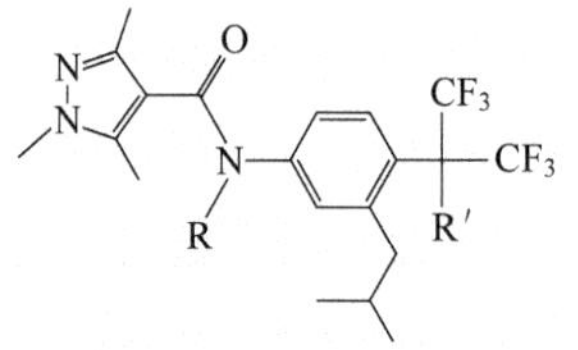

25

化合物 **25**	R	R′	二斑叶螨 LD_{50}/（mg/L）
25a	H	F	＞300
25b	H	H	3～10
25c	H	OMe	10～30
25d（吡唑酰苯胺）	CO^{i}Pr	OMe	1～3

1.3.3　含氟杀菌剂

氟噻唑吡乙酮（oxathiapiprolin）是由杜邦公司开发并于 2015 年注册的农药，对卵菌病原体引起的植物病害具有优异活性；它通过抑制真菌靶点——氧化固醇结合蛋白而发挥功效，对葡萄和蔬菜的关键疾病具有很好的预防和治疗效果，并且可以保持长期有效[90]。氟噻唑吡乙酮的发现始于杜邦购买的一个双酰胺化合物库，该库是由哌啶-噻唑-羰基为核心结构的许多化合物组成（图 1-13）。初期筛选发现，化合物 **26** 对番茄上的晚疫病和黄瓜上的霜霉病表现出适度预防性的杀菌活性，并对葡萄上的霜霉病具有一定的治疗活性。这一结果引起了杜邦研究人员的注意，并启动优化计划，以 **26** 为先导化合物寻找更高活性的杀菌剂。

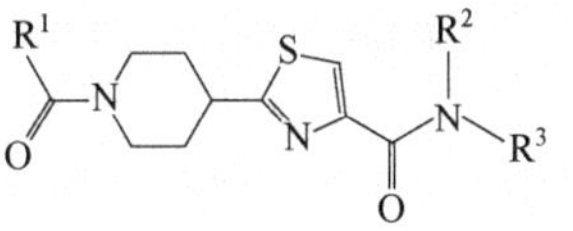

化合物库

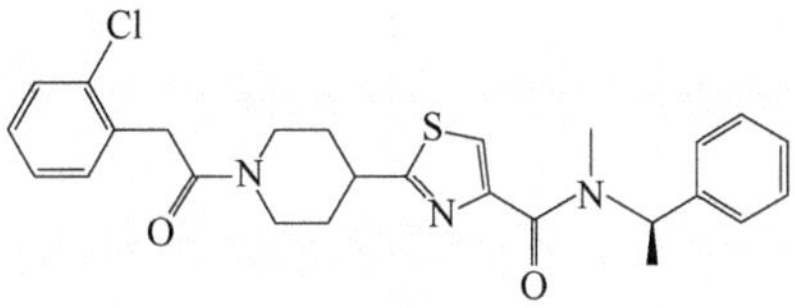

26(先导化合物)

图 1-13 化合物库及先导化合物

表 1-8 列出了一些代表性化合物的活性数据[90]。将先导化合物中的氯苯基替换为三氟甲基取代的吡唑基（**28**）后，杀菌活性提高到了 20 倍。化合物 **28** 中手性基团及邻近氮上所接的甲基都是开链基团，单键的可自由旋转性使得化合物存在许多构象异构体。研究人员推测，这种柔性较强的分子不利于与靶点相结合，因此就设计合成一些具有刚性的环状分子，其中分子 **29** 的活性有了剧增。化合物 **29** 的手性中心为 *R*-构型；有意思的是，其 *S*-构型的活性却降低了很多。研究人员也尝试以异噁唑啉为酰胺的生物电子等排体，发现也同样具有很高的活性（**30**）。化合物 **30** 是外消旋体，也发现 *R*-构型比 *S*-构型的活性更高。结构修饰表明，异噁唑啉中 5-位上的取代基是必需的；同样地，刚性的环状结构（**31**，螺环结构）与可自由旋转的单键（**30**）相比，活性高出很多。然而，若在异噁唑啉 5-位苯环的两个邻位接上取代基，位阻效应也会阻碍单键的自由旋转。最后发现，取代基为氟原子时（**32**，即氟噻唑吡乙酮），活性居然是先导化合物的一万倍。研究人员认为是氟的位阻效应起了作用，但是，正如前文提到的，氟的范德华半径很小，若只需位阻作用，完全可以采用其他在合成上更为容易、体积也较大的取代基；可以推测，氟的电子效应也起了重要作用，只是机制尚不明确。

表 1-8 结构优化及活性测试

化合物编号	结构式	最低浓度/（mg/kg）①	相对活性
26	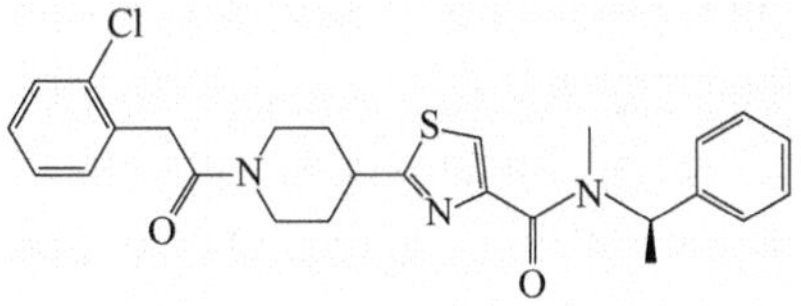	200	1
27	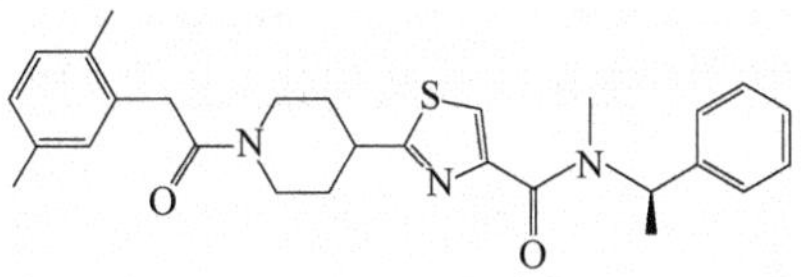	40	5
28	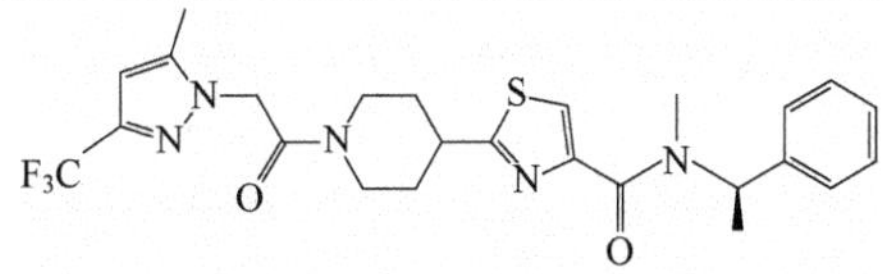	10	20

续表

化合物编号	结构式	最低浓度/（mg/kg）①	相对活性
29	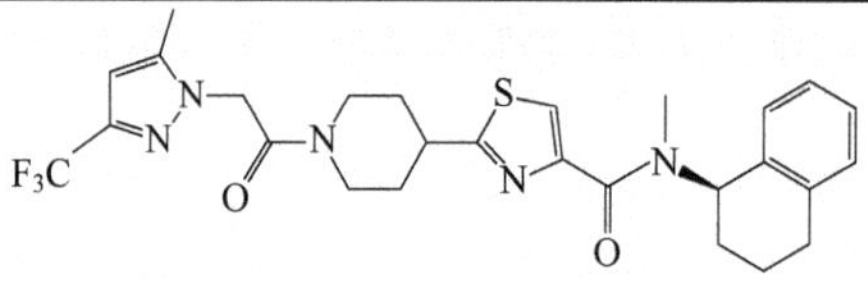	0.4	500
30	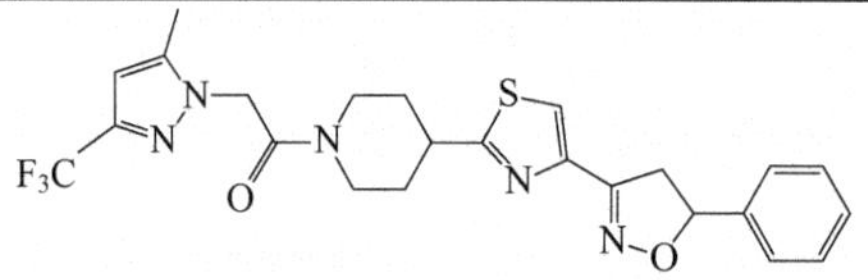	0.4	500
31	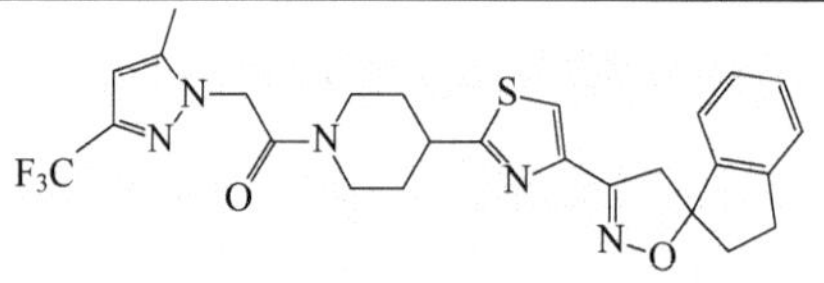	0.08	2500
32	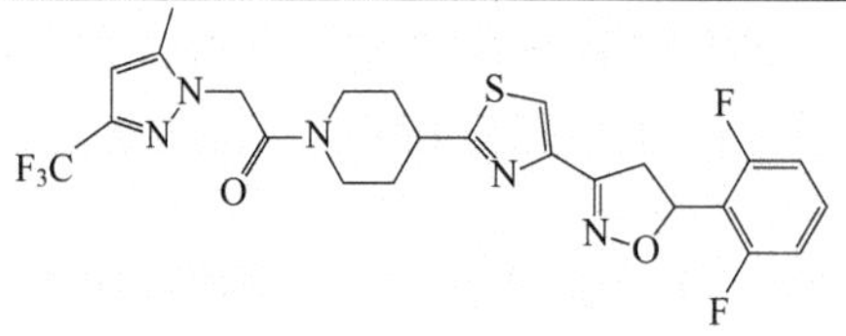	0.02	10000

① 最低浓度是指：对于番茄晚疫病的预防性和治疗性、葡萄霜霉病的治疗性能够达到90%以上效果所需的浓度。

1.4 含氟农药中氟元素的引入方法

有机氟化学基础研究发展出了许多向分子中引入氟元素的方法[91]，比如氟化[92]、二氟甲基化[93]、三氟甲基化[94]、三氟甲氧基化[95]等。每种方法都吸引了氟化学家的极大关注，也相应地发展出了许多含氟试剂。例如，三氟甲基化试剂就特别多，常用的有 Me_3SiCF_3、CF_3SO_2Na、$FSO_2CF_2CO_2Me$ 等[94]。其中，$FSO_2CF_2CO_2Me$ 是中国科学院上海有机化学研究所的陈庆云院士于 1989 年从基础工业原料——*β*-四氟磺内酯发展而来的；陈庆云先生团队以此试剂实现了首例铜催化的卤代芳烃的三氟甲基化，为三氟甲基化研究奠定了重要基础[96]。该试剂已被广泛应用于多种不同反应，被国内外同行称为“陈试剂”（Chen’s reagent）；中国科学院上海有机化学研究所的胡金波研究员[97]以及爱尔兰科克大学的Clarke和McGlacken[94e]都曾专门总结过该试剂的应用。以此试剂实现的三氟甲基化反应特别多，公开报道的资料中，反应规模最大的是 25kg（图 1-14）[97,98]，显示出该试剂强大的实用性。

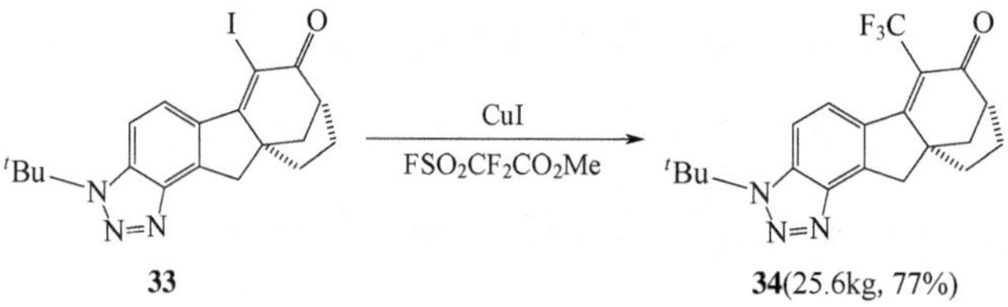

33 **34**(25.6kg, 77%)

图 1-14 陈试剂在大规模反应中的应用

尽管基础研究前沿领域发展了许多氟元素的引入方法，但这些方法大多不能应用于含氟农药的生产中，主要是因为成本较高。含氟农药的推广使用需要考虑多方面因素，生产成本是其中极为重要的一个因素。下文列出了所有含氟药物的合成路线，从这些路线可以看出，氟元素的引入一般都是采用廉价的有机含氟工业原料，或是以无机氟化物为氟源经简单的氟卤交换等方法来实现的，这在生产上可以有效节约成本，从而有利于农药的推广使用。虽然前沿领域的方法不适用生产，但对研发却相当有用。研发中需要筛选大量化合物，如果每个含氟化合物都要从头做起，成本极为高昂。若是能够合成母核化合物，再在母核上采用各种方法引入不同的含氟基团，就可以在短时间内高效合成许多含氟化合物，可以提高农药研发的效率。此外，有些含氟基团因其独特的电子效应而可提高农药分子的活性，但由于缺乏有效地引入该含氟基团的方法，也就难以合成含该含氟基团的目标分子，更不用提后续的活性检测或农药注册了。五氟硫基（SF_5）是其中一个代表性例子。目前，有机分子中 SF_5 的引入仍然存在很大挑战[99]，也就难以产生含 SF_5 的农药。最近，中国科学院上海有机化学研究所的卿凤翎研究员发展了一些新颖的五氟硫基化方法[100]，对含 SF_5 农药分子的设计合成可能会有所帮助。总之，农药研发和生产的思路并不尽相同，这就使得有机氟化学和农药研发能够相互促进。

氟元素可调节农药的代谢稳定性、脂溶性等性质，对改善农药活性起到了重要作用，因而越来越多的含氟农药被开发出来。根据国际标准化组织（ISO）批准新型农药活性成分英文命名的数据统计[101]，近五年来每年新注册的农药以及含氟农药的个数与占比如表 1-9 所示。据我们统计，截至 2023 年 2 月，含氟农药总数为 297 个（注：Shibata 于 2020 年发表了一篇含氟农药的综述[41f]，文中提到农药总数为 424 个，实际上，该综述中提到的许多分子都处在初步研究阶段，还没有注册成为农药）。可以看出，引入氟元素已成为农药研发的一个趋势。

表 1-9　2018～2022 年新注册含氟农药个数与占比

年份	新农药 数量	新含氟农药 数量	新含氟农药 占比
2018	7	3	43%
2019	1	1	100%
2020	9	7	78%
2021	18	10	56%
2022	15	11	73%

然而，氟元素的副作用也不容小觑。含氟农药可有效维持作物生产、保护公众健康免受寄生虫病传染的伤害，这也导致了含氟农药使用量的急剧增加。C—F 键的高稳定性，使得含氟农药在酶、化学或环境降解作用下还可能稳定存在。一方面，这种稳定性对农药的功效有正面作用；另一方面，高稳定性也意味着它们可能会污染水、土壤和大气，并通过食物循环在不同生物体中积累。此外，含氟农药即使能够被降解，但大规模使用也可能对环境造成严重伤害。氟乐灵就是代表性的例子。如前文所述，氟乐灵是第一个人工合成并注册的含氟农药（图 1-2）。它在土壤中可逐渐被微生物降解，降解半衰期不到 1 年；氟乐灵的农药活性尤为显著，因而曾在全球广泛使用；但因其高毒性以及大规模使用所带来的环保压力，最终于 2008 年在欧盟被禁用[41f]。高稳定性是一个问题，但中低稳定性也可能对生物造成伤害。如

果农药中的含氟基团降解后产生氟负离子，氟负离子也可能污染水和土壤，有可能通过水或农作物进入人体。适当的氟负离子对人体有益，但过高的氟负离子浓度会导致氟骨症等身体疾病。

农药的研发应考虑氟元素的两面性，权衡利弊。但总的来说，引入氟元素是农药研发的一个途径。目前的含氟农药中，氟元素较多地以氟原子或三氟甲基连接在芳环或芳杂环上。随着基础研究领域中氟元素引入方法的不断更新发展，可能会有更多种类的含氟基团出现在农药分子中。有机氟化学的发展得益于农药化学的发展，同时也促进了农药化学的进步。

参考文献

[1] Gribble G W．Naturally occurring organofluorines //Neilson A H．The handbook of environmental chemistry：Vol 3．Berlin：Springer-Verlag，2002：121-136.

[2] Banks R E，Tatlow J C．Synthesis of C—F bonds：the pioneering years，1835—1940．J Fluorine Chem，1986，33（1-4）：71-108.

[3] Lenz W. Fluobenzenesulphonic acid，and on the melting points of substituted benzenesulphone derivatives. Deut Chem Ges Ber，1879，12：580-583.

[4] Coppola F．Transformation of the fluobenzoic acids in the animal organism．Gazz Chim Ital，1883，13：521-525.

[5] Midgley T，Henne A L．Organic fluorides as refrigerants．Ind Eng Chem，1930，22（5）：542-545.

[6] Goldwhite H．The Manhattan project．J Fluorine Chem，1986，33（1-4）：109-132.

[7] Renner W．Native poison，West Africa．J Roy Afr Soc，1904，4（13）：109-111.

[8] Power F B，Tutin F．Chemical and physiological examination of the fruit of chailletia toxicaria．J Am Chem Soc，1906，28（9）：1170-1183.

[9] a．Marais J S C．The isolation of the toxic principle “K cymonate” from “Gifblaar” Dichapetalum cymosum（Hook）Engl．Onderstepoort J Vet Res，1943，18：203-206.

b．Marais J S C．Monofluoroacetic acid，the toxic principle of “Gifblaar” Dichapetalum cymosum（Hook）Engl．Onderstepoort J Vet Res，1944，20：67-73.

[10] Kalmbach E R．“Ten-Eighty”，a war-produced rodenticide．Science，1945，102（2644）：232-233.

[11] Proudfoot A T，Bradberry S M，Vale J A．Sodium fluoroacetate poisoning．Toxicol Rev，2006，25（4）：213-219.

[12] Zeidler O．I．Verbindungen von chloral mit brom- und chlorbenzol．Ber Dtsch Chem Ges，1874，7（2）：1180-1181.

[13] a．Brand K，Bausch W．Über verbindungen der tetraaryl-butanreihe．10．mitteilung．Über die reduktion organischer halogenverbindungen und Über verbindungen der tetraaryl-butanreihe．J Prakt Chem，1930，127（1）：219-239;

b. Brand K，Horn O，Bausch W. Die elektrochemische darstellung von 1,1,4,4-*p*, *p'*, *p''*, *p'''*-tetraphenetyl-butin-2 und von 1,1,4,4-*p*, *p'*, *p''*, *p'''*-tetra（chlorphenyl）-butin-2．11．mitteilung．Über die reduktion organischer halogenverbindungen und verbindungen der tetraarylbutanreihe．J Prakt Chem，1930，127（1）：240-247.

[14] https://www．nobelprize．org/prizes/medicine/1948/summary/.

[15] Fichter F，Müller P．Chemische und elektrochemische oxydation des as．m - xylidins und seines mono-und di-Methylderivats．Helv Chim Acta，1925，8（1）：290-300.

[16] https://www．nobelprize．org/prizes/medicine/1948/muller/lecture/.

[17] Chattaway F D，Muir R J K. 149. The formation of carbinols in the condensation of aldehydes with hydrocarbons. J Chem Soc，1934（0）：701-703.

[18] Carson R．Silent spring．Boston，MA：Houghton-Mifflin，1962.

[19] a. Sonnenberg J. Shoot to kill：control and controversy in the history of DDT science. Stanford J Public Health，2015.
b. Raju T N K. The nobel chronicles. The Lancet，1999，353（9159）：1196.
[20] a. Kilgore L B. New german insecticides. Soap Sanit Chem，1945，21（12）：138-139，169，171.
b. Zhu X，Hu C T，Yang J，et al. Manipulating solid forms of contact insecticides for infectious disease prevention. J Am Chem Soc，2019，141（42）：16858-16864.
c. Brooks G T. Chapter 2：Chlorinated insecticides of the DDT group，in Chlorinated insecticides，Volume I，Technology and application. Taylor & Francis Group：CRC Press，1974：7-83.
[21] Metcalf R L. Some insecticidal properties of fluorine analogues of DDT1. J Econ Entomol，1948，41（3）：416-421.
[22] Chang K. A nazi version of DDT was forgotten. Could It Help Fight Malaria? The New York Times，2019-10-17.
[23] Norris E J，Demares F，Zhu X，et al. Mosquitocidal activity of *p,p'*-difluoro-diphenyl-trichloroethane（DFDT）. Pestic Biochem Physiol，2020，170：104686.
[24] a. Tomlin C. Trifluralin// British Crop Protection Council，Farnham and The Royal Society of Chemistry. The pesticide manual（incorporating the agrochemicals handbook），tenth edition. Cambridge：Crop Protection Publications，1994：1025-1026.
b. Epp J B，Schmitzer P R，Crouse G D. Fifty years of herbicide research：comparing the discovery of trifluralin and halauxifen-methyl. Pest Manag Sci，2018，74（1）：9-16.
[25] University of Illinois Extension. U.S. pesticide sales and usage. Illinois Pestic Rev，2005，18（2）. https://www.ideals.illinois.edu/handle/2142/2967.
[26] Atwood D，Paisley-Jones C. Pesticides industry sales and usage，2008～2012，market estimates. Washington，D C：U. S. Environmental Protection Agency，2017. https://www.epa.gov/sites/default/files/2017-01/documents/pesticides-industry-sales-usage-2016_0.pdf.
[27] Wallace D R. Trifluralin // Wexler P. Encyclopedia of Toxicology (Third Edition). Oxford：Academic Press，2014：846-848.
[28] Henry W I. Pre-emergence weed control in soybeans. Weeds，1957，5（4）：362-370.
[29] Davis D E，Funderburk，J r，H H. Variability in susceptibility to injury by DNBP. Weeds，1958，6（4）：454-460.
[30] Fernandez-Cornejo J，Nehring R，Osteen C，et al. Pesticide use in U. S. agriculture：21 selected crops，1960～2008. Econ Res Service Econ Inform Bulletin，2014-5-1.
[31] Wilder G R. Crab grass control. US3102803（1963）（专利申请时间为 1959 年）.
[32] Sacktor B，Cochran D. Heterogeneity in the dinitrophenol uncoupling of mitochondrial oxidative phosphorylation. J Am Chem Soc，1956，78（13）：3227-3228.
[33] Soper Q F. Herbicidal dinitroanilines. US3111403（1963）（专利申请时间为 1960 年）.
[34] Parka S J，Soper O F. The physiology and mode of action of the dinitroaniline herbicides. Weed Sci，1977，25（1）：79-87.
[35] Pieczarka S J，Wright W L，Alder E F. Trifluralln for preemergent weed control in agronomic crops. Proc Northeast Weed Control Conf，1962，16：356-361.
[36] Fried J，Sabo E F. 9α-fluoro derivatives of cortisone and hydrocortisone. J Am Chem Soc，1954，76（5）：1455-1456.
[37] Daudt H W，Woodward H E. *N*-substituted nitroaminobenzotrifluorides. US2212825.
[38] Carey F A，Sundberg I J. Chapter 1：chemical bonding and molecular structure// Advanced organic chemistry，part A：structure and mechanisms (fifth edition). New York：Springer Science+Business Media，LLC，2007：1-117.
[39] Blanksby S J，Ellison G B. Bond dissociation energies of organic molecules. Acc Chem Res，2003，36（4）：255-263.
[40] 肖吉昌，卢寿福，林锦鸿. 含氟药物. 北京：化学工业出版社，2022：5-28.
[41] a. Jeschke P. The unique role of fluorine in the design of active ingredients for modern crop protection. ChemBioChem，2004，5（5）：570-589.

b. Maienfisch P, Hall R G. The importance of fluorine in the life science industry. CHIMIA, 2004, 58 (3): 93-99.

c. Theodoridis G. Chapter 4 fluorine-containing agrochemicals: An overview of recent developments// Alain Tressaud. Advances in Fluorine Science, Vol.2. Elsevier, 2006: 121-175.

d. Jeschke P. The unique role of halogen substituents in the design of modern agrochemicals. Pest Management Science, 2010, 66 (1): 10-27.

e. Jeschke P. Latest generation of halogen-containing pesticides. Pest Management Science, 2017, 73 (6): 1053-1066.

f. Ogawa Y, Tokunaga E, Kobayashi O, et al. Current Contributions of organofluorine compounds to the agrochemical industry. iScience, 2020, 23 (9): 101467.

g. Wang Q, Song H, Wang Q. Fluorine-containing agrochemicals in the last decade and approaches for fluorine incorporation. Chin Chem Lett, 2022, 33 (2): 626-642.

h. Jeschke P. Current trends in the design of fluorine-containing agrochemicals// Kálmán Szabó, Nicklas Selander. Organofluorine Chemistry. John Wiley & Sons, 2021: 363-395.

[42] Schlosser M. Parametrization of substituents: effects of fluorine and other heteroatoms on OH, NH, and CH acidities. Angew Chem Int Ed, 1998, 37 (11): 1496-1513.

[43] Dunitz J D, Taylor R. Organic fluorine hardly ever accepts hydrogen bonds. Chem Eur J, 1997, 3 (1): 89-98.

[44] Schneider H J. Hydrogen bonds with fluorine. Studies in solution, in gas phase and by computations, conflicting conclusions from crystallographic analyses. Chem Sci, 2012, 3 (5): 1381-1394.

[45] Tomizawa M, Casida J E. Selective toxicity of neonicotinodis attributable to specificity of insect and mammalian nicotinic receptors. Annu Rev Entomol, 2003, 48 (1): 339-364.

[46] a. Tomizawa M, Kagabu S, Ohno I, et al. Potency and selectivity of trifluoroacetylimino and pyrazinoylimino nicotinic insecticides and their fit at a unique binding site niche. J Med Chem, 2008, 51 (14): 4213-4218.

b. Ohno I, Tomizawa M, Aoshima A, et al. Trifluoroacetyl neonicotinoid insecticides with enhanced hydrophobicity and effectiveness. J Agric Food Chem, 2010, 58 (8): 4999-5003.

[47] Tomizawa M, Durkin K A, Ohno I, et al. N-Haloacetylimino neonicotinoids: Potency and molecular recognition at the insect nicotinic receptor. Bioorg Med Chem Lett, 2011, 21 (12): 3583-3586.

[48] a. Hansch C, Leo A, Unger S H, et al. Aromatic substituent constants for structure-activity correlations. J Med Chem, 1973, 16 (11): 1207-1216.

b. Hansch C, Leo A, Taft R W. A survey of Hammett substituent constants and resonance and field parameters. Chem Rev, 1991, 91 (2): 165-195.

[49] Smart B E. Fluorine substituent effects (on bioactivity). J Fluorine Chem, 2001, 109 (1): 3-11.

[50] Ojima I. Chapter 1: Unique properties of fluorine and their relevance to medicinal chemistry and chemical biology // Fluorine in Medicinal Chemistry and Chemical Biology. Chichester: Blackwell Publishing, 2009: 3-46.

[51] a. Lee D L, Prisbylla M P, Cromartie T H, et al. The discovery and structural requirements of inhibitors of *p*-hydroxyphenylpyruvate dioxygenase. Weed Sci, 1997, 45 (5): 601-609.

b. Beaudegnies R, Edmunds A J F, Fraser T E M, et al. Herbicidal 4-hydroxyphenylpyruvate dioxygenase inhibitors - A review of the triketone chemistry story from a Syngenta perspective. Bioorg Med Chem, 2009, 17 (12): 4134-4152.

c. Ndikuryayo F, Moosavi B, Yang W C, et al. 4-Hydroxyphenylpyruvate dioxygenase inhibitors: From chemical biology to agrochemicals. J Agric Food Chem, 2017, 65 (39): 8523-8537.

d. Santucci A, Bernardini G, Braconi D, et al. 4-Hydroxyphenylpyruvate dioxygenase and its inhibition in plants and animals: Small molecules as herbicides and agents for the treatment of human inherited diseases. J Med Chem, 2017, 60(10): 4101-4125.

[52] Schmitt M H, van Almsick A, Willms L. Discovery and chemistry of pyrasulfotole, a new dicot herbicide for cereal production. Pflanzenschutz-Nachr Bayer, 2008, 61 (1): 7-14.

[53] a. Serre L, Sailland A, Sy D et al. Crystal structure of pseudomonas fluorescens 4-hydroxyphenylpyruvate dioxygenase: an enzyme involved in the tyrosine degradation pathway. Structure, 1999, 7 (8): 977-988.

b. Fritze I M, Linden L, Freigang J, et al. The crystal structures of zea mays and arabidopsis 4-hydroxyphenylpyruvate dioxygenase. Plant Physiol, 2004, 134 (4): 1388-1400.

[54] Freigang J, Laber B, Lange G, et al. The biochemistry of pyrasulfotole. Pflanzenschutz-Nachr Bayer, 2008, 61 (1): 15-28.

[55] a. Dorman D C, Beasley V R. Neurotoxicology of pyrethrin and the pyrethroid insecticides. Vet Hum Toxicol, 1991, 33 (3): 238-243.

b. Davies T G E, Field L M, Usherwood P N R, et al. DDT, pyrethrins, pyrethroids and insect sodium channels. IUBMB Life, 2007, 59 (3): 151-162.

c. Schleier J J, III, Peterson R K D. Pyrethrins and pyrethroid insecticides. RSC Green Chem Ser, 2011, 11, 94-131.

[56] Ando T, Koseki N, Yasuhara I, et al. Insecticidal activity of new fluorinated pyrethroids and their stability toward chemical oxidation and photoreaction. Pestic Sci, 1994, 40 (4): 307-312.

[57] Langmuir I. Isomorphism, isosterism and covalence. J. Am. Chem. Soc, 1919, 41 (10): 1543-1559.

[58] a. Grimm H G. Structure and size of the non-metallic hydrides. Z Elektrochem Angew Phys Chem, 1925, 31474.

b. Erlenmeyer H, Leo M. Über pseudoatome. Helv Chim Acta, 1932, 15 (1): 1171-1186.

[59] Friedman H L. Influence of isosteric replacements upon biological activity. Washington, DC: Natl Research Council, Natl Acad Sci, Chem- Biol Coördination Center, Pub, 1950, 9: 295-358.

[60] Lipinski C A. Bioisosterism in drug design. Annu Rep Med Chem, 1986, 21: 283-291.

[61] a. Patani G A, LaVoie E J. Bioisosterism: A rational approach in drug design. Chem Rev, 1996, 96 (8): 3147-3176.

b. Meanwell N A. Synopsis of some recent tactical application of bioisosteres in drug design. J Med Chem, 2011, 54 (8): 2529-2591.

[62] Meanwell N A. Fluorine and fluorinated motifs in the design and application of bioisosteres for drug design. J Med Chem, 2018, 61 (14): 5822-5880.

[63] Dietrich H, Jones J C, Laber B. Inhibitors of cellulose biosynthesis// Jeschke P, Witschel M, Krämer W, Schirmer U. Modern crop protection compounds, herbicides, vol. 1: Herbicides. Weinheim: VCH-Wiley, 2019: 387-423.

[64] Nishii M, Kobayashi I, Uemura M, et al. Preparation of triazine derivative as herbicides. WO9009378.

[65] Ahrens H. Indaziflam: An innovative broad spectrum herbicide// Maienfisch P, Stevenson T M. Discovery and synthesis of crop protection products, ACS symposium series, vol. 1204. Washington, DC: American Chemical Society, 2015: 233-245.

[66] Schmitzer P R, Morell M, Gast R E, et al. New auxin mimic herbicides: 6-Arylpicolinates// Jeschke P, Witschel M, Krämer W, Schirmer U. Modern crop protection compounds, herbicides, vol 1. Weinheim: VCH-Wiley, 2019: 343-350.

[67] Epp J B, Alexander A L, Balko T W, et al. The discovery of Arylex™ active and Rinskor™ active: Two novel auxin herbicides. Bioorg Med Chem, 2016, 24 (3): 362-371.

[68] Balko T W, Buysse A M, Epp J B, et al. Preparation of 6-aryl-4-aminopicolinic acids as herbicides with excellent crop selectivity. WO2003011853.

[69] Balko T W, Schmitzer P R, Daeuble J F et al. Preparation of 4-aminopicolic acid derivative herbicides. WO2007082098.

[70] Yerkes C N, Lowe C T, Eckelbarger J D, et al. Arylalkyl esters of 4-amino-6-(substituted phenyl)-picolinates and 6-amino-2-(substituted phenyl)-pyrimidinecarboxylates and their use as selective herbicides for crops. US20120190551.

[71] a. Jeschke P, Nauen R, Schindler M, et al. Overview of the status and global strategy for neonicotinoids. J Agric Food Chem,

2011，59（7）：2897-2908.

b. Jeschke P，Nauen R，Beck M E. Nicotinic acetylcholine receptor agonists：A milestone for modern crop protection. Angew Chem Int Ed，2013，52（36）：9464-9485.

[72] a. Eckert J N. Sulfur balance indexes of casein in adult dogs with and without addition of DL-methionine. Arch Biochem，1949，19：379-387.

b. Bentley H R，McDermott E E，Whitehead J K. Action of nitrogen trichloride on proteins-synthesis of the toxic factor from methionine. Nature，1950，165：735.

[73] Zhu Y，Rogers R B，Huang J X. Preparation of *N*-substituted sulfoximines as insecticides. US20050228027.

[74] a. Johnson C R，Haake M，Schroeck C W. Chemistry of sulfoxides and related compounds. XXVI. Preparation and synthetic applications of（dimethylamino）phenyloxosulfonium methylide. J Am Chem Soc，1970，92（22）：6594-6598.

b. Mutti R，Winternitz P. Synthese von *N*-Nitrosulfoximiden. Synthesis，1986，1986（05）：426-427.

c. Ou W，Chen Z C. Hypervalent iodine in synthesis XXXII：a novel way for the synthesis of *N*-sulfonylsulfilimines from sulfides and sulfonamides using iodosobenzene diacetate. Synth Commun，1999，29（24）：4443-4449.

d. Okamura H，Bolm C. Rhodium-catalyzed imination of sulfoxides and sulfides：Efficient preparation of *N*-unsubstituted sulfoximines and sulfilimines. Org Lett，2004，6（8）：1305-1307.

[75] Zhu Y，Loso M R，Watson G B，et al. Discovery and characterization of sulfoxaflor，a novel insecticide targeting sap-feeding pests. J Agric Food Chem，2011，59（7）：2950-2957.

[76] a. Loso M R，Nugent B M，Zhu Y，et al. Heteroaryl（substituted）alkyl *N*-substituted sulfoximines as insecticides. US 20080108666.

b. Zhu Y，Rogers R B，Huang J X. Insecticidal *N*-substituted sulfoximines. US7678920.

[77] Loso M R，Benko Z，Buysse A，et al. SAR studies directed toward the pyridine moiety of the sap-feeding insecticide sulfoxaflor(Isoclast™ active). Biorg Med Chem，2016，24（3）：378-382.

[78] Beck M E，Gutbrod O，Matthiesen S. Insight into the binding mode of agonists of the nicotinic acetylcholine receptor from calculated electron densities. Chem Phys Chem，2015，16（13）：2760-2767.

[79] a. Tamura S，Sakata K，Sakurai A. Stemofoline as insecticide. JP53127825.

b. Lind R J，Greenhow D T，Blythe J，et al. Cyanotropanes：novel chemistry interacting at the insect nicotinic acetylcholine receptor. BCPC Conf Pests Dis，2002，（1）：145-152.

c. Kaltenegger E，Brem B，Mereiter K，et al. Insecticidal pyrido[1,2-a]azepine alkaloids and related derivatives from Stemona species. Phytochemistry，2003，63（7）：803-816.

[80] Nauen R，Jeschke P，Velten R，et al. Flupyradifurone：a brief profile of a new butenolide insecticide. Pest Manag Sci，2015，71（6）：850-862.

[81] Jeschke P，Nauen R，Velten R，et al. Butenolides：Flupyradifurone// Jeschke P，Witschel M，Krämer W，Schirmer U. Modern crop Protection Compounds，Insecticides，Vol. 3. Weinheim：VCH-Wiley，2019：1361-1384.

[82] Kier L B，Roche E B. Medicinal chemistry of the mesoionic compounds. J Pharm Sci，1967，56（2）：149-168.

[83] Holyoke C W，Zhang W，Pahutski T F，et al. Triflumezopyrim：discovery and optimization of a mesoionic insecticide for rice. ACS Symp Ser，2015，1204：365-378.

[84] a. Tohnishi M，Nakao H，Kohno E，et al. Preparation of phthalamides as agrohorticultural insecticides. EP1006107.

b. Tohnishi M，Nakao H，Furuya T，et al. Flubendiamide，a novel insecticide highly active against lepidopterous insect pests. J Pestic Sci，2005，30（4）：354-360.

[85] Katsuta H，Nomura M，Wakita T，et al. Discovery of broflanilide，a novel insecticide. J Pestic Sci（Tokyo，Jpn），2019，

44（2）：120-128.
[86] a. Yoshida K，Wakita T，Katsuta H，et al. Preparation of 3-benozylaminobenzamide derivatives and related amides derivatives as insecticides. WO2005073165.
b. Yoshida K，Wakita T，Katsuta H，et al. Preparation of aminobenzenecarboxamide derivatives as insecticides. WO2005021488.
[87] Kato K，Kiyonaka S，Sawaguchi Y，et al. Molecular characterization of flubendiamide sensitivity in the lepidopterous ryanodine receptor Ca^{2+} release channel. Biochemistry，2009，48（43）：10342-10352.
[88] Nakao T，Banba S. Broflanilide：a meta-diamide insecticide with a novel mode of action. Bioorg Med Chem，2016，24（3）：372-377.
[89] Furuya T，Suwa A，Nakano M，et al. Synthesis and biological activity of a novel acaricide，pyflubumide. J Pestic Sci，2015，40（2）：38-43.
[90] Pasteris R J，Hanagan M A，Bisaha J J，et al. Discovery of oxathiapiprolin，a new oomycete fungicide that targets an oxysterol binding protein. Biorg Med Chem，2016，24（3）：354-361.
[91] Britton R，Gouverneur V，Lin J H，et al. Contemporary synthetic strategies in organofluorine chemistry. Nat Rev Methods Primers，2021，1（1）：47.
[92] a. Rozen S. Selective fluorinations by reagents containing the OF group. Chem Rev，1996，96（5）：1717-1736.
b. Ma J A，Cahard D. Update 1 of：Asymmetric fluorination，trifluoromethylation，and perfluoroalkylation reactions. Chem Rev，2008，108（9）：PR1-PR43，Web Only Content.
c. O'Hagan D，Deng H. Enzymatic fluorination and biotechnological developments of the fluorinase. Chem Rev，2015，115（2）：634-649.
d. Fuchigami T，Inagi S. Recent advances in electrochemical systems for selective fluorination of organic compounds. Acc Chem Res，2020，53（2）：322-334.
e. See Y Y，Morales-Colon M T，Bland D C，et al. Development of SNAr nucleophilic fluorination：A fruitful academia-industry collaboration. Acc Chem Res，2020，53（10）：2372-2383.
[93] a. Zhang C P，Chen Q Y，Guo Y，et al. Difluoromethylation and trifluoromethylation reagents derived from tetrafluoroethane β-sultone：Synthesis，reactivity and applications. Coord Chem Rev，2014，261，28-72.
b. Lu Y，Liu C，Chen Q Y. Recent advances in difluoromethylation reaction. Curr Org Chem，2015，19（16）：1638-1650.
c. Yerien D E，Barata-Vallejo S，Postigo A. Difluoromethylation reactions of organic compounds. Chem Eur J，2017，23（59）：14676-14701.
d. Sap J B I，Meyer C F，Straath of N J W，et al. Late-stage difluoromethylation：concepts，developments and perspective. Chem Soc Rev，2021，50（14）：8214-8247.
[94] a. Chu L，Qing F L. Oxidative trifluoromethylation and trifluoromethylthiolation reactions using（trifluoromethyl）trimethylsilane as a nucleophilic CF_3 source. Acc Chem Res，2014，47（5）：1513-1522.
b. Alonso C，Martinez de Marigorta E，Rubiales G，et al. Carbon trifluoromethylation reactions of hydrocarbon derivatives and heteroarenes. Chem Rev，2015，115（4）：1847-1935.
c. Charpentier J，Fruh N，Togni A. Electrophilic trifluoromethylation by use of hypervalent iodine reagents. Chem Rev，2015，115（2）：650-682.
d. Liu X，Xu C，Wang M，et al. Trifluoromethyltrimethylsilane：nucleophilic trifluoromethylation and beyond. Chem Rev，2015，115（2）：683-730.
e. Clarke S L，McGlacken G P. Methyl fluorosulfonyldifluoroacetate（MFSDA）：An underutilised reagent for trifluoromethylation. Chem Eur J，2017，23（6）：1219-1230.

f. Zhu L，Fang Y，Li C. Trifluoromethylation of alkyl radicals：Breakthrough and challenges. Chin J Chem 2020，38（7）：787-789.

g. Xiao H，Zhang Z，Fang Y，et al. Radical trifluoromethylation. Chem Soc Rev，2021，50（11）：6308-6319.

[95] a. Toulgoat F，Billard T. New reagents for asymmetric trifluoromethoxylation. Chem，2017，2（3）：327-329.

b. Barata-Vallejo S，Bonesi S M，Postigo A. Trifluoromethoxylation reactions of (hetero) arenes，olefinic systems and aliphatic saturated substrates. Chem Eur J，2022，28（58）：e202201776.

[96] Chen Q Y，Wu S W. Methyl fluorosulphonyldifluoroacetate；a new trifluoromethylating agent. J Chem Soc，Chem Commun，1989（11）：705-706.

[97] Xie Q，Hu J. Chen's reagent：A versatile reagent for trifluoromethylation，difluoromethylenation，and difluoroalkylation in organic synthesis. Chin J Chem，2020，38（2）：202-212.

[98] Maddess M L，Scott J P，Alorati A，et al. Enantioselective synthesis of a highly substituted tetrahydrofluorene derivative as a potent and selective estrogen receptor beta agonist. Org Process Res Dev，2014，18（4）：528-538.

[99] Savoie P R，Welch J T. Preparation and utility of organic pentafluorosulfanyl-containing compounds. Chem Rev，2015，115（2）：1130-1190.

[100] a. Shou J Y，Xu X H，Qing F L. Chemoselective hydro（chloro）pentafluorosulfanylation of diazo compounds with pentafluorosulfanyl chloride. Angew Chem，Int Ed，2021，60（28）：15271-15275.

b. Shou J Y，Qing F L. Three-component reaction of pentafluorosulfanyl chloride，alkenes and diazo compounds and synthesis of pentafluorosulfanylfurans. Angew Chem，Int Ed，2022，61（39）：e202208860.

[101] http://bcpcpesticidecompendium.org/index_new_frame.html.

2

除草剂篇

2.1 原卟啉原氧化酶抑制剂

2.1.1 二苯醚类

2.1.1.1 呋氧草醚 furyloxyfen

【化学名称】(*RS*)-5-(2-氯-*α*,*α*,*α*-三氟-对甲基苯氧基)-2-硝基苯基-3-四氢呋喃醚

IUPAC 名：(*RS*)-5-(2-chloro-*α*,*α*,*α*-trifluoro-*p*-tolyloxy)-2-nitrophenyl tetrahydro-3-furyl ether

CAS 名：3-{5-[2-chloro-4-(trifluoromethyl)phenoxy]-2-nitrophenoxy}tetrahydrofuran

【化学结构式】

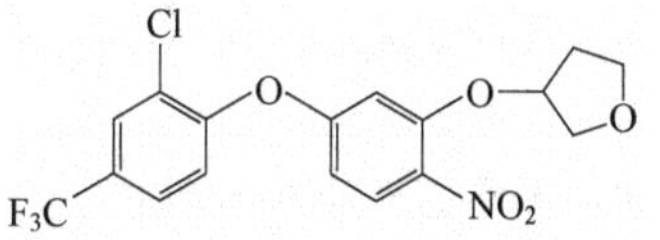

【分子式】$C_{17}H_{13}ClF_3NO_5$

【分子量】403.74

【CAS 登录号】80020-41-3

【研制和开发公司】Mitsui Toatsu Chemicals（日本三井东压化学公司）

【合成路线】[1,2]

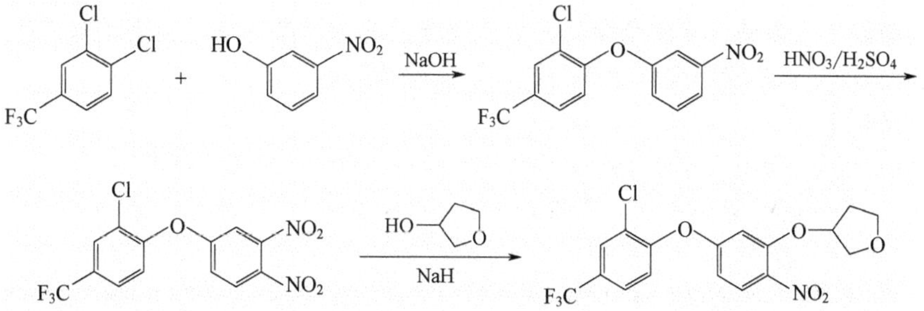

【作用机理】原卟啉原氧化酶抑制剂。

【应用】用于甘蔗田防除阔叶杂草。

【参考文献】

[1] Yoshimoto T，Toyama T，Igarashi K，et al．Tetrahydrofuran derivatives and their use as herbicides：US4308051．

[2] Yoshimoto T，Igarashi K，Oda K，et al．2-Chloro-4-trifluoromethylphenyl-3-nitrophenyl ether compounds and their use in the preparation of 2-chloro-4-trifluoromethylphenyl-4-nitrophenyl ether compounds：US4385189．

2.1.1.2 氟除草醚 fluoronitrofen

【化学名称】2,4-二氯-6-氟苯基 4-硝基苯基醚

IUPAC 名：2,4-dichloro-6-fluorophenyl 4-nitrophenyl ether

CAS 名：1,5-dichloro-3-fluoro-2-(4-nitrophenoxy)benzene

【化学结构式】

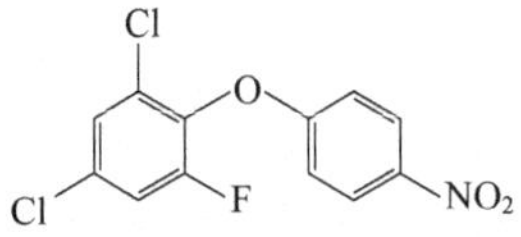

【分子式】$C_{12}H_6Cl_2FNO_3$

【分子量】302.08

【CAS 登录号】13738-63-1

【理化性质】纯品为淡黄色针状结晶，熔点 67.1～67.9℃；沸点 333.7℃（760mmHg）；K_{ow}lg$P$ 5.36（20℃，pH7）；密度（20℃）1.51g/cm^3；23℃时在水中溶解度为 0.66mg/L。

【研制和开发公司】Mitsui Toatsu Chemicals（日本三井株式会社）

【上市国家和年份】日本，时间不详

【合成路线】[1]

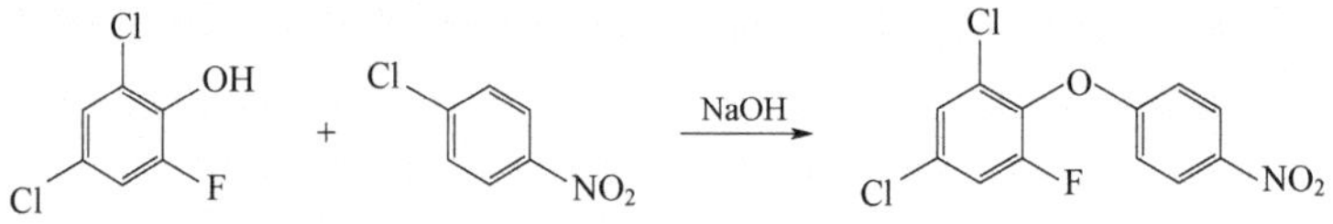

【哺乳动物毒性】小鼠急性经口 LD_{50} 为 2890mg/kg。

【生态毒性】鲤鱼 LC_{50}(48h)0.5mg/L。

【作用机理】原卟啉原氧化酶抑制剂。

【分析方法】气液色谱（GLC）。

【制剂】乳油（EC），可湿粉剂（WP）。

【应用】[2,3]氟除草醚的适用作物为水稻、大豆、花生、棉花、向日葵、森林苗木，还可作为脲类除草剂的增效剂。

【防治对象】大多数一年生杂草、大豆菟丝子及海水浮游生物，也用于森林苗木中除草，以及海边电站冷却水中防除海水浮游生物，稻田除草等。

【参考文献】

[1] Nitta K，Sugiyama H，Takita K，et al．4-Nitrodiphenyl ethers for control of plankton：US3787217．

[2] Takematsu T，Konnai M，Takeuchi Y．CFNP[2,4-dichloro-6-fluorophenyl-*p*-nitrophenyl ether] a selective herbicide for sunflower．Weed Sci，1975，23（1）：57-60．

[3] Manabe T，Ishii K. Weed control on forest nurseries with CFNP(MO-500)[2,4-dichloro-6-fluoro phenyl *p*-nitrophenyl ether].

Zasso Kenkyu，1972，13：22-25.

2.1.1.3 氟磺胺草醚 fomesafen

【商品名称】Flosil，Flexstar，Reflex，FlexstarGT（混剂，与草甘膦混合）

【化学名称】5-(2-氯-*α*,*α*,*α*-三氟-对甲苯氧基)-*N*-甲磺酰基-2-硝基苯甲酰胺

IUPAC 名：5-(2-chloro-*α*,*α*,*α*-trifluoro-*p*-tolyloxy)-*N*-methylsulfonyl-2-nitrobenzamide

CAS 名：5-[2-chloro-4-(trifluoromethyl)phenoxy]-*N*-methylsulfonyl-2-nitrobenzamide

【化学结构式】

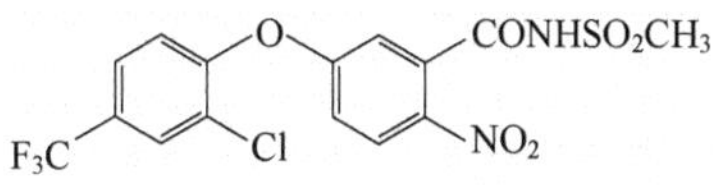

【分子式】$C_{15}H_{10}ClF_3N_2O_6S$

【分子量】438.76

【CAS 登录号】72178-02-0

【理化性质】白色固体，熔点 220～221℃。密度（20℃）1.61g/cm^3；蒸气压（20℃）＜ 4×10^{-3}mPa；分配系数 K_{ow}lg*P* 3.4（pH4）。水中溶解度（20℃）：纯水 50mg/L、＜10mg/L（pH1～2）、10000mg/L（pH9）。有机溶剂中溶解度：丙酮 300g/L，二氯甲烷 10g/L，二甲苯 1.9g/L，甲醇 20g/L。能生成水溶性盐；50℃可稳定保存 6 个月；光解下分解 DT_{50} 32d（pH7，25℃）。

【研制和开发公司】由 ICI Plant Protection Division（英国帝国化学工业植物保护部）［现为 Syngenta AG（先正达公司）］开发

【上市国家和年份】1983 年报道

【合成路线】[1-5]

路线 1：

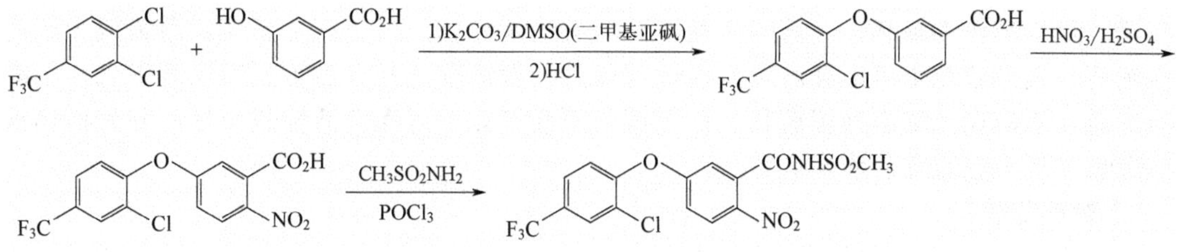

路线 2：

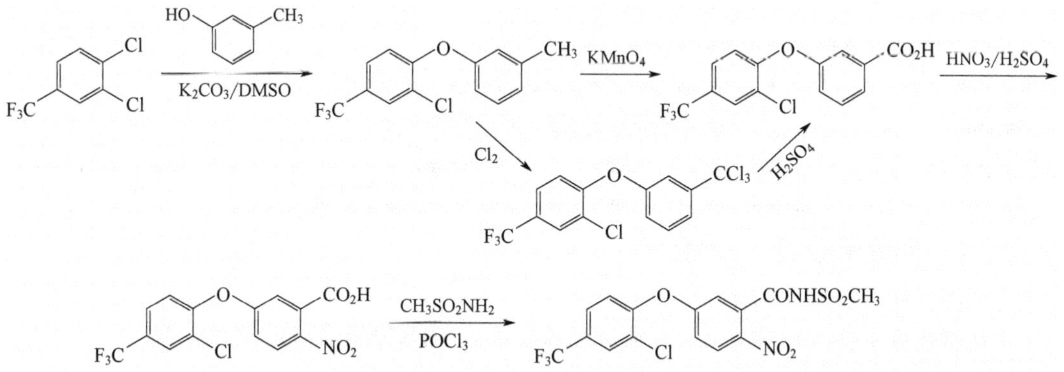

【哺乳动物毒性】雄大鼠急性毒性经口 LD_{50}＞2000mg/kg，兔急性经皮 LD_{50}＞2000mg/kg；对兔皮肤中度刺激，对眼睛严重刺激性，对豚鼠皮肤无致敏；雄大鼠空气吸入 LC_{50}（4h）2.82mg/L；大鼠（2 年）NOEL 5mg/(kg・d)，小鼠（18 个月）NOEL 1mg/(kg・d)（小鼠肝脏肿瘤，由于过氧物酶增殖，与人没有相关性），狗（6 个月）1mg/(kg・d)；基因毒性呈阴性，无致肿瘤性；ADI/RfD（EPA）cRfD 0.0025mg/kg[2006]；毒性等级：Ⅲ。

【生态毒性】野鸭急性经口 LD_{50}＞5000mg/kg，山齿鹑和野鸭饲喂 LC_{50}(5d)＞2000mg/kg 饲料；虹鳟 LC_{50} (96h) 155mg/L；蓝鳃翻车鱼 LC_{50} (96h) 1375mg/L；水蚤 LC_{50} (48h) 330mg/L；藻类 EC_{50} (96h) 170μg/L；蜜蜂低毒，蜜蜂经口 LD_{50}≥50μg/只，接触 LD_{50}≥100μg/只；有尾目 LC_{50} (72h) 0.120mg/L。

【作用机理】原卟啉原氧化酶抑制剂。

【分析方法】高效液相色谱-紫外（HPLC-UV）

【制剂】微浮剂（ME），可溶性液剂（SL）

【应用】[6]作用方式：选择性除草剂，通过叶片和根吸收，限制在韧皮部传导。用途：苗后早期使用，防除大豆田阔叶杂草，使用剂量 200～400g/hm^2，对大豆和其他作物，如菜豆、葛根以及豆科覆盖作物无药害。

【代谢】植物：大豆中，二苯醚键快速裂解产生无活性代谢物。土壤/环境：土壤中在有氧条件下降解缓慢，DT_{50}＞6 个月，但在厌氧条件下降解快，DT_{50}＜1～2 个月，K_{oc} 34～164mL/g。在土壤表面发生光降解，DT_{50} 100～104d。田间土壤 DT_{50} 约 15 周。在浅层土壤无累积。多数残留在土壤顶层至 15.24cm。

【使用注意事项】氟磺胺草醚在土壤中持效期长，如用药量偏高，对第二年种植的敏感作物，如白菜、谷子、高粱、甜菜、玉米、小米、亚麻等均有不同程度药害。在推荐剂量下，其对不翻耕种玉米、高粱，都有轻度影响；应严格掌握药量，选择对其安全的后茬作物。在果园中使用，切勿将药液喷到树叶上。氟磺胺草醚对大豆安全，但对玉米、高粱、蔬菜等作物敏感，施药时注意不要污染这些作物，以免产生药害。用量较大或高温施药，大豆或花生可能会产生灼伤性药斑，一般情况下几天后可正常恢复生长，不影响产量。该药在土壤中残留期长，在土壤中不会钝化，可保持活性数个月，并为植物根部吸收，有一定的残余杀草作用。

【参考文献】

[1] Cartwright D，Collins D J．Diphenyl ether compounds useful as herbicides；methods of using them，processes for preparing them，and herbicidal compositions containing them．EP0003416．

[2] Liu K C．Substituted diphenyl ether herbicides and process for use．US4429146．

[3] Johnson W O．Process for preparing phenoxybenzoic acids．US4031131．

[4] Tang D Y，Cotter B R，Goetz F J．Method for the preparation of nitrodiphenylethers．US4469893．

[5] Sandison M，Eva R，James L E．Method of purifying acifluorfen．US5446197．

[6] Trezzi M M，Alcantara-de la C R，Rojano-Delgado A M，et al．Influence of temperature on the retention，absorption and translocation of fomesafen and imazamox in Euphorbia heter ophylla．Pestic Biochem Physiol，2021，173：104794．

2.1.1.4 乳氟禾草灵 lactofen

【商品名称】Cobra，Naja

【化学名称】*O*-[5-(2-氯-*α,α,α*-三氟对甲苯氧基)-2-硝基苯甲酰]-DL-乳酸乙酯

IUPAC 名：*O*-[5-(2-chloro-*α,α,α*-trifluoro-*p*-tolyloxy)-2-nitrobenzoyl]-DL-lactate

CAS 名：(±)-2-ethoxy-1-ethyl-2-oxoethyl-5-[2-chloro-4-(trifluoromethyl)phenoxy]-2-nitrobenzoate

【化学结构式】

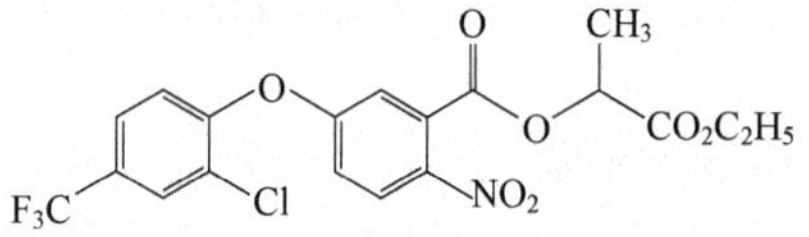

【分子式】$C_{19}H_{15}ClF_3NO_7$

【分子量】461.77

【CAS 登录号】77501-63-4

【理化性质】原药含量 74%～79%，黑褐色至棕褐色固体；熔点 44～46℃，密度（25℃）1.391g/cm^3；蒸气压（20℃）9.3×10^{-3}mPa；水中溶解度＜1mg/L；室温下稳定保存 60d。

【研制和开发公司】由 PPG Industries（美国庞贝捷）开发生产

【上市国家和年份】美国，1987 年

【合成路线】[2-4]

路线 1：

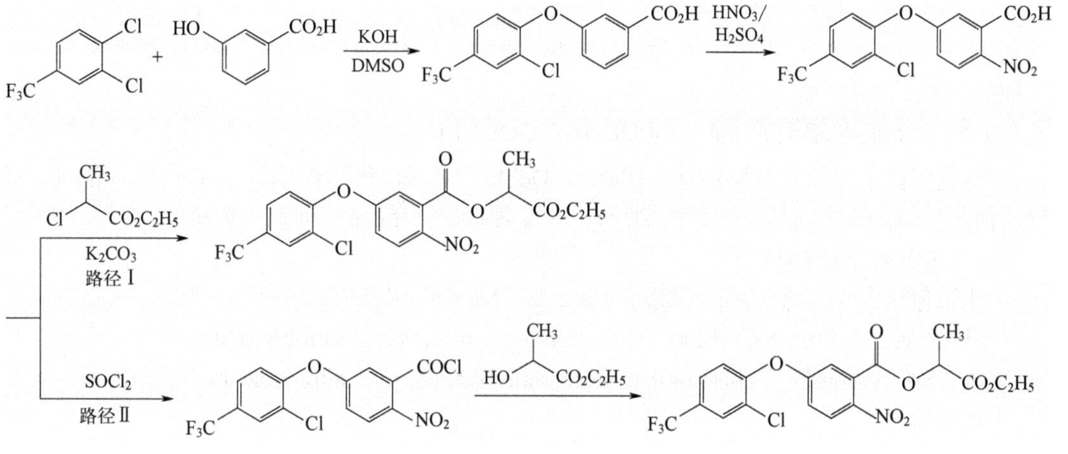

路线 2：

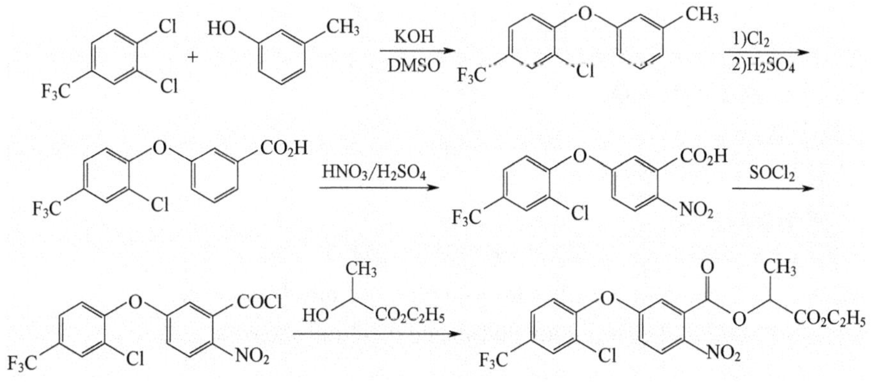

【哺乳动物毒性】[4]大鼠急性经口 LD_{50}＞5000mg/kg，大鼠急性经皮 LD_{50}＞2000mg/kg。制剂对眼睛有不同程度刺激。大鼠急性吸入 LC_{50}（4h）＞5.3mg/L。NOEL：狗 0.79mg/kg。ADI(EPA)/aRfD 0.5mg/kg，cRfD 0.008mg/kg[2000]。

【生态毒性】鹌鹑急性经口 LD_{50}（14d）＞2150mg/kg，鹌鹑和野鸭饲喂 LC_{50}＞5620mg/kg；虹鳟 LC_{50}（96h）＞100μg/L；蓝鳃翻车鱼 LC_{50}（96h）＞100μg/L；水蚤 LC_{50}＞100μg/L；蜜蜂接触 LD_{50}＞160μg/只。

【作用机理】原卟啉原氧化酶抑制剂。

【分析方法】高效液相色谱-紫外（HPLC-UV），气相色谱-电子捕获（GC-ECD）

【制剂】乳油（EC）

【应用】[5] 作用方式：具有芽前、芽后活性。用途：苗后使用防除棉花、大豆和菜豆田阔叶杂草，使用剂量 224.4g/hm^2。

【代谢】土壤/环境：通过微生物降解，DT_{50} 3～7d。K_{oc} 10000mL/g。

【参考文献】

[1] Johnson W O．Substituted nitrodiphenyl ethers and herbicidal compositions containing them．US5214190.

[2] Guzik F F，Pamer S E，Richter S．Substituted diphenyl ethers．US4424393.

[3] 游华南，冯应江，高庆林，等．二苯醚衍生物的合成方法以及乙氧氟草醚的合成方法．CN102030655.

[4] Wang F，Gao J，Li P，et al．Herbicidal activity and differential metabolism of lactofen in rat and loach on an enantiomeric level．Environ Sci Pollut Res，2022，29（19）：28307-28316.

[5] da Rosa W P，Caverzan A，Chavarria G．Grain productive efficiency of soybean plants under lactofen application．Plant Sci Today，2020，7（2）：288-295.

2.1.1.5 三氟羧草醚钠盐 acifluorfen-sodium

【商品名称】三氟羧草醚钠盐：Blazer，Doble（混剂，灭草松钠盐），Galaxy（混剂，灭草松钠盐），Storm（混剂，灭草松钠盐）；三氟羧草醚：Bafen（混剂，灭草松）

（1）三氟羧草醚钠盐

【化学名称】5-(2-氯-*α,α,α*-三氟对甲苯氧基)-2-硝基苯甲酸钠

IUPAC 名：sodium 5-(2-chloro-*α,α,α*-trifluoro-*p*-tolyloxy)-2-nitrobenzoate

CAS 名：sodium 5-[2-chloro-4-(trifluoromethyl)phenoxy]-2-nitrobenzoate

【化学结构式】

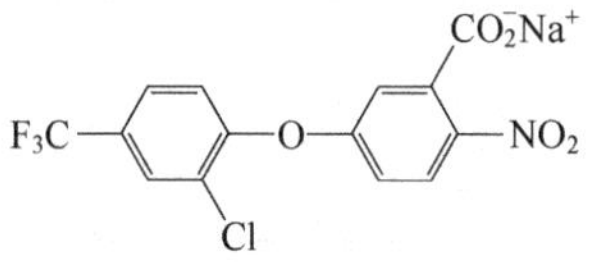

【分子式】$C_{14}H_6ClF_3NNaO_5$

【分子量】383.64

【CAS 登录号】62476-59-9

（2）三氟羧草醚

【化学名称】5-(2-氯-*α,α,α*-三氟对甲苯氧基)-2-硝基苯甲酸

IUPAC 名：5-(2-chloro-*α,α,α*-trifluoro-*p*-tolyloxy)-2-nitrobenzoic acid

CAS 名：5-[2-chloro-4-(trifluoromethyl)phenoxy]-2-nitrobenzoic acid

【化学结构式】

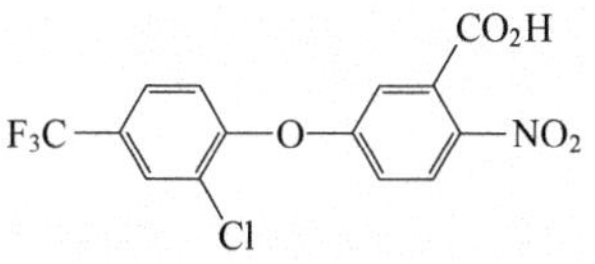

【分子式】$C_{14}H_7ClF_3NO_5$

【分子量】361.66

【CAS 登录号】50594-66-6

【理化性质】三氟羧草醚钠盐：原药盐固体不能单独存在，但是在水溶液中稳定，含量 44%（质量分数）；干剂浅黄色，伴有防腐剂气味；熔点（干剂）274～278℃（分解）；蒸气压（25℃）＜0.01mPa（蒸发速率法）；K_{ow}lg$P$ 1.19（pH5，25℃）；密度 0.4～0.5g/cm^3。水中溶解度（25℃）：（无缓冲）62.07g/100g，60.81g/100g（pH7），60.71g/100g（pH9）。有机溶剂中溶解度（25℃）：辛醇 5.37g/100g，甲醇 64.15g/100g，己烷＜5×10^{-5}g/100g。在水溶液中稳定性＞1 年（20～25℃）；pK_a=3.86±0.12。

三氟羧草醚：纯品为浅褐色固体，熔点 142～160℃；蒸气压（20℃）＜0.01mPa（蒸发速率法）；密度 1.546g/cm^3。水中溶解度 120mg/L（23～25℃）（原药），有机溶剂中溶解度（25℃）：丙酮 600g/kg，乙醇 500g/kg，二氯甲烷 50g/kg，二甲苯、煤油＜10g/kg。235℃分解，在酸性、碱性介质中稳定，pH3～9（40℃）；遇紫外线分解，DT_{50} 约 110h。

【研制和开发公司】由 Mobil Chemical Co.（美孚化学公司）［现为 Bayer（德国拜耳）公司］和 Rohm&Haas（美国罗门哈斯公司）开发

【上市国家和年份】美国，1980 年

【合成路线】[1-5]

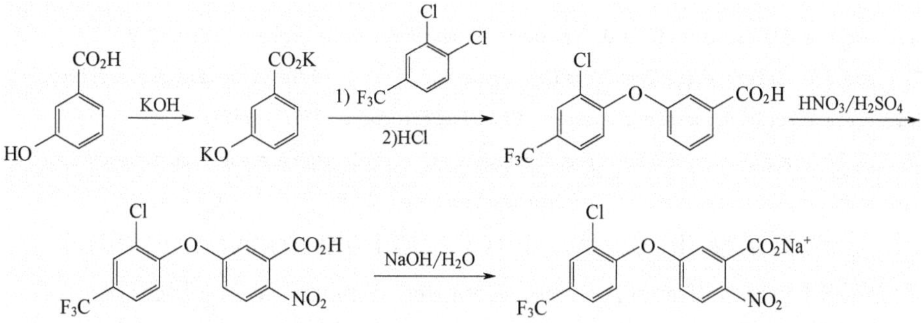

【哺乳动物毒性】三氟羧草醚钠盐：

急性经口 LD_{50}：大鼠 1540mg/kg，雌小鼠 1370mg/kg，兔 1590mg/kg（原药水溶液）；兔急性经皮 LD_{50}＞2000mg/kg；对兔眼睛有严重刺激性，对皮肤有中度刺激性（原药水溶液）；大鼠吸入 LC_{50}（4h）＞6.91mg/L（空气，水剂）。大鼠（代）NOEL 1.25mg/kg［美国国家环境保护局变更登记决定（EPA RED）］；小鼠 NOEL 7.5mg/kg（原药水溶液）。ADI（EPA）aRfD 0.2mg/kg，最低 cRfD 0.013 mg/kg[1988，2002]。Ames 和小鼠淋巴瘤试验表明无致突变作用；毒性等级：Ⅲ。

【生态毒性】三氟羧草醚钠盐：山齿鹑急性经口 LD_{50} 325mg/kg，山齿鹑和野鸭 LC_{50}（8d）＞5620mg/kg；虹鳟 LC_{50}（96h）17mg/L，大翻车鱼 LC_{50}（96h）62mg/L；水蚤 EC_{50}（48h）77mg/L；

羊角月牙藻 EC_{50}＞260ug/L；水华鱼腥藻 EC_{50}＞350ug/L；草虾 EC_{50}（96h）189mg/L。使用时不能接触蜜蜂；蚯蚓 LC_{50}（14d）＞1800mg/kg；棕色固氮菌最低抑制浓度＞1000mg/kg，枯草芽孢杆菌 1000mg/kg。

【作用机理】原卟啉原氧化酶抑制剂。

【分析方法】高效液相色谱-紫外（HPLC-UV）检测法

【制剂】可溶性液剂（SL）

【应用】[6]作用方式：选择性触杀型除草，通过根和叶吸收，在植物体内很少传导。光照可提高活性。用途：苗后使用防除大豆、一年生阔叶杂草（苘麻、反枝苋、曼陀罗、蓼、牵牛、苍耳），对一些禾本科杂草也有活性。使用剂量 0.2～0.6kg/hm^2，作物不同，剂量不同。大豆对其有很好的耐药性，在新叶上可能看到一些伤害，但对生长没有影响。与肥料混合会增加药害。可与其他杀虫剂混配，但是由于添加了一定的助剂可能增加药害风险。

【代谢】动物：大鼠经口摄入，迅速并完全吸收和排泄；多次给药，没有累积效应；经皮吸收很少，三氟羧草醚钠盐对水生和陆生动物无实质性危害。植物：植物中不能传导，降解发生在表面或接近于表面，DT_{50} 约 1 周。通过氨基化、羟基化、羧化作用，代谢迅速、完全。土壤/环境：有效成分迅速降解，DT_{50} 108d（砂壤土）～200d（黏壤土），主要形成结合残留物和高极性代谢物。通过微生物作用代谢，也可在土壤表面发生光解。在土壤中没有累积，吸附 K_{oc} 44～684mL/g，K_d 0.13～1.98mL/g；解吸 K_{oc} 131～1955mL/g，K_d 0.39～4.6mL/g。水中三氟羧草醚在黑暗中水解稳定，但是遇光迅速分解，DT_{50} 约 2h，主要形成 CO_2。

【参考文献】

[1] Johnson W O. Substituted nitrodiphenyl ethers and herbicidal compositions containing them. EP20052.

[2] Giacobbe T G, Skillman C G T. Process for recovering and purifying herbicidal phenoxy benzoic acid derivatives. US4405805.

[3] Claus J S, Hanover V. Control of certain grasses with certain 5-[2-chloro-4-(trifluoromethyl)-phenoxy]-2-nitrobenzoic acid esters and amides. US4851034.

[4] John H A, Stephen M B, James P M, et al. Process for the nitration of diphenylethers. US6028219.

[5] Li S F, Zhang X L, Ji D S, et al. Continuous flow nitration of 3-[2-chloro-4-(trifluoromethyl)phenoxy] benzoic acid and its chemical kinetics within droplet-based microreactors. Chem Eng Sci, 2022, 255: 117657.

[6] Niu J F, Tang J Y, Tang G, et al. Enhanced phototherapy activity by employing a nanosilica-coumarin-acifluorfen conjugate as the supplementary light source generato. ACS Sustainable Chem Eng, 2019, 7 (21): 17706-17713.

2.1.1.6 乙羧氟草醚 fluoroglycofen (acid) /fluoroglycofen-ethyl

【商品名称】Estrad，Trenox，Duplo，Compete，Simitar，阔锄、阔必净

（1）乙羧氟草醚酸 fluoroglycofen

【化学名称】*O*-[5-(2-氯-*α*,*α*,*α*-三氟对甲苯氧基)-2-硝基苯甲酰基]甘醇乙酸

IUPAC 名：*O*-[5-(2-chloro-*α*,*α*,*α*-trifluoro-*p*-tolyloxy)-2-nitrobenzoyl]glycolic acid

CAS 名：carboxymethyl 5-[2-chloro-4-(trifluorometnyl)phenoxy]-2-nitrobenzoate

【化学结构式】

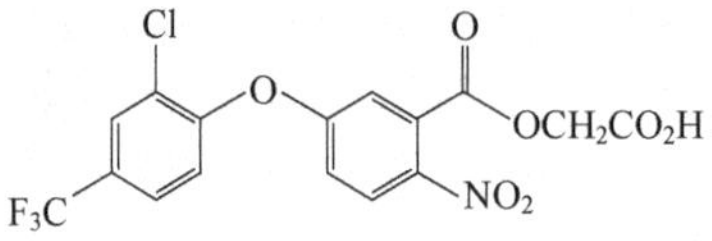

【分子式】$C_{16}H_9ClF_3NO_7$

【分子量】419.69

【CAS 登录号】77501-60-1

（2）乙羧氟草醚 fluoroglycofen-ethyl

【化学名称】*O*-[5-(2-氯-*α*,*α*,*α*-三氟对甲苯氧基)-2-硝基苯甲酰基]甘醇乙酸乙酯

IUPAC 名：ethyl *O*-[5-(2-chloro-*α*,*α*,*α*-trifluoro-*p*-tolyloxy)-2-nitrobenzoyl]glycolate

CAS 名：ethoxy carbonylmethyl-5-(2-chloro-4-trifluoromethylphenoxy)-2-nitrobenzoate

【化学结构式】

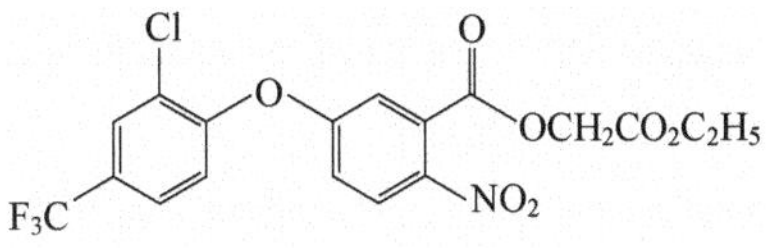

【分子式】$C_{18}H_{13}ClF_3NO_7$

【分子量】447.75

【CAS 登录号】77501-90-7

【理化性质】乙羧氟草醚：纯品为深琥珀色固体，熔点 65℃；密度（20℃）1.01g/cm^3；水中溶解度（25℃）0.6mg/L；易溶于正己烷之外的大多数有机溶剂。稳定性（22℃）0.25mg/L；水解 DT_{50} 231d（pH5）、15d（pH7）、0.15d（pH9）；紫外线条件下水悬浮液快速分解。

【研制和开发公司】由 Rohm & Hass Co.（美国罗门哈斯公司）［现为 Dow Agrosciences（美国陶氏益农公司）］开发

【上市国家和年份】美国，1987 年

【合成路线】[1-4]

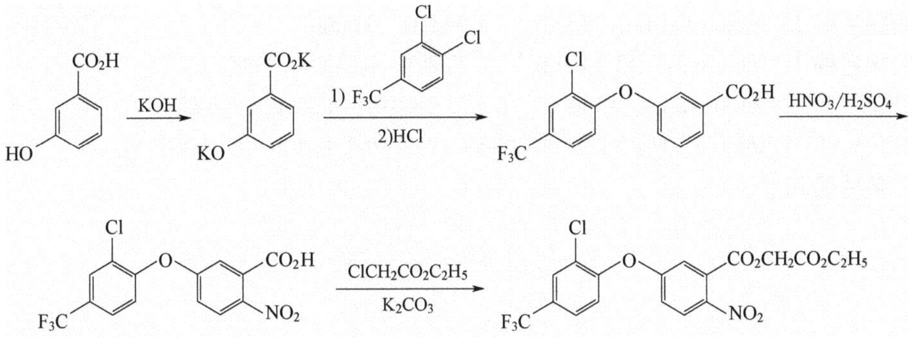

【哺乳动物毒性】乙羧氟草醚：大鼠急性毒性经口 LD_{50} 1500mg/kg，兔急性经皮 LD_{50}＞5000mg/kg；对兔皮肤和眼睛有轻微刺激；大鼠急性吸入 LC_{50}（4h）＞7.5mg/L；狗（1 年）NOEL 320mg/kg（饲料）；Ames 试验无致突变作用；ADI/RfD（BfR） 0.01mg/kg[1993]；毒性等级：Ⅲ。

【生态毒性】乙羧氟草醚：

山齿鹑急性经口 LD_{50}＞3160mg/kg，野鸭和山齿鹑饲喂 LC_{50}（8d）＞5000mg/kg，野鸭饲喂 LC_{50}（8d）＞5000mg/kg。LC_{50}（96h）：蓝鳃翻车鱼 1.6mg/L，鳟鱼 23mg/L；水蚤 LC_{50}（48h）30mg/L；蜜蜂接触 LD_{50}＞100μg/只。

【作用机理】原卟啉原氧化酶抑制剂。

【分析方法】气液色谱（GLC）

【制剂】乳油（EC），可湿粉剂（WP）

【应用】[5-6]作用方式：茎叶和根部处理的选择性除草剂。用途：苗后防除小麦、大麦、燕麦、花生、水稻和大豆田阔叶杂草和禾本科杂草（尤其是猪殃殃、堇菜和婆婆纳）。相容性：不适合加工成悬浮剂。

【代谢】[7] 动物：酯水解和硝基还原。植物：与在动物体内类似。土壤/环境：土壤和水中，乙羧氟草醚迅速水解成相应的酸。土壤中降解半衰期 DT_{50}（三氟羧草醚）约 11h，K_{oc} 1364mL/g，DT_{50} 7～21d。

【参考文献】

[1] Johnson W O. Novel substituted nitrodiphenyl ethers，herbicidal compositions containing them. Processes for the preparation thereof and the use thereof for combating weeds. EP0020052.

[2] Giacobbe T G, Skillman C G T. Process for recovering and purifying Herbicidal phenol-xybenzoic acid derivatives. US4405805.

[3] Claus J S，Hanover V. Control of certain grasses with certain 5-(2-chloro-4-(trifluoromethyl)-phenoxy-2-nitrobenzoic acid esters and amides. US48511034.

[4] John H A，Stephen M B，James P M，et al. Process for the nitration of diphenylethers. US6028219.

[5] Tan W, Liang T, Du Y P, et al. The distribution and species of Ca^{2+} and subcellular localization of Ca^{2+} and Ca^{2+}ATPase in grape leaves of plants treated with fluoroglycofen. Pestic Biochem Physiol，2017，143：207-213.

[6] Tan W，Liang T，Li Q L，et al. Effects of acetochlor and fluoroglycofen on growth of grape shoot. J Food，Agric Environ，2013，11（3 & 4）：1444-1447.

[7] Huang X，Chen F，Sun B，et al. Isolation of a fluoroglycofen-degrading KS-1 strain and cloning of a novel esterase gene flue. FEMS Microbiol Lett，2017，364（16）：fnx168/1-fnx168/9.

2.1.1.7 乙氧氟草醚 oxyfluorfen

【商品名称】Cusco，Fenfen，Galigan，Goldate，Hadaf

【化学名称】2-氯-*α,α,α*-三氟-*p*-甲苯基-3-乙氧基-4-硝基苯基醚

IUPAC 名：2-chloro-*α,α,α*-trifluoro-*p*-tolyl-3-ethoxy-4-nitrophenyl ether

CAS 名：2-chloro-1-(3-ethoxy-4-nitrophenoxy)-4-(trifluoromethyl)benzene

【化学结构式】

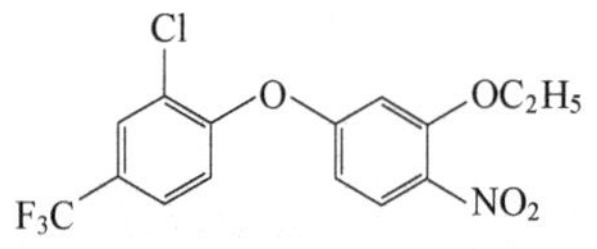

【分子式】$C_{15}H_{11}ClF_3NO_4$

【分子量】361.70

【CAS 登录号】42874-03-3

【理化性质】橙色晶体，熔点 85～95℃（原药 65～84℃）；密度（20℃）1.402g/cm^3；蒸气压（25℃）0.0267mPa；分配系数（25℃）$K_{ow}\lg P$ 4.47。水中溶解度（25℃）0.116mg/L。有机溶剂（25℃）：丙酮 72.5g/100g，环己酮和异佛尔酮 61.5g/100g，二甲基甲酰胺＞50g/100g，氯仿 50～55g/100g、2,4,6-三甲苯氧化物 40～50g/100g。稳定性：在 pH5～9（25℃），28d 无明显水解，紫外线照射快速分解。

【研制和开发公司】由 Rohm & Hass Co.（美国罗门哈斯公司）［现为 Dow Agrosciences（陶氏益农公司）］开发

【上市国家和年份】美国，1976 年

【用途类别】除草剂

【合成路线】[1-2]

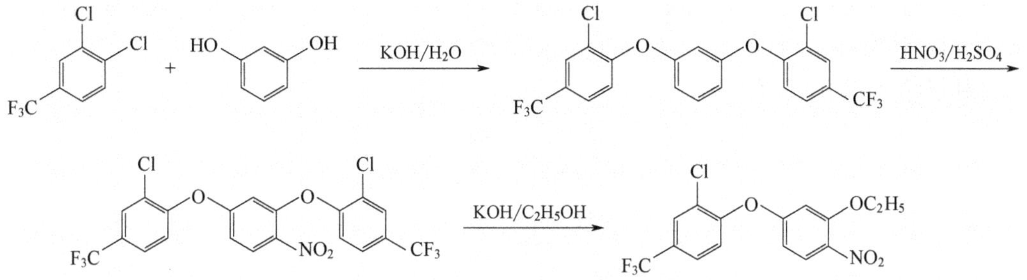

【哺乳动物毒性】鼠和狗急性毒性经口 LD_{50}＞5000mg/kg，兔急性经皮 LD_{50}＞10000mg/kg；对兔皮肤中度刺激，对眼睛有轻度至中度刺激；大鼠急性吸入 LC_{50}（4h）＞5.4mg/L。NOEL：小鼠（20 个月）0.3mg/(kg · d)（饲料），大鼠 40mg/kg（饲料），狗 100mg/kg（饲料）。ADI/RfD(EPA)cRfD 0.03mg/kg[2002]。毒性等级：U。

【生态毒性】山齿鹑急性经口 LD_{50}＞2150mg/kg，山齿鹑和野鸭饲喂 LC_{50}(8d)＞5000mg/kg；LC_{50}(96h)：蓝鳃翻车鱼 0.2mg/L，鳟鱼 0.41mg/L，通道鲶鱼 0.4mg/L；水蚤 LC_{50}(48h) 4.5mg/L；对蜜蜂无毒，LD_{50} 0.025mg/只；对蚯蚓无毒，急性 LC_{50}＞1000mg/kg（土）。

【作用机理】原卟啉原氧化酶抑制剂。

【分析方法】[3] 气液色谱（GLC）

【制剂】乳油（EC），悬浮剂（SC），颗粒剂（GR）

【应用】作用方式：选择性触杀型除草剂，迅速被叶子（特别是芽）吸收，然后由根吸收，很少传导。用途：用于多种生长在热带和亚热带的作物，防除一年生阔叶杂草与禾本科杂草。芽前或芽后使用，剂量 0.25～2.0kg/hm^2。具体作物包括果树（包括柑橘类）、谷物、玉米、大豆、花生、水稻、棉花、薄荷、洋葱、大蒜、观赏树木、灌木和松柏苗木。对大豆、棉花可能产生药害。

【代谢】植物：在植物内不易代谢。土壤/环境：被土壤强烈吸附，不易释放，渗滤可以忽略不计。K_{oc} 从 2891mL/g（砂土）至 32381mL/g（粉砂质黏壤土）。在水中快速光解，但在土壤中缓慢。微生物降解并不是一个主要因素。田间消解 DT_{50} 5～55d；土壤 DT_{50}（暗中、有氧）292d，（厌氧）280d。

【参考文献】

[1] Horst O，Colin，Yih R Y．Herbicidal 4-trifluoromethyl-4'-nitrodiphenyl ethers．US4046798．

[2] 孙守福，侯江涛，李科，等．一种乙氧氟草醚的合成方法．CN111470951．

[3] Jiang C Y，Ye，X L，Wu N，et al．Development and application of fluorescent probes for the selective and sensitive detection of F$^-$ and oxyfluorfen．Inorg Chim Acta，2021，522：120362．

2.1.2 嘧啶二酮类

2.1.2.1 氟嘧草啶 epyrifenacil

【商品名称】Rapidicil

【化学名称】[(3-{2-氯-4-氟-5-[3-甲基-2,6-二氧代-4-(三氟甲基)-3,6-二氢嘧啶-1(2*H*)-基]苯氧基}-2-吡啶基)氧]乙酸乙酯

IUPAC 名：ethyl [(3-{2-chloro-4-fluoro-5-[3-methyl-2,6-dioxo-4-(trifluoromethyl)-3,6-dihydro pyrimidin-1(2*H*)-yl]phenoxy}-2-pyridyl)oxy]acetate

CAS 名：ethyl 2-[[3-[2-chloro-5-[3,6-dihydro-3-methyl-2,6-dioxo-4-(trifluoromethyl)-1(2*H*)-pyri- midinyl]-4-fluorophenoxy]-2-pyridinyl]oxy]acetate

【化学结构式】[1-5]

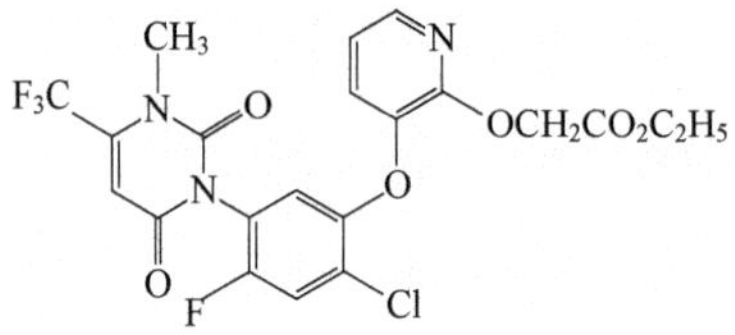

【分子式】$C_{21}H_{16}ClF_4N_3O_6$

【分子量】517.82

【CAS 登录号】353292-31-6

【研制和开发公司】由 Sumitomo Chemical Co.，Ltd.（日本住友化学株式会社）发现

【上市国家和年份】开发中

【合成路线】[6-9]

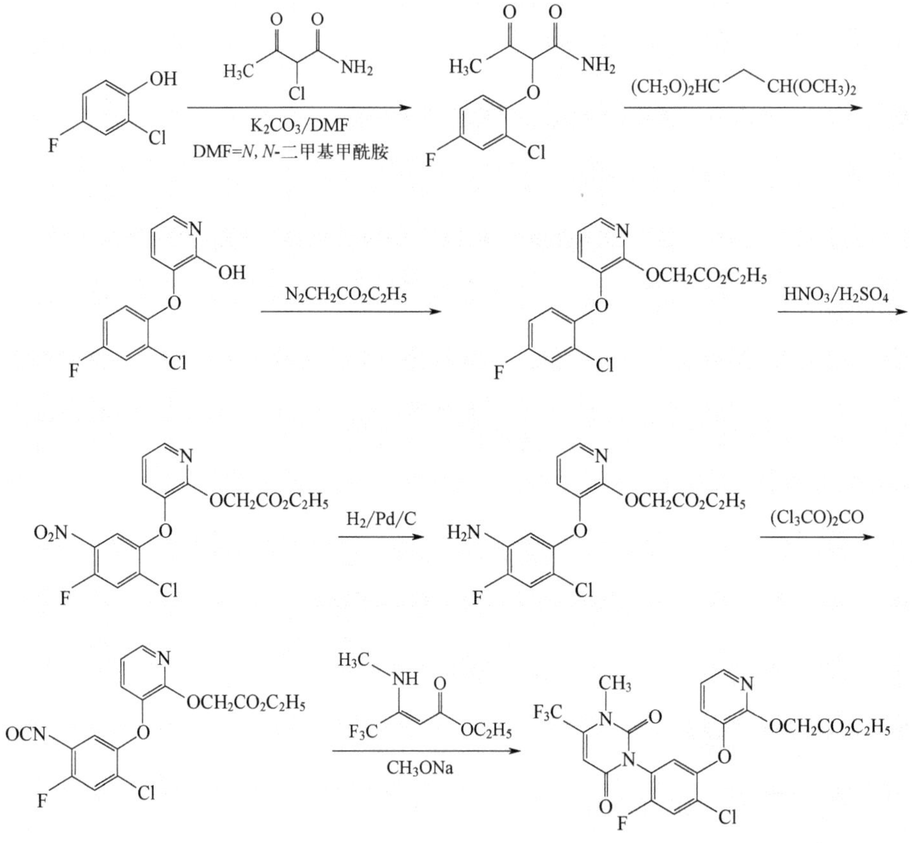

【应用】氟嘧啶草酯是一种速效除草剂，可用于包括玉米和大豆在内的各种作物的杂草控制。是一款有助于农业可持续发展的环保产品，在免耕和减耕系统中用于种植前杂草控制，

与传统耕作方式相比，可以抑制二氧化碳排放。

【参考文献】

[1] Hirasawa K，Abe J，Nagahori H，et al．Prediction of the human pharmacokinetics of epyrifen- acil and its major metabolite，S-3100-CA，by a physiologically based pharmacokinetic modeling using chimeric mice with humanized liver．Toxicol Appl Pharmacol，2022，439：115912．

[2] Sakurai K，Abe J，Hirasawa K，et al．Absorption，distribution，metabolism，and excretion of a new herbicide，epyrifenacil，in rats．J Agric Food Chem，2021，69（44）：13190-13199．

[3] Sakurai K，Kuroda T，Abe J，et al. Identification of the organic anion transporting polypeptides responsible for the hepatic uptake of the major metabolite of epyrifenacil，S-3100-CA，in mice．Pharmacol Res Perspect，2021，9（5）：e00877．

[4] Matsunaga K，Fukunaga S，Abe J，et al．Comparative hepatotoxicity of herbicide，epyrifenacil，in humans and rodents by comparing dynamics and kinetics of its causal metabolite．J Pestic Sci(Tokyo,Jpn)，2021，46（4）：333-341．

[5] Matsunaga K，Abe J，Ogata K，et al．Elucidation of the species differences of epyrifenacil-induced hepatotoxicity between mice and humans by mass spectrometry imaging analysis in chimeric mice with humanized liver．J Toxicol Sci，2021，46（12）：601-609．

[6] Tohyama Y，Sanemitsu Y．Uracil compounds and their use．EP1122244．

[7] Toyama Y，Komori T，Sanemitsu Y．Process for producing pyridine compound．WO2003014109．

[8] Beaudegnies R，Cassayre J，Gott B D，Jackson D A，et al．A process for producing uracil compounds．WO2007083090．

[9] Sato Y．Method for producing crystal of uracil compound by recrystallization．WO2018012573．

2.1.2.2 苯嘧磺草胺 saflufenacil

【商品名称】Heat，Sharpen，Treevix，Intergrity（混剂，与 Dimethenamid-P 混合）

【化学名称】*N'*-{2-氯-4-氟代-5-[1,2,3,6-四氢-3-甲基-2,6-二氧代-4-(三氟甲基)嘧啶-1-基]苯甲酰基}-*N*-异丙基-*N*-甲磺酰胺

IUPAC 名：*N'*-{2-chloro-4-fluoro-5-[1,2,3,6-tetrahydro-3-methyl-2,6-dioxo-4-(trifluoromethyl) pyrimidin-1-yl]benzoyl}-*N*-isopropyl-*N*-methylsulfamide

CAS 名：2-chloro-5-[3,6-dihydro-3-methyl-2,6-dioxo-4-(trifluoromethyl)-1(2*H*)-pyrimidinyl] -4-fluoro-*N*-[[methyl(1-methylethyl)amino]sulfonyl]-benzamide

【化学结构式】

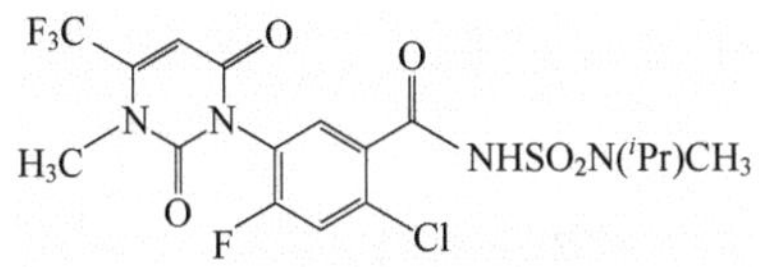

【分子式】$C_{17}H_{17}ClF_4N_4O_5S$

【分子量】500.85

【CAS 登录号】372137-35-4

【理化性质】原药含量>95%，白色粉末，熔点 189～193.4℃；蒸气压（20℃）4.5×10^{-12}mPa；K_{ow}lg$P$ 2.6；密度 1.595g/cm^3（20℃）。水中溶解度（20℃）：0.0014g/100mL（pH4），0.0025g/100mL（pH5），0.21g/100mL（pH7）。有机溶剂中的溶解度（20℃）：乙腈 19.4g/100mL，丙酮 27.5g/100mL，乙酸乙酯 6.55g/100mL，四氢呋喃 36.2g/100mL，甲醇 2.98g/100mL，异丙醇 0.25g/100mL，甲苯 0.23g/100mL，1-辛醇<0.01g/100mL，正庚烷<0.005g/100mL。室温下稳定，常温或升温时，在金属或金属离子介质中稳定；酸性条件下不易水解，碱性条件下水解 DT_{50} 4～6d；pK_a 4.41。

【研制和开发公司】由 BASF（德国巴斯夫公司）开发
【上市国家和年份】欧洲、美国，2009 年
【合成路线】[1-4]
路线 1：

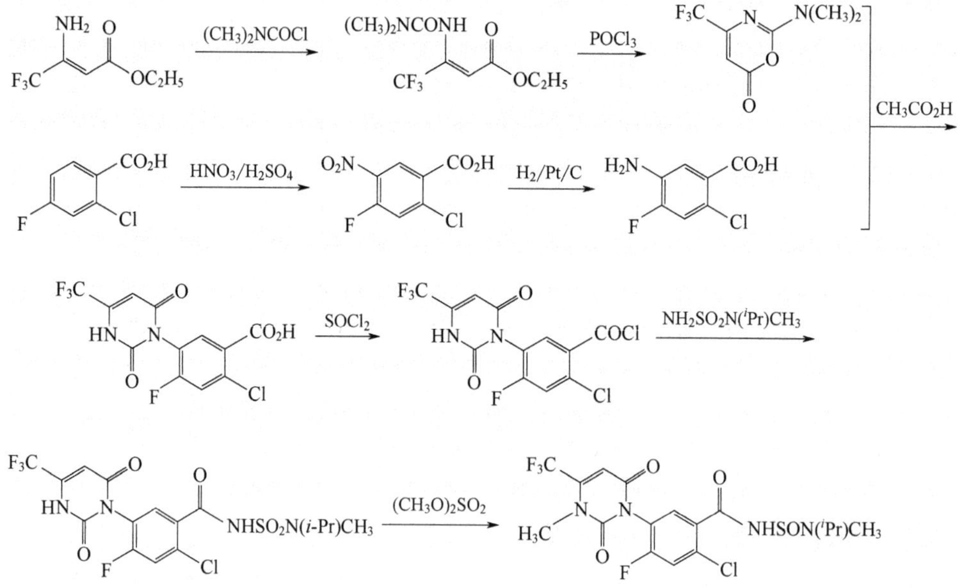

路线 2：

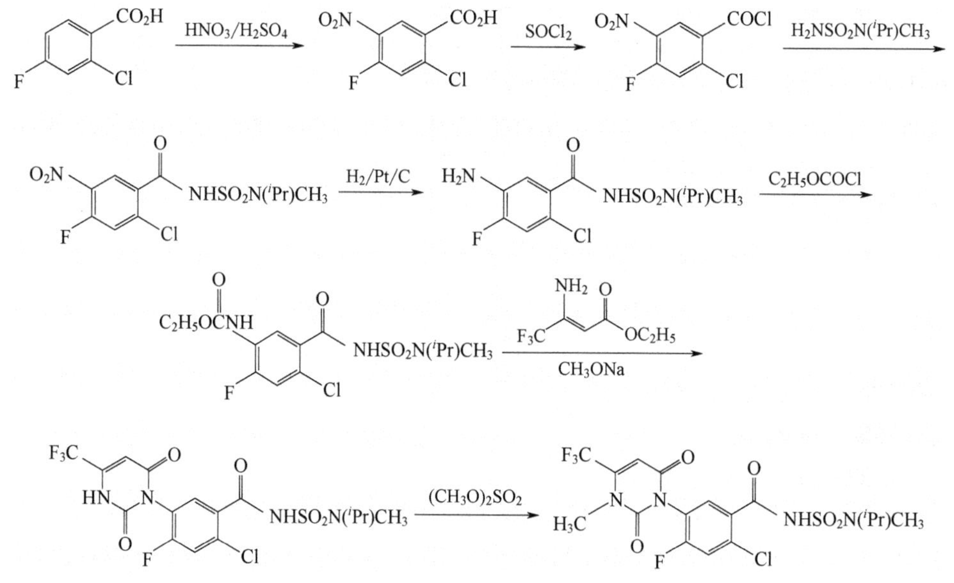

中间体合成[5]：
中间体 1：
方法 1：

$$SO_2Cl_2 \xrightarrow{NH(^iPr)CH_3} ClSO_2N(^iPr)CH_3 \xrightarrow{NH_3} NH_2SO_2N(^iPr)CH_3$$

方法 2：

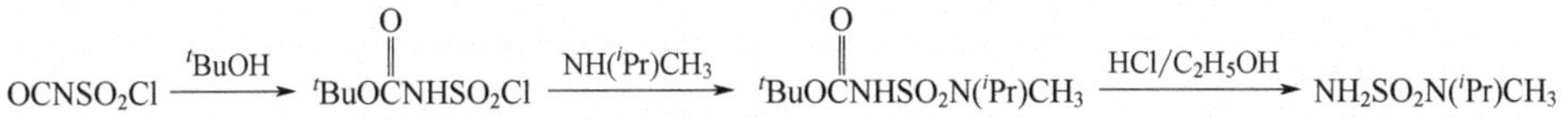

中间体 2：

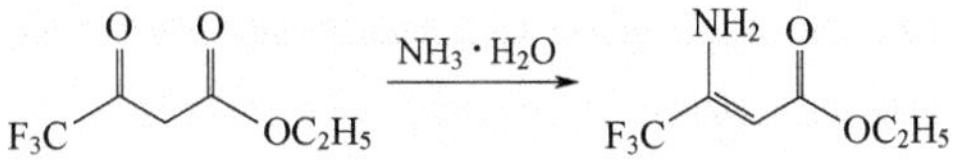

【哺乳动物毒性】大鼠急性经口 LD_{50}＞2000mg/kg，兔急性经皮 LD_{50}＞2000mg/kg；对兔皮肤和眼睛无刺激性，对豚鼠皮肤无致敏性；大鼠吸入 LC_{50}（4h）＞5.3mg/L；小鼠 NOEL(18 个月) 4.6mg/(kg・d)；ADI/RfD 0.046mg/kg。

【生态毒性】山齿鹑急性经口 LD_{50}＞2000mg/kg，山齿鹑饲养 LC_{50}（8d）＞5000mg/kg（饲料）；鱼 LC_{50}（96h）＞98mg/L；水蚤 LC_{50}（48h）＞100mg/L；近头状伪蹄形藻 EC_{50} 0.041mg/L；摇蚊 EC_{50}（28d）＞7.7mg/kg 干沉积物；蜜蜂急性 LD_{50}（接触）＞100μg/只；蚯蚓 LC_{50}（14d）＞1000mg/kg(土)；梨盲走螨 LR_{50} 647g/hm^2。

【作用机理】原卟啉原氧化酶（PPO）抑制剂。

【分析方法】液相色谱（LC），高效液相色谱-紫外（HPLC-UV）

【制剂】乳油（EC），悬浮剂（SC）

【应用】[6-7]作用方式：叶面接触，残效性阔叶杂草除草剂。通过叶面和根部吸收后，在质外体传导，韧皮部传导有限。用途：叶面喷施，有效防除阔叶杂草，包括对草甘膦和乙酰乳酸合成酶（ALS）抑制剂有抗性的杂草。用于玉米和高粱，芽前处理，剂量 50～125g/hm^2。播前用于大豆、谷物、棉花、豆类，叶面防除迅速；也用于果树和小麦后期定向除草，用量 18～25g/hm^2。甜菜、油菜和向日葵易产生药害。玉米、高粱、水稻、小麦、大麦、大豆、豌豆、棉花和扁豆播前和苗后不易产生药害。

【代谢】动物：大鼠经口给药后，96h 内几乎完全排出体外。在动物体内分布广泛但水平很低。植物：在非敏感性植物体内代谢迅速，主要代谢途径是磺酰胺侧链的 *N*-脱烷基化以及尿嘧啶环的水解。土壤/环境：DT_{50}（有氧，4 种土样，25℃）15d。pH＜7 时不易水解，DT_{50} 5d（pH9，25℃）。土壤光解 DT_{50} 29d。K_{oc} 9～56mL/g（6 种土样）。

【其他】苯嘧磺草胺被巴斯夫称为“20 多年来开发最成功的新除草剂”，“代表了阔叶杂草防除的新水平”；事实上，苯嘧磺草胺的确有它的“过人之处”；首先，苯嘧磺草胺能够适用于多种生产系统和非耕地，在苗后或苗前均能使用；其次，适用作物多，苯嘧磺草胺能够用于包括谷物、玉米、棉花、水稻、高粱、大豆和果树等在内的 30 多种作物上；再次，防除谱广，苯嘧磺草胺能够防除 90 余种阔叶杂草，包括一些对三嗪类、草甘膦及乙酰乳酸合成酶抑制剂存在抗性的杂草；另外，它也具有作用快、残效期长等多种特性。

【参考文献】

[1] Carlsen M，Guaciaro M A，Takasugi J J，et al．Uracil substitutedphenyl sulfamoyl carboxamides．WO0183459．

[2] Pleschke A，Schmidt T，Gebhardt J，et al. Process for preparation of(heterocyclic)sulfonic acid diamides from the corresponding amines，sulfuryl chloride，and ammonia．WO2009050120．

[3] Hamprecht G，Puhl M，Reinhard R，et al．Preparation of sulfamoyl chlorides via the condensation of amines and sulfur trioxide in the presence of phosphorus chlorides．WO2003097589．

[4] David B，Wolfgang S，Gerald S，et al．Sulfamatobezothiophene derivatives．US2009286863．

[5] Haik M A，Oelscglaeger H，Rothley D．Preparation of *N*-methy lisopropylamine．Archiv der Pharmazie(Weinheim,Germany)，1981，314（7）：644-646．

[6] Dilliott M，Soltani N，Hooker D C，et al．The addition of saflufenacil to glyphosate plus dicamba improves glyphosate-resistant canada fleabane(Erigeron canadensis L．)control in soybean．Agronomy(Basel，Switz)，2022，12（3）：654．

[7] Devkota P，Bachie O G. Evaluation of the summer slump application of saflufenacil on nondormant conventional alfalfa. Crop，Forage Turfgrass Manage，2021，7（1）：e20095．

2.1.2.3 氟嘧苯甲酸 flupropacil

【化学名称】2-氯-5-[1,2,3,6-四氢-3-甲基-2,6-二氧-4-(三氟甲基)嘧啶-1-基]苯甲酸异丙酯

IUPAC 名：isopropyl 2-chloro-5-[1,2,3,6-tetrahydro-3-methyl-2,6-dioxo-4-(trifluoromethyl) pyrimi din-1-yl]benzoate

CAS 名：1-methylethyl 2-chloro-5-[3,6-dihydro-3-methyl-2,6-dioxo-4-(trifluoromethyl)-1(2*H*)-pyrimidinyl]benzoate

【化学结构式】

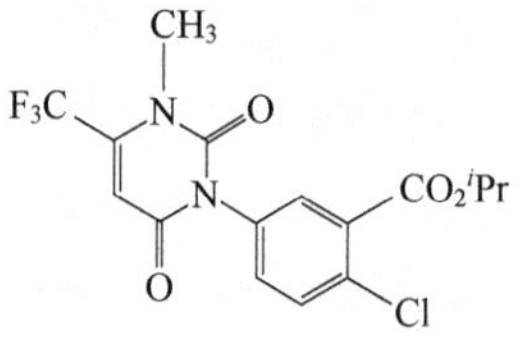

【分子式】$C_{16}H_{14}ClF_3N_2O_4$

【分子量】390.74

【CAS 登录号】120890-70-2

【理化性质】纯品为白色粉状固体，熔点 113℃；密度（20℃）1.379g/cm^3；蒸气压（25℃）7.4×10^{-3}mPa；水中溶解度（25℃）为 10mg/L。

【研制和开发公司】Uniroyal Chemical Co.，Inc.（美国有利来路化学工业公司）

【上市国家和年份】[1] 美国，20 世纪 90 年代

【合成路线】[2,3]

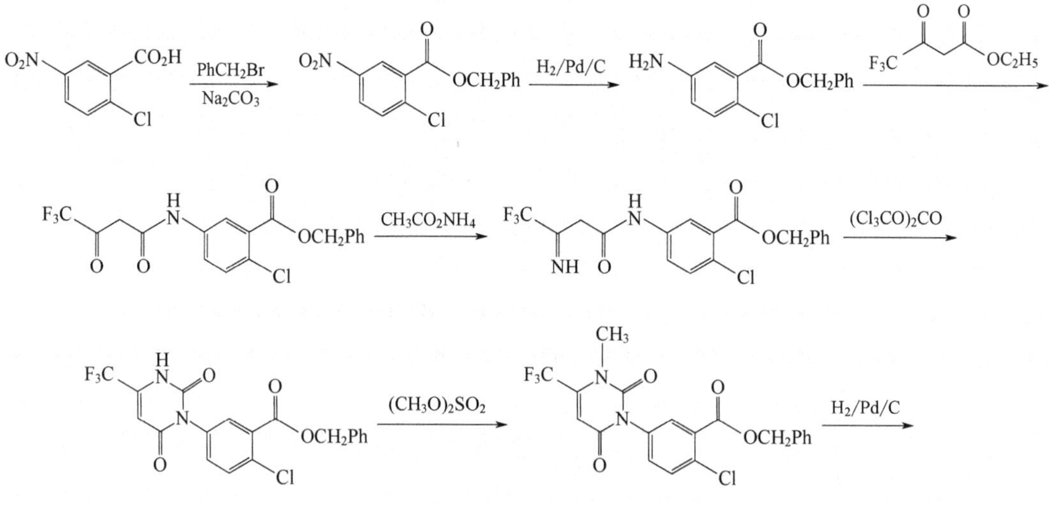

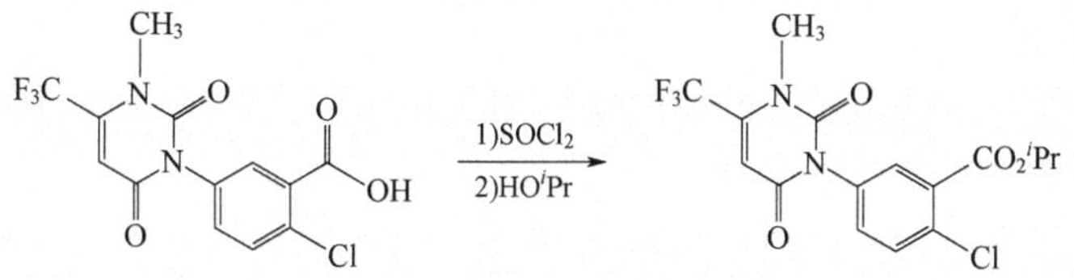

中间体合成[4-6]：

方法 1：

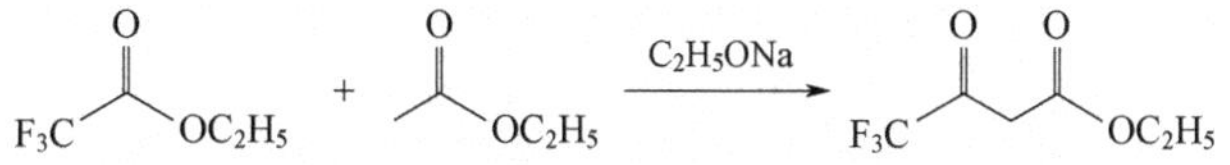

方法 2：

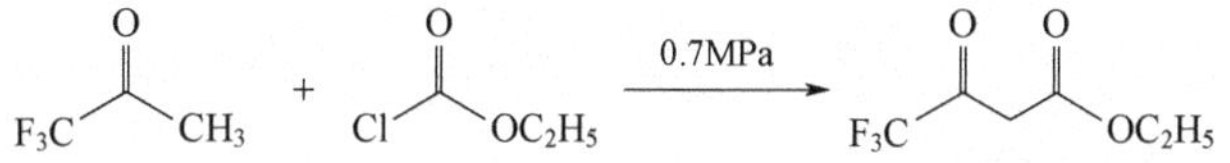

【哺乳动物毒性】大鼠、小鼠急性经口 LD_{50}>5000mg/kg，大鼠急性经皮 LD_{50}>2000mg/kg；大鼠急性吸入 LC_{50}>5100mg/L；对兔皮肤无刺激性，对眼有轻微刺激，对豚鼠皮肤无敏感性。NOEL：大鼠短期饲喂 6.12mg/(kg·d)（雄），大鼠短期饲喂 7.07mg/(kg·d)（雌）。小鼠 NOEL（18 个月）0.36mg/(kg·d)（雄）和 1.20mg/(kg·d)（雌）。大鼠 NOEL（2 年）1.14mg/(kg·d)（雄）和 1.30m/(kg·d)（雌）。

【生态毒性】北美鹌鹑和野鸭饲喂 LC_{50}>5620mg/kg；虹鳟鱼 LC_{50}(96h) 3.9mg/L；水蚤 LC_{50}(48h) 8.5mg/L；斜生栅藻 E_rC_{50} 2.5μg/L；浮萍 E_rC_{50} 18μg/L；蜜蜂（接触）LD_{50}>100μg/只、（经口）LD_{50}>20μg/只；蚯蚓 LC_{50}>1250mg/kg（土）。

【作用机理】原卟啉原氧化酶抑制剂。

【分析方法】高效液相色谱（HPLC）

【制剂】乳油（EC），可湿粉剂（WP）

【应用】玉米、甘蔗、冬小麦、春小麦、硬粒小麦和大麦田；防除狗尾草、卷茎蓼、豚草等一年生禾本科杂草和阔叶杂草。

【代谢】[7] 土壤：土壤中的 DT_{50} 79d。

【参考文献】

[1] Bell A R，Walz A W，Joy D N．Ecofallow and winter wheat weed control with UCCC4243．Proc Br Crop Prot Conf-Weeds，1991，2：807-12．

[2] Bell A R．Method of desiccating plants employing 3-carbonylphenyl uracil derivatives．US5176735．

[3] Sting A R. Process for the production of 3-aryluracils. US6207830.

[4] 张思思，张永军，于连友，等．一种 4,4,4-三氟乙酰乙酸乙酯的合成方法．CN113072449．

[5] 胡江海，张晓磊，于飞．一种三氟乙酰乙酸乙酯生产工艺．CN106699506．

[6] Min Y S，Choi G Y，Shin P S，et al．New synthetic method of 4,4,4-trifluoro-1-(4-methylphenyl)butane-1,3-dione．KR20110001415．

[7] Vithal R，White C K．Aerobic metabolism of flupropacil in sandy loam soil．Pestic Sci，1996，47（3）：235-240．

2.1.2.4 氟丙嘧草酯 butafenacil

【商品名称】Inspire

【化学名称】1-(丙烯氧基羰基)-1-甲基乙基-2-氯-5-[1,2,3,6-四氢-3-甲基-2,6-二氧代-4-(三氟

甲基)嘧啶-1-基]苯甲酸酯

IUPAC 名：1-(allyloxycarbonyl)-2-methylethyl-2-chloro-5-[1,2,3,6-tetrahydro-3-methyl-2,6-dioxo-4-(trifluoromethyl)pyrimidin-1-yl]benzoate

CAS 名：1,1-dimethyl-2-oxo-2-(2-propenyloxy)ethyl-2-chloro-5-[3,6-dihydro-3-methyl-2,6-dioxo-4-(trifluoromethyl)-1(2*H*)-pyrimidinyl]benzoate

【化学结构式】

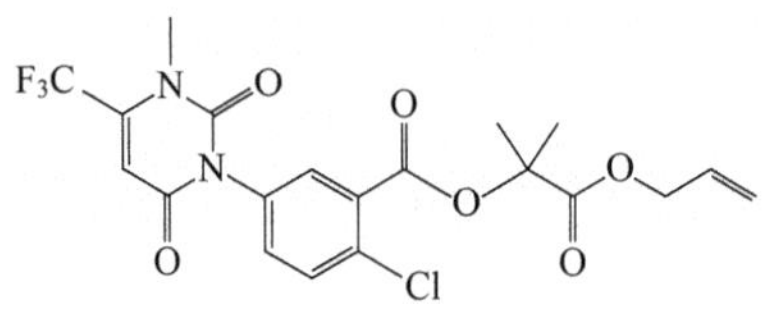

【分子式】$C_{20}H_{18}ClF_3N_2O_6$

【分子量】474.82

【CAS 登录号】134605-64-4

【理化性质】纯品为白色粉状固体；熔点 113℃，沸点 270～300℃；密度（20℃）1.379g/cm^3；K_{ow}lg$P$ 3.2（20℃，pH7）；蒸气压（25℃）7.4×10^{-9}Pa。25℃时在水中溶解度为 10mg/L。水解 DT_{50} 14 周（25℃，pH5），光解 DT_{50} 25～30d（25℃，pH5）。

【研制和开发公司】中国 Syngenta AG（先正达公司）

【上市国家和年份】澳大利亚，2002 年

【合成路线】[1-4]

路线 1：

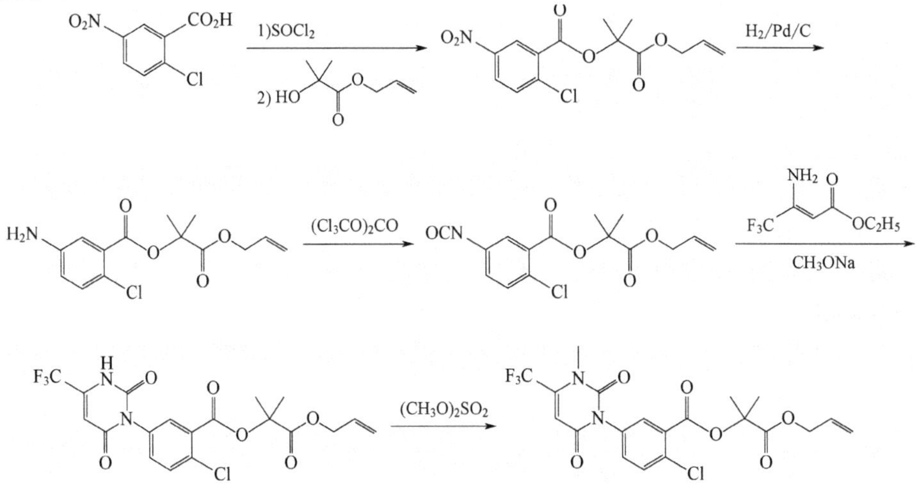

路线 2：

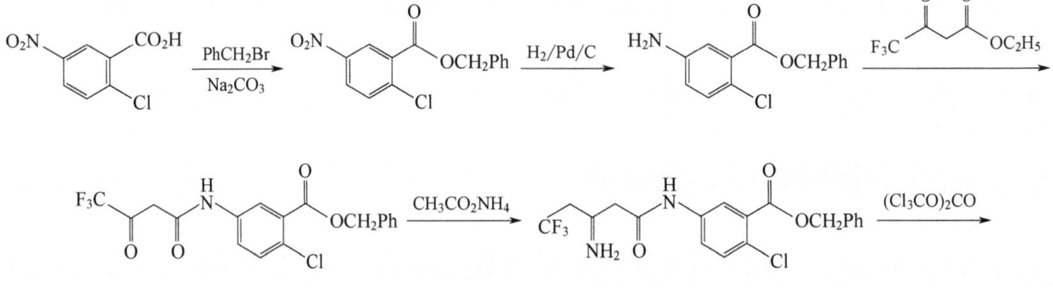

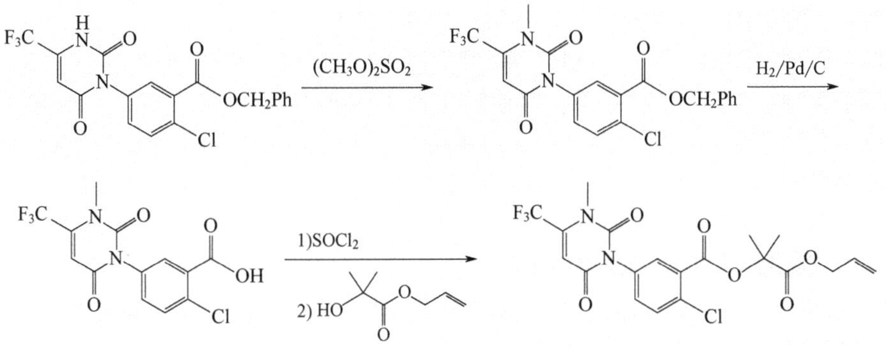

中间体合成[5-6]：

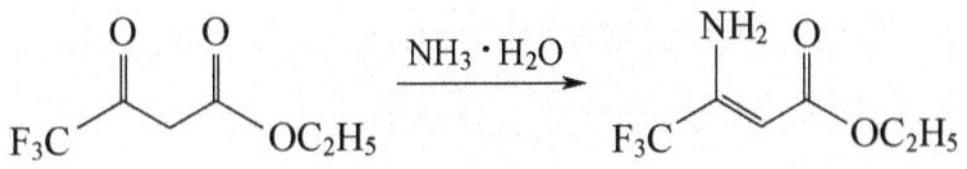

三氟乙酰乙酸乙酯中间体的合成参见“氟嘧苯甲酸 flupropacil”。

【哺乳动物毒性】大鼠、小鼠急性经口 LD_{50}＞5000mg/kg，大鼠急性经皮 LD_{50}＞2000mg/kg，大鼠急性吸入 LC_{50}＞5100mg/L；对兔皮肤无刺激性，对眼有轻微刺激，对豚鼠皮肤无敏感性。大鼠短期饲喂 NOEL：6.12mg/(kg・d)（雄），7.07mg/(kg・d)（雌）。小鼠 NOEL（18 个月）0.36mg/(kg・d)（雄）和 1.20mg/(kg・d)（雌）。大鼠 NOEL（2 年）1.14mg/(kg・d)（雄）和 1.30mg/(kg・d)（雌）。ADI/RfD（EC）0.004 mg/(kg・d)；毒性等级：Ⅲ。

【生态毒性】北美鹌鹑和野鸭饲喂 LC_{50}＞5620mg/kg；虹鳟鱼 LC_{50}(96h) 3.9mg/L；水蚤 LC_{50}(48h)8.5mg/L；斜生栅藻 E_rC_{50} 2.5μg/L，浮萍 E_rC_{50} 18μg/L；蜜蜂接触 LD_{50}＞100μg/只、经口 LD_{50}＞20μg/只；蚯蚓 LC_{50}＞1250mg/kg（土）。

【作用机理】植物叶绿体原卟啉原氧化酶抑制剂。

【分析方法】高效液相色谱-紫外（HPLC-UV）检测

【制剂】乳油（EC），可湿粉剂（WP）

【应用】作用方式：非选择性触杀型除草剂，通过植物叶子迅速吸收，只在叶子中发生传导。用途：防除果园和非农耕地狗尾草、卷茎蓼、豚草等一年生禾本科杂草和阔叶杂草，同时对抗 ALS 抑制剂和草甘膦等恶性阔叶杂草有优异活性。

【代谢】动物：哺乳山羊给药 4d 后，主要通过粪便（饲喂剂量的 44%）和尿液（饲喂剂量的 12.5%）排出。在羊肉和羊奶中几乎无残留（大约只有 0.6%）。主要代谢物是游离酸代谢物，在肝脏和肾脏中大约含 85%，加上少量的氟丙嘧草酯、苯甲酸代谢物和其他组织中的各种共轭物。植物：代谢物包括酯水解形成的游离酸和苯甲酸代谢物，连同它们的糖共轭物；游离酸代谢物 *N*-脱甲基化、苯甲酸代谢物形成的 *N*-脱甲基游离酸代谢物和 *N*-脱甲基苯甲酸代谢物。土壤/环境：土壤和水中迅速降解，DT_{50} 0.5～2.6d（土壤），DT_{50} 3～4d（水中）。通过水解和酯的裂解降解，随后形成结合残留物和矿化物（60%），K_{oc} 149～581mL/g（4 种土壤）。

【参考文献】

[1] Selby T P，Ruggiero M，Hong W，et al．Broad-spectrum PPO-inhibiting *N*-phenoxyphenyluracil acetal ester herbicides．ACS Symp Ser，2015，1204：277-289．

[2] Sting A R．Process for the production of 3-aryluracils．US6207830．

[3] 刘晓佳，于靓，郜岗，等．氟丙嘧草酯的合成方法．CN113336711．

[4] 张思思，张永军，于连友，等．一种4,4,4-三氟乙酰乙酸乙酯的合成方法．CN113072449．

[5] 胡江海，张晓磊，于飞．一种三氟乙酰乙酸乙酯生产工艺．CN106699506．

[6] Min Y S，Choi G Y，Shin P S，et al．New synthetic method of 4,4,4-trifluoro-1-(4-methylphenyl) butane-1,3-dione．KR20110001415．

2.1.2.5 氟草啶 flufenoximacil

【化学名称】(2*R*)-2-{[(*E*)-({2-氯-4-氟-5-[3-甲基-2,6-二氧代-4-三氟甲基-3,6-二氢嘧啶-1(2*H*)-基]苯基}亚甲基)氨基]氧}丙酸甲酯

IUPAC 名：methyl(2*R*)-2-{[(*E*)-({2-chloro-4-fluoro-5-[3-methyl-2,6-dioxo-4-(trifluoromethyl)-3,6-dihydropyrimidin-1(2*H*)-yl]phenyl}methylidene)amino]oxy}propanoate

CAS 名：methyl(2*R*)-2-[[(*E*)-[[2-chloro-5-[3,6-dihydro-3-methyl-2,6-dioxo-4-(trifluoromethyl)-1(2*H*)-pyrimidinyl]-4-fluorophenyl]methylene]amino]oxy]propanoate

【化学结构式】

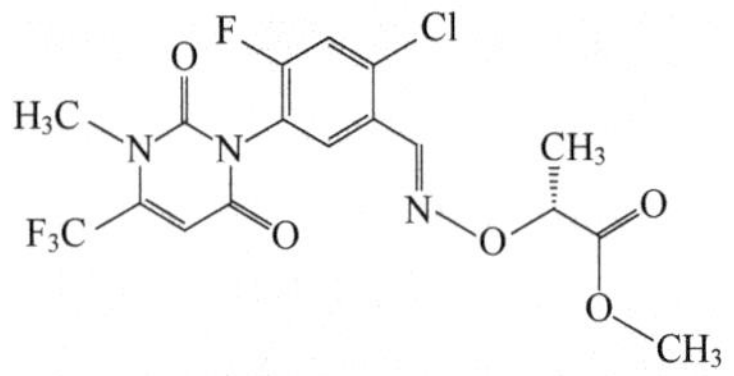

【分子式】$C_{17}H_{14}ClF_4N_3O_5$

【分子量】451.76

【CAS 登录号】2669111-66-2

【研制和开发公司】青岛清原抗性杂草防治有限公司

【上市国家和年份】柬埔寨，2022 年

【合成路线】[1]

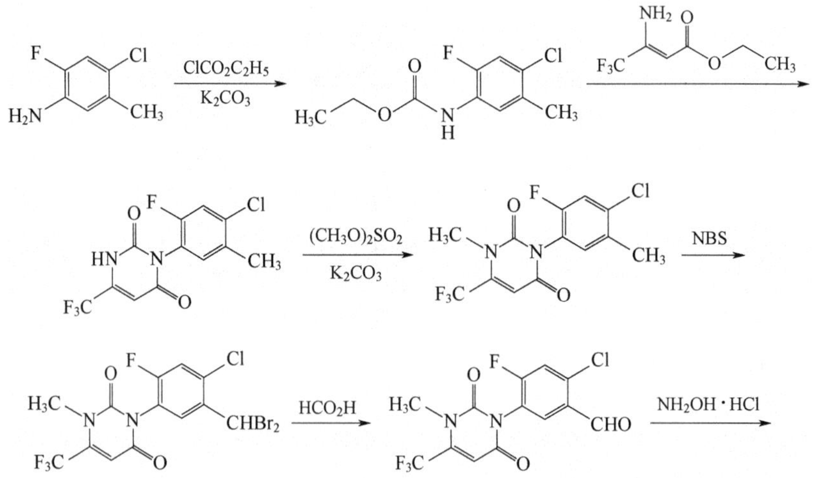

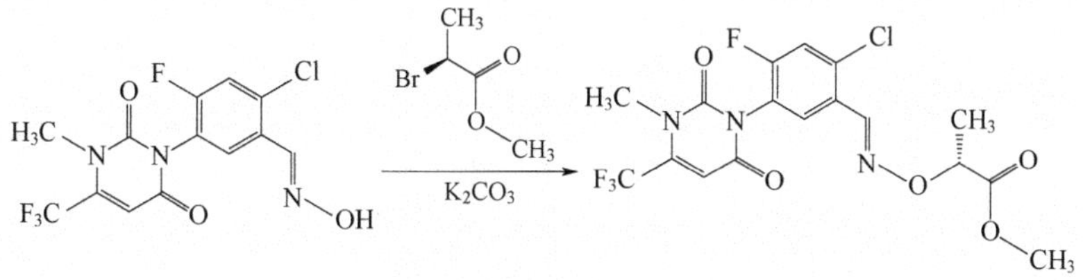

NBS=*N*-溴代琥珀酰亚胺

【应用】氟草啶是新一代触杀型灭生性除草剂，属于 PPO 抑制剂，它具有超广的杀草谱，作用速度快，施药当天即可见效；此外，氟草啶还具有超高活性，将灭生性除草剂的有效成分亩用量降低到了克级别，对环境友好。

【参考文献】

[1] Yang J C，Guan A Y，Wu Q，et al．Preparation method for phenylisoxazoline compound．WO2022002116.

2.1.2.6 氟嘧硫草酯 tiafenacil

【商品名称】Terrad'or，Terrad'or Gold（混剂，与草铵膦混合），Terrad'or Plus（混剂，与草甘膦混合）

【化学名称】3-{[(2*RS*)-2-({2 氯-5-[3-甲基-2,6-二氧代-4-(三氟甲基)-3,6-二氢嘧啶基-1(2*H*)-基]-4 氟苯基}硫)丙基]氨基}丙酸甲酯

IUPAC 名：methyl 3-{[(2*RS*)-2-({2-chloro-5-[3-methyl-2,6-dioxo-4-(trifluoromethyl)-3,6-dihydro pyrimidin-1(2*H*)-yl]-4-fluorophenyl}thio)propanoyl]amino}propanoate

CAS 名：methyl *N*-[2-[[2-chloro-5-[3,6-dihydro-3-methyl-2,6-dioxo-4-(trifluoromethyl)-1(2*H*)-pyrimidinyl]-4-fluorophenyl]thio]-1-oxopropyl]-*β*-alaninate

【化学结构式】

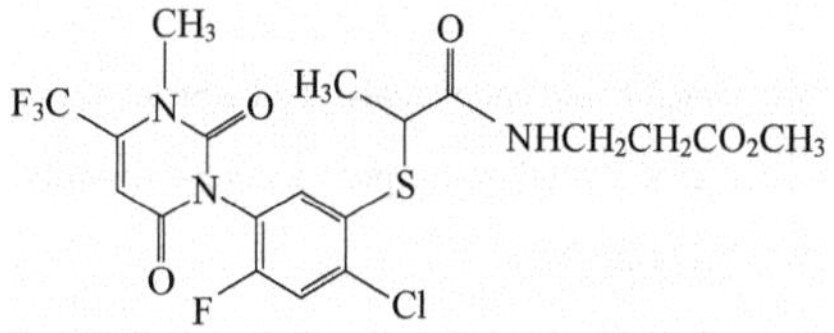

【分子式】$C_{19}H_{18}ClF_4N_3O_5S$

【分子量】511.87

【CAS 登录号】1220411-29-9

【研制和开发公司】福阿母韩农株式会社

【上市国家和年份】韩国，2018 年

【合成路线】[1-4]

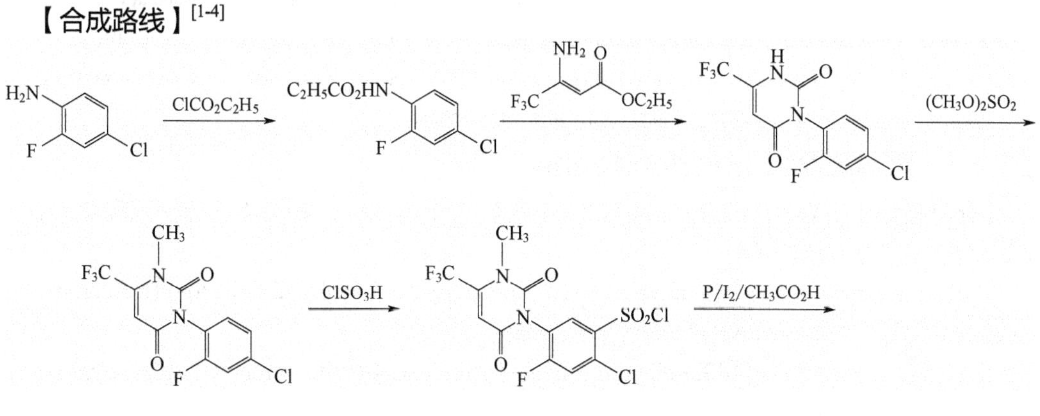

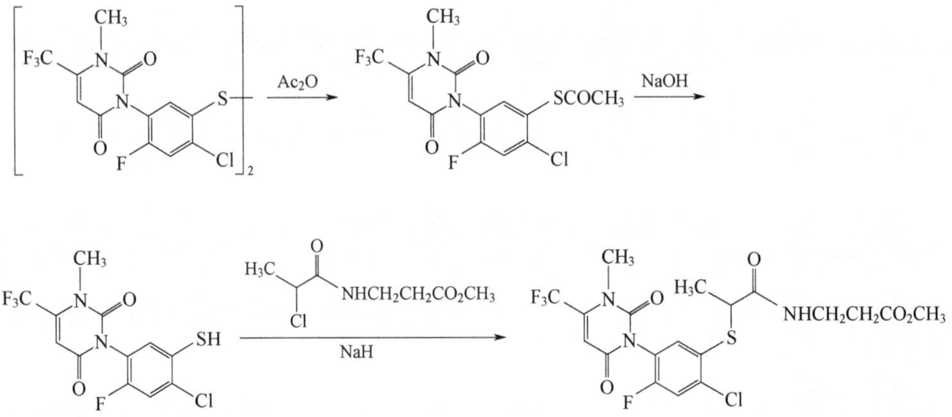

【作用机理】[7]氟嘧硫草酯（tiafenacil）为新型原卟啉原氧化酶（PPO）抑制剂类除草剂。其以植物细胞的叶绿素为作用点，通过抑制叶绿素生物合成过程中的原卟啉原氧化酶而发挥作用。氟嘧硫草酯抑制杂草中叶绿素的形成，产生活性氧，从而破坏细胞，表现出快速除草活性；而且对人畜无害，使用安全，具有良好的毒理学特性。

【分析方法】[5,6]高效液相色谱-紫外（HPLC-UV）

【制剂】悬浮剂（SC），水分散剂（WG）

【应用】氟嘧硫草酯为非选择性除草剂，杀草谱广，起效快。用于大豆、油菜、水稻、玉米、小麦等许多作物，种植前、苗前、苗后防除阔叶杂草和禾本科杂草，如苘麻、苋属、稗草等；同时对草甘膦抗性杂草如苋属、豚草属、铁苋菜、鸭跖草等也表现出优异的防效。还可作为脱叶剂，用于棉花等作物。

【参考文献】

[1] Ko Y K，Chung K H，Ryu J W，et al．Uracil-based compounds, and herbicides comprising same．WO2010038953．

[2] Kyungjae L，Jinchul K，Youngchun A，et al．Method for producing 5-(3,6-dihydro-2,6-dioxo-4-trifluoromethyl-1(2*H*)-pyrimidinyl)phenylthiol compound．WO2018128390．

[3] Frackenpohl J，Heinemann I，Willms L，et al．Preparation of substituted thiophenyluracils and salts thereof and the use thereof as herbicidal agents．WO2019121547．

[4] Kyungjae L，Jinchul k，Youngchun A，et al．Method for producing 3-aryl uracil compound．WO2018128387．

[5] Gao M Z，Bian C F，Zhou W W，et al. Dissipation of tiafenacil in five types of citrus orchard soils using the HPLC-MS coupled with the quick，easy，cheap，effective，rugged，and safe method．J Sep Sci，2021，44（9）：1950-1960．

[6] Hu M F，Tan H H，Li，Y H，et al. Simultaneous determination of tiafenacil and its six metabolites in fruits using ultra-high-performance liquid chromatography/tandem mass spectrometry．Food Chemistry，2020，327：127015．

[7] Park J，Ahn Y O，Nam J W，et al. Biochemical and physiological mode of action of tiafenacil，a new protoporphyrinogen Ⅸ oxidase-inhibiting herbicide．Pestic Biochem Physiol，2018，152：38-44．

2.1.2.7 双苯嘧草酮 benzfendizone

【化学名称】(*RS*)-2-(5-乙基-2-{4-[1,2,3,6-四氢-3-甲基-2,6-二氧代-4-(三氟甲基)嘧啶-1-基]苯氧甲基}苯氧基)丙酸甲酯

IUPAC 名：methyl(*RS*)-2-(5-ethyl-2-{4-[1,2,3,6-tetrahydro-3-methyl-2,6-dioxo-4-(trifluoromethyl)pyrimidin-1-yl]phenoxymethyl}phenoxy)propionate

CAS 名：methyl 2-[2-[[4-[3,6-dihydro-3-methyl-2,6-dioxo-4-(trifluoromethyl)-1(2*H*)-pyrimidinyl]

phenoxy]methyl]-5-ethylphenoxy]propanoate

【化学结构式】[1]

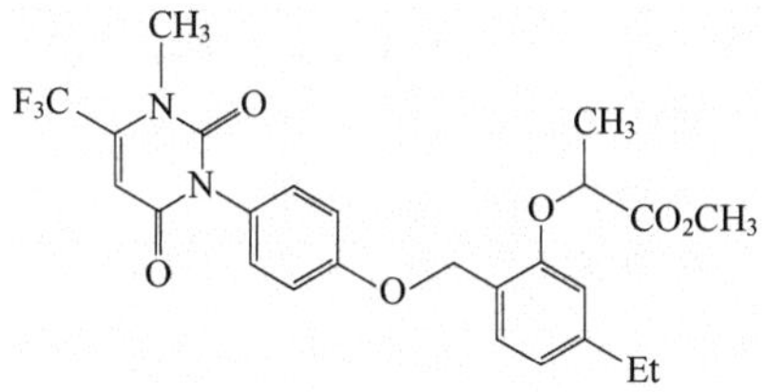

【分子式】$C_{25}H_{25}F_3N_2O_6$

【分子量】506.48

【CAS 登录号】158755-95-4

【理化性质】白色至棕色液体，蒸气压（20℃）0.28mPa；密度 1.39g/cm^3；K_{ow}lg$P$ 4.24（20℃，pH7）；溶解度：水＜1mg/L（23℃）。

【研制和开发公司】美国 FMC（富美实公司）

【上市国家和年份】美国，1998 年

【合成路线】[2,3]

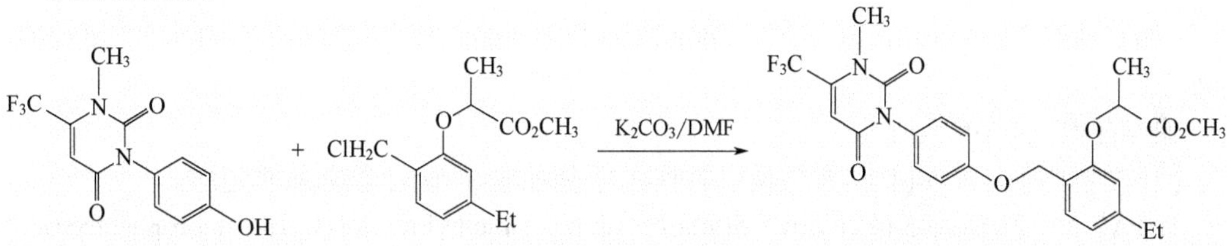

中间体合成：

中间体 1：

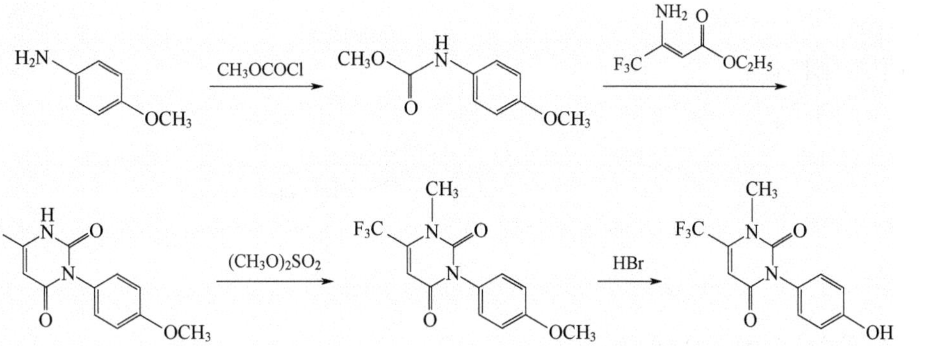

中间体 2：

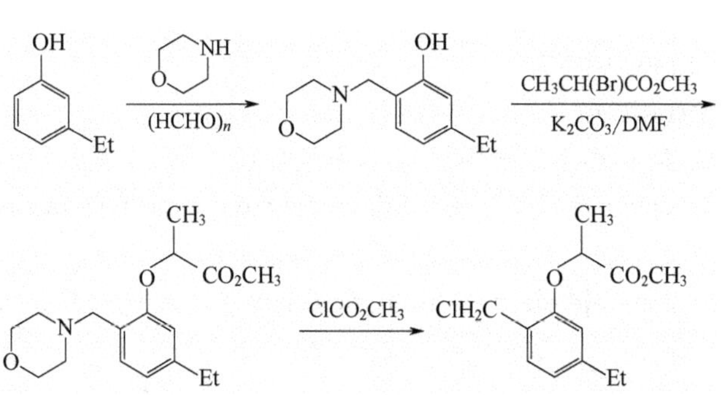

其他中间体合成参见“苯嘧磺草胺 saflufenacil”。

【作用机理】原卟啉原氧化酶抑制剂。

【分析方法】高效液相色谱-紫外（HPLC-UV）检测，气相色谱-质谱联用（GC-MS）

【制剂】乳油（EC），悬浮剂（SC）

【应用】应用作物：水果，大豆，马铃薯，棉花。

【防治对象】芽后防除一年生和多年生阔叶杂草。

【参考文献】

[1] Theodoridis G，Bahr J T，Hotzman F W，et al．New generation of protox-inhibiting herbicides．Crop Prot，2000，19（8-9）：533-535．

[2] Crispino G A，Diener M R．Preparation of a mannich base intermediate for 2-[(4-heterocyclic-phenoxymethyl)phenoxy] alkanoates．US6136972．

[3] Theodoridis G．Herbicidal combinations containing 2-[(4-heterocyclic-phenoxymethyl) phenoxy] alkanoates．US5798316．

2.1.3 芳基联吡唑类

2.1.3.1 吡草醚 pyraflufen-ethyl

【商品名称】Desiccan，Ecopart，Thunderbolt007（非选择性除草剂）（混剂，与草甘膦异丙铵盐混合）

吡草醚酸 pyraflufen

【化学名称】2-氯-5-(4-氯-5-二氟甲氧基-1-甲基吡唑-3-基)-4-氟苯氧基乙酸

IUPAC 名：2-chloro-5-(4-chloro-5-difluoromethoxy-1-methylpyrazol-3-yl)-4-fluorophenoxyacetic acid

CAS 名：2-chloro-5-[4-chloro-5-(difluoromethoxy)-1-methyl-1*H*-pyrazol-3-yl]-4-fluorophenoxy acetic acid

【化学结构式】

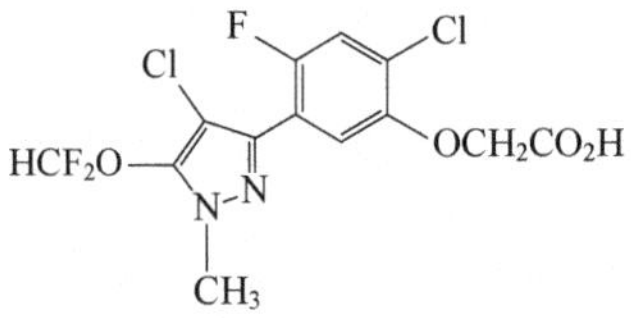

【分子式】$C_{13}H_9Cl_2F_3N_2O_4$

【分子量】385.12

【CAS 登录号】129630-17-7

吡草醚 pyraflufen-ethyl

【化学名称】2-氯-5-(4-氯-5-二氟甲氧基-1-甲基吡唑-3-基)-4-氟苯氧基乙酸乙酯

IUPAC 名：ethyl 2-chloro-5-(4-chloro-5-difluoromethoxy-1-methylpyrazol-3-yl)-4-fluorophenoxy acetate

CAS 名：ethyl 2-chloro-5-[4-chloro-5-(difluoromethoxy)-1-methyl-1*H*-pyrazol-3-yl]-4-fluorophen oxyacetate

【化学结构式】

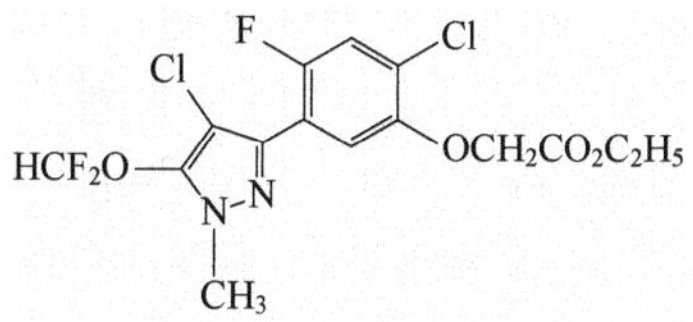

【分子式】$C_{15}H_{13}Cl_2F_3N_2O_4$

【分子量】413.17

【CAS 登录号】129630-19-9

【理化性质】吡草醚酸：熔点 126.5℃；蒸气压：（25℃）4.79mPa；$K_{ow}lgP$ 4.87；水中溶解（25℃）1.0mg/L。

吡草醚：奶油色粉末，熔点 126.4～127.2℃。蒸气压 $1.6×10^{-5}$mPa（25℃），$4.3×10^{-6}$mPa（20℃）。密度（24℃）$1.565g/cm^3$；$K_{ow}lgP$ 3.49。水中溶解度（20℃）：0.082mg/L。有机溶剂中溶解度（20℃）：丙酮 261g/L，甲醇 9.5g/L，正己烷 40.3g/L，乙酸乙酯 155g/L。pH4 水中稳定，DT_{50} 13d（pH7，25℃），pH 9 快速水解，水溶液光解 DT_{50} 30h。

【研制和开发公司】由 Nihon Nohyaku Co.，Ltd.（日本农药株式会社）开发

【上市国家和年份】国家不详，1999 年

【合成路线】[1-3]

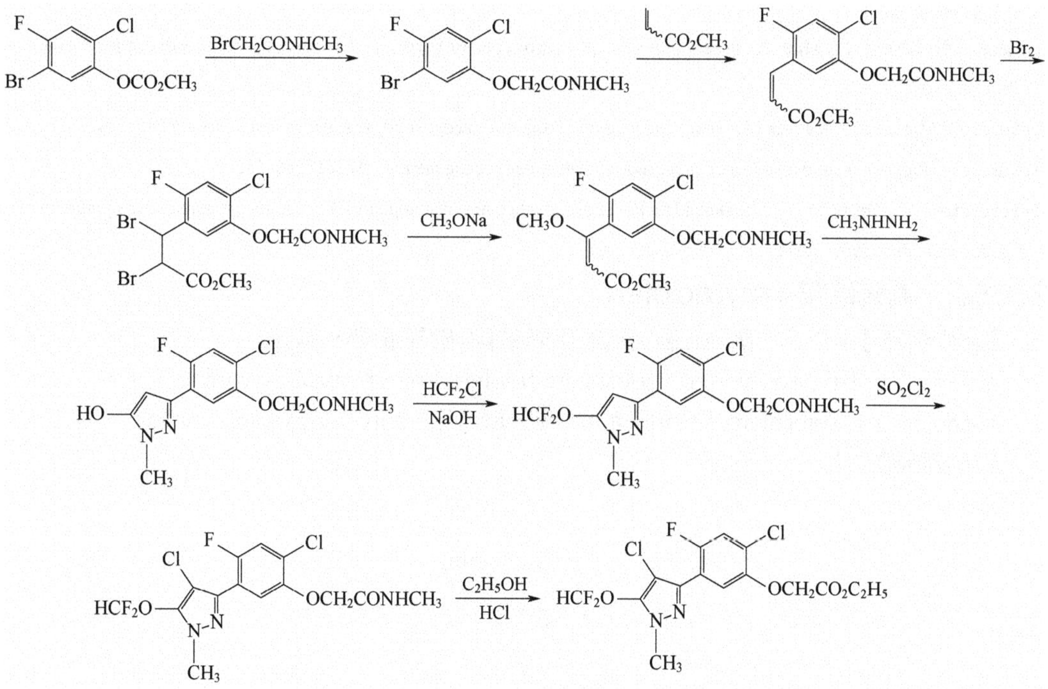

【哺乳动物毒性】大鼠急性经口 LD_{50}＞5000mg/kg，大鼠急性经皮 LD_{50}＞2000mg/kg；对兔眼睛有轻微刺激，对皮肤无刺激，对豚鼠皮肤无致敏；大鼠吸入 LC_{50}(4h)＞5.03mg/L。NOEL：雄大鼠（2 年）86.7mg/kg，雌大鼠（2 年）111.5mg/kg；雄小鼠（78 周）21.0mg/kg，雌小鼠（78 月）19.6mg/kg；雌雄狗（52 周）1000mg/kg。Ames 试验显示无致畸和致突变作

用，对繁殖无影响，无致癌；ADI/RfD（EC）0.2mg/kg[2001]。

【生态毒性】山齿鹑急性经口 LD_{50}＞2000mg/kg，山齿鹑和野鸭饲喂 LC_{50}（8d）＞5000mg/kg。鱼急性 LC_{50}（96h）：鲤鱼＞0.206mg/L，虹鳟和蓝鳃翻车鱼 0.1mg/L。水蚤 EC_{50}（48h）＞0.1mg/L；近头状伪蹄形藻 E_bC_{50}(72h) 0.00023mg/L，舟形藻 E_bC_{50}(72h) 0.0016mg/L；蜜蜂 LD_{50}（48h，经口）＞112μg/只，蜜蜂 LD_{50}（48h，接触）＞100μg/只；赤子爱胜蚓 LC_{50}（14d）＞10000mg/kg（土）。

【作用机理】通过抑制原卟啉原氧化酶发挥作用。在小麦和猪殃殃之间的选择性是由沉积、吸收与代谢不同产生的。

【分析方法】高效液相色谱-紫外（HPLC-UV）

【制剂】乳油（EC），悬浮剂（SC）

【应用】[4] 作用方式：触杀型除草剂，叶面使用时，很容易被吸收进入植物组织，在光照下导致茎和叶快速坏死或枯萎。用途：选择性苗后处理，用于谷物防除阔叶杂草，尤其是猪殃殃、藜、甘菊、野芝麻、繁缕、荠菜、欧洲千里光、常春藤、叶婆婆纳和大婆婆纳，使用剂量 10～20g/hm^2。

【代谢】动物：快速吸收（2d 内 56%）并在 24h 内完全排出。通过酯水解和 *N*-去甲基化完全代谢（＞99%）。植物：代谢途径是脱酯化，随后 *N*-去甲基化。土壤环境：DT_{50}（实验室有氧，20℃）＜0.5d，酸性代谢产物为 16～53d。DT_{50}（田间）1～7d，酸性代谢产物 11～71d。K_{oc} 2701～5210mL/g，酸性代谢产物 81～197mL/g。

【参考文献】

[1] Takaishi H, Kishida M, Miura Y. Preparation of 3-(3-hydroxyphenyl)pyrazole derivatives as intermediates for herbicides. JPH04225937.

[2] Miura Y，Mabuchi T，Kajioka M，et al．Preparation of 3-(substitutedphenyl)pyrazoles as herbicides．EP361114.

[3] Kubota S．Preparation of pyrazole derivative and synthetic intermediate thereof．JP2017206453.

[4] Fernandez J V，Odero D C，MacDonald G E，et al．Parthenium hysterophorus L．control in response to pyraflufen-ethyl application．Crop Prot，2014，57：35-37.

2.1.3.2 氟氯草胺 nipyraclofen

【化学名称】1-(2,6-二氯-*α*,*α*,*α*-三氟对甲苯基)-4-硝基吡唑-5-基胺

IUPAC 名：1-(2,6-dichloro-*α*,*α*,*α*-trifluoro-*p*-tolyl)-4-nitropyrazol-5-ylamine

CAS 名：1-[2,6-dichloro-4-(trifluoromethyl)phenyl]-4-nitro-1*H*-pyrazol-5-amine

【化学结构式】

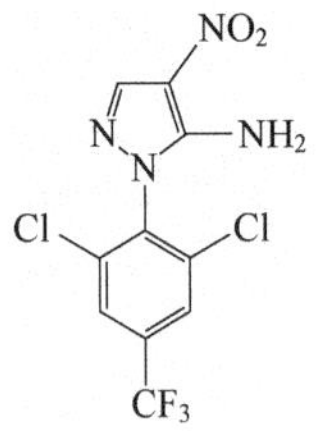

【分子式】$C_{10}H_5Cl_2F_3N_4O_2$

【分子量】341.07

【CAS 登录号】99662-11-0

【研制和开发公司】Bayer AG（德国拜耳公司）

【合成路线】[1-3]

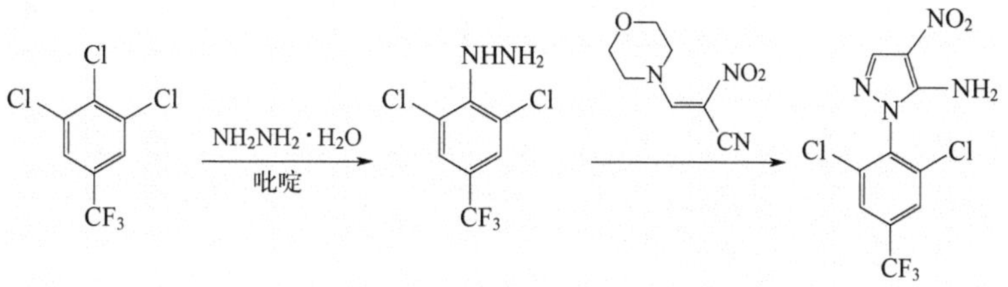

【参考文献】

[1] Schallner O，Gehring R，Klauke E，et al. Herbicides from pyrazole derivatives．US4614533．

[2] Gehring R，Schallner O，Stetter J，et al．Preparation of nitropyrazole herbicides．DE3538731．

[3] Fuerstenwerth H．Process for the preparation of 5-amino-1-phenyl-4-nitropyrazoles as herbicides．EP0320765．

2.1.3.3 异丙吡草酯 fluazolate

【商品名称】Twinagro

【化学名称】5-[4-溴-1-甲基-5-(三氟甲基)-1*H*-吡唑-3-基]-2 氯-4-氟苯甲酸异丙酯

IUPAC 名：isopropyl 5-[4-bromo-1-methyl-5-(trifluoromethyl)-1*H*-pyrazol-3-yl]-2-chloro-4-fluorobenzoate

CAS 名：1-methylethyl 5-[4-bromo-1-methyl-5-(trifluoromethyl)-1*H*-pyrazol-3-yl]-2-chloro-4-fluorobenzoate

【化学结构式】

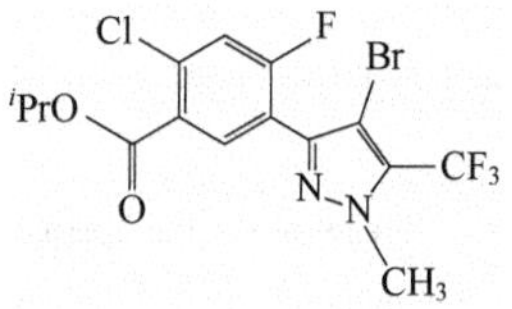

【分子式】$C_{15}H_{12}BrClF_4N_2O_2$

【分子量】443.62

【CAS 登录号】174514-07-9

【理化性质】纯品为白色晶体，熔点 79.5～80.5℃；蒸气压（20℃）9.43×10^{-3}mPa；密度（20℃）1.62g/cm^3；K_{ow}lg$P$ 5.44；水中溶解度 53μg/L。

【研制和开发公司】孟山都公司研制并与 BASF（德国巴斯夫公司）共同开发

【上市国家和年份】1997 年

【合成路线】[1,2]

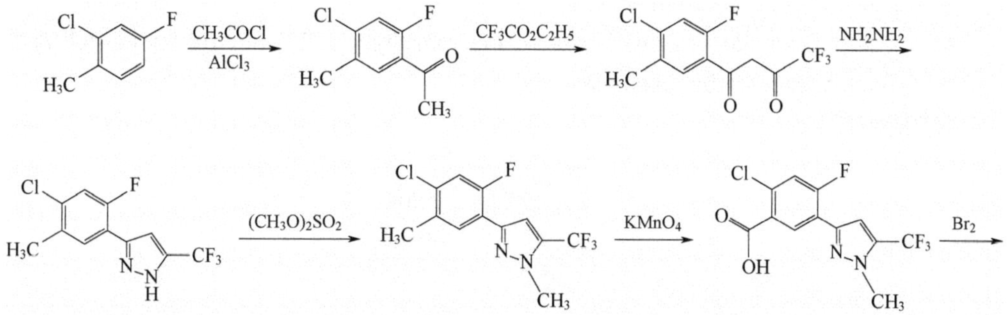

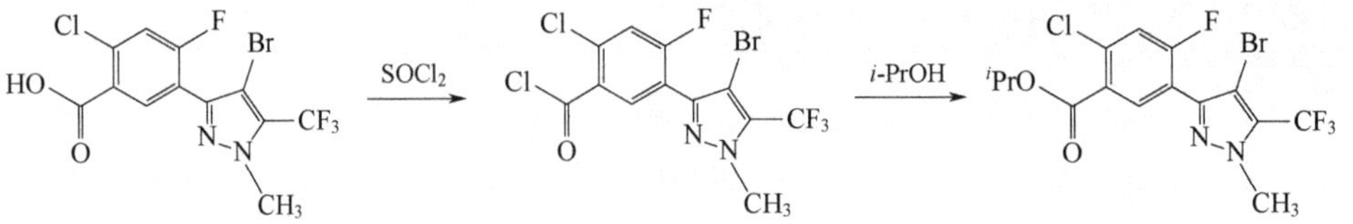

【哺乳动物毒性】大鼠急性经口 LD_{50}＞5000mg/kg，大鼠急性经皮 LD_{50}＞5000mg/kg；对兔眼睛有轻微刺激，对皮肤无刺激；大鼠急性吸入 LC_{50}(4h)＞1.7mg/L，Ames 试验呈阴性；小鼠淋巴瘤和活体小鼠微核试验呈阴性。

【生态毒性】野鸭和山齿鹑急性经口 LD_{50}＞2130mg/kg，野鸭和山齿鹑饲喂 LC_{50}(5d)＞5330mg/kg；鱼急性 LC_{50}（96h）：虹鳟 0.045mg/L；蚯蚓 LC_{50}(14d)＞1170mg/kg（土）。

【作用机理】原卟啉原氧化酶抑制剂。

【分析方法】高效液相色谱-紫外（HPLC-UV）

【制剂】乳油（EC）

【应用】作用方式：通过植物细胞中原卟啉原氧化酶积累而发挥药效。茎叶处理后，敏感植物或杂草迅速吸收到组织中，使植株迅速坏死，或在阳光照射下，使茎叶脱水干枯而死。用途：对小麦具有很好的选择性。在麦秸和麦粒上没有发现残留，其淋溶物对地表和地下水不会构成污染，因此对环境安全。残效适中，对后茬作物如亚麻、玉米、大豆、油菜、大麦、豌豆等无影响。防除对象：主要用于防除阔叶杂草如猪殃殃、野老鹳草、野芝麻、麦家公、虞美人、繁缕、苣荬菜、勿忘草、婆婆纳、荠菜、野萝卜等，禾本科杂草如看麦娘、早熟禾、剪股颖、黑麦草、雀麦等以及莎草科杂草；对猪殃殃和看麦娘有特效。

【参考文献】

[1] Hamper B C，Mao M K，Phillips W G．Preparation of substituted 3-aryl-5-(haloalkyl)pyrazoles having herbicidal activity．US 5698708．

[2] Hsieh M T，Lin H C，Kuo S C．Synthesis of fluazolate via the application of regioselective[3+2] cyclocondensation and nucleophilic substitution-cyclization strategies．Tetrahedron，2016，72（39）：5880-5885．

2.1.4 三唑啉酮类

2.1.4.1 苯唑磺隆 bencarbazone

【商品名称】Midas

【化学名称】2-[(乙基磺酰基)氨基]-5-氟-4-[4-甲基-5-氧代-3-(三氟甲基)-4,5-二氢-1*H*-1,2,4-三唑-1-基]硫代苯甲酰胺

IUPAC 名：2-[(ethylsulfonyl)amino]-5-fluoro-4-[4-methyl-5-oxo-3-(trifluoromethyl)-4,5-dihydro-1*H*-1,2,4-triazol-1-yl]benzenecarbothioamide

CAS 名：4-[4,5-dihydro-4-methyl-5-oxo-3-(trifluoromethyl)-1*H*-1,2,4-triazol-1-yl]-2-[(ethylsulfonyl)amino]-5-fluorobenzenecarbothioamide

【化学结构式】

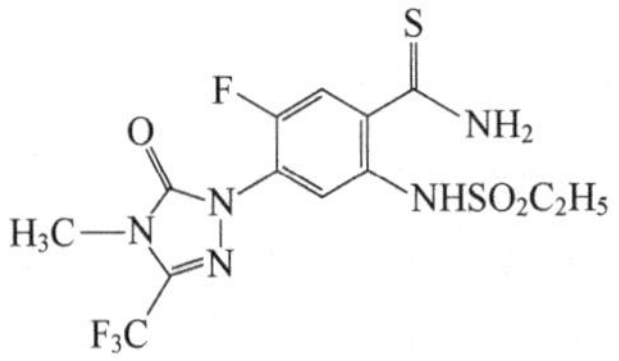

【分子式】$C_{13}H_{13}F_4N_5O_3S_2$

【分子量】427.39

【CAS 登录号】173980-17-1

【理化性质】熔点 202℃；K_{ow}lg$P$ 0.17；水中溶解度（20℃）：105mg/L。

【研制和开发公司】德国 Bayer AG（拜耳公司）

【上市国家和年份】2001 年发现

【合成路线】[1-3]

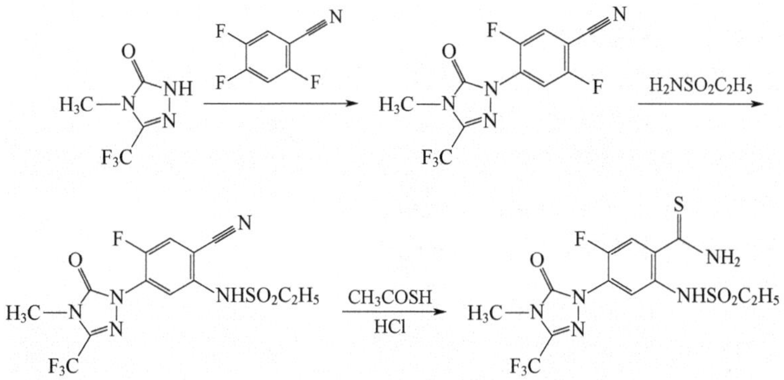

【哺乳动物毒性】大鼠急性经口 LD_{50}＞2500mg/kg；大鼠吸入 LC_{50}（4h）＞5.05mg/L。

【生态毒性】[4]山齿鹑急性经口 LD_{50}＞2000mg/kg；虹鳟鱼 LC_{50}（96h）100mg/L；水蚤急性 EC_{50}（48h）＞10mg/L；赤子爱胜蚓 LC_{50}（14d）＞1000mg/kg。

【作用机理】原卟啉原氧化酶抑制剂，可被根、茎吸收并传导。

【分析方法】高效液相色谱-紫外（HPLC-UV）检测

【制剂】悬浮剂（SC）

【应用】芽后防治阔叶杂草，如婆婆纳、猪殃殃、苘麻、牵牛花等。可用于谷类、甘蔗、玉米等作物。

【参考文献】

[1] Linker K-H, Findeisen K, Andree Roland, et al. Preparation of heterocyclylphenylthiocarboxylic acid amides as herbicides. WO 9530661.

[2] Wroblowsky H-J, Thomas R. Process for producing substituted aromatic thiocarboxylic acid amides. WO9733876.

[3] Haas W, Linker K-H, Schallner O, et al. Substituted(Sulfonylamino)(triazolinyl)Benzonitriles as Herbicides. EP609734.

[4] Cassani S, Kovarich S, Papa E, et al. Daphnia and fish toxicity of(benzo)triazoles. Validated QSAR models, and interspecies quantitative activity-activity modeling. J Hazard Mater, 2013, 258-259: 50-60.

2.1.4.2 甲磺草胺 sulfentrazone

【商品名称】Authority，Boral，Spartan，Authority XL（混剂，与氯嘧磺隆混合）

【化学名称】2′,4′-二氯-5′-(4-二氟甲基-4,5-二氢-3-甲基-5-氧-1*H*-1,2,4-三唑-1-基)甲基磺酰基苯胺

IUPAC 名：2′,4′-dichloro-5′-(4-difluoromethyl-4,5-dihydro-3-methyl-5-oxo-1*H*-1,2,4-triazol-1-yl) methanesulfonanilide

CAS 名：*N*-[2,4-dichloro-5-[4-(difluoromethyl)-4,5-dihydro-3-methyl-5-oxo-1*H*-1,2,4-triazol-1-yl] phenyl]methanesulfonamide

【化学结构式】

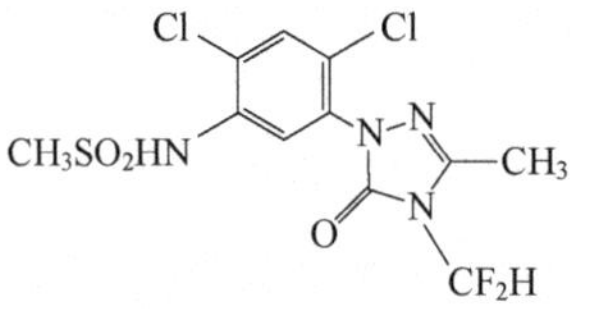

【分子式】$C_{11}H_{10}Cl_2F_2N_4O_3S$

【分子量】387.18

【CAS 登录号】122836-35-5

【理化性质】褐色固体，熔点 121～123℃；蒸气压 1.3×10^{-4}mPa（25℃）；密度 1.21g/cm^3（20℃）；K_{ow}lg$P$ 1.48；水中溶解度（20℃）：0.11mg/L（pH6），0.78mg/L（pH 7），16mg/L（pH 7.5）；可溶于丙酮和一般极性有机溶剂；不易水解，水中快速光解；pK_a 6.56。

【研制和开发公司】由 FMC（美国富美实公司）开发

【上市国家和年份】葡萄牙、巴西，1995 年

【合成路线】[1-4]

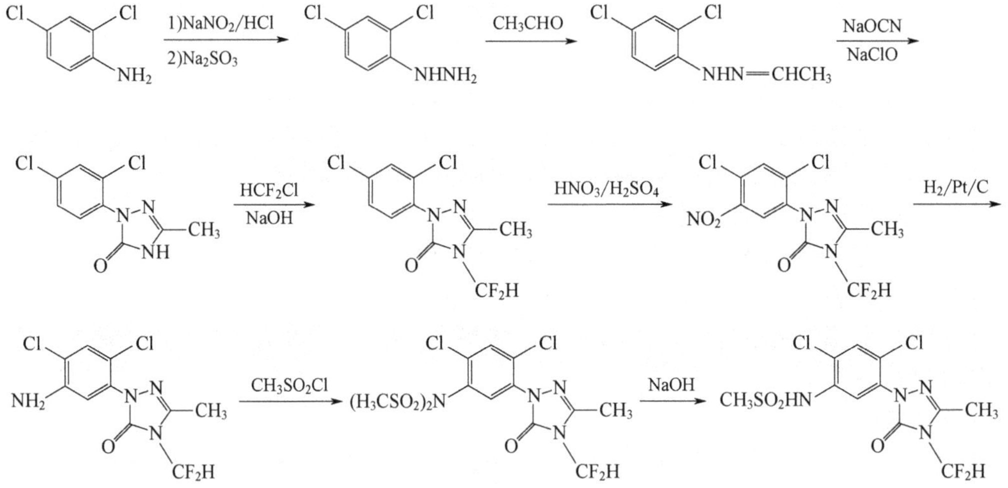

【哺乳动物毒性】大鼠急性经口 LD_{50} 2689mg/kg，兔急性经皮 LD_{50}＞2000mg/kg；对兔眼睛有中度刺激，对皮肤无刺激，对豚鼠皮肤无致敏；大鼠吸入 LC_{50}(4h)＞2.19mg/L。NOEL：急性经口 NOAEL 25mg/(kg·d)；慢性 NOAEL（生殖）14mg/(kg·d)；大鼠畸形学试验 10mg/(kg·d)。Ames 试验、小鼠淋巴瘤和体内小鼠微核试验结果无诱变性；ADI/RfD(EC) aRfD 0.25mg/kg，aRfD 0.14mg/kg[2003]；毒性等级：Ⅲ。

【生态毒性】山齿鹑急性经口 LD_{50}＞2250mg/kg，山齿鹑和野鸭饲喂 LC_{50}（8d）＞5620mg/kg。鱼急性 LC_{50}（96h）：虹鳟＞130mg/L，蓝鳃翻车鱼 93.8mg/L。水蚤 EC_{50}（48h）60.4mg/L；水藻 EC_{50} 31.0μg/L；蓝绿藻 EC_{50} 32.9μg/L；蜜蜂 LD_{50}＞25μg/只；蚯蚓 NOEC 3726mg/kg。

【作用机理】原卟啉原氧化酶抑制剂。

【分析方法】高效液相色谱-紫外（HPLC-UV）

【制剂】悬浮剂（SC），水分散剂（WG），水剂（WC）

【应用】[4] 作用方式：通过根部和叶子吸收除草剂，根原生质和韧皮部传导有限。用途：用于大豆、甘蔗和烟草，防除一年生阔叶杂草、一些禾本科及莎草属杂草。芽前或种植前结合使用。

【代谢】动物：大鼠摄入甲磺草胺后，几乎全部迅速被吸收，并于 2h 内通过尿液排出体外。主要代谢产物为环羟甲基甲磺草胺。植物：大豆中，95%以上甲磺草胺母体 12h 内被代谢为环羟甲基类似物，该羟甲基类似物被共轭形成葡糖苷或转变成甲磺草胺羧酸。土壤/环境：土壤中稳定（DT_{50} 18 个月）。在水中不易水解（pH5～9），但易发生光解（DT_{50}<0.5d）。对有机物（K_{oc} 43mg/L）亲合力低，但只在含砂量高的土壤中迁移。生物富集倾向较低。

【参考文献】

[1] George T．Herbicidal aryl triazolinones．US 4818275．

[2] Keifer D W，Tymonko J M．Safening of crops against a triazolinone herbicide with 1,8-naphthalic anhydride．US4909831．

[3] Bristow J T．A novel form of sulfentrazone，a process for its preparation and use the same．WO2017197909．

[4] Sandhu R K，Reuss L E，Boyd NS．Evaluation of sulfentrazone alone or in combination with other PRE and POST herbicides for weed control in tomato(Solanum lycopersicum)and strawberry(Fragaria x ananassa)．HortScience，2022，57（2）：215-220．

2.1.4.3 唑草酮 carfentrazone-ethyl

【商品名称】Aurora，Spotlight，Affinity（混剂，与异丙隆混合），Platform S［混剂，与(*R*)-2-甲-4-氯丙酸混合］，Broadhead（混剂，与二氯喹啉酸混合）

【化学名称】(*RS*)-2-氯-3-[2-氯-5-(4-二氟甲基-4,5-二氢-3-甲基-5-氧-1*H*-1,2,3-三唑-1-基)-3-氟苯基]丙酸乙酯

IUPAC 名：ethyl(*RS*)-2-chloro-3-[2-chloro-5-(4-difluoromethyl-4,5-dihydro-3-methyl-5-oxo-1*H*-1,2,4-triazol-1-yl)-4-fluorophenyl]propionate

CAS 名：ethyl *α*,2-dichloro-5-[4-(difluoromethyl)-4,5-dihydro-3-methyl-5-oxo-1*H*-1,2,4-triazol-1-yl]-4-fluorobenzenepropanoate

【化学结构式】

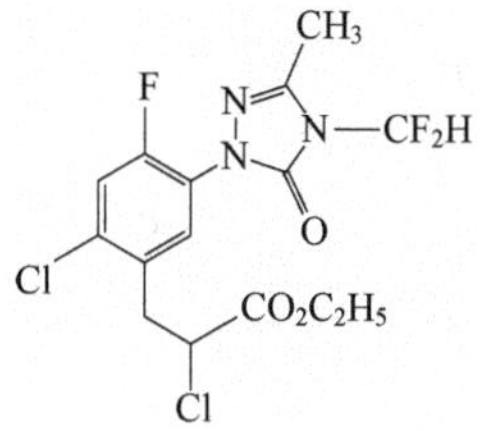

【分子式】$C_{15}H_{14}Cl_2F_3N_3O_3$

【分子量】412.19

【CAS 登录号】128639-02-1

【理化性质】原药含量≥90%，黏稠黄色液体；熔点-22.1℃，沸点 350～355℃；密度(20℃) 1.457g/cm^3；K_{ow}lg*P* 3.36（25°C）；蒸气压（25℃）1.6×10^{-5}Pa。水中溶解度：12μg/L（20℃）、22μg/L（25℃）、23μg/L（30℃）。有机溶剂中溶解度（25℃）：甲苯 0.9g/L、己烷 0.03g/L，与丙酮、二氯甲烷、乙酸乙酯等互溶。水解 DT_{50} 3.6h（pH9）、8.6d（pH 7）、稳定（pH 5），水相光解 DT_{50} 8d。

【研制和开发公司】美国 FMC（富美实公司）

【上市国家和年份】[1] 美国，1997 年

【合成路线】[2-6]

路线 1：

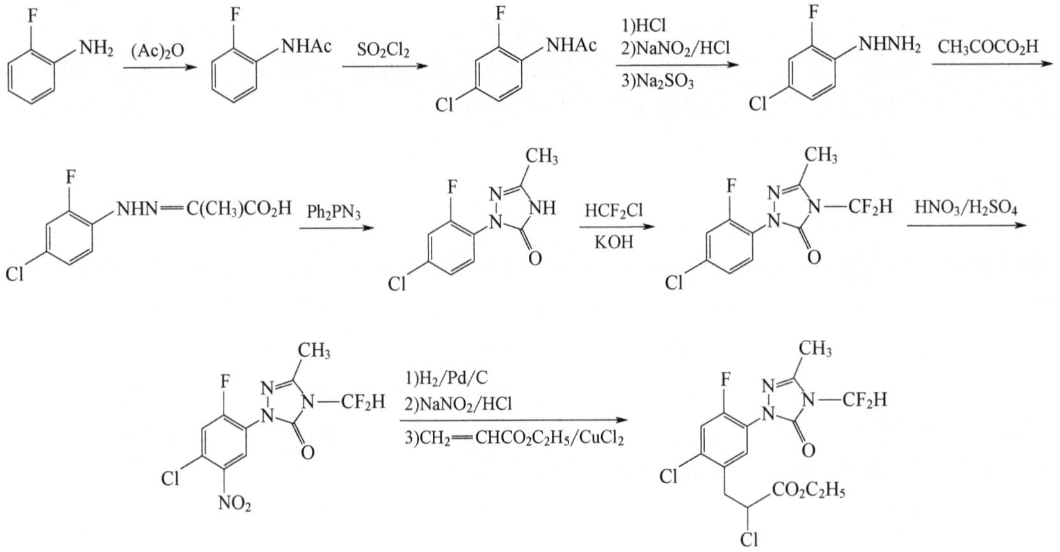

路线 2：

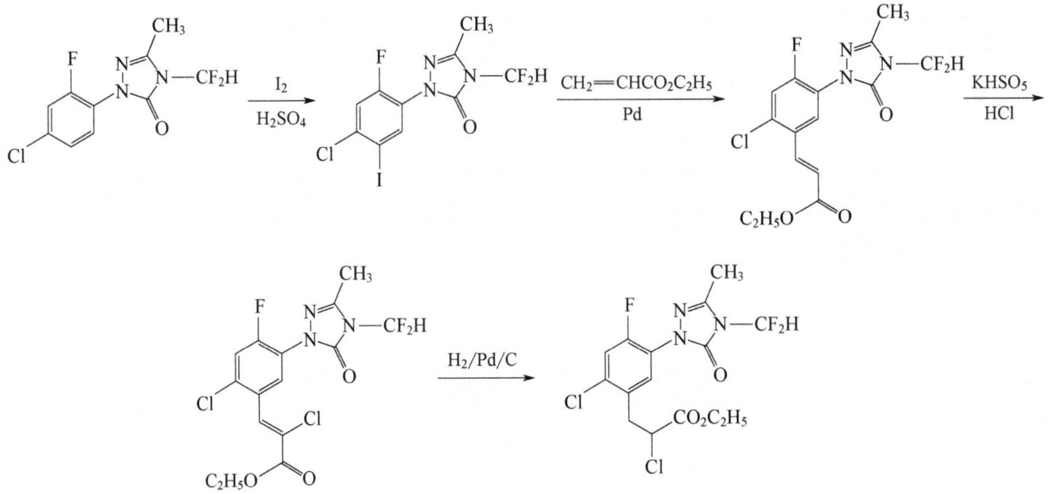

中间体合成[7]：

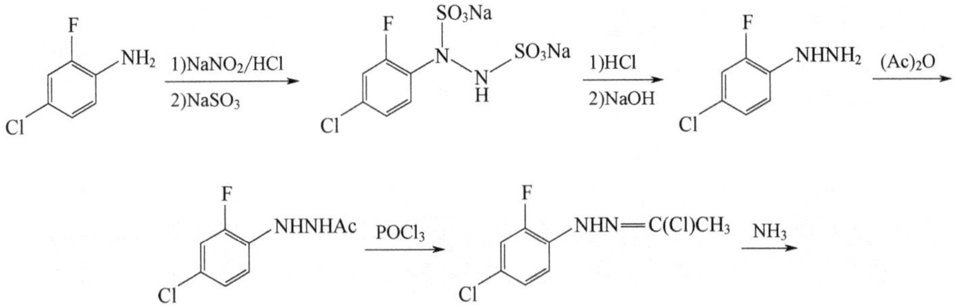

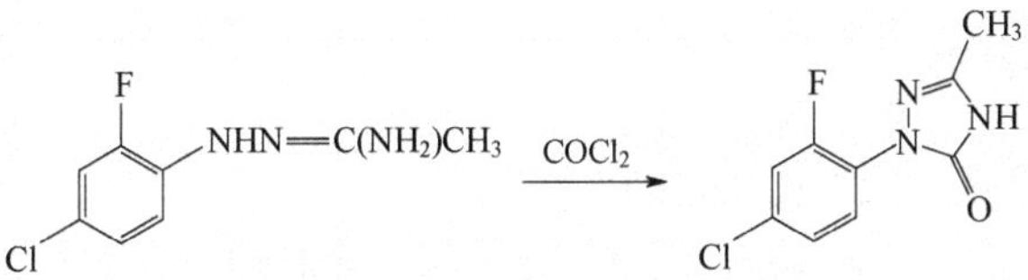

【哺乳动物毒性】对雌大鼠急性毒性经口 LD_{50} 51430mg/kg，对雌、雄大鼠急性经皮 LD_{50}＞4000mg/kg，大鼠急性吸入 LC_{50}＞5mg/L；对兔皮肤无刺激性，对眼睛有轻微刺激性，对豚鼠皮肤不致敏；NOEL（2 年）大鼠 3mg/(kg·d)；Ames 实验无致突变；ADI/RfD(EC) 0.03mg/kg[1998]；毒性等级：Ⅲ。

【生态毒性】山齿鹑 LD_{50}≥2250mg/kg，绿头野鸭 LC_{50}＞5620mg/kg；鱼毒 LC_{50}（96h）1.6～43mg/L（依物种而异）；水蚤 EC_{50}（48h）＞9.8mg/L，藻类 EC_{50} 5.7～17μg/L（依物种而异）；东方牡蛎 EC_{50}（96h）2.05mg/L，糠虾 EC_{50}（96h）1.16mg/L，浮萍 EC_{50}（14d）0.0057mg/L；蜜蜂经口 LD_{50}（48h）＞35μg/只、蜜蜂接触 LD_{50}（48h）＞200μg/只；蚯蚓 LC_{50}＞820mg/kg（土）。

【作用机理】原卟啉原氧化酶抑制剂，干扰细胞功能。

【分析方法】高效液相色谱-紫外（HPLC-UV）检测，气相色谱-质谱联用（GC-MS）

【制剂】可溶性粒剂（SG），乳油（EC），可湿粉剂（WP），水分散剂（WG），水乳剂（EW）

【应用】作用方式：叶面吸收，有限的体内传导。用途：用于谷物，苗后防除多种阔叶杂草，特别是猪殃殃、苘麻、牵牛草、藜、荠菜，剂量 9～35g/hm^2。也可用作马铃薯枯叶剂，剂量 60g/hm^2，对磺酰脲类除草剂产生抗性的杂草有很好活性。小麦、大麦和水稻有良好耐受性。

【代谢】[8]动物：大鼠体内约 80%的摄入剂量在 24h 内被迅速吸收并通过尿液排出。主要代谢物为相应的酸。进一步的代谢似乎涉及甲基的氧化羟基化或脱氯化氢而形成相应的肉桂酸。植物：快速转化为游离酸，后者被羟基化，然后三唑啉酮甲基被氧化为二元酸。DT_{50}（乙酯）＜7d，DT_{50}（酸）＜28d。土壤/环境：土壤中被微生物分解；土壤施用后不被光分解或挥发。被无菌土壤强烈吸附（K_{oc} 750±60mL/g，25℃）；不灭菌的土壤中迅速转化为游离酸，后者与土壤结合较弱（K_{oc} 15～35mL/g，25℃，pH5.5）；实验室中，土壤 DT_{50} 为数小时，降解为游离酸，其 DT_{50} 2.5～4.0d。

【参考文献】

[1] Dayan F E，Duke S O，Weete J D，et al．Selectivity and mode of action of carfentrazone-ethyl，a novel phenyl triazolinone herbicide．Pestic Sci，1997，51（1）：65-73．

[2] Crispino G，Goudar J S．Process and intermediates for the preparation of a triazoline herbicide．WO9919308．

[3] 俞建娣，刘维，王唐君，等．一种合成唑草酮和唑草酮中间体的方法．CN103819418．

[4] 张胜，王玉池，陈文，等．一种合成唑酮草酯的方法．CN107935948．

[5] 朱红军，樊俭俭，俞娟，等．一种合成唑草酮酯的方法．CN103483280．

[6] Fan J J，Yu J，Fu X，et al. A new and efficient synthetic method for the herbicide carfentrazone-ethyl based on the Heck reaction．Res Chem Intermed，2015，41（8）：5797-5808．

[7] 何光裕，盛文辉，陈海群．相转移催化条件下的 4-氯-2-氟苯肼的合成．化学世界，2011，52（5）：289-291．

[8] Elmarakby S A，Supplee D，Cook R．Degradation of [^{14}C] carfentrazone-ethyl under aerobic aquatic conditions．J Agric Food Chem，2001，49（11）：5285-5293．

2.1.5 酞酰亚胺类

2.1.5.1 丙炔氟草胺 flumioxazin

【商品名称】Sumisoya，Clipper，Valtera，Fierce（混剂，与杀草砜混合）

【化学名称】*N*-(7-氟-3,4-二氢-3-氧-(2-丙炔基)-2-*H*-1,4-苯并嗯嗪-6-基)环己-1-烯-1,2-二羧酰亚胺

IUPAC 名：*N*-(7-fluoro-3,4-dihydro-3-oxo-4-prop-2-yl-2*H*-1,4-benzoxazin-6-yl)cyclohex-1-ene-1,2-dicarboxamide

CAS 名：2-[7-fluoro-3,4-dihydro-3-oxo-4-(2-propyn-1-yl)-2*H*-1,4-benzoxazin-6-yl]-4,5,6,7- tetrahydro-1*H*-isoindole-1,3(2*H*)-dione

【化学结构式】

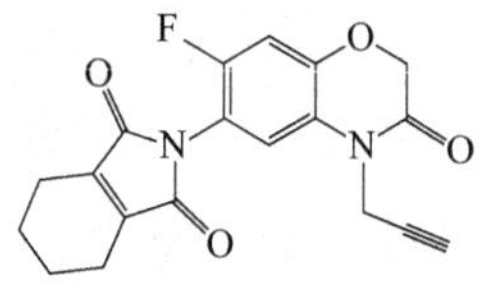

【分子式】$C_{19}H_{15}FN_2O_4$

【分子量】354.34

【CAS 登录号】103361-09-7

【理化性质】纯品为浅棕色粉末；熔点 202～204℃；密度（20℃）1.5136g/cm^3；蒸气压（22℃）3.2mPa；分配系数（20℃）$K_{ow}\lg P$ 2.55。水中溶解度（25℃）：1.79mg/L。有机溶剂中溶解度（25℃）：甲醇 1.6g/L，丙酮 17g/L，乙腈 32.3g/L，乙酸乙酯 17.8g/L，二氯甲烷 191g/L，正己烷 0.025g/L，正辛醇 1.6g/L。稳定性：水解 DT_{50} 3.4d（pH5）、1d（pH7）、0.01d（pH9）。

【研制和开发公司】由 Sumitomo Chemical（日本住友化学株式会社）开发

【上市国家和年份】阿根廷，1994 年

【合成路线】[1-4]

路线 1：

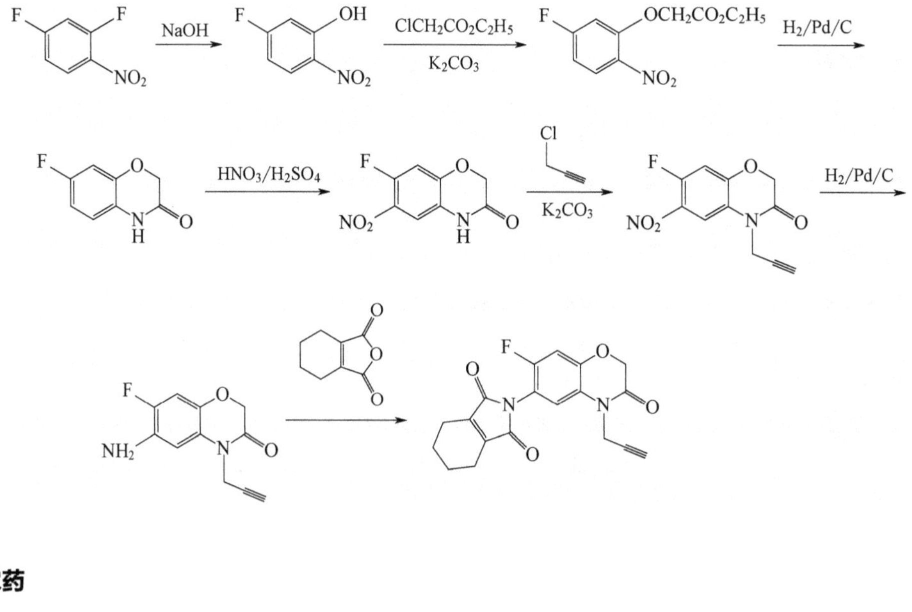

路线 2：

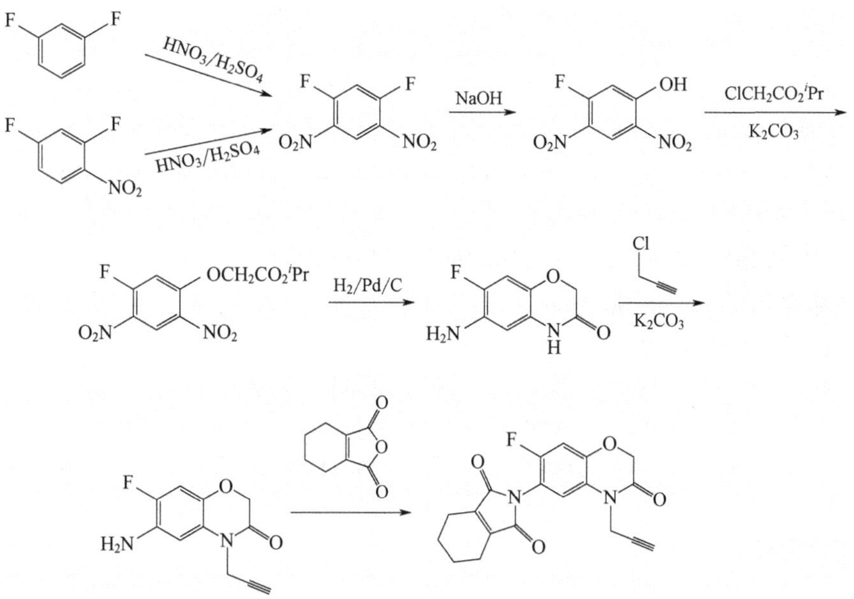

【哺乳动物毒性】大鼠急性毒性经口 LD_{50}＞5000mg/kg，兔急性经皮 LD_{50}＞2000mg/kg；对兔皮肤无刺激性，对眼睛中等刺激，对豚鼠皮肤无致敏；大鼠急性吸入 LC_{50}（4h）＞3.39mg/L（空气）；饲喂大鼠 NOEL（90d）30mg/kg[2.2mg/(kg・d)]，（2 年）50mg/kg[1.8mg/(kg・d)]；Ames 试验、体内染色诱变试验、活体内/活体外 UDS 试验为阴性，无致突变作用；ADI/RfD(EC) 0.009mg/kg[2002]。

【生态毒性】[5]山齿鹑急性经口 LD_{50}＞2250mg/kg，山齿鹑饲喂 LC_{50}＞1870mg/kg，野鸭饲喂 LC_{50}＞2130mg/kg。LC_{50}（96h）：虹鳟 2.3mg/L，蓝鳃翻车鱼＞21mg/L，羊头鲷＞4.7mg/L。水蚤 EC_{50}(48h) 5.9mg/L；羊角月牙藻 EC_{50}(72h) 1.2μg/L；舟形藻 EC_{50}(120h) 1.5μg/L；牡蛎 LC_{50}/EC_{50}(96h) 2.8mg/L，虾 LC_{50}/EC_{50}(96h) 0.23mg/L；浮萍 EC_{50}(14d) 0.35μg/L；蜜蜂经口 LD_{50}＞100μg/只，蜜蜂接触 LD_{50}＞105μg/只；蚯蚓 LC_{50}＞982mg/kg（土）。

【作用机理】原卟啉原氧化酶抑制剂。在光和氧中，引起敏感作物中原卟啉的大量积累，使细胞膜脂质过氧化作用增强，从而导致敏感杂草的细胞膜结构和细胞功能不可逆损害。

【分析方法】高效液相色谱-紫外（HPLC-UV），气相色谱-质谱（GC-MS）

【制剂】水分散剂（WG），可湿粉剂（WP）

【应用】作用方式：苗前除草剂。用途：苗前使用防除大豆、花生、果园和其他作物地的大多数一年生阔叶杂草和部分一年生禾本科杂草。大豆和花生出使用剂量 70～100g/hm^2，果园使用剂量 70～425g/hm^2。

【代谢】[6] 动物：在动物体内迅速吸收，通过广泛代谢，使环己烯环羟基化和酰亚胺裂解迅速排出。土壤/环境：土壤中光解 DT_{50} 3.2～8.4d，有氧代谢 15～27d。丙炔氟草胺相对不稳定，但渗透地下水的风险较低。K_{oc} 1412mL/g；K_d（3 种土壤）约 889mL/g。

【参考文献】

[1] Nagano E，Haga T，Sato R，et al．Tetrahydrophtalimides，and their production and use．EP0170191．

[2] 易克炎，尹凯，徐伟伟，等．一种丙炔氟草胺的合成方法．CN110655513．

[3] 徐格，程宾，邹晨．一种7-氟-6-氨基-4-(2-炔丙基)-1,4-苯并噁嗪-3(4H)-酮衍生物的合成方法．CN106317042．

[4] 程广斌，黄丽萍，张行程，等．制备1,5-二氟-2,4-二硝基苯的方法．CN106748796．

[5] Asano K，Takahashi Y，Ueno M，et al．Lack of human relevance for rat developmental toxicity of flumioxazin is revealed by comparative heme synthesis assay using embryonic erythroid cells derived from human and rat pluripotent stem cells．J Toxicol Sci，2022，47（4）：125-138．

[6] Eason K，Grey T，Cabrera M，et al．Assessment of flumioxazin soil behavior and thermal stability in aqueous solutions．Chemosphere，2022，288(Part2）：132477．

2.1.5.2 氟胺草酯 flumiclorac/flumiclorac-pentyl

【商品名称】Resource，Sumiverde

（1）flumiclorac-pentyl

【化学名称】[2-氯-5-(环己-1-烯-1,2-二羧酰亚氨基)-4-氟苯氧基]乙酸戊酯

IUPAC 名：pentyl[2-chloro-5-(cyclohex-1-ene-1,2-dicarboxamido)-4-fluorophenoxy]acetate

CAS 名：pentyl [2-chloro-4-fluoro-5-(1,3,4,5,6,7-hexahydro-1,3-dioxo-2*H*-isoindol-2-yl)phenoxy] acetate

【化学结构式】

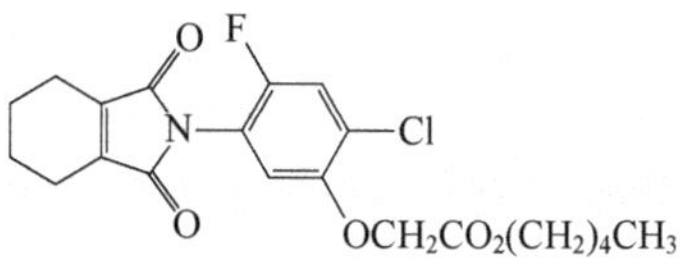

【分子式】$C_{21}H_{23}ClFNO_5$

【分子量】423.87

【CAS 登录号】87546-18-7

（2）flumiclorac

【化学名称】[2-氯-5-(环己-1-烯-1,2-二羧酰亚氨基)-4-氟苯氧基]乙酸

IUPAC 名：[2-chloro-5-(cyclohex-1-ene-1,2-dicarboxamido)-4-fluorophenoxy]acetic acid

CAS 名：[2-chloro-4-fluoro-5-(1,3,4,5,6,7-hexahydro-1,3-dioxo-2*H*-isoindol-2-yl)phenoxy]acetic acid

【化学结构式】

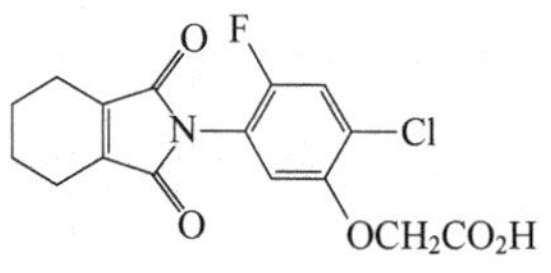

【分子式】$C_{16}H_{13}ClFNO_5$

【分子量】353.73

【CAS 登录号】87547-04-4

【理化性质】flumiclorac pentyl：纯品米黄色固体，熔点 88.9～90.1℃；密度（20℃）1.33g/cm^3；蒸气压（25℃）＜0.01mPa。分配系数：K_{ow}lg$P$ 4.99（20℃）。水中溶解度（25℃）：0.189mg/L。有机溶剂中的溶解度：甲醇 47.8g/L，丙酮 590g/L，正辛醇 16.0g/L，正己烷 3.28g/L。

稳定性：水解 DT_{50} 4.2d（pH5）、19h（pH7）、6min（pH9）。

【研制和开发公司】由美国 Valent 公司（美国瓦伦特公司）开发

【上市国家和年份】美国，1995 年

【合成路线】[1-5]

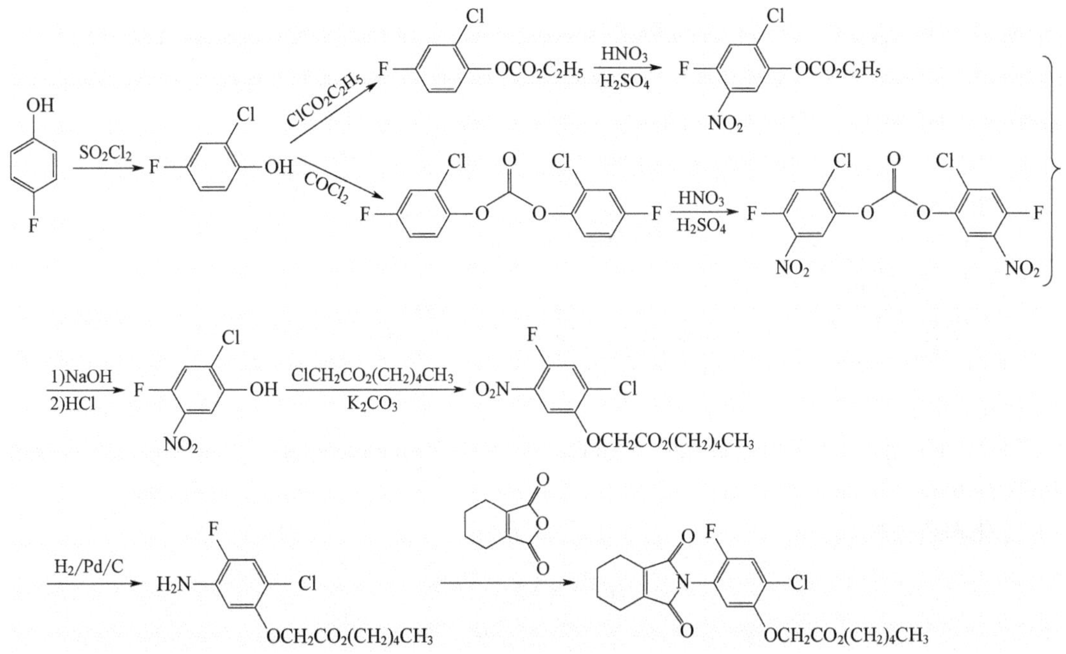

【哺乳动物毒性】flumiclorac-pentyl：大鼠急性毒性经口 LD_{50}＞5000mg/kg，兔急性经皮 LD_{50}＞2000mg/kg；对兔眼睛和皮肤无刺激性，对豚鼠皮肤无致敏；大鼠空气吸入 LC_{50}（4h）＞5.51mg/L（0.86EC）；狗 NOEL 100mg/kg；ADI/RfD（ECA）cRfD 1.0mg/kg[2005]。

【生态毒性】flumiclorac-pentyl：山齿鹑急性经口 LD_{50}＞2250mg/kg，山齿鹑和野鸭饲喂 LC_{50}（8d）＞5620mg/kg。LC_{50}：虹鳟 1.1mg/L，蓝鳃翻车鱼 17.4mg/L。水蚤 LC_{50}（48h）＞38.0mg/L；蜜蜂接触 LD_{50}＞106μg/只。

【作用机理】原卟啉原氧化酶抑制剂。氟胺草酯作用于植物后，引起原卟啉积累，使胞膜脂质过氧化作用增强，从而导致敏感杂草的细胞膜结构和细胞功能不可逆损害。氟胺草酯的作物选择性基于作物新陈代谢的差异。实验表明：在大豆中的 ^{14}C-氟胺草酯的降解速率比在苘麻中快。

【分析方法】[6] 高效液相色谱-紫外（HPLC-UV），气相色谱-质谱（GC-MS）

【制剂】乳油（EC）

【应用】作用方式：触杀型选择性苗后速效除草剂，药剂被敏感杂草叶面吸收后，迅速作用于植株组织，显示出独特的除草症状，如使杂草干燥、萎蔫、白化、变褐、坏死等。用途：苗前苗后使用，防除大豆田和玉米田阔叶杂草，如苍耳、藜、柳叶刺蓼、豚草、苋属杂草、苘麻、龙葵、曼陀罗、黄花稔等。使用剂量 30.27～60.54g/hm^2。

【代谢】植物：大豆和玉米中的主要代谢物通过四氢邻苯二甲酰双键的还原和羟基化产生。其他代谢途径还包括酯和酰亚胺的裂解。土壤/环境：土壤中迅速降解，砂质土壤中 DT_{50}

0.48～4.4d（pH7），降解产物 DT_{50} 2～30d。不迁移，有效成分在土壤中降解产物有低到中等迁移性，土壤下 3in（1in=2.54cm）不会检测到母体化合物和降解产物的残留。

【参考文献】

[1] Nagano E，Hashimoto S，Yoshida R，et al．Tetrahydrophthalimide compounds and their use．EP0083055.

[2] 刘鹏飞，梁爽，马宏娟，等．一种季铵盐类化合物及其应用．CN105646328.

[3] Nagano E，Hashimoto S，Yoshida R．Tetrahydrophthalimide compounds，and their production and use．US4938795.

[4] Nandula V K，Reddy K N，Koger C H，et al. Multiple resistance to glyphosate and pyrithiobac in palmer amaranth(Amaranthus palmeri)from Mississippi and response to flumiclorac．Weed Sci，2012，60（2）：179-188.

[5] Fausey J C，Penner D，Renner K A，et al. Physiological basis for CGA-248757 and flumiclorac selectivity in five plant species．Weed Sci，2000，48（4）：405- 411.

[6] 高文惠，郭春海．气相色谱-质谱联用技术测定进出口食品中氟烯草酸残留．食品科学，2009，30（20）：288-290.

2.1.5.3 炔草胺 flumipropyn

【化学名称】(*RS*)-*N*-[4-氯-2-氟-5-(1-甲基-2-丙炔氧基)苯基]环己基-1-烯-1,2-二甲酰胺

IUPAC 名：(*RS*)-*N*-[4-chloro-2-fluoro-5-(1-methylprop-2-ynyloxy)phenyl]cyclohex-1-ene-1,2-dicarboximide

CAS 名：2-[4-chloro-2-fluoro-4,5,6,7-tetrahydro-5-[(1-methyl-2-propynyl)oxy]phenyl]-1*H*-isoin dole-1,3(2*H*)-dione

【化学结构式】

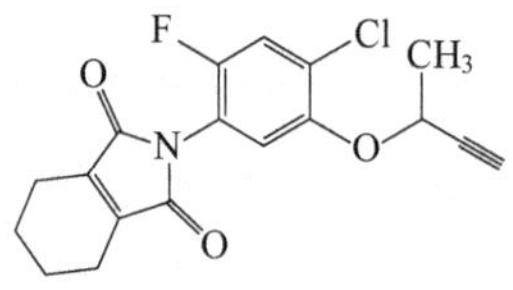

【分子式】$C_{18}H_{15}ClFNO_3$

【分子量】347.77

【CAS 登录号】84478-52-4

【理化性质】白色至棕色液体，熔点 115℃；蒸气压（20℃）0.28mPa；密度（20℃）1.39g/cm^3；水中溶解度（23℃）＜1mg/L。

【研制和开发公司】Sumitomo Chemical Co.，Ltd.（日本住友化学株式会社）

【上市国家和年份】[1] 日本，1989 年

【合成路线】[2]

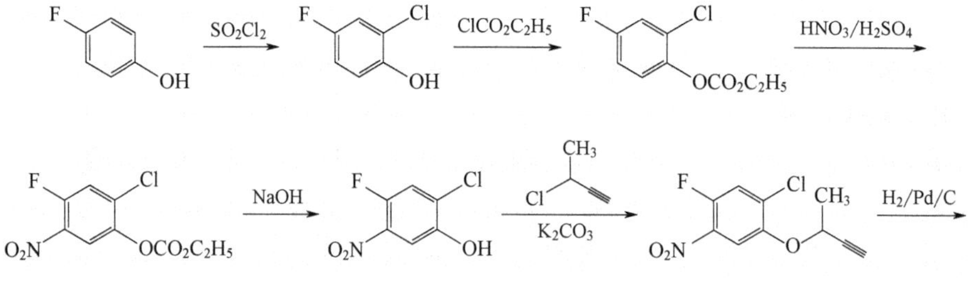

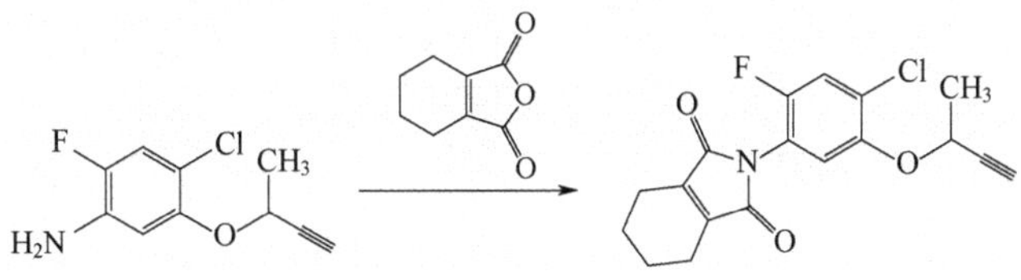

【哺乳动物毒性】大鼠急性经口 LD_{50}＞5000mg/kg，急性经皮 LD_{50}＞2000mg/kg；对兔眼睛有轻微刺激，对皮肤无刺激，对豚鼠皮肤无致敏。

【生态毒性】鱼急性毒性 LC_{50}（96h）：鲤鱼＞1mg/L。

【作用机理】[3] 原卟啉原氧化酶抑制剂。

【制剂】乳油（EC），悬浮剂（SC）

【防治对象】防除一年生和多年生阔叶杂草。

【参考文献】

[1] Hamada T，Yoshida R，Nagano，E，et al．S23121-a new cereal herbicide for broad-leaved weed control．Proc Br Crop Prot Conf-Weeds，1989，1：41-46．

[2] Eiki N，Shunichi H，Ryo Y，et al．Tetrahydrophthalimides，and their use．EP0061741．

[3] Mito N，Sato R，Miyakado M，et al．In vitro mode of action of *N*-phenylimide photobleaching herbicides．Pestic Biochem Physiol，1991，40（2）：128-135．

2.1.6 噁唑啉二酮类

2.1.6.1 环戊噁草酮 pentoxazone

【商品名称】Wechser，Shokine（混剂，溴丁酰草胺），Topgun（混剂，与苄嘧磺隆、溴丁酰草胺、嘧草醚混合）

【化学名称】3-(4-氯-5-环戊基氧-2-氟苯基)-5-(1-甲基亚乙基)-2,4-噁唑烷二酮

IUPAC 名：3-(4-chloro-5-cyclopentyloxy-2-fluorophenyl)-5-isopropropylidene-1,3-oxazolidine-2,4-dione

CAS 名：3-[4-chloro-5-(cyclopentyloxy)-2-fluorophenyl]-5-(1-methylethylidene)-2,4-oxazolidinedione

【化学结构式】

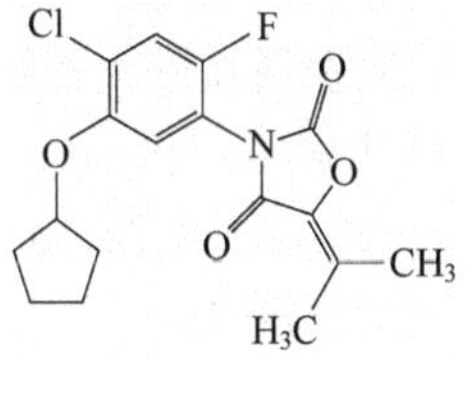

【分子式】$C_{17}H_{17}ClFNO_4$

【分子量】353.77

【CAS 登录号】110956-75-7

【理化性质】无色无味晶体粉末，熔点 104℃；密度（25℃）1.418g/cm^3；蒸气压（25℃）＜1.1×10^{-2}mPa；分配系数（25℃）$K_{ow}\lg P$ 4.66。水中溶解度（25℃）0.216mg/L，有机溶剂中的溶解度（25℃）：甲醇 24.8g/L，己烷 5.10g/L。对热、光稳定，对碱不稳定。

【研制和开发公司】由 Sagami Chemical Research Center（日本相模中央化学研究中心）发现，由 Kaken Pharmaceutical Co. Ltd.（日本科研医药株式会社）开发

【上市国家和年份】日本，1997 年

【合成路线】[1,2]

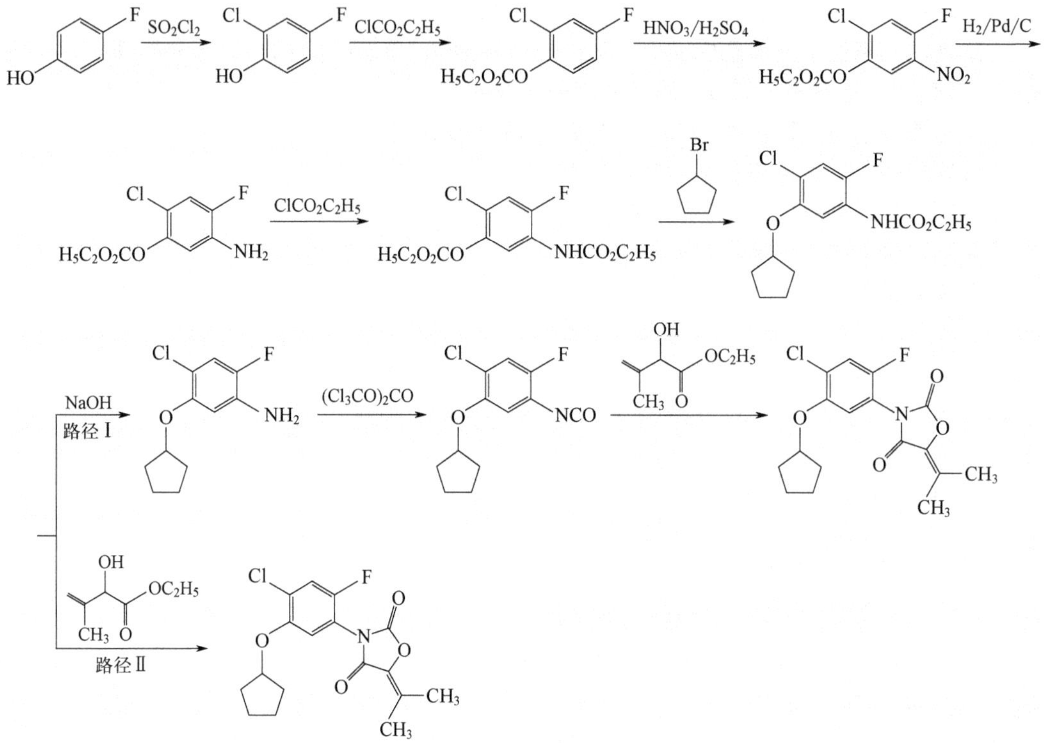

中间体合成[3-4]：

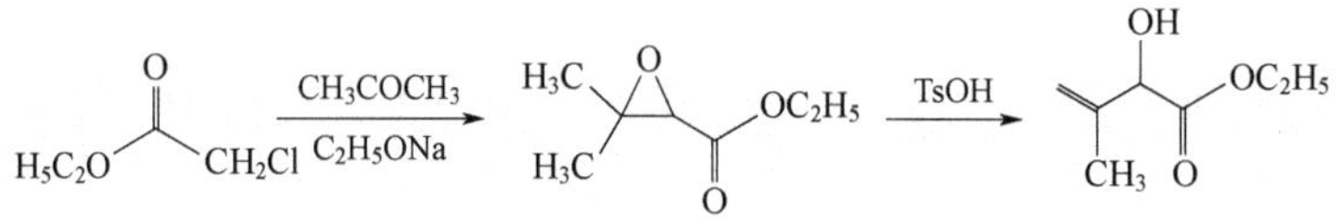

【哺乳动物毒性】大、小鼠急性毒性经口 LD_{50}>5000mg/kg，雌、雄大鼠急性经皮 LD_{50}>2000mg/kg；对兔皮肤和眼睛无刺激性，对豚鼠皮肤无致敏；雌、雄大鼠急性吸入 LC_{50}（4h）>5.10mg/L。NOEL（2 年）：雄大鼠、雌大鼠 43.8mg/(kg・d)，雄小鼠 250.9mg/(kg・d)，雌小鼠 190.6mg/(kg・d)，雄狗 23.1mg/(kg・d)，雌狗 25.2mg/(kg・d)。无致癌、致畸、致突变作用；Ames 试验、DNA 修复和微核试验均为阴性。

【生态毒性】雌、雄山齿鹑急性经口 LD_{50}>2250mg/kg；鲤鱼 LC_{50}（96h）21.4mg/L；水蚤 LC_{50}（24h）>38.8mg/L；羊角月牙藻 EC_{50}（72h）1.31μg/L；蜜蜂经口 LD_{50}>458.5mg/kg，蜜蜂接触 LD_{50} 98.7μg/只；蚯蚓 LC_{50}（14d）>851mg/kg（土）。

【作用机理】原卟啉原氧化酶抑制剂，在植物叶绿素生物合成过程中这种酶催化啉原IX到原卟啉IX的转换。

【分析方法】高效液相色谱-紫外（HPLC-UV）

【制剂】悬浮剂（SC），颗粒剂（GR），水乳剂（EW），水分散剂（WG），片剂（TB）

【应用】用途：芽前和芽后防除水稻田稗草和鸭舌草，在移植前、移植间或移植后施用，剂量 150～450g/hm^2。

【代谢】动物：雌雄大鼠在经口摄入后 48h 超过 95%的药剂主要通过粪便排出，土壤/环境：在土壤中 DT_{50}<29d（两种类型的浸水土壤，28℃）。水中 DT_{50} 1.4d（pH8.0，20℃）；土壤 K_{oc} 3160mL/g。

【参考文献】

[1] Hirai K，Ono R，Matsukawa T，et al．Preparation of 3-phenyl-5-alkylidene-1,3-oxazolidine-2,4-diones as herbicides．JPH 09227535．

[2] Hirai K，Fujita A，Sato K，et al．Preparation of oxazolidine derivatives as herbicides．US5100457．

[3] Michelotti E L，Borrell J I，Roemmele R，et al．Preparative-scale synthesis of two metabolites isolated from soil treated with zoxium fungicide and kerb herbicide．J Agric Food Chem，2002，50（3）：495-498．

[4] 吴兵．一种合成 2-羟基-3-甲基-3-丁烯酸乙酯的方法．CN104557546．

2.1.7 噻二唑类

2.1.7.1 嗪草酸甲酯 fluthiacet-methyl

【商品名称】Appeal，Velvecut，Anthem（混剂，与 Pyroxasulfone 混合）

（1）嗪草酸 fluthiacet

【化学名称】[(2-氯-4-氟-5-{[(*EZ*)-5,6,7,8-四氢-3-氧代-1*H*,3*H*-[1,3,4]噻二唑[3,4-*a*]亚哒嗪-1-基]氨基}苯基)硫]乙酸

IUPAC 名：[(2-chloro-4-fluoro-5-{[(*EZ*)-5,6,7,8-tetrahydro-3-oxo-1*H*,3*H*-[1,3,4]thiadiazolo[3,4-*a*]pyridazin-1-ylidene]amino}phenyl)thio]acetic acid

CAS 名：2-[[2-chloro-4-fluoro-5-[(tetrahydro-3-oxo-1*H*,3*H*-[1,3,4]thiadiazolo[3,4-*a*]pyridazin-1-ylidene)amino]phenyl]thio]acetic acid

【化学结构式】

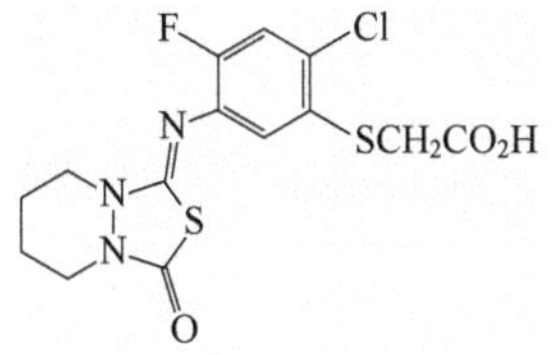

【分子式】$C_{14}H_{13}ClFN_3O_3S_2$

【分子量】389.84

【CAS 登录号】149253-65-5

（2）嗪草酸甲酯 fluthiacet-methyl

【化学名称】[[2-氯-4-氟-5-{[(*EZ*)-5,6,7,8-四氢-3-氧代-1*H*,3*H*-[1,3,4]噻二唑[3,4- *α*]亚哒嗪-1-基]氨基}苯基]硫]乙酸甲酯

IUPAC 名：methyl{2-chloro-4-fluoro-5-[(*EZ*)-5,6,7,8-tetrahydro-3-oxo-1*H*,3*H*-[1,3,4]thiadiazolo[3,4-*α*]pyridazin-1-ylideneamino]phenylthio}acetate

CAS 名：methyl[[2-chloro-4-fluoro-5-[(tetrahydro-3-oxo-1*H*,3*H*-[1,3,4]thiadiazolo[3,4-*α*]pyridazin-1-ylidene)amino]phenyl]thio]acetate

【化学结构式】

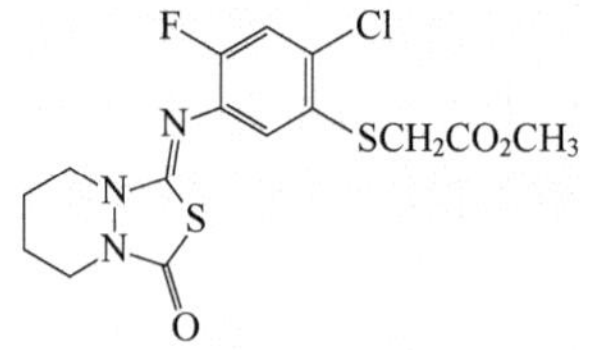

【分子式】$C_{15}H_{15}ClFN_3O_3S_2$

【分子量】403.87

【CAS 登录号】117337-19-6

【理化性质】纯品为白色粉末，熔点 105.0～106.5℃；密度（20℃）（松密度）0.43g/cm^3；蒸气压（25℃）4.41×10^{-4}mPa；分配系数 K_{ow}lg$P$ 3.77（25℃）。水中溶解度（25℃）：0.85mg/L（纯水），0.78mg/L（pH5、7），0.22mg/L（pH9）。有机溶剂中溶解度（25℃）：正己烷 0.232g/L，甲苯 84g/L，正辛醇 1.86g/L，丙酮 101g/L，甲醇 4.41g/L，乙腈 68.7g/L，二氯甲烷 531g/L，乙酸乙酯 73.5g/L。150℃稳定（DSC），水中（25℃）：DT_{50} 484.8d（pH5）、17.7d（pH7）、0.2d（pH9）。

【研制和开发公司】由 Kumiai Chemical Industry Co.，Ltd.（日本组合化学工业株式会社）和 Ciba-Geigy AG（瑞士汽巴-嘉基）[现为 Syngenta AG（先正达）]开发，2010 年 FMC（美国富美实）获得销售权

【上市国家和年份】美国，1999 年

【合成路线】[1-3]

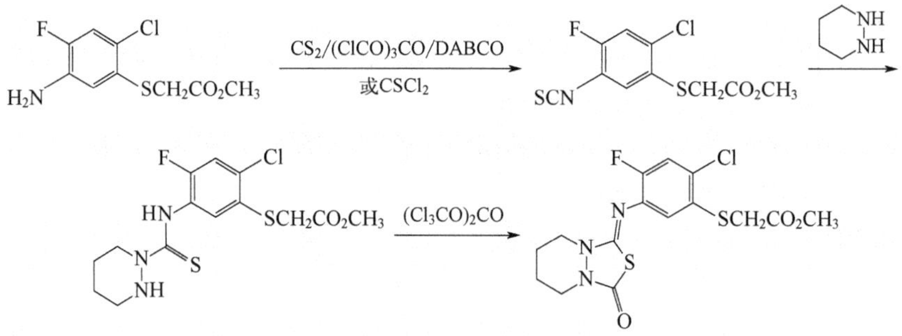

DABCO=三亚乙基二胺

中间体合成[3-5]：

方法 1：

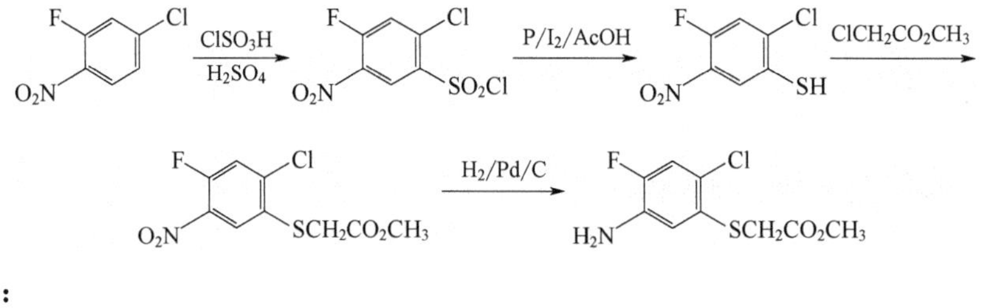

方法 2：

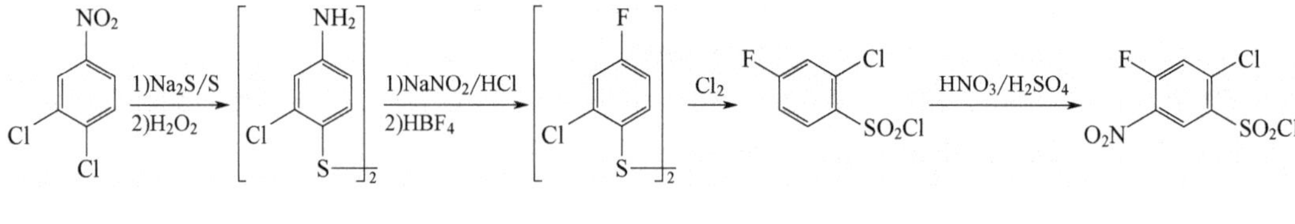

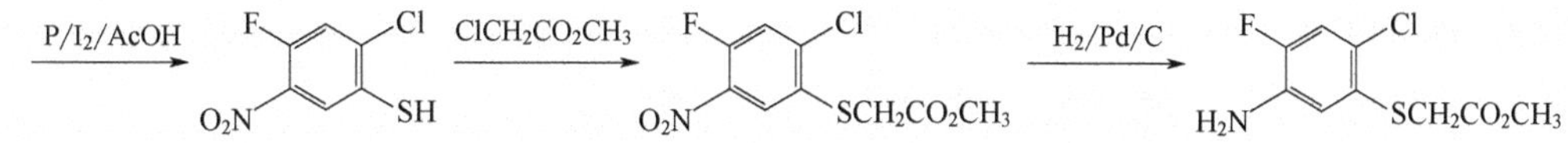

方法 3：

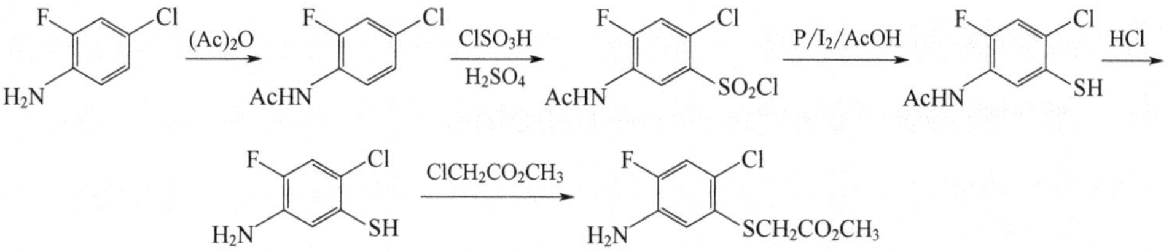

【哺乳动物毒性】大鼠急性毒性经口 LD_{50}＞5000mg/kg，兔急性经皮 LD_{50}＞2000mg/kg；对兔皮肤无刺激性，对眼睛有刺激；大鼠吸入 LC_{50}(4h)＞5.048mg/L（空气）。NOEL：大鼠（2年）2.1mg/(kg·d)，小鼠（18 个月）0.1mg/(kg·d)，雄狗（1 年）58mg/(kg·d)，雌狗（1年）30.3mg/(kg·d)，对大鼠和兔无致畸、致突变作用。ADI/RfD(EPA)0.001mg/kg[1999]；毒性等级：U。

【生态毒性】山齿鹑和野鸭急性经口 LD_{50}＞2250mg/kg，蓝胸鹑 LD_{50}＞5620mg/kg，山齿鹑和野鸭饲喂 LC_{50}（5d）＞5620mg/kg；蓝鳃翻车鱼 LC_{50}(96h) 0.14mg/L；虹鳟 LC_{50}(96h) 0.043mg/L，鲦鱼 LC_{50}(96h) 0.16mg/L；水蚤 LC_{50}(48h)＞2.3mg/L；羊角月牙藻 EC_{50}(72h) 3.12μg/L；水华鱼腥藻 NOEL（5d）18.4μg/L；东方牡蛎 EC_{50}（96h）700μg/L，糠虾 280μg/L；浮萍 EC_{50}(72h) 2.2μg/L；对蚯蚓 LC_{50}＞948mg/kg（土）；对蜜蜂接触 LD_{50}(48h)＞100μg/只；小花蝽、智利小植绥螨和草蛉＞5g/hm^2。

【作用机理】原卟啉原氧化酶抑制剂，引起原卟啉积累，膜脂过氧化增强，导致不可逆的细胞膜结构和功能损害；在敏感植物中转换成有活性的物质。

【分析方法】气液色谱-氮磷法（GLC-NPD）

【制剂】乳油（EC），可湿粉剂（WP）

【应用】[6-7]作用方式：选择性触杀型除草剂，光照下发挥活性。用途：苗后使用，防除玉米田和大豆田阔叶杂草（如苘麻、藜、反枝苋和苍耳），使用剂量 4～15g/hm^2。

【代谢】动物：大鼠体内 48h，80%药剂通过粪便排出，14%通过尿液排出。代谢过程包括甲酯的水解、噻二唑环异构化和四氢哒嗪基团的羟基化。植物：田间豆类残留＜0.01mg/kg，温室试验中在 10 倍使用剂量下残留可以忽略不计。有机可溶性代谢物与大鼠类似。土壤/环境：DT_{50}（水解，pH7）18d，（土壤光解）21d，（紫外线）2h。土壤中，DT_{50} 1.2d（25℃，75%饱和水容量）。K_{oc}（吸附）448～1883mL/g；K_{oc}（解吸）1445～2782mL/g。

【参考文献】

[1] Yamaguchi M，Watase Y，Kambe T，et al．Thiadiazabicyclononane derivatives and herbicidal compositions．EP0273417．

[2] Xu Z Y，Du X H，Gu J B．Methyl 2-chloro-4-fluorophenylthioacetate as a new intermediate in the synthesis of pesticides：Org Prep Proced Int，2003，35（4）：439-443．

[3] 朱红军，席斌彬，何广科，等．一种合成氟噻乙草酯的方法．CN102286005．

[4] Nagata T，Kimoto T．Preparation of *S*-(5-amino-2-chloro-4-fluorobenzene)thioacetic acid methyl ester and its intermediate：JP 04108771．

[5] 杜晓华，徐振元．二(2-氯-4-氟苯基)二硫化物及其制备与应用．CN1660800．

[6] Asami H，Tachibana M，Homma K．Chemical and cultural control of Ipomoea hederacea var．integriuscula in narrow-row soybean in southwestern Japan．Weed Biol Manage，2021，21（3）：135-145．

[7] Ganie Z A，Stratman G，Jhala A J，et al．Response of selected glyphosate-resistant broadleaved weeds to premix of fluthiacet-methyl and mesotrione(Solstice)applied at two growth stages．Can J Plant Sci，2015，95（5）：861-869．

2.1.8 其他类型

2.1.8.1 氟哒嗪草酯 flufenpyr/flufenpyr-ethyl

【商品名称】Axiom

（1）氟哒嗪草酸 flufenpyr

【化学名称】2-氯-5-[1,6-二氢-5-甲基-6-氧代-4-三氟甲基哒嗪-1-基]-4-氟苯氧基乙酸

IUPAC 名：2-chloro-5-[1,6-dihydro-5-methyl-6-oxo-4-(trifluoro)pyridazin-1-yl]-4-fluorophenoxy acetic acid

CAS 名：2-[2-chloro-4-fluoro-5-[5-methyl-6-oxo-4-(trifluoromethyl)-1(6*H*)-pyridazinyl]phenoxy] acetic acid

【化学结构式】

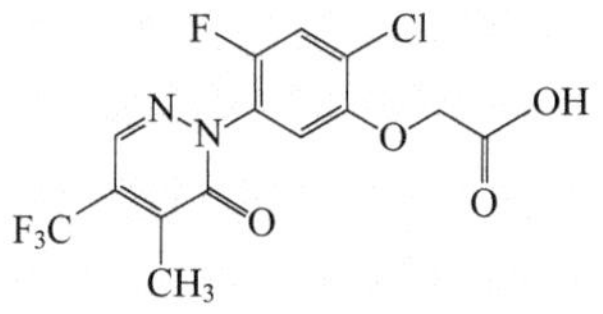

【分子式】$C_{14}H_9ClF_4N_2O_4$

【分子量】380.68

【CAS 登录号】188490-07-5

（2）氟哒嗪草酯 flufenpyr-ethyl

【化学名称】2-氯-5-[1,6-二氢-5-甲基-6-氧代-4-(三氟甲基)哒嗪-1-基]-4-氟苯氧基乙酸乙酯

IUPAC 名：ethyl 2-chloro-5-[1,6-dihydro-5-methyl-6-oxo-4-(trifluoromethyl)pyridazin-1-yl]-4-flu orophenoxyacetate

CAS 名：ethyl [2-chloro-4-fluoro-5-[5-methyl-6-oxo-4-(trifluoromethyl)-1(6*H*)-pyridazinyl] pheno xy]acetate

【化学结构式】

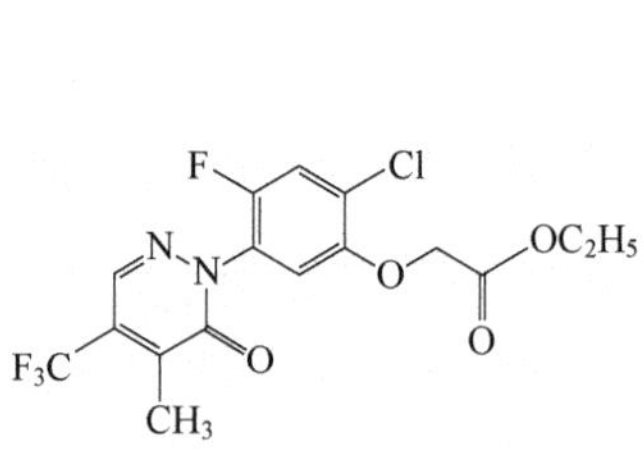

【分子式】$C_{16}H_{13}ClF_4N_2O_4$

【分子量】408.73

【CAS 登录号】188489-07-8

【理化性质】氟哒嗪草酯：灰白色粉末，熔点 100℃，密度（20℃）1.45g/cm^3，蒸气压（25℃）

3.6×10^{-4}mPa，K_{ow}lg$P$ 2.99（pH7，20℃），水中溶解度（20℃）4.1mg/L。

【研制和开发公司】日本 Sumitomo Chemical（日本住友化学株式会社）和 Valent Corp（美国瓦伦特公司）联合开发

【上市国家和年份】美国，2003 年

【合成路线】[1-2]

路线 1：

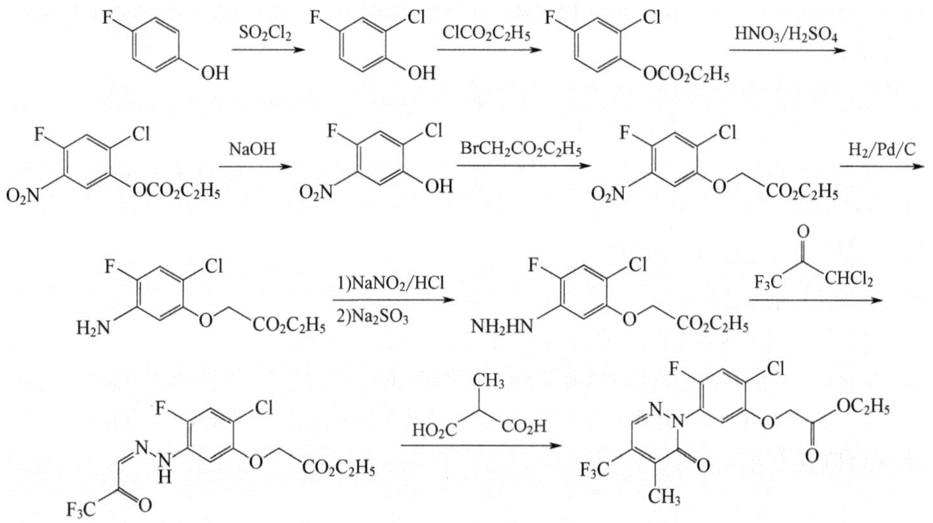

路线 2：

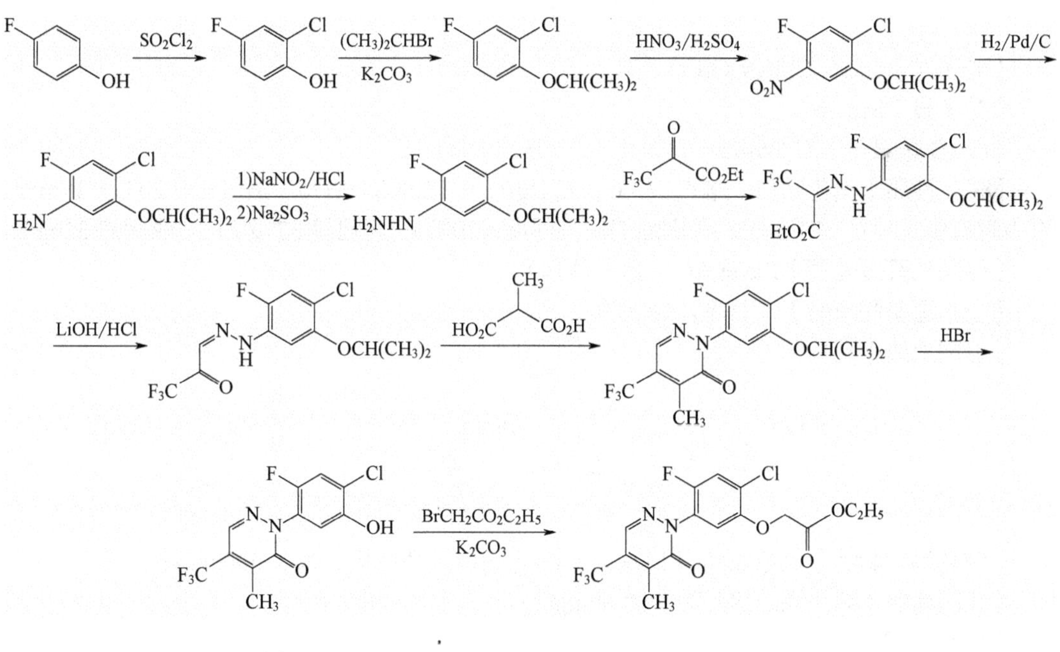

【哺乳动物毒性】[3]氟哒嗪草酯：大鼠急性毒性经口 LD_{50}＞5000mg/kg；大鼠急性经皮 LD_{50} 5000mg/kg；大鼠急性吸入 LC_{50}（4h）＞5mg/L。

【生态毒性】氟哒嗪草酯：山齿鹑急性经口 LD_{50} 5620mg/kg；虹鳟 LC_{50}（96h）2.7mg/L；水蚤 EC_{50}（48h）3.0mg/L；羊角月牙藻 EC_{50}（72h）0.012mg/L；浮萍 EC_{50}（7d）0.007mg/L；蜜蜂经口 LD_{50}（48 h）>25μg/只。

【作用机理】原卟啉原氧化酶抑制剂。

【分析方法】高效液相色谱-紫外（HPLC-UV）

【制剂】水分散颗粒剂（WDG）

【应用】用途：用于玉米、大豆和甘蔗，防除苘麻和牵牛花，使用剂量 30g/hm^2。

【参考文献】

[1] Furukawa T．Production of pyridazine herbicides．WO9817632．

[2] Mito N．Herbicidal composition．WO9835559．

[3] Nagahori H，Matsunaga H，Tomigahara Y，et al．Metabolism of flufenpyr-ethyl in rats and mice．J Agric Food Chem，2009，57（11）：4872-4877．

2.1.8.2 氟硫隆 fluothiuron

【商品名称】clearcide

【化学名称】3-[3-氯-4-(氯二氟甲硫基)苯基]-1,1-二甲基脲

IUPAC 名：3-[3-chloro-4-(chlorodifluoromethylthio)phenyl]-1,1-dimethylurea

CAS 名：*N*-{3-chloro-4-[(chlorodifluoromethyl)thio]phenyl}-*N,N*-dimethylurea

【化学结构式】

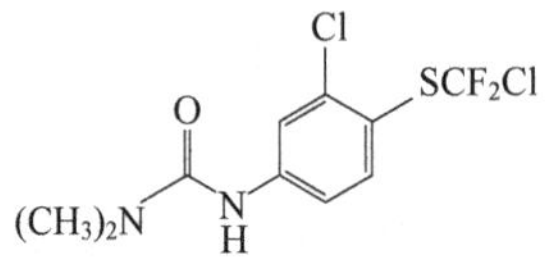

【分子式】$C_{10}H_{10}Cl_2F_2N_2OS$

【分子量】315.16

【CAS 登录号】33439-45-1

【理化性质】无色结晶，熔点 113℃；K_{ow}lg$P$ 3.9（20℃，pH7）；蒸气压（20℃）17mPa。水中溶解度（20℃）73mg/L。有机溶剂中溶解度（20℃）：环己烷 377g/L，二氯甲烷 316g/L。

【研制和开发公司】Bayer AG（德国拜耳）

【上市国家和年份】[1] 日本，1976 年

【合成路线】[2]

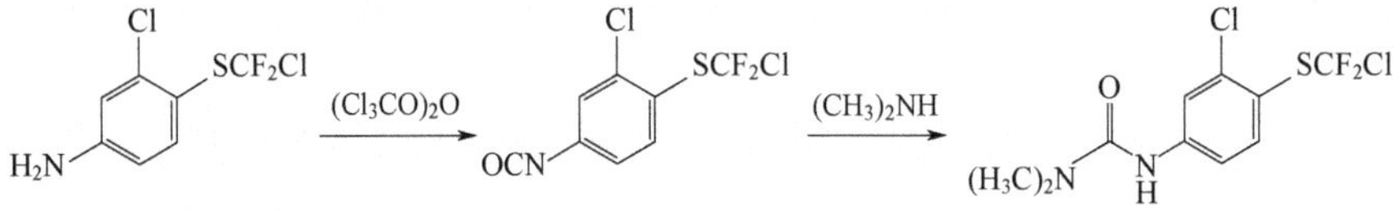

【哺乳动物毒性】鼠急性经口 LD_{50}>336mg/kg，急性经皮 LD_{50}>500mg/kg。

【生态毒性】鸡急性经口 LD_{50}>2000mg/kg。

【作用机理】原卟啉原氧化酶抑制剂。

【分析方法】高效液相色谱（HPLC），气相色谱（GLC）

【制剂】乳油（EC），颗粒剂（GR）

【应用】水稻田广谱除草剂。

【参考文献】

[1] Fukazawa N．Clearcide(common name：thiochlormethyl)a new selective herbicide．Jpn Pestic Inf，1976，27：15-19．

[2] Klauke E，Kuehle E，Eue．Herbicidal *N*-[(difluorochloromethylthio)aryl]ureas．DE2003143．

2.1.8.3 三氟草嗪 trifludimoxazin

【商品名称】Tirexor，Voraxor（混剂，苯嘧磺草胺）

【化学名称】1,5-二甲基-6-硫代-3-[2,2,7-三氟-3,4-氢-3-氧代-4-(丙炔基)-2*H*-1,4-苯并噁嗪-6-基]-1,3,5-三嗪-2,4-酮

IUPAC 名：1,5-dimethyl-6-thioxo-3-[2,2,7-trifluoro-3,4-dihydro-3-oxo-4-(prop-2-ynyl)-2*H*-1,4-benzoxazin-6-yl]-1,3,5-triazinane-2,4-dione

CAS 名：dihydro-1,5-dimethyl-6-thioxo-3-[2,2,7-trifluoro-3,4-dihydro-3-oxo-4-(2-propyn-1-yl)-2*H*-1,4-benzoxazin-6-yl]-1,3,5-triazine-2,4(1*H*,3*H*)-dione

【化学结构式】

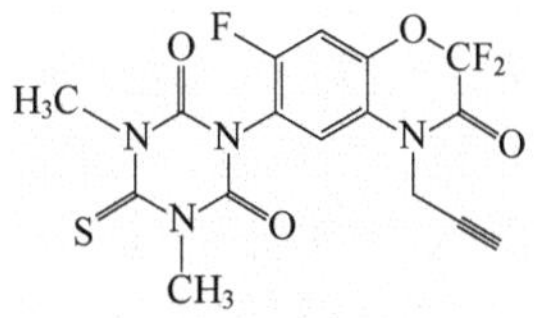

【分子式】$C_{16}H_{11}F_3N_4O_4S$

【分子量】412.34

【CAS 登录号】1258836-72-4

【理化性质】熔点 206℃；蒸气压（20℃）1.1×10^{-7}mPa；密度（20℃）1.598g/cm^3。K_{ow}lg$P$（20℃）3.33（pH7）。水中溶解度（20℃）1.78mg/L。有机溶剂中溶解度（25℃）：丙酮 423.8g/L，乙酸乙酯 155.2g/L，甲醇 10.8g/L，甲苯 36g/L。

【研制和开发公司】由 BASF（德国巴斯夫）开发

【上市国家和年份】澳大利亚，2020 年

【合成路线】[1-3]

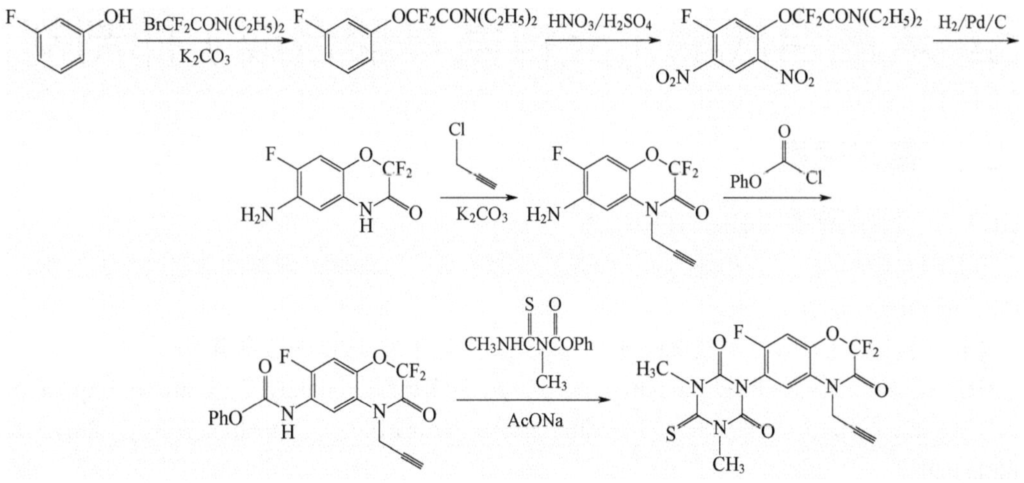

中间体合成：

$$BrCF_2CO_2C_2H_5 \xrightarrow{(C_2H_5)_2NH} BrCF_2CON(C_2H_5)_2$$

【哺乳动物毒性】大鼠急性毒性经口 LD_{50}＞2000mg/kg。

【生态毒性】鹌鹑与野鸭急性经口 LD_{50}＞2000mg/kg；虹鳟 LC_{50}（96h）＞41mg/L；水蚤 LC_{50}（48h）＞1.9mg/L；对蚯蚓 LC_{50}（14d）＞500mg/kg（土）；对蜜蜂无毒，LD_{50}（48h，经口和接触）＞100μg/只。

【作用机理】原卟啉原氧化酶（PPO）抑制剂类除草剂。

【分析方法】高效液相色谱-紫外（HPLC-UV）

【制剂】悬浮剂（SC）

【应用】三氟草嗪用于大田作物、果树、非农业领域等，防除阔叶杂草和禾本科杂草；三氟草嗪具有触杀、速效、持效作用，能被植株的根和叶快速吸收，通过抑制 PPO，破坏细胞膜从而导致杂草死亡。施用后，已出土的敏感杂草在数小时内便产生褪绿和坏死症状，3～5 d 内杂草死亡；即将出土的敏感杂草，在到达土壤表面或出土后不久即会死亡。三氟草嗪主要用于谷物、玉米、大豆、花生、蔬菜、果树及非作物领域，防除黑麦草、藜、豚草、早熟禾、马唐、狐尾草、牛筋草、繁缕、反枝苋、马齿苋、苘麻、猪殃殃、各种自生油菜、野生芥菜等禾本科杂草和阔叶杂草。该产品既为 PPO 抑制剂，又能防除 PPO 抗性杂草，甚至包括苋属、豚草属等难防抗性杂草，是重要的抗性管理工具。播前、苗前、苗后使用。三氟草嗪是近 20 年来首个通过叶面触杀防除禾本科杂草的具有新颖作用机制的除草剂，为作物种植前防除黑麦草提供了新工具。

【代谢】土壤代谢：DT_{50} 52（实验室），DT_{50} 14（田）。

【参考文献】

[1] Witschel M，Newton T W，Seitz T，et al．Herbicidal benzoxazinones．WO2010145992.

[2] Wolf B，Maywald V，Vogelbacher U J，et al．Process for the preparation of triazinon-ben zoxazinones．WO2013092858.

[3] Dochnahl M，Goetz R，Gebhardt J，et al．Process for manufacturing benzoxazinones．WO2014026928.

2.2 乙酰乳酸合成酶（支链氨基酸合成）抑制剂

2.2.1 磺酰脲类

2.2.1.1 啶嘧磺隆 flazasulfuron

【商品名称】Katana，Shibagen，暖锄净，暖百秀，草坪清，暖百清，绿坊，金百秀，秀百宫，暖地清，福功

【化学名称】1-(4,6-二甲氧基嘧啶-2-基)-3-(3-三氟甲基-吡啶-2-磺酰基)脲

IUPAC 名：1-(4,6-dimethyloxypyrimidin-2-yl)-3-(3-trifluoromethyl-2-pyridylsulfonyl)urea

CAS 名：*N*-[[(4,6-dimethyloxy-2-pyrimidinyl)amino]carbonyl]-3-(trifluoromethyl)-2-pyridine-sulfonamide

【化学结构式】

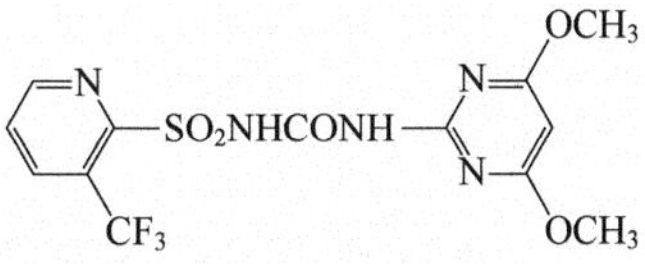

【分子式】$C_{13}H_{12}F_3N_5O_5S$

【分子量】407.32

【CAS 登录号】104040-78-0

【理化性质】纯品为白色结晶粉末，熔点 180℃；密度（20℃）1.606g/cm^3；蒸气压（25℃、35℃、45℃）<0.013mPa。分配系数：K_{ow}lg$P$ 1.3（pH5），-0.065（pH7）。水中溶解度：0.027g/L（pH5），2.1g/L（pH7）（25℃）。有机溶剂中溶解度（25℃）：甲苯 0.58g/L，丙酮 22.7g/L，甲醇 4.2g/L，乙腈 8.7g/L，二氯甲烷 22.1g/L，乙酸乙酯 6.9g/L，辛醇 0.2g/L，己烷 0.5g/L。水解（22℃）：DT_{50}17.4h（pH4）、16.6d（pH7）、13.1d（pH9），pK_a 4.37（20℃）。

【研制和开发公司】由日本 Ishihara Sangyo Kasiha，Ltd.（日本石原产业株式会社）开发

【上市国家和年份】日本，1989 年

【合成路线】[1,2]

路线 1：

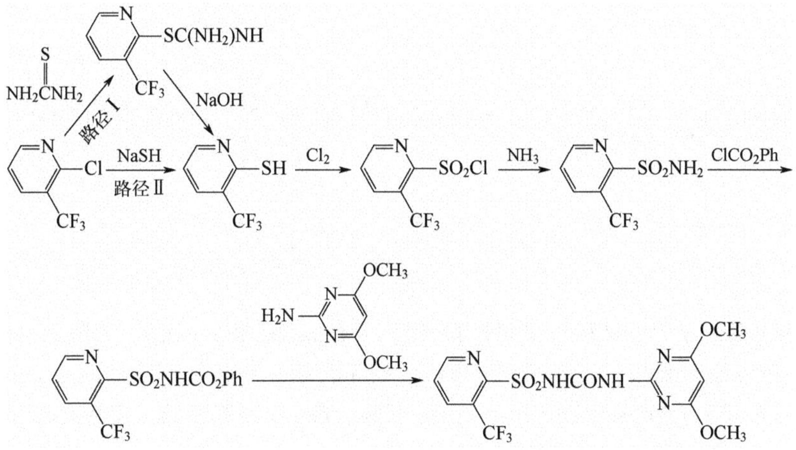

路线 2：

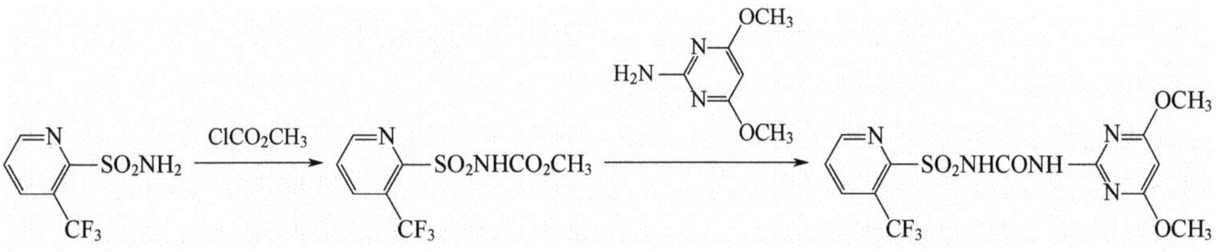

路线 3：

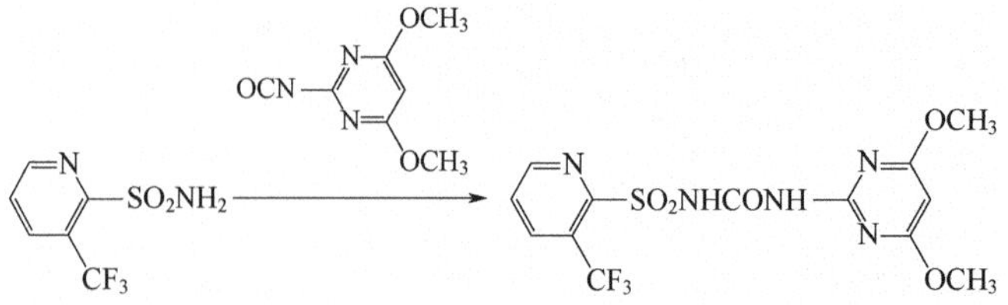

中间体合成[3-5]：

方法 1：

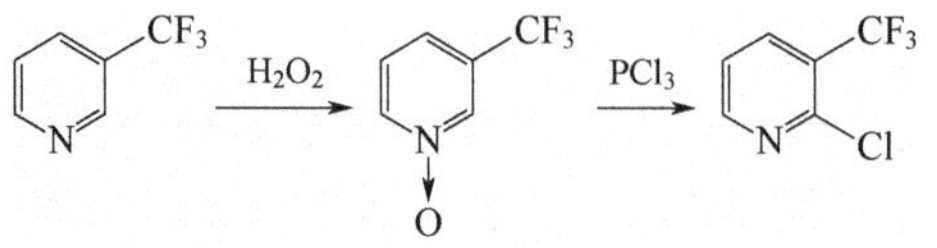

方法 2：

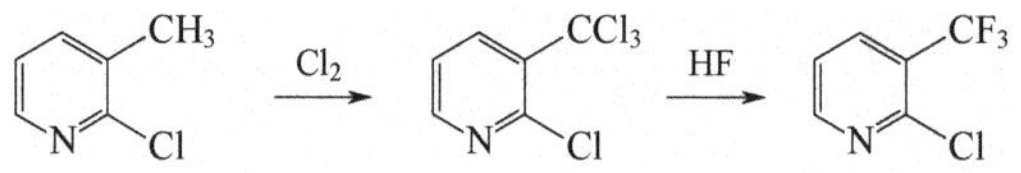

方法 3：

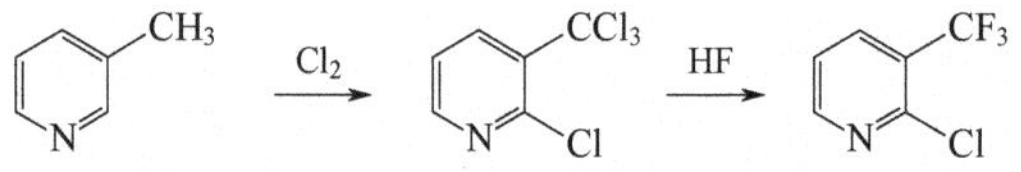

方法 4：

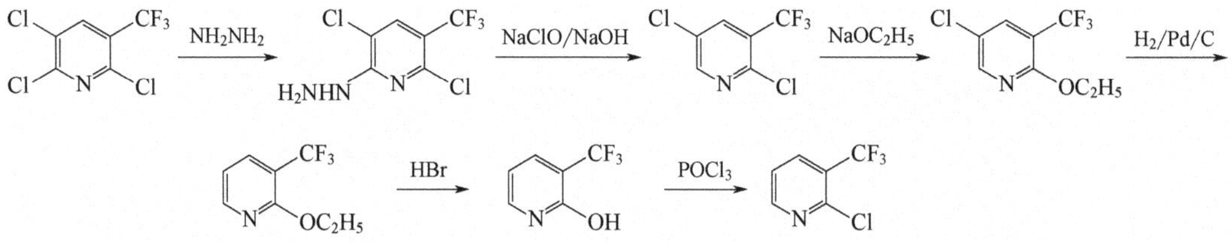

【哺乳动物毒性】[6]大鼠和小鼠急性毒性经口 LD_{50}＞5000mg/kg，大鼠急性经皮 LD_{50}＞2000mg/kg；对兔眼睛和皮肤无刺激，对豚鼠皮肤无致敏；大鼠空气吸入 LC_{50}（4h）5.99mg/L；NOEL 大鼠（2 年）1.313mg/(kg · d)；Ames 试验、DNA 修复试验、染色体畸变试验均为阴性；ADI/RfD（EC）0.013mg/kg[2004]。

【生态毒性】日本鹌鹑急性经口 LD_{50}＞2000mg/kg，山齿鹑和野鸭饲喂 LC_{50}＞5620mg/kg；鲤鱼 LC_{50}(48h)＞20mg/L，虹鳟 LC_{50}(96h) 22mg/L；水蚤 LC_{50}(48h) 106mg/L；近头状伪蹄形藻 EC_{50}(72h) 0.014mg/L（制剂），膨胀浮萍 EC_{50}（72h）0.00004mg/L；对蚯蚓 LC_{50}＞15.75mg/kg；对蜜蜂接触和经口 LD_{50}(48h)＞100μg/只。

【作用机理】侧链氨基酸合成酶（ALS 或 AHAS）抑制剂。主要抑制必需氨基酸缬氨酸和异亮氨酸的生物合成，阻止细胞分裂，抑制植株生长。其选择性取决于不同的代谢速率。

【分析方法】高效液相色谱-紫外（HPLC-UV），气相色谱-质谱联用（GC-MS）

【制剂】水分散剂（WG），可湿粉剂（WP）

【应用】作用方式：内吸性除草剂，主要通过叶面快速吸收并转移至植物各部位。用途：苗前苗后防除暖季型草坪禾本科杂草、阔叶杂草和莎草（尤其是扁秆藨草和香附子），剂量 25～100g/hm^2。用于葡萄和甘蔗田除草，用量 35～75g/hm^2；还可用于柑橘、橄榄、铁路和其他非作物地除草。药害：极少情况下引起作物枝条和叶片变黄。研究表明这种药害只是暂时的，不影响产量。

【代谢】动物：药剂迅速广泛地被吸收（90%），7d 内通过尿液排出 90%。通过分子重排，磺酰脲桥裂解、氧化和共轭限制代谢。土壤：DT_{50}（田间）2～18d（5 个点），DT_{90}（田间）10～100d（5 个点）。

【参考文献】

[1] Kimura F，Haga T，Sakashita N，et al．*N*-[(4,6-dimethoxypyrimidin-2-yl)aminocarbonyl]-3-trifluoromethylpyridine-2-sulfonamide or its salts and herbicidal composition containing them．EP184385．

[2] Murai S，Koto R，Yoshizawa H，et al．Method for the preparation of pyrimidine compound．WO2009128512．

[3] Fukui F．Processes for producing 2-chloro-3-trifluoromethylpyridine．WO2011078296．

[4] 王彬．2,3-二氯-5-三氟甲基吡啶的制备方法．CN101062915．

[5] 刘钦胜，肖才根，左伯军，等．一种由 2,3,6-三氯-5-三氟甲基吡啶生产 2-氯-3-三氟甲基吡啶的方法．CN112441966．

[6] European Food Safety Authority．Peer review of the pesticide risk assessment of the active substance flazasulfuron．EFSA Journal，2016，14（8）：E04575．

2.2.1.2 氟胺磺隆 triflusulfuron-methyl

【商品名称】Caribu，Debut，Safari，Upbeet

【化学名称】2-[4-二甲氨基-6-(2,2,2-三氟乙氧基)-1,3,5-三嗪-2-基氨基甲酰氨基磺酰基]-3-甲基苯甲酸甲酯

IUPAC 名：methyl 2-[4-(dimethylamino)-6-(2,2,2-trifluoroethoxy)-1,3,5-triazin-2-ylaminocarbonylaminosulfonyl]-3-methylbenzoate

CAS 名：Methyl 2-[[[[[4-(dimethylamino)-6-(2,2,2-trifluoroethoxy)-1,3,5-triazin-2-yl]amino]carbonyl]amino]sulfonyl]-3-methylbenzoate

【化学结构式】

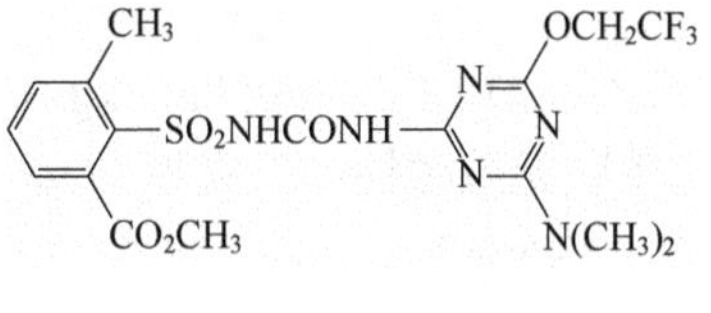

【分子式】$C_{17}H_{19}F_3N_6O_6S$

【分子量】492.43

【CAS 登录号】126535-15-7

【理化性质】白色结晶状固体，熔点 159～162℃；蒸气压（25℃）6×10^{-4}mPa；密度（20℃）1.45g/cm^3；K_{ow}lg$P$(pH7) 0.96。水中溶解度（25℃）：1mg/L（pH3），3.8mg/L（pH5），260mg/L（pH7），11000mg/L（pH9）。有机溶剂中溶解度（25℃）：丙酮 120mg/mL，二氯甲烷 580mg/mL，甲醇 7mg/mL，甲苯 2mg/mL，乙腈 80mg/mL。水中快速水解，水解 DT_{50}（25℃）：3.7d（pH5）、32d（pH7）、36d（pH9）；pK_a 4.4。

【研制和开发公司】由 E. I. DuPont de Nemours & Co.（美国杜邦）（现为科迪华）开发

【上市国家和年份】法国，1993 年

【合成路线】[1]

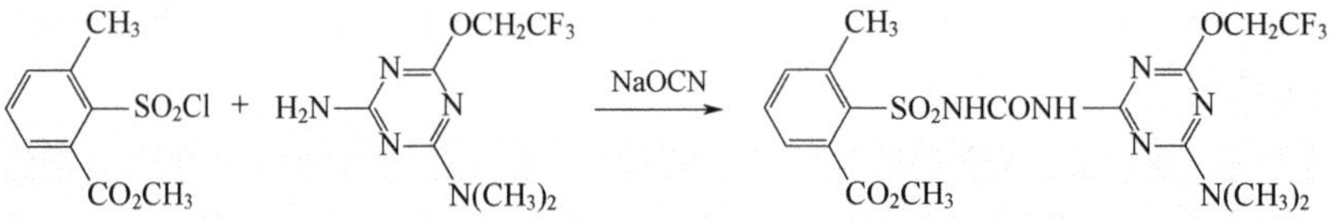

中间体[2-4]：

中间体 1：

方法 1：

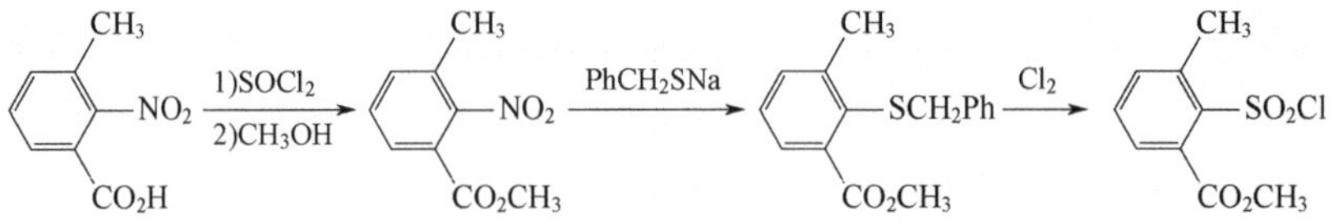

方法 2：

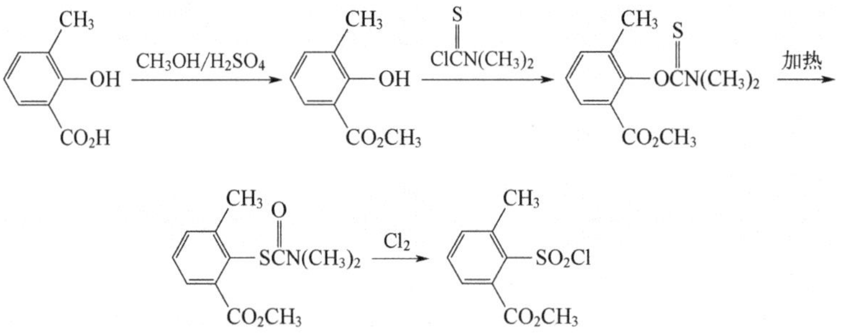

中间体 2：

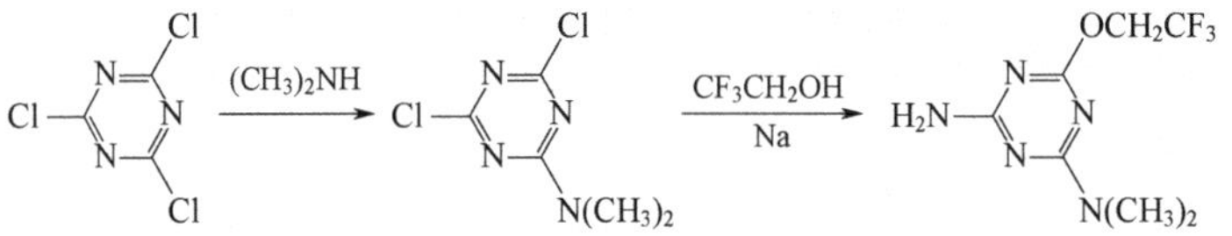

【哺乳动物毒性】大鼠急性毒性经口 LD_{50}>5050mg/kg，兔急性经皮 LD_{50}>2000mg/kg；对兔眼睛和皮肤无刺激，对豚鼠皮肤无致敏性；大鼠吸 LC_{50}（4h）>6.1mg/L。NOEL：雄大鼠（2 年）100mg/kg，雌大鼠（2 年）750mg/kg，小鼠（18 个月）150mg/kg，狗（1 年）875mg/kg。Ames 试验表明无诱变性；ADI/RfD（EC）0.015mg/kg[2008]。

【生态毒性】山齿鹑与野鸭急性经口 LD_{50} 2250mg/kg，山齿鹑和野鸭饲喂 LC_{50}>5620 mg/kg（饲料）；虹鳟 LC_{50}（96h）730mg/L；蓝鳃翻车鱼 LC_{50} 760mg/L；水蚤 LC_{50}（48h）>960mg/L；绿藻 EC_{50}（120h）46.3μg/L；浮萍 LC_{50}（14d）3.5μg/L；蚯蚓 LC_{50}（14d）>1000mg/kg（土）；蜜蜂 LD_{50}（48h，经口和接触）>100μg/只。

【作用机理】支链氨基酸（ALS 或 AHAS）合成抑制剂。通过抑制植物必需的缬氨酸和异亮氨酸的生物合成，从而阻止细胞分裂和植物生长。选择性是基于在作物中的迅速代谢。

【分析方法】高效液相色谱-紫外（HPLC-UV）

【制剂】水分散剂（WG）

【应用】作用方式：选择性苗后除草剂。首先在分生组织出现症状。用途：用于甜菜，苗后防除许多一年生和多年生阔叶杂草，用量 10～30g/hm^2。与其他甜菜除草剂兼容。

【代谢】[5] 该化合物在水、土壤和动物中迅速降解。在所有这些系统中的主要代谢途径是磺酰脲桥的裂解形成甲基糖精和三嗪胺，接着通过 *N*-脱甲基化形成 *N*-去甲基三嗪胺和 *N, N*-双去甲基三嗪胺。在水生、土壤和生物系统中的代谢途径是一致的。土壤/环境：土壤中通过化学和微生物机制迅速代谢。在碱性条件下微生物降解是非常重要，但基于化学水解迅速，在中性和酸性条件下作用很小。土壤 DT_{50} 为 3d。

【参考文献】

[1] Moon M P．Preparation of *N*-(phenylsulfonyl)-*N'*-triazinylureas as herbicides for use in sugar beet crops．WO8909214．

[2] Campopiano O，Moon M P．Process for preparing sulfonylureas．US5157119．

[3] Chiang G C，Davis R F，Temeng K O．Process for preparing sulfonylureas．US5550238．

[4] 施险峰，安国成，詹家荣．2-氨基-4-二甲氨基-6-三氟乙氧基-1,3,5-三嗪的制备方法．CN1778798．

[5] Mereiter K．A 1：1 co-crystal of the herbicide triflusulfuron-methyl and its degradation product triazine amine．Acta Crystallogr，Sect E：Struct Rep Online，2011，67（9）：o2321-o2322．

2.2.1.3 氟吡磺隆 flucetosulfuron

【商品名称】Fluxo，BroadCare

【化学名称】(1*RS*,2*RS*;1*RS*,2*RS*)-1-{3-[(4,6-二甲氧基嘧啶-2-基氨甲酰)氨磺酰]-2-吡啶基}-2-氟丙基甲氧基酯

IUPAC 名：(1*RS*,2*RS*;1*RS*,2*RS*)-1-{3-[(4,6-dimethoxypyrimidin-2-ylcarbamoyl)sulfamoyl]-2-pyri dyl}-2-fluoropropyl methoxyacetate

CAS 名：1-[3-[[[[(4,6-dimethoxy-2-pyrimidinyl)amino]carbonyl]amino]sulfonyl]-2-pyridinyl]-2-fluoropropyl methoxyacetate

【化学结构式】

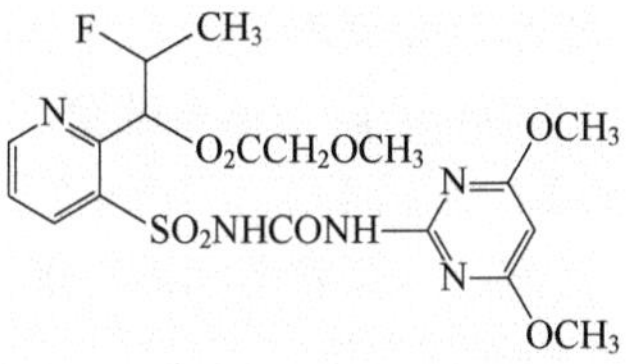

【分子式】$C_{18}H_{22}FN_5O_8S$

【分子量】487.46

【CAS 登录号】412928-75-7

【理化性质】原药有效成分≥95%；外观为无臭白色固体粉末；熔点 178～182℃；蒸气压（25℃）＜1.86×10^{-2}mPa；K_{ow}lg$P$ 1.05；溶解度（25℃）：水 114.0g/L，丙酮 22.9g/L，二氯甲烷 113.0g/L，乙醚 1.1g/L，乙酸乙酯 11.7g/L，甲醇 3.8g/L，正己烷 0.006g/L。pK_a 3.5。

【研制和开发公司】由 LG Life Science Ltd.（韩国 LG 生命科学公司）开发

【上市国家和年份】韩国，2004 年

【合成路线】[1-3]

路线 1：

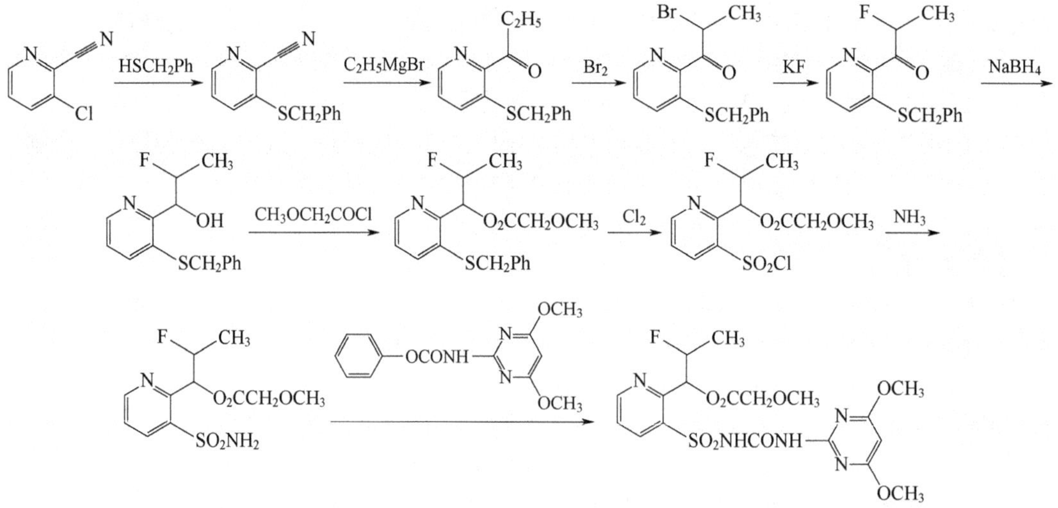

路线 2：

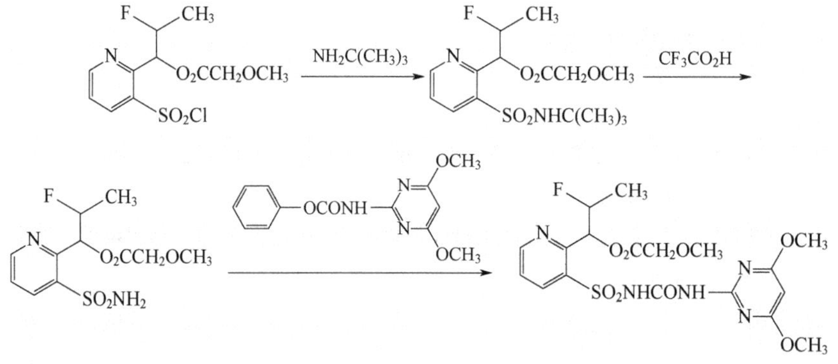

【哺乳动物毒性】大鼠和雌、雄小鼠急性毒性经口 LD_{50}＞5000mg/kg，雌、雄狗 LD_{50}＞2000 mg/kg；NOAEL 大鼠（13 周）200mg/kg；Ames 试验、染色体畸变和微核试验均为阴性。

【生态毒性】鲤鱼 LC_{50}＞10mg/L；水蚤 LC_{50}＞10mg/L；藻类 EC_{50}＞10mg/L。

【作用机理】支链氨基酸（亮氨酸、异亮氨酸和缬氨酸）合成（ALS 或 AHAS）抑制剂。其选择性可能基于产生不同代谢物的不同代谢。

【分析方法】高效液相色谱-紫外（HPLC-UV）

【制剂】颗粒剂（GR），水分散剂（WG）

【应用】[4,5] 作用方式：通过根、茎、叶吸收，症状包括停止生长、枯萎变黄和顶端分生组织死亡。用途：用于水稻和谷物防除阔叶杂草、某些禾本科杂草和莎草。适用于水稻的土壤处理和叶面处理，防除稗草、莎草和阔叶杂草，使用剂量 15～30g/hm^2；还可用于防除谷物田的阔叶杂草，如猪殃殃、母菊属杂草和虞美人等，使用剂量 20～30g/hm^2。

【参考文献】

[1] Koo S J，Cho J H，Kim J S，et al．Preparation of herbicidally active pyridylsulfonyl ureas．WO2002030921．

[2] Ahn S C，Hwan G S，Yi B B，et al. Preparation of 1-(3-mercapto-2-pyridyl)-2-halopropan-1-one derivatives as intermediates for herbicides．JP2003335758．

[3] Shou W G，Chen J G．Method for synthesizing intermediate of Flucetosulfuron．WO2015123228．

[4] Arya S R，Syriac E K. Impact of flucetosulfuron on weed seed bank in wet seeded rice. J Appl Nat Sci，2018，10（3）：853-859．

[5] Park H，Kim J，Kwon E，et al．Crystal structure of flucetosulfuron．Acta Crystallogr，Sect E：Crystallogr Commun，2017，73（10）：1439-1442．

2.2.1.4 氟啶嘧磺隆钠盐 flupyrsulfuron-methyl-sodium

【商品名称】Lexus

（1）氟啶嘧磺隆酸 flupyrsulfuron

【化学名称】2-[(4,6-二甲氧基嘧啶-2-基)氨基甲酰基氨磺酰]-6-三氟甲基烟酸

IUPAC 名：2-[(4,6-dimethoxypyrimidin-2-ylcarbamoyl)sulfamoyl]-6-(trifluoromethyl)nicotinic acid

CAS 名：2-[[[[(4,6-dimethoxy-2-pyrimidinyl)amino]carbonyl]amino]sulfonyl]-6-(trifluoromethyl)-3-pyridinecarboxylic acid

【化学结构式】

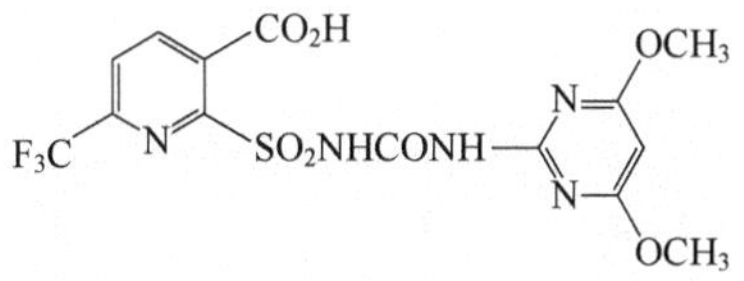

【分子式】$C_{14}H_{12}F_3N_5O_7S$

【分子量】451.33

【CAS 登录号】150315-10-9

（2）氟啶嘧磺隆钠盐 flupyrsulfuron-methyl-sodium

【化学名称】2-[(4,6-二甲氧基嘧啶-2-基)氨基甲酰基氨磺酰]-6-三氟甲基烟酸甲酯单钠盐

IUPAC 名：methyl 2-[[(4,6-dimethoxypyrimidin-2-ylcarbamoyl)sulfamoyl]-6-trifluoromethyl]nicotinate，monosodium salt

CAS 名：methyl 2-[[[[(4,6-dimethoxy-2-pyrimidinyl)amino]carbonyl]amino]sulfonyl]-6-(trifluoromethyl)-3-pyridinecarboxylatemonosodium salt

【化学结构式】

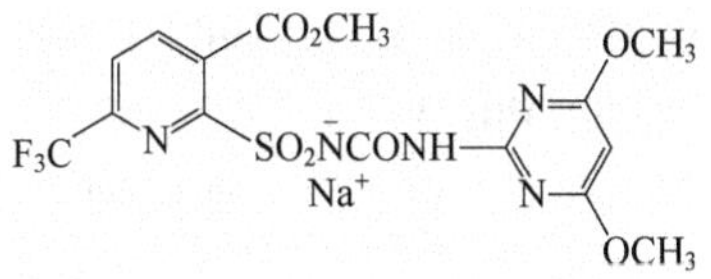

【分子式】$C_{15}H_{13}F_3N_5NaO_7S$

【分子量】487.34

【CAS 登录号】144740-54-5

【理化性质】氟啶嘧磺隆钠盐：纯品浅褐色固体，伴有轻微木材气味；熔点 165～170℃；密度（20℃）1.55g/cm³；蒸气压（20℃）＜1×10^{-6}mPa。分配系数 K_{ow}lg$P$（20℃）：0.96（pH5），0.1（pH6）。水中溶解度（20℃）：62.7mg/L（pH5），603mg/L（pH6）。有机溶剂中溶解度（20℃）：二氯甲烷 0.6g/L，丙酮 3.1g/L，乙酸乙酯 0.49g/L，乙腈 4.3g/L，已烷＜0.001g/L，甲醇 5.0g/L。

水中 DT_{50} 44d（pH5）、12d（pH7）、0.42d（pH9）（20℃）；pK_a 4.9。

【研制和开发公司】由美国 DuPont（美国杜邦）（现为美国科迪华）开发

【上市国家和年份】美国，1998 年

【合成路线】[1,2]

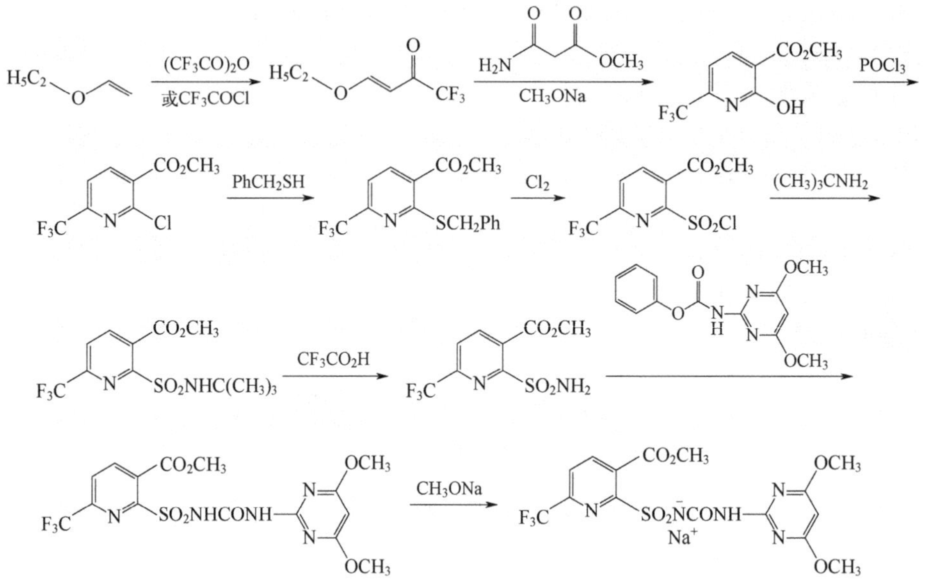

【哺乳动物毒性】氟啶嘧磺隆钠盐：大鼠急性毒性经口 LD_{50}＞5000mg/kg，兔急性经皮 LD_{50}＞2000mg/kg；对兔眼睛和皮肤无刺激性，对豚鼠皮肤无致敏；大鼠空气吸入 LC_{50}（4h）＞5.8mg/L；NOEL：雄小鼠（18 个月）25mg/kg[3.51mg/(kg・d)]，雌小鼠（18 个月）250mg/kg [52.4mg /(kg・d)]，大鼠（90d）2000mg/kg[雌大鼠 124mg/(kg・d)，雌大鼠 154mg/(kg・d)]；大鼠（2 年）350mg/kg[雄大鼠 14.2mg/(kg・d)，雌大鼠 20.0mg/(kg・d)]；雄狗（1 年）＞5000mg/kg [146.3mg/(kg・d)]，雌狗（1 年）500mg/kg[13.6mg/(kg・d)]；Ames 试验无致突变作用；ADI/RfD (EC) 0.035mg/kg[2001]；毒性等级：U。

【生态毒性】氟啶嘧磺隆钠盐：野鸭急性经口 LD_{50}＞2250mg/kg，山齿鹑和野鸭饲喂 LC_{50}（8d）＞5620mg/kg。LC_{50}（96h）：鲤鱼 820mg/L，虹鳟 470mg/L。水蚤 LC_{50}（48h）721mg/L；羊角月牙藻 EC_{50}（5d）0.004mg/L；膨胀浮萍 EC_{50}（14d）0.003mg/L；对蚯蚓 LC_{50}＞1000mg/kg，蜜蜂接触 LD_{50}＞25μg/只，经口 LD_{50} 30μg/只。

【作用机理】乙酰乳酸合成酶（ALS）抑制剂。通过抑制乙酰乳酸合成酶使细胞分裂迅速停止，随后使植株停止生长。

【分析方法】高效液相色谱-质谱（HPLC-MS）

【制剂】水分散剂（WG）

【应用】[3] 作用方式：苗后选择性除草剂，主要通过叶面吸收，稍有或没有土壤活性。用途：选择性除草剂，防除谷物地禾本科杂草（主要是黑草）和阔叶杂草。芽后使用剂量 10g/hm^2。

【代谢】[4] K_{ow} 值较低，表明不会发生生物富集。动物：大鼠迅速吸收代谢，给药的剂量减少，96h 内 90%随尿液和粪便排出。代谢主要是分子环化和裂解。植物：在植物体内迅速代谢，主要通过谷胱甘肽磺酰基的亲核取代或磺酰脲桥分子内氮的相互作用进行。土壤：实验室有氧土壤中 DT_{50} 14d（均值），田间 DT_{50} 和 DT_{90} 分别是 14d、47d（均值）。碱性土壤中降解加速，酸性土壤中磺酰脲桥发生水解。

【参考文献】

[1] Andrea T A，Liang P H T．Herbicidal pyridine sulfonamide．EP502740．

[2] Heremans B，Isebaert S，Verhoeven R，et al．The efficiency of adjuvants combined with flupyr sulfuron-methyl plus metsulfuron-methyl(Lexus XPE)on weed control．Commun Agric Appl Biol Sci，2007，72（2）：53-58．

[3] Daire Q，Couery O，Bertin G，et al．Control of black-grass in wheat crops with a tank mix of clo dinafop-propargyl with flupyrsulfuron-methyl．Phytoma，2004，567：46-48．

[4] Rouchaud J，Neus O，Moulard C，et al．The cyclization transformation of the sulfonylurea herb icide flupyrsulfuron in the soil of winter wheat crops．Pest Manag Sci，2003，59（8）：940-948．

2.2.1.5 氟磺隆 prosulfuron

【商品名称】Peak，Casper（混剂，麦草畏钠盐），Spirit（混剂，氟嘧磺隆）

【化学名称】1-(4-甲氧基-6-甲基-1,3,5-三嗪-2-基)-3-[2-(3,3,3-三氟丙基)苯磺酰]脲

IUPAC 名：1-(4-methoxy-6-methyl-1,3,5-triazin-2-yl)-3-[2-(3,3,3-trifluoropropyl)phenylsulfonyl] urea

CAS 名：*N*-[[(4-methoxy-6-methyl-1,3,5-triazin-2-yl)amino]carbonyl]-2-(3,3,3-trifluoropropyl) ben zenesulfonamide

【化学结构式】

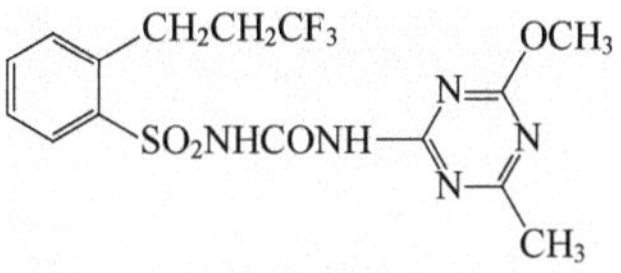

【分子式】$C_{15}H_{16}F_3N_5O_4S$

【分子量】419.38

【CAS 登录号】94125-34-5

【理化性质】纯品为无色无味晶体，熔点 155℃（分解）。蒸气压：（25℃）＜3.5×10^{-3}mPa；密度（20℃）1.45g/cm^3。K_{ow}lg$P$（25℃）：1.5（pH5），−0.21（pH6.9），−0.76（pH9）。水中溶解度（20℃）：蒸馏水 29mg/L（pH4.5），缓冲液 87mg/L（pH5.0），4000mg/L（pH6.8），43000mg/L（pH7.7）。有机溶剂中溶解度（20℃）：丙酮 160g/L，乙醇 8.4g/L，甲苯 6.1g/L，正己烷 0.0064g/L，乙酸乙酯 56g/L，正辛醇 1.4g/L，二氯甲烷 180g/L。水溶液快速水解，20℃下 DT_{50}：5～10d（pH5）、大于 1 年（pH7 和 pH 9），不光解；pK_a 3.76。

【研制和开发公司】由 Ciba-Geigy AG（汽巴-嘉基公司）［现为 Syngenta AG（先正达）］开发

【上市国家和年份】欧洲，1994 年

【合成路线】[1-3]

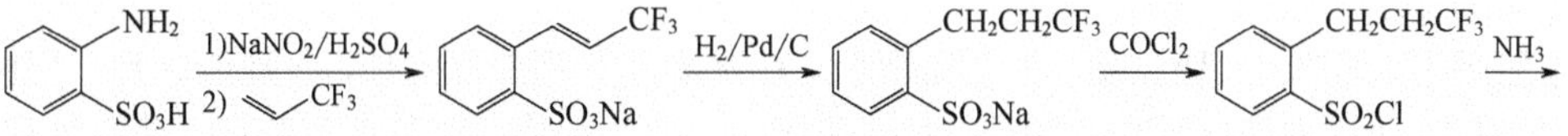

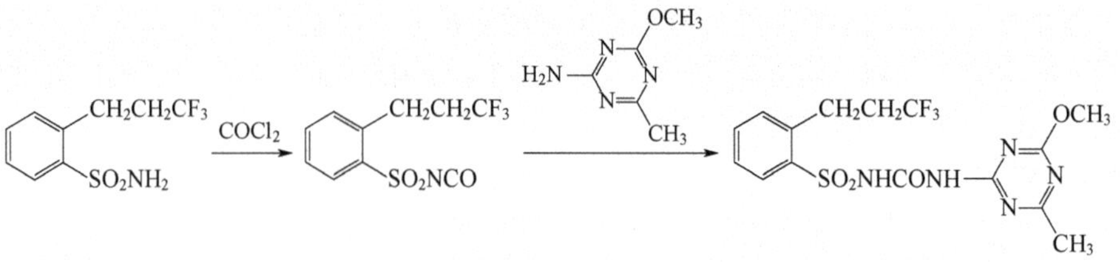

中间体合成[4-6]：

方法 1：

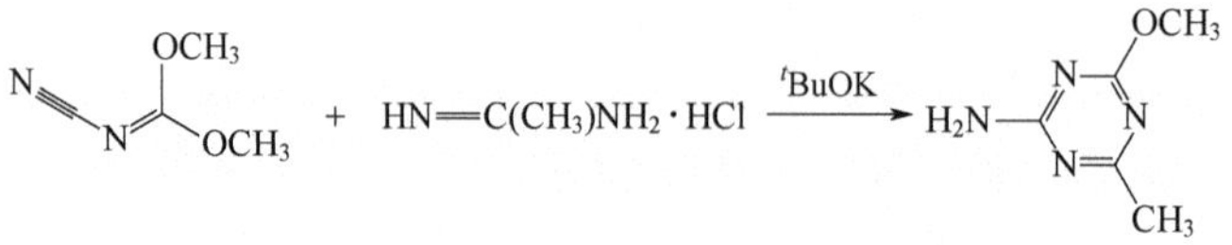

方法 2：

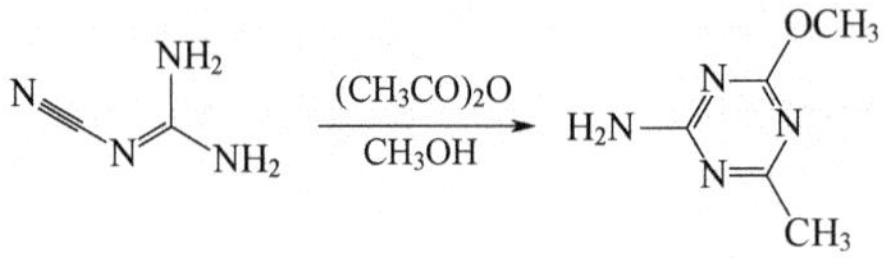

方法 3：

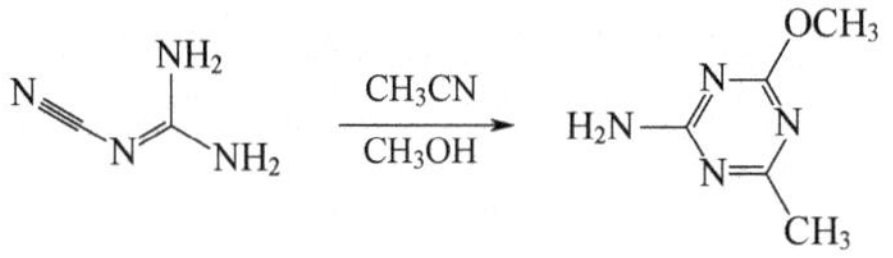

【哺乳动物毒性】大鼠急性经口 LD_{50} 986mg/kg，小鼠 1247mg/kg，兔急性经皮 LD_{50}＞2000mg/kg；对兔眼睛和皮肤无刺激，对豚鼠皮肤无致敏；大鼠吸入 LC_{50}（4h）＞5.4mg/L；小鼠（18 个月）NOAEL1.9mg/(kg·d)。NOEL：大鼠（2 年）8.6mg/(kg·d)，狗（1 年）1.9mg/(kg·d)。对大鼠、兔无致畸和致突变作用；ADI/RfD（EC）0.02mg/kg[2002]，毒性等级：Ⅲ。

【生态毒性】急性经口 LD_{50}：山齿鹑＞2150mg/kg，野鸭 1300mg/kg；山齿鹑和野鸭饲喂 LC_{50}（8d）＞5000mg/kg。鱼急性 LC_{50}（96h）：鲶鱼、虹鳟和鲤鱼＞100mg/L，蓝鳃翻车鱼和羊头鲷＞155mg/L。水蚤 LC_{50}（48h）＞120mg/L；羊角月牙藻 EC_{50} 0.011mg/L；水华鱼腥藻 EC_{50} 0.58mg/L；舟形藻 EC_{50}＞0.084mg/L；中肋骨条藻 EC_{50}＞0.029mg/L。其他水生生物：糠虾 EC_{50}＞150mg/L；东方牡蛎 EC_{50}＞150mg/L；浮萍 EC_{50}（14d）0.00126mg/L；蜜蜂（48h，经口和接触）LD_{50}＞100μg/只；蚯蚓 LC_{50}＞10000mg/kg（土）。其他有益生物：使用剂量为 30g/hm^2，对隐翅虫、地面甲虫、蚜虫天敌或瓢虫无影响。

【作用机理】支链氨基酸合成（ALS 或 AHAS）抑制剂，通过抑制缬氨酸和异亮氨酸的生物合成来阻止细胞分裂和植物生长。氟磺隆的选择性源于作物对它的代谢比较快。

【分析方法】高效液相色谱-紫外（HPLC-UV）

【制剂】水分散剂（WG）

【应用】作用方式：通过茎叶和根部吸收，在木质部和韧皮部向顶、向基传导到作用位点，在使用后 1～3 周内植株死亡。用途：用于玉米、高粱、谷物、牧草地和草坪，苗后处理，防除苋属、白麻属、藜属、蓼属、繁缕属杂草和其他一年生阔叶杂草，使用剂量 12～30g/hm^2。不能与有机磷杀虫剂混用。

【代谢】动物：在动物体内被迅速、广泛吸收（>90%），48h 内 90%～95%排出体外。主要代谢途径是 *O*-去甲基化和侧链羟基化。植物：主要代谢途径是羟基化和苯环、三嗪环的裂解。土壤环境：田间 DT_{50} 4～36d，取决于温度、土壤湿度和有机质含量：DT_{90}14～120d（典型值 60d）。K_{oc} 4～251mL/g，取决于有机质含量和土壤类型。在实际条件下，高迁移性被快速降解所抵消。氟磺隆不能浸入深度 50cm 以下的土壤中。

【参考文献】

[1] Meyer W，Oertle K．*N*-phenylsulfonyl-*N'*-pyrimidinyl-and-triazinylureas．EP120814．

[2] Baumeister P，Seifert G，Steiner H. Process for the preparation of substituted benzenes and benzenesulfonic acids and derivatives thereof and a process for the preparation of *N*, *N'*-substituted ureas．EP584043．

[3] 于国权，陈宇，丁华平，等．除禾本科杂草和阔叶草剂氟磺隆的合成工艺．CN104341366．

[4] Oliver M A，Oliver W H．Preparation of 2-amino-4-alkoxy-*s*-triazines．US 5075443．

[5] 陈得军，张广修，靳公平．一种 2-氨基-4-甲氧基-6-甲基均三嗪的合成工艺．CN104387334．

[6] Chiang G C，Toji M．Preparation of 2-amino triazines．US4886881．

2.2.1.6 氟嘧磺隆 primisulfuron-methyl

【商品名称】Spirit（混剂，与氟磺隆混合）

【化学名称】2- [4,6-双(二氟甲氧基)嘧啶-2-基氨基甲酰胺基磺酰基]苯甲酸甲酯

IUPAC 名：methyl 2-[4,6-bis(difluoromethoxy)pyrimidin-2-ylcarbamoylsulfamoyl]benzoate

CAS 名：methyl 2-[[[[[4,6-bis(difluoromethoxy)-2-pyrimidinyl]amino]carbonyl]amino] sulfonyl] benzoate

【化学结构式】

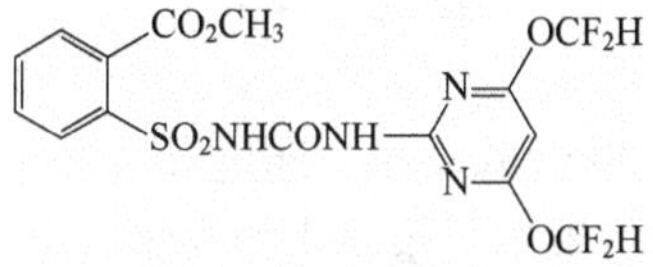

【分子式】$C_{15}H_{12}F_4N_4O_7S$

【分子量】468.34

【CAS 登录号】86209-51-0

【理化性质】白色细粉，熔点 194.8～197.4℃；蒸气压（25℃）<5×10^{-3}mPa；密度（20℃）1.64g/cm^3。K_{ow}lg*P*（25℃）：2.1（pH5），0.2（pH7），−0.53（pH9）；水中溶解度（25℃）：3.7mg/L（pH5），390mg/L（pH7），11000mg/L（pH8.5）。有机溶剂中溶解度（25℃）：丙酮 45g/L，甲苯 0.59g/L，正辛醇 0.13g/L，正己烷 0.001g/L。室温下稳定性大于 3 年；水解 DT_{50} 25d（pH5，25℃），pH7 和 pH9 稳定，150℃稳定；pK_a 3.47。

【研制和开发公司】Ciba-Geigy AG（瑞士汽巴-嘉基公司）[现为 Syngenta AG（先正达）]

【上市国家和年份】欧洲，1990 年

【合成路线】[1-3]

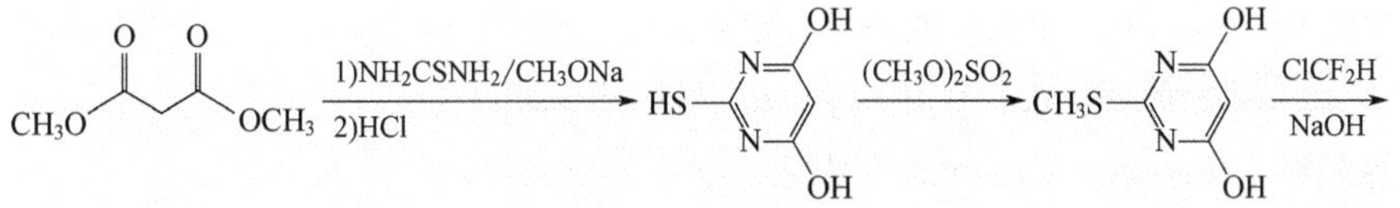

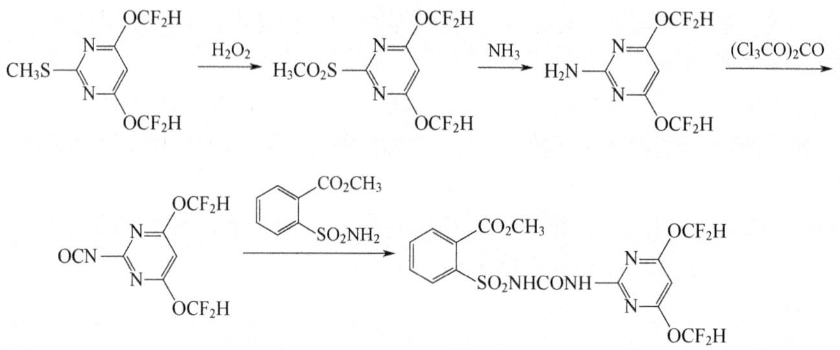

【哺乳动物毒性】急性毒性经口 LD_{50}：大鼠＞5050mg/kg，小鼠＞2000mg/kg。急性经皮 LD_{50}：兔＞2000mg/kg，大鼠＞2000mg/kg。对兔眼睛有轻微刺激，对皮肤无刺激，对豚鼠皮肤无致敏性；大鼠吸入 LC_{50}（4h）＞4.8mg/L。NOEL：大鼠（2 年）13mg/(kg・d)，小鼠（19 个月）45mg/(kg・d)，狗（1 年）25mg/(kg・d)；Ames 试验表明无致突变性；ADI/RfD（EC）0.13mg/kg；毒性等级：U。

【生态毒性】山齿鹑与野鸭急性经口 LD_{50}＞2150 mg/kg，山齿鹑和野鸭饲喂 LC_{50}（8d）＞5000mg/kg（饲料）。LC_{50}（96h）：虹鳟 29mg/L，蓝鳃翻车鱼＞80mg/L，羊头鲷＞160mg/L。水蚤 LC_{50}（48h）260～480mg/L；羊角月牙藻 EC_{50}（7d）24μg/L；水华鱼腥藻 EC_{50} 176μg/L；舟形藻 EC_{50}＞227μg/L；中肋骨条藻 EC_{50}＞222μg/L；浮萍 EC_{50}（14d）＞2.9×10^{-4}mg/L；蚯蚓 NOEL（14d）＞100mg/kg（土）；对蜜蜂无毒，LD_{50}（48h，经口）＞18μg/只，LD_{50}（48h，接触）＞100μg/只。

【作用机理】支链氨基酸合成（ALS）抑制剂，通过抑制缬氨酸和异亮氨酸的生物合成阻止细胞分裂和植物生长。由于在作物体内快速代谢而具有选择性。

【分析方法】高效液相色谱-紫外（HPLC-UV）

【制剂】水分散剂（WG）

【应用】作用方式：选择性内吸性除草剂，通过叶片和根部吸收，在植物体内向顶、向基传导。用途：用于玉米田苗后防除禾本科杂草［如高粱、黑高粱、假高粱（石茅）和偃麦草］和许多阔叶杂草，使用剂量 20～40g/hm^2。不同玉米杂交种对氟嘧磺隆的敏感性不同。可与莠去津、溴苯腈、氰草津、麦草畏和 2,4-滴桶混使用。

【代谢】动物：大鼠和其他大型动物中的主要代谢途径包括嘧啶环的羟基化、磺酰脲桥部分裂解为独立的苯基和嘧啶环。植物：在玉米中，氟嘧磺隆主要通过环氧化降解，随后与糖共轭，一个主要的降解产物是 5-羟基甲基氟嘧磺隆。收获时，在谷物和饲料中没有检测到残留物（＜0.01～0.05mg/kg）。土壤/环境：土壤吸附能力较弱，K_d 0.13～0.56mL/g，K_{oc} 13～33mL/g。田间和蒸渗仪研究结果表明，氟嘧磺隆的渗滤非常低。在土壤中主要通过微生物降解，DT_{50}（实验室，25℃，有氧）1～2 个月，DT_{50}（田间）4～29d。

【参考文献】

[1] Meyer W．Fluoroalkoxyaminopyrimidines and-triazines．EP70804．

[2] Forney D R，Gee S K，Long J D，et al．Herbicide utility on resistant crops．US5084086．

[3] Pfluger R W．Process for producing fluoroalkoxyaminopyrimidines．US4542216．

2.2.1.7 三氟啶磺隆钠盐 trifloxysulfuron-sodium

【商品名称】Envoke，Krismalt（混剂，与莠灭净混合）

（1）三氟啶磺隆钠盐 trifloxysulfuron-sodium

【化学名称】*N'*-(4,6-二甲氧基嘧啶-2-基)-*N*-[3-(2,2,2-三氟乙氧基)-2-吡啶基磺酰]亚氨基氨基甲酸钠盐

IUPAC 名：sodium *N'*-(4,6-dimethoxypyrimidin-2-yl)-*N*-[3-(2,2,2-trifluoroethoxy)-2-pyridylsulfonyl]imidocarbamate

CAS 名：*N*-[[(4,6-dimethoxy-2-pyrimidinyl)amino]carbonyl]-3-(2,2,2-trifluoroethoxy)-pyridine-2-sulfonamide sodium salt

【化学结构式】

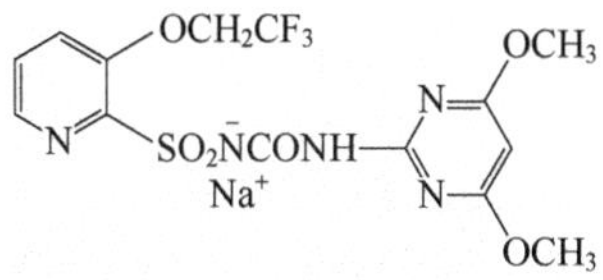

【分子式】$C_{14}H_{13}F_3N_5NaO_6S$

【分子量】459.33

【CAS 登录号】199119-58-9

（2）三氟啶磺隆 trifloxysulfuron

【化学名称】1-(4,6-二甲氧基嘧啶-2-基)-3-[3-(2,2,2-三氟乙氧基)-2-吡啶磺酰]脲

IUPAC 名：1-(4,6-dimethoxypyrimidin-2-yl)-3-[3-(2,2,2-trifluoroethoxy)-2-pyridylsulfonyl]urea

CAS 名：*N*-[[(4,6-dimethoxy-2-pyrimidinyl)amino]carbonyl]-3-(2,2,2-trifluoroethoxy)-2-pyridine sulfonamide

【化学结构式】

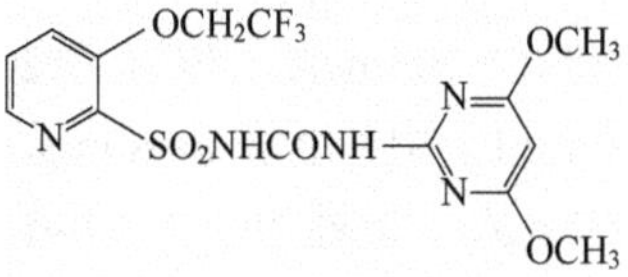

【分子式】$C_{14}H_{14}F_3N_5O_6S$

【分子量】437.35

【CAS 登录号】145099-21-4

【理化性质】钠盐纯品为无味白色至灰白色粉末，熔点 170.2～177.7℃；蒸气压（25℃）＜ 1.3×10^{-3}mPa；密度（20℃）1.63g/cm^3。K_{ow}lg$P$（25℃）：1.4（pH5），−0.43（pH7）。水中溶解度（25℃）25.5g/L（pH7.6）。有机溶剂中溶解度（25℃）：丙酮 17g/L，乙酸乙酯 3.8g/L，甲醇 50g/L，二氯甲烷 0.79g/L，正己烷和甲苯＜0.001g/L。水解 DT_{50}（25℃）：6d（pH5）、20d（pH7）、21d（pH9）。水中光解 DT_{50} 14～17d（25℃，pH7）；pK_a 4.76（20℃）。

【研制和开发公司】由 Syngenta AG（先正达）开发

【上市国家和年份】欧洲，2003 年

【合成路线】[1-6]

路线 1：

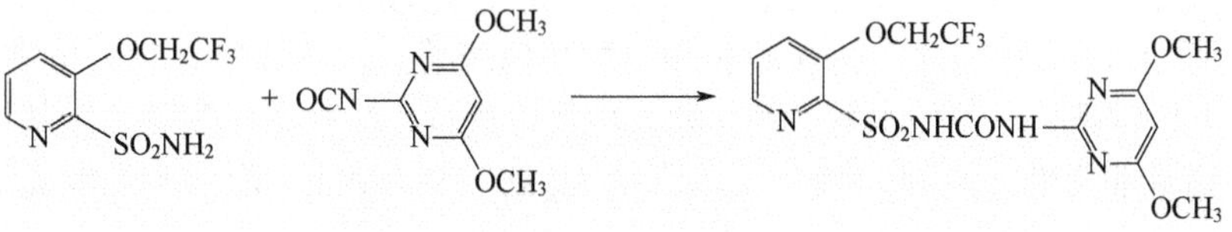

路线 2：

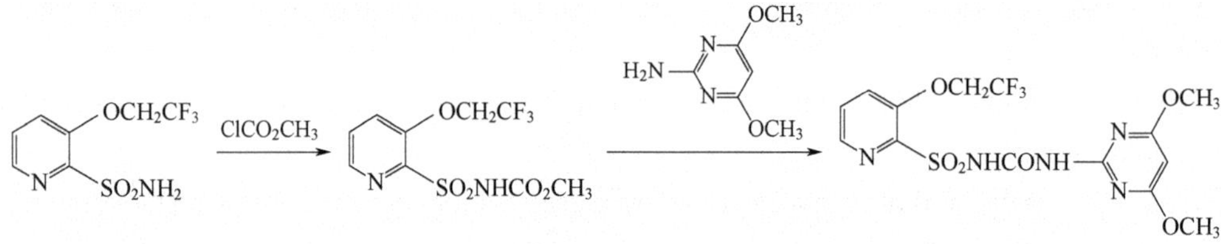

中间体合成：

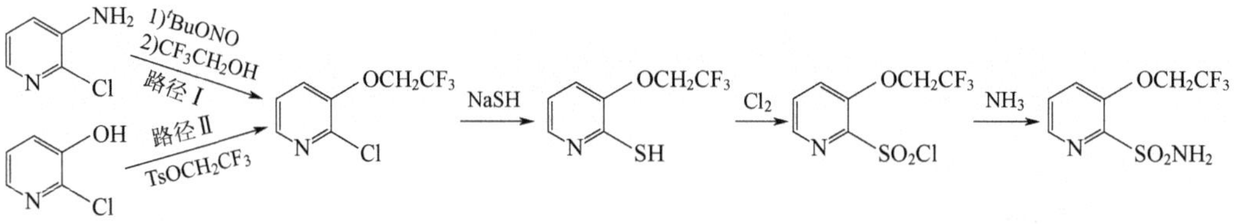

【哺乳动物毒性】钠盐：大鼠急性毒性经口 LD_{50}＞5000mg/kg。急性经皮 LD_{50}：兔＞2000mg/kg，大鼠＞2000mg/kg。对兔眼睛和皮肤无刺激，对豚鼠皮肤无致敏性；大鼠吸入 LC_{50}(4h)＞5.03mg/L。NOAEL：大鼠（2 年）24mg/(kg • d)，小鼠（1.5 年）112mg/(kg • d)，狗（1 年）15mg/(kg • d)。Ames 试验表明无致突变性、无致畸、无遗传毒性和生殖毒性，不是神经毒素；ADI/RfD 0.15mg/kg；毒性等级：Ⅲ。

【生态毒性】钠盐对大多数有机体无毒，但对绿藻和某些水生植物有剧毒；鹌鹑与野鸭急性经口 LD_{50}＞2250mg/kg，饲喂毒性山齿醇和野鸭 NOEC 为 5620mg/kg；虹鳟和蓝鳃翻车鱼 LC_{50}(96h)＞103mg/L；水蚤 LC_{50}(48h)＞103mg/L；EC_{50}（120h）：羊角月牙藻 0.0065mg/L，水华鱼腥藻 0.28mg/L，舟形藻＞150mg/L，中肋骨条藻 80mg/L。其他水生生物：东方牡蛎 EC_{50}(96h)＞103mg/L，糠虾 LC_{50}(96h)60mg/L。蚯蚓 NOEL（14d）＞100mg/kg（土）；对蜜蜂无毒，LD_{50}（48h，经口和接触）＞100μg/只；对盲走螨、蚜茧蜂和步甲无毒，对土壤微生物和活性污泥无影响。

【作用机理】三氟啶磺隆钠盐为乙酰乳酸合成酶（ALS）抑制剂，棉花的耐受性取决于对其代谢的促进作用和处理叶片对药剂的低传导性。

【分析方法】高效液相色谱-紫外（HPLC-UV）

【制剂】水分散剂（WG）

【应用】[7-8] 作用方式：易被幼芽和根部吸收，通过木质部和韧皮部传导至地上部、根部和顶端分生组织。易感杂草在几天内出现褪绿现象，并在 1～3 周内死亡。用途：三氟啶磺隆钠盐用于棉花防除芽后禾本科杂草、莎草和阔叶杂草，使用剂量 5～20g/hm^2；用于甘蔗时与莠灭净混用，使用剂量 37～65g/hm^2。钠盐也用于草坪和种植园的杂草防除。可防除杂草包括：香附、大戟、蕹菜、决明子、苍耳、臂形草等。

【代谢】三氟啶磺隆钠盐：迅速吸收和降解，在生物体和环境中没有积累倾向。动物：迅速吸收并被排出体外（约 70%通过尿液，6%通过粪便），7d 后剩余的残留量低于给药剂量的 0.3%。代谢通过 *O*-去甲基化、桥键断裂和与葡萄糖醛酸共轭等途径进行。植物：代谢通过 Smiles 重排、桥键断裂、各种水解、氧化和共轭反应进行，在目标作物可食用部位（甘蔗秆、棉籽）的残留量非常低。土壤/环境：土壤吸附 K_{oc} 29～584mL/g，取决于土壤类型和 pH，随着时间的推移，吸附会增加。在土壤中主要通过水解而降解，DT_{50}[20℃，40%MWC（maximum water content 最大水含量）：各种土壤] 49～78d。水溶液 DT_{50}（有氧）7～25d。

【参考文献】

[1] Murai S，Koto R，Yoshizawa H，et al．Method for producing pyrimidine compound．WO2009128512.

[2] Rawls E，Dunne C L，Johnson M D．Herbicidal composition．WO03103397.

[3] Fory W．Sulfonylurea salts as herbicides．WO9741112.

[4] Allen J，Ruegg W，Boutsalis P，et al．Novel use of herbicides．WO0158264.

[5] Sting S R，Konig S，Stutz W，et al．Sulfonylurea salts as herbicides．WO0052006.

[6] Hanagan M A，Wexler B A．Herbicidal pyridine sulfonamides．US4838926.

[7] Zhang J F，Abdelraheem A，Wedegaertner T，et al．Tolerance of pima and upland cotton to trifloxysulfuron(Envoke)herbicide under field conditions．J Cotton Res，2021，4（1）：26.

[8] Laforest M，Soufiane B，Patterson E L，et al．Differential expression of genes associated with non-target site resistance in Poa annua with target site resistance to acetolactate synthase inhibitors．Pest Manag Sci，2021，77（11）：4993-5000.

2.2.1.8 三氟甲磺隆 tritosulfuron

【商品名称】Tooler，Certo Plus（混剂，与麦草畏钠盐混合）

【化学名称】1-(4-甲氧基-6-三氟甲基-1,3,5-三嗪-2-基)-3-(2-三氟甲基苯磺酰)脲

IUPAC 名：1-(4-methoxy-6-trifluoromethyl-1,3,5-triazin-2-yl)-3-(2-trifluoromethyl-benzenesulfonyl) urea

CAS 名：*N*-[(4-methoxy-6-trifluoromethyl-1,3,5-triazin-2-yl)aminocarbonyl]-2-(trifluoromethyl) benzenesulfonamide

【化学结构式】

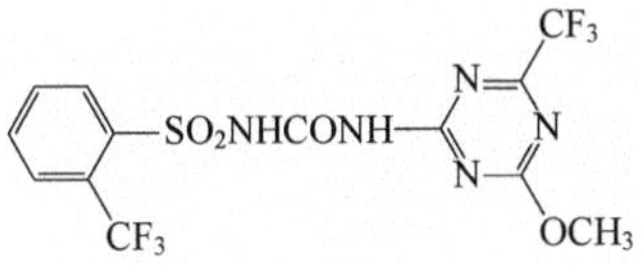

【分子式】$C_{13}H_9F_6N_5O_4S$

【分子量】445.30

【CAS 登录号】142469-14-5

【理化性质】白色结晶状固体，熔点 167～169℃；蒸气压（20℃）<1×10^{-2}mPa；密度（20℃）1.687g/cm^3。K_{ow}lg$P$：2.93（pH2.7），2.85（pH4），0.62（pH7），−2.38（pH10）。水中溶解度（20℃）：38.6mg/L（pH4.7），78.3mg/L（pH10.2）。有机溶剂中溶解度（25℃）：丙酮 250～300g/L，二氯甲烷 25g/L，甲醇 23g/L，乙腈 92g/L。340～360℃稳定，水解 DT_{50}（25℃）：48d（pH4）、大于 62d（pH7）、18d（pH9）。pK_a 4.69。

【研制和开发公司】由 BASF（德国巴斯夫公司）开发

【上市国家和年份】智利，2002 年

【合成路线】[1]

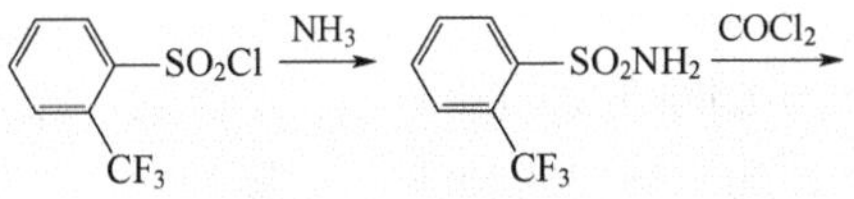

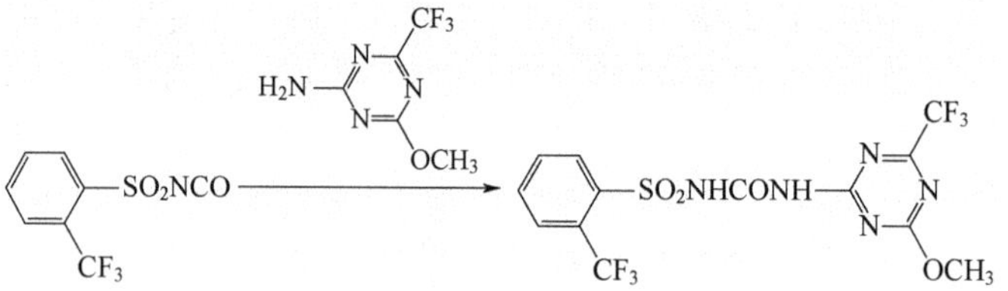

中间体[2-4]：

中间体 1：

方法 1：

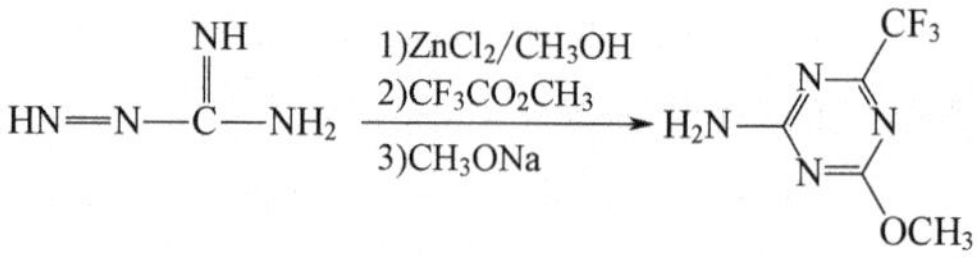

方法 2：

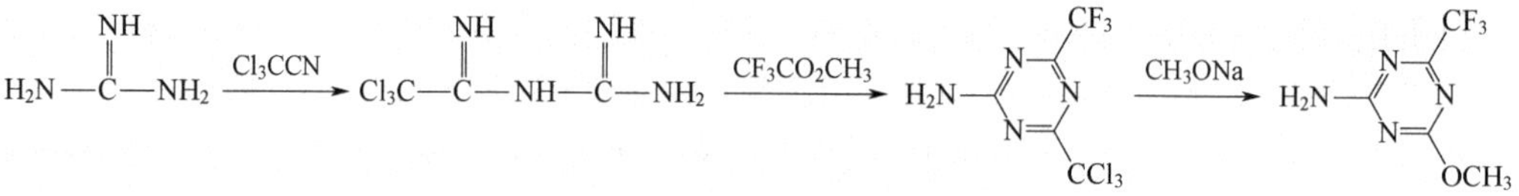

中间体 2：

方法 1：

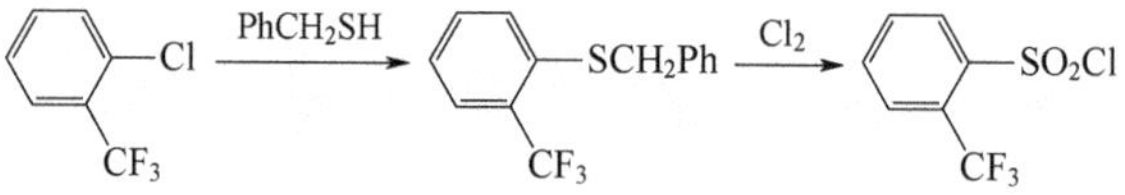

方法 2：

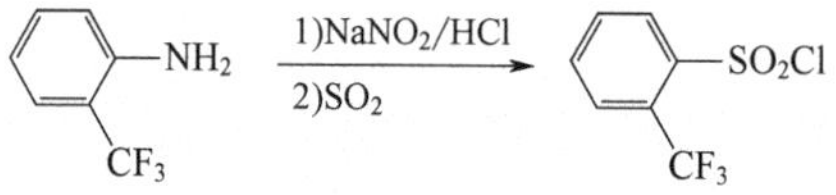

【哺乳动物毒性】大鼠急性毒性经口 LD_{50}＞4700mg/kg，急性经皮 LD_{50}＞2000mg/kg；对兔眼睛和皮肤无刺激，对豚鼠皮肤无致敏性；大鼠吸收 LC_{50}（4h）＞5.4mg/L。

【生态毒性】山齿鹑急性经口 LD_{50}＞2000mg/kg，饲喂 LC_{50}（5d）＞981mg/(kg・d)；虹鳟 LC_{50}（96h）＞100mg/L；水蚤 EC_{50}（48h）＞100mg/L；近头状伪蹄形藻 E_bC_{50}（72h）230μg/L；浮萍 EC_{50}（14d）3.5μg/L；赤子爱胜蚓 LC_{50}（14d）＞1000mg/kg；蜜蜂 LD_{50}（48h）＞200μg/只。

【作用机理】三氟甲磺隆为支链氨基酸合成（乙酰乳酸合成酶 ALS 或乙酰羟基酸合成酶 AHAS）的抑制剂，通过抑制植物体内所必需的亮氨酸和缬氨酸的生物合成来阻止细胞分裂和植物生长。

【分析方法】高效液相色谱-紫外（HPLC-UV）

【制剂】水分散剂（WG）

【应用】作用方式：三氟甲磺隆是苗后除草剂，主要通过叶子吸收，在植物体内向上、向基传导。用途：主要用于谷物和玉米田防除阔叶杂草。

【代谢】土壤/环境：DT_{50}（实验室，20℃）16～32d，DT_{50}（田间）3～21d；K_{oc} 4～11mL/g（动力学控制吸附 K_{oc} 7～64mL/g）。在土壤中对甲磺隆的吸附很弱，迅速降解。在蒸渗仪研究中没有发现渗滤现象。在土壤中降解为四种代谢物。

【参考文献】

[1] Mayer H, Hamprecht G, Westphalen K O, et al. Herbicidal *N*-[(1,3,5-triazin-2-yl)aminocarbonyl] benzenesulfonamides and their preparation. DE4038430.

[2] Schaefer B，Mayer H. Preparation of 2-amino-4-alkoxy-6-substituted-1,3,5-triazines. DE4335497.

[3] Mayer H，Hamprecht G. Process for the preparation of 6-trifluoromethyl-1,3,5-triazines. EP482477.

[4] Mayer H，Golsch D. Preparation of arylsuphonyl isocyanates via the condensation arylsulfon amides and phosgene in the presence of alkyl isocyanates. WO2003033459.

2.2.2 三唑并嘧啶磺酰胺类

2.2.2.1 啶磺草胺 pyroxsulam

【商品名称】Crusader，Smplicity，PowerFlex（混剂，与喹氧乙酸混合）

【化学名称】*N*-(5,7-二甲氧基[1,2,4]三唑并[1,5-*a*]嘧啶-2-基)-2-甲氧基-4-(三氟甲基)-3-吡啶磺酰胺

IUPAC 名：*N*-(5,7-dimethoxy[1,2,4]triazolo[1,5-*a*]pyrimidin-2-yl)-2-methoxy-4-(trifluoromethyl) pyridine-3-sulfonamide

CAS 名：*N*-(5,7-dimethoxy[1,2,4]triazolo[1,5-*a*]pyrimidin-2-yl)-2-methoxy-4-(trifluoromethyl)-3-pyridinesulfonamide

【化学结构式】

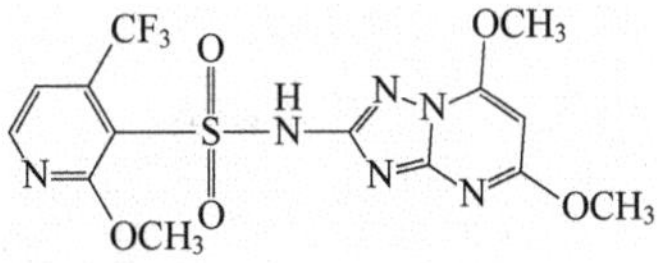

【分子式】$C_{14}H_{13}F_3N_6O_5S$

【分子量】434.35

【CAS 登录号】422556-08-9

【理化性质】熔点 208℃（分解)；蒸气压（20℃）<1.0×10^{-4}mPa；密度（20℃）1.618g/cm^3，K_{ow}lg$P$1.08（pH4），-1.01（pH7），-1.60（pH9）。水中溶解度（20℃）：蒸馏水 0.062g/L，0.0164g/L（pH4），3.2g/L（pH7），13.7g/L（pH9）。有机溶剂中溶解度（20℃）：丙酮 2.79g/L，甲醇 1.01g/L，二甲苯 0.0352g/L，正己烷 0.0064g/L，乙酸乙酯 2.17g/L，正辛醇 0.073g/L，二氯乙烷 3.94g/L，庚烷<0.001g/L。在 25℃下 pH5、pH7、pH9 水解稳定，水溶液光解 DT_{50} 32d；pK_a 4.67。

【研制和开发公司】由 Dow AgroSciences（美国陶氏益农公司）发现

【上市国家和年份】智利，2007 年

【合成路线】[1-2]

路线 1：

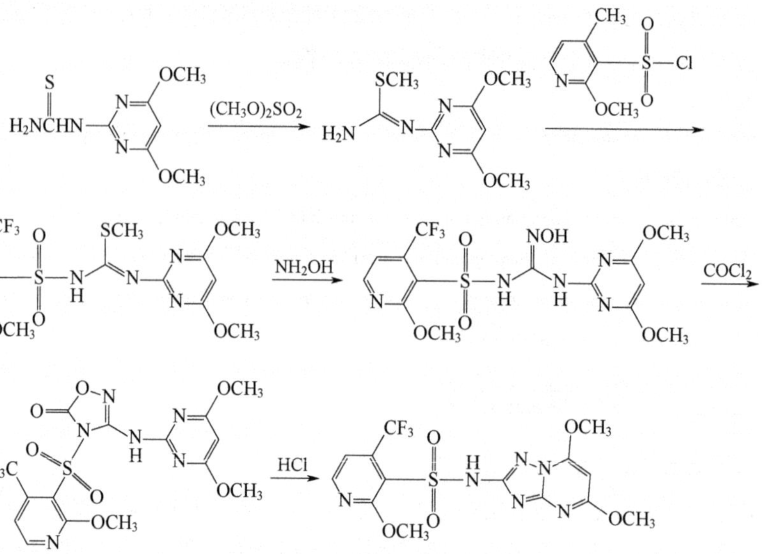

路线 2：

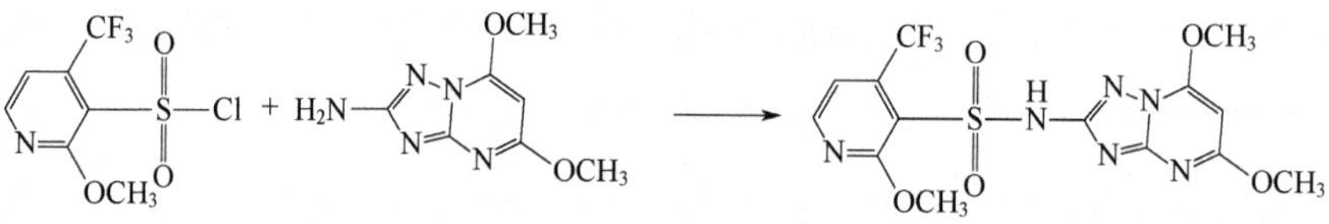

中间体合成[3-5]：

中间体 1：

方法 1：

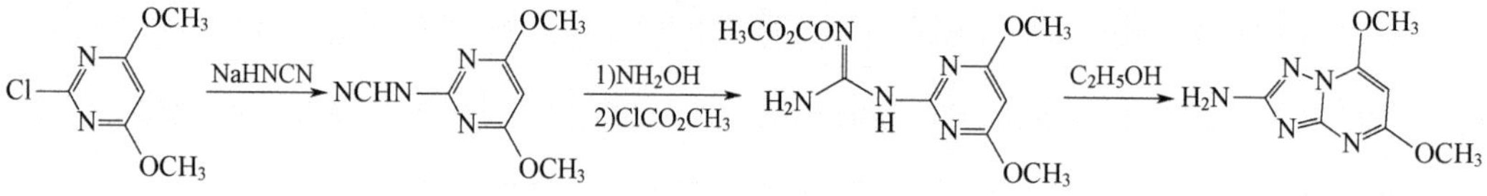

方法 2：

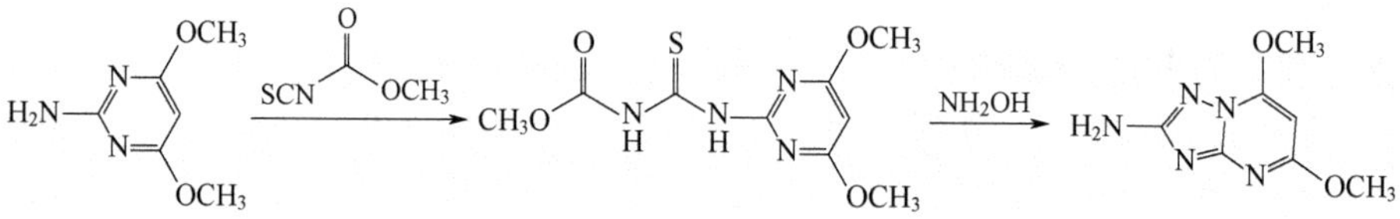

中间体 2：

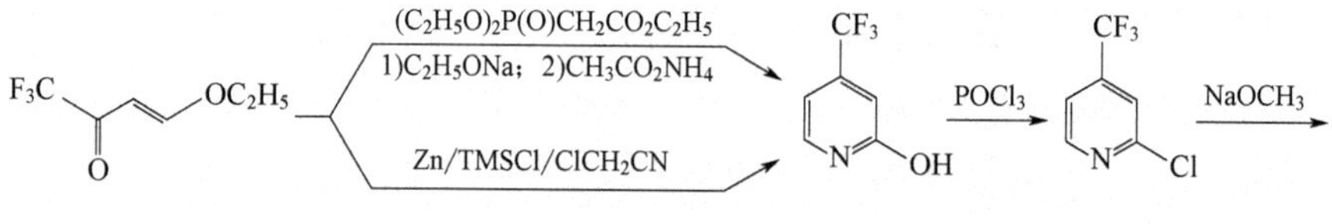

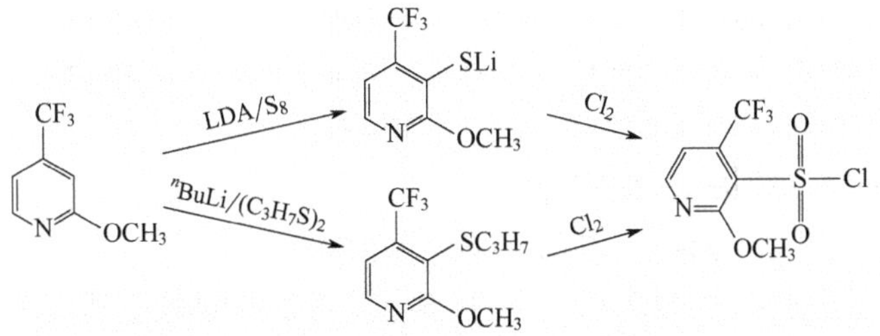

【哺乳动物毒性】大鼠急性经口 LD_{50}＞2000mg/kg，大鼠急性经皮 LD_{50}＞2000mg/kg；对兔眼睛和皮肤无刺激，对豚鼠皮肤有致敏；大鼠吸入 LC_{50}（4h）＞5.1mg/L；雄小鼠 NOAEL（致癌性）100mg/kg，兔（胚胎和发育中）（致畸性）300mg/kg（最大剂量试验）；Ames 试验、小鼠微核试验呈阴性，无致畸、致癌、致突变性，无神经毒性，也无生殖影响。

【生态毒性】山齿鹑和野鸭经口 LD_{50}＞2250mg/kg，山齿鹑和野鸭饲喂 LC_{50}＞5000mg/kg；虹鳟 LC_{50}（96h）＞87mg/L，黑头呆鱼 LC_{50}（96h）＞94.4mg/L；水蚤 LC_{50}（48h）＞100mg/L；羊角月牙藻 EC_{50}（96h）0.135mg/L；水华鱼腥藻 EC_{50}（120h）11mg/L；舟形藻 EC_{50} 6.8mg/L；中肋骨条藻 EC_{50} 13.1mg/L；浮萍 EC_{50}（7d）0.00257mg/L；蜜蜂 LD_{50}（48h，经口）＞107μg/只，蜜蜂 LD_{50}（48h，接触）＞100μg/只；蚯蚓 LC_{50}＞10000mg/kg（土）。

【作用机理】支链氨基酸（亮氨酸、异亮氨酸和缬氨酸）合成（乙酰乳酸合成酶或乙酰羟酸合成酶）抑制剂。

【分析方法】高效液相色谱-紫外（HPLC-UV）

【制剂】可分散油悬浮剂（OD），水分散剂（WG）

【应用】作用方式：通过韧皮部和木质部传导的内吸性除草剂。药物从叶面、芽和根部吸收并传导至分生组织。症状包括发育迟缓和萎黄，接着坏死甚至死亡。用途：用于谷物田防除一年生禾本科杂草和阔叶杂草，杀草谱广。与安全剂配合使用时，可用于春小麦和冬小麦、冬黑麦和黑小麦田，防治重要的一年生禾本科杂草如看麦娘、野燕麦、雀麦、黑燕麦等杂草，也可防除重要的阔叶杂草如苋菜、芸薹属、鼬瓣花、老鹳草、勿忘草、繁缕、婆婆纳和三色堇等杂草，使用剂量 9～18.75g/hm^2。该产品的短期土壤残留也可防除新生的一年生杂草。

【代谢】动物：本品进入大鼠体内后，被迅速吸收和排泄。在 24h 内，大部分通过尿液和粪便被排出，只检测到母体化合物和 2-去甲基代谢物。动物饲料中的残留只有甲氧磺草胺母体。植物：小麦和轮作作物中的残留只有甲氧磺草胺母体。土壤/环境：土壤中主要通过好氧微生物降解进行代谢。平均 DT_{50}：实验室 3d，田间 13d。对土壤光解稳定，K_d 0.06～1.853mL/g（平均值 0.51mL/g）；K_{oc} 2～129mL/g（平均值 30mL/g）。土壤对甲氧磺草胺的吸附性能为弱到中等强度；田间消解研究表明其在土壤剖面迁移性有限。在水中光解和好氧微生物分解是主要的降解途径；光解 DT_{50} 3.2d，好氧微生物分解 DT_{50} 18d。

【参考文献】

[1] Johnson T C，VanHeertum J C，Ouse D G，et al. *N*-(5,7-Dimethoxy[1,2,4] triazolo[1,5-a] pyrim idin-2-yl)arylsulfonamide compounds and their use as herbicides. US6559101.

[2] Johnso T C，Ehr R J，Johnston R D，et al. *N*-([1,2,4] Triazoloazinyl)benzenesulfonamide and pyridinesul fonamide compounds and their use as herbicides. US5858924.

[3] Jiang B，Xiong W N，Zhang X B，et al. Convenient approaches to 4-trifluoromethylpyridine. Org Process Res Dev，2001，5（5）：531-534.

[4] Hamiton C T. Prosess for the preparation of *N*-([1,2,4] triazolopyrimidin-2-yl)aryl sulfonamides. US7339058.
[5] Chen C N, Chen Q, Liu Y C, et al. Syntheses and herbicidal activity of new triazolopyrimidine-2-sulfonamides as acetohydroxyacid synthase inhibitor. Bioorg Med Chem, 2010, 18 (14): 4897-4904.

2.2.2.2 氯酯磺草胺 cloransulam-methyl

【商品名称】First Rate，Pacto，Python（混剂，唑嘧磺草胺）

【化学名称】3-氯-2-[(5-乙氧基-7-氟-[1,2,4]三唑并[1,5-*c*]嘧啶-2-基)磺酰氨基]苯甲酸甲酯

IUPAC 名：methyl 3-chloro-2-(5-ethoxy-7-fluoro[1,2,4]triazolo[1,5-*c*]pyrimidin-2-ylsulfonamido) benzoate

CAS 名：methyl 3-chloro-2-(((5-ethoxy-7-fluoro(1,2,4)triazolo(1,5-*c*)pyrimidin-2-yl)sulfonyl) amino)benzoate

【化学结构式】

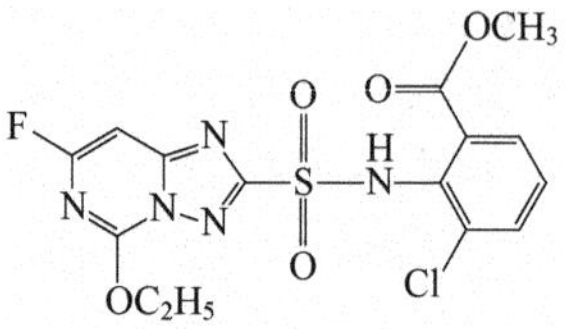

【分子式】$C_{15}H_{13}ClFN_5O_5S$

【分子量】429.81

【CAS 登录号】147150-35-4

【理化性质】纯品灰白色固体，熔点 216～218℃；密度（20℃）1.538g/cm^3；蒸气压（25℃）4.0×10^{-11}mPa。$K_{ow}\lg P$（25℃）：蒸馏水 0.268，1.12（pH5），−0.367（pH7），−1.24（pH8）。水中溶解度（25℃）：3.0mg/L（pH5），184mg/L（pH7）。有机溶剂中溶解度（25℃）：甲苯 14mg/L，丙酮 4360mg/L，甲醇 470mg/L，正己烷＜10mg/L，乙腈 5500mg/L，二氯甲烷 6980mg/L，乙酸乙酯 980mg/L，辛醇＜10mg/L。pH5 稳定，pH7 缓慢水解，pH9 快速水解，光解 DT_{50} 22 个月；pK_a 4.81（20℃）。

【研制和开发公司】由美国 Dow AgroSciences（美国陶氏益农公司）开发

【上市国家和年份】美国，1998 年

【合成路线】[1-5]

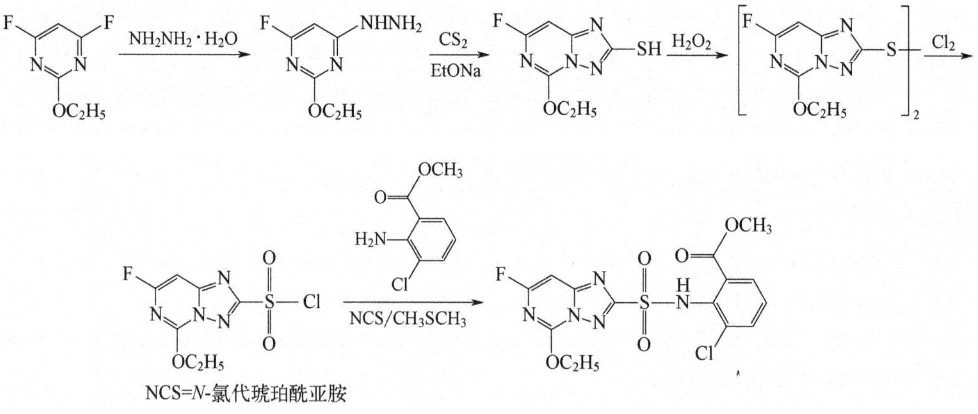

中间体合成[6]：

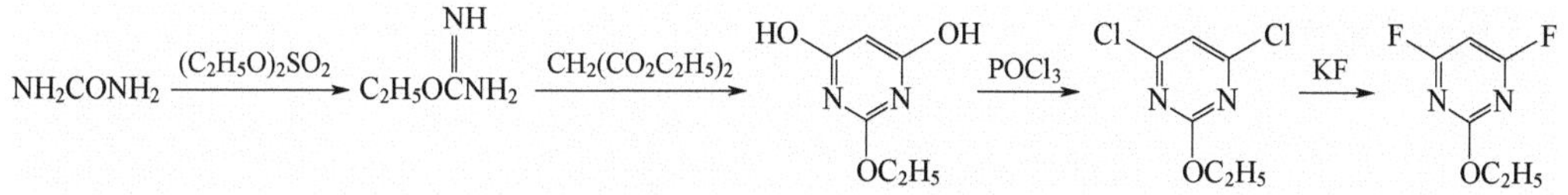

【哺乳动物毒性】大鼠急性毒性经口 LD_{50}>5000mg/kg，兔急性经皮 LD_{50}>2000mg/kg；对兔皮肤无刺激性，对豚鼠皮肤无致敏；大鼠空气吸入 LC_{50}（4h）>3.77mg/L。NOEL：大鼠（90d）50mg/(kg·d)；狗（1年）5mg/(kg·d)。小鼠微核和中国仓鼠卵巢细胞（CHO）试验呈阴性；ADI（EPA）/RfD 0.1mg/kg[1997]；毒性等级：U。

【生态毒性】山齿鹑急性经口 LD_{50}>2250mg/kg，山齿鹑和野鸭饲喂 LC_{50}>5620mg/kg。LC_{50}（96h）：蓝鳃翻车鱼>295mg/L，虹鳟>86mg/L，鲤鱼 0.43mg/L，鲶鱼 0.46mg/L。水蚤 LC_{50}（48h）>163mg/L；羊角月牙藻 EC_{50} 0.00346mg/L。草虾 LC_{50}（96h）>121mg/L。东方生蚝 LC_{50}（48h）>111mg/L。蚯蚓 NOEL（14d）859mg/kg（土）。蜜蜂接触 LD_{50}（48h）>25μg/只。

【作用机理】乙酰乳酸合成酶（ALS）抑制剂。主要作用于植物分生组织。大豆可以迅速代谢氯酯磺草胺，转化成无活性成分；DT_{50}<5h。

【分析方法】高效液相色谱-紫外（HPLC-UV）检测

【制剂】水分散剂（WG）

【应用】用途：土壤表面处理，苗前混合或大豆萌芽后使用，防治阔叶杂草，只能用于土壤处理，使用剂量 35～44g/hm^2。

【代谢】动物：雌大鼠经口摄入氯酯磺草胺后主要通过尿液排出；在雄大鼠体内主要通过尿液和粪便排出。72h 后，在组织中的残留量<0.1%。土壤/环境：水中迅速光解，DT_{50} 22min（pH7）。土壤表面发生光解，DT_{50} 30～70d（校正代谢）。有氧土壤中 DT_{50} 明显变化，9～13d。在厌氧水环境中，氯酯磺草胺残留 DT_{50} 约 16d。氯酯磺草胺及其产品在表面保留时间短，在土壤中可迁移或渗滤到地下水中，残留存在于土壤 0～45cm 处。

【参考文献】

[1] Ringer J W，Pearson D L，Scott C A．Preparation of *N*-arylsulfilimines as amidation catalysts：WO9821178．

[2] 赖玉龙，胡俊铎，高峰，等．一种卤代硫化合物及其制备方法和应用．CN103880727．

[3] Orvik J A，Shiang D L．Preparation of 2-alkoxy-4-hydrazinopyrimidines as intermediates for 5-alkoxy-1,2-4-triazolo[4,3-*c*] pyrimidine-3(2*H*)-thiones．WO9512597．

[4] Orvik J A，Shiang D L．Preparation of 5-alkoxy-1,2,4-triazolo[4,3-*c*]pyrimidine-3(2*H*)-thione compounds as intermediates for 5-alkoxy-1,2,4-triazolo[1,5-*c*]pyrimidine-2(3*H*)-thiones and 3-hydrocarbylthio-5-alkoxy-1,2,4-triazolo[4,3-*c* pyrimidines．WO9512595．

[5] 戴晓楠，朱敏亮，张利娜，等．一种双氯磺草胺的制备方法．CN106699764．

[6] 刘洪鑫，刘鹏，李娟，等．2-乙氧基-4,6-二氟嘧啶的生产工艺．CN111303045．

2.2.2.3 双氟磺草胺 florasulam

【商品名称】Boxer，Nikos，Primus，Frontline（混剂，与 2-甲-4-氯-2-乙基己基酯混合），Prepass（混剂，与草甘膦异丙胺盐混合），Spectrum（混剂，与二氯吡啶酸、2-甲基-4-氯-2-乙基己基酯混合），Axial TBC（混剂，与唑啉草酯混合），Spitfre（混剂，与氯氟吡氧乙酸混合）

【化学名称】2′,6′,8′-三氟-5-甲氧基[1,2,4]三唑并[1,5-*c*]嘧啶-2-磺酰苯胺

IUPAC 名：2′,6′,8′-trifluoro-5-ethoxy[1,2,4]triazolo[1,5-*c*]pyrimidine-2-sulfonanilide

CAS 名：*N*-(2,6-difluorophenyl)-8-fluoro-5-methoxy-[1,2,4]triazolo[1,5-*c*]pyrimidine-2-sulfonamide

【化学结构式】

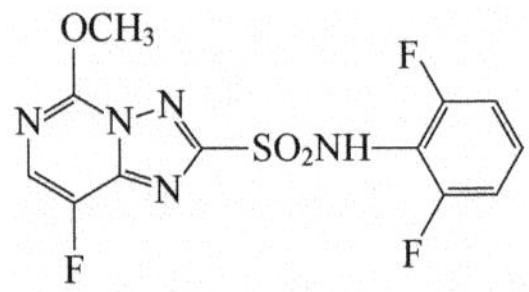

【分子式】$C_{12}H_8F_3N_5O_3S$

【分子量】359.28

【CAS 登录号】145701-23-1

【理化性质】熔点 193.5～230.5℃；密度（20℃）1.53g/cm^3；蒸气压（25℃）1.0×10^{-2}mPa；分配系数 K_{ow}lg$P$ −1.22（pH7）。水中溶解度（25℃）：0.121g/L（纯水，pH5.6～5.8），0.084g/L（pH5），6.36g/L（pH7），94.2g/L（pH9），有机溶剂中溶解度（25℃）：正庚烷 0.019×10^{-3}g/L，二甲苯 0.227g/L，正辛醇 0.184g/L，丙酮 123g/L，甲醇 9.81g/L，乙腈 72.1g/L，二氯乙烷 3.75g/L，乙酸乙酯 15.9g/L。热和光稳定；pK_a 11.6（20℃）。

【研制和开发公司】美国 Dow AgroSciences（美国陶氏益农公司）

【上市国家和年份】比利时，1999 年

【合成路线】[1-4]

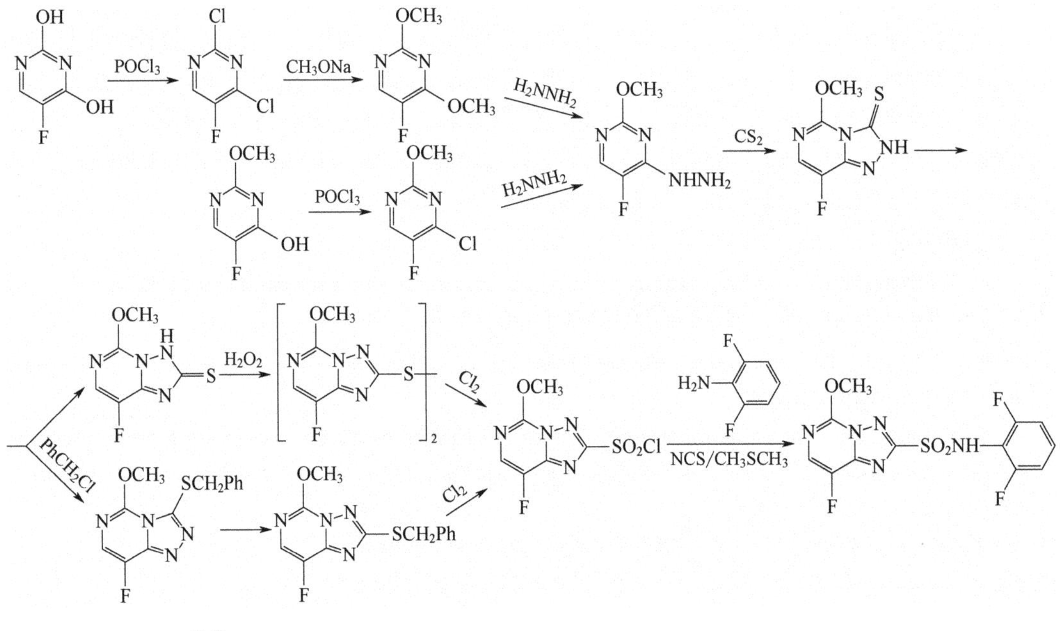

中间体合成[5-7]：

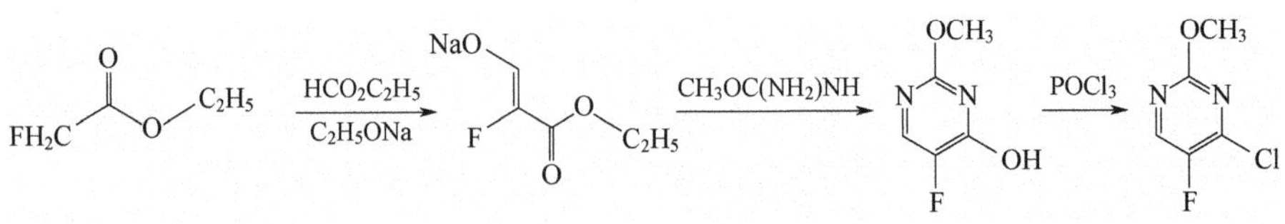

【哺乳动物毒性】大鼠急性毒性经口 LD_{50}＞6000mg/kg，兔急性经皮 LD_{50}＞2000mg/kg；对兔皮肤无刺激性，对豚鼠皮肤无致敏；大鼠空气吸入 LC_{50}（4h）＞5mg/L。NOEL：大鼠（90d）

100mg/(kg·d)，狗（1年）5mg/(kg·d)，大鼠（2年）10mg/(kg·d)，小鼠（2年）50mg/(kg·d)。遗传和Ames试验为阴性；ADI/RfD（FSC）0.073mg/kg[2006]；毒性等级：U。

【生态毒性】鹌鹑急性经口 LD_{50} 1046mg/kg，鹌鹑和野鸭饲喂 LC_{50}＞5000mg/kg。LC_{50}（96h）：蓝鳃翻车鱼98mg/L，虹鳟＞96mg/L；水蚤 LC_{50}（48h）＞292mg/L；藻类 E_rC_{50}（72h）8.94μg/L，浮萍 EC_{50}（14d）1.18μg/L；蚯蚓 LC_{50}（14d）＞1320mg/kg（土）。对蜜蜂接触和经口 LD_{50}（48h）＞100μg/只。

【作用机理】侧链氨基酸（亮氨酸、异亮氨酸和缬氨酸）合成（ALS或AHAS）抑制剂。因具有不同的代谢，而在小麦上具有选择性。

【分析方法】[8] 高效液相色谱-紫外（HPLC-UV）

【制剂】悬浮剂（SC）

【应用】作用方式：双氟磺草胺是内吸传导型除草剂，由根和芽吸收，通过木质部和韧皮部传导，可以传导至杂草全株，因而杀草彻底，不会复发，在低温下药效稳定，即使是在2℃时仍能保证稳定药效。用途：阔叶杂草的苗后除草剂，尤其适用于谷物田和玉米田，防除阔叶杂草，特别是猪殃殃、繁缕、母菊属杂草和各种十字花科杂草，对麦田中最难防除的泽漆（大戟科）有非常好的抑制作用。使用剂量7.5g/hm^2。

【代谢】动物：经口给药后快速吸收，24h内主要通过尿液排出（91%），排泄物主要是未变化的双氟磺草胺。土壤/环境：实验室土壤研究表明，好氧微生物降解迅速，开始去甲基化转化为5-羟基物质，DT_{50}＜5d，DT_{90}＜16d；然后通过打开嘧啶环降解，DT_{50} 7～3ld，DT_{90} 33～102d；再转化为三唑-3-磺酰胺，最终形成 CO_2 和与土壤结合的残留物，大田试验 DT_{50} 2～18d，降解产物对ALS或指示性物种均无活性。厌氧水生环境 DT_{50} 13d；有氧水生环境 DT_{50} 3d。K_d 0.13mL/g（英国砂质黏土），0.33mL/g（美国砂土）。K_{oc} 2～69mL/g（平均2mL/g）。利用渗滤计进行渗入性研究，结果表明，双氟磺草胺及其降解物渗入地下水中的水平均不会超过欧盟临界值。

【参考文献】

[1] Van H J C，Gerwick Ⅲ B C，Kleschick W A．et al．Herbicidal alkoxy-1,2,4-triazolo[1,5-c] pyri midine-2-sulfonamides．US5163995．

[2] Orvik J A，Shiang D.2-Alkoxy-4-hydrazinopyrimidine compounds．US5461153．

[3] Van H J C，Gerwick Ⅲ B C，Kleschick W A．Alkoxy-1,2,4-triazolo[1,5-*c*] pyrimidine-2-sulfo namides，process for their preparation and intermediates．EP0343752．

[4] Orvik J A，Shiang D L．5-Alkoxy-1,2,4-triazolo[4,3-*c*]pyrimidine-3(2*H*)-thione compounds and their use in the preparation of 5-alkoxy[1,2,4]triazolo[1,5-*c*]pyrimidine-2(3*H*)-thione and 3-hydrocarbylthio-5-alkoxy-1,2,4-triazolo[4,3-*c*] pyrimidine compounds．WO9512595．

[5] Hayashi T，Kawakami T．Process for preparing 2,4-dichloro-5-fluoropyrimidine．JP2005126389．

[6] Chen X L，Gao P F，Yang Y，et al．Preparation and purification of 5-fluorouracil．WO2021022788．

[7] 李金亮，赵楠，华嗣恺．一种制备5-氟胞嘧啶的方法．CN105272922．

[8] QiaoY X，Chen G F，Ma C G. Identification of photoproducts of florasulam in water using UPLC-QTOF-MS. Environ Sci Pollut Res，2019，26（7）：7132-7142．

2.2.2.4 双氯磺草胺 diclosulam

【商品名称】Snake，Spider，Strongarm

【化学名称】2′,6′-二氯-5-乙氧基-7-氟[1,2,4]三唑并[1,5-*c*]嘧啶-2-磺酰苯胺

IUPAC 名：2′,6′-dichloro-5-ethoxy-7-fluoro[1,2,4]triazolo[1,5-*c*]pyrimidine-2-sulfonanilide

CAS 名：*N*-(2,6-dichlorophenyl)-5-ethoxy-7-fluoro-(1,2,4)triazolo(1,5-*c*)pyrimidine-2-sulfonamide

【化学结构式】

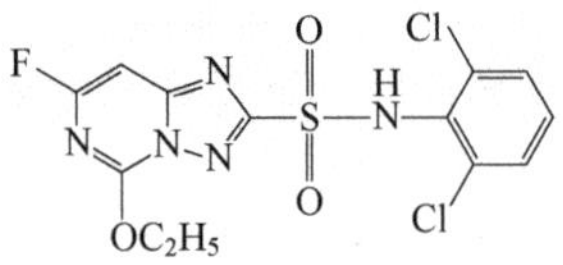

【分子式】$C_{13}H_{10}Cl_2FN_5O_3S$

【分子量】406.21

【CAS 登录号】145701-21-9

【理化性质】纯品灰白色固体，熔点 218～221℃；密度（20℃）1.602g/cm^3；蒸气压（25℃）6.67×10^{-10}mPa。K_{ow}lg$P$：0.8（pH7），5（25℃）。水中溶解度 6.32μg/L（20℃）。有机溶剂中溶解度（20℃）：甲苯 0.00588g/100g，丙酮 0.797g/100g，甲醇 0.0813g/100g，乙腈 0.459g/100g，二氯甲烷 0.217g/100g，乙酸乙酯 0.145g/100g，辛醇 0.00442g/100g。50℃可以稳定储存 28d；pK_a 4.0（20℃）。

【研制和开发公司】美国 Dow AgroSciences（美国陶氏益农公司）

【上市国家和年份】美国，2000 年

【合成路线】[1-6]

路线 1：

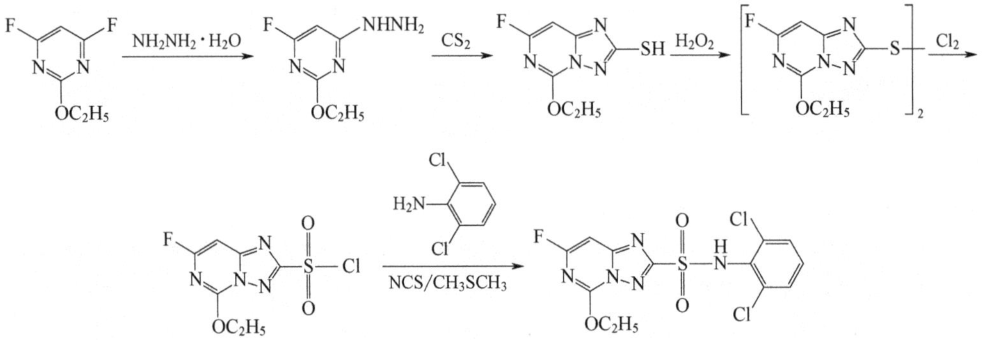

路线 2：

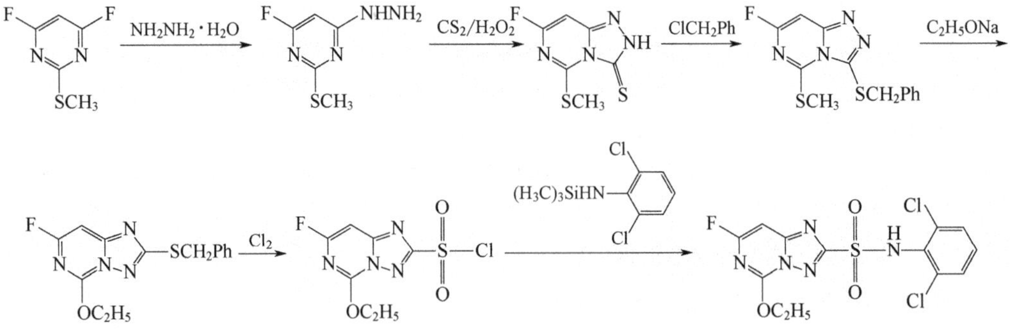

中间体合成[7-9]：

中间体1：

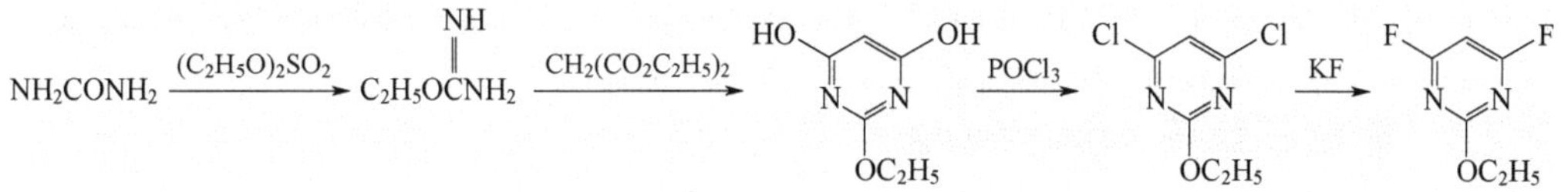

中间体2：

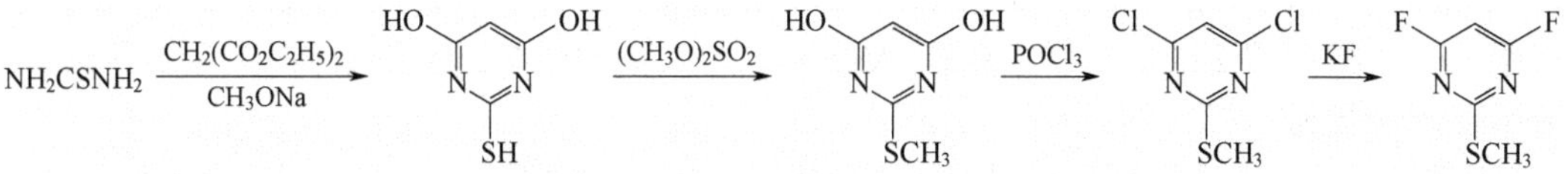

【哺乳动物毒性】大鼠急性毒性经口 LD_{50}＞5000mg/kg，大鼠急性经皮 LD_{50}＞2000mg/kg；对大鼠皮肤无致敏；大鼠空气吸入 LC_{50}（4h）＞5.04mg/L；大鼠 NOEL（2年）5mg/(kg·d)；毒性等级：U。

【生态毒性】山齿鹑急性经口 LD_{50}＞2250mg/kg，山齿鹑和野鸭饲喂 LC_{50}＞5620mg/kg。LC_{50}（96h）：蓝鳃翻车鱼＞137mg/L，虹鳟＞110mg/L，羊头鲷＞120mg/L。水蚤 LC_{50}（48h）72mg/L。羊角月牙藻 EC_{50}（14d）1.6mg/L；蓝绿 EC_{50} 83μg/L。草虾 LC_{50}（96h）＞120mg/L，东方生蚝 LC_{50}（48h）＞120mg/L；浮萍 EC_{50} 1.16μg/L。对蚯蚓 LC_{50}（14d）991mg/kg（土）。蜜蜂接触 LD_{50}（48h）＞25mg/只。

【作用机理】乙酰乳酸合成酶（ALS）抑制剂，主要活性部位是在植物分生组织的叶绿体内。选择性因素由于大豆和花生内的有限输导及迅速代谢成无活性物质；大豆 DT_{50} 3h。

【分析方法】高效液相色谱-紫外（HPLC-UV）检测

【制剂】水分散剂（WG）

【应用】[10] 作用方式：通过根和叶吸收，并转移到新生长点。致命量的双氯磺草胺在分生组织内积累，阻止细胞分裂，导致植株死亡。很少量的双氯磺草胺积累在植物根部。用途：土壤中施用（包括苗前、种植前，以及种植前混土）防除花生、大豆田的阔叶杂草。施用量：花生 17.5～26g/hm^2；大豆 26～35g/hm^2。

【代谢】动物：代谢主要通过乙氧基脱烷基化和磺酰胺键的水解作用。土壤双氯磺草胺发生的损耗主要通过微生物降解，并不受土壤 pH 值的影响。土壤 DT_{50}（在各类土壤中）33～65d。K_{oc} 90mL/g。低使用量及半衰期意味着双氯磺草胺污染地下水可能性较低。

【参考文献】

[1] Ringer J W，Pearson D L，Scott C A．Preparation of *N*-arylsulfilimines as amidation catalysts．WO9821178．

[2] OrvikR J A，Shiang D．2-Alkoxy-4-hydroazinopyrimidine compounds and their use in the preparation of 5-alkoxy1,2,4-triazolo[4,3-*c*]pyrimidine-3(2*H*)-thione compounds．US5480991．

[3] 戴晓楠，朱敏亮，张利娜，等．一种双氯磺草胺的制备方法 CN106699764．

[4] 赖玉龙，胡俊铎，高峰．等．一种卤代硫化合物及其制备方法和应用．CN103880727．

[5] Orvik J A，Shiang D L．Preparation of 2-alkoxy-4-hydrazinopyrimidines as intermediates for 5-alkoxy-1,2-4-triazolo[4,3-*c*] pyrimidine-3(2*H*)-thiones．WO9512597．

[6] Orvik J A，Shiang D L．Preparation of 5-alkoxy-1,2,4-triazolo[4,3-*c*]pyrimidine-3(2*H*)-thione compounds as intermediates for 5-alkoxy-1,2,4-triazolo[1,5-*c*]pyrimidine-2(3*H*)-thiones and 3-hydrocarbylthio-5-alkoxy-1,2,4-triazolo[4,3-*c*] pyrimidines．WO9512595．

[7] Dai X N，Zhu M L，Zhang L N，et al．Preparation method of diclosulam．CN106699764．

[8] 刘洪鑫，刘鹏，李娟，等．2-乙氧基-4,6-二氟嘧啶的生产工艺．CN111303045．

[9] 胡智红，陶贤鉴，熊莉莉．2-甲硫基-4,6-二氟嘧啶的合成研究．精细化工中间体，2007，37（2）：34-36．

[10] de Sousa da Silva M，da Costa T V，Furtado J A L，et al．Performance of pre-emergence herbicides in weed competition and soybean agronomic components．Aust J Crop Sci，2021，15（4）：610-617．

2.2.2.5 五氟磺草胺 penoxsulam

【商品名称】Granite，Viper，Topshot（混剂，氰氟草酯）

【化学名称】3-(2,2-二氟乙氧基)-*N*-(5,8-二甲氧基-[1,2,4]三唑并[1,5-*c*]嘧啶-2-基)-*α,α,α*-三氟甲苯基-2-磺酰胺;2-(2,2-二氟乙氧基)-*N*-(5,8-二甲氧基-[1,2,4]三唑并[1,5-*c*]嘧啶-2-基)-6-(三氟甲基)苯磺酰胺

IUPAC 名：3-(2,2-difluoroethoxy)-*N*-(5,8-dimethoxy[1,2,4]triazolo[1,5-*c*]pyrimidin-2-yl)-*α*,*α*,*α*-trifluorotoluene-2-sulfonamide;2-(2,2-difluoroethoxy)-*N*-(5,8-dimethoxy[1,2,4]triazolo[1,5-*c*]pyriMidin-2-yl)-6-(trifluoromethyl)benzenesulfonamide

CAS 名：2-(2,2-difluoroethoxy)-*N*-(5,8-dimethoxy[1,2,4]triazolo[1,5-*c*]pyrimidin-2-yl)-6-(trifluoromethyl) benzenesulfonaMide

【化学结构式】

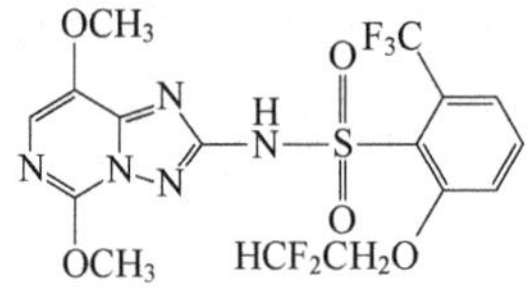

【分子式】$C_{16}H_{14}F_5N_5O_5S$

【分子量】483.37

【CAS 登录号】219714-96-2

【理化性质】纯品含量≥98%。外观：灰白色固体，带有霉味。熔点 212℃；蒸气压（25℃）9.55×10^{-11}mPa。分配系数 $K_{ow}\lg P$ −0.354（非缓冲溶液，19℃）。相对密度（20℃）1.61。水中溶解度（19℃）分别为 0.005g/L（蒸馏水）、0.006g/L（pH5）、0.408g/L（pH7）、1.460g/L（pH9）。有机溶剂（19℃）中的溶解度分别为：丙酮 20.30g/L、甲醇 1.480g/L、辛醇 0.035g/L、二甲亚砜 78.40g/L、*N*-甲基吡咯烷酮 40.30g/L、二氯乙烷 1.99g/L 和乙腈 15.30g/L。五氟磺草胺贮存稳定性大于 2 年，不易燃、不易爆。

【研制和开发公司】美国 Dow AgroSciences（美国陶氏益农公司）

【上市国家和年份】土耳其，2004 年

【合成路线】[1,2]

路线 1：

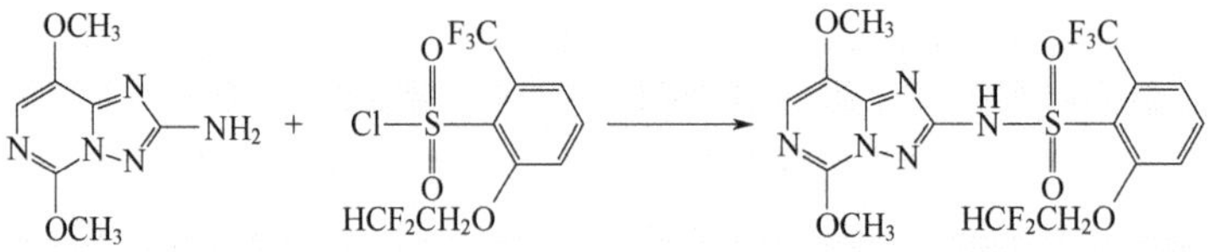

路线 2：

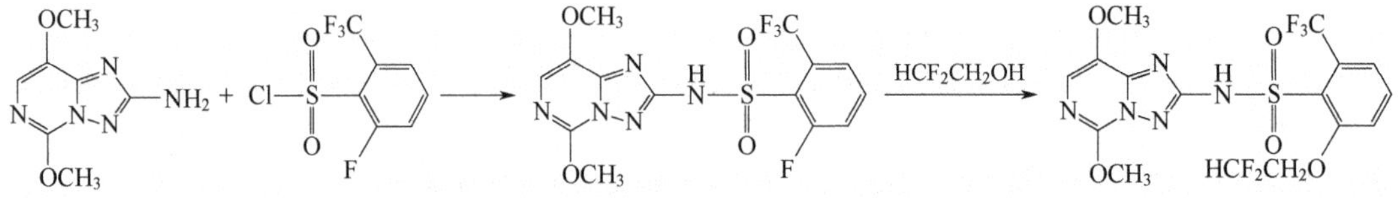

中间体合成[3-9]：

中间体 1：

方法 1：

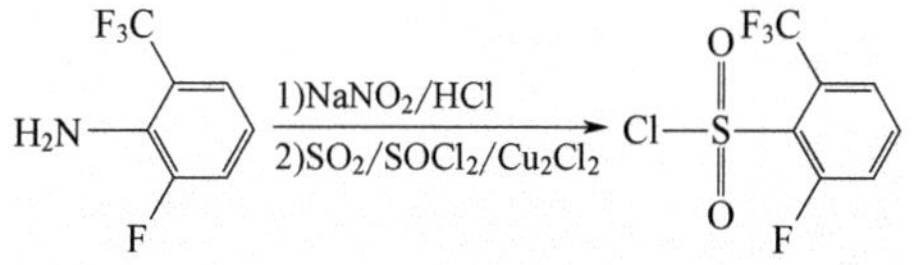

方法 2：

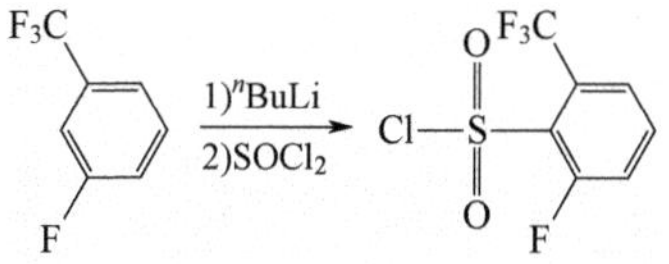

方法 3：

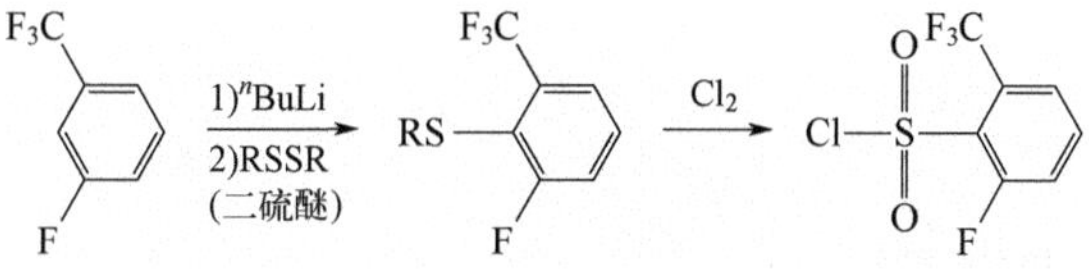

中间体 2：

方法 1：

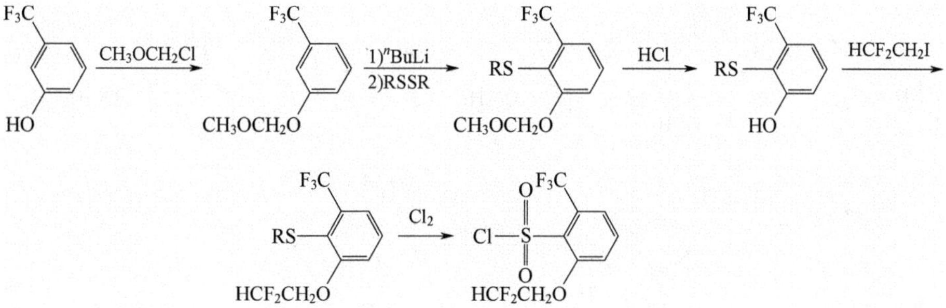

方法 2：

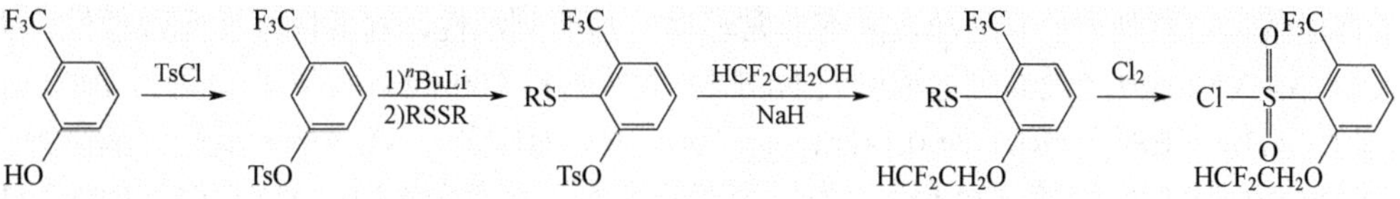

中间体 3：

方法 1：

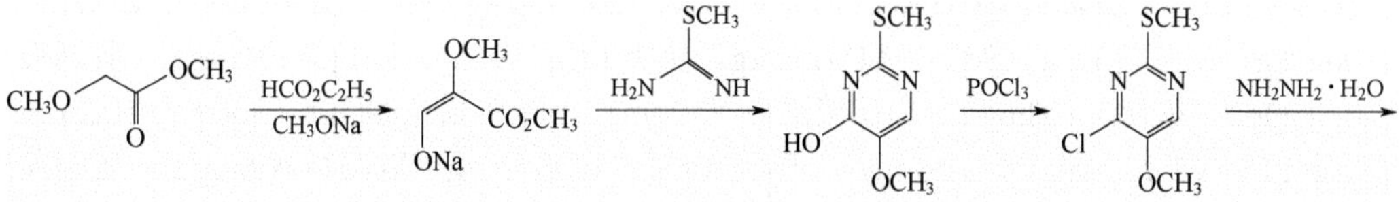

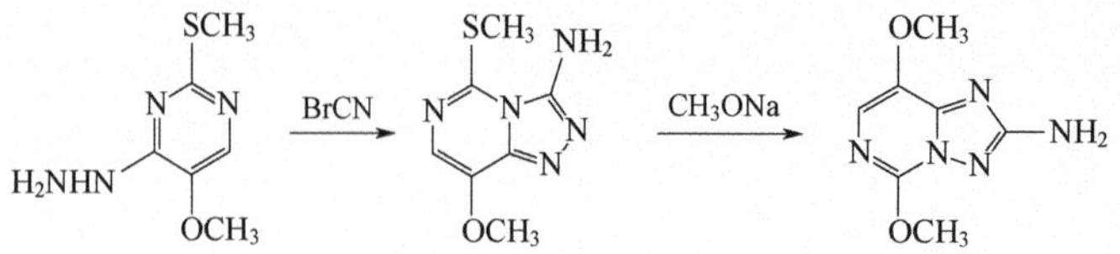

方法 2：

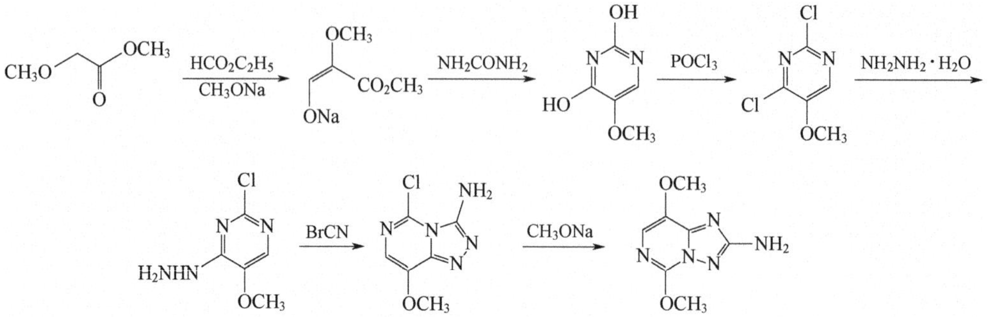

方法 3：

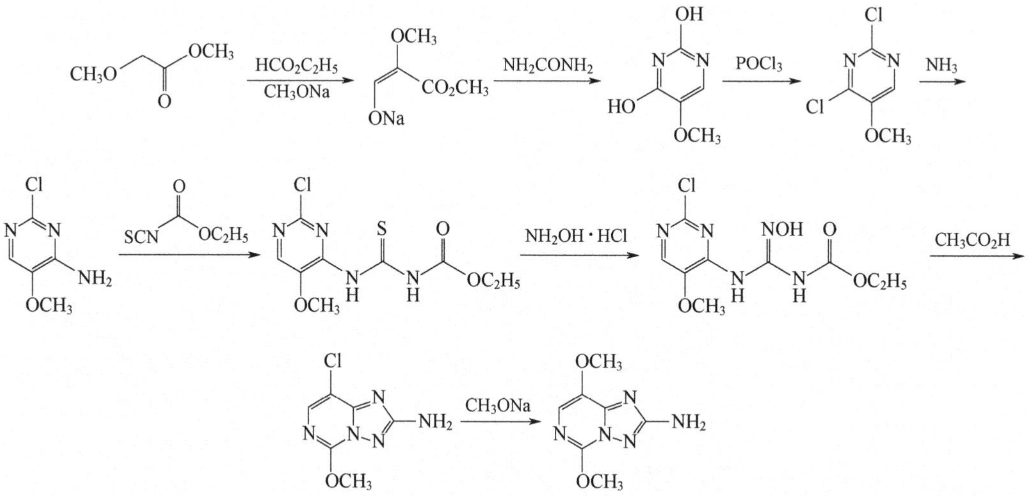

【哺乳动物毒性】大鼠急性经口 LD_{50}＞5000mg/kg，兔急性经皮 LD_{50}＞5000mg/kg；对兔眼睛有轻微、短暂刺激性，对兔皮肤有非常轻微、短暂刺激性，对豚鼠皮肤无致敏性。大鼠吸入 LC_{50}＞3.50mg/L（最高可达浓度）。NOEL：大鼠每日 500mg/kg（孕鼠）、每日 1000mg/kg（胎鼠）。ADI：（EPA）cRfD 为 0.147mg/kg（bw，bw 为体重）。在 Ames 试验、基因突变试验（CHO-HGPRT）、微核试验及小鼠淋巴瘤试验中均无致突变作用；ADI/RfD（EPA）cRfD 0.147mg/kg[2004]；毒性等级：U。

【生态毒性】对鱼类、鸟类、陆生和水生无脊椎动物低毒，对水生植物低毒至中等毒性。鸟类：野鸭 LD_{50}＞2000mg/kg（bw），山齿鹑 LD_{50}＞2025mg/kg（bw）；野鸭饲喂 LC_{50}（8d）＞4310mg/kg，山齿鹑 LC_{50}（8d）＞4411mg/kg。鱼类 LC_{50}（96h）：鲤鱼＞101mg/L，蓝鳃翻车鱼＞103mg/L，虹鳟＞102mg/L，白氏银汉鱼＞129mg/L。黑头呆鱼 NOEC（36d）为 10.2mg/L；大型蚤 EC_{50}（24h，48h）＞98.3mg/L。藻类 EC_{50}（120h）：淡水硅藻＞49.6mg/L，蓝绿藻为

0.49mg/L；淡水绿藻 EC_{50}（96h）为 0.086mg/L；浮萍 EC_{50}（14d）为 0.003mg/L。蜜蜂：LD_{50}（48h，经口）＞110μg/只，（接触）＞100μg/只；蚯蚓 LC_{50}（7h，14d）＞1000mg/kg。捕食螨 LR_{50}（玻片法）为 7.46g/hm²；寄生蜂和草蛉＞40g/hm²。实验室扩展试验结果显示：在五氟磺草胺有效成分用量为 40g/hm² 时，捕食螨死亡率为 0，繁殖影响率为 8.2%，寄生蜂死亡率为 0，繁殖影响率为 26%。土壤微生物 NOEC＞500g/hm²。

【作用机理】支链氨基酸（亮氨酸、异亮氨酸和缬氨酸）合成（ALS 或 AHAS）抑制剂。

【分析方法】高效液相色谱-紫外（HPLC-UV），液相色谱-质谱（LC-MS）

【制剂】可分散油悬浮剂（OD），悬浮剂（SC），颗粒剂（GR）

【应用】作用方式：主要通过叶片吸收，其次通过根吸收，并在韧皮部和木质部传导。抑制植株生长，使生长点失绿，处理后 7～14d 顶芽变红，坏死 2～4 周植株死亡。芽前、芽后和水期使用。用途：用于稻田防除稗属和许多阔叶莎草科的水生杂草（如泽泻类、水苋菜属、异型莎草和北水毛花）。五氟磺草胺可根据土壤类型和使用剂量提供杂草防除，使用后 1h 内耐雨淋。热带水稻使用量为 10～15g/hm²；温带水稻使用量为 20～50g/hm²。主要用途是旱播、水播和移栽稻田芽后除草。

【代谢】动物：迅速排出，不积聚。植物：叶面喷施温室植物，籼稻 DT_{50}0.6d，粳稻 1.4d，稗属 4.4d。五氟磺草胺首先代谢为 5-羟基衍生物。收获的稻谷中没有发现五氟磺草胺残留（测定下限 0.002mg/kg）。土壤环境：在水中，主要是通过光解和生物途径降解，水光解 DT_{50}2d；土壤光解 DT_{50}19d。水播稻条件下，DT_{50}（平均）6.5d（4～10d）；旱播稻条件下，DT_{50}（平均）14.6d（13～16d）。欧盟，水播稻条件下 DT_{50}（平均）5.9d（5.6～6.1d）。土壤中，主要被微生物降解；实验室 DT_{50}（好氧，20℃）32d（22～58d），（厌氧，20℃）6.6d。在水或陆地环境中，产生 11 种主要降解产物。

【参考文献】

[1] Timothy C J，Robert J E，Richard D J，et al. *N*-([1,2,4]triazoloazinyl)benzenesulfonamide and pyridinesulfonamide compounds and Their use as herbicides．US5858924．

[2] Michael A G，Eric W O．Process for the preparation of 1-alkoxy-6-trifluoromethyl-*N*-([1,2,4]triazolo [1,5-*c*])pyrimidin2-yl) benzenesulfonamides．US20020037811．

[3] 于龙，姚刚，常金磊，等．一种 2-氟-6-三氟甲基苯磺酰氯的制备方法．CN106478464．

[4] 赵永平，王运红，时建刚，等．一种 2-氟-6-三氟甲基苯磺酰氯的制备方法．CN107935891．

[5] 熊莉莉，杜升华，黄超群，等．2-氟-6-三氟甲基苯磺酰氯的制备方法 CN104961662．

[6] 姜友法，黄成美，王宝林，等．一种 2-(2,2-二氟乙氧基)-6-三氟甲基苯磺酰氯的合成方法．CN112939818．

[7] Edmonds M V A．Process for the Preparation of 1-amino-5,8-dimethoxy[1,2,4]triazolo[1,5-*c*]pyrimidine．WO0198305．

[8] Guethner T，Neuhauser K H．2-Alkoxy-5-methoxypyrimidines or their tautomeric forms and methods for producing the same．DE10019291．

[9] Bott C，Hamilton C，Roth G. Process for the preparation of 5-substituted-8-alkoxy[1,2,4]triazolo [1,5-*c*]pyrimidin-2-amines. WO 2011149861．

2.2.2.6 唑嘧磺草胺 flumetsulam

【商品名称】Broadstrike，Hornet（混剂，与二氯吡啶酸钾混合），Python（混剂，与氯酯磺草胺混合）

【化学名称】2′,6′-二氟-5-甲基[1,2,4]-三唑并[1,5-*a*]嘧啶-2-磺酰苯胺

IUPAC 名：2′,6′-difluoro-5-methyl[1,2,4]-triazolo[1,5-*a*]pyrimidine-2-sulfonanilide

CAS 名：*N*-(2,6-difluorophenyl)-7-methyl[1,2,4]triazolo[1,5-*a*]pyrimidine-2-sulphonamide

【化学结构式】

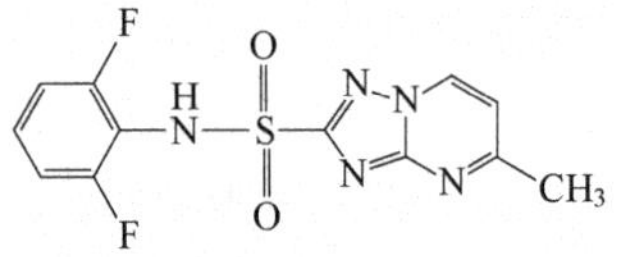

【分子式】$C_{12}H_9F_2N_5O_2S$

【分子量】325.29

【CAS 登录号】98967-40-9

【理化性质】纯品灰白色无味固体，熔点 251～253℃；密度（20℃）1.77g/cm^3；蒸气压（25℃）3.7×10^{-7}mPa。分配系数：K_{ow}lg$P$（25℃）−0.68。水中溶解度（25℃）：49mg/L（pH2.5），溶解度随 pH 值上升而上升。微溶于丙酮和甲醇，不溶于己烷和二甲苯。稳定性：水中光解 DT_{50} 6～12 个月，土壤 DT_{50} 3 个月；pK_a 4.6。

【研制和开发公司】由美国 Dow AgroSciences（美国陶氏益农公司）开发

【上市国家和年份】美国，1994 年

【合成路线】[1-4]

路线 1：

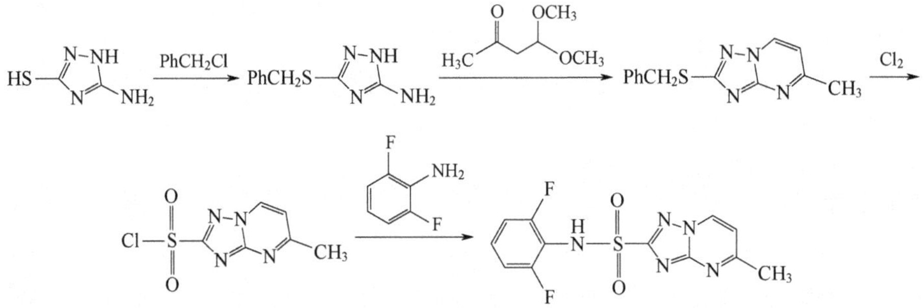

路线 2：

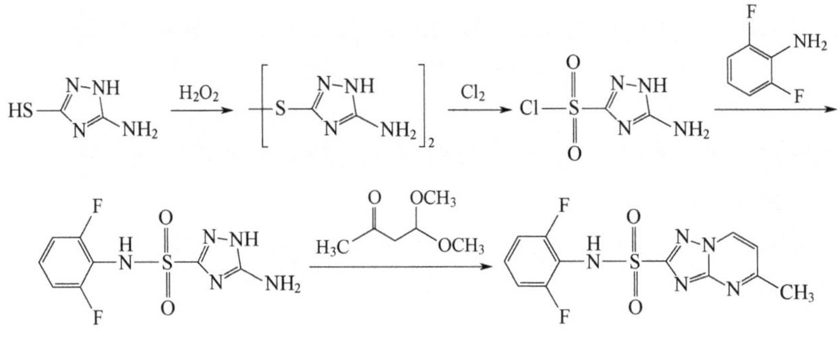

中间体合成[5]：

中间体 1：

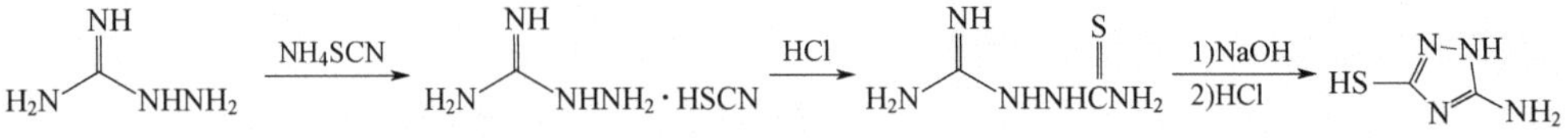

中间体 2：

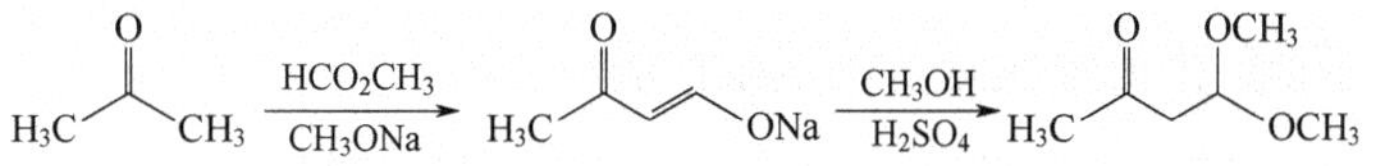

中间体 3：

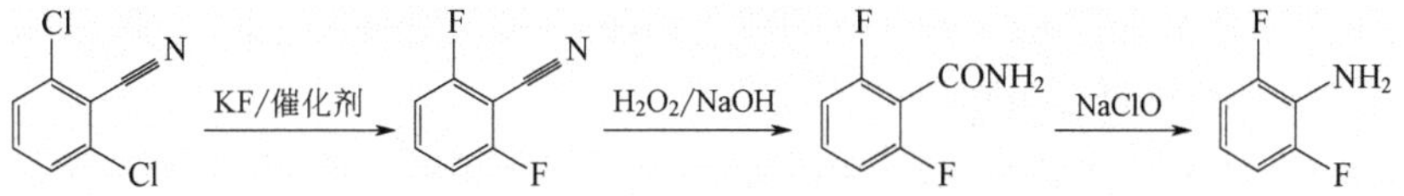

【哺乳动物毒性】大鼠急性毒性经口 LD_{50}＞5000mg/kg，兔急性经皮 LD_{50}＞2000mg/kg；对兔眼睛有轻微刺激性，对豚鼠皮肤无致敏。大鼠空气吸入 LC_{50}（4h）1.2mg/L。NOEL：雌大鼠＞500mg/kg；狗 1000mg/kg，雄大鼠 1000mg/kg，小鼠＞1000mg/kg。大鼠饲喂无致畸作用，Ames 试验无致突变作用，无繁殖毒性；ADI/RfD（EPA）1mg/kg[1993]；毒性等级：U。

【生态毒性】山齿鹑急性经口 LD_{50}＞2250mg/kg，山齿鹑和野鸭饲喂 LC_{50}（8d）＞5620mg/kg；银汉鱼 LC_{50}（96h）＞379mg/L，对蓝鳃翻车鱼和黑头呆鱼无毒；对水蚤无毒；羊角月牙藻 EC_{50}（5d）4.9mg/L；水华鱼腥藻 EC_{50}（5d）167μg/L；虾 LC_{50}＞349mg/L；蚯蚓 NOEL（14d）＞950mg/kg（土）；蜜蜂 LD_{50}＞100μg/只，NOEL 36μg/只。

【作用机理】支链氨基酸（亮氨酸、异亮氨酸和缬氨酸）合成（ALS 或 AHAS）抑制剂。在大豆田安全使用，主要由于大豆对唑嘧磺草胺快速代谢而使其失活。

【分析方法】高效液相色谱-紫外（HPLC-UV），气相色谱-质谱联用（GC-MS）

【制剂】悬浮剂（SC），水分散剂（WG），油悬剂（OF）

【应用】作用方式：内吸性除草剂，通过根和叶吸收，在整株植物中传导至生长点。用途：单独使用剂量 25～78g/hm^2，与氟乐灵或异丙甲草胺混用，防除大豆、豌豆、玉米田阔叶杂草和禾本科杂草。药害：土壤处理时对甜菜、棉花、油菜、高粱、番茄和向日葵等可能造成药害。

【代谢】动物：在大多数哺乳动物中药剂吸收后通过尿液和粪便迅速排出体外。在母鸡的肾组织中发现了 5-羟基代谢物。植物：玉米 DT_{50} 2h，大豆 18h，藜属 131h。代谢随品种不同而异，常见代谢物有 5-羟基衍生物或 5-甲氧基衍生物。土壤/环境：土壤中唑嘧磺草胺的行为主要取决于土壤的 pH 值和有机物质。随 pH 值增加，有机质减少，除草活性增加。土壤 DT_{50}[25℃，pH≥7，有机物质（o.m.）＜4%或 pH 6～7，o.m.约 1%]≤1 个月。DT_{50}（pH 6～7，o.m. 2%～4%）1～2 个月。K_{oc} 5～182mL/g；K_d 0.05～2.4mL/g。

【参考文献】

[1] Van H J C, Gerwick B C, Kleschick W A, et al. Herbicidal alkoxy-1,2,4-triazolo(1,5-c)pyrimidine-2-sulfonamides. US5163995.

[2] Little J C，Thibos P A，Kidisti M G，et al. Preparation of 5-amino-1,2,4-triazole-3-sulfonamides and intermediates，useful for preparing herbicides. EP375061.

[3] Okrauss Richard C. Preparation of 5-amino-3-chlorosulfonyl-1,2,4-triazole. US5008396.

[4] Nishihira K，Tanaka S，Kondo M. Method of preparing sodium formyl acetone and 4,4-dimethoxy-2-butanone. US5276200.

[5] 张同斌，姜殿平. 一种高质量 2,6-二氟苯胺的安全绿色生产方法. CN111777515.

2.2.3 磺酰胺甲酰三唑啉酮类

2.2.3.1 氟酮磺隆 flucarbazone-sodium

【商品名称】Everest，Everest GBX（混剂，氯氟吡氧乙酸）

【化学名称】4,5-二氢-3-甲氧基-4-甲基-5-氧代-*N*-[2-(三氟甲氧基)苯基]磺酰-1*H*-1,2,4-三唑-1-甲酰胺钠盐

IUPAC 名：4,5-dihydro-3-methoxy-4-methyl-5-oxo-*N*-(2-trifluoromethoxyphenylsulfonyl)-1*H*-1,2,4-triazole-1-carboxamide sodium salt

CAS 名：4,5-dihydro-3-methoxy-4-methyl-5-oxo-*N*-[[2-(trifluoromethoxy)phenyl]sulfonyl]-1*H*-1,2,4-triazole-1-carboxamide sodium salt

【化学结构式】

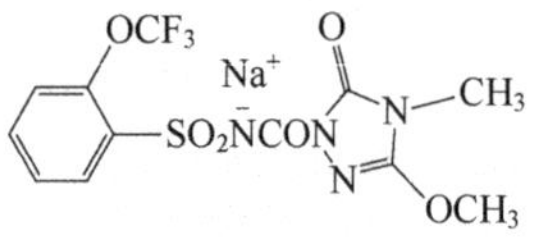

【分子式】$C_{12}H_{10}F_3N_4NaO_6S$

【分子量】418.28

【CAS 登录号】181274-17-9

【理化性质】无色无味结晶粉末；熔点 200℃（分解）；密度（20℃）1.59g/cm^3；蒸气压（20℃）<1×10^{-6}mPa。分配系数：K_{ow}lg$P$（20℃）：−0.89（pH4），−1.84（pH7），−1.88（pH9），−2.85（非缓冲液）。水中溶解度：44g/L（pH4～9）。pK_a 1.9（酸）。

【研制和开发公司】2000 年由 Bayer（德国拜耳）开发，2002 年 Arsta LifeScience Corp.（爱利思达生物科学株式会社）获得产品所有权

【上市国家和年份】美国，2000 年

【合成路线】[1,2]

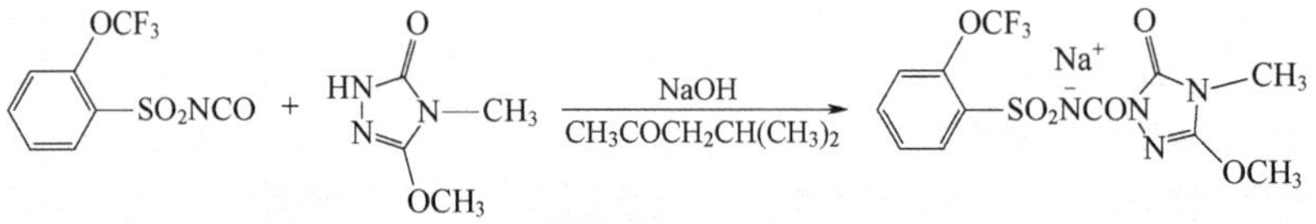

中间体合成[3-5]：

中间体 1：

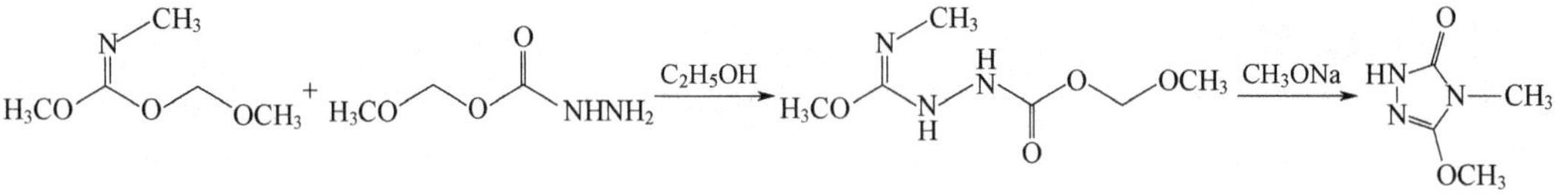

中间体 2：

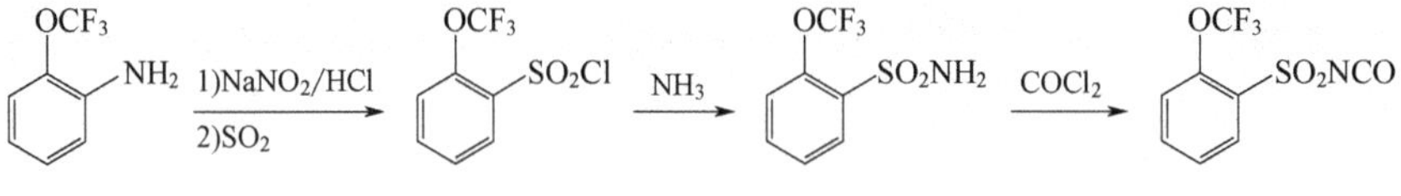

【哺乳动物毒性】大鼠急性毒性经口 LD_{50}＞5000mg/kg，大鼠急性经皮 LD_{50}＞5000mg/kg。对兔眼睛有轻微至中等刺激，对其皮肤无刺激，对豚鼠皮肤无致敏。大鼠吸入 LC_{50}＞5.13mg/L。NOEL：大鼠（2 年）125mg/kg（饲料），小鼠（2 年）1000mg/kg（饲料），雌狗（1 年）2000mg/kg（饲料），雄狗（1 年）1000mg/kg（饲料）。没有数据显示有神经毒性、遗传毒性、致畸性和致癌可能性。ADI/RfD（EPA）3.0mg/kg[2000]；毒性等级：U。

【生态毒性】山齿鹑急性经口 LD_{50}＞2000mg/kg，山齿鹑亚急性饲喂 LC_{50}＞5000mg/kg；蓝鳃翻车鱼 LC_{50}（96h）99.3mg/L，虹鳟 LC_{50}（96h）96.7mg/L；水蚤 EC_{50}（48h）109mg/L；羊角月牙藻 EC_{50} 6.4mg/L（制剂）；浮萍 EC_{50} 0.0126mg/L；蚯蚓 LC_{50}＞1000mg/kg；蜜蜂无毒 LD_{50}＞200μg/只。

【作用机理】支链氨基酸合成（ALS 或 AHAS）抑制剂，通过抑制必需氨基酸缬氨酸和异亮氨酸的生物合成，使细胞分裂停止从而使得杂草停止生长。

【分析方法】高效液相色谱-紫外（HPLC-UV）

【制剂】水分散剂（WG）

【应用】[6-8] 作用方式：通过叶和根吸收，分别向顶和基传导。用途：用于小麦苗后防除禾本科杂草，尤其是野燕麦、狗尾草和一些阔叶杂草。使用剂量 21g/hm^2。

【代谢】动物：大鼠经口摄入后 48h 内几乎完全通过粪便和尿液排出，且主要为母体化合物。植物：在小麦上充分代谢，残留物为母体化合物和 *N*-去甲基代谢物。土壤/环境：土壤中平均 DT_{50} 17d。土壤和水中光解 DT_{50}＞500d。在土壤中不迁移。消解研究表明：在 30cm 深度以下没有测到残留物。

【参考文献】

[1] Prasad V A，Jelich K．Process for the manufacture of sulfonylaminocarbonyl triazolinones and salts thereof under pH controlled conditions．US6147222．

[2] Mueller K H，Koenig K，Kluth J，et al．Substituted 5-alkoxy-1,2,4-triazol-3-(thi)ones useful as herbicides．US5541337．

[3] Bristow J T．Preparation of new crystal form of flucarbazone-sodium．WO2021134242．

[4] Diehr H J, Fest C, Kirsten R, et al．Sulfonyliso(thio) urea derivatives．EP173957．

[5] Wroblowsky H．Process for the preparation of alcoxytriazolinones．EP0703226．

[6] Kamel A H，El-Galil E A A，Abdalla N S，et al．Novel solid-state potentiometric sensors using polyaniline(PANI)as a solid-contact transducer for flucarbazone herbicide assessment．Polymers(Basel，Switz)，2019，11（11）：1796．

[7] 吴仁海，孙慧慧，苏旺苍，等．氟噻草胺与氟唑磺隆混配协同作用及在小麦田杂草防治中的应用．植物保护，2018，44（2）：209-214．

[8] McCullough P E，Sidhu S S，Singh R，et al．Flucarbazone-sodium absorption，translocation，and metabolism in bermudagrass，kentucky bluegrass，and perennial ryegrass．Weed Sci，2014，62（2）：230-236．

2.2.4 嘧啶氧（硫）苯甲酸酯类

2.2.4.1 氟嘧啶草醚 pyriflubenzoxim

【化学名称】(*E*)-2-(三氟甲基)苯甲醛 *O*-{2,6-双[(4,6-二甲氧基嘧啶-2-基)氧基]苯甲酰基}肟

IUPAC 名：(*E*)-2-(trifluoromethyl)benzaldehyde *O*-{2,6-bis[(4,6-dimethoxypyrimidin-2-yl)oxy]benzoyl}oxime

CAS 名：[*C*(*E*)]-2-(trifluoromethyl)benzaldehyde *O*-[2,6-bis[(4,6-dimethoxy-2-pyrimidinyl)

oxy] benzoyl]oxime

【化学结构式】

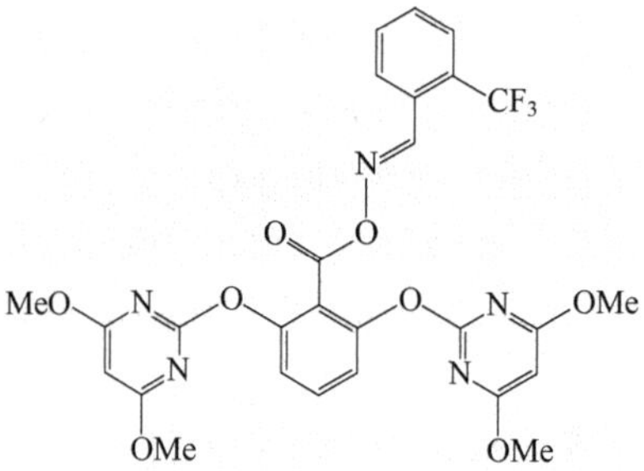

【分子式】$C_{27}H_{22}F_3N_5O_8$

【分子量】601.50

【CAS 登录号】2760545-39-7

【研制和开发公司】江苏常州市信德农业科技有限公司

【上市国家和年份】开发中

【合成路线】[1]

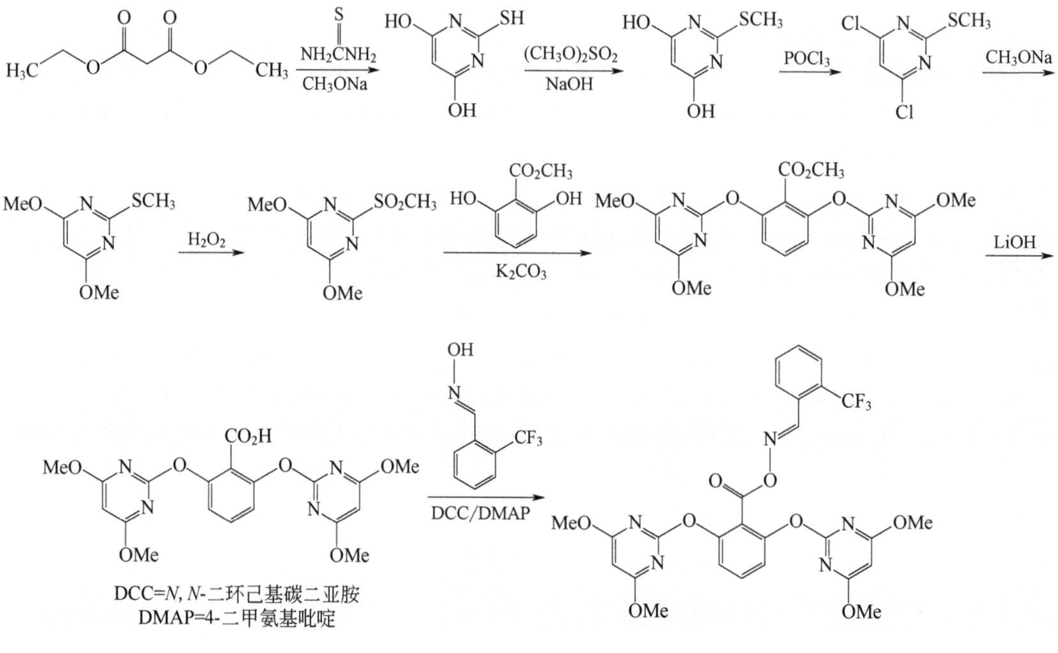

【作用机理】支链氨基酸合成（ALS）抑制剂，通过抑制缬氨酸和异亮氨酸的生物合成来阻止细胞分裂和植物生长。

【应用】氟嘧啶草醚是选择性水稻田除草剂，可防除稗草、红脚稗、双穗雀稗、稻稗等水稻田多种禾本科杂草及阔叶杂草，同时对水稻作物具有高的安全性，对稗草等杂草有较好防除效果，对环境友好，低毒。据研究，该化合物可与多种除草成分混配。

【参考文献】

[1] Li G F，Yu J X，Xu D F．Preparation of fluoropyribenzoxim derivatives as agrochemical herbicides．WO2015010533．

2.2.5 三嗪类

2.2.5.1 氟酮磺草胺 triafamone

【商品名称】Council（混剂，与 Tefuryltrione 混合）

【化学名称】2′-[(4,6-二甲氧基-1,3,5-三嗪-2-基)羰基]- 1,1,6′-三氟-*N*-甲基甲磺酰基苯胺

IUPAC 名：2-((4,6-dimethoxy-1,3,5-triazin-2-yl)carbonyl)-1,1,6′-trifluoro-*N*-methylmethanesulfonanilide

CAS 名：*N*-[2-[(4,6-dimethoxy-1,3,5-triazin-2-yl)carbonyl]-6-fluorophenyl]-1,1-difluoro-*N*-methyl methanesulfonamide

【化学结构式】

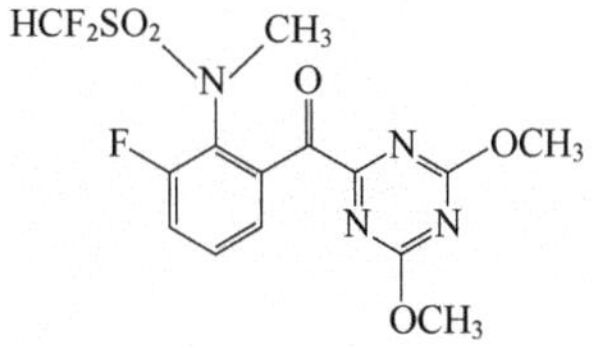

【分子式】$C_{14}H_{13}F_3N_4O_5S$

【分子量】406.34

【CAS 登录号】874195-61-6

【理化性质】白色粉末，熔点 105.6°C；蒸气压（20℃）6.4×10^{-6}Pa。水中溶解度（20℃）：0.036g/L（pH4），0.033g/L（pH7），0.034g/L（pH9）。$K_{ow}\lg P$（23℃）：1.5（pH4、pH7），1.6（pH9）。

【研制和开发公司】由 Bayer AG（德国拜耳）开发

【上市国家和年份】韩国，2015 年

【合成路线】[1-3]

路线 1：

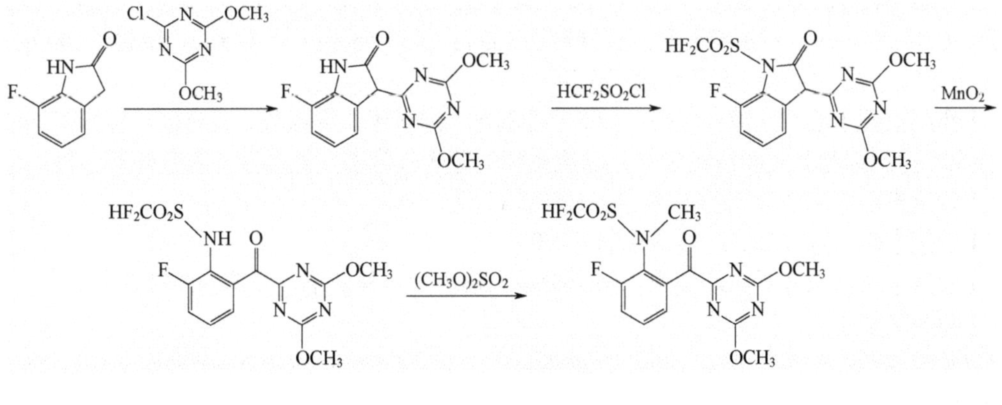

路线 2：

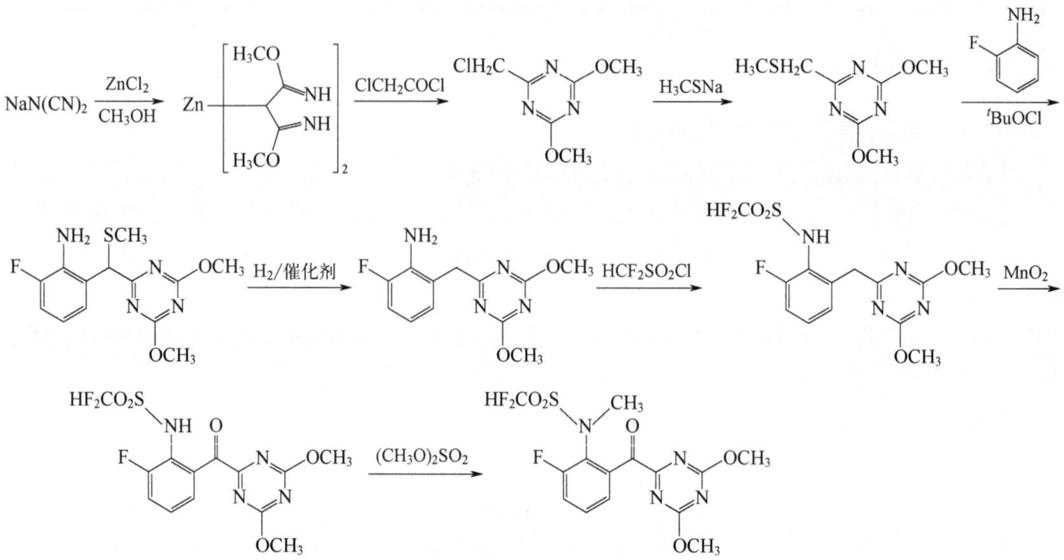

中间体合成[4,5]：

方法 1：

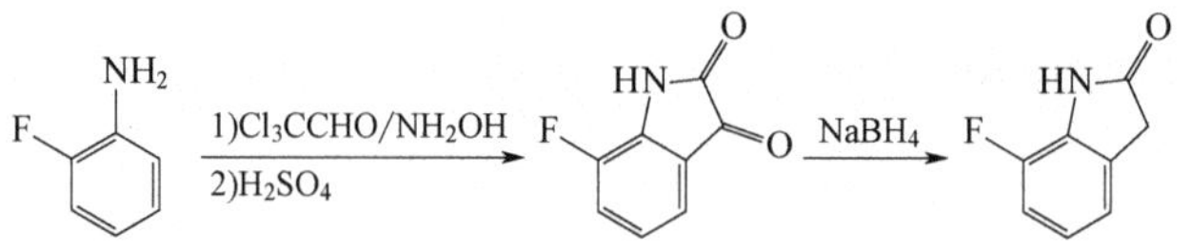

方法 2：

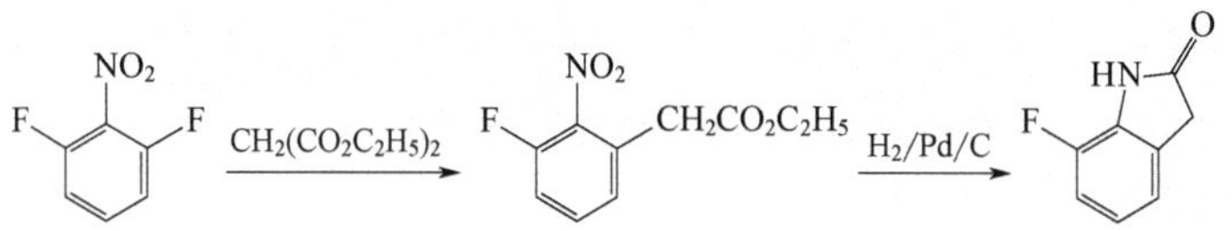

【哺乳动物毒性】大、小鼠急性经口毒性 LD_{50}＞2000mg/kg，大鼠急性经皮 LD_{50}＞2000mg/kg；对兔眼和皮肤无刺激，对豚鼠皮肤无致敏性；大鼠急性吸入毒性 LC_{50}＞5mg/L。

【生态毒性】山齿鹑急性经口 LD_{50}＞2000mg/kg，鲤鱼 LC_{50}＞100mg/L；水蚤 LC_{50}＞50mg/L；水藻 EC_{50} 6.23mg/L。对蜜蜂无毒，蜜蜂毒性 LD_{50}：经口 55.8μg/只（48h），接触＞100μg/只；对家蚕无害，在生物体内无潜在累积作用。

【作用机理】乙酰乳酸合成酶（ALS）抑制剂，通过阻止缬氨酸、亮氨酸、异亮氨酸的生物合成，抑制细胞分裂和植物生长；以根系和幼芽吸收为主，兼具茎叶吸收除草活性。

【分析方法】高效液相色谱-紫外（HPLC-UV）

【制剂】颗粒剂（GR），可湿粉剂（WP）

【应用】芽前或芽后早期使用，用于防除水稻田禾本科杂草、莎草和阔叶杂草。

【参考文献】

[1] Koichi A，Sachio K，Yoshitaka S，et al. Preparation of difluoromethanesulfonylanilide derivatives as herbicides. WO 2005096818.

[2] Karig G，Ford M J，Siegel K．Method for producing 2-(triazinylcarbonyl)sulfonanilides．WO2012084857．
[3] Bodige S，Ravula P，Gulipalli K C，et al．Design，synthesis，antitubercular and antibacterial activities of 1,3,5-triazinyl carboxamide derivatives and in silico docking studies：Russ J Gen Chem，2020，90（7）：1322-1330．
[4] Wu Y Z, Wilk B K, Ding Z X, et al．Process for the synthesis of progesterone receptor modulators．US20070027327．
[5] Zeng Q P, Allen J G, Bourbeau M P, et al．Thiazole compounds and methods of use．WO2007084391．

2.3 脂类合成抑制剂（乙酰辅酶 A 羧化酶抑制剂）

2.3.1 芳氧苯氧丙酸酯类

2.3.1.1 吡氟禾草灵 fluazifop-butyl

【商品名称】Fusilade，Onecide

【化学名称】(*RS*)-2-[4-(5-三氟甲基吡啶-2-基氧基)苯氧基]丙酸丁酯

IUPAC 名：butyl(*RS*)-2-[4-(5-trifluoromethyl-2-pyridinyloxy)phenoxy]propionate

CAS 名：butyl(±)-2-[4-[[5-(trifluoromethyl)-2-pyridinyl]oxy]phenoxy]propionate

【化学结构式】

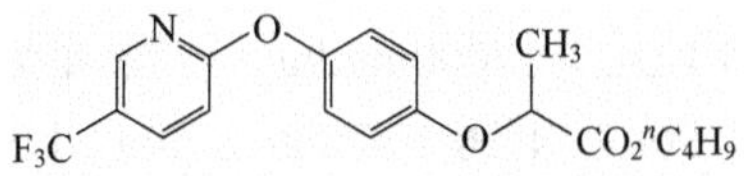

【分子式】$C_{19}H_{20}F_3NO_4$

【分子量】383.37

【CAS 登录号】69806-50-4

【理化性质】纯品为淡黄色液体；熔点-9℃；密度（20℃）1.21g/cm^3，蒸气压（20℃）0.354mPa；分配系数：K_{ow}lg$P$ 4.95。水中溶解度（25℃）1.5mg/L（pH7）；有机溶剂中溶解度：丙二醇 24g/L（20℃）；易溶于丙酮、环己酮、正己烷、甲醇、二氯甲烷和二甲苯。25℃保存 3 年，37℃保存 6 个月，酸性和中性条件下稳定，碱性条件下快速水解。

【研制和开发公司】由日本 Ishihara Sangyo Kaisha（日本石原产业株式会社）开发

【上市国家和年份】1983 年

【合成路线】[1-3]

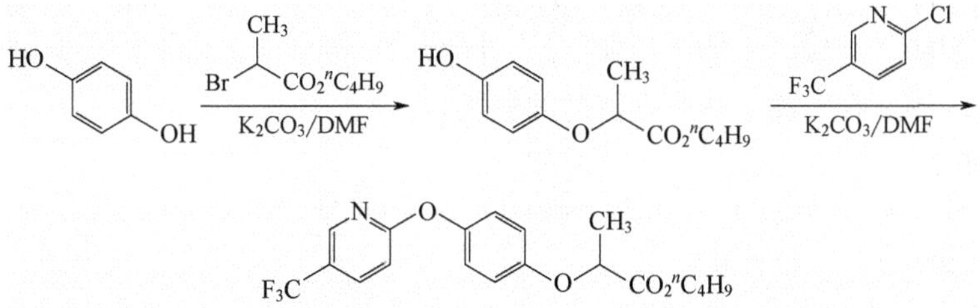

中间体合成[3-7]：

方法 1：

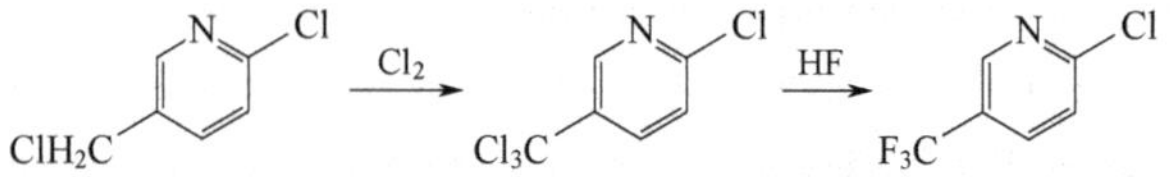

方法 2：

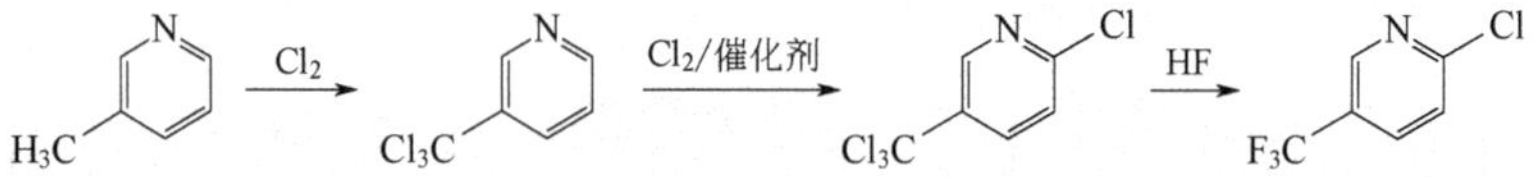

方法 3：

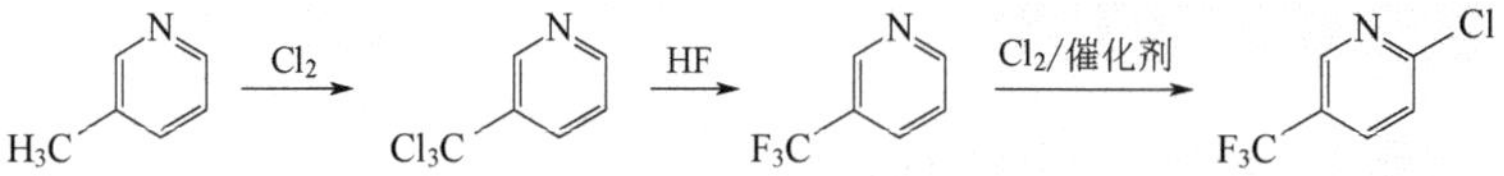

【哺乳动物毒性】 急性毒性经口 LD_{50}：雄大鼠＞3030mg/kg，雌大鼠 3600mg/kg，雄小鼠 1600mg/kg，雌小鼠 1900mg/kg，雄豚鼠 2659mg/kg，兔 621mg/kg。急性经皮 LD_{50}：大鼠＞6050mg/kg，兔＞2420mg/kg。对兔皮肤中度刺激性，对眼睛没有刺激，对豚鼠皮肤中度致敏。大鼠空气吸入 LC_{50}（4h）＞5.24mg/L。NOEL：大鼠（90d）100mg/(kg·d)，狗（1 年）5mg/(kg·d)，小鼠（2 年）5mg/(kg·d)。大鼠腹腔急性 LD_{50} 1761mg/kg；ADI/RfD（BfR）0.005mg/kg[1989]，ADI/RfD（EPA）0.01mg/kg[1986]；毒性等级：U。

【生态毒性】 野鸭急性经口 LD_{50}＞17000mg/kg，野鸭饲喂 LC_{50}（5d）＞25000mg/kg，红颈鸡 LC_{50}＞18500mg/kg；LC_{50}（96h）：虹鳟 1.37mg/L，镜鱼 1.31mg/L，蓝鳃翻车鱼 0.53mg/L；水蚤 LC_{50}（24h）＞316mg/L；对水生无脊椎动物低毒；对蜜蜂低毒。

【作用机理】 脂肪酸合成抑制剂，抑制乙酰辅酶 A 羧化酶（ACCase）。

【分析方法】 气液色谱-氢火焰法（GLC-FID）

【制剂】 乳油（EC）

【应用】[7] 作用方式：选择性内吸型除草剂，主要通过叶片吸收，水解成吡氟禾草灵酸，在木质部和韧皮部传导，可在一年生杂草分生组织和多年生杂草分生组织、根和茎部积累。用途：苗后防除阔叶作物中一年生和多年生杂草，特别是用于防除油菜、甜菜、马铃薯、棉花、大豆、花生、梨树、葡萄、柑橘、菠萝、香蕉、草莓、向日葵、苜蓿、咖啡、观赏植物和其他多种蔬菜田的杂草。果树和观赏植物使用剂量 700～1400g/hm^2，其他作物田 175～350g/hm^2。对阔叶作物无药害。相容性：与其他除草剂混用，可能增加对作物药害的风险，并使吡氟禾草灵防效下降。

【代谢】 动物：大鼠代谢形成吡氟禾草灵酸，不再进一步代谢。植物：植物吸收，迅速水解成吡氟禾草灵酸。土壤：土壤中快速降解，DT_{50}＜1 周。主要降解产物是吡氟禾草灵酸，土壤中 DT_{50}＜3 周。在干冷土壤中残留时间较长。

【参考文献】

[1] Nishiyama R，Fujikawa K，Haga T，et al. 2-phenoxy-5-trifluoromethylpyridine compounds and process for preparation thereof. US4152328.

[2] Nishiyama R，Fujikawa K，Yokomichi I，et al. Process for producing 2-chloro-5-trichloromethyl pyridine. US4241213.

[3] Johnston H, Troxell L H. Herbicidal trifluoromethylpyridinyloxyphenoxy-and-pyridinylthio phenoxy propanenitriles and their derivatives. US4491468.
[4] Yoshizawa H. Method for purifying trifluoromethylpyridine compounds. WO2018186460.
[5] 江文书，李超，赵光春，等. 2-氯-5-三氯甲基吡啶及2-氯-5-三氟甲基吡啶合成方法. CN104610137.
[6] 于万金，林胜达，刘敏洋，等. 一种制备2-氯-5-三氟甲基吡啶的方法. CN110003096.
[7] Thomas J, Taylor M, Evaluation of chemical control methods of fountain grass. HortTechnology, 2021, 31 (4): 382-384.

2.3.1.2 噁唑酰草胺 metamifop

【商品名称】韩秋好

【化学名称】(*R*)-2-[4-(6-氯-1,3-苯并噁唑-2-基氧基)苯氧基]-2′-氟-*N*-甲基丙酰苯胺

IUPAC 名：(*R*)-2-[4-(6-chloro-1,3-benzoxazol-2-yloxy)phenoxy]-2'-fluoro-*N*-methylpropionanilide

CAS 名：(2*R*)-2-[4-[(6-chloro-2-benzoxazolyl)oxy]phenoxy]-*N*-(2-fluorophenyl)-*N*-methylpropanamide

【化学结构式】

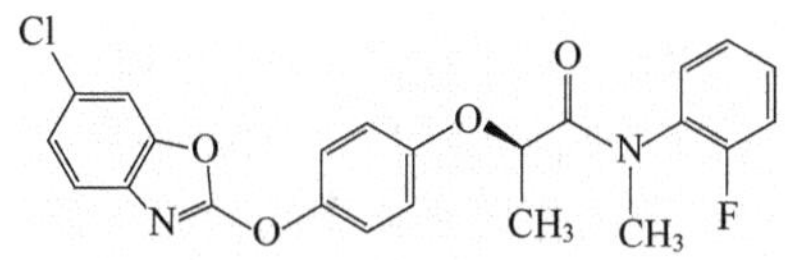

【分子式】$C_{23}H_{18}ClFN_2O_4$

【分子量】440.86

【CAS 登录号】256412-89-2

【理化性质】浅棕色无味细颗粒状粉末，产品纯度≥96%，熔点77.0～78.5℃；蒸气压（25℃）1.51×10^{-1}mPa；密度1.39g/cm^3；K_{ow}lg$P$ 5.45（pH7，20℃）；水中溶解度（20℃）6.87×10^{-4}g/L（pH7）。其他溶剂中溶解度（20℃）：丙酮、1,2-二氯乙烷、乙酸乙酯、甲醇和二甲苯>250g/L，正庚烷2.32g/L，正辛醇41.9g/L。在54℃稳定。

【研制和开发公司】由韩国化工技术研究院发现，并由东部韩农化学株式会社（现东部高科）开发

【上市国家和年份】韩国，2002年

【合成路线】[1,2]

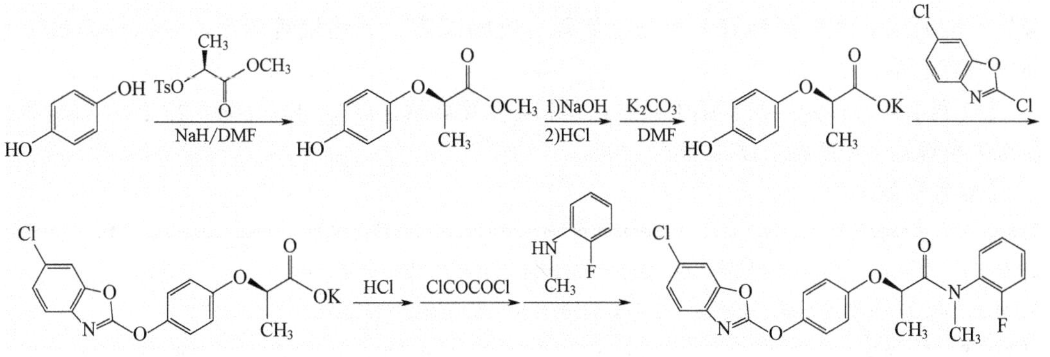

中间体合成[3]：

中间体 1：

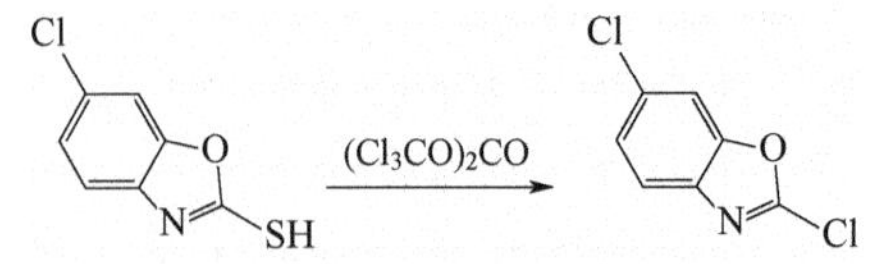

中间体 2：

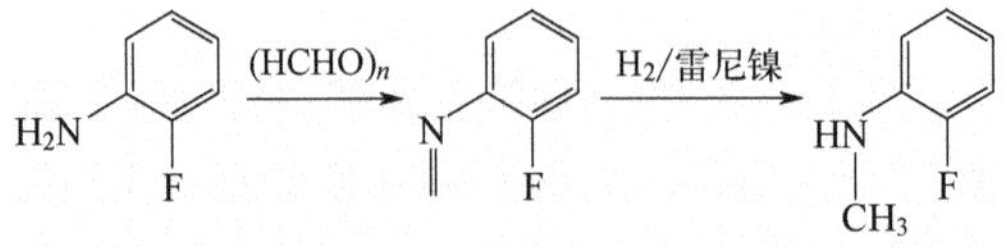

【哺乳动物毒性】大鼠急性经口 LD_{50}>2000mg/kg，急性经皮 LD_{50}>2000mg/kg，急性吸入毒性 LC_{50}>2.61mg/L；对皮肤和眼无刺激，皮肤接触无致敏反应；Ames 试验、染色体畸变试验、细胞突变试验、微核细胞试验均为阴性。

【生态毒性】虹鳟鱼 LC_{50}（96h）0.307mg/L；水蚤 EC_{50}（48h）0.288mg/L；水藻生长抑制 EC_{50}（72h）>2.03mg/L；蜜蜂 LD_{50}（经口）>100μg/只；对蚯蚓 LC_{50}>1000mg/kg。

【作用机理】噁唑酰草胺对杂草的作用是典型的芳氧苯氧丙酸酯类（APP）除草剂的作用机理：脂肪酸合成抑制剂。它抑制脂肪酸的从头合成，其靶标位置就在质体基质中的乙酰辅酶 A 羧化酶（ACCase）。脂肪酸在植物体内具有重要的生理作用，其组成的甘油三酯是主要的储能、供能物质，由其转化成的磷脂是细胞膜的组成成分，脂肪酸还可转化生成调节代谢的激素类物质。乙酰辅酶 A 羧化酶是植物脂肪酸生物合成的关键酶，它催化乙酰辅酶 A 羧化作用为丙二酰辅酶 A。丙二酰辅酶 A 是脂肪酸和类黄酮生物合成过程中的一个关键中间产物，环己烯酮类（CHD）和 APP 类除草剂能抑制丙二酰辅酶 A 的生成，使进一步合成脂肪酸进而形成油酸、亚油酸、亚麻酸、蜡质层和角质层的过程受阻，导致单子叶植物的膜结构迅速破坏，透性增强，最终导致植物的死亡。

【分析方法】高效液相色谱-紫外（HPLC-UV）

【制剂】乳油（EC），颗粒剂（GR）

【应用】[4] 噁唑酰草胺作为一种新型、高效的稻田除草剂，它具有以下优点：①超高效，一次用药可有效防除稗草、千金子、马唐等禾本科杂草，尤其对大龄稗草、千金子、马唐有特效。②安全，对水稻和下茬作物安全，在稻米、水、环境中无残留，符合无公害生产的要求。③可混性好，可与嘧磺隆、吡嘧磺隆、苄达松等混用，一次性高效防除稻田所有杂草。

【代谢】环境行为：在土壤中通过化学和微生物降解，DT_{50} 40～60d（25℃）；可检测到在水中光解的七个产物，DT_{50} 18～120d。

【参考文献】

[1] Kim D W，Chang H S，Ko Y K，et al．Preparation of herbicidal benzoxazolyloxyphenoxy propionamides．WO2000005956.

[2] 李冰清，李玉洁．一种含噁唑酰草胺和二氯喹啉酸的除草剂组合物．CN109362744.

[3] 尹新，吴文良，杨江宇，等．一种 N-甲基邻氟苯胺的合成方法．CN107973721.

[4] Saha S，Majumder Sa，Das S，et al．Effect of pH on the transformation of a new readymix formulation of the herbicides bispyribac sodium and metamifop in water．Bull Environ Contam Toxicol，2018，100（4）：548-552.

2.3.1.3 氟苯戊烯酸 difenopenten/difenopenten-ethyl

（1）氟苯戊烯酸 difenopenten

【商品名称】Chevron

【化学名称】(*E*)-4-[4-(*α*,*α*,*α*-三氟对甲基苯氧基)苯氧基]戊-2-烯酸

IUPAC 名：(*E*)-4-[4-(*α*,*α*,*α*-trifluoro-*p*-tolyloxy)phenoxy]pent-2-enoic acid

CAS 名：4-(4-(4-(trifluoromethyl)phenoxy)phenoxy)-2-pentenoic acid

【化学结构式】

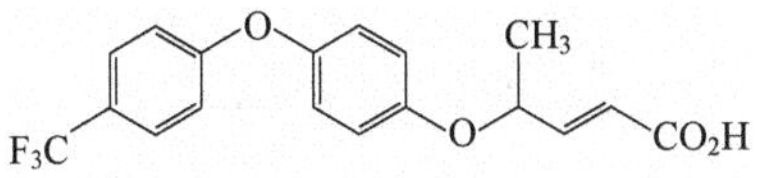

【分子式】$C_{18}H_{15}F_3O_4$

【分子量】352.31

【CAS 登录号】81416-44-6

（2）氟苯戊烯酸乙酯 difenopenten-ethyl

【化学名称】(*E*)-4-[4-(*α*,*α*,*α*-三氟对甲基苯氧基)苯氧基]戊-2-烯酸乙酯

IUPAC 名：(*E*)-(*RS*)-4-[4-(*α*,*α*,*α*-trifluoro-*p*-tolyloxy)phenoxy]pent-2-enoate

CAS 名：(*2E*)-4-[4-[4-(trifluoromethyl)phenoxy]phenoxy]-2-pentenoate

【化学结构式】

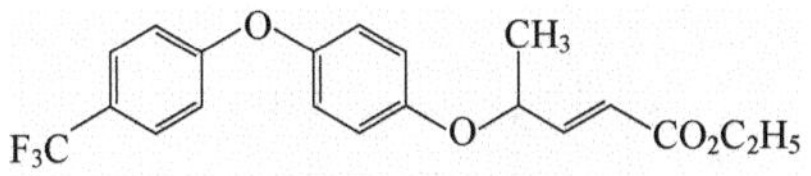

【分子式】$C_{20}H_{19}F_3O_4$

【分子量】380.36

【CAS 登录号】71101-05-8

【研制和开发公司】Ihara Chemical Industry Co.，Ltd.（日本庵原化学工业株式会社）

【合成路线】[1]

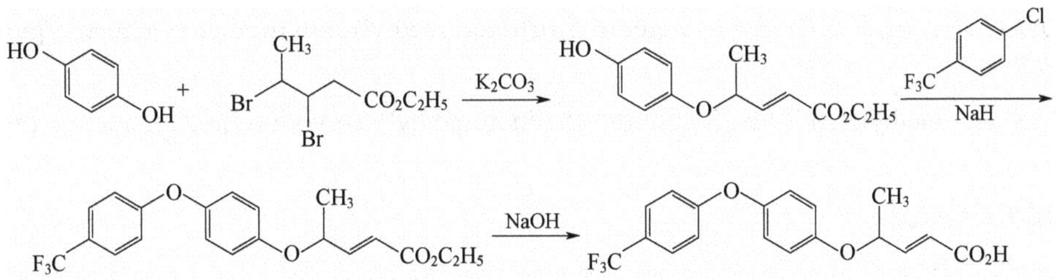

【作用机理】抑制乙酰辅酶 A 羧化酶（ACCase），使脂肪酸合成停止，细胞的生长分裂不能正常进行，膜系统等含脂结构破坏，最后导致植物死亡。

【应用】[2] 用于防除谷物、大豆、玉米田中的狗牙根、马唐、假高粱等杂草。

【参考文献】

[1] Sasuga T，Koike K, Yazawa C．Preparation of phenoxyalkene derivative．JPS5634646．

[2] Dale J E．Difenopenten-ethyl for grass weed control in ornamental cacti．J Hortic Sci Biotechnol，1981，56（3）：189-191．

2.3.1.4 氟吡禾灵 haloxyfop/haloxyfop-etotyl/haloxyfop-methyl

【商品名称】Gallant

（1）氟吡禾灵 haloxyfop

【化学名称】(*RS*)-2-[4(3-氯-5-三氟甲基吡啶-2-基氧基)苯氧基]丙酸

IUPAC 名：(*RS*)-2-[4-(3-chloro-5-(trifluoromethyl)-2-pyridinyloxy)phenoxy]propionic acid

CAS 名：(±)-2-[4-[[3-chloro-5-(trifluoromethyl)-2-pyridinyl]oxy]phenoxy] propionic acid

【化学结构式】

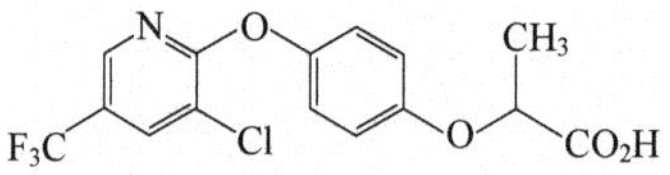

【分子式】$C_{15}H_{11}ClF_3NO_4$

【分子量】361.70

【CAS 登录号】69806-34-4

（2）氟吡乙禾灵 haloxyfop-etotyl

【化学名称】(*RS*)-2-[4(3-氯-5-三氟甲基吡啶-2-基氧基)苯氧基]丙酸乙氧基乙酯

IUPAC 名：ethoxyethyl(*RS*)-2-[4-(3-chloro-5-(trifluoromethyl)-2-pyridinyloxy)phenoxy]propionic acid

CAS 名：2-ethoxyethyl(±)-2-[4-[[3-chloro-5-(trifluoromethyl)-2-pyridinyl]oxy]phenoxy]propionic acid

【化学结构式】

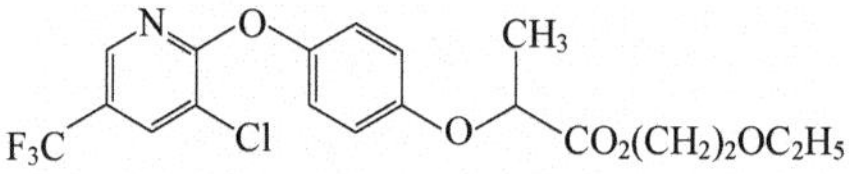

【分子式】$C_{19}H_{19}ClF_3NO_5$

【分子量】433.81

【CAS 登录号】87237-48-7

（3）氟吡甲禾灵 haloxyfop-methyl

【化学名称】(*RS*)-2-[4(3-氯-5-三氟甲基吡啶-2-基氧基)苯氧基]丙酸甲酯

IUPAC 名：methyl(*RS*)-2-[4-(3-chloro-5-(trifluoromethyl)-2-pyridinyloxy)phenoxy]propionic acid

CAS 名：methyl(±)-2-[4-[[3-chloro-5-(trifluoromethyl)-2-pyridinyl]oxy]phenoxy] propionic acid

【化学结构式】

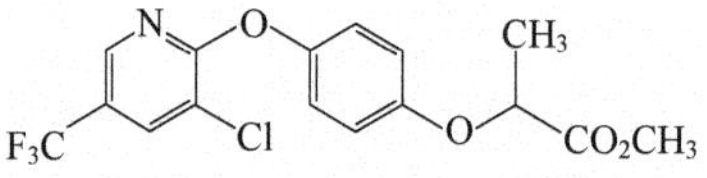

【分子式】$C_{16}H_{13}ClF_3NO_4$

【分子量】375.73

【CAS 登录号】69806-40-2

【理化性质】①氟吡禾灵 纯品为无色晶体，熔点 107～108℃；密度 1.64g/cm^3；蒸气压（25℃）＜1.33×10^{-3}mPa。分配系数：K_{ow}lg$P$ 4.95。水中溶解度：43.4mg/L（pH2.6，25℃），1.590mg/L（pH5，20℃），6.980mg/L（pH9，20℃）。有机溶剂中溶解度（20℃）：丙酮、甲醇、异丙醇＞1000g/L，二氯甲烷 459g/L，乙酸乙酯 518g/L，甲苯 118g/L，己烷 0.17g/L。25℃水中 DT_{50}：78d（pH5），73d（pH7），51d（pH9）。pK_a 2.9。

② 氟吡乙禾灵 纯品为无色晶体，熔点 58～61℃，密度 1.34g/cm^3，蒸气压（20℃）1.64×10^{-5}mPa。分配系数：K_{ow}lg$P$ 4.33。水中溶解度（20℃）：0.58mg/L（无缓冲溶液），1.91mg/L（pH5），1.28mg/L（pH9）。有机溶剂中溶解度（20℃）：丙酮、乙酸乙酯、甲苯＞1000g/L，甲醇 233g/L，异丙醇 52g/L，二氯甲烷 2760g/L，二甲苯 1250g/L，正己烷 44g/L。25℃水中 DT_{50}：33d（pH5），5d（pH7），数小时（pH9）。

③ 氟吡甲禾灵 纯品为无色晶体，熔点 55～57℃，密度 1.64g/cm^3，蒸气压（25℃）＜0.80mPa。分配系数：K_{ow}lg$P$ 4.07。水中溶解度（20℃）：9.3mg/L。有机溶剂中溶解度（20℃）：丙酮 3.5kg/kg，乙腈 4kg/kg，二氯甲烷 3.0kg/kg，二甲苯 1.27kg/kg。

【研制和开发公司】由美国 Dow AgroSciences（美国陶氏益农公司）开发

【上市国家和年份】美国，1985 年

【合成路线】[1,2]

路线 1：

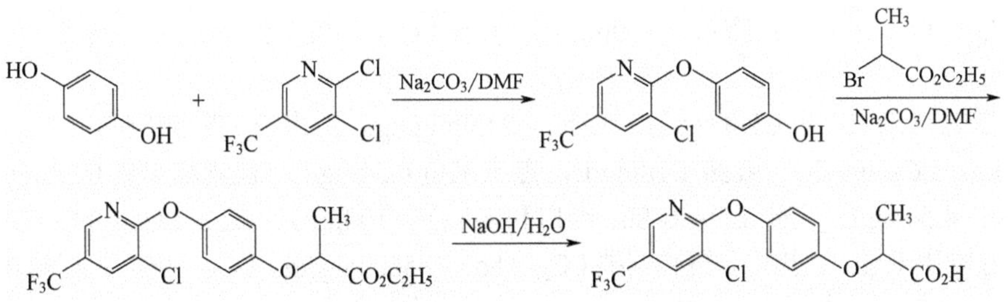

路线 2：

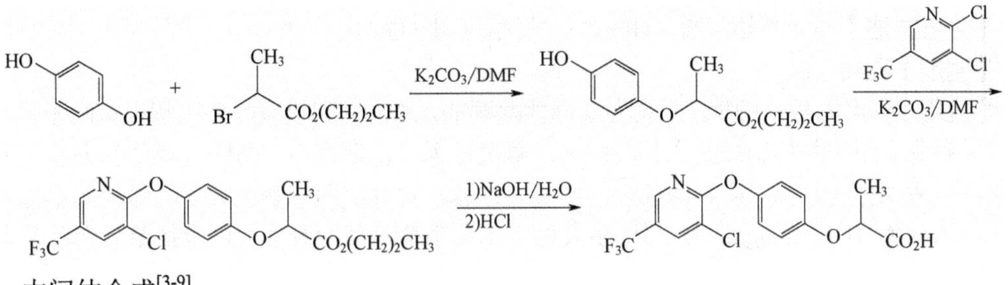

中间体合成[3-9]：

方法 1：

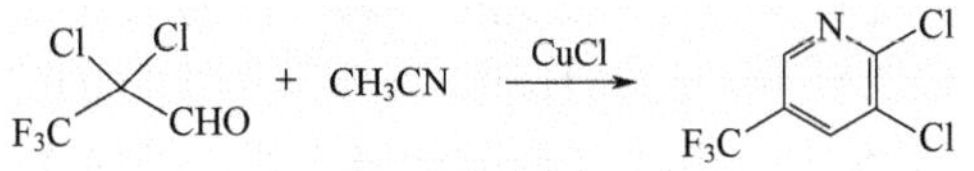

方法 2：

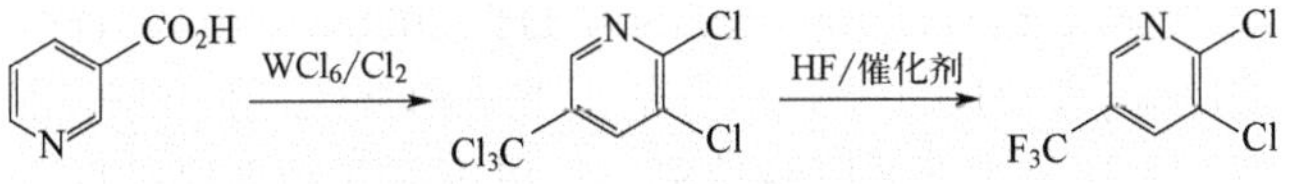

方法 3：

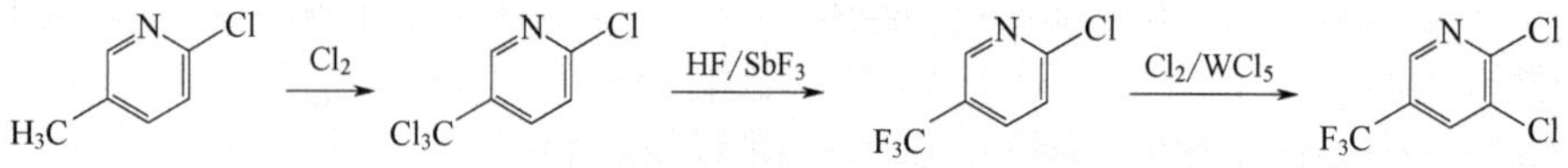

方法 4：

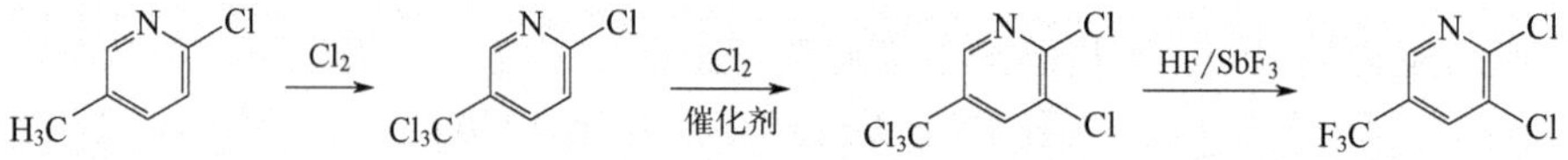

【哺乳动物毒性】①氟吡禾灵 急性毒性经口 LD_{50}：雄大鼠 337mg/kg。兔急性经皮 LD_{50}＞5000mg/kg。NOEL：大鼠（2 年）0.065mg/(kg·d)，没有增加肝毒性；大鼠（3 代）0.005mg/(kg·d)。

② 氟吡乙禾灵 急性经口 LD_{50}：雄鼠 531mg/kg，雌鼠 518mg/kg。急性经皮 LD_{50}：兔＞5000mg/kg。对兔皮肤无刺激，对眼睛有中等刺激，对豚鼠皮肤无致敏。NOEL：大鼠和小鼠 0.065mg/(kg·d)。ADI/RfD(JMPR) 0.0007mg/kg[2006]；毒性等级：Ⅱ。

③ 氟吡甲禾灵 急性经口 LD_{50}：雄鼠 393mg/kg，雌鼠 599mg/kg。急性经皮 LD_{50}：大鼠＞2000mg/kg，兔＞5000mg/kg；对兔皮肤无刺激，对眼睛有中等刺激。

【生态毒性】①氟吡禾灵 野鸭急性经口 LD_{50}＞2150mg/kg，山齿鹑和野鸭饲喂 LC_{50}（8d）＞5620mg/kg。LC_{50}（96h）：鳟鱼＞800mg/L。水蚤 LC_{50}（48h）94.6mg/L。藻类 EC_{50}（96h）106.5mg/L。

② 氟吡乙禾灵 野鸭急性经口 LD_{50}＞2150mg/kg，山齿鹑和野鸭饲喂 LC_{50}（8d）＞5620mg/kg。LC_{50}（96h）：虹鳟 1.18mg/L，黑头呆鱼 0.54mg/L，蓝鳃翻车鱼 0.28mg/L。水蚤 LC_{50}（48h）4.64mg/L。蜜蜂 LD_{50}（48h，经口和接触）＞100μg/只；蚯蚓 LC_{50}（14d）880mg/kg。

③ 氟吡甲禾灵 山齿鹑和野鸭饲喂 LC_{50}（8d）＞5620mg/kg。LC_{50}（96h）：虹鳟 0.38mg/L；水蚤 LC_{50}（48h）4.64mg/L。蜜蜂 LD_{50}（48h，经口和接触）＞100μg/只。

【作用机理】脂肪酸合成抑制剂，抑制乙酰辅酶 A 羧化酶（ACCase）。

【分析方法】高效液相色谱（HPLC），气相色谱（GC）

【制剂】乳油（EC）

【应用】作用方式：氟吡乙禾灵为选择性除草剂，通过叶和根吸收并水解为氟吡禾灵，然后传导到分生组织并抑制细胞生长。用途：氟吡乙禾灵苗后施用，防除一年生和多年生禾本科杂草，适用作物包括甜菜、油菜、马铃薯、洋葱、亚麻、向日葵、大豆、葡萄、草莓等作物，使用剂量 104～208g/hm^2。与许多其他禾本科杂草除草剂兼容，也包括苗后阔叶杂草的除草剂。

【代谢】氟吡禾灵。动物：在反刍动物和鸡中，95%的药物被排出，只在反刍动物肝脏、奶、肾脏和鸡肝、鸡蛋中发现有少部分未变化的物料（作为水解共轭物）。植物：没有明显代谢。与葡萄糖和其他糖形成共轭物。土壤/环境：在土壤中主要的降解途径是通过微生物而使芳桥裂解，进而产生 2 个代谢物，其次是丙酸侧链水解，平均 DT_{50}［实验室，几种土壤，40%MWHC（maximum water holding capacity 最大保水能力），20℃］9d。土壤中的主要代谢物始终是氟吡禾灵-吡啶醇（haloxyfop-pyridinol），DT_{50}200d。大田分散性研究（8 个试验点），氟吡禾灵和氟吡禾灵-吡啶醇 DT_{50}（平均）分别为 13d 和 90d。在土壤表面不光解。在水生系统，氟吡禾灵不水解。光解是主要的降解途径，可以形成各种光化产物。光解 DT_{50}（pH5 缓冲溶液）12d。在水/沉积系统（黑暗中），DT_{50} 约 40d，形成氟吡禾灵-吡啶醇和几个其他次要降解产物。

氟吡乙禾灵。动物：哺乳动物中氟吡乙禾灵快速水解为氟吡禾灵，转化为（*R*）-异构体并排出。植物：水解为氟吡禾灵，最终的残留是氟吡禾灵或共轭物。土壤/环境：氟吡乙禾灵转化为氟吡禾灵，20℃粉质黏土层 DT_{50}＜1d。粉质黏土层吸附［pH7.0，有机碳 o.c. 1.97%］K_{oc} 128mL/g。

氟吡甲禾灵。动物：哺乳动物中氟吡甲禾灵快速转化为氟吡禾灵，然后在尿液和粪便中以（*R*）-异构体排出。土壤/环境：土壤 DT_{50}＜24h，形成氟吡禾灵。

【参考文献】

[1] Cartwright D，Salmon R．4-Aryloxy-substituted phenoxypropionamide derivatives useful as herbicides．EP3648.

[2] Wang X G，Liu A P，Liu Q X，et al．[*N*-(Aralkyl)aryloxy]phenoxycarboxylic acid amide compounds as agrochemicals and their preparation，pharmaceutical compositions and use in the treatment of plant diseases．WO2015000392.

[3] 孙德明，杨桦，罗汇，等．一种2,4-二氯-3,5-二硝基三氟甲苯的制备方法．CN112358401.

[4] Kumai S，Seki T，Matsuo H．Preparation of fluorobenzotrifluoride derivatives as materials for agrochemicals and pharmaceuticals．JPS63010739A.

[5] Kasahara I，Sugiura T，Inoue T．Method for producing 2,3-dihalo-6-trifluoromethylbenzene derivatives．WO9700845.

[6] 张伟，梁启，邱传毅，等．一种2,3-二氯-5-三氟甲基吡啶的制备方法．CN113248423.

[7] Andersen C S．Process for the preparation of 2,3-dichloro-5-(trichloromethyl)pyridine．WO2014198278.

[8] Steiner E，Martin P．Chloropyridines substituted by methyl，trichloromethyl or trifluoromethyl groups．US4469896.

[9] Yu W J，Lin S D，Liu H Y，et al．Method for preparing 2,3-dichloro-5-trifluoromethylpyridine with high selectivity．WO2019109936.

2.3.1.5 高效氟吡禾灵 haloxyfop-P/haloxyfop-P-methyl

【商品名称】Gaiko，Gallant Super

（1）高效氟吡禾灵酸 haloxyfop-P

【化学名称】(*R*)-2-[4-(3-氯-5-三氟甲基吡啶-2-基氧基)苯氧基]丙酸

IUPAC 名：(*R*)-2-[4-(3-chloro-5-(trifluoromethyl)-2-pyridinyloxy)phenoxy]propionic acid

CAS 名：(*R*)-(+)-2-[4-[[3-chloro-5-(trifluoromethyl)-2-pyridinyl]oxy]phenoxy]propionic acid

【化学结构式】

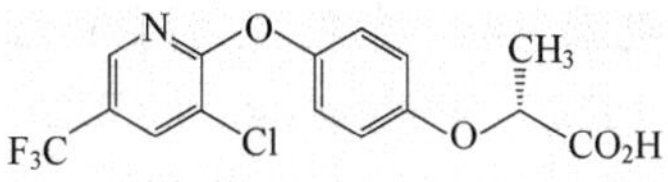

【分子式】$C_{15}H_{11}ClF_3NO_4$

【分子量】361.70

【CAS 登录号】95977-29-0

（2）高效氟吡甲禾灵 haloxyfop-P-methyl

【化学名称】(*R*)-2-[4(3-氯-5-三氟甲基吡啶-2-基氧基)苯氧基]丙酸甲酯

IUPAC 名：methyl(*R*)-2-[4-(3-chloro-5-(trifluoromethyl)-2-pyridinyloxy)phenoxy]propionic acid

CAS 名：methyl(*R*)-(+)-2-[4-[[3-chloro-5-(trifluoromethyl)-2-pyridinyl]oxy]phenoxy]propionic acid

【化学结构式】

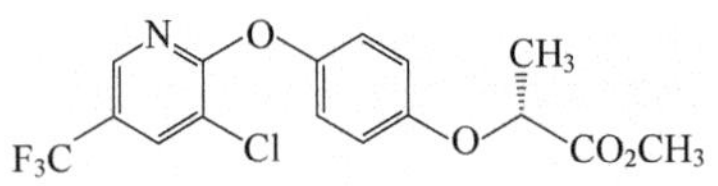

【分子式】$C_{16}H_{13}ClF_3NO_4$

【分子量】375.73

【CAS 登录号】72619-32-0

【理化性质】①高效氟吡禾灵酸　纯品为灰白色粉末，熔点 70.5～74.5℃；密度（20℃）1.46g/cm^3，蒸气压（20℃）4.0×10^{-3}mPa。分配系数：K_{ow}lg$P$ 0.27。水中溶解度：375mg/L（无缓冲），28.2mg/L（pH5，20℃），质量分数大于 25%（pH7、pH9，20℃）。有机溶剂中溶解度（20℃）：丙酮、乙腈、乙酸乙酯和甲醇＞2000g/L，二氯甲烷＞1300g/L，二甲苯 639g/L，正辛醇 1510g/L，正庚烷 3.93g/L。自然水中（pH7、pH9，20℃）稳定；pK_a 4.27。

② 高效氟吡甲禾灵　为氟吡甲禾灵的（R）-异构体，黏稠液体，熔点−12.4℃；沸点＞280℃；蒸气压（25℃）5.5×10^{-2}mPa；K_{ow}lg$P$ 4.0（20℃）；密度（20℃）1.37g/cm^3。溶解度：25℃水 9.1mg/L（无缓冲液）、6.9mg/L（pH 5）、7.9mg/L（pH 7）；丙酮、乙腈、乙醇、己烷、甲醇、二甲苯中混溶高达 50%（质量分数）（20℃）。在 20℃水中 DT_{50} 3d（自然状态），稳定（pH4）、43d（pH7）、0.63d（pH9）。

【研制和开发公司】由美国 Dow AgroSciences（美国陶氏益农公司）开发

【上市国家和年份】美国，1993 年

【合成路线】[1,2]

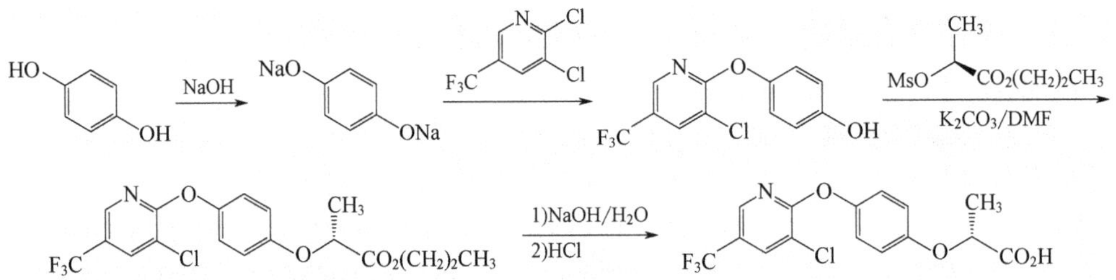

中间体 2,3-二氯-5-三氟甲基吡啶合成参见“氟吡禾灵 haloxyfop”。

【哺乳动物毒性】①高效氟吡禾灵酸　急性经口毒性 LD_{50}：雄大鼠 337mg/kg，雌大鼠 545mg/kg。新西兰兔急性经皮 LD_{50}＞5000mg/kg。NOEL：大鼠（2 年）和小鼠（2 年）0.065mg/(kg・d)，没有增加肝毒性，大鼠（3 代）0.005mg/(kg・d)。

② 高效氟吡甲禾灵　急性经口 LD_{50}：大鼠 300mg/kg，雌大鼠 623mg/kg。大鼠急性经皮 2000mg/kg。对兔皮肤无刺激，对眼睛有轻微刺激。NOEL：大鼠（2 年）0.065mg/(kg・d)，没有增加肝毒性。毒性等级：Ⅰ。

【生态毒性】①高效氟吡禾灵酸　山齿鹑急性经口 LD_{50} 414mg/kg，山齿鹑和野鸭饲喂 LC_{50}（8d）＞5000mg/kg。LC_{50}（96h）：虹鳟＞50mg/L。水蚤 LC_{50}（48h）＞100mg/L；近头状伪蹄形藻 EC_{50}（96）47.2mg/L；青萍 EC_{50}（14d）5.4mg/L；蜜蜂 LD_{50}（48h，经口和接触）＞100μg/只；蚯蚓 LC_{50}（14d）830mg/kg（干土）。

② 高效氟吡甲禾灵　山齿鹑急性经口 LD_{50} 1159mg/kg；虹鳟 LC_{50}（96h）0.46mg/L，蓝

鳃翻车鱼 0.0884mg/L；水蚤 EC_{50}（48h）＞12.3mg/L；舟形藻 EC_{50}（5d）1.72mg/L；近头状伪蹄形藻 EC_{50}（4d）＞3.87mg/L；青萍 EC_{50}（14d）3.1mg/L；摇蚊 NOEC（28d）3.2mg/L；蜜蜂 LD_{50}（48h，经口和接触）＞100μg/只；蚯蚓 LC_{50}（14d）1343mg/kg。

【作用机理】脂肪酸合成抑制剂，抑制乙酰辅酶 A 羧化酶（ACCase）。

【分析方法】高效液相色谱（HPLC），气相色谱（GC）

【制剂】乳油（EC）

【应用】作用方式：高效氟吡甲禾灵为选择性除草剂，通过叶和根吸收并水解为高效氟吡禾灵，然后传导到分生组织并抑制生长。用途：高效氟吡甲禾灵苗后施用，防除一年生和多年生禾本科杂草，适用作物包括甜菜、饲料甜菜、油菜、马铃薯、洋葱、亚麻、向日葵、大豆、葡萄、草莓等，使用剂量 52～104g/hm^2。

【代谢】动物：在反刍动物和鸡中，95%的药物被排出，只在反刍动物肝脏、奶、肾脏和鸡肝、鸡蛋中发现有少部分未变化的物料（作为水解共轭物）。植物：没有明显代谢。与葡萄糖和其他糖形成共轭物。土壤/环境：在土壤中主要的降解途径是通过微生物而使芳桥裂解，进而产生 2 个代谢物，其次是丙酸侧链水解，平均 DT_{50}（实验室，几种土壤，40%MWHC，20℃）9d。土壤中的主要代谢物始终是氟吡禾灵-吡啶醇（haloxyfop-pyridinol），DT_{50} 200d。大田分散性研究（8 个试验点），氟吡禾灵和氟吡禾灵-吡啶醇 DT_{50}（平均）分别为 13d 和 90d。在土壤表面不光解。在水生系统，氟吡禾灵不水解。光解是主要的降解途径，可以形成各种光化产物。光解 DT_{50}（pH5 缓冲溶液）12d。在水/沉积系统（黑暗中），DT_{50} 约 40d，形成氟吡禾灵-吡啶醇和几个其他次要降解产物。

【参考文献】

[1] Someya S，Kora S，Ito M，et al．Preparation of optically active α-[2-[4-(trifluoromethyl-2-pyridyloxy)phenoxy] propionyloxy] acetamide derivatives as herbicides．JP01009975．

[2] 胡艾希，方毅林，刘祈星，等．N-噻唑甲基/甲氧基-2-苯氧基酰胺的医药用途．CN103497183．

2.3.1.6 精吡氟禾草灵 fluazifop-P-butyl

【商品名称】Venture，Vesuvio

【化学名称】(*R*)-2-[4-(5-三氟甲基吡啶-2-基氧基)苯氧基]丙酸丁酯

IUPAC 名：butyl(*R*)-2-[4-(5-trifluoromethyl-2-pyridinyloxy)phenoxy]propionate

CAS 名：butyl(*R*)-2-[4-[[5-(trifluoromethyl)-2-pyridinyl]oxy]phenoxy]propionate

【化学结构式】

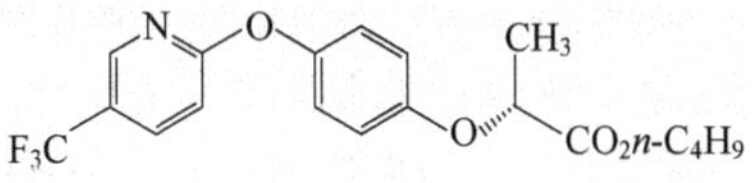

【分子式】$C_{19}H_{20}F_3NO_4$

【分子量】383.37

【CAS 登录号】79241-46-6

【理化性质】纯品为无色液体，原药含量 90%，其中 97%为（*R*）-异构体，3%为（*S*）-异构体；熔点−15℃；密度（20℃）1.22g/cm^3；蒸气压（20℃）0.414mPa。分配系数：K_{ow}lg*P* 4.5（20℃）。水中溶解度（20℃）：1.1mg/L。有机溶剂中溶解度：丙二醇 24 g/L（20℃），易溶于丙酮、环己酮、正己烷、甲醇、二氯甲烷和二甲苯。

精吡氟禾草灵酸：淡黄色，类玻璃状。熔点：玻璃化温度为4℃。蒸气压（20℃）7.9×10^{-4}mPa。$K_{ow}\lg P$（20℃）：3.1（pH2.6），−0.8（pH7）。水中溶解度：纯水中0.78g/L（20℃）。对紫外线稳定，水解DT_{50} 78d（pH7）、29h（pH9），水中光解DT_{50} 6d（pH7）；pK_a＜1。

【研制和开发公司】英国Im Imperial Chemical Industries perial Chemical Industries（英国帝国化学工业有限公司）[现为Syngenta（先正达）]研制

【上市国家和年份】国家不详，1981年

【合成路线】[1-3]

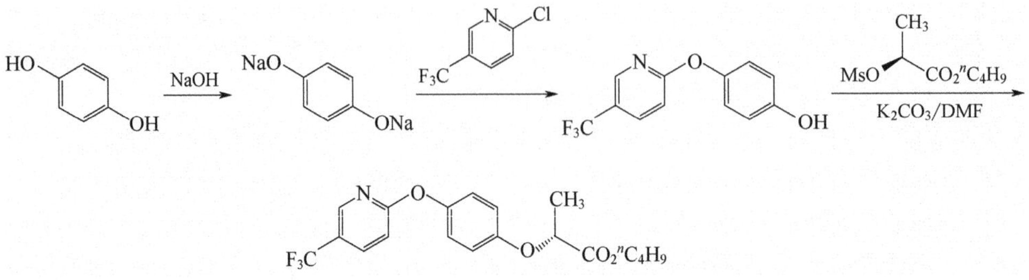

【哺乳动物毒性】急性毒性经口LD_{50}：雄大鼠3680mg/kg，雌大鼠2451mg/kg。兔急性经皮LD_{50}＞2000mg/kg。对兔皮肤轻微刺激，对眼睛中度刺激，对豚鼠皮肤无致敏反应。大鼠吸入LC_{50}(4h)＞5200mg/L。NOEL：大鼠（2年）0.47mg/(kg・d)，狗（90d）25mg/(kg・d)，大鼠（90d）9.0mg/(kg・d)；无致畸；ADI/RfD（BfR）0.01mg/kg[2001]；毒性等级：Ⅲ。

【生态毒性】野鸭急性经口LD_{50}＞3500mg/kg。LC_{50}（96h）：虹鳟1.3mg/L。水蚤EC_{50}（48h）＞1.0mg/L；舟形藻E_bC_{50}（72h）0.51mg/L；浮萍EC_{50}（14d）＞1.4mg/L；蚯蚓LC_{50}＞1000mg/kg。对蜜蜂低毒，LD_{50}（经口和接触）＞0.2mg/只。

【作用机理】脂肪酸合成抑制剂，抑制乙酰辅酶A羧化酶（ACCase）。

【分析方法】气液色谱-氢火焰法（GLC-FID），高效液相色谱-紫外（HPLC-UV）

【制剂】乳油（EC），水乳剂（EW）

【应用】[4,5] 作用方式：内吸传导型茎叶处理除草剂，迅速通过叶片吸收，水解成吡氟禾草灵酸，在木质部和韧皮部传导，在一年生杂草的分生组织和多年生杂草的分生组织、根和茎部积累。用途：苗后防除油菜、甜菜、马铃薯、棉花、大豆、花生、坚果、梨，葡萄、柑橘、菠萝、香蕉、草莓、向日葵、苜蓿、观赏植物和其他阔叶作物田的野燕麦、自生谷物及一年生和多年生禾本科杂草，剂量125～375g/hm^2。对阔叶作物无药害。

【代谢】动物：哺乳动物中，精吡氟禾草灵被代谢成精吡氟禾草灵酸，迅速排出体外。植物：植物中，精吡氟禾草灵被迅速水解成精吡氟禾草灵酸，部分形成共轭。醚键断裂形成吡啶酮和丙酸代谢物，进一步代谢和共轭。土壤/环境：K_{oc} 5800mL/g，在潮湿的土壤中，精吡氟禾草灵快速降解，DT_{50}＜24h。主要降解产物为5-三氟甲基吡啶-2-酮和2-(4-羟基苯氧基)丙酸，两者再进一步降解成CO_2。精吡氟禾草灵酸：实验室土壤中［40%MHC（moisture-holding capacity 保水能力），pH5.3～7.7］，DT_{50} 2～9d（20℃）。田间DT_{50}＜4周，K_{oc} 39～84mL/g。降解路线参见精吡氟禾草灵。

【参考文献】

[1] Rempfler H，Schurter R，Foery W．Herbicidal and plant growth regulating pyridyloxy-phenoxy-propionic acid derivatives. US4325729.

[2] Becker R，Oeser H G，Acker R D，et al．Preparation of 2-(hydroxyphenoxy)-carboxylates．US4489207．

[3] Johnston H，Troxell L H．Herbicidal trifluoromethylpyridinyloxyphenoxy and pyridinylthio phenoxy propanenitriles and their derivatives．US4491468．

[4] Blake R J，Westbury D B，Woodcock B A，et al．Investigating the phytotoxicity of the graminicide fluazifop-*P*-butyl against native UK wildflower species．Pest Manag Sci，2012，68（3）：412-421．

[5] Kulshrestha G，Singh S B，Gautam K C，et al．Bull Environ Contam Toxicol，1995，55（2）：276-82．

2.3.1.7 氰氟草酯 cyhalofop-butyl

【商品名称】 Claron，Cleaner，Clincher，Clincher bas（混剂，灭草松钠盐），Topshot（混剂，五氟磺草胺）

【化学名称】 (*R*)-2-[4(4-氰基-2-氟苯氧基)苯氧基]-丙酸丁酯

IUPAC 名：butyl(*R*)-2-(4-(4-cyano-2-fluorophenoxy)phenoxy)propanoate

CAS 名：butyl(*R*)-2-(4-(4-cyano-2-fluorophenoxy)phenoxy)propanoate

【化学结构式】

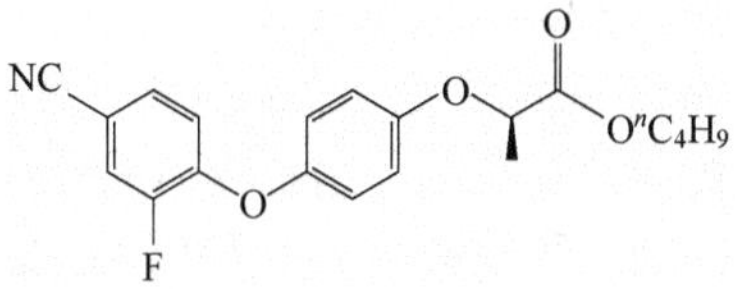

【分子式】 $C_{20}H_{20}FNO_4$

【分子量】 357.38

【CAS 登录号】 122008-85-9

【理化性质】 原药纯度 96.5%，（*R*）-异构体，纯品灰白色固体；熔点 49.5℃；密度（20℃）1.172g/cm^3；蒸气压（25℃）5.3×10^{-2}mPa。分配系数：K_{ow}lg*P* 3.31（25℃）。水中溶解度（20℃）：0.44mg/L（非缓冲液），0.46mg/L（pH5），0.44mg/L（pH7）。有机溶剂中溶解度（25℃）：正庚烷 0.06mg/L，丙酮＞250mg/L，甲醇＞250mg/L，乙腈 250mg/L，二氯乙烷＞250mg/L，乙酸乙酯 250mg/L，正辛醇 16.0mg/L。pH4 稳定，pH7 缓慢水解，pH1.2 或 pH9 快速分解；pK_a 3.8（酸）。

【研制和开发公司】 美国 Dow AgroSciences（美国陶氏益农公司）

【上市国家和年份】 亚洲，1987 年

【合成路线】 [1-3]

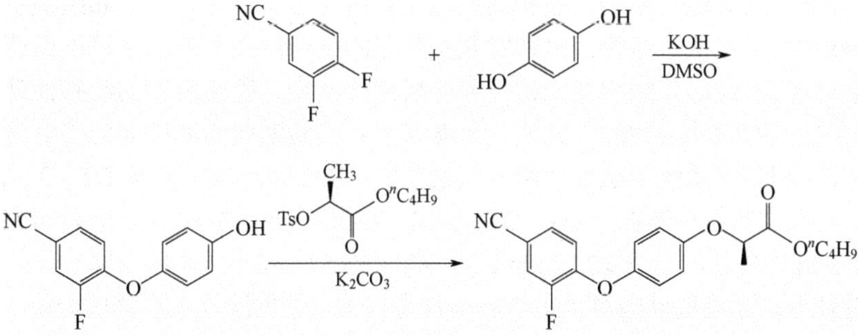

中间体合成[4,5]：

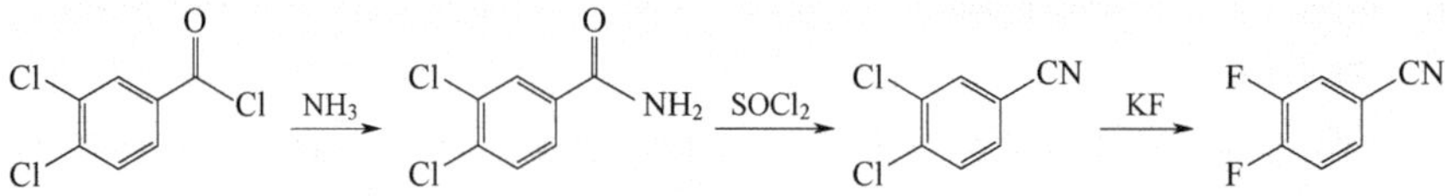

【哺乳动物毒性】雌雄大鼠急性毒性经口 LD_{50}>5000mg/kg，雌大鼠急性毒性经皮 LD_{50}>2000mg/kg，兔急性经皮 LD_{50}>2000mg/kg。对兔皮肤和眼无刺激性，对豚鼠皮肤无致敏。大鼠空气吸入 LC_{50}>5.63mg/L。NOEL：雄大鼠 0.8mg/(kg・d)，雌大鼠 2.5mg/(kg・d)。Ames、DNA 和微核试验无致突变作用，体内细胞遗传学研究中，没发现染色体结构发生变化，大鼠和兔研究试验表明氰氟草酯无致畸作用。ADI(EC) 0.003mg/kg[2002]，(EPA)cRfD 0.01mg/kg [2002]；毒性等级：U。

【生态毒性】野鸭和山齿鹑急性经口 LD_{50}>5620mg/kg，山齿鹑和野鸭饲喂 LC_{50}>2250 mg/kg；蓝鳃翻车鱼 LC_{50}（96h）0.76mg/L，虹鳟 LC_{50}（96h）>0.49mg/L；羊角月牙藻 EC_{50}（72h）>1mg/L，舟形藻 EC_{50} 0.64～1.33mg/L。东方生蚝 LC_{50} 0.52mg/L。蚯蚓 NOEL（14d）>1000mg/kg（土）。蜜蜂接触和经口 LD_{50}>100μg/只。

【作用机理】氰氟草酯是芳氧苯氧丙酸类除草剂中唯一对水稻具有高度安全性的品种，和该类其他品种一样，也是内吸传导性除草剂。由植物体的叶片和叶鞘吸收，由韧皮部传导，积累于植物体的分生组织区，抑制乙酰辅酶 A 羧化酶（ACCase），使脂肪酸合成停止，细胞的生长分裂不能正常进行，膜系统等含脂结构被破坏，最后导致植物死亡。从氰氟草酯被吸收到杂草死亡这段时间比较缓慢，一般需要 1～3 周。杂草在施药后的症状如下：四叶期的嫩芽萎缩，导致死亡。二叶期的老叶变化极小，保持绿色。

【分析方法】高效液相色谱-紫外（HPLC-UV）检测，气相色谱-质谱联用仪（GC-MS）

【制剂】乳油（EC），颗粒剂（GR），水乳剂（EW）

【应用】[6]作用方式：苗后使用，只能通过叶面吸收，没有土壤活性。内吸型除草剂，通过植物组织迅速吸收，在韧皮部适度流动，在分生组织积累。处理后杂草立即停止生长，2～3d 至 1 周内出现黄化，2～3 周内整株植物坏死和死亡。用途：苗后使用，防除水稻田禾本科杂草，使用剂量 75～100g/hm^2（热带水稻）和 180～310g/hm^2（温带水稻）。在禾本科作物中的选择性参考文献[7]。由于水稻可以迅速降解氰氟草酯，所以有很好的耐药性。氰氟草酯对千金子高效，对低龄稗草有一定的防效，还可防除马唐、双穗雀稗、狗尾草、牛筋草、看麦娘等。对莎草科杂草和阔叶杂草无效。

【代谢】动物：大鼠、狗、反刍动物和家禽很容易通过水解代谢氰氟草酯形成酸。依靠动物，酸也可以分解成其他代谢物。酸和其他代谢物迅速排出。在奶、蛋和组织中氰氟草酯及其代谢物的残留水平很低。植物：水稻对氰氟草酯的耐药性主要是由于可以迅速代谢成无活性的二元酸（DT_{50}<10h），继续变成极性和非极性代谢物。敏感杂草的敏感性是由于氰氟草酯快速降解形成具有除草活性的一元酸。土壤/环境：实验室代谢和田间的消解研究表明氰氟草酯在土壤和沉积物水系统中迅速代谢成氰氟草酸；在田间土坑中复草 DT_{50} 2～10h，在沉积物/水中 2h。相反，氰氟草酸在土壤中 DT_{50}<1d，在沉积物/水中约 7d。吸附研究表明，氰氟草酯在土壤中相对固定。K_{oc} 平均 5247mL/g，K_d 平均 57.0mL/g（4 种土壤）。

【使用注意事项】氰氟草酯对水生节肢动物毒性大，避免流入水产养殖场所。其与部分阔叶除草剂混用时有可能会表现出拮抗作用，导致其药效降低。

【参考文献】

[1] Pews R G，Jackson L A，Carson C M. Herbicidal cyanogluophenoxyphenoxyalkanoic Acids and derivatives thereof. US4894085.

[2] Kershner L D，Tai J J. Process for the minimization of racemization in the preparation of optically active((arylocy)phenoxy) propionate herbicides. US4897481.

[3] Suzuki H，Kimura Y. Synthesis of 3,4-difluorobenzonitrile and monofluorobenzonitriles by means of halogen-exchange fluorination. J Fluorine Chem，1991，52（3）：341-351.

[4] 王凤云，游友华，吕宗鹏，等. 3,4-二氟苯腈的制备方法. CN103709071.

[5] 陈宝明，王晋阳，张庆宝，等. 一种 3,4-二氟苯腈的制备方法. CN108409605.

[6] Kim J S，Oh J I，Kim T J. Physiological basis of differential phytotoxic activity between feno xaprop-P-ethyland cyhalofop-butyl-treated barnyardgrass. Weed Biol Manage，2005，5（2）：39-45.

[7] Ito M，Kawahara H，Asai M. Selectivity of cyhalofop-butyl in poaceae species. Journal of Weed Science & Technology. 1998，43（2）：122-128.

2.3.1.8 炔草酯 clodinafop-propargyl

【商品名称】 HorizonNG，Moolah，Ravenas，Nextstep NG，Celio（混剂，与解毒喹啉混合），Topik（混剂，与解毒喹啉混合）

【化学名称】 (*R*)-2-[4-(5-氯-3-氟吡啶-2-基氧基)苯氧基]丙酸炔丙基酯

IUPAC 名：2-propynyl(*R*)-2-[4-(5-chloro-3-fluoro-2-pyridinyloxy)phenoxy]propanoate

CAS 名：(*R*)-2-[4-(5-chloro-3-fluoro-2-pyridinyloxy)phenoxy]propanoic acid 2-propynyl ester

【化学结构式】

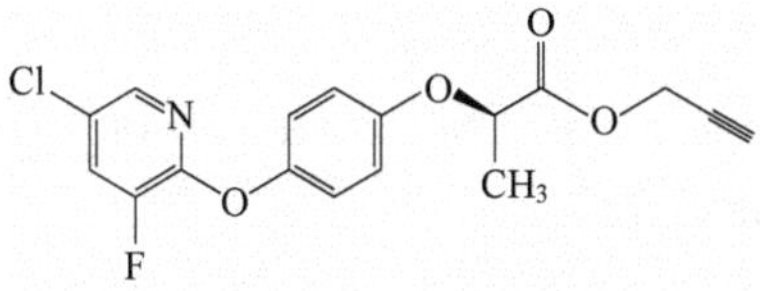

【分子式】 $C_{17}H_{13}ClFNO_4$

【分子量】 349.74

【CAS 登录号】 105512-06-9

【理化性质】（*R*）-异构体，纯品为白色结晶；熔点 59.5℃（原药熔点：48.2～57.1℃）；密度（20℃）1.37g/cm^3；蒸气压（25℃）3.19×10^{-3}mPa。分配系数：K_{ow}lg*P* 3.9（25℃）。水中溶解度为 4.0mg/L（25℃）。有机溶剂中溶解度（25℃）：甲苯 690g/L，丙酮 880g/L，乙醇 97g/L，正己烷 0.0086g/L。

【研制和开发公司】 瑞士 Ciba-Geigy AG（汽巴-嘉基公司）（现为 Syngenta AG）

【上市国家和年份】 [1] 欧洲，1990 年

【合成路线】 [2-6]

路线 1：

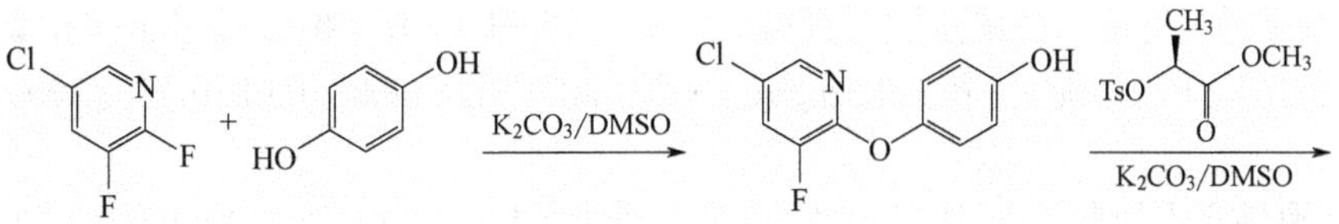

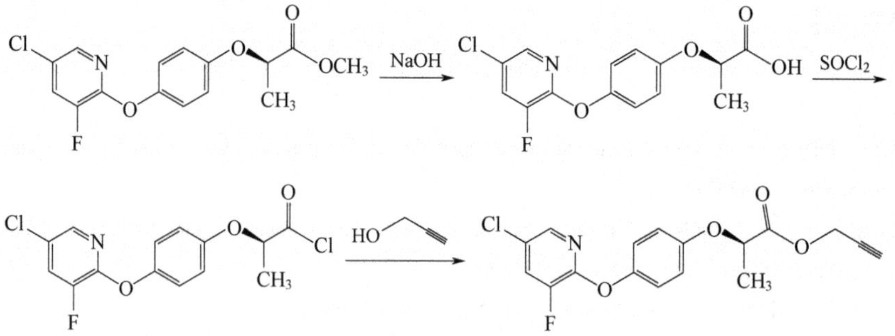

路线 2：

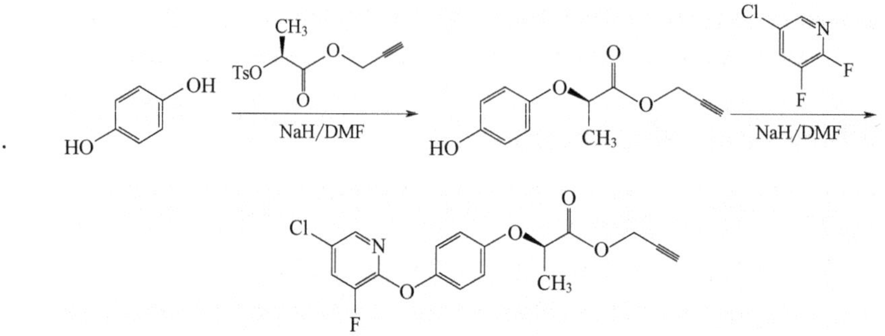

路线 3：

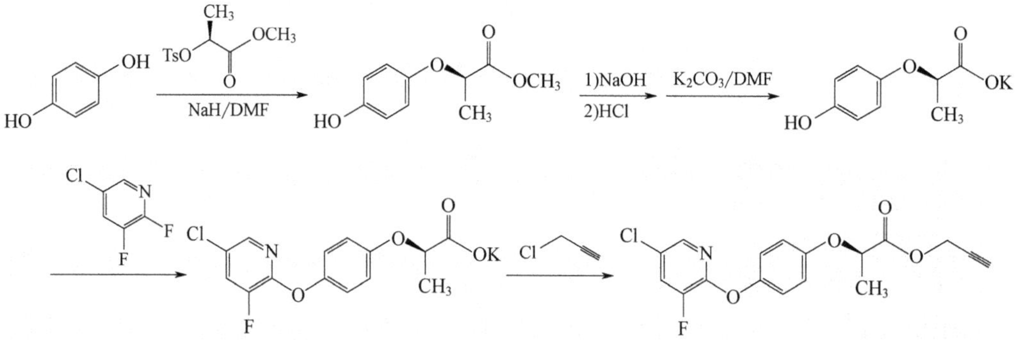

中间体合成[7-11]：

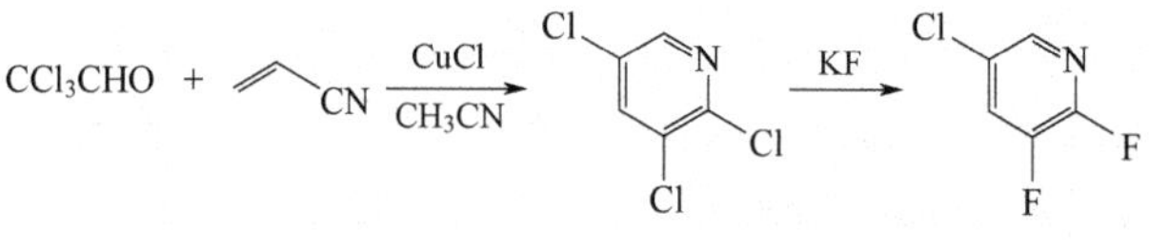

【哺乳动物毒性】急性毒性经口 LD_{50}：雄大鼠 1202mg/kg，雌大鼠 2785mg/kg，小鼠＞2000mg/kg，鼠急性经皮 LD_{50}＞2000mg/kg；大鼠急性吸入 LC_{50}（4h）2.324mg/L；对兔眼睛和皮肤无刺激性，可能对豚鼠皮肤有致敏。NOEL：大鼠（2 年）0.32mg/(kg・d)，雌小鼠（18 个月）1.1mg/(kg・d)，狗（1 年）3.3mg/(kg・d)。ADI/RfD（EC）0.003mg/kg[2006]；毒性等级：Ⅲ。

【生态毒性】山齿鹑 LD_{50} 145mg/kg，绿头野鸭 LD_{50}（8d）＞2000mg/kg。鱼毒性 LC_{50}

（96h）：虹鳟 0.39mg/L，鲤鱼 0.43mg/L，鲶鱼 0.46mg/L。水蚤 EC_{50}（48h）＞60mg/L。EC_{50}（72～120h）：羊角月牙藻＞1.7mg/L，铜绿微囊藻＞65.5mg/L，舟形藻 6.8mg/L，浮萍＞2.4mg/L。蜜蜂经口 LD_{50}（48h）＞100μg/只，蜜蜂接触 LD_{50}（48h）＞100μg/只，蚯蚓 LC_{50} 210mg/kg（土）。

【作用机理】通过抑制乙酰辅酶 A 羧化酶（ACCase）抑制脂肪酸合成。

【分析方法】高效液相色谱-紫外（HPLC-UV）检测，气相色谱-质谱联用（GC-MS）

【制剂】乳油（EC），可湿粉剂（WP）

【应用】作用方式：内吸型除草剂，苗后防除禾本科杂草。毒害症状在 1～3 周内出现，影响分生组织。用途：用于谷物，苗后防除一年生禾本科杂草，包括野燕麦、黑麦草、狗尾草、虉草、看麦娘，剂量 30～60g/hm^2。对春小麦和冬小麦毒性很低。主要与安全剂解毒喹啉同时使用。

【代谢】动物：水解成相应的酸，随尿液和粪便排出。植物：在植株内迅速降解为酸，后者为主要代谢物。土壤/环境：在土壤中迅速降解为酸（DT_{50}＜2h），进一步降解为苯基和吡啶类物质，然后与土壤结合并矿化。游离酸在土壤中迁移，但降解 DT_{50} 5～20d；渗滤的可能性可忽略。

【使用注意事项】对水生生物极毒，可能导致对水生环境的长期不良影响。

【参考文献】

[1] Kreuz K，Gaudin J，Stingelin J，et al. Metabolism of the aryloxyphenoxypropanoate herbicide，CGA184927，in wheat，barley and maize：differential effects of the safener，CGA185072. Z Naturforsch，C. J Biosci，1991，46（9-10）：901-905.

[2] Gharda K H. One pot process for manufacture of(*R*)-(+)-2-[4-(5-chloro-3-fluoropyridin-2-yloxy)phenoxy]propionic acid propargyl ester. IN2009MU02923.

[3] 陈正伟. 一种炔草酯的制备方法. CN105418494.

[4] Seifert G，Sting A，Urwyler B. Process for preparation of herbicide(*R*)(+)-2-[4-[5-chloro-3-fluoropyridin-2-yloxy]phenoxy] propionic acid propynyl ester. EP952150.

[5] 赵飞四，覃能东，任永辉，等. 炔草酯的合成方法. CN112250621.

[6] 于国权，孙霞林，丁华平，等. 炔草酯合成工艺. CN106748986.

[7] Venugopal B. Process for the preparation of 2,3-difluoro-5-halopyridines. EP710649.

[8] 杨金洪. 2,3-二氟-5-氯吡啶的制备方法. CN103396357.

[9] 赵渭，黄瑞琦，王凤云，等. 一类含硼化合物及其在催化氟化反应中的应用. CN108069994.

[10] 华路生，王海根，陈敏方. 一种 2,3-二氟-5-氯吡啶的制备方法. CN112300062.

[11] Park T H，Zhao L X，Lee S H. Process for preparing 2-aminopyridine derivatives. US20060047124.

2.4 对羟基苯基丙酮酸双氧化酶抑制剂

2.4.1 芳基吡唑酮类

2.4.1.1 苯唑氟草酮 fenpyrazone

【商品名称】金玉盈，金稳玉

【化学名称】4-{2-氯-4-(甲基磺酰基)-3-[(2,2,2-三氟乙氧基)甲基]苯甲酰基}-1-乙基-1*H*-吡唑-5-基 1,3-二甲基-1*H*-吡唑-4-甲酸酯

IUPAC 名：4-{2-chloro-4-(methylsulfonyl)-3-[(2,2,2-trifluoroethoxy)methyl]benzoyl}-1-ethyl-1*H*-pyrazol-5-yl 1,3-dimethyl-1*H*-pyrazole-4-carboxylate

CAS 名：4-[2-chloro-4-(methylsulfonyl)-3-[(2,2,2-trifluoroethoxy)methyl]benzoyl]-1-ethyl-1*H*-pyrazol-5-yl 1,3-dimethyl-1*H*-pyrazole-4-carboxylate

【化学结构式】

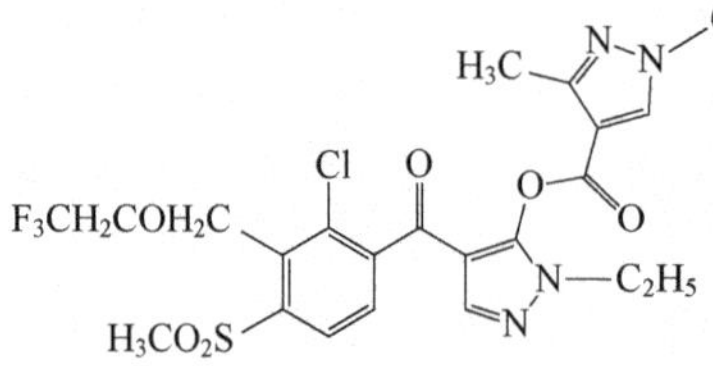

【分子式】$C_{22}H_{22}ClF_3N_4O_6S$

【分子量】562.95

【CAS 登录号】1992017-55-6

【研制和开发公司】青岛清原化合物有限公司发现，江苏清原农冠杂草防治有限公司开发

【上市国家和年份】中国，2020 年

【合成路线】[1-5]

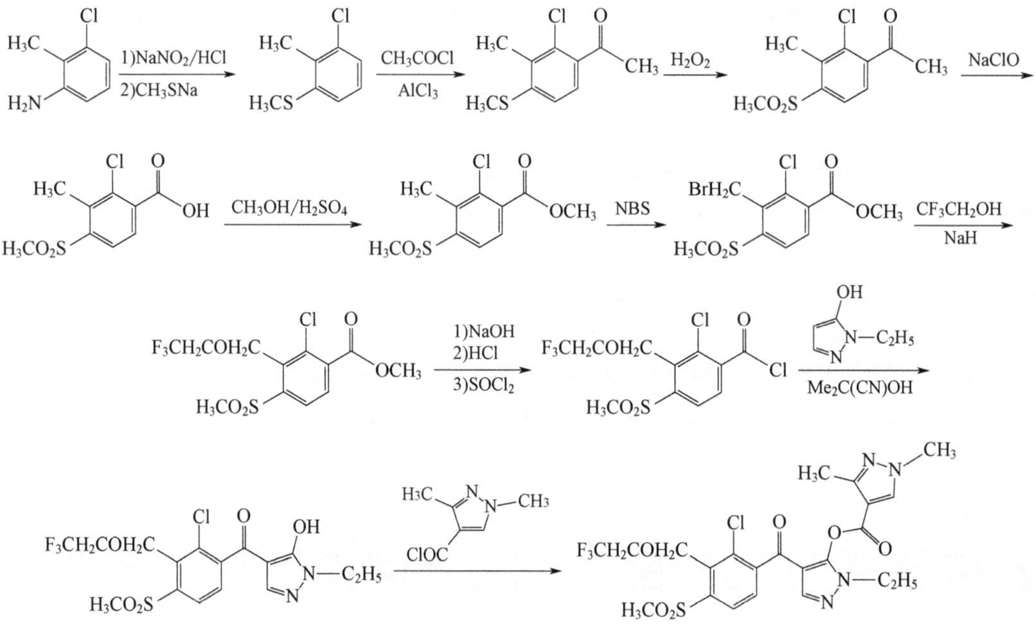

【作用机理】通过抑制对羟基苯基丙酮酸双氧化酶（HPPD）的活性，使对羟基苯基丙酮酸转化为尿黑酸的过程受阻，从而导致生育酚及质体醌无法正常合成，影响靶标体内类胡萝卜素合成，导致叶片发白而死亡。

【制剂】可分散油悬浮剂（OD）

【应用】[6]苯唑氟草酮具有内吸传导作用，杀草活性高，苗后茎叶处理，防除玉米田阔叶杂草及禾本科杂草。其对马唐、稗草、牛筋草、狗尾草、虎尾草、野黍子、止血马唐等常见禾本科杂草高效，对藜、苘麻、反枝苋、马齿苋、苍耳、龙葵等一年生阔叶杂草也有优异的防除效果，对抗烟嘧磺隆杂草具较好活性，与烟嘧磺隆（ALS 抑制剂）无交互抗性。对玉米安全，并具有良好的后茬作物安全性。江苏清原农冠杂草防治有限公司在中国登记了 95%苯唑氟草酮原药、6%苯唑氟草酮可分散油悬浮剂、25%苯唑氟草酮·莠去津可分散油悬浮剂（3%苯唑氟草酮+22%莠去津）；3 个产品均为低毒；制剂产品仅限于谷物类作物使用。其中，6%苯唑氟草酮可分散油悬浮剂防除夏玉米田一年生杂草，制剂用药量为 75～100mL/亩。25%苯唑氟草酮·莠去津可分散油悬浮剂防除春玉米田、夏玉米田一年生杂草，制剂用药量分别为：200～300mL/亩、150～200 mL/亩（1 亩≈667m^2）。

【参考文献】

[1] Von D W，Hill R L，Kardorff U，et al．3-Heterocyclyl-substituted benzoyl derivatives．WO9831681．

[2] Almsick A V，Willms L，Auler T，et al．New benzoylcycloalkanone and benzoyl-cycloal kanedione derivatives useful as herbicides，especially for selective weed control in crops，and plant growth regulators．DE19846792．

[3] Hill R L，KardorfF U，Rack M，et al．Substituted 4-benzoylpyrazoles．US6028035．

[4] 刘安昌，贺晓露．冯佳丽三酮类除草剂环磺草酮的合成工艺．CN104292137．

[5] 刘志刚，李劲，朱梦鑫，等．一种除草剂环磺酮的合成工艺．CN109678767．

[6] Wang H Z，Wang H，Zhu B L，et al．Fenpyrazone effects on succeeding crops in annual double-cropping areas on the North China Plain．Crop Prot，2021，143：105456．

2.4.1.2 环吡氟草酮 cypyrafluone

【商品名称】普草克，虎赍

【化学名称】1-[2-氯-3-[(3-环丙基-5-羟基-1-甲基-1*H*-吡唑-4-基)羰基]-6-(三氟甲基)苯基]哌啶-2-酮

IUPAC 名：1-{6-chloro-5-[(3-cyclopropyl-5-hydroxy-1-methyl-1*H*-pyrazol-4-yl)carbonyl]- *α*,*α*,*α*-trifluoro-*o*-tolyl}-2-piperidone

CAS 名：1-[2-chloro-3-[(3-cyclopropyl-5-hydroxy-1-methyl-1*H*-pyrazol-4-yl)carbonyl]-6-(trifluoromethyl) phenyl]-2-piperidinone

【化学结构式】

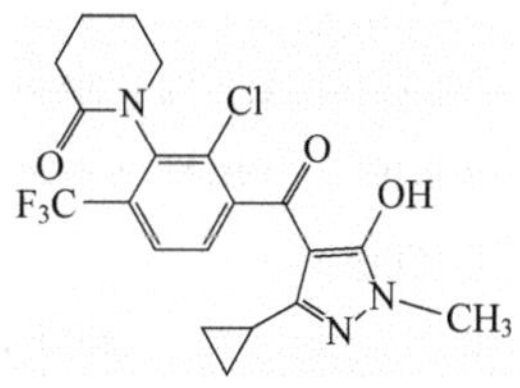

【分子式】$C_{20}H_{19}ClF_3N_3O_3$

【分子量】441.84

【CAS 登录号】1855929-45-1

【研制和开发公司】青岛清原化合物有限公司发现，江苏清原农冠杂草防治有限公司开发

【上市国家和年份】中国，2018 年

【合成路线】[1-3]

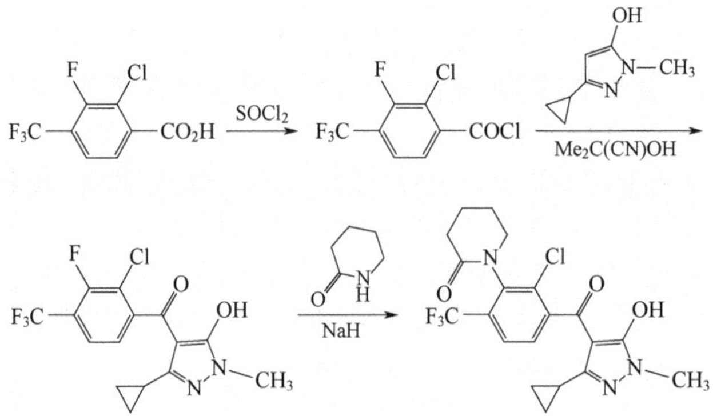

【作用机理】通过抑制 HPPD 的活性，使对羟基苯基丙酮酸转化为尿黑酸的过程受阻，从而导致生育酚及质体醌无法正常合成，影响靶标体内类胡萝卜素合成，导致叶片发白而死。

【制剂】油分散制剂（OD）

【应用】[4] 环吡氟草酮具有内吸传导作用，小麦田苗后茎叶处理，有效防除小麦田一年生禾本科杂草及部分阔叶杂草；具有杀草谱广、杀草彻底、不易反弹、安全性好等特性。环吡氟草酮与目前小麦田主流药剂甲基二磺隆、啶磺草胺、氟唑磺隆等 ALS 抑制剂，炔草酯、唑啉草酯、精噁唑禾草灵等 ACCase 抑制剂，异丙隆等 PSⅡ电子传递抑制剂不存在交互抗性，可用于抗性和多抗性杂草的防除。试验表明，环吡氟草酮的这两个制剂在冬小麦 3 叶 1 心期至拔节前茎叶喷雾，对冬小麦不同品种表现出了优异的安全性，对看麦娘、日本看麦娘、硬草等一年生禾本科杂草及牛繁缕、播娘蒿等部分阔叶杂草表现出优异的防效；并可有效防除抗性及多抗性的看麦娘、日本看麦娘、硬草、蜡烛草、棒头草、早熟禾等一年生禾本科杂草，以及抗性及多抗性的繁缕、牛繁缕、野油菜、荠菜、碎米荠等一年生阔叶杂草。

【参考文献】

[1] Lian L，Zheng Y R，He B，et al．Pyrazolone compound or salt thereof，preparation method there for，herbicide composition and use thereof．WO2017075910．

[2] Lian L，Zheng Y R，He B，et al．Cypyrafluone monoisopropylamine salt D crystal form，prepa ration method therefor and use thereof．WO2020133015．

[3] Burton P，Smith A．Herbicidal compounds．WO2019243358．

[4] Zhao N，Ge L A，Yan Y Y，et al．Trp-1999-Ser mutation of acetyl-*CoA* carboxylase and cyto chrome P450s-involved metabolism confer resistance to fenoxaprop-P-ethyl in polypogon fugax．Pest Manage Sci，2019，75（12）：3175-3183．

2.4.1.3 磺酰草吡唑 pyrasulfotole

【商品名称】Huskie（混剂，与溴苯腈庚酸酯、吡唑解草酯、辛酰溴苯腈混合），Infinity（混剂，与溴苯腈庚酸酯、吡唑解草酯、辛酰溴苯腈混合），Precept（混剂，与吡唑解草酯、2-甲基-4-氯苯氧乙酸 2-乙基己酯混合）

【化学名称】(5-羟基-1,3-二甲基-1*H*-吡唑-4-基)[2-(甲磺酰)-4-(三氟甲基)苯基]甲酮

IUPAC 名：(5-hydroxy-1,3-dimethylpyrazol-4-yl)(*α,α,α*-trifluoro-2-mesyl-*p*-tolyl)methanone

CAS 名：(5-hydroxy-1,3-dimethyl-*1H*-pyrazol-4-yl)[2-(methylsulfonyl)-4-(trifluoromethyl) phenyl] methanone

【化学结构式】

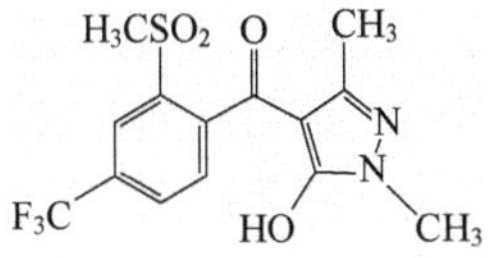

【分子式】$C_{14}H_{13}F_3N_2O_4S$

【分子量】362.32

【CAS 登录号】365400-11-9

【理化性质】灰色粉末，熔点 201℃；蒸气压（20℃）2.7×10^{-4}mPa；密度（20℃）1.53g/cm^3。K_{ow}lg$P$（23℃）：0.276（pH4），−1.362（pH7），−1.580（pH9）。水中溶解度（20℃）：4.2g/L（pH4），69.1g/L（pH7），49g/L（pH9）。有机溶剂中溶解度（20℃）：丙酮 89.2g/L，乙醇 21.6g/L，正己烷 0.038g/L，甲苯 6.86g/L，二氯甲烷 120～150g/L，乙酸乙酯 37.2g/L，二甲基亚砜＞600g/L。pH5、pH7、pH9 抗非生物性水解，pH7 不光解；pK_a 4.2。

【研制和开发公司】由 Bayer CropScience（德国拜耳）开发

【上市国家和年份】澳大利亚、加拿大，2004 年

【合成路线】[1,2]

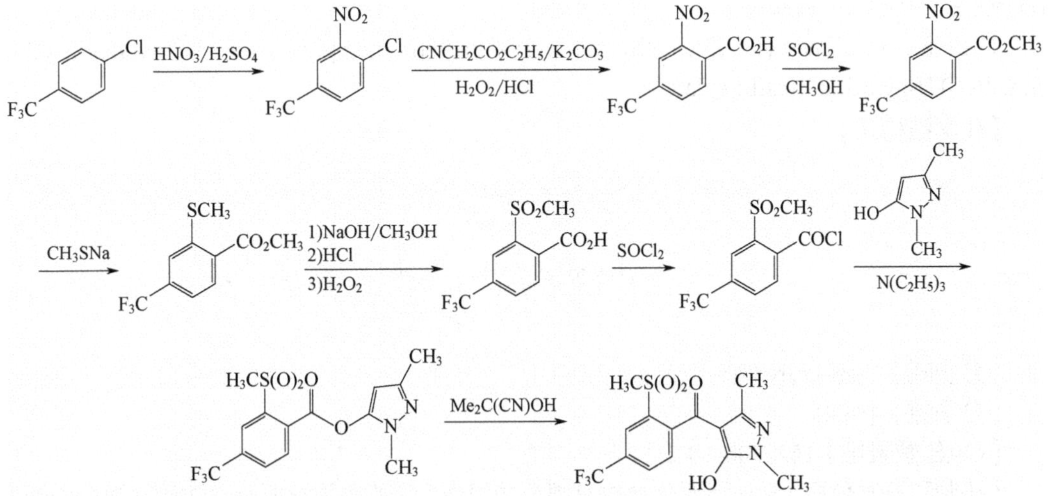

【哺乳动物毒性】大鼠急性经口 LD_{50}＞2000mg/kg，大鼠急性经皮 LD_{50}＞2000mg/kg；对兔眼睛有轻微刺激，对皮肤无刺激，对豚鼠皮肤无致敏；大鼠吸入 LC_{50}（4h）＞5.03mg/L。基于亚慢性毒性试验和致癌试验，大鼠 NOAEL 25mg/kg[雄大鼠 1mg/(kg・d)]。ADI/RfD（EPA）cRfD 0.01mg/kg[2007]。

【生态毒性】山齿鹑急性经口 LD_{50}＞2000mg/kg，山齿鹑亚慢性饲喂 LC_{50}（5d）＞4911mg/kg 饲料。鱼急性 LC_{50}（96h）：虹鳟和蓝鳃翻车鱼＞100mg/L。水蚤 EC_{50}＞100mg/L；近头状伪蹄形藻 E_rC_{50} 29.8mg/L；蜜蜂（48h，经口）LD_{50}＞120μg/只，蜜蜂（48h，接触）LD_{50}＞75μg/只；蚯蚓急性 LC_{50}（14d）＞1000mg/kg（土）。

【作用机理】对羟基苯基丙酮酸双氧化酶（HPPD）抑制剂。

【分析方法】高效液相色谱-紫外（HPLC-UV），液相色谱-质谱（LC-MS）

【制剂】乳油（EC）

【应用】磺酰草吡唑是第一个用于谷物田的 HPPD 抑制剂类除草剂，为谷物田杂草防除

提供了新的作用机理，为谷物田抗性和多抗性杂草防除提供了新的解决方案。磺酰草吡唑主要用于谷物，防除阔叶杂草，如繁缕、藜属、茄属、苋属、苘麻属植物，但对部分一年生禾本科杂草（如狗尾草）的防效并不理想；苗后施药，有效成分用药量为 25～50g/hm^2。磺酰草吡唑与安全剂吡唑解草酯制成混剂能够显著提高作物抗药性，使其几乎对所有品种的小麦、大麦和黑小麦表现出优异的作物安全性。

【代谢】土壤代谢：DT_{50} 55.5d；水中沉积物 DT_{50} 365d；水相 DT_{50} 140d；土壤吸附 K_{oc} 368mL/g。

【参考文献】

[1] 苏叶华，周君津，梁小明，等. 一种磺苯基吡唑酮及其中间体的制备方法. CN105646356.

[2] Bernard D. Process for the preparation of 2-alkyl thiobenzonitrile dervivatives. WO9902490.

2.4.1.4 双唑草酮 bipyrazone

【商品名称】雪虎，麦欢，雪鹰，麦豹，满达，锐宝

【化学名称】1,3-二甲基-4-[2-(甲基磺酰基)-4-(三氟甲基)苯甲酰基]-1*H*-吡唑-5-基 1,3-二甲基-1*H*-吡唑-4-甲酸酯

IUPAC 名：1,3-dimethyl-4-(*α*,*α*,*α*-trifluoro-2-mesyl-*p*-toluoyl)-1*H*-pyrazol-5-yl 1,3-dimethyl-1*H*-pyrazole-4-carboxylate

CAS 名：1,3-dimethyl-4-[2-(methylsulfonyl)-4-(trifluoromethyl)benzoyl]-1*H*-pyrazol-5-yl1,3-dimethyl-1*H*-pyrazole-4-carboxylate

【化学结构式】

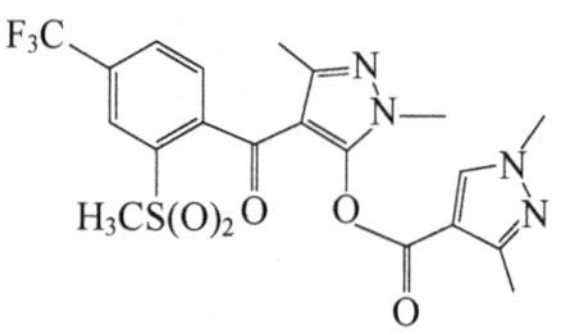

【分子式】$C_{20}H_{19}F_3N_4O_5S$

【分子量】484.45

【CAS 登录号】1622908-18-2

【研制和开发公司】青岛清原化合物有限公司发现，江苏清原农冠杂草防治有限公司开发

【上市国家和年份】中国，2018 年

【合成路线】[1]

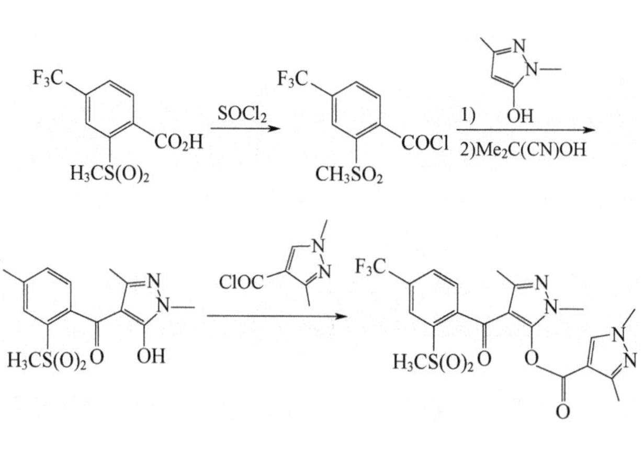

中间体合成[2-4]：

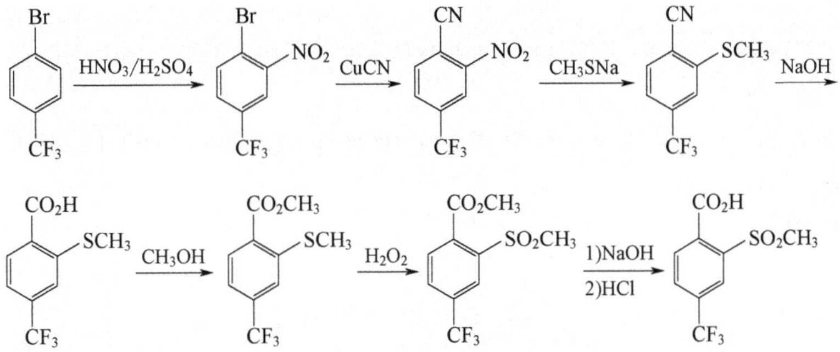

【作用机理】通过抑制 HPPD 的活性，使对羟基苯基丙酮酸转化为尿黑酸的过程受阻，从而导致生育酚及质体醌无法正常合成，影响靶标体内类胡萝卜素合成，导致叶片发白而死亡。

【分析方法】高效液相色谱-紫外（HPLC-UV）检测

【制剂】油分散制剂（OD）

【应用】[5] 双唑草酮具有较高的安全性和复配灵活性，与当前麦田常用的双氟磺草胺、苯磺隆、苄嘧磺隆、噻吩磺隆等 ALS 抑制剂类除草剂，唑草酮、乙羧氟草醚等 PPO 抑制剂类除草剂，以及二甲四氯钠、2,4-D 等激素类除草剂之间不存在交互抗性，可防除冬小麦田中的一年生阔叶杂草，尤其对抗性和多抗性的播娘蒿、荠菜、野油菜、繁缕、牛繁缕、麦家公等阔叶杂草效果优异。在应用上，10%双唑草酮可分散油悬浮剂用于冬小麦田防治一年生阔叶杂草，登记用量为 30～37.5g/hm^2（制剂用药量 20～25g/亩），施药方式为茎叶喷雾。大田试验表明：10%双唑草酮可分散油悬浮剂 30～60g/hm^2 在冬小麦 3 叶 1 心期至拔节前茎叶喷雾，对不同区域的冬小麦品种均表现出优异安全性，对荠菜、播娘蒿、牛繁缕等一年生阔叶杂草表现出了优异防效。与当前小麦田常用的阔叶类杂草除草剂不存在交互抗性，10%双唑草酮可分散油悬浮剂可有效防除当前长江中下游稻麦轮作区抗性、多抗性（ALS、PPO、激素类）的繁缕、牛繁缕、野油菜、荠菜、碎米荠等和黄河流域小麦田抗性、多抗性（ALS、PPO、激素类）的播娘蒿、荠菜、麦家公等一年生阔叶杂草。

【参考文献】

[1] 沈园园，连磊，征玉荣，等．一种具有除草活性的 4-苯甲酰吡唑类化合物．CN103980202．

[2] Peter B，Thomas K，Klaus K，et al．2-alkylmercapto-4-(trifluoromethyl)benzoic esters and a process for their preparation．US 5744021．

[3] Bernard D，Viauvay A．Process for the preparation of 2-alkylthio benzoic acid derivatives．WO9902489．

[4] 方永勤，徐冬梅．4-三氟甲基苯乙酸的合成新方法．化学试剂，2010，32（4）：367-368，371．

[5] Wang H Z，Sun P L，Guo W L，et al. Florasulam resistance status of flixweed(*Descurainia sophia L.*) and alternative herbicides for its chemical control in the North China plain．Pestic Biochem Physiol，2021，172：104748．

2.4.2 芳基环己酮类

2.4.2.1 氟吡草酮 bicyclopyrone

【商品名称】Acuron（混剂，与溴苯腈、解毒喹啉混合），Talinor［混剂，与莠去津、硝磺草酮、（*S*）-异丙草胺、解草嗪啉混合］

【化学名称】4-羟基-3-{2-[(2-甲氧基乙氧基)甲基]-6-(三氟甲基)吡啶-3-基羰基}双环[3.2.1]辛-3-烯-2-酮

IUPAC 名：(4-hydroxy-3-{2-[(2-methoxyethoxy)methyl]-6-(trifluoromethyl)-3-pyridylcarbonyl}bicycle [3.2.1]oct-3-en-2-one)

CAS 名：4-hydroxy-3-[[2-[(2-methoxyethoxy)methyl]-6-(trifluoromethyl)-3-pyridinyl]carbonyl]bicyclo[3.2.1]oct-3-en-2-one

【化学结构式】

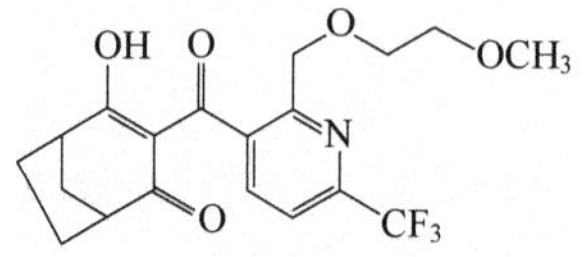

【分子式】$C_{19}H_{20}F_3NO_5$

【分子量】399.37

【CAS 登录号】352010-68-5

【理化性质】纯品外观为白色粉末；熔点 65.3℃；蒸气压（20℃）<3.75×10^{-8}mmHg。K_{ow}lg$P$（25℃）：0.25（pH5），−1.2（pH7），−1.9（pH9）。水中溶解度（25℃）：38g/L（pH4.9），119g/L（pH7.2）。有机溶剂中溶解度（25℃）：丙酮>500g/L，二氯甲烷>500g/L，乙酸乙酯>500g/L，己烷 8.9g/L，甲醇>500g/L，辛醇 91g/L，甲苯 500g/L。

【研制和开发公司】中国 Syngenta AG（先正达公司）

【上市国家和年份】美国，2014 年

【合成路线】[1-4]

路线 1：

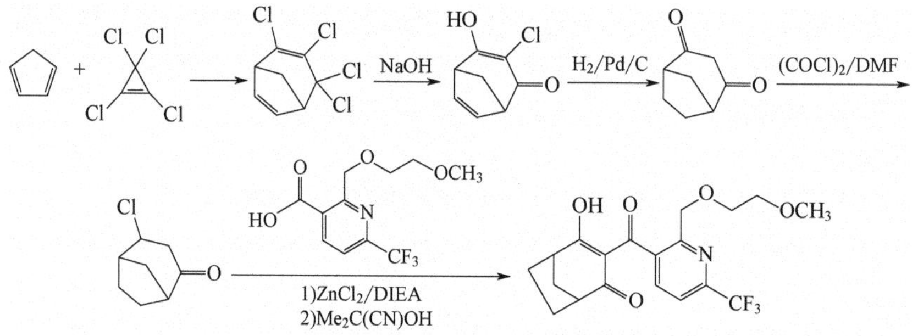

路线 2：

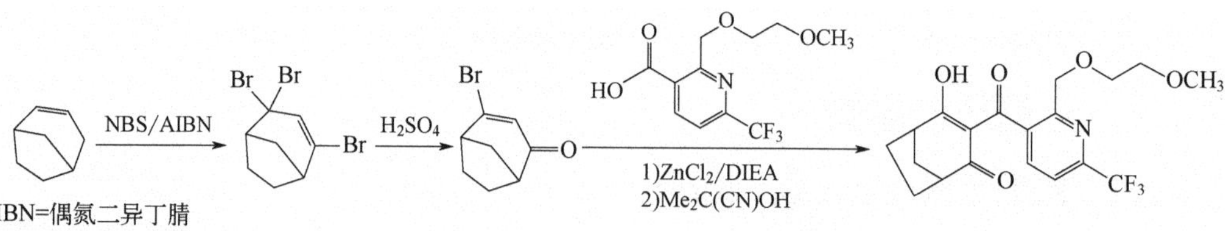

AIBN=偶氮二异丁腈

DIEA=N, N-二异丙基乙胺

中间体合成：

方法 1：

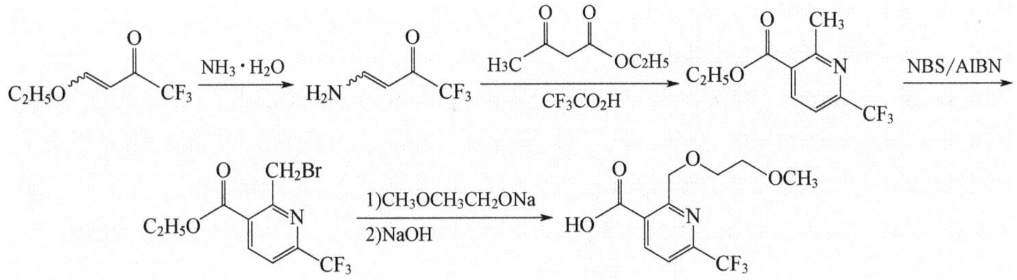

方法 2：

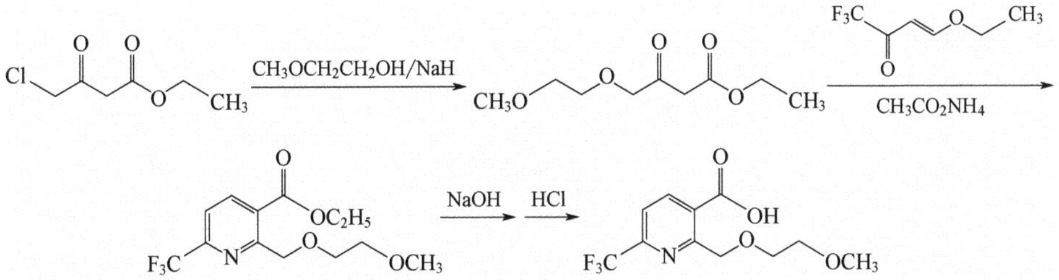

【哺乳动物毒性】原药（有效成分 94.5%）为低毒，对雌大鼠急性毒性经口 LD_{50}＞5000mg/kg，对雌、雄大鼠急性经皮 LD_{50}＞5000mg/kg，对雌、雄大鼠急性吸入 LC_{50}＞5.2mg/L；对兔皮肤无刺激性，对眼睛有轻微刺激性，不会引起皮肤过敏。

【生态毒性】北美鹑 LD_{50} 为 1206mg/kg；膨胀浮萍 EC_{50}（7d）为 0.013mg/L；大型蚤 EC_{50}（48h）＞93.3mg/L；虹鳟鱼 LC_{50}（96h）＞93.7mg/L；蜜蜂接触 LD_{50}（48h）＞200μg/只；蚯蚓 LC_{50}（14 d）＞1000mg/kg；捕食性螨 LD_{50}（7d）＞200g/hm^2。

【作用机理】为对羟基苯基丙酮酸双氧化酶（HPPD）抑制剂，通过阻断合成胡萝卜素所需的 HPPD 而致植物白化而死亡。

【分析方法】高效液相色谱-紫外（HPLC-UV）检测

【制剂】乳油（EC），微囊悬浮剂（CS）

【应用】[5] 氟吡草酮在实际应用中以混剂为主。如 Acuron 登记用于玉米和甘蔗田防除狗尾草、卷茎蓼、豚草等许多一年生禾本科杂草和阔叶杂草。芽前、苗后单次施用的剂量约为 50g/hm^2（有效成分），再施药间隔期（RTI）为 14d 以上，安全间隔期 45d。Talinor 对冬小麦、春小麦、硬粒小麦、大麦田抗合成激素类、ALS 抑制剂类除草剂及草甘膦等的恶性阔叶杂草防效高，苗后施用推荐用量为 1000～1350mL/hm^2。Talinor 还具有优异的桶混特性，可与其他防除禾本科杂草的除草剂混用，一次性防除两大类杂草。

【参考文献】

[1] Jackson D A，Edmunds A，Bowden M C，et al．Process for the production of cyclic diketones．WO2005105717．

[2] Jackson D A，Edmunds A，Bowden M C，et al．Process for the production of cyclic diketones．EP1740524．

[3] Baalouch M，De Mesmaeker A，Beaudegnies R．Efficient synthesis of bicyclo[3．2．1]octane-2,4- diones and their incorporation into potent HPPD inhibitors．Tetrahedron Lett，2013，54（6）：557- 561．

[4] Okada E，Kinomura T，Higashiyama Y，et al．A simple and convenient synthetic method for α- trifluoromethylpyridines．

Heterocycles，1997，46（1）：129-132．

[5] Martin C S，Lyon D J，Gourlie J，et al．Weed control with bicyclopyrone + bromoxynil in Wheat．Crop，Forage Turfgrass Manage．2018，4（1）：180011．

2.4.2.2　环磺酮 tembotrione

【商品名称】Laudis（混剂，与双苯噁唑酸混合），Soberan（混剂，与双苯噁唑酸混合），Laudis Plus（混剂，与双苯噁唑酸、特丁津混合），Capreno（混剂，与噻酮磺隆混合）

【化学名称】2-[2-氯-4-甲磺酰基-3-(2,2,2-三氟乙氧基甲基)苯甲酰基]-环己-1,3-二酮

IUPAC 名：2-{2-chloro-4-mesyl-3-[(2,2,2-trifluoroethoxy)methyl]benzoyl}cyclohexane-1,3-dione

CAS 名：2-[2-chloro-4-(methylsulfonyl)-3-[(2,2,2-trifluoroethoxy)methyl]benzoyl]-1,3-cyclohexanedione

【化学结构式】

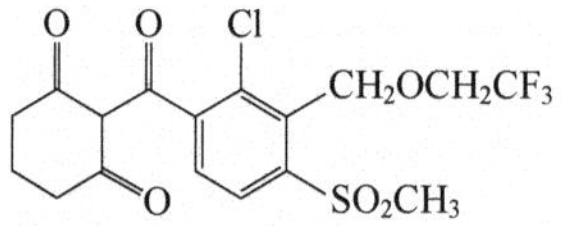

【分子式】$C_{17}H_{16}ClF_3O_6S$

【分子量】440.81

【CAS 登录号】335104-84-2

【理化性质】米黄色粉末，熔点 123℃（纯度 98.9%）；蒸气压（20℃）1.1×10^{-5}mPa。K_{ow}lg$P$：−1.37（pH9.0，23℃），−1.09（pH7.0，24℃），2.16（pH2.0，23℃）。密度（20℃）1.56g/cm^3。水中（20℃）溶解度：0.22g/L（pH4），28.3g/L（pH7）。有机溶剂中溶解度（20℃）：二甲亚砜和二氯甲烷＞600mg/L，丙酮 300～600mg/L，乙酸乙酯 180.2mg/L，甲苯 75.7mg/L，己烷 47.6mg/L，乙醇 8.2mg/L。pK_a 3.2。

【研制和开发公司】由 Bayer CropScience（德国拜耳）开发

【上市国家和年份】澳大利亚、美国，2007 年

【合成路线】[1-5]

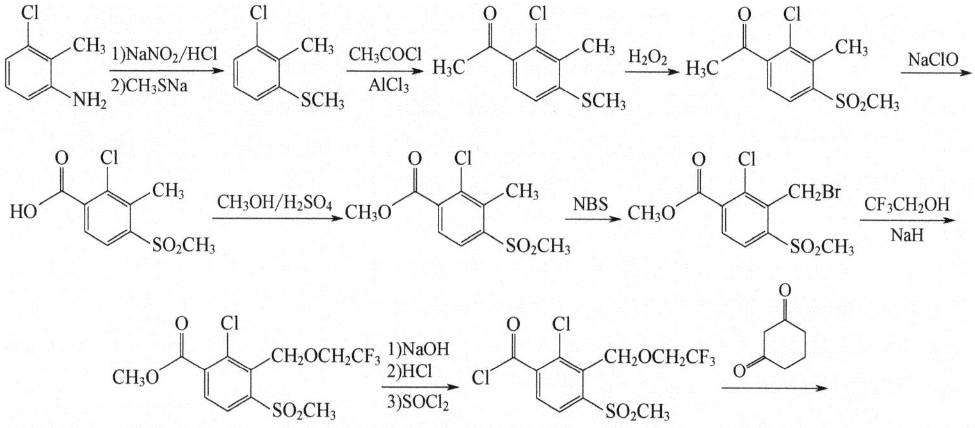

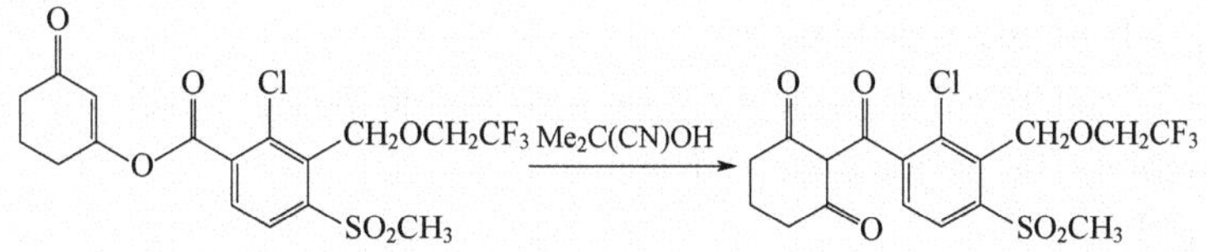

【哺乳动物毒性】大鼠急性经口 LD_{50}>2000mg/kg；大鼠急性经皮 LD_{50}>2000mg/kg；大鼠急性吸入毒性 LC_{50}>5.03mg/L；制剂中度眼睛刺激性（兔），无皮肤刺激性（兔），EC 列为皮肤致敏物，USA 未列为皮肤致敏物。雄性大鼠 NOEL0.04mg/kg；无致突变性、无致畸性和无致癌性；ADI/RfD（EC）aRfD 0.0008mg/kg，aRfD0.0004mg/kg[2003]。

【生态毒性】急性经口 LD_{50}：山齿鹑>1788mg/kg，野鸭>282mg/kg。鱼急性 LC_{50}（96h）：虹鳟>100mg/L。近头状伪蹄形藻 E_bC_{50}（96h）0.38mg/L，E_rC_{50}（96h）0.75mg/L。浮萍 E_bC_{50}（7d）0.006mg/L，E_rC_{50}（7d）0.008mg/L。蜜蜂推荐急性（72h，经口）LD_{50}>92.8μg/只，蜜蜂（48h，接触）LD_{50}>100μg/只；蚯蚓急性 LC_{50}（14d）>1000mg/kg（土）。

【作用机理】芽后 HPPD（对羟基苯基丙酮酸双氧化酶）抑制剂类除草剂，可阻断植株体内异戊二烯基醌的生物合成，引起失绿、褪色、组织坏死，最终在 2 周内死亡。

【分析方法】高效液相色谱-紫外（HPLC-UV）

【制剂】可分散油悬浮剂（OD）

【应用】[6]作用方式：症状包括失绿、变色，最终在两个星期内坏死和死亡。用途：主要用于玉米田苗后施用，防除各种双子叶杂草和单子叶杂草，整个玉米生长季的最大使用剂量 $100g/hm^2$，可以一次施用，也可以分两次施用。

【代谢】动物：大鼠给药后，环磺酮被很好地吸收，24h 内>96%被回收，雄大鼠主要在尿液和粪便中，雌大鼠在尿液中，代谢主要是环己二酮环的羟基化。植物：在植物体内迅速代谢，主要通过环己二酮环的羟基化，随后是羟基化环的裂解，产生相应的取代苯甲酸。土壤/环境：环磺酮在好氧土壤中迅速降解，DT_{50} 4～56d（几何平均值 13.7）。在水和沉积物系统中，在水相的平均消散 DT_{50} 14d。

【参考文献】

[1] Wolfgang V D，Hill L H R，Kardorff U，et al．3-Heterocyclyl-substituted benzoyl derivatives．WO9831681．

[2] Almsick A V，Lothar W，Thomas A，et al．New benzoylcycloalkanone and benzoyl-cycloalkanedione derivatives useful as herbicides，especially for selective weed control in crops，and plant growth regulators．DE19846792．

[3] Luise H R，Kardorff U，Michael R，et al．Substituted 4-benzoylpyrazoles．US6028035．

[4] 刘安昌，贺晓露，冯佳丽．三酮类除草剂环磺草酮的合成工艺．CN104292137．

[5] 刘志刚，李劲，朱梦鑫，等．一种除草剂环磺酮的合成工艺．CN109678767．

[6] Wojtowicz M，Wojtowicz A，Wielebski F，et al．Efficacy of weed control for opium poppy(Papaver somniferum L．) with a mixture of tembotrione and fluroxypyr．J Plant Prot Res，2016，56（2）：149-156．

2.4.3 芳基甲酰胺类

2.4.3.1 三唑草酰胺 iptriazopyrid

【化学名称】3-[(异丙基砜基)甲基]-*N*-(5-甲基-1,3,4-噁二唑-2-基)-5-(三氟甲基)-[1,2,4]三唑并[4,3-*a*]吡啶-8-甲酰胺

IUPAC 名：3-[(isopropylsulfonyl)methyl]-*N*-(5-methyl-1,3,4-oxadiazol-2-yl)-5-(trifluoromethyl)-

[1,2,4]triazolo[4,3-*a*]pyridine-8-carboxamide

CAS 名：3-[[(1-methylethyl)sulfonyl]methyl]-*N*-(5-methyl-1,3,4-oxadiazol-2-yl)-5-(trifluoromethyl)-1,2,4-triazolo[4,3-*a*]pyridine-8-carboxamide

【化学结构式】

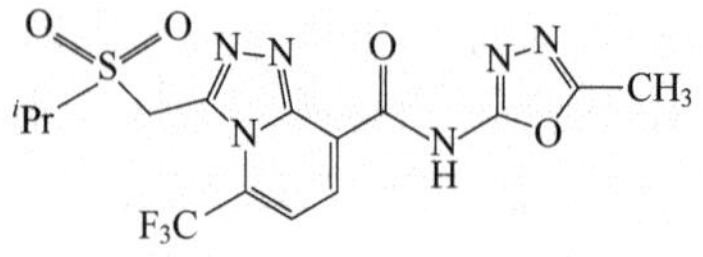

【分子式】$C_{15}H_{15}F_3N_6O_4S$

【分子量】432.38

【CAS 登录号】1994348-72-9

【研制和开发公司】日本日产化学公司发现

【上市国家和年份】开发中

【合成路线】[1]

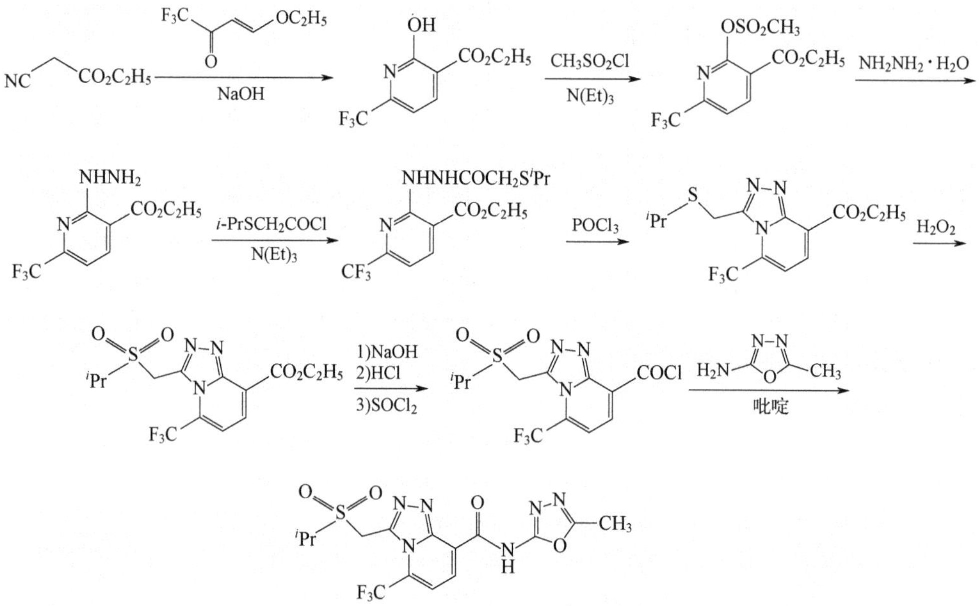

【参考文献】

[1] Nakaya Y，Iyobe Y，Komuro T．Preparation of crystal of triazolo[4,3-*a*]pyridine-8-carboxamide derivative and method for its production．WO2020189576．

2.4.3.2 氟砜草胺 flusulfinam

【化学名称】2-氟-*N*-(5-甲基-1,3,4-噁二唑-2-基)-3-丙基亚砜-4-(三氟甲基)苯甲酰胺

IUPAC 名：2-fluoro-*N*-(5-methyl-1,3,4-oxadiazol-2-yl)-3-(propylsulfinyl)-4-(trifluoromethyl)benzamide

CAS 名：2-fluoro-*N*-(5-methyl-1,3,4-oxadiazol-2-yl)-3-(propylsulfinyl)-4-(trifluoromethyl)benzamide

【化学结构式】

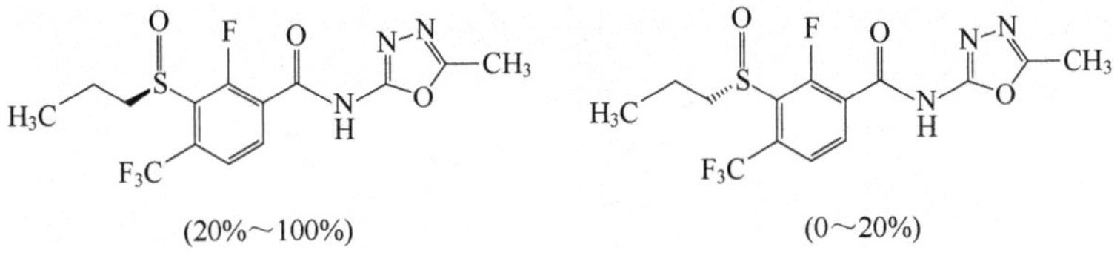

【分子式】$C_{14}H_{13}F_4N_3O_3S$

【分子量】379.33

【CAS登录号】2428458-82-4 [3-(*R*)-对映体(2421252-30-2),3-(*S*)-对映体（2421252-74-4）]

【研制和开发公司】青岛清原抗性杂草防治有限公司

【上市国家和年份】开发中

【合成路线】[1]

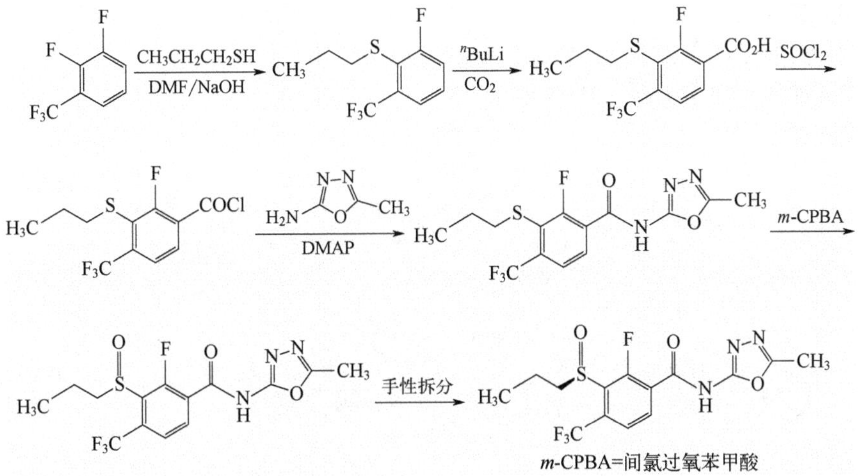

【应用】氟砜草胺能有效防除稗草、马唐、千金子等禾本科杂草及部分阔叶杂草、莎草科杂草，兼具茎叶、土壤活性。

【参考文献】

[1] Peng X G，Jin T，Zhao D，et al．Herbicidal composition comprising benzyl pyrimidine carboxylate compound and application thereof．WO2021093592．

2.4.4 芳基异噁唑酮类

2.4.4.1 异噁唑草酮 isoxaflutole

【商品名称】Balance，Merlin，Corvus（混剂，与噻酮磺隆、环丙磺酰胺混合）

【化学名称】5-环丙基-1,2-噁唑-4-基-*α*,*α*,*α*-三氟-2-甲磺酰基对甲苯基酮;5-环丙基-4-[2-甲基磺酰基-4-(三氟甲基)苯甲酰基]异噁唑

IUPAC名：5-cyclopropyl-1,2-oxazol-4-yl-*α*,*α*,*α*-trifluoro-2-mesyl-*p*-tolyl ketone;5-cyclopropyl-4-[2-methylsulfonyl-4-(trifluoromethyl)benzoyl]isoxazole

CAS名：(5-cyclopropyl-4-isoxazolyl)[2-(methylsulfonyl)-4-(trifluoromethyl)phenyl] methanone

【化学结构式】

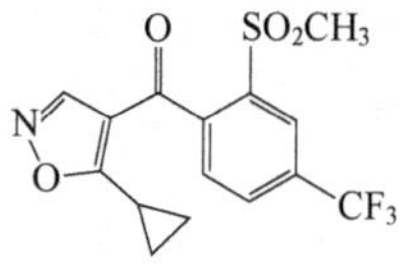

【分子式】$C_{15}H_{12}F_3NO_4S$

【分子量】359.32

【CAS 登录号】141112-29-0

【理化性质】原药含量 98%，灰白色至浅黄色固体，熔点 140℃；密度（20℃）1.42g/cm^3；蒸气压（25℃）1×10^{-3}mPa；K_{ow}lg$P$（25℃）2.34。水中溶解度：6.2mg/L（pH5.5，20℃）。有机溶剂中溶解度（20℃）：丙酮 293g/L，二氯甲烷 346g/L，甲苯 0.9g/L，乙酸乙酯 142g/L，正己烷 0.10g/L，甲醇 13.8g/L。54℃稳定 14d，水解 DT_{50} 11d（pH5），20h（pH7），3h（pH9），水溶液光解 DT_{50} 40h。

【研制和开发公司】由 Bayer CropScience（德国拜耳）开发生产

【上市国家和年份】美国，1998 年

【合成路线】[1-8]

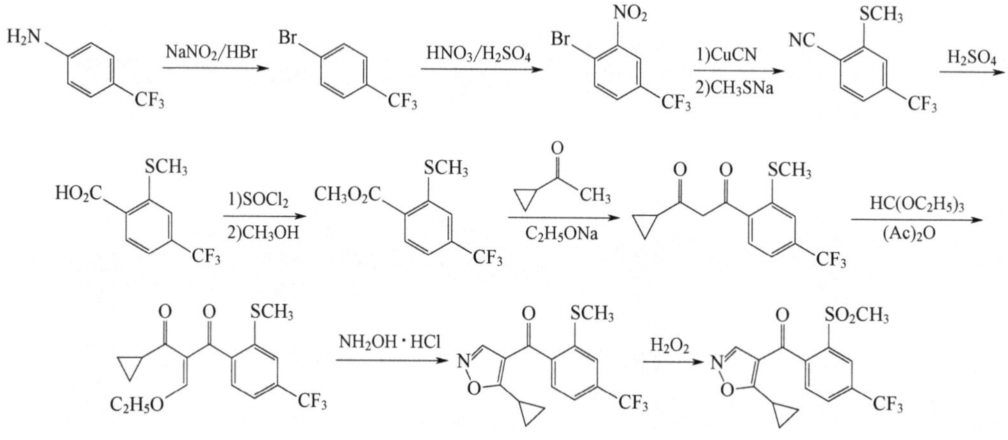

【哺乳动物毒性】大鼠急性毒性经口 LD_{50}＞5000mg/kg，兔急性经皮 LD_{50}＞2000mg/kg；大鼠急性吸入 LC_{50}（4h）＞5.23mg/L；对兔皮肤无刺激性，对眼睛有轻微刺激性，对豚鼠皮肤不致敏；大鼠 NOEL（2 年）2mg/(kg · d)；无诱变性和神经毒性；ADI/RfD（EC）0.002mg/kg[2003]；毒性等级：Ⅲ。

【生态毒性】鹌鹑和野鸭急性经口 LD_{50}（14d）＞2150mg/kg，饲喂 LC_{50}（8d）＞5000mg/kg；虹鳟 LC_{50}（96h）＞1.7mg/L，蓝鳃翻车鱼＞4.5mg/L；水蚤 EC_{50}（48h）＞1.5mg/L；羊角月牙藻 EC_{50} 0.016mg/L；美洲牡蛎 EC_{50}（96h）3.4mg/L；糠虾 18μg/L；对蚯蚓 LC_{50}＞1000mg/kg 无毒；蜜蜂经口 LD_{50}＞100μg/只，蜜蜂接触 LD_{50}＞100μg/只。

【作用机理】在植物体内快速代谢，在土壤中，通过打开异噁唑环形成活性组分二酮腈，这是一个对羟基苯基丙酮酸双氧酶抑制剂。这种酶可以将对羟基苯基丙酮酸转化为 2,5-二羟基苯乙酸，是塑体醌生物合成中关键的一步。抑制作用导致间接抑制类胡萝卜素的生物合成，引起新生部分萎黄。

【分析方法】高效液相色谱-紫外（HPLC-UV），气相色谱-质谱（GC-MS）

【制剂】悬浮剂（SC），水分散剂（WG），可湿粉剂（WP）

【应用】作用方式：通过根或叶吸收。用途：用于防除玉米和甘蔗田的多种禾本科杂草和阔叶杂草，出苗前或种植前使用剂量 75～140g/hm^2。可以通过与其他有效成分联合使用来扩大杀草谱。

【代谢】动物：在大鼠、山羊和母鸡经口摄入后快速吸收并代谢。在大鼠、山羊的尿液和粪便以及鸡的排泄物中，排出的主要代谢成分是二酮腈。在这 3 种动物中排出速率很快，在组织中发现了很低至中等水平的残留物，在主要的代谢和排出器官中残留水平较高。植物：植物代谢研究证明，在收获的产物中残留物水平非常低，而且主要是无毒代谢产物。土壤/环境：实验室土壤研究表明，主要通过水解和微生物来降解，最终矿化为 CO_2。异噁唑草酮平均 DT_{50}（实验室，有氧环境，20℃）2.3d，生物活性二酮腈代谢物 DT_{50} 46d。大田平均 DT_{50} 异噁唑草酮 1.3d，二酮腈 11.5d。平均 K_{oc} 异噁唑草酮 112L/kg，二酮腈 109L/kg。在模拟大雨下，异噁唑草酮和它的主要代谢物在土壤中具有潜在迁移性，但是大田研究表明，残留物留在地表，4 个月后土壤中几乎没有残留物。

【参考文献】

[1] Musil T，Pettit S N，Smith P H．4-Benzoyl isoxazoles derivatives and their use as herbicides．WO9414782．

[2] Catn P A，Cramp S M，Little-gillian M．Isoxazole derivatives，process for their preparation and their herbicidal applications．EP0470856．

[3] Kehne H，Almsick A，Ahrens H，et al．5-cyclopropylisoxazoles affective as herbicides．WO2009118125．

[4] Roberts D A，Cramp S M，Wallis D I，et al．Isoxazoles herbicides．EP0418175．

[5] Jcatn P A，Cramp S M，Little-Gillian M．Benzoyl isoxazole derivatives．EP0487357．

[6] Brungs P，Furt F，Karcher T，et al．Brombachtal 2-alkylmercapto-4-(trifluoromethyl)benzoic esters and a process for their preparation．US5744021．

[7] Bernard D，Viauvay A．Process for the preparation of 2-alkylthio benzoic acid derivatives．WO9902489．

[8] 方永勤，徐冬梅．4-三氟甲基苯乙酸的合成新方法．化学试剂，2010，32（4）：367-368，371．

2.5 合成生长素

2.5.1 吡啶甲酸类

2.5.1.1 吲哚吡啶酸虫酯 indolauxipyr/indolauxipyr-cyanomethyl

（1）吲哚吡啶酸 indolauxipyr

【化学名称】4-氨基-3-氯-5-氟-6-(7-氟-1*H*-吲哚-6-基)吡啶-2-甲酸

IUPAC 名：4-amino-3-chloro-5-fluoro-6-(7-fluoro-1*H*-indol-6-yl)pyridine-2-carboxylic acid

CAS 名：4-amino-3-chloro-5-fluoro-6-(7-fluoro-1*H*-indol-6-yl)-2-pyridinecarboxylic acid

【化学结构式】

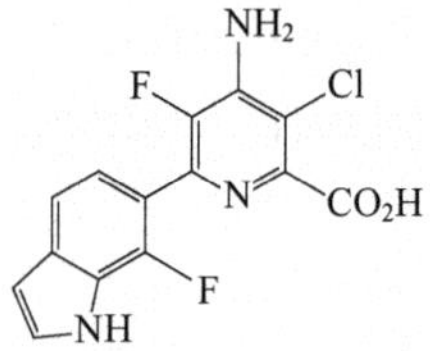

【分子式】$C_{14}H_8ClF_2N_3O_2$

【分子量】323.68

【CAS 登录号】1628702-28-2

（2）吲哚吡啶酸虫酯 indolauxipyr-cyanomethyl

【化学名称】4-氨基-3-氯-5-氟-6-(7-氟-1*H*-吲哚-6-基)吡啶-2-甲酸氰基甲酯

IUPAC 名：cyanomethyl 4-amino-3-chloro-5-fluoro-6-(7-fluoro-1*H*-indol-6-yl)pyridine-2-carboxylate

CAS 名：cyanomethyl 4-amino-3-chloro-5-fluoro-6-(7-fluoro-1*H*-indol-6-yl)-2-pyridine carboxylate

【化学结构式】

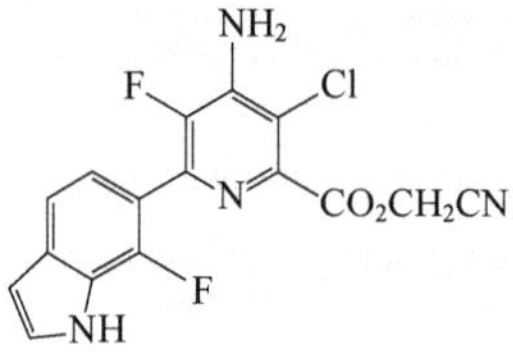

【分子式】$C_{16}H_9ClF_2N_4O_2$

【分子量】362.72

【CAS 登录号】2251111-18-7

【研制和开发公司】Corteva Agriscience（美国科迪华农业科技）

【上市国家和年份】2022 年报道，开发中

【合成路线】[1]

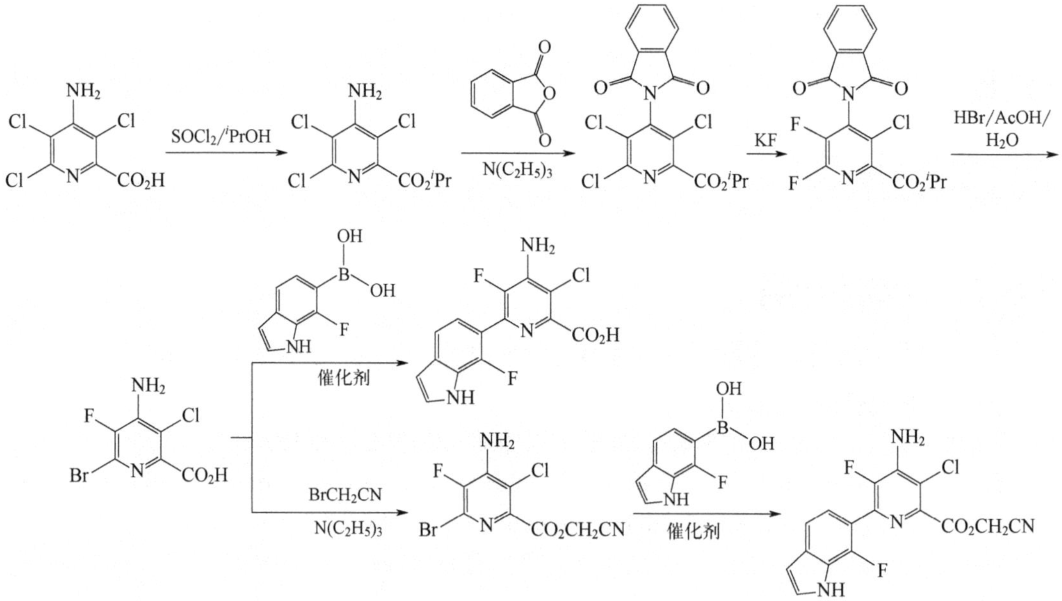

【参考文献】
[1] Canturk B，Devaraj J，Hazari A，et al．Improved synthesis of 4-amino-6-(heterocyclic)picolinates．WO2021188639．

2.5.1.2 氟氯氨草酸 fluchloraminopyr

【化学名称】(2*R*)-2-[(4-氨基-3,5-二氯-6-氟吡啶-2-基)氧基]丙酸

IUPAC 名：(2*R*)-2-[(4-amino-3,5-dichloro-6-fluoro-2-pyridyl)oxy]propanoic acid

CAS 名：(2*R*)-2-[(4-amino-3,5-dichloro-6-fluoro-2-pyridinyl)oxy]propanoic acid

【化学结构式】

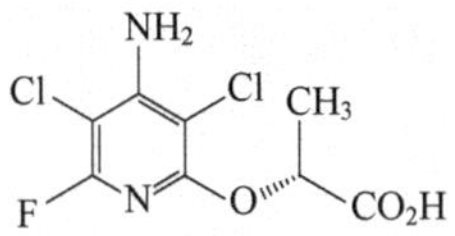

【分子式】$C_8H_7Cl_2FN_2O_3$

【分子量】269.05

【CAS 登录号】2445980-81-2

【研制和开发公司】青岛清原化合物有限公司

【上市国家和年份】2022 年报道，开发中

【合成路线】[1]

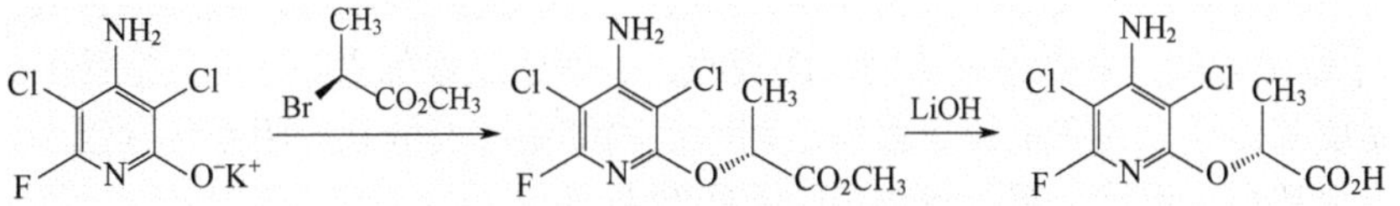

【参考文献】
[1] Lian L，Peng X G，Hua R B，et al．Preparation of the R-type pyridyloxycarboxylic acid，salt and ester derivative and their application as the herbicidal composition．WO2020135235．

2.5.1.3 氟氯吡啶酸 halauxifen

【商品名称】Arylex Active

【化学名称】4-氨基-3-氯-6-(4-氯-2-氟-3-甲氧基苯基)吡啶-2-甲酸

IUPAC 名：4-amino-3-chloro-6-(4-chloro-2-fluoro-3-methoxyphenyl)pyridine-2-carboxylic acid

CAS 名：4-amino-3-chloro-6-(4-chloro-2-fluoro-3-methoxyphenyl)-2-pyridinecarboxylic acid

【化学结构式】

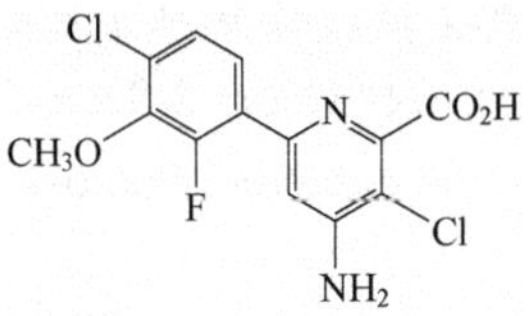

【分子式】$C_{13}H_9Cl_2FN_2O_3$

【分子量】331.12

【CAS 登录号】943832-60-8

【理化性质】水中溶解度（20℃）：3070mg/L。

【研制和开发公司】美国 Dow AgroSciences（美国陶氏益农公司）

【上市国家和年份】美国，2014 年

【合成路线】[1-3]

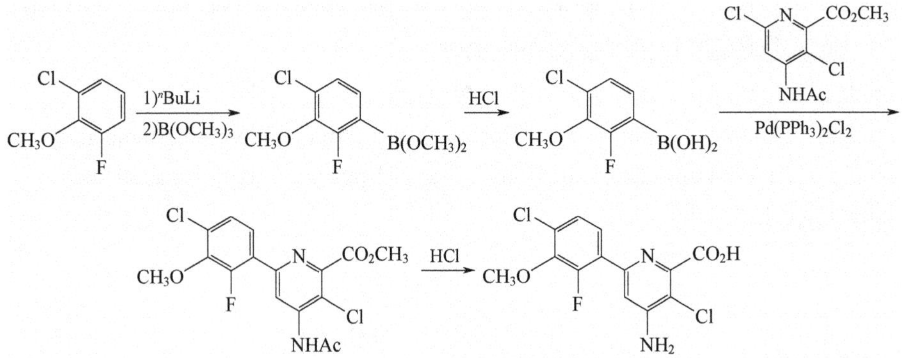

【哺乳动物毒性】大鼠急性毒性经口 LD_{50}＞5000mg/kg，急性毒性经皮 LD_{50} 5000mg/kg。

【生态毒性】虹鳟 LC_{50}（96h）＞107mg/L；水蚤 LC_{50}（48h）＞106mg/L；浮萍 EC_{50}（7d）15 mg/L；羊角月牙藻 EC_{50}（72h）＞23mg/L；蚯蚓 LC_{50}（14d）＞1000mg/kg（土）。

【作用机理】合成生长素（作用类似吲哚乙酸）。激素类除草剂为天然激素模拟物，通过调节植物的生长和发育过程而起效。该类产品与植物靶标位点结合后，会诱导敏感植物细胞内相关生命活动暴增，导致植物生长异常，如茎弯曲、组织肿胀等，最终导致其死亡。

【应用】作用方式：主要通过植物叶面吸收，少量通过根部吸收，进入植株的有效成分在木质部和韧皮部传导，并在生长点累积，刺激植物细胞过度分裂，阻塞传导组织，最后导致植物营养耗尽死亡。用途：用于谷物田防除阔叶杂草。

【代谢】土壤/环境：土壤中 DT_{50} 7.5d，水中 DT_{50} 6d。土壤吸附 K_d 27.5mL/g，K_{oc} 173.4mL/g。

【参考文献】

[1] Balko T W，Schmitzer P R，Daeuble J F，et al．Preparation of 4-aminopicolic acid derivative herbicides．WO2007082098．

[2] Oppenheimer J．Methods of forming 4-chloro-2-fluoro-3-substituted-phenylboronic acid pinacol esters and methods of using the same．WO2013101665．

[3] Oppenheimer J, Menning C A, Henton D R. Methods of isolating(4-chloro-2-fluoro-3-substit uted-phenyl)boronates and methods of using the same．WO2013101987．

2.5.1.4 氟氯吡啶酯 halauxifen-methyl

【商品名称】Arylex Active，Belkar，Korvetto

【化学名称】4-氨基-3-氯-6-(4-氯-2-氟-3-甲氧基苯基)吡啶-2-甲酸甲酯

IUPAC 名：methyl4-amino-3-chloro-6-(4-chloro-2-fluoro-3-methoxyphenyl)pyridine-2-carboxylate

CAS 名：methyl 4-amino-3-chloro-6-(4-chloro-2-fluoro-3-methoxyphenyl)-2-pyridinecarboxylate

【化学结构式】

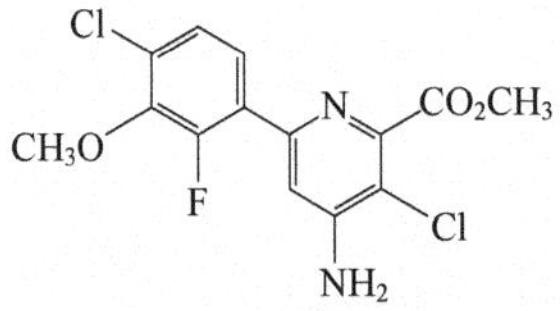

【分子式】$C_{14}H_{11}Cl_2FN_2O_3$

【分子量】345.15

【CAS登录号】943831-98-9

【理化性质】白色粉末状固体，熔点145.5℃，沸点前分解，分解温度222℃；蒸气压（25℃）1.5×10^{-5}mPa。分配系数：K_{ow}lg$P$ 3.76。水中溶解度（20℃）：1830mg/L。有机溶剂中溶解度（20℃）：甲醇38.1mg/L，丙酮250mg/L，乙酸乙酯129mg/L，正辛醇9.83mg/L。

【研制和开发公司】美国Dow AgroSciences（美国陶氏益农公司）

【上市国家和年份】中国，2014年获得中国临时登记

【合成路线】[1,2]

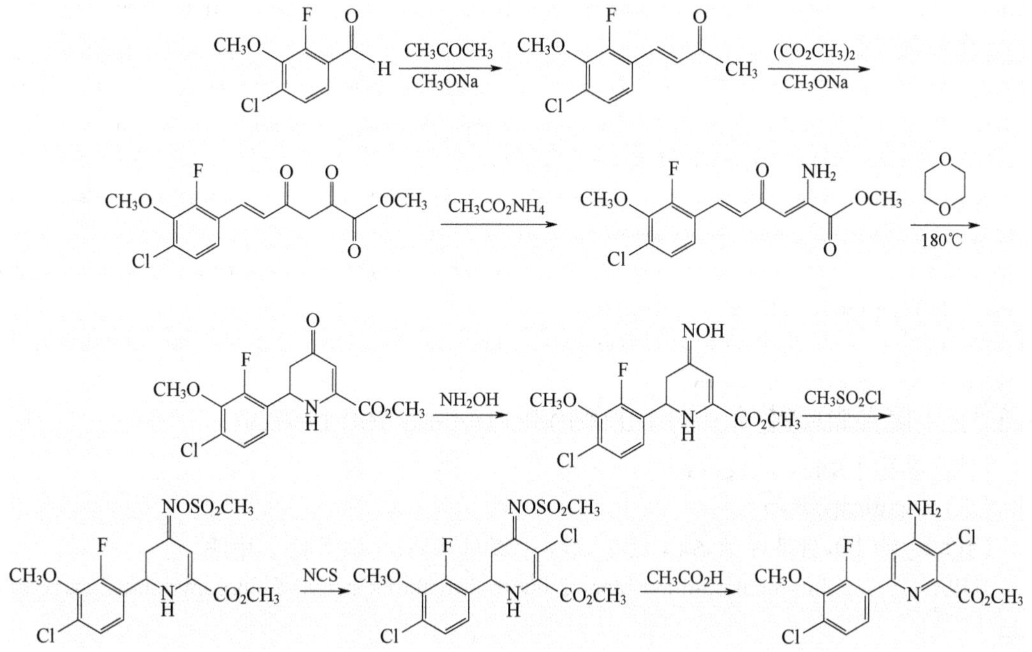

【哺乳动物毒性】大鼠急性毒性经口LD_{50}＞5000mg/kg，急性毒性经皮LD_{50}＞5000mg/kg；对兔皮肤和眼睛无刺激；无致癌性，无神经毒性。

【生态毒性】山齿鹑急性经口LD_{50}＞2250mg/kg；虹鳟急性LC_{50}（96h）2.01mg/L；羊头鲷LC_{50}（96h）1.33mg/L；水蚤EC_{50}（48h）2.21mg/L；浮萍EC_{50}（7d）2.13mg/L；羊角月牙藻EC_{50}（72h）＞0.855mg/L。蜜蜂：接触LD_{50}（48h）＞98.1μg/只，经口LD_{50}（48h）＞108μg/只。赤子爱胜蚓LC_{50}（14d）＞500mg/kg。

【作用机理】合成生长素（作用类似吲哚乙酸）。激素类除草剂为天然激素模拟物，通过调节植物的生长和发育过程而起效。该类产品与植物靶标位点结合后，会诱导敏感植物细胞内相关生命活动暴增，导致植物生长异常，如茎弯曲、组织肿胀等，最终导致其死亡。

【分析方法】高效液相色谱-紫外（HPLC-UV）

【制剂】乳油（EC），水分散颗粒剂（WDG）

【应用】[3-5] 作用方式：主要通过植物叶面吸收，少量通过根部吸收，进入植株的有效成分在木质部和韧皮部传导，并在生长点累积，刺激植物细胞过度分裂，阻塞传导组织，最后导致植物营养耗尽而死亡。用途：用于谷物田防除阔叶杂草。氟氯吡啶酯可用于多种谷物，包括黑麦、黑小麦、小麦、大麦等，苗后防除播娘蒿、荠菜、猪殃殃等多种阔叶杂草以及恶性杂草。其全新的作用机理使得其能有效防除抗性杂草，被视为防除小麦和大麦等作物上顽

固阔叶杂草的新工具，且用量极低。氟氯吡啶酯在土壤中降解较快，因此对后茬作物的影响较小。此外，其还适合在一些恶劣天气下使用，如干旱、低温等。氟氯吡啶酯用药适期长，冬前和早春均可使用。氟氯吡啶酯配伍性强，目前陶氏益农上市的基于氟氯吡啶酯的产品多为复配制剂，且配伍品种多为陶氏益农公司的品种。在我国上市的制剂产品是其与双氟磺草胺复配的产品。此外，其还与氯氟吡氧乙酸、氯氨吡啶酸等复配。

【代谢】氟氯吡啶酯在土壤中的代谢产物主要是水解产物酸 [4-氨基-3-氯-6-(4-氯-2-氟-3-羟基苯基) 吡啶-2-甲酸]。土壤降解 DT_{50} 1.3d（实验室），43d（田间）。DT_{90} 7.2d（实验室，20℃），144d（田间）。其在水中光解非常快速，但水解慢。在 pH7 时，光解 DT_{50} 值为 4～7 min，水解 DT_{50} 155d。

【参考文献】

[1] Renga J M，Whiteker G T，Arndt K E，et al．Process for the preparation of 6-(aryl)-4-amino picolinates．US20100311981．

[2] Epp J B，Schmitzer P R，Crouse G D．Fifty years of herbicide research：comparing the discovery of trifluralin and halauxifen-methyl．Pest Manag Sci，2018，74（1）：9-16．

[3] Ludwig-Mueller J，Rattunde R，Roessler S，et al．Two Auxinic herbicides affect brassica napus plant hormone levels and induce molecular changes in transcription．Biomolecules，2021，11（8）：1153．

[4] Walizada A W，Hooda VS，Sangwan M，et al．Bio-efficacy evaluation of herbicides and their mixtures on broad leaf weeds in wheat．Int J Chem Stud，2020，8（5）：1760-1764．

[5] Soltani N，Shropshire C，Sikkema P H，et al．Glyphosate-resistant canada fleabane control in winter wheat with postemergence herbicide．Int J Agron，2020：8840663．

2.5.1.5 氯氟吡啶酯 florpyrauxifen/florpyrauxifen-benzyl

【商品名称】Rinskor，Lorant

（1）florpyrauxifen

【化学名称】4-氨基-3-氯-6-(4-氯-2-氟-3-甲氧基苯基)-5-氟吡啶-2-甲酸

IUPA 名：4-amino-3-chloro-6-(4-chloro-2-fluoro-3-methoxyphenyl)-5-fluoropyridine-2-carboxylic acid

CAS 名：4-amino-3-chloro-6-(4-chloro-2-fluoro-3-methoxyphenyl)-5-fluoro-2-pyridinecarboxylic acid

【化学结构式】

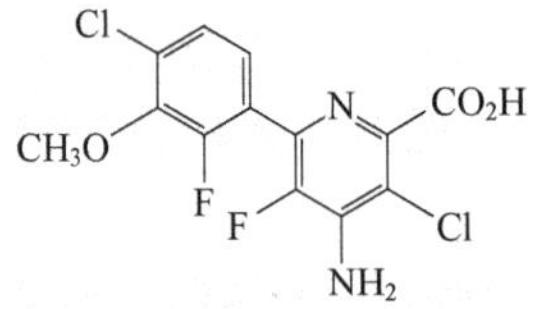

【分子式】$C_{13}H_8Cl_2F_2N_2O_3$

【分子量】349.11

【CAS 登录号】943832-81-3

（2）氯氟吡啶酯 florpyrauxifen-benzyl

【化学名称】4-氨基-3-氯-6-(4-氯-2-氟-3-甲氧基苯基)-5-氟吡啶-2-甲酸苄酯

IUPAC 名：benzyl 4-amino-3-chloro-6-(4-chloro-2-fluoro-3-methoxyphenyl)-5-fluoropyridine-2-carboxylate

CAS 名：phenylmethyl 4-amino-3-chloro-6-(4-chloro-2-fluoro-3-methoxyphenyl)-5-fluoro-2-

pyridinecarboxylate

【化学结构式】

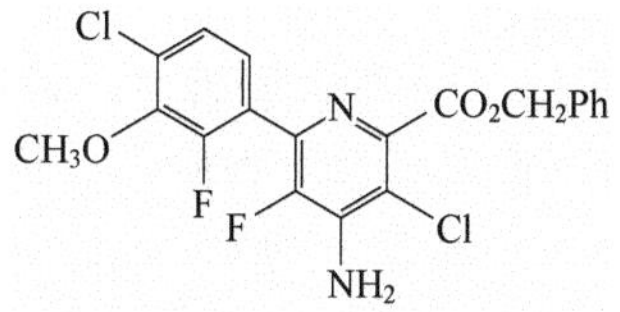

【分子式】$C_{20}H_{14}Cl_2F_2N_2O_3$

【分子量】439.24

【CAS 登录号】1390661-72-9

【理化性质】氟氯吡啶酯：灰白至米黄色轻微臭味固体；熔点 137.1℃；蒸气压（25℃）3.2×10^{-2}mPa。分配系数：K_{ow}lg$P$ 5.46。水中溶解度（20℃）：0.011mg/L。有机溶剂中溶解度（20℃）：二甲苯 14g/L，丙酮 210g/L，甲醇 13g/L，乙酸乙酯 120g/L。

【研制和开发公司】美国 Dow AgroSciences（美国陶氏益农公司）

【上市国家和年份】中国，氯氟吡啶酯 2016 年获得临时登记

【合成路线】[1-4]

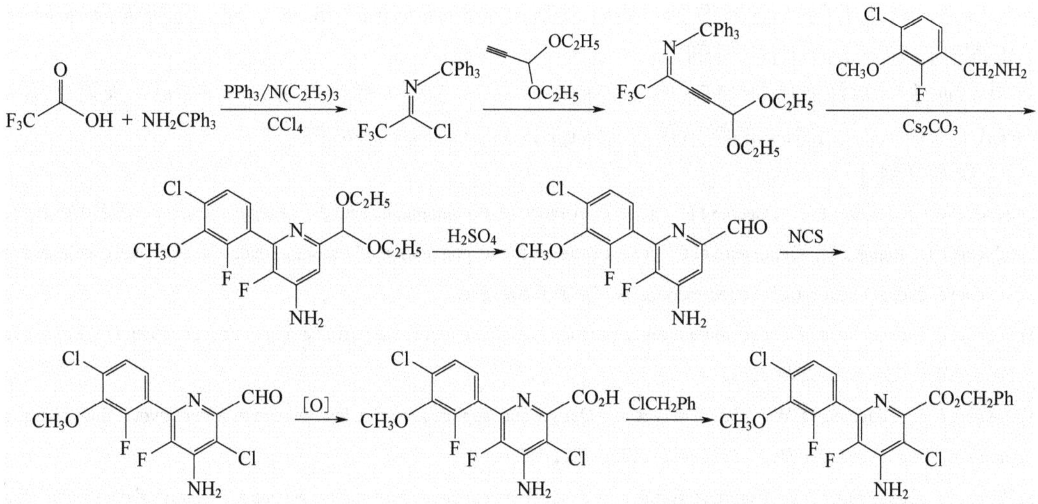

中间体合成：

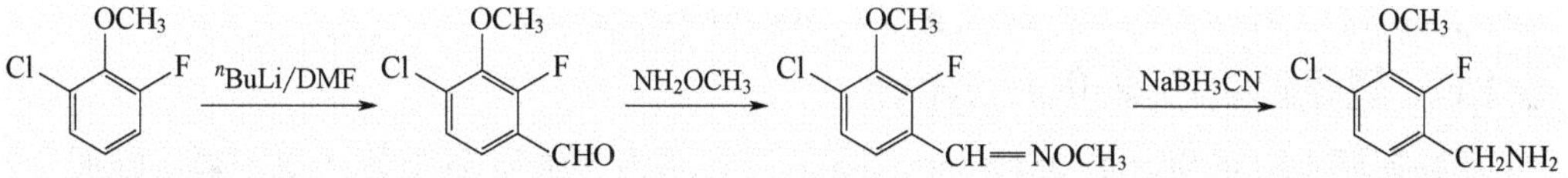

【哺乳动物毒性】氟氯吡啶酯：大鼠急性毒性经口 LD_{50} 5000mg/kg，大鼠急性经皮 LD_{50} 5000mg/kg；大鼠空气吸入 LC_{50}（4h）＞5.23mg/L；无致突变、致畸作用，无生殖毒性。

【生态毒性】氟氯吡啶酯：山鹑齿急性经口 LD_{50}＞2250mg/kg；虹鳟 LC_{50}（96h）＞0.049mg/L；水蚤 EC_{50}（48h）＞0.0626mg/L；羊角月牙藻 EC_{50}（72h）0.0337mg/L；浮萍 EC_{50}（7d）0.0461mg/L；赤子爱胜蚓 NOEC 67.5mg/kg；蜜蜂接触 LD_{50}（48h）＞100μg/只，经口 LD_{50}（48h）＞105.4μg/只。

【作用机理】激素类除草剂。

【分析方法】高效液相色谱-紫外（HPLC-UV）

【制剂】悬浮剂（SC），乳油（EC）

【应用】[5] 氯氟吡啶酯具有高效广谱的除草活性，对稗草、光头稗、稻稗、千金子等禾本科杂草，异型莎草、油莎草、碎米莎草、香附子、日照飘拂草等莎草科杂草，苘麻、泽泻、水苋菜、苋菜、豚草、藜、小蓬草、母草、水丁香、雨久花、慈姑、苍耳等阔叶杂草有很好的防效。由于氯氟吡啶酯作用机理新颖，从而可以解决已知的抗性问题，包括对乙酰乳酸合成酶（ALS）抑制剂、乙酰辅酶 A 羧化酶（ACCase）抑制剂、对羟基苯基丙酮酸双氧化酶（HPPD）抑制剂，以及对敌稗、二氯喹啉酸、草甘膦、三嗪类除草剂等产生抗性的杂草，对水稻田抗性稗草有非常好的活性。氯氟吡啶酯具有独特的选择性，对水稻具有极高的安全性。目前，陶氏益农正将氯氟吡啶酯开发用于水稻，包括直播稻田和移栽稻田。此外，通过加入安全剂，其还可用于禾谷类作物、大田作物（出苗前处理）、果园、草坪、草场、牧场、水面（水塘和湖泊）等。氯氟吡啶酯用量较低，根据不同杂草种类和施用方式，其有效成分用量在 5～50g/hm^2 之间。氯氟吡啶酯无拮抗，无交互抗性，对环境非常友好。其特别适用于水面防除水葫芦等，它是所有除草剂中对水生生物最安全的产品之一。试验证明，即便对激素类除草剂，氯氟吡啶酯也没有交互抗性。氯氟吡啶酯适配性强，其可根据市场的需求配制成悬浮剂、乳油等液体制剂，还可配制成颗粒剂等固体制剂。

【代谢】[6] 氯氟吡啶酯 DT_{50} 值（实验室）为 1～10d（有氧土壤）、5～10d（厌氧土壤）、4～6d（水中），其在水中的溶解度仅 15μg/L，且在土壤中移动性小。

【参考文献】

[1] Balko T W，Schmitzer P R，Daeuble J F，et al．Preparation of 4-aminopicolic acid derivative herbicides．WO2007082098.

[2] Johnson P L，Renga J M，Giampietro N C，et al．Processes for the preparation of 4-amino-3-halo-6-(substituted)picolinates and 4-amino-5-fluoro-3-halo-6-(substituted)picolinates．WO2014093591.

[3] Johnson P. Development of a novel route for incorporation of Carbon-14 into the pyridine ring of rinskor active．Org Process Res Dev，2019，23（10）：2243-2252.

[4] Newby J A，Blaylock D W，Witt P M，et al．Design and application of a low-temperature continuous flow chemistry platform．Org Process Res Dev，2014，18（10）：1211-1220.

[5] Hwang J I，Norsworthy J K，Gonzalez-Torralva F，et al．Non-target-site resistance mechanism of barnyardgrass[Echinochloa crus-galli(L.)P．Beauv.] to florpyrauxifen-benzyl．Pest Manag Sci，2022，78（1）：287-295.

[6] Buczek S B，Archambault J M，Gregory C W．Evaluation of juvenile freshwater mussel sensitivity to multiple forms of florpyrauxifen-benzyl．Bull Environ Contam Toxicol，2020 105（4）：588-594.

2.5.1.6 氯氟吡氧乙酸 fluroxypyr

【商品名称】Kuo Sheng，Greenor（混剂，与二氯吡啶酸、2-甲基-4-氯苯氧乙酸混合），Everest GBX（混剂，与氟唑磺隆混合），Spitfire（混剂，与双氟磺草胺混合），Pulsar（混剂，与麦草畏混合）

【化学名称】2-[(4-氨基-3,5-二氯-6-氟吡啶-2-基)氧基]乙酸

IUPAC 名：4-amino-3,5-dichloro-6-fluoro-2-pyridyloxyacetic acid

CAS 名：[(4-amino-3,5-dichloro-6-fluoropyridin-2-yl)oxy]acetic acid

【化学结构式】

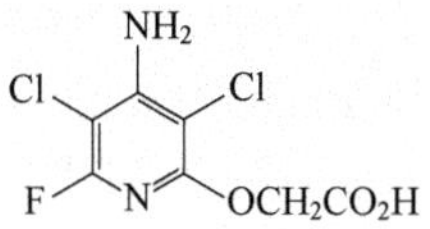

【分子式】$C_7H_5Cl_2FN_2O_3$

【分子量】255.03

【CAS 登录号】69377-81-7

【理化性质】纯品为白色结晶固体，熔点 232～233℃，密度（24℃）1.09g/cm^3。蒸气压 3.78×10^{-6}mPa（20℃，Knudson 扩散），5×10^{-2}mPa（25℃）。分配系数：$K_{ow}\lg P$ -1.24。水中溶解度（20℃）：5.7g/L（pH5），7.3g/L（pH9.2）。有机溶剂中溶解度（25℃）：甲醇 34.6g/L，丙酮 51g/L，乙腈 32.3g/L，乙酸乙酯 10.6g/L，二氯甲烷 0.1g/L，正异丙醇 9.1g/L，甲苯 0.8g/L，二甲苯 0.3g/L。高于熔点分解，酸性介质中稳定，呈酸性；碱性条件下成盐；水中 DT_{50} 185d（pH9，20℃），见光稳定。

【研制和开发公司】由美国 Dow AgroSciences（美国陶氏益农公司）开发

【上市国家和年份】英国，1985 年

【合成路线】[1-4]

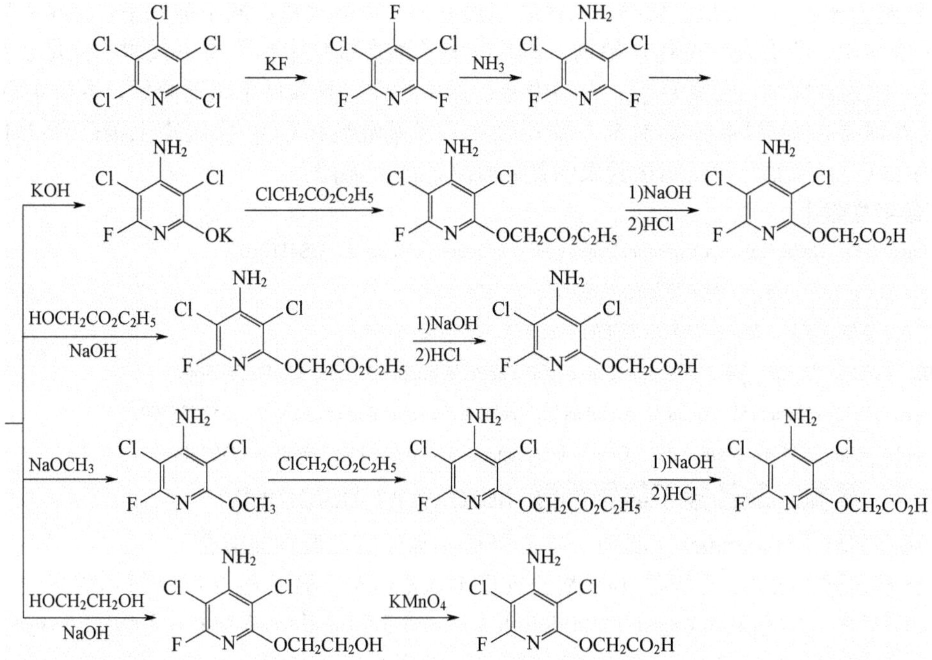

中间体合成[5,6]：

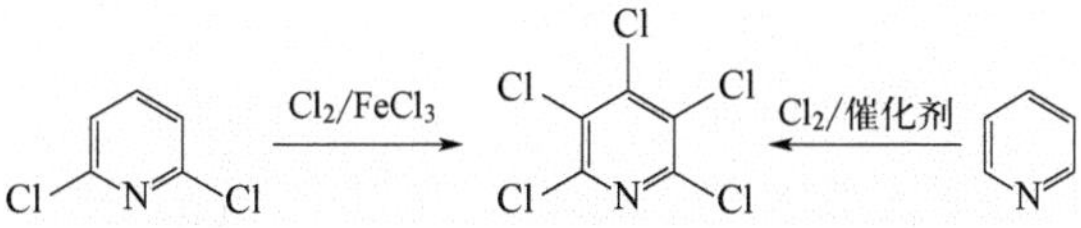

【哺乳动物毒性】大鼠急性毒性经口 LD_{50} 2405mg/kg，兔急性经皮 LD_{50}＞5000mg/kg；对

兔皮肤无刺激性，对眼睛轻微刺激，对豚鼠皮肤无致敏；大鼠急性吸入 LC_{50}（4h）＞0.296mg/L（空气）；大鼠 NOEL（2 年）80mg/(kg・d)，小鼠 NOEL（1.5 年）320mg/(kg・d)；无致癌、致畸、致突变作用；ADI/RfD(EC) 0.8mg/kg[2000]；毒性等级 U。

【生态毒性】野鸭、山齿鹑急性经口 LD_{50}＞2000mg/kg，山齿鹑饲喂 LC_{50} ＞1870mg/kg；虹鳟、金圆腹雅罗鱼 LC_{50}（96h）＞100mg/L；水蚤 LC_{50}（48h）＞100mg/L；绿藻 EC_{50}（96h）＞100mg/L，浮萍 EC_{50}（14d）12.3mg/L；对蜜蜂无毒，蜜蜂接触 LC_{50}＞25μg/只。

【作用机理】合成生长素（作用类似吲哚乙酸）。

【分析方法】高效液相色谱-紫外（HPLC-UV），气相色谱-质谱（GC-MS）

【制剂】乳油（EC），悬乳剂（SE），水乳剂（EW）

【应用】作用方式：氯氟吡氧乙酸作为酯（如氯氟吡氧乙酸异辛酯）被使用，主要通过叶面吸收，酯被水解成母体酸，发挥除草活性，并迅速传导至植株其他部位，诱导特征的生长素反应，如叶片卷曲。用途：氯氟吡氧乙酸苗后叶面使用，防除所有小型谷物田的重要阔叶杂草（包括猪殃殃和地肤）；用于牧场防除酸模和荨麻；用于市容美化的草坪防除三叶草。在果园（只用于苹果园）、种植作物（橡胶、油棕）中直接使用，防除草本和木本的阔叶杂草，以及针叶森林的阔叶杂草。玉米撒播田苗后 6 叶期使用，防除打碗花、田旋花和龙葵。氯氟吡氧乙酸异辛酯和氯氟吡氧乙酸丁氧异丙酯有相似的活性，后者的优点是适用于大范围的配方筛选，使用剂量 180～400g/hm^2。推荐剂量下对作物无药害。

【代谢】氯氟吡氧乙酸：动物，大鼠经口摄入后，氯氟吡氧乙酸不被代谢，但是可以迅速通过尿液排出，不会发生变化。植物，氯氟吡氧乙酸在植物中也不发生代谢，但是会发生生物转化，成为共轭物。土壤/环境：土壤中通过微生物在有氧条件下迅速降解，生成 4-氨基-3，5-二氯-6-氟-2-吡啶醇、4-氨基-3，5-二氯-6-氟-2-甲氧基吡啶和 CO_2。实验室土壤研究：DT_{50} 5～9d（约 23℃）。渗滤计和田间试验表明氯氟吡氧乙酸无渗滤。

【参考文献】

[1] McGregor S D．Herbicidal use of aminohalopyridyloxy acids and derivatives．US4110104．

[2] 罗茜，彭舟，李舟，等．一种氟草烟的制备方法．CN106187872．

[3] 江文书，鲁凯，李猛，等．一种氟草烟酯的合成方法．CN104592103．

[4] 龚强，朱凯龙，张天浩，等．一种 3,5-二氯-2-吡氧乙酸衍生物的制备方法．CN110240560．

[5] Smith E．Highly chlorinated pyridines，useful as herbicides and chemical intermediates．US3538100．

[6] Bender H，Eilingsfeld H，Neumann P．Continuous preparation of pentachloropyridine．DE3306905．

2.5.1.7 氯氟吡氧乙酸丁氧异丙酯 fluroxypyr-butometyl

【商品名称】Staraminex（混剂，与 2-甲基-4-氯苯氧乙酸钾盐混合）

【化学名称】(*RS*)-2-丁氧基-1-甲基乙氧基 4-氨基-3,5-二氯-6-氟-2-吡啶氧乙酸酯

IUPAC 名：(*RS*)-2-butoxy-1-methylethyl 4-amino-3,5-dichloro-6-fluoro-2-pyridyloxyacetate

CAS 名：2-butoxy-1-methylethyl 2-[(4-amino-3,5-dichloro-6-fluoro-2-pyridinyl)oxy]acetate

【化学结构式】[1]

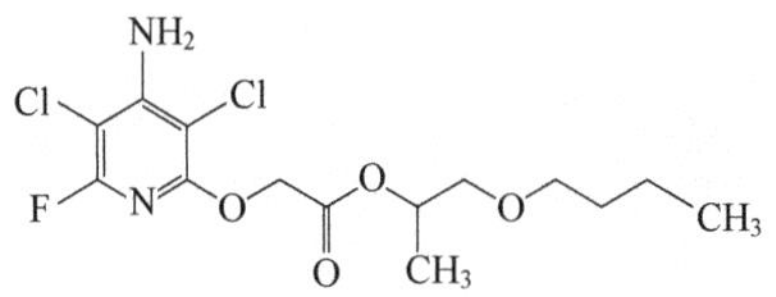

【分子式】$C_{14}H_{19}C_{12}FN_2O_4$

【分子量】369.21

【CAS 登录号】154486-27-8

【理化性质】纯品为黏稠深褐色液体，沸点 280℃分解；密度 1.294（22℃）g/cm^3；蒸气压（20℃）6×10^{-3}mPa。分配系数：K_{ow}lg$P$ 4.17。水中溶解度（20℃）：12.6mg/L（纯水），10.8mg/L（pH5），11.7mg/L（pH7），11.5mg/L（pH9）。有机溶剂中溶解度（20℃）：甲醇、丙酮、乙酸乙酯、甲苯＞4000g/L，已烷 68g/L。常温储存稳定，熔点以上分解，见光稳定，水解 DT_{50}：454d（pH7）、3.2d（pH9），pH5 稳定，对水光稳定，天然水中 DT_{50} 1～3d。

【研制和开发公司】由美国 Dow AgroSciences（美国陶氏益农公司）开发

【上市国家和年份】英国，1985 年

【合成路线】[2-5]

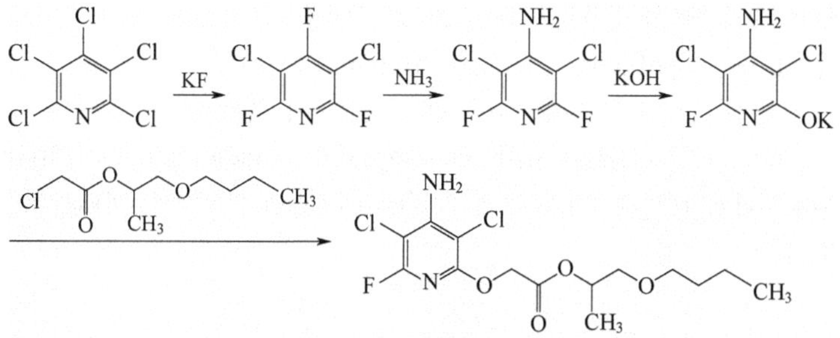

中间体五氯吡啶的合成，参见氯氟吡氧乙酸 fluroxypyr。

【哺乳动物毒性】大鼠急性毒性经口 LD_{50}＞2000mg/kg，大鼠急性经皮 LD_{50}＞2000mg/kg；对兔皮肤和眼睛无刺激，对豚鼠皮肤无致敏；大鼠 NOEL 463mg/(kg·d)，无致突变作用。

【作用机理】合成生长素（作用类似吲哚乙酸）。

【分析方法】高效液相色谱-紫外（HPLC-UV），气相色谱-质谱（GC-MS）

【制剂】[4,5] 乳油（EC），悬乳剂（SE），水乳剂（EW），可湿粉剂（WP），水分散颗粒剂（WDG）

【应用】作用方式：氯氟吡氧乙酸作为酯（如氯氟吡氧乙酸丁氧异丙酯）被使用，主要是通过叶面吸收，酯被水解成母体酸，发挥除草活性，并迅速传导至植株其他部位，诱导特征的生长素反应，如叶片卷曲。用途：氯氟吡氧乙酸苗后叶面使用，防除所有小型谷物田的重要阔叶杂草（包括猪殃殃和地肤）；用于牧场防除酸模和荨麻；用于市容美化的草坪防除三叶草。在果园（只用于苹果园）、种植作物（橡胶、油棕）中直接使用，防除草本和木本的阔叶杂草，以及针叶森林的阔叶杂草。玉米撒播田苗后 6 叶期使用，防除打碗花、田旋花和龙葵。氯氟吡氧乙酸异辛酯和氯氟吡氧乙酸丁氧异丙酯有相似的活性，后者的优点是适用于大范围的配方筛选，使用剂量 180～400g/hm^2。推荐剂量下对作物无药害。

【代谢】动物：水解成母体酸氯氟吡氧乙酸，然后进一步代谢并迅速排出，尿液中的酸未变化。植物：水解成母体酸。土壤/环境：实验室土壤中，酯迅速转变成酸（所有土壤类型），DT_{50}＜7d。泥浆中，DT_{50} 2～5h（pH6～7，22～24℃）。酸和酯的 DT_{50}：土壤，有氧 23d；水中，有氧 14d；水中，厌氧 8d；田间消散 36.3d。氯氟吡氧乙酸：动物，大鼠经口摄入后，氯氟吡氧乙酸不被代谢，但是可以迅速通过尿液排出，不会发生变化。植物，氯氟吡氧乙酸在植物中也不发生代谢，但是会发生生物转化，成为共轭物。土壤/环境：土壤中通过微生物在有氧条件下迅速降解，生成4-氨基-3,5-二氯-6-氟-2-吡啶醇、4-氨基-3,5-二氯-6-氟-2-甲氧基吡啶和CO_2。实验室土壤研究：DT_{50} 5～9d（约23℃）。渗滤计和田间试验表明氯氟吡氧乙酸无渗滤。

【参考文献】

[1] Silva D R，Dare J K，Freitas M P. Conformational preferences of fluorine-containing agrochem icals and their implications for lipophilicity prediction. Beilstein J Org Chem，2020，16：2469-2476.

[2] McGregor S D. Herbicidal use of aminohalopyridyloxy acids and derivatives. US4110104.

[3] 罗茜，彭舟，李舟，等. 一种氟草烟的制备方法. CN106187872.

[4] Snel M，Banks G，Mulqueen P J，et al. Fluroxypyr butoxy-1-methylethyl ester；new formulation opportunities. Proc Br Crop Prot Conf-Weeds，1995，1：27-34.

[5] Snel M，Banks G，Brown J G，et al. Fluroxypyr-butoxypropyl：the first experiences with products based on this new formulation technology. Meded - Fac Landbouwkd Toegepaste Biol Wet(Univ Gent)，1996，61（3b）：1096-1099.

2.5.1.8 氯氟吡氧乙酸异辛酯 fluroxypyr-meptyl

【商品名称】Hurler，Spotlight，Starane，Tomahawk

【化学名称】4-氨基-3,5-二氯-6-氟-2-吡啶氧乙酸 1-甲基庚酯

IUPAC 名：4-amino-3,5-dichloro-6-fluoro-2-pyridyloxyacetic acid-1-methylheptyl

CAS 名：1-methylheptyl [(4-amino-3,5-dichloro-6-fluoro-2-pyridinyl)oxy]acetate

【化学结构式】[1]

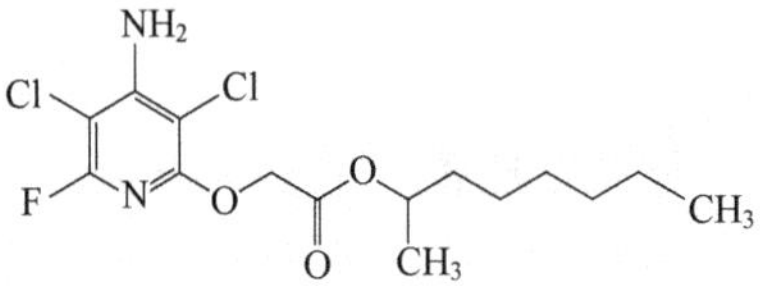

【分子式】$C_{15}H_{21}Cl_2FN_2O_3$

【分子量】367.24

【CAS登录号】81406-37-3

【理化性质】纯品为白色结晶固体，熔点58.2～60℃；密度1.322（24℃）g/cm^3。蒸气压：（20℃）1.349×10^{-3}mPa（Knudson扩散），2×10^{-2}mPa（未指定方法）。分配系数：K_{ow}lg$P$ 4.53（pH5），5.04（pH7）。水中溶解度（20℃）：0.09mg/L。有机溶剂中溶解度（25℃）：甲醇469g/L，丙酮867g/L，乙腈32.3g/L，乙酸乙酯792g/L，二氯甲烷896g/L，己烷45g/L，甲苯735g/L，二甲苯642g/L。稳定性：正常储存条件下稳定，熔点以上分解，见光稳定。

【研制和开发公司】由美国Dow Agrosciences（美国陶氏益农公司）开发

【上市国家和年份】英国，1985年

【合成路线】[2-5]

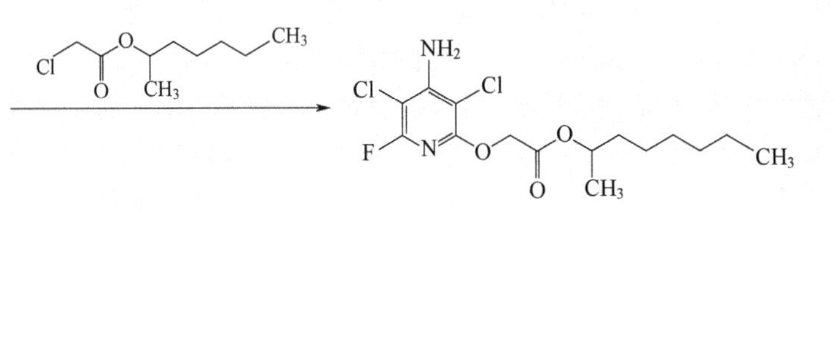

中间体五氯吡啶的合成，参见氯氟吡氧乙酸 fluroxypyr。

【哺乳动物毒性】[6]大鼠急性毒性经口 LD_{50}＞5000mg/kg，兔急性经皮 LD_{50}＞5000mg/kg；对兔皮肤无刺激性，对眼睛轻微刺激，对豚鼠皮肤无致敏；大鼠急性吸入 LC_{50}（4h）＞1mg/L（空气）；大鼠 NOEL（90d）80mg/(kg·d)，雌大鼠 NOEL300mg/(kg·d)。

【生态毒性】野鸭、山齿鹑急性经口 LD_{50}＞2000mg/kg，山齿鹑饲喂 LC_{50}＞1870mg/kg；虹鳟、金圆腹雅罗鱼 LC_{50}（96h）＞溶解度极限（mg/L）；水蚤 LC_{50}（48h）＞溶解度极限（mg/L）；绿藻 EC_{50}（96h）＞溶解度极限（mg/L）。对蜜蜂无毒，蜜蜂接触 LD_{50}＞100μg/只；蚯蚓 LC_{50}（14d）＞1000mg/kg。

【作用机理】合成生长素（作用类似吲哚乙酸）。

【分析方法】高效液相色谱-紫外（HPLC-UV），气相色谱-质谱（GC-MS）

【制剂】乳油（EC），悬乳剂（SE），水乳剂（EW）

【应用】作用方式：氯氟吡氧乙酸作为酯（如氯氟吡氧乙酸异辛酯）被使用，主要是通过叶面吸收，酯被水解成母体酸，发挥除草活性，并迅速传导至植株其他部位，诱导特征的生长素反应，如叶片卷曲。用途：氯氟吡氧乙酸苗后叶面使用，防除所有小型谷物田的重要阔叶杂草（包括猪殃殃和地肤）；用于牧场防除酸模和荨麻；用于市容美化的草坪防除三叶草。在果园（只用于苹果园）、种植作物（橡胶、油棕）中直接使用，防除草本和木本的阔叶杂草，以及针叶森林的阔叶杂草。玉米撒播田苗后 6 叶期使用，防除打碗花、田旋花和龙葵。氯氟吡氧乙酸异辛酯和氯氟吡氧乙酸丁氧异丙酯有相似的活性，后者的优点是适用于大范围的配方筛选，使用剂量 180～400g/hm^2。推荐剂量下对作物无药害。

【代谢】动物：水解成母体酸氯氟吡氧乙酸，然后进一步代谢并迅速排出，尿液中的酸未变化。植物：水解成母体酸。土壤/环境：实验室土壤中，酯迅速转变成酸（所有土壤类型），DT_{50}＜7d。泥浆中，DT_{50} 2～5h（pH6～7，22～24℃）。酸和酯的 DT_{50}：土壤，有氧 23d；水中，有氧 14d；水中，厌氧 8d；田间消散 36.3d。氯氟吡氧乙酸：动物，大鼠经口摄入后，氯氟吡氧乙酸不被代谢，但是可以迅速通过尿液排出，不会发生变化。植物，氯氟吡氧乙酸在植物中也不发生代谢，但是会发生生物转化，成为共轭物。土壤/环境：土壤中通过微生物在有氧条件下迅速降解，生成 4-氨基-3,5-二氯-6-氟-2-吡啶醇、4-氨基-3,5-二氯-6-氟-2-甲氧基吡啶和 CO_2。实验室土壤研究：DT_{50} 5～9d（约 23℃）。渗滤计和田间试验表明氯氟吡氧乙酸无渗滤。

【参考文献】

[1] Silva D R，Dare J K，Freitas M P．Conformational preferences of fluorine-containing agrochemicals and their implications for lipophilicity prediction．Beilstein J Org Chem，2020，16：2469-2476．

[2] McGregor S D．Herbicidal use of aminohalopyridyloxy acids and derivatives．US4110104．

[3] 罗茜，彭舟，李舟，等．一种氟草烟的制备方法．CN106187872．

[4] Smith E．Highly chlorinated pyridines，useful as herbicides and chemical intermediates．US3538100．

[5] Bender H，Eilingsfeld H，Neumann P．Continuous preparation of pentachloropyridine．DE3306905．

[6] An G，Park W，Lim W，et al．Fluroxypyr-1-methylheptyl ester causes apoptosis of bovine mammary gland epithelial cells by regulating PI3K and MAPK signaling pathways and endoplasmic reticulum stress．Pestic Biochem Physiol，2022，180：105003．

2.5.1.9 氟啶草 haloxydine

【化学名称】3,5-二氯-2,6-二氟吡啶-4-醇

IUPAC 名：3,5-dichloro-2,6-difluoropyridin-ol

CAS 名：3,5-dichloro-2,6-difluoro-4-pyridinol

【化学结构式】

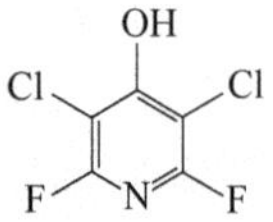

【分子式】$C_5HCl_2F_2NO$

【分子量】199.97

【CAS 登录号】2693-61-0

【理化性质】无色晶状固体，熔点 102℃；密度 1.7mg/cm^3。

【研制和开发公司】Imperial Chemical Industries Ltd.（英国帝国化学工业公司）

【上市国家和年份】[1] 1968 年报道

【合成路线】[2]

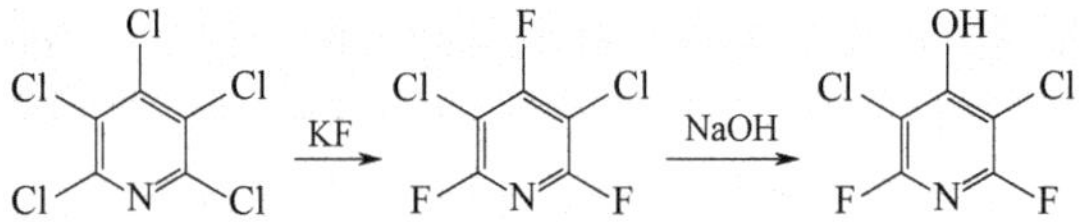

【哺乳动物毒性】大鼠急性毒性经口 LD_{50}＞217mg/kg。

【应用】防除马铃薯、甘蔗田阔叶和禾本科杂草。

【参考文献】

[1] Slater J W．3,5-Dichloro-2,6-difluoro-4-hydroxypyridine as a selective herbicide in kale．Weed Res，1968，8（2）：149-150.

[2] Roberts R．3,5-Dichloro-2,6-difluoro-4-hydroxypyridine．DE1949422.

2.6 微管组装抑制剂

2.6.1 二硝基芳氨类

2.6.1.1 氨氟乐灵 prodiamine

【商品名称】Barricade，Cavalcade，Kusablock

【化学名称】2,6-二硝基-N^1, N^1-二丙基-4-三氟甲基间苯二胺

IUPAC 名：5-dipropylamine-*α,α,α*-trifluoro-4,6-dinitro-*o*-toluidine

CAS 名：2,6-dinitro-N^3, N^3-dipropyl-6-(trifluoromethyl)-1,3-benzenediamine

【化学结构式】

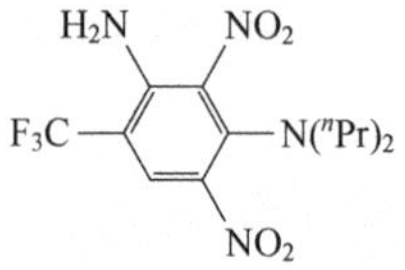

【分子式】$C_{13}H_{17}F_3N_4O_4$

【分子量】350.30

【CAS 登录号】29091-21-2

【理化性质】橙黄色无味粉末，熔点 122.5～124℃；蒸气压（25℃）2.9×10^{-2}mPa；密度（20℃）1.41mg/cm^3；K_{ow}lg$P$ 4.10±0.07（25℃）。水中溶解度（20℃）：0.183mg/L（pH7）。有机溶剂中溶解度（25℃）：丙酮 226g/L，二甲基甲酰胺 321g/L，二甲苯 35.4g/L，异丙醇 8.52g/L，庚烷 1.00g/L，正辛醇 9.62g/L。对光稳定性中等，194℃分解；pK_a 13.2。

【研制和开发公司】US Borax（美国硼砂公司）发现，由 Sandoz AG（瑞士山道士公司）[现为 Syngenta AG（先正达）]市场开发

【上市国家和年份】国家不详，1987 年

【合成路线】[1-4]

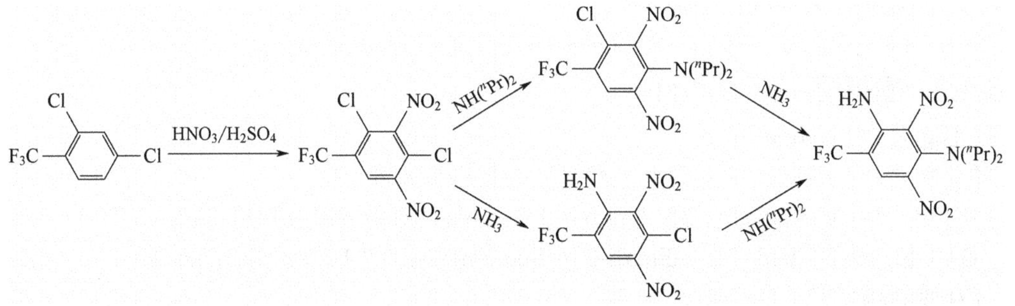

中间体合成[5,6]：

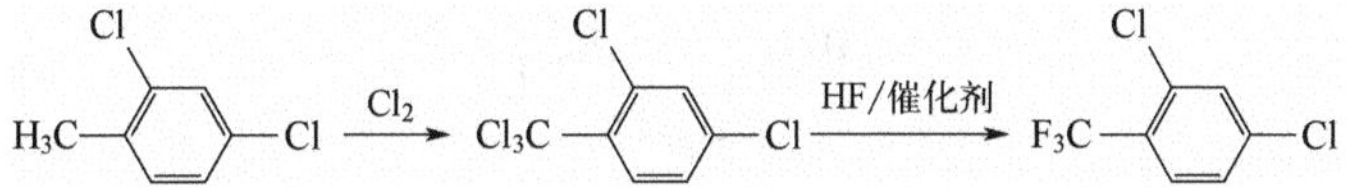

【哺乳动物毒性】大鼠急性经口 LD_{50}＞5000mg/kg，大鼠急性经皮 LD_{50}＞2000mg/kg；对兔眼睛有轻微刺激，对皮肤无刺激，对皮肤无致敏；大鼠吸入 LC_{50}（4h）＞0.256mg/L（可达到最大剂量）。NOEL：大鼠（2 年）7.2mg/(kg • d)，小鼠（2 年）60mg/(kg • d)，狗（1 年）6mg/(kg • d)。ADI/RfD（EC）0.294mg/kg；毒性等级：U。

【生态毒性】山齿鹑急性经口 LD_{50}＞2000mg/kg，山齿鹑和野鸭饲喂 LC_{50}（8d）＞10000mg/kg。鱼急性 LC_{50}（96h）：蓝鳃翻车鱼 552mg/L，虹鳟鱼＞829mg/L。水蚤 LC_{50}（48h）＞658μg/L；藻类 EC_{50}（24～96h）3～10μg/L；对蜜蜂（局部）LD_{50}＞100μg/只；对蚯蚓 LC_{50}＞10000mg/kg（土）。

【作用机理】选择性除草剂，通过抑制微管形成，干扰细胞分裂。

【分析方法】气液色谱-氢火焰法（GLC-FID）

【制剂】水分散剂（WG）

【应用】用于非耕地、观赏植物、草皮、针叶树和阔叶树苗种植前或芽前防除一年生禾本科杂草和阔叶杂草，使用剂量 0.3751.6kg/hm^2。不适用于早熟禾和天鹅绒弯曲草。

【代谢】动物：大鼠经口摄入氨氟乐灵后，在 4d 内几乎完全消除。土壤/环境：氨氟乐灵受光降解，代谢途径包括硝基的还原。典型土壤 DT_{50}（田间）90～150d。强烈地吸附，于土壤中 K_{oc} 和 K_d：砂质土壤 19540mL/g 和 19.54mL/g，砂壤土 12860mL/g 和 398.5mL/g，肯尼

亚壤土 54mL/g 和 120mL/g。

【使用注意事项】在草次生根接触到土壤深层前，氨氟乐灵可能造成药害，为降低风险，请在播种 60d 后或 2 次割草（取两者间隔较长的）后，再施用氨氟乐灵；施药后，如过早盖播草种，氨氟乐灵将影响交播草坪的生长发育；请勿用于高尔夫球场球洞区。

【参考文献】

[1] Hunter D L，LeFevre C W，Woods W G，et al．Herbicidal 6-trifluoromethyl or 6-halo-2,4-dinitro-1,3-phenylenediamines．US3617252．

[2] 郭群震，蔡国平，吴建文，等．一种氨基丙氟灵的制备方法．CN101723839．

[3] Endeshaw M M，Li C，de Leon J，et al．Synthesis and evaluation of oryzalin analogs against Toxoplasma gondii．Bioorg Med Chem Lett，2010，20（17）：5179-5183．

[4] Ramana M．M．V，Sharma M R．A process for the preparation of herbicides．IN2013MU02433．

[5] Ryf K．Trifluoromethylbenzenes．DE2502092．

[6] 郑龙洲，方东，张亮，等．一种 2,4-二氯三氟甲苯的高效氯化工艺．CN110483235．

2.6.1.2 氨氟灵 dinitramine

【商品名称】Cobex

【化学名称】*N*¹,*N*¹-二乙基-2,6-二硝基-4-三氟甲基间苯二胺

IUPAC 名：*N*¹,*N*¹-diethyl-2,6-dinitro-4-trifluoromethyl-*m*-phenlenediamine

CAS 名：*N*³,*N*³-diethyl-2,4-dinitro-6-(trifluoromethyl)-1,3-benzenediamine

【化学结构式】

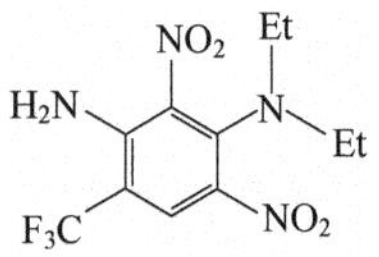

【分子式】$C_{11}H_{13}F_3N_4O_4$

【分子量】322.24

【CAS 登录号】29091-05-2

【理化性质】原药纯度大于 83%，黄色晶体；熔点 98～99℃；密度（20℃）1.465g/cm^3；蒸气压（25℃）0.479mPa；K_{ow}lg$P$ 4.3。水中溶解度（25℃）：1mg/L。有机溶剂中溶解度（20℃）：丙酮 1040g/L，氯仿 670g/L，苯 473g/L，二甲苯 227g/L，乙醇 107g/L，正己烷 6.7g/L。常温 2 年储存稳定。

【研制和开发公司】US Borax（现在为 Borax）发现，Velsicol Chemical Corp（维西克尔化学公司）进行评估，由 Sandoz AG（瑞士山道士公司）（现在 Syngenta AG）首次引入市场。

【上市国家和年份】美国，1973 年

【合成路线】[1-3]

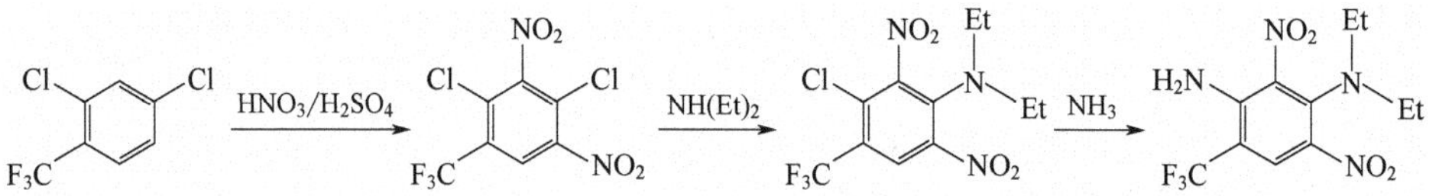

【哺乳动物毒性】大鼠急性毒性经口 LD_{50} 3000mg/kg，兔急性经皮 LD_{50}＞6800mg/kg，对兔皮肤和眼睛有轻度刺激；大鼠急性吸入 LC_{50}（4h）＞0.16mg/L（空气），NOEL（90d）饲喂试验中，2000mg/kg 饲料剂量下未观察到大鼠和比格犬致病作用，（2 年）试验中 100mg/kg 或 300mg/kg（饲料）剂量下未观察到大鼠有致癌性反应；毒性等级：U。

【生态毒性】山齿鹑 LD_{50} 1200mg/kg，绿头野鸭 LD_{50} 10000mg/kg，饲喂山齿鹑 LC_{50}（8d）＞1200mg/kg，绿头野鸭 LC_{50}（8d）＞10000mg/kg。鱼毒 LC_{50}（96h）：虹鳟 6.6mg/L，鲶鱼 3.7mg/kg，蓝鳃翻车鱼 11.0mg/kg。

【作用机理】抑制微管集合。

【分析方法】[3] 气液色谱（GLC）

【制剂】乳油（EC）

【应用】作用方式：选择性土壤除草剂，被根和芽吸收，很少量被传导至茎叶，少量传导至根。阻止种子发芽和根的生长。用途：种植前土壤施用，选择性防除多种一年生禾本科杂草和阔叶杂草，适用作物有棉花、大豆、花生、豌豆、菜豆类、红花、向日葵、胡萝卜、郁金香、茴香、菊苣等；也用于移栽番茄、柿子椒、茄子和芸薹，剂量 0.4～0.8kg/hm^2。与氯酞酸二甲酯（chlorthal-dimethyl）不相容。

【代谢】动物：降解为极性小分子。植物：在植株内快速、大量降解为极性小分子。土壤/环境：被土壤强烈吸附，无滤渗。被土壤微生物代谢分解。土壤中 DT_{50} 10～66d。在大多数土壤中使用后 90～120d 内残留量＜10%。

【参考文献】

[1] Endeshaw M M，Li C，de Leon J，et al．Synthesis and evaluation of oryzalin analogs against Toxoplasma gondii．Bioorg Med Chem Lett．2010，20（17）：5179-5183．

[2] Gavin D F，Fidler D A，Tobin J．Method of isolating and recovering 2,4-dinitro-N-substituted-1,3-phenylenediamine compounds．US4078000．

[3] Amouzad F，Zarei K．Electrochemical determination of dinitramine in water samples using a pencil graphite electrode modified with poly-L-cystein-gold nanoparticle．Chem Pap，2021，75（2）：493-501．

2.6.1.3 乙丁烯氟灵 ethalfluralin

【商品名称】Edge，Sonalan，Sonalen

【化学名称】*N*-乙基-*α*,*α*,*α*,-三氟甲基-*N*-(2-甲基烯丙基)-2,6-二硝基对甲苯胺

IUPAC 名：*N*-ethyl-*α*,*α*,*α*,-trifluoro-*N*-(2-methylallyl)-2,6-dinitro-*p*-toluidine

CAS 名：*N*-ethyl-*N*-(2-methyl-2-propenyl)-2,6-dinitro-4-(trifluoromethyl)benzenamine

【化学结构式】

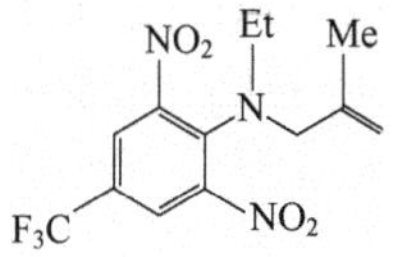

【分子式】$C_{13}H_{14}F_3N_3O_4$

【分子量】333.27

【CAS 登录号】55283-68-6

【理化性质】黄色至橙色结晶，熔点 55～56℃；蒸气压（25℃）11.7mPa。分配系数：K_{ow}lg*P*

5.11（pH7，25℃）。水中溶解度（25℃）：0.3mg/L。有机溶剂中溶解度（20℃）：丙酮，氯仿，苯，乙腈，二氯甲烷，二甲苯＞500g/L，甲醇 82～100g/L。原药在 52℃储存稳定，51℃、pH3、pH6、pH9 条件下 33d 不水解，光解（水溶液）DT_{50} 6.3h，气相 2h。

【研制和开发公司】Eli Lily&Co（美国礼来公司）[农化业务被 Dow Agroscience（美国陶氏益农公司）收购]

【上市国家和年份】土耳其，1974 年

【合成路线】[1,2]

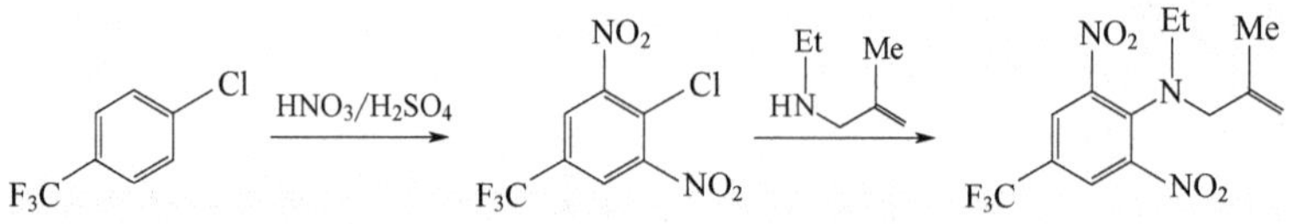

【哺乳动物毒性】大鼠急性毒性经口 LD_{50}＞5000mg/kg，兔急性经皮 LD_{50}＞5000mg/kg，对兔皮肤中等至重度刺激，对眼睛有中等刺激，大鼠急性吸入 LC_{50}（1h）＞2.8mg/L。NOEL：大鼠和小鼠按照 100mg/kg（饲料）［大鼠 4.2mg/(kg・d)，小鼠 10.3mg/(kg・d)］饲喂（2 年）没有出现致病作用，无诱变性。ADI/RfD（EPA）0.042mg/kg[1993]；毒性等级：U。

【生态毒性】山齿鹑急性经口 LD_{50}＞2250mg/kg，饲喂野鸭和山齿鹑 LC_{50}（5d）＞5000mg/kg。LC_{50}（96h）：虹鳟 0.136mg/L，蓝鳃翻车鱼 0.102mg/L。水蚤 LC_{50}（48h）＞0.365mg/L，NOEC（21d）0.068 mg/L，羊角月牙藻 NOEL 0.004mg/L。EC_{50} 特定生长率 0.009mg/L，东方牡蛎 EC_{50}（贝壳沉积）0.712mg/L。对蜜蜂无毒，接触 LD_{50} 51μg/只。

【作用机理】抑制微管集合。

【分析方法】气液色谱-氢火焰法（GLC-FID）

【制剂】乳油（EC），颗粒剂（GR），水分散剂（WG）

【应用】[3] 作用方式：选择性土壤除草剂，影响种子萌发及相关生理生长过程。在用乙丁烯氟灵处理过的土壤上种植的作物中无明显的吸收和传导。用途：防除绝大多数一年生禾本科茶草幼苗和阔叶杂草，适用作物有棉花、大豆、干豆类、扁豆、花生、瓜类、红花和向日葵。于种植前土壤处理，施用剂量 1.0～1.25kg/hm^2，对于花生和葫芦科，则在种植后施用于土壤表面。与莠去津配合使用可防除玉米和高粱田杂草。

【代谢】动物：大鼠经口摄入药物后在 48h 内排出 86%（64%通过粪便，22%通过尿液），7d 内排出 95%。在尿液中有 3 种是通过 *N*-烷基侧链氧化和/或去烷基化产生的代谢物。葡萄糖醛酸轭合物为胆汁中的代谢物。植物：与氟乐灵的代谢方式相同。土壤/环境：乙丁烯氟灵被土壤强烈吸附，渗淋可以忽略不计；土壤 DT_{50} 25～46d。发生光降解和微生物降解。在砂壤土中发生有氧代谢（EPA 实验室研究）DT_{50} 45d；在同一土壤中无氧代谢更快（DT_{50}14d）；土壤光解 DT_{50} 14d。水中 DT_{50}（厌氧）38.3h。K_{oc} 4100～8400mL/g；K_d 11.9～97mL/g，有机物 0.5%～2.0%。

【参考文献】

[1] Ramana M M V，Sharma M R．A process for the preparation of herbicides．IN2013MU02433．

[2] Soper Q F．Method of eliminating weed grasses and broadleaf weeds．US3257190．

[3] Soltani N，Shropshire C，Sikkema P H．Efficacy of trifluralin compared to ethalfluralin applied alone and co-applied with halosulfuron for weed management in white bean．Agric Sci，2020，11（9）：837-848．

2.6.1.4 乙丁氟灵 benfluralin

【商品名称】 Balan，Benefex，Team（混剂，氟乐灵）

【化学名称】 *N*-丁基-*N*-乙基-*α*,*α*,*α*-三氟-2,6-二硝基对甲苯胺

IUPAC 名：*N*-butyl-*N*-ethyl-*α*,*α*,*α*-trifluoro-2,6-dinitro-*p*-toluidine

CAS 名：*N*-butyl-*N*-ethyl-2,6-dinitro-4-(trifluoromethyl)aniline

【化学结构式】

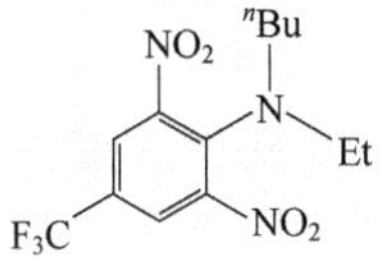

【分子式】 $C_{13}H_{16}F_3N_3O_4$

【分子量】 335.28

【CAS 登录号】 1861-40-1

【理化性质】 橘黄色晶体；熔点 65～66.5℃，沸点 121～122℃（0.5mmHg），148～149℃（7mmHg）；蒸气压（25℃）8.76×10^{-5}Pa；密度（20℃）1.28g/cm^3；K_{ow}lg$P$ 5.29（20℃，pH7）。水中溶解度（20℃）：0.1mg/L。有机溶剂中溶解度（20℃）：丙酮、乙酸乙酯、二氯甲烷、氯仿＞1000g/L，甲苯 330～500g/L，乙腈 170～200g/L，己烷 18～20g/L，甲醇 17～18g/L。紫外线下分解；pH5～9 稳定 30d（26℃）。

【研制和开发公司】 Eli Lily&Co.（美国礼来公司）[农化业务被 Dow Agroscience（美国陶氏益农公司）收购]

【上市国家和年份】 美国，1963 年

【合成路线】 [1,2]

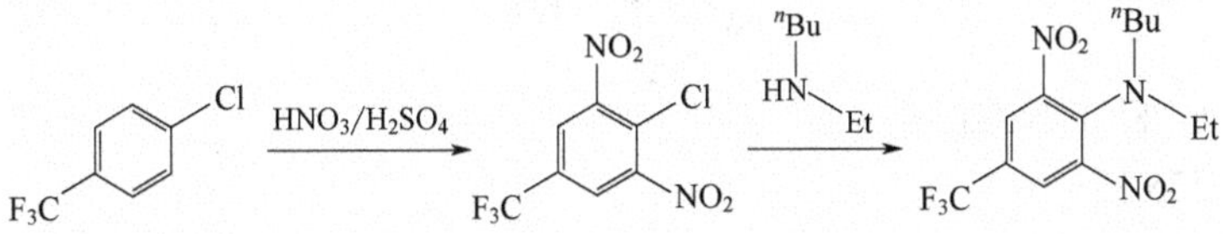

【哺乳动物毒性】 急性经口 LD_{50}：大鼠＞10000mg/kg，小鼠＞5000mg/kg，狗兔＞2000mg/kg。兔急性经皮 LD_{50}＞5000mg/kg。对兔皮肤轻微刺激，对兔眼睛中度刺激，对豚鼠皮肤致敏；大鼠吸入 LC_{50}（4h）＞2.31mg/L。NOEL 值（2 年）：大鼠经口 0.5mg/(kg·d)，小鼠 6.5mg/(kg·d)。ADI/RfD（EC）0.005mg/kg[2008]；毒性等级：U。

【生态毒性】 [3] 绿头野鸭、山齿鹑、家鸡急性经口 LD_{50}＞2000mg/kg，蓝鳃翻车鱼 LC_{50}（96h）0.065μg/L，虹鳟鱼 LC_{50}（96h）0.081mg/L，水蚤急性 EC_{50}（48h）2.18mg/L，东方牡蛎 EC_{50}（壳沉积）＞1.1mg/L，糠虾 LC_{50} 0.043mg/L。对蜜蜂低毒。

【作用机理】 微管蛋白聚合抑制剂。

【分析方法】 高效液相色谱-紫外（HPLC-UV）检测，气相色谱-质谱联用（GC-MS）

【制剂】 乳油（EC），颗粒剂（GR），水分散颗粒剂（WG）

【应用】 [4] 作用方式：选择性土壤除草剂，根系吸收。影响种子发芽，通过阻止根和芽生长抑制植物生长。用途：在花生、莴苣、黄瓜、菊苣、苦苣、蚕豆、菜豆、小扁豆、苜蓿、三叶草、车轴草、烟草和草坪上防除粟米草、繁缕、藜、野葱、马齿苋等一年生禾本科杂草

和部分一年生阔叶杂草。苗前、土壤使用，剂量 1.0～1.5kg/hm^2 。

【代谢】土壤/环境：土壤 DT_{50} 15d（无氧），2.8 周到 1.7 个月（有氧）；水中 DT_{50}（无氧）38.4h；土壤中光解 DT_{50} 12.50d，土壤残效期 4～8 个月。在土壤中可能不迁移；K_{oc}>5000mL/g；土壤吸附系数（K）在砂土中（pH7.7）为 27，在黏土中（pH6.9）为 117。

【使用注意事项】不要让未稀释或大量的产品接触地下水、水道或者污水系统，若无政府许可，勿将材料排入周围环境。

【参考文献】

[1] Soper Q F．Method of eliminating weed grasses and broadleaf weeds．US3257190.

[2] Ramana M M V，Sharma M R．A process for the preparation of herbicides．IN2013MU02433.

[3] Travlos I S，Gkotsi T，Roussis I，et al．Effects of the herbicides benfluralin，metribuzin and propyzamide on the survival and weight of earthworms(Octodrilus complanatus)．Plant，Soil Environ．2017，63（3）：177-184.

[4] James E H，Kemp M S，Moss S R．Phytotoxicity of trifluoromethyl- and methyl-substituted dinitroaniline herbicides on resistant and susceptible populations of black-grass（Alopecurus myosuroides）．Pestic Sci，1995，43（4）：273-277.

2.6.1.5 氟乐灵 trifluralin

【商品名称】Herbiflurin，Ipersan，Olitref，Premerlin，Cotolina（混剂，伏草隆），Team（混剂，氟草胺）

【化学名称】*α,α,α*-三氟-2,6-二硝基-*N,N*-二丙基对甲苯胺

IUPAC 名：*α,α,α*-trifluoro-2,6-dinitro-*N,N*-dipropyl-*p*-toluidine

CAS 名：2,6-dinitro-*N,N*-dipropyl-4-(trifluoromethyl)-benzamine

【化学结构式】

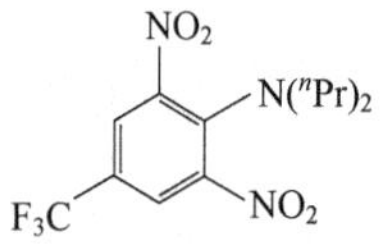

【分子式】$C_{13}H_{16}F_3N_3O_4$

【分子量】335.28

【CAS 登录号】1582-09-8

【理化性质】纯品为黄橙色晶体，熔点 48.5～49℃；沸点（24Pa）96～97℃；密度（22℃）1.36g/cm^3；蒸气压（25℃）6.1mPa；K_{ow}lg$P$ 4.83（20℃）。水中溶解度（20℃）：0.18mg/L（pH5），0.221mg/L（pH7），0.189mg/L（pH9）（EECA6），原药 0.343mg/L（pH5），0.395mg/L（pH7），0.383mg/L（pH9）（EECA）。有机溶剂中溶解度（20℃）：丙酮、氯仿、甲苯、乙腈、乙酸乙酯>1000g/L，甲醇 33～40g/L，己烷 50～67g/L。52℃下储藏稳定，pH3、pH6 和 pH9 水解稳定。

【研制和开发公司】由 Eli Lilly&Co（美国礼来公司）[现为 Dow AgroSciences（美国陶氏益农公司）]开发

【上市国家和年份】美国，1961 年

【合成路线】[1]

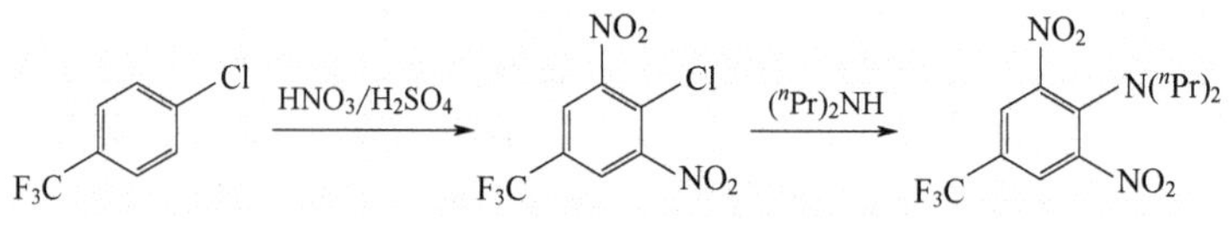

【哺乳动物毒性】大鼠急性经口 LD_{50}>5000mg/kg，兔急性经皮 LD_{50}>5000mg/kg；对兔皮肤无刺激，对眼睛有轻度刺激；大鼠急性吸入 LC_{50}（4h）>4.8mg/L；NOEL 在大鼠（2 年）饲喂试验中，低剂量［813mg/kg（饲料）］对大鼠唯一的影响是出现肾结石，对狗 90d 试验结果证明这是可逆的，得出 NOEL 为 2.4mg/(kg·d)，NOEL 小鼠 73mg/(kg·d)；ADI/RfD（EFSA）0.015mg/kg；毒性等级：U。

【生态毒性】山齿鹑急性经口 LD_{50}>2000mg/kg，山齿鹑和野鸭饲喂 LC_{50}（5d）>5000mg/kg。LC_{50}（96h）：虹鳟幼鱼 0.088mg/L，蓝鳃翻车幼鱼 0.089mg/L。水蚤 LC_{50}（48h）0.245mg/L，NOEC（21d）0.051mg/L；羊角月牙藻 EC_{50}（7d）12.2mg/L，NOEC 5.37mg/L；草虾 LD_{50}（96h）0.64mg/L；蜜蜂 LD_{50}（经口和接触）>100μg/只，蚯蚓 LC_{50}（14d）>1000mg/kg，NOEC（体重减少）<171mg/kg。

【作用机理】抑制微管聚集。

【分析方法】气液色谱-氢火焰法（GLC-FID），气液色谱-质谱（GLC-MS）

【制剂】乳油（EC），颗粒剂（GR）

【应用】作用方式：选择性土壤除草剂，通过渗入秧苗下胚轴区发生作用。也抑制根部发育。用途：用于芸薹属植物、蚕豆、豌豆、胡萝卜、欧洲萝卜、生菜、辣椒、番茄、洋蓟、洋葱、大蒜、葡萄、草莓、覆盆子、柑橘类果树、油料油菜、花生、大豆、向日葵、红花、观赏植物（包括乔木和灌木）、棉花、甜菜、甘蔗、草设施和林业，芽前防除许多一年生禾本科杂草和阔叶杂草。与利谷隆或异丙隆混用防除冬季谷物的一年生禾本科杂草和阔叶杂草。通常种植前混土施用，用量 0.5～1.0kg/hm^2，但对某些作物也可在种植后施用。

【代谢】动物：在动物中与在土壤中降解相同。经口给药进入动物体后，72h 内约 70%通过尿液、15%通过粪便排出体外。植物：在植物中与在土壤中降解相同。土壤/环境：被土壤吸附，非常难渗滤。在土壤中横向迁移性小。代谢包括氨基基团脱烷基化、硝基还原成氨基、三氟甲基部分氧化成羧基，以及随后降解成更小的片段。DT_{50} 57～126d。土壤中残效期为 6～8 个月。实验室研究：厌氧条件下降解更快，如土壤，DT_{50} 25～59d。DT_{50}（有氧）116～201d。土壤光解 DT_{50} 41d。水中光解 DT_{50} 0.8h。K_{oc} 4400～40000mL/g：K_d 范围 3.75mL/g（0.01%o.m.，pH 6.6）至 639mL/g（o.m.16.9%，pH 6.8）。

【参考文献】

[1] Soper Q F．Method of eliminating weed grasses and broadleaf weeds．US3257190.

2.6.1.6 氯乙氟灵 fluchloralin

【化学名称】*N*-(2-氯乙基)-2,6-二硝基-*N*-丙基-4-三氟甲基苯胺

IUPAC 名：*N*-(2-chloroethyl)-2,6-dinitro-*N*-propyl-4-(trifluoromethyl)aniline

CAS 名：*N*-(2-chloroethyl)-2,6-dinitro-*N*-propyl-4-(trifluoromethyl)benzenamine

【化学结构式】

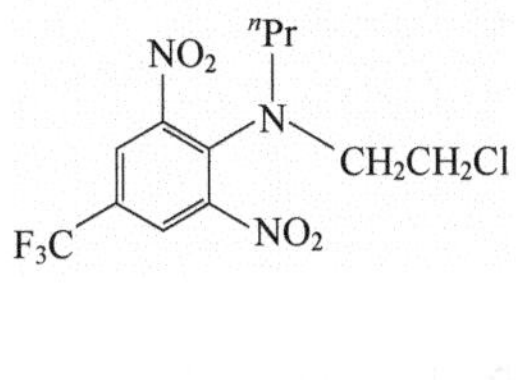

【分子式】$C_{12}H_{13}ClF_3N_3O_4$

【分子量】355.70

【CAS登录号】33245-39-5

【理化性质】原药含量≥97%；纯品为橙黄色固体；熔点42～43℃，蒸气压4mPa（20℃）、3.3mPa（30℃）、13mPa（40℃）、53Pa（50℃）。水中溶解度（20℃）：<1mg/L。有机溶剂中溶解度（20℃）：丙酮、氯仿、苯、乙腈和乙酸乙酯>1000g/L，环己烷251g/L，乙醇177g/L，橄榄油260g/kg（20℃）；紫外线下分解，原药常温可储存2年。

【研制和开发公司】由BASF（德国巴斯夫公司）开发

【上市国家和年份】欧洲，20世纪70年代。

【合成路线】[1]

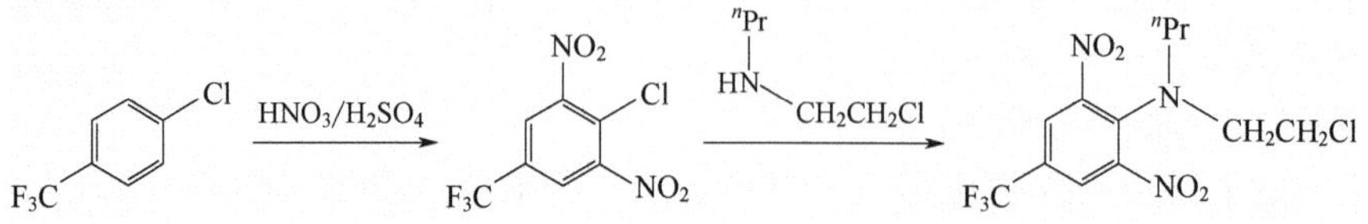

【哺乳动物毒性】急性经口LD_{50}：大鼠1550mg/kg，兔8000mg/kg，小鼠730mg/kg，狗6400mg/kg。兔急性经皮LD_{50}>10000mg/kg。对兔皮肤和眼睛有中等刺激；大鼠急性吸入LC_{50}（4h）8.4mg/L。NOEL：大鼠（90d）250mg/kg，狗<750mg/kg。毒性等级：Ⅲ。

【生态毒性】急性经口LD_{50}：山齿鹑7000mg/kg，野鸭13000mg/kg。LC_{50}（96h）：虹鳟0.012mg/L，蓝鳃翻车鱼0.016mg/L。对蜜蜂无毒。

【作用机理】细胞分裂抑制剂。

【分析方法】气液色谱（GLC）

【制剂】乳油（EC），颗粒剂（GR），水分散剂（WG）

【应用】[2,3]作用方式：选择性除草剂，通过芽和根吸收，可在整株植物中传导。抑制种子萌发和其他生理生长过程，尤其是对胚根的影响。用途：可防除棉花、水稻（移栽）、大豆、花生、菜豆、秋葵、黄麻、向日葵、马铃薯等蔬菜作物地一年生禾本科杂草和一些阔叶杂草。播前或苗前土壤处理。药害：甜菜、高粱、菠菜和燕麦对该药剂敏感。

【代谢】植物：植物中快速代谢，一些代谢物被融合到植物组织中。土壤：在土壤中，通过土壤胶体和有机物强烈吸附，无渗滤。发生脱烷基化作用生成*N*-(2-氯乙基)-、*N*-丙基-和未取代三氟-2,6-二硝基对甲苯胺。光照条件下硝基还原为氨基。使用后在土壤底层残留可能超过一个生长季。对一些敏感作物可能有药害。

【参考文献】

[1] Kiehs K，Koenig K H，Fischer A．2,6-Dinitra-4-trifluoromethyl-anilines．DE1643719．

[2] Singh S B，Sharma R，Kumar P，et al．Weed management and residues following sequential application of herbicides in onion (allium cepa L)．Pestic Res，2016，28（2）：221-226．

[3] Malik R S，Yadav A，Punia S S，et al．Efficacy of three dinitroaniline herbicides against weeds in raya(Brassica juncea L)．Environ Ecol，2012，30（3A）：787-789．

2.6.2 吡啶类

2.6.2.1 氟硫草啶 dithiopyr

【商品名称】Dimension，Crab-buster，Dictran

【化学名称】*S,S'*-二甲基-2-二氟甲基-4-异丁基-6-三氟甲基吡啶-3,5-二硫代甲酸酯

IUPAC 名：*S,S*′-dimethyl-2-difluoromethyl-4-isobutyl-6-trifluoromethylpyridine-3,5-dicarbo thioate

CAS 名：*S,S*′-dimethyl 2-(difluoromethyl)-4-(2-methylpropyl)-6-(trifluoromethyl)-3,5-bis (carbothioate)

【化学结构式】

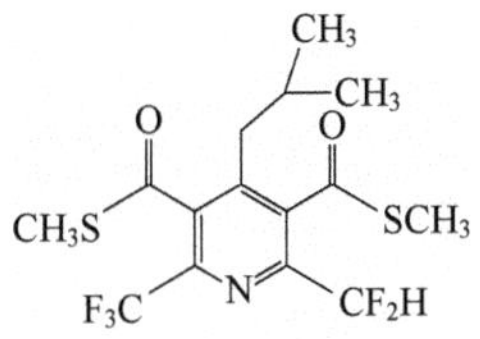

【分子式】$C_{15}H_{16}F_5NO_2S_2$

【分子量】401.41

【CAS 登录号】97886-45-8

【理化性质】无色晶体，熔点 65℃；密度（20℃）1.41g/cm^3；蒸气压（25℃）0.53mPa、分配系数：K_{ow}lg$P$ 4.75。水中溶解度（20℃）1.4mg/L，不水解；水相光解 DT_{50} 17.6～20.6d。

【研制和开发公司】美国 Monsanto Co.（孟山都公司）发现开发，现为 Dow AgroSciences（美国陶氏益农公司）

【上市国家和年份】美国，1991 年

【合成路线】[1-3]

路线 1：

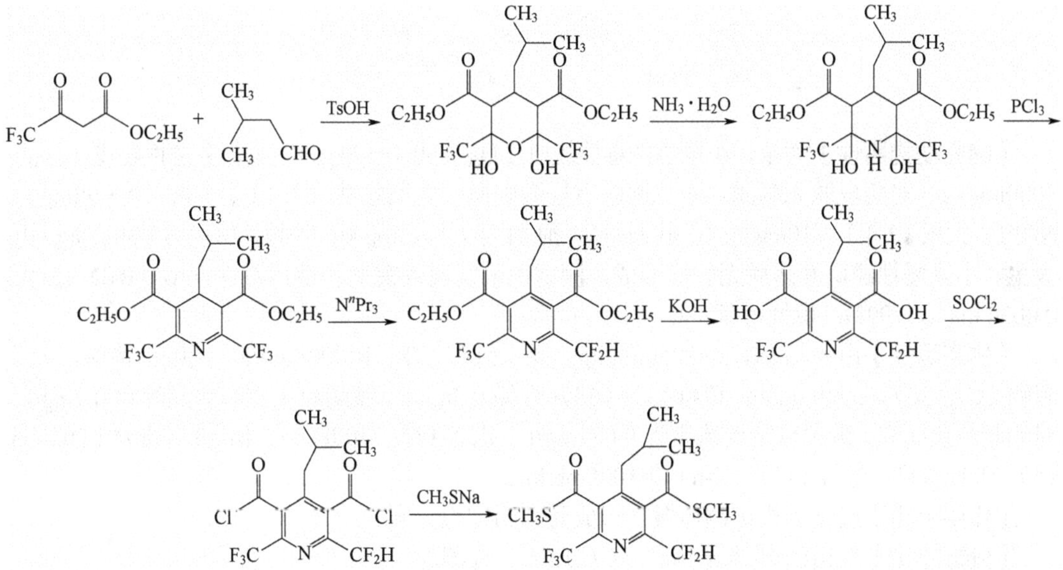

路线 2：

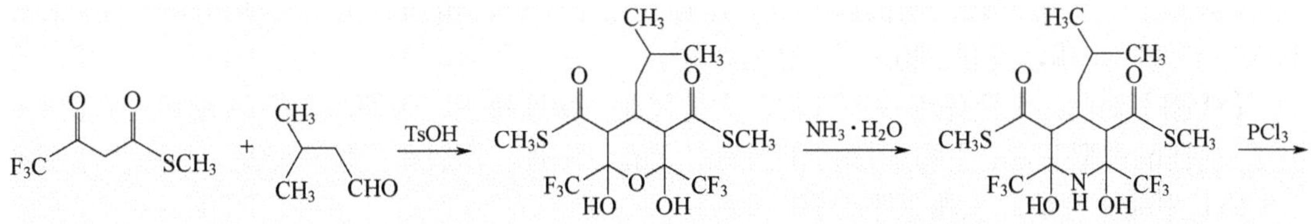

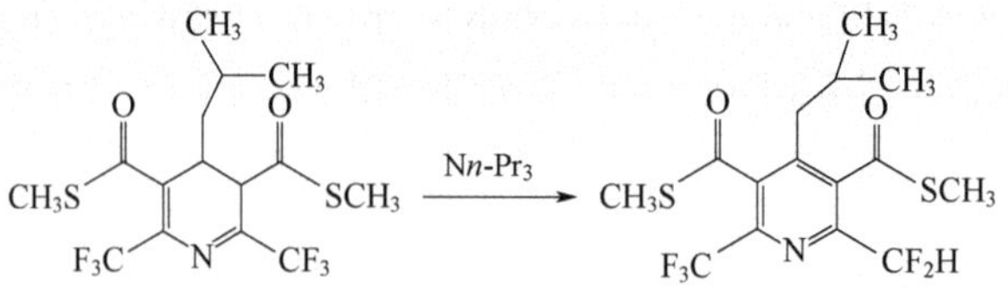

路线 3：

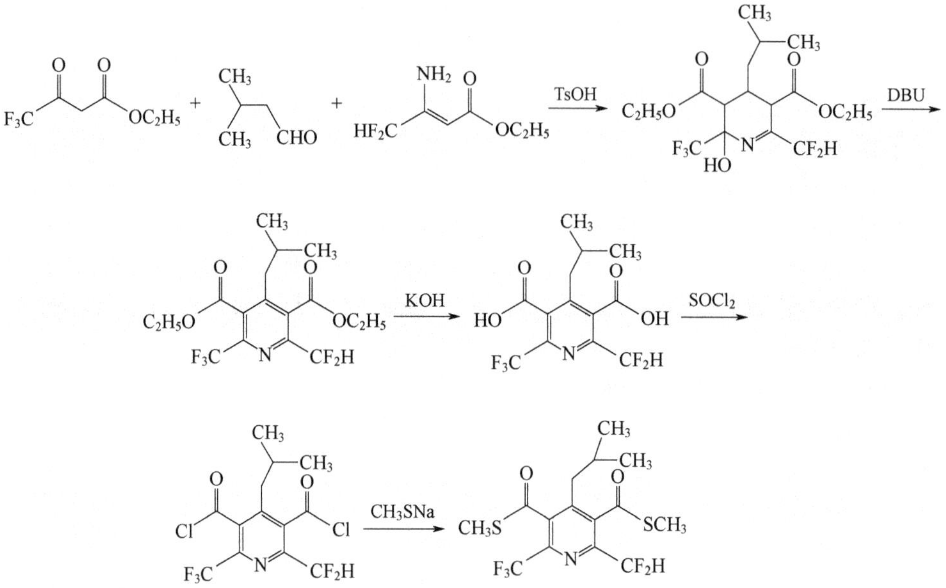

【哺乳动物毒性】大鼠、小鼠急性毒性经口 LD_{50}>5000mg/kg，大鼠、兔急性经皮 LD_{50}>5000mg/kg；对兔皮肤无刺激，对兔眼睛有轻微刺激；大鼠急性吸入 LC_{50}（4h）>5.98mg/L。NOEL：大鼠（2 年）≤10mg/kg（0.36mg/kg）；狗（1 年）≤0.5mg/kg；小鼠（18 个月）3mg/(kg·d)；大鼠、小鼠慢性经口暴露后无肿瘤形成，测试中未发现致突变和遗传毒性；ADI/RfD（EPA）0.0036 mg/kg[1993]；毒性等级：U。

【生态毒性】山齿鹑 LD_{50}>2250mg/kg，绿头野鸭 LD_{50} 10000mg/kg，饲喂山齿鹑、绿头野鸭 LC_{50}(5d)>5620mg/kg；鱼毒 LC_{50}(5d)：虹鳟 0.5mg/L，蓝鳃翻车鱼和普通鲤鱼 0.7mg/L，对幼年鳟鱼研究，最大可接受浓度为 0.082mg/L。水蚤 LC_{50}（48h）>1.1mg/L；蜜蜂 LD_{50}（局部）0.08mg/只；蚯蚓 LC_{50}（14d）>1000mg/kg。

【作用机理】通过干扰纺锤体微管形成而抑制细胞分裂。

【分析方法】气相色谱-电子捕获（GC/ECD）检测。

【制剂】乳油（EC），颗粒剂（GR），水乳剂（EW），可湿粉剂（WP）

【应用】[4] 作用方式：苗前除草剂。用途：用于草坪，苗前、苗后早期防除一年生禾本科杂草和阔叶杂草，剂量 280.3～1121.1g/hm^2。

【代谢】动物：大鼠体内快速吸收，大量代谢，快速排出。土壤/环境：土壤中 DT_{50} 17～61d，视制剂类型而定。主要土壤代谢物为二元酸、普通一元酸和反转一元酸；这些代谢物在 1 年内几乎完全消解。土壤中不光解。

【参考文献】

[1] Braun M J, Jaunzems J. Processes for preparation of haloalkyl pyridinyl compounds and intermediates thereof, as agrochemicals and pharmaceuticals. EP3412654.

[2] Baysdon S L, Pulwer M J, Janoski H L. Process for preparation of fluoromethylated piperidinedicarbothioates. EP448544.

[3] Lee L F. Substituted 2,6-substituted pyridine compounds. EP133612.

[4] Elmore M T, Diehl K H, Di R, et al. Identification of two eleusine indica (goosegrass) biotypes of cool-season turfgrass resistant to dithiopyr. Pest Manag Sci, 2022, 78 (2): 499-505.

2.6.2.2 噻唑烟酸 thiazopyr

【商品名称】Mandate, Visor

【化学名称】2-二氟甲基-5-(4,5-二氢-1,3-噻唑-2-基)-4-异丁基-6-三氟甲基烟酸甲酯

IUPAC 名：methyl-2-difluirimethyl-5-(4,5-dihydro-1,3-thiazol-2-yl)-4-isobutyl-6-trifluoromethylnicotinnate

CAS 名：methyl 2-(difluoromethyl)-5-(4,5-dihydro-2-thiazolyl)-4-(2-methylpropyl-6-trifluoromethyl)-3-pyridinecarboxylate

【化学结构式】

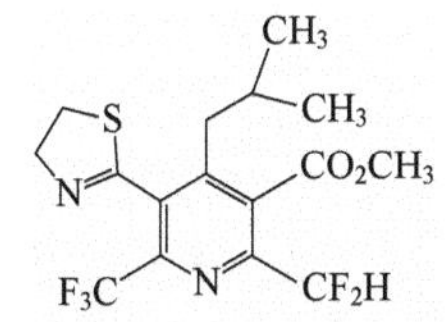

【分子式】$C_{16}H_{17}F_5N_2O_2S$

【分子量】396.38

【CAS 登录号】117718-60-2

【理化性质】原药含量 93%，浅褐色结晶固体，有硫黄气味；熔点 77.3～79.1℃；蒸气压（25℃）0.27mPa；$K_{ow}\lg P$ 3.89（21℃）；密度 1.373（25℃）g/cm^3。水中溶解度（20℃）2.5mg/L。有机溶剂中溶解度（20℃）：甲醇 28.7g/100mL，己烷 3.06g/100mL。水溶液光解 DT_{50} 15d，遇碱水解，DT_{50} 6d（pH9），3394d（pH7），稳定（pH4 和 pH5）。

【研制和开发公司】由 Monsanto（美国孟山都）开发

【上市国家和年份】美国，1997 年

【合成路线】[1-4]

路线 1：

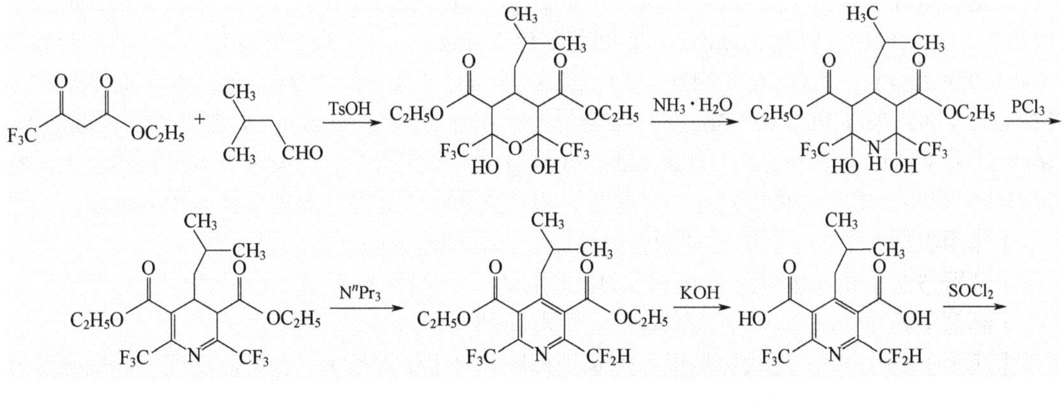

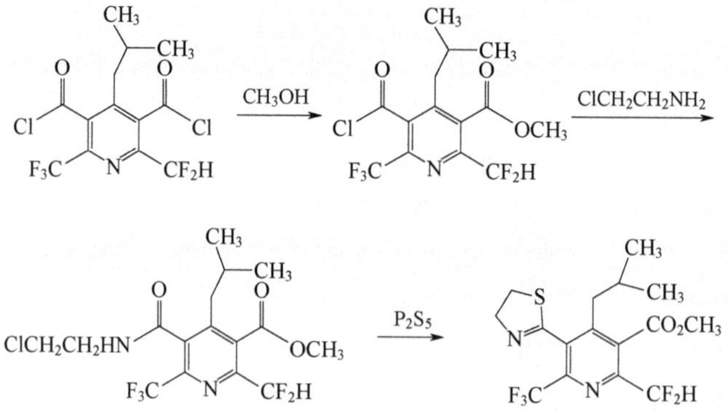

路线 2：

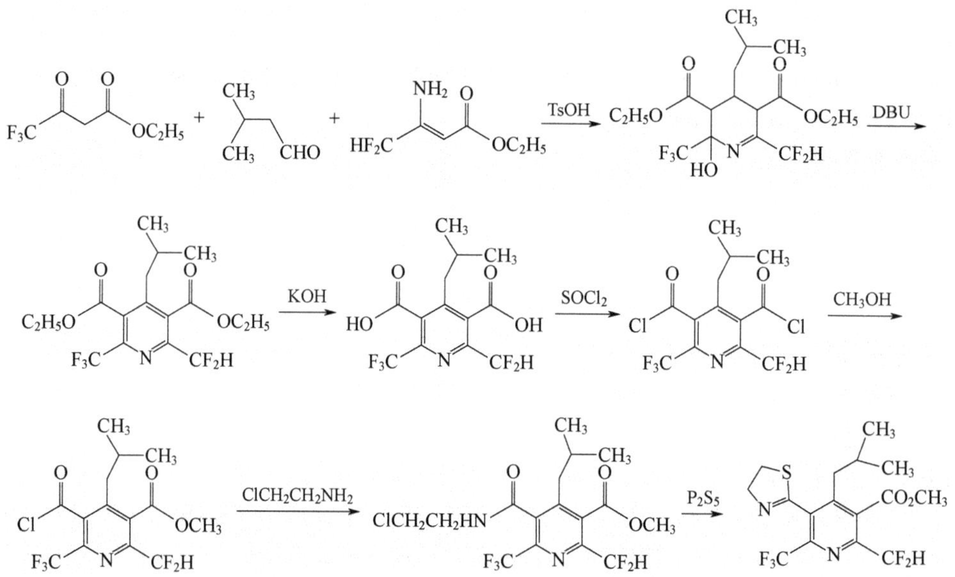

【哺乳动物毒性】[5]大鼠急性经口 LD_{50}＞5000mg/kg，兔急性经皮 LD_{50}＞5000mg/kg；对兔眼睛有轻微刺激性，无皮肤刺激性，对豚兔皮肤无致敏；大鼠吸入毒性 LC_{50}（4h）＞1.2mg/L（空气）；NOEL：大鼠（2 年）0.36mg/(kg·d)，狗（1 年）0.5mg/(kg·d)；无致突变性、无致畸性和无生殖毒性；ADI/RfD（EPA）0.008mg/kg[1997]；毒性等级：Ⅲ。

【生态毒性】山齿鹑急性经口 LD_{50} 1913mg/kg，山齿鹑和野鸭饲喂 LC_{50}（5d）＞5620mg/kg。鱼急性 LC_{50}（96h）：虹鳟 3.2mg/L，蓝鳃翻车鱼 3.4mg/L，羊头鲷 2.9mg/L。羊头鲷生命周期 NOEC 0.092mg/L。水蚤 LC_{50}（48h）6.1mg/L；羊角月牙藻 EC_{50} 0.04mg/L；水华鱼腥藻 EC_{50} 2.6mg/L；肋骨条藻 EC_{50} 0.094mg/L；维吉尼亚美东牡蛎 EC_{50} 0.82mg/L，糠虾 EC_{50} 2.0mg/L；浮萍 EC_{50}（14d）0.035mg/L；蜜蜂 LD_{50}＞100μg/只；蚯蚓 LC_{50}（14d）＞1000mg/kg 土；实验室研究表明，本品对蜘蛛无害，对捕食螨和甲虫有轻微危害，对寄生蜂有中度危害。

【作用机理】通过干扰纺锤体微管的形成，抑制细胞分裂。

【分析方法】高效液相色谱-紫外（HPLC-UV），气相色谱-质谱（GC-MS）

【制剂】乳油（EC），颗粒剂（GR），可湿粉剂（WP）

【应用】作用方式：症状包括根系生长受抑制和分生组织膨大；也可能出现下胚轴或茎节

肿大，不影响种子萌发。用途：用于果树、葡萄、柑橘、甘蔗、菠萝、紫花苜蓿和林业，芽前防除一年生禾本科杂草和一些阔叶杂草。一般使用剂量为 0.1～0.56kg/hm^2。

【代谢】动物：在动物体内被迅速、广泛代谢和排除。通过硫和碳氧化以及氧化脱酯，大鼠肝微粒体被氧化。蓝鳃翻车鱼生物富集系数为 220；消除迅速，14d 内消除 98%。植物：几个植物物种研究表明，噻草啶最初代谢是二氢噻唑环经植物氧化酶代谢成亚砜、砜、羟基衍生物和噻唑，以及脱酯化成羧酸；土壤/环境：在土壤中，通过土壤微生物和水解降解。在美国进行的跨多点的土壤消解试验表明，平均 DT_{50} 为 64d（8～150d）。18in 以下检测发现，纵向流动最小。正常使用下，单酸代谢物的纵向迁移低。土壤中无显著光解，但水溶液中 DT_{50} 为 15d，这表明地表水受污染的可能性低。

【参考文献】

[1] Kas K A，Sarafinas A，Stephens R W．A method to prepare 2-(3-pyridyl)- 4,5-dihydrothiazoles．EP0936222.

[2] Lee L F，Sing Y L L．Substituted 2,6-substituted pyridine compounds．EP0278944.

[3] Lee L F，Glenn K C，Connolly D T，et al．Substituted pyridines useful for inhibiting cholesteryl ester transfer protein activity．WO9941237.

[4] Hegde S G．Substituted pyridine compounds．EP435844.

[5] Strupp C，Quesnot N，Weber-Parmentier C，et al．Weight of evidence and human relevance evaluation of the benfluralin mode of action in rats(Part Ⅱ)：thyroid carcinogenesis．Regul Toxicol Pharmacol，2020，117：104736.

2.7 八氢番茄红素脱氢酶抑制剂

2.7.1 酰胺类

2.7.1.1 吡氟酰草胺 diflufenican

【商品名称】Pelican，Bacara（混剂，与呋草酮混合），Javelin（混剂，与异丙隆混合），Tigrex（混剂，与 2-甲基 4-氯苯氧乙酸乙基己基酯混合），Bamban（混剂，与戊草丹混合）

【化学名称】2′,4′-二氟-2-(*α*,*α*,*α*-三氟间甲苯氧基)烟酰苯胺

IUPAC 名：2′,4′-difluoro-2-(*α*,*α*,*α*-trifluoro-*m*-tolyoxy)nicotinanilide

CAS 名：*N*-(2,4-difluorophenyl)-2-[3-(trifluoromethyl)phenoxy]-3-pyridinecarboxamide

【化学结构式】

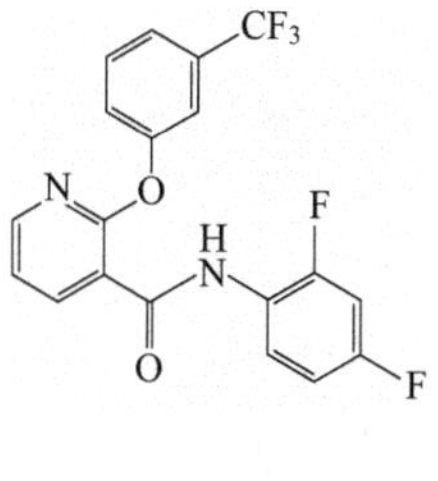

【分子式】$C_{19}H_{11}F_5N_2O_2$

【分子量】394.30

【CAS 登录号】83164-33-4

【理化性质】白色晶状固体，熔点 159.5℃；密度（20℃）1.54g/cm^3；蒸气压（25℃）4.25×10^{-3}mPa。分配系数：$K_{ow}\lg P$ 4.2。水中溶解度（25℃）＜0.05mg/L。有机溶剂中溶解度（20℃）甲苯 35.7g/L，丙酮 72.2g/L，甲醇 4.7g/L，乙腈 17.6g/L，二氯甲烷 114.0g/L，乙酸乙酯 63.5g/L，正辛醇 1.9。pH5、pH7、pH9 的水溶液中稳定（20℃），光解稳定。

【研制和开发公司】德国 May&Baker Ltd［现为 Bayer CropScience（拜耳作物科学）］

【上市国家和年份】欧洲，1985 年

【合成路线】[1,2]

路线 1：

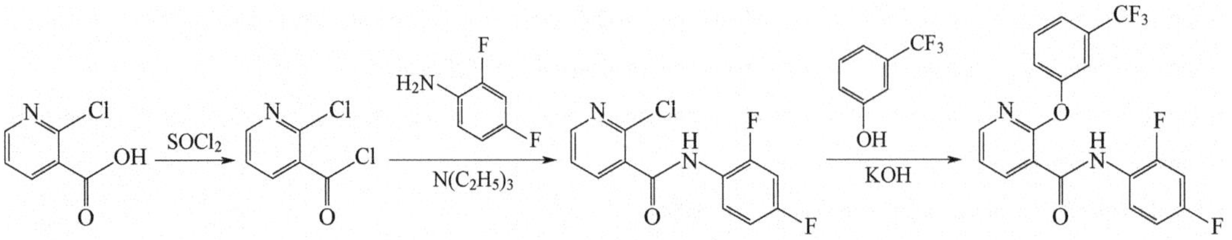

路线 2：

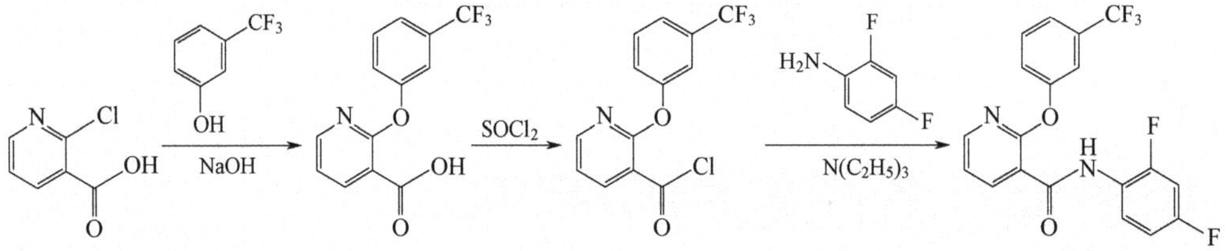

中间体合成[3-8]：

中间体 1：

方法 1：

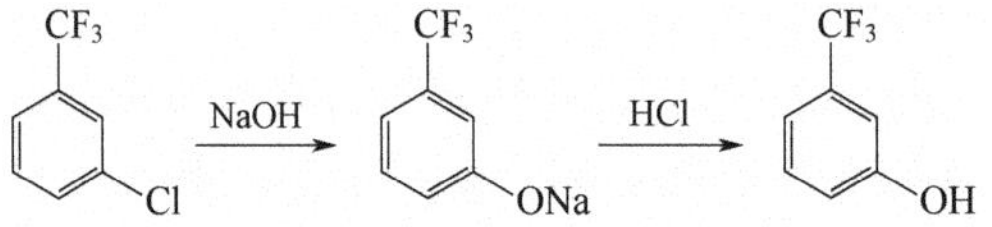

方法 2：

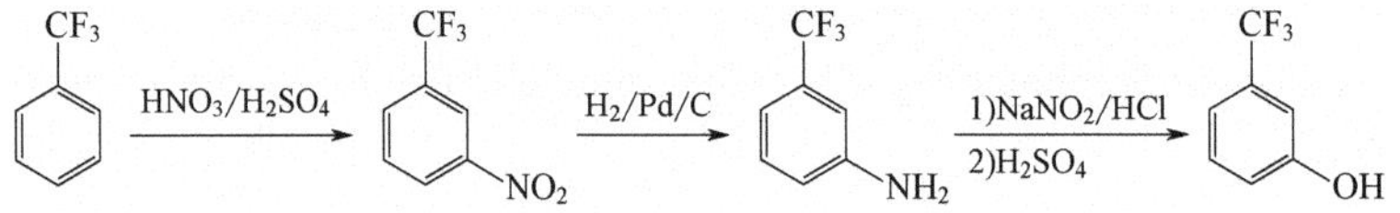

中间体 2：

方法 1：

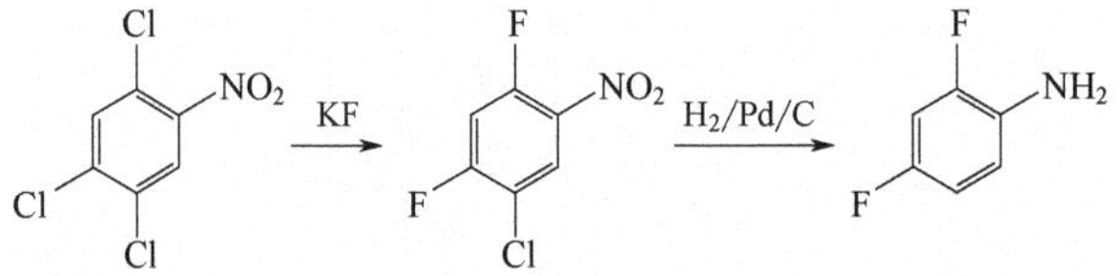

方法 2：

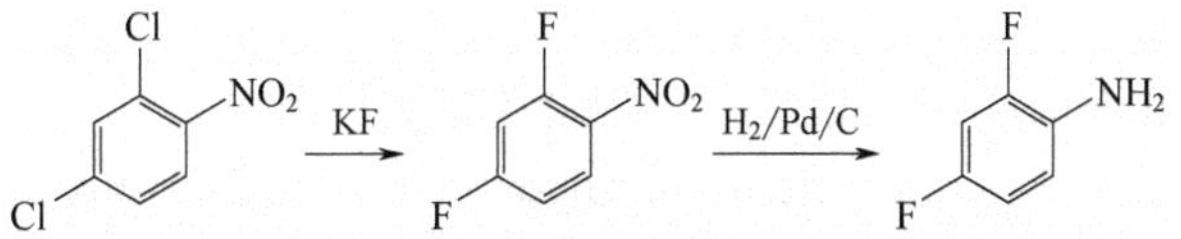

【哺乳动物毒性】急性毒性经口：大鼠、狗、兔 LD_{50}>5000mg/kg。大鼠急性经皮 LD_{50}>2000mg/kg。对兔眼睛和皮肤无刺激性，大鼠空气吸入 LC_{50}（4h）>5.12mg/L（空气），NOEL（14d）大鼠亚急性试验中，1600mg/kg 未发现负面作用。90d 饲喂试验 NOEL：狗 1000mg/(kg・d)，大鼠 500mg/(kg・d)(饲料)。慢性试验毒性研究表明，大鼠为 23.3mg/(kg・d)，小鼠为 23.3mg/(kg・d)；NOAEL 为 500mg/kg（饲料）；ADI/RfD（EC）0.2mg/kg[2008]；毒性等级：U。

【生态毒性】鹌鹑急性经口 LD_{50}>2150mg/kg，野鸭饲喂 LD_{50}>4000mg/kg；虹鳟 LC_{50}（96h）>108.8mg/L，鲤鱼 98.5μg/L；水蚤 LC_{50}（48h）0.24 mg/L；水藻 E_rC_{50}（72h）0.00045mg/L。对蚯蚓无毒；对蜜蜂接触和经口无毒。

【作用机理】[9] 通过抑制八氢番茄红素脱氢酶而阻断类胡萝卜素的生物合成。

【分析方法】反相高效液相色谱（RP HPLC）

【制剂】乳油（EC），悬浮剂（SC），可分散油悬浮剂（OD），水分散性粒剂（WG）

【应用】作用方式：选择性触杀和残效型除草剂，主要通过嫩芽吸收，传导性不强。用途：用在秋收小麦和大麦苗前或苗后早期防除禾本科杂草和阔叶杂草，特别是猪殃殃、婆婆纳、繁缕、堇菜，最大剂量 187.5g/hm^2。通常与其他谷物除草剂混用，如呋草酮和氟噻草胺。对叶基部有轻微药害，药害仅限于在叶基部有暂时性小斑块，对作物生长无影响。

【代谢】动物：吡氟酰草胺在大鼠体内通过数种途径代谢，包括羟基化、水解脱氟、氨甲酰键的水解、与谷胱甘肽或葡萄糖苷酸的轭合反应。植物：母体化合物极低的吸收率导致残留水平难以量化测定。在秋季苗前施用 200～250d 后，谷粒和秸秆中的残留水平低至无法测定。土壤/环境：土壤中降解过程为通过代谢物 2-(3-三氟甲基苯氧基)烟酰胺和 2-(3-三氟甲基苯氧基)烟酸，最终形成残留和 CO_2。田间 DT_{50} 103.4～282.0d（按照标准 FOCUS 程序折算）。

【参考文献】

[1] Knell M，Brink M，Wevers J H，et al. Process for the preparation of heteroarylcarboxylic amides and esters．EP0899262（A2）.

[2] Cramp M C，Gilmour J，Parnell E W，et al. Certain *N*-(2,4-Difluorophenyl)-2-(3-tri-fluoro methylphenoxy)-nicotinamides having herbicidal activity．US4618366．

[3] 郭章红，江朋，陈庆忠，等．一种间三氟甲基苯酚的制备方法．CN107686440．

[4] 杜晓华，陈金沙，徐振元．一种连续流合成苯酚类化合物的方法．CN106905096．

[5] 周云兵，吴键，蔡悦铭，等．光催化无金属卤代芳烃制备酚及其衍生物的方法．CN110818532．

[6] 宫宁瑞．一种间硝基三氟甲苯的制备方法．CN111499517．

[7] Xu X N，Ren X N，Su J，et al．method for preparing nilotinib intermediate．WO2015103927．

[8] Hagiya K．Process for producing 2, 4-difluoronitrobenzene．WO2007072679．

[9] Young A J，Britton G，Musker D．A rapid method for the analysis of the mode of action of bleaching herbicides．Pestic Biochem Physiol，1989，35（3）：244-250．

2.7.1.2 氟吡酰草胺 picolinafen

【商品名称】Pico

【化学名称】4′-氟-6-(*α*,*α*,*α*-三氟间甲苯氧基)吡啶-2-甲酰胺

IUPAC 名：4′-fluoro-6-(*α,α,α*-trifluoro-*m*-tolyoxy)pyridine-2-carboxanilide

CAS 名：*N*-(4-fluorophenyl)-6-[3-(trifluoromethyl)phenoxy]-2-pyridinecarboxamide

【化学结构式】

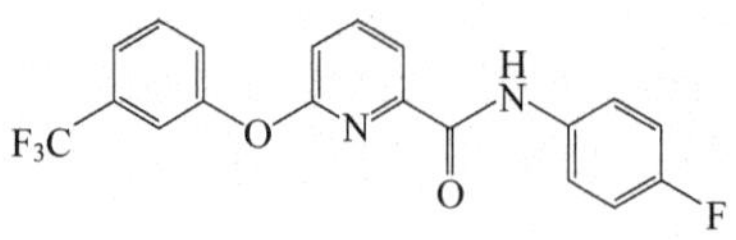

【分子式】$C_{19}H_{12}F_4N_2O_2$

【分子量】376.31

【CAS 登录号】137641-05-5

【理化性质】白色至白垩色晶状固体，熔点 107.2～107.6℃；密度（20℃）1.42g/cm^3；蒸气压（20℃）1.7×10^{-4}mPa；分配系数：K_{ow}lg$P$ 5.37。水中溶解度（20℃）：3.9×10^{-5}g/L（蒸馏水），4.7×10^{-5}（pH7）。有机溶剂中溶解度（20℃）：丙酮 55.7g/mL，甲醇 3.04g/mL，二氯甲烷 76.4g/mL，乙酸乙酯 46.4g/mL。在 pH4、pH7 和 pH9 以及 50℃下稳定性大于 5d，光降 DT_{50} 25d（pH5）、31d（pH7）、23d（pH9）。

【研制和开发公司】American Cyanamid Company（美国氰胺公司）[现为 BASF SE（德国巴斯夫公司）]

【上市国家和年份】美国，2001 年

【合成路线】[1-4]

路线 1：

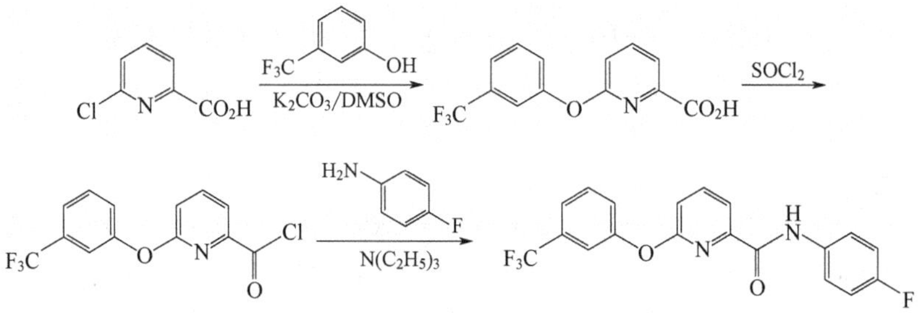

路线 2：

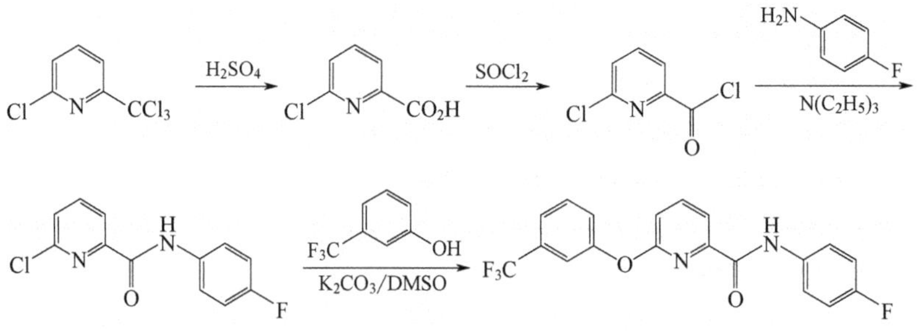

中间体合成[5-8]：

方法 1：

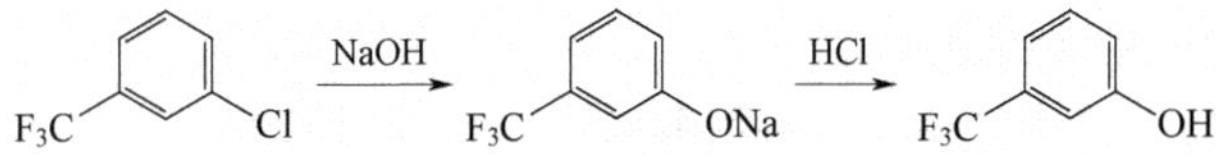

方法 2：

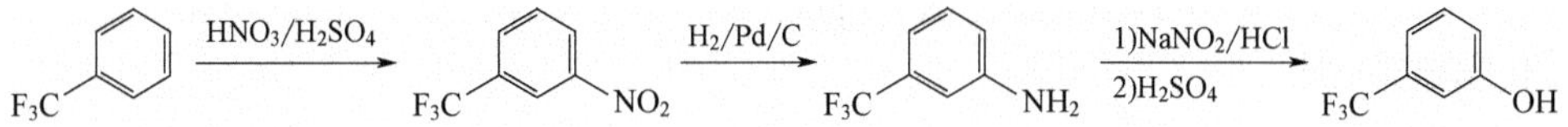

【哺乳动物毒性】大鼠急性毒性经口 LD_{50}＞5000mg/kg，大鼠急性经皮 LD_{50}＞4000mg/kg；对兔眼睛和皮肤无刺激性，对豚鼠皮肤无致敏；大鼠空气吸入 LC_{50}（4h）＞5.9mg/L。NOAEL：大鼠（1 年）1.4mg/(kg・d)，大鼠（2 年）2.4mg/(kg・d)。Ames 试验、微核和体外细胞遗传学试验呈阴性；ADI/RfD（EC）0.014mg/kg[2002]。

【生态毒性】野鸭和山齿鹑急性经口 LD_{50}＞2250mg/kg，野鸭和山齿鹑饲喂 LC_{50}＞5314 mg/kg；虹鳟 LC_{50}（96h）＞0.68mg/L（饲料中）；水蚤 EC_{50}（48h）0.45mg/L；羊角月牙藻 EC_{50} 0.18μg/L；叉状角藻 E_bC_{50} 0.0025μg/L；浮萍 EC_{50}（14d）＞0.057mg/L；对蜜蜂接触和经口 LD_{50}＞200μg/只；对蚯蚓 LC_{50}（14d）＞1000mg/kg；对盲走螨属、步甲属、蚜茧蜂属和豹蛛属无害。

【作用机理】通过抑制八氢番茄红素脱氢酶而阻断类胡萝卜素的生物合成。

【分析方法】高效液相色谱-紫外（HPLC-UV），气相色谱-质谱（GC-MS）

【制剂】乳油（EC），悬浮剂（SC），水分散剂（WG）

【应用】作用方式：对于易受感染的物种，它是叶面迅速吸收的苗后除草剂。根部很少吸收或不吸收。造成易感染杂草的叶子白化。用途：谷物除草剂，使用剂量 0.05～0.10kg/hm^2，苗后防除阔叶杂草如猪殃殃属、堇菜属、野芝麻以及婆婆纳属杂草。单独销售或与其他谷物除草剂如二甲戊灵、异丙隆或 2 甲 4 氯混合销售，用于广泛的杂草防除。

【代谢】动物：通过水解断裂形成取代的吡啶甲酸和对氟苯胺，氧化、乙酰化，然后与葡糖苷酸和硫酸盐共轭，氟吡酰草胺可被代谢（＞87%），通过尿液和粪便迅速排出（约为 88%）。植物：植物体内活性物质的吸收是微不足道的，母体化合物或代谢物迁移不大。代谢通过酰胺键的断裂实现。土壤：水解稳定，但光化学降解 DT_{50} 23～31d。土壤 DT_{50} 1 个月，DT_{50}＜4 个月。氟吡酰草胺不会在土壤中累积。K_{oc}（4 种土壤类型）15000～31800L/kg，K_d 248～764L/kg。

【参考文献】

[1] Brink M，Knell M，Wevers J H．Process for the preparation of pyridylcarboxylic amides and esters．US2008024931．

[2] Haga T，Koyanagi T，Nakajima T，et al．Process for producing chloronicotinic acid compounds．US4504665．

[3] Bissinger H J，Kleemann A，Searle R．Herbicidal picolinamide derivatives．US5371061．

[4] Bull M J，Cornforth J W．Process for the preparation of acid chloride compounds．EP0646566．

[5] 郭章红，江朋，陈庆忠，等．一种间三氟甲基苯酚的制备方法．CN107686440．

[6] 杜晓华，陈金沙，徐振元．一种连续流合成苯酚类化合物的方法．CN106905096．

[7] 周云兵，吴键，蔡悦铭，等．光催化无金属卤代芳烃制备酚及其衍生物的方法．CN110818532．

[8] 宫宁瑞．一种间硝基三氟甲苯的制备方法．CN111499517．

2.7.1.3 氟丁酰草胺 beflubutamid/beflubutamid-M

【商品名称】Herbaflex（混剂，与异丙隆混合）

（1）氟丁酰草胺 beflubutamid

【化学名称】(*RS*)-*N*-苄基-2-(*α,α,α*,4-四氟间甲苯氧基)丁酰胺

IUPAC 名：(*RS*)-*N*-benzyl-2-(*α,α,α*,4-tetrafluoro-*m*-tolyloxy)butyramide

CAS 名：2-[4-fluoro-3-(trifluoromethyl)phenoxy]-*N*-(phenylmethyl)butanamide

【化学结构式】

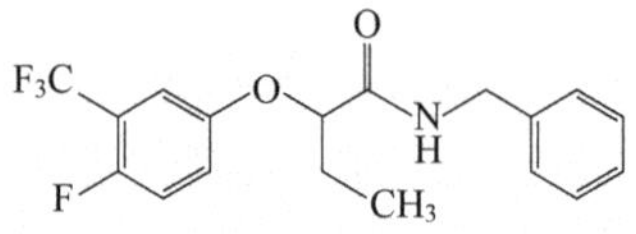

【分子式】$C_{18}H_{17}F_4NO_2$

【分子量】355.33

【CAS 登录号】113614-08-7

（2）精氟丁酰草胺 beflubutamid-M

【化学名称】(2*S*)-*N*-苄基-2-[4-氟-3-三氟甲基苯氧基]丁酰胺

IUPAC 名：(2*S*)-*N*-benzyl-2-[4-fluoro-3-(trifluoromethyl)phenoxy]butanamide

CAS 名：(2*S*)-2-[4-fluoro-3-(trifluoromethyl)phenoxy]-*N*-(phenylmethyl)butanamide

【化学结构式】

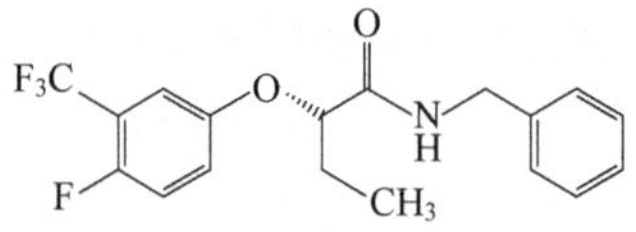

【分子式】$C_{18}H_{17}F_4NO_2$

【分子量】355.33

【CAS 登录号】113614-09-8

【理化性质】氟丁酰草胺。原药含量＞97.0%；白色粉末；熔点 75℃；蒸气压（25℃）1.1×10^{-2}Pa；密度（20℃）1.33g/cm^3；K_{ow}lg*P* 4.28。水中溶解度（20℃）：3.29mg/L。有机溶剂中溶解度（20℃）：丙酮＞600g/L，1,2-二氯乙烷＞54，乙酸乙酯＞571g/L，甲醇＞473g/L，正庚烷 2.18g/L，二甲苯 106g/L；130℃稳定保存 5h，pH5、pH7、pH9 稳定保存 5d（21℃）；水解 DT_{50} 48d（pH7，25℃）。

【研制和开发公司】Ube Industries Ltd（日本宇部兴产株式会社）和 Stähler Agrochemie Gmbh（德国莎哈利本化学有限公司）联合开发，由 Cheminova（丹麦科麦农）生产

【上市国家和年份】美国，1998 年

【合成路线】[1,2]

氟丁酰草胺：

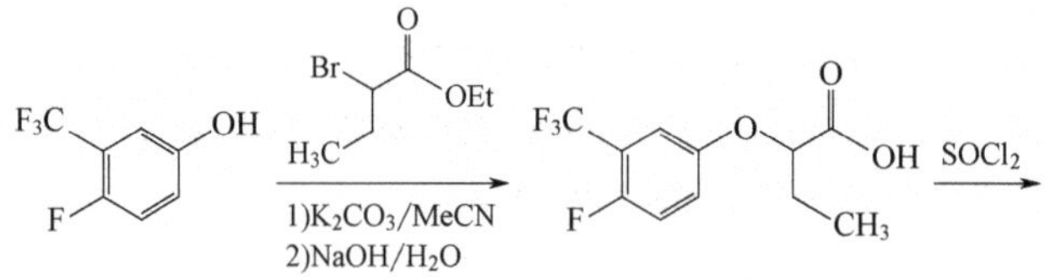

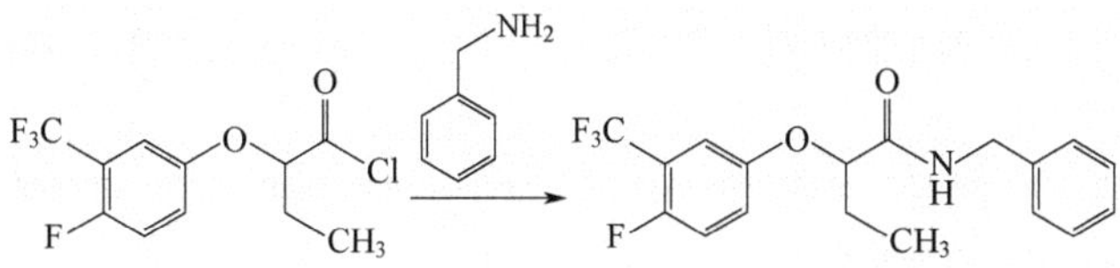

精氟丁酰草胺：

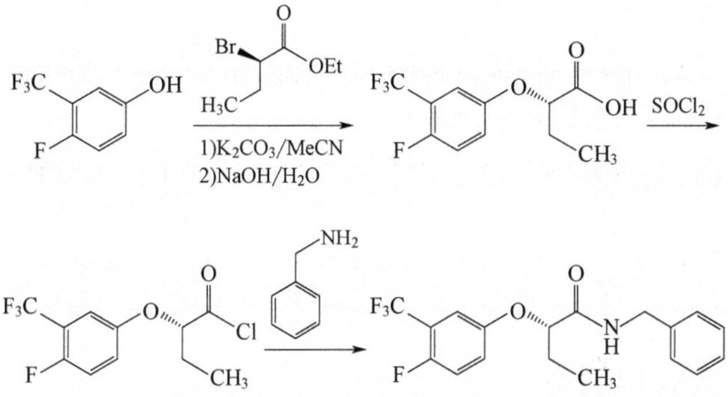

中间体合成[3-5]：

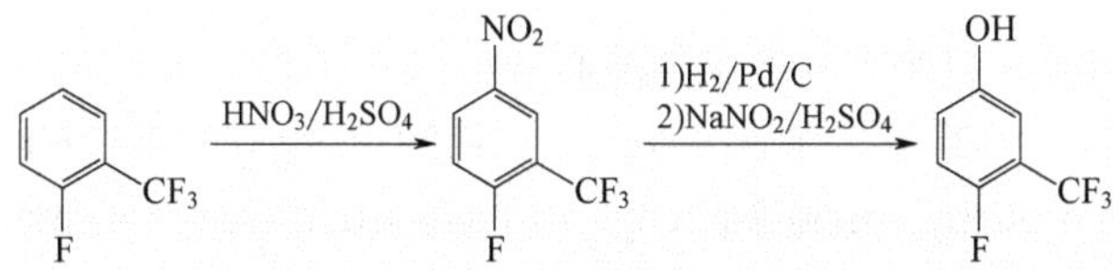

【哺乳动物毒性】急性经口 LD_{50}：大鼠 5000mg/kg。急性经皮 LD_{50}：大鼠＞2000mg/kg。对兔眼睛和皮肤无刺激。大鼠吸入 LC_{50}（4h）＞5mg/L。NOEL 值：大鼠经口（90d）400mg/kg，大鼠经口（2 年）50mg/kg，无致畸作用。Ames 试验、基因突变、细胞遗传学和微核试验均为阴性；ADI/RfD(EC) 0.02mg/kg[2007]。

【生态毒性】山齿鹑急性经口 LD_{50}＞2000mg/kg，山齿鹑饲喂 LC_{50}＞5200mg/kg。虹鳟鱼 LC_{50}（96h）1.86mg/L；水蚤急性 EC_{50}（48h）1.64mg/L；羊角月牙藻 E_bC_{50} 4.45μg/L，膨胀浮萍 EC_{50} 0.029mg/L。蜜蜂 LD_{50}（经口和接触）＞100μg/只，蚯蚓 LC_{50}（14d）732mg/kg。对土壤微生物低毒。

【作用机理】类胡萝卜素生物合成抑制剂，抑制八氢番茄红素脱氢酶。

【分析方法】[6]高效液相色谱-紫外（HPLC-UV）检测，气相色谱-质谱联用（GC-MS）

【制剂】悬浮剂（SC）

【应用】用途：苗后单独使用，也可和异丙隆混用。苗前或苗后早期使用，防除小麦田和大麦田阔叶杂草，如婆婆纳、宝盖草、堇菜；使用剂量 170～255g/hm^2；精氟丁酰草胺是从商品化品种氟丁酰草胺（beflubutamid）中分离得到的 *S* 构型异构体。实验表明：*S* 构型异构体结构稳定，除草活性至少是 *R* 构型异构体的 1000 倍，该类除草剂作为类胡萝卜素生物合成抑制剂，主要防除大麦和小麦田中的阔叶杂草。

【代谢】土壤中低迁移性和降解迅速，降低了渗滤进入地下水的风险。动物：几乎完全迅速吸收（＞80%），广泛分布，120h 内主要通过胆汁完全排出。无蓄积现象。通过水解酰胺键断裂，并与葡萄糖苷酸共轭而广泛代谢。报道的主要代谢物是苯氧基丁酸和马尿酸[EU Rev. Rep.（European Commission technical review report，欧洲委员会技术审查报告）]。植物：主要代谢物和土壤中相同。土壤/环境：土壤 DT_{50} 5.4d。主要代谢物是相应的丁酸，通过酰胺键裂解形成，代谢物在土壤中迅速降解。K_{oc} 852～1793mL/g，pH5～9 水解稳定。

【参考文献】

[1] Takematsu T，Yakeuchi Y，Takenaka M．et al．*N*-benzyl-2-(4-fluoro-3-trifluoromethyl phen oxy)butanoic amide and herbicidal composition containing the same．US4929273．

[2] Akiyoshi Y．Preparation and isolation of 4-halogeno-3-trifluoromethylphenoxybutanoates as intermediates for herbicides．JP 10130204．

[3] Harada K，Matsushita A，Kawachi Y．Preparation of 4-fluoro-3-trifluoromethylphenol．US5892126．

[4] 张卫东．一种氟丁酰草胺的合成方法．CN102766067．

[5] Purusothaman P，Pounkuma R，Dhayalan V，et al．An improved process for preparation of haloalkyl substituted phenols．IN 201811030468．

[6] Buerge I J，Bächli A，De Joffrey J P，et al．The Chiral herbicide beflubutamid（I）：Isolation of pure enantiomers by HPLC，herbicidal activity of enantiomers，and analysis by enantioselective GC-MS．Environ Sci Technol，2013，47（13）：6806-6811．

2.7.2 二芳基联杂环类

2.7.2.1 呋草酮 flurtamone

【商品名称】Bacara（混剂，与吡氟酰草胺混合）

【化学名称】(*RS*)-5-甲氨基-2-苯基-4-(*α,α,α*-三氟间甲苯基)呋喃-(2*H*)-酮

IUPAC 名：(*RS*)-5-methylamino-2-phenyl-4-(*α,α,α*-trifluoro-*m*-toly)furan-3(2*H*)-one

CAS 名：(±)-5-(methylamino)-2-phenyl-4-[3-(trifluoromethyl)phenyl]-3(2*H*)-furanone

【化学结构式】

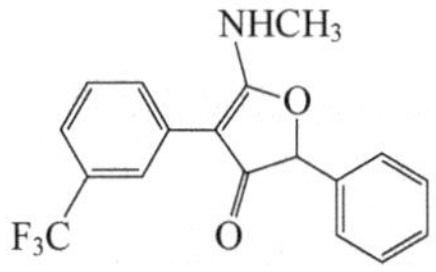

【分子式】$C_{18}H_{14}F_3NO_2$

【分子量】333.31

【CAS 登录号】96525-23-4

【理化性质】纯品为浅黄色粉末，熔点 148～150℃；密度（20℃）1.375g/cm^3；蒸气压（25℃）1.0×10^{-3}mPa。分配系数：K_{ow}lg*P* 3.24（21℃）。水中溶解度（20℃）：11.5mg/L。有机溶剂中溶解度（20℃）：丙酮 350g/L，二氯甲烷 358g/L，甲醇 199g/L，异丙醇 44g/L，甲苯 5g/L，己烷 0.018g/L。任何 pH 值下水解稳定，阳光下迅速降解，DT_{50} 13.1～16.8h。

【研制和开发公司】由 Chevron Chemical Company LLC（美国雪佛龙化工公司）[现为 Bayer AG（德国拜耳）]开发

【上市国家和年份】美国，1990 年

【合成路线】[1-3]

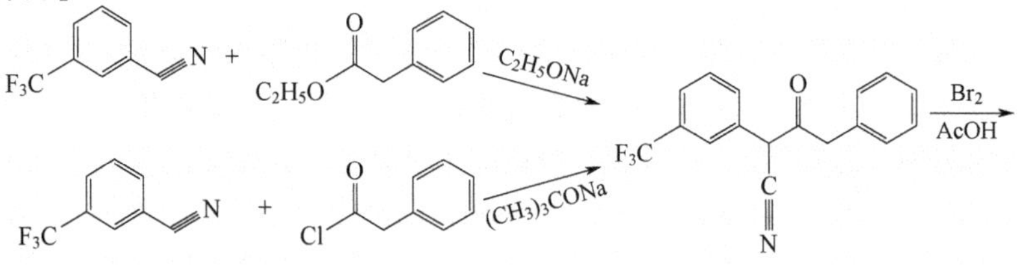

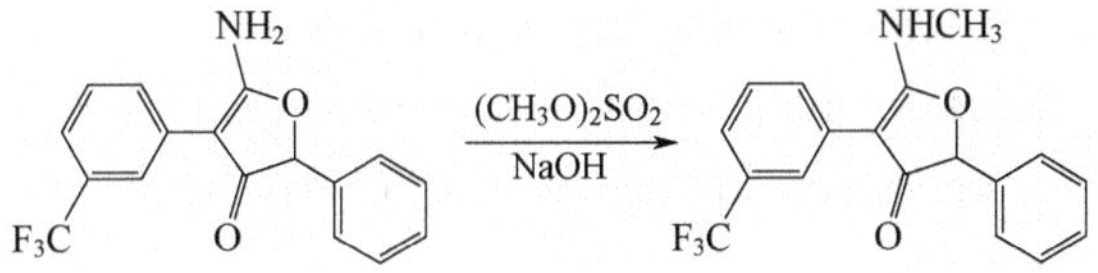

中间体合成[4-6]：

方法 1：

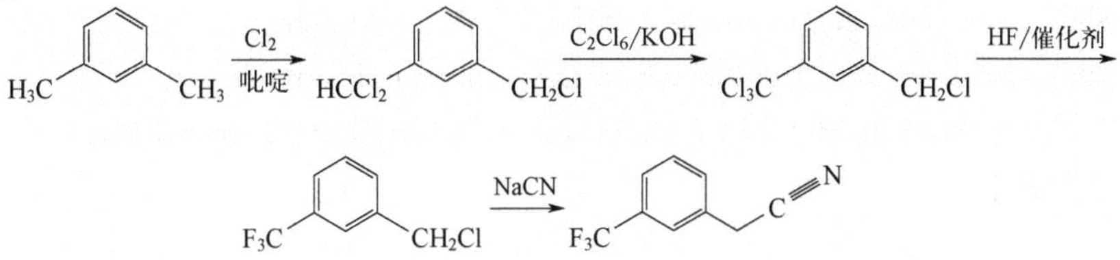

方法 2：

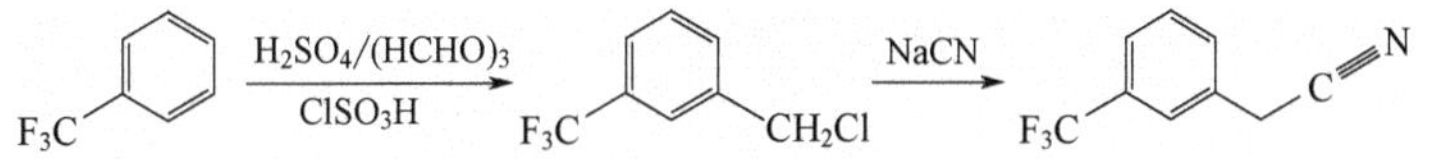

【哺乳动物毒性】大鼠急性毒性经口 LD_{50} 5000mg/kg，大鼠和兔急性经皮 LD_{50}＞5000mg/kg；对兔皮肤无刺激性，对眼睛有瞬间刺激，对豚鼠皮肤无致敏；大鼠空气吸入 LC_{50}（4h）＞2.2mg/L；大鼠、小鼠和狗慢性无作用剂量 5.6～200mg/(kg • d)，狗（1 年）无作用剂量 5mg/(kg • d)，大鼠（2 年）无作用剂量 3.3mg/(kg • d)；Ames 试验无致突变作用；ADI/RfD（EC）0.03mg/kg[2003]。

【生态毒性】山齿鹑急性经口 LD_{50}＞2530mg/kg。饲喂 LC_{50}：山齿鹑＞6000mg/kg，野鸭 2000mg/kg（饲料）。LC_{50}（96h）：蓝鳃翻车鱼 11mg/L，虹鳟 7mg/L。水蚤 EC_{50}（48h）13.0mg/L；羊角月牙藻 E_bC_{50}（72h）0.02mg/L；浮萍 EC_{50}（14d）0.0099mg/L；蚯蚓 LC_{50}＞1800mg/kg（土）；蜜蜂 LD_{50}（经口）＞304μg/只，蜜蜂 LD_{50}（接触）＞100μg/只。

【作用机理】类胡萝卜素合成抑制剂，通过抑制番茄红素脱氢酶，引起叶绿素损耗。

【分析方法】高效液相色谱-紫外（HPLC-UV），气相色谱-质谱（GC-MS）

【制剂】悬浮剂（SC），水分散剂（WG），可湿粉剂（WP）

【应用】[7] 用途：播前混入，苗前或者苗后防除一些小型作物田、花生、棉花、豌豆和向日葵地阔叶杂草和一些禾本科杂草，使用剂量 250～375g/hm^2。可引起作物短暂白化。

【代谢】动物：经口给药，7d 内约 50%被吸收，通过粪便（约 55%）和尿液（约 40%）排出（大多数 1d 内）。通过 *N*-去甲基化、芳基环羟基化后 *O*-烷基化、水解呋喃环和共轭来完成代谢。植物：收获期花生和谷物植株中无残留。土壤/环境：田间 DT_{50} 46～65d：主要降解产物是三氟甲基苯甲酸，K_{oc} 329mL/g。土壤胶体吸附中等，残留物保留在土壤上层 20cm，代谢物在上层 10cm。施用 10 个月后检测不到残留。

【参考文献】

[1] Ward C E. Herbicidal 5-amino-3-oxo-4-(substituted phenyl)-2,3-dihydrofurans, their derivatives, and herbicidal agents containing them. DE3422346.

[2] 李小明，王超，金璐怡. 高效除草剂呋草酮的生产方法. CN105669613.

[3] Hitomi S，Tsutomu K，Yoshiki Y，Atsuhiro O. A simple one-pot conversion of aryl halides into arylacetonitriles. Chem Lett，1983，12（2）：193-194.

[4] Schinski W L，Denisevich P J. Process for preparing acetonitrile 3-trifluoromethyl benzene. US4966988.

[5] 陆稼麟，陆炜，陈张民，等. 间-三氟甲基苯乙腈的合成方法. CN1660789.

[6] 施冠成，孟海成，秦爱忠．间三氟甲基苯乙腈的制备方法．CN104447402．

[7] Hillebrands L，Lamshoeft M，Lagojda A，et al．Metabolism of fenhexamid，metalaxyl-m，tebucon azole，flurtamone and spirodiclofen in cannabis sativa L．(hemp)plants．ACS Agric Sci Technol，2021，1（3）：192-201．

2.7.2.2 氟啶草酮 fluridone

【商品名称】 Sonar

【化学名称】 1-甲基-3-苯基-5-(*α,α,α*-三氟间甲苯基)-4-吡啶酮

IUPAC 名：1-methyl-3-phenyl-5-*α,α,α*-trifluoro-*m*-phenyl-4-pyridinone

CAS 名：1-methyl-3-phenyl-5-[3-(trifluoromethyl)phenyl]-4(1*H*)-pyridinone

【化学结构式】

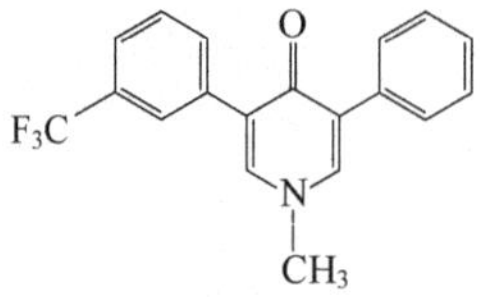

【分子式】 $C_{19}H_{14}F_3NO$

【分子量】 329.32

【CAS 登录号】 59756-60-4

【理化性质】 纯品为白色结晶固体，熔点 154～155℃；密度：松 0.358g/cm^3，包装 0.515g/cm^3；蒸气压（25℃）0.013mPa。分配系数 K_{ow}lg$P$ 1.87（pH7，25℃）。水中溶解度 12mg/L（pH7，25℃）。有机溶剂中溶解度（25℃）：甲醇、三氯甲烷、乙醚＞10g/L，乙酸乙酯＞5g/L，己烷＜0.5g/L（25℃）。200～219℃分解，pH3～9 水解稳定，紫外线下分解，水中 DT_{50} 23h；pK_a 12.3。

【研制和开发公司】 Eli Lilly&Co.（美国礼来公司）[农化业务被 Dow Agroscience（美国陶氏益农公司）收购]

【上市国家和年份】 叙利亚，1977 年

【合成路线】 [1-3]

路线 1：

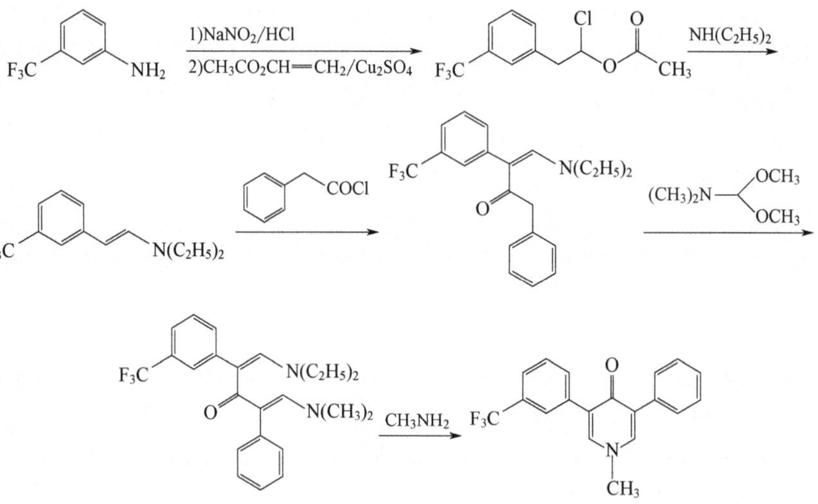

路线 2：

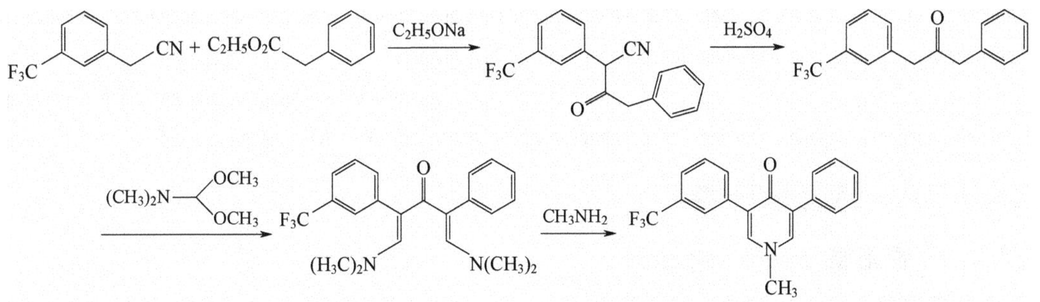

【哺乳动物毒性】急性毒性经口 LD_{50}：大鼠和小鼠＞10000mg/kg，狗＞500mg/kg，猫＞250mg/kg。兔急性经皮 LD_{50}＞5000mg/kg；对兔眼睛有中度刺激，对皮肤无刺激。大鼠吸入 LC_{50}（4h）＞4.12mg/L（空气）。NOEL：小鼠（2 年）11.6mg/(kg·d)，大鼠（2 年）8.5mg(kg·d)；小鼠（12 个月）11.4 mg/(kg·d)，大鼠（12 个月）9.4mg/(kg·d)，狗（12 个月）150mg/(kg·d)；小鼠（90d）9.3mg/(kg·d)，大鼠（90d）53mg/(kg·d)，狗（90d）200mg/(kg·d)。大鼠三代繁殖试验 NOEL121mg/(kg·d)；无致癌和致突变作用；ADI/RfD（EPA）aRfD 1.25mg/kg，cRfD 0.15mg/kg[2004]；毒性等级：U。

【生态毒性】山齿鹑急性经口 LD_{50}＞2000mg/kg，山齿鹑和野鸭饲喂 LC_{50}（8d）＞5000mg/kg（饲料）；虹鳟 LC_{50}（96h）11.7mg/L，蓝鳃翻车鱼 LC_{50}（96h）14.3mg/L；水蚤 LC_{50}（48h）6.3mg/L；粉红对虾 EC_{50}（96h）4.6mg/L，蓝蟹 34.0mg/L；牡蛎胚胎（48h）6.3mg/L；对蚯蚓 LC_{50}＞102.6mg/kg；对蜜蜂经口 LD_{50}（48h）＞362.6μg/只。

【作用机理】通过抑制番茄红素脱氢酶，减少类胡萝卜素生物合成，使叶绿素损耗，抑制光合作用。

【分析方法】高效液相色谱-紫外（HPLC-UV）检测

【制剂】悬浮剂（SC），丸剂（PIL）

【应用】[4,5] 作用方式：选择性内吸性除草剂。水生植物，被根和叶吸收；在陆生植物中，主要由根部吸收，传导至叶片（敏感作物）；在抗性植物如棉花中，很少被根吸收和传导。用途：作为水生植物除草剂防除池塘、湖泊、水库、沟渠等被水淹没或未淹没的大多水生杂草，包括狸藻、金鱼藻、加拿大黑藻、狐尾藻、茨藻、眼子菜、黑藻和紫黍草。根据杂草情况选择使用频率，池塘使用浓度 45～90μg/L，湖泊和水库 10～90μg/L，单一水域每个生长周期最大使用剂量 150μg/L。棉花是唯一对其有抗药性的植物。

【代谢】[6]植物：氟啶草酮在陆生植物中不能被明显代谢。土壤环境：土壤微生物降解是主要途径。砂壤土中 DT_{50}＞343d（pH 7.3，2.6%o.m.）。K_d 3～16mL/g，K_{oc} 350～1100mL/g（5 种土壤）；水生环境中，降解主要是通过光解，但微生物和水生植物也是影响因素。水中 DT_{50} 9 个月（厌氧），约 20d（有氧）。水土壤中 DT_{50} 约 90d，吸收的氟啶草酮逐渐从土壤中进入水环境中发生光解。

【参考文献】

[1] White，W A．β-aminostyrenes．DE2747366．

[2] 寿其生，高慧，袁如宏，等．1-苯基-3-(3-三氟甲基苯基)-2-丙酮的制备方法．CN101070278．

[3] Taylor H M．β-Phenyl-4-piperidinones and -tetrahydropyridinones as herbicides：DE2628992．

[4] Cozzola A J，Dehnert G K，White A M，et al．Effects of subchronic exposure to environmentally relevant concentrations of a

commercial fluridoneformulation on fathead minnows(Pimephales promelas). Aquat Toxicol，2022，244：106098.
[5] Sun J P，Zan，J W，Zang X N，et al. Research of fluridone's effects on growth and pigment accu mulation of haematococcus pluvialis based on transcriptome sequencing. Int J Mol Sci，2022，23（6）：3122.
[6] Wickham P，Pndey P，Harter T，et al. UV light and temperature induced fluridone degradation in water and sediment and potential transport into aquifer. Environ Pollut（Oxford，UK），2020，265（Part-A）：114750.

2.7.3 *N*-芳基杂环类

2.7.3.1 氟草敏 norflurazon

【商品名称】Evital，Solicam，Zorial

【化学名称】4-氯-5-甲氨基-2-(*α*,*α*,*α*-三氟间甲苯基)哒嗪-3(2*H*)-酮

IUPAC 名：4-chloro-5-methylamino-2-(*α*,*α*,*α*-trifluoro-*m*-tolyl)pyridazin-3(2*H*)-one

CAS 名：4-chloro-5-(methylamino)-2-[3-(trifluoromethyl)phenyl]-3(2*H*)-pyridazinone

【化学结构式】

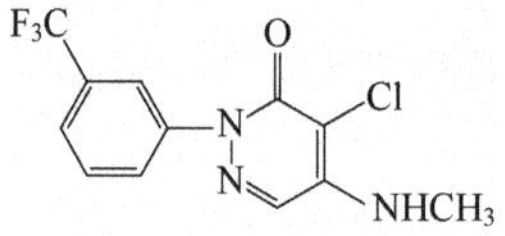

【分子式】$C_{12}H_9ClF_3N_3O$

【分子量】303.67

【CAS 登录号】27314-13-2

【理化性质】纯品为白色至灰褐色结晶粉末，熔点 174～180℃；密度（20℃）0.63g/cm^3；蒸气压（25℃）3.857×10^{-3}mPa；K_{ow}lg*P*（25℃，pH6.5）2.45。水中溶解度（25℃）：34mg/L。有机溶剂中溶解度（25℃）：丙酮 50g/L，乙醇 142g/L，二甲苯 2.5g/L。

【研制和开发公司】由 Sandoz AG（瑞士山道士公司）[现为 Syngenta AG（先正达）]开发

【上市国家和年份】欧洲，1968 年

【合成路线】[1-2]

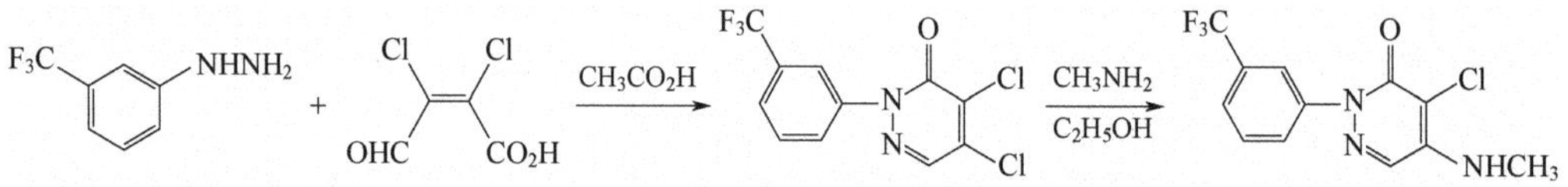

【哺乳动物毒性】大鼠急性毒性经口 LD$_{50}$＞5000mg/kg，大鼠急性经皮 LD$_{50}$＞5000mg/kg，兔＞2000mg/kg；对兔皮肤和眼睛无刺激性，对皮肤无致敏；大鼠空气吸入 LC$_{50}$（6h）＞2.4mg/L。NOEL：雄狗（6 个月）1.5mg/(kg • d)，大鼠（2 年）19mg/(kg • d)。无致突变和致畸作用，对繁殖无不良影响。

【生态毒性】野鸭急性经口 LD$_{50}$＞2510mg/kg，野鸭和北美鹌鹑饲喂 LC$_{50}$（8d）＞10000mg/kg。LC$_{50}$（96h）：蓝鳃翻车鱼 16.3mg/L，虹鳟 8.1mg/L。水蚤 EC$_{50}$（48h）＞15.0mg/L；羊角月牙藻 EC$_{50}$（5d）0.0176mg/L。浮萍 EC$_{50}$（14d）0.0875mg/L。对蚯蚓 LC$_{50}$＞1000mg/kg（土）；0.235mg/只处理对蜜蜂无毒。

【作用机理】通过抑制八氢番茄红素脱氢酶阻扰类胡萝卜素的生物合成。类胡萝卜素会消

散在光合作用过程中产生的单线态氧的氧化能；在氟草敏处理过的植物中有类胡萝卜素存在时，单线态氧会导致过氧化，破坏叶绿素和膜脂质。

【分析方法】气液色谱-氢火焰法（GLC-FID）

【制剂】颗粒剂（GR），水分散剂（WG）

【应用】作用方式：选择性除草剂，通过根部吸收，在木质部向顶部传导。在敏感的苗上引起叶脉间和茎组织白化，从而导致坏死或死亡。用途：苗前处理防除禾本科杂草和莎草，包括马唐、稗草、狗尾草和牛毛毡；也可防除阔叶杂草，如马齿苋、猪毛菜和荠菜。在棉花、大豆和花生田的使用剂量为 0.5～2kg/hm^2，在坚果、柑橘、葡萄、仁果、核果、观赏植物、啤酒花和工业植被管理上的使用剂量为 1.5～4kg/hm^2。

【代谢】[3] 动物：在大鼠中，氟草敏主要经过去甲基化转化为亚砜进行代谢。植物：在植物中，氟草敏经过 *N*-去甲基化转化为去甲基氟草敏，然后进一步水解脱氢代谢。土壤环境：在土壤中通过光降解和挥发而消散，土壤中 DT_{50}（实验室，22℃）130d，DT_{50}（美国）6～9 个月。K_d 0.9～12.9mL/g，K_{oc} 218～635mL/g（4 种类型土壤，pH6.7～8.0，o.c.0.4%～3.7%）。

【参考文献】

[1] Ebner C，Schuler M．Herbicidal 5-alkylamino-4-halo-2-(3-trifluoromethylphenyl)-3(2*H*)-pyrida zinones．US3834889．

[2] Konecny V，Kovac S，Varkonda S．Synthesis，spectral properties，and pesticidal activity of 4-ami no(alkylamino,dialkylamino)-5-chloro-2-substituted-3-oxo-2*H*-pyridazines and 5-amino(alkylami no，dialkylamino)-4-chloro-2-substituted-3-oxo-2*H*-pyridazines．Collect Czech Chem Commun，1985，50（2）：492-502．

[3] Rajangam R，Pugazhenthiran N，Krishna S，et al．Solar light-driven $CoFe_2O_4/\alpha\text{-}Ga_2O_3$ hetero junction nanorods mediated activation of peroxymonosulfate for photocatalytic degradation of norflurazon．J Environ Chem Eng，2021，9（5）：106237．

2.7.3.2 氟咯草酮 flurochloridone

【商品名称】Racer，Talis

【化学名称】(3*RS*,4*RS*,3*RS*,4*RS*)-3-氯-4-氯甲基-1-(*α*,*α*,*α*-三氟间甲基)-2-吡咯烷酮(比例 3：1)

IUPAC 名：(3*RS*,4*RS*,3*RS*,4*RS*)-3-chloro-4-chloromethyl-1-(*α*,*α*,*α*-trifluoro-*m*-tolyl)-2- pyrrolidone (3：1)

CAS 名：3-chloro-4-(chloromethyl)-1-(3-(trifluoromethyl)phenyl)-2-pyrrolidione

【化学结构式】

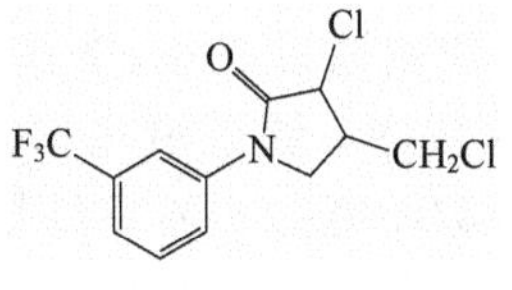

【分子式】$C_{12}H_{10}Cl_2F_3NO$

【分子量】312.11

【CAS 登录号】61213-25-0

【理化性质】顺、反混合物比例 1：3，纯品为棕色至米白色蜡状固体，共熔点 40.9℃，69.5℃（反式异构体）；沸点 212.5℃（10mmHg）；密度（20℃）1.19g/cm^3，蒸气压（25℃）0.44mPa；K_{ow}lg*P* 3.36。水中溶解度：35.1mg/L（蒸馏水），20.4mg/L（pH9，25℃）。有机溶剂中溶解度（20℃）：乙醇 100g/L，煤油<5g/L，易溶于丙酮、氯苯和二甲苯。pH5、pH7、pH9（25℃）水解稳定，在酸性介质和高温下发生分解，DT_{50} 138d（100℃）、15d（120℃）、7d（60℃、 pH4）、18d（60℃、pH7），水解 DT_{50} 4.3d（顺/反）、2.4d（顺）、4.4d（反）（pH7，25℃）。

【研制和开发公司】由 Stauffer Chemical Co.（美国斯托弗化学公司）［现为 Syngenta AG（先正达）］开发

【上市国家和年份】美国，1985 年

【合成路线】[1-3]

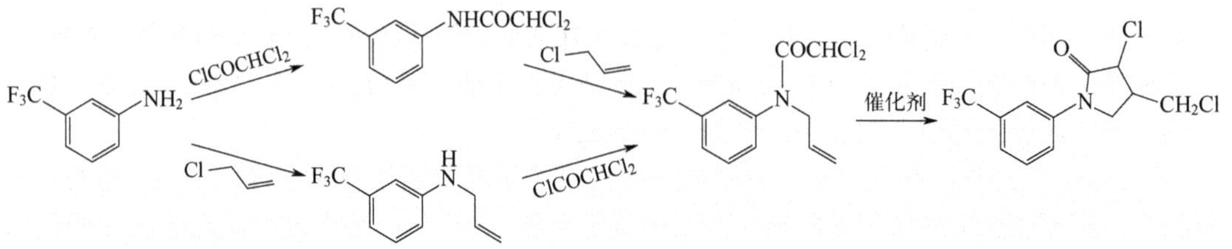

【哺乳动物毒性】[4,5] 急性经口 LD_{50}：雄大鼠 4000mg/kg，雌大鼠 3650mg/kg。兔急性经皮 LD_{50}＞5000mg/kg。对兔眼睛和皮肤无刺激，对豚鼠皮肤无致敏。大鼠吸入 LC_{50}（4h）＞0.121mg/L（空气）。NOEL：雄鼠（2 年）100mg/kg（饲料），雌大鼠 400mg/kg（饲料）［19.3mg/(kg・d)］；小鼠淋巴组织和 Ames 试验结果表明无致突变性；ADI/RfD（BfR）0.03mg/kg[2006]。

【生态毒性】山齿鹑急性经口 LD_{50}＞2000mg/kg，山齿鹑和野鸭饲喂 LC_{50}（5d）＞5000mg/kg（饲料）。LD_{50}（96h）：虹鳟 3.0mg/L，蓝鳃翻车鱼 6.7mg/L。水蚤 LC_{50}（48h）5.1mg/L；小球藻 E_bC_{50}（96h）0.0064mg/L；对蜜蜂无害，LD_{50}（接触和经口）＞100μg/只；蚯蚓 LC_{50} 691mg/kg；对步甲虫、狼蜘蛛、蚜茧蜂和盲走螨无害。

【作用机理】类胡萝卜素抑制剂，通过抑制番茄红素脱氢酶阻止叶绿素光氧化。

【分析方法】气相色谱（GC）

【制剂】乳油（EC），微胶囊悬浮剂（CS）

【应用】作用方式：选择性除草剂，通过根、茎和胚芽吸收。用途：苗前使用，用量 250～750g/hm^2，可防除向日葵、胡萝卜和其他伞形科作物田间大多数杂草。还可防除冬小麦和冬黑麦田的繁缕、婆婆纳、堇菜，以及马铃薯田猪殃殃、龙葵和婆婆纳。

【代谢】动物：大鼠体内氟咯草酮被充分代谢并迅速排出体外，95%以上的经口摄入剂量在 90h 内排出。尿液和粪便中代谢通过氧化、光解和谷胱甘肽共轭产生多种代谢物。植物：植物体内氟咯草酮可以迅速代谢。通过氧化和共轭形成很多小的代谢物。作物中的残留水平一般＜0.05mg/kg。土壤/环境：实验室结果表明，氟咯草酮在土壤中迅速降解，形成 CO_2 和小的残渣；DT_{50}（3 种土壤，好氧，28℃）4d、5d 和 27d；形成两种代谢物然后进一步迅速降解。在有氧沉积物环境，氟咯草酮降解 DT_{50} 3～18d（2 种土壤），田间 DT_{50} 9～70d。K_{oc} 680～1300mL/g，K_d 8～19mL/g，表明迁移性很低，由于在土壤中迅速被吸收和代谢，无渗滤。

【参考文献】

[1] Broadhurst M D，Gless R D．Process for the preparation of *N*-arylhalopyrrolidones．EP0129296．

[2] Beziat Y，Cristau H J，Desmurs J R，et al．Process for the preparation of *N*-allyl-*m*-trifluoro methylaniline using nickel（Ⅱ）catalysts．US5053541．

[3] Desmurs J，Lecouve J P．Process for the preparation of N-alkyl and N-allyl anilines．EP353131．

[4] Zhang F，Ni Z，Zhao S Q，et al. Flurochloridone induced cell apoptosis via ER Stress and eIF2α-ATF4/ATF6-CHOP-Bim/Bax signaling pathways in mouse TM4 sertoli cells. Int J Environ Res Public Health，2022，19（8）：23431.
[5] Ruiz de Arcaute C，Brodeur J C，et al. Toxicity to rhinella arenarum tadpoles(Anura，Bufonidae)of herbicide mixtures commonly used to treat fallow containing resistant weeds：glyphosate-dicamba and glyphosate-flurochloridone. Chemosphere，2020，245：125623.

2.8 细胞分裂（极长链脂肪酸）抑制剂

2.8.1 噁唑砜基类

2.8.1.1 砜吡草唑 pyroxasulfone

【商品名称】Sekura，Zidua，Sakura，Fierce（混剂，与丙炔氟草胺混合），Anthem（混剂，与嗪草酸甲酯混合）

【化学名称】3-[5-(二氟甲氧基)-1-甲基-3-(三氟甲基)吡唑-4-基-甲基磺酰基]-4,5-二氢-5,5-二甲基-1,2-噁唑

IUPAC 名：3-[(5-(difluoromethoxy)-1-methyl-3-(trifluoromethyl)pyrazol-4-ylmethylsulfonyl]-4,5-dihydro-5,5-dimethyl-1,2-oxazole

CAS 名：3-[[[5-(difluoromethoxy)-1-methyl-3-(trifluoromethyl)-1*H*-pyrazol-4-yl]methyl]sulfonyl]-4,5-dihydro-5,5-dimethylisoxazole

【化学结构式】

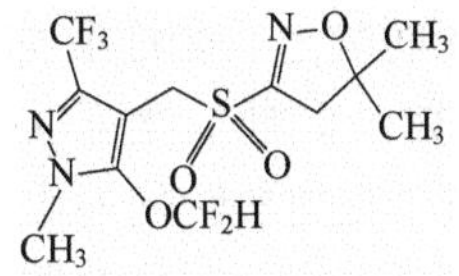

【分子式】$C_{12}H_{14}F_5N_3O_4S$

【分子量】391.31

【CAS 登录号】447399-55-5

【理化性质】外观为白色晶体或白色晶体粉末，熔点 130.7℃；密度（20℃）1.60g/cm^3；蒸气压（20℃）2.4×10^{-3}mPa。K_{ow}lg$P$（20℃）：2.39（pH7）。水中溶解度（20℃）为 3.49×10^{-3}g/L（20℃±0.5℃）。有机溶剂中溶解度：正己烷 0.072g/L，甲苯 11.3g/L，二氯甲烷 151g/L，甲醇 11.4g/L，乙酸乙酯 97g/L，丙酮＞250g/L。40%砜吡草唑悬浮剂，pH 5.5～8.5；细度（通过 75μm 试验筛）≥98%；悬浮率≥80%；产品的冷、热贮存和常温 2 年贮存均稳定。

【研制和开发公司】由 Kumiai Chemical Industry Co.，Ltd（日本组合化学工业株式会社）发现，与 Ihara Chemical Industry Co.，Ltd.（日本庵原化学株式会社）联合开发

【上市国家和年份】澳大利亚，2011 年

【合成路线】[1-4]

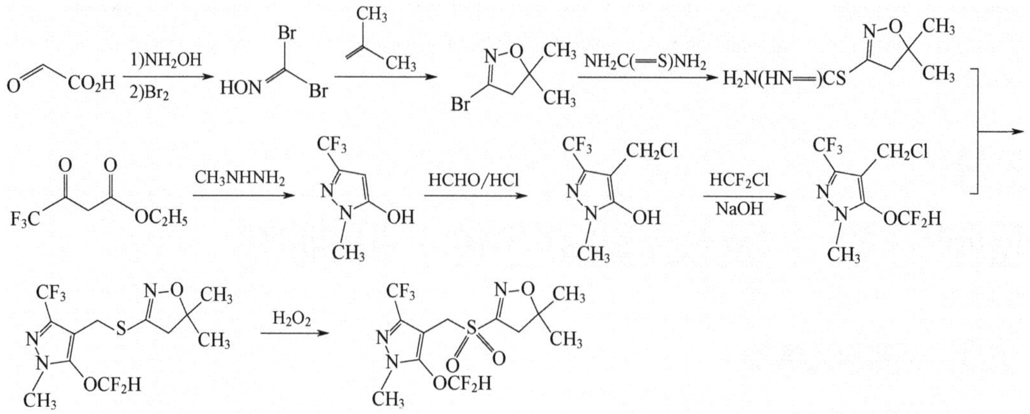

【哺乳动物毒性】砜吡草唑原药和 40%悬浮剂对大鼠急性经口 LD_{50} 均大于 5000mg/kg，急性经皮 LD_{50}＞2000mg/kg。急性吸入 LC_{50}＞2000mg/m^3。对兔皮肤、眼睛无刺激性，豚鼠皮肤变态反应（致敏性）试验结果为无致敏性。原药大鼠 24 个月慢性毒性与致癌性（合并）试验，其喂养毒性试验 NOEL：雄性为 3.86mg/(kg • d)±0.48mg/(kg • d)，雌性为 18.87mg/(kg • d)±1.71mg/(kg • d)。4 项致突变试验：Ames 试验、微核或骨髓细胞染色体畸变、体外哺乳动物细胞基因突变试验、体外哺乳动物细胞染色体畸变试验结果均为阴性，未见致突变作用。砜吡草唑原药和 40%悬浮剂均为微毒除草剂。

【生态毒性】40%砜吡草唑悬浮剂对斑马鱼的实测 LC_{50}（96h）＞4.16mg/L；日本鹌鹑 LD_{50}＞2000mg/kg(bw.)；蜜蜂经口 LD_{50}（48h）＞99.5μg/只，接触 LD_{50}（48h）＞100μg/只；家蚕的 LC_{50}＞2000mg/L；对鱼试验中无死亡。

【作用机理】砜吡草唑属超长链脂肪酸延长合成酶抑制剂类除草剂，通过抑制超长链脂肪酸延长合成酶（VLCFAE）而发挥药效；砜吡草唑可以抑制植物中超长链脂肪酸合成酶的生物合成途径中的硬脂酸转化为花生酸、花生酸转化为山嵛酸、山嵛酸转化为廿四烷酸、廿四烷酸转化为蜡酸、蜡酸转化为褐煤酸，最终抑制豆蔻酸的合成。

【分析方法】高效液相色谱-紫外（HPLC-UV），液相色谱-质谱（LC-MS）

【制剂】悬浮剂（SC）

【应用】[5] 用于玉米、大豆、小麦和其他作物田，可有效防除狗尾草属、马唐属、稗属等禾本科杂草以及苋属、曼陀罗属、茄属、苘麻属等阔叶杂草；砜吡草唑在澳大利亚等国家被认为是防除硬直黑麦草等抗药性杂草的最佳药剂；砜吡草唑具有杀草谱广、活性高、用量低、安全性好等特点。

【代谢】土壤代谢：DT_{50}（有氧）22d；土壤吸附 K_{oc} 223mL/g。

【参考文献】

[1] Nakatani M，Kugo R，Miyazaki M，et al．Preparation of isoxazoline derivatives and herbicides comprising the same as active ingredients．WO2002062770．

[2] Recsei C，Barda Y．Process and intermediates for the preparation of pyroxasulfone．WO2021176456．

[3] Yaniv B，Nitsan P，Carl R．Process and intermediates for the preparation of pyroxasulfone，fenoxasulfone and various sulfone analogs of 5,5-dimethyl-4*H*-1,2-oxazole．EP3936503．

[4] 王嵩，宋健，郝守志．S-(5,5-二甲基-4,5-二氢异噁唑-3-基）乙硫酸乙酯及其合成方法和应用．CN113135867.
[5] Boutsalis P，Gill G S，Preston C．Control of rigid ryegrass in Australian wheat production with pyroxasulfone．Weed Technol，2014，28（2）：332-339.

2.8.2 芳氧乙酰胺类

2.8.2.1 氟噻草胺 flufenacet

【商品名称】Cadou，（Axiom，嗪草酮）

【化学名称】4′-氟-*N*-异丙基-2-(5-三氟甲基-1,3,4-噻二唑-2-基氧基)乙酰苯胺

IUPAC 名：4′-fluoro-*N*-isopropyl-2-(5-trifluoromethyl-1,3,4-thiadiazol-2-yloxy)acetanilide

CAS 名：*N*-(4-fluorophenyl)-*N*-(1-methylethyl)-2-[[5-(trifluoromethyl)-1,3,4-thiadiazol-2-yl]oxy]ac etamide

【化学结构式】

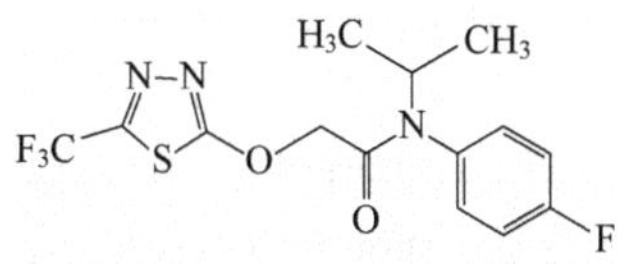

【分子式】$C_{14}H_{13}F_4N_3O_2S$

【分子量】363.33

【CAS 登录号】142459-58-3

【理化性质】纯品为白色至棕色固体，熔点：76～79℃；密度（20℃）1.45g/cm^3；蒸气压（20℃）9×10^{-2}mPa；加热时氟噻草胺异构化；K_{ow}lg$P$ 3.2（24℃）；溶解度（25℃）：水中56g/L（pH4）、56g/L（pH7）、54g/L（pH9），丙酮、DMF、二氯甲烷、甲苯、二甲基亚砜＞200g/L，异丙醇 170g/L，正己烷 8.7g/L，正辛醇 88g/L，聚乙二醇 74g/L；pH5 下对光稳定，pH5～9 水解稳定。

【研制和开发公司】由德国 Bayer AG（德国拜耳）开发

【上市国家和年份】美国，1998 年

【合成路线】[1-5]

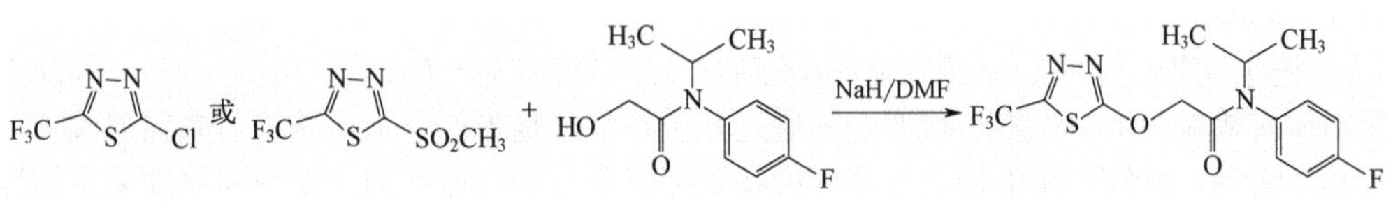

中间体合成：

中间体 1：

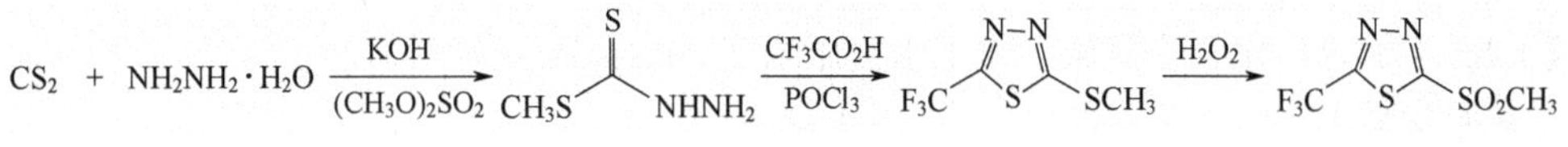

中间体 2：

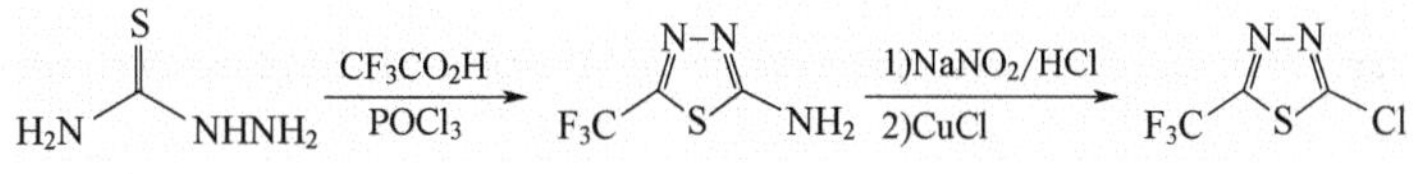

中间体 3：

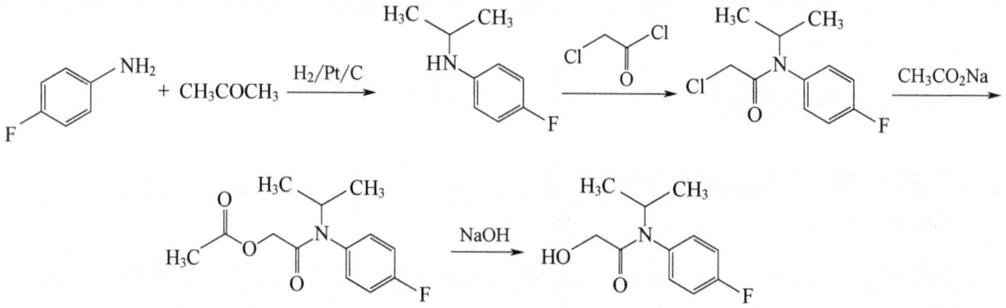

【哺乳动物毒性】急性毒性经口 LD_{50}：雄大鼠 1617mg/kg，雌大鼠 589mg/kg，大鼠经皮 LD_{50}>2000mg/kg。对兔皮肤和眼睛无刺激；大鼠急性吸入 LC_{50}（4h）>3740mg/m^3（气雾剂）；狗（90d 和 1 年）喂养试验 NOEL 为 50mg/kg[1.67mg/(kg・d)]，大鼠（2 年）喂养试验 NOEL 为 25mg/kg[1.2mg/(kg・d)]，无突变和致畸性；ADI/RfD（EC）0.005mg/kg[2003]；毒性等级：Ⅲ。

【生态毒性】山齿鹑急性经口 LD_{50} 1608mg/kg，山齿鹑饲喂 LC_{50}（6d）>5317mg/kg，野鸭 LC_{50}（6d）>4970mg/kg；虹鳟 LC_{50}（96h）5.84mg/L，蓝鳃翻车鱼 LC_{50}（96h）2.13mg/L；水蚤 EC_{50}（48h）30.9mg/L；羊角月牙藻 E_rC_{50}（96h）0.0031mg/L；水华鱼腥藻 EC_{50} 32.5（mg/L），受影响的藻群可以恢复，膨胀浮萍 EC_{50}（14d）0.00243mg/L；蚯蚓 LC_{50}>15.75mg/kg；蜜蜂经口 LD_{50}（48h）>170μg/只，蜜蜂接触 LD_{50}（48h）>194μg/只；蚯蚓 LC_{50}（14d）219mg/kg（土）。

【作用机理】属于未分类的细胞分裂和细胞生长抑制剂，主要靶标位点是脂肪酸代谢。耐受性主要是由于谷胱甘肽转移酶的快速解毒。

【分析方法】[6] 高效液相色谱-紫外（HPLC-UV）

【制剂】乳油（EC），悬浮剂（SC），颗粒剂（GR），水分散剂（WG），可湿粉剂（WP）

【应用】[7] 作用方式：芽前或芽后早期使用，具有内吸活性，通过质外体传导和分配，具有分生组织活性。用途：广谱选择性除草剂，防除禾本科杂草，还可防除些阔叶杂草。大豆和玉米种植前或者苗前，番茄种植前，马铃薯和向日葵苗前，玉米、水稻和小麦苗后使用，剂量 0.9kg/hm^2。

【代谢】动物：动物经口摄入氟噻草胺后，迅速排出体外（大鼠、山羊、鸡），因此不会在动物体内或者组织中积累。代谢主要通过分子裂解，氟苯部分与半胱氨酸共轭形成噻唑酮基及其共轭物。植物：在玉米、大豆和棉花中氟噻草胺被迅速代谢，即使在早期采集的样本中，也未检测到母体化合物。虽然三个代谢产物有数量上的重要性，但是植物中总残留还是基于 *N*-氟苯基-*N*-异丙基衍生的残留量。土壤/环境：在土壤中迅速降解，最终形成 CO_2，DT_{50} 10～54d，土壤中光解稳定。K_{oc}（砂壤土）202mL/g(o.c.>0.23%)。浸出试验表明，最坏情况，土壤 1.2m 下被母体化合物污染。地下水检出浓度>0.1μg/L 可能性较少。

【参考文献】

[1] Planker S，Papenfuhs T．Process for preparing glycoloylanilides．EP678502.

[2] Maurer F，Rohe L，Knops H J．Preparation of *N*-alkyl-arylamines．US5817876.

[3] Prasad V A．2-hydroxy-*N*-(1-mthylethyl)acetamide acetate to *N*-(4-fluorophenyl)-2-hydroxy-*N*-(1-methylethyl)acetamide．US5808153.

[4] Diehr H J. 2-Alkyl-thio-1,3,4-thia-diazole derivs. Prepn. by reacting carboxylic acid with dithio- carbazinic acid ester in presence of phosphoryl chloride. DE4003436.

[5] Lantzsch R，Foerster H，Schmidt T，et al. Herbicidal agent based on the *N*-(4-fluorphenyl)-*N*-isopropyl-chlorocetamide and process for Its preparation. EP709368.

[6] Imai M，Takagi N，Yoshizaki M，et al. Determination of flufenacet and its metabolites in agricultural products by LC-MS/MS. Shokuhin Eiseigaku Zasshi，2019，60（1）：1-6.

[7] Zhao H L，Hu J Y. Total residue levels and risk assessment of flufenacet and its four metabolites in corn. J Food Compos Anal，2022，106：104268.

2.8.3 三唑啉酮类

2.8.3.1 三唑酰草胺 ipfencarbazone

【商品名称】Winner

【化学名称】1-(2,4-二氯苯基)-*N*-2′,4′-二氟-1,5-二氢-*N*-异丙基-5-氧-4*H*-1,2,4-三唑-4-酰基苯胺

IUPAC 名：1-(2,4-dichlorophenyl)-*N*-2′,4′-difluoro-1,5-dihydro-*N*-isopropyl-5-oxo-4*H*-1,2,4-triaz ole-4-carboxanilide

CAS 名：1-(2,4-dichlorophenyl)-*N*-(2,4-difluorophenyl)-1,5-dihydro-*N*-(1-methylethyl)-5-oxo-4*H*-1,2,4-triazole-4-carboxamide

【化学结构式】

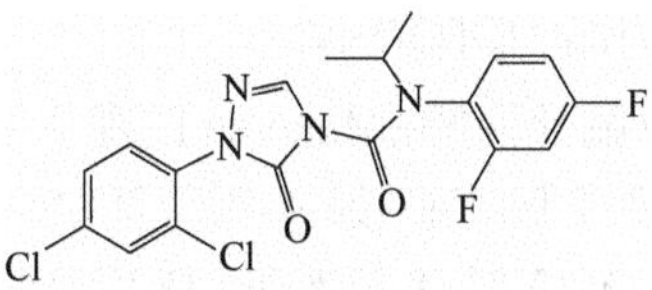

【分子式】$C_{18}H_{14}Cl_2F_2N_4O_2$

【分子量】427.23

【CAS 登录号】212201-70-2

【理化性质】固体粉末，熔点 133.8～137.3℃；密度（20℃）1.526g/cm^3；蒸气压（25℃）2.5×10^{-7}Pa；K_{ow}lg$P$ 3.0。水中溶解度（20℃）：0.515mg/L。有机溶剂中溶解度（25℃）：甲醇 9.44g/L，丙酮 78.9g/L，乙酸乙酯 63.8g/L。

【研制和开发公司】由 Hokko（日本北兴化学工业株式会社）开发

【上市国家和年份】日本，2008 年

【合成路线】[1-7]

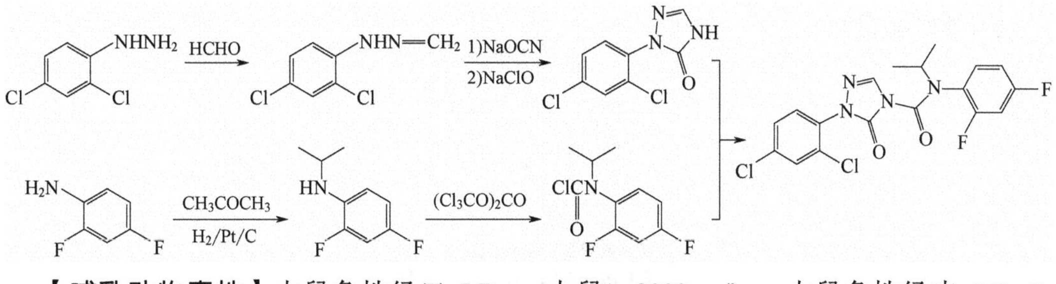

【哺乳动物毒性】大鼠急性经口 LD_{50}：大鼠＞2000mg/kg，大鼠急性经皮 LD_{50}＞

2000mg/kg；对兔皮肤无刺激性，对眼睛轻微刺激，豚鼠皮肤轻微致敏；大鼠急性吸入 LC_{50}（4h）＞5.9mg/L；试验表明无致畸、致突变作用。

【生态毒性】对鱼、鸟和有益昆虫毒性低；对水蚤有抑制生长作用。

【作用机理】[7] 抑制细胞分裂。

【分析方法】高效液相色谱-紫外（HPLC-UV）

【制剂】悬浮剂（SC），颗粒剂（GR）

【应用】防除水稻田稗草。

【参考文献】

[1] 冲田洋行，木户庸裕．1-取代-4-氨基甲酰基-1,2,4-三唑-5-酮衍生物的制备方法．CN102250024．

[2] Maurer F，Rohe L，Knops H J．Preparation of N-alkyl-arylamines．US5817876．

[3] Okita H，Kido T．Process for preparation of 1-substituted 4-carbamoyl-1,2,4-triazol-5-one derivatives．WO2004048346．

[4] Kido T，Okita H．Process for production of phenyltriazolinone．WO2009088025．

[5] Kido T，Ohno T，Okita H．Processes for the preparation of aryltriazolinones．WO2002012203．

[6] Maurer R L，Knops H J．One-pot process for the preparation of *N*-alkyl-*N*-arylamines by the catalytic hydrogenation and reductive amination of aryl nitro compounds and aldehydes or ketones．US5817876．

[7] Kasahara T，Matsumoto H，Hasegawa H，et al．Characterization of very long chain fatty acid synthesis inhibition by ipfencarbazone．J Pestic Sci（Tokyo，Jpn），2019，44（1）：20-24．

2.8.4 酰胺类

2.8.4.1 麦草氟 flamprop/flamprop-M

【商品名称】Suffix BW(麦草氟异丙酯),Mataven L(麦草氟甲酯)

【化学名称】麦草氟：*N*-苯甲酰基-*N*-(3-氯-4-氟苯基)-D-丙氨酸

麦草氟异丙酯：*N*-苯甲酰基-*N*-(3-氯-4-氟苯基)-D-丙氨酸异丙酯

麦草氟甲酯：*N*-苯甲酰基-*N*-(3-氯-4-氟苯基)-D-丙氨酸甲酯

IUPAC 名：

麦草氟：*N*-benzoyl-*N*-(3-chloro-4-fluorophenyl)-D-alanine

麦草氟异丙酯 1-methylethyl *N*-benzoyl-*N*-(3-chloro-4-fluorophenyl)-D-alaninate

麦草氟甲酯：methyl *N*-benzoyl-*N*-(3-chloro-4-fluorophenyl)-D-alaninate

CAS 名：

麦草氟：*N*-benzoyl-*N*-(3-chloro-4-fluorophenyl)-D-alanine

麦草氟异丙酯：isopropyl *N*-benzoyl-*N*-（3-chloro-4-fluorophenyl）-D-alaninate

麦草氟甲酯：methyl *N*-benzoyl-*N*-（3-chloro-4-fluorophenyl）-D-alaninate

【化学结构式】

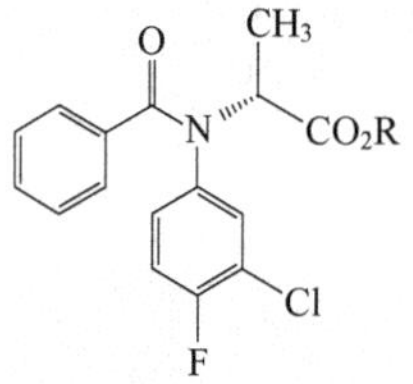

麦草氟甲酯：R═CH_3

麦草氟异丙酯：R═$(CH_3)_2CH$

【分子式】$C_{19}H_{19}ClFNO_3$，$C_{17}H_{15}ClFNO_3$

【分子量】363.81，335.76

【CAS 登录号】麦草氟（D：90134-59-1），麦草氟异丙酯（D：63782-90-1），麦草氟甲酯（D：63729-98-6）

【理化性质】①麦草氟　原药纯度≥93%；K_{ow}lg$P$ 3.09（25℃）；pK_a3.7。

② 麦草氟异丙酯　原药纯度>96%，白色晶体（原药为灰白色晶体）；熔点 72.5～74.5℃（70～71℃）；密度（20℃）1.315g/cm^3；蒸气压（20℃）8.5×10^{-2}Pa。分配系数：K_{ow}lg$P$ 3.69。水中溶解度（25℃）：12mg/L。有机溶剂中溶解度（25℃）：丙酮 1560g/L，环己酮 677g/L，乙醇 147g/L，己烷 16g/L，二甲苯 500g/L。pH2～8 对光和热稳定，DT_{50}（pH7）9140d，pH>8 水解为麦草氟和异丙醇。

③ 麦草氟甲酯　原药纯度>96%；白色至浅灰色晶体；熔点 84～86℃（81～82℃）；密度（22℃）1.311g/cm^3；蒸气压（20℃）1.0mPa。分配系数：K_{ow}lg$P$ 3.0。水中溶解度（25℃）：0.016g/L。有机溶剂溶解度（25℃）：丙酮 406g/L，正己烷 2.3g/L。pH2～7 对光和热稳定，pH>7 水解为麦草氟和甲醇。

【研制和开发公司】由 Shell Research Ltd（壳牌研究有限公司）[现为 BASF SE（德国巴斯夫）]开发

【上市国家和年份】1974 年。

【合成路线】[1,2]

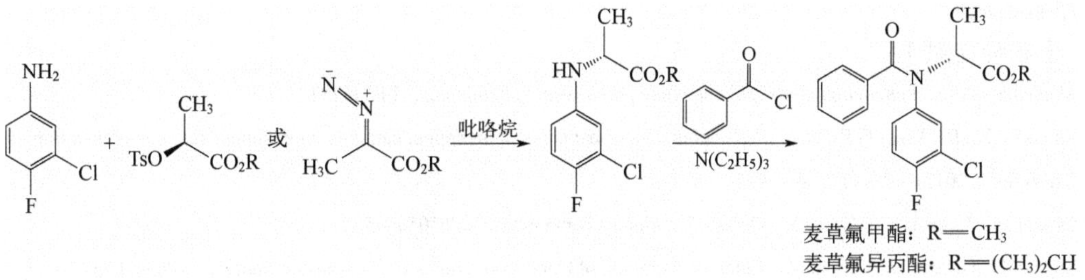

中间体合成[3-5]：

中间体：

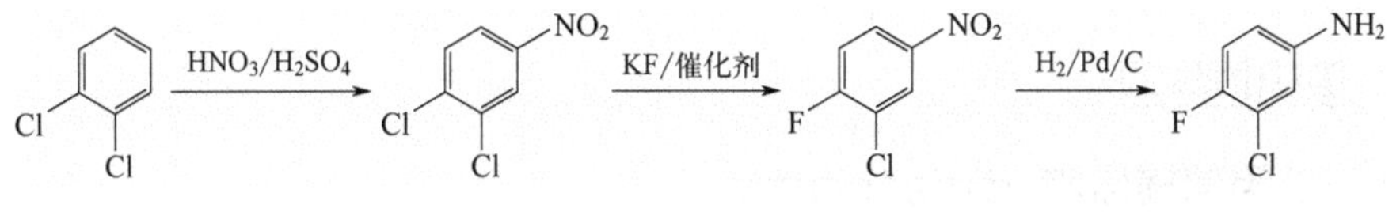

【哺乳动物毒性】①麦草氟异丙酯　大鼠、小鼠急性毒性经口 LD_{50}>4000mg/kg，大鼠急性经皮 LD_{50}>2000mg/kg。对兔眼睛和皮肤无刺激。大鼠无呼吸毒性。NOEL：90d，饲喂试验大鼠 50mg/kg（饲料），狗 30mg/kg（饲料）无致病影响。大鼠急性腹腔 LD_{50}>1200mg/kg。

② 麦草氟甲酯　急性毒性经口 LD_{50}：大鼠 1210mg/kg，小鼠 720mg/kg。大鼠急性经皮 LD_{50}>1800mg/kg（EC）。对兔眼睛和皮肤无刺激，对皮肤无致敏。大鼠无呼吸毒性，NOEL：90d，饲喂试验大鼠 2.5mg/(kg·d)，狗 0.5mg/(kg·d)无致病影响。大鼠急性腹腔 LD_{50}>350～500mg/kg。

【生态毒性】①麦草氟异丙酯　山齿鹑急性经口 LD_{50}>4640mg/kg。LC_{50}（96h）：虹鳟 3.19mg/L，鲤鱼 2.5mg/L。水蚤 EC_{50}（48h）3.0mg/L；藻类 EC_{50}（96h）6.8mg/L；对淡水和海

水甲壳类动物有中等毒性；蜜蜂接触和经口 LD_{50}＞100μg/只；蚯蚓 LC_{50}＞1000mg/kg；对土壤节肢动物无毒性。

② 麦草氟甲酯　山齿鹑急性经口 LD_{50} 4640mg/kg，野鸡、野鸭、饲养鸡、鹧鸪、鸽子 LD_{50}＞1000mg/kg。鱼毒 LC_{50}（96h）：虹鳟 4.0mg/L。对水蚤有轻微至中等毒性；藻类 EC_{50}（96h）5.1mg/L；对淡水和海水甲壳类动物有中等毒性；对土壤节肢动物、蜜蜂、蚯蚓无毒。

【作用机理】属超长链脂肪酸延长合成酶抑制剂类除草剂，通过抑制超长链脂肪酸延长合成酶（VLCFAE）而发挥药效。

【分析方法】旋光和气相色谱

【制剂】乳油（EC）

【应用】[6] 作用方式：麦草氟异丙酯和麦草氟甲酯均为内吸、选择性除草剂，通过叶面吸收。水解产生具有除草活性的麦草氟，在敏感品系中，被输送到分生组织。用途：麦草氟异丙酯，用于大麦和小麦出苗后防除野燕麦，包括下茬的三叶草和黑麦草，也可防除大穗看麦娘和球状燕麦草，对某些品种的小麦和大麦可能有药害。麦草氟甲酯，用于小麦出苗后防除野燕麦，包括下茬的三叶草或禾本科杂草，也可防除看麦娘，对所有春小麦和冬小麦品系均无药害。

【代谢】麦草氟：动物，在哺乳动物经口摄入麦草氟甲酯或麦草氟异丙酯后 4d 内完全代谢并排泄。植物，在植物中，麦草氟甲酯和麦草氟异丙酯水解为具有生物活性的麦草氟（酸），然后再转化为生物惰性的轭合物。土壤/环境，麦草氟甲酯和麦草氟异丙酯的主要降解产物为麦草氟游离酸。

【参考文献】

[1] Miedema，Alle．Preparation of optically active *N*-phenylalanine herbicides．EP333282．

[2] Zhu S F，Xu B，Wang G P，et al．Well-defined binuclear chiral spiro copper catalysts for enantioselective *N-H* Insertion．J Am Chem Soc，2012，134（1）：436-442．

[3] Ohashi M，Hiyama S，Hyama S．Organic fluorinated compounds．JP61050945．

[4] Suzuki K，Hiyama S，Ohashi M．Fluoro-substitution of halonitrobenzenes with potassium fluoride．JP63010737．

[5] Mandal S，Patil N，Suleman I，et al．A process for synthesis of 2，4-dichloro-5-fluoroacetophenone（DCFA）．WO2010058421．

[6] Tresch S，Niggeweg R，Grossmann K．The herbicide flamprop-M-methyl has a new antimicr otubule mechanism of action．Pest Manag Sci，2008，64（11）：1195-1203．

2.8.5　其他类型

2.8.5.1　二甲草磺酰胺 dimesulfazet

【化学名称】2′-[(3,3-二甲基-2-氧化氮杂环丁烷-1-基)甲基]-1,1,1-三氟甲磺酰基苯胺

IUPAC 名：2′-[(3,3-dimethyl-2-oxoazetidin-1-yl)methyl]-1,1,1-trifluoromethanesulfonanilide

CAS 名：*N*-[2-[(3,3-dimethyl-2-oxo-1-azetidinyl)methyl]phenyl]-1,1,1-trifluoromethanesulfonamide

【化学结构式】

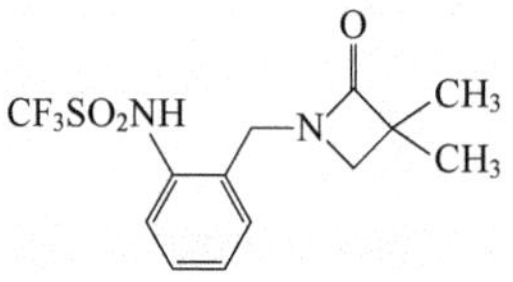

【分子式】$C_{13}H_{15}F_3N_2O_3S$
【分子量】336.33
【CAS 登录号】1215111-77-5
【研制和开发公司】日本 Nissan Chemical Industries，Ltd.（日本日产化学工业株式会社）
【上市国家和年份】2020 报道，预计 2024 年在日本上市
【合成路线】[1-4]

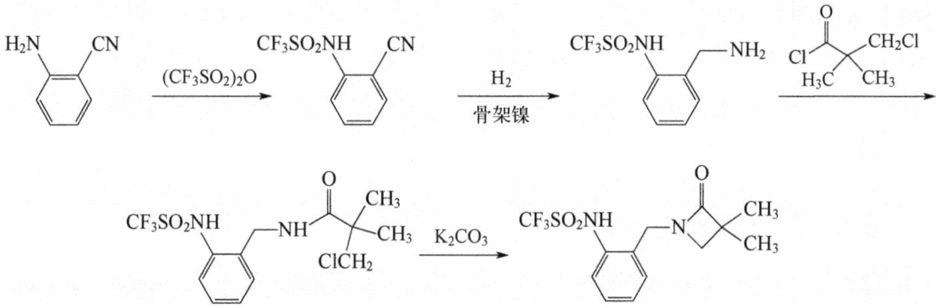

【作用机理】预测属超长链脂肪酸延长合成酶抑制剂类除草剂，通过抑制超长链脂肪酸延长合成酶（VLCFAE）而发挥药效。
【应用】水稻田广谱除草剂，用于防除禾本科、阔叶及莎草等杂草。
【参考文献】
[1] Kudou T，Tanima D，Masuzawa Y，et al. Ortho-substituted haloalkylsulfonanilide derivative and herbicide. WO2010026989.
[2] Kudou T，Utsunomiya T，Kusuoka Y. et al. Method for producing trifluoromethanesulfonanilide compound. WO2014046244.
[3] Kusuoka Y，Akeboshi T，Io T，et al. Production method for trifluoromethanesulfonanilide compound. WO2015060402.
[4] Io T，Tomizawa M，Nakamura D. Crystal of *ortho*-substituted haloalkylsulfonanilide and method for the preparation. JP2020023443.

2.9 光系统 II 抑制剂

2.9.1 芳基脲类

2.9.1.1 对氟隆 parafluron

【化学名称】1,1-二甲基-3-(α,α,α-三氟对甲苯基)脲
IUPAC 名：1,1-dimethyl-3-(α,α,α-trifluoromethyl-*p*-tolyl)urea
CAS 名：*N*, *N*-dimethyl -*N*′-[4-(trifluoromethyl)phenyl]-urea
【化学结构式】

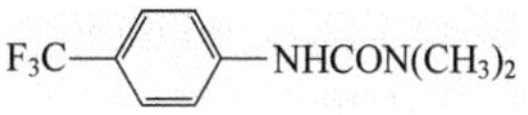

【分子式】$C_{10}H_{11}F_3N_2O$
【分子量】232.21

【CAS 登录号】7159-99-1

【理化性质】白色固体，熔点 183～185℃；水中溶解度（25℃）：22mg/L。

【研制和开发公司】Ciba-Giegy AG（瑞士汽巴-嘉基公司）

【合成路线】[1]

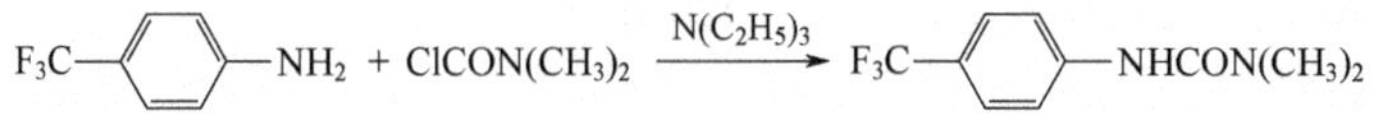

【制剂】可湿粉剂（WP）

【应用】土壤处理除草剂；用于防除甜菜田、果园中多年生或一年生杂草，也可用作灭生性除草剂。

【参考文献】

[1] Martin H，Aebi H．Herbicides．DE1284151．

2.9.1.2　氟草隆 fluometuron

【商品名称】Fluometron，CottonexPro（混剂，与扑草净混合），Cotoran（混剂，与氟乐灵混合）

【化学名称】1,1-二甲基-3-(*α*,*α*,*α*-三氟甲基间苯基)脲

IUPAC 名：1,1-dimethyl-3-(*α*,*α*,*α*-trifluoromethyl-*m*-tolyl)urea

CAS 名：*N*,*N*-dimethyl-*N'*-[3-(trifluoromethyl)phenyl]-urea

【化学结构式】

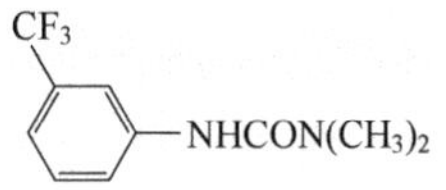

【分子式】$C_{10}H_{11}F_3N_2O$

【分子量】232.21

【CAS 登录号】2164-17-2

【理化性质】纯品为无色晶体，熔点 163～164℃；蒸气压（25℃）0.125mPa；K_{ow}lg*P* 2.38；密度（20℃）1.39g/cm^3。水中溶解度（20℃）：110mg/L。有机溶剂中的溶解度（22℃）：丙酮 105g/L，甲醇 110g/L，乙腈 560g/L，二氯甲烷 23g/L，正辛醇 22g/L，己烷 0.17g/L。20℃在酸性，中性和碱性条件下稳定，紫外线照射下分解。

【研制和开发公司】由 Ciba-Geigy AG（瑞士汽巴-嘉基公司）现为[Syngenta（先正达）]开发

【上市国家和年份】欧洲，20 世纪 70 年代

【合成路线】[1]

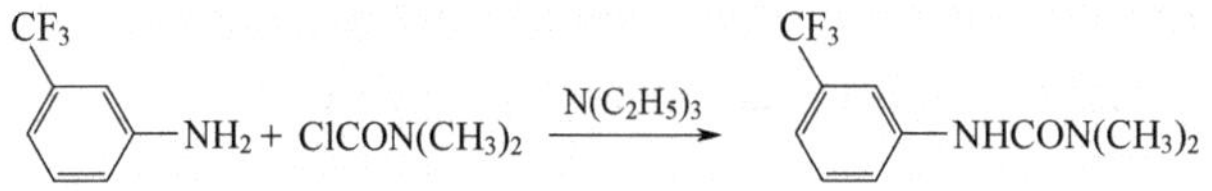

【哺乳动物毒性】大鼠急性毒性经口 LD_{50}＞6000mg/kg，大鼠急性经皮 LD_{50}＞2000mg/kg，兔＞10000mg/kg；对兔眼睛和皮肤有中度刺激，对皮肤无致敏。NOEL：大鼠（2 年）19mg/(kg・d)，小鼠（1 年）1.3mg/(kg・d)，狗（1 年）10mg/(kg・d)。ADI/RfD（EC）aRfD 0.1mg/kg，cRfD 0.0055mg/kg [2005]；毒性等级：U。

【生态毒性】野鸭 LD_{50} 2974mg/kg。饲喂 LC_{50}（8d）：日本鹌鹑 4620mg/kg，野鸭 4500mg/kg，环颈雉鸡 3150mg/kg。LC_{50}（96h）：虹鳟 30mg/L，蓝鳃翻车鱼 48mg/L，鲶鱼 55mg/L，鲫鱼 170mg/L。水蚤 LC_{50}（48h）10mg/L；藻类 EC_{50}（3d）0.16mg/L；蜜蜂 LD_{50}（经口）＞155μg/只，（局部）＞190μg/只；蚯蚓 LC_{50}（14d）＞1000mg/kg（土）。

【作用机理】电子传递抑制剂，作用于光系统Ⅱ受体。也抑制类胡萝卜素生物合成，靶标酶不清楚。

【分析方法】高效液相色谱（HPLC），气液色谱-氢火焰法（GLC-FID）

【制剂】悬浮剂（SC），可湿粉剂（WP）

【应用】作用方式：选择性内吸性除草剂，根比叶更容易吸收，向顶传导。用途：防除棉花和甘蔗田一年生阔叶杂草和禾本科杂草，使用剂量 1.0～1.5kg/hm^2。药害：对甜菜、甜菜根、大豆、菜豆、芸薹、番茄、茄子等有药害。

【代谢】动物：大鼠体内，主要形成去甲基化的代谢物和一些葡萄糖醛酸共轭物。主要通过尿液排出，一周内几乎可排出 96%。植物：植物中降解主要有 3 个过程，一是去甲基化形成单甲基化合物，然后是中间体去甲基化，最后是脱氨脱羧形成苯胺衍生物。土壤/环境：土壤中，微生物降解最为重要和快速，不停地释放 CO_2。光解和挥发是次要的。除了砂土外，土壤浸出中等，K_{oc} 31～117mL/g（8 种土壤类型）；K_d 0.15～1.13mL/g。DT_{50} 约 30d，根据环境不同，范围在 10～100d，干燥条件下消解速率降低。

【参考文献】

[1] Majhail M S．Process for the preparation of substituted ureas．GB2083812A．

2.9.1.3 噻氟隆 thiazafluron

【商品名称】Erbotan

【化学名称】1,3-二甲基-1-[5-(三氟甲基)-1,3,4-噻二唑-2-基]脲

IUPAC 名：1,3-dimethyl-1-[5-(trifluoromethyl)-1,3,4-thiadiazol-2-yl]urea

CAS 名：*N*,*N'*-dimethyl-*N*-[5-(trifluoromethyl)-1,3,4-thiadiazol-2-yl]urea

【化学结构式】

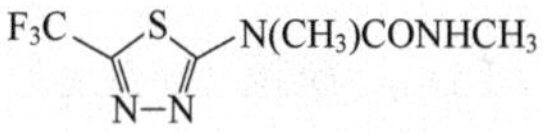

【分子式】$C_6H_7F_3N_4OS$

【分子量】240.20

【CAS 登录号】25366-23-8

【理化性质】纯品为无色晶体，熔点 136～137℃；蒸气压（20℃）0.27mPa；密度（20℃）1.60g/cm^3；$K_{ow}\lg P$ 1.82。溶解度：水 2.1g/kg，苯 12g/kg，二氯甲烷 146g/kg，己烷 100mg/L，甲醇 257g/kg，辛醇 60g/kg。

【研制和开发公司】由 Ciba-Geigy Corp.（瑞士汽巴-嘉基公司）开发

【上市国家和年份】国家不详，1973 年

【合成路线】[1]

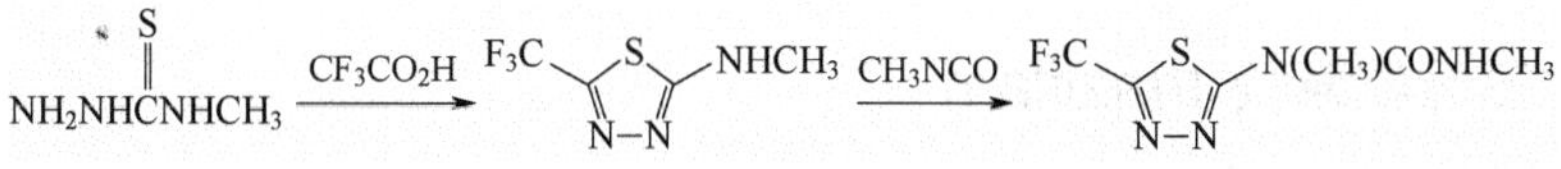

【哺乳动物毒性】大鼠急性经口 LD_{50} 278mg/kg，急性经皮 LD_{50}＞2150mg/kg；对兔眼睛和

皮肤有轻微刺激，对豚鼠皮肤无致敏。NOEL：大鼠（90d）11mg/(kg·d)，狗（105d）8mg/(kg·d)。

【生态毒性】鱼急性 LC_{50}（96h）：虹鳟 82mg/L，太阳鱼和鲤鱼＞100mg/L。对鸟有轻微毒性，对蜜蜂无毒。

【作用机理】非选择性的光合成电子传递抑制剂。

【制剂】颗粒剂（GR），可湿粉剂（WP）

【应用】可用于非农田地域防除一年生和多年生阔叶杂草和禾本科及莎草属杂草。

【代谢】土壤代谢：DT_{50} 125d。土壤吸附：K_{oc} 325mL/g。

【参考文献】

[1] Hoegerle K，Cellarius H J，Rathgeb P，et al．Preparation of 1,3,4-thiadiazolylureas as herbicides．US4686294．

2.9.1.4 四氟隆 tetrafluron

【化学名称】1,1-二甲基-3-[3-(1,1,2,2-四氟乙氧基)苯]脲

IUPAC 名：1,1-dimethyl-3-[3-(1,1,2,2-tetrafluoroethoxy)phenyl]urea

CAS 名：*N,N*-dimethyl-*N'*-[3-(1,1,2,2-tetrafluoroethoxy)phenyl]urea

【化学结构式】

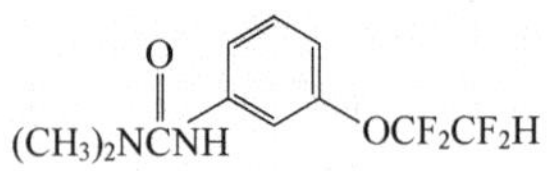

【分子式】$C_{11}H_{12}F_4N_2O_2$

【分子量】280.22

【CAS 登录号】27954-37-6

【研制和开发公司】Hoechst AG.（德国赫希斯特）

【合成路线】[1]

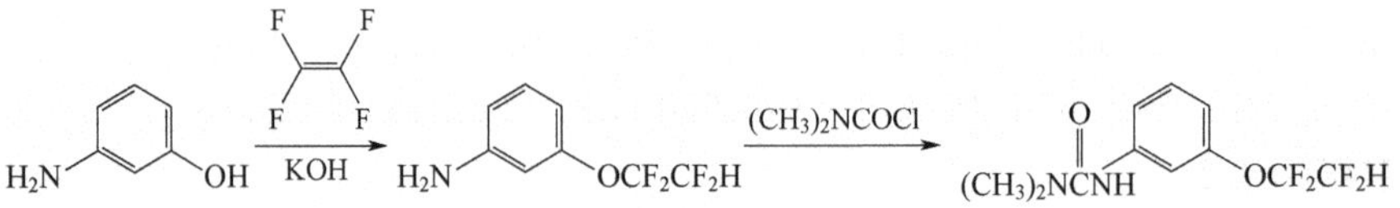

【哺乳动物毒性】大鼠急性经口 LD_{50}：雄鼠 1265mg/kg，雌鼠 1430mg/kg；大鼠急性经皮 LD_{50}＞2000mg/kg。

【参考文献】

[1] Scherer O，Hoerlein G，Schoenowsky H．Urea derivatives and their use as herbicides．US3937726．

2.10 纤维素合成抑制剂

2.10.1 烷基三嗪类

2.10.1.1 三嗪氟草胺 triaziflam

【商品名称】Idetop

【化学名称】(*RS*)-*N*-[2-(3,5-二甲基苯氧基)-1-甲基乙基]-6-(1-氟-1-甲基乙基)-1,3,5-三嗪-2,4-二胺

IUPAC 名：(*RS*)-*N*-[2-(3,5-dimethylphenoxy)-1-methylethyl]-6-(1-fluoro-1-methylethyl)-1,3,5-triazine-2,4-diamine

CAS 名：*N*-[2-(3,5-dimethylphenoxy)-1-methylethyl]-6-(1-fluoro-1-methylethyl)-1,3,5-triazine-2,4-diamine

【化学结构式】

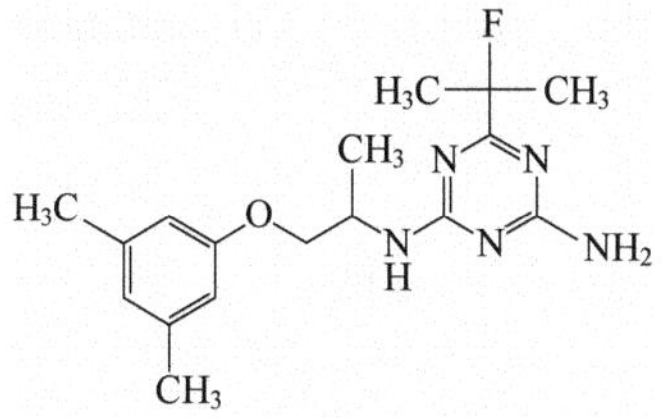

【分子式】$C_{17}H_{24}FN_5O$

【分子量】333.41

【CAS 登录号】131475-57-5

【研制和开发公司】由 IdemitsuKosan 开发

【上市国家和年份】日本，2006 年

【合成路线】[1-5]

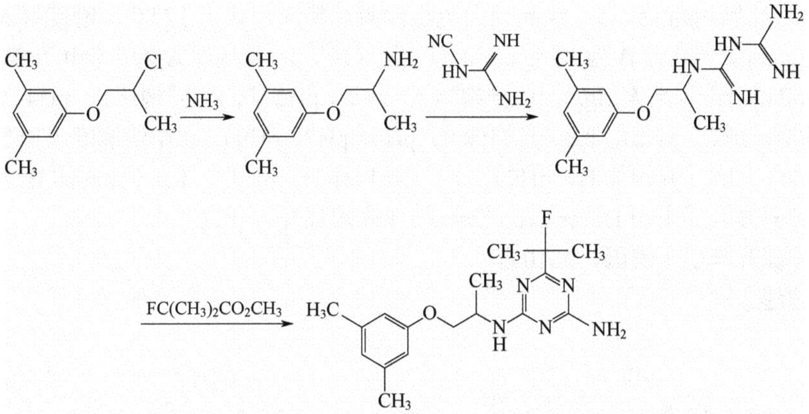

【作用机理】作用于多个位点（抑制光合作用、微管形成及纤维素形成），具有全新的除草机制。

【应用】主要用于稻田苗前和苗后防除禾本科杂草和阔叶杂草；延缓杂草抗性的形成；它的推荐使用量 100～200g /hm^2、250g/hm^2。

【参考文献】

[1] Muramoto T，Matsunami H，Takizawa T．Preparation of herbicidal triazines．JP2001089462．

[2] Muramoto T，Matsunami H．Preparation of high-purity triazines as herbicides．JP2001172267．

[3] Nishii M，Kobayashi I，Uemura M．et al．Preparation of triazine derivative as herbicides．WO9009378．

[4] Adachi R，Nakamura K，Nishii M，el at．6-(halomethyl)-4-[(1-methyl-2-phenoxyethyl)amino] -1,3,5-triazin-2-amines，a process for their preparation and their use as herbicides．EP509544．

[5] Sford M. Synthesis of and biguanide-aluminium complexes as intermediates for *s*-triazine derivatives. WO2009077059.

2.10.1.2 茚嗪氟草胺 indaziflam

【商品名称】Specticle，Alion

【化学名称】*N*-[(1*R*,2*S*)-2,3-二氢-2,6-二甲基-1*H*-茚-1-基]-6-[(1*RS*)-1-氟乙基]-1,3,5-三嗪-2,4-二氨

IUPAC 名：*N*-[(1*R*,2*S*)-2,3-dihydro-2,6-dimethyl-1*H*-inden-1-yl]-6-[(1*RS*)-1-fluoroethyl]-1,3,5-triazine-2,4-diamine

CAS 名：*N*-[(1*R*,2*S*)-2,3-dihydro-2,6-dimethyl-1*H*-inden-1-yl]-6-(1-fluoroethyl)-1,3,5-triazine-2,4-diamine

【化学结构式】

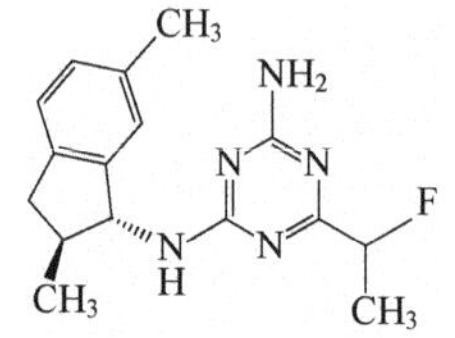

【分子式】$C_{16}H_{20}FN_5$

【分子量】301.37

【CAS 登录号】950782-86-2，异构体 A（730979-19-8），异构体 B（730979-32-5）

【理化性质】原药为（1*R*,2*S*,1*R*）-异构体 A 和（1*R*,2*S*,1*S*）-异构体 B 1-氟乙基非对映异构体的混合物，比例约为 95∶5；纯品为白色至浅褐色粉末，熔点 177℃。密度（20℃）：异构体 A 为 1.23g/cm^3，异构体 B 为 1.28g/cm^3。蒸气压（20℃）：异构体 A 为 2.5×10^{-5}mPa，异构体 B 为 3.7×10^{-5}mPa；分配系数 K_{ow}lg$P$ 2.0（异构体 A，20℃，pH2），2.8（异构体 A，pH4、pH7、pH9），2.1（异构体 B，20℃，pH2），2.8（异构体 B，pH4、pH7、pH9）。水中溶解度（20℃）：4.4（异构体 A，pH4），2.8（异构体 B，pH9），1.7（异构体 B，pH4），1.2（异构体 B，pH9）。

【研制和开发公司】由 Bayer Crop Science（德国拜耳）开发

【上市国家和年份】美国，2010 年

【合成路线】[1,2]

路线 1：

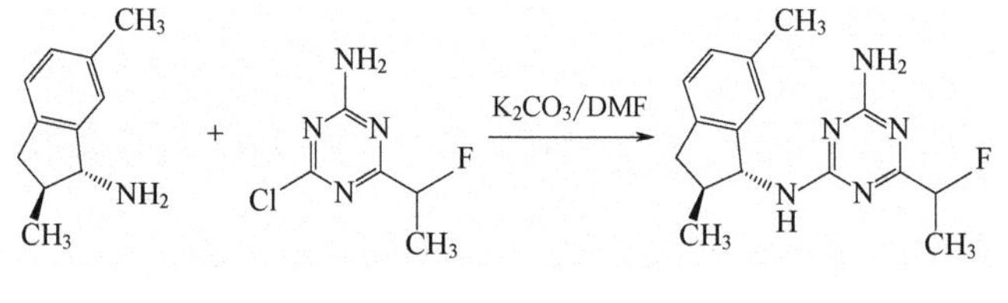

路线 2：

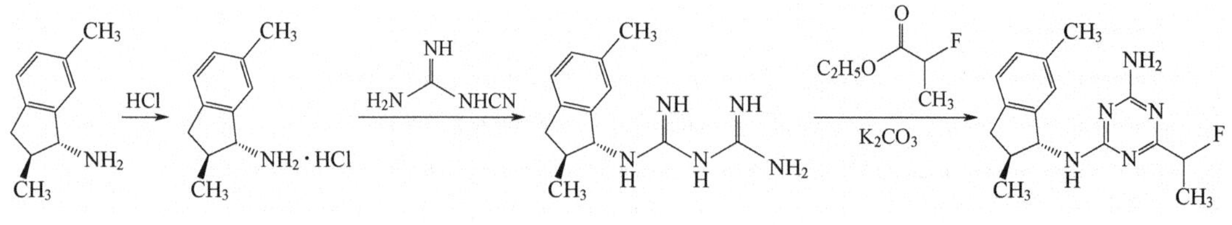

中间体合成[3-5]：

中间体 1：

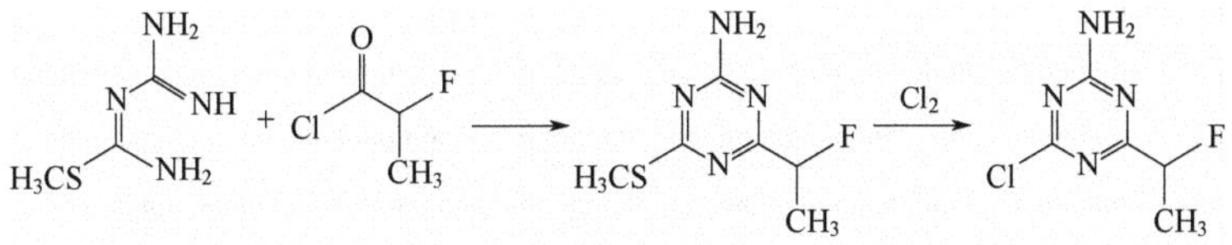

中间体 2：

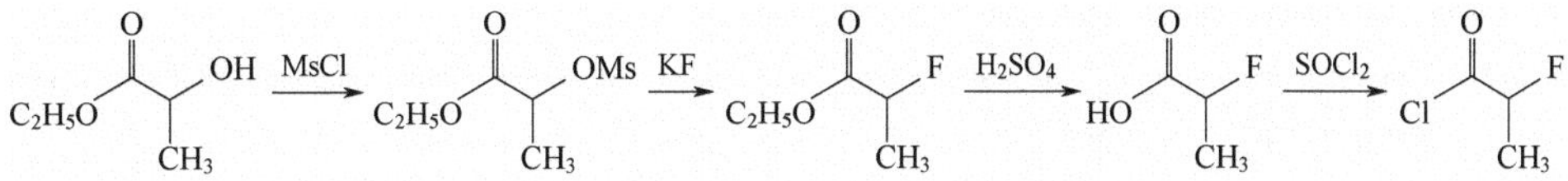

中间体 3：

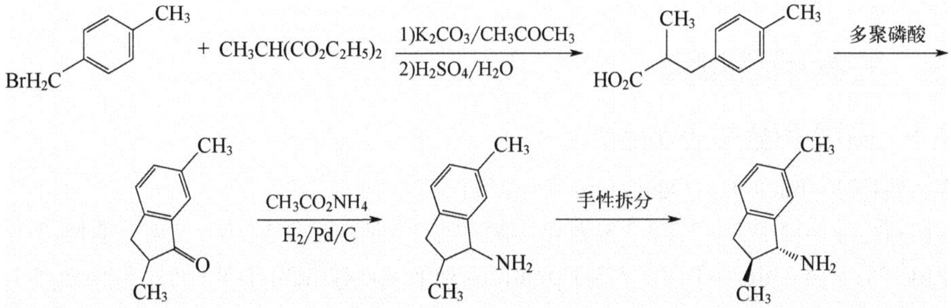

【哺乳动物毒性】大鼠急性毒性经口 LD_{50}＞2000mg/kg，大鼠急性经皮 LD_{50}＞2000mg/kg；对兔皮肤和眼睛无刺激，对皮肤无致敏性；大鼠急性吸入 LC_{50}（4h）2300mg/L；雄大鼠 NOEL 12mg/(kg・d)，雌大鼠 NOEL 17mg/(kg・d)；慢性毒性和致癌试验表明无致癌风险，狗慢性试验表明（雄性或雌性）2mg/(kg・d)；ADI/RfD 0.02mg/kg。

【生态毒性】山齿鹑和胸草雀急性经口 LD_{50}＞2000mg/kg。LC_{50}（96h）：蓝鳃翻车鱼 0.32mg/L。水蚤 EC_{50}（48h）＞9.88mg/L；蜜蜂急性经口 LD_{50} 120μg/只，接触 LD_{50}＞100μg/只；蚯蚓 LC_{50}（14d）＞1000mg/kg（土）。

【作用机理】茚嗪氟草胺通过抑制纤维素生物合成，抑制植物分生组织的生长来有效防除杂草。作为土壤处理的除草剂通过抑制杂草的发芽和出苗（下胚轴吸收后）发挥作用。

【分析方法】高效液相色谱-紫外（HPLC-UV）

【制剂】悬浮剂（SC）

【应用】[6,7]用途：苗前使用，用于对其有耐药性的作物的防除杂草，延长残效期，如柑橘、葡萄、坚果树、多年生甘蔗、草坪、高尔夫球场、草地农场、休闲草坪、观赏植物、非农作物区域、圣诞树农场和森林地区。

【代谢】[8] 动物：动物尿液和粪便中的主要成分是茚嗪氟草胺羧酸。植物：残留物由极性残留物、茚嗪氟草胺及其代谢物二氨基三嗪（diaminotriazine）组成。土壤/环境：土壤中的三嗪茚草胺及其代谢物很容易降解，田间半衰期 10～80d。茚嗪氟草胺在土壤中的迁移性中等，是因为土壤对它有很强的吸附性。两个异构体有相似的环境特性。水中茚嗪氟草胺很容易光解，半衰期约 4d。空气中不挥发，两个异构体的蒸气压都低。

【参考文献】

[1] Ahrens H, Dietrich H, Minn K, et al. Preparation of amino-1,3,5-triazines *N*-substituted with chiral bicyclic radicals as herbicides and plant growth regulators. WO2004069814.

[2] Ressel H J, Ford M J. Method for producing bisguanide salts as intermediates in the preparation of *s*-triazines. WO2017042126.

[3] Zindel J, Hollander J, Minn K, et al. Procedure for the production of 2-amino-4-chloro-1,3,5-triazines. DE19830902.

[4] Benito-Garagorri D, Wilhelm T. Process for preparing 2-fluoropropionaldehyde. WO2016016446.

[5] 祁彦涛，李涛，王博. 一种(1R,2S)-2,6-二甲基-1-胺基茚满的制备方法. CN108794339.

[6] Mendes K F, Furtado I F, Sousa R N, et al. Cow bonechar decreases indaziflam pre-emergence herbicidal activity in tropical soil. J Environ Sci Health, Part B, 2021, 56（6）: 532-539.

[7] Brosnan J T, Vargas J J, Spesard B, et al. Annual bluegrass(Poa annua)resistance to indaziflam applied early-postemergence. Pest Manag Sci, 2020, 76（6）: 2049-2057.

[8] Mahdavi V, Behbahan A K, Sousa R N, et al. Analysis of alternative new Pesticide(Fluopyram, Flupyradifurone, and Indaziflam)residues in pistachio, date, and soil by liquid chromatography triple quadrupole tandem mass spectrometry. Soil Sediment Contam, 2021, 30（4）: 373-383.

2.10.2 三唑甲酰胺类

2.10.2.1 氟胺草唑 flupoxam

【商品名称】Conclude，Quatation，Ovation

【化学名称】1-[4-氯-3-(2,2,3,3,3-五氟丙氧甲基)苯基]-5-苯基-1*H*-1,2,4-三氮唑-3-甲酰胺

IUPAC 名：1-[4-chloro-3-(2,2,3,3,3-pentafluoropropoxymethyl)phenyl]-5-phenyl-1*H*-1,2,4-triazole-3-carboxamide

CAS 名：1-[4-chloro-3-[(2,2,3,3,3-pentafluoropropoxy)methyl]phenyl]-5-phenyl-1*H*-1,2,4-triazole-3-carboxamide

【化学结构式】

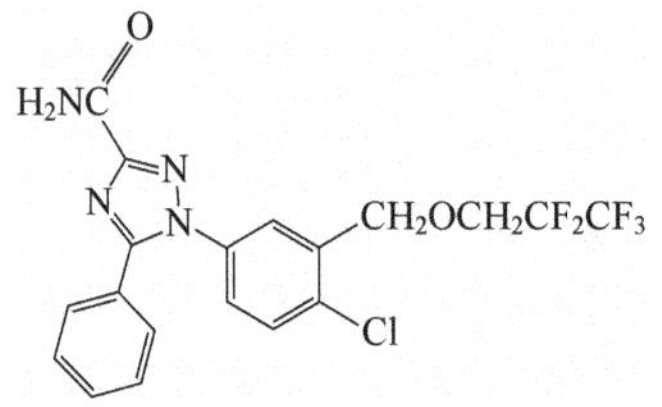

【分子式】$C_{19}H_{14}ClF_5N_4O_2$

【分子量】460.79

【CAS 登录号】119126-15-7

【理化性质】纯品为白色无味晶体，熔点 137.7～138.3℃，密度（20℃）1.385g/cm^3；蒸气压（25℃）7.85×10^{-2}mPa。分配系数：K_{ow}lg$P$ 3.2。水中溶解度（20℃）：2.42mg/L。有机溶剂中溶解度（25℃）：甲醇 162g/L，丙酮 282g/L，乙腈 32.3g/L，乙酸乙酯 102g/L，正己烷＜10^{-2}g/L。

【研制和开发公司】由 Kureha（日本吴羽株式会社）公司开发

【上市国家和年份】日本，1989 年

【合成路线】[1,2]

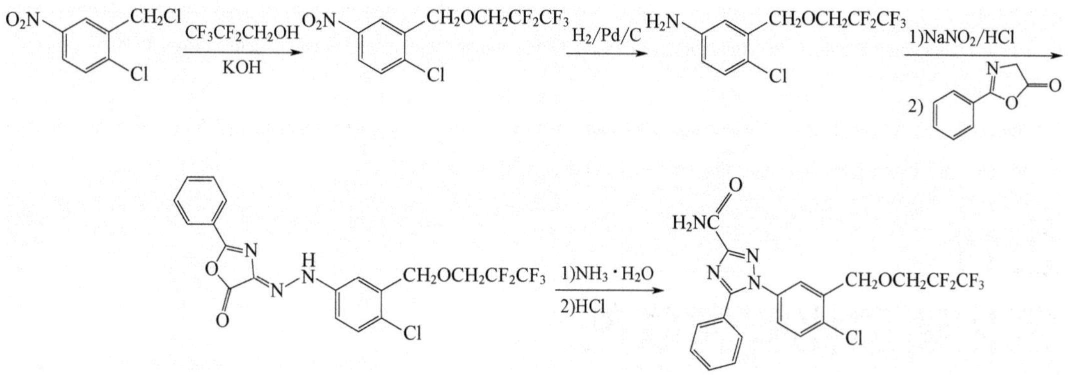

中间体合成[3-4]：

中间体 1：

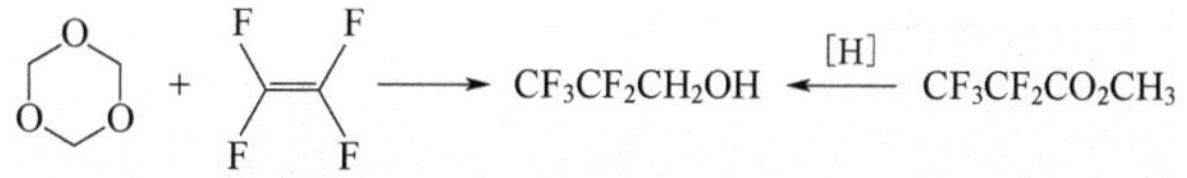

中间体 2：

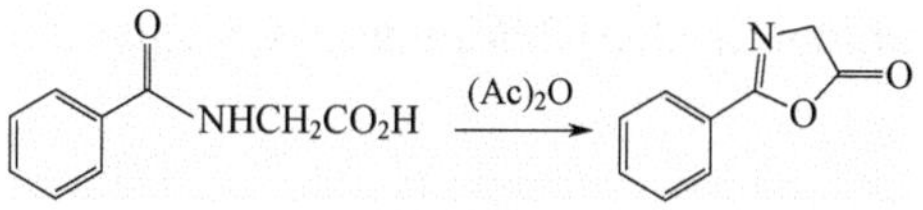

【哺乳动物毒性】大鼠急性毒性经口 LD_{50}>5000mg/kg，兔急性经皮 LD_{50}>2000mg/kg；对兔皮肤无刺激性，对眼睛中等刺激；大鼠急性吸入 LC_{50}（4h）>8.2mg/L；饲喂大鼠 NOEL（2 年）2.4mg/(kg·d)；Ames 试验和微核试验表明无致畸、致突变作用；ADI/RfD（日本）0.008mg/kg[1998]。

【生态毒性】山齿鹑急性经口 LD_{50}>2250mg/kg，山齿鹑饲喂 LC_{50}>5620mg/kg；鲤鱼 LC_{50}（96h）2.3mg/L；水蚤 LC_{50}（48h）3.9mg/L；近头状伪蹄形藻 E_rC_{50}（72h）>54.2mg/L；蜜蜂接触 LD_{50}>100μg/只。

【作用机理】[5,6]细胞壁纤维素生化合成抑制剂。

【分析方法】高效液相色谱-紫外（HPLC-UV）

【制剂】悬浮剂（SC），水分散剂（WG）

【应用】作用方式：通过作用于生长活跃区（根和叶面）抑制细胞伸长。主要通过与分生组织接触起作用，在植物体内极少传导。用途：苗前苗后早期使用，防除冬小麦和冬大麦田一年生阔叶杂草。与异丙隆混用扩大杀草谱，包括禾本科杂草。

【代谢】土壤：土壤中的 DT_{50}<59d。

【参考文献】

[1] Takafumi S，Hideo A，Takeo W，et al. Hiroyasu. preparation of 1,5-diphenyl-1*H*-1,2,4-triazole-3-carboxamides as herbicides. EP282303.

[2] Kiichi E，Masanori I，Takeo W，et al. Process for the manufacture of triazolecarboxamide. EP0618199A1.

[3] Nakahara A，Izeki J，Murata K. Manufacture of pentafluoropropanol. JP06072925.

[4] 谢西平，朱虹．五氟丙醇的合成方法．CN102557873．

[5] Huang L，Li X H，Zhang C H，et al. Endosidin20-1 is more potent than endosidin20 in inhibiting plant cellulose biosynthesis and molecular docking analysis of cellulose biosynthesis inhibitors on modeled cellulose synthase structure．Plant J，2021，106（6）：1605-1624．

[6] Shim I，Law R，Kileeg Z，et al. Alleles causing resistance to isoxaben and flupoxam highlight the significance of transmembrane domains for CESA protein function．Frontiers in plant scienc，2018，9：1152．

2.11 氧化磷酸化解偶联剂

2.11.1 苯并咪唑类

2.11.1.1 克草啶 fluromidine

【商品名称】Nortron

【化学名称】6-氯-2-(三氟甲基)-3*H*-咪唑[4,5-*b*]吡啶

IUPAC 名：6-chloro-2-(trifluoromethyl)-3*H*-imidazo[4,5-*b*]pyridine

CAS 名：6-chloro-2-(trifluoromethyl)-3*H*-imidazo[4,5-*b*]pyridine

【化学结构式】

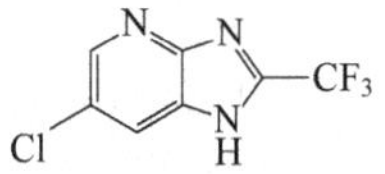

【分子式】$C_7H_3ClF_3N_3$

【分子量】221.57

【CAS 登录号】13577-71-4

【理化性质】密度 1.658g/cm^3。

【研制和开发公司】Shell Internationale Research（壳牌国际研究公司）

【上市国家和年份】欧洲，20 世纪 60 年代中期

【合成路线】[1]

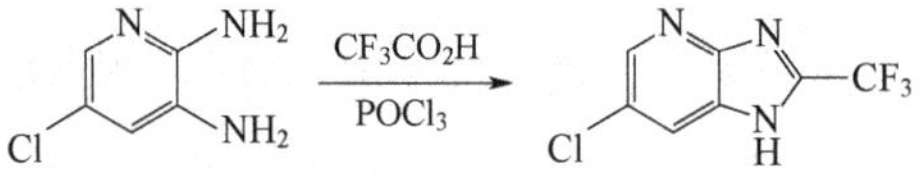

【作用机理】[2,3]氧化磷酸化过程解偶联剂。

【应用】谷物田防除一年生杂草。

【参考文献】

[1] Rochling H F，Buchel K H，Korte F W A G K．Herbicidal imidazopyridines．GB1114199．

[2] Bond C P，Corbett J R. Mode of action and metabolism of 6-chloro-2-trifluoromethylimidazo [4，5-*b*] pyridine，and experimental herbicide．Biochem J，1970，118（3）：50-51．

[3] Bond C P，Corbett，J F. Importance of whole plant studies in determining the biochemical mode of action of herbicides as shown

by studies with the experimental compound 6-chloro-2-trifluoromethylimidazo[4，5-*b*] pyridine．Pestic Sci，1971，2（4）：169-171．

2.11.1.2 氟脒杀 chlorflurazole

【化学名称】6,7-二氯-2-三氟甲基苯并咪唑

IUPAC 名：6,7-dichloro-2-trifluoromethylbenzimidazole

CAS 名：6,7-dichloro-2-(trifluoromethyl)-1*H*-benzimidazole

【化学结构式】

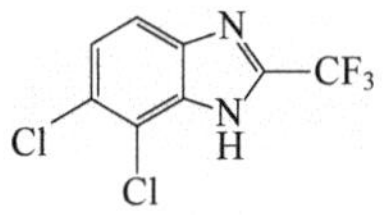

【分子式】$C_8H_3Cl_2F_3N_2$

【分子量】255.02

【CAS 登录号】3615-21-2

【理化性质】密度：（25℃）1.672g/cm^3。

【研制和开发公司】美国 Fisons Pest Control Ltd.

【上市国家和年份】[1]美国，1966 年

【合成路线】[2-5]

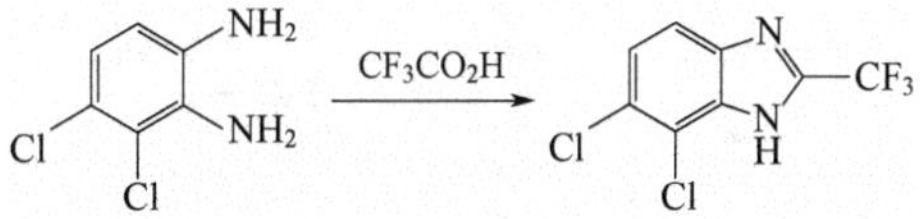

【应用】防除繁缕、茼蒿等杂草。

【参考文献】

[1] Pfeiffer R K. 4，5-Dichloro-2-(trifluoromethyl)benzimidazole(chlorflurazole)．Research progress in 1966．Proc Brit Weed Contr Conf，8th，1966，2：394-396．

[2] Flockhart I R，Smith R L，Williams R T．Fate of 4,5-and 5,6-dichloro-2-trifluoromethylben zimidazole in the rat and rabbit．Biochem J，1968，110（3）：32-33．

[3] Harris J F．2-(Trifluoromethyl)benzimidazoles．ZA6702222．

[4] Gehring R，Schallner O，Stetter J，et al．Preparation of nitropyrazole herbicides．DE3538731．

[5] Fuerstenwerth H．Process for the preparation of 5-amino-1-phenyl-4-nitropyrazoles as herbicides．EP320765．

2.12 二氢乳清酸脱氢酶抑制剂

2.12.1 吡咯烷甲酰胺类

2.12.1.1 四氟吡草酯 tetflupyrolimet

【化学名称】(3*S*,4*S*)-2′-氟-1-甲基-2-氧代-4-[3-(三氟甲基)苯基]吡咯烷-3-基甲酰苯胺

IUPAC 名：(3*S*,4*S*)-2′-fluoro-1-methyl-2-oxo-4-[3-(trifluoromethyl)phenyl]pyrrolidine-3-carboxanilide

CAS 名：(3*S*,4*S*)-*N*-(2-fluorophenyl)-1-methyl-2-oxo-4-[3-(trifluoromethyl)phenyl]-3-pyrrolidinecarboxamide

【化学结构式】

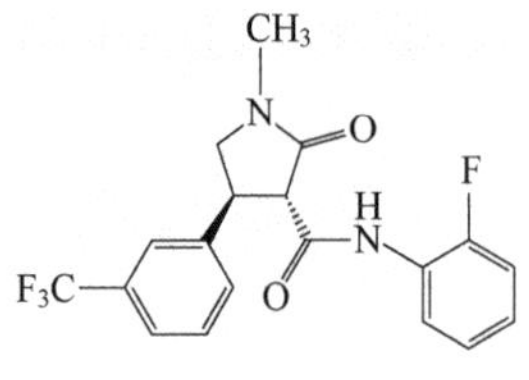

【分子式】$C_{19}H_{16}F_4N_2O_2$

【分子量】380.34

【CAS 登录号】2053901-33-8

【研制和开发公司】由 E I du Pont de Nemours and Company（美国杜邦）［现为 FMC（富美实）］发现

【上市国家和年份】2020 年首次报道，计划 2023 年上市

【合成路线】[1,2]

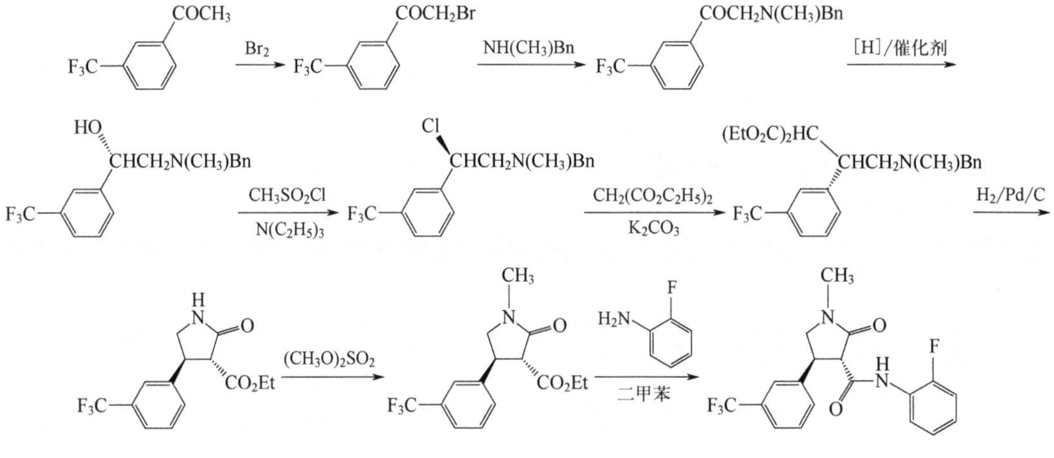

中间体合成[3-4]：

方法 1：

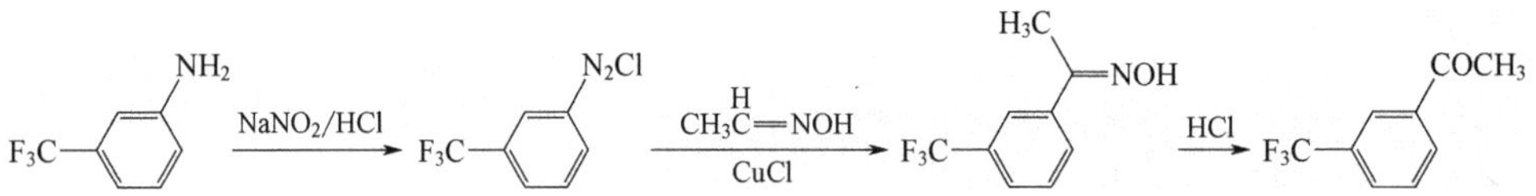

方法 2：

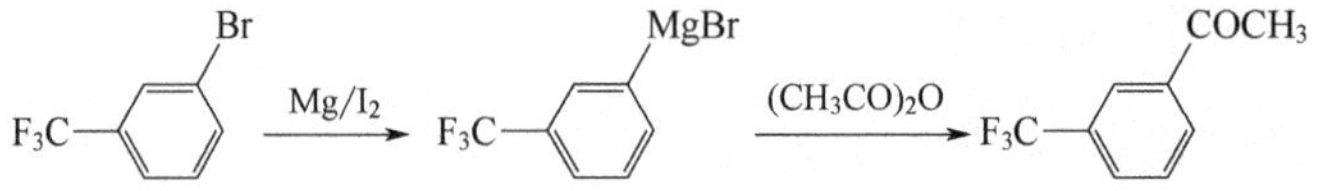

【作用机理】磷酸二氢脱氢酶抑制剂。

【应用】四氟吡草酯被归入新的作用机理分类，成为除草剂抗性行动委员会（HRAC）和美国杂草科学协会（WSSA）除草剂类别 Group 28 中的第一个有效成分，也是 30 多年来植保行业中第一个具有新颖作用机理的新型除草剂。研究表明，四氟吡草酯可整季防除水稻田重要杂草及主要的难除阔叶杂草和莎草。根据富美实 2020 年 11 月的"投资者技术最新进展"报告，公司计划开始该产品的登记过程，并预计在 2023 年推出含有四氟吡草酯的产品，用于移栽水稻和直播水稻。该产品用于其他作物（包括甘蔗、小麦、大豆和玉米）的试验正在进行中。四氟吡草酯的开发代表了一种全新的化学类别和崭新的作用机理。此外，由于其独特的作用机理，四氟吡草酯与现有除草剂无已知交互抗性。

【参考文献】

[1] Satterfield A D，Campbell M J，Bereznak J F，et al．Preparation of substituted cyclic amides and their use as herbicides．WO 2016196593．

[2] Chen Y Z．Pyrrolidinones and a process to prepare them．WO2018175226．

[3] Jinro N．Method for the preparation of 3'-trifluoromethyl-substituted aromatic ketone．JP2019104702．

[4] Wegmann A，Moore T L，Wang L H．Process for the preparation of phenyl alkyl ketones and benzaldehydes．US6211413．

2.13 激素传导抑制剂

2.13.1 脲基腙类

2.13.1.1 氟吡草腙 diflufenzopyr

【商品名称】Overdrive（混剂，与麦草畏钠盐混合）

【化学名称】2-{(*EZ*)-1-[(3,5-二氟苯基)脲基亚氨基]乙基}烟酸

IUPAC 名：2-{(*EZ*)-1-[4-(3,5-difluorophenyl)semicarbazono]ethyl}nicotinic acid

CAS 名：2-[1-[[[(3,5-difluorophenyl)amino]carbonyl]hydrazono]ethyl]-3-pyridiecarboxylic acid

【化学结构式】

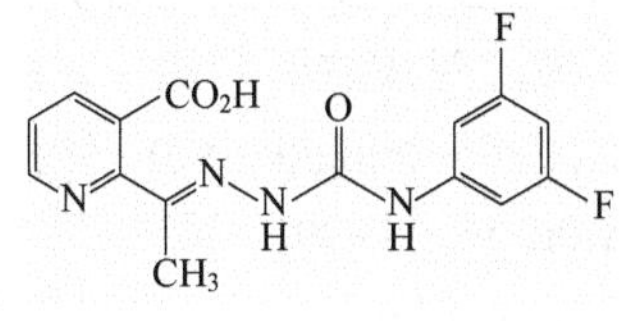

【分子式】$C_{15}H_{12}F_2N_4O_3$

【分子量】334.28

【CAS 登录号】109293-97-2

氟吡草腙钠盐 diflufenzopyr-sodium

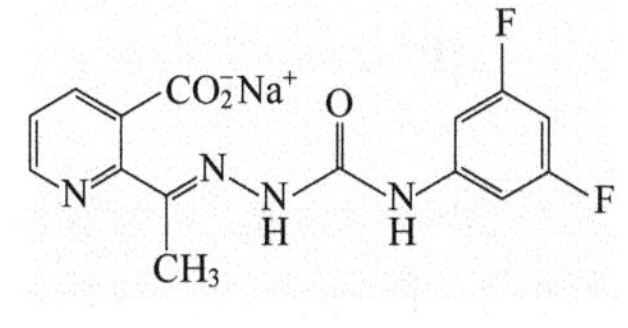

【分子式】$C_{15}H_{11}F_2N_4NaO_3$

【分子量】356.26

【CAS 登录号】109293-98-3

【理化性质】纯品为白色无味固体；熔点 135.5℃；密度（20℃）0.24g/cm^3；蒸气压（20℃）1×10^{-3}Pa；K_{ow}lg$P$ 0.037（pH7）。水中溶解度（25℃）：63mg/L（pH5），5850mg/L（pH7），10546mg/L（pH9）。水解 DT_{50} 13d（pH5）、24d（pH7）、26d（pH9），水溶液光解 DT_{50} 7d（pH5）、17d（pH7）、13d（pH9）；pK_a 3.18。

【研制和开发公司】Sandoz Agro（山德士农业）[现为 Novartis Crop Protection AG（诺华作物保护）]，1996 年 BASF（德国巴斯夫）取得开发权

【上市国家和年份】美国和加拿大，1999 年

【合成路线】[1]

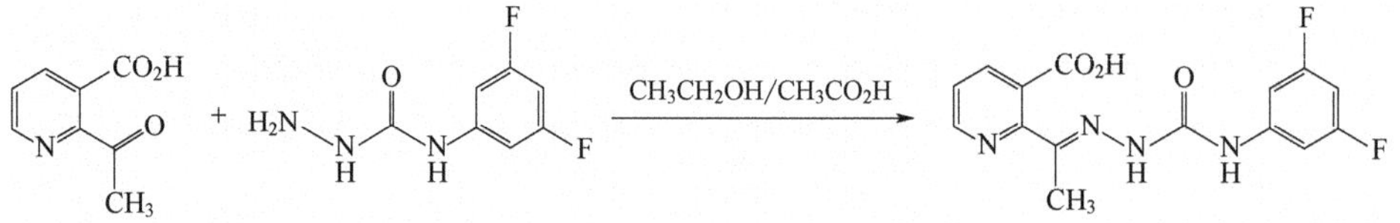

中间体合成[2,3]：

中间体 1：

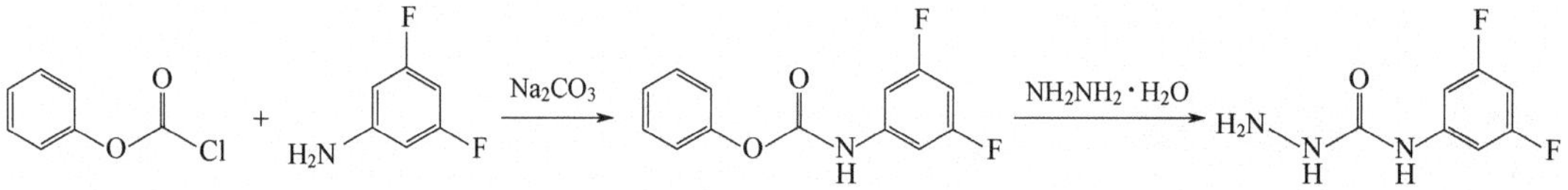

中间体 2：

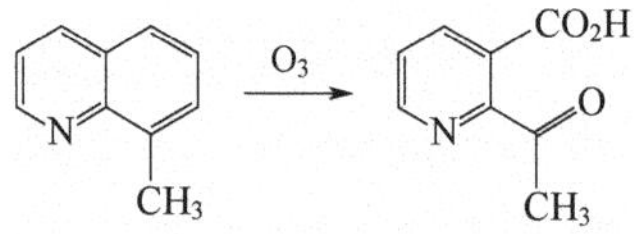

【哺乳动物毒性】急性毒性经口 LD_{50}：雄大鼠、雌大鼠＞5.0mg/kg，雌、雄兔急性经皮 LD_{50}＞5.0mg/kg；对兔眼睛中等刺激，对皮肤无刺激，对豚鼠皮肤有致敏性；大鼠急性吸入 LC_{50}（4h）2.93mg/L；NOEL：雄狗（1 年）26mg/(kg · d)，雌狗（1 年）28mg/(kg · d)；无致突变，无致癌作用；ADI（EPA）/aRfD 1.0mg/kg[1999]；毒性等级：Ⅲ。

【生态毒性】山齿鹑 LD_{50}＞2250mg/kg，山齿鹑和野鸭饲喂 LC_{50} ＞5620mg/kg；LC_{50}（96h）；虹鳟 106mg/L，镜鱼 1.31mg/L，蓝鳃翻车鱼＞135mg/L；水蚤 EC_{50}（48h）15mg/L，羊角月牙藻 EC_{50}（5d）0.11mg/L；蜜蜂接触 LD_{50}＞90μg/只。

【作用机理】通过与质膜上的载体蛋白结合，抑制生长素的转移。在与麦草畏的混剂中，麦草畏直接传导到生长点，增加了对阔叶杂草的防效。玉米的耐药性，归因于快速代谢。

【分析方法】高效液相色谱-紫外（HPLC-UV）检测，气相色谱-质谱联用（GC-MS）

【制剂】水分散剂（WG）

【应用】[4] 作用方式：内吸性苗后除草剂。敏感的阔叶植物在几小时内表现为向上发育，敏感杂草生长被阻止。用途：苗后使用，防除玉米、牧场和非耕地一年生阔叶杂草和多年生

杂草。最早与麦草畏的混剂合用，两者均为钠盐。

【代谢】动物：动物经口给药后，氟吡草腙部分吸收，迅速排泄；20%～44%剂量通过尿液排出，49%～79%通过粪便排出。相比之下，大鼠静脉注射后61%～89%剂量随尿液排出。尿液和粪便 DT_{50} 约为 6h。在组织中的总残留小于给药剂量的 3%。大鼠排出的主要是未变化的母体化合物。在鸡和羊体内氟吡草腙也被迅速消解，大部分未发生变化。土壤/环境：土壤中光解 DT_{50} 14d，有氧土壤代谢（实验室）8～10d，有氧水中代谢 20～26d。田间土壤平均 DT_{50} 4.5d。有很好的迁移性（K_{oc} 18～156mL/g）；代谢物也可迁移。但基于建议的使用方法，美国 EPA 认为氟吡草腙不会进入饮用水。

【参考文献】

[1] Anderson R J，Leippe M M，Bamberg J T. Substituted semi-carbazones and related compounds. US5098462.

[2] Qi B H，Tao H Y，Wu D，et al. Synthesis and biological evaluation of 4-phenoxy-6,7-disubstituted quinolines possessing semicarbazone scaffolds as selective c-Met inhibitor. Arch Pharm(Weinheim，Ger)，2013，346（8）：596-609.

[3] O'Murchu，C. Ozonolysis of quinolines：a versatile synthesis of polyfunctional pyridines. Synth esis，1989，11：880-882.

[4] Grossmann K，Caspar G，Kwiatkowski J. On the mechanism of selectivity of the corn herbicide BAS 662H：a combination of the novel auxin transport inhibitor diflufenzopyr and the auxin herbicide dicamba. Pest Manag Sci，2002，58（10）：1002-1014.

2.14 脂肪酸硫酯酶的抑制剂

2.14.1 异噁唑啉类

2.14.1.1 甲硫唑草啉 methiozolin

【商品名称】PoaCure

【化学名称】(5*RS*) 5-甲基-3-(3-甲基噻吩-2-基)-5-[(2,6-二氟苄基氧)甲基]-4,5-二氢-异噁唑

IUPAC 名：(5*RS*)-5-[(2,6-difluorobenzyloxy)methyl]-4,5-dihydro-5-methyl-3-(3-methyl-2-thienyl)-1,2-oxazole

CAS 名：5-[[(2,6-difluorophenyl)methoxy]methyl]-4,5-dihydro-5-methyl-3-(3-methyl-2-thienyl)-isoxazole

【化学结构式】

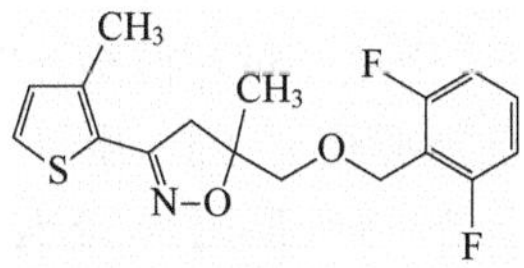

【分子式】$C_{17}H_{17}F_2NO_2S$

【分子量】337.38

【CAS 登录号】403640-27-7

【理化性质】结晶状固体，熔点 50.2℃；密度（20℃）1.464g/cm^3。水中溶解度：3.4mg/L（20℃）。有机溶剂中溶解度（23℃）：丙酮 1000g/L，甲醇 560g/L，己烷 26g/L。

【研制和开发公司】由 Moghu Research Centre（韩国化学技术研究所）开发

【上市国家和年份】韩国，2010 年

【合成路线】[1-3]

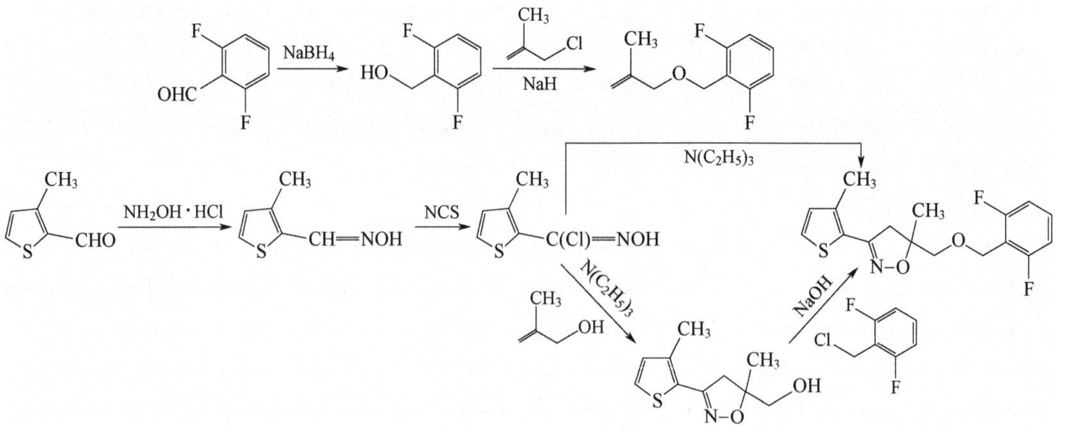

中间体合成：

方法 1：

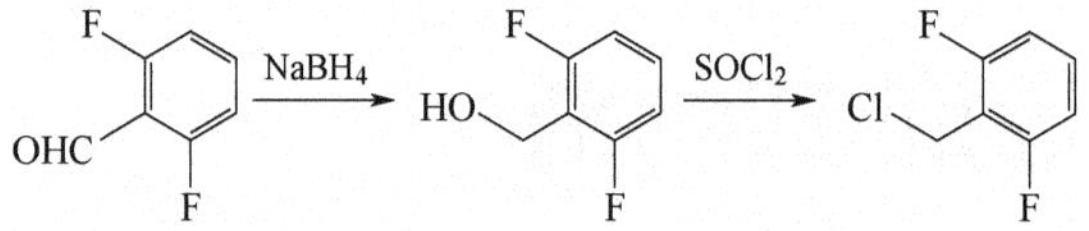

方法 2：

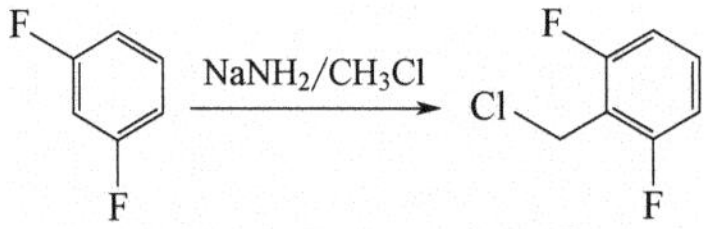

【哺乳动物毒性】鼠急性毒性经口 LD_{50}＞2500mg/kg。

【生态毒性】虹鳟 LC_{50}（96h）＞1.53mg/L；水蚤 EC_{50}（48h）＞2.04mg/L；羊角月牙藻 EC_{50} 2.88mg/L；蜜蜂接触 LD_{50}＞100μg/只；蚯蚓 LC_{50}（14d）＞1000mg/kg。

【作用机理】抑制脂肪酸硫酯酶。

【分析方法】高效液相色谱-紫外（HPLC-UV），气相色谱-质谱（GC-MS）

【制剂】乳油（EC）

【应用】[4] 作用方式：根部吸收。用途：对芽前至 4 叶期稗草的活性特别好，杀草谱广，对移栽水稻具有良好的选择性。芽前至插秧后 5d，用量 62.5g/hm^2。对稻稗、鸭舌草、节节菜、异型莎草和丁香蓼防效较好。稗草 2～3 叶期用量 32.5g/hm^2，防效优异，4 叶期需 250g/hm^2；可与苄嘧磺隆、环丙嘧磺隆、四唑嘧磺隆和氯吡嘧磺隆等磺酰脲类除草剂混用。

【参考文献】

[1] Ko Y G，Ku D W，Woo J C，et al．Method for the preparation of methiozolin．WO2013151250．

[2] Ryu E K，Kim H R，Jeon D J，et al．Preparation of herbicidal 5-benzyloxymethyl-1,2-isoxazoline derivatives for weed control in rice．WO2002019825．

[3] Malykhin E V，Shteingarts V D．Preparation of 2，6-difluoro-*N*-alkylbenzenes from 1,3-difluorobenzene．Transformation of 2，

6-difluorotoluene to the corresponding benzaldehyde via benzyl chloride. J Fluorine Chem，1998，91（1）：19-20.
[4] Flessner M L，Wehtje G R，McElroy J S，et al. Methiozolin sorption and mobility in sand-based root zones. Pest Manag Sci，2015，71（8）：1133-1140.

2.15 脂质合成（非 ACCase）抑制剂

2.15.1 多氟酸类

2.15.1.1 四氟丙酸 flupropanate

【商品名称】Frenock，Taskforce

（1）四氟丙酸 flupropanate

【化学名称】2,2,3,3-四氟丙酸

IUPAC 名：2,2,3,3-tetrafluoropropanoic acid

CAS 名：2,2,3,3-tetrafluoropropanoic acid

【化学结构式】

$$HCF_2CF_2CO_2H$$

【分子式】$C_3H_2F_4O_2$

【分子量】146.04

【CAS 登录号】756-09-2

（2）四氟丙酸钠盐 flupropanate-sodium

【化学名称】2,2,3,3-四氟丙酸钠

IUPAC 名：sodium 2,2,3,3-tetrafluoropropionate

CAS 名：sodium 2,2,3,3-tetrafluoropropionate

【化学结构式】

$$HCF_2CF_2CO_2Na$$

【分子式】$C_3HF_4NaO_2$

【分子量】168.02

【CAS 登录号】22898-01-7

【理化性质】四氟丙酸钠盐：含量 60%（质量分数）的溶液；纯品为无色晶体；熔点 165～167℃（分解）；蒸气压（138℃）<40mPa；$K_{ow}\lg P$<−1.9；密度 1.45g/cm^3（原药）。水中溶解度（20℃）3.9kg/L。微溶于非极性溶液；对热、光、水稳定。

【研制和开发公司】由 N.V.orgachemia 和 Daikin Kogyo Co.报道

【合成路线】[1]

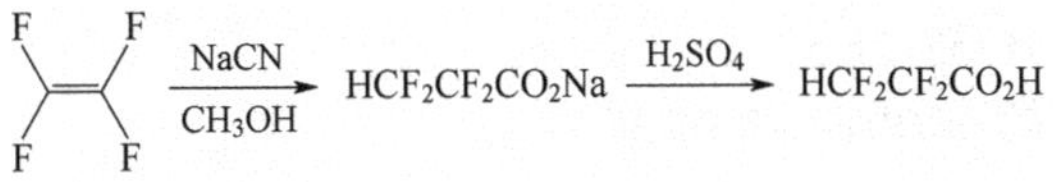

【上市国家和年份】不详，1975 年

【哺乳动物毒性】四氟丙酸钠盐　急性经口 LD_{50} 大鼠 11900mg/kg，小鼠 9600mg/kg。急

性经皮 LD_{50}：大鼠＞5500mg/kg，兔＞4000mg/kg。大鼠吸入 LC_{50}（14d）＞1740mg/m^3。NOEL 大鼠（3 个月）5mg/kg（饲料），小鼠（12 个月）6.6mg/kg（饲料）。毒性等级：U。

【生态毒性】四氟丙酸钠盐：雄鹌鹑急性经口 LD_{50} 6750mg/kg，雌鹌鹑急性经口 LD_{50} 11000mg/kg。鲤鱼和虹鳟 TLm（48h）＞10000mg/L。

【分析方法】离子色谱。

【制剂】颗粒剂（GR），可溶性液剂（SL）

【应用】作用方式：内吸性除草剂，接触活性较低。用途：防除牧场和非农耕地一年生和多年生禾本科杂草。

【代谢】动物：四氟丙酸钠，大鼠经口给药，14d 后在体内未检出。植物，使用四氟丙酸钠盐剂量 14.4kg/hm^2，用于白三叶草，植物迅速吸收，4 个月后植物体内的残留降到 256mg/kg。土壤：田间实验证明，四氟丙酸钠盐在土壤中是固定的，长期滞留于土壤中。

【参考文献】

[1] Krespan C G，Sievert A C．Processes for the preparation of 2,2,3,3-tetrafluoropropionate salts and derivatives．US5336801．

2.16 未知作用方式

2.16.1.1 异噁草酰胺 icafolin/icafolin-methyl

（1）异噁草酰胺 icafolin

【化学名称】(2*RS*,4*RS*)-4-({[(5*S*)-3-(3,5-二氟苯基)-5-乙烯基-4,5-二氢异噁唑-5-基]甲酰基}氨基)四氢呋喃-2-甲酸 含 40%～70%(2*R*,4*R*)-异构和 60%～30%(2*S*,4*S*)-异构

IUPAC 名：(2*RS*,4*RS*)-4-({[(5*S*)-3-(3,5-difluorophenyl)-5-vinyl-4,5-dihydroisoxazol-5-yl]carbonyl}amino)tetrahydrofuran-2-carboxylic acid containing 40%～70% of the(2*R*,4*R*)-isomer and 60%～30% of the(2*S*,4*S*)-isomer

CAS 名：2,5-anhydro-3,4-dideoxy-4-[[[(5*S*)-3-(3,5-difluorophenyl)-5-ethenyl-4,5-dihydro-5-isoxazolyl]carbonyl]amino]-*threo*-pentonic acid

【化学结构式】

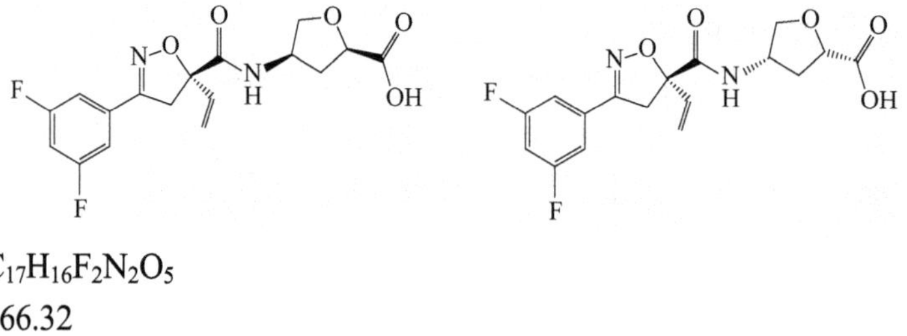

【分子式】$C_{17}H_{16}F_2N_2O_5$

【分子量】366.32

【CAS 登录号】2254752-27-5

（2）异噁草酰胺甲酯 icafolin-methyl

【化学名称】(2*RS*,4*RS*)-4-({[(5*S*)-3-(3,5-二氟苯基)-5-乙烯基-4,5-二氢异噁唑-5-基]甲酰基}氨基)四氢呋喃-2-甲酸甲酯含 40%～70%(2*R*,4*R*)-异构和 60%～30%(2*S*,4*S*)-异构

IUPAC 名：methyl(2*RS*,4*RS*)-4-({[(5*S*)-3-(3,5-difluorophenyl)-5-vinyl-4,5-dihydroisoxazol-5-yl]carbonyl}amino)tetrahydrofuran-2-carboxylate containing 40%～70% of the(2*R*,4*R*)-isomer and 60%～30% of the(2*S*,4*S*)-isomer

CAS 名：methyl 2,5-anhydro-3,4-dideoxy-4-[[[(5*S*)-3-(3,5-difluorophenyl)-5-ethenyl-4,5-dihydro-5-isoxazolyl]carbonyl]amino]-*threo*-pentonate

【化学结构式】

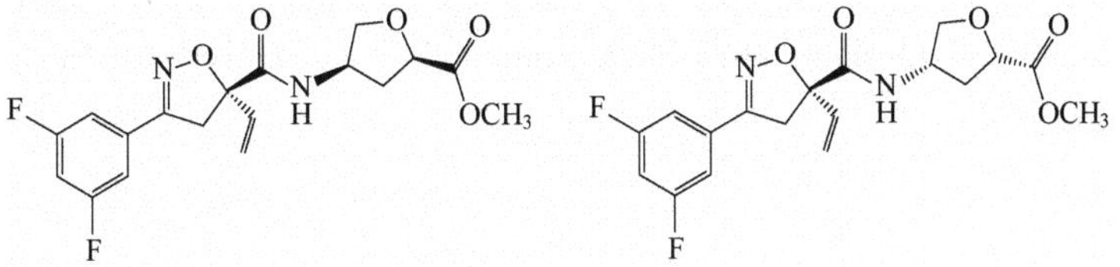

【分子式】 $C_{18}H_{18}F_2N_2O_5$

【分子量】 380.35

【CAS 登录号】 2749998-21-6

【研制和开发公司】 由德国 Bayer AG（德国拜耳）开发

【上市国家和年份】 2023 报道，正在开发中

【合成路线】 [1]

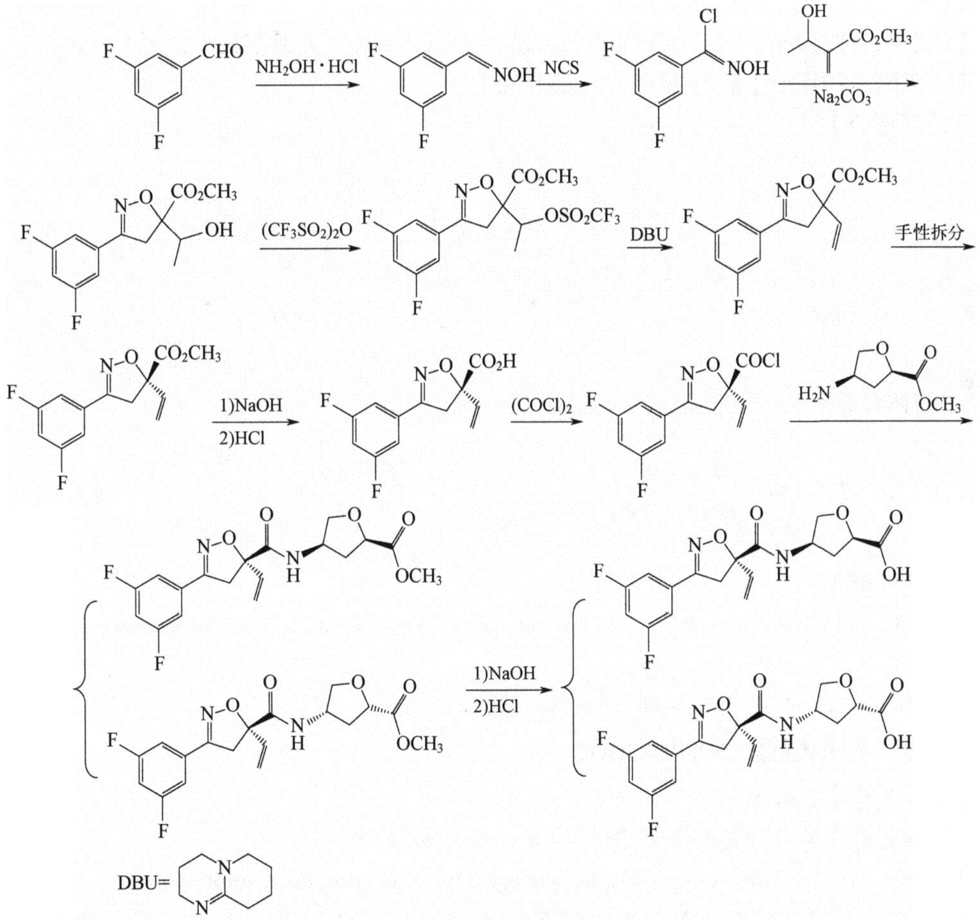

【参考文献】

[1] Peters O, Haaf K B, Bojack G, et al. Herbicidally active *N*-dihydrofuranyl and *N*-tetrahydro furanyl 3-phenylisoxazoline-5-carboxamides and their preparation. WO2018228986.

2.16.1.2 嘧啶草啉唑 rimisoxafen

【化学名称】[3-氯-2-[3-(二氟甲基)异噁唑-5-基]苯基][5-氯嘧啶-2-基]醚

IUPAC 名：3-chloro-2-[3-(difluoromethyl)isoxazol-5-yl]phenyl 5-chloropyrimidin-2-yl ether

CAS 名：5-chloro-2-[3-chloro-2-[3-(difluoromethyl)-5-isoxazolyl]phenoxy]pyrimidine

【化学结构式】

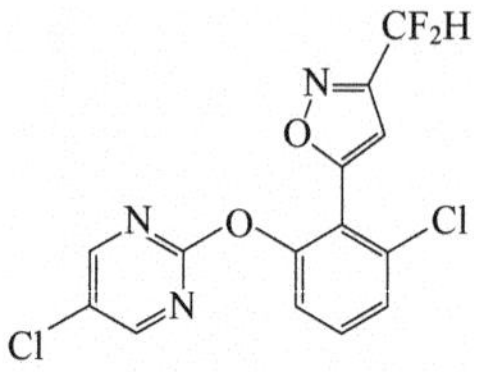

【分子式】$C_{14}H_7Cl_2F_2N_3O_2$

【分子量】358.13

【CAS 登录号】1801862-02-1

【研制和开发公司】由 FMC Corporation，United States（美国富美实公司）发现

【上市国家和年份】2021 报道，正在开发中

【合成路线】[1-2]

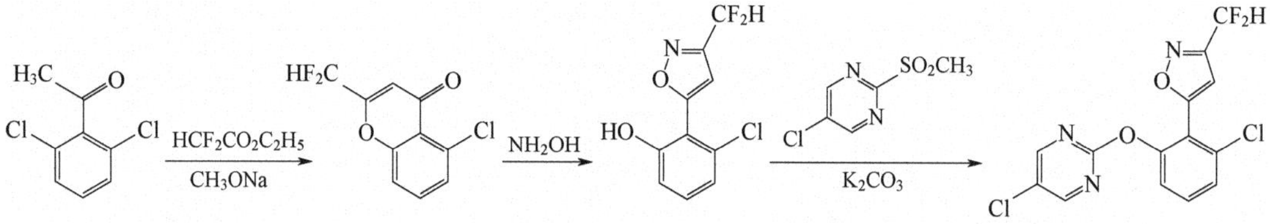

中间体合成：

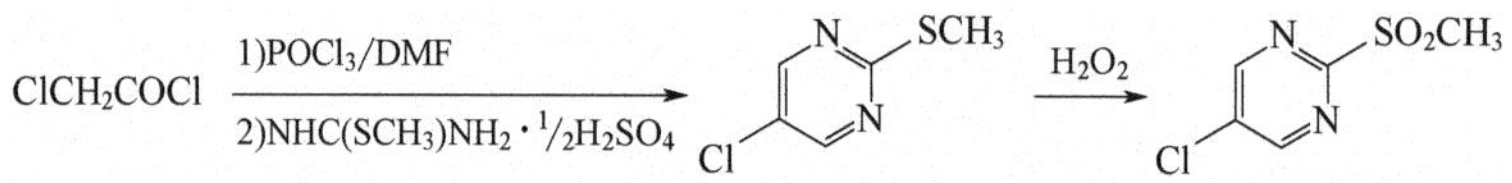

【参考文献】

[1] Deprez N R, Reddy R P, Sharpe P L, et al. Pyrimidinyloxybenzene derivatives as herbicides and their preparation. WO 2015108779.

[2] Hong J. Process for synthesis of a 2-alkylthiopyrimidine. WO2021113282.

2.16.1.3 氟草磺胺 perfluidone

【商品名称】Destun

【化学名称】*N*-(4-苯基砜基-2-甲基苯基)三氟甲磺酰胺

IUPAC 名：1,1,1-trifluoro-*N*-(4-phenylsulphonyl-*o*-tolyl)methanesulphonamide

CAS 名：1,1,1-Trifluoro-*N*-(2-methyl-4-(phenylsulfonyl)phenyl)methanesulfonamide

【化学结构式】

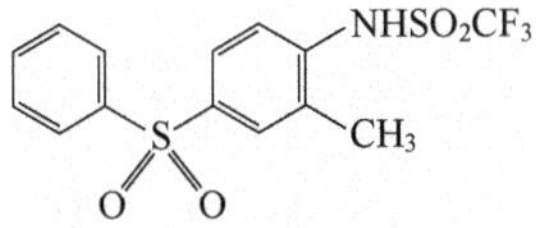

【分子式】$C_{14}H_{12}F_3NO_4S_2$

【分子量】379.37

【CAS 登录号】37924-13-3

【理化性质】纯品为无色晶体，熔点 142～144℃；蒸气压（25℃）<1.3mPa。水中溶解度（22℃）：60mg/L。有机溶剂中溶解度（22℃）：丙酮 750g/L，甲醇 595g/L，乙腈 560g/L，二氯甲烷 162g/L，苯 11g/L，己烷 0.03g/L。

【研制和开发公司】由美国 3M 公司开发

【上市国家和年份】美国，1976 年

【合成路线】[1]

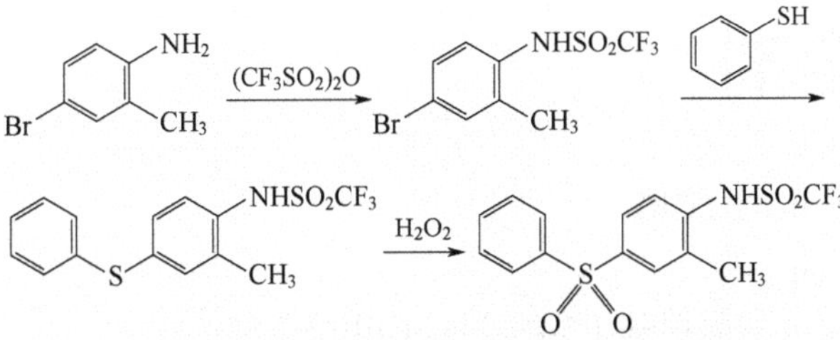

【哺乳动物毒性】急性毒性经口 LD_{50}：大鼠 633mg/kg，小鼠 920mg/kg。兔急性经皮 LD_{50}>4000mg/kg。对兔眼睛有严重刺激，对皮肤有中度刺激。大鼠吸入 LC_{50}（4h）3.2mg/L。90d 饲喂 LD_{50}：大鼠约 800mg/kg，狗约 200mg/kg。

【生态毒性】饲喂 LC_{50}（8d）：鹌鹑 7144mg/kg，野鸭 10000mg/kg；LC_{50}（96h）：鳟鱼 312mg/L，大翻车鱼 318mg/L。

【作用机理】干扰蛋白质合成和细胞呼吸。

【分析方法】高效液相色谱（HPLC），气液色谱（GLC）

【制剂】可湿粉剂（WP），颗粒剂（GR），可溶性液剂（SL）

【应用】用于棉花、烟草、水稻等，防除莎草、单子叶、阔叶杂草。

【参考文献】

[1] Moore G G I，Harrington J K．Perfluoroalkylsulfonamidoaryl compounds．US4005141．

2.16.1.4 三氟噁嗪 flumezin

【化学名称】2-甲基-4-(*α*,*α*,*α*-三氟间甲基苯)-1,2,4-噁二嗪-3,5-酮

IUPAC 名：2-methyl-4-(*α*,*α*,*α*-trifluoro-*m*-tolyl)-1,2,4-oxadiazinane-3,5-dione

CAS 名：2-methyl-4-[3-(trifluoromethyl)phenyl]-1,2,4-oxadiazinane-3,5-dione

【化学结构式】

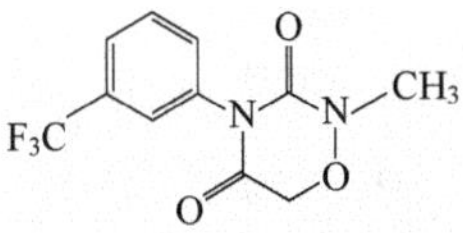

【分子式】$C_{11}H_9F_3N_2O_3$
【分子量】274.20
【CAS 登录号】25475-73-4
【研制和开发公司】Badische Anilin-&Soda-Fabrik AG（德国巴斯夫公司）
【合成路线】[1]

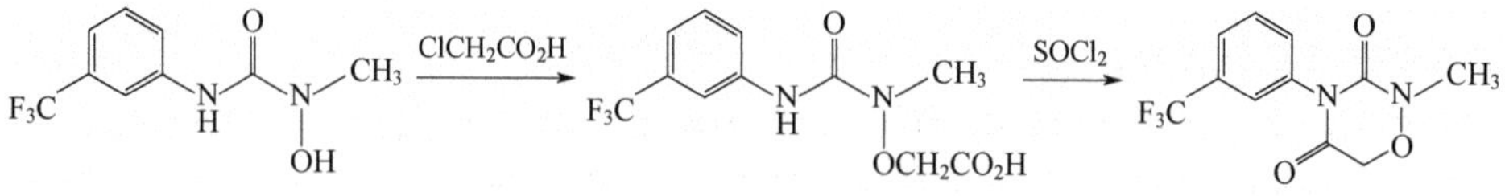

【参考文献】

[1] Zschocke A，Koenig K H．Tetrahydro-1,2,4-oxadiazine-3,5-diones．US3625968.

2.17 除草剂安全剂

2.17.1.1 解草胺 flurazole

【商品名称】Screen
【化学名称】(2-氯-4-三氟甲基-1,3-噻唑-5-基)甲酸苄酯
IUPAC 名：benzyl 2-chloro-4-trifluoromethyl-1,3-thiazole-5-carboxylate
CAS 名：phenylmethyl 2-chloro-4-(trifluoromethyl)-5-thiazolecarboxylate
【化学结构式】

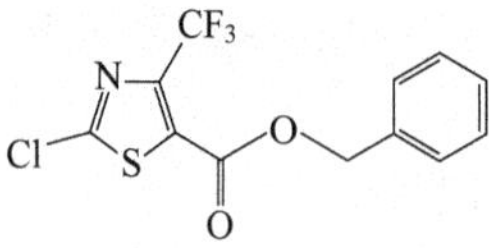

【分子式】$C_{12}H_7ClF_3NO_2S$
【分子量】321.70
【CAS 登录号】72850-64-7
【理化性质】黄色晶体，原药纯度 98%；熔点 51～53℃；密度（20℃）0.96g/cm^3；蒸气压（25℃）3.9×10^{-2}mPa。水中溶解度（20℃）：0.5mg/L，易溶于常规溶剂。
【研制和开发公司】由美国 Monsanto（美国孟山都公司）开发
【上市国家和年份】美国，1994 年
【用途类别】除草剂安全剂
【合成路线】[1,2]

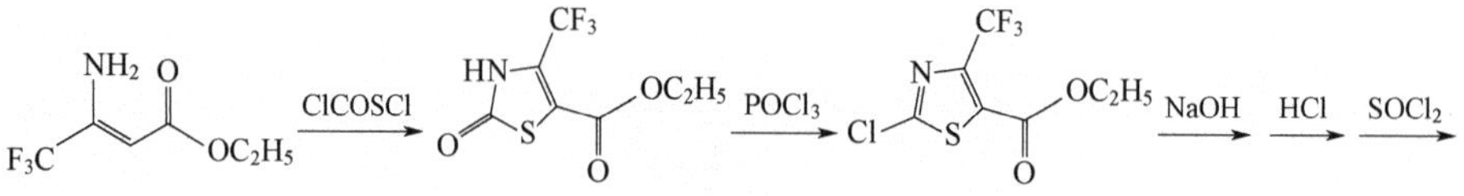

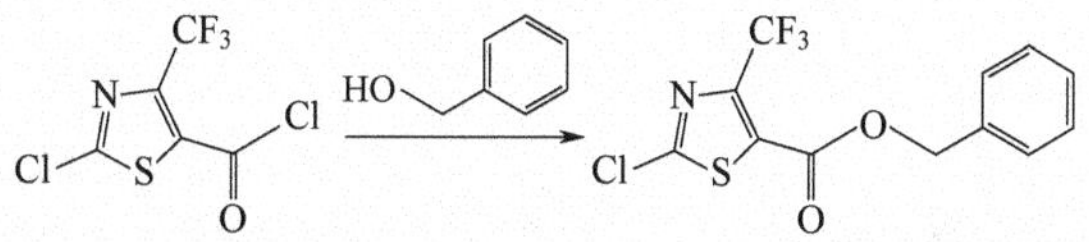

【哺乳动物毒性】大鼠急性毒性经口 LD_{50}＞5000mg/kg，兔急性经皮 LD_{50}＞5010mg/kg；对兔皮肤无刺激，对眼睛有轻度刺激。

【生态毒性】山齿鹑 LD_{50}＞2510mg/kg，饲喂山齿鹑和野鸭 LC_{50}（5d）＞5620mg/kg。鱼毒 LC_{50}（96h）：虹鳟 8.5mg/L，蓝鳃翻车鱼 11.0mg/L。

【作用机理】可通过诱导增强细胞色素 P450s 介导的除草剂代谢来提高选择性除草剂对作物的安全性。

【分析方法】气液色谱（GLC）

【制剂】种子处理（WG）

【应用】保护高粱等免受异丙甲草胺、甲草胺损害。

【代谢】K_{oc} 2490mL/g。

【参考文献】

[1] Howe R K，Lee L F．2,4-Disubstituted 5-thiazolecarboxylic acids and derivatives．US4437875．

[2] Lee L F，Schleppnik F M，Howe R K．Syntheses and reactions of 2-halo-5-thiazolecarboxylates．J Heterocycl Chem，1985，22（6）：1621-30．

2.17.1.2 氟草肟 fluxofenim

【商品名称】Concep Ⅲ

【化学名称】[4′-氯-2,2,2-三氟苯乙酮](*EZ*)-*O*-1,3-二噁戊环-2-基甲肟

IUPAC 名：4′-chloro-2,2,2-trifluoroacetophenone(*EZ*)-*O*-1,3-dioxolan-2-ylmethyloxime

CAS 名：1-(4-chlorophenyl)-2,2,2-trifluoroethanone-*O*-(1,3-dioxolan-2-ylmethyl)oxime

【化学结构式】

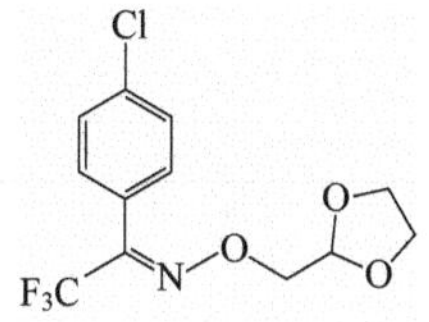

【分子式】$C_{12}H_{11}ClF_3NO_3$

【分子量】309.67

【CAS 登录号】88485-37-4

【理化性质】(*Z*)-异构体和(*E*)-异构体混合物，纯品为无色油状物；沸点 94℃（0.1mmHg），密度（20℃）1.36g/cm^3；蒸气压（20℃）38mPa。分配系数：K_{ow}lg$P$ 2.9（反相高效液相色谱法）；水中溶解度（20℃）：30mg/L。溶于丙酮、甲醇、甲苯等有机溶剂。200℃以上稳定，水解稳定。

【研制和开发公司】由 Ciba-Geigy AG（瑞士汽巴-嘉基）[现为 Syngenta AG（先正达）] 开发

【上市国家和年份】欧洲，1986 年

【用途类别】除草剂安全剂

【合成路线】[1,2]

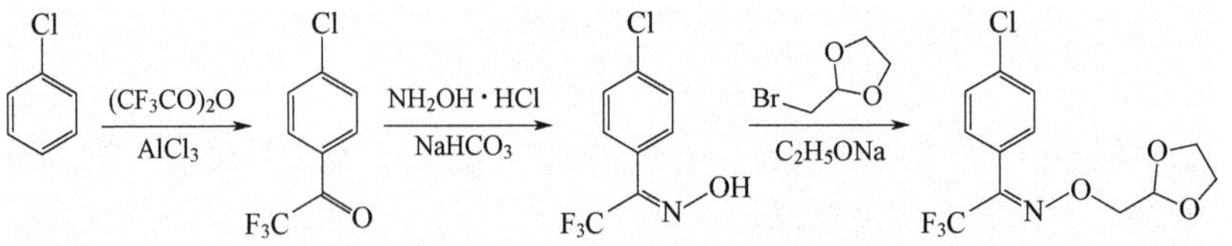

【哺乳动物毒性】雄大鼠急性毒性经口 LD_{50} 669mg/kg。雄大鼠急性经皮 LD_{50} 1544mg/kg。对兔眼睛和皮肤无刺激，对皮肤无致敏。大鼠空气吸入 LC_{50}（4h）＞1.2mg/L。大鼠 NOEL（90d）10mg/(kg · d)，狗 NOEL（90d）20mg/(kg · d)；毒性等级：Ⅱ。

【生态毒性】日本鹌鹑和野鸭急性经口 LD_{50}＞2000mg/kg，日本鹌鹑 LC_{50}（8d）＞5620mg/kg；LC_{50}（96h）：蓝鳃翻车鱼 2.5mg/L，虹鳟 0.96mg/L；水蚤 LC_{50}（48h）0.22mg/L。

【作用机理】可通过诱导增强细胞色素 P450s 介导的除草剂代谢来提高选择性除草剂对作物的安全性。

【分析方法】气相色谱-氢火焰法（GC-FID）

【制剂】乳油（EC）

【应用】作用方式：氟草肟迅速渗入种子，增强对异丙草胺的代谢。用途：用作除草剂安全剂，保护高粱免受异丙草胺的危害。种子处理使用剂量 0.3～0.4g/kg。在提高阔叶杂草防效的混剂中，1,3,5-三嗪的存在提高了高粱对异丙草胺的耐受性。

【代谢】动物：大鼠体内，氟草肟迅速被吸收并通过尿液和粪便排出，组织中残留低。代谢主要通过二氧环的水解及随后的氧化、肟醚裂解进行。

【参考文献】

[1] Martin H，Fricker U．Oxime ethers，compositions containing them，and their use．EP89313．

[2] Qiu L H，Shen Z X，Shi C Q，et al．Proline-catalyzed asymmetric aldol reaction between methyl ketones and 1-aryl-2,2,2-trifluoroethanones．Chin J Chem，2005，5（23）：584-588．

2.18 植物生长调节剂

2.18.1.1 氟苯腺嘌呤 anisiflupurin

【化学名称】2-氟-*N*-(3-甲氧基苯基)-9*H*-嘌呤-6-胺

IUPAC 名：2-fluoro-*N*-(3-methoxyphenyl)-9*H*-purin-6-amine

CAS 名：2-fluoro-*N*-(3-methoxyphenyl)-9*H*-purin-6-amine

【化学结构式】

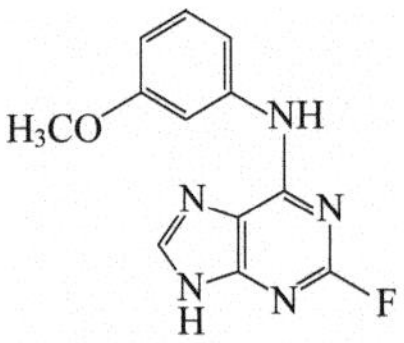

【分子式】$C_{12}H_{10}FN_5O$
【分子量】259.24
【CAS 登录号】1089014-47-0
【研制和开发公司】Syngenta Participations AG（中国先正达）
【上市国家和年份】2021 年报道，开发中
【用途类别】植物生长调节剂
【合成路线】[1-4]

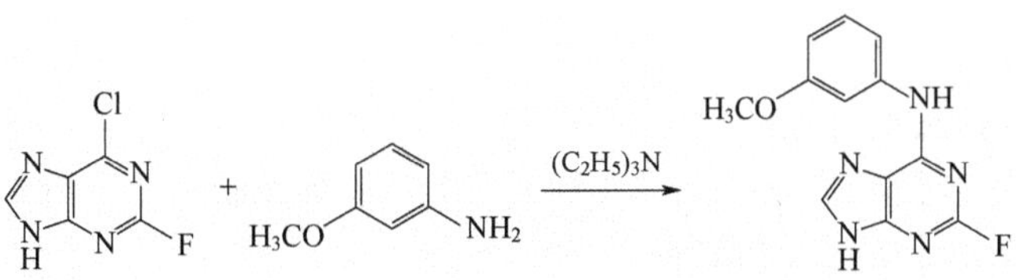

中间体合成：[5,6]
方法 1：

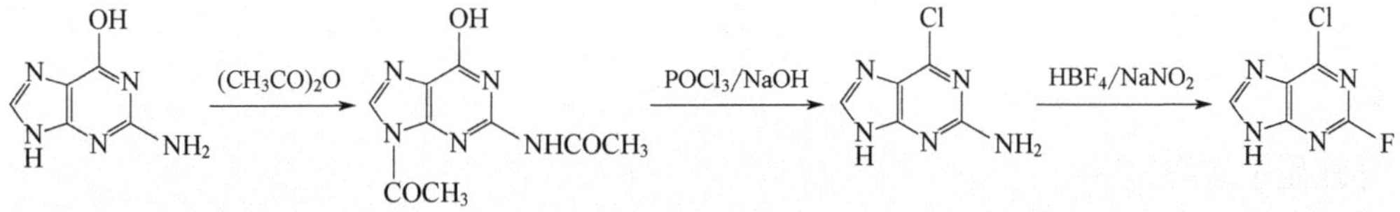

方法 2：

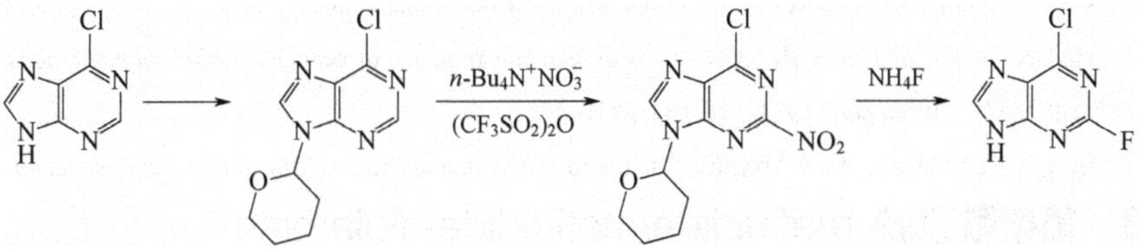

【参考文献】

[1] Fui K K，Joerg L，NicolasI S，et al. Anilinopurine derivative for promoting heat stress tolerance of rice seedlings. WO 2017216005.

[2] Philippe C，Arne P. Fungicidal compositions useful for control of fungal diseases and/or for improving yield of crop plants. WO2017215981.

[3] Lukas S，Marketa G，Marhek Z，et al. Substituted 6-anilinopurine derivatives as inhibitors of cytokinin oxidase/dehydrogenase and preparations containing these derivatives. WO2009003428.

[4] Zatloukal M，Gemrotova M，Dolezal K，et al. Novel potent inhibitors of A. thaliana cytokinin oxidase/dehydrogenase. Bioorg & Med Chem，2008，16（20）：9268-9275.

[5] Masai N，Hayashi T，Kumazawa Y，et al. Process for producing 2,6-dihalogenopurine. WO2002081472.

[6] 夏然，孙莉萍，陈磊山，等. 一种 2-氟腺嘌呤合成方法. CN105130989.

2.18.1.2 氟草黄 benzofluor

【化学名称】4′-乙硫基-2′-(三氟甲基)甲磺酰苯胺

IUPAC 名：4′-ethylthio-2′-(trifluoromethyl)methanesulfonanilide

CAS 名：*N*-(4-(ethylthio)-2-(trifluoromethyl)phenyl)methanesulfonamide

【化学结构式】

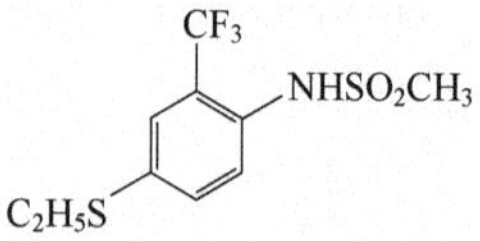

【分子式】$C_{10}H_{12}F_3NO_2S_2$

【分子量】299.33

【CAS 登录号】68672-17-3

【研制和开发公司】3M Company（美国明尼苏达矿务及制造业公司）

【上市国家和年份】美国，1987 年

【用途类别】[1,2] 植物生长调节剂

【合成路线】[3]

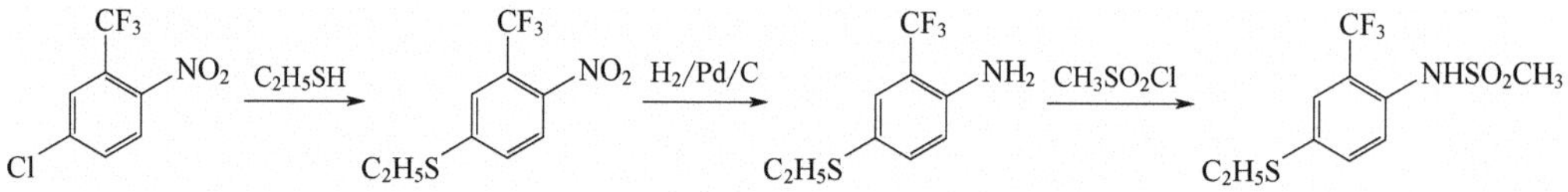

【应用】谷物。

【参考文献】

[1] Arron G P，Camacho F．Reduction of the number of internodes and internode length in sprouts formed in silver maple injected with flurprimidol，paclobutrazol or MBR 18337．Proc．- Plant Growth Regul．Soc．Am.，1987，14：288-294.

[2] Sterrett J P，Hodgson R H，Snyder R H，et al．Growth retardant response of bean(*Phaseolus vulgaris*)and woody plants to injections of MBR 18337．Weed Sci，1983，31（4)：431- 435.

[3] Ruffing S L，Burg W E，Mikhail E A．4-Alkylthio-2-trifluoromethylalkanesulfonanilides and der ivatives thereof．US4341901.

2.18.1.3 氟磺酰草胺 mefluidide/mefluidide-diolamine

【商品名称】Embark（二乙醇铵盐）

【化学名称】5′-(1,1,1-三氟甲磺酰氨基)-2′,4′-二甲基乙酰苯胺(二乙醇氨盐)

IUPAC 名：5′-(1,1,1-trifluoromethanesulfonamido)acet-2′,4′-xylidide(diethanolamine salt)

CAS 名：*N*-[2,4-dimethyl-5-[[(trifluoromethyl)sulfonyl]amino]phenyl]acetamide

【化学结构式】

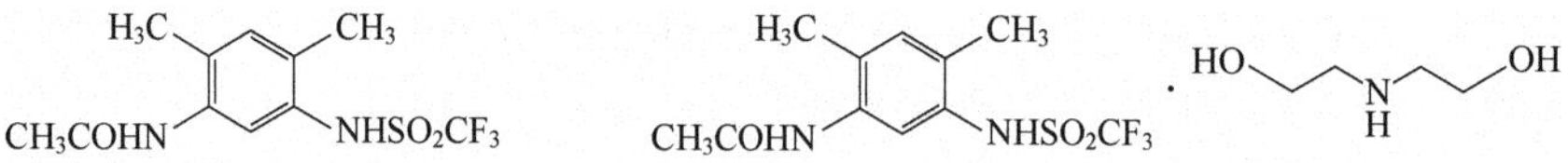

【分子式】$C_{11}H_{13}F_3N_2O_3S$，$C_{11}H_{13}F_3N_2O_3S \cdot C_4H_{11}NO_2$

【分子量】310.29，415.43

【CAS 登录号】53780-36-2（mefluidide）

【理化性质】结晶状固体，熔点 183～185℃；密度（20℃）1.464g/cm^3；蒸气压（25℃）＜10mPa；$K_{ow}\lg P$（25℃，非离子化）2.02。水中溶解度：180mg/L（23℃）。有机溶剂中溶解

度（23℃）：丙酮 350g/L，乙腈 64g/L，二氯甲烷 2.1g/L，乙醚 3.9g/L，苯 0.31g/L，二甲苯 0.12g/L，乙酸乙酯 50g/L，正辛醇 17g/L，甲醇 310g/L。高温稳定，但在酸性或碱性溶液中回流，部分乙酰氨基水解，水溶液紫外线下易降解。

【研制和开发公司】由 3M（美国 3M 公司）开发

【上市国家和年份】美国，1975 年

【用途类别】植物生产调节剂

【合成路线】[1,2]

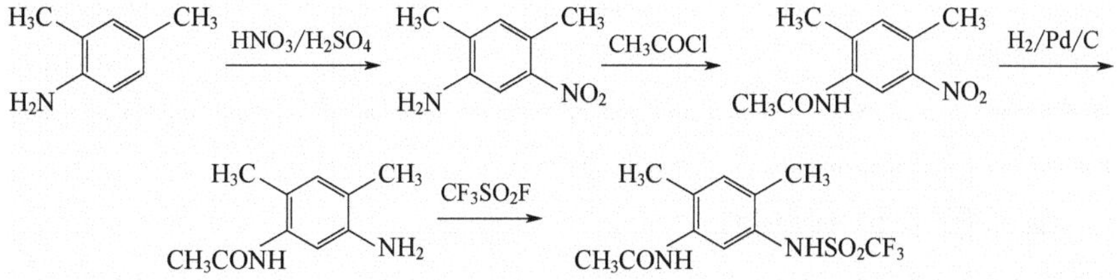

中间体合成[3-5]：

方法 1：

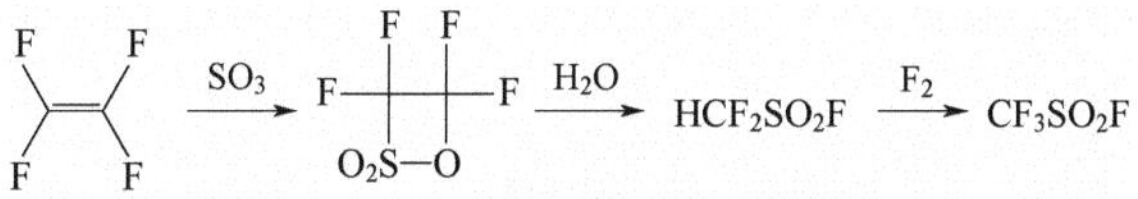

方法 2：

$$CCl_3SO_2Cl \xrightarrow{\text{HF/催化剂}} CF_3SO_2F$$

方法 3：

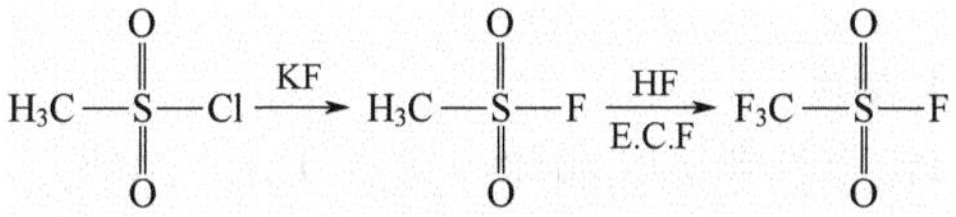

【哺乳动物毒性】大鼠急性毒性经口 LD_{50}＞5000mg/kg，小鼠 1920mg/kg，兔急性经皮 LD_{50}＞4000mg/kg；大鼠急性吸入 LC_{50}（4h）＞5.23mg/L；对兔皮肤无刺激性，对眼睛有中度刺激性；狗 NOAEL1.5mg/kg；无诱变性和无致畸作用，在鼠伤寒沙门菌中没有观察到诱变作用。ADI/RfD（EPA）：aRfD 0.58mg/kg，cRfD 0.015mg/kg[2007]。毒性等级：Ⅲ。

【生态毒性】鹌鹑和野鸭急性经口 LD_{50}＞4620mg/kg，饲喂 LC_{50}（5d）＞10000mg/kg（饲料）；虹鳟 LC_{50}（96h）＞100mg/L；蓝鳃翻车鱼＞100mg/L；对蜜蜂无毒。

【作用机理】植物生长调节剂，可抑制分生组织增长和发展。

【分析方法】气液色谱（GLC）

【制剂】可溶性液剂（SL）

【应用】作用方式：植物生长调节剂和除草剂，可抑制分生组织的增长和发展。用途：抑制生长，抑制草皮、草坪、草地、工业区、美化市容地带及割草很难的区域（如道路边缘和路堤）的多年生牧草种子的产生。抑制观赏性树木和灌木的生长，提高甘蔗的蔗糖含量。防止大豆及其他作物田的杂草生长及种子产生（尤其是假高粱和自生谷类植物）。使用剂量范围 0.3～1.1kg/hm^2。与生长调节剂型除草剂相容，与自然界中酸性的液体肥料不相容。

【代谢】动物：在哺乳动物体内，经口摄入，氟磺酰草胺残留物完全排出体外。土壤：土壤中快速降解，DT_{50}<1 周。代谢物为 5-氨基-2,4-二甲基三氟甲烷磺酰苯胺。

【参考文献】

[1] Fridinger T L. 5-Acetamido-2,4-dimethyltrifluoromethanesulfonanilide. US3894078.

[2] Barabanov V G, Borutskaya G V, Bispen T A, et al. A method for preparing perfluoroal kanesulfonyl fluorides from perfluoroalkenes. WO2004096759.

[3] Metz F. Process for the fluorination of sulfonyl halide compounds. WO2015001020.

[4] Morino Y, Kimura K, Tateishi Y. Purification of trifluoromethanesulfonyl fluoride via trifluoromethanesulfonic acid and its anhydride. JP2009102294.

[5] Peppers J M, Brewer J R, Askew S D. Plant growth regulator and low-dose herbicide programs for Annual bluegrass seedhead suppression in fairway and athletic-height turf. Agron J, 2021, 113 (5): 3800-3807.

2.18.1.4 氟节胺 flumetralin

【商品名称】Brotal，Prime+

【化学名称】*N*-(2-氯-6-氟苄基)-*N*-乙基-*α*,*α*,*α*-三氟-2,6-二硝基对甲苯胺

IUPAC 名：*N*-(2-chloro-6-fluorobenzyl)-*N*-ethyl-*α*,*α*,*α*-trifluoro-2,6-dinitro-*p*-toluidine

CAS 名：2-chloro-*N*-[2,6-dinitro-4-(trifluoromethyl)phenyl]-*N*-ethyl-6-fluorobenzenemethanamine

【化学结构式】

【分子式】$C_{16}H_{12}ClF_4N_3O_4$

【分子量】421.73

【CAS 登录号】62924-70-3

【理化性质】纯品为黄色至棕色无味晶体；熔点 101～103℃；密度（20℃）1.54g/cm^3；蒸气压（25℃）3.2×10^{-2}mPa；K_{ow}lg*P* 5.45（25℃）。水中溶解度（25℃）：0.07mg/L。有机溶剂中溶解度（25℃）：丙酮 560g/L，乙醇 18g/L，甲苯 400g/L，正己烷 14g/L，正辛醇 6.8g/L；250℃分解，pH5 和 pH7 水解稳定，在强碱和温度升高下水解。

【研制和开发公司】由 Ciba-Geigy AG（瑞士汽巴-嘉基公司）[现为 Syngenta（先正达）] 开发

【上市国家和年份】欧洲，1983 年

【用途类别】植物生长调节剂。

【合成路线】[1,2]

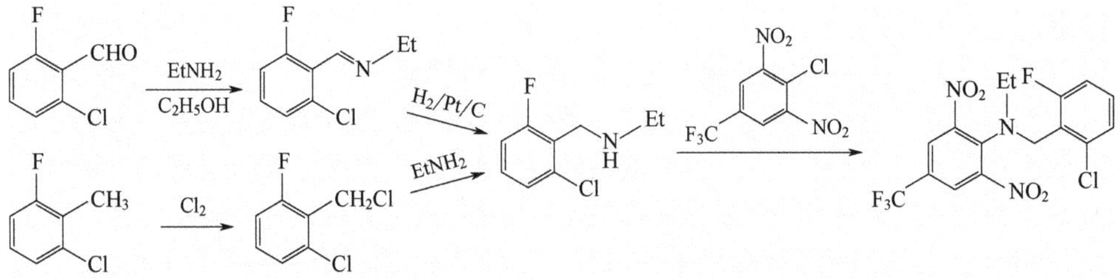

中间体合成：[3-7]

中间体 1：

方法 1：

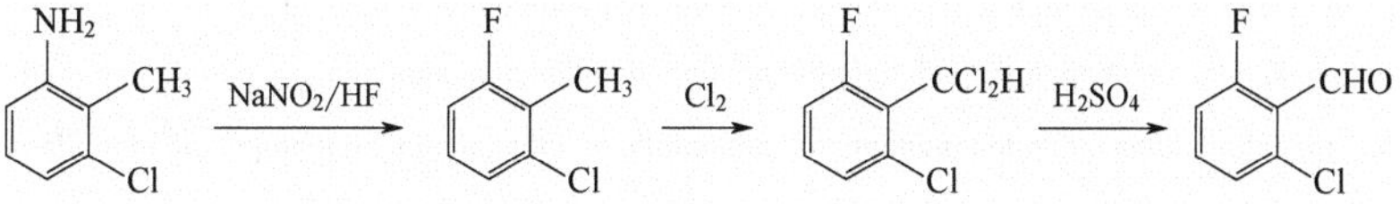

方法 2：

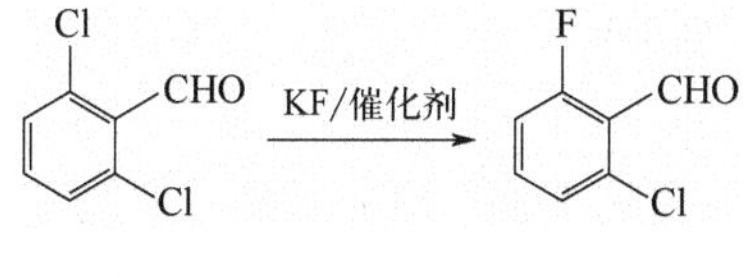

中间体 2：

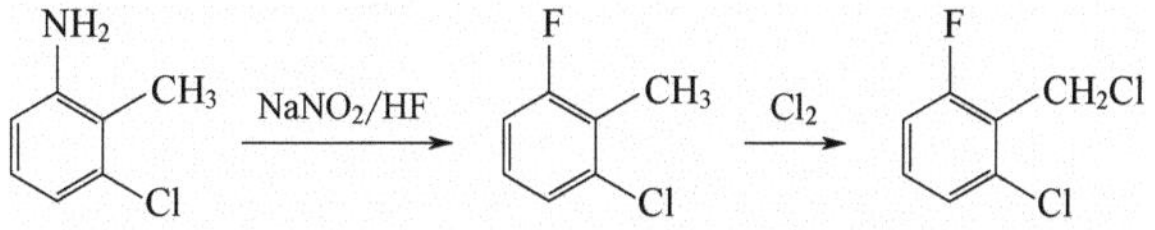

【哺乳动物毒性】大鼠急性毒性经口 LD_{50}＞5000mg/kg，大鼠经皮 LD_{50}＞2000mg/kg；对兔皮肤无刺激，对眼睛有刺激，对小鼠皮肤无致敏；大鼠急性吸入 LC_{50}＞2410mg/m^3；大鼠 NOEL（2 年）为 17mg/(kg·d)（300mg/kg），小鼠 NOEL（2 年）为 45mg/(kg·d)（300mg/kg）；ADI/aRfD（EPA）0.5mg/kg[2007]；毒性等级：U。

【生态毒性】山齿鹑和野鸭急性经口 LD_{50}＞2000mg/kg，山齿鹑和野鸭饲喂 LC_{50}＞5000mg/kg；对鱼有毒，蓝鳃翻车鱼 LC_{50} 23μg/L；水蚤 EC_{50}（48h）160μg/L；羊角月牙藻 EC_{50} 0.85mg/L；浮萍 E_bC_{50} 0.15mg/L；对蜜蜂无毒，蜜蜂经口 LD_{50}（48h）＞300μg/只；蜜蜂接触 LD_{50}（48h）＞100μg/只；蚯蚓 LC_{50}＞1000mg/kg。

【作用机理】氟节胺与植物生长点细胞的微管蛋白结合，使得动力分子马达无法运送微管蛋白，丧失聚合作用，控制生长点细胞的分裂速度，促进营养生长向生殖生长转化。

【分析方法】[8,9]高效液相色谱-紫外（HPLC-UV），气液色谱-氢火焰法（GLC-FID）

【制剂】乳油（EC）

【应用】作用方式：植物生长调节剂，有一定的内吸活性。用途：用于控制烟草、棉花腋芽生长，每株植物使用剂量 1%～35%溶液 10～15mL。药害：对一些未成熟的作物可能引起药害。

【代谢】动物：代谢反应包括硝基基团还原、氨基基团的乙酰化和苯环的羟基化。植物：在烟草中迅速代谢，减少或彻底阻止取代反应发生。土壤/环境：强烈吸附，K_d 42（砂土，pH 5.2，o.c. 0.3%）～2655mL/g（砂壤土，pH6.5，1.4%）。在（20±2）℃和含水量 40%MWHC 的土壤中，缓慢降解 DT_{50} 708d（砂质黏壤土，pH4.8，2.3%）～1738d（砂土，pH5.2，0.3%）。氟节胺代谢物在土壤中稍有渗滤或无渗滤。因强烈吸附固定于土壤中，通过光降解。pH5、pH7 和 pH9 时，水解稳定。土壤最上层的氟节胺光解，是土壤表面消解的重要作用。

【参考文献】

[1] Kwiatkowski S，Mobley S G，Pupek K，et al．Method of manufacturing flumetralin．US6137009．

[2] Oliver W H. *N*-(Dihalobenzyl)-*N*-alkyl-2,6-dinitro-4-trifluoromethylanilines. GB2128603.
[3] Billeb G，Burg P. Process for the preparation of aromatic aldehydes. EP599241.
[4] 吴勇才，史丽娟. 一种 2-氯-6-氟苯甲醛的制备方法. CN102617312.
[5] 戴稼盛，吴建文，胡仲富. 等. N-(2-氯-6-氟苄基)烷基仲胺的制取方法. CN1156140A.
[6] Begemann E，Schmand H. Preparation of ring-fluorinated aromatic compounds. DE3520316.
[7] 苗雨，李学敏，王瑛，等. 一种含氟芳香族化合物的合成方法. CN105753631.
[8] Amati D，Li Y. Gas chromatographic determination of flumetralin in tobacco. J Chromatogr，1991，539（1）：237- 40.
[9] Lancas F M，Rissato S R，Galhiane M S. Supercritical fluid extraction of flumetralin in tobacco. Chromatographia，1996，42（7/8）：416- 420.

2.18.1.5 呋嘧醇 flurprimidol

【商品名称】Cutless

【化学名称】(*RS*)-2-甲基-1-(嘧啶-5-基)-1-(4-三氟甲氧基苯基)-1-丙醇

IUPAC 名：(*RS*)-2-methyl-1-pyrimidin-5-yl-(4-trifluoromethoxyphenyl)propan-1-ol

CAS 名：*α*-(1-methylethyl)-*α*-[4-(trifluoromethoxy)phenyl]-5-pyrimidinemethanol

【化学结构式】

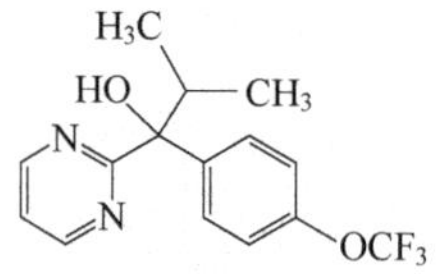

【分子式】$C_{15}H_{15}F_3N_2O_2$

【分子量】312.29

【CAS 登录号】56425-91-3

【理化性质】纯品为白色至浅黄色晶体，熔点 93～95℃；密度（24℃）1.34g/cm^3；蒸气压（25℃）4.85×10^{-2}mPa。分配系数：K_{ow}lg*P* 3.34（pH7，20℃）。水中溶解度（20℃）：114mg/L（蒸馏水）、104mg/L（pH5）、114mg/L（pH7）、102mg/L（pH9）。有机溶剂中溶解度（25℃）：甲苯 144g/L，丙酮 1530g/L，甲醇 1990g/L，二氯甲烷 1810g/L，乙酸乙酯 1200g/L，己烷 1.2g/L。室温下至少保存 14 个月；水中光解：DT_{50} 约 3h。

【研制和开发公司】Eli Lilly&Co.（美国礼来公司）[农化业务被 Dow Agroscience（美国陶氏益农公司）收购]

【上市国家和年份】美国，1989 年

【用途类别】植物生产调节剂

【合成路线】[1,2]

路线 1：

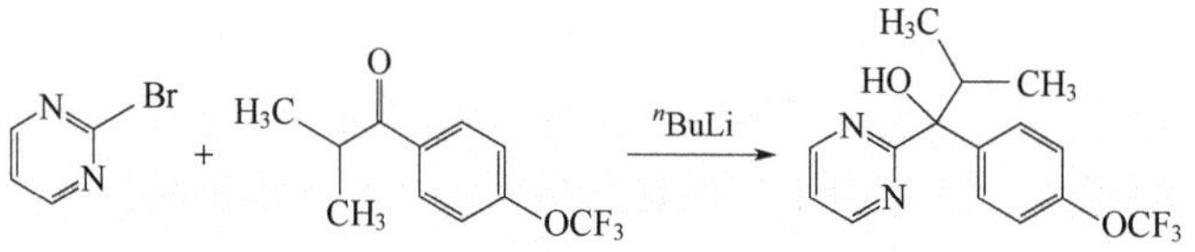

路线 2：

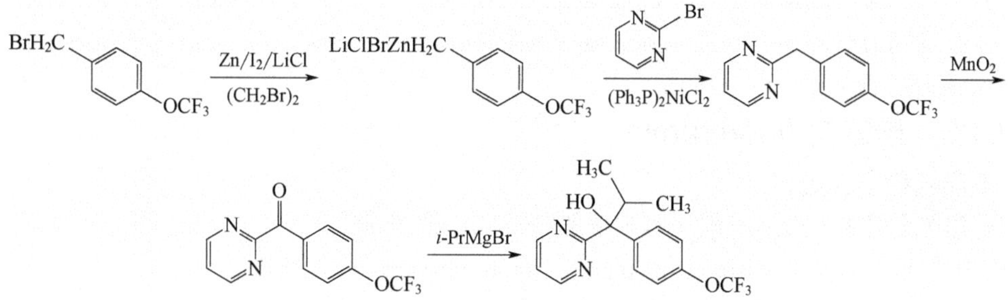

中间体合成[3-5]：

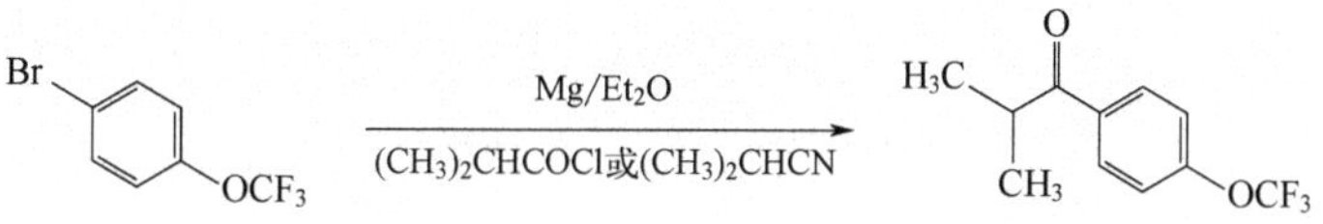

【哺乳动物毒性】急性毒性经口 LD_{50}：雄大鼠 914mg/kg，雌大鼠 709mg/kg，雄小鼠 602mg/kg，雌小鼠 702mg/kg。兔急性经皮 LD_{50}＞5000mg/kg；对兔眼睛和皮肤有轻度至中度刺激，对豚鼠皮肤无致敏；大鼠空气吸入 LC_{50}（4h）＞5mg/L。NOEL：狗（1 年）7mg/(kg·d)，大鼠（2 年）4mg/(kg·d)，小鼠（1 年）1.47mg/(kg·d)。大鼠给药剂量 200mg/(kg·d)、兔给药剂量 45mg/(kg·d)无致畸表现；Ames 试验、DNA 修复试验、鼠肝细胞和其他活体外试验呈阴性；ADI/RfD(EC) 0.003mg/kg[2008]；毒性等级：Ⅲ。

【生态毒性】山齿鹑和野鸭急性经口 LD_{50}＞2000mg/kg。饲喂 LC_{50}（5d）：鹌鹑 560mg/kg，野鸭 1800mg/kg。LC_{50}（96h）：蓝鳃翻车鱼 17.2mg/L，虹鳟 18.3mg/L。水蚤 LC_{50}（48h）11.8mg/L；羊角月牙藻 EC_{50} 0.84mg/L。蜜蜂接触 LD_{50}（48h）＞100μg/只。

【作用机理】赤霉素合成抑制剂。

【分析方法】高效液相色谱-紫外（HPLC-UV），气液色谱-氢火焰法（GLC-FID）

【制剂】乳油（EC），悬浮剂（SC），颗粒剂（GR），可湿粉剂（WP）

【应用】[6,7]作用方式：植物生长调节剂，通过根和叶吸收，传导至木质部和韧皮部，抑制节间伸长。用途：抑制大多数单子叶和双子叶植物的生长速率，包括多年生草皮禾本科杂草、观赏地植物、草本和木本观赏植物、落叶和针叶树木。草坪应用剂量 140.1～1121.1g/hm^2，苗床叶面喷洒使用浓度 0.5～80mg/kg，花期或观赏植物使用剂量 560.5～12331.9g/hm^2，木本观赏植物使用剂量 1121.1～34753.6g/hm^2。

【代谢】动物：哺乳动物中，皮肤是阻碍吸收的重要屏障。经口给药后，48h 内通过尿液和粪便排出，可以确认的已有 30 多种代谢物，无累积风险。土壤/环境：在有氧条件下，土壤中降解成 30 多种代谢物。砂壤土 K_d 1.7mL/g。

【参考文献】

[1] Vince R，Vartak A P．Method for preparation of 5-substituted pyrimidines．WO2012128965．

[2] 匡仁云，曾美群，梁崇桂．一种制备 2-甲基-1-嘧啶-5-基-1-(4-三氟甲氧基苯基)丙-1-醇的方法．CN102532038．

[3] Benefiel R L，Krumkalns E V．Fluoroalkoxyphenyl-substituted nitrogen-containing heterocycles．US4002628．

[4] Benefiel R L．Fluoroalkoxyphenyl-substituted nitrogen-containing heterocyclics and their use in plant growth regulating compositions．DE2428372．

[5] 张明，袁如宏，刘金益，等．制造对三氟甲氧基苯基异丁酮的方法．CN101100417．
[6] Miller W B．Freesia responds to preplant flurprimidol and paclobutrazol corm soaks．HortScience，2019，54（4）：715-720．
[7] Barrios K，Ruter J M．Substrate drench applications of flurprimidol and paclobutrazol influence growth of swamp sunflower．HortTechnology，2019，29（6）：821-829．

2.18.1.6 增糖胺 fluoridamid

【商品名称】Sustar

【化学名称】3′-(1,1,1-三氟甲基磺酰氨基)对甲乙酰苯胺

IUPAC 名：3′-(1,1,1-trifluoromethanesulfonamido)acet-*p*-toluidide

CAS 名：*N*-[4-methyl-3-[[(trifluoromethyl)sulfonyl]amino]phenyl]acetamide

【化学结构式】

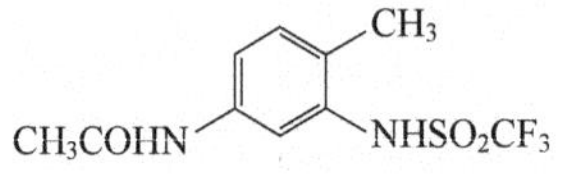

【分子式】$C_{10}H_{11}F_3N_2O_3S$

【分子量】296.26

【CAS 登录号】47000-92-0

【理化性质】纯品为白色结晶固体，熔点：175～176℃；K_{ow}lg*P* 2.74（20℃）；溶于甲醇和丙酮，水中溶解度 130mg/L。

【研制和开发公司】由美国 3M 公司开发

【上市国家和年份】[1] 美国，20 世纪 70 年代

【用途类别】植物生长调节剂

【合成路线】[2]

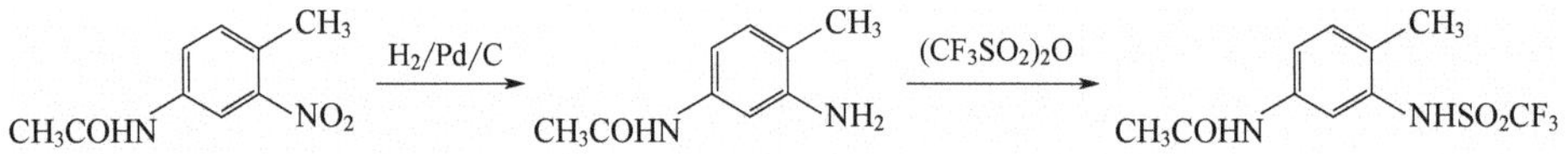

【哺乳动物毒性】急性经口 LD_{50}：大鼠 2576mg/kg，小鼠 1000mg/kg；对皮肤无刺激。

【分析方法】高效液相色谱-紫外（HPLC-UV）

【应用】植物生长调节剂，可以作为矮化剂，抑制草坪草茎的生长及盆栽植物的生长，也可用于甘蔗上，在收获前 6～8 周，以 0.75～1kg/hm^2 整株施药，可加速成熟，提高糖量。

【参考文献】

[1] Harrington J K，Kvam D C，Mendel A，et al．Method comprising the use of N-substituted perfluoroalkyanesulfonamides as herbicidal and plant growth modifying agents，and composition．US3920444A．
[2] Green C D．Fluoridamid．Anal Methods Pestic Plant Growth Regul，1978，10：533-543．

3

杀虫剂篇

3.1 钠离子通道调制剂

3.1.1 拟除虫菊酯类

3.1.1.1 ε-甲氧苄氟菊酯 epsilon-metofluthrin

【化学名称】[2,3,5,6-四氟-4-(甲氧基甲基)苄基]甲基(1*R*,3*R*)-2,2-二甲基-3-[(*Z*)-丙烯-1-基]环丙-1-基甲酸酯

IUPAC 名：[2,3,5,6-tetrafluoro-4-(methoxymethyl)phenyl]methy(1*R*,3*R*)-2,2-dimethyl-3-[(*Z*)-prop-1-enyl]cyclopropane-1-carboxylate

CAS 名：[2,3,5,6-tetrafluoro-4-(methoxymethyl)phenyl]methyl(1*R*,3*R*)-2,2-dimethyl-3-[(*Z*)-1-prop en-1-yl]cyclopropane-1-carboxylate

【化学结构式】

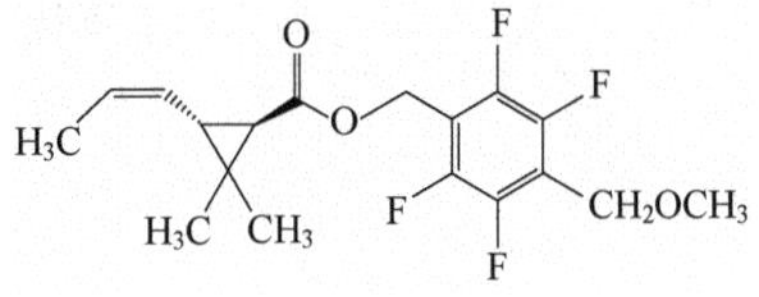

【分子式】$C_{18}H_{20}F_4O_3$

【分子量】360.35

【CAS 登录号】240494-71-7

【理化性质】原药为淡黄色液体，熔点-54℃，沸点 334℃；蒸气压（25℃）约 1.8mPa；密度（20℃）1.21g/cm^3；K_{ow}lg$P$（pH7，20℃）5.03；水中溶解度（20℃）0.67mg/L；有机溶剂中溶解度（20℃）：丙酮 303.4g/L，甲醇 312.2g/L，甲苯 326.9g/L，乙酸乙酯 307.6g/L。

【研制和开发公司】日本 Sumitomo Chemical Co.，Ltd（日本住友化学株式会社）

【上市国家和年份】日本，2004 年

【用途类别】防蚊

【合成路线】[1,2]

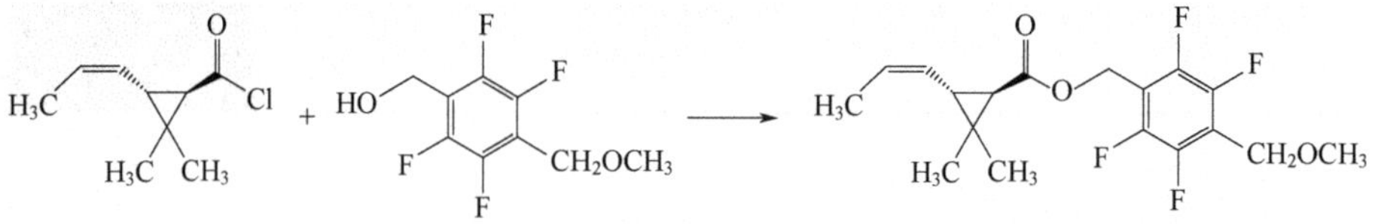

【哺乳动物毒性】大鼠急性经口 LD_{50}＞2000mg/kg，大鼠急性经皮 LD_{50} 2000mg/kg，大鼠吸入 LC_{50} 1.08mg/L。

【生态毒性】LC_{50}（96h）：虹鳟 1.2mg/L；水蚤 LC_{50}（48h）0.00047mg/L。

【应用】[3]防治室内外蚊虫。

【代谢】土壤代谢：DT_{50} 4.5d；水中光解：DT_{50} 6.0d（pH7）；土壤吸附：K_{oc} 5199mL/g。

【参考文献】

[1] Iwakura K，Souda H，Takagaki T，et al．Transesterification method for producing cyclopropane carboxylates using lithium alcoholate bases．US20020052525．

[2] 李进，刘颐静．一种光学活性的拟除虫菊酯类化合物及其制备方法和应用．CN101792392．

[3] Abe J，Tomigahara Y，Tarui H，et al．Metabolism of metofluthrin in rats：Ⅱ．excretion，distribution and amount of metabolites．Xenobiotica，2018，48（11）：1113-1127．

3.1.1.2 ε-甲氧氟菊酯 epsilon-momfluorothrin

【商品名称】Momfluorothrin Flying and Crawling Insect Killer Spray

【化学名称】[2,3,5,6-四氟-4-(甲氧基甲基)苄基](1*R*,3*R*)-3-[(*Z*)-2-氰基丙烯基]-2,2-二甲基环丙-1-基甲酸酯

IUPAC 名：2,3,5,6-tetrafluoro-4-(methoxymethyl)benzyl(1*R*,3*R*)-3-[(*Z*)-2-cyanoprop-1-enyl]-2,2-dimethylcyclopropanecarboxylate

CAS 名：[2,3,5,6-tetrafluoro-4-(methoxymethyl)phenyl]methyl(1*R*,3*R*)-2,2-dimethyl-3-[(*Z*)-1-propen-1-yl]cyclopropanecarboxylate

【化学结构式】

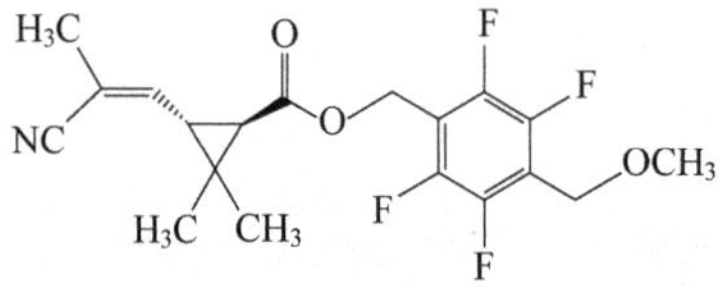

【分子式】$C_{19}H_{19}F_4NO_3$

【分子量】385.36

【CAS 登录号】1065124-65-3

【研制和开发公司】日本 Sumitomo Chemical Co.，Ltd（日本住友化学株式会社）

【上市国家和年份】美国，2013 年

【用途类别】卫生杀虫剂

【合成路线】[1,2]

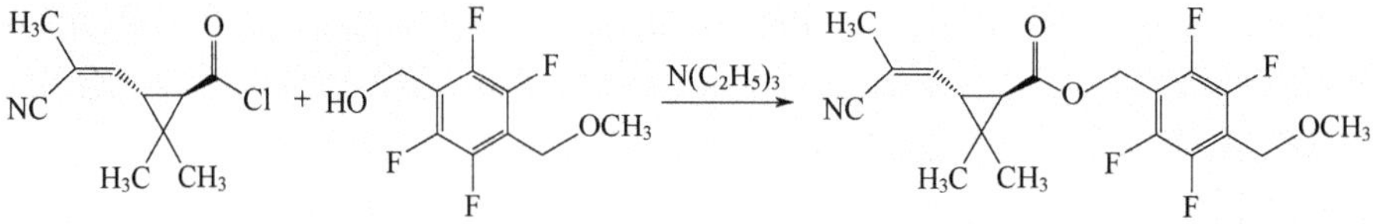

中间体合成：

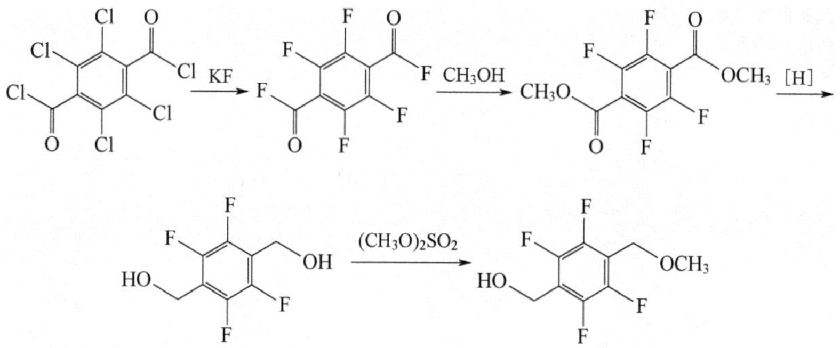

【哺乳动物毒性】大鼠急性经口 LD_{50}>2000mg/kg，大鼠急性经皮 LD_{50}>2000mg/kg。

【生态毒性】山齿鹑急性经口 LD_{50}>2250mg/kg。虹鳟 LC_{50}（96h）0.0012mg/L。大型溞 EC_{50}（48h）0.078mg/L。浮萍 EC_{50}（7d）>2.5mg/L。蜜蜂 LD_{50}（48h）：经口 5.08μg/只，接触 0.2μg/只。

【作用机理】作用于昆虫神经系统，与钠离子通道作用以干扰神经元功能。

【分析方法】气相色谱（GC）

【制剂】气体制剂（GA）

【应用】防治蟑螂、蚊、蚂蚁、跳蚤、尘螨、蟋蟀、蜘蛛等。

【代谢】土壤/环境代谢 DT_{50}（典型土壤）5d；水相光解 DT_{50} 32d；水相降解 DT_{50} 10d。

【参考文献】

[1] Toru U，Jun O，Ichiro K，et al．Process for the preparation of 3-(2-cyano-1-propenyl)-2,2-dimethylcyclopropanecarboxylic acid or salt thereof．WO 2010117072．

[2] Ichiro K，Toshio S，Masaji H．Method for the preparation of cyanoalkenylcyclo propanecarboxylic acid salt．WO 2011099645．

3.1.1.3 *R*-联苯菊酯 kappa-bifenthrin

【化学名称】[(2-甲基联苯-3-基)甲基](1*R*,3*R*)-3-[(*Z*)-2-氯三氟丙烯基)]-2,2-二甲基环丙-1-基甲酸酯

IUPAC 名：2-methylbiphenyl-3-ylmethyl(1*R*,3*R*)-3-[(*Z*)-2-chloro-3,3,3-trifluoroprop-1-enyl)]-2,2 -dimethylcyclopropanecarboxylate

CAS 名：(2-methyl-[1,1′-biphenyl]-3-yl)methyl(1*R*,3*R*)-3-[(1*Z*)-2-chloro-3,3,3-trifluoro-1-propen-1-yl]-2,2-dimethylcyclopropanecarboxylate

【化学结构式】[1,2]

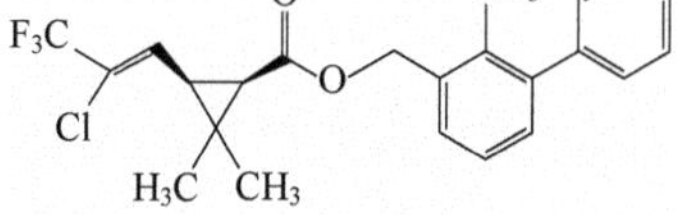

【分子式】$C_{23}H_{22}ClF_3O_2$

【分子量】422.87

【CAS 登录号】439680-76-9

【研制和开发公司】丹麦 Cheminova（科麦农公司）

【上市国家和年份】2014 年报道，开发中

【用途类别】杀虫，杀螨剂

【合成路线】[1-4]

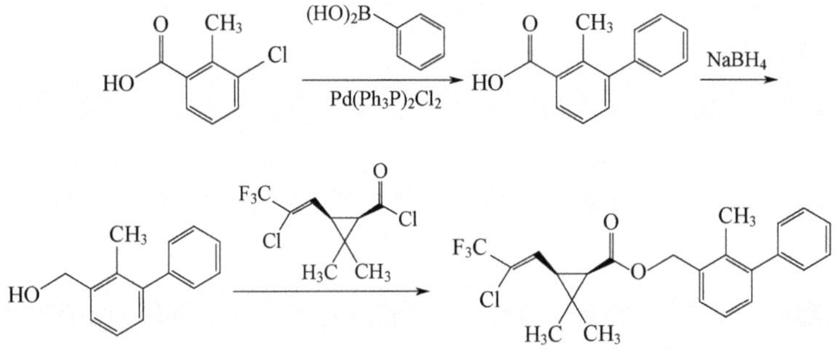

【参考文献】

[1] Zhang P，Yu Q，He X L，et al. Enantiomeric separation of type Ⅰ and type Ⅱ pyrethroid insecticides with different chiral stationary phases by reversed-phase high-performance liquid chromatography. Chirality，2018，30（4）：420- 431.

[2] Ji C Y，Tanabe P，Shi Q Y，et al. Stage dependent enantioselective metabolism of bifenthrin in embryos of zebrafish(*Danio rerio*)and Japanese medaka(*Oryzias latipes*). Environ Sci Technol，2021，55（13）：9087-9096.

[3] Brown S M，Gott B D. A process for the production of 1*R* pyrethroid esters via resolution of cyclopropanecarboxylic acid. WO 2003053905.

[4] 黄保华，刘小栋，马良鑫，等. 一种免疫调节剂的关键中间体合成方法. CN113493423.

3.1.1.4 *R*-七氟菊酯 kappa-tefluthrin

【化学名称】[2,3,5,6-四氟-4-甲基苄基](1*R*,3*R*)-3-[(*Z*)-2-氯-3,3,3-三氟丙烯基]-2,2-二甲基环丙-1-基甲酸酯

IUPAC 名：2,3,5,6-tetrafluoro-4-methylbenzyl(1*R*,3*R*)-3-[(*Z*)-2-chloro-3,3,3-trifluoroprop-1-enyl]-2,2-dimethylcyclopropanecarboxylate

CAS 名：(2,3,5,6-tetrafluoro-4-methylphenyl)methyl(1*R*,3*R*)-3-[(1*Z*)-2-chloro-3,3,3-trifluoro-1-propen-1-yl]-2,2-dimethylcyclopropanecarboxylate

【化学结构式】

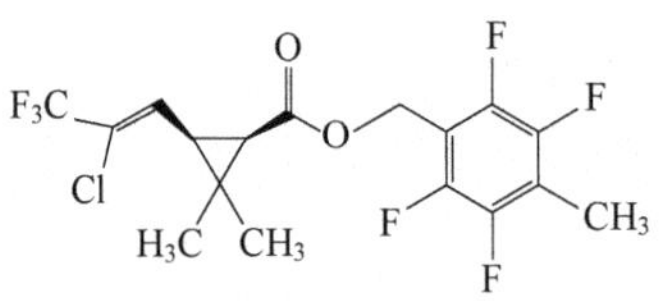

【分子式】$C_{17}H_{14}ClF_7O_2$

【分子量】418.74

【CAS 登录号】391634-71-2

【研制和开发公司】丹麦科麦农公司

【上市国家和年份】国家不详，2014 年

【用途类别】杀虫

【合成路线】[1-3]

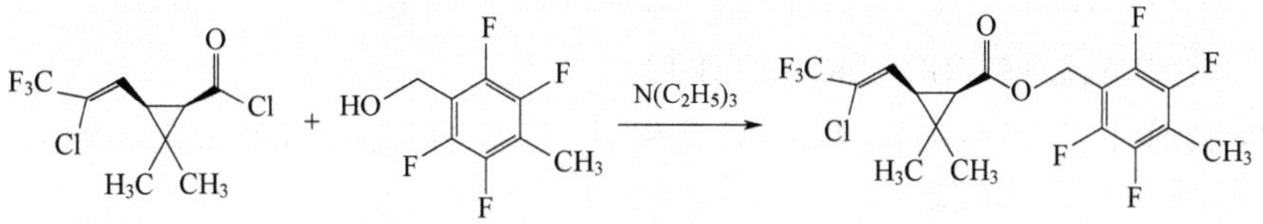

中间体合成：

中间体 1：

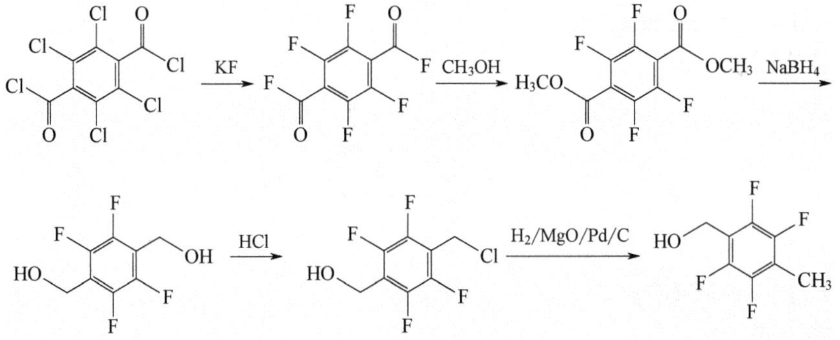

中间体 2：

方法 1：

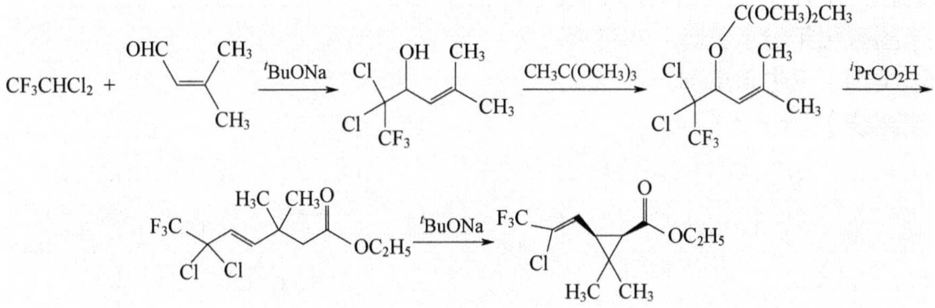

方法 2：

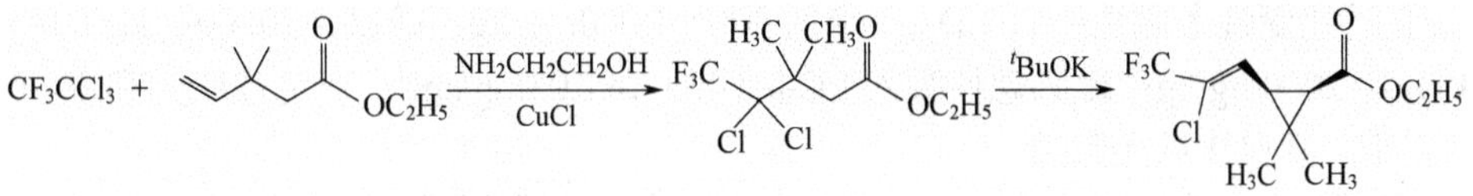

【作用机理】作用于昆虫神经系统，与钠离子通道作用以干扰神经元功能。

【分析方法】气相色谱（GC）

【应用】[4]用于防治土壤害虫。

【参考文献】

[1] Brown S M，Gott B D．Process for the preparation of enantiomerically pure pyrethroid insectcides．WO2002006202．

[2] Miura M，Kitaura T．Method for preparation of 4-hydroxymethyl-2,3,5,6-tetrafluorotoluene via palladium-catalyzed hydrogenation of 4-hydroxymethyl-2,3,5，6-tetrafluorobenzyl halide．WO2013069810．

[3] Hagiya K．Process for preparation of 4-methyl-2,3,5,6-tetrafluorobenzyl alcohol．WO2008099966．

[4] Wen Y，Wang Z，Gao Y Y，et al. Novel liquid chromatography-tandem mass spectrometry method for enantioseparation of tefluthrin via a box-behnken design and its stereoselective degradation in Soil. J Agric Food Chem，2019，67(42)：11591-11597.

3.1.1.5 甲氧氟菊酯 momfluorothrin

【化学名称】[2,3,5,6-四氟-4-(甲氧基甲基)苄基](1*RS*,3*RS*;1*RS*,3*SR*)-3-[(*EZ*)-2-氰丙烯基]-2,2-二甲环丙-1-基甲酸酯

IUPAC 名：2,3,5,6-tetrafluoro-4-(methoxymethyl)benzyl(1*RS*,3*RS*;1*RS*,3*SR*)-3-[(*EZ*)-2-cyanoprop-1-enyl]-2,2-dimethylcyclopropanecarboxylate

CAS 名：[2,3,5,6-tetrafluoro-4-(methoxymethyl)phenyl]methyl3-(2-cyano-1-propen-1-yl)-2,2-dimethylcyclopropanecarboxylate

【化学结构式】

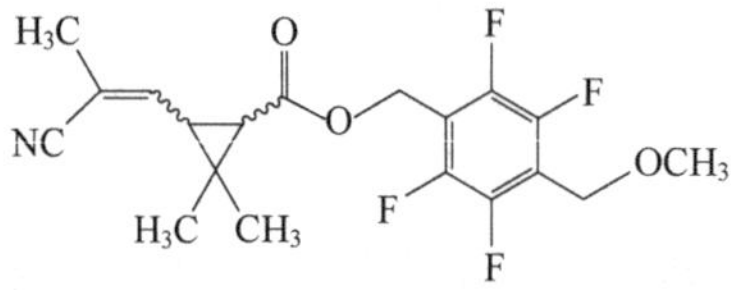

【分子式】$C_{19}H_{19}F_4NO_3$

【分子量】385.36

【CAS 登录号】609346-29-4

【理化性质】蒸气压（20℃）1.38×10^{-10}Pa；K_{ow}lg$P$2.88；水中溶解度（20℃）0.9mg/L。

【研制和开发公司】Sumitomo Chemical Co.，Ltd（日本住友化学株式会社）

【上市国家和年份】美国，2013 年

【用途类别】卫生杀虫剂

【合成路线】[1,2]

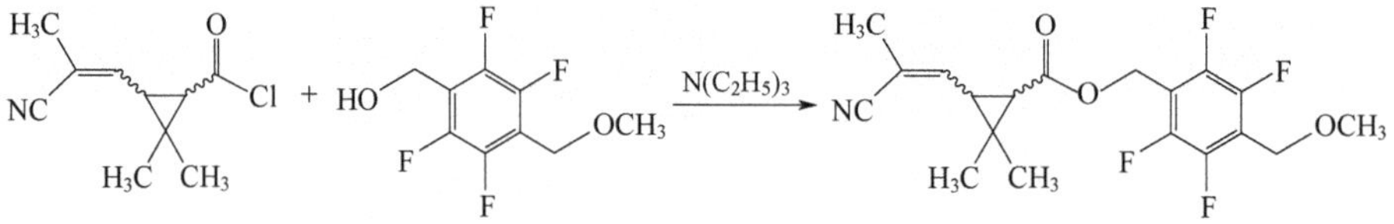

中间体合成参见“ε-甲氧氟菊酯 epsilon-momfluorothrin”部分。

【哺乳动物毒性】急性经口 LD_{50}：雌鼠 300～2000mg/kg，雄鼠＞2000mg/kg。雌鼠急性经皮 LD_{50}＞2000mg/kg；雌鼠急性吸入 LC_{50}（4h）＞2.03mg/cm^3；对兔皮肤无刺激，对眼睛有轻微刺激，豚鼠皮肤无致敏。

【生态毒性】北美鹌鹑急性经口 LD_{50}＞2250mg/kg，绿头野鸭饲喂 LC_{50}＞5620mg/kg。虹鳟 LC_{50}（96h）1.2μg/L，黑头呆鱼 LC_{50}（96h）7.6μg/L。水蚤 EC_{50}（48h）7.8μg/L。膨胀浮萍 EC_{50}（7d）＞2500μg/L。蜜蜂 LD_{50}：经口 5.08μg/只，接触 0.2μg/只，蜜蜂禁食期禁止使用。

【作用机理】作用于昆虫神经系统，与钠离子通道作用以干扰神经元功能。

【分析方法】气相色谱（GC）

【制剂】乳胶（GL），气体制剂（GA）

【应用】甲氧氟菊酯施用后能迅速使大多数害虫失去行动能力，从而减少害虫药后移动的距离，更容易杀死害虫，该剂可用于住宅区和商业区室内外现场以及缝隙处理，包括室内周

边和床垫，防治多种卫生害虫，如蝇类、蚊类、蜂类、蜈蚣等；虽然对水生生物高毒，但使用方式不接近水体，因此影响水生生物有限，具有较低生态风险。

【代谢】土壤/环境代谢：DT_{50}（典型土壤）5d；水相光解 DT_{50} 32d；水相水解 DT_{50}10d。

【参考文献】

[1] Mori T．Preparation of a pesticidal cyclopropanecarboxylic acid ester．US20030195119．

[2] Ohshita J，Uekawa T．Method for the preparation of cyclopropanecarboxylic acid ester．WO2010110178．

3.1.1.6 氟胺氰菊酯 tau-fuvalinate

【商品名称】Kaiser，Klartan

【化学名称】(*RS*)-*α*-氰基-3-苯氧基苄基-*N*-(2-氯-4-三氟甲基苯基)-*D*-缬氨酸酯

IUPAC 名：(*RS*)-*α*-cyano-3-phenoxybenzyl *N*-(2-chloro-*a*,*a*,*a*-trifluoro-*p*-tolyl)-*D*-valinate

CAS 名：cyano-(3-phenoxyphenyl)methyl *N*-[2-chloro-4-(trifluoromethyl)phenyl]-*D*-valinate

【化学结构式】

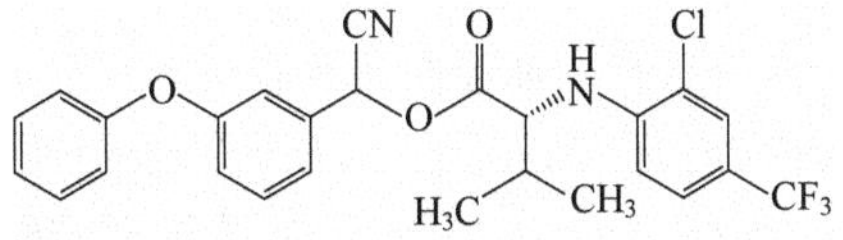

【分子式】$C_{26}H_{22}ClF_3N_2O_3$

【分子量】502.92

【CAS 登录号】102851-06-9

【理化性质】氟胺氰菊酯产品（*R*）-*α*-氰基，2-（*R*）-非对映异构体和（*S*）-*α*-氰基，2-（*S*）-非对映异构体 1∶1 混合物；原药为黏稠琥珀色油状液体；沸点（0.07mmHg）164℃；蒸气压（20℃）9×10^{-8}mPa；K_{ow}lg*P*（25℃）4.26；密度（25℃）1.262g/cm^3；水中溶解度（pH7，20℃）1.03μg/L，易溶于甲苯、异丙醇、乙腈、正辛醇等，在异辛烷中溶解度为 108g/L；暴露在日光下 DT_{50} 为 9.3～10.7min（水溶液，缓冲至 pH5），约 1d（在玻璃上呈薄膜），13d（在土壤表面）。

【研制和开发公司】由美国 Zoecon Corp.（美国佐伊康公司）开发

【上市国家和年份】美国，1985 年

【用途类别】杀虫，杀螨剂

【合成路线】[1-3]

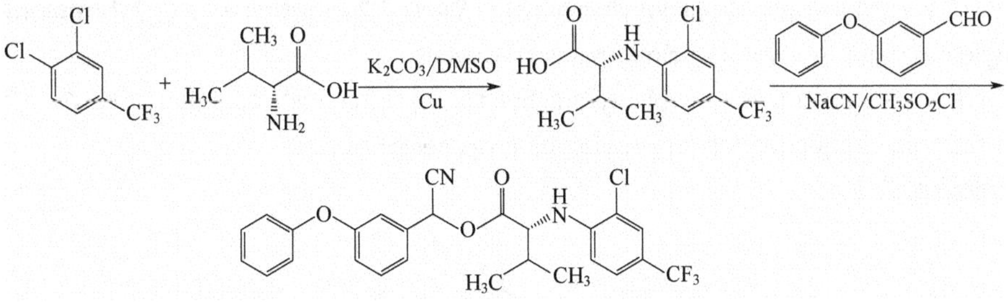

【哺乳动物毒性】急性经口 LD_{50}：雄大鼠 282mg/kg，雌大鼠 261mg/kg。兔急性经皮 LD_{50}＞2000mg/kg。对兔皮肤有轻微刺激，对眼睛中等刺激。大鼠急性吸入 LC_{50}（4h）＞0.56mg/L（空气 240g/L EW 计）。大鼠 NOEL 0.5mg/(kg•d)。

【生态毒性】[3]山齿鹑急性经口 LD_{50}＞2510mg/kg，山齿鹑和野鸭饲喂 LC_{50}（8d）＞5620mg/kg（饲料）。LC_{50}（96h）：鲤鱼 0.0048mg/L，蓝鳃翻车鱼 0.0062mg/L，虹鳟 0.0027mg/L。水蚤 LC_{50}（48h）0.001mg/L。近具刺链带藻 EC_{50}＞2.2mg/L。推荐剂量下使用对蜜蜂无毒，蜜蜂 LD_{50}（24h）：局部接触 6.7μg 原药/只，经口 163μg 原药/只。蚯蚓 LC_{50}（14d）＞1000mg/kg。通常除了对蜘蛛、捕食螨、一些瓢虫毒性较强外，对有益昆虫显示中等毒性。

【作用机理】通过与钠离子通道相互作用扰乱神经元功能，作用于神经系统。

【分析方法】高效液相色谱-紫外（HPLC-UV），气液色谱-氢焰法（GLC-FID）

【制剂】超低容量液剂（UL），可溶性粒剂（VP），乳油（EC），水乳剂（EW）

【应用】作用方式：具有触杀、胃毒作用的杀虫、杀螨剂。用途：防治大多数害虫（包括鳞翅目、蚜虫、马、叶蝉、烟粉虱等）和谷物、油菜籽与马铃薯害螨，使用剂量 36～48g/hm^2；如：防治葡萄、蔬菜和向日葵害虫，使用剂量达到 72g/hm^2，果园使用剂量达到 144g/hm^2，还可用于室内和室外的观赏植物、棉花、茶树、烟草和草坪，也可用于蜂箱防治雅氏瓦螨（商品名 Apistan）。与碱性物质不相容。

【代谢】动物：大鼠摄入该药品后，90%的药品在 4d 内排出体外。其中 20%～40%通过尿液排出，60%～80%通过粪便排出。苯胺酸、3-苯氧基苯甲酸（3-PBA）、4′-3-PBA 为该产品在粪便中的主要代谢产物，4′-3-PBA、3-PBA 和 3-苯氧基苄醇为尿液中的主要代谢产物。植物：在施用氟胺氰菊酯后，植物上的残留物 90%为母体化合物，剩余的残留物包括去羧氟胺氰菊酯、苯胺酸、卤代苯胺、3-PBA、4′-羟基-3-苯氧基苯甲酸等。降解半衰期 DT_{50}2～6 周。土壤/环境：在实验室有氧条件下，在土壤中的降解半衰期 DT_{50}12～92d。主要的降解产物为相应的苯胺酸和母体苯胺，K_{oc}（吸附）＞110000mL/g，K_{oc}（脱附）＞39000mL/g。

【参考文献】

[1] Baer T A，Broadbent S G．Substituted acid chloride process．US 4464307．

[2] 周其奎，姜友法，蒋其柏，等．一种无金属催化剂制备氟胺氰菊酸的方法．CN106554289．

[3] Chao T L，Yang L X，Lou D L，et al．Fluvalinate-Induced changes in microRNA expression profile of *Apis mellifera ligustica* Brain Tissue．Front Genet，2022，13：855987．

3.1.1.7 氟丙菊酯 acrinathrin

【商品名称】Rufast

【化学名称】[(*S*)-*α*-氰基-3-苯氧基苄基](*Z*)-(1*R*)-*cis*-2,2-二甲基-3-[2-(2,2,2-三氟-1-三氟甲基乙氧羰基)乙烯基]-环丙-1-基甲酸酯

IUPAC 名：(*S*)-*α*-cyano-3-phenoxybenzyl(*Z*)-(1*R*)-*cis*-2,2-dimethyl-3-[2-(2,2,2-trifluoro-1-trifluoromethylethoxycarbonyl)vinyl]cyclopropanecarboxylate

CAS 名：(*S*)-cyano(3-phenoxyphenyl)methyl(1*R*,3*S*)-2,2-dimethyl-3-[(1*Z*)-3-oxo-3-[2,2,2-trifluoro-1-(trifluoromethyl)ethoxy]-1-propenyl]cyclopropanecarboxylate

【化学结构式】

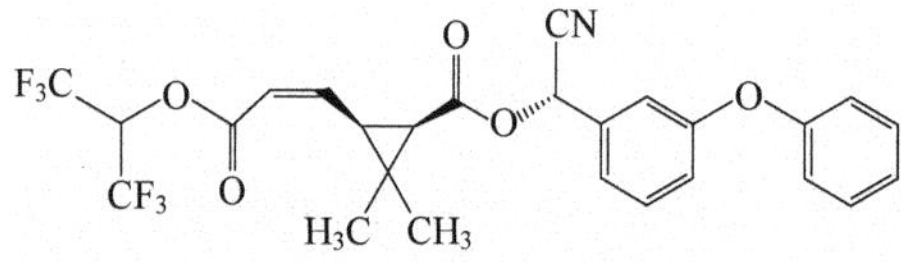

【分子式】$C_{26}H_{21}F_6NO_5$

【分子量】541.45

【CAS 登录号】101007-06-1

【理化性质】单独异构体，纯度≥97%；白色粉状固体，熔点 81.5℃（纯品）、82℃（原药）；蒸气压（20℃）4.4×10^{-5}mPa；K_{ow}lg$P$ 5.6；水中溶解度（25℃）<0.02mg/L；其他溶剂中溶解度（25℃）：丙酮、三氯甲烷、二氯甲烷、乙酸乙酯和二甲基甲酰胺>500g/L，乙醇 40g/L，二异丙醚 170g/L，已烷和正辛醇 10g/L；在酸性条件下稳定，pH>7 时，水解和差向异构明显；DT_{50}：大于 1 年（pH5，50℃）、30d（pH7，30℃）、15d（pH9，20℃）、1.6d（pH9，37℃）；比旋光度$[\alpha]_D^{20℃}$+17.5。

【研制和开发公司】法国 Roussel-UCLAF（法国罗素优克福公司）［现为德 Bayer（拜耳公司）］

【上市国家和年份】法国，1990 年

【用途类别】杀虫，杀螨剂

【合成路线】[1,2]

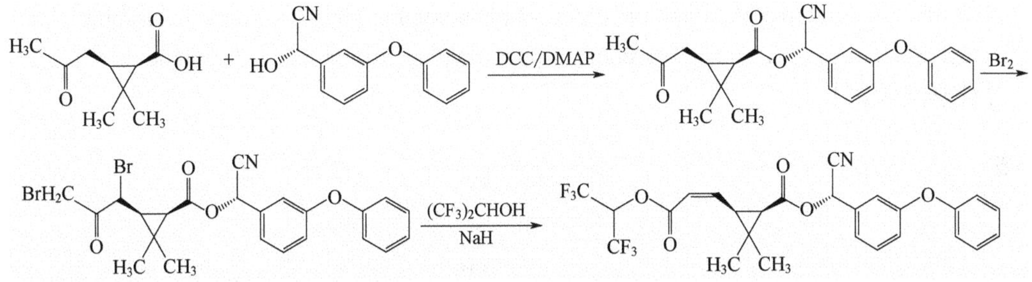

【哺乳动物毒性】大、小鼠急性经口 LD_{50}>5000mg/kg，大鼠急性经皮 LD_{50}>2000mg/kg。对兔皮肤和眼睛无刺激，豚鼠皮肤无致敏。大鼠吸入 LC_{50}（4h）1.6mg/L。NOEL：雄大鼠（90d）2.4mg/kg、雌大鼠（2 年）3.1mg/kg、狗（1 年）3mg/kg；无致突变和致畸；雄大鼠［2mg/(kg·d)］，兔 15mg/(kg·d)。ADI/RfD（BfR）0.016mg/kg[2006]。毒性等级 U。

【生态毒性】山齿鹑急性经口 LD_{50}>2250mg/kg。野鸭急性经口 LD_{50}>1000mg/kg。LC_{50}（8d）：山齿鹑 3275mg/kg，野鸭 4175mg/kg。LC_{50}：虹鳟 5.6mg/L、镜鲤鱼 0.12mg/L。水蚤 EC_{50}（48h）22mg/L。绿藻 EC_{50}（72h）>35μg/L。蜜蜂 LD_{50}（48h，经口）150～200ng/只。蜜蜂 LD_{50}（48h，接触）200～500ng/只。蚯蚓 LC_{50}（14d）>1000mg/kg（土）。生物质 NOEC 值为 1.6mg/kg。梨盲走螨 LR_{50}（48h）0.006g/hm^2。

【作用机理】作用于昆虫的神经系统，通过与钠离子通道相互作用干扰神经元功能。

【分析方法】[3]高效液相色谱-紫外（HPLC-UV）

【制剂】乳油（EC），悬浮剂（SC）

【应用】作用方式：非内吸性杀螨剂和杀虫剂，具有触杀和胃毒作用。用途：可有效杀灭柑橘等果树、观赏植物、蔬菜、草莓和葡萄上的各种植食性螨。还具有杀虫活性，特别是对果树、葡萄和蔬菜上的蓟马、梨木虱，梨果和核果上的鳞翅目害虫，葡萄上的叶蝉等有特效。使用剂量 20～70g/hm^2。与碱性产品不能混配使用。

【代谢】[4]动物：动物代谢物中母体化合物的含量>100%。植物：对植物而言主要残留为母体化合物。土壤/环境：在环境中被土壤强烈吸附和固定与 pH 值和有机质含量无关，K_d 2460～2780mL/g，K_{oc} 127500～319610mL/g。土柱渗滤，发现氟丙菊酯在渗滤液中的残留量＜1%。DT_{50}5～100d（四种土壤）。在需氧条件下（pH6.2，有机质含量 3.1%）DT_{50} 52d。

【参考文献】

[1] Babin D，Bahtnagar N，Brion F，et al. Process for the regioselective preparation of esters of 2,2-dimethyl-3-[(*Z*)-2-(alkoxycarbonyl)ethenyl] cyclopropanecarboxylic acid and intermediate. EP573361.

[2] Babin D，Bhatnagar N，Brion F，et al. Preparation process for esters of 2，2-dimethyl-3-((*Z*)-1-propenyl)cyclopropanecarboxylic acid and intermediates. IN2001DE00492.

[3] Zhu H W，Huang W，Jiang Y F. et al. Analytical method of afidopyropen and abamectin EW by HPLC. Nongyao Kexue Yu Guanli，2016，37（2）：47-50.

[4] Sun M，Cui J N，Guo J Y，et al. Fluorochemicals biodegradation as a potential source of trifluoroacetic acid(TFA)to the environment. Chemosphere，2020，254：126894.

3.1.1.8 氟硅菊酯 silafluofen

【商品名称】Mr Joker，Neophan，Silatop，Silonen

【化学名称】(4-乙氧苯基) [3-(4-氟-3-苯氧基苯基)丙基](二甲基)硅烷

IUPAC 名：(4-ethoxyphenyl)-[3-(4-fluoro-3-phenoxyphenyl)propyl](dimethyl)silane

CAS 名：(4-ethoxyphenyl)-3-(4-fluoro-3-phenoxyphenyl)propyldimethylsilane

【化学结构式】

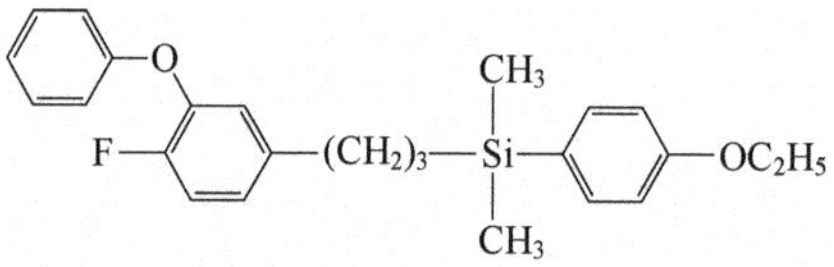

【分子式】$C_{25}H_{29}FO_2Si$

【分子量】408.59

【CAS 登录号】105024-66-6

【理化性质】液体，400℃以上分解，蒸气压（20℃）2.5×10^{-3}mPa；密度（20℃）1.08g/cm^3；K_{ow}lg$P$8.2；水中溶解度（20℃）0.001mg/L；可溶于大部分有机溶剂；20℃封闭储藏，稳定为 2 年。

【研制和开发公司】由 Katsuda（日本胜田）获得日本专利，Hoechst（德国赫斯特）[现为 Bayer AG（德国拜耳）]获得欧洲专利，Dainihon Jochugiku Co.Ltd（日本除虫菊株式会社）作为杀白蚁引入日本，作用杀虫剂由 Hoechst 开发。

【上市国家和年份】美国，1994 年

【合成路线】[1,2]

路线 1：

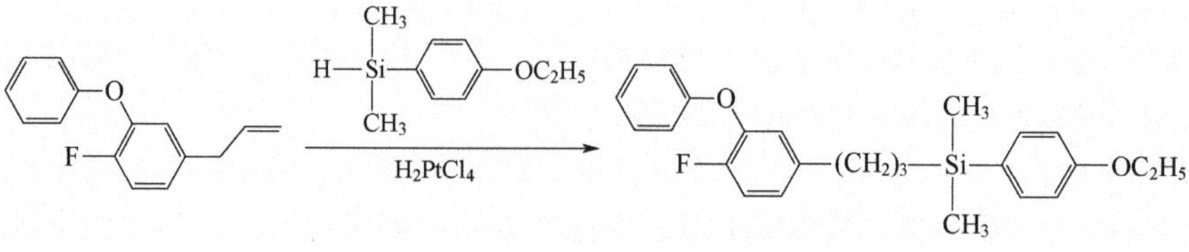

路线 2：

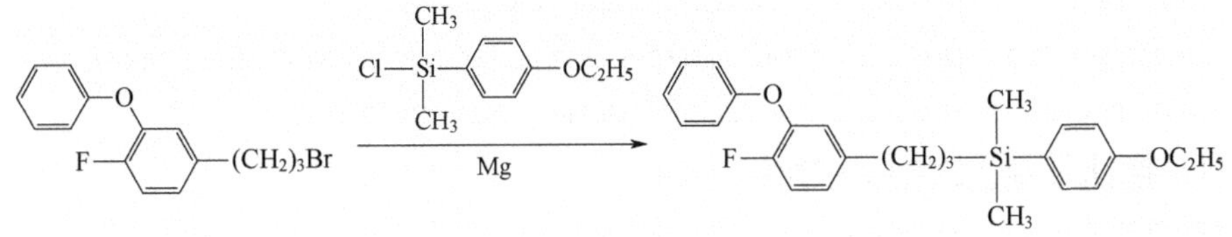

中间体合成[3-7]：

中间体 1：

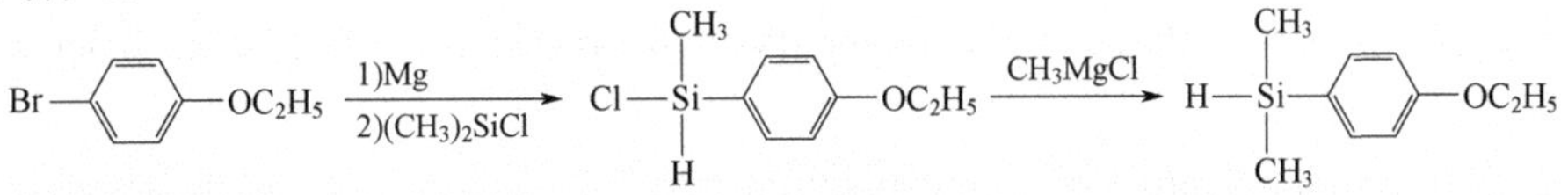

中间体 2：

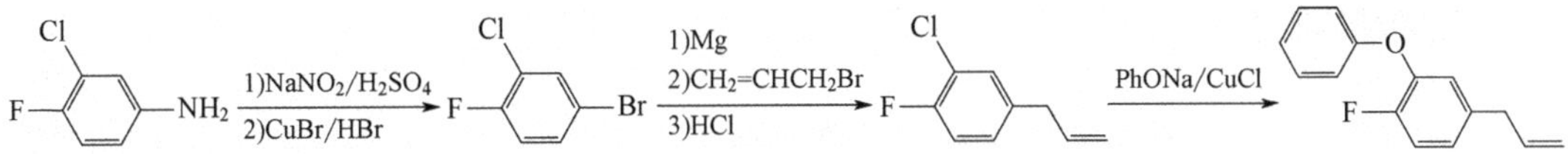

中间体 3：

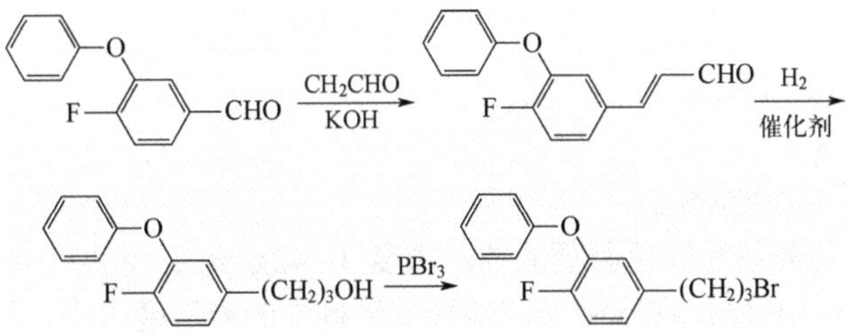

【哺乳动物毒性】雌、雄大鼠急性经口 LD_{50}＞5000mg/kg，雌、雄大鼠急性经皮 LD_{50}＞5000mg/kg；大鼠吸入 LC_{50}＞6.61mg/L（空气）；条件试验下无致畸、致突变作用。

【生态毒性】日本鹌鹑和野鸭 LD_{50}＞2000mg/kg；鲤鱼和虹鳟 LC_{50}＞1000mg/kg；水蚤 LC_{50}（3h）7.7mg/L、LC_{50}（24h）1.7mg/L；蜜蜂（24h，经口）LD_{50} 0.5μg/只（实验室）；蚯蚓急性 LC_{50}（14d）＞1000mg/kg（土）。

【作用机理】作用于昆虫神经系统，通过与钠离子通道相互作用干扰神经元功能。

【分析方法】高效液相色谱-紫外（HPLC-UV），气相色谱-质谱（GC-MS）

【制剂】乳油（EC），粉剂（DP），颗粒剂（GR），可湿粉剂（WP），油乳剂（EO），水乳剂（EW）

【应用】作用方式：具有胃毒和触杀作用的广谱杀虫剂。用途：防治鞘翅目、双翅目、同翅目、等翅目、鳞翅目、直翅目和缨翅目害虫。用量 50～300g/hm^2（水稻）、100～200gh/m^2（大豆）、100g/m^3（茶树）、50～200g/hm^2（蔬菜）、100～200g/m^3（草坪）、20～70g/hm^2（落叶果树，包括柿子和柑橘）。可与波尔多液或敌稗混用，兼容性好。

【参考文献】

[1] Scott M S．Substituted phenyltrialkylsilane insecticides．US4883789．

[2] Scoot M S．Substituted phenyltrialkylsilane Insecticides．US4709068．

[3] Kwiatkowski S，Pupek K，Golinski Mi J，et al．Process for preparing trifluralin．US5728881．

[4] Knorr H. Process for the preparation of 4-ethoxyphenyl-3-arylpropyl(dimethyl)silanes. US5117028.
[5] S Stephen L. Process for the preparation of arylalkylmethylsilanes. US5124407.
[6] Tokukura Y, Haga T, Takagaki T, et al. Production of 1-fluoro-2-phenoxy-4-(2-propenyl)benzene. JP10226660.
[7] Schubert H H. Process for the preparation of 2-fluoro-5-allyl-diphenyl ethers. DE3731608.

3.1.1.9 氟氯苯菊酯 flumethrin

【商品名称】Bayticol，Bayvarol

【化学名称】[(*RS*)-*α*-氰基-(4-氟-3-苯氧基苄基)]3-(*β*,4-二氯苯乙烯基)-2,2-二甲基环丙-1-基甲酸酯

IUPAC 名：*α*-cyano-4-fluoro-3-phenoxybenzyl 3-(*β*,4-dichlorostyryl)-2,2-dimethylcyclopropane carboxylate

CAS 名：cyano(4-fluoro-3-phenoxyphenyl)methyl 3-[2-chloro-2-(4-chlorophenyl)ethenyl]-2,2-dimethylcyclopropanecarboxylate

【化学结构式】

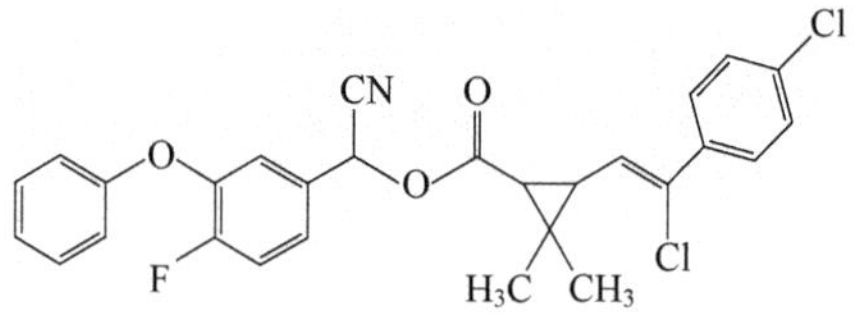

【分子式】$C_{28}H_{22}Cl_2FNO_3$

【分子量】510.39

【CAS 登录号】69770-45-2

【理化性质】原药外观为棕色黏稠液体，密度 1.342g/cm^3；沸点（760mmHg）593.6℃；蒸气压（25℃）1.33×10^{-8}Pa；在水中及其他羟基溶剂中的溶解度很小，能溶于甲苯、丙酮、环己烷等大多数有机溶剂。

【研制和开发公司】德国 Bayer（拜耳）开发

【用途类别】杀虫剂

【合成路线】[1-5]

路线 1：

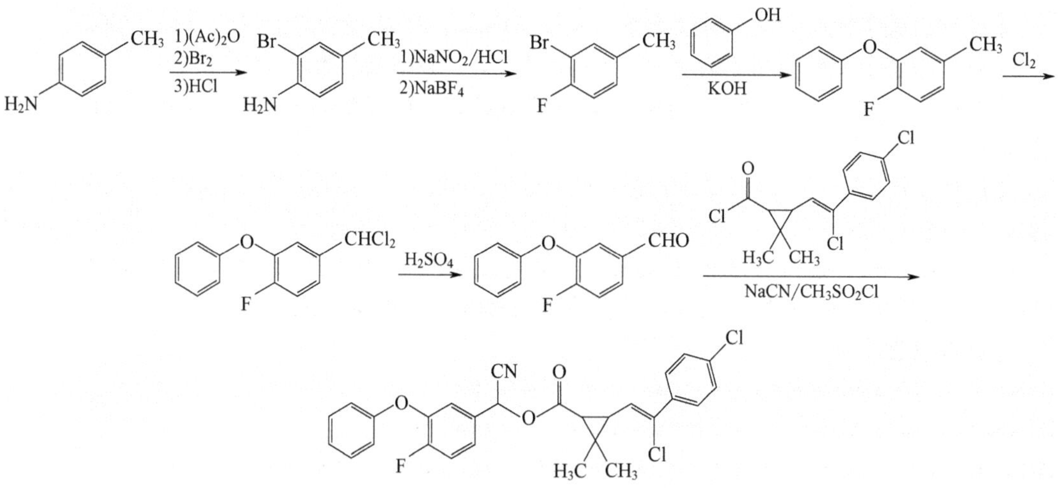

路线 2：

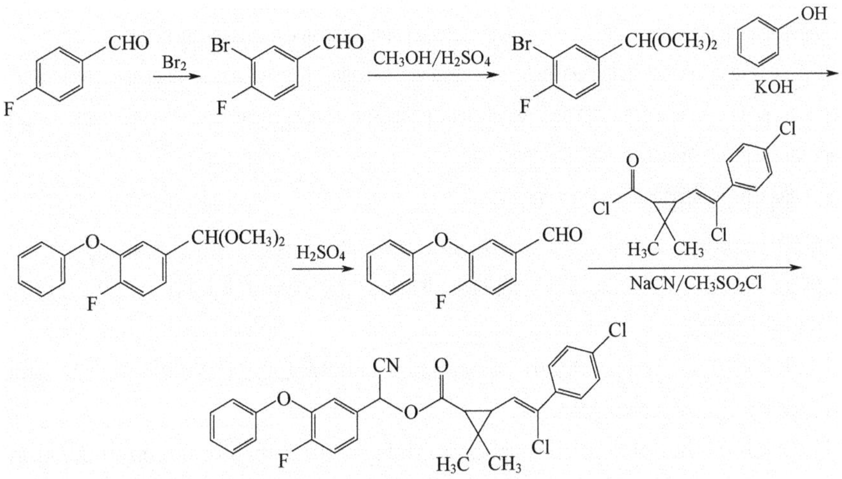

中间体合成[5-10]：

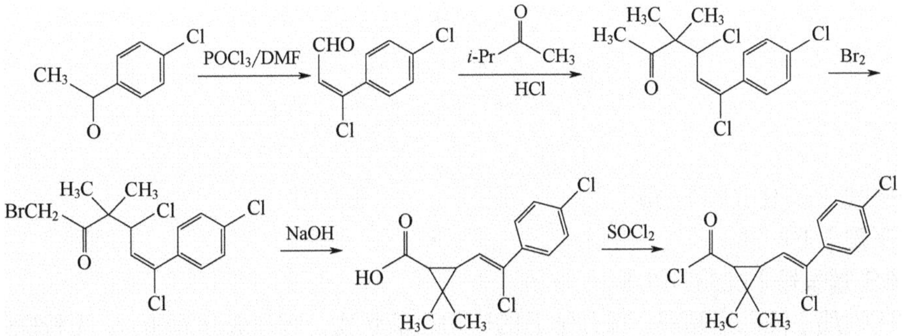

【哺乳动物毒性】大鼠（雌）急性经口 LD_{50} 584mg/kg，大鼠（雌）急性经皮 $LD_{50} \geq$ 2000mg/kg。

【作用机理】作用于昆虫神经系统，与钠离子通道作用以干扰神经元功能。

【分析方法】高效液相色谱（HPLC），气相色谱（GC）

【制剂】乳油（EC），颗粒剂（GR），可湿粉剂（WP），气雾剂（AE），油乳剂（EO），水乳剂（EW）超低容量液剂（UL）

【应用】作用方式：非内吸性。用途：用于防治扁虱、刺吸式虱、疥虫，治疗痒螨病、皮螨病。

【参考文献】

[1] Stendel W，Fuchs R．Synergistic ectoparasiticide combinations - of carbamate and pyrethroid ester(s)．DE2932920A.

[2] Reimer R R．Process for the preparation of *alpha*-cyanophenoxy benzylic esters．EP25925.

[3] Fuchs R，Hammann I，Behrenz W．3-Phenoxy-fluoro-benzyl alcohol intermediates．US4261920.

[4] Fuchs R A，Hammann I，Behrenz W，et al．3-pheoxy-fluoro-benzyl carboxylic acid esters．US4218469.

[5] 邓忠汉，邱炳开．一种高效合成含氟化合物的方法．CN113024414.

[6] 杨伟领，兰红丽，宋芬，等．一种 N-烷基共轭离子型季铵盐的制备方法．CN103553974.

[7] Fuchs R，Hammann I，Homeyer B，et al．Phenoxypyridylmethyl esters and their pesticidal uses．DE3111644．
[8] Fuchs R，Stendel W．Derivatives of *trans*-3-(*Z*-2-chloro-2-arylvinyl)-2,2-dimethylcyclopro panecarboxylic acids，their intermediate products，preparation of these intermediate products，and their utilization in pesticides．EP48370．
[9] Fuchs R，Maurer F，Priesnitz U，et al．Substituted(cyclo-)alkanecarboxylic acid(*alpha*-cyano-3-phenoxybenzyl)esters．EP 24588．
[10] Lantzsch R，Arlt D，Jautelat M．3-Vinyl-substituted 2,2-dimethylcyclopropane-1-carboxylic acids or their esters，and intermediates for them．EP95047．

3.1.1.10 氟氯氰菊酯 cyfluthrin

【商品名称】Baygon，aerosol，Baythroid，Luthrate，Suncyflu，Leverage

【化学名称】(*RS*)-*α*-氰基-4-氟-3-苯氧基苄基-(1*RS*,3*RS*,1*RS*,3*RS*)-3-(2,2-二氯乙烯基)-2,2-二甲基环丙-1-基甲酸酯

IUPAC 名：(*RS*)-*α*-cyano-4-fluoro-3-phenoxybenzyl(1*RS*,3*RS*,1*RS*,3*RS*)-3-(2,2-dichloroethenyl)-2,2-dimethylcyclopropanecarboxylate

CAS 名：cyano(4-fluoro-3-phenoxyphenyl)methyl-3-(2,2-dichloroethenyl)-2,2-dimethylcyclopropanecarboxylate

【化学结构式】

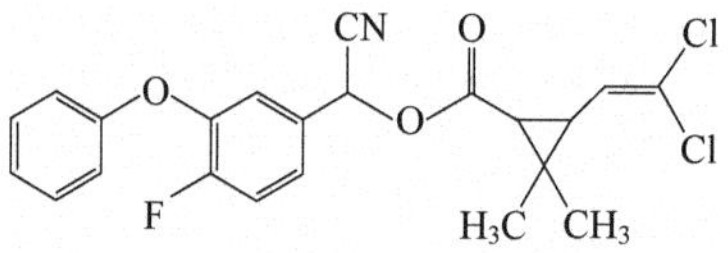

【分子式】$C_{22}H_{18}Cl_2FNO_3$

【分子量】434.29

【CAS 登录号】68359-37-5

【理化性质】纯品为黏稠、部分结晶的琥珀色油状物，有效成分≥90%，无特殊气味；熔点 60℃（工业品），沸点 496.27℃；密度 1.28g/cm^3；难溶于水，微溶于酒精，易溶于醚、酮、甲苯等有机溶剂，对碱不稳定，对酸稳定。

【研制和开发公司】德国 Bayer（德国拜耳）开发

【上市国家和年份】欧洲，1983 年

【用途类别】杀虫剂

【合成路线】[1-4]

方法 1：

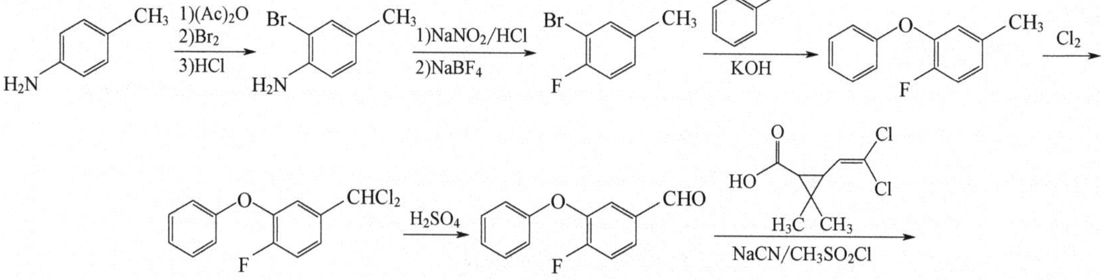

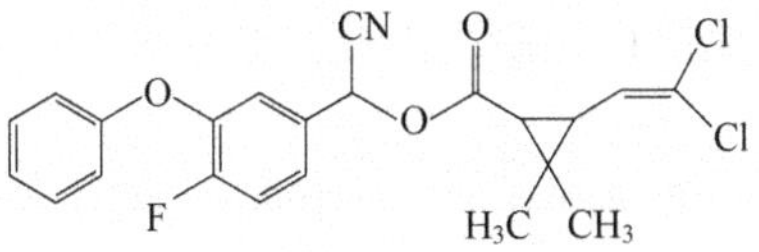

方法 2：

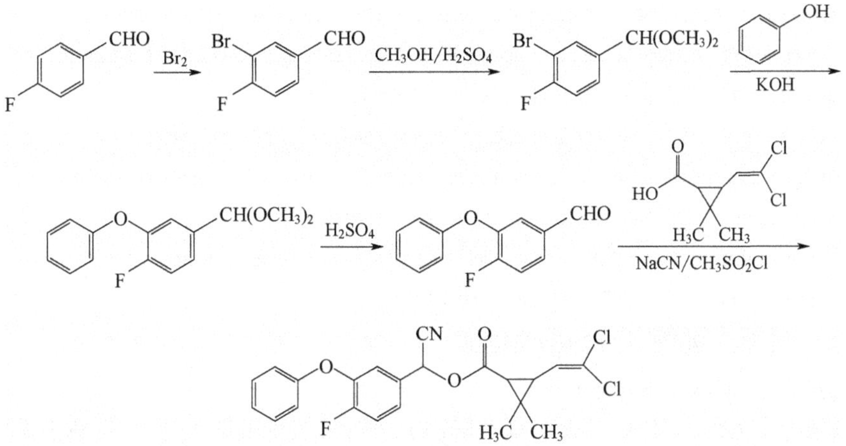

中间体合成[5-6]：

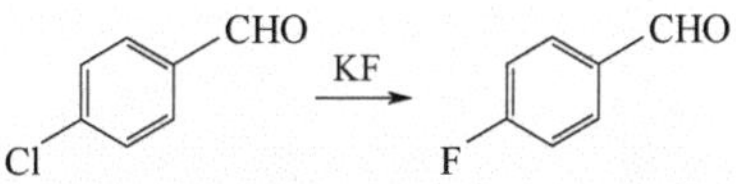

【哺乳动物毒性】大鼠急性经口 LD_{50}：500mg/kg（二甲苯），900mg/kg（PEG400），20mg/kg（水/氢化蓖油）。狗急性经口 LD_{50}＞100mg/kg。雄、雌大鼠急性经皮 LD_{50}（24h）＞5000mg/kg。对兔皮肤无刺激，对眼睛轻度刺激。雌雄大鼠吸入 LC_{50}（4h）0.5mg/L 空气（气溶胶）。NOEL：大鼠（2 年）220mg/kg（饲料），小鼠（1 年）200mg/kg（饲料），狗（1 年）160mg/kg（饲料）。

【生态毒性】山齿鹑急性经口 LD_{50}＞2000mg/kg；鱼毒 LC_{50}（96h）：圆腹雅罗鱼 0.0032mg/L，虹鳟 0.00047mg/L，蓝鳃翻车鱼 0.0015mg/L；水蚤 LC_{50}（48h）0.00016mg/L；近具刺链带藻 E_rC_{50}＞10mg/L；对蜜蜂有毒；蚯蚓 LC_{50}＞1000mg/kg（土）。

【作用机理】作用于昆虫神经系统，与钠离子通道作用以干扰神经元功能。

【分析方法】高效液相色谱（HPLC），气相色谱（GC）

【制剂】乳油（EC），颗粒剂（GR），可湿粉剂（WP），超低容量液剂（UL），气雾剂（AE），油乳剂（EO），乳剂（ES）

【应用】[7,8]作用方式：非内吸性杀虫剂，有触杀、胃毒作用。作用于神经系统，具有快速击倒和长残效性。用途：用于防治多种害虫，特别是在谷物、棉花、果树和蔬菜上防治鳞翅目、鞘翅目、同翅目、半翅目害虫。也用于防治迁徙性蝗虫和蚂蚱。农用剂量为 15～40g/hm^2。在公共卫生、产品仓储、室内及动物保健领域用于防治蜚蠊、蚊、蝇，与三唑锡不兼容。

【代谢】动物：氟氯氰菊酯在体内快速大量消解；摄入量的 97%在 48h 后通过粪便和尿液排出。植物：因无内吸性，氟氯氰菊酯既不会渗透到植株组织中，也不会传导到其他部位。土壤/环境：在不同的土壤中均快速降解。渗滤行为可归为不迁移。代谢产物可进一步被微生物降解，最终矿化为 CO_2。

【使用注意事项】20 世纪后期已作为禁用渔药，禁止在水生动物防病中使用。

【参考文献】

[1] Fuchs R，Maurer F，Priesnitz U，et al．Preparation of substituted(cyclo)alkanecarboxylicacid *a*-cyano-3-phenoxy-benzyl esters．US4350640.

[2] Colln R．Process for the preparation of *alpha*-cyanophenoxy benzylic esters．EP25925.

[3] Fuchs R，Hammann I，Behrenz W．3-Phenoxy-fluoro-benzyl alcohol intermediates．US4261920.

[4] Fuchs R A，Hammann I，Behrenz W，et al．3-pheoxy-fluoro-benzyl carboxylic acid esters．US4218469.

[5] 邓忠汉，邱炳开．一种高效合成含氟化合物的方法．CN113024414.

[6] 杨伟领，兰红丽，宋芬，等．一种 N-烷基共轭离子型季铵盐的制备方法．CN103553974.

[7] Koc N，Inak E，Nalbantoglu S，et al．Biochemical and molecular mechanisms of acaricide resistance in Dermanyssus gallinae populations from Turkey．Pestic Biochem Physiol，2022，180：104985.

[8] Rolim G G，Coelho R R，Antonino Jose D，et al．Field-evolved resistance to beta-cyfluthrin in the boll weevil：Detection and characterization．Pest Manag Sci，2021，77（10）：4400-4410.

3.1.1.11 氟氰戊菊酯 flucythrinate

【商品名称】Cybolt，Pay-off

【化学名称】[(*RS*)-*α*-氰基-3-苯氧基苄基](*S*)-2-(对二氟甲氧基苯基)-3-甲基丁酸酯

IUPAC 名：(*RS*)-*α*-cyano3-phenoxyphenyl-(*S*)-2-(4-difluoromethoxyphenyl)-methylbutyrate

CAS 名：cyano(3-phenoxyphenyl)methyl 4-(difluoromethoxy)-*α*-(1-methylethyl)benzeneacetate

【化学结构式】

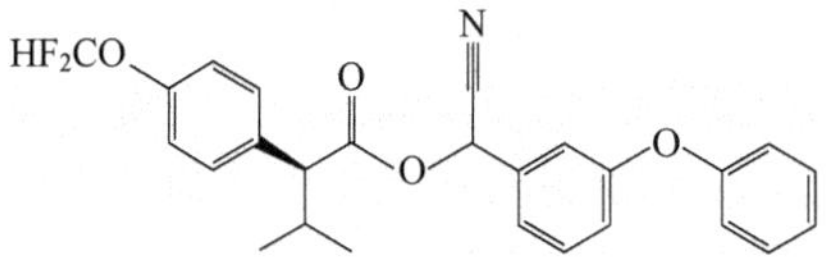

【分子式】$C_{26}H_{23}F_2NO_4$

【分子量】451.47

【CAS 登录号】70124-77-5

【理化性质】原药为深琥珀色黏稠液体，具有微弱酯类气味；沸点（0.35mmHg）108℃；蒸气压约（25℃）0.0012mPa；密度（20℃）1.19g/cm^3；K_{ow}lg$P$（25℃）4.74；水中溶解度（20℃）0.096mg/L；有机溶剂中溶解度（20℃）：丙酮、甲醇、甲苯均＞250g/L，二氯甲烷 250g/L，乙酸乙酯 200～250g/L，正庚烷 67～80g/L；碱性水溶液中迅速水解，但中性或酸性条件下水解较慢，DT_{50}（27℃）：约 40d（pH3）、52d（pH5）、6.3d（pH9），在 37℃条件下稳定一年以上，在 25℃稳定两年以上，土壤光照条件下 DT_{50} 约 21d，水溶液的 DT_{50} 约 4d。

【研制和开发公司】由 Am erican Cyanamid Co.（美国氰胺公司）[现为 BASF SE（德国巴斯夫公司）]开发

【上市国家和年份】国家不详，1982 年

【用途类别】杀虫剂

【合成路线】[1-3]

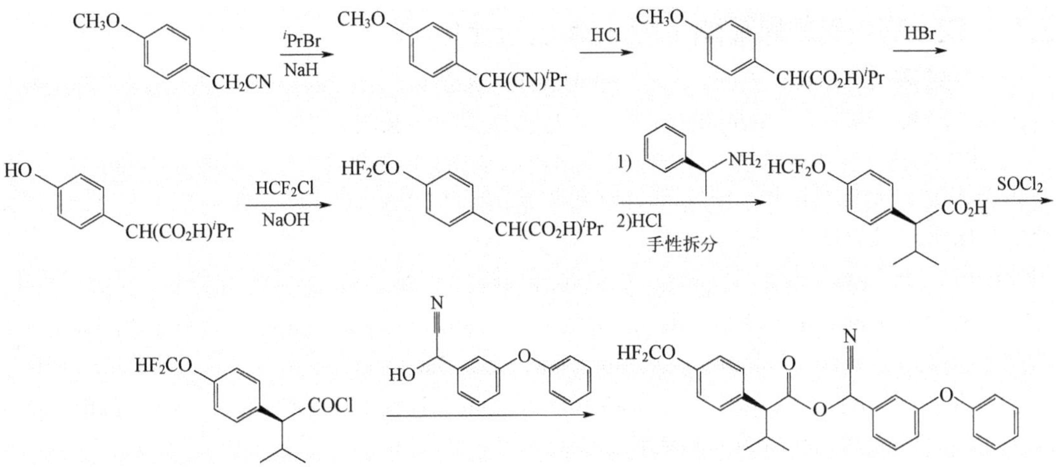

【哺乳动物毒性】急性经口 LD_{50}：雄大鼠 81mg/kg，雌大鼠 67mg/kg，雌小鼠 76mg/kg。兔急性经皮 LD_{50}（24h）＞1000mg/kg；对兔眼睛和皮肤无刺激，但是未稀释的制剂对兔皮肤和眼睛有刺激作用，皮肤无致敏。大鼠吸入 LC_{50}（4h）4.85mg/L 空气胶。大鼠 NOEL（2 年）60mg/kg 饲料。在大鼠 3 代繁殖试验中，以 60mg/kg 饲料饲喂对繁殖无影响。对大鼠和兔无致畸作用。对大鼠无致突变作用。ADI/RfD0.02mg/kg[1985]。毒性等级：Ib。

【生态毒性】野鸭急性经口 LD_{50}＞2510mg/kg，山齿鹑急性经口 LD_{50}＞2708mg/kg。饲喂 LC_{50}（14d）：野鸭＞4885mg/kg，山齿鹑＞3443mg/kg（饲料）。LC_{50}（96h）：虹鳟 0.32μg/L，蓝鳃翻车鱼 0.71μg/L，羊头鲷 1.6μg/L；因用药量低且在土壤中迁移性低故对鱼危险性小。水蚤 LC_{50}（48h）8.3μg/L。对蜜蜂有毒，但也有驱避作用，LD_{50}（局部施药，粉剂）0.078μg/只，LD_{50}（接触）0.3μg /只。

【作用机理】作用于昆虫的神经系统，通过与钠离子通道作用扰乱神经元功能。

【分析方法】高效液相色谱-紫外（HPLC-UV），气相色谱-质谱（GC-MS）

【制剂】乳油（EC），水分散剂（WG），可湿粉剂（WP）

【应用】作用方式：无内吸性，具有触杀、胃毒作用；用途：可防治各种害虫，特别是对棉花棉铃虫、刺吸式害虫、烟粉虱、甲虫和梨果与坚果上的鳞翅目、同翅目、精翅目害虫有特效，也可用于葡萄、草莓、柑橘类果树、香蕉、菠萝、橄榄、咖啡、可可、啤酒花、蔬菜、大豆、谷物、玉米、紫花苜蓿、甜菜、向日葵、烟草和观赏植物防治害虫。剂量 20～40g/m^3，比其他拟除虫菊酯类杀虫剂活性高，还可防治植食性螨。也可作为多种有害生物的驱避剂。药害：对作物无药害。在棉花、果树等特定植物上使用时，可加深叶子的绿色，改善植物外观。

【代谢】动物：大鼠摄入药剂后，药剂主要通过粪便和尿液排出体外，其中 60%～70% 的药剂会在 24h 内排出体外，8d 内＞95%的药剂排出体外。在粪便中，主要以原药母体存在，但是在尿液和体内组织中主要以几种代谢物形式存在。药剂主要通过水解后经羟基化的途径降解。土壤：在土壤中迁移性小，无渗滤，DT_{50} 约 2 个月。

【参考文献】

[1] Grasso C P. Alkylation of phenylacetonitriles. US4377531.

[2] Kameswaran，V. Racemization of(-)-2-(4-difluoromethoxyphenyl)-3-methylbutyric acid. US4506097.

[3] Berkelhammer G, Kameswaran V.(-)-*α*-Cyano-*m*-phenoxybenzyl(+)-*α*-isopropyl-4-difluoro methoxyphenylacetate. US4239777.

3.1.1.12 高效氯氟氰菊酯 gamma-cyhalothrin

【商品名称】Aakash，Cyhalosun，IconJayam，Karate，Lambdathrin，Marathon，Phoenix，Pyrister，SFK，Warrior，Ampligo（混剂，与氯虫苯甲酰胺混合）

【化学名称】[(*S*)-*a*-氰基-3-苯氧基苄基](*Z*)-(1*R*,3*R*)-3-(2-氯-3,3,3-三氟丙烯-1-基)-2,2-二甲基环丙-1-基甲酸酯和[(*R*)-*a*-氰基-3-苯氧基苄基](*Z*)-(1*S*,3*S*)-3-(2-氯-3,3,3-三氟丙烯-1-基)-2,2-二甲基环丙-1-基甲酸酯(1∶1)

IUPAC 名：(*S*)-*a*-cyano-3-phenoxybenzyl(*Z*)-(1*R*,3*R*)-3-(2-chloro-3,3,3-trifluoroprop-1-enyl)-2,2-dimethylcyclopropanecarboxylate and(*R*)-*a*-cyano-3-phenoxybenzyl(*Z*)-(1*S*,3*S*)-3-(2-chloro-3,3,3-trifluoroprop-1-enyl)-2,2-dimethylcyclopropanecarboxylate(1:1)

CAS 名：[1*a*(*S*),3*a*(*Z*)]-(±)-cyano(3-phenoxyphenyl)methyl 3-(2-chloro-3,3,3-trifluoro-1-propenyl)-2,2-dimethylcyclopropanecarboxylate

【化学结构式】

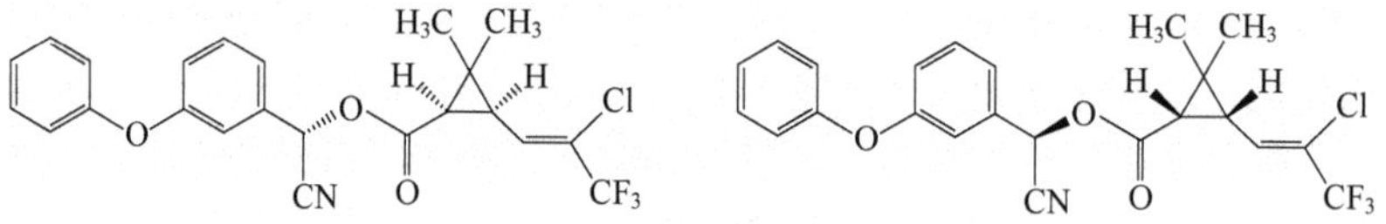

【分子式】$C_{23}H_{19}ClF_3NO_3$

【分子量】449.85

【CAS 登录号】91465-08-6

【理化性质】纯品为白色固体，黄色至棕色黏稠油状液体（工业品），沸点（0.2mmHg）187～190℃；蒸气压（20℃）约 0.001mPa；密度（25℃）1.25g/cm^3；水中溶解度（20℃）0.004×10^{-9}，丙酮、二氯甲烷、甲醇、乙醚、乙酸乙酯、己烷和甲苯（20℃）中均＞500g/L；50℃黑暗处存放 2 年不分解，光下稳定，275℃分解，光下 pH7～9 缓慢分解，pH＞9 加快分解，常温下可稳定贮藏半年以上；日光下在水中半衰期 20d；土壤中半衰期 22～82d。

【研制和开发公司】由 ICI Agrochemicals（英国帝国化学工业植物化学）[现为 Syngenta（先正达公司）]开发

【上市国家和年份】欧洲，20 世纪 90 年代末

【合成路线】[1]

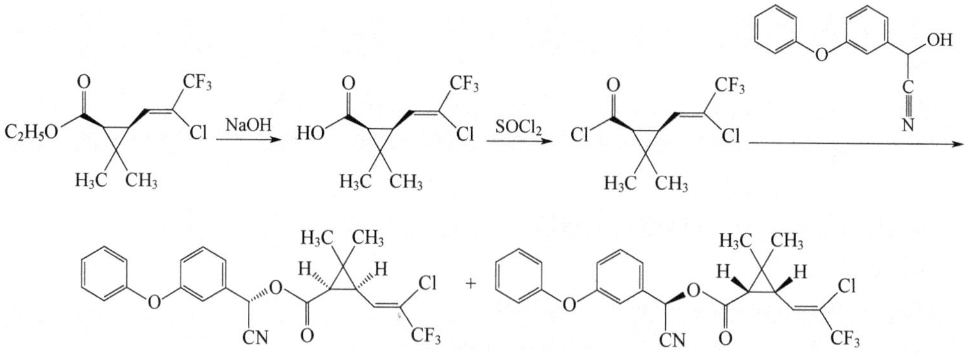

中间体合成[2-3]：

方法 1：

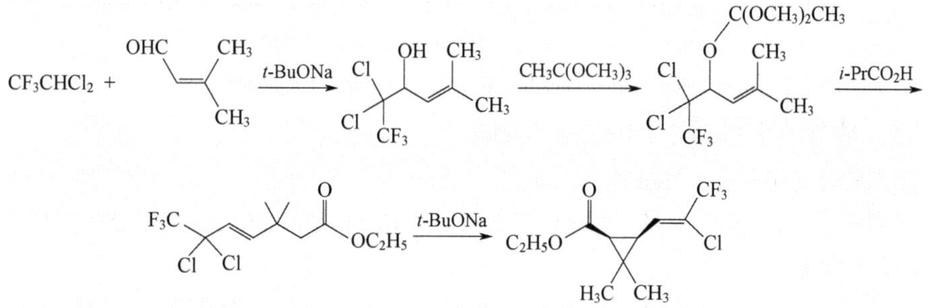

方法 2：

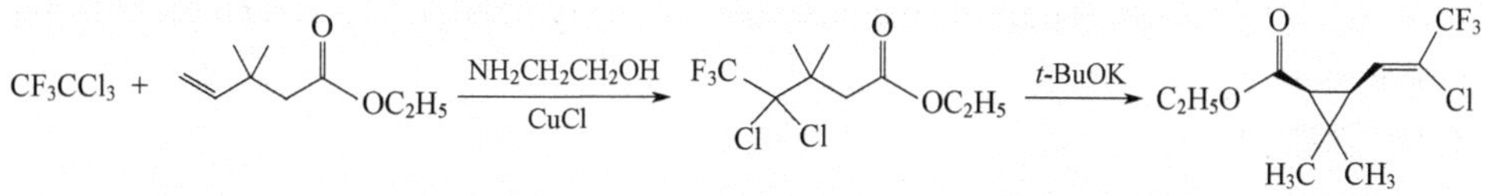

【哺乳动物毒性】雄大鼠急性经口 LD_{50} 79mg/kg，雌大鼠急性经口 LD_{50} 56mg/kg，大鼠急性经皮 LD_{50}（24h）632～696mg/kg；对兔皮肤无刺激，对眼睛有一定刺激，对豚鼠皮肤无致敏；大鼠吸入 LC_{50}（4h）0.06mg/L 空气（总颗粒）；NOEL 狗（1 年）0.5mg/(kg・d)。

【生态毒性】野鸭急性经口 LD_{50}＞3950mg/kg，鹌鹑饲喂 LC_{50}＞5300mg/kg。在卵或组织中无残留。鱼毒 LC_{50}（96h）：虹鳟 0.36μg/L，蓝鳃翻车鱼 0.21μg/L。水蚤 LC_{50}（48h）0.26μg/L，在水、淤泥中为 31μg/L。羊角月牙藻 E_rC_{50}（96h）＞1000μg/L。蜜蜂经口 LD_{50} 909μg/只，接触 LD_{50} 38μg/只。蚯蚓 LC_{50}＞1000mg/kg（土）。对一些非靶标节肢动物有毒，在田间条件下毒性降低，并能快速恢复正常。

【作用机理】作用于昆虫的神经系统，通过与钠离子通道相互作用干扰神经元功能。作用方式非内吸性杀虫剂，具有触杀和胃毒作用，快速击倒，残效期长。

【分析方法】气液色谱-氢焰法（GLC-FID）

【制剂】乳油（EC），水分散剂（WG），水乳剂（EW），可湿粉剂（WP），超低容量液剂（UL）

【应用】用途：在多种作物、牧场、蔬菜和观赏植物上登记用于防治咀嚼式和刺吸式口器害虫，如鳞翅目幼虫、鞘翅目幼虫和成虫、半翅目害虫和蓟马等。已发现与肥料和含硼溶液不相容。

【代谢】高效氯氟氰菊酯对鸟、蚯蚓和水生植物毒性相对较低，但是对鱼类和水生无脊椎动物剧毒。植物：高效氯氟氰菊酯是在所有采样中的首要残留代谢方式，代谢物在植物中形成。认为酯裂解是一个解毒过程，所形成的代谢物没有归属于高效氯氟氰菊酯的生物活性。土壤/环境：在土壤中，有氧条件下容易降解。主要降解物在土壤中矿化，没有渗滤倾向，它们是通过酯裂解形成的，因此不认为与毒性有关。DT_{50}（281g/hm^2）施用量：32d（壤土）、51d（粉壤土）；DT_{50}（401g/hm^2）：37d（壤土）、28d（粉壤土）；K_d（平均）346mL/g，K_{oc}（平均）86602mL/g。在水中，高 K_{oc}、K_d 表明高效氯氟氰菊酯将被吸附在沉积物/水体系中。DT_{50}：27d（天然水）、136d（pH7）、1.ld（pH9）；在 pH5 时稳定。一级有氧水中代谢（沉积物和池塘水体系中，25℃）DT_{50}40d。

【参考文献】

[1] Bowden M C，Jackson D A，Saint-Dizier A C．Process for the prepation of esters．WO2009138373．

[2] Bowden M C，Turnbull M D．Process and catalysts for the preparation of lower alkyl 3-(2-chloro-3,3,3-trifluoroprop-1-en-1-yl)-2,2-dimethylcyclopropanecarboxylate insecticide intermediates．WO9427951．

[3] Hiyama T，Fujita M．2,2-Dimethylcyclopropane-carboxylic acid derivatives．US4864052．

3.1.1.13 甲氧苄氟菊酯 metofluthrin

【商品名称】Eminence，SumiOne

【化学名称】[2,3,5,6-四氟-4-(甲氧基甲基)苯基](*EZ*)-(1*RS*,3*RS*;1*RS*,3*SR*)-2,2-二甲基-3-丙烯基环丙-1-基甲酸酯

IUPAC 名：[2,3,5,6-tetrafluoro-4-(methoxymethyl)benzyl](*EZ*)-(1*RS*,3*RS*;1*RS*,3*SR*)-2,2-dimethyl-3-prop-1-enylcyclopropanecarboxylate

CAS 名：[2,3,5,6-tetrafluoro-4-(methoxymethyl)phenyl]methyl 2,2-dimethyl-3-(1-propenyl) cyclo propanecarboxylate

【化学结构式】

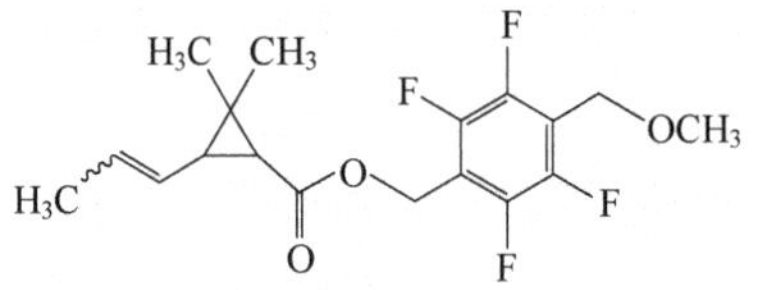

【分子式】$C_{18}H_{20}F_4O_3$

【分子量】360.35

【CAS 登录号】240494-70-6

【理化性质】原药甲氧苄氟菊酯 93%～98.8%，异构体（1*R*）＞95%，反式＞98%，异构体（*Z*）＞86%，浅黄色液体；蒸气压（25℃，气体饱和法）1.96mPa；K_{ow}lg*P*（25℃）5.0；密度 1.21g/cm^3，水中溶解度（pH7，20℃）0.73mg/L；易溶于乙酸乙酯、丙酮、甲醇、乙醇、己烷等大多数有机溶剂；紫外线下分解，碱性溶液中水解。

【研制和开发公司】由日本 Sumitomo Chemical（日本住友化学株式会社）开发

【上市国家和年份】日本，2004 年

【合成路线】[1,2]

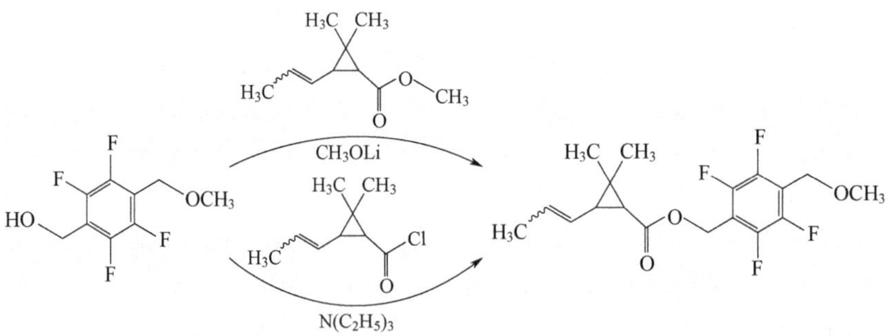

中间体合成[3-8]：

方法 1：

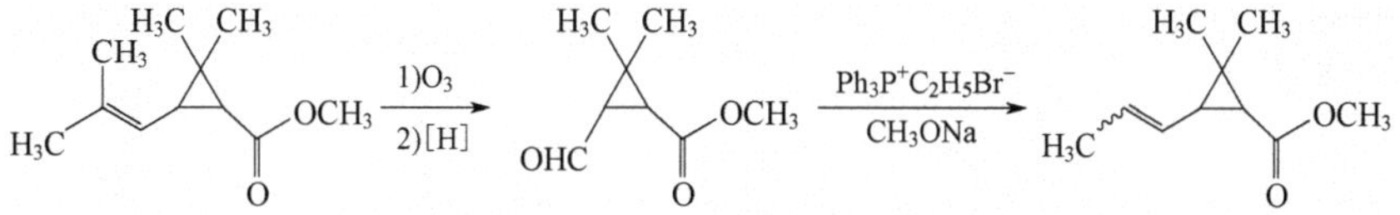

方法 2：

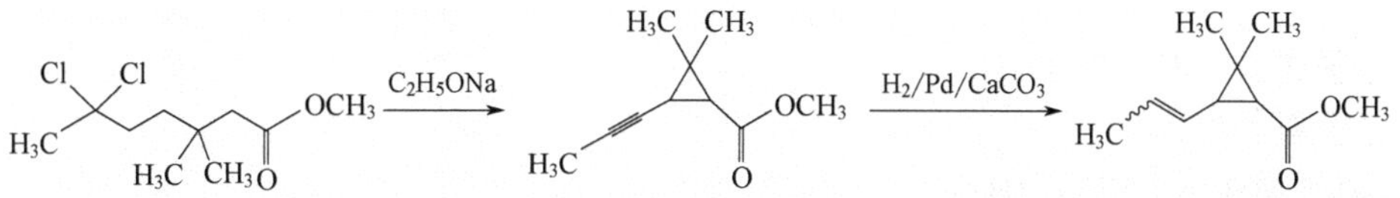

其他中间体的合成参见“Epsilon-Momfluorothrin”部分。

【哺乳动物毒性】大鼠急性经口 LD_{50} ＞2000mg/kg，大鼠急性经皮 LD_{50}＞2000mg/kg；大鼠急性吸入 LC_{50} 1000～2000mg/m^3；对兔眼睛和皮肤无刺激，豚鼠皮肤无致敏。

【生态毒性】野鸭和北方山齿鹑急性经口 LD_{50}＞2250mg/kg，野鸭和北方山齿鹑饲喂 LD_{50}（8d）＞5620mg/kg；鲤鱼 LC_{50}（96h）3.06μg/L；水蚤 EC_{50}（48h）＞4.7μg/L；近具刺带藻平均增长速率 E_rC_{50}（72h）0.37mg/L。

【作用机理】作用于昆虫神经系统，与钠离子通道作用以干扰神经元功能。

【分析方法】气相色谱（GC）

【制剂】烟剂（FU）

【应用】作用方式：具有触杀、胃毒及吸入毒性的非内吸性杀虫剂。可快速击倒昆虫并在杀灭之前将其麻痹。用途：家用卫生杀虫剂。与碱性物质不相容。

【代谢】土壤/环境代谢：DT_{50}（典型土壤）4.5d，水相光解 DT_{50} 6.0d；土壤吸附和迁移：K_{oc} 5199mL/g。

【参考文献】

[1] Ujihara K，Iwasaki T．Preparation of esters of 2,2-dimethylcyclopropanecarboxylic acid and their use as pesticides．EP939073．

[2] Ono T，Ishibashi K．Preparation of polyfluorobenzyl 2,2-dimethylcyclopropanecarboxylates while recovering hydrocarbon solvents．JP2004269507．

[3] Shimura I，Ono T．Preparation of pure benzyl cyclopropanecarboxylates．JP2005082501．

[4] Hagiya K．Method for producing halogen-substituted benzenedimethanol．WO2007080814．

[5] Cleare P J V，Costello A T．Fluorination for phthaloyl fluorides．GB2146635．

[6] Yoshiyama T．Method for producing 2,2-dimethyl-3-(1-propenyl)cyclopropanecarboxylate C1-6 alkyl esters．US6462225．

[7] Yanaraman R K．Process of manufacture of metofluthrin technical．IN2009MU01461．

[8] Mori Tatsuya，Matsuo N．Propynyl compounds．EP955287．

3.1.1.14 联苯菊酯 bifenthrin

【商品名称】Milord，Sun-bif，Talstar，Wudang，SmarChoice（混剂）

【化学名称】2-甲基联苯基-3-基甲基(*Z*)-(1*RS*,3*RS*)-3-(2-氯-3,3,3-三氟丙烯-1-基)-2,2-二甲基环丙-1-基甲酸酯

IUPAC 名：2-methylbiphenyl-3-ylmethyl(*Z*)-(1*RS*,3*RS*)-3-(2-chloro-3,3,3-trifluoroprop-1-enyl)-

2,2-dimethylcyclopropanecarboxylate

CAS 名：(2-methyl[1,1'-biphenyl]-3-yl)methyl3-(2-chloro-3,3,3-trifluoro-1-propenyl)-2,2-dimethyl cyclopropanecarboxylate

【化学结构式】

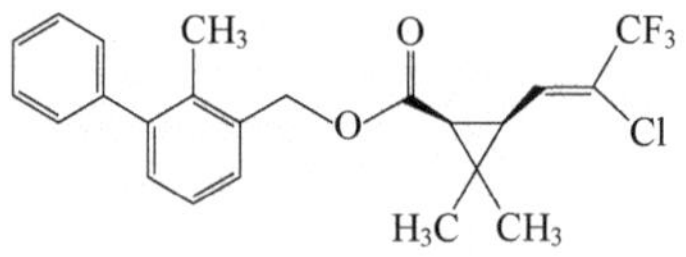

【分子式】$C_{23}H_{22}ClF_3O_2$

【分子量】422.87

【CAS 登录号】82657-04-3

【理化性质】*cis*-异构体≥97%，*trans*-异构体≤3%；黏稠液体，晶状或蜡状固体，熔点 57～64.6℃；沸点 320～350℃；蒸气压（20℃）1.78×10^{-3}mPa；$K_{ow}\lg P$>9；密度（25℃）1.210g/cm^3；水中溶解度（20℃）<1μg/L，可溶于丙酮、氯仿、二氯甲烷、乙醚和甲苯，微溶于庚烷和甲醇；原药 25℃和 50℃稳定储藏 2 年，自然光下 DT_{50} 255d，pH5～9（21℃）稳定 21d。

【研制和开发公司】韩国 DongbuHannong Chemical Co.，Ltd（东部韩农化学公司）

【上市国家和年份】韩国，1994 年

【合成路线】[1]

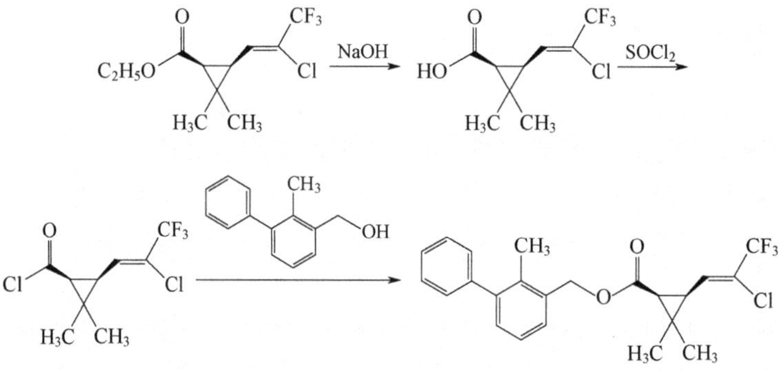

中间体合成[2-7]：

方法 1：

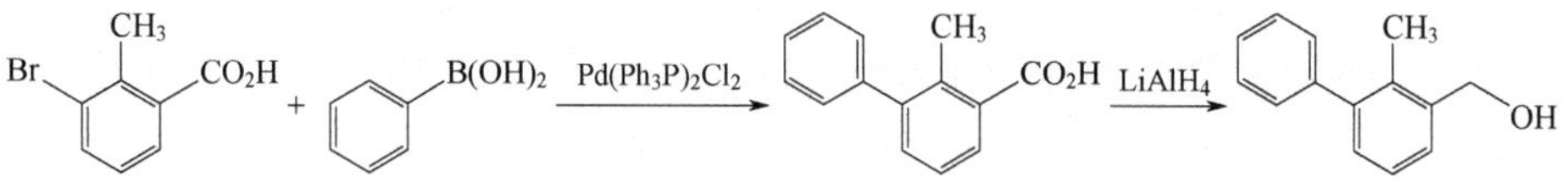

方法 2：

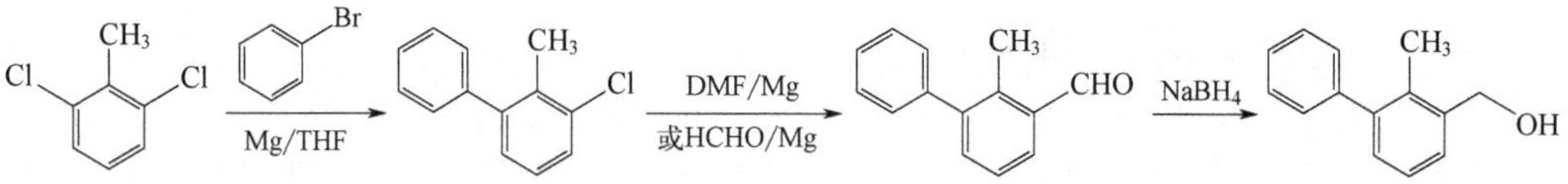

其他中间体的合成参见“*R*-七氟菊酯 kappa-tefluthrin”部分。

【哺乳动物毒性】大鼠急性经口 LD_{50} 53.4mg/kg，兔急性经皮 LD_{50}>2000mg/kg；不刺激

皮肤，基本不刺激兔眼睛，不导致豚鼠皮肤过敏；大鼠吸入 LC_{50}（4h）1.01mg/L；狗饲喂 1 年 NOEL 1.5mg/(kg · d)，对大鼠[≤2mg/(kg · d)]和兔[8mg/(kg · d)]无致畸性；ADI/RfD（JMPR）0.02 mg/kg[1992]；毒性等级：Ⅱ。

【生态毒性】山齿鹑急性经口 LD_{50}＞1800mg/kg，绿头野鸭 LD_{50}＞2150mg/kg，山齿鹑饲喂 LC_{50}（8d）4450mg/kg（饲料），绿头野鸭饲喂 LC_{50}（8d）1280mg/kg（饲料）；蓝鳃翻车鱼 LC_{50}（96h）0.000269mg/L，虹鳟 0.00015mg/L；水蚤 LC_{50}（48h）0.00016mg/L；因为联苯菊酯更倾向于在土壤中分布而在水中溶解度很小，田间使用时对水体影响很小；藻类 EC_{50} 和 E_rC_{50}＞8mg/L；摇蚊 NOEC（28d）0.00032mg/L；蜜蜂 LD_{50}（经口）LR_{50} 6.1ug/只，LD_{50}（接触）0.01462μg/只；蚯蚓 LC_{50}＞16mg/kg（土）；烟蚜茧蜂 LR_{50} 7.5g/hm^2，草蛉 LR_{50} 5.1g/hm^2。

【作用机理】抑制昆虫甲壳素的形成，影响内表皮生成，使昆虫不能顺利蜕皮而死亡。

【分析方法】高效液相色谱（HPLC）异构体分析，气相色谱（GC）含量分析

【制剂】乳油（EC），悬浮剂（SC），颗粒剂（GR），水乳剂（EW），可湿粉剂（WP）

【应用】作用方式：触杀和胃毒作用。用途：对多种叶面害虫有效，包括鞘翅目、双翅目、异翅亚目、同翅目、鳞翅目和直翅目害虫；对某些种类的螨虫也有效。适用作物包括谷物、棉花、果树、葡萄、观赏植物和蔬菜。剂量范围从 5g/hm^2（防治谷物上的蚜虫）到 45g/hm^2（防治乔木果树的蚜虫和鳞翅目害虫）。与碱性物质不兼容。

【使用注意事项】不能与碱性农药混用。

【参考文献】

[1] Kim J H，Shin Y W，Heo J N，et al．Preparation of 2-chloro-3,5-bis(trifluoromethyl)phenyl benzoyl ureas as pesticides．US6022882．

[2] Bowden M C，Turnbull M D．Preparation of halogenated alcohols．WO9427942．

[3] 赵学迅．一种制备联苯菊酯的新方法．CN109485564．

[4] Bowden M C，Turnbull M D．Process and catalysts for the preparation of lower alkyl 3-(2-chloro-3,3,3-trifluoroprop-1-en-1-yl)-2,2-dimethylcyclopropanecarboxylate insecticide intermediates．WO9427951．

[5] 周其奎，吴孝举，孔勇，等．一种联苯菊酯的生产工艺．CN108218696．

[6] Hiyama，T，Fujita M．Preparation of 2,2-dimethylcyclopropanecarboxylic acid derivatives as intermediates for pyrethroid insecticides．US4864052．

[7] 荆和祥，王海峻．2-甲基-3-苯基苯甲醇的制备方法．CN1935761．

3.1.1.15 硫氟肟醚 thiofluoximate

【化学名称】(1*Z*)(3-氟-4-氯苯基)(1-甲硫基乙基)酮肟 *O*-(2-甲基-3-苯基)-苄基醚

IUPAC 名：(1*Z*)-1-(4-chloro-3-fluorophenyl)-2-(methylthio)ethenone *O*-[(2-methyl[1,1′-biphenyl]-3-yl)methyl]oxim

CAS 名：(1*Z*)-1-(4-chloro-3-fluorophenyl)-2-(methylthio)ethanone *O*-[(2-methyl[1,1′-biphenyl]-3-yl)methyl]oxime

【化学结构式】

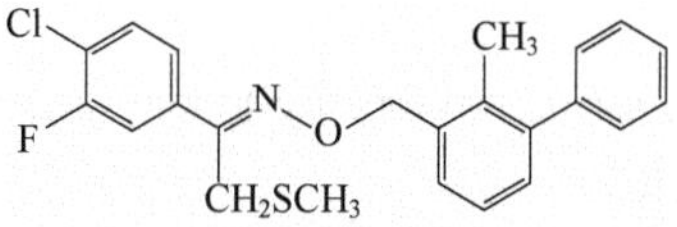

【分子式】$C_{23}H_{21}ClFNOS$

【分子量】413.94

【CAS 登录号】860028-12-2

【理化性质】无色结晶固体，熔点 71.0～71.2°C；易溶于丙酮、环己酮、二甲苯、三氯甲烷等有机溶剂，难溶于蒸馏水和 pH 为 5～9 的缓冲液，对光和热稳定。

【研制和开发公司】由中国湖南海利开发

【上市国家和年份】中国，2004 年临时登记

【合成路线】[1]

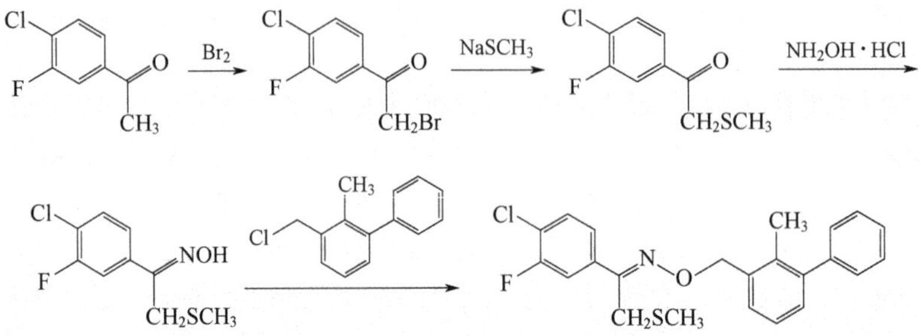

【哺乳动物毒性】大鼠（雌、雄）急性经口 LD_{50}>4640mg/kg，大鼠（雌、雄）急性经皮 LD_{50}>2150mg/kg；对兔眼、皮肤无刺激性，对豚鼠无致敏性；大鼠亚慢（急）性毒性 NOEL 为 4.38mg/(kg・d)（雌）和 2.32mg/(kg・d)（雄）；Ames、微核、染色体试验结果均为阴性。

【生态毒性】斑马鱼 LC_{50}（96h）16.0mg/L；蜜蜂 LD_{50}（48h）>9.08mg/L；鹌鹑饲喂 LC_{50}（7d）950mg/kg；家蚕 LC_{50}（2 年）>0.441mg/L。

【作用机理】作用于昆虫的神经系统，通过与钠离子通道的作用扰乱神经元功能。

【分析方法】高效液相色谱-紫外（HPLC-UV）

【制剂】悬浮剂（SC）

【应用】对菜青虫、蚜虫、叶蝉、茶毒蛾、茶尺蠖等多种害虫具有良好的杀虫活性。室内生测结果表明，硫氟肟醚对黏虫、蚜虫和叶蝉等多种害虫具有优异的胃毒、触杀和综合毒力，且在试验过程中还发现该化合物具有对昆虫击倒作用快的特点，但内吸和熏蒸作用较弱；对菜青虫、菜蚜和小菜蛾的温室栽培模拟防治试验也得到了类似的结果。田间试验结果证实，硫氟肟醚对菜青虫和茶毛虫具有良好的防治效果。施用剂量为 75g（a. i.）/hm^2 时，药后 3d 硫氟肟醚对菜青虫和茶毛虫的防治效果分别达到93%和 82%，且对有益天敌昆虫和作物安全。

【参考文献】

[1] 陈明，王宇，黄明智，等. 一种反式硫氟肟醚的制备方法. CN103497129.

3.1.1.16 氯氟醚菊酯 meperfluthrin

【化学名称】[2,3,5,6-四氟-4-甲氧甲基苄基](1*R*,3*S*)-3-(2,2-二氯乙烯基)-2,2-二甲基环丙-1-基甲酸酯

IUPAC 名：2,3,5,6-tetrafluoro-4-(methoxymethyl)benzyl(1*R*,3*S*)-3-(2,2-dichlorovinyl)-2,2-dimethylcyclopropanecarboxylate

CAS 名：[2,3,5,6-tetrafluoro-4-(methoxymethyl)phenyl]methyl(1*R*,3*S*)-3-(2,2-dichloroethenyl)-2,2-dimethylcyclopropanecarboxylate

【化学结构式】

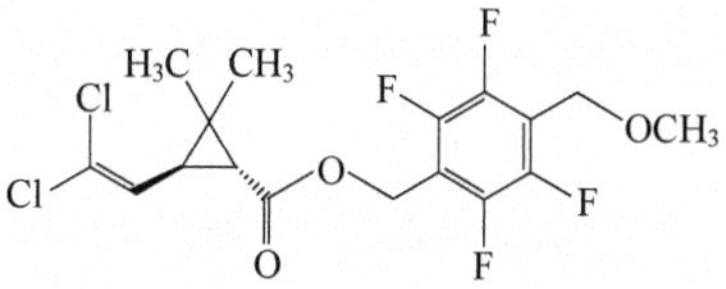

【分子式】$C_{17}H_{16}Cl_2F_4O_3$

【分子量】415.21

【CAS 登录号】915288-13-0

【理化性质】其纯品为白色粉末，工业品为类白色至浅黄棕色晶体，纯品熔点 48～50℃；密度 1.2329g/cm^3；难溶于水（25℃）7.78×10^{-5}g/L，易溶于乙酸乙酯、丙酮和氯仿等大多数有机溶剂。

【研制和开发公司】由中国江苏扬农化工开发

【上市国家和年份】中国，2009 年

【合成路线】[1-4]

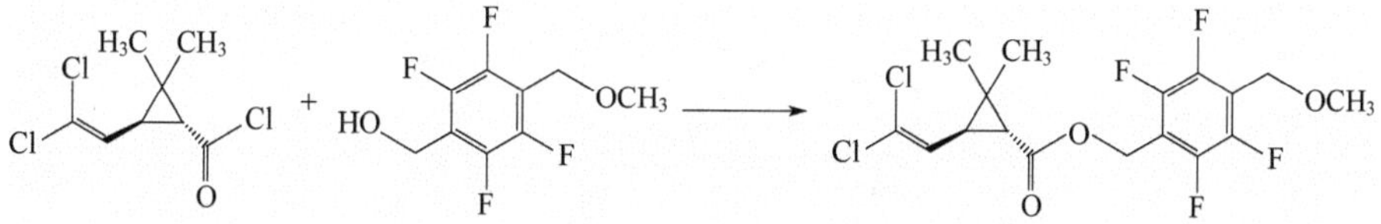

中间体合成请参见“epsilon-momfluorothrin”部分。

【哺乳动物毒性】大鼠急性经口 LD_{50}＞500mg/kg，大鼠急性经皮 LD_{50}＞5000mg/kg；大鼠急性吸入 LC_{50}＞3160mg/m^3；对兔眼睛无刺激，皮肤无刺激，豚鼠皮肤无致敏。

【作用机理】作用于昆虫神经系统，与钠离子通道作用以干扰神经元功能。

【分析方法】气相色谱（GC）

【应用】[5] 该产品是吸入和触杀型杀虫剂，对蚊、蝇等卫生害虫具有卓越的击倒和杀死活性。

【参考文献】

[1] 戚明珠，周景梅，姜友法，等．一种光学活性的拟除虫菊酯类化合物及其制备方法和应用．CN101306997．

[2] 戚明珠，姜友法，冯广军，等．一种氯氟醚菊酯的清洁化生产方法．CN104628570．

[3] Hagiya K．Method for producing halogen-substituted benzenedimethanol．WO2007080814．

[4] Cleare P J V，Costello A T. Fluorination for phthaloyl fluorides. GB2146635．

[5] 吕杨，戚明珠，周景梅，等．卫生杀虫剂氯氟醚菊酯的创制研究．世界农药，2014，36（6）：25-28．

3.1.1.17 七氟甲醚菊酯 heptafluthrin

【化学名称】[2,3,5,6-四氟-4-(甲氧基甲基)苄基](1*RS*,3*RS*;1*RS*,3*SR*)-2,2-二甲基-3-[(1*Z*)-3,3,3-三氟丙烯基]环丙-1-基甲酸酯

IUPAC 名：2,3,5,6-tetrafluoro-4-(methoxymethyl)benzyl(1*RS*,3*RS*;1*RS*,3*SR*)-2,2-dimethyl-3-[(1*Z*)-3,3,3-trifluoroprop-1-enyl]cyclopropanecarboxylate

CAS 名：[2,3,5,6-tetrafluoro-4-(methoxymethyl)phenyl]methyl 2,2-dimethyl-3-[(1*Z*)-3,3,3-

trifluoro-1-propen-1-yl]cyclopropanecarboxylate

【化学结构式】

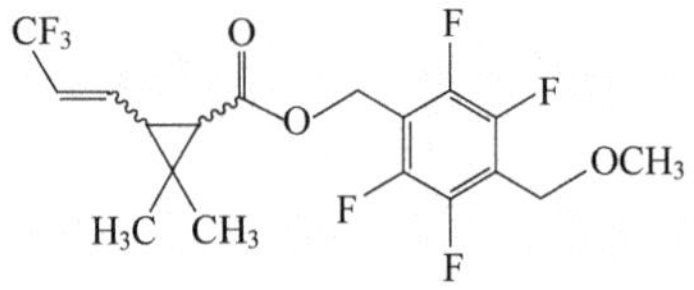

【分子式】$C_{18}H_{17}F_7O_3$

【分子量】414.32

【CAS 登录号】1130296-65-9

【研制和开发公司】由江苏优士化学开发

【上市国家和年份】中国，2015 年

【合成路线】[1]

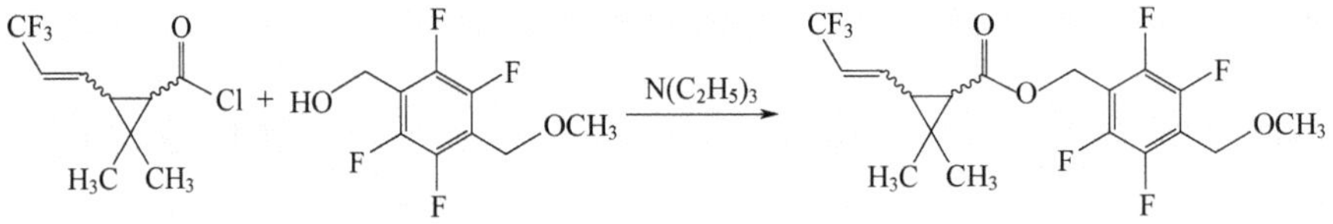

中间体合成参见“ε-甲氧氟菊酯 epsilon-momfluorothrin”部分。

【作用机理】作用于昆虫神经系统，与钠离子通道作用以干扰神经元功能。

【制剂】气体制剂（GA）

【应用】防治蟑螂、蚊、蚂蚁、跳蚤、尘螨、衣鱼、蟋蟀、蜘蛛等。

【参考文献】

[1] Qi M Z，He S Z，Jiang Y F，et al. Pyrethroid compound，its preparation process and application as pesticide for prevention and controlling mosquito，musca and german cockroach. WO2010043121.

3.1.1.18 三氟醚菊酯 flufenprox

【化学名称】[3-(4-氯苯氧基)苄基](*RS*)-2-(4-乙氧基苯基)-3,3,3-三氟丙基醚

IUPAC 名：3-(4-chlorophenoxy)benzyl(*RS*)-2-(4-ethoxyphenyl)-3,3,3-trifluoropropyl ether

CAS 名：1-(4-chlorophenoxy)-3-([2-(4-ethoxyphenyl)-3,3,3-trifluoropropoxy]methyl)benzene

【化学结构式】

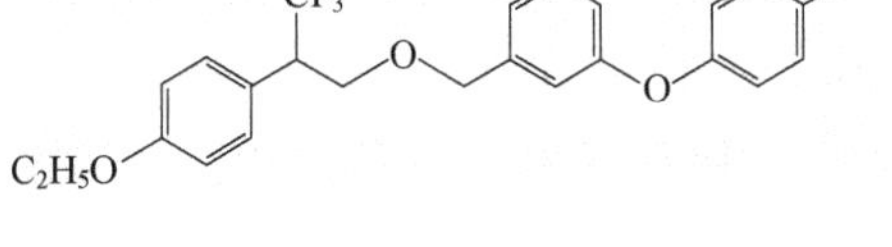

【分子式】$C_{24}H_{22}ClF_3O_3$

【分子量】450.88

【CAS 登录号】107713-58-6

【理化性质】无味、透明浅黄绿色液体，蒸气压（20℃）1.3×10^{-4}mPa；密度（20℃）1.25g/cm^3；K_{ow}lg$P$（25℃）5.59；水中溶解度 2.5μg/L，易溶于有机溶剂。

【研制和开发公司】由 Imperial Chemical Industries PLC（英国帝国化学工业公司）开发

【上市国家和年份】欧洲，1992 首次报道

【合成路线】[1,2]

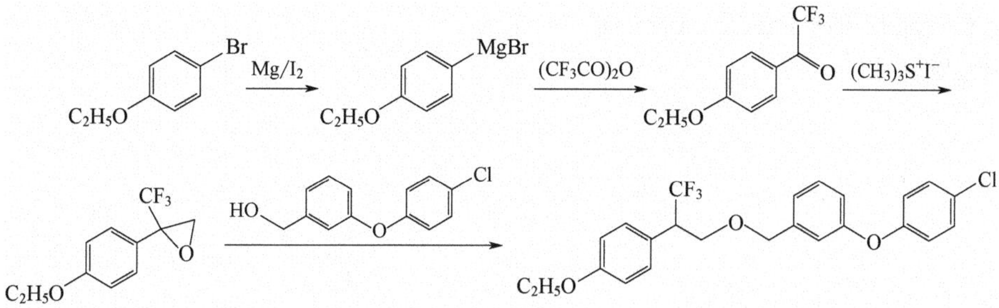

【哺乳动物毒性】大鼠（雌、雄）急性经口 LD_{50}＞5000mg/kg，大鼠（雌、雄）急性经皮 LD_{50}＞2000mg/ kg；对兔眼和皮肤有轻微刺激性，对豚鼠有致敏性。

【生态毒性】鲤鱼 LC_{50}（96h）＞10mg/L；蜜蜂 LC_{50}（48h）0.03μg/L；蚯蚓 LD_{50}＞1000mg/kg。

【作用机理】神经毒剂。

【分析方法】气相色谱（GC）

【制剂】乳油（EC），颗粒剂（GR）

【应用】水稻用于防治同翅目、异翅目、鳞翅目等

【参考文献】

[1] Bushell M J，Whittle A J，Carr R A E．Insecticidal ethers．EP0211561A1．

[2] Carr R A E，Powell L．Process for intermediates for insecticidal compounds．EP0280383．

3.1.1.19 四氟苯菊酯 *trans*fluthrin

【商品名称】Baygon，Bayothrin

【化学名称】2,3,5,6-四氟苄基(1*R*,3*S*)-*trans*-3-(2,2-二氯乙烯基)-2,2-二甲基环丙-1-基甲酸酯

IUPAC 名：2,3,5,6-tetrafluorobenzyl-(1*R*,3*S*)-*trans*-3-(2,2-dichlorovinyl)-2,2-dimethyl-cyclopropanecarboxylate

CAS 名：(1*R*-*trans*)-2,3,5,6-tetrafluorobenzyl 3-(2,2-dichloroethenyl)-2,2-dimethylcyclopropane carboxylate

【化学结构式】

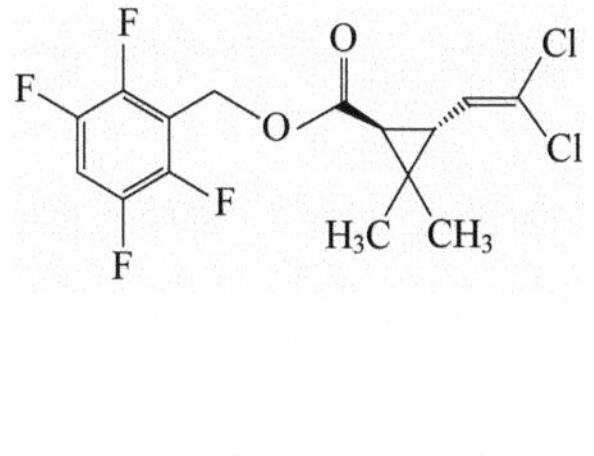

【分子式】$C_{15}H_{12}Cl_2F_4O_2$

【分子量】371.15

【CAS登录号】118712-89-3

【理化性质】无色晶体，熔点32℃；沸点（10Pa）135℃；蒸气压（20℃）4.0×10^{-1}mPa；$K_{ow}\lg P$（20℃）5.46；密度（23℃）1.5072g/cm^3；水中溶解度（20℃）5.0×10^{-5}g/L，有机溶剂中溶解度＞200g/L；200℃下放置5h无分解，纯水中 DT_{50}（25℃）＞1年（pH5），DT_{50}＞1年（pH7），14d（pH9）；比旋光度$[\alpha]_D^{29℃}$+15.3°（c=0.5%，$CHCl_3$）。

【研制和开发公司】由德国Bayer（德国拜耳）开发

【上市国家和年份】德国，1985年

【合成路线】[1]

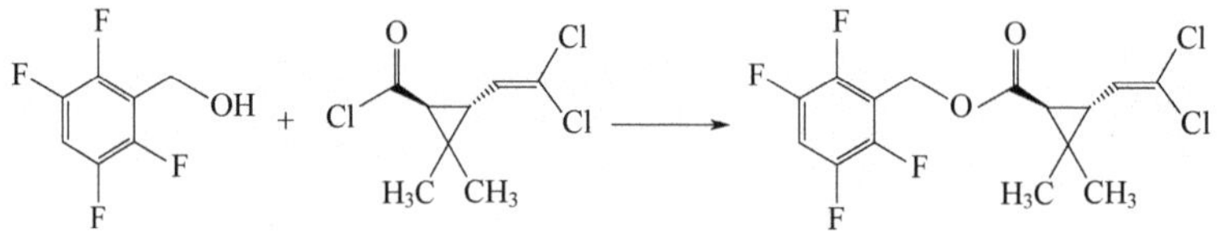

中间体合成[2]：

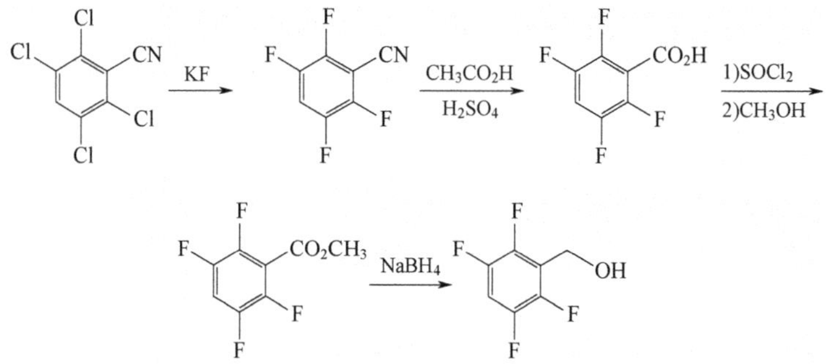

【哺乳动物毒性】雄、雌大鼠急性经口 LD_{50}＞5000mg/kg，雄小鼠急性经皮 LD_{50} 583mg/kg，雌小鼠急性经皮 LD_{50} 688mg/kg，雄、雌大鼠急性经皮 LD_{50}（24h）＞5000mg/kg。雌雄大鼠吸入 LC_{50}（4h）＞513mg/m^3。NOEL：雌雄大鼠（2年）20mg/kg，雌雄小鼠（2年）100mg/kg。毒性等级U。

【生态毒性】山齿鹑和加那利雀急性经口 LD_{50}＞2000mg/kg，母鸡急性经口 LD_{50}＞5000mg/kg，金圆腹雅罗鱼 LC_{50}（96h）1.25mg/L，虹鳟 LC_{50}（96h）0.7μg/L；水蚤 EC_{50}（48h）0.0017mg/L；近具刺链带藻 EC_{50}（96h）＞0.1mg/L。

【作用机理】作用于昆虫神经细胞膜中的神经元突触前电压门钠离子通道。

【分析方法】气液色谱-氢焰法（GLC-FID）

【制剂】烟剂（FU），电蚊香液（LV），蚊香（MC），熏蒸剂（VP）

【应用】作用方式：通过吸入和接触发挥杀虫活性；也有驱避作用。用途：防治蚊子、苍蝇、蟑螂和白粉虱。

【代谢】动物：形成四氟苯甲酸和四氟苄醇的葡萄糖醛酸。土壤环境：在水生生态系统中，形成四氟苄醇和四氟苯甲酸。水中 DT_{50} 为2d（见光）、8d（避光）。

【参考文献】

[1] Decker M, Esser M, Littmann M, et al. Process for the preparation of synthetic pyrethroids by azeotropic esterification.

EP779269.
[2] 袁其亮，蒋栋栋，竺坚飞，等. 一种四氟苯菊酯中间体的合成方法. CN113292399

3.1.1.20 四氟醚菊酯 tetramethylfluthrin

【化学名称】[2,3,5,6-四氟-4-(甲氧甲基)苯基]-2,2,3,3-四甲基环丙-1-基甲酸酯

IUPAC 名：2,3,5,6-tetrafluoro-4-(methoxymethyl)benzyl 2,2,3,3-tetramethylcyclopropanecar-boxy-late

CAS 名：[2,3,5,6-tetrafluoro-4-(methoxymethyl)phenyl]methyl 2,2,3,3-tetramethylcyclopropane carboxylate

【化学结构式】

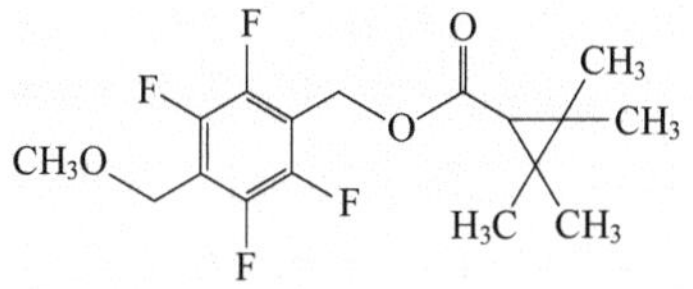

【分子式】$C_{17}H_{20}F_4O_3$

【分子量】348.34

【CAS 登录号】84937-88-2

【理化性质】密度 1.225g/cm^3。

【研制和开发公司】英国帝国化学报道，由江苏扬农化工股份有限公司开发

【上市国家和年份】中国，2008 年

【合成路线】[1-5]

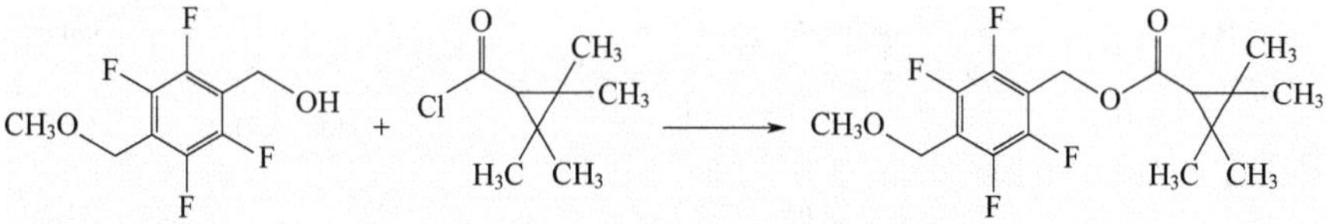

中间体合成参见“ε-甲氧苄氟菊酯 epsilon-metofluthrin”部分。

【应用】具有很强的触杀作用，对蚊虫有卓越的击倒效果，其杀虫毒力是右旋烯丙菊酯的17 倍以上，能够有效防治蚊子、苍蝇、蟑螂和白粉虱等。

【参考文献】

[1] 戚明珠，周景梅，姜友法，等. 一种光学活性的拟除虫菊酯类化合物及其制备方法和应用. CN101306997.
[2] Qi M Z，Jiang Y F，Feng G J，et al. Clean production method of meperfluthrin. CN104628570.
[3] Hagiya K. Method for producing halogen-substituted benzenedimethanol. WO2007080814.
[4] Cleare P J V，Costello A T. Fluorination for phthaloyl fluorides. GB2146635.
[5] 贺书泽. 四氟醚菊酯的合成. 现代农药，2014，13（6）：22-24.

3.1.1.21 溴氟醚菊酯 halfenprox

【商品名称】Anniverse

【化学名称】2-(4-溴二氟甲氧基苯基)-2-甲基丙基-(3-苯氧基苄基)醚

IUPAC 名：2-(4-bromodifluoromethoxyphenyl)-2-methylpropyl-3-phenoxybenzylether

CAS 名：1-([2-(4-bromodifluoromethoxy)phenyl]-2-methylpropyl)3-phenoxybenzene

【化学结构式】

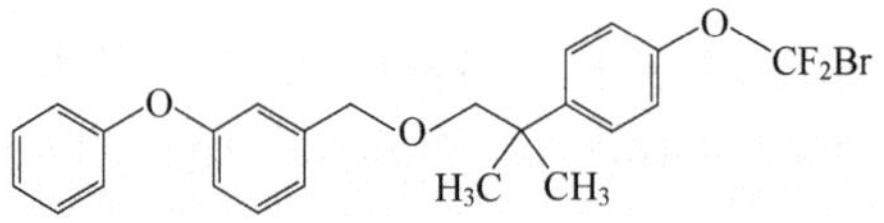

【分子式】$C_{24}H_{23}BrF_2O_3$

【分子量】477.35

【CAS 登录号】111872-58-3

【理化性质】纯品为无色液体，沸点 291.2℃（分解）；蒸气压（20℃）7.74×10^{-4}mPa；K_{ow}（25℃）lg$P$7.7；密度（20℃）1.318g/cm^3；水中溶解度（pH5，20℃）0.007mg/L，有机溶剂中溶解度（20℃）乙酸乙酯＞554g/L，乙醇＞555g/L，甲醇＞288g/L，丙酮＞513g/L，己烷＞600g/L，庚烷＞585g/L，二甲苯＞560g/L，甲苯＞622g/L，二氯甲烷＞587g/L；水解 DT_{50}（25℃）＞1d（pH5，7），230d（pH9），光解 DT_{50}（25℃）4d（无菌水），3d（天然水）。

【研制和开发公司】由日本 Mitsui Chemicals. Inc（日本三井化学株式会社）开发

【上市国家和年份】日本，1994 年

【合成路线】[1-4]

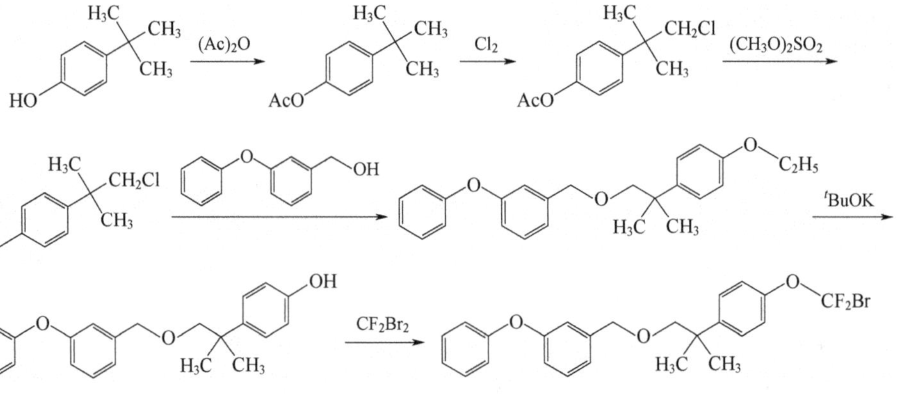

【哺乳动物毒性】急性经口 LD_{50}（mg/kg）：雄大鼠 132，雌大鼠 159，雄小鼠 146，雌小鼠 121。大鼠急性经皮 LD_{50}＞2000mg/kg。狗吸入 NOEL：（1 年）3mg/(kg・d)，雄大鼠 NOEL：（2 年）1.414mg/(kg・d)，雌大鼠 NOEL：1.708mg/(kg・d)。无致畸、致癌、致突变作用。ADI/RfD（FSC）0.0003mg/kg。

【生态毒性】急性经口 LD_{50}：山齿鹑 1884mg/kg，野鸭＞2000mg/kg。LC_{50}（96h）：鲤鱼 0.0035mg/L，蓝鳃翻车鱼 0.0062mg/L，虹鳟 0.0027mg/L。水蚤 LC_{50}（48h）0.0031μg/L。近头状伪蹄形藻 E_bC_{50}（72h）＞0.20mg/L。对蜜蜂高毒，蜜蜂 LC_{50} 27mg/L。蚯蚓 LC_{50}（7d）218mg/kg。

【作用机理】[5]通过与钠离子通道相互作用扰乱神经元功能，作用于神经系统。

【分析方法】高效液相色谱-紫外（HPLC-UV），气相色谱-电子捕获检测（GC-ECD）

【制剂】乳油（EC），微胶囊缓释剂（CS）

【应用】作用方式：广谱杀螨剂，具有触杀作用，残效期中等，也可抑制卵的孵化。用途：防治各个生长阶段的朱砂叶螨，果树上的红蜘蛛、二斑叶螨，柑橘、葡萄、果树、蔬菜、茶和观赏植物锈螨，使用剂量 75～350g/hm^2。按目前田间使用剂量无药害。

【代谢】动物：大鼠中代谢物包括 2-(4-溴二氟甲氧基苯基)-2-甲基丙基-3-(4-羟基苯氧基)苄基醚。植物：茶中代谢物包括 2-(4-溴二氟甲氧基苯基)2-甲基丙基-3-苯氧基苯甲酸酯。土壤环境：土壤 DT_{50} 8～15d。水中光降解（25℃）DT_{50} 4d。

【参考文献】

[1] Kamada K，Kawamoto S，Yaegashi M，et al．Insecticidal acrylic resin coating film．EP257415．

[2] Fukunaga Y，Mita R，Umemoto M，et al．Preparation of 3-phenoxybenzyl 2-(4-hydroxyphenyl)-2-methylpropyl ethers as intermediates for insecticides．JP03197439．

[3] 唐炎森，涂海兰，沈行奂．等．杀虫剂醚菊酯的制备方法．CN1548415．

[4] Akieda H，Sato N，Morinaga K，et al．Process for producing p-hydroxyneophyl m-phenoxybenzyl ether．EP0421385A1．

[5] O'Reilly A O，Williamson M S，Gonzalez-Cabrera J，et al．Predictive 3D modelling of the interactions of pyrethroids with the voltage-gated sodium channels of ticks and mites．Pest Manag Sci，2014，70（3）：369-377．

3.2 甲壳素合成抑制剂

3.2.1 苯甲酰脲类

3.2.1.1 除虫脲 diflubenzuron

【商品名称】Bi-Larv，Device，Diflorate，Dimilin，Dimisun，Du-Dim，Dorester，Patron

【化学名称】1-(4-氯苯)-3-(2,6-二氟苯甲酰)脲

IUPAC 名：1-(4-chlorophenyl)-3-(2,6-difluorobenzoyl)urea

CAS 名：*N*-([(4-chlorophenyl)amino]carbonyl)-2,6-difluorobenzamide

【化学结构式】

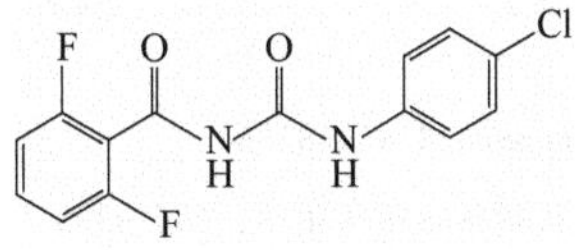

【分子式】$C_{14}H_9ClF_2N_2O_2$

【分子量】310.68

【CAS 登录号】35367-38-5

【理化性质】无色晶体，熔点 223.5～224.5℃；密度（20℃）1.57g/cm^3；蒸气压（25℃，气体饱和法）1.2×10^{-4}mPa；K_{ow}lg$P$ 3.8（pH4），4.0（pH8），3.4（pH10）；水中溶解度（25℃，pH7）0.08mg/L，其他溶剂中溶解度（25℃）：甲苯 0.29g/L，丙酮 6.98g/L，乙酸乙酯 4.26g/L，甲醇 1.1g/L，二氯甲烷 1.8g/L，正己烷 0.063g/L；溶液中光敏感，固体对光稳定，100℃储藏 1d 分解率＜0.5%，水溶液中 pH5、7 稳定，DT_{50} 32.5d（pH9，20℃）。

【研制和开发公司】荷兰 Philips-Duphar B.V.（荷兰菲利普-道弗尔公司）[现为 Chemtura Corp.（美国科聚亚公司）]

【上市国家和年份】欧洲，1975 年

【合成路线】[1-5]

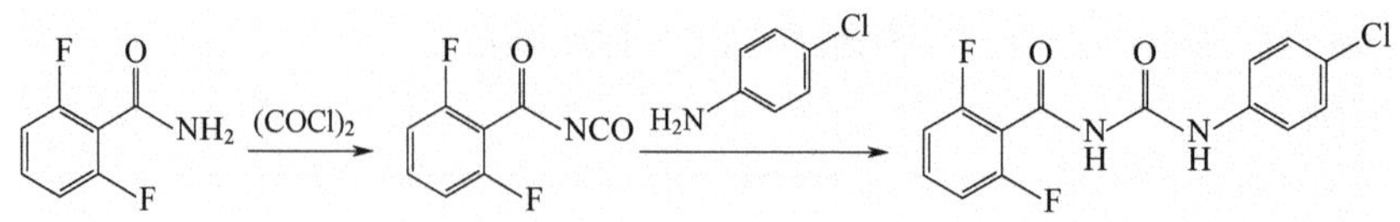

【哺乳动物毒性】雄、雌大鼠急性经口 LD_{50}＞4640mg/kg。急性经皮 LD_{50}：兔＞2000mg/kg，大鼠＞10000mg/kg。对兔皮肤和眼睛无刺激，对皮肤不致敏。大鼠吸入 LC_{50}＞2.88mg/L。NOEL（1 年）大鼠、小鼠、狗 2mg/(kg・d)。形成正铁血红蛋白，未观察到致畸、致突变和致肿瘤。ADI/RfD（JMPR）0.02mg/kg[2001]。毒性等级：U。

【生态毒性】山齿鹑和野鸭急性经口 LD_{50}（14d）＞5000mg/kg，山齿鹑和野鸭饲喂 LC_{50}＞1206mg/kg（饲料）；斑马鱼 LC_{50}（96h）＞64.8mg/L；虹鳟 LC_{50}（96h）＞106.4mg/L；水蚤 LC_{50}（48h）0.0026mg/L；羊角月牙藻 NOEC 100mg/L；对蜜蜂和捕食性昆虫无害；赤子爱胜蚯 NOEC≥780mg/kg 基质。

【作用机理】抑制昆虫表皮的甲壳素合成，同时对脂肪体、咽侧体等内分泌和腺体又有损伤破坏作用，从而妨碍昆虫的顺利蜕皮变态；害虫取食后造成积累性中毒，由于缺乏甲壳素，幼虫不能形成新表皮，蜕皮困难，化蛹受阻；成虫难以羽化、产卵；卵不能正常发育、孵化的幼虫表皮缺乏硬度而死亡，从而影响害虫整个世代。

【分析方法】高效液相色谱-紫外检测（HPLC-UV）

【制剂】悬浮剂（SC），颗粒剂（GR），水分散剂（WG），可湿粉剂（WP），超低容量液剂（UL）

【应用】除虫脲适用植物很广，可广泛使用于苹果、梨、桃、柑橘等果树，玉米、小麦、水稻、棉花、花生等粮棉油作物，十字花科蔬菜、茄果类蔬菜、瓜类等蔬菜，茶树、森林等多种植物，主要用于防治鳞翅目害虫，如菜青虫、小菜蛾、甜菜夜蛾、斜纹夜蛾、金纹细蛾、桃线潜叶蛾、柑橘潜叶蛾、黏虫、茶尺蠖、棉铃虫、美国白蛾、松毛虫、卷叶蛾、卷叶螟等。

【参考文献】

[1] Wellinga K，Mulder R．Substituted benzoyl ureas．US3748356．

[2] 权于．用于合成 2,6-二氯苯腈的催化剂及其制备方法和用途．CN103551176．

[3] 宋佳，马勇，史雪芳，等．一种 2,6-二氟苯甲酰胺的制备方法．CN112851539．

[4] Hirota Y，Nakae T．Preparation of fluoro aromatic compounds．JP 2001058965．

[5] Enomoto M，Takahashi J，Kusaba T，et al．Preparation of a 4,6-dichloro-5-tetrafluoroeth oxybenzimidazole derivatives as an agrochemical fungicide．JP 04368373．

3.2.1.2 多氟脲 noviflumuron

【商品名称】RecruitⅢ，RecruitⅣ

【化学名称】(*RS*)-1-[3,5-二氯-2-氟-4-(1,1,2,3,3,3-六氟丙氧基)苯基]-3-(2,6-二氟苯甲酰基)脲

IUPAC 名：(*RS*)-1-[3,5-dichloro-2-fluoro-4-(1,1,2,3,3,3-hexafluoropropoxyl)phenyl]-3-(2,6-diflu orobenzoyl)urea

CAS 名：*N*-[([3,5-dichloro-2-fluoro-4-(1,1,2,3,3,3-hexafluoropropoxy)phenyl]amino)carbonyl]-2,6-difluorobenzamide

【化学结构式】

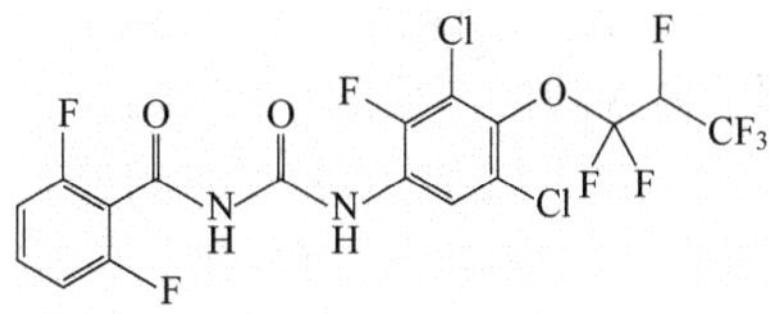

【分子式】$C_{17}H_7Cl_2F_9N_2O_3$

【分子量】529.14

【CAS 登录号】121451-02-3

【理化性质】无味白色粉末，熔点 156.2℃；密度（20℃）1.88g/cm^3；蒸气压（25℃）7.19×10^{-8}mPa；K_{ow}lg$P$（20℃）4.94；水中溶解度（20℃，pH6.65，无缓冲）0.194mg/L；其他溶剂中溶解度（20℃）：丙酮 425g/L，乙酸乙酯 290g/L，甲醇 48.9g/L，对二甲苯 93.3g/L，正己烷 0.10g/L，乙腈 44.9g/L，正辛醇 8.1g/L，1,2-二氯乙烷 20.7g/L，庚烷 0.068g/L；稳定性 50℃存放 16d 分解＜3%，pH5～9 稳定。

【研制和开发公司】由 Dow AgroSciences（美国陶氏益农公司）开发

【上市国家和年份】美国，2003 年

【合成路线】[1-5]

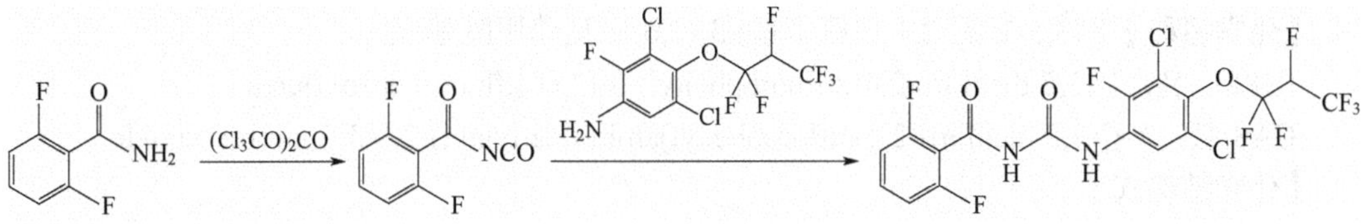

中间体合成：

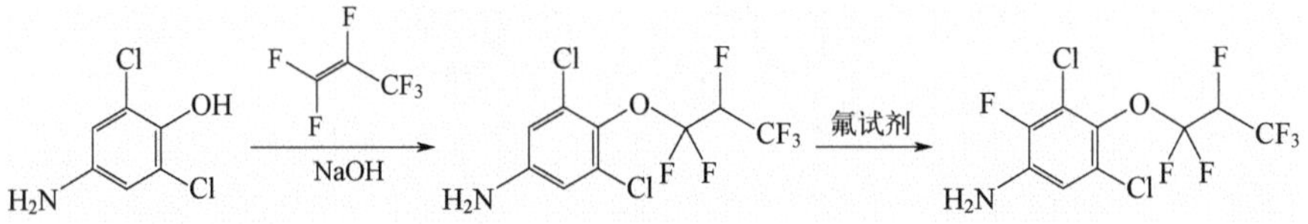

【哺乳动物毒性】大鼠急性经口 LD_{50}＞5000mg/kg，兔急性经皮 LD_{50}＞5000mg/kg。大鼠吸入 LC_{50}＞5.24mg/L。NOEL：雄比格犬（1 年）饲喂 30mg/kg（每日饲喂 0.74mg/kg），雌比格犬（1 年）饲喂 300mg/kg（每日饲喂 8.7mg/kg），大鼠（2 年）饲喂 1.0mg/(kg・d)，小鼠（18 个月）饲喂 0.5mg/(kg・d)；NOAEL 雄小鼠 3mg/(kg・d)，雌小鼠 30mg/(kg・d)；毒性等级 U。

【生态毒性】山齿鹑急性经口 LD_{50}（14d）＞2000mg/kg，山齿鹑饲喂 LC_{50}（10d）＞4100mg/kg（饲料），野鸭 LC_{50}（8d）＞5300mg/kg（饲料）；虹鳟 LC_{50}（96h）＞1.77mg/L；蓝鳃翻车鱼＞1.63mg/L；NOEC 虹鳟 LC_{50}（96h）≥ 1.77mg/L；对水蚤 LC_{50}（48h）311ng/L；淡水绿藻 EC_{50}（96h）＞0.75mg/L；对蜜蜂无毒，LC_{50}（48h，经口和接触）＞100μg/只；蚯蚓 LC_{50}

（14d）＞1000mg/kg。

【作用机理】甲壳素合成抑制剂，类型 0（鳞翅目）。

【分析方法】高效液相色谱-紫外（HPLC-UV）

【制剂】干拌剂（GB）

【应用】用于防治白蚁，在纤维素基的诱饵基质中的浓度为 0.5%（质量分数）。

【代谢】动物：在诱饵站用于白蚁防治，不适用于动物。土壤：土壤中，多氟脲分解缓慢，DT_{50} 200～300d（黑暗中，25℃）。由于 K_d 值（20～266mL/g）高及水溶性低，土壤渗滤的可能性较低。在水中，多氟脲被吸附于玻璃容器、沉积物及有机材料上。多氟脲聚在 pH7 的缓冲水及天然水中的光解很慢。在空气中，DT_{50} 1.2d（12h 日光下，计算值），半衰期短，加上蒸气压低，都表明空气中多氟脲的浓度低。

【参考文献】

[1] Sbragia R J，Johnson G W，Karr L L，et al．Preparation of benzoylphenylurea insecticides to control cockroaches，ants，fleas，and termites．WO9819542．

[2] 权于．用于合成 2,6-二氯苯腈的催化剂及其制备方法和用途．CN103551176．

[3] 宋佳，马勇，史雪芳，等．一种 2,6-二氟苯甲酰胺的制备方法．CN112851539．

[4] Hirota Y，Nakae T．Preparation of fluoro aromatic compounds．JP 2001058965．

[5] Wang C L，Bennett G W．Efficacy of noviflumuron gel bait for control of the German cockroach，Blattella germanica (Dictyoptera：*Blattellidae*)-laboratory studies．Pest Manag Sci，2006，62（5）：434- 439．

3.2.1.3 伏虫隆 teflubenzuron

【商品名称】Dart，Nemolt，Nobelroc，Nomolt，Teflurate

【化学名称】1-(3,5-二氯-2,4-二氟苯基)-3-(2,6-二氟苯甲酰基)脲

IUPAC 名：1-(3,5-dichloro-2,4-difluorophenyl)-3-(2,6-difluorobenzoyl)urea

CAS 名：*N*-([(3,5-dichloro-2,4-diflurophenyl)amino]carbonyl)-2,6-difluorobenzamide

【化学结构式】

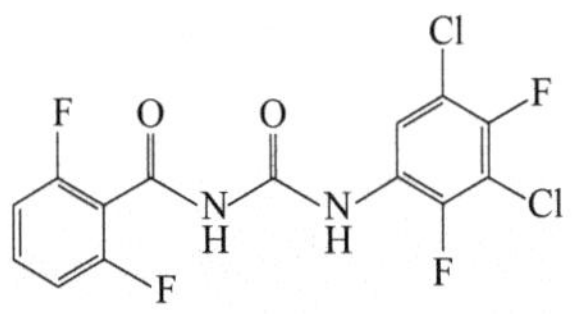

【分子式】$C_{14}H_6Cl_2F_4N_2O_2$

【分子量】381.11

【CAS 登录号】83121-18-0

【理化性质】[1]白色至黄色晶体，熔点 218.8℃；蒸气压（25℃）1.3×10^{-5}mPa；密度（22.7℃）1.662g/cm^3；K_{ow}lg$P$（20℃）4.3；水中溶解度（20℃）：＜0.01mg/L（pH5），＜0.01mg/L（pH7），0.11mg/L（pH9）；有机溶剂中溶解度（20℃）：二甲基亚砜 66g/L，丙酮 10g/L，乙醇 1.4g/L，二氯甲烷 1.8g/L，环己酮 20g/L，己烷 0.05g/L，甲苯 0.85g/L；室温下稳定大于 2 年，水解 DT_{50}（25℃）30d（pH5），10d（pH9）。

【研制和开发公司】由德国 Celamerck GmbH & Co.［BASF SE（巴斯夫公司）］开发

【上市国家和年份】泰国，1984 年

【合成路线】[1-3]

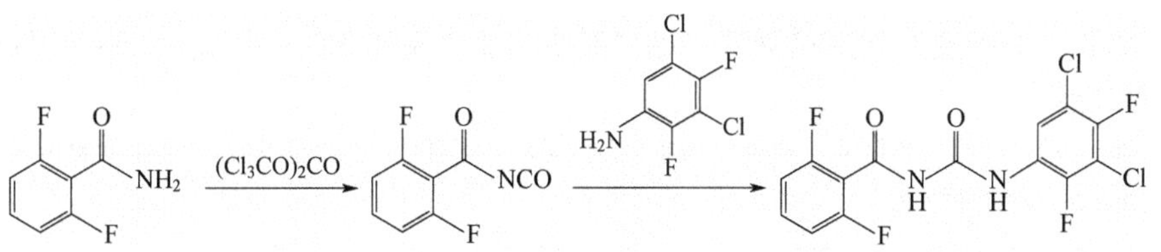

中间体合成[4-6]：

方法 1：

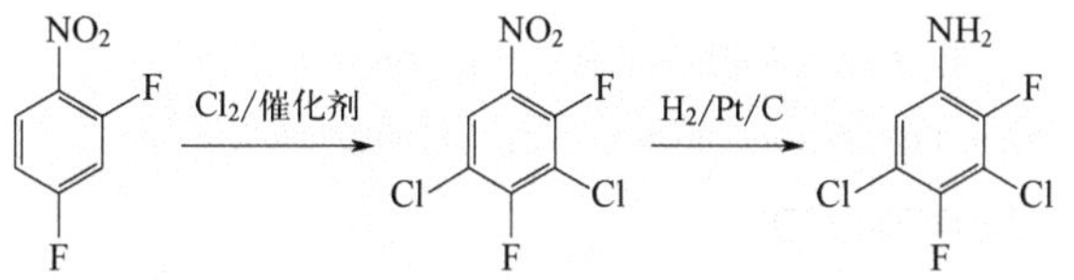

方法 2：

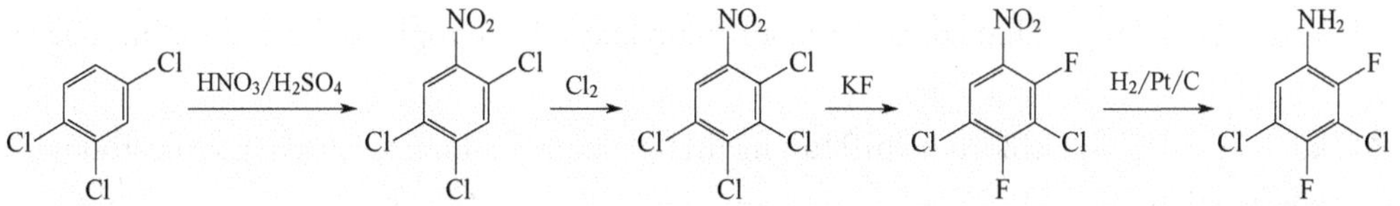

方法 3：

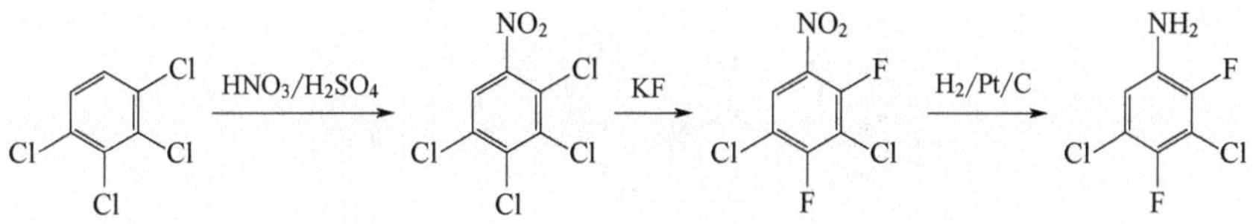

【哺乳动物毒性】大鼠和小鼠急性经口 LD_{50}＞5000mg/kg，大鼠急性经皮 LD_{50}＞2000mg/kg。对兔眼睛和皮肤无刺激，对豚鼠皮肤无致敏。大鼠吸入 LC_{50}（4h）＞5.058mg（粉尘）/L。NOEL：大鼠（90d）8mg/(kg·d)，狗 4.1mg/(kg·d)。无致畸性，Ames、哺乳动物细胞和微核试验无诱变性。ADI/RfD（JMPR）0.01mg/kg[1994]。毒性等级：U。

【生态毒性】鹌鹑急性经口 LD_{50}＞5000mg/kg，鹌鹑和野鸭饲喂 LC_{50}＞5000mg/kg。鱼急性 LC_{50}（96h）：鲑鱼＞4mg/L，鲤鱼＞24mg/L。水蚤 EC_{50}（28d）0.001mg/L。推荐剂量下对蜜蜂无毒，蜜蜂（局部）LD_{50}＞100μg/只，对捕食性节肢动物低毒。

【作用机理】甲壳素合成抑制剂，类型 0（鳞翅目），干扰鳞翅目害虫蜕皮。

【分析方法】高效液相色谱-紫外（HPLC-UV）

【制剂】悬浮剂（SC），超低容量液剂（UL）

【应用】作用方式：内吸性昆虫生长调节剂。用途：用于葡萄、仁果、坚果、柑橘类果树、大白菜、马铃薯与其他蔬菜、大豆、树木、高粱、烟草和棉花，防治鳞翅目、鞘翅目、双翅目、膜翅目害虫，以及粉虱、木虱科和半翅目幼虫，用量 50～225g/hm^2。也用于防治苍蝇、蚊幼虫和非成虫阶段的主要蝗虫品种。防治海虱以保护鲑鱼的用途正在开发中。

【代谢】动物：经口给药进入大鼠体内后，伏虫隆及其代谢物经粪便和尿液迅速排出体外。尿液中有 3 种代谢物已被鉴定。植物：在植物中几乎没有吸收和代谢。土壤/环境：土壤 DT_{50} 为 2～12 周。土壤中发生微生物降解，迅速形成主要代谢物 3,5-二氯-2,4-二氟苯基脲。

【参考文献】

[1] Xu G Y，Zhang FY，Li Z H．Solubility determination and correlation of teflubenzuron in four cosolvent mixtures．J Chem Eng Data，2022，67（3）：717-726．

[2] Becher H M，Prokic-Immel R，Wirtz W，et al．*N*-(2*H*-difluoro3,5-dichloro-phenyl)-*N'*-(2,6-difluorobenzoyl)urea derivative and pesticidal compositions containing same．US 4457943．

[3] Ehrenfreund，J．Pesticidal *N-tetra*-fluorophenyl-*N* benzoyl ureas．US 4310548．

[4] 权于．用于合成 2,6-二氯苯腈的催化剂及其制备方法和用途．CN103551176．

[5] 宋佳，马勇，史雪芳，等．一种 2,6-二氟苯甲酰胺的制备方法．CN112851539．

[6] Hirota Y，Nakae T．Preparation of fluoro aromatic compounds．JP2001058965．

3.2.1.4 氟虫脲 flufenoxuron

【商品名称】Cascade，Floxate

【化学名称】1-[4-(2-氯-*α*,*α*,*α*-三氟对甲苯氧基)-2-氟苯基]-3-(2,6-二氟苯甲酰)脲

IUPAC 名：1-[4-(2-chloro-*α*,*α*,*α*-trifluoro-*p*-tolyloxy)-2-fluorophenyl]-3-(2,6-difluorobenzoyl) urea

CAS 名：*N*-([(4-[2-chloro-4-(trifluoromethyl)phenoxy]-2-fluorophenyl)amino]carbonyl)-2,6-diflu orobenzamide

【化学结构式】

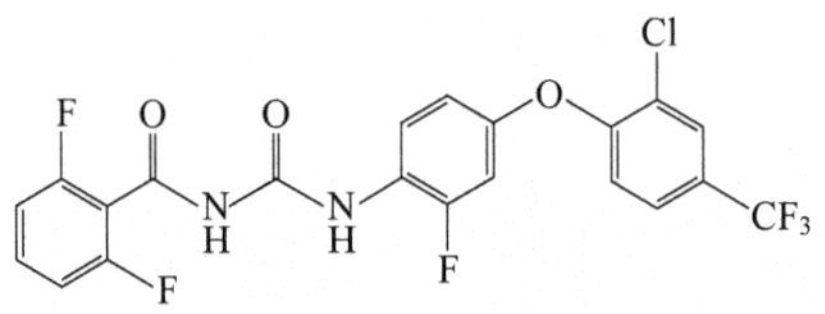

【分子式】$C_{21}H_{11}ClF_6N_2O_3$

【分子量】488.77

【CAS 登录号】101463-69-8

【理化性质】为白色结晶，含量≥95.0%；熔点 169～172℃（分解）；蒸气压（20℃）6.52×10^{-9}mPa；K_{ow}lg*P*（pH7）4.0；密度（20℃）1.53g/cm^3；水中溶解度（25℃）：0.0186mg/L（pH4），0.00152mg/L（pH7），0.00373mg/L（pH9），有机溶剂中溶解度（25℃）：二甲苯 6g/L，甲醇 3.5g/L，甲苯 6.6g/L，二氯甲烷 20g/L，丙酮 73.8g/L，正己烷 0.11g/L，三氯甲烷 18.8g/L；温度小于等于 190℃（自然光下）稳定，在玻璃上薄膜化后于模拟太阳光下稳定＞100h，在水中 DT_{50} 11d，水解（25℃）DT_{50} 112d（pH5）、104d（pH7）、36.7d（pH9）、2.7d（pH12）；pK_a 10.1（计算值）。

【研制和开发公司】Shell Research Ltd（壳牌研究有限公司）发现，American Cyanamid Co.（美国氰胺公司）[现为 BASF SE（巴斯夫公司）]上市

【上市国家和年份】1986 年首次报道

【用途类别】杀虫剂

【合成路线】[1]

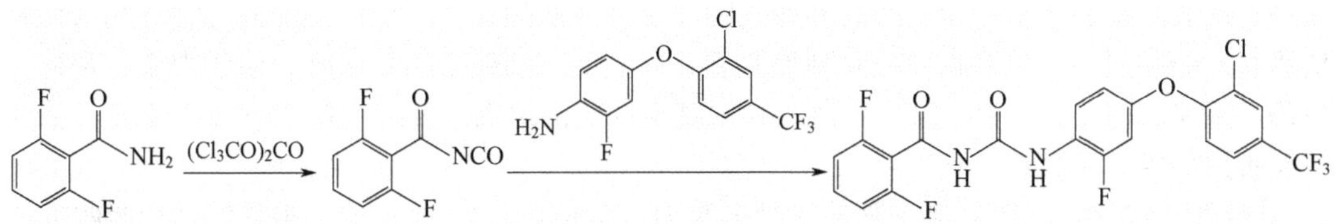

中间体 1[2-7]：

方法 1：

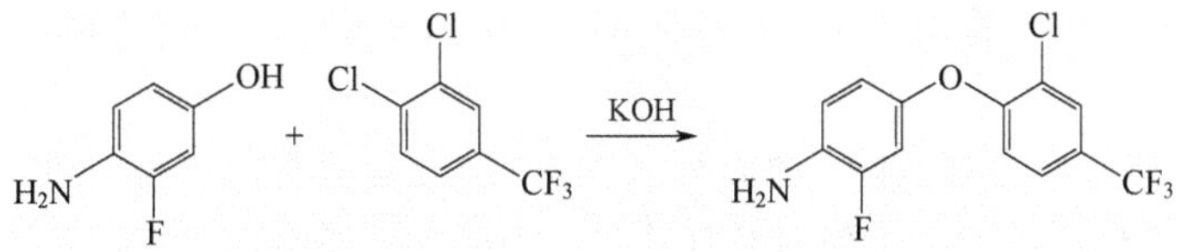

方法 2：

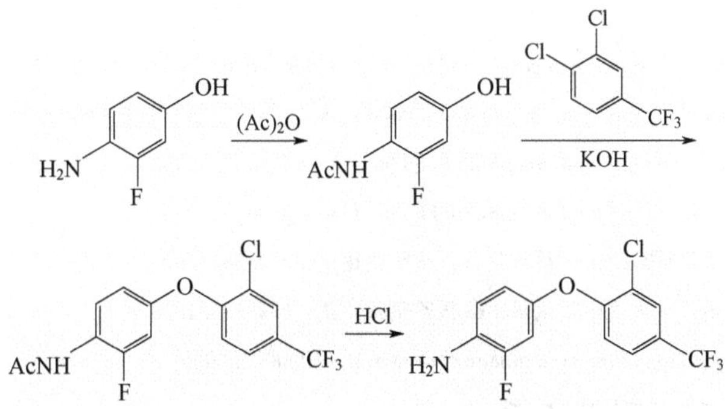

中间体 2：

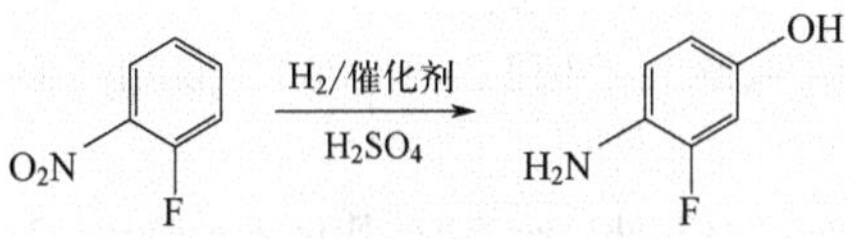

【哺乳动物毒性】急性经口 LD_{50} 大鼠＞3000mg/kg。大鼠、小鼠急性经皮 LD_{50}＞2000mg/kg。对兔眼睛和皮肤无刺激，对豚鼠皮肤无致敏。大鼠吸入 LC_{50}（4h）＞5.1mg/L。NOEL：狗（52 周）3.5mg/(kg·d)，大鼠（104 周）22mg/(kg·d)，小鼠（104 周）56mg/(kg·d)。ADI/RfD（EPA）cRfD0.0375mg/kg[2006]。毒性等级：Ⅲ。

【生态毒性】山齿鹑急性经口 LD_{50}＞2000mg/kg，饲喂 LC_{50}（8d）＞5243mg/kg；虹鳟 LC_{50}（96h）≥4.9μg/L；水蚤 EC_{50}（48h）0.04μg/L；羊角月牙藻 E_bC_{50}（96h）24.6mg/L；水生生物摇蚊幼虫 NOEL 0.05μg/L；蜜蜂经口 LD_{50}＞109.1μg/只，蜜蜂接触 LD_{50}＞100μg/只；蚯蚓 LC_{50}＞1000mg/kg（土）。

【作用机理】抑制甲壳素合成，阻碍昆虫正常脱皮，使卵的孵化、幼虫蜕皮及蛹发育畸形，成虫羽化受阻。

【分析方法】高效液相色谱-紫外（HPLC-UV），气相色谱-质谱（GC-MS）

【制剂】乳油（EC），悬浮剂（SC）

【应用】作用方式：具有触杀和胃毒作用，使昆虫和螨不能正常蜕皮或变态而死亡。成虫接触药剂后，不能正常产卵，产的卵即使孵化也会很快死亡。用途：对多种植食性螨（针刺瘿螨属、短须属、全爪螨属、皱叶刺瘿螨属、叶螨属）幼螨杀伤效果好。用于梨果、葡萄、柑橘、茶树、棉花、玉米、大豆、蔬菜和观赏植物防治螨虫。使用剂量 25～200g/hm^2，依作物和害虫而定。无药害。

【代谢】动物：动物对氟虫脲的接受剂量为 3.5mg/kg，在 48h 内，被动物体内吸收并排出体外，在尿液与粪便中大多是未变化的本品。经水解可形成苯甲酸以及芳氧苯基脲和芳氧苯胺（EPA Fact Sheet）。土壤/环境：该化合物能被土壤吸附，DT_{50} 42d（砂壤土）。以 97.5g/hm^2 的剂量施用于果园土壤，施用 3 年，结果表明，土壤中残留低，不会影响土壤中的生物，包括蚯蚓。

【使用注意事项】本品对蜜蜂、鱼类等水生生物、家蚕有毒，施药期间应避免对周围蜂群的影响，蜜源作物花期、蚕室和桑园附近禁用，远离水产养殖区施药，禁止在河塘等水体中清洗施药器具。

【参考文献】

[1] Anderson M，Brinnand A G．Benzoylurea compounds as insecticides and acaricides．EP216423．

[2] 王正旭，王凤云，吴耀军．氟虫脲中间体 2-氟-4-（2-氯-4-三氟甲基苯氧基）苯胺的合成方法．CN103709048．

[3] 孙德群，安永生，杨越．一种生产 4-氨基-3-氟苯酚的新工艺．CN101274898．

[4] 周庆江，周忠，黄志文，等．一种制备氟代苯腈的方法．CN111454174．

[5] 权于．用于合成 2,6-二氯苯腈的催化剂及其制备方法和用途．CN103551176．

[6] 宋佳，马勇，史雪芳，等．一种 2,6-二氟苯甲酰胺的制备方法．CN112851539．

[7] Hirota Y，Nakae T．Preparation of fluoro aromatic compounds．JP2001058965．

3.2.1.5 氟啶脲 chlorfluazuron

【商品名称】Aim，Atabron，Fertabron，Jupiter，Sundabon，抑太保

【化学名称】1-[3,5-二氯-4-(3-氯-5-三氟甲基-2-吡啶氧基)苯基]-3-(2,6-二氟苯甲酰基)脲

IUPAC 名：[3,5-dichloro-4-(3-chloro-5-trifluoromethyl-2-pyridyloxy)phenyl]-3-(2,6-difluorobenzoyl) urea

CAS 名：*N*-[([3,5-dichloro-4-([3-chloro-5-(trifluoromethyl)-2-pyridinyl]oxy)phenyl]amino) carbonyl]-2,6-difluorobenzamide

【化学结构式】

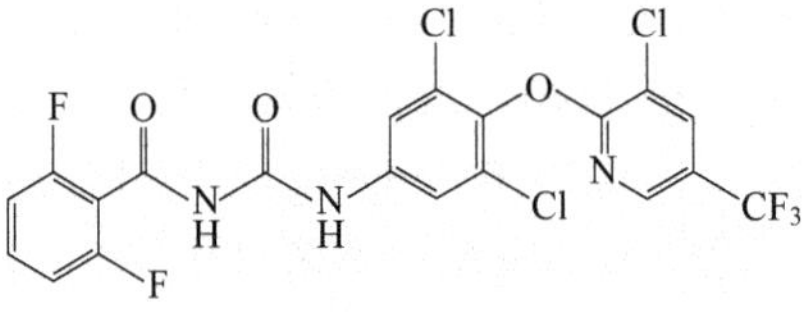

【分子式】$C_{20}H_9Cl_3F_5N_3O_3$

【分子量】540.65

【CAS 登录号】71422-67-8

【理化性质】白色结晶，熔点 221.2～223.9℃；沸点（2.5kPa）238.0℃；蒸气压（20℃）＜1.559×10^{-3}mPa；K_{ow}lg$P$ 5.9；密度（20℃）1.663g/cm^3；水中溶解度（20℃）＜0.012mg/L，有

机溶剂中溶解度（20℃）：己烷<0.00639g/L，正辛烷 1g/L，二甲苯 4.67g/L，甲醇 2.68g/L，甲苯 6.6g/L，异丙醇 7g/L，二氯甲烷 20g/L，丙酮 55.9g/L，环己烷 110g/L；光稳定，不水解，pK_a8.10，弱酸。

【研制和开发公司】由日本 Ishihara Sangyo（石原产业株式会社）开发

【上市国家和年份】日本，1988 年

【合成路线】[1]

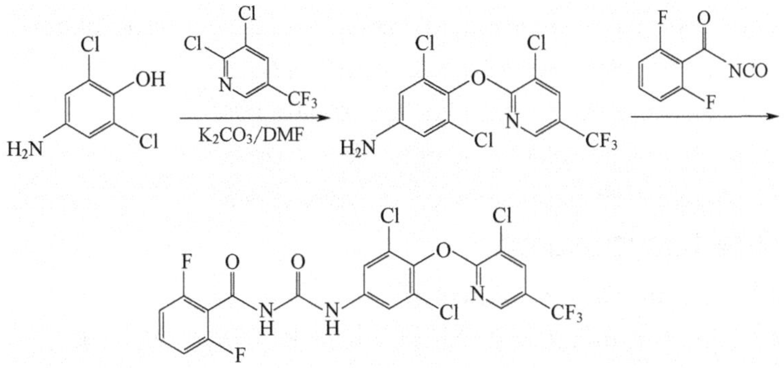

中间体 1：2,3-二氯-5-三氟甲基吡啶合成参见“氟吡禾灵 haloxyfop/haloxyfop-etoty/haloxyfop-methyl”。

中间体 2[2-5]：

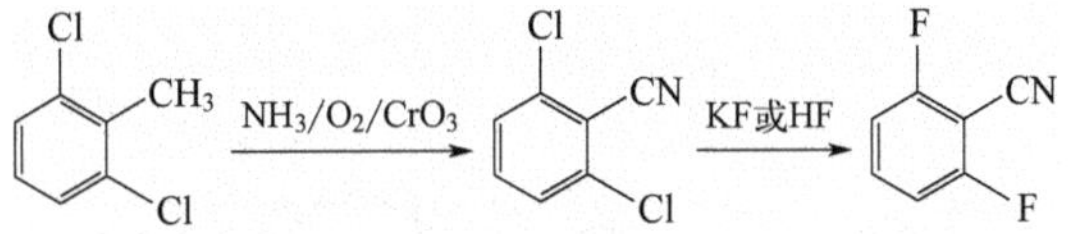

中间体 3：

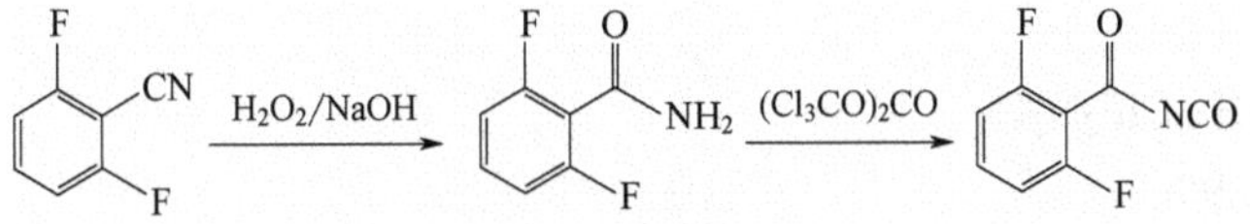

【哺乳动物毒性】急性经口 LD_{50}：大鼠>8500mg/kg，小鼠 8500mg/kg。急性经皮 LD_{50}：大鼠>2000mg/kg，兔>2000mg/kg。温和不刺激兔眼睛，非皮肤致敏剂。大鼠吸入 LC_{50}>2.4mg/L。Ames 试验无突变性。毒性等级：U。

【生态毒性】鹌鹑、绿头野鸭急性经口 LD_{50}>2510mg/kg，鹌鹑、绿头野鸭饲喂 LC_{50}（8d）>5620mg/kg；蓝鳃翻车鱼 LC_{50}（96h）≥1071μg/L；水蚤 LC_{50}（48h）0.908μg/L；藻类 E_bC_{50} 0.39mg/L；蜜蜂经口 LD_{50}>100μg/只；蚯蚓 LC_{50}（14d）>1000mg/kg（土）。

【作用机理】甲壳素合成抑制剂，类型 0（鳞翅目）。

【分析方法】高效液相色谱-紫外（HPLC-UV），气相色谱-质谱（GC-MS）

【制剂】乳油（EC），悬浮剂（SC）

【应用】作用方式：昆虫生长调节剂，阻止蜕皮而杀死幼虫和蛹。摄食起效。用途：防治棉花的棉铃虫、夜蛾、烟粉虱和其他咀嚼式口器害虫；蔬菜的菜蛾、蓟马和其他咀嚼式口器害虫。也用于果树、马铃薯、观赏植物和茶树。

【代谢】动物：大鼠体内代谢是通过切断脲的桥键进行的。植物：在植物体内缓慢降解。土壤/环境：土壤半衰期从约 6 周到几个月不等。K_d 120～990mL/g。水中缓慢降解；水相光降解 DT_{50} 20h。

【使用注意事项】本品对蜜蜂、鱼类等水生生物、家蚕有毒，施药期间应避免对周围蜂群的影响，蜜源作物花期、蚕室和桑园附近禁用，远离水产养殖区施药，禁止在河塘等水体中清洗施药器具。

【参考文献】

[1] Ryuzo N. *N*-Benzoyl-*N'*-pyridyloxy-phenylharnstoff and verfahren zur herstellung desselben. DE2818830.

[2] 周庆江，周忠，黄志文，等. 一种制备氟代苯腈的方法. CN111454174.

[3] 权于. 用于合成 2,6-二氯苯腈的催化剂及其制备方法和用途. CN103551176.

[4] 宋佳，马勇，史雪芳，等. 一种 2,6-二氟苯甲酰胺的制备方法. CN112851539.

[5] Hirota Y，Nakae T. Preparation of fluoro aromatic compounds. JP2001058965.

3.2.1.6 氟环脲 flucycloxuron

【商品名称】Alsystin，Certero，Poseidon

【化学名称】1-[*α*-(4-氯-*α*-环丙基亚苄基氨基氧)对甲苯基]-3-(2,6-二氟苯甲酰基)脲

IUPAC 名：1-[*α*-(4-chloro-*α*-cyclopropylbenzylideneaminooxy)-*p*-toly]-3-(2,6-diflurorobenzoyl) urea

CAS 名：*N*-[[[4-[[[(*E*)-[(4-chlorophenyl)cyclopropylmethylene]amino]oxy]methyl]phenyl]amino] carbonyl]-2,6-difluoro-benzamide

【化学结构式】

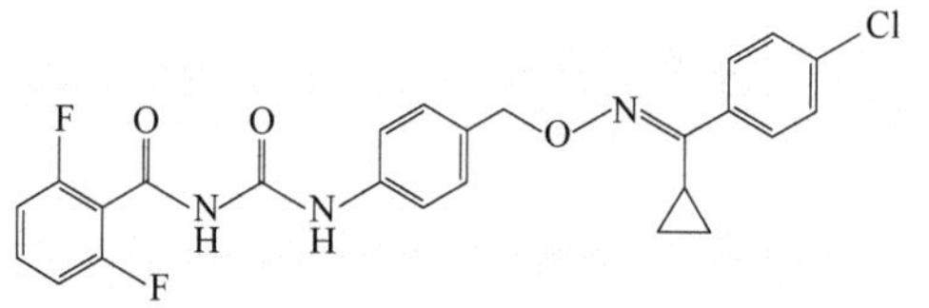

【分子式】$C_{25}H_{20}ClF_2N_3O_3$

【分子量】483.90

【CAS 登录号】113036-88-7

【理化性质】米黄色到黄色晶体，熔点 143.6℃；蒸气压（20℃）5.4×10^{-5}mPa；密度（20℃）1.37g/cm^3；K_{ow}lg*P*（20℃）6.97；水中溶解度（20℃）0.001mg/L；有机溶剂中溶解度（20℃）：环己酮 0.2g/L，二甲苯 3.3g/L，甲醇 3.8g/L。

【研制和开发公司】由 Chemtura Corporation（美国科聚亚公司）发现开发

【上市国家和年份】美国，1998 年首次报道

【用途类别】杀虫剂

【合成路线】[1-4]

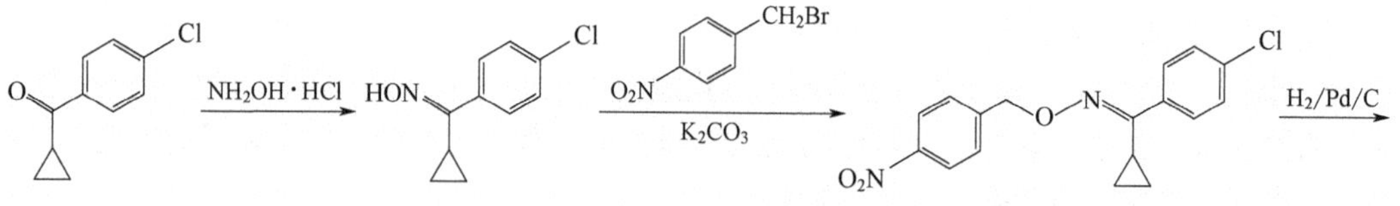

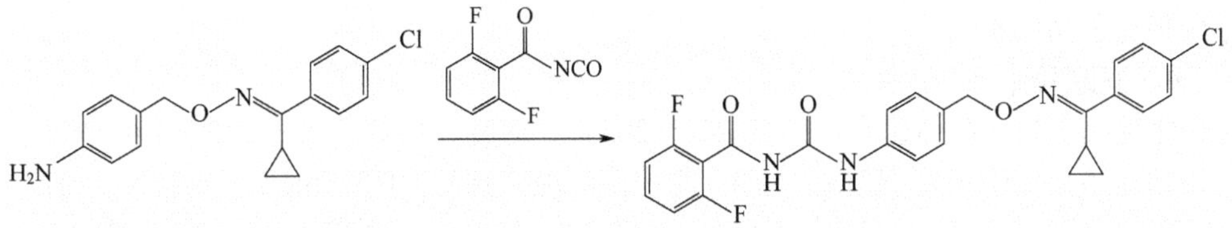

【哺乳动物毒性】大鼠急性经口 LD_{50}>5000mg/kg；兔急性经皮 LD_{50}>2000mg/kg；大鼠吸入 LC_{50}>3.3mg/L；毒性等级：U。

【生态毒性】虹鳟 LC_{50}（96h）100mg/L；水蚤 LC_{50}（48h）0.00027 mg/L；蚯蚓 LC_{50}（14d）>1000mg/kg（土）；蜜蜂 LD_{50}（48h，接触）>100μg/只。

【作用机理】抑制甲壳素合成，阻碍昆虫正常脱皮，使卵的孵化、幼虫蜕皮及蛹发育畸形，成虫羽化受阻。

【分析方法】高效液相色谱-紫外（HPLC-UV），气相色谱-质谱（GC-MS）

【制剂】乳油（EC），悬浮剂（SC），可湿粉剂（WP）

【应用】可用于玉米、棉花、大豆、果树、森林、蔬菜等作物，防治鞘翅目、双翅目、鳞翅目、木虱科的害虫幼虫，防治棉铃象甲、菜蛾、舞毒蛾、家蝇、蚊子、大菜粉蝶、西枞色卷蛾、马铃薯叶甲，还可用于防治白蚁。药剂用量为 0. 561g/100m^2。可阻碍幼虫蜕皮时外骨骼的形成，幼虫的不同龄期对药剂的敏感性无多大差异，所以可在幼虫所有龄期使用。

【代谢】土壤/环境代谢 DT_{50} 208d；水光解 DT_{50} 18d，水解 DT_{50} 28d；水沉积物 DT_{50} 137d，水相 DT_{50} 7d；土壤吸附 K_{oc} 19427mL/g。

【参考文献】

[1] 宋佳，马勇，史雪芳，等．一种 2,6-二氟苯甲酰胺的制备方法．CN112851539．

[2] 周庆江，周忠，黄志文，等．一种制备氟代苯腈的方法．CN111454174．

[3] 权于．用于合成 2,6-二氯苯腈的催化剂及其制备方法和用途．CN103551176．

[4] Hirota Y，Nakae T．Preparation of fluoro aromatic compounds．JP2001058965．

3.2.1.7 氟铃脲 hexaflumuron

【商品名称】Consult，recruit Ⅱ，SentriTech，Shatter

【化学名称】1-[3,5-二氯-4-(1,1,2,2-四氟乙氧基)苯基]-3-(2,6-二氟苯甲酰基)脲

IUPAC 名：1-[3,5-dichloro-4-(1,1,2,2-tetrafluoroethoxy)phenyl]-3-(2,6-difluorobenzoyl)urea

CAS 名：*N*-[[[3,5-dichloro-4-(1,1,2,2-tetrafluoroethoxy)phenyl]amino]carbonyl]-2,6-difluorobenzamide

【化学结构式】

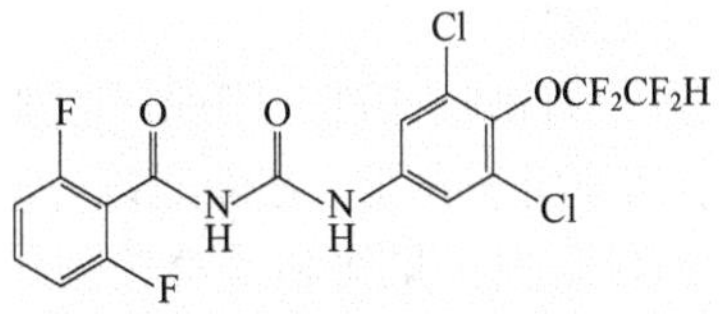

【分子式】$C_{16}H_8Cl_2F_6N_2O_3$

【分子量】461.14

【CAS 登录号】86479-06-3

【理化性质】白色晶体粉末，熔点 202～205℃；密度（20℃，比重瓶法）1.68g/cm^3；蒸气压（25℃）5.9×10^{-6}mPa；K_{ow}lg$P$ 5.64；水中溶解度（18℃）0.027mg/L（非缓冲，pH9.7），其他溶剂中溶解度（20℃）：丙酮 162g/L，乙酸乙酯 100g/L，甲醇 9.9g/L，二甲苯 9.1g/L，庚烷 0.005g/L，乙腈 15g/L，辛醇 2g/L，二氯甲烷 14.6g/L，异丙醇 3.0g/L；33d 内，pH5 时稳定，pH7 时水解 6%，pH9 时水解 60%，光解 DT_{50}（pH5.0，25℃）6.3d。

【研制和开发公司】由 Dow Chemical [现为 Dow AgroSciences（美国陶氏益农公司）]开发

【上市国家和年份】拉丁美洲，1987 年

【用途类别】杀虫剂

【合成路线】[1,2]

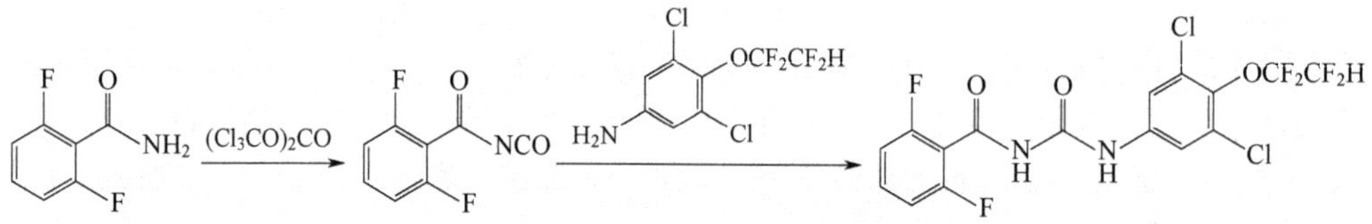

中间体：

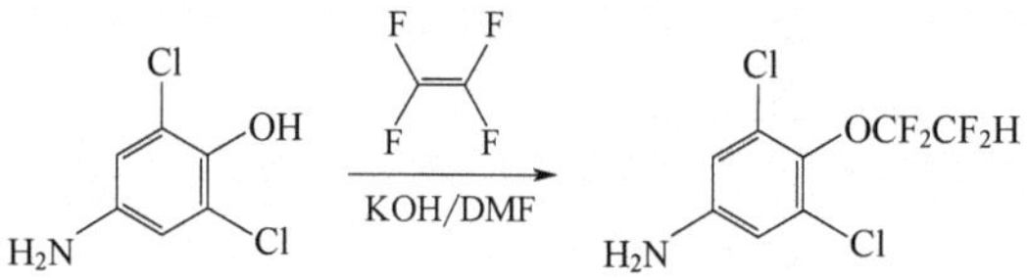

【哺乳动物毒性】大鼠急性经口 LD_{50}＞5000mg/kg，兔急性经皮 LD_{50}＞2000mg/kg（暴露 24h）。对兔皮肤和眼睛轻微刺激，豚鼠皮肤不致敏。大鼠吸入 LC_{50}（4h）＞7.0mg/L。NOEL：大鼠（2 年）75mg/(kg·d)，狗（1 年）0.5mg/(kg·d)，小鼠（1.5 年）25mg/(kg·d)。ADI/RfD 0.02mg/kg。毒性等级：U。

【生态毒性】山齿鹑和野鸭急性经口 LD_{50}＞2000mg/kg，山齿鹑饲喂 LC_{50} 4786mg/kg，野鸭 LC_{50}＞5200mg/kg；虹鳟 LC_{50}（96h）＞0.5mg/L，蓝鳃翻车鱼 LC_{50}（96h）＞500mg/L；水蚤 LC_{50}(48h)0.0001mg/L，在野外条件下对水蚤有毒性；羊角月牙藻 EC_{50}(96h)＞3.2mg/L；褐虾 LC_{50}（96h）＞3.2mg/L；蜜蜂 LD_{50}（48h，经口和接触）＞0.1mg/只；蚯蚓 LC_{50}（14d）＞880mg/kg（土）。

【作用机理】抑制昆虫甲壳素的形成，影响内表皮生成，使昆虫不能顺利蜕皮而死亡。

【分析方法】高效液相色谱-紫外（HPLC-UV）

【制剂】乳油（EC），悬浮剂（SC）

【应用】作用方式：经口摄入，有内吸活性。用途：主要用于防治地下白蚁，0.5%（质量分数）的纤维诱饵矩阵。一小部分用于农业，在欧盟以外地区防治果树、棉花和马铃薯的鳞翅目、鞘翅目、同翅目和双翅目幼虫。果树和蔬菜使用剂量 100～300g/m^3，棉花 50～75g/hm^2。

【代谢】动物：不适用，因为在诱饵站用于防治地下的白蚁。植物：不适用，因为在诱饵站用于防治地下的白蚁。土壤/环境：土壤中降解缓慢，DT_{50} 100～80d（4 种土壤，25℃）。

被土壤强烈吸附，K_d 147～1326mL/g，K_{oc} 5338～70977mL/g。

【参考文献】

[1] Rigterink R H，Sbragia R J．Substituted *N*-aroyl-*N'*-phenylurea compounds．US4468405．

[2] 曾益良，宋建军，张平南，等．取代苯甲酰脲类昆虫生长调节剂的合成方法．CN1580042．

3.2.1.8 氟酰脲 novaluron

【商品名称】Rimon

【化学名称】(±)1-[3-氯-4-(1,1,2-三氟-2-三氟甲氧基乙氧基)苯基]-3-(2,6-二氟苯甲酰)脲

IUPAC 名：(±)1-[3-chloro-4-(1,1,2-trifluoro-2-trimethoxyethoxy)phenyl]3-(2,6-difluorobenzoyl)urea

CAS 名：(±)*N*-[[[3-chloro-4-[1,1,2-trifluoro-2-(trifluoromethoxy)ethoxy]phenyl]amino]carbonyl]-2,6-difluorobenzamide

【化学结构式】

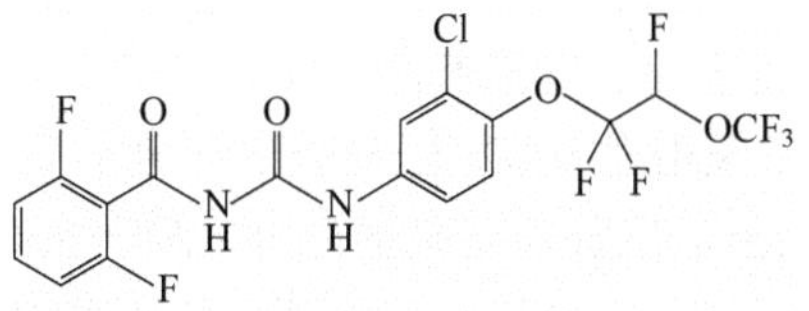

【分子式】$C_{17}H_9ClF_8N_2O_4$

【分子量】492.71

【CAS 登录号】116714-46-6

【理化性质】纯品为白色固体，熔点 176.5～178℃；密度（22℃）1.56g/cm^3；蒸气压（25℃）1.6×10^{-2}mPa；K_{ow}lg*P* 4.3；水中溶解度（25℃）3μg/L，其他溶剂中溶解度（20℃）：丙酮 198g/L，乙酸乙酯 113g/L，甲醇 14.5g/L，二甲苯 1.88g/L，正庚烷 0.00839g/L，1,2-二氯乙烷 2.85g/L；稳定性：pH4 和 pH7 下 25℃水解稳定。

【研制和开发公司】由意大利 Isagro S.P.A.（意大利赛格公司）开发

【上市国家和年份】美国，2001 年

【合成路线】[1-4]

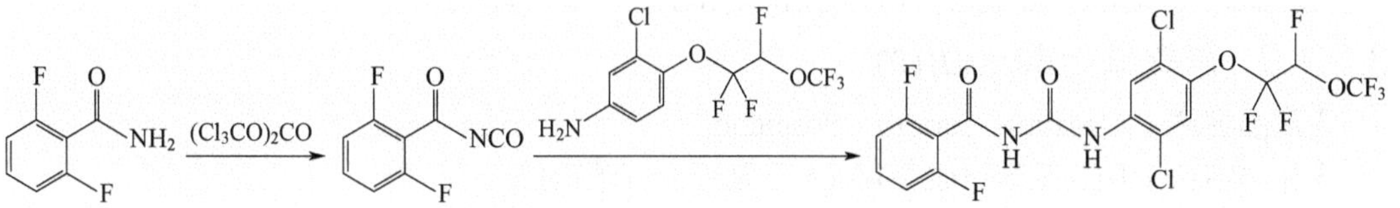

中间体合成：

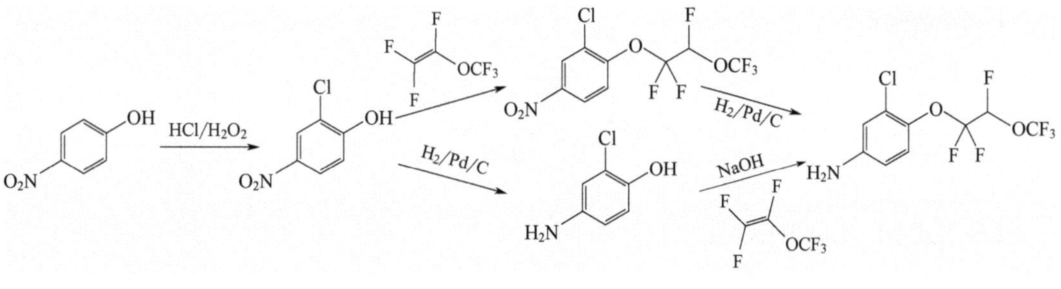

【哺乳动物毒性】大鼠急性经口 LD_{50}>5000mg/kg，大鼠急性经皮 LD_{50}>2000mg/kg；对兔皮肤和眼睛无刺激，对豚鼠无致敏性；大鼠吸入 LC_{50}（4h）>5.15mg/L（空气）；大鼠（2年）NOEL 1.1mg/(kg·d)；ADI/RfD（JMPR）0.01mg/kg[2005]。

【生态毒性】山齿鹑和野鸭急性经口 LD_{50}>2000mg/kg，山齿鹑和野鸭饲喂 LC_{50}（8d）>5200mg/kg（饲料）。LC_{50}（96h）：虹鳟>1mg/L，鲤鱼>63mg/L，蓝鳃翻车鱼>1mg/L。水蚤 LC_{50}（48h）0.259μg/L。羊角月牙藻 E_bC_{50}（96h）9.68mg/L。蜜蜂 LD_{50}（经口和接触）>100μg/只。蚯蚓 LC_{50}（14d）>1000mg/kg（土）。对其他有益生物无毒。

【作用机理】抑制昆虫甲壳素的形成，影响内表皮生成，使昆虫不能顺利蜕皮而死亡。

【分析方法】高效液相色谱-紫外（HPLC-UV）

【制剂】乳油（EC），悬浮剂（SC）

【应用】[5] 作用方式：主要通过摄入吸收，也显示有一定的触杀活性，引起不正常的内表皮沉积和换羽。对幼虫有效，对卵也有作用，同时可降低成虫的繁殖能力。用途：开发用于棉花、马铃薯、柑橘、苹果、蔬菜和玉米，防治鳞翅目（夜蛾属、小菜蛾、苹果蠹属等）、鞘翅目（马铃薯甲虫）、双翅目害虫、粉虱和潜叶虫。

【代谢】动物：经口摄入后被迅速吸收，但是吸收的量不多。被吸收的部分通过脲桥的断裂，形成 2,6-二氟苯甲酸而代谢，主要通过粪便排出。最多会有 43%的氟酰脲残留在体内，主要残留在脂肪中（EC DAR；FSC Eval.Rep.）。植物：在马铃薯和苹果中，活性成分不代谢。土壤/环境：DT_{50}（好氧）68.5～75.5d（砂壤土和壤质砂土）。主要降解产物是二氟苯甲酰基团脱离而形成的 1-[3-氯-4-(1,1,2-三氟-2-三氟甲氧基乙氧基)苯基]脲（FSC Eval.Rep.；EC DAR）。在土壤中被强烈吸附，K_{oc} 6650～11813mL/g。

【参考文献】

[1] Massardo P，Rama F，Piccardi P，et al．The insecticidal compound *N*-(2,6-difluorobenzoyl)-*N*′-[3-chloro-4-[1,1,2-trifluoro-2-(trifluoromethoxy)ethoxy]phenyl]urea，its compositions and use，and processes for its preparation．EP271923．

[2] 卢伟，赵鹏．N-[3-氯-4-（1,1,2-三氟-2-三氟甲氧基-乙基）-苯基]-2,6-二氟-苯甲脒、制备方法与应用．CN110746322．

[3] 刘艳琴，高中良，秦东光，等．一种氟酰脲的合成方法．CN103724233．

[4] 权于．用于合成 2,6-二氯苯腈的催化剂及其制备方法和用途．CN103551176．

[5] Khan D，Rasool B，Gulzar A，et al．Age-stage，two-sex life table study of effects of sub-lethal concentrations of novaluron on Earias vittella(Lepidoptera：*Noctuidae*)．Int J Agric Biol，2022，27（2）：147-153．

3.2.1.9 杀铃脲 triflumuron

【商品名称】Alsystin，Certero，Poseidon

【化学名称】1-(2-氯苯甲酰基)-3-(4-三氟甲氧基苯基)脲

IUPAC 名：1-(2-chlorobenzoyl)-3-(4-trifluoromethoxyphenyl)urea

CAS 名：2-chloro-*N*-[[[4-(trifluoromethoxy)phenyl]amino]carbonyl]benzamide

【化学结构式】

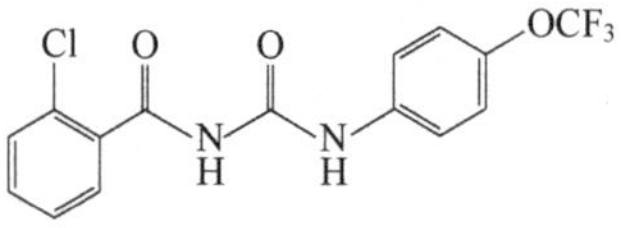

【分子式】$C_{15}H_{10}ClF_3N_2O_3$

【分子量】358.70

【CAS 登录号】64628-44-0

【理化性质】无色无味粉末，熔点 195℃；蒸气压（20℃）4×10^{-5}mPa；$K_{ow}\lg P$（20℃）4.91；密度（20℃）1.445g/cm^3；水中溶解度（25℃）0.025mg/L，有机溶剂中溶解度（25℃）：甲苯 2～5g/L，二氯甲烷 20～50g/L，异丙醇 1～2g/L，己烷＜0.1g/L，中性和酸性下稳定，碱性下水解 DT_{50}（22℃）960d（pH4），580d（pH7），11d（pH9）。

【研制和开发公司】由德国 Bayer AG（德国拜耳公司）开发

【上市国家和年份】欧洲，1980 年

【用途类别】杀虫剂

【合成路线】[1]

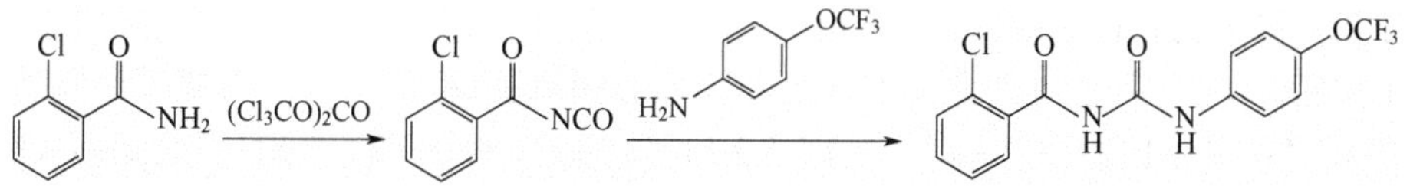

中间体[2]：

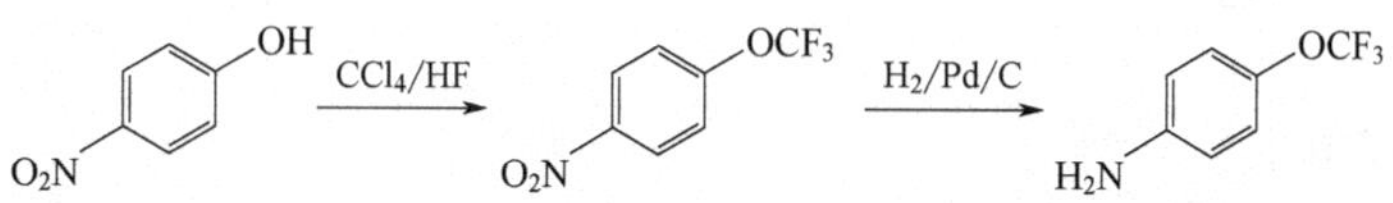

【哺乳动物毒性】急性经口 LD_{50}：大鼠、小鼠＞5000mg/kg，狗＞1000mg/kg。大鼠急性经皮 LD_{50}＞5000mg/kg。对兔眼睛和皮肤无刺激，对豚鼠皮肤无致敏。大鼠吸入 LC_{50}（4h）＞0.12mg/L（空气气溶胶），＞0.16mg/L（空气粉末）。NOEL：大鼠和小鼠（2 年）20mg/kg（饲料），狗（1 年）20mg/kg。毒性等级：U。

【生态毒性】山齿鹑急性经口 LD_{50} 561mg/kg。LC_{50}（96h）：虹鳟＞320mg/L，圆腹雅罗鱼＞100mg/L。水蚤 EC_{50}（48h）0.225mg/L；近具刺链带藻 E_rC_{50}（96h）＞25mg/L。对蜜蜂有毒。蚯蚓 LC_{50}＞1000mg/kg（干）。对其他生物种群的成虫没有影响，对低龄幼虫可能有轻度影响，对捕食性属安全。

【作用机理】抑制甲壳素合成，阻碍昆虫正常脱皮，使卵的孵化、幼虫脱皮及蛹发育畸形，成虫羽化受阻。

【分析方法】高效液相色谱-紫外（HPLC-UV），气相色谱-质谱（GC-MS）

【制剂】乳油（EC），悬浮剂（SC），可湿粉剂（WP），超低容量液剂（UL）

【应用】作用方式：具有胃毒作用的杀虫剂，抑制昆虫蜕皮。用途：在梨树和核果上使用，防治鳞翅目、木虱科、双翅目和鞘翅害虫，用量 144～180g/hm^2，大田作物（谷类、棉花、大豆、玉米）上使用剂量为 14～24g/hm^2，也可用于公共卫生和动物健康，防治苍蝇、跳蚤和蟑螂幼虫。

【代谢】动物：2-氯苯甲酰基部分标记的杀铃脲在大鼠体内通过水解裂解代谢，形成仅含 2-氯苯基环的代谢物，以及部分羟基化和共轭的代谢物。在标记 4-三氟甲氧基苯基基团的试验中，发现仅含有 4-三氟甲氧基苯基的代谢物，其中部分为羟基化的形式。植物：喷施到苹果、大豆、马铃薯上的杀铃脲只有少量代谢，代谢物与在动物上的一致。关于残留分析，检测收获作物上的杀铃脲母体就足够了。土壤/环境：在实验室试验中，杀铃脲在土壤中中度降解，在田间降解更快，（倍率）因子为 3～5。在无植被的土壤中重复施药 3 年并未导致杀铃脲在土壤中的累积。在森林实际使用中，杀铃脲任何时候在土壤中的残留浓度都非常低，且几个月之后减少到检测限以下。代谢：在土壤中，112d 内 50%的标记杀铃脲在 2-氯苯甲酰基部分被降解成二氧化碳，约 20%的放射性药物与土壤结合。当使用标记 4-三氟甲氧基部分的杀铃脲时，化合物矿化速率比较慢，而结合的残留物百分比显著增加。代谢主要由微生物诱发，在每种情况下产生的代谢物仅含有两个环中的一个。

【参考文献】

[1] Rigterink R H．Insecticidal substituted phenylaminocarbonylbenzamides．DE2820696．

[2] Bazanov A G，Maximov B N，Vinogradov D V，et al．Process and catalysts for the production of aryl trifluoromethyl ethers by the etherification of phenols with either tetrachloromethane or fluorotrichloromethane and hydrogen fluoride．DE10030090．

3.2.1.10 虱螨脲 lufenuron

【商品名称】Luster，Manyi，Match

【化学名称】(*RS*)-1-[2,5-二氯-4-(1,1,2,3,3,3-六氟丙氧基)苯基]-3-(2,6-二氟苯甲酰基)脲

IUPAC 名：(*RS*)-1-[2,5-dichloro-4-(1,1,2,3,3,3-hexafluoropropoxyl)phenyl]3-(2,6-difluorobenzoyl) urea

CAS 名：*N*-[[[2,5-dichloro-4-(1,1,2,3,3,3-hexafluoropropoxy)phenyl]amino]carbonyl]-2,6-difluoro benzamide

【化学结构式】

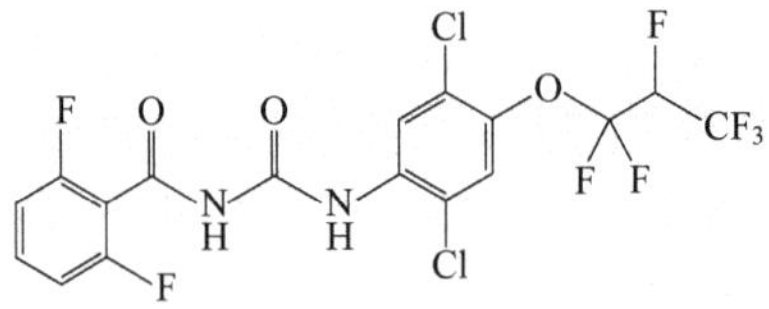

【分子式】$C_{17}H_8Cl_2F_8N_2O_3$

【分子量】511.15

【CAS 登录号】103055-07-8

【理化性质】无色晶体，熔点 168.7～169.4℃；密度（20℃）1.66g/cm^3；蒸气压（25℃）＜4×10^{-3}mPa；K_{ow}lg*P* 5.12；水中溶解度（25℃）0.048mg/L（pH7.7），其他溶剂中溶解度（20℃）：丙酮 460g/L，乙酸乙酯 330g/L，甲醇 52g/L，甲苯 66g/L，正己烷 0.10g/L，乙腈 15g/L，正辛醇 8.2g/L，二氯甲烷 84g/L；稳定性：pH5 和 pH7 下 25℃稳定；pK_a＞8.0。

【研制和开发公司】由瑞士 Ciba-Geigy（瑞士汽巴-嘉基公司）[现为 Syngenta AG（先正达公司）]开发

【上市国家和年份】欧洲，1990 年

【合成路线】[1,2]

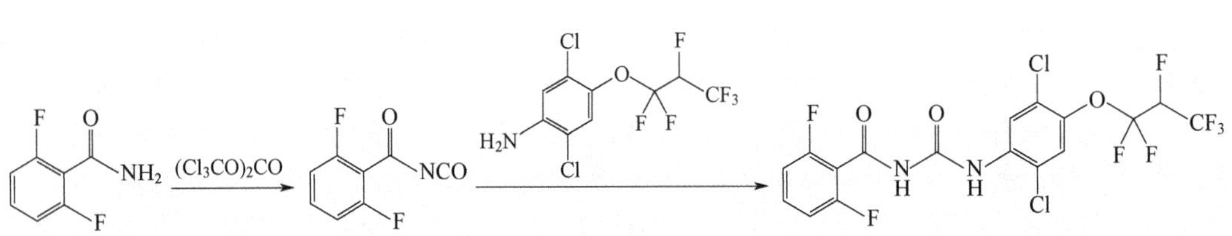

中间体：

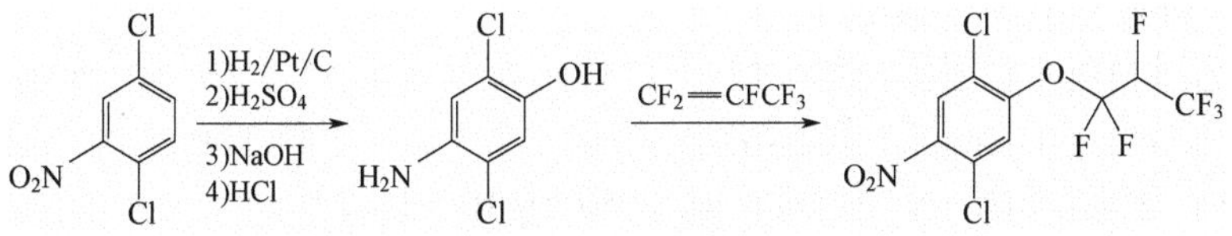

【哺乳动物毒性】大鼠急性经口 LD_{50}>2000mg/kg，大鼠急性经皮 LD_{50}>2000mg/kg；对兔皮肤和眼睛无刺激，对皮肤有潜在致敏性；大鼠吸入 LC_{50}（4h）>2.35mg/L（空气）；大鼠 NOEL（2 年）2.0mg/(kg・d)；ADI/RfD（EC）0.015mg/kg[2008]。

【生态毒性】山齿鹑和野鸭急性经口 LD_{50}>2000mg/kg，山齿鹑和野鸭饲喂 LC_{50}（8d）>5200mg/kg（饲料）。LC_{50}（96h）：虹鳟>73mg/L，鲤鱼>63mg/L，蓝鳃翻车鱼>29mg/L，鲶鱼>45mg/L。水蚤 LC_{50}（48h）1.1μg/L，对水蚤有毒性。绿藻 EC_{50}（72h）>10mg/L。蜜蜂 LD_{50}（经口）>197μg/只，LD_{50}（局部）>200μg/只。蚯蚓 LC_{50}（14d）>1000mg/kg（土）。

【作用机理】抑制昆虫甲壳素的形成，影响内表皮生成，使昆虫不能顺利蜕皮而死亡。

【分析方法】高效液相色谱-紫外（HPLC-UV）

【制剂】乳油（EC）

【应用】[3] 作用方式：大多通过摄入发挥作用，摄入后幼虫不能蜕皮并停止进食；也通过卵巢发挥作用，减少产卵和卵孵化。使用：昆虫生长调节剂，用来防治棉花、玉米和蔬菜上的鳞翅目和鞘翅目幼虫；也防治锈螨和西花蓟马，施用剂量 10～50g/hm^2。也用来防治宠物跳蚤。与碱性农药（石硫合剂、铜）不相容。

【代谢】动物：主要通过粪便排出，只有少部分降解。植物：在目标作物（棉花、番茄）上没有发生明显的代谢。土壤/环境：在有氧的生物活性土壤中，虱螨脲被快速降解 DT_{50} 9.4～83.1d。土壤颗粒对虱螨脲表现出非常强的吸附性，K_{oc}（平均值）38mg/g（有机碳含量）。

【参考文献】

[1] Drabek J，Boeger M．Benzoylphenylureas．EP179022．

[2] Mais Franz-josef，Marhold A，Steffan G．Process for the preparation of p-haloalcoxyanilines．EP0855385A1．

[3] Lira A C S，Wanderley-Teixeira V，Teixeira A A C，Physiological and behavioral interactions of a predator with its prey under indirect exposure to the insect growth regulator lufenuron．Crop Prot，2020，137：105289．

3.2.1.11 双三氟虫脲 bistrifluron

【商品名称】Hanaro

【化学名称】1-[2-氯-3,5-双(三氟甲基)苯基]-3-(2,6-二氟苯甲酰基)脲

IUPAC 名：1-[2-chloro-3,5-bis(trifluoromethyl)phenyl]-3-(2,6-difluorobenzoyl)urea

CAS 名：*N*-[[[2-chloro-3,5-bis(trifluoromethyl)phenyl]amino]carbonyl]-2,6-difluorobenzamide

【化学结构式】

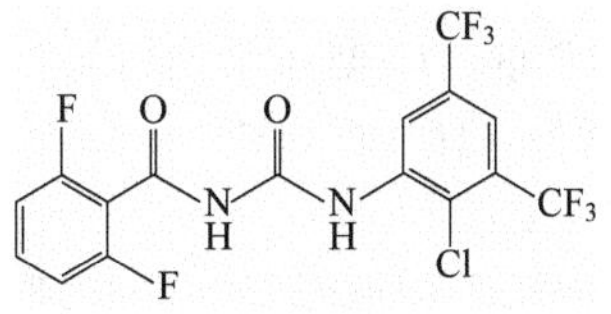

【分子式】$C_{16}H_7F_8N_2O_2$

【分子量】446.68

【CAS 登录号】201593-84-2

【理化性质】白色粉状固体，熔点 172～175℃；蒸气压（25℃）2.7×10^{-3}mPa；$K_{ow}\lg P$ 5.74；水中溶解度（25℃）＜0.03mg/L；其他溶剂中溶解度（25℃）：甲醇 33.0g/L，二氯甲烷 64.0g/L，正己烷 3.5g/L；室温，pH5～9 下稳定；pK_a 9.56±0.46（25℃）。

【研制和开发公司】韩国 DongbuHannong Chemical Co.，Ltd（东部农化学公司）（Dongbu HiTek）

【上市国家和年份】韩国，2006 年

【合成路线】[1,2]

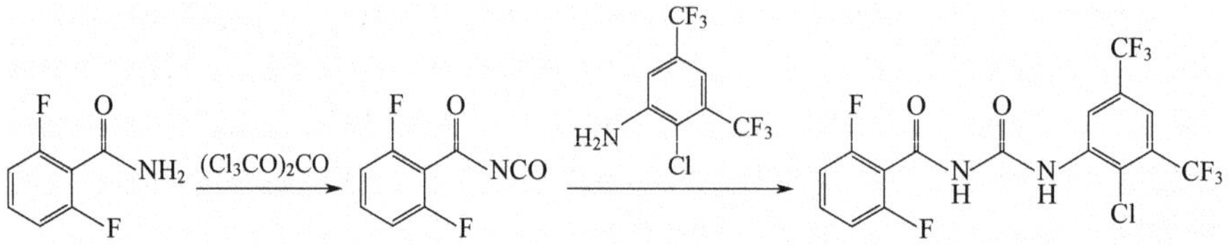

中间体合成[3-4]：

中间体 1：

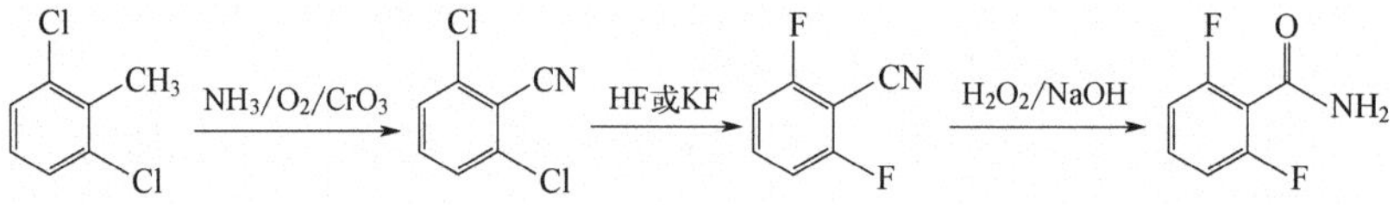

中间体 2：

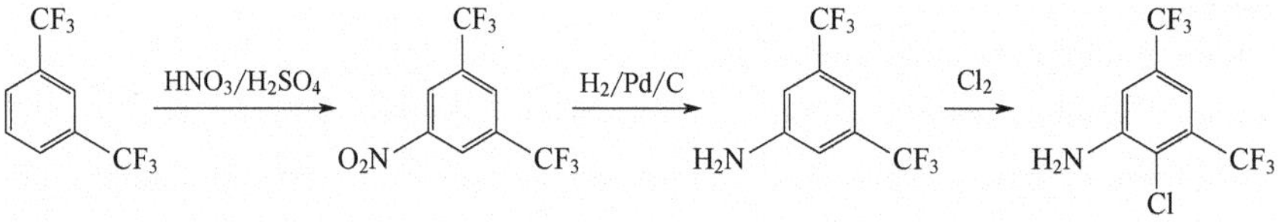

【哺乳动物毒性】雄、雌大鼠急性经口 LD_{50}＞5000mg/kg，雄、雌大鼠急性经皮 LD_{50}＞2000mg/kg；对兔皮肤无刺激，对眼睛有轻微刺激；大鼠（13 周）亚急性毒性 NOEL 220mg/kg，大鼠（4 周）亚急性经皮毒性 NOEL 1000mg/kg；Ames 试验、染色体畸变和微核测试均呈阴性；ADI/RfD（JMPR）0.01mg/kg[1998]；毒性等级：U。

【生态毒性】生态效应山齿鹑和野鸭急性经口 LD_{50}＞2250mg/kg，鲤鱼 LC_{50}（48h）＞0.5mg/L，鳉鱼 LC_{50}（48h）＞10mg/L；蜜蜂 LD_{50}（48h，接触）＞100μg/只；蚯蚓 LC_{50}（14d）32.84mg/kg。

【作用机理】[5] 甲壳素合成抑制剂，O 型（鳞翅目）。

【分析方法】高效液相色谱-紫外（HPLC-UV）

【制剂】乳油（EC），悬浮剂（SC）

【应用】用途：防治粉虱（温室粉虱和烟粉虱）和鳞翅目害虫（如甜菜夜蛾、小菜蛾、柿举肢蛾、金纹细蛾），使用剂量 75～400g/hm^2。

【参考文献】

[1] Kim J H，Shin Y W，Heo J N，et al．Preparation of 2-chloro-3,5-bis(trifluoromethyl)phenyl benzoyl ureas as pesticides．US 6022882.

[2] 刘安昌，余彩虹，张树康，等．新型杀虫剂双三氟脲的合成．武汉工程大学学报，2015，37（1）：11-13.

[3] 毛龙飞，杨婷婷，姜玉钦，等．一种杀虫剂中间体 2-氯-3,5-二（三氟甲基）苯胺的制备方法．CN107628958.

[4] 宋佳，马勇，史雪芳，等．一种 2,6-二氟苯甲酰胺的制备方法．CN112851539.

[5] Gong C W，Wang X G，Huang Q，et al. The fitness advantages of bistrifluron resistance related to chitin synthase A in Spodoptera litura(Fab.)(Noctuidae：Lepidoptera)．Pest Manag Sci，2021，77（7）：3458-3468.

3.3 γ-氨基丁酸门控氯离子通道竞争剂

3.3.1 异噁唑啉类

3.3.1.1 氟噁唑酰胺 fluxametamide

【商品名称】Gracia

【化学名称】4-[(5*RS*)-5-(3,5-二氯苯基)-5-(三氟甲基)-4,5-二氢异噁唑-3-基]-*N*-[(*EZ*)-(甲氧基亚氨基)甲基]-*o*-甲基苯甲酰胺

IUPAC 名：4-[(5*RS*)-5-(3,5-dichlorophenyl)-5-(trifluoromethyl)-4,5-dihydroisoxazol-3-yl]-*N*-[(*EZ*)-(methoxyimino)methyl]-*o*-methylbenzamide

CAS 名：4-[5-(3,5-dichlorophenyl)-4,5-dihydro-5-(trifluoromethyl)-3-isoxazolyl]-*N*-[(methoxyamino)methylene]-2-methylbenzamide

【化学结构式】

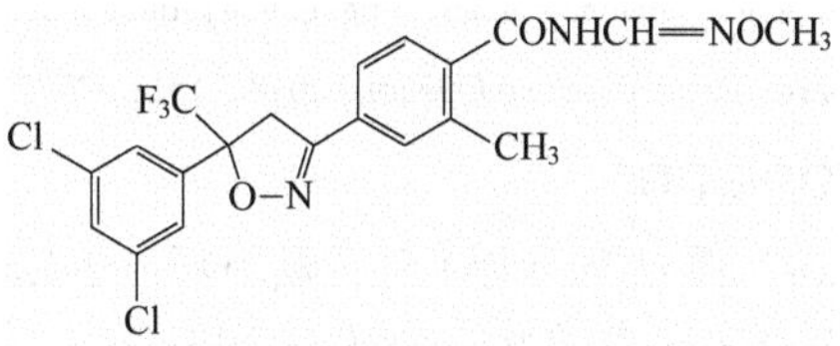

【分子式】$C_{20}H_{16}Cl_2F_3N_3O_3$

【分子量】474.26

【CAS 登录号】928783-29-3

【理化性质】熔点 173～173.8℃；密度（20℃）1.43g/cm^3；蒸气压 20℃时为 2×10^{-9}Pa，25℃时为 4×10^{-9}Pa；$K_{ow}\lg P$（20℃，pH7）5.0；水中溶解度（20℃）0.054mg/L，其他溶剂中溶解度（20℃）：乙酸乙酯 69.5g/L，甲苯 15.2g/L，甲醇 4.85g/L，二氯甲烷 131g/L，丙酮 101g/L，正辛醇 1.67g/L。

【研制和开发公司】日本 Nissan Chemical Industries，Ltd（日产化学株式会社）

【上市国家和年份】韩国，2018 年

【用途类别】杀虫剂

【合成路线】[1,2]

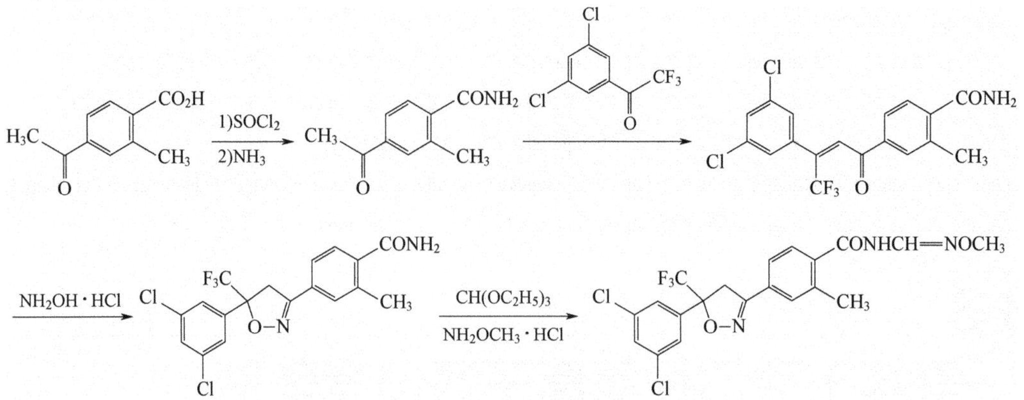

【哺乳动物毒性】鼠急性经口 LD_{50}＞2000mg/kg，对兔皮肤无刺激，对眼睛无刺激，豚鼠皮肤无致敏。

【作用机理】[3]谷氨酸门控氯离子通道（LGCC）干扰剂，主要作用于昆虫的 γ-氨基丁酸门控氯离子通道（GABACl）。

【分析方法】高效液相色谱-紫外（HPLC-UV）

【制剂】乳油（EC）

【应用】Fluxametamide 主要用于蔬菜和茶等作物，对防治鳞翅目虫害有特效，可同时防治蜱螨目、缨翅目、双翅目。

【参考文献】

[1] Mita T，Furukawa Y，Toyama K I，et al．Preparation of isoxazoline-substituted benzamide compounds as pesticides．WO2007026965．

[2] Kagami T．Insecticide，miticide，nematicide，molluscicide，fungicide，or bactericide composition，and pest control method．WO2016002790．

[3] Asahi M，Kobayashi M，Kagami T，et al．Luxametamide：A novel isoxazoline insecticide that acts via distinctive antagonism of insect ligand-gated chloride channels．Pestic Biochem Physiol，2018，151：67-72．

3.3.1.2 米伏拉纳 mivorilaner

【化学名称】3-[(5*S*)-5-(3,5-二氯-4-氟苯基)-5-三氟甲基-4*H*-1,2-异噁唑-3-基]-*N*-[2-(2,2-二氟乙基氨)-2-氧代乙基]-5,6-二氢-4*H*-环戊烷并[*c*]噻吩-3-甲酰胺

IUPAC 名：3-[(5*S*)-5-(3,5-dichloro-4-fluorophenyl)-5-(trifluoromethyl)-4*H*-1,2-oxazol-3-yl]-*N*-[2-(2,2-difluoroethylamino)-2-oxoethyl]-5,6-dihydro-4*H*-cyclopenta[*c*]thiophene-3-carboxamide

CAS 名：3-[(5*S*)-5-(3,5-dichloro-4-fluorophenyl)-4,5-dihydro-5-(trifluoromethyl)-3-isoxazolyl]-*N*-[2-[(2,2-difluoroethyl)amino]-2-oxoethyl]-5,6-dihydro-4*H*-cyclopenta[*c*]thiophene-1-carboxamide

【化学结构式】

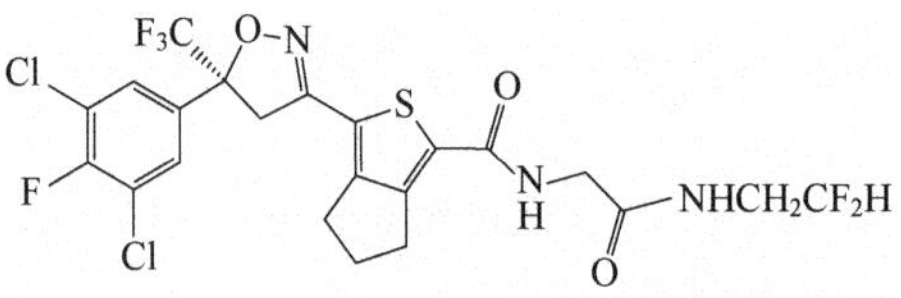

【分子式】$C_{22}H_{17}Cl_2F_6N_3O_3S$
【分子量】588.35
【CAS 登录号】1414642-93-5
【研制和开发公司】Eli Lilly and Company（美国礼来公司）
【上市国家和年份】2022 年报道，开发中
【合成路线】[1]

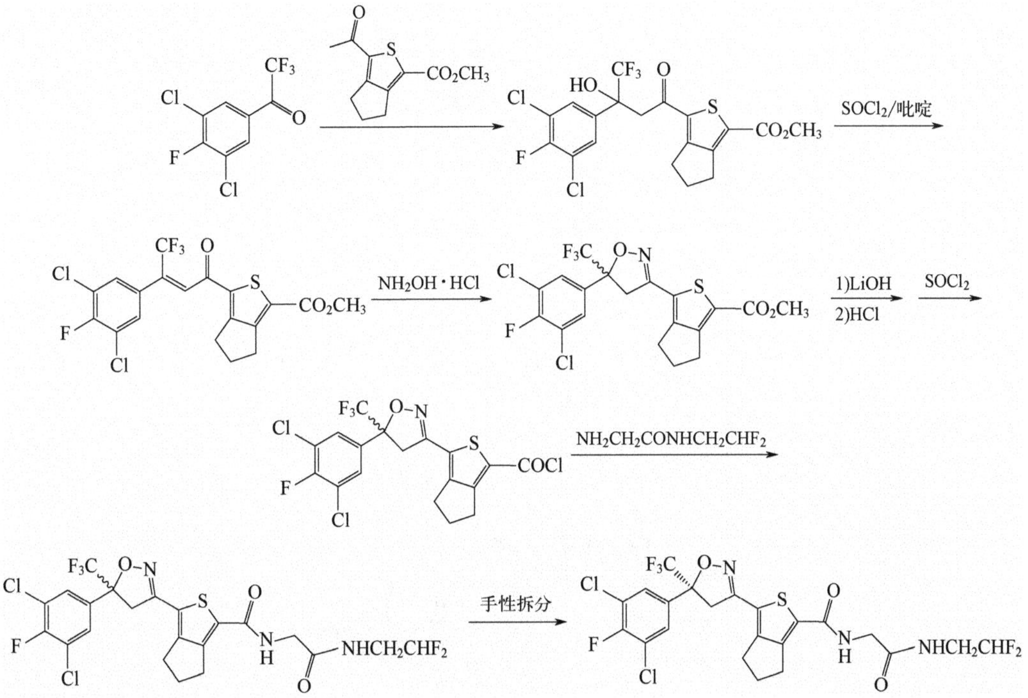

【参考文献】

[1] An Z Y，Chen L，Chen S H，et al．Parasiticidal compounds，methods，and formulations．WO2012155676．

3.3.1.3 尤米伏拉纳 umifoxolaner

【化学名称】4-[(5*S*)-5-[3-氯-4-氟-5-三氟甲基苯基]-5-三氟甲基-4*H*-1,2-异噁唑-3-基]-*N*-[2-羰基-2-(2,2,2-三氟乙基氨)乙基]萘-1-甲酰胺

IUPAC 名：4-[(5*S*)-5-[3-chloro-4-fluoro-5-(trifluoromethyl)phenyl]-5-(trifluoromethyl)-4*H*-1,2-oxazol-3-yl]-*N*-[2-oxo-2-(2,2,2-trifluoroethylamino)ethyl]naphthalene-1-carboxamide

CAS 名：4-[(5*S*)-5-[3-chloro-4-fluoro-5-(trifluoromethyl)phenyl]-4,5-dihydro-5-(trifluoromethyl)-3-isoxazolyl]-*N*-[2-oxo-2-[(2,2,2-trifluoroethyl)amino]ethyl]-1-naphthalenecarboxamide

【化学结构式】

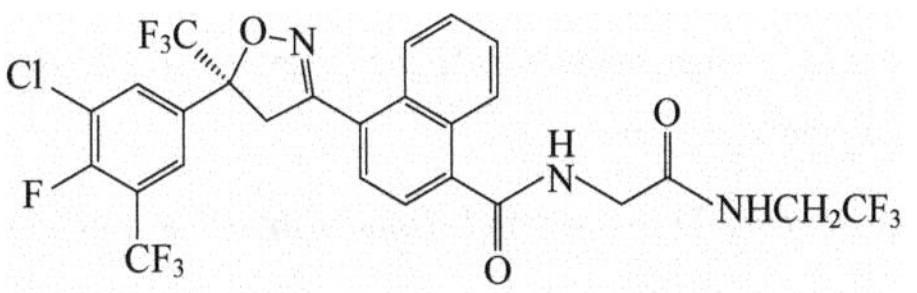

【分子式】$C_{26}H_{16}ClF_{10}N_3O_3$
【分子量】643.87
【CAS 登录号】2021230-37-3
【研制和开发公司】Merial，Inc.，United States（美国梅里亚股份有限公司）
【上市国家和年份】2022 年报道，开发中
【用途类别】杀虫、杀螨剂
【合成路线】[1-4]

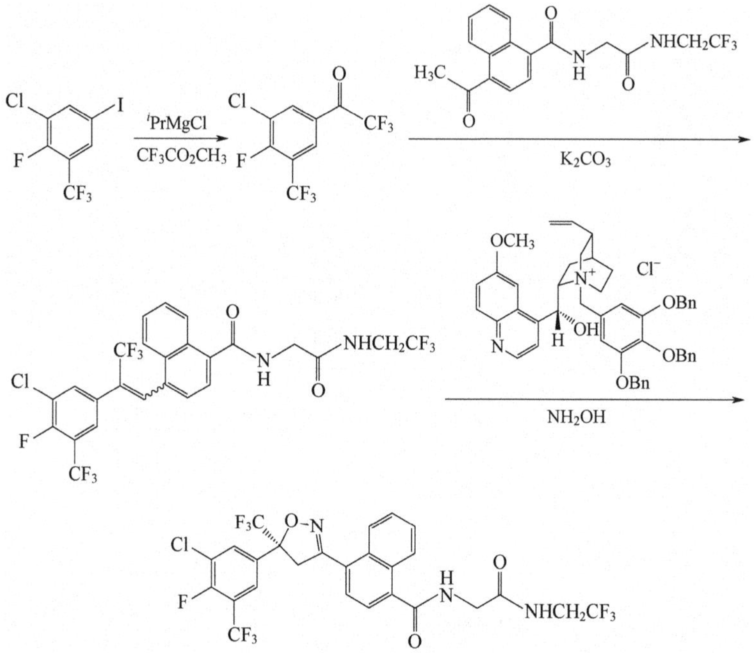

中间体合成[5]：

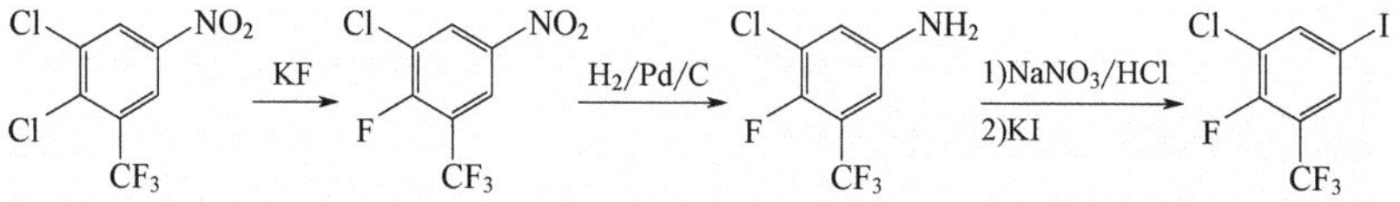

【参考文献】

[1] Cady S M，Cheifetz P，Galeska I，et al. Long-acting injectable formulations comprising isoxazoline for prevention and treatment of parasitic infections. WO2016164487.

[2] Le Hir De F，Lois P. Method for reducing unwanted effects in parasiticidal treatments using isoxazoline enantiomeric compounds. WO2018039508.

[3] Yang C H，Le Hir de F，Loic P，et al. A process for the preparation of (*S*)-afoxolaner and isoxazoline derivatives. WO2017176948.

[4] Le Hir de F，Loic P，Meng C Q，et al. Antiparasitic isoxazoline compounds，long-acting injectable formulations comprising them，methods and uses thereof. WO2017147352.

[5] Mita T，Furukawa Y，Toyama K I，et al. Preparation of isoxazoline-substituted benzamide compounds as pesticides. US7951828.

3.3.1.4 阿福拉纳 afoxolaner

【商品名称】Nexgard（兽药）

【化学名称】4-[(5*RS*)-5-(5-氯-*α*,*α*,*α*-三氟间甲苯基)-4,5-二氢-5-(三氟甲基)-1,2-异噁唑-3-基-*N*-[2-氧代-2-(2,2,2-三氟乙基氨)乙基]萘-1-甲酰胺

IUPAC 名：4-[(5*RS*)-5-(5-chloro-*α*,*α*,*α*-trifluoro-*m*-tolyl)-4,5-dihydro-5-(trifluoromethyl)-1,2-oxazol-3-yl]-*N*-[2-oxo-2-(2,2,2-trifluoroethylamino)ethyl]naphthalene-1-carboxamide

CAS 名：4-[5-[3-chloro-5-(trifluoromethyl)phenyl]-4,5-dihydro-5-(trifluoromethyl)-3-isoxazolyl]-*N*-[2-oxo-2-[(2,2,2-trifluoroethyl)amino]ethyl]-1-naphthalenecarboxamide

【化学结构式】

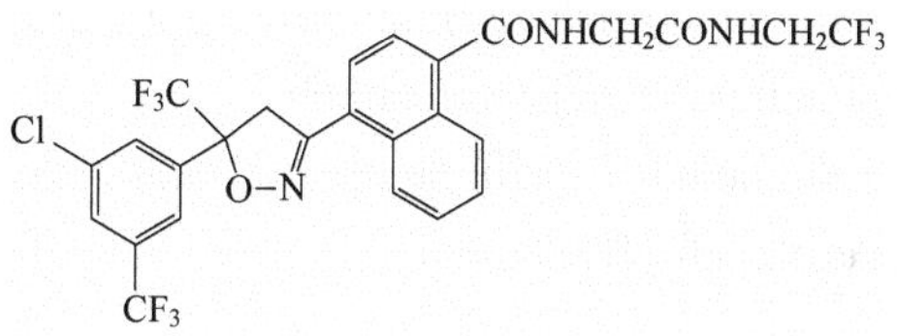

【分子式】$C_{26}H_{17}ClF_9N_3O_3$

【分子量】625.88

【CAS 登录号】1093861-60-9

【研制和开发公司】美国 E. I. du Pont de Nemours and Company（美国杜邦公司）

【上市国家和年份】美国，2017 年

【合成路线】[1-3]

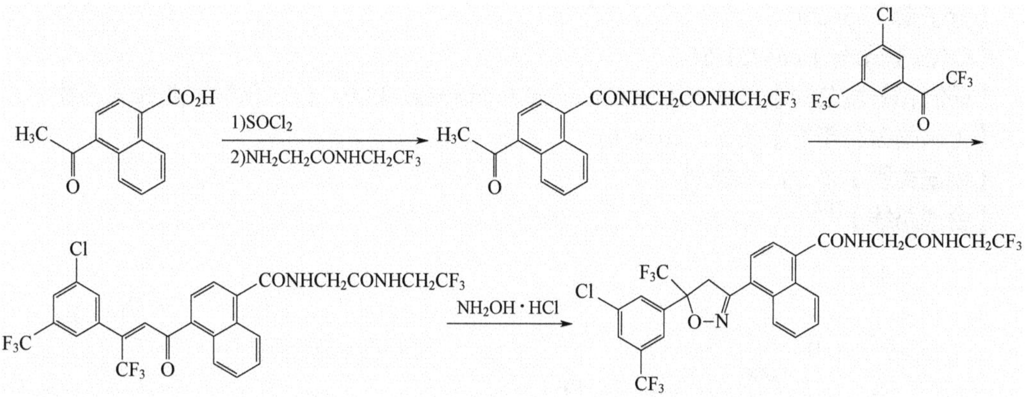

【作用机理】昆虫 *γ*-氨基丁酸（GABA）氯离子通道有效的阻滞剂。

【应用】[4] 杀虫范围：阿福拉纳是一种广谱性杀虫剂，对犬感染的多种体外寄生虫具有良好的杀虫活性。可驱杀 6 种蜱虫，包括制肩突硬蜱（*Ixodes scapularis*）、变异革蜱（*Dermacentor variabilis*）、长角血蜱（*Haemaphysalis longicornis*）、血红扇头蜱（*Rhipicephalus sanguineus*）、网纹革蜱（*Dermacentor reticulatus*）和篦子硬蜱（*Ixodes ricinus*）。此外，阿福拉纳对栉首蚤（*Ctenocephalides felis*）具有快速高效的杀虫活性。

【参考文献】

[1] Annis G D. Method for preparing 3-trifluoromethyl chalcones. WO2009126668.

[2] Annis G D, Smith B T. Preparation of 5-haloalkyl-4,5-dihydroisoxazole derivatives. WO2009025983.
[3] Yang C H, Le Hir de Fallois L P, Meng C Q, et al. A process for the preparation of (*S*) -afoxolaner and isoxazoline derivatives. WO2017176948.
[4] Machdo M A, Campos D R, Lopes N L, et al. Efficacy of afoxolaner in the treatment of otodectic mange in naturally infested cats. Vet Parasitol, 2018, 256: 29-31.

3.3.1.5 氟雷拉纳 fluralaner

【商品名称】Bravecto（兽药）

【化学名称】4-[(5*RS*)-5-(3,5-二氯苯基)-4,5-二氢-5-(三氟甲基)-1,2-异噁唑-3-基]- *N*-[2-氧代-2-(2,2,2-三氟乙基氨基)乙基]-邻甲苯酰胺

IUPAC 名：4-[(5*RS*)-5-(3,5-dichlorophenyl)-4,5-dihydro-5-(trifluoromethyl)-1,2-oxazol-3-yl]-*N*-[2-oxo-2-(2,2,2-trifluoroethylamino)ethyl]-*o*-toluamide

CAS 名：4-(5-(3,5-dichlorophenyl)-5-(trifluoromethyl)-4,5-dihydroisoxazol-3-yl)-2-methyl-*N*-(2-oxo-2-(2,2,2-trifluoroethylamino)ethyl)benzamide

【化学结构式】

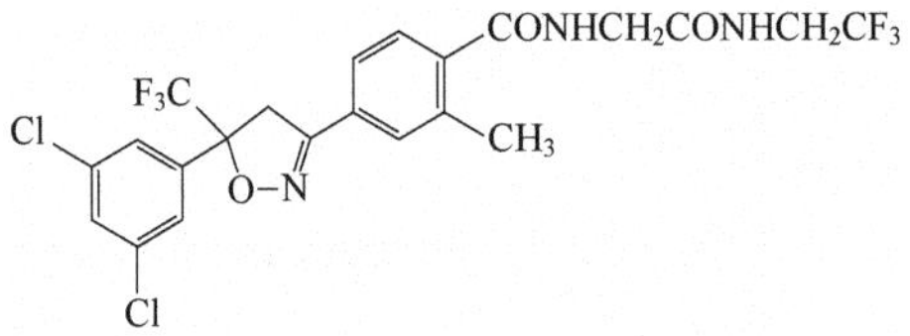

【分子式】$C_{22}H_{17}Cl_2F_6N_3O_3$

【分子量】556.29

【CAS 登录号】864731-61-3

【研制和开发公司】日本 Nissan Chemical Industries，Ltd.（日产化学工业株式会社）

【上市国家和年份】美国，2014 年

【用途类别】杀虫，杀螨剂

【合成路线】[1-4]

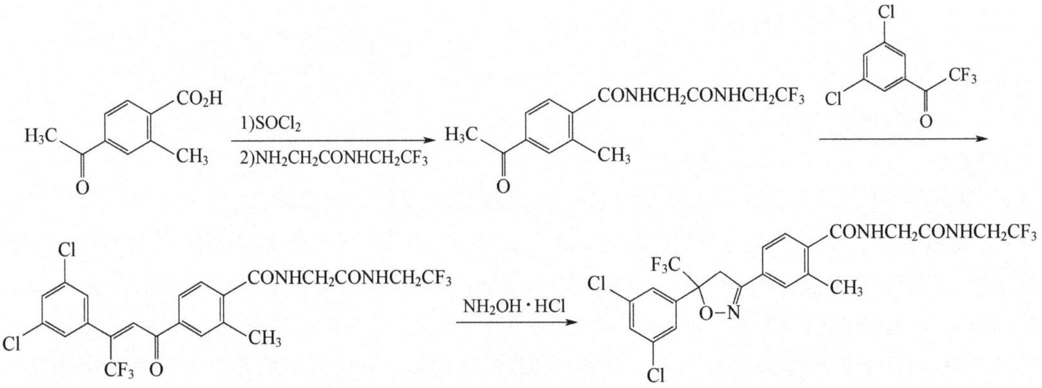

【作用机理】昆虫 *γ*-氨基丁酸（GABA）氯离子通道有效的阻滞剂。

【应用】[5]对虱目、蚤目、半翅目、双翅目以及鳞翅目等害虫都具有良好的杀虫效果。

【参考文献】

[1] Mita T，Kikuchi T，Mizukoshi T，et al. Preparation of isoxazoline-substituted benzamide derivatives as insecticides，acaricides，and parasiticides. WO2005085216.

[2] Ruzic M，Testen A，Plevnik M，et al. Process for preparing Fluralaner. WO2021122356.

[3] Moriyama Y，Matoba K，Yaosaka M，et al. Method for producing substituted 4，4-difluoro-2-buten-1-one compound and method for producing substituted isoxazoline compound. WO2013021949.

[4] Nambiar S，Gilla G，Gunda N，et al. Process for preparing fluralaner. WO2021105840.

[5] Bongiorno G，Meyer L，Evans A，et al. Insecticidal efficacy against Phlebotomus perniciosus in dogs treated orally with fluralaner in two different parallel-group，negative-control，random and masked trials. Parasites Vectors，2022，15（1）：18-20.

3.3.1.6 异噁唑虫酰胺 isocycloseram

【商品名称】Plinazolin

【化学名称】80%～100% 4-[(5*S*)-5-(3,5-二氯-4-氟苯基)-5-(三氟甲基)-4,5-二氢异噁唑-3-基]-*N*-[(4*R*)-2-乙基-3-氧代异噁唑啉-4-基]-2-甲基苯甲酰胺和 20%～0%(5*R*,4*R*),(5*R*,4*S*)和(5*S*,4*S*)异构体混合物

IUPAC 名：mixture comprised of 80%～100% 4-[(5S)-5-(3,5-dichloro-4-fluorophenyl)-5-(trifluoro methyl)-4,5-dihydroisoxazol-3-yl]-*N*-[(4*R*)-2-ethyl-3-oxoisoxazolidin-4-yl]-2-methylbenzamide and 20%～0% of the(5*R*,4*R*),(5*R*,4*S*)and(5*S*,4*S*)isomers

CAS 名：4-[5-(3,5-dichloro-4-fluorophenyl)-4,5-dihydro-5-(trifluoromethyl)-3-isoxazolyl]-*N*-(2-ethyl-3-oxo-4-isoxazolidinyl)-2-methylbenzamide

【化学结构式】

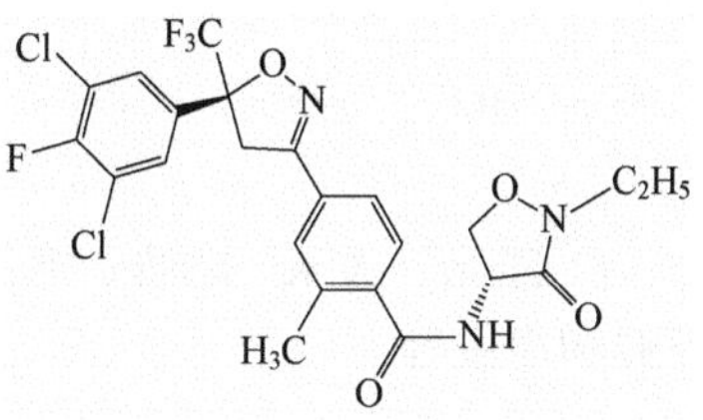

【分子式】$C_{23}H_{19}Cl_2F_4N_3O_4$

【分子量】548.32

【CAS 登录号】2061933-85-3

【研制和开发公司】中国 Syngenta Participations AG（先正达）发现

【上市国家和年份】阿根廷，2021 年

【用途类别】杀虫剂

【合成路线】[1-5]

路线 1：

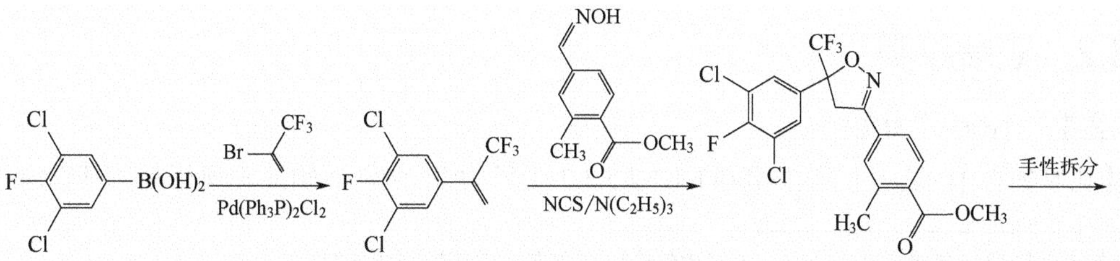

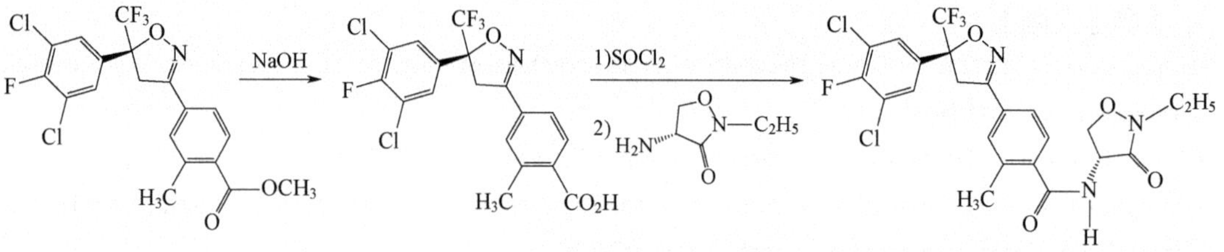

路线 2：

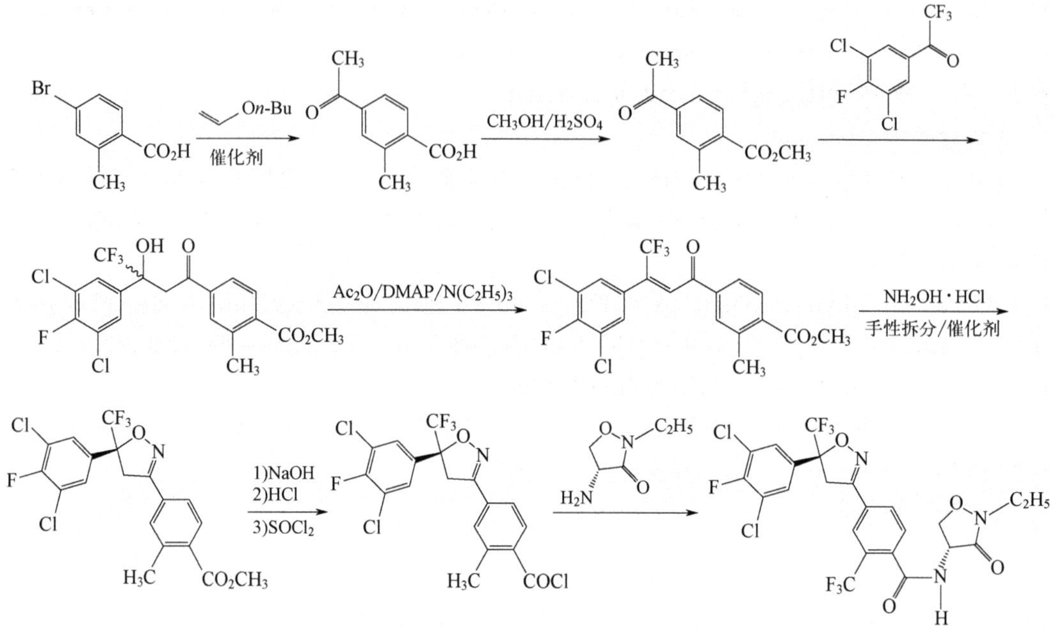

【应用】异噁唑虫酰胺用于大豆、玉米、大米、咖啡、棉花和各种水果和蔬菜等作物防治臭虫、蝽虫、蓟马、毛毛虫、苍蝇和甲虫等。

【参考文献】

[1] Goetz R，Rack M，McLaughlin M J，et al．Process for preparation of optically enriched isoxazolines．WO2020094434．

[2] Koerber K，Huwyler N，Narine A，et al．Process for preparation of optically enriched hydroxy ketone compounds．WO2020088949．

[3] George N，Jone I K，Hone J．Crystal polymorphs of insecticide．WO2019121394．

[4] Smejkal T，Smits H．Process for the preparation of optically active isoxazoline compounds having a cycloserine substituent．WO 2016023787．

[5] El Q M，Cassayre J Y．Insecticidal compounds and methods of pest control in soybean，particularly useful for control of stinkbugs．WO2014019950．

3.3.2 双酰胺类

3.3.2.1 modoflaner❶

【化学名称】6-氟-*N*-[2-氟-3-[[4-(1,1,1,2,3,3,3-七氟丙烷-2-基)-2-碘-6-三氟甲基苯基]氨基甲

❶ 暂无中国登记名或标准农药名。本书中仅给出英文名的农药皆同此情况。

酰]苯基]吡啶-3-甲酰胺

IUPAC 名：6-fluoro-*N*-[2-fluoro-3-[[4-(1,1,1,2,3,3,3-heptafluoropropan-2-yl)-2-iodo-6-(trifluoromethyl)phenyl]carbamoyl]phenyl]pyridine-3-carboxamide

CAS 名：6-fluoro-*N*-[2-fluoro-3-[[[2-iodo-4-[1,2,2,2-tetrafluoro-1-(trifluoromethyl)ethyl]-6-(trifluoromethyl)phenyl]amino]carbonyl]phenyl]-3-pyridinecarboxamide

【化学结构式】

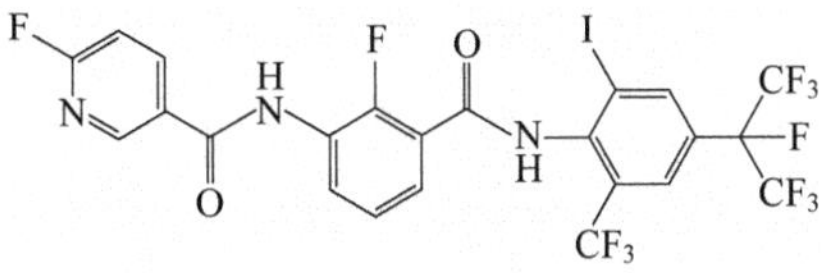

【分子式】 $C_{23}H_{10}F_{12}IN_3O_2$

【分子量】 715.24

【CAS 登录号】 1331922-53-2

【研制和开发公司】 Mitsui Chemicals Agro，Inc.（日本三井化学农业公司）

【上市国家和年份】 2022 年报道，开发中

【用途类别】 杀虫、杀螨剂

【合成路线】 [1,2]

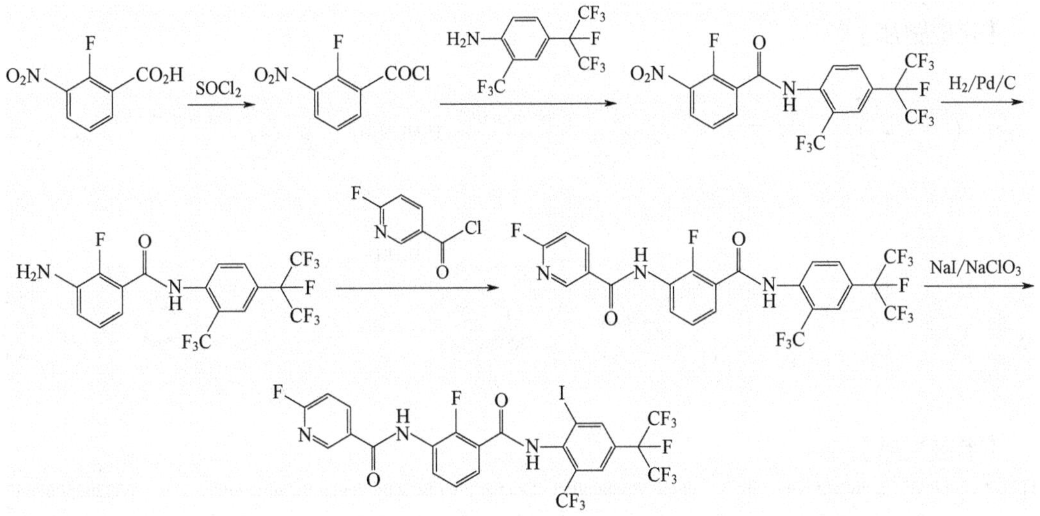

【参考文献】

[1] Foerster A，Simons F，Zhang L，et al．Tablet comprising modoflaner as an active component．WO 2022101502．

[2] Aoki Y，Banba S，Berger M，et al．Preparation of *N*-substituted(hetero)aryl carboxamides as prolonged ectoparasite-controlling agents for animals and as pesticides for crop protection．WO 2021239835．

3.3.2.2 nicofluprole

【化学名称】 2-氯-*N*-环丙基-5-(1-{2,6-二氯-4-[1,2,2,2-四氟-1-(三氟甲基)乙基]苯基}-1*H*-吡唑-4-基)-*N*-甲基-吡啶-3-甲酰胺

IUPAC 名：2-chloro-*N*-cyclopropyl-5-(1-{2,6-dichloro-4-[1,2,2,2-tetrafluoro-1-(trifluoromethyl)

ethyl]phenyl}-1*H*-pyrazol-4-yl)-*N*-methylpyridine-3-carboxamide

CAS 名：2-chloro-*N*-cyclopropyl-5-[1-[2,6-dichloro-4-[1,2,2,2-tetrafluoro-1-(trifluoromethyl) ethyl] phenyl]-1*H*-pyrazol-4-yl]-*N*-methyl-3-pyridinecarboxamide

【化学结构式】

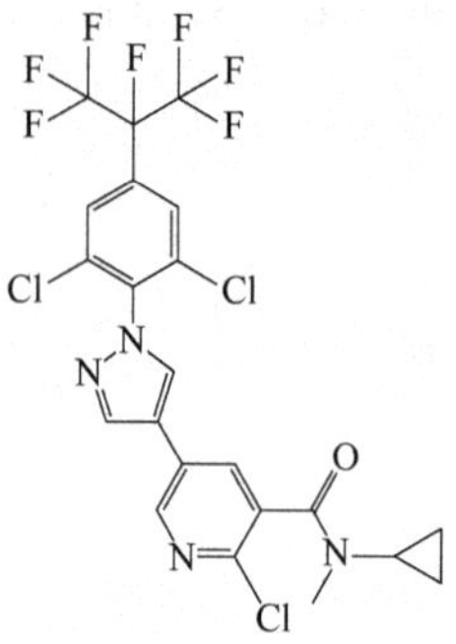

【分子式】$C_{22}H_{14}Cl_3F_7N_4O$

【分子量】589.72

【CAS 登录号】1771741-86-6

【研制和开发公司】由德国 Bayer Aktiengesellschaft（拜耳公司）开发

【上市国家和年份】2020 年首次报道

【合成路线】[1-3]

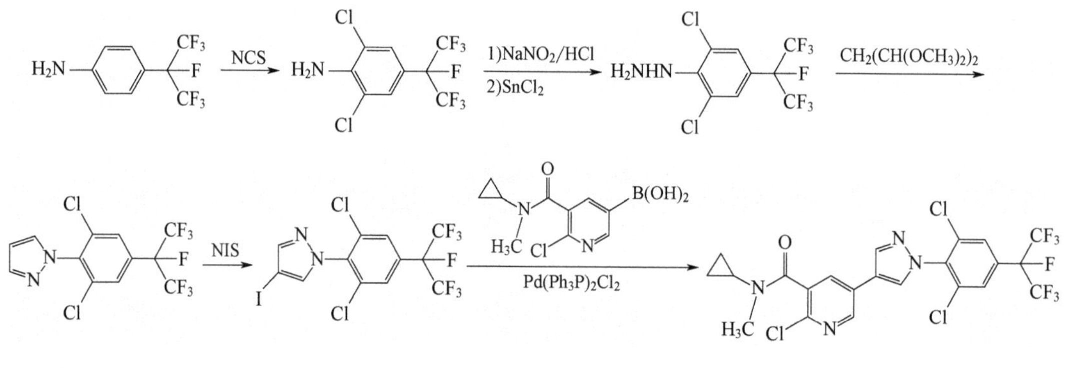

【参考文献】

[1] Hallenbach W，Schwarz H-G，Ilg K，et al．Preparation of substituted benzamides for treating arthropods．WO2015067647.

[2] Erver F，Memmel F，Arlt A，Hallenbach W，et al. Method for producing 5-(1-phenyl-1*H*-pyrazole-4-yl)nicotinamide derivatives and similar compounds without isolating or purifying the phenylhydrazine intermediate．WO2018104214.

[3] Rembiak A，Heil K，Steib A K，et al．Process for the preparation of tricyclic compounds，especially phenylpyrazolylpyridines from phenylhalopyrazoles by metalation，transmetalation and coupling．WO2019243243.

3.3.2.3 环丙氟虫胺 cyproflanilide

【化学名称】3′-[({2-溴-4-[1,2,2,2-四氟-1-(三氟甲基)乙基]-6-(三氟甲基)苯基}氨)甲酰]-*N*-(环丙基甲基)-2′,4-二氟苯甲酰胺

IUPAC 名：3′-[({2-bromo-4-[1,2,2,2-tetrafluoro-1-(trifluoromethyl)ethyl]-6-(trifluoromethyl) phenyl}amino)carbonyl]-*N*-(cyclopropylmethyl)-2′,4-difluorobenzanilide

CAS 名：*N*-[3-[({2-bromo-4-[1,2,2,2-tetrafluoro-1-(trifluoromethyl)ethyl]-6-(trifluoromethyl)phenyl}amino)carbonyl]-2-fluorophenyl]-*N*-(cyclopropylmethyl)-4-fluorobenzamide

【化学结构式】

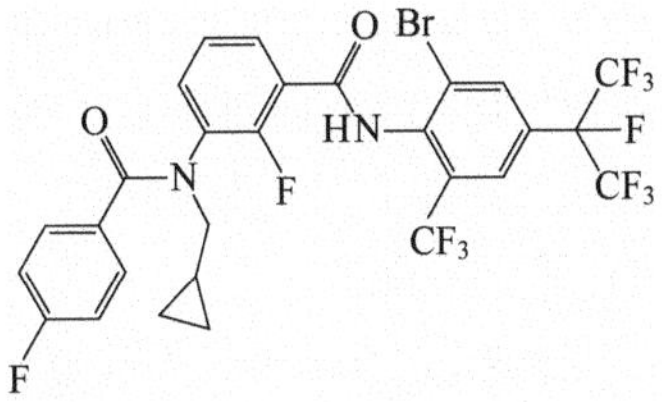

【分子式】$C_{28}H_{17}BrF_{12}N_2O_2$

【分子量】721.34

【CAS 登录号】2375110-88-4

【研制和开发公司】由南通泰禾化工股份有限公司开发

【上市国家和年份】2020 年中国首次报道

【合成路线】[1,2]

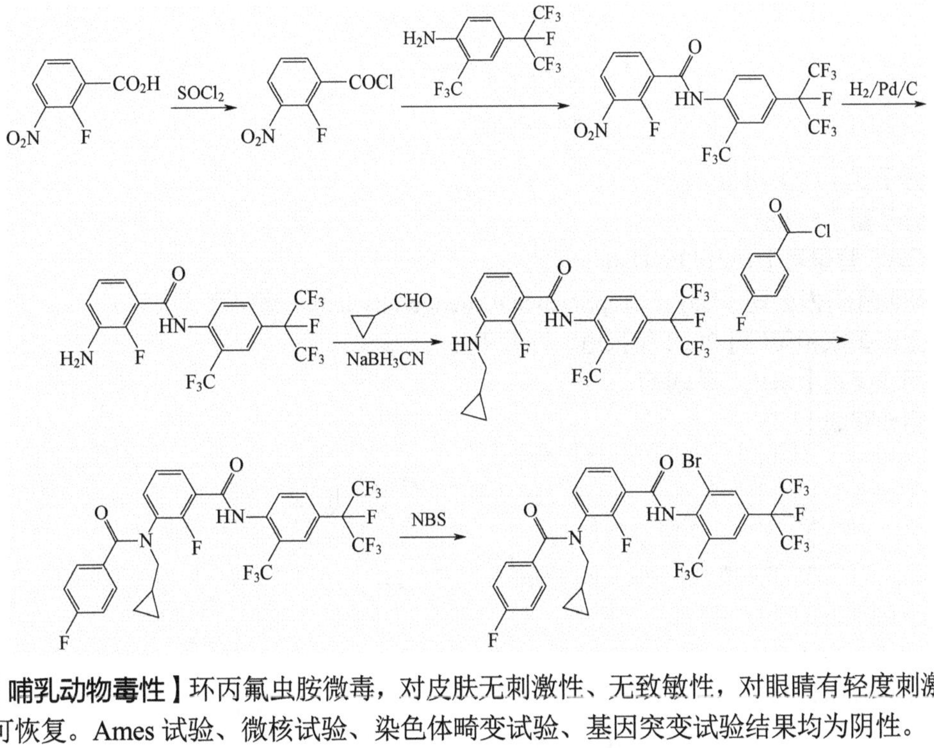

【哺乳动物毒性】环丙氟虫胺微毒，对皮肤无刺激性、无致敏性，对眼睛有轻度刺激，但 24h 可恢复。Ames 试验、微核试验、染色体畸变试验、基因突变试验结果均为阴性。

【生态毒性】环丙氟虫胺对斑马鱼、泥鳅、羊角月牙藻、大型蚤、小龙虾、中华绒螯蟹等安全。

【作用机理】昆虫 γ-氨基丁酸（GABA）氯离子通道有效的阻滞剂。

【分析方法】高效液相色谱-紫外（HPLC-UV）

【制剂】悬浮剂（SC）

【应用】环丙氟虫胺杀虫谱广、渗透性好、起效快、活性高，能有效防治对现有杀虫剂产生抗性的二化螟；在低剂量下即表现出优异的防效，对鳞翅目害虫二化螟、稻纵卷叶螟、小菜蛾、草地贪夜蛾、鞘翅目害虫跳甲、缨翅目害虫蓟马等均有良好的防效，且对作物安全，可广泛应用于水稻、玉米、棉花、大豆、果树、蔬菜等多种作物。

【参考文献】

[1] Lv L，Liu J Y，Xiang J C，et al．Preparation of *meta*-benzenediamide compound as insecticides．WO2020001067．

[2] Lv L，Zhu J T，Liu J Y，et al. Preparation of 3-(*N*-(cyclopropylmethyl)acetamido)-2-fluorobenz amide derivatives as insecticides and intermediates．WO2021078293．

3.3.2.4 替戈拉纳 tigolaner

【化学名称】2-氯-*N*-(1-氰基环丙基)-5-[2′-甲基-5′-五氟乙基-4′三氟甲基-2′*H*-(1,3′-二基吡唑)-4-基]苯甲酰胺

IUPAC 名：2-chloro-*N*-(1-cyanocyclopropyl)-5-[2′-methyl-5′-(perfluoroethyl)-4′-(trifluoromethyl)-2′*H*-(1,3′-bipyrazol)-4-yl]benzamide

CAS 名：2-chloro-*N*-(1-cyanocyclopropyl)-5-[1′-methyl-3′-(1,1,2,2,2-pentafluoroethyl)-4′-(trifluoromethyl)(1,5′-bi-1*H*-pyrazol)-4-yl]benzamide

【化学结构式】

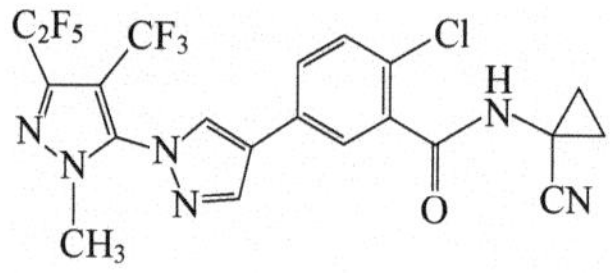

【分子式】$C_{21}H_{13}ClF_8N_6O$

【分子量】552.81

【CAS 登录号】1621436-41-6

【研制和开发公司】Bayer CropScience Aktiengesellschaft（德国拜耳公司）

【上市国家和年份】2022 年报道，开发中

【用途类别】杀虫、杀螨剂

【合成路线】[1-4]

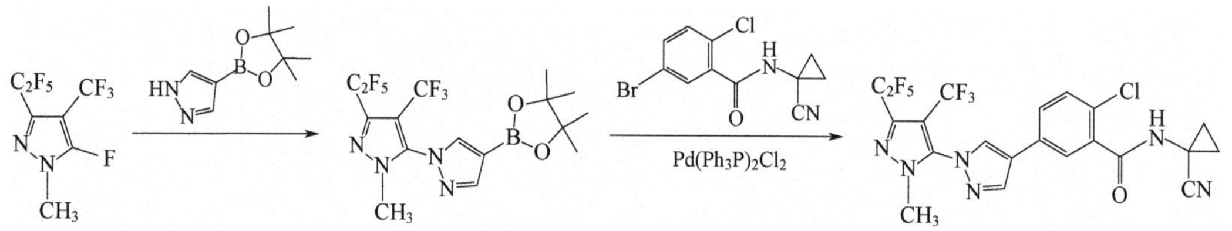

中间体合成[4]：

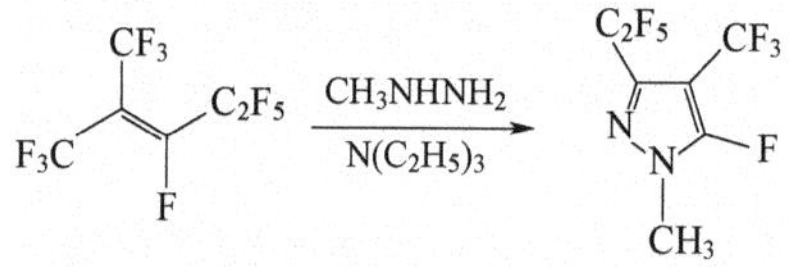

【参考文献】

[1] Pazenok S，Lui N，Funke C，et al．Process for the preparation of 5-fluoro-1*H*-pyrazoles from olefins and hydrazines．WO 2015078846．

[2] Franz-Josef M，Werner L，Britta O，et al．Method for preparing 2-chloro-*N*-(1-cyanocyclo propyl)-5-[2′-methyl-5′-(pentafluoroethyl)-

4′-(trifluoromethyl)-2′*H*-1,3′-bipyrazol-4-yl]benzamide．WO2021239835．

[3] Pazenok S，Lui N，Funke C，et al．Process for the preparation of 5-fluoro-1*H*-pyrazoles starting from hexafluoropropene．WO 2015181139．

[4] Pazenok S．Process for the preparation of 5-fluoro-1*H*-pyrazoles starting from hexafluoro propene．WO2016026789．

3.3.2.5 溴虫氟苯双酰胺 broflanilide

【商品名称】 Vedira Granular fly bait，Vedira Gel Cockroach Bait，Vedira Pressurised Insecticide，Tenebenal

【化学名称】 3-[苯甲酰(甲基)氨]-2′-溴-2-氟-4′-[1,2,2,2-四氟-1-(三氟甲基)乙基]-6′-三氟甲基苯甲酰替苯胺

IUPAC 名：3-[benzoyl(methyl)amino]-2′-bromo-2-fluoro-4′-[1,2,2,2-tetrafluoro-1-(trifluoromethyl)ethyl]-6′-(trifluoromethyl)benzanilide

CAS 名：3-(benzoylmethylamino)-*N*-(2-bromo-4-[1,2,2,2-tetrafluoro-1-(trifluoromethyl)ethyl]-6-(trifluoromethyl)phenyl)-2-fluorobenzamide

【化学结构式】

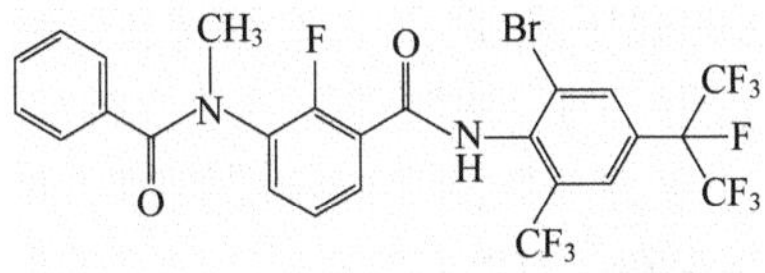

【分子式】 $C_{25}H_{14}BrF_{11}N_2O_2$

【分子量】 663.29

【CAS 登录号】 1207727-04-5

【理化性质】 白色粉末，熔点 154.0～155.5℃，超过 180℃分解；蒸气压（25℃）< 9×10^{-6}mPa，密度（23℃）1.7g/cm^3，分配系数：K_{ow}lg$P$（20℃，pH4）5.2，K_{ow}lg$P$（20℃，pH7）5.2，K_{ow}lg$P$（20℃，pH10）4.4；水中溶解度（20℃）：710μg/L（纯水），280μg/L（pH4），510μg/L（pH7），3600μg/L（pH10），有机溶剂溶解度（20℃）：正庚烷 0.096g/L，二甲苯 60g/L，正辛醇 74g/L，丙酮 250g/L；pK_a 8.8（20℃）。

【研制和开发公司】 Mitsui Chemicals Agro，Inc.（日本三井化学农业公司）

【上市国家和年份】 澳大利亚，2020 年

【用途类别】 杀虫，杀螨剂

【合成路线】 [1-5]

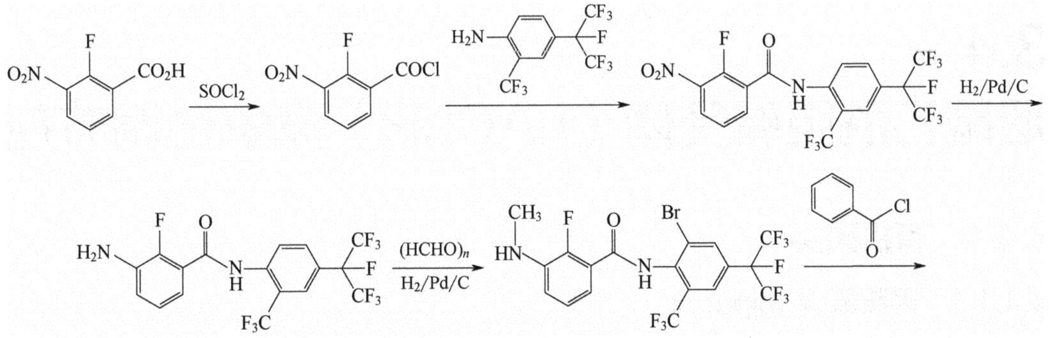

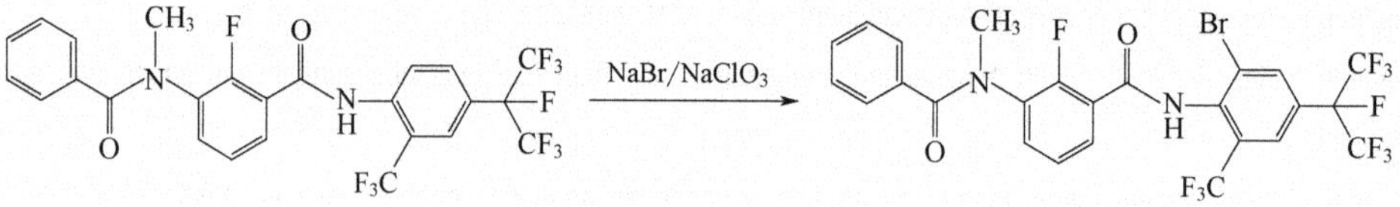

【哺乳动物毒性】原药（99.68%）对大鼠急性经口 LD_{50}>2000mg/kg，急性经皮 LD_{50}>5000mg/kg；对兔皮肤无刺激性，对兔眼睛无刺激性；没有观察到对哺乳动物有神经毒性、遗传毒性、免疫毒性，无致畸性，对繁殖无影响。

【生态毒性】鲤鱼急性毒性 LC_{50}（96h）>494μg/L，翻车鱼急性毒性 LC_{50}（96h）246μg/L，虹鳟急性毒性 LC_{50}（96h）359μg/L；水蚤 EC_{50}（48h）>332μg/L；摇蚊 EC_{50}（48h）0.16μg/L；绿藻 E_rC_{50}（72h）>10μg/L；蚯蚓 LC_{50}（14d）>500mg/kg；蜜蜂（经口）LD_{50}>0.015μg/只，蜜蜂（接触）LD_{50}>0.01μg/只。

【作用机理】溴虫氟苯双酰胺被归为 IRAC 作用机制分类第 30 组，也是目前此组唯一的化合物，为 GABA 门控氯离子通道调节剂，抑制 GABA 激活的氯离子通道，引起昆虫过度兴奋和抽搐；研究发现，溴虫氟苯双酰胺代谢产生对狄氏剂（RDL）γ-氨基丁酸（GABA）受体拮抗剂具有非竞争性抗性的脱甲基-溴虫氟苯双酰胺，后者的作用位点位于果蝇 RDL（GABA）受体 M3 区的 G336 附近，与氟虫腈等非竞争性拮抗剂不同；脱甲基-溴虫氟苯双酰胺与大环内酯类的作用位点有所重叠，但两者的作用机制不同。

【分析方法】高效液相色谱-紫外（HPLC-UV）

【应用】该药剂可用于防治危害园艺作物和大田作物的咀嚼式口器害虫，也可用作种子处理剂，防治危害谷物的线虫；用于非作物用途，防治白蚁、蚁类、蜚蠊、蝇类等害虫。此外，该药剂对斜纹夜蛾具有较高的杀幼虫活性。

【参考文献】

[1] Aoki Y，Kobayashi Y，Daido H，et al．Method for producing *N*-phenyl-3-（benzamido or 3-pyridylcarbonylamino)benzamide derivatives．WO2010018857．

[2] Luo C Y，Xu Q，Huang C Q，et al．Development of an efficient synthetic process for broflanilide．Org Process Res Dev，2020，24（6）：1024-1031．

[3] Okura H．Method for producing alkylated aromatic amide derivative．WO2013150988．

[4] Zhu J T，Lv L，Huang C Q，et al．Bromination method for *m*-diamide compounds．US10981861．

[5] Takahashi Y，Ikishima H，Okura H．Method for producing *N*-phenyl-3-acylaminobenzamide derivatives as insecticides．WO 2017104838．

3.4 烟碱乙酰胆碱受体（nAChR）竞争性调节剂

3.4.1 有机磷类

3.4.1.1 丙胺氟磷 mipafox

【商品名称】Pestox，Mixpafox

【化学名称】*N*, *N'*-氟磷酰二异丙胺

IUPAC 名：*N*, *N'*-diisopropylphosphorodiamidic fluoride

CAS 名：*N*, *N'*-bis(1-methylethyl)phosphorodiamidic fluoride

【化学结构式】

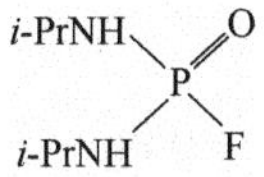

【分子式】$C_6H_{16}FN_2OP$

【分子量】182.18

【CAS 登录号】371-86-8

【理化性质】熔点 65℃；沸点 211.5℃；密度 1.037g/cm^3；蒸气压（25℃）14663mPa；K_{ow}lg$P$ 0.29；水中溶解度（20℃）80g/L。

【研制和开发公司】由 Fisons Pest Control 公司开发

【用途类别】杀虫、杀螨剂

【合成路线】[1]

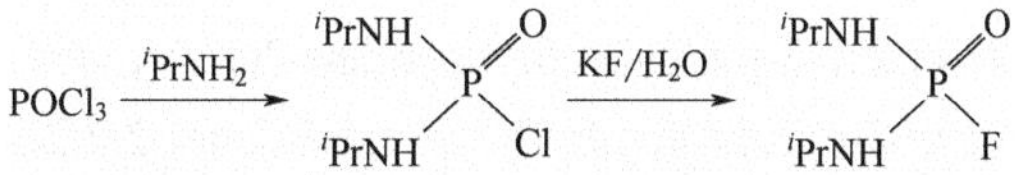

【哺乳动物毒性】大鼠急性经口 LD_{50}＞90.0mg/kg，小鼠急性经口 LD_{50}＞14.0mg/kg；神经毒素。

【作用机理】乙酰胆碱酯酶抑制剂。

【应用】用防治谷物蚜虫、螨等。

【参考文献】

[1] Pound D W．Organic phosphorous-containing compounds．GB688787.

3.4.1.2 甲氟磷 dimefox

【商品名称】Hanane，Terra-Sytam Sytam

【化学名称】双（二甲氨基）磷酰氟

IUPAC 名：bis(dimethylamino)fluorophosphine oxide

CAS 名：tetramethylphosphorodiamidic fluoride

【化学结构式】

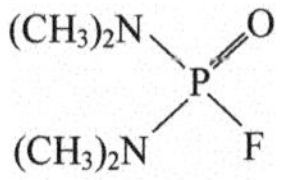

【分子式】$C_4H_{12}FN_2OP$

【分子量】154.13

【CAS 登录号】115-26-4

【理化性质】无色鱼腥味液体，沸点 67℃；密度 1.1g/cm^3；蒸气压（20℃）14663mPa；K_{ow}lg$P$ −0.43；水中溶解度（20℃）1000g/L，有机溶剂中溶解度：与丙酮、甲醇、甲苯互溶。

【研制和开发公司】由 Fisons Pest Control 公司开发

【上市国家和年份】1946 年首次报道

【用途类别】杀虫、杀螨剂

【合成路线】[1]

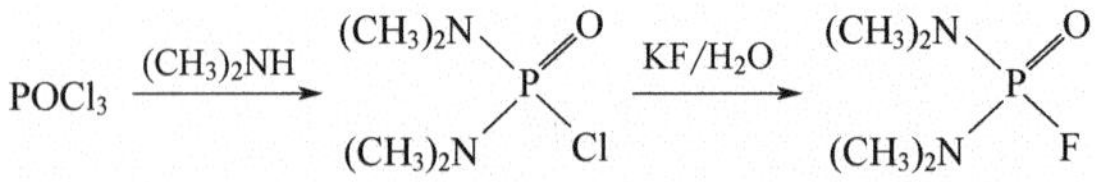

【哺乳动物毒性】大鼠急性经口 LD_{50} 1.0/kg，大鼠急性经皮 LD_{50}＞5.0mg/kg；神经毒素。

【生态毒性】蜜蜂 LD_{50}（48h，接触）＞1.9μg/只。

【作用机理】乙酰胆碱酯酶抑制剂。

【应用】毒性高，已禁止使用。

【参考文献】

[1] Kuenstle G，Spes H，Trommet A．Bis(dimethylamino)phosphoryl fluoride．US3637840．

3.4.2 吡啶亚氨类

3.4.2.1 氟虫啶胺 flupyrimin

【化学名称】*N*-[(*E*)-1-(6-氯吡啶-3-基甲基)吡啶-2(1*H*)-亚基]-2,2,2-三氟乙酰胺

IUPAC 名：*N*-[(*E*)-1-(6-chloro-3-pyridylmethyl)pyridine-2(1*H*)-ylidene]-2,2,2-trifluoroacetamide

CAS 名：*N*-[1-[(6-chloro-3-pyridyl)methyl]-2-pyridylidene]-2,2,2-trifluoroacetamide

【化学结构式】

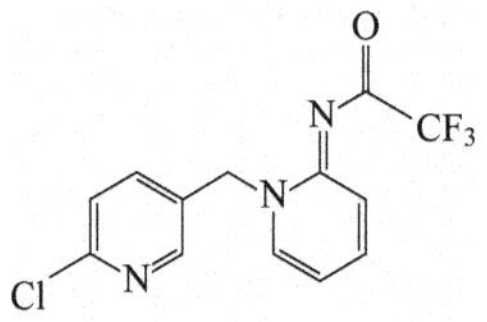

【分子式】$C_{13}H_9ClF_3N_3O$

【分子量】315.68

【CAS 登录号】1689566-03-7

【理化性质】白色无臭味粉末固体，熔点 156.6～157.1℃；蒸气压＜2.2×10^{-5}Pa（25℃）或＜3.7×10^{-5}Pa（50℃）；密度（20℃）1.5g/cm^3；K_{ow}lg$P$（25℃）1.68；水中溶解度（20℃）167mg/L；水中稳定性 DT_{50}：5.54 d（25℃，pH4）、228d（25℃，pH7）或 4.35d（25℃，pH9）。

【研制和开发公司】由日本 MeijiSeika Pharma Co.，Ltd.（日本明治制果药业株式会社）开发

【上市国家和年份】日本，2018 年

【用途类别】杀虫剂

【合成路线】[1-5]

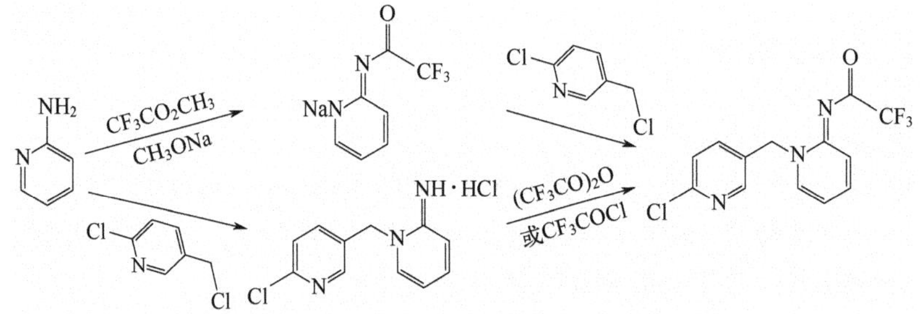

【哺乳动物毒性】大鼠（雌性）急性经口毒性 300mg/kg＜LD_{50}≤2000mg/kg，大鼠急性经皮毒性 LD_{50}＞2000mg/kg；大鼠急性吸入毒性 LC_{50}＞5mg/L；对兔眼睛有轻微的刺激性，对兔皮肤无刺激性，对豚鼠皮肤无致敏性；无致畸性和遗传毒性；每日允许摄入量（ADI）为 0.011mg/kg，急性参考剂量（ArfD）为 0.08mg/kg。

【生态毒性】鲤鱼 LC_{50}（96h）＞99.6mg/L；大型蚤 EC_{50}（48h）＞99.6mg/L；绿藻 E_rC_{50}（72h）48mg/L；摇蚊幼虫 EC_{50}（48h） 99μg/L；蜜蜂急性经口 LD_{50}（96h）＞53μg/只，急性接触 LD_{50}（96h）＞100μg/只；欧洲熊蜂急性接触 LC_{50}（96h）＞100μg/只；角额壁蜂急性接触 LD_{50}（96h）＞100μg/只；蜜蜂还是存在一定的急性经口毒性。

【作用机理】与同类杀虫剂环氧虫啶和三氟苯嘧啶相同，氟虫啶胺对美洲大蠊的神经元烟碱乙酰胆碱受体具有拮抗作用，即同为烟碱乙酰胆碱受体拮抗剂；在家蝇体内与氟虫啶胺结合的烟碱乙酰胆碱亚型受体至少有 2 个，分别为烟碱乙酰胆碱受体激活剂吡虫啉的敏感亚型受体和不敏感亚型受体，这与三氟苯嘧啶结合的受体不同；由于在与受体的结合位点和作用方式等方面存在差异，氟虫啶胺对吡虫啉敏感和产生抗药性的害虫都有效；对大鼠大脑中的烟碱乙酰胆碱 $\alpha4\beta2$ 亚型受体的亲和性研究表明，氟虫啶胺对靶标害虫体内的烟碱乙酰胆碱受体具有选择活性，对非靶标动物安全。

【分析方法】LC/MS/MS

【制剂】悬浮剂（SC）、可湿性粉剂（WP）、水分散粒剂（WG）、粉剂（DP）、乳油（EC）和颗粒剂（GR）

【应用】氟虫啶胺适用范围广泛，不仅可用于水稻、小麦、蔬菜、果树等，还可用于非农领域。其可以防治棉蚜、豆蚜、白粉虱、灰飞虱、褐飞虱、白背飞虱黑尾叶蝉、赤须盲蝽、小珀蝽、小菜蛾、甜菜夜蛾、黏虫、稻负泥虫、稻水象甲、蓟马以及家蝇等多类别害虫；室内试验显示：氟虫啶胺对西花蓟马 1 龄幼虫、灰飞虱 2 龄幼虫和黑尾叶蝉 2 龄幼虫的杀虫活性与吡虫啉相当，LC_{90} 分别为 20 mg/L、1.1mg/L、0.2mg/L；对家蝇成虫、小菜蛾 2 龄幼虫、褐飞虱 2 龄幼虫、白背飞虱 2 龄幼虫、负泥虫雌性成虫、赤须盲蝽 2 龄幼虫的杀虫活性相对较高，优于吡虫啉，LC_{90} 分别为 0.07mg/L、0.9mg/L、4.5mg/L、1.2mg/L、0.4mg/L、0.6mg/L；但对棉蚜、白粉虱的杀虫活性相对较低。值得关注的是，氟虫啶胺对抗吡虫啉稻飞虱表现出高杀虫活性。

【代谢】氟虫啶胺在动物、植物体内和环境中的代谢途径和产物有所不同。其在动物体内主要代谢为 1-(6-氯-3-吡啶基甲基)吡啶-2-(1*H*)-亚胺（代谢物 A）和 2-(6-氯烟酰胺)乙酸（代谢物 B）；在植物体内主要代谢为代谢物 A 和 6-氯烟酸（代谢物 C）；而在土壤和水中则主要代谢为代谢物 A。

【参考文献】

[1] Jason K，Matthias R，Christian F．Process for the preparation of *N*-[1-alkyl-2(1*H*)-pyridinyliene]-2,2,2-trifluoroacetamide compounds．WO2016005276．

[2] Nakanishi N，Fukuda Y，Kitsuda S，et al．Preparation of amine compounds as noxious organism control agents．WO 2012029672．

[3] Nakanishi N，Fukuda Y，Kitsuda S，et al．Method for the preparation of pest controlling agent．WO2013031671．

[4] Kitsuda S，Nakanishi N，Sumi S．Method for the preparation of pesticidal 2-acyliminopyridine compound．WO2018052115．

[5] Wolf H，Abbink J，Becker B，et al．Preparation and testing of(heteroarylalkyl)-substituted 5- and 6-membered heterocycles as insecticides and ectoparasiticides．DE3639877．

3.4.3 丁烯酸内酯类

3.4.3.1 吡啶呋虫胺 flupyradifurone

【商品名称】Sivanto

【化学名称】4-[(6-氯吡啶-3-基甲基)(2,2-二氟乙基)氨基]呋喃-2(5*H*)-酮

IUPAC 名：4-[(6-chloro-3-pyridylmethyl)(2,2-difluoroethyl)amino]furan-2(5*H*)-one

CAS 名：4-[[(6-chloro-3-pyridinyl)methyl](2,2-difluoroethyl)amino]-2(5*H*)-furanone

【化学结构式】

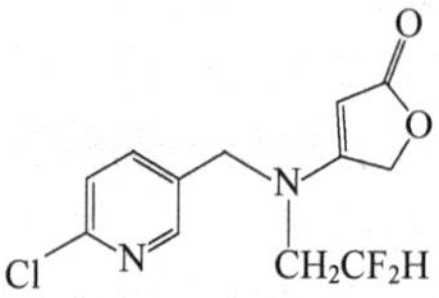

【分子式】$C_{12}H_{11}ClF_2N_2O_2$

【分子量】288.68

【CAS 登录号】951659-40-8

【理化性质】白色固体至米黄色固体粉末，熔点 69℃；蒸气压（20℃）9.1×10^{-3}Pa；密度（99.4%）1.43g/cm^3；K_{ow} lg$P$（pH7，25℃）1.2；水中溶解度（20℃）：3.2g/L（pH4），3.0g/L（pH7）；有机溶剂中溶解度（20℃）：正庚烷 0.0005g/L，甲醇＞250g/L。

【研制和开发公司】由德国 Bayer Cropscience（德国拜耳公司）开发

【上市国家和年份】洪都拉斯和危地马拉，2014 年

【合成路线】[1-3]

路线 1：

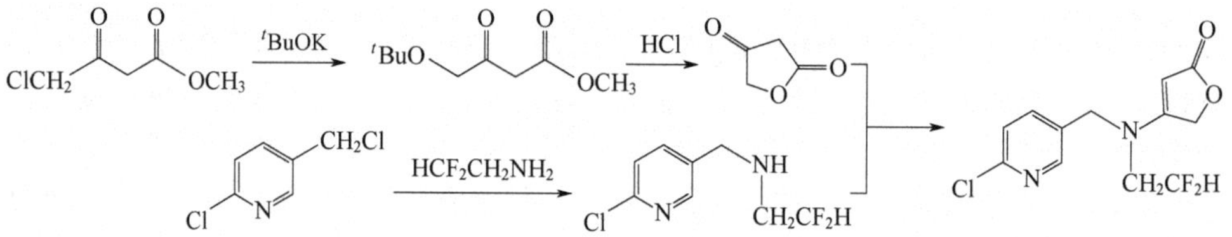

路线 2：

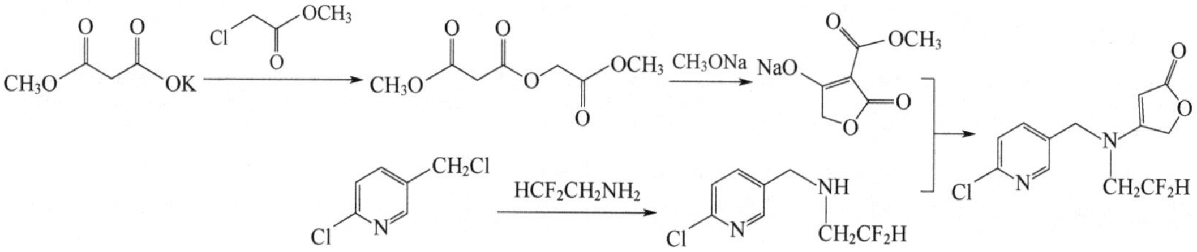

中间体合成[4-6]：

$$HCF_2CH_2Cl 或 HCF_2CH_2OH \xrightarrow{NH_3} HCF_2CH_2NH_2$$

【哺乳动物毒性】大鼠急性经口 2000mg/kg＞LD_{50}＞300mg/kg，大鼠急性经皮 LD_{50}＞2000mg/kg；对兔眼睛和皮肤无刺激；大鼠吸入 LC_{50} 4671mg/m^3；雄性大鼠 NOEL 80mg/kg；无致癌和致突变作用，无生殖发育毒性，对大鼠有急性神经毒性测试表明，偶尔可能使大鼠出现瞬间瞳孔放大、共济失调和震颤等症状；大鼠口服 90d 无神经毒性。

【生态毒性】鹌鹑急性经口 LD_{50} 232mg/kg；虹鳟 LC_{50}＞74.2mg/L；水蚤急性 EC_{50}＞747.6mg/L；海藻 EC_{50}＞80mg/L；蚯蚓 LC_{50}（14d）193mg/kg（干土）；蜜蜂急性接触 LD_{50}＞100μg/只，蜜蜂急性经口 LD_{50} 1200μg/只，在叶面的残留量为 205g/hm^2 时对蜜蜂无影响。

【作用机理】烟碱型乙酰胆碱激动剂，与现有烟碱类杀虫剂无交互抗性。

【分析方法】高效液相色谱-紫外（HPLC-UV），气相色谱-质谱（GC-MS）

【制剂】可溶液剂（SL）

【应用】用于番茄、辣椒、马铃薯、黄瓜葡萄、西瓜、咖啡、坚果、柑橘等作物，防治蚜虫、粉虱、介壳虫、叶蝉、西花蓟马、潜叶蝇、粉蚧、软蚧、柑橘木虱和马铃薯甲虫等多种害虫，具有良好内吸和传导性，对幼虫、成虫等所有生长时期害虫皆有效，且药效快，持效期长。

【参考文献】

[1] Peter J，Robert V，ThomaS S，et al. Preparation of 4-[(pyridin-3-ylmethyl)amino]-5*H*-furan-2-ones as Insecticides. DE 102006015467.

[2] Smith M S，Tolley M P，Demark J J. Systems and methods for pest control. US20120055076.

[3] NorberT L，Heinrich J D. Novel method for producing enaminocarbonyl compounds. WO2010105772.

[4] Norbert L，Pazenok S，Shermolovich，Y G. Production of 2,2-difluoroethylamine. WO2011012243.

[5] Norbert L，Warsitz R，Funke C，et al. Method for producing 2,2-difluoroethylamine from 2,2-difluoro-1-chloroethane and ammonia using batch or continuous process. WO2012095403.

[6] 吴盛均，椿范立，陈彩艳，等. 一种2,2-二氟乙胺的生产工艺. CN109400483.

3.4.4 介离子类

3.4.4.1 三氟苯嘧啶 triflumezopyrim

【商品名称】Pyraxalt

【化学名称】2,4-二氧代-1-(嘧啶基-5-甲基)-3-[3-(三氟甲基)苯基]-3,4-二氢-2*H*-吡啶并嘧啶-1,3-内盐

IUPAC 名：2,4-dioxo-1-(pyrimidin-5-ylmethyl)-3-[3-(trifluoromethyl)phenyl]-3,4-dihydro-2*H*-pyrido[1,2-*a*]pyrimidin-1-ium-3-ide

CAS 名：2,4-dioxo-1-(5-pyrimidinylmethyl)-3-[3-(trifluoromethyl)phenyl]-2*H*-pyrido[1,2-*a*] pyramidinium inner salt

【化学结构式】

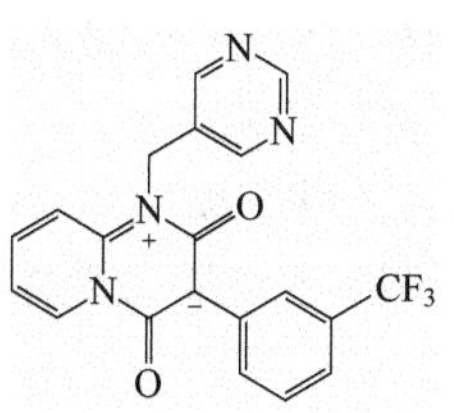

【分子式】$C_{20}H_{13}F_3N_4O_2$

【分子量】398.35

【CAS 登录号】1263133-33-0

【理化性质】三氟苯嘧啶为黄色无味固体，熔点 205～210℃开始分解；水和有机溶剂中的溶解度：水（0.23±0.01）g/L（20℃）；有机溶剂中溶解度：*N,N*-二甲基甲酰胺 377.62g/L，乙腈 65.87g/L，甲醇 7.65g/L，丙酮 71.85g/L，乙酸乙酯 14.65g/L，二氯甲烷 76.07g/L，邻二甲苯 0.702g/L，正辛醇 1.059g/L，正己烷 0.0005g/L。稳定性：pH4、7 和 9 时对水解稳定（50℃）；自然水中光解（25℃）DT_{50} 2.8d，缓冲液中光解 DT_{50} 值为 2.1d；对金属和金属离子稳定（54℃，14d）；不易燃、不自燃，对热、摩擦和挤压等不敏感。

【研制和开发公司】美国 E. I. du Pont de Nemours and Company（杜邦）（现为科迪华）

【上市国家和年份】印度，2016 年

【用途类别】杀虫

【合成路线】[1-3]

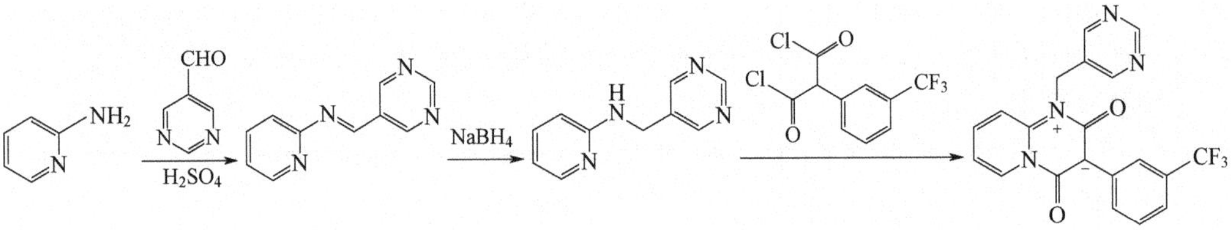

中间体合成：

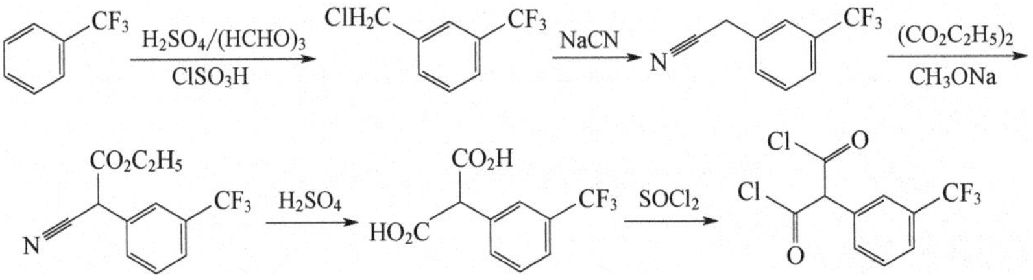

【哺乳动物毒性】大鼠急性经口 LD_{50}＞4930mg/kg，大鼠急性经皮 LD_{50}＞5000mg/kg；大鼠吸入 LC_{50}（4h）＞5mg/L；对家兔眼睛有轻微刺激性，对家兔皮肤无刺激性，对豚鼠皮肤无致敏性；每日允许摄入量为 0～0.2mg/kg。三氟苯嘧啶无体外基因毒性、致畸性、免疫毒性和神经毒性。

【生态毒性】三氟苯嘧啶对有益生物的影响较小；北美鹑急性经口 LD_{50} 2109mg/kg，短期饲喂 LD_{50}＞935mg/kg；鲤鱼急性 LC_{50}（96h）＞100mg/L，虹鳟急性 LC_{50}（96h）＞107mg/L；大型溞 EC_{50}（48h）＞122mg/L；三氟苯嘧啶对赤子爱胜蚓 LC_{50}（14d）＞1000mg/kg，对西方蜜蜂接触 LD_{50}（72h）0.39μg/只，经口 LD_{50}（72h）0.51μg/只；毒性高于其他烟碱类杀虫剂、乙基多杀菌素、氟虫腈和茚虫威。三氟苯嘧啶在实验室和田间条件下对多种寄生蜂、瓢虫、捕食天敌（如蜘蛛、小花蝽、盲蝽）等无害或微毒，田间使用浓度 200g/hm^2 对肉食性天敌蜘蛛无不良影响，与自然天敌具有良好的相容性。

【作用机理】三氟苯嘧啶归为烟碱乙酰胆碱受体（nAChR）竞争性调节剂类，目前是唯一一个乙酰胆碱受体抑制剂，与新烟碱类乙酰胆碱受体激活剂靶点相同，但作用相反。

【制剂】悬浮剂（SC）

【应用】[4,5]与吡虫啉、氟啶虫胺腈和氟吡呋喃酮等新烟碱类杀虫剂不同，三氟苯嘧啶是现有作用于烟碱型乙酰胆碱受体的杀虫剂中起抑制作用的药剂，即为烟碱乙酰胆碱受体拮抗剂。与吡虫啉等烟碱乙酰胆碱受体竞争调节剂一样，三氟苯嘧啶通过与烟碱乙酰胆碱受体的正性位点结合，阻断靶标害虫的神经传递而发挥杀虫活性。但由于与烟碱乙酰胆碱受体竞争调节剂对受体的结合方式不同，且与之存在竞争关系，三氟苯嘧啶能够有效防治对新烟碱类杀虫剂产生抗性的稻飞虱等害虫，国际杀虫剂抗性行动委员会将其归属于第 4E 亚组。在摄入三氟苯嘧啶后 15 min 至数小时，美洲大蠊、桃蚜和褐飞虱等害虫即出现中毒症状，呆滞不动，无兴奋或痉挛现象，随后麻痹、瘫痪，直至死亡。三氟苯嘧啶具有内吸传导活性，可在植物木质部移动，既可用于叶面喷雾，也可用于育苗箱土壤处理。

【代谢】在动物体内，几乎所有标记的化合物都通过尿液（40%～48%）和粪便（43%～53%）排出，主要排泄物为母体化合物三氟苯嘧啶（在尿液中占比约为 41%，粪便中占比约为 18%），还有部分去羟基、水解、氧化和去羰基等代谢途径的产物。三氟苯嘧啶在植物体内的代谢产物主要为母体化合物三氟苯嘧啶，还有叶片中的 IN-RPA19[*N*-(pyrimidin-5-ylmethyl)pyridin-2-amine]、叶片和秸秆中的 IN-R6U72[3-(3-carboxy-4-hydroxyphenyl)-2,4-dioxo-1-(pyrimidin-5-ylmethyl)-3,4-dihydro-2H-pyrido[1,2-*a*]pyrimidin-1-ium-3-ide]、谷粒中的 IN-Y2186[3-(trifluoromethyl)benzoic acid]和谷壳中的三氟苯嘧啶母体吡啶氮氧化物；在土壤中具有潜在的富集性，其残留不会从土壤中转移到后茬作物。

【参考文献】

[1] Pahutski T F．Mesoionic pyrido[1,2-*a*]pyrimidine as pesticides and their preparation．WO2012092115．

[2] Zhang W M，Annis G D．Preparation of malonic acid disalts and malonyl dihalides and their use in the synthesis of pyridopyrimidinium inner salts．WO2013090547．

[3] Dumas D J，Tran L T．Process for the preparation of *N*-[(5-pyrimidinyl)methyl]-2-pyridinamines．WO2017189339．

[4] Qin Y，Xu P F，Jin R H，et al．Resistance of nilaparvata lugens（Hemiptera：Delphacidae）to triflumezopyrim：inheritance and fitness costs．Pest Manag Sci，2021，77（12）：5566-5575．

[5] Fan T L，Chen X J，Xu Z Y，et al．Uptake and translocation of triflumezopyrim in rice plants．J Agric Food Chem，2020，68（27）：7086-7092．

3.4.5 亚砜亚氨类

3.4.5.1 氟啶虫胺腈 sulfoxaflor

【商品名称】Transform WG，xxpire，Closer，Sequoia，Ridgeback

【化学名称】[甲基{1-[6-(三氟甲基)吡啶-3-基]乙基}-λ^4-亚砜]氰基亚胺

IUPAC 名：[methyl(oxido){1-[6-(trifluoromethyl)pyridin-3-yl]ethyl}-λ^4-sulfanylidene]cyanamide

CAS 名：*N*-[methyloxido[1-[6-(trifluoromethyl)-3-pyridinyl]ethyl]- λ^4-sulfanylidene]cyanamide

【化学结构式】

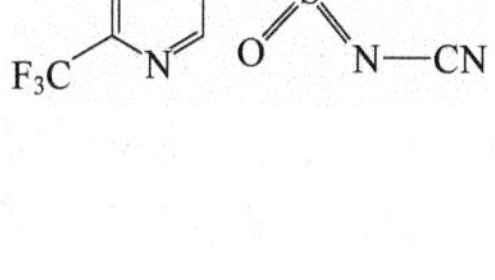

【分子式】$C_{10}H_{10}F_3N_3OS$

【分子量】277.27

【CAS登录号】946578-00-3

【理化性质】白色固体，熔点 112.9℃；密度（19.7℃）为 1.5378g/cm^3；蒸气压 25℃时 2.5×10^{-6}Pa，20℃时 1.4×10^{-6}Pa；K_{ow}lg$P$ 0.802；水中溶解度（20℃，99.7%纯度）：1380mg/L（pH5），570mg/L（pH7），550mg/L（pH9）；有机溶剂中溶解度（20℃）：甲醇 93.1g/L，丙酮 217g/L，二甲苯 0.743g/L，1,2-二氯乙烷 39g/L，乙酸乙酯 95.2g/L，正庚烷 0.000242g/L，正辛醇 1.66g/L；有机溶剂中的光降解速率大小顺序为乙腈＞甲醇＞正己烷＞丙酮。氟啶虫胺腈水分散粒剂外观为白色颗粒状固体，pH5～9，在 54℃下热贮 14d 稳定。

【研制和开发公司】由美国 Dow AgroSciences（美国陶氏益农公司）开发

【上市国家和年份】韩国，2012 年

【合成路线】[1-7]

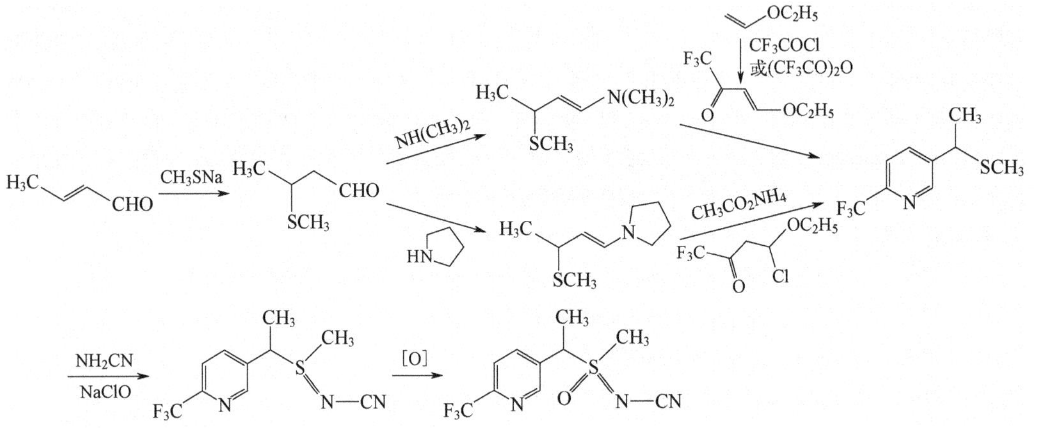

中间体合成[5]：

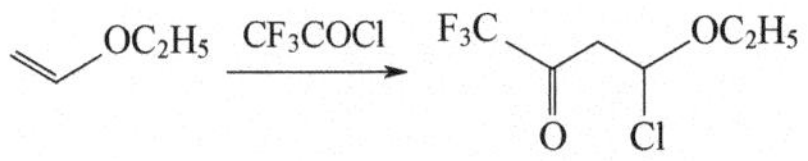

【哺乳动物毒性】急性经口 LD_{50}：雌大鼠 1000mg/kg，雄大鼠 1405mg/kg，原药急性经皮 LD_{50}：大鼠（雌/雄）＞5000mg/kg，制剂急性经口 LD_{50}＞2000mg/kg。

【生态毒性】对山齿鹑的急性 LD_{50} 676mg/kg；对大型蚤的急性 EC_{50}（48h）＞399mg /L；对虹鳟的急性 LC_{50}（96h）＞101mg/L；蜜蜂高毒，急性接触毒性 LD_{50}（48h）0.3379μg/只，急性经口 LD_{50}（48h）0.146μg/只。

【作用机理】乙酰胆碱受体激活剂，作用于昆虫的神经系统，通过激活烟碱型乙酰胆碱受体内独特的结合位点而发挥其杀虫功能。

【分析方法】高效液相色谱-紫外（HPLC-UV）

【制剂】乳油（EC），可湿粉剂（WP），悬浮剂（SC）

【应用】棉花、油菜、果树、大豆、水果、小粒谷物、蔬菜、水稻、草坪和观赏植物，防治如蚜虫、盲蝽、蝽象、粉虱、蚧壳虫、飞虱、某些木虱、蓟马等多种刺吸式害虫，能有效防治对烟碱类、菊酯类、有机磷类和氨基甲酸酯类农药产生抗性的刺吸式害虫，是害虫综合防治方面的优选药剂。

【代谢】土壤代谢：DT_{50}（典型土壤）2.2d，DT_{50}（实验室，20℃）2.2d，DT_{50}（田）3.54d，DT_{90}（实验室，20℃）21.5d，DT_{90}（田）11.74d；土壤吸附和迁移：K_d 0.52mL/g，K_{oc} 40.8mL/g，K_f 0.47mL/g，K_{foc} 35mL/g。

【参考文献】

[1] David E，Podherez M，Ronald R，et al．Process for the preparation of certain substituted sulfilimines．US20080207910．

[2] Arndt K E，Bland D，Podhorez D E，et al．Process for the oxidation of certain substituted sulfilimines to Insecticidal sulfoximines．WO2008097235．

[3] Loso M R，Nugent B M，Huang J M，et al．Insecticidal *N*-Substituted(6-haloalkylpyridin-3-yl)alkyl sulfoximines．WO 2007095229．

[4] Arndt K E，Bland D C，Mcconnell J R，et al．Process for the oxidation of certain substituted sulfilimines to insecticidal sulfoximines．US2008194634．

[5] Bland D C，Roth G A．Improved process for the preparation of 2-trifluoromethyl-5-(1-substituted)alkylpyridines．WO 2010002577．

[6] Mcconnell J R，Bland D C．Improved process for the addition of thiolates to alfa，beta-unsaturated carbonyl or sulfonyl compounds．WO2010021855．

[7] Heller S T，Ross R，Irvine N M，et al．Process for the preparation of 2-Substituted-5-(1-alkylthio)alkylpyridines．WO 2008066558．

3.5 γ-氨基丁酸门控氯离子通道拮抗剂

3.5.1 芳基吡唑类

3.5.1.1 氟吡唑虫 vaniliprole

【化学名称】1-[2,6-二氯-4-(三氟甲基)苯基]-5-{[(*E*)-4-羟基-3-甲氧基苯来亚甲基]氨基}-4-[(三氟甲基)硫]-1*H*-吡唑-3-甲腈

IUPAC 名：1-[2,6-dichloro-4-(trifluoromethyl)phenyl]-5-{[(*E*)-4-hydroxy-3-methoxybenzylidene] amino}-4-[(trifluoromethyl)thio]-1*H*-pyrazole-3-carbonitrile

CAS 名：1-[2,6-dichloro-4-(trifluoromethyl)phenyl]-5-[[(*E*)-(4-hydroxy-3-methoxyphenyl)methylene]amino]-4-[(trifluoromethyl)thio]-1*H*-pyrazole-3-carbonitrile

【化学结构式】

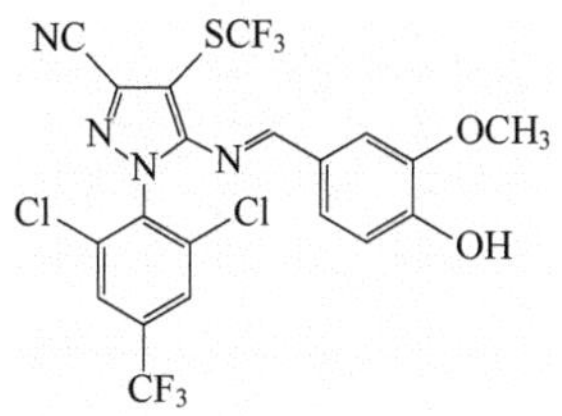

【分子式】$C_{20}H_{10}Cl_2F_6N_4O_2S$

【分子量】555.28

【CAS 登录号】145767-97-1

【研制和开发公司】法国 Rhone-Poulenc Agrochimie（罗纳普朗克公司）

【合成路线】[1]

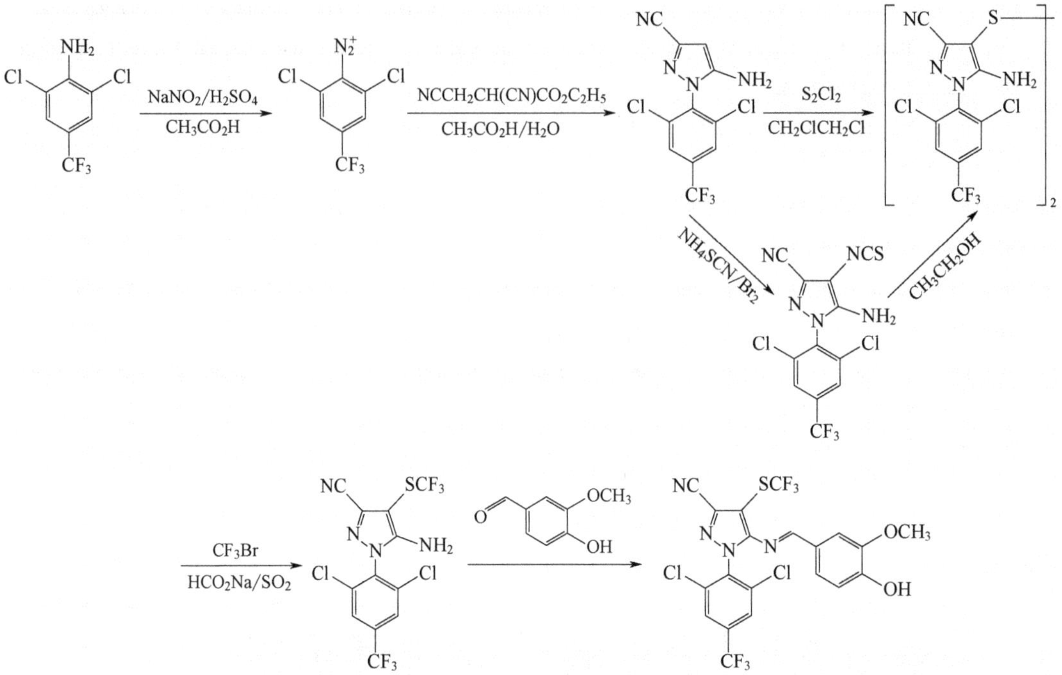

【参考文献】

[1] Huang J，Ayad H M，Timmons P R．Preparation of 1-aryl-5-(arylalkylideneimino)pyrazoles as pesticides．EP511845．

3.5.1.2 丁虫腈 flufiprole

【化学名称】1-(2,6-二氯-*α*,*α*,*α*-三氟对甲苯基)-5-甲基烯丙基氨基-4-(三氟甲基亚磺酰基)吡唑-3-腈

IUPAC 名：1-(2,6-dichloro-*α*,*α*,*α*-trifluoro-*p*-tolyl)-5-(2-methylallylamino)-4-(trifluoromethylsulfinyl)pyrazole-3-carbonitrile

CAS 名：1-(2,6-dichloro-4-methylphenyl)-5-[(2-methylprop-2-enyl)amino]-4-[(trifluoromethyl)sulfinyl]-1*H*-pyrazole-3-carbonitrile

【化学结构式】

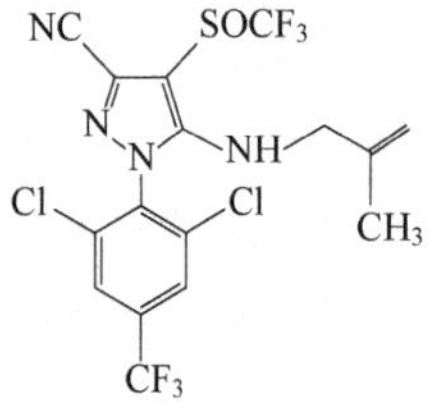

【分子式】$C_{16}H_{10}Cl_2F_6N_4OS$

【分子量】491.23

【CAS 登录号】704886-18-0

【理化性质】纯品为白色粉末，熔点 172～174℃；水中溶解度 0.02g/L，乙酸乙酯中溶解度（25℃）260.02g/L；常温在酸碱条件下稳定。

【研制和开发公司】由大连瑞泽农药股份有限公司开发

【上市国家和年份】中国，2009 年

【用途类别】杀虫剂

【合成路线】[1,2]

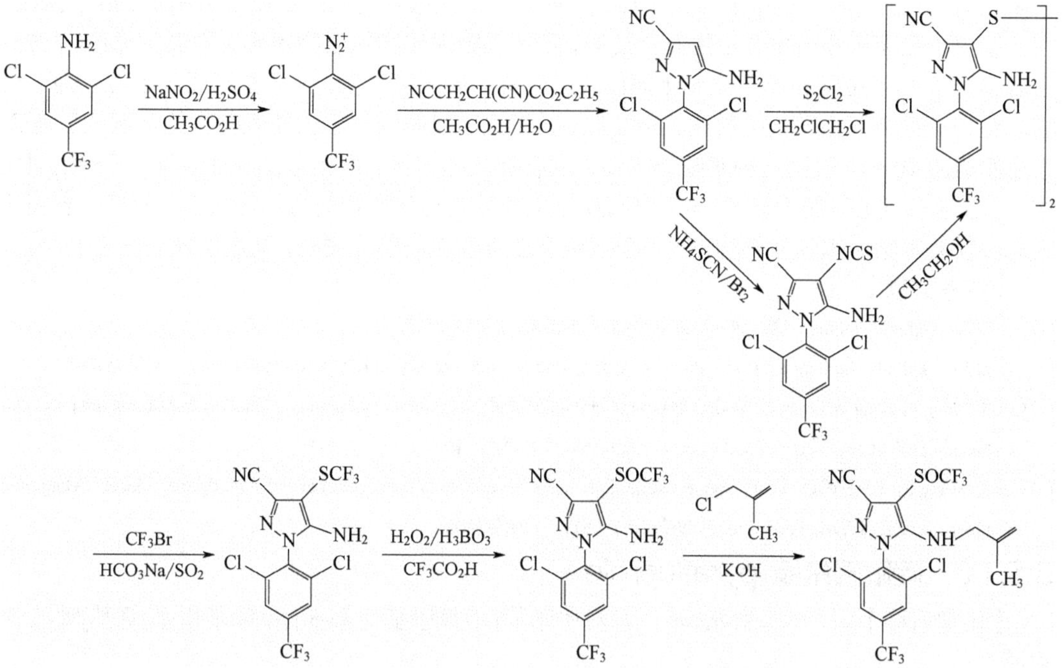

中间体合成参见“乙虫腈 ethiprole”。

【哺乳动物毒性】丁虫腈原药雄性/雌性大鼠急性经口 LD_{50}≥4640mg/kg，雄性/雌性大鼠急性经皮 LD_{50}≥2150mg/kg，属低毒级；该药对皮肤和眼睛无刺激作用，属于弱致敏药物；原药 Ames 试验呈阴性，原药小鼠嗜多染红细胞微核试验呈阴性，原药小鼠显示致畸属阴性；原药亚慢性试验雄鼠 150mg/kg[（11.24±0.52）mg/(kg·d)]，雌鼠 500mg/kg[(40.35±3.93)mg/(kg·d)]。

【生态毒性】蚕 LC_{50}>5000mg/L；对蜜蜂高毒；鹌鹑急性经口（雌、雄）LD_{50}>2000mg/kg；斑马鱼 LC_{50}（96h）19.62mg/L。

【作用机理】通过与靶标生物的神经中枢细胞膜上 γ-氨基丁酸（GABA）受体结合，阻断门控的氯离子通道，从而干扰中枢神经系统的正常功能而使昆虫致毒。

【分析方法】高效液相色谱-紫外（HPLC-UV）

【制剂】乳油（EC），水分散颗粒剂（WDG）

【应用】用于水稻、蔬菜等防治对半翅目、鳞翅目、缨翅目害虫。

【代谢】[3,4]选择蛋白核小球藻和泥鳅作为目标生物来评价丁虫腈在水生生物体内的立体选择性降解、代谢和毒性效应。对于蛋白核小球藻、丁虫腈的消解符合一级动力学方程。*rac-/S-/R*-丁虫腈在藻中主要代谢产生丁虫腈酰胺和氟虫腈，但*R*-丁虫腈处理组的丁虫腈和代谢物的浓度水平高于*S*-丁虫腈处理组，可能是两种对映体与某些酶系统结合的能力以及穿过细胞膜的对映选择性转运的差异所导致的。对于泥鳅，暴露于*rac*-丁虫腈后观察到了显著的对映选择性富集现象，各组织中*rac*-丁虫腈的EF值显著偏离0.5，且对映选择性在肝脏和肾脏中最为明显，且EF值与各组织的富集程度之间存在显著的相关性。单一对映体暴露实验中没有观察到两种对映体之间的相互转化，但肝脏中*S*-丁虫腈的富集程度是*R*-丁虫腈的3倍，表明泥鳅对*S*-丁虫腈的富集能力高于*R*-丁虫腈。丁虫腈在泥鳅体内迅速发生生物转化，丁虫腈砜化物、氟虫腈和丁虫腈酰胺为主要代谢物，且丁虫腈砜化物的浓度显著高于*rac*-丁虫腈，表明丁虫腈在泥鳅体内主要发生氧化反应，且丁虫腈砜化物的生物富集潜力高于母体。此外，还观察到了*R*-丁虫腈和*S*-丁虫腈不同的代谢轮廓，以肝脏为例，*S*-丁虫腈倾向于转化为丁虫腈砜化物，而*R*-丁虫腈优先转化为氟虫腈，*S*-丁虫腈暴露组中丁虫腈砜化物的含量几乎是*R*-丁虫腈组的10倍，表明两种对映异构体之间存在代谢差异。根据急性毒性结果，丁虫腈砜化物、丁虫腈硫化物、脱亚磺酰基-丁虫腈和氟虫腈等几种代谢物的毒性均大于丁虫腈，表明丁虫腈不仅会富集于水生生物体内，还会代谢产生毒性更高的代谢物，其水生风险性不容忽视。

【参考文献】

[1] 王正权，李彦龙，郭同娟，等. N-苯基吡唑衍生物杀虫剂. CN1398515.

[2] Clavel J L，Pelta I，Le Bars S，et al. Process for preparing 4-trifluoromethylsulfinylpyrazole derivative. US6881848.

[3] Gao J，Wang F，Jiang W Q，et al. Biodegradation of chiral flufiprole in chlorella pyrenoidosa：kinetics，transformation products，and toxicity evaluation. J Agric Food Chem，2020，68（7）：1966-1973.

[4] Gao J，Wang F，Jiang W Q，et al. Tissue distribution，accumulation，and metabolism of chiral Flufiprole in loach（Misgurnus anguillicaudatus）. J Agric Food Chem，2019，67（51）：14019-14026.

3.5.1.3 啶吡唑虫胺 pyrafluprole

【化学名称】1-(2,6-二氯-*α*,*α*,*α*-三氟对甲苯基)-4-氟甲基硫基-5-[(吡嗪基甲基)氨基]吡唑-3-甲腈

IUPAC 名：1-(2,6-dichloro-*α*,*α*,*α*-trifluoro-*p*-tolyl)-4-(fluoromethylthio)-5-[(pyrazinylmethyl) amino]pyrazole-3-carbonitrile

CAS 名：1-[2,6-dichloro-4-(trifluoromethyl)phenyl]-4-[(fluoromethyl)thio]-5-[(2-pyrazinylmethyl)amino]-1*H*-pyrazole-3-carbonitrile

【化学结构式】

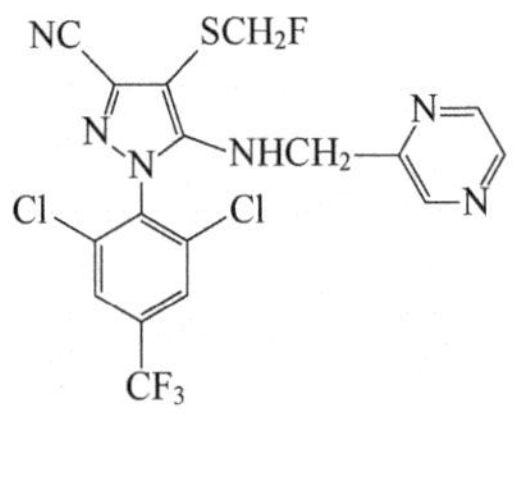

【分子式】$C_{17}H_{10}Cl_2F_4N_6S$

【分子量】477.26

【CAS 登录号】315208-17-4

【理化性质】熔点 119～120℃。

【研制和开发公司】由 Nihon Nohyaku（日本农药株式会社）开发

【用途类别】杀虫剂

【合成路线】[1-3]

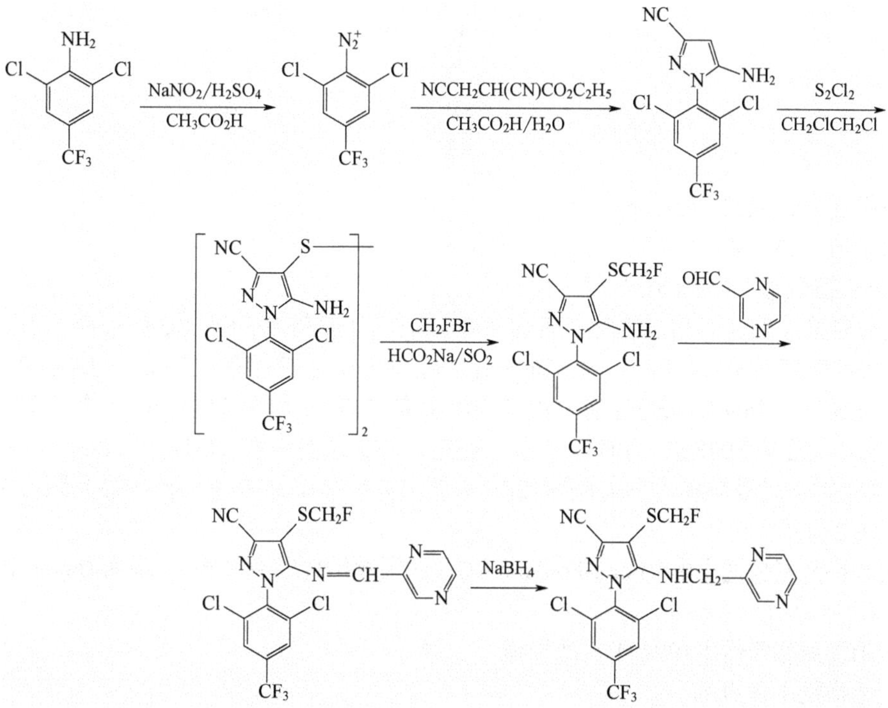

【作用机理】通过阻碍γ-氨基丁酸（GABA）调控的氯化物传递而破坏中枢神经系统内的中枢传导。

【分析方法】高效液相色谱-紫外（HPLC-UV）

【制剂】乳油（EC），悬浮剂（SC）

【应用】水稻、蔬菜等作物用于防治半翅目和鞘翅目害虫，如蚜虫、跳蚤、绿豆、褐稻虱、斜纹夜蛾、小菜蛾等。

【参考文献】

[1] Okui S，Kyomura N，Fukuchi T，et al. Preparation of 4-amino-1-phenyl-3-cyanopyrazole derivatives and process for producing the same，and pesticides containing the same as the active ingredient. WO2001000614.

[2] Shahabud D R，Rajaiah S，et al. one pot synthesis of insecticidal intermediates. IN2699CH2011.

[3] Kwiatkowski S，Pupek K，Golinski M J. et al. Process for preparing trifluralin. US5728881.

3.5.1.4 氟虫腈 fipronil

【商品名称】Fiprosun，Prince，锐劲特

【化学名称】5-氨基-1-(2,6-二氯-*α*,*α*,*α*-三氟对甲苯基)-4-三氟甲基亚磺酰基吡唑-3-腈

IUPAC 名：5-amino-1-(2,6-dichloro-*α*,*α*,*α*-trifluoro-*p*-tolyl)-4-trifluoromethylsulfinylpyrazole-3-carbonitrile

CAS 名：5-amino-1-[2,6-dichloro-4-(trifluoromethyl)phenyl]-4-[(trifluoromethyl)sulfinyl]- 1*H*-pyrazole-3-carbonitrile

【化学结构式】

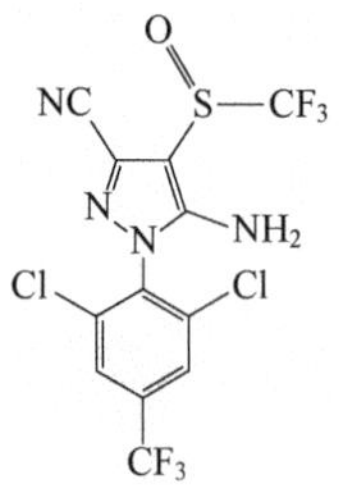

【分子式】$C_{12}H_4Cl_2F_6N_4OS$

【分子量】437.14

【CAS 登录号】120068-37-3

【理化性质】纯品为白色固体，熔点 200～201℃（原药 195.5～203℃）；蒸气压（25℃）3.7×10^{-7}Pa；密度（20℃）1.477～1.626g/cm^3；K_{ow}lg$P$ 4；水中溶解（20℃）：1.9mg/L（pH7），1.9mg/L（pH5），2.4mg/L（pH9）；有机溶剂中溶解度（20℃）：丙酮 545.9g/L，二氯甲烷 22.3g/L，甲苯 3.0g/L，己烷 0.028g/L；pH5、7 水中稳定，pH9 缓慢水解（DT_{50} 约 28d），加热稳定，在太阳光照射下缓慢降解（持续光照 12d，分解 3%左右），但在水溶液中经光照可快速分解（DT_{50} 约 0.33d）。

【研制和开发公司】由 Rhone-Poulenc AG（法国罗纳普朗克公司）（现为 Bayer AG）发现开发

【上市国家和年份】1992 年首次报道

【用途类别】杀虫剂

【合成路线】[1]

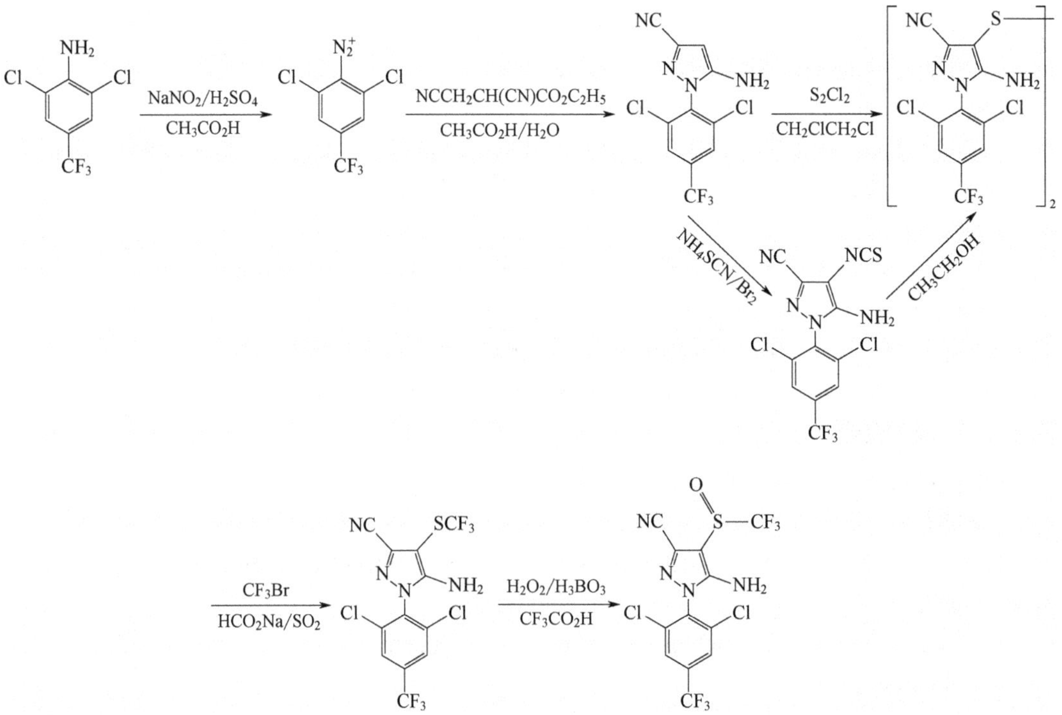

【哺乳动物毒性】急性经口 LD_{50}：大鼠 97mg/kg，小鼠 95mg/kg。急性经皮 LD_{50}：大鼠＞2000mg/kg，兔 354mg/kg。对兔眼睛和皮肤无刺激。大鼠吸入 LC_{50}（4h）0.682mg/L（原药，仅限鼻子）。NOEL：大鼠（2 年）0.5mg/kg 饲料（0.019mg/kg），小鼠（18 个月）0.5mg/kg 饲料，狗（52 周）0.2mg/(kg·d)。

【生态毒性】急性经口 LD_{50}：山齿鹑 11.3mg/kg，野鸭＞2000mg/kg，鸽子＞2000mg/kg，野鸡 31mg/kg，红腿松鸡 34mg/kg，麻雀 1120mg/kg。饲喂 LC_{50}（5d）：野鸭＞5000mg/kg，山齿鹑 49mg/kg。鱼急性 LC_{50}（96h）：蓝鳃鱼 85μg/L，虹鳟鱼 248μg/L，欧洲鲤鱼 430μg/L。水蚤 LC_{50}（4h）0.19mg/L。藻类：栅藻 EC_{50}（96h）0.068mg/L，羊角月牙藻 EC_{50}（120h）＞0.16mg/L，鱼腥藻 EC_{50}（96h）＞0.17mg/L。对蜜蜂高毒（触杀和胃毒），用于种子或土壤处理。对蚯蚓无毒。

【作用机理】通过与靶标生物的神经中枢细胞膜上 γ-氨基丁酸（GABA）受体结合，阻断门控的氯离子通道，从而干扰中枢神经系统的正常功能而使昆虫致毒。

【分析方法】高效液相色谱-紫外（HPLC-UV），气相色谱-质谱（GC-MS）

【制剂】悬浮剂（SC），粉剂（DP），颗粒剂（GR）

【应用】[3] 作用方式：广谱杀虫剂，具有触杀和胃毒活性。在某些单子叶作物中，药剂仅限于木质部内。可以土壤处理或者种子处理防治害虫。叶面喷洒药剂残留活性很好。用途：通过叶面喷洒、土壤处理或者种子处理防治危害大多数作物的蓟马。土壤处理防治玉米根虫、金针虫、白蚁。叶面喷洒防治棉花象鼻虫和盲蝽，还可防治十字花科小菜蛾、马铃薯甲虫。防治水稻螟虫、飞虱、蓟马、稻甲虫。茎叶处理使用剂量 10～80g/hm^2，土壤处理 100～200g/hm^2。

【代谢】[2] 本品在植物、动物和环境中，通过还原变为硫化物，再氧化为亚砜、砜，进而水解为胺。除了胺外，亚砜、砜及其本身的光解产物均作用于 GABA 接受点。动物：大鼠试验，一旦吸收，很快代谢，其代谢物砜和未代谢的本品主要通过粪便排出，两个尿代谢物被确定为开环吡唑共轭物。七天后放射性残留物在体内广泛分布。仅砜残留在山羊和鸡的组织中。植物：用本品进行土壤处理的棉花、玉米、甜菜或向日葵，对本品的摄取都是低的（约5%）。在成熟期，植物中的主要残留物为本品、砜和胺，叶面处理的棉花、白菜、水稻和马铃薯，作物成熟期，残留物主要是本品和光解产物。土壤：通过实验室和田间试验，本品在土壤中的主要降解物为砜和胺（需氧）、亚砜和胺（厌氧）。实验室和田间试验表明，降解迅速光解产物是砜和胺的混合物。本品及其代谢物在土壤中的迁移性差。K_{oc} 427～1348mL/g（砂壤土）。新鲜和老化的柱浸研究（5 种土壤）表明，氟虫腈及其代谢物向下迁移的风险很低，已经通过田间试验证明。下层土壤开沟施用，残留只存在于土层上面 30cm 处，没有显著的横向迁移和残留。

【使用注意事项】由于本品对蜜蜂和鱼高毒，慎重使用。

【其他】鉴于氟虫腈对甲壳类水生生物和蜜蜂具有高风险，在水和土壤中降解慢，自 2009 年 10 月 1 日起，除卫生用、玉米等部分旱田种子包衣剂外，在我国境内停止销售和使用用于其他方面的含氟虫腈成分的农药制剂。

【参考文献】

[1] Clavel J L，Pelta I，Le Bars S，et al．Process for preparing 4-trifluoromethylsulfinylpyrazole derivative．US6881848．

[2] Ambrosio I S，Otaviano C M，Castilho L，et al．Development and validation of a solid-liquid extraction with low-temperature partitioning method for the determination of fipronil in turtle eggshell．Microchem J，2022，178：107393．

[3] Wakil W, Kavallieratos N G, Ghazanfar M U, et al. Laboratory and field studies on the combined application of Beauveria bassiana and fipronil against four major stored-product coleopteran insect pests. Environ Sci Pollut Res, 2022, 29（23）: 34912-34929.

3.5.1.5 乙虫腈 ethiprole

【商品名称】 Curbix，Kirappu，Routine Quattro Box Granule（混剂，溴氰虫酰胺+异噻菌胺+吡虫啉）

【化学名称】 5-氨基-1-(2,6-二氯-*α*,*α*,*α*-三氟-*p*-甲苯基)-4-(乙基亚磺酰基)吡唑-3-甲腈

IUPAC 名：5-amino-1-(2,6-dichloro-*α*,*α*,*α*-trifluoro-*p*-tolyl)-4-ethylsulfinylpyrazole-3-carbonitrile

CAS 名：5-amino-1-[2,6-dichloro-4-(trifluoromethyl)phenyl]-4-(ethylsulfinyl)-1*H*-pyrazole-3-carbonitrile

【化学结构式】

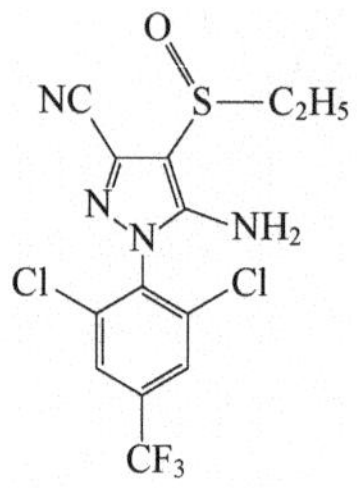

【分子式】 $C_{13}H_9Cl_2F_3N_4OS$

【分子量】 397.20

【CAS 登录号】 181587-01-9

【理化性质】 原药纯品为浅黄色晶体粉末，无特别气味，密度（20℃）为 1.69g/cm^3。

【研制和开发公司】 由 Rhone-Poulenc AG（法国罗纳普朗克公司）（现为 Bayer AG）发现开发

【上市国家和年份】 印度尼西亚，2002 年

【用途类别】 杀虫剂

【合成路线】 [1-3]

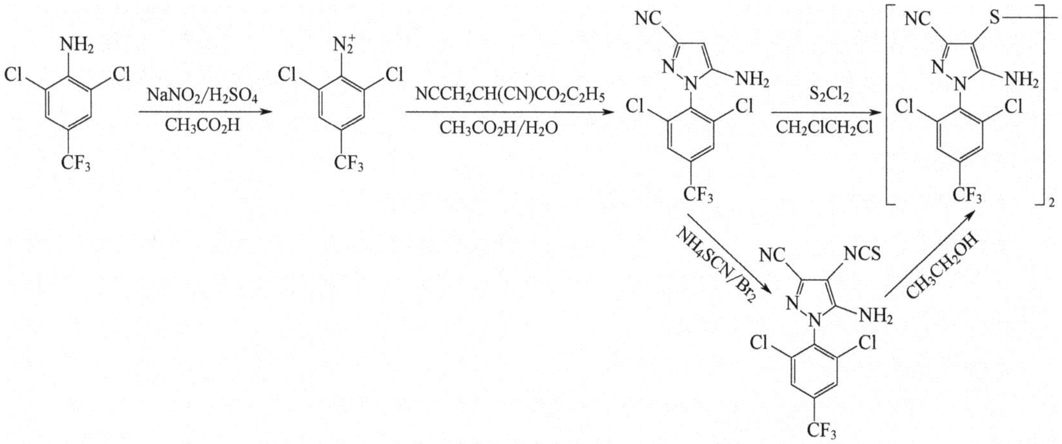

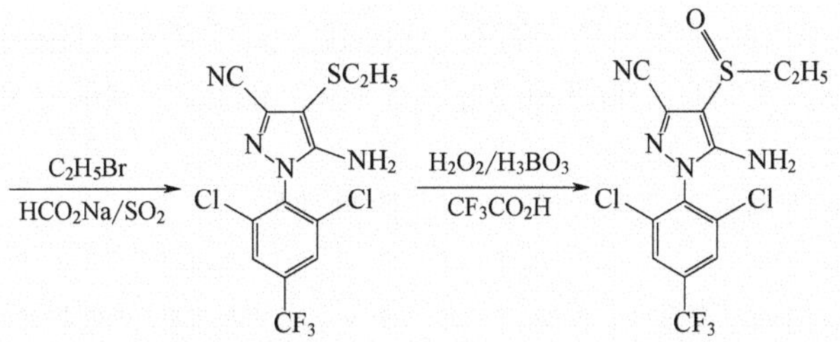

原料合成[4-9]：

方法 1：

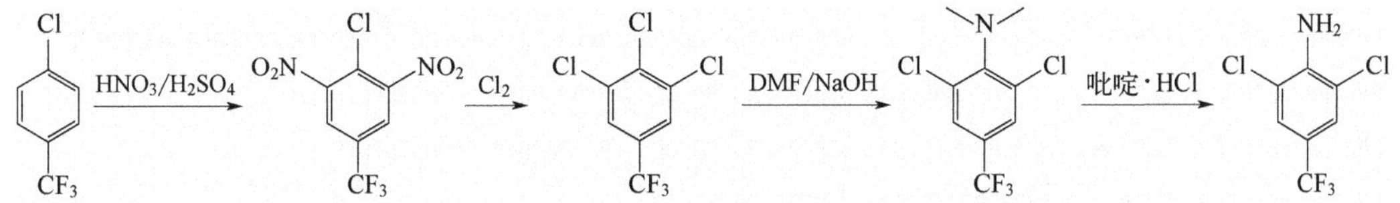

方法 2：

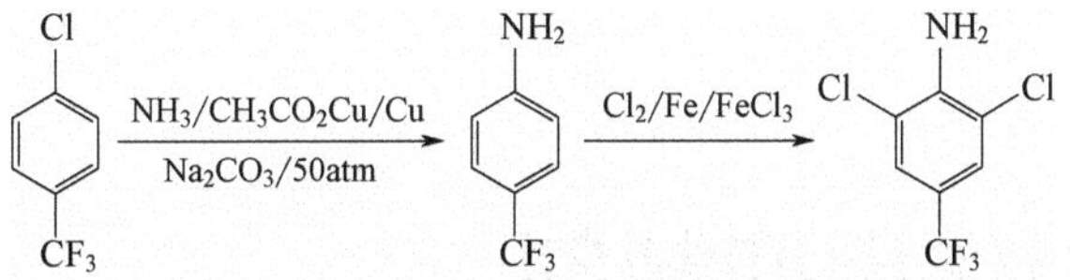

中间体：

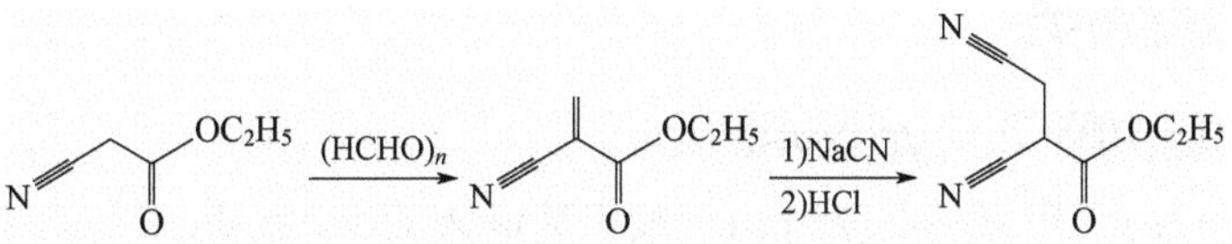

【哺乳动物毒性】大鼠急性毒性经口 LD_{50}＞7080mg/kg，大鼠急性经皮 LD_{50}＞2000mg/kg；LC_{50} 大鼠吸入（4h）＞5.21mg/L；兔皮肤和眼睛无刺激，豚鼠皮肤无致敏；Ames 试验阴性。

【生态毒性】蓝鳃太阳鱼 LC_{50}（96h）0.26mg/L，水蚤 LC_{50}（48h）＞8.33mg/L，近具刺链带藻 EC_{50}（72h）＞16.4mg/L；兔 NOEL（23h）0.5mg/(kg·d)。

【作用机理】GABA 调控的氯通道阻断剂。

【分析方法】高效液相色谱-紫外（HPLC-UV），气相色谱-质谱（GC-MS）

【制剂】乳油（EC），悬浮剂（SC）

【应用】用途：防治咀嚼式和吮吸式害虫（如蓟马、木虱、蝽、象鼻虫、潜叶虫、蚜虫、椿象、稻飞虱和草蜢），在水稻、果树和蔬菜种植中用于种子处理或叶面喷施，也可有效地防治仓储害虫。

【代谢】动物：大鼠经口给药后迅速通过粪便排出体外，代谢途径包括亚砜的氧化和还原、腈的水解（FSC Eval.Rep.）。植物：水稻应用表明，乙虫腈部分代谢为砜（FSC Eval.Rep.）。土壤/环境：有氧土壤中 DT_{50} 5d，降解主要通过在有氧层将亚砜氧化为砜，并在厌氧层还原亚砜基团；在有氧土壤中，粉质土壤和砂质土壤中 DT_{50} 分别为 71d 和 30d，降解主要通过氧化为砜、水解腈、形成甲酰胺；在厌氧土壤中 DT_{50} 11.2d，主要通过还原亚砜基和水解腈来降解。4 类土壤实验中，K_{ads} 1.56～5.56mL/g，K_{oc} 50.5～163mL/g，K_f 1.48～5.93mL/g，K_{foc} 53.9～158mL/g。

【使用注意事项】由于本品对蜜蜂和鱼高毒，慎重使用。

【参考文献】

[1] 钟平，徐梅，张小红，等. 5-氨基-3-氰基-4-乙硫基-1-（2,6-二氯-4-三氟甲基苯基）吡唑的制备方法. CN102250008.

[2] 廖大章，廖大泉，宦斌，等. 1-（2,6-二氯-4-三氟甲基）苯基-3-氰基-4-乙巯基-5-氨基吡唑的合成. CN106977460.

[3] Fogler E，Wiseman Y R，Musa，et al. Synthesis of 5-amino-1-(2,6-dichloro-4-(trifluoro methyl)phenyl)-4-ethylsulfinyl- 1H-pyrazole-3-carbonitrile related compounds. WO2019097306.

[4] Banerjee T K，Khuspe V L，Deshmukh R U. Process for the preparation of thiopyrazole derivatives. IN2011CH01222.

[5] Shahabud D R，Rajaiah S. one pot synthesis of insecticidal intermediates. IN2699CH2011.

[6] Kwiatkowski S，Pupek K，Golinski M J. et al. Process for preparing trifluralin. US5728881.

[7] Ricca J M. Preparation of deactivated anilines. EP599704.

[8] Stott J A，Tucker A C. Preparation of chlorobenzentrifluoride compounds. EP150587.

[9] Hickey J，Bell R. Preparation of nuclear chloronated aromatic compounds. US5981789.

3.6 线粒体呼吸作用抑制剂

3.6.1 丙烯酸酯类

3.6.1.1 氟吡啶虫酯 flupyroxystrobin

【化学名称】(2*E*)-3-甲氧基-2-(2-{[4-(三氟甲基)吡啶-2-基]氧基}苯基)丙烯酸甲酯

IUPAC 名：methyl(2*E*)-3-methoxy-2-(2-{[4-(trifluoromethyl)-2-pyridyl]oxy}phenyl)propenoate

CAS 名：methyl(*E*)-*α*-(methoxymethylene)-2-{[4-(trifluoromethyl)-2-pyridinyl]oxy}benzene acetate

【化学结构式】

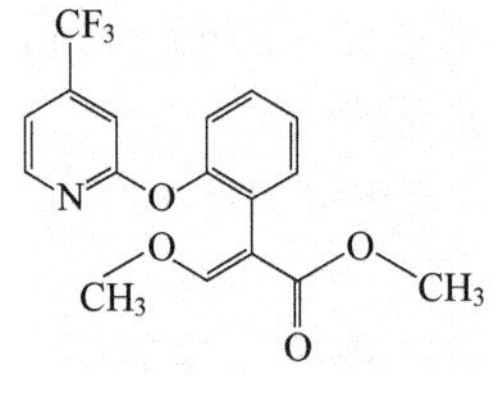

【分子式】$C_{17}H_{14}F_3NO_4$

【分子量】353.30

【CAS 登录号】114077-75-7

【研制和开发公司】先正达公司发现

【上市国家和年份】开发中

【用途类别】杀虫

【合成路线】[1]

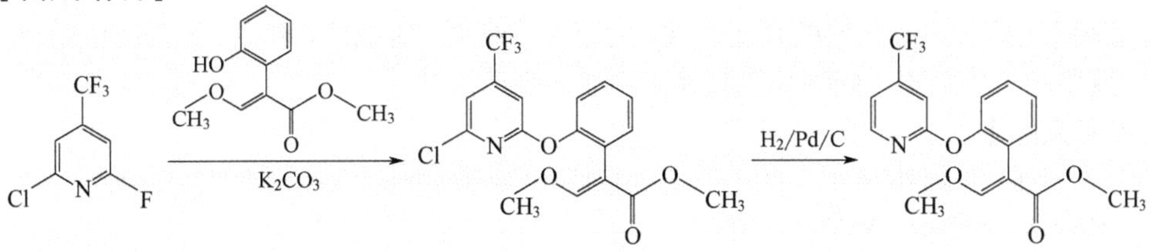

【参考文献】

[1] Hueter O F，Miller N A，Wege P，et al．Mosquito vector control compositions，methods and products utilizing same．WO 2016193267．

3.6.1.2 嘧螨胺 pyriminostrobin

【化学名称】(2*E*)-2-[2-({[2-(2,4-二氯苯基)-6-(三氟甲基)嘧啶-4-基]氧基}甲基)苯基]-3-甲氧基苯烯酸甲酯

IUPAC 名：methyl(2*E*)-2-[2-({[2-(2,4-dichloroanilino)-6-(trifluoromethyl)pyrimidin-4-yl]oxy}methyl)phenyl]-3-methoxyprop-2-enoate

CAS 名：methyl(*α**E*)-2-([{2-[(2,4-dichlorophenyl)amino]-6-(trifluoromethyl)-4-pyrimidinyl}oxy]methyl)-*α*-(methoxymethylene)benzeneacetate

【化学结构式】

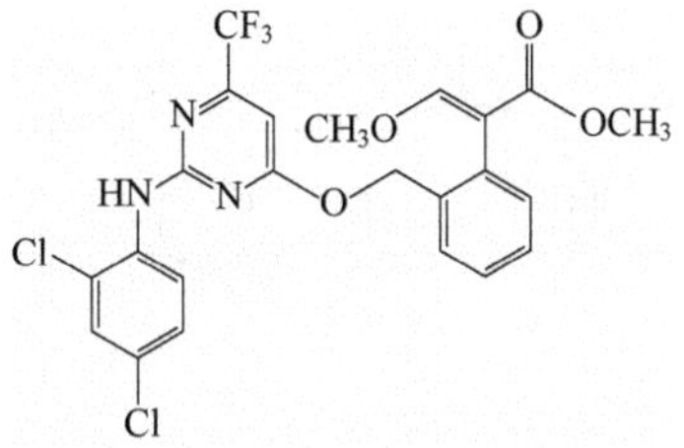

【分子式】$C_{23}H_{18}Cl_2F_3N_3O_4$

【分子量】528.31

【CAS 登录号】1257598-43-8

【研制和开发公司】沈阳化工研究院农药研究有限公司

【用途类别】杀螨剂

【合成路线】[1,2]

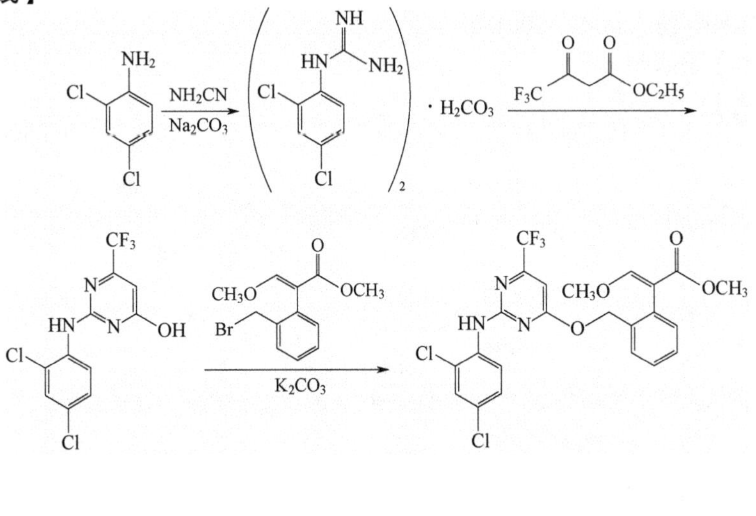

【分析方法】高效液相色谱-紫外（HPLC-UV）

【应用】嘧螨胺具有优异的杀螨活性，为速效杀螨剂，对成螨、若螨、卵的防治效果均优，而且持效期长于嘧螨酯，同时嘧螨胺具有明显的杀菌活性。

【参考文献】

[1] Liu C L，Li H C，Zhang H，et al．Preparation of *E*-type phenylacrylates containing pyrimidinyl and phenylamino groups as insecticides and/or acaricides．WO2010139271．

[2] Chai B S，Liu C L，Li H C，et al．The discovery of SYP-10913 and SYP-11277：novel strobilurin acaricides．Pest Manag Sci，2011，67（9）：1141-1146．

3.6.1.3 嘧螨酯 fluacrypyrim

【商品名称】Titaron FL，Na 83

【化学名称】(2*E*)-2-[2-({[2-异丙氧基-6-(三氟甲基)嘧啶-4-基]氧基}甲基)苯基]-3-甲氧基丙烯甲酯

IUPAC 名：methyl(2*E*)-2-[2-({[2-isopropoxy-6-(trifluoromethyl)pyrimidin-4-yl]oxy}methyl)phenyl]-3-methoxyprop-2-enoate

CAS 名：methyl(*αE*)-*α*-(methoxymethylene)-2-[[[2-(1-methylethoxy)-6-(trifluoromethyl)-4-pyrimidinyl]oxy]methyl]benzeneacetate

【化学结构式】

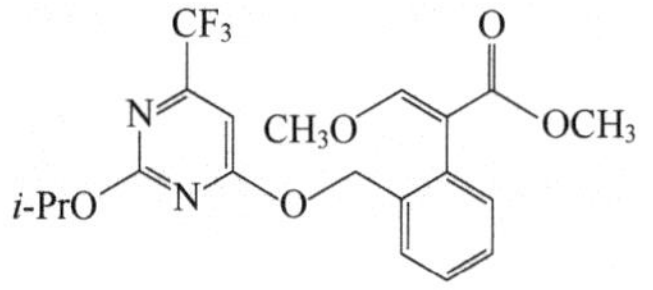

【分子式】$C_{20}H_{21}F_3N_2O_5$

【分子量】426.39

【CAS 登录号】229977-93-9

【理化性质】纯品为白色固体，熔点 107.2～108.6℃；密度（20℃）1.276g/cm^3；蒸气压（20℃）2.69×10^{-6}Pa；K_{ow}lg$P$（20℃）4.5；溶解度（20℃）：水 3.44×10^{-4}g/L，二氯甲烷 579g/L，丙酮 278g/L，甲苯 197g/L，乙腈 287g/L，乙酸乙酯 232g/L，甲醇 27.1g/L，乙醇 15.1g/L，正己烷 1.84g/L。

【研制和开发公司】由日本曹达株式会社开发

【上市国家和年份】日本，2001 年

【用途类别】杀螨剂

【合成路线】[1-4]

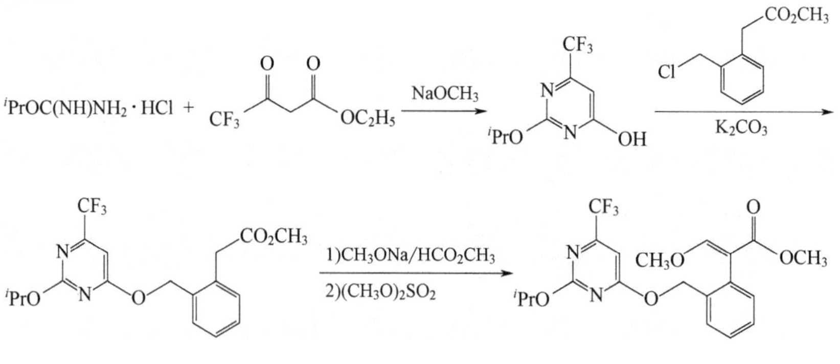

【哺乳动物毒性】大鼠急性经口 LD_{50}＞5000mg/kg；大鼠急性吸入 LC_{50}（4h）＞5.09mg/L。

【生态毒性】山齿鹑急性经口 LD_{50}＞2250mg/kg；鲤鱼 LC_{50}（96h）0.196mg/L；水蚤 EC_{50}（48h）＞0.09mg/L；羊角月牙藻 EC_{50}（72h）0.017mg/L；蜜蜂 LD_{50} 经口 15mg/只，LD_{50} 接触＞10mg/只；蚯蚓 LC_{50}（14d）23mg/kg。

【作用机理】线粒体呼吸抑制剂

【分析方法】高效液相色谱-紫外（HPLC-UV）

【制剂】胶悬剂（FL）

【应用】用于防治果树如苹果、柑橘、梨等的多种螨类，如苹果红蜘蛛、柑橘红蜘蛛等。

【参考文献】

[1] Yasuyuki M，Takahiro S，Yutaka I，et al．Process for producing acrylic acid derivative．US20040152894．

[2] 从玉文，杨日芳，余祖胤，等．β-甲氧基丙烯酸酯类化合物作为新型 STAT3 抑制剂的医药用途．CN101269076．

[3] Yasuyuki M，Takahiro S，Yutaka I，et al．Processes for producing acrylic acid derivatives useful as agrochemicals and pharmaceuticals．WO2000040537．

[4] Shinichi K，Youichi F，Masahiro M，et al．Process for producing 2-alkoxy-6-trifluoromethyl- pyrimidin-4-ol．WO2004067517．

3.6.2 嘧啶胺类

3.6.2.1 嘧虫胺 flufenerim

【化学名称】(*RS*)-[5-氯-6-(1-氟乙基)嘧啶-4-基][4-(三氟甲氧基)苯乙基]胺

IUPAC 名：(*RS*)-[5-chloro-6-(1-fluoroethyl)pyridimidin-4-yl][4-(trifluoromethoxy)phenethyl] amine

CAS 名：5-chloro-6-(1-fluoroethyl)-*N*-{2-[4-(trifluoromethoxy)phenyl]ethyl}-4-pyrimidinamine

【化学结构式】

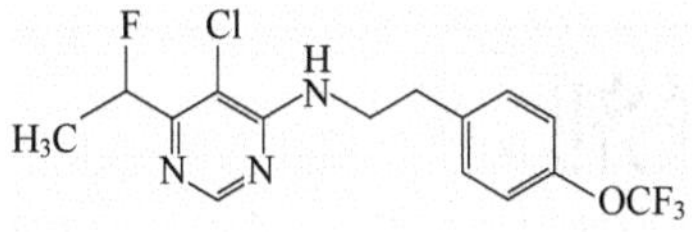

【分子式】$C_{15}H_{14}ClF_4N_3O$

【分子量】363.74

【CAS 登录号】170015-32-4

【理化性质】沸点 440℃；密度 1.378g/cm^3（20℃）。

【研制和开发公司】由 Ube Industries，Ltd（日本宇部兴产株式会社）联合日本住友化学公司开发

【上市国家和年份】日本，2001 年

【合成路线】[1-3]

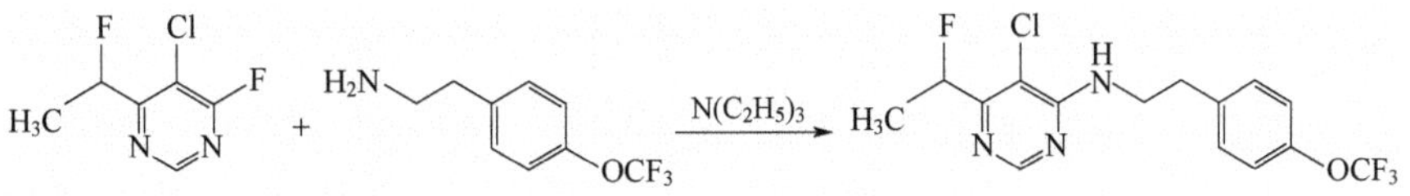

中间体合成：

中间体 1：

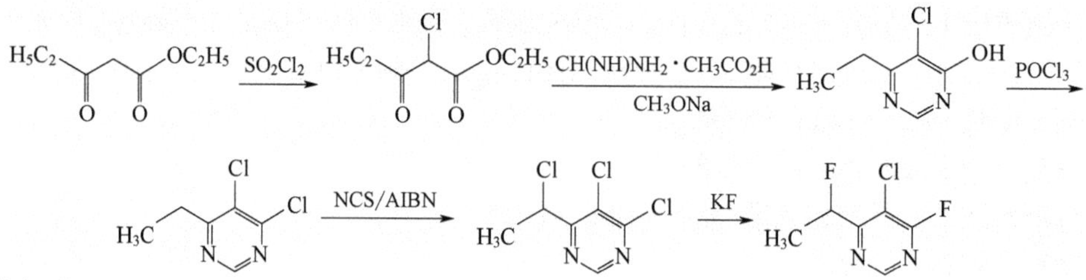

中间体 2：

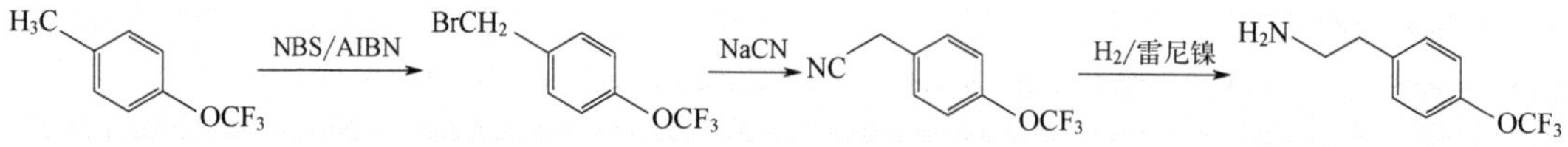

【作用机理】线粒体电子传递抑制剂

【分析方法】高效液相色谱-紫外（HPLC-UV），气相色谱-质谱（GC-MS）

【制剂】乳油（EC），水分散剂（WG），可湿粉剂（WP）

【应用】用于番茄、胡椒、菠萝、蔬菜防治象甲、蚧类等害虫。

【参考文献】

[1] Obata T，Fujii K，Ooka A，et al. 4-Phenethylamino pyrimidine derivative，process for preparing the same and agricultural and horticultural chemical for controlling noxious organisms containing the same. EP0665225.

[2] Preuss R，Salbeck G，Schaper W，et al. Substituted 4-alkoxypyrimidines，process for their preparation，agents containing them，and their use as pesticides. US5859020.

[3] Katsutoshi F，Yoshinori Y，Yasushi N. Production of 4-amino-5-chloro-6-(1-fluoroehyl)pyrim idine Derivative. JPH1036355A.

3.7 氧化磷酸化偶联剂

3.7.1 苯并咪唑类

3.7.1.1 抗螨唑 fenazaflor

【商品名称】Fenoflurazole，Lovozal，Tarzol

【化学名称】5,6-二氯-2-三氟甲基苯并咪唑-1-基甲酸苯基酯

IUPAC 名：phenyl 5,6-dichloro-2-(trifluoromethyl)benzimidazole-1-carboxylate

CAS 名：phenyl 5,6-dichloro-2-(trifluoromethyl)-1*H*-benzimidazole-1-carboxylate

【化学结构式】

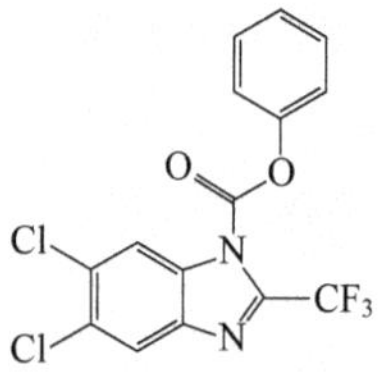

【分子式】$C_{15}H_7Cl_2F_3N_2O_2$

【分子量】375.13

【CAS 登录号】14255-88-0

【理化性质】白色针状结晶，熔点 106℃；蒸气压（25℃）0.0147Pa；工业品为灰黄色结晶粉末，熔点约 103℃；难溶于水（25℃时小于 1mg/L）；除丙酮、苯、二噁烷和三氯乙烯外，仅微溶于一般有机溶剂。水/环己烷的分配比为 1/15000；在干燥条件下是稳定的，但在碱性的悬浮液中将慢慢分解。

【研制和开发公司】德国 Schering Agriculture（先灵农业）

【上市国家和年份】1967 年

【用途类别】杀螨剂

【合成路线】[1]

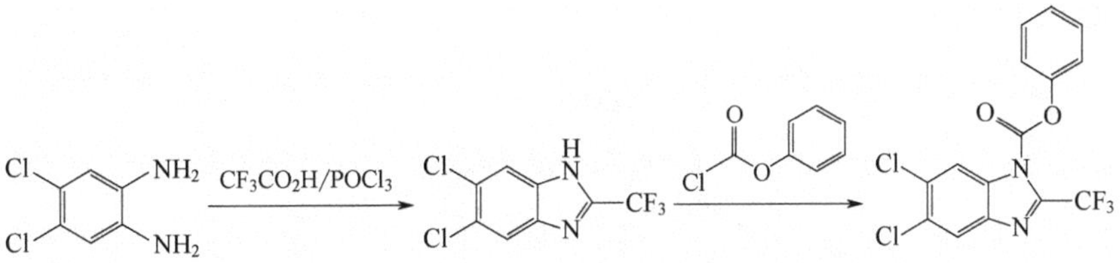

【哺乳动物毒性】大鼠急性口服 LD_{50} 283mg/kg，大鼠 1600mg/kg，鼷鼠 59mg/kg，兔 28mg/kg，鸡 50mg/kg；大鼠急性经皮 LD_{50}＞4000mg/kg；大鼠 250mg/kg 饲喂 2 年，未见临床症状。

【生态毒性】虹鳟鱼的 LC_{50}（24h）0.2mg/L。

【作用机理】氧化磷酸化抑制剂。

【应用】作用方式：触杀，为非内吸性杀螨剂，对所有植食性螨类（包括对有机磷酸酯有抗性的害虫）的各个时期包括卵都具有良好的防治效果，并有较长的残效期。用途：抗螨唑在 0.03%～0.04%剂量下对螨类作用持效期在 24 天以上，尤其对有机磷产生抗性的螨类，更显出良好的效果；对一般的昆虫和动物无害，可用于某些果树、蔬菜和经济作物的虫害防治。

【参考文献】

[1] Hughes D，Pound D W．5,6-Dichloro-1-(phenoxycarbonyl)-2-(trifluoromethyl)benzimidazole. ZA6705877.

3.7.2 吡咯类

3.7.2.1 氟唑螺 tralopyril

【化学名称】4-溴-3-氰基-5-三氟甲基-2-(4-氯苯基)-1*H*-吡咯

IUPAC 名：4-bromo-2-(4-chlorophenyl)-5-(trifluoromethyl)-1*H*-pyrrole-3-carbonitrile

CAS 名：4-bromo-2-(4-chlorophenyl)-5-(trifluoromethyl)-1*H*-pyrrole-3-carbonitrile

【化学结构式】

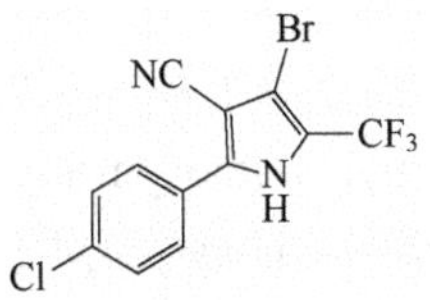

【分子式】$C_{12}H_5BrClF_3N_2$

【分子量】349.54

【CAS 登录号】122454-29-9

【理化性质】浅棕色粉末，熔点 253.3～253.4℃；蒸气压（25℃）1.9×10^{-5}mPa；K_{ow} lg$P$（25℃）3.5；密度 1.74g/cm^3；水中溶解度（20℃，pH4.9）0.17mg/L，海水中溶解度（50℃，pH8）0.16mg/L；有机溶剂中溶解度（20℃）：乙酸乙酯 236.0g/mL，甲醇 106.1g/mL，正辛醇 85.2g/mL，正己烷 7.2g/mL，甲醇 7.09g/mL，二甲苯 5.6g/mL，丙酮 300.5g/mL。

【研制和开发公司】由美国 American Cyanamid Co.（美国氰胺公司）［现 BASF SE（德国巴斯夫）］开发

【上市国家和年份】美国，2010 年

【用途类别】杀螺剂

【合成路线】[1-3]

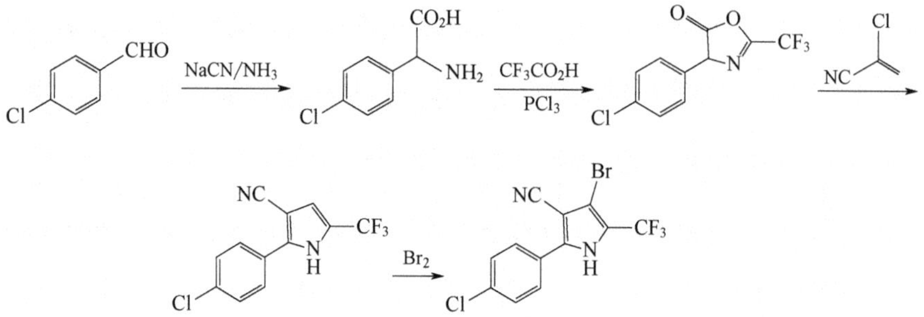

【作用机理】被认为是一种解偶联剂，通过解偶线粒体氧化磷酸化，影响 ATP 在线粒体中产生。

【应用】[4,5] 被用于控制藤壶、水生动物、贻贝、牡蛎和多毛类生物。它作为一种非持久性和可生物降解的污损生物杀灭剂。用于船只的防腐。

【参考文献】

[1] Kameswaran V，Doehner R F，Barton J M，et al. 2-Aryl-(5-trifluoromethyl)-2-pyrroline compounds and process for the manufacture of insecticidal，2-aryl-1-(alkoxymethyl)-4-halo-5-(trofluoromethyl)pyrroles. EP492171.

[2] Kameswaran V，Barton J M. Prosess for the manufacture of pesticide 1-(alkoxymethyl)pyrrole compounds. US5151536.

[3] Addor R W，Furch J A，Kuhn D G. Process for the preparation of insecticidal acaricidal and nematicidal 2-aryl-5-(trifluoromethyl)pyrrole compounds. EP0469262.

[4] Koning J T，Bollmann U E，Bester K. Biodegradation of third-generation organic antifouling biocides and their hydrolysis products in marine model systems. J Hazard Mater，2021，406：124755.

[5] Thomas K V，Brooks S. The environmental fate and effects of antifouling paint biocides. Biofouling，2010，26（1）：73-88.

3.7.2.2 溴虫腈 chlorfenapyr

【商品名称】Phantom，Pylon，除尽

【化学名称】4-溴-2-(4-氯苯基)-1-乙氧基甲基-5-三氟甲基吡咯-3-腈

IUPAC 名：4-bromo-2-(4-chlorophenyl)-1-ethoxymethyl-5-(trifluoromethyl)pyrrole-3-carbonitrile

CAS 名：4-bromo-2-(4-chlorophenyl)-1-ethoxymethyl-5-trifluoromethyl-1*H*-pyrrole-3-carbonitrile

【化学结构式】

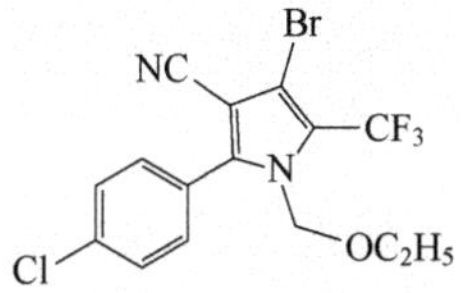

【分子式】$C_{15}H_{11}BrClF_3N_2O$

【分子量】407.62

【CAS 登录号】122453-73-0

【理化性质】白色固体，熔点 91～92℃；蒸气压（20℃）9.81×10^{-3}mPa；K_{ow} lg$P$ 4.83；密度 1.53g/cm^3；水中溶解度（pH7，25℃）0.14mg/L，有机溶剂（25℃）已烷 0.89g/L，甲醇 7.09g/L，乙腈 68.4g/L，甲苯 75.4g/L，丙酮 114g/L，二氯甲烷 141g/L；水中（直接光解）DT_{50} 4.8～7.5d，pH4、7、9 水解稳定。

【研制和开发公司】由美国 American Cyanamid Co.（美国氰胺公司）（现 BASF SE）开发

【上市国家和年份】美国，2001 年

【合成路线】[1-3]

路线 1：

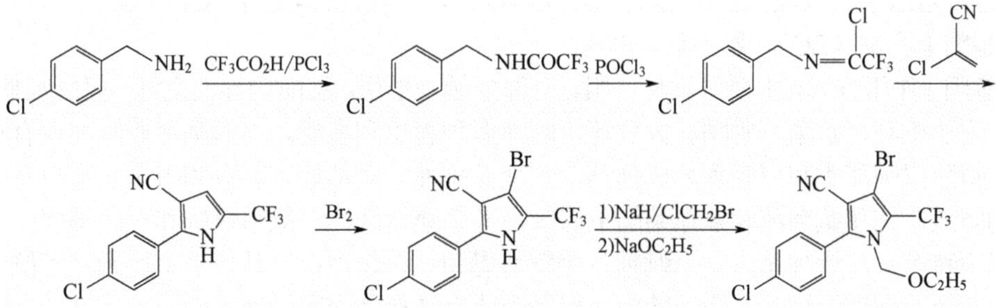

路线 2：

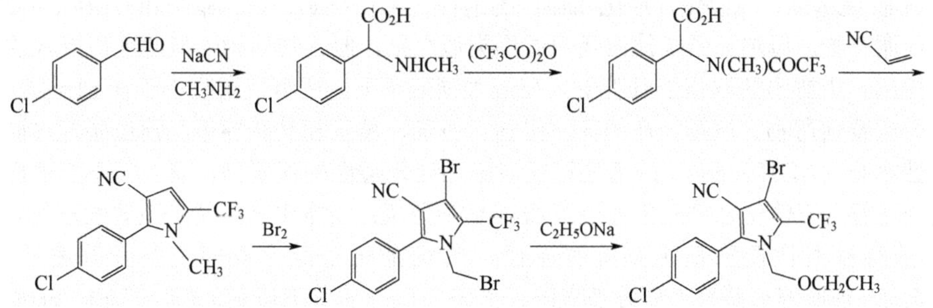

路线 3：

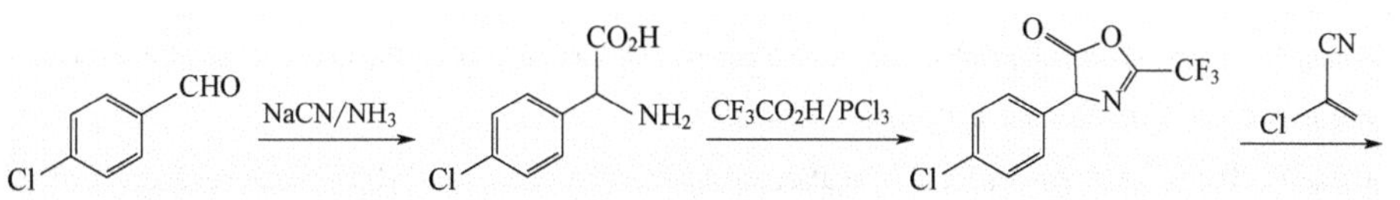

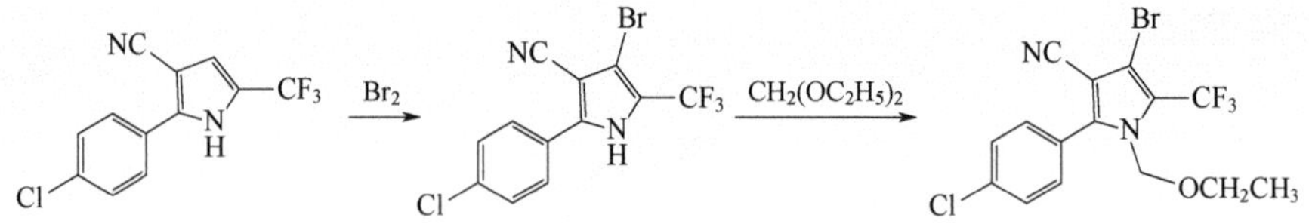

【哺乳动物毒性】急性经口 LD_{50}：雄性大鼠 441mg/kg，雌性大鼠 1152mg/kg，雄性小鼠 45mg/kg，雌性小鼠 78mg/kg。兔急性经皮 LD_{50}＞2000mg/kg。对兔眼睛中度刺激，兔皮肤无刺激。大鼠吸入 LC_{50} 1.9mg/L（原药，空气）。NOEL 经口慢性毒性和致癌性（80 周）雄性小鼠 2.8mg/(kg • d)（20mg/kg），饲喂神经毒性 NOAEL（52 周）大鼠 2.6mg/(kg • d)（60mg/kg）。Ames 试验小鼠微核和程序外 DNA 合成试验无致突变。ADI/RfD（ECCO）0.015mg/kg[1999]。毒性等级：Ⅱ。

【生态毒性】急性经口 LD_{50}：绿头野鸭 10mg/kg，山齿鹑 4mg/kg。LC_{50}（8d）：绿关野鸭 9.4mg/kg，山齿鹑 132mg/kg。鲤鱼 LC_{50}（48h）500μg/L，虹鳟 LC_{50}（96h）7.44μg/L，蓝鳃翻车鱼 LC_{50}（96h）11.6μg/L。水蚤 LC_{50}（96h）6.11μg/L。羊角月牙藻 EC_{50} 132μg/L。蜜蜂 LD_{50} 0.2μg/只。赤子爱胜蚓 NOEC（4d）8.4mg/kg。

【作用机理】溴虫腈是前体农药，其本身对昆虫无毒杀作用；昆虫取食或接触后，在其体内把氧化酶转变为具有杀虫活性的化合物，把昆虫体细胞内线粒体的氧化磷酸化二磷酸腺苷（ADP）转变成三磷酸腺苷（ATP）而发挥作用。

【分析方法】高效液相色谱-紫外（HPLC-UV），气相色谱-质谱（GC-MS）

【制剂】乳油（EC），悬浮剂（SC）

【应用】作用方式：主要是胃毒作用，有部分触杀作用；层间传导性良好，但内吸性较差。用途：用于棉花、蔬菜、柑橘、大豆等，防治多种害虫和害螨，与氨基甲酸酯类、有机磷酸酯类、拟除虫菊酯类和甲壳素合成抑制剂无交互抗性。对钻蛀、刺吸和咀嚼式害虫及螨类有优良的防效。比氯氰菊酯和氟氰菊酯更有效，其杀螨活性比三氯杀螨醇和三环锡强；该药剂具有以下特征：广谱性杀虫、杀螨剂；兼有胃毒和触杀作用；与其他杀虫剂无交互抗性；在作物上有中等残留活性；在营养液中经根系吸收有选择性内吸活性。

【代谢】[4] 动物：大鼠经口摄入，24h 内超过 60%剂量被排出，主要通过粪便；吸收的残留通过 *N*-脱烷基化、脱卤化、羟化和轭合的途径代谢；在奶、蛋、脂肪和肝组织中发现少量母体和代谢产物。母鸡和山羊体内代谢过程类似大鼠，但这些动物中能通过口摄入的 80%将很快被排出，未排出的残留于肝脏中。在最大饲喂量下，所有残留物小于 0.01mg/kg；溴虫腈是唯一重要残留物。植物：在棉花、柑橘、番茄、莴苣和马铃薯中，溴虫腈通过脱烷基化生成活性物质（AC303268），或者通过脱溴成为较低毒性的代谢物，溴虫腈不在植株受处理部分之外迁移。母体化合物是主要残留物。土壤/环境：土壤中溴虫腈是主要残留物，脱溴后成为较低毒性的代谢物是主要降解途径，脱烷基化不是土壤的主要降解途径；K_{oc}＞10000mL/g，说明溴虫腈被土壤强烈吸附。水中 DT_{50}（直接光降解）4.8～7.5d，pH4、7 和 9 时稳定存在。

【参考文献】

[1] Kameswaran V. 2-Aryl-(5-trifluoromethyl)-2-pyrroline compounds and process for the manufacture of insecticidal，2-aryl-1-(alkoxymethyl)-4-halo-5-(trofluoromethyl)pyrrole. EP492171.

[2] Kameswaran V，Barton J M. Prosess for the manufacture of pesticide 1-(alkoxymethyl)pyrrole compounds. US5151536.

[3] Addor R W，Furch J A，Kuhn D G. Process for the preparation of insecticidal，acaricidal and nematicidal 2-aryl-5-

(trifluoromethyl)pyrrole compounds. EP0469262.

[4] Dai Y, Liu Q H, Yang X F, et al. Analysis of degradation kinetics and migration pattern of chlorfenapyr in celery(Apium graveliens L.)and soil under conditions at different elevations. Bull Environ Contam Toxicol, 2022, 108 (2): 260-266.

3.7.3 全氟烷基磺酰胺类

3.7.3.1 氟虫胺 sulfluramid

【商品名称】 Finitron，Firstline，FluorGuard，Frontline

【化学名称】 *N*-乙基全氟辛磺酰胺

IUPAC 名：*N*-ethylperfluorooctane-1-sulfonamide

CAS 名：*N*-ethyl-1,1,2,2,3,3,4,4,5,5,6,6,7,7,8,8,8-heptadecafluoro-1-octanesulfonamide

【化学结构式】

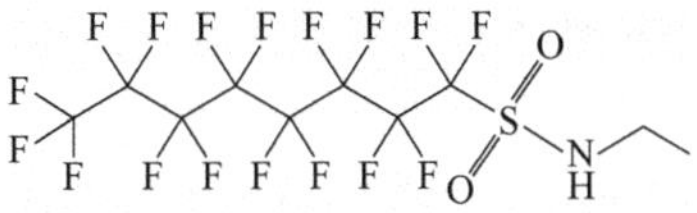

【分子式】 $C_{10}H_6F_{17}NO_2S$

【分子量】 527.20

【CAS 登录号】 4151-50-2

【理化性质】 无色晶体，熔点 96℃（TC87～93℃），沸点 196℃；密度 1.21g/cm^3；蒸气压（25℃）5.7×10^{-5}Pa。K_{ow}lg$P$>6.8（未离子化）；水中溶解度（25℃）：不溶于水；有机溶剂中溶解度：二氯甲烷 18.6g/L，己烷 1.4g/L，甲醇 833g/L；50℃稳定性>90d；在密闭罐中，对光稳定>90d。pK_a为 9.5，呈极弱酸性；闪点>93℃。

【研制和开发公司】 由 Griffin LLC 研制

【上市国家和年份】 美国，1989 年

【合成路线】 [1]

$$CH_3(CH_2)_6CH_2Br \xrightarrow{Na_2SO_3} CH_3(CH_2)_6CH_2SO_2Na \xrightarrow{POCl_3} CH_3(CH_2)_6CH_2SO_2Cl \xrightarrow{KF} CH_3(CH_2)_6CH_2SO_2F \xrightarrow[\text{电解}]{HF}$$

$$CF_3(CF_2)_7SO_2F \xrightarrow{C_2H_5NH_2} CF_3(CF_2)_7SO_2NHCH_2CH_3$$

【哺乳动物毒性】 大鼠急性经口 LD_{50}>5000mg/kg，兔急性经皮 LD_{50}>2000mg/kg。对皮肤有轻微的刺激作用，对兔眼睛几乎无刺激作用。大鼠急性吸入 LC_{50}（4h）>4.4mg/L。NOEL 值（90d）：雄狗 33mg/L，雌狗 100mg/L，大鼠 10mg/L。毒性等级：Ⅲ。

【生态毒性】 [2] 山齿鹑急性经口 LD_{50} 45mg/kg。鸟类 LC_{50}（8d，饲料）：山齿鹑 300mg/L，野鸭 165mg/L。鱼毒 LC_{50}（96h）：黑头呆鱼>9.9mg/L，虹鳟鱼>7.99mg/L。水蚤 LC_{50}（48h）0.39mg/L。对鱼、野生生物和水生无脊椎动物有毒害作用，对兔的皮肤有中等刺激作用。

【作用机理】 通过氧化磷酸化的解偶联，导致膜破坏而起作用。

【制剂】 胶饵（RJ），毒耳（RB）

【应用】 主要用于防治蚂蚁、蟑螂等卫生害虫。目前已经禁用。

【参考文献】

[1] 李书涛，高伟. 全氟辛基磺酰氟生产工艺. CN101429664A.

[2] Petre M A, Salk K R, Stapleton H M, et al. Per- and polyfluoroalkyl substances(PFAS)in river discharge: Modeling loads

upstream and downstream of a PFAS manufacturing plant in the Cape Fear watershed, North Carolina. Sci Total Environ, 2022, 831: 154763.

3.8 鱼尼丁受体调节剂

3.8.1 双酰胺类

3.8.1.1 氟虫双酰胺 flubendiamide

【商品名称】Belt，Phoenix，Takumi，Nisso Phoenix Flowable

【化学名称】3-碘-*N*′-(2-甲磺酰基-1,1-二甲基乙基)-*N*-{4-[1,2,2,2-四氟-1-(三氟甲基)乙基]-邻甲苯基}邻苯二酰胺

IUPAC 名：3-iodo-*N*′-(2-methanesulfonyl-1,1-dimethylethyl)-*N*-[2-methyl-4-(1,2,2,2-tetrafluoro-1-trifluoromethylethyl)phenyl]phthalamide

CAS 名：1-N^1-[4-(1,1,1,2,3,3,3-heptafluoropropan-2-yl)-2-methylphenyl]-3-iodo-2-N^2-[2-methyl-1-(methylsulfonyl)propan-2-yl]benzene-1,2-dicarboxamide

【化学结构式】

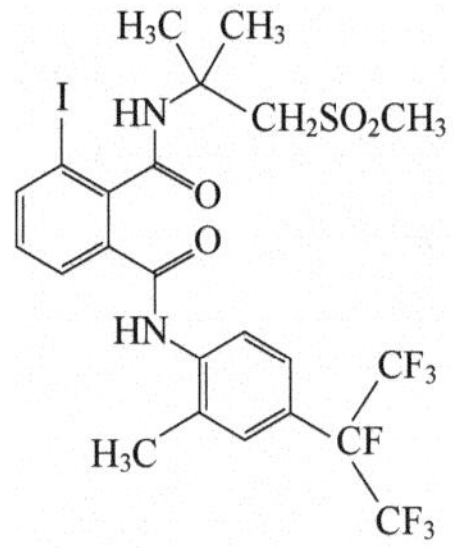

【分子式】$C_{23}H_{22}F_7IN_2O_4S$

【分子量】682.39

【CAS 登录号】272451-65-7

【理化性质】白色结晶粉末，熔点 217.5～220.7℃；蒸气压（25℃）0.1mPa；K_{ow}（25℃）lg*P* 4.2；密度（20℃）1.659g/cm^3；水中溶解度（20℃）29.9μg/L，有机溶剂（20℃）：二甲苯 0.488g/L，正庚烷 0.000835g/L，乙酸乙酯 29.4g/L，甲醇 26.0g/L，丙酮 102g/L，1,2-二氯乙烷 8.12g/L；在酸和碱性介质中稳定（pH4～9），25℃水溶液光解 DT_{50} 5.5d。

【研制和开发公司】由日本 Nihon Nohyaku Co.Ltd（日本农药株式会社）发现

【上市国家和年份】日本，2007 年

【用途类别】杀虫剂

【合成路线】[1-3]

路线 1：

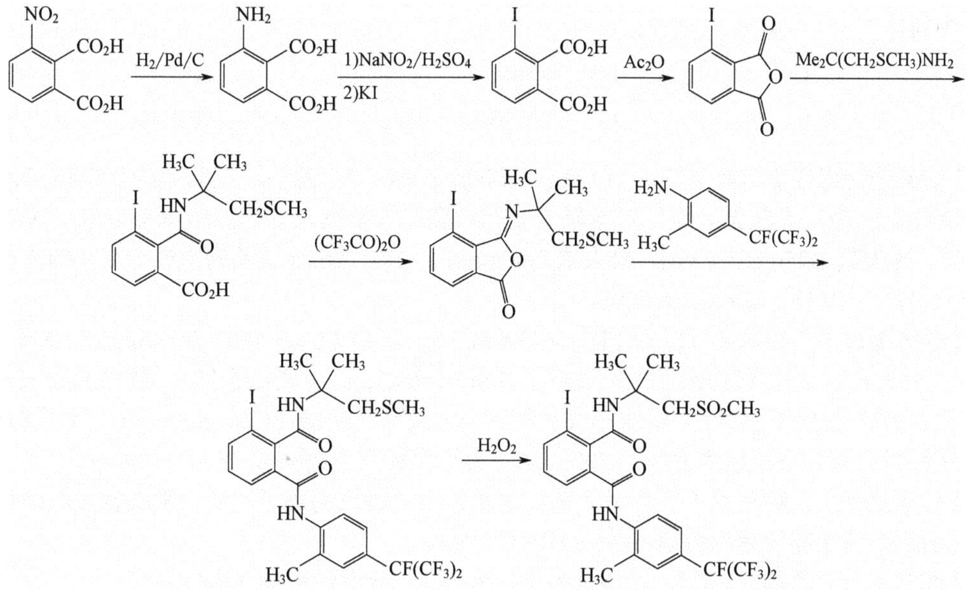

路线 2：

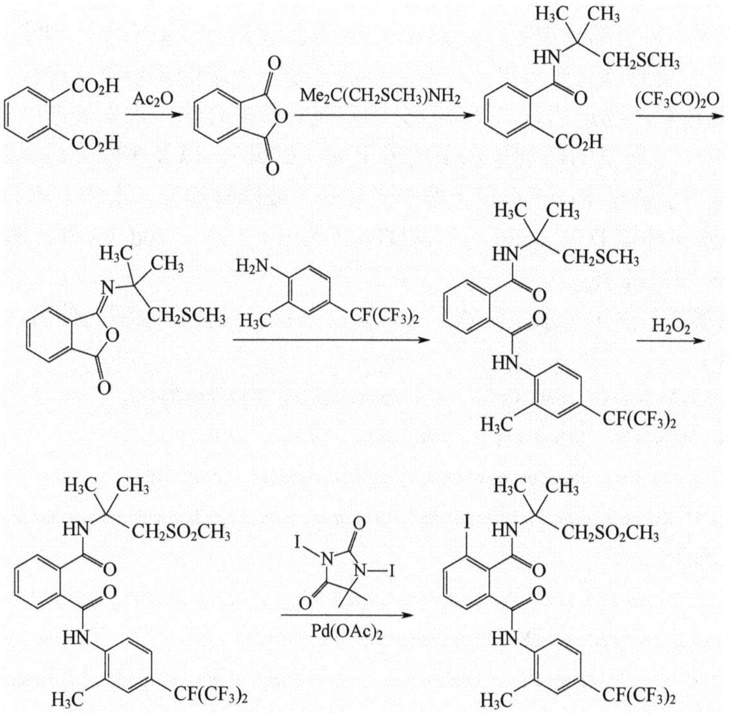

中间体[4-6]：

中间体 1：

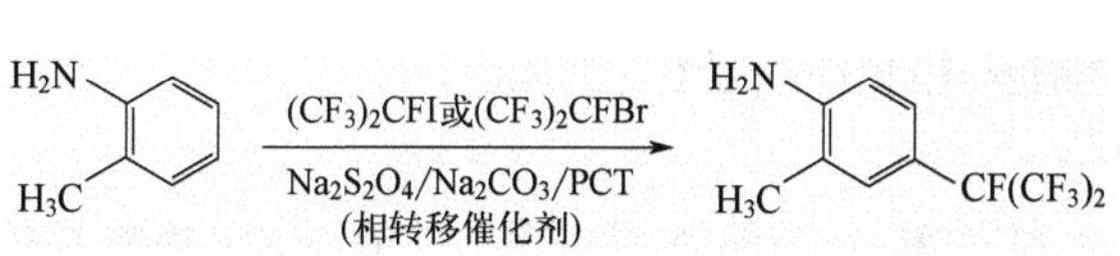

中间体 2：

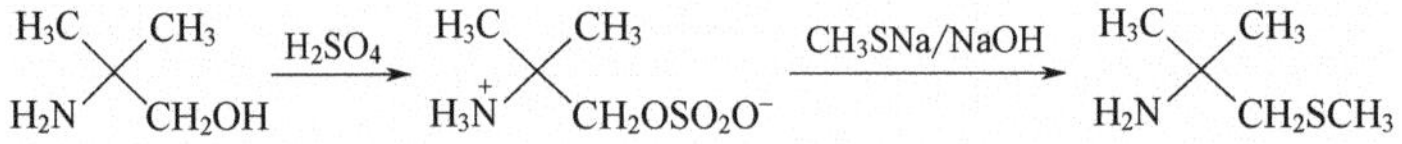

【哺乳动物毒性】雄雌急性经口 LD_{50}>2000mg/kg，大鼠急性经皮 LD_{50}>2000mg/kg。兔眼睛有轻微刺激，皮肤无刺激，对豚鼠皮肤无致敏。大鼠吸入 LC_{50}>0.0685mg/L。NOAEL（1 年）：雄大鼠 1.95mg/(kg·d)，雌大鼠 2.40mg/(kg·d)。Ames 试验为阴性。ADI/RfD（EC）aRf D 0.995，cRf D 0.024mg/kg[2008]。

【生态毒性】[7] 鹌鹑急性经口 LD_{50}>2000mg/kg，鲤鱼 LC_{50}（48h）>548μg/L；水蚤 EC_{50}（48h）>60μg/L；近头状伪蹄形藻类 E_bC_{50}（72h）>69.3μg/L；蜜蜂经口和接触 LD_{50}>200μg/只；对其他有益生物无影响，丽蚜小蜂和科列马·阿布拉小蜂 EC_{50}>400mg/L；七星瓢虫、胡瓜钝绥螨和智利小植绥螨 EC_{50}>200mg/L；普通草岭和食蚜瘿蚊 EC_{50}>100mg/L。

【作用机理】一种鱼尼丁受体激活剂，主要作用于害虫钙离子通道，影响害虫肌肉收缩。

【分析方法】高效液相色谱-紫外（HPLC-UV）

【制剂】水分散剂（WG），可溶性粒剂（SG），水分散颗粒剂（WDG）

【应用】[8] 用于玉米、棉花、烟草、梨、坚果、葡萄、水稻、蔬菜，防治鳞翅目成虫及幼虫。使用剂量 34～180g/hm^2。

【代谢】动物：只有部分被吸收，在 6～12h 内血液和血浆中浓度达到峰值，并在 24h 内迅速排出体外，主要通过粪便排出。代谢主要通过苯胺甲基的多步氧化进行，然后进行葡萄糖醛酸化。主要代谢产物是邻苯二甲酸部分的谷胱甘肽配合物。大鼠粪便中的主要成分是母体化合物，还有一定数量的低剂量水平的苯甲酸（雄鼠），以及苄醇（雌鼠和雄鼠）。土壤/环境：在实验室中水解稳定；在水和土壤中光解是主要降解途径，水和土壤 DT_{50} 分别为 5.5d 和 11.6d。厌氧水生环境 DT_{50} 365d。土壤 DT_{50}（大田）210～770d（3 种土壤）。轻微至难以迁移，K_{foc} 1076～3318L/kg。

【使用注意事项】由于对水生生物存在风险，故已经禁止在水稻上使用。

【参考文献】

[1] Fischer R，Funke C，Malsam O，et al．Optically active phthalamides．WO2006024412．

[2] Abe N，Takagi K，Tsubata K．Method for producing phthalic anhydride．JP2001335571．

[3] Sanpei O，Tsubata K．Process for production of thioalkylamine derivatives．US6639109．

[4] Tohnishi M，Nakao H，Kohno E，et al. Phthalamide derivatives or salt thereof agrohorticultural insecticide，and method for using the same．US6603044．

[5] Abe N，Kodama H，Yoshiura A，et al．Process for producing 2-halogeno-benzamide compound．WO2005063703．

[6] Onishi M，Tondabayashi S．Perfluoroalkylaniline derivatives．EP1380568．

[7] Meng Z Y，Wang Z C，Chen X J，et al. Bioaccumulation and toxicity effects of flubendiamide in zebrafish(Danio rerio). Environ Sci Pollut Res，2022，29（18）：26900-26909．

[8] Richardson E，Homem R A，Troczka B J，et al. Diamide insecticide resistance in transgenic Drosophila and Sf 9-cells expressing a full-length diamondback moth ryanodine receptor carrying an I4790M mutation．Pest Manag Sci，2022，78（3）：869-880．

3.8.1.2 氟氯虫双酰胺 fluchlordiniliprole

【商品名称】青卫士

【化学名称】3-溴-4′,6′-二氯-1-(3-氯-2-吡啶基)-3′-氟-2′-(甲基氨基羰基)-1*H*-吡唑-5-基甲酰

苯胺

IUPAC 名：3-bromo-4′,6′-dichloro-1-(3-chloro-2-pyridyl)-3′-fluoro-2′-(methylcarbamoyl)-1*H*-pyrazole-5-carboxanilide

CAS 名：3-bromo-1-(3-chloro-2-pyridinyl)-*N*-[4,6-dichloro-3-fluoro-2-[(methylamino)carbonyl] phenyl]-1*H*-pyrazole-5-carboxamide

【化学结构式】

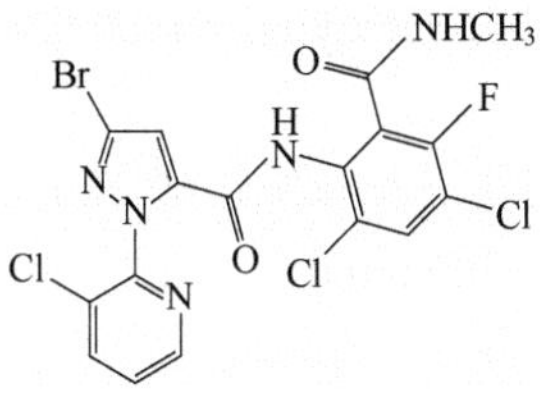

【分子式】 $C_{17}H_{10}BrCl_3FN_5O_2$

【分子量】 521.55

【CAS 登录号】 2129147-03-9

【研制和开发公司】 由海利尔药业集团股份有限公司开发

【上市国家和年份】 中国，2022 年

【用途类别】 杀虫剂

【合成路线】 [1,2]

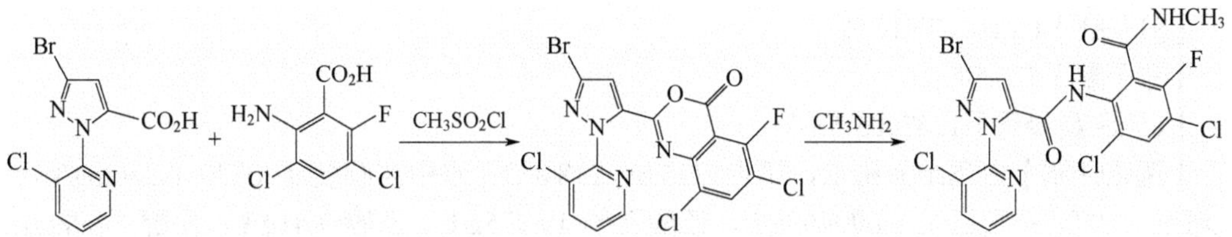

中间体合成 [3,4]：

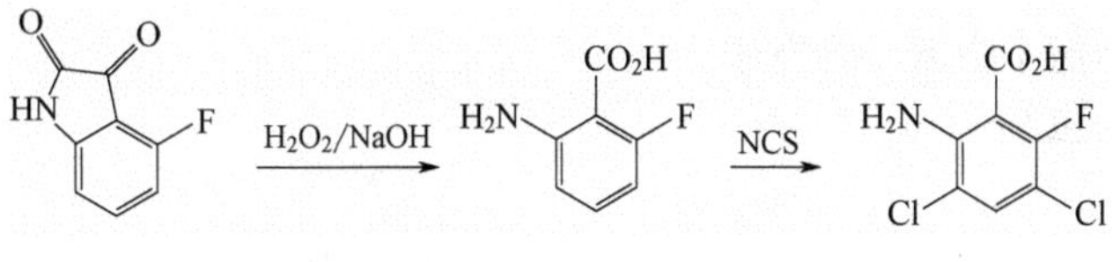

【分析方法】 高效液相色谱-紫外（HPLC-UV）

【制剂】 悬浮剂（SC）

【应用】 氟氯虫双酰胺对多种鳞翅目害虫高效，尤其对甘蓝小菜蛾、甜菜夜蛾、菜青虫，玉米二点委夜蛾、草地贪夜蛾、玉米螟，水稻二化螟、稻纵卷叶螟，棉花棉铃虫，瓜类瓜绢 螟，花生棉铃虫、斜纹夜蛾，豆科作物豆荚螟，苹果树卷叶蛾、食心虫，荔枝蒂蛀虫等在低剂量使用下均有较好的防治效果；田间试验活性显著高于氯虫苯甲酰胺、溴氰虫酰胺等化合物；另外，研究结果表明，氟氯虫双酰胺对缨翅目蓟马（如蓟马、兰花蓟马、烟蓟马、棕榈蓟马等）也有较高的防治活性。

【参考文献】

[1] 张来俊，葛家成，葛尧伦，等．取代吡唑酰胺类化合物及其应用．CN106977494．

[2] 葛家成，李建国，葛尧伦，等．一种具有杀虫活性的取代吡唑酰胺类化合物的制备方法．CN110835330．

[3] 葛家成，李建国，葛尧伦，等．一种卤代邻氨基苯甲酸的制备方法．CN110835308．

[4] Jia Q，M A C，Ma T H，et al．Method and catalyst for preparing aniline compounds and use thereof．US 20190100486．

3.8.1.3 氯氟氰虫酰胺 cyhalodiamide

【化学名称】 3-氯-N^2-(1-氰基-1-甲基乙基)-N^1-{2-甲基-4-[1,2,2,2-四氟-1-(三氟甲基)乙基]苯基}邻苯二甲酰胺

IUPAC 名：3-chloro-N^2-(1-cyano-1-methylethyl)-N^1-{2-methyl-4-[1,2,2,2-tetrafluoro-1-(trifluoromethyl)ethyl]phenyl}phthalamide

CAS 名：3-chloro-N^2-(1-cyano-1-methylethyl)-N^1-{2-methyl-4-[1,2,2,2-tetrafluoro-1-(trifluoromethyl)ethyl]phenyl}-1,2-benzenedicarboxamid

【化学结构式】

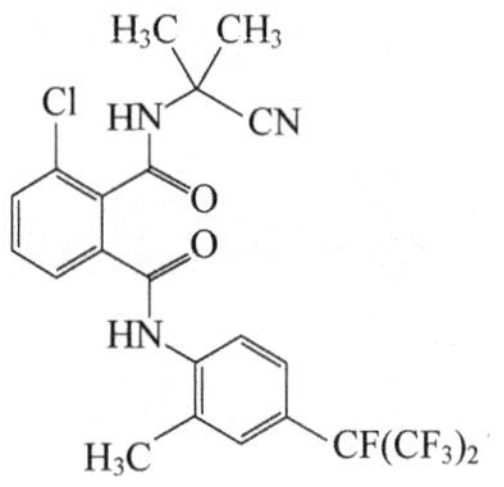

【分子式】 $C_{22}H_{17}ClF_7N_3O_2$

【分子量】 523.84

【CAS 登录号】 1262605-53-7

【理化性质】 白色结晶粉末，熔点 215.6～218.8℃；水中溶解度（20℃）0.276mg/L，有机溶剂（20℃）：正己烷 0.000409g/L，乙酸乙酯 19.875g/L，乙醇 9.41g/L，甲醇 34.98g/L，丙酮 39.64g/L。

【研制和开发公司】 浙江省化工研究院发现

【上市国家和年份】 中国，开发中

【用途类别】 杀虫剂

【合成路线】 [1,2]

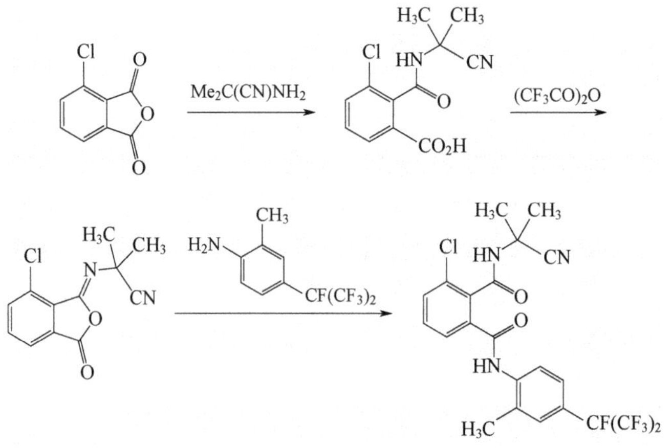

中间体合成参见“氟虫双酰胺 flubendiamide”。

【哺乳动物毒性】大鼠急性经口 LD_{50}>5000mg/kg，大鼠急性经皮 LD_{50}>2000mg/kg；兔眼睛和皮肤无刺激，对豚鼠皮肤无致敏；Ames 试验为阴性。

【作用机理】一种鱼尼丁受体激活剂，主要作用于害虫钙离子通道，影响害虫肌肉收缩。

【分析方法】高效液相色谱-紫外（HPLC-UV）

【制剂】悬浮剂（SC）

【应用】用于玉米、棉花、烟草、梨、葡萄、水稻、草苹、甘蔗等作物，几乎对所有的鳞翅目类害虫均具有很好的活性，不仅对成虫和幼虫都有优良的活性，而且作用速度快、持效期长、对水稻二化螟和卷叶螟效果好。

【参考文献】

[1] Zhu B C，Xing J H，Xu T M，et al．Phthalimide derivatives as agrochemical pesticides and their preparation，compositions and use in the control of lepidoptera pests．WO 2012034472．

[2] Onishi M，Tondabayashi S．Perfluoroalkylaniline derivatives．EP 1380568．

3.8.1.4 四唑虫酰胺 tetraniliprole

【商品名称】Vaygeo

【化学名称】1-(3-氯-2-吡啶基)-4′-氰基-2′-甲基-6′-(甲酰甲氨基)-3-{[5-(三氟甲基)-2*H*-四唑-2-基]甲基}-1*H*-吡唑-5-甲酰苯胺

IUPAC 名：1-(3-chloro-2-pyridyl)-4′-cyano-2′-methyl-6′-(methylcarbamoyl)-3-{[5-(trifluoromethyl)-2*H*-tetrazol-2-yl]methyl}-1*H*-pyrazole-5-carboxanilide

CAS 名：1-(3-chloro-2-pyridinyl)-*N*-{4-cyano-2-methyl-6-[(methylamino)carbonyl]phenyl}-3-{[5-(trifluoromethyl)-2*H*-tetrazol-2-yl]methyl}-1*H*-pyrazole-5-carboxamide

【化学结构式】

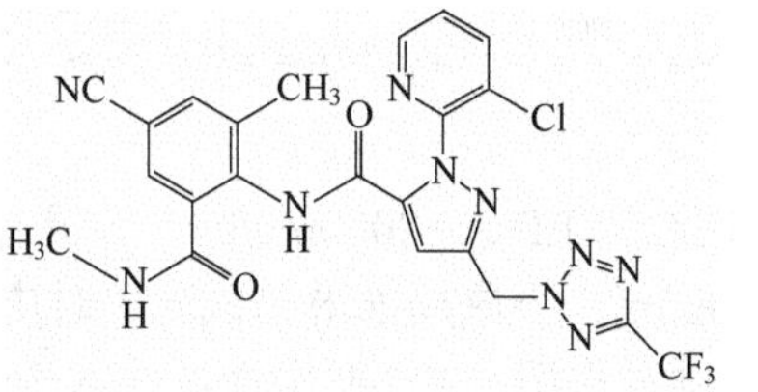

【分子式】$C_{22}H_{16}ClF_3N_{10}O_2$

【分子量】544.88

【CAS 登录号】1229654-66-3

【理化性质】纯品为米黄色固体粉末，有丙酮气味，熔点 226.9～229.6℃；密度（20℃）1.52g/cm^3；蒸气压 20℃时 3.2×10^{-6}Pa，25℃时 4.6×10^{-6}Pa；K_{ow}lg$P$（20℃，pH7）2.6。水中溶解度（蒸馏水，pH6.31）1.2mg/L，其他溶剂中溶解度（20℃）：甲醇 2.9g/L，甲苯 0.17g/L，乙酸乙酯 6.4g/L，二氯甲烷 5.3g/L，丙酮 21.8g/L，正庚烷<0.001g/L，二甲基亚砜>280g/L。解离常数 pK_a 9.1。在酸性、中性和碱性条件下的水溶液中均可水解：DT_{50} 58d（pH7，20℃）。光化学性质：在水溶液中，四唑虫酰胺可能与阳光发生直接的光解作用。四唑虫酰胺不易燃、不爆炸、不氧化，仓库储存条件下稳定性至少 2 年，且不会对容器材料（聚丙烯和聚乙烯）造成腐蚀。

【研制和开发公司】德国 Bayer Intellectual Property GmbH（德国拜耳）
【上市国家和年份】韩国，2018 年
【用途类别】杀虫剂
【合成路线】[1-3]

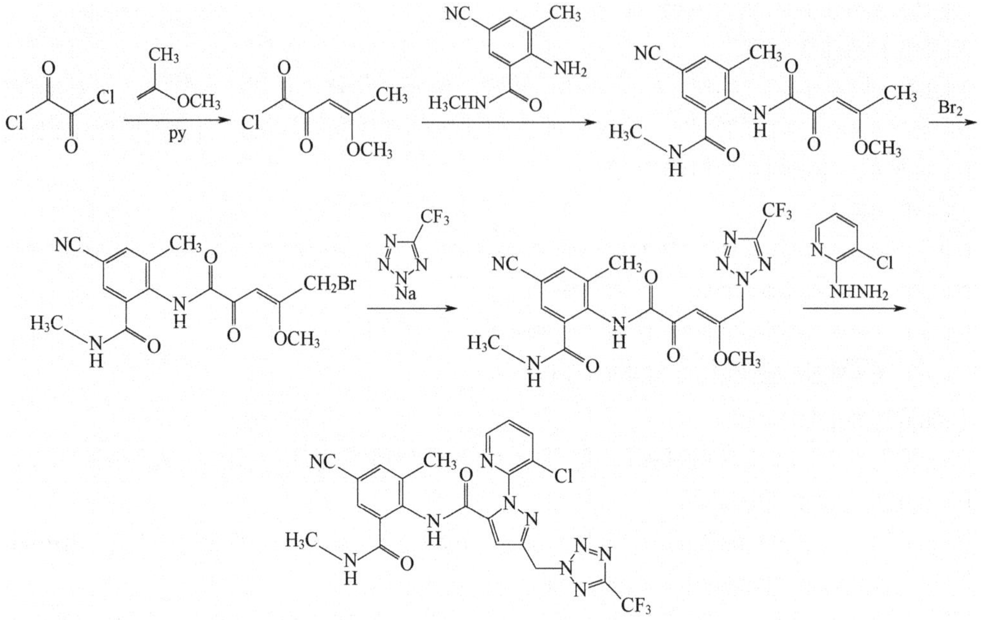

中间体合成：

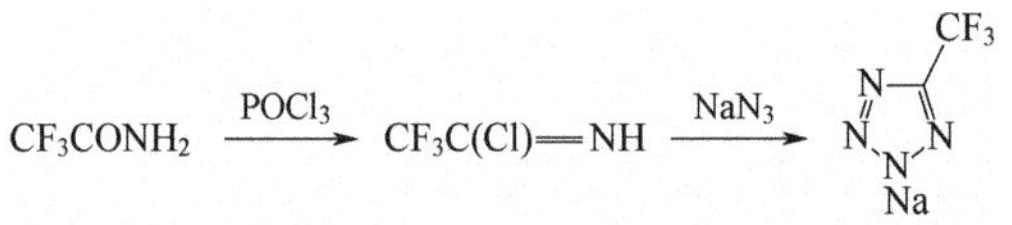

【哺乳动物毒性】大鼠急性经口 LD_{50}＞2000mg/kg，大鼠急性经皮 LD_{50}＞2000mg/kg；大鼠吸入毒性 LC_{50}（4h）＞5010g/m^3；小鼠局部淋巴试验中对皮肤敏感结果呈阳性，对兔皮肤无刺激作用，但对兔眼有轻微刺激作用；90d 亚慢性毒性试验中，以 973mg/(kg・d)剂量水平对小鼠重复给药，未发现死亡或严重的全身毒性迹象；在大鼠和狗的 90d 饮食研究中，未发现不良反应的给药剂量水平分别为 608mg/(kg・d)、126mg/(kg・d)；在大鼠短期皮肤毒性研究中，以高剂量 1000mg/(kg・d)（用药 6h）给药，没有毒性或皮肤刺激的迹象；在大鼠 2 代生殖毒性试验中，对四唑虫酰胺耐受性良好，没有与之相关的死亡率或严重的不良反应，对生殖无影响；在大鼠和兔子的发育毒性研究中，以最高剂量 1000mg/(kg・d)对大鼠和兔子给药时，未观察到母胎毒性。基因毒性试验表明，四唑虫酰胺不太可能对人类造成基因毒性的致癌风险。

【生态毒性】哺乳动物 LD_{50}＞2000mg/kg，褐家鼠和鸟类 LD_{50}＞2000mg/kg；对鱼类等水生脊椎动物毒性相对较低，LC_{50}＞10mg/L（4 种鱼类）；大型蚤 EC_{50} 0.071mg/L；摇蚊 EC_{50} 0.23mg/L 或 LC_{50} 0.034mg/kg（干沉积）；中肋骨条藻 E_rC_{50} 1.4mg/L；膨胀浮萍 E_rC_{50}＞6.6mg/L；赤子爱胜蚓 LC_{50}＞448mg/kg（土）；对蜜蜂有高的毒性，LD_{50} 经口 0.41～0.44μg/只，LD_{50} 接触 22～94μg/只。

【作用机理】四唑虫酰胺是一种作用于昆虫鱼尼丁受体的肌肉毒剂。鱼尼丁受体是调控细胞内钙离子有序释放的选择性离子通道，即调控细胞内钙离子浓度平衡的四聚体通道蛋白。四唑虫酰胺与昆虫鱼尼丁受体发生高度亲和性结合后，Ca^{2+}释放通道将持续开放，使得平滑肌和横纹肌细胞内贮存的钙离子释放失控和流失，导致肌肉细胞收缩功能瘫痪，从而达到杀死昆虫的目的。

【分析方法】高效液相色谱-紫外（HPLC-UV）

【制剂】悬浮剂（SC）

【应用】[4] 四唑虫酰胺在低剂量下即可高效防治水稻、果树、蔬菜和其他农作物上的多种鳞翅目、鞘翅目、双翅目害虫，尤其对二化螟、甜菜夜蛾、蓟马等害虫防治效果显著。该药剂使用方式简单，叶面处理、土壤处理、种子处理均可。

【代谢】四唑虫酰胺具有较低的蒸气压和较低的亨利定律常数，表明这种化学物质不太可能从土壤或水的表面挥发出来；四唑虫酰胺在空气中的半衰期较短（0.27～0.40d），表明其在长距离大气运输方面的潜力较低；在土壤中耗散的主要途径是转化和生物降解。实验室和田间研究表明：根据土壤类型不同，四唑虫酰胺在土壤中具有一定持久性，与好氧条件相比，四唑虫酰胺在土壤厌氧条件下转化更快；四唑虫酰胺在水中溶解度低，但在有水存在的情况下可以水解，其水解速率受温度和 pH 值影响较大，在酸性和中性水溶液中水解缓慢，在碱性水溶液中可以通过水解迅速转化。

【参考文献】

[1] Pazenok S，Lindner W，Scheffel H．Method for producing tetrazole-substituted anthranilic acid diamide derivatives by reacting benzoxazinones with amines．WO2013030100．

[2] Karri P，Pabba J，Kalwaghe A D，et al．A novel process for the preparation of anthranilic diamides．WO2019224678．

[3] Karri P，Pabba J，Kalwaghe A D，et al．A novel process for the preparation of anthranilic diamides containing a pyrazole unit．WO2020016841．

[4] Kousika J，Kuttalam S，Ganesh K M．Evaluation on the effect of tetraniliprole 20 SC，a new chemistry of pyridine derivative to the rice arthropod biodiversity．J Entomol Zool，2017，5（4）：133-143．

3.9 多点作用抑制剂

3.9.1 氟化物

3.9.1.1 冰晶石 cryolite

【商品名称】Kryocide，Prokil

【化学名称】六氟铝酸三钠

IUPAC 名：trisodium hexafluoroaluminate

CAS 名：cryolite（矿物），trisodium hexafluoroaluminate（化学成分）

【化学结构式】

$$Na_3AlF_6$$

【分子式】AlF_6Na_3

【分子量】209.94

【CAS 登录号】15096-52-3（矿物），13775-53-6（化学成分）

【理化性质】白色无味细粉；熔点 1000℃；未测到蒸气压；密度 0.890g/cm^3；水中溶解度（20℃）0.25g/L；不溶于有机溶剂；能在热碱中分解。

【用途类别】杀虫剂

【合成路线】[1]

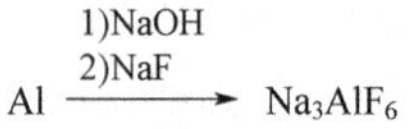

【哺乳动物毒性】大鼠急性经口 LD_{50}＞5000mg/kg，兔急性经皮 LD_{50}＞2000mg/kg；不刺激皮肤；大鼠吸入 LC_{50}＞2mg/L（空气）；大鼠 NOEL（28d）250mg/kg（25mg/kg）；针对氟化钠，大鼠 NOEL（2 年）25mg/kg（1.3mg/kg），狗 NOEL（1 年）3000mg/kg；无繁殖致畸性作用；毒性等级：U。

【生态毒性】山齿鹑急性经口 LD_{50}＞2000mg/kg，绿头野鸭饲喂 LC_{50}（8d）＞10000mg/kg。

【制剂】DP，RB，WP

【应用】作用方式：主要是胃毒；用途：用于特定的蔬菜和果树，防治鳞翅目和鞘翅目害虫，剂量 5～30kg/hm^2。

【代谢】动物：代谢为游离氟离子；土壤/环境：土壤中迁移性不大；通过依赖于 pH 的平衡在水中分解为游离氟离子。

【参考文献】

[1] 张宏忠，李聪，王紫，等. 一种六氟铝酸钠的制备方法. CN111348669.

3.9.1.2 硫酰氟 sulfuryfluoride

【化学名称】硫酰氟

IUPAC 名：sulfonyl fluoride

CAS 名：sulfonyl fluoride

【化学结构式】

$$SO_2F_2$$

【分子式】F_2O_2S

【分子量】102.05

【CAS 登录号】2699-79-8

【理化性质】纯品为无色无味气体，熔点 -136.7℃，沸点（1.01×10^{5}Pa）-55.2℃；密度（20℃）1.36g/cm^3；蒸气压（21.1℃）1.7×10^{3}kPa；水中溶解度（25℃，1atm）750mg/kg；有机溶剂中溶解度(25℃，1atm)：乙醇 0.24～0.27L/L，甲苯 2.0～2.2L/L，四氯化碳 1.36～1.38L/L。

【哺乳动物毒性】毒性大鼠急性经口 LD_{50} 100mg/kg；对兔皮肤和眼睛无刺激性；雄、雌性大鼠急性吸入 LC_{50}（4h）4.1mg/L（空气）。

【合成路线】[1]

【制剂】熏蒸剂（VP），气体制剂（GA）

【应用】一种优良的广谱性熏蒸杀虫剂，具有杀虫谱广、渗透力强、用药量少、解吸快、不燃不爆、对熏蒸物安全，尤其适合低温使用等特点。该药通过昆虫呼吸系统进入虫体，损害中枢神经系统而致害虫死亡，是一种惊厥剂。对昆虫胚后期的毒性较高。用于建筑物、运载工具和木制品的熏蒸，可防治蜚蠊目、鞘翅目、等翅目和鳞翅目、啮齿类。有植物毒性，但对杂草和作物种子发芽无大影响。硫酰氟不适于重蒸处理供人畜食用的农业食品原料、食品、饲料和药物，也不提倡用来处理植物、蔬菜、水果和块茎类，尤其是干酪和肉类等含蛋白质的食品，因为硫酰氟在这些物质上的残留量高于其他熏蒸剂的残留。根据动物试验，推荐人体长期接触硫酰氟的安全质量浓度低于 5mg/L。

【参考文献】

[1] 尹红，袁慎峰，陈志荣，等. 一种连续合成三氟乙酰氯和硫酰氟的方法. CN102351681.

3.10 甲壳素合成抑制

3.10.1 四嗪类

3.10.1.1 氟螨嗪 diflovidazin

【商品名称】Flumite

【化学名称】3-(2-氯苯基)-6-(2,6-二氟苯基)-1,2,4,5-四嗪

IUPAC 名：3-(2-chlorophenyl)-6-(2,6-difluorophenyl)-1,2,4,5-tetrazine

CAS 名：3-(2-chlorophenyl)-6-(2,6-difluorophenyl)-1,2,4,5-tetrazine

【化学结构式】

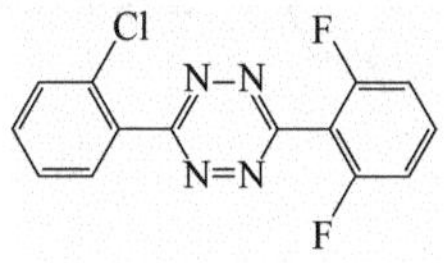

【分子式】$C_{14}H_7ClF_2N_4$

【分子量】304.68

【CAS 登录号】162320-67-4

【理化性质】纯品红色无味晶体，熔点 185.3～185.5℃，高于熔点分解；蒸气压（25℃）＜0.02mPa，密度（25℃）1.574g/cm^3；水中溶解度（20℃）0.17～0.23mg/L，有机溶剂中溶解度（20℃）：丙酮 24g/L，甲醇 1.3g/L，已烷 168g/L；光和空气稳定，酸性条件下稳定，pH＞7 水解，DT_{50}（pH9，25℃，40%乙腈）60h。

【研制和开发公司】由匈牙利 Chinoin 开发

【上市国家和年份】欧洲，1997 年

【用途类别】杀螨剂

【合成路线】[1]

路线 1：

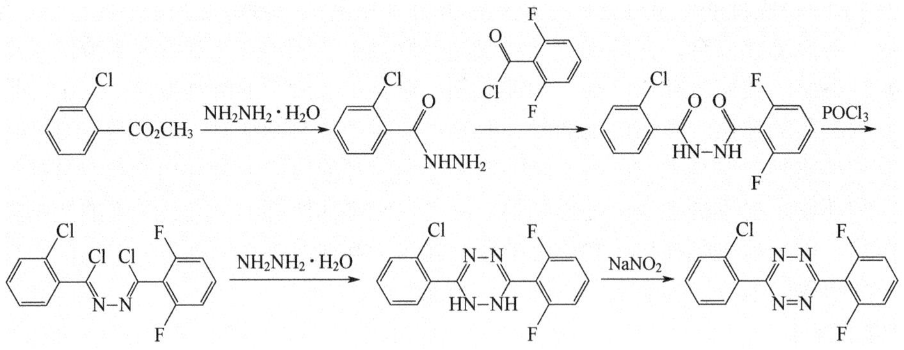

路线 2：

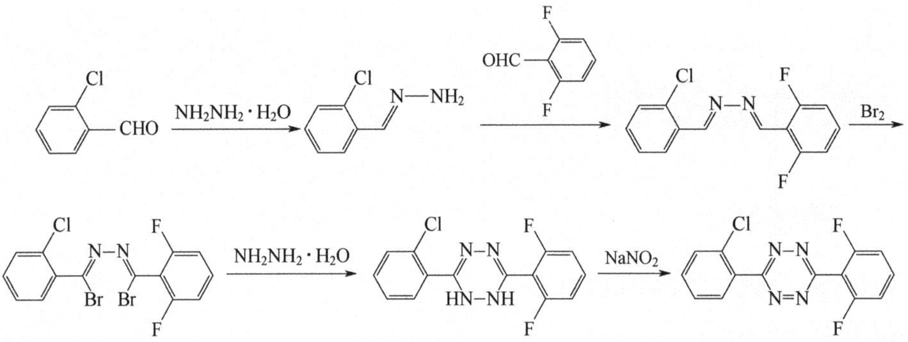

中间体合成[2,3]：

中间体 1：

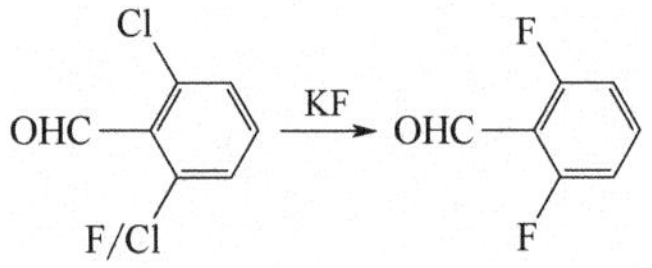

中间体 2：

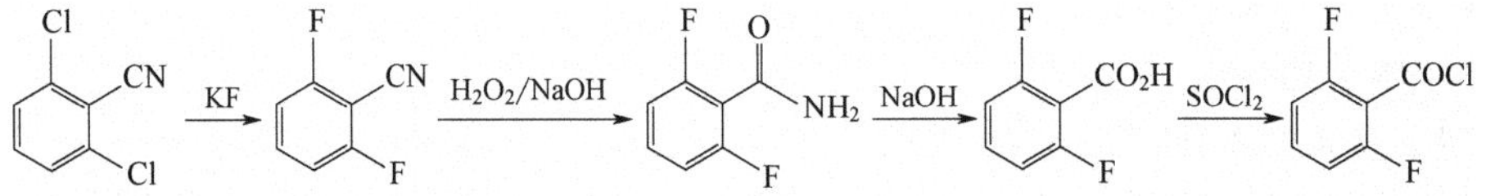

【哺乳动物毒性】雄大鼠急性经口 LD_{50} 979mg/kg，雌大鼠急性经口 LD_{50} 594mg/kg，雌雄大鼠急性经皮 LD_{50}（24h）＞2000mg/kg。对兔皮肤无刺激，对眼睛有一定刺激，对豚皮肤无致敏。大鼠吸入 LC_{50}（4h）5000mg/m^3。NOEL：大鼠（2 年，致癌，饲喂）9.18mg/(kg・d)，狗（3 个月）10mg/(kg・d)，狗（28d，经皮）500mg/(kg・d)。Ames、CHO 和微核试验无致突变；ADI/RfD0.098mg/kg。

【生态毒性】日本鹌鹑急性经口 LD_{50}＞2000mg/kg，鹌鹑饲喂 LC_{50}（8d）＞5118mg/kg，绿头野鸭 LC_{50}（8d）＞5093mg/kg；虹鳟 LC_{50}（96h）＞400mg/L；水蚤 LC_{50}（48h）0.14mg/L；

羊角月牙藻无毒；对蜜蜂 LD_{50}（经口、接触）25μg/只；蚯蚓 LC_{50}＞1000mg/kg（土）。

【作用机理】触杀性杀卵剂，具有层间传导特性，由成年螨虫吸入，也可抑制螨虫在茧阶段发育。

【分析方法】高效液相色谱-紫外（HPLC-UV）

【制剂】悬浮剂（SC）

【应用】作用方式：接触性杀卵剂，具有层间传导特性，可抑制螨虫在茧阶段的发育。用途：在梨果、核果和葡萄上防治植食性螨类，包括红蜘蛛、叶螨、瘿螨、刺瘿螨、瘤节蜱（锈螨）和上三脊瘿螨，剂量 60～100g/hm^2。与碱性农药不兼容。

【代谢】土壤/环境：DT_{50} 44d（酸性砂土），30d（棕色森林土），38d（被石灰包覆的黑土）。

【参考文献】

[1] Janis H，Sandor B，Edit B，et al．Acaricaidally active tetrazine derivatives．US5455237．

[2] 邓忠汉，邱炳开．一种高效合成含氟化合物的方法．CN113024414．

[3] Wessel T，Decker D，Huenig H，et al. Method of producing a compound containing fluorine via fluorine-halogen exchange using special polyaminophosphazene catalysts．WO 2003101926．

3.10.2 噁唑啉类

3.10.2.1 乙螨唑 etoxazole

【商品名称】baroque，biruku（混剂，甲氰菊酯）

【化学名称】(*RS*)-5-叔丁基-2-[(2,6-二氟苯基)-4,5-二氢-1,3-噁唑-4-基]苯乙醚

IUPAC 名：(*RS*)-5-*tert*-butyl-2-[(2,6-difluorophenyl)-4,5-dihydro-1,3-oxazol-4-yl]phenetole

CAS 名：2-(2,6-difluorophenyl)-4-[4-(1,1-dimethylethyl)-2-ethoxyphenyl]-4,5-dihydrooxazole

【化学结构式】

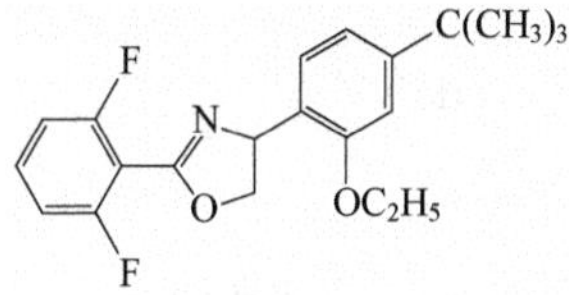

【分子式】$C_{21}H_{23}F_2NO_2$

【分子量】359.42

【CAS 登录号】153233-91-1

【理化性质】纯品为白色结晶粉末，熔点 101～102℃；蒸气压（25℃）7.0×10^{-3}mPa；K_{ow}（25℃）lg*P* 5.59；密度（20℃）1.24g/cm^3；水中溶解度 745.4μg/L，有机溶剂中溶解度（20℃）：环己烷 500g/L，乙酸乙酯 250g/L，四氢呋喃 750g/L，甲醇 90g/L，乙腈 80g/L，二甲苯 250g/L，乙醇 90g/L，正己酮 13g/L，正庚烷 13g/L，丙酮 300g/L；DT_{50}：9.6d（pH5）、150h（pH7）、190d（pH9）；50℃，30d 后不分解。

【研制和开发公司】日本 Yashima Chemical Industry Co.，Ltd（亚西玛化学工业公司）发现，Yyoyu Agri Co. Ltd 和 Sumitomo Chemical Co.，Ltd（日本住友化学株式会社）联合开发

【上市国家和年份】日本，1998 年

【用途类别】杀螨剂

【合成路线】[1-3]

方法 1：

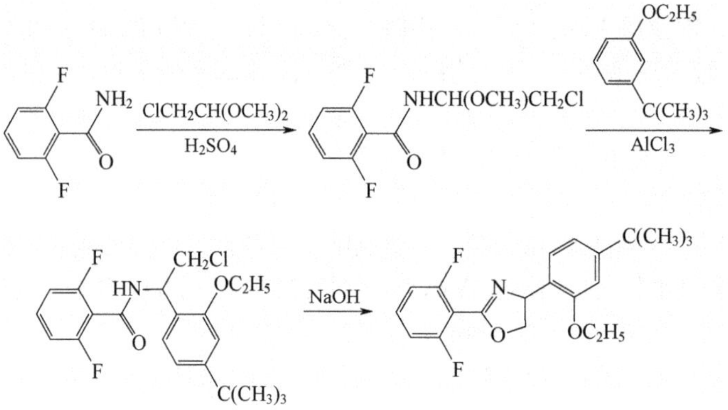

方法 2：

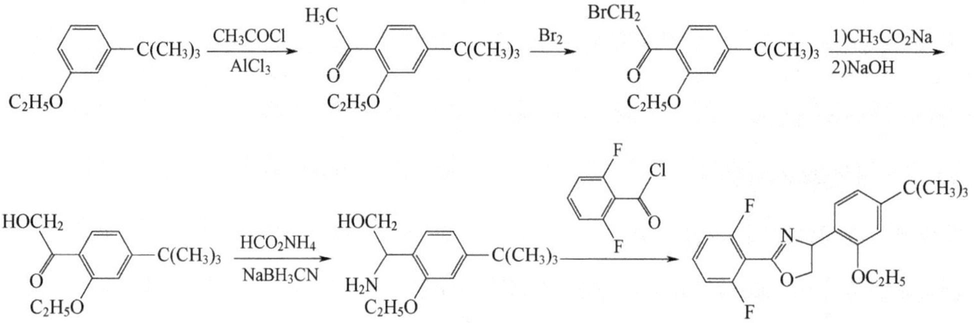

中间体[4-6]：

方法 1：

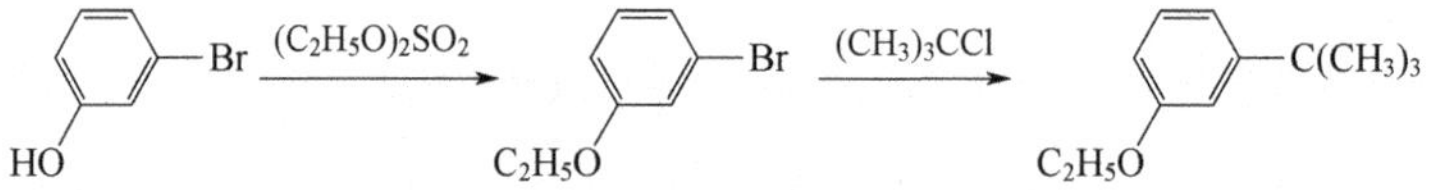

方法 2：

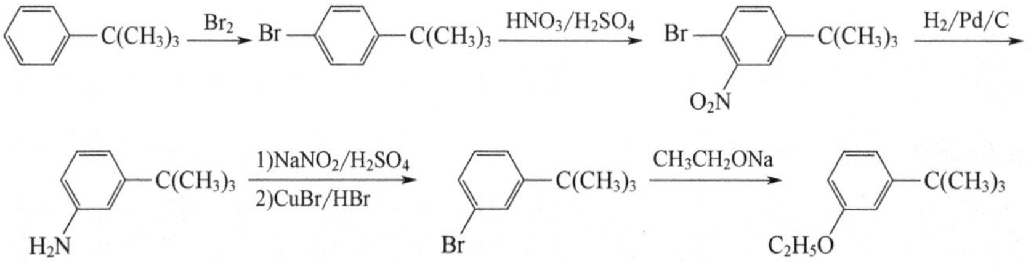

【哺乳动物毒性】雄雌、雌性大鼠和小鼠急性经口 LD_{50}>5000mg/kg，大鼠急性经皮 LD_{50}>2000mg/kg；兔眼睛和皮肤无刺激，对豚鼠皮肤致敏，大鼠吸入 LC_{50}>1.09mg/L；NOEL（2 年）大鼠 4.01mg/(kg・d)，Ames 试验为阴性；ADI/RfD（EC）0.04mg/kg[2005]。

【生态毒性】野鸭急性经口 LD_{50}>2000mg/kg，山齿鹑亚急性经口 LD_{50}（5d）>5200mg/kg（饲料）；蓝鳃翻车鱼 LC_{50} 1.4mg/L，日本鲤鱼 LC_{50} 96h 时 0.89mg/L，48h 时>20mg/L，虹鳟 LC_{50}（48h）>40mg/L；水蚤 LC_{50}（48h）>0.0071mg/L；羊角月牙藻 EC_{50}>1.0mg/L；蜜蜂经口和接触 LD_{50}>200μg/只；蚯蚓 NOEL（14d）>1000mg/kg；干扰水生节肢动物蜕皮。

【作用机理】甲壳素合成抑制剂。

【分析方法】高效液相色谱-紫外（HPLC-UV），气相色谱-质谱（GC-MS）

【制剂】悬浮剂（SC），水分散剂（WG），烟剂

【应用】作用方式：触杀型杀螨剂。抑制螨虫和蚜虫蜕皮。用途：非内吸性杀螨剂，对卵、幼虫和若虫有效。对成虫无效。防治柑橘、梨果、蔬菜和草莓上的植食性螨类，施用剂量 $50g/hm^2$；茶树和观赏植物上使用剂量 $100g/hm^2$；也可用于观赏植物。不能与波尔多液混合。

【代谢】动物：约60%药物在48h内被吸收，7d内几乎全部消除，大部分通过粪便排出。广泛代谢，主要通过4,5-二氢噁唑环羟化，其次是分子裂解和叔丁基侧链羟基化（根据EU Rev.Rep.）。土壤/环境：日本冲积土 DT_{50} 19d，DT_{90} 90d。K_{oc}＞5000mL/g。K_f 66～131mL/g，K_{foc} 4910～11000mL/g（平均6650mL/g，4种土壤）（有机碳含量0.6%～2.4%，pH4.3～7.4）（EU Rev.Rep.）。

【参考文献】

[1] Yoshihiro S，Akihiro K，Tohru A，et al. *N*-Alkoxymethyl benzamide derivative and manu- facturing method therefor，and manufacturing method for benzaminde derivative using this *N*-alkoxymethyl benzamide derivate. EP0594179A1.

[2] Suzuki J，Ishida T，Kada k，et al. 2-(2,6-Difluorophenyl)-4-(2-ethoxy-4-*tert*-butylphenyl)-2-oxazoline. US5478855.

[3] Lokensgard J，Fischer J，Bartz W. Synthesis of *N*-(*α*-methoxyalkyl)amides from imidates. J Org Chem，1985，50（26）：5609-5611.

[4] 叶振君，旷东，董建生，等. 一种间叔丁基苯乙醚的合成方法. CN104557480.

[5] 程纯儒，丁杰，杨义，等. 间叔丁基苯乙醚的合成研究. 化学通报，2014，77（5）：467-470.

[6] 宋佳，马勇，史雪芳，等. 一种2,6-二氟苯甲酰胺的制备方法. CN112851539.

3.11 钠离子通道阻断剂

3.11.1 噁二嗪类

3.11.1.1 茚虫威 indoxacarb

【商品名称】Avaunt，Steward

【化学名称】(*S*)-*N*-[7-氯-2,3,4*a*,5-四氢-4*a*-(甲氧基羰基)茚并[1,2-*e*][1,3,4]噁二嗪-2-羰基]-4′-(三氟甲氧基)苯氨基甲酸甲酯

IUPAC 名：methyl(*S*)-*N*-[7-chloro-2,3,4*a*,5-tetrahydro-4*a*-(methoxycarbonyl)indeno[1,2-*e*][1,3,4] oxadiazin-2-ylcarbonyl]-4′-(trifluoromethoxy)carbanilate

CAS 名：methyl(4*as*)-7-chloro-2,5-dihydro-2-[*N*-(methoxycarbonyl)-4-(trifluoromethoxy)anil-inecarbonyl]indeno[1,2-*e*][1,3,4]oxadiazine-4*a*(3*H*)-carboxylate

【化学结构式】

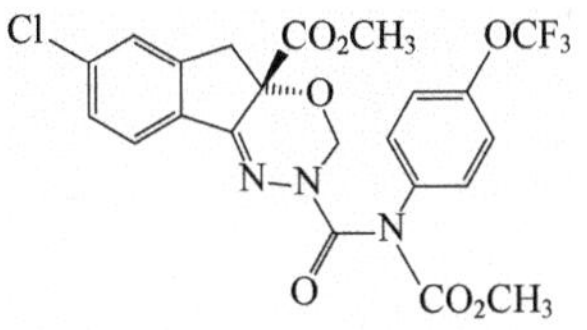

【分子式】$C_{22}H_{17}ClF_3N_3O_7$

【分子量】527.84

【CAS 登录号】173584-44-6（DPX-KN128，*S*-异构体），144171-61-9（DPX-JW062 和 DPX-MP062，*S*-异构体和 *R*-异构体混合物）

【理化性质】DPX-JW062：*S*-异构体（活性结构）和 *R*-异构体（非活性结构）比例为 1：1，DPX-MP062：*S*-异构体和 *R*-异构体比例为 3：1，DPX-KN128，*S*-异构体；数据参照 DPX-KN128，白色粉末，熔点 88.1℃（*S*-异构体），140～141℃（*S*：*R*=1：1），87.1～141.5℃（*S*：*R*=3：1）；蒸气压（25℃）2.5×10^{-5}mPa；$K_{ow}\lg P$ 4.65；密度 1.44g/cm^3；水中溶解度 0.2mg/L（*S*，25℃），15mg/L（*S*：*R*=1：1，25℃），22.5μg/L（*S*：*R*=3：1，20℃）；有机溶剂中溶解度（25℃）正辛醇 14.5mg/mL，甲醇 103mg/mL，乙腈 139mg/mL，丙酮＞250g/kg，正庚烷 1.72mg/mL，邻二甲苯 117mg/L；水解稳定性 DT_{50}（25℃）1 年（pH5），22d（pH7），0.3h（pH9）（DPX-KN128 和 DPX-MP062）。

【研制和开发公司】由美国 E.I.du pont de Nemours&Co.（美国杜邦公司）开发

【上市国家和年份】美国，2000 年

【用途类别】杀虫剂

【合成路线】[1-4]

方法 1：

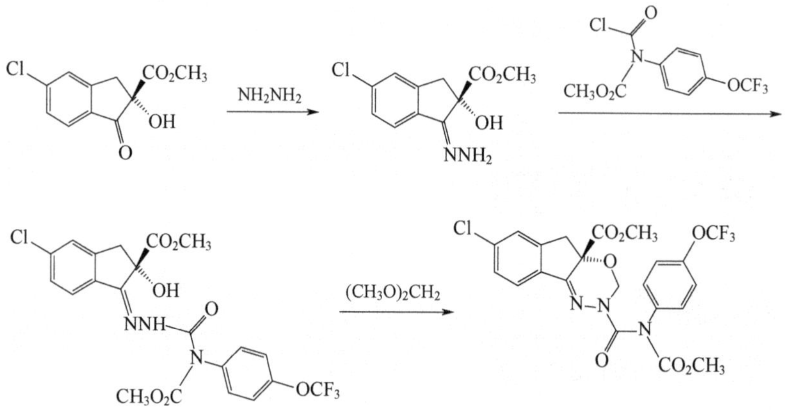

方法 2：

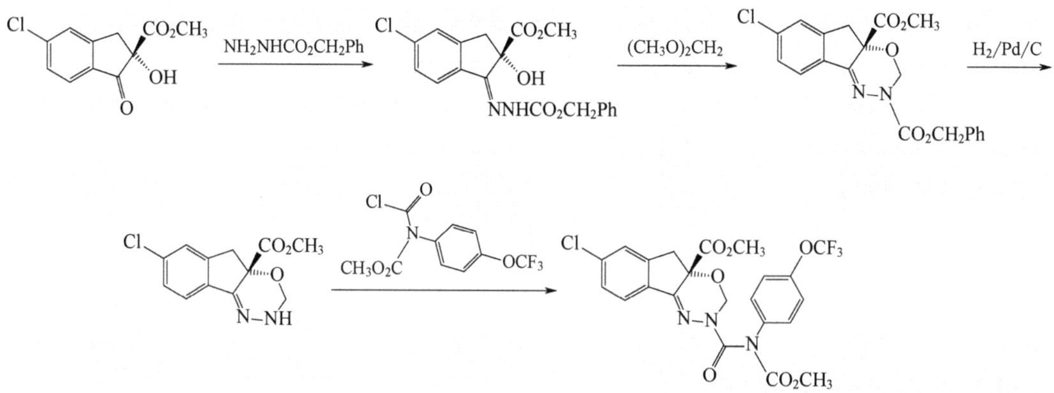

方法 3：

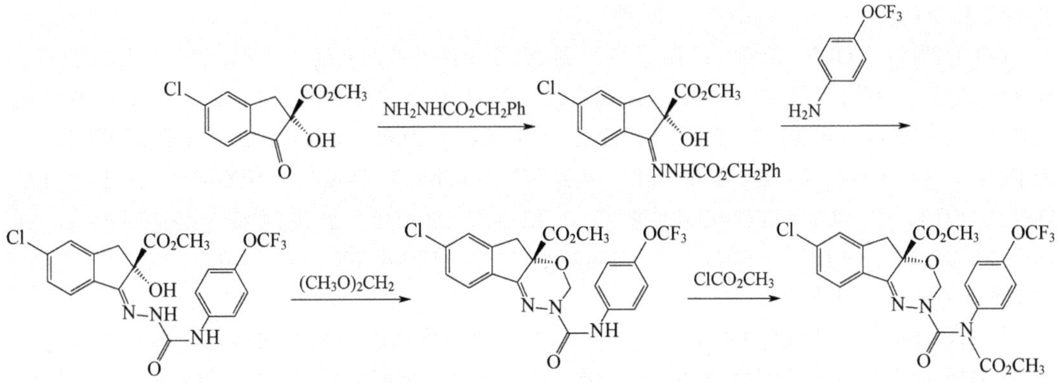

中间体合成[5,6]：

中间体 1：

方法 1：

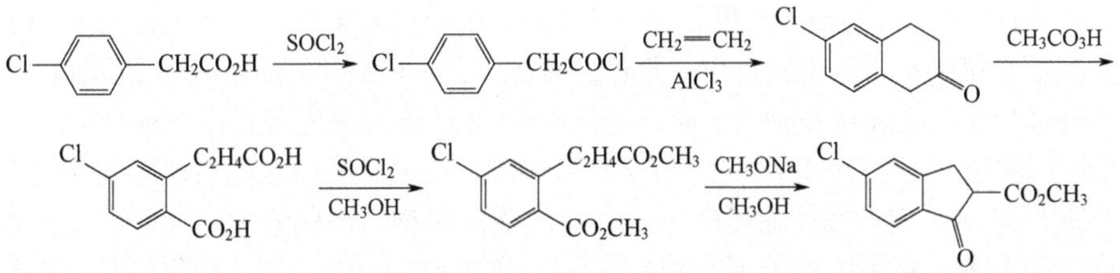

方法 2：

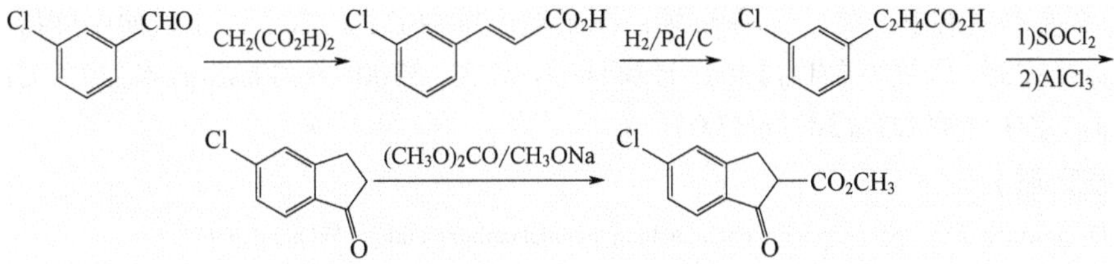

中间体 2：

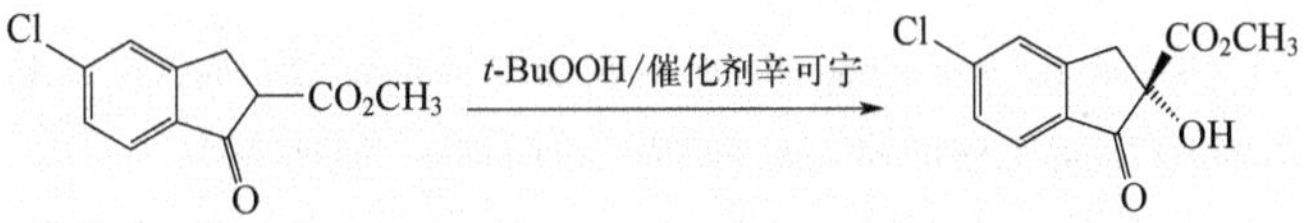

中间体 3：

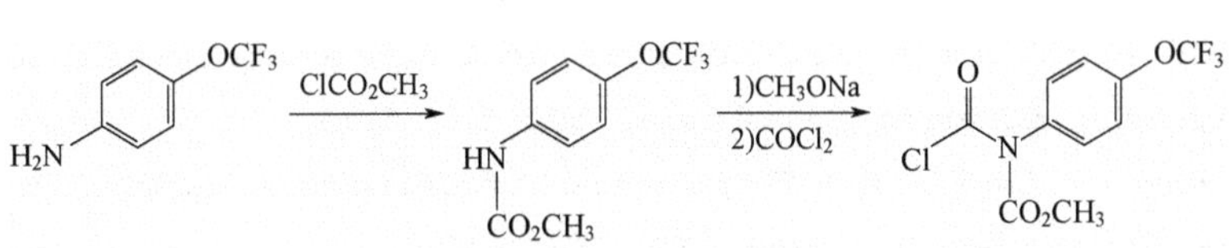

【哺乳动物毒性】急性经口 LD_{50}（mg/kg）：DPX-JW062 雄、雌大鼠＞5000，DPX-MP062 雄大鼠 1732，雌大鼠 268，DPX-KN128 雄大鼠 843，雌大鼠 179。急性经皮 DPX-JW062 LD_{50}＞5000mg/kg。对兔眼睛有刺激，兔皮肤无刺激，对豚鼠皮肤无致敏。DPX-MP062 对兔眼睛和皮肤无刺激，对豚鼠皮肤无致敏。DPX-KN128 对兔眼睛和皮肤无刺激，对豚鼠皮肤无致敏。

DPX-JW062 雄大鼠吸入 LC_{50}＞5.4mg/m^3，雌大鼠吸入 LC_{50}＞4.2mg/m^3。NOEL 慢性和亚慢性 NOEL 2mg/(kg • d)；Ames 试验阴性。

【生态毒性】DPX-MP062：山齿鹑急性经口 LD_{50} 98mg/kg，野鸭饲喂 LC_{50}（5d）＞5620mg/kg，山齿鹑饲喂 LC_{50}（5d）808mg/kg。DPX-MP062：蓝鳃翻车鱼 LC_{50}（96h）0.9mg/L，虹鳟 LC_{50}（96h）0.65mg/L。DPX-KN128：虹鳟 LC_{50}（96h）＞0.17mg/L。DPX-MP062：水蚤 EC_{50}（48h）0.6mg/L。DPX-KN128：水蚤 EC_{50}（48h）0.17mg/L。DPX-MP062：藻类 EC_{50}（96h）＞0.11g/L。DPX-MP062：蜜蜂经口 LD_{50} 0.26μg/只，蜜蜂接触 LD_{50} 0.094μg/只。DPX-MP062：蚯蚓 LC_{50}（14d）＞1250mg/kg。DPX-MP06230WG 和 150EC 对非靶标节肢动物的影响很小或没有影响。

【作用机理】活性成分 DPX-KN128 是昆虫神经细胞内电压相关的钠离子通道抑制剂。

【分析方法】高效液相色谱-紫外（HPLC-UV），气相色谱-质谱（GC-MS）

【制剂】乳油（EC），悬浮剂（SC），水分散剂（WG）

【应用】[6,7] 作用方式：通过触杀，使昆虫停止取食，因麻痹、协调能力下降，最终死亡。用途：用于防治大多数害虫，尤其是防治蔬菜、果树、玉米、大豆和葡萄的粉蝶幼虫、鳞翅目、象甲科、半翅目害虫、棉盲蝽、苹果石蝇、玉米根叶甲成虫等害虫，使用剂量 12.5～125g/hm^2。茚虫威的凝胶和饵剂可防治家庭害虫，尤其是蟑螂、火蚁和蚂蚁。茚虫威喷雾和饵剂也可防治草皮草坪粉蝶幼虫、象鼻虫和蝼蛄。此药已使用 10 年以上，未发现对作物有药害。

【代谢】动物：使用 DPX-W062 和 DPX-MP062，在大鼠经口服药后研究代谢情况，多数药剂在 96h 后排出。大多数代谢可产生众多的次要代谢物。在尿液中，代谢物大多为裂解产物（二氢化茚或者三氟甲氧基苯环产物），同时，在粪便中，大多数代谢物仍是这些部分。主要的代谢反应包括二氢化茚环的羟基化、氨基氮上羧酸甲酯基团的水解、噁二嗪环的开环等，这些反应都会产生裂解产物。土壤/环境：在淤泥土壤中 DT_{50} 17d。茚虫威属中度持久性：需氧下 DT_{50} 3～23d，厌氧下 DT_{50} 186d。迁移性差，其 K_{oc} 3300～9600mL/g，K_d 26～95L/kg（EU Rev.Rep.）。水中光解 DT_{50} 3d（pH5.0）。

【参考文献】

[1] Annis G D，Barnette W E，Mccann S F，et al．Arthropodicidal carboxanilides．WO9211249A1．

[2] Chaudhari P R，Vijayan A，Dharap Y V，et al．Novel method for the synthesis of semicarbazone intermediate useful in the synthesis of arthropodicidal oxadiazines．IN2004MU01168A．

[3] Annis G D，Mccann S F，Shapiro R．Preparation of arthropodicidal 2,5-dihydro-2-[[(methoxy carbonyl)[4-(trifluoromethoxy) phenyl]amino]carbonyl]indeno[1,2-e] [1,3,4]oxadiazine-4a(3*H*)-carboxylates．WO9529171．

[4] Casalnuovo A L．Hydroxylation of beta-dicarbonyls in the presence of zirconium catalysts．WO2003002255．

[5] Shapiro R，Annis G D，Blaisdell C T，et al．Toward the manufacture of indoxacarb．ACS Symp Ser，2002，800：178-185．

[6] Zhong Q，Li H X，Wang M，et al．Enantioselectivity of indoxacarb during the growing，processing，and brewing of tea：Degradation，metabolites，and toxicities．Sci Total Environ，2022，823：153763．

[7] Siddiqui J A，Zhang Y P，Luo Y Y，et al．Comprehensive detoxification mechanism assessment of red imported fire ant（Solenopsis invicta）against indoxacarb．Molecules，2022，27（3）：870．

3.11.2 缩氨基脲类

3.11.2.1 氰氟虫腙 metaflumizone

【商品名称】Alverde，Siesta，Accel，Accel-King，Accel（混剂，与阿维菌素混合）

【化学名称】90%～100%(*E*)-2′-[2-(4-氰基苯基)-1-(*α*,*α*,*α*-三氟间甲苯基)亚乙基]-4-(三氟甲氧基)苯胺基羰基肼和 10%～0%(*Z*)-2′-[2-(4-氰基苯基)-1-(*α*,*α*,*α*-三氟间甲苯基)亚乙基]-4-(三氟甲氧基)苯胺基羰基肼混合物

IUPAC 名：a mixture of 90%～100%(*E*)-2′-[2-(4-cyanophenyl)-1-(*α*,*α*,*α*-trifluoro-*m*-tolyl)ethylidene]-4-(trifluoromethoxy)carbanilohydrazide and 0～10%(*Z*)-2′-[2-(4-cyanophenyl)-1-(*α*,*α*,*α*-trifluoro-*m*-tolyl)ethylidene]-4-(trifluoromethoxy)carbanilohydrazide

CAS 名：2-[2-(4-cyanophenyl)-1-[3-(trifluoromethyl)phenyl]ethylidene]-*N*-[4-(trifluoromethoxy)phenyl]-hydrazinecarboxamide

【化学结构式】

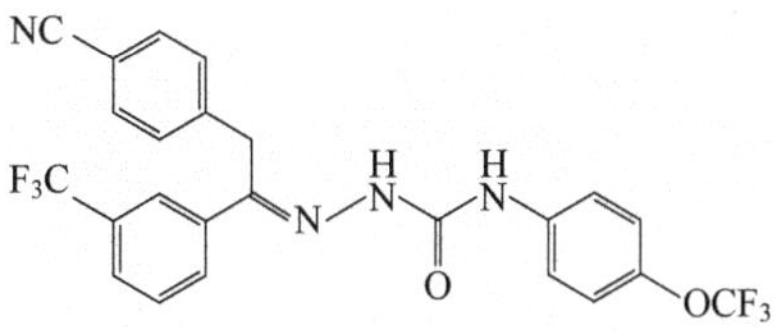

【分子式】$C_{24}H_{16}F_6N_4O_2$

【分子量】506.41

【CAS 登录号】139968-49-3

【理化性质】原药含量≥94.5%[(*E*)≥90%，(*Z*)≤10%]，白色粉末，熔点 197℃（*E*），154℃（*Z*），熔融峰值 133℃和 188℃（*EZ* 混合物）；密度（20℃）1.433g/cm^3（*EZ* 混合物），1.446g/cm^3（*E*），1.461g/cm^3（*Z*）；蒸气压（20℃）1.24×10^{-5}mPa（*EZ* 混合物），7.94×10^{-7}mPa（*E*），2.42×10^{-4}mPa（*Z*）；K_{ow}lg*P* 5.1（*E*），4.4（*Z*）；水中溶解度（20℃）1.79×10^{-3}mg/L（*EZ*）、1.07×10^{-3}mg/L（*E*）、1.87×10^{-3}mg/L（*Z*），其他溶剂中溶解度（20℃）：丙酮 153.3g/L，乙酸乙酯 179.8g/L，甲醇 14.1g/L，甲苯 4.0g/L，正己烷 0.0085g/L，乙腈 63g/L，二氯甲烷 98.8g/L；稳定性：25℃水解 DT_{50}6.1d（pH4），29.3d（pH5），pH7～9 稳定，光解（蒸馏水，25℃）DT_{50} 3.7～7.1d。

【研制和开发公司】由 Nihon Nohyaku Co.，Ltd（日本农药株式社会）发现，日本以外授权 BASF SE（德国巴斯夫公司）开发

【上市国家和年份】印度尼西亚，2008 年

【合成路线】[1,2]

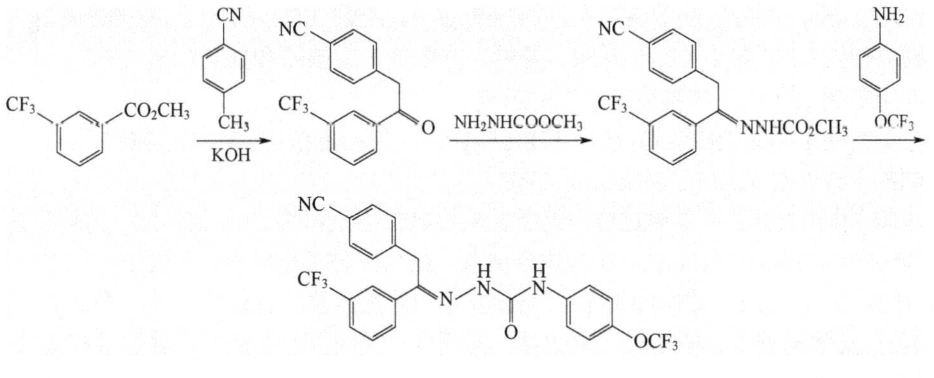

中间体 1[3-5]：

方法 1：

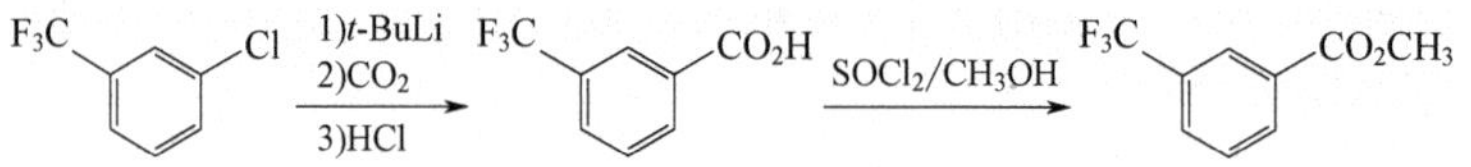

方法 2：

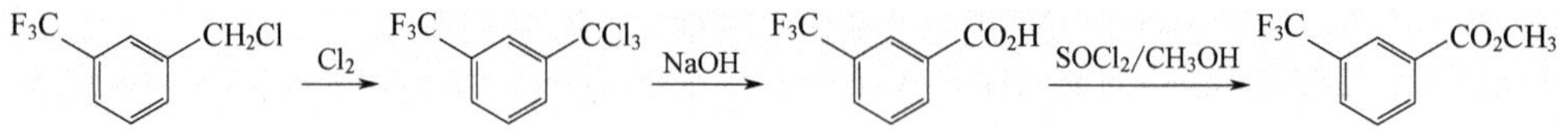

方法 3：

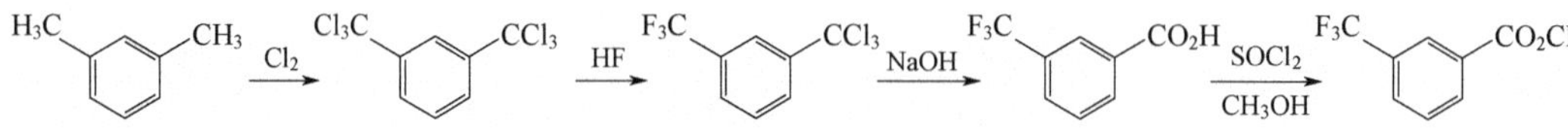

方法 4：

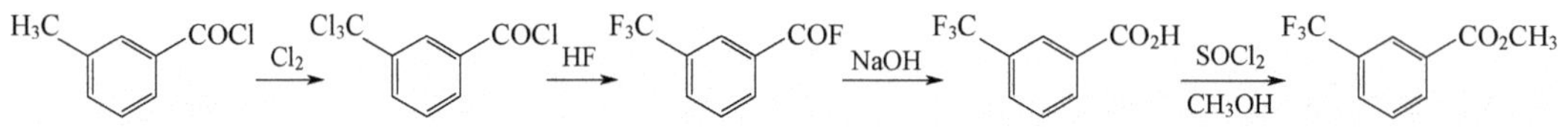

中间体 2：

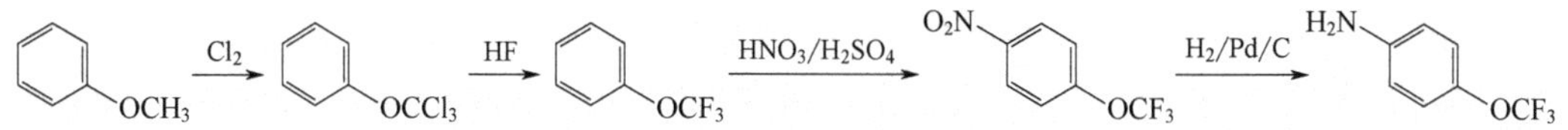

【哺乳动物毒性】雄、雌大鼠急性经口 LD_{50}＞5000mg/kg，雄、雌大鼠急性经皮 LD_{50}＞5000mg/kg。对兔皮肤和眼睛无刺激，对豚鼠皮肤无致敏性。大鼠吸入 LC_{50}＞5.2mg/L。NOEL：雄、雌大鼠（2 年）30mg/(kg·d)。AOEL（EU）：0.001mg/(kg·d)。无致突变性，无致畸性，无致癌性。ADI/RfD（BfR）0.12mg/kg[2006]；毒性等级：Ⅲ。

【生态毒性】山齿鹑和野鸭急性经口 LD_{50}＞2025mg/kg，山齿鹑饲喂 LC_{50}（5d）997mg/kg，野鸭饲喂 LC_{50}（5d）1281mg/kg。LC_{50}（96h）：虹鳟＞343mg/L，鲤鱼和斑点叉尾鮰鱼＞300μg/L（水）（暴露于水/沉积物）＞1μg/L（沉积物），蓝鳃翻车鱼＞349μg/L。水蚤 LC_{50}（48h）＞331μg/L。近头状伪蹄形藻 E_bC_{50}（72h）＞0.313mg/L。糠虾 EC_{50}（96h）＞298μg/L。蜜蜂 LD_{50}（96h，经口，欧盟备忘录）≥2.43μg/只，蜜蜂 LD_{50}（48h，接触，美国 EPA 备忘录）≥106μg/只，蜜蜂 LD_{50}（48h，接触，欧盟备忘录）≥1.65μg/只。蚯蚓 LC_{50}（14d）＞1000mg/kg（土）。对关键的有益昆虫影响小，如小花蝽、草蛉、赤眼蜂、大眼蝽和捕食性螨。

【作用机理】[6] 电压依赖性钠通道阻断剂。

【分析方法】高效液相色谱-紫外（HPLC-UV），气相色谱-质谱（GC-MS）

【制剂】悬浮剂（SC），可湿粉剂（WP）

【应用】作用方式：主要通过摄入仅有轻微接触性的残留物来防治害虫。根据昆虫种类不同，在药物处理 15min～12h 内，害虫出现瘫痪，最高峰时停止进食。害虫在 1～72h 后死亡。用途：杀虫谱广，用于作物和非作物，包括块茎和球茎蔬菜、甘蓝菜、叶菜类蔬菜、果类蔬菜和棉花，防治鳞翅目、鞘翅目、半翅目、同翅目、膜翅目、双翅目、等翅目和蚤目害虫，使用剂量 60～750g/hm^2。

【代谢】[7] 动物：在大鼠、哺乳山羊和产蛋鸡体内，氰氟虫腙表现出低的内吸生物毒性。

该药物经口摄入后总吸收量＜10%（给药剂量）。主要的排出途径是粪便（＞90%），胆汁和尿液排出量分别为＜5%和＜0.5%。氰氟虫腙在体内快速分布并广泛代谢。组织、脂肪或肝内的残留水平最高，其次是肾脏和血/血浆/肌肉。脂肪中消除 $t_{1/2}$ 1～2 周。植物：在植物代谢的研究中，棉花、番茄和白菜上最主要的残留物为母体化合物。主要的代谢物通过水解断裂形成。在绝大多数环境中，氰氟虫腙可以快速降解。在陆地和水生系统中主要的降解途径是光解。土壤对药剂有强烈的吸附性，不易迁移。有氧土壤代谢（5 种土壤）DT_{50} 36～209d（平均 128d）；大田消散 DT_{50} 4.3～27d；水中 DT_{50}＜1d；沉积系统 DT_{50}＞378d。

【参考文献】

[1] Takagi K，Ohtani T，Nishida T，et al. Hydrazinecarboxyamide derivatives，a process for production thereof and uses thereof. US 5543573.

[2] Wehle D，Forstinger K，Meudt A．Method for producing，via organometallic compounds，organic intermediate products．WO 2003033504．

[3] 彭天成．间-（三氟甲基）苯甲酸的制备方法．CN1356306．

[4] 蔡国荣，姜宝仪，陈旻．3-三氟甲基苯甲酸的制备方法．CN101066917．

[5] Kokatam C S R，Chimmiri A N，Kumar P，et al．Method for production of 4-substituted-1-(trifluoromethoxy)benzene compounds．WO2016125185．

[6] Qiao Z，Fu W，Zhang Y C，et al．Azobenzene-semicarbazone enables optical control of insect sodium channels and behavior．J Agric Food Chem，2021，69（51）：15554-15561．

[7] Lee S，Ko R，Lee K，et al．Dissipation patterns of acrinathrin and metaflumizone in Aster scaber．Appl Biol Chem，2022，65（1）：14．

3.12 线粒体复合物Ⅱ电子运输抑制剂

3.12.1 β-酮腈类

3.12.1.1 丁氟螨酯 cyflumetofen

【商品名称】 Danisaraba，金满枝

【化学名称】 2-甲氧乙基(*R,S*)-2-(4-叔丁基苯基)-2-氰基-3-氧代-3-(2-三氟甲基苯基)丙酸酯

IUPAC 名：2-methoxyethyl(*R,S*)-2-(4-*tert*-butylphenyl)-2-cyano-3-oxo-3-(2-trifluoromethylphenyl)propanoate

CAS 名：2-methoxyethyl *α*-cyano-*α*-[4-(1,1-dimethylethyl)phenyl]-*β*-oxo-2-(trifluoromethyl) benzenepropanoate

【化学结构式】

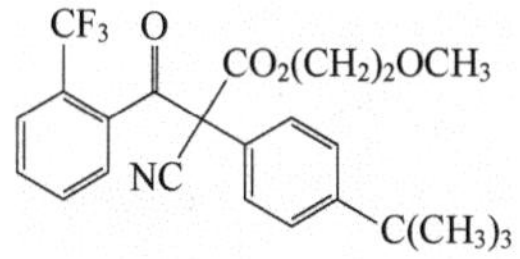

【分子式】$C_{24}H_{24}F_3NO_4$

【分子量】447.45

【CAS 登录号】400882-07-7

【理化性质】纯品为白色固体；熔点 77.9～81.7℃，沸点 269.2℃（2.2kPa）；蒸气压（25℃）＜5.9×10^{-3}mPa；K_{ow}lg$P$ 4.3；密度（20℃）1.229g/cm^3；水中溶解度（20℃）0.0281mg/L（pH7）；有机溶剂中溶解度（20℃）：己烷 5.23g/L，乙酸乙酯＞500g/L，甲醇 99.9g/L，甲苯＞500g/L，二氯甲烷＞500g/L，丙酮＞500g/L；弱酸环境下稳定，水中 DT_{50}（25℃）：9d（pH4）、5h（pH7）、12min（pH9）。

【研制和开发公司】由日本 Otsuka Chemical（大塚化学株式会社）开发

【上市国家和年份】日本，2007 年

【合成路线】[1]

路线 1：

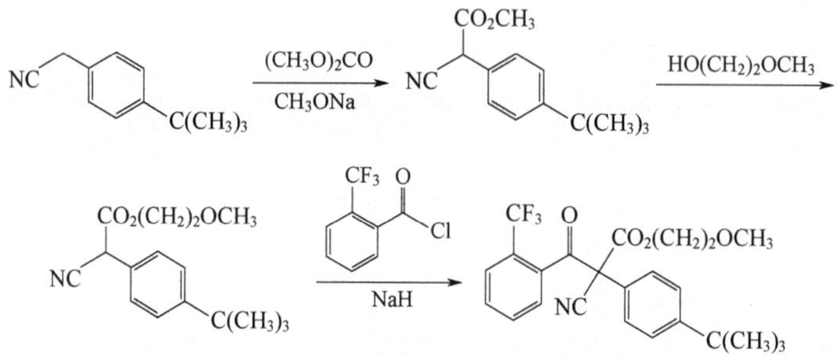

路线 2：

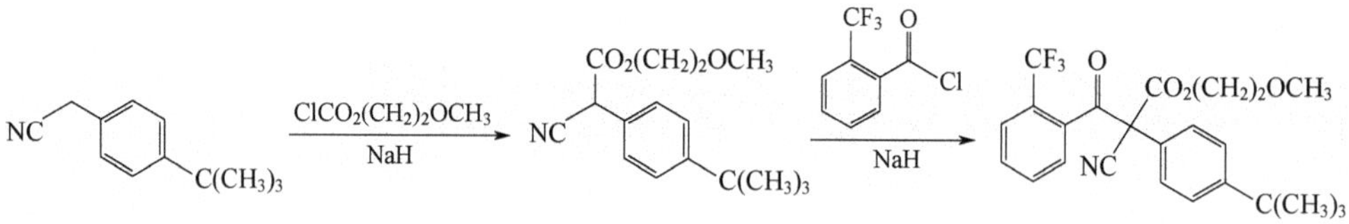

中间体 1[2,3]：

方法 1：

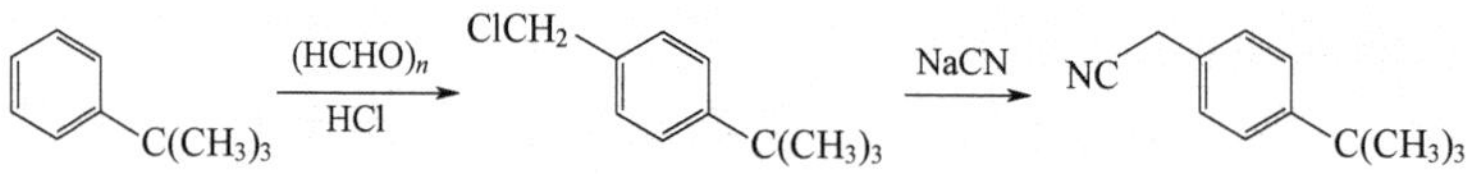

方法 2：

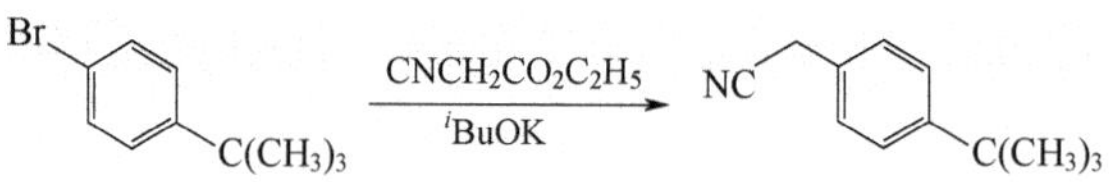

方法 3：

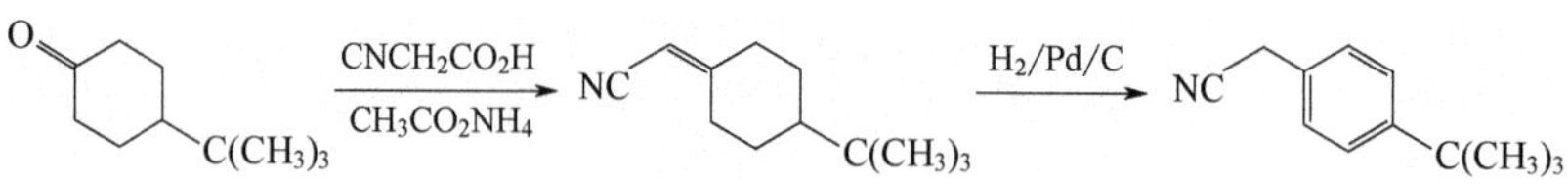

中间体 2[4-6]：

方法 1：

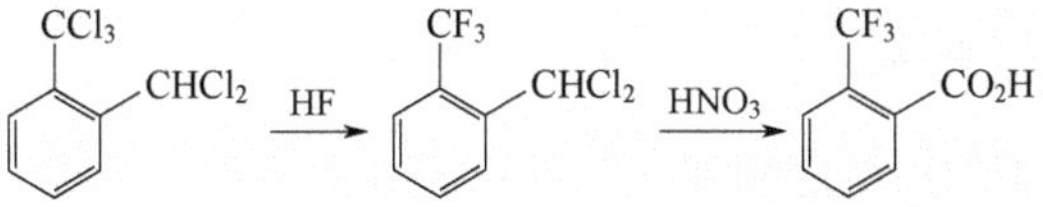

方法 2：

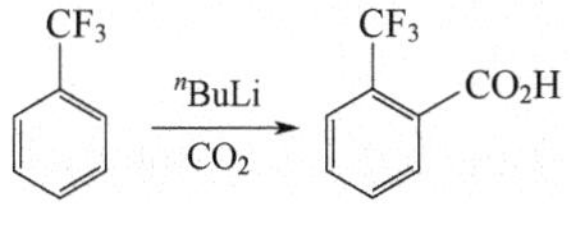

方法 3：

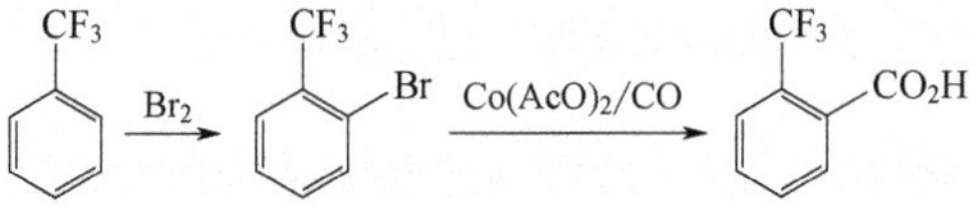

【哺乳动物毒性】雌性大鼠急性经口 LD_{50}＞2000mg/kg，大鼠急性经皮 LD_{50}＞5000mg/kg；兔眼睛和皮肤无刺激，对豚鼠皮肤致敏；大鼠吸入 LC_{50}＞2.65mg/L；NOEL：大鼠 500mg/kg 饲料，狗 30mg/(kg·d)；无致畸性（大鼠和兔），无致癌性（大鼠），无生殖毒性（大鼠和小鼠），无致突变（Ames 试验、染色体畸变、微核试验）；ADI0.092mg/kg。

【生态毒性】鹌鹑急性经口 LD_{50}＞2000mg/kg，鹌鹑饲喂 LC_{50}（5d）＞5000mg/kg。LC_{50}（96h）：鲤鱼＞0.54mg/L，虹鳟＞0.63mg/L。水蚤 EC_{50}（48h）＞0.063mg/L。藻类 E_bC_{50}（72h）＞0.037mg/L。蜜蜂经口 LD_{50}＞591μg（制剂）/只。蚯蚓 LC_{50}（14d）＞1020mg/kg（土）。5mg/50g 饲料对蚕无影响。

【作用机理】丁氟螨酯为非内吸性杀螨剂，主要作用方式为触杀。其通过接触进入虫体内后，能够在螨虫体内通过代谢产生极具活性作用的物质 AB-1(4-(1,1-Dimethylethyl)-*α*-[hydroxy[2-(trifluoromethyl)phenyl]methylene]benzeneacetonitril)。试验结果表明，AB-1 对二斑叶螨线粒体复合体具有强烈的抑制作用，其 IC_{50} 为 6.55×10^{-6}。随着丁氟螨酯在螨虫体内不断被代谢为 AB-1，AB-1 浓度不断上升，螨虫的呼吸作用愈来愈受到抑制。最终达到防治效果；由此推断，丁氟螨酯的主要作用机制为抑制螨类线粒体的呼吸作用。

【分析方法】高效液相色谱-紫外（HPLC-UV），气相色谱-质谱（GC-MS）

【制剂】可分散液剂（DC），悬浮剂（SC）

【应用】用途：防治果树、浆果树、蔬菜、茶树和观赏植物的全爪螨、四爪螨。不能与碱性药剂混合使用。

【代谢】由于丁氟螨酯在土壤和水中降解后快速代谢。所以对环境（包括水和土壤）影响非常小。土壤/环境：在土壤中 DT_{50} 0.8～1.4d。

【参考文献】

[1] Takahashi N，Gotoda S，Ishii N，et al．Antifertility agent，controlling mites．US6899886．

[2] 陈国良，茅晓晖，郑建霖，等．一种对叔丁基苯乙腈的制备方法．CN104725270．

[3] 杨朝晖，付洪信，王玲．杀螨剂丁氟螨酯中间体对叔丁基苯乙腈的合成方法．CN109053491．

[4] 崔丽艳，肖玉岭，夏凯．一种邻间对-三氟甲基苯甲酸合成方法．CN107417518．

[5] 付立民，贾铁成，刘广生，等．一种 2-三氟甲基苯甲酸的制备方法．CN103274929．

[6] Boyarskii V P, Zhesko T E, Lanina S A. Synthesis of aromatic carboxylic acids by carbonylation of aryl Halides in the presence of epoxide-modified cobalt carbonyls as catalysts. Russ J Appl Chem, 2005, 78（11）: 1844-1848.

3.12.2 吡唑甲酰胺类

3.12.2.1 吡唑酰苯胺 pyflubumide

【商品名称】Dani-kong

【化学名称】1,3,5-三甲基-*N*-(2-甲基-1-氧代丙基)-3′ (2-甲基丙基)-4′-[2,2,2-三氟-1-甲氧基1-(三氟甲基)乙基]-1*H*-吡唑-4-甲酰苯胺

IUPAC 名：1,3,5-trimethyl-*N*-(2-methyl-1-oxopropyl)-3′-(2-methylpropyl)-4′-[2,2,2-trifluoro-1-methoxy-1-(trifluoromethyl)ethyl]-1*H*-pyrazole-4-carboxanilide

CAS 名：1,3,5-trimethyl-*N*-(2-methyl-1-oxopropyl)-*N*-[3′-(2-methylpropyl)-4′-[2,2,2-trifluoro-1-methoxy-1-(trifluoromethyl)ethyl]phenyl-1*H*-pyrazole-4-carboxamide

【化学结构式】

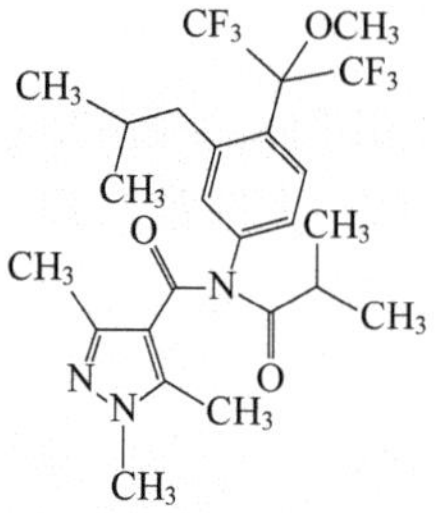

【分子式】$C_{25}H_{31}F_6N_3O_3$

【分子量】535.53

【CAS 登录号】926914-55-8

【理化性质】熔点 86℃；$K_{ow}\lg P$（25℃）5.34；水中溶解度（20℃）0.27mg/L。

【研制和开发公司】Nihon Nohyaku Co., Ltd.（日本农药株式会社）

【上市国家和年份】日本，2015 年

【合成路线】[1,2]

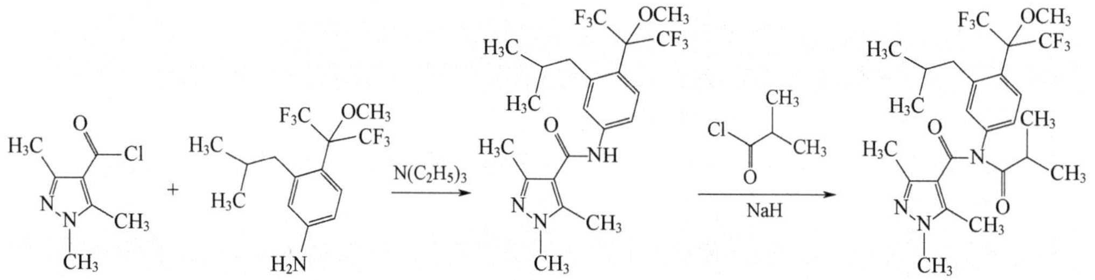

中间体合成：

中间体 1：

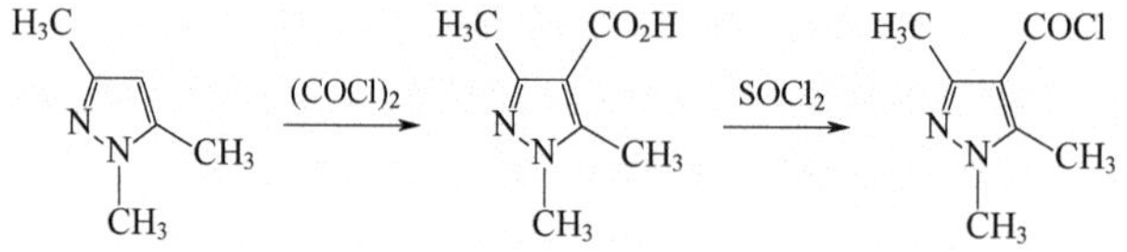

中间体 2：

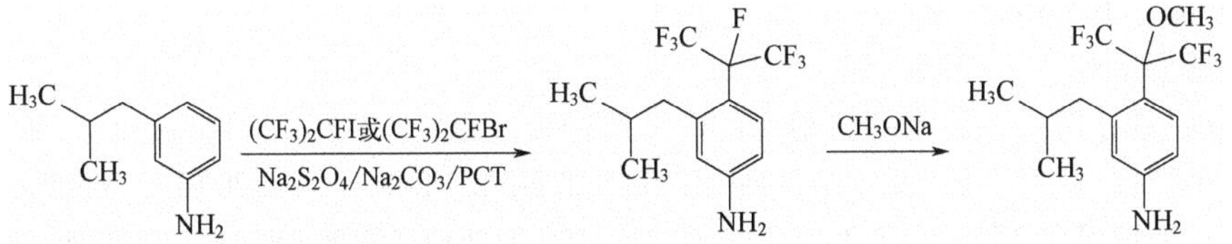

【哺乳动物毒性】[3,4]雌大鼠急性经口 LD_{50}＞2000mg/kg；对兔皮肤无刺激作用；Ames 阴性。

【生态毒性】鲤鱼 LC_{50}（96h）0.66mg/L。

【作用机理】线粒体复合物Ⅱ电子运输抑制剂

【分析方法】高效液相色谱-紫外（HPLC-UV）

【应用】防治果树二斑叶螨和红蜘蛛等。

【参考文献】

[1] Furuya T，Kanno H，Machiya K，et al．Preparation of pyrazolecarboxylic acids and substituted pyrazolecarboxylic acid anilide derivatives as agricultural and horticultural pesticides or acaricides．WO2007020986．

[2] Furuya T，Suwa A，Nakano M，et al．Synthesis and biological activity of a novel acaricide，pyflubumide．J Pestic Sci（Tokyo，Jpn），2015，40（2）：38-43．

[3] Njiru C，Saalwaechter C，Gutbrod O，et al．A H258Y mutation in subunit B of the succinate dehydrogenase complex of the spider mite tetranychus urticae confers resistance to cyenopyrafen and pyflubumide，but likely reinforces cyflumetofen binding and toxicity．Insect Biochem Mol Biol，2022，144：103761．

[4] Furuya T，Nakano M，Suwa A，et al．Synthesis and biological activity of a novel acaricide，pyflubumide．ACS Symp Ser，2015，1204：379-389．

3.13 线粒体复合物Ⅲ电子运输抑制剂

3.13.1 喹啉类

3.13.1.1 氟虫碳酸酯 flometoquin

【商品名称】Finesave

【化学名称】3,7-二甲基-2-乙基-6-[4-(三氟甲氧基)苯氧基]喹啉-4-基碳酸甲酯

IUPAC 名：2-ethyl-3,7-dimethyl-6-[4-(trifluoromethoxy)phenoxy]-4-quinolylmethylcarbonate

CAS 名：2-ethyl-3,7-dimethyl-6-[4-(trifluoromethoxy)phenoxy]-4-quinolinylmethylcarbonate

【化学结构式】

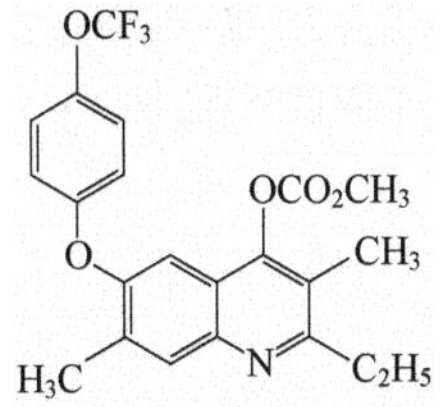

【分子式】$C_{22}H_{20}F_3NO_5$

【分子量】435.40

【CAS 登录号】875775-74-9

【理化性质】纯品为白色疏松粉末，略带芳香味，密度（21℃）$0.304g/cm^3$；熔点 116.6～118.3℃；蒸气压（25℃）9.04×10^{-9}Pa；沸点（2.23kPa）248.1℃，270℃左右分解（100.1～101.4kPa）；溶解度（20℃）：水 1.203×10^{-5}g/L，正己烷 11.1g/L，甲苯 283g/L，二氯甲烷＞500g/L，丙酮 373g/L，甲醇 33.7g/L，乙酸乙酯 297g/L；$K_{ow}\lg P$ 5.41；水解半衰期：DT_{50}（pH4，25℃）2.0d，DT_{50}（pH7，25℃）11d，DT_{50}（pH9，25℃）2.1d；水中光解半衰期 DT_{50} 0.46～0.47d（25℃）。

【研制和开发公司】由 Mei ji Seika Kaisha，Ltd（日本明治制药株式会社）与 Nippon Kayaku Co.，Ltd.（日本化药株式会社）联合开发

【上市国家和年份】日本，2018 年

【合成路线】[1-3]

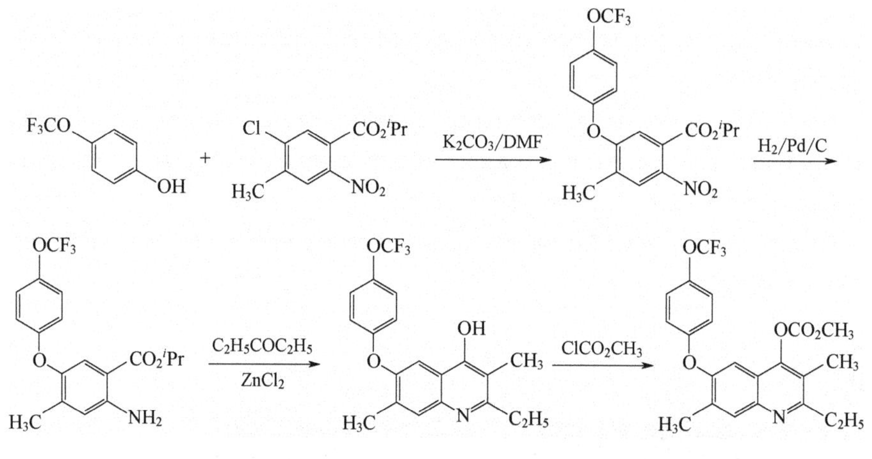

【哺乳动物毒性】Flometoquin 对雌性大鼠急性经口毒性 LD_{50} 50～300mg/kg；大鼠急性经皮毒性 LD_{50} 933mg/kg；大鼠急性吸入毒性：雄鼠 LC_{50} 0.67mg/L；雌鼠 LC_{50} 0.93mg/L；对兔眼睛有刺激性，对兔皮肤无刺激性，对豚鼠皮肤有较强致敏性；每日允许摄入量（ADI）为 0.008mg/kg，急性参考剂量（ARfD）0.044mg/kg。

【生态毒性】日本鹌鹑急性经口 LD_{50} 1630mg/kg；鲤鱼 LC_{50}（96h）＞20μg/L；绿藻 E_rC_{50}（72 h）＞6.3μg/L；大型蚤 EC_{50}（48h）0.23μg/L；淡水虾 LC_{50}（6h）＞15μg/L；淡水钩虾 LC_{50}（96 h）0.65μg/L；蜜蜂急性经口和接触 LD_{50}（48h）＞100μg/只；家蚕急性经口 LC_{100}（24h）100mg/L；Flometoquin 对丽草蛉、七星瓢虫、星豹蛛、智利小植绥螨、东亚小花蝽等有益昆虫和天敌安全，但对蚜茧蜂的毒性需要关注。

【作用机理】Flometoquin 被认为是昆虫线粒体电子传递链上的膜蛋白复合体Ⅲ（细胞色素 bc1 复合物）抑制剂，作用于线粒体内膜醌还原 Qi 位点，通过抑制电子传递和呼吸作用，阻断能量转换而最终杀死害虫。

【分析方法】高效液相色谱-紫外（HPLC-UV）

【制剂】悬浮剂（SC）

【应用】氟虫碳酸酯可用于作物的花蕾、果实和茎叶，对缨翅目害虫具有触杀和胃毒双重作用，但无内吸活性；其速效性优异，在质量浓度为 5mg/L，30min 内杀死全部的西花蓟马成虫；质量浓度为 50mg/L 时，5.5 min 内杀死一半棕榈蓟马成虫；氟虫碳酸酯持效期长，约 14～20d；氟虫碳酸酯可用于蔬菜、水果、谷物、茶叶和花卉，对缨翅目害虫如蓟马有特效，对半翅目、蜱螨目、膜翅目和鳞翅目类害虫也具有较高活性。

【参考文献】

[1] Yamamoto K，Horikoshi R，Oyama K，et al. Preparation of quinoline derivatives as insecticides，acaricides，and nematocides. WO2006013896.

[2] Kato Y，Shimano S，Morikawa A，et al. Process for preparation of 6-aryloxyquinoline derivatives and intermediates thereof. WO 2010007964.

[3] Tanigakiuchi K，Sekiguchi M，Hotta H，et al. Stable crystal form of 2-ethyl-3,7-dimethyl-6-[4-(trifluoromethoxy)phenoxy] quinoline-4-ylmethyl carbonate，method of manufacturing same and agricultural chemical composition containing crystals of same. WO2011105349.

3.13.1.2 氟蚁腙 hydramethylnon

【商品名称】Amdro PRO，Combat，Siege Gel

【化学名称】5,5-二甲基全氢嘧啶-2-酮-4-三氟甲基-*a*-(4-三氟甲基苯乙烯基)亚肉桂基腙

IUPAC 名：5,5-dimethylperhydropyrimidin-2-one-4-trifluoromethyl-*a*-(4-trifluoromethylstyryl) cinnamylidenehydrazone

CAS 名：tetrahydro-5,5-dimethyl-2(1*H*)-pyrimidinone[3-[4-(trifluoromethyl)phenyl]-1-[2-[4-(trifluoromethyl)phenyl]ethenyl]-2-propenylidene]hydrazone

【化学结构式】

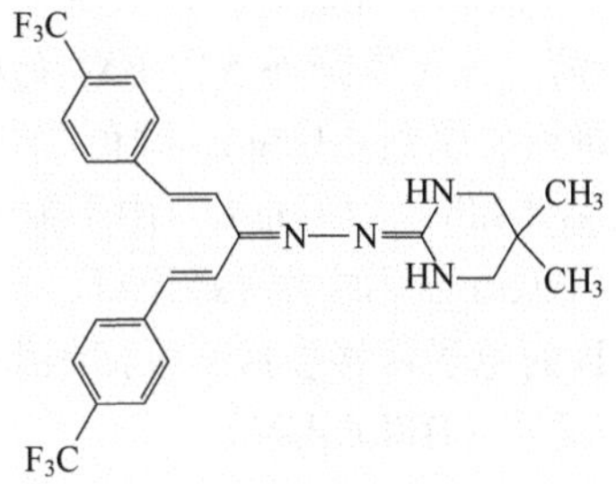

【分子式】$C_{25}H_{24}F_6N_4$

【分子量】494.49

【CAS 登录号】67485-29-4

【理化性质】原药（纯度≥95%）为黄色至橙色晶体，熔点 185～190℃；蒸气压 0.0027mPa（25℃）；水中溶解度（25℃）0.005～0.007mg/L，有机溶剂中溶解度（20℃）：丙酮 360g/L，氯苯 390g/L，1,2-二氯乙烷 170g/L，乙醇 72g/L，甲醇 230g/L，异丙醇 12g/L，二甲苯 94g/L；原药在原装容器中，25℃稳定 2 年，45℃下稳定 90d，日光下降解 DT_{50} 约 1h；氟蚁腙水悬浮液对水解稳定，DT_{50} 24～33d（pH4.9）、10～11d（pH7）、11～12d（pH8.87）；在土壤中分解 DT_{50} 约 6d。

【研制和开发公司】由美国 American Cyanamid（美国氰胺公司）[现为 BASF（德国巴斯夫）公司开发

【上市国家和年份】美国，1980 年

【用途类别】卫生害虫杀虫剂

【合成路线】[1-3]

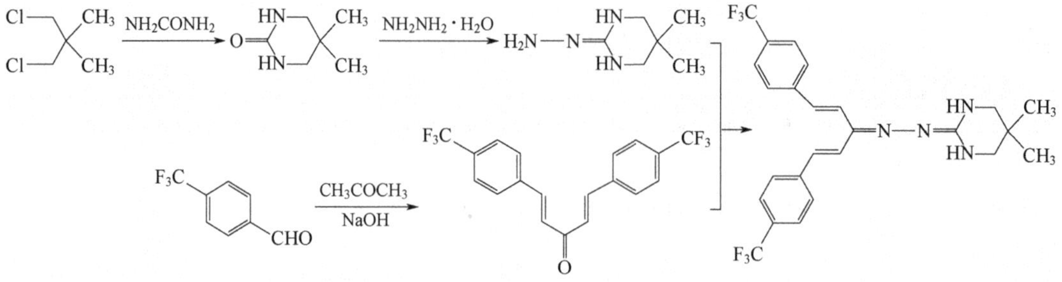

中间体[4]：

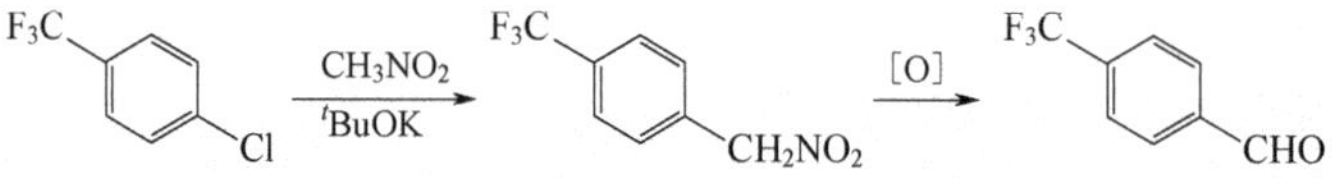

【哺乳动物毒性】急性经口 LD_{50}：雄大鼠 1131mg（原药）/kg，雌大鼠 1300mg/kg，兔急性经皮 LD_{50}＞5000mg/kg。对兔或豚鼠皮肤无刺激，对兔眼睛有刺激，对豚鼠皮肤无致敏性。大鼠急性吸入 LC_{50}（4h）＞5mg/L 空气（粉剂气雾剂）。NOEL：大鼠（28d）75mg/kg 饲料，大鼠（90d）50mg/kg（饲料），大鼠（2 年）50mg/kg 饲料，小鼠（18 个月）25mg/kg，小猎犬（90d）3mg/(kg·d)，小猎犬（180d）3mg/(kg·d)。在标准试验中，鼠兔无致畸和胚胎毒性。ADI/RfD（EPA）0.01mg/kg[1998]。毒性等级：Ⅲ。

【生态毒性】野鸭急性经口 LD_{50}＞2510mg/kg，北美鹌鹑急性经口 LD_{50}＞1828mg/kg。因在水中溶解度低，且见光快速分解，在正常野外条件下对鱼无毒，鱼毒 LC_{50}（96h）：蓝鳃翻车鱼 1.70mg/L，虹鳟 0.16mg/L，斑点叉尾回 0.1mg/L，鲤鱼（24h、48h 和 72h）分别为 0.67mg/L、0.39mg/L 和 0.34mg/L。水蚤 LC_{50}（48h）1.14mg/L。由于氟蚁腙在水中的溶解性很差，预计在田间条件下没有危害。粉尘在 0.03mg/只时对蜜蜂无毒。

【作用机理】线粒体复合物Ⅲ的电子转移被抑制可抑制细胞呼吸。

【分析方法】高效液相色谱-紫外（HPLC-UV）

【制剂】糊剂（PA），毒饵（RB）

【应用】[5] 作用方式：具有胃毒作用的非内吸性杀虫剂。用途：选择性地用于防治农业蚁和家蚁（尤其是弓背蚁属、虹臭蚁属、小家蚁属、火蚁属、农蚁属以及黑褐大头蚁），是姬蠊科（尤其是蠊属、小蠊属、大蠊属以及夏柏拉蟑螂属）的诱饵。由于作用缓慢，可以被工蚁带到巢穴里杀死蚁后，使用浓度 16g/hm^2。未发现有药害。

【代谢】动物：大鼠经口摄入后迅速排泄到尿液和粪便中，在山羊（每日 0.2mg/kg 饲料，饲喂 8d）乳汁和组织中没有检测到任何残留物。奶牛（0.05mg/kg 持续 21d）乳汁和组织中无残留。植物：使用 4 个月后杂草中的残余＜0.01mg/L。对种植的萝卜、大麦和法国豆土壤施药，3 个月后发现残留可忽略。土壤/环境：见光迅速分解 DT_{50}＜1h，砂质土壤中 DT_{50} 约 7d，混合到砂质土壤中 DT_{50} 约 28d。饵剂在日光下迅速分解。无迁移和渗滤，低生物富集作用。

【参考文献】

[1] Lovell J B．Pentadienone hydrazones as insecticides．US4087525．

[2] Drabb T W. Acylated pentadienone hydrazone as fire ant control agents. US4152436.
[3] 范恩荣，高荣明，高勤伟. 一种氟蚁腙的合成工艺. CN105481776.
[4] 全春生，陈明，臧阳陵，等. 一种对三氟甲基苯甲醛的制备方法. CN105418391.
[5] Oi D H，Oi F M. Speed of efficacy and delayed toxicity characteristics of fast-acting fire ant（Hymenoptera：Formicidae）baits. J Econ Entomol，2006，99（5）：1739-1748.

3.14 钙激活钾通道调节剂

3.14.1 氮杂双环类

3.14.1.1 acynonapyr

【商品名称】Danyote

【化学名称】3-内-[2-丙氧基-4-(三氟甲基)苯氧基]-9-[5-(三氟甲基)吡啶-2-基氧基]-9-氮杂双环[3.3.1]壬烷

IUPAC 名：3-endo-[2-propoxy-4-(trifluoromethyl)phenoxy]-9-{[5-(trifluoromethyl)-2-pyridyl]oxy} -9-azabicyclo[3.3.1]nonane

CAS 名：3-endo-[2-propoxy-4-(trifluoromethyl)phenoxy]-9-{[5-(trifluoromethyl)-2-pyridyl]oxy}-9-azabicyclo[3.3.1]nonane

【化学结构式】

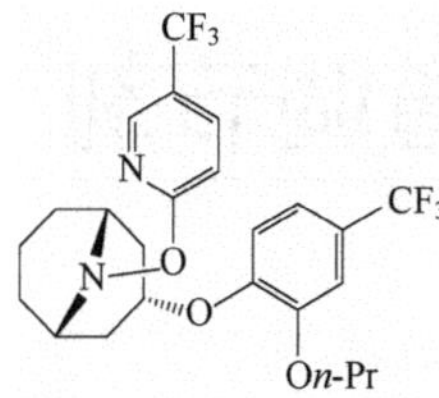

【分子式】$C_{24}H_{26}F_6N_2O_3$

【分子量】504.47

【CAS 登录号】1332838-17-1

【理化性质】原药为浅黄色粉末，略有芳香气味，熔点 77.2～78.8℃，165℃以上分解；蒸气压（30℃）＜8.3×10^{-8}Pa；密度（20℃）1.5g/cm^3；$K_{ow}\lg P$（25℃）6.5；水中溶解度（pH6.0～6.5）：1.89μg/L（10℃），0.889μg/L（20℃），3.57μg/L（30℃）。

【研制和开发公司】日本 Nippon Soda Co.，Ltd.（日本曹达株式会社）

【上市国家和年份】日本，2019 年

【用途类别】杀螨剂

【合成路线】[1,2]

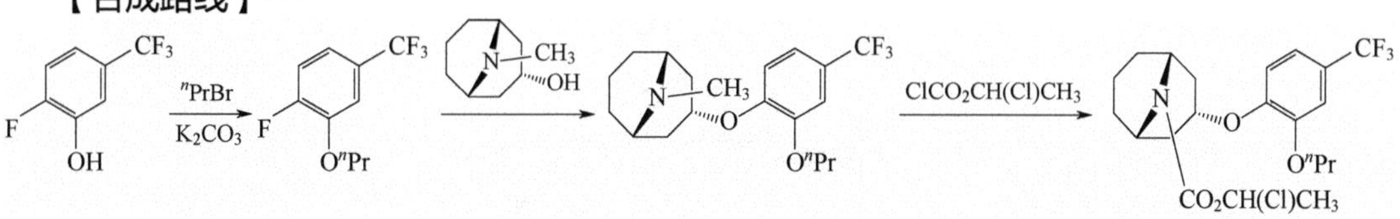

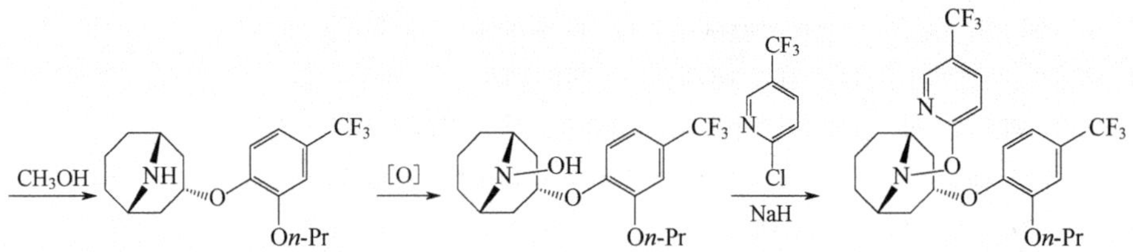

【哺乳动物毒性】原药对大鼠急性经口 LD_{50}>2000mg/kg，急性经皮 LD_{50}>2000mg/kg；急性吸入 LC_{50}>4.79mg/L；对兔眼睛有轻微刺激性，48h 后消失，对兔皮肤无刺激性，对豚鼠皮肤无致敏性。

【生态毒性】鲤鱼 LC_{50}（96h）>70μg/L，蓝鳃翻车鱼 LC_{50}（96h）>41.8μg/L，虹鳟 LC_{50}（96h）>20.5μg/L；大型蚤 EC_{50}（48h）28μg/L；摇蚊 EC_{50}（48h）>16μg/L；羊角月牙藻 E_rC_{50}（72h）>2.7μg/L；对有益昆虫、螨类天敌安全。

【作用机理】抑制性谷氨酸受体，干扰害螨的神经传递，导致害螨行动失调，最终杀灭害螨。

【分析方法】高效液相色谱-紫外（HPLC-UV）

【制剂】可湿性粉剂（SP）、悬浮剂（SC）和乳油（EC）

【应用】叶面喷雾施用，用于防治蔬菜、果树及茶树害螨。

【参考文献】

[1] Hamamoto I，Koizumi K，Kawaguchi M，et al．Preparation of cyclic amine compounds as miticides．WO2011105506．

[2] Hamamoto I，Takahashi J，Yano M，et al．Preparation of *N*-(2-pyridyl)cyclic amine derivatives as pest control agents．WO 2005095380．

3.15 弦音器 TRPV 通道调节剂

3.15.1 喹唑啉类

3.15.1.1 吡氟喹虫 pyrifluquinazon

【商品名称】Colt

【化学名称】1-乙酰基-1,2,3,4-四氢-3-[(3-吡啶基甲基)氨基]-6-[1,2,2,2-四氟-1-(三氟甲基)乙]喹唑啉-2-酮

IUPAC 名：1-acetyl-1,2,3,4-tetrahydro-3-[(3-pyridylmethyl)amino]-6-[1,2,2,2-tetrafluoro-1-(trifluoromethyl)ethyl]quinazolin-2-one

CAS 名：1-acetyl-3,4-dihydro-3-[(3-pyridinylmethyl)amino]-6-[1,2,2,2-tetrafluoro-1-(trifluoromethyl)ethyl]-2(1*H*)-quinazolinone

【化学结构式】

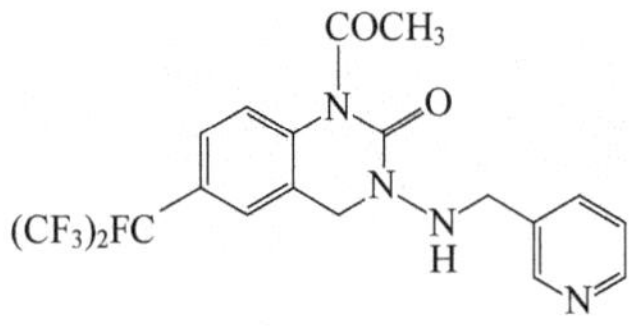

【分子式】$C_{19}H_{15}F_7N_4O_2$

【分子量】464.34

【CAS 登录号】337458-27-2

【理化性质】纯品为白色粉末，熔点 138～139℃；蒸气压（20℃）51mPa；密度（20℃）1.56g/cm^3；K_{ow}lg$P$（25℃）3.12；水中溶解（20℃）0.0121g/L，有机溶剂中溶解度（20℃）：庚烷 0.215g/L，甲醇 111g/L，正己烷 0.038g/L，二甲苯 20.2g/L，乙酸乙酯 170g/L；光照下稳定，碱性下快速水解 DT_{50} 34.9d（pH7），DT_{50} 0.78d（pH9）。

【研制和开发公司】由 Nihon Nohyaku（日本农药株式会社）开发

【上市国家和年份】日本，2010 年

【合成路线】[1-4]

路线 1：

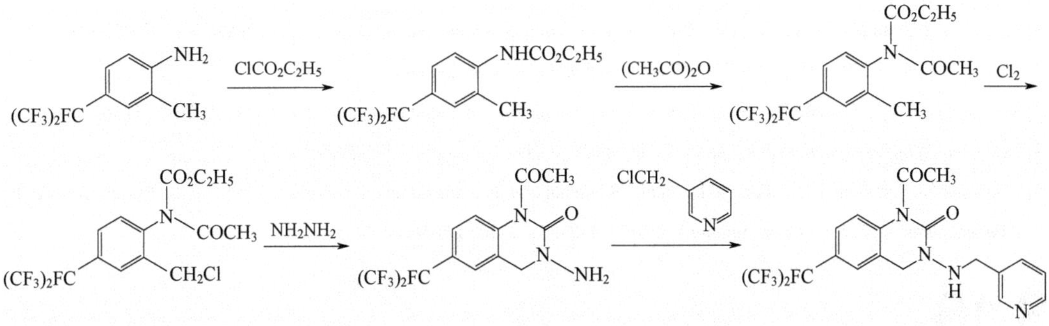

路线 2：

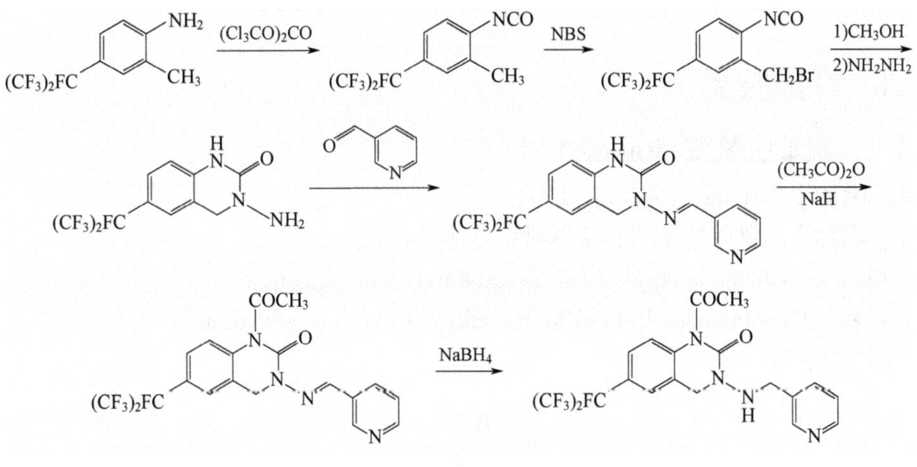

中间体合成参见“氟虫双酰胺 flubendiamide”。

【哺乳动物毒性】雌大鼠急性经口 LD_{50} 300～2000mg/kg，雌、雄大鼠急性经皮 LD_{50}＞2000mg/kg；对兔眼睛和皮肤无刺激；大鼠吸入 LC_{50}（4h，暴露）1.2～2.4mg/L；ADI/RfD（FSC）0.005mg/(kg • d)[2010]。

【生态毒性】[5]山齿鹑急性经口 LD_{50} 1360mg/kg。急性 LC_{50}（96h）：鲤鱼 4.4mg/L；水蚤 EC_{50}（48h）0.0027mg/L。藻类 E_rC_{50}（0～72h）11.8mg/L；蜜蜂（接触）LD_{50}＞100μg/只。

【作用机理】被杀虫剂抗药性行动委员会归类为 Group 9B 杀虫剂，广谱防控刺吸式和吮吸式害虫，其作用机理是使害虫停止取食进而饿死，该产品能防止植物组织遭受更多的损害，同时限制一些重要病害的传播。

【分析方法】高效液相色谱-紫外（HPLC-UV），气相色谱-质谱（GC-MS）

【制剂】水分散剂（WG）

【应用】作用方式：通过接触和摄入起作用，叶面施用后显示有传导作用。麻痹昆虫，使其停止取食。用途：主要在日本用于果树、茶树和蔬菜，防治半翅目和缨翅目害虫，使用剂量 25～100g/m^3。不能与碱性药剂混用。

【代谢】动物：在动物体内脱乙酰化后又通过一系列代谢反应而快速代谢。植物：在植物体内脱乙酰化后又通过一系列代谢反应而快速代谢。土壤/环境：在土壤中脱乙酰化后又通过一系列代谢反应而快速代谢，DT_{50} 1.5～18.5d。

【参考文献】

[1] Sanpei O，Uehara M，Niino N．et al．Preparation of 3-amino-2-quinazolinone derivatives as pesticides．WO2004099184.

[2] 刘鹏，吴远明，王宇，等．一种吡啶喹唑啉的制备方法．CN111704604.

[3] Kodama H，Sanpei O，Abe N．et al．Process for preparation of iminoquinazolinone derivatives．WO2005123695.

[4] Onishi M，Yoshiura A，Kohno E，et al．Perfluoroalkylaniline derivatives．EP1380568.

[5] Wilson J M，Anderson T D，Kuhar T P，et al．Sublethal effects of the insecticide pyrifluquinazon on the European honey bee (Hymenoptera：*Apidae*)．J Econ Entomol，2019，112（3）：1050-1054.

3.16 烟酰胺酶抑制剂

3.16.1 烟酰胺类

3.16.1.1 氟啶虫酰胺 flonicamid

【商品名称】Carbine，Teppeki，Ulala

【化学名称】*N*-氰甲基-4-三氟甲基吡啶-3-基甲酰胺

IUPAC 名：*N*-(cyanomethyl)-4-(trifluoromethyl)-3-nicotinamide

CAS 名：*N*-(cyanomethyl)-4-(trifluoromethyl)-3-pyridinecarboxamide

【化学结构式】

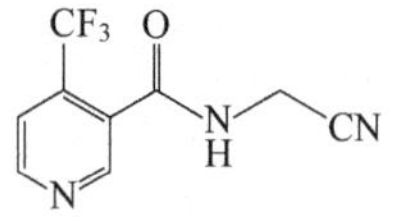

【分子式】$C_9H_6F_3N_3O$

【分子量】229.16

【CAS 登录号】158062-67-0

【理化性质】白色无味结晶粉末，熔点 157.5℃；蒸气压（25℃）2.55×10^{-3}mPa；K_{ow}lg$P$ 0.3；

密度(20℃)1.531g/cm^3；水中溶解度(20℃)5.2g/L，有机溶剂中溶解度(20℃)：己烷 0.0002g/L，正辛醇 3.0g/L，乙酸乙酯 33.9g/L，甲醇 110.6g/L，乙腈 146.1g/L，甲苯 0.55g/L，异丙醇 15.7g/L，二氯甲烷 4.5g/L，丙酮 186.7g/L；对光、热、水解稳定；pK_a 11.6。

【研制和开发公司】日本 Ishihara Sangyo Kaisha. Ltd（日本石原产业株式会社）发现

【上市国家和年份】日本，2005 年

【合成路线】[1-4]

方法 1：

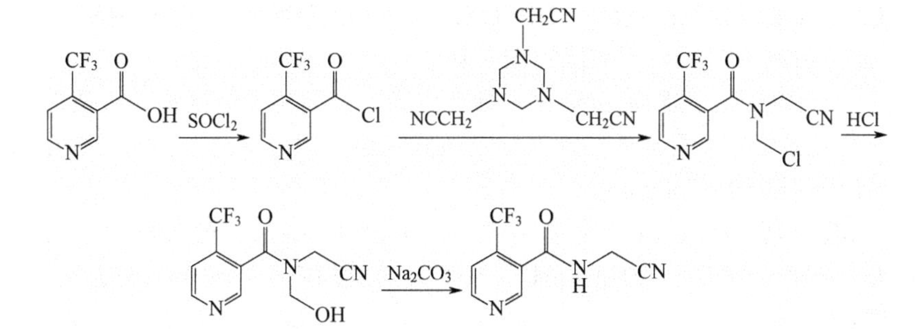

方法 2：

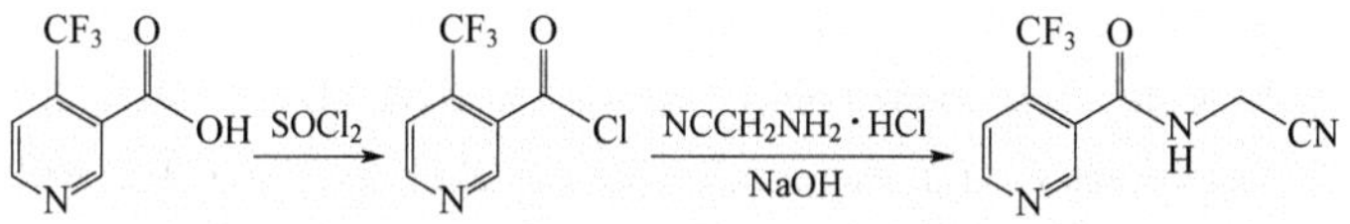

中间体[5-7]：

方法 1：

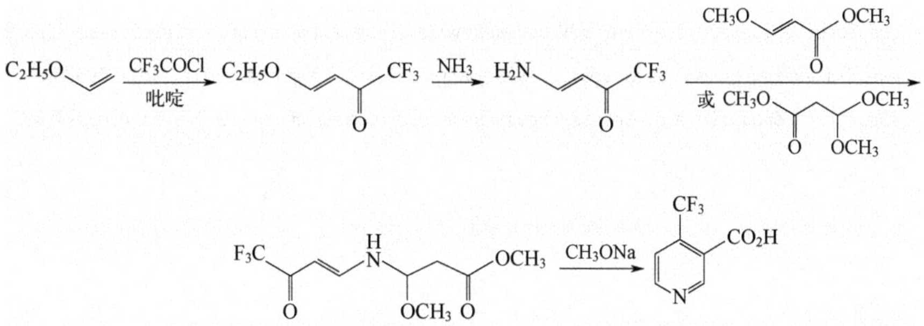

方法 2：

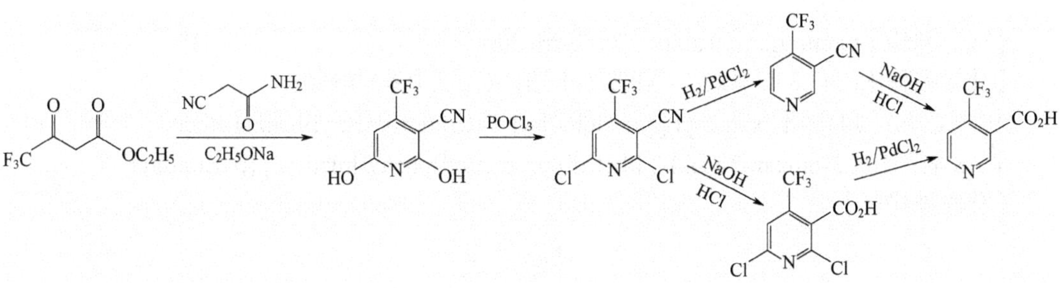

【哺乳动物毒性】雄雌急性经口 LD_{50} 884mg/kg，雌大鼠急性经口 LD_{50} 1768mg/kg，大鼠

急性经皮 LD_{50}>5000mg/kg；兔眼睛和皮肤无刺激，对豚鼠皮肤无致敏；雌雄大鼠吸入 LC_{50}（4h）>4.9mg/L；NOEL（2 年）大鼠 7.32mg/(kg·d)；Ames 试验为阴性；ADI/RfD（FSC）0.073mg/kg[2006]。

【生态毒性】雌雄鹌鹑急性经口 LD_{50}>2000mg/kg；鹌鹑饲喂 LC_{50}>5000mg/kg（饲料）；虹鳟和鲤鱼 LC_{50}（96h）>100mg/L；水蚤 EC_{50}（48h）>100mg/L；藻类 E_rC_{50}（96h）>100mg/L；蜜蜂经口 LD_{50}>60.5μg/只，接触 LD_{50}>100μg/只，蚯蚓 LC_{50}>1000mg/kg（土）。

【作用机理】[8] 烟酰胺酶抑制剂。

【分析方法】高效液相色谱-紫外（HPLC-UV），气相色谱-质谱（GC-MS）

【制剂】水分散剂（WG），可溶性粒剂（SG）

【应用】[7] 作用方式：抑制害虫摄食，具有内吸、层间传导活性和长持效性。用途：叶面喷施剂，选择性杀蚜剂，可有效防治其他刺吸式害虫。用于果树、谷物、棉花和蔬菜（包括马铃薯），使用剂量 50～100g/hm^2

【代谢】土壤/环境：DT_{50}（4 种土壤）0.7～1.8d（平均 1.14）。对水解稳定（pH4、5、7）。水中 DT_{50} 9.0d（pH9，50℃），204d（pH7，50℃）。光解 DT_{50}（水中）267d。

【参考文献】

[1] Toki T，Koyanagi T，Morita M，et al. Amide compoundsand their salts and pesticidal compositions containtng them. US 5360806.

[2] Ueda G，Wakabayashi T. Method for producing 4-trifluoromethylnicotinicacid or its salt. JP2007210923.

[3] Kimura T，Yoneda T，Wakabayashi T，et al. Preparation of pyridinecarbamides as pesticides. JP09323973.

[4] 陈盛，施冠成，孟海成. 一种氟啶虫酰胺及其中间体 4-三氟甲基烟酸的制备方法. CN108191749.

[5] Koyanagi T，Yoneda T，Kanamori F，et al. Preparation of 4-trifluoromethylnicotinic acid. EP744400.

[6] 邱辉强. 一种 4-三氟甲基烟酸的制备方法及设备. CN109232407.

[7] Shi D D，Luo C，Lv H X，et al. Impact of sublethal and low lethal concentrations of flonicamid on key biological traits and population growth associated genes in melon aphid，*Aphis gossypii Glover*. Crop Prot，2022，152：105863.

[8] Qiao X M，Zhang X Y，Zhou Z D，et al. An insecticide target in mechanoreceptor neurons. Sci Adv，2022，8(47)：eabq3132.

3.17 其他

3.17.1.1 苯嘧虫噁烷 benzpyrimoxan

【商品名称】Orchestra flowable，Orchestra dust

【化学名称】[5-(1,3-二噁烷-2-基)嘧啶-4-基]4-(三氧甲基)苄基醚

IUPAC 名：5-(1,3-dioxan-2-yl)pyrimidin-4-yl 4-(trifluoromethyl)benzyl ether

CAS 名：5-(1,3-dioxan-2-yl)-4-{ [4-(trifluoromethyl)phenyl]methoxy}pyrimidine

【化学结构式】

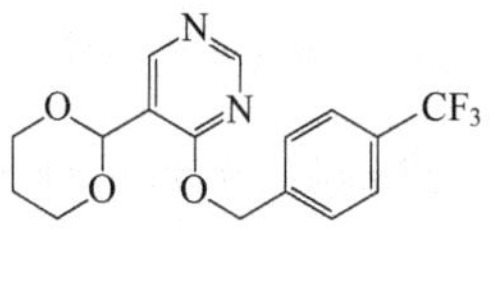

【分子式】$C_{16}H_{15}F_3N_2O_3$

【分子量】340.30

【CAS 登录号】1449021-97-9

【理化性质】淡黄白色固体，熔点 121.1℃；蒸气压（25℃）1.39×10^{-5}Pa；$K_{ow}\lg P$（25℃）3.42；水中溶解度（20℃）5.04mg/L，有机溶剂中溶解度：庚烷 1.95g/L，甲醇 27.9g/L，丙酮 114g/L，乙酸乙酯 111g/L，1,2-二氯乙烷 178 g/L，对二甲苯 55.8g/L。

【研制和开发公司】日本 Nihon Nohyaku Co.，Ltd.（日本农药株式会社）

【上市国家和年份】日本，2020 年

【合成路线】[1,2]

路线 1：

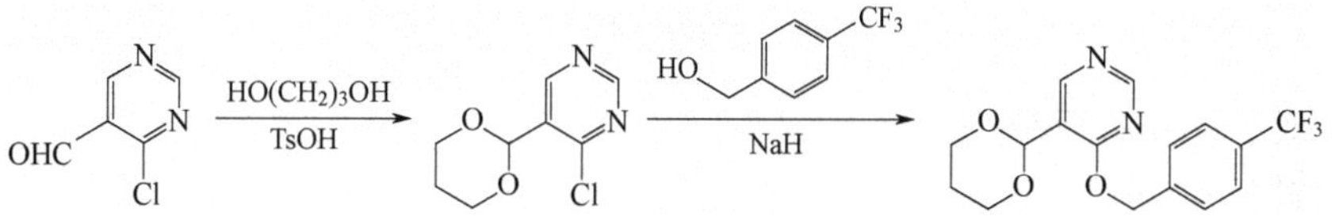

路线 2：

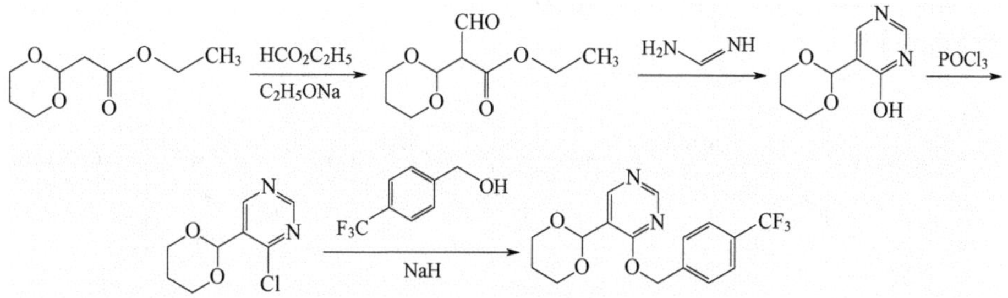

【哺乳动物毒性】雄大鼠急性经口 $LD_{50}>2000$mg/kg，雌、雄大鼠急性吸入 $LD_{50}>2000$mg/kg；Ames 试验阴性，无致突变性。

【生态毒性】鹌鹑经口 $LD_{50}>2000$mg/kg；鲤鱼 LC_{50}（96h）2.2mg/L；蜜蜂（经口/接触）LD_{50}（48 h）>100μg/只。

【作用机理】昆虫生长调节剂（insect growth regulator）。

【分析方法】气相色谱（GC）

【制剂】悬浮剂（SC）

【应用】日本和印度进行的田间试验发现，在有效成分剂量为 50～75g/hm^2 时，该剂对常规杀虫剂出现抗性的褐飞虱和白背飞虱等重要稻田飞虱的防治效果极佳。适期喷施，特别是褐飞虱卵期和 1 龄、2 龄和 3 龄若虫期，可完全控制种群增长，持效期长达 3 周以上。

【参考文献】

[1] Satoh E，Murata T，Harayama H，et al．Preparation of arylalkyloxypyrimidine derivatives as agricultural and horticultural pesticides．WO2013115391．

[2] Satoh E，Kasahara R，Fukatsu K，et al．Benzpyrimoxan：design，synthesis，and biological activity of a novel insecticide．J Pestic Sci(Tokyo，Jpn)，2021，46（1）：109-114．

3.17.1.2 氟戊螨硫醚 flupentiofenox

【化学名称】{4-氯-2-氟-5-[(*RS*)-(2,2,2-三氟乙基)亚砜]苯基}5-[(三氟甲基)硫]戊基醚

IUPAC 名：4-chloro-2-fluoro-5-[(*RS*)-(2,2,2-trifluoroethyl)sulfinyl]phenyl 5-[(trifluoromethyl)thio]pentylether

CAS 名：1-chloro-5-fluoro-2-[(2,2,2-trifluoroethyl)sulfinyl]-4-[[5-[(trifluoromethyl)thio]pentyl]-oxy]benzene

【化学结构式】

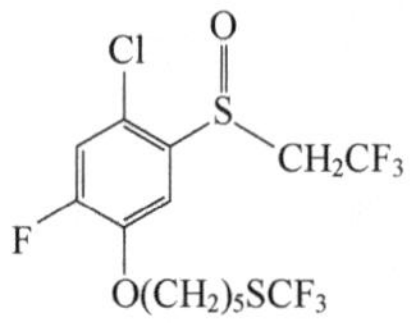

【分子式】$C_{14}H_{14}ClF_7O_2S_2$

【分子量】446.82

【CAS 登录号】1472050-04-6

【研制和开发公司】Kumiai Chemical Industry Co.，Ltd.（日本组合化学工业株式会社）

【上市国家和年份】2020 年报道，开发中

【合成路线】[1-3]

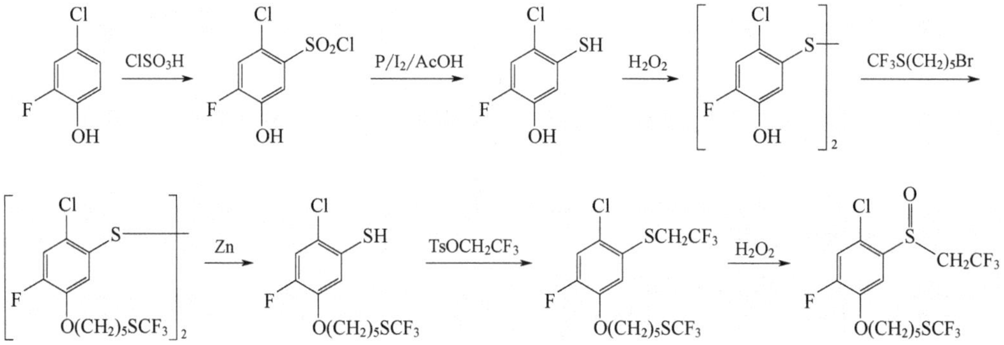

中间体合成：

$$HO(CH_2)_5Br \xrightarrow{(CH_3CO)_2O} CH_3CO_2(CH_2)_5Br \xrightarrow{KSCN} CH_3CO_2(CH_2)_5SCN \xrightarrow{(CH_3)_3SiCF_3} CH_3CO_2(CH_2)_5SCF_3 \xrightarrow{NaOH}$$

$$HO(CH_2)_5SCF_3 \xrightarrow{POBr_3} Br(CH_2)_5SCF_3$$

【用途】用于防治水果、蔬菜、水稻等作物螨害。

【参考文献】

[1] Domon K, Toriyabe K, Ogawa Y, et al. Preparation of alkylphenylsulphide derivatives as pest control agents. WO2013157229.

[2] Kawazoe K, Yoshioka K. Fluoroalkylating agents, preparation of fluoroalkylated compounds using them, benzimidazolium salts for them, and their use. WO2015199109.

[3] Yasumura S. Improved preparation of harmful-organism control agents and their intermediates in industrial scale. WO 2015122396.

3.17.1.3 氟己虫腈 fluhexafon

【化学名称】(2*RS*)-{[1(4)-*EZ*]-4-(甲氧基亚氨基)环戊基}[(3,3,3-三氟丙基)砜基]乙腈

IUPAC 名：(2*RS*)-{[1(4)-*EZ*]-4-(methoxyimino)cyclohexyl}[(3,3,3-trifluoropropyl)sulfonyl] acetonitrile

CAS 名：4-(methoxyimino)-*α*-[(3,3,3-trifluoropropyl)sulfonyl]cyclohexaneacetonitrile

【化学结构式】

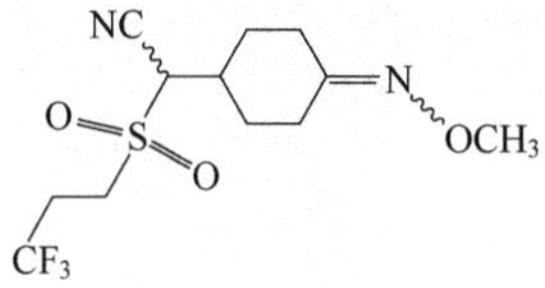

【分子式】$C_{12}H_{17}F_3N_2O_3S$

【分子量】326.33

【CAS 登录号】1097630-26-6

【研制和开发公司】日本 Sumitomo Chemical Company（日本住友化学株式会社）

【上市国家和年份】日本，开发中

【用途类别】杀虫剂

【合成路线】[1,2]

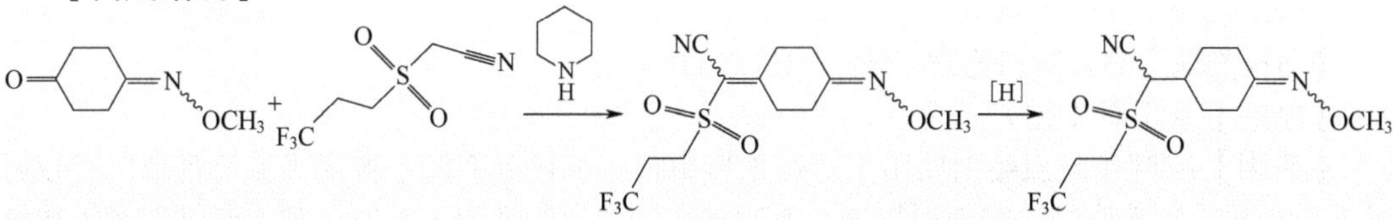

中间体合成：

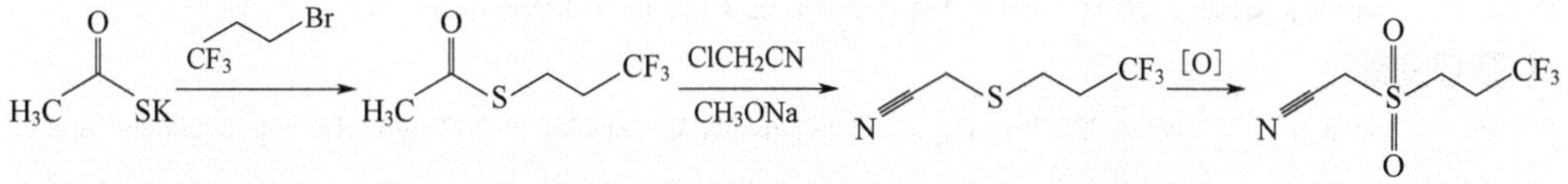

【应用】对褐飞虱、棉蚜等具有较好的防除效果。

【参考文献】

[1] Kawamura M. Process for the production of cyclohexaneacetonitrile compounds. DE102014004684.

[2] Mitsudera H. Halogen-containing organosulfur compound and their preparation and use in controlling arthropoda pest. WO 2009005110.

3.17.1.4 噁唑磺酰虫啶 oxazosulfyl

【商品名称】Alles

【化学名称】2-{5-[(三氟甲基)砜基]苯并[*d*]噁唑-2-基}-3-乙砜基吡啶

IUPAC 名：ethyl 2-{5-[(trifluoromethyl)sulfonyl]-1,3-benzoxazol-2-yl}-3-pyridylsulfone

CAS 名：2-[3-(ethylsulfonyl)-2-pyridinyl]-5-[(trifluoromethyl)sulfonyl]benzoxazole

【化学结构式】

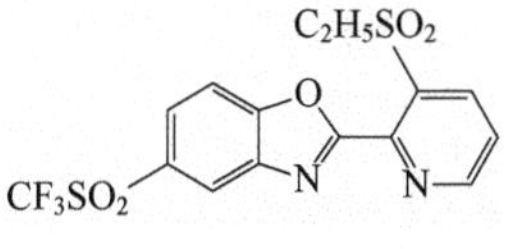

【分子式】$C_{15}H_{11}F_3N_2O_5S_2$

【分子量】420.38

【CAS 登录号】1616678-32-0

【研制和开发公司】日本 Sumitomo Chemical Co.，Ltd（日本住友化学株式会社）发现

【上市国家和年份】日本，2021 年

【用途类别】杀虫剂

【合成路线】[1-3]

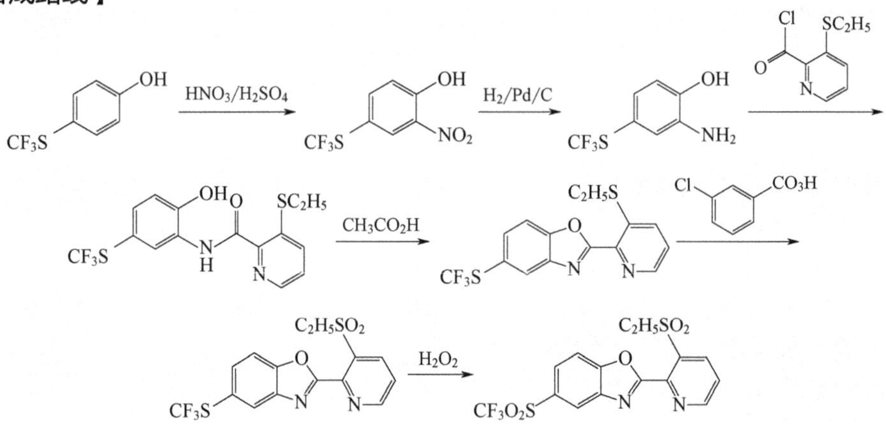

【作用机理】尚不明确

【分析方法】高效液相色谱-紫外（HPLC-UV）

【制剂】悬浮剂（SC）

【应用】噁唑磺酰虫啶主要用于防控水稻虫害，在较低剂量下对褐飞虱等害虫仍有较好的防治效果；噁唑磺酰虫啶作用机理尚不明确，但是实验证明，对氟虫腈、新烟碱类等传统杀虫剂产生抗性的飞虱等害虫，噁唑磺酰虫啶也具有良好的防治效果。

【参考文献】

[1] Shimizu C，Kamezaki M，Nokura Y．Preparation of 2-(2-pyridyl)benzazoles or 2-(2-pyridyl)pyridoazoles and pest-control composition containing them and pest-control method．WO2014119670．

[2] Takahashi M，Tanabe T，Ito M，et al．Preparation of fused oxazole compounds useful for pest control．WO 2014104407．

[3] Hagiya K．Method for producing benzoxazole compound．WO2017138237．

3.17.1.5 氯吡唑虫胺 tyclopyrazoflor

【化学名称】*N*-[3-氯-1-(吡啶-3-基)-1*H*-吡唑-4-基]-*N*-乙基-3-[(3,3,3-三氟丙基)硫]丙酰胺

IUPAC 名：*N*-[3-chloro-1-(3-pyridyl)-1*H*-pyrazol-4-yl]-*N*-ethyl-3-[(3,3,3-trifluoropropyl)thio]propanamide

CAS 名：*N*-[3-chloro-1-(3-pyridinyl)-1*H*-pyrazol-4-yl]-*N*-ethyl-3-[(3,3,3-trifluoropropyl)thio]propanamide

【化学结构式】

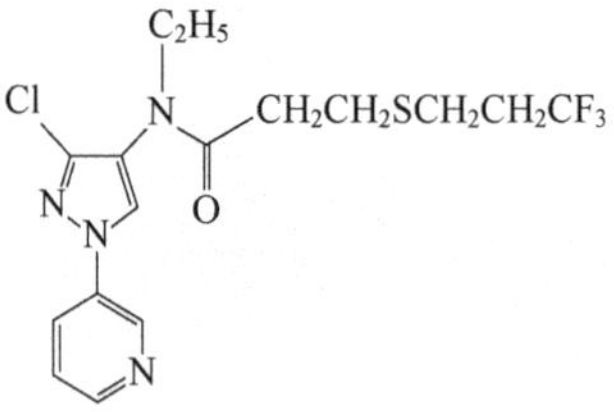

【分子式】$C_{16}H_{18}ClF_3N_4OS$

【分子量】406.85

【CAS 登录号】1477919-27-9

【研制和开发公司】美国 Dow AgroSciences（美国陶氏益农公司）

【上市国家和年份】美国，2017 年报道，开发中

【用途类别】杀虫剂

【合成路线】[1-5]

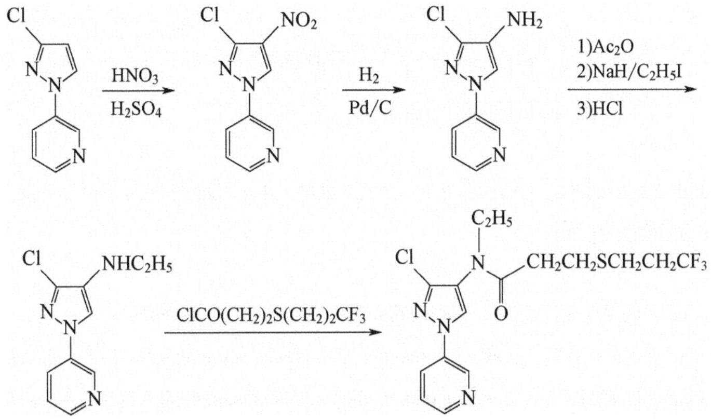

中间体合成：

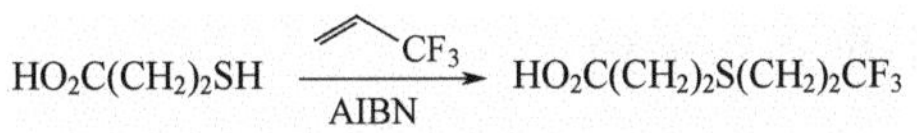

【应用】氯吡唑虫胺可用于防治棉粉虱、棕榈象甲、桃蚜、甘薯粉虱。氯吡唑虫胺与现有的鱼尼汀类杀虫剂酰胺基部分存在较大的差异，属于结构比较新颖的杀虫剂。陶氏益农公司测试了该化合物对观赏植物与花卉、瓜类、柿子椒以及茄科植物蚜虫、粉虱的大田及温室防效。

【参考文献】

[1] Buysse A M, Niyaz N M, Demeter D A, et al. Preparation of pyridinylpyrazolamine derivatives as pesticides and their pesticidal compositions. WO2013162716.

[2] Yang Q，Li X Y，Lorsbach B A，et al. Development of a scalable process for the insecticidal candidate tyclopyrazoflor. Part 1. evaluation of [3+2] cyclization strategies to 3-(3-chloro-1*H*-pyrazol-1-yl)pyridine：Org Process Res Dev，2019，（23）10：2122-2132.

[3] Yang Q，Lorsbach B，Zhang Yu，et al. Processes for the preparation of pesticidal compounds. WO2018125818.

[4] Gomez L E，Hunter R，Shaw M，et al. Synergistic pesticidal compositions and related methods. WO2015061171.

[5] Gray K. A process for the preparation of trifluoropropylthiopropionic acid and ester derivatives. WO2016022162.

3.17.1.6 氟磺酰胺 flursulamid

【化学名称】*N*-丁基全氟辛烷磺酰胺

IUPAC 名：*N*-butyl-perfluorooctane-1-sulfonamide

CAS 名：*N*-butyl -1,1,2,2,3,3,4,4,5,5,6,6,7,7,8,8,8-heptadecafluoro-1-octanesulfonamide

【化学结构式】

$$CF_3(CF_2)_7SO_2NH(CH_2)_3CH_3$$

【分子式】$C_{12}H_{10}F_{17}NO_2S$

【分子量】555.25

【CAS 登录号】31506-34-0

【理化性质】溶于丙酮、甲醇、乙醇，不溶于水；在弱碱性、弱酸和光照下不分解，70℃加热不降解。

【用途类别】杀虫剂

【合成路线】[1]

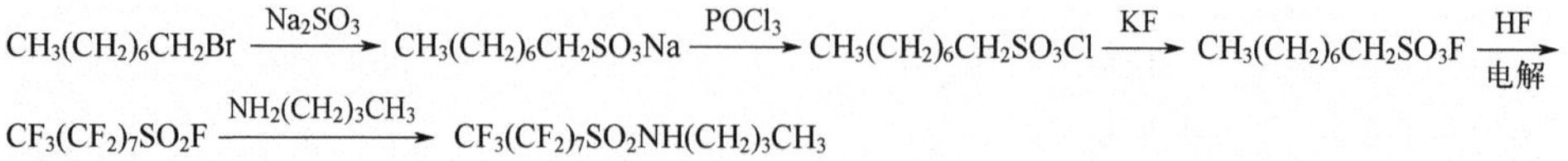

【哺乳动物毒性】雌大鼠急性经口 LD_{50}＞2000mg/kg，雄大鼠急性经皮 LD_{50}＞2000mg/kg。

【应用】[2] 昆虫慢性胃毒剂。

【参考文献】

[1] 杨姝，杨盼盼，赵阳．相转移催化法合成 *N*-丁基全氟辛基磺酰胺．CN103864647.

[2] Petre M A，Salk K R，Stapleton H M，et al．Per- and polyfluoroalkyl substances(PFAS)in river discharge：Modeling loads upstream and downstream of a PFAS manufacturing plant in the Cape Fear watershed，North Carolina．Sci Total Environ，2022，831：154763.

3.17.1.7 氟氯双苯隆 flucofuron

【商品名称】Mitin-N

【化学名称】1,3-二(4-氯-*α*,*α*,*α*-三氟-间甲基苯)脲

IUPAC 名：1,3-bis(4-chloro-*α*,*α*,*α*-trifluoro-*m*-tolyl)urea

CAS 名：*N,N'*-bis[4-chloro-3-(trifluoromethyl)phenyl]urea

【化学结构式】

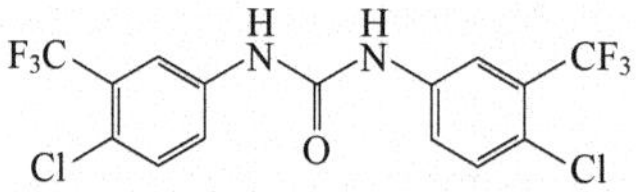

【分子式】$C_{15}H_8Cl_2F_6N_2O$

【分子量】417.13

【CAS 登录号】370-50-3

【研制和开发公司】由 Ciba-Geigy AG（瑞士汽巴一嘉基公司）发现开发

【合成路线】[1,2]

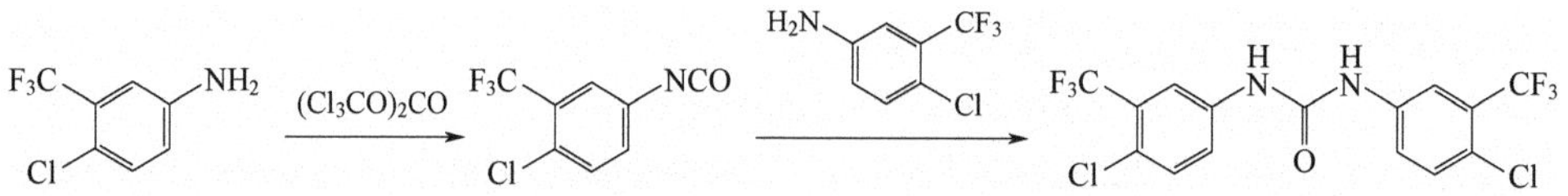

中间体合成：

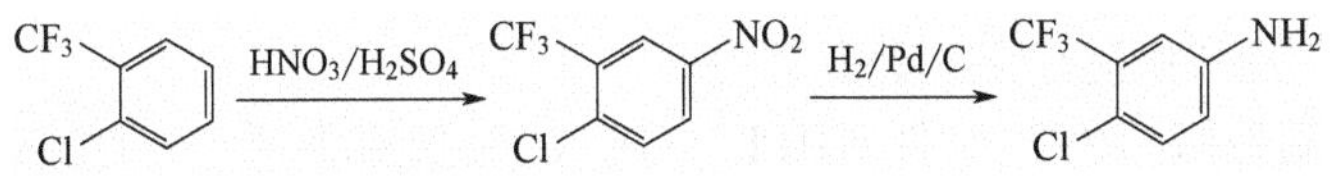

【作用机理】角蛋白分解酶抑制剂。

【应用】用于棉花防治蛾、螨等虫害。

【参考文献】

[1] 任吉秋，杨昆，李海涛．一种微通道反应器合成 4-氯-3-三氟甲基苯胺的方法．CN108191670.

[2] Bustamante T M，Dinamarca R，Torres C C，et al．Pd-Co catalysts prepared from palladium-doped cobalt titanate precursors for chemoselective hydrogenation of halonitroarenes．Mol Catal，2020，482：110702.

3.17.1.8 氟螨噻 flubenzimine

【商品名称】Cropotax

【化学名称】(2*Z*,4*E*,5*Z*)-*N*2,3-二苯基-N^4,N^5-二三氟甲基-1,3-噻唑啉-2,4,5-三亚胺

IUPAC 名：(2*Z*,4*E*,5*Z*)-*N*2,3-diphenyl-N^4,N^5-bis(trifluoromethyl)-1,3-thiazolidine-2,4,5-triimine

CAS 名：*N*-(3-Phenyl-4,5-bis((trifluoromethyl)imino)-2-thiazolidinylidene)benzenamin

【化学结构式】

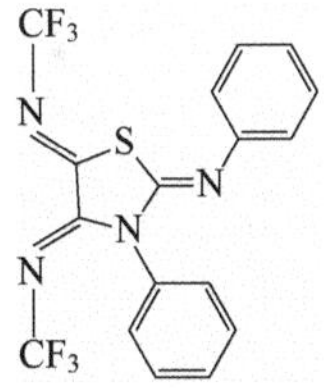

【分子式】$C_{17}H_{10}F_6N_4S$

【分子量】416.35

【CAS 登录号】37893-02-0

【理化性质】橙黄色粉末，熔点 118.7℃；蒸气压（20℃）＜1mPa；水中溶解度 1.6mg/L，有机溶剂（20℃）：二氯甲烷、甲苯＞200g/L，己烷和异丙醇 5～10g/L。

【研制和开发公司】由 Bayer AG（德国拜耳）开发

【上市国家和年份】欧洲，1979 年首次报道

【用途类别】杀螨剂

【合成路线】[1,2]

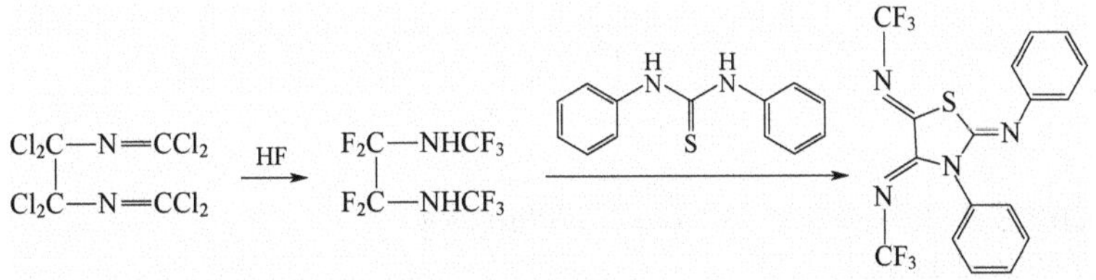

【哺乳动物毒性】急性经口 LD_{50}：雄大鼠＞5000mg/kg，雌大鼠 3700～5000mg/kg，雄小鼠＞2500mg/kg，雌兔约 360mg/kg，雌狗＞500mg/kg，大鼠急性经皮 LD_{50}（24h）＞5000mg/kg。兔皮肤无刺激，可能引起中等至严重节间膜刺激作用。大鼠吸入 LD_{50}（4h）＞0.357mg/L。NOEL（90d）：雄狗 100mg/kg，大鼠 500mg/kg（饲料），对兔无胎毒和致畸作用。

【生态毒性】急性经口 LC_{50}（96h）：雌禽＞5000mg/kg，日本鹌鹑 4500～5000mg/kg。

【作用机理】[3]通过细胞内限制菌丝体生长。

【分析方法】高效液相色谱-紫外（HPLC-UV），气相色谱-质谱（GC-MS）

【制剂】可湿粉剂（WP）

【应用】用于苹果、梨等水果，蔬菜等作物防治叶螨属。

【参考文献】

[1] Scholl Hans J，Klause Erich．Acaricidal 4,5-bis[(trifluoromethyl)amino]thiazolidines．DE2210882．

[2] Lenthe M，Doering F．*N,N′*-bistrifluoromethyl tetrafluoroethylene diamine．DE3324905．

[3] Stankewitz H B，Buchenauer H．Effect of flubenzimine(Cropotex)on mycelial growth and spore germination of various phytopathogenic fungi．Z Pflanzenkrankh Pflanzenschutz，1992，99（4）：360-70．

3.17.1.9 氟杀螨 fluorbenside

【商品名称】Fluorparicde，Fluorsulphacide

【化学名称】4-氯苄基-4′-氟苯基硫醚

IUPAC 名：4-chlorobenzyl 4-fluorophenyl sulfide

CAS 名：1-chloro-4-[[(4-fluorophenyl)thio]methyl]benzene

【化学结构式】

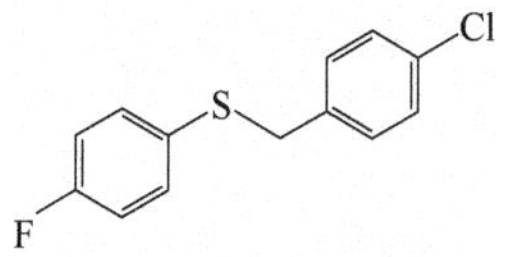

【分子式】$C_{13}H_{10}ClFS$

【分子量】252.73

【CAS 登录号】405-30-1

【理化性质】白色固体，熔点 36℃；蒸气压（30℃）10mPa；K_{ow}lg$P$（20℃）5.15；水中溶解度 0.92mg/L。

【研制和开发公司】Boots Co Ltd

【上市国家和年份】1957 年

【合成路线】[1]

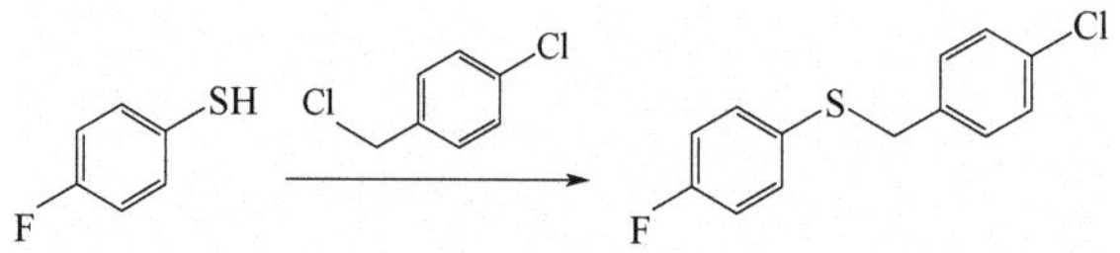

【哺乳动物毒性】大鼠急性经口 LD_{50}＞3000mg/kg。

【应用】防治各种螨害。

【参考文献】

[1] Stevenson H A，Clarke N G，Cranham J E，et al．Fluoro thio ethers．GB748604．

3.17.1.10 氟蚁灵 nifluridide

【商品名称】bant

【化学名称】6′-氨基-α,α,α,2,2,3,3-七氟-5′-硝基-3′-甲基丙酰苯胺

IUPAC 名：6′-amino-α,α,α,2,2,3,3-heptafluoro-5′-nitropropion-*m*-toluidide

CAS 名：*N*-[2-amino-3-nitro-5-(trifluoromethyl)phenyl]-2,2,3,3-tetrafluoropropanamide

【化学结构式】

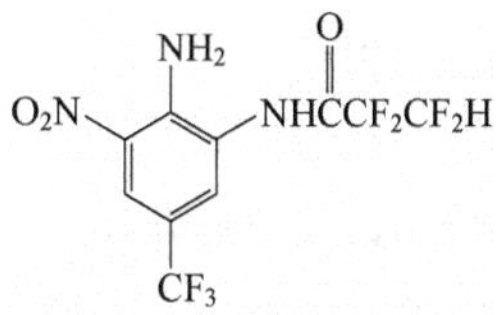

【分子式】$C_{10}H_6F_7N_3O_3$

【分子量】349.16

【CAS 登录号】61444-62-0

【研制和开发公司】由美国 Eli Lilly & Co.（美国礼来公司）开发

【用途类别】灭蚁剂

【合成路线】[1,2]

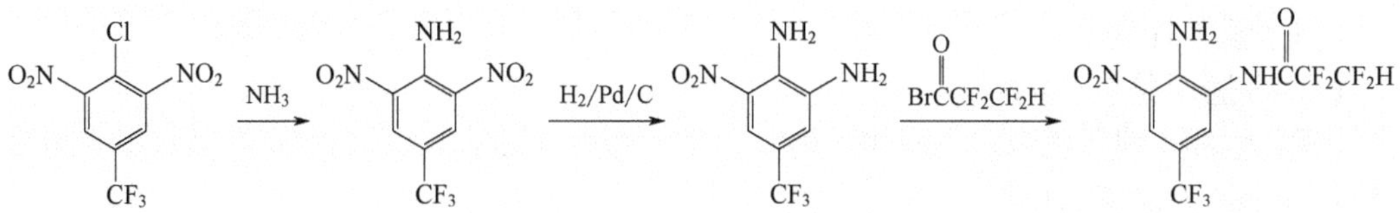

【参考文献】

[1] O'Doherty G O P．*N*-(2,2-Difluoroalkanoyl)-*o*-phenylenediamines substituted on the ring．FR2320087．

[2] Lyle R E，LaMattine J L．Selective hydrogenation of 2,6-dinitroanilines．Synthesis，1974，10：726-727．

3.17.1.11 果乃胺 MNFA

【化学名称】2-氟-*N*-甲基-*N*-萘-1-基乙酰胺

IUPAC 名：2-fluoro-*N*-methyl-*N*-1-naphthylacetamide

CAS 名：1-(*N*-Acetamidofluoromethyl)-naphthalene

【化学结构式】

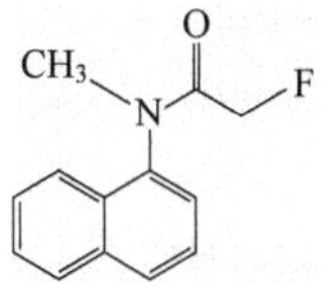

【分子式】$C_{13}H_{12}FNO$

【分子量】217.24

【CAS 登录号】5903-13-9

【研制和开发公司】由 Japan Soda Co.，Ltd（日本曹达株式会社）开发

【用途类别】杀螨剂

【合成路线】[1]

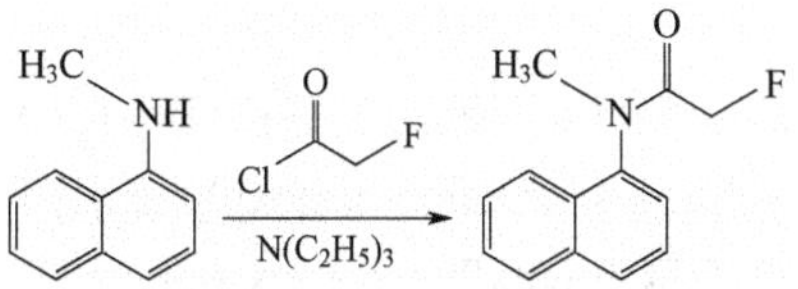

【应用】防治作物螨害，对柑橘锈壁虱有效。

【参考文献】

[1] Kano S, Taniguchi K, Kaji A, et al. Insecticidal compositions and methods employing naphthyl fluoroacetamides. US3448195A.

3.17.1.12 磺胺螨酯 amidoflumet

【商品名称】Panduck

【化学名称】5-氯-2-(三氟甲磺酰氨基)苯甲酸甲酯

IUPAC 名：methyl 5-chloro-2-(((trifluoromethyl)sulfonyl)amino)benzoate

CAS 名：methyl 5-chloro-2-(((trifluoromethyl)sulfonyl)amino)benzoate

【化学结构式】

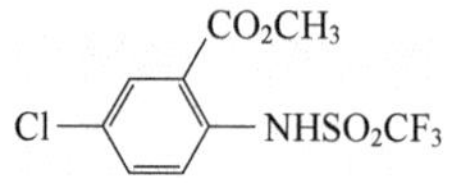

【分子式】$C_9H_7ClF_3NO_4S$

【分子量】317.66

【CAS 登录号】84466-05-7

【理化性质】浅黄色至白色固体，熔点 81℃；密度（20℃）1.619g/cm^3；蒸气压（20℃）5.1×10^{-5}mPa；K_{ow}lg$P$ 2.13。

【研制和开发公司】日本住友化学株式会社

【上市国家和年份】日本，2004 年

【用途类别】杀虫剂、杀螨剂

【合成路线】[1,2]

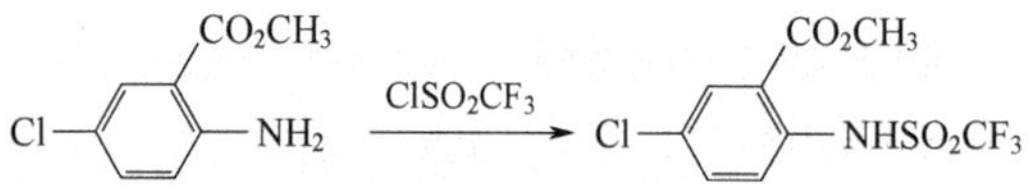

【哺乳动物毒性】大鼠急性经口 LD_{50} 200mg/kg，大鼠急性经皮 LD_{50}＞2000mg/kg；对兔皮肤和眼睛有刺激；大鼠吸入 LC_{50}＞5.44mg/L。

【生态毒性】鲤鱼 LC_{50}（48h）＞6.0mg/L。

【作用机理】不明确。

【分析方法】高效液相色谱-紫外检测（HPLC-UV）

【应用】主要用于工业或公共卫生中防除害螨。

【防治对象】肉食螨和普通灰色家鼠，可用于防治毛毯、床垫、沙发、床单、壁橱等场所。

【参考文献】

[1] Kimura M, Hourai S. Methyl 5-chloro-2-{[(trifluoromethyl)sulfonyl]amino}benzoate. Acta Crystallogr, Sect E: Struct Rep Online, 2005, 61（11）: o3944-o3945.

[2] Mori T, Mikitani K. Preparation of trifluoromethanesulfonanilide derivatives as indoor acaricides. JP10147565.

3.17.1.13 几噻唑

【化学名称】2,6-二甲氧基-*N*-{[5-(4-五氟乙氧基)苯基]-1,3,4-噻二唑-2-基}苯甲酰胺

IUPAC 名：{2,6-dimethoxy-*N*-[5-(4-pentafluoroethoxy)phenyl]-1,3,4-thiadiazo1-2-yl}benzamide

CAS 名：2,6-dimethoxy-*N*-{5-[4-(pentafluoroethoxy)phenyl]-1,3,4-thiadiazol-2-yl}benzamide

【化学结构式】

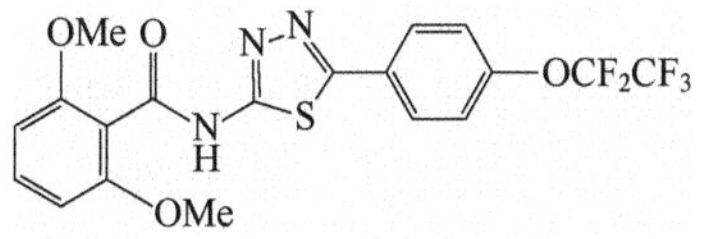

【分子式】$C_{19}H_{14}F_5N_3O_4S$

【分子量】475.39

【CAS 登录号】70057-62-4

【研制和开发公司】由 Eli Lilly and Co.（美国礼来）开发

【用途类别】室内杀螨

【合成路线】[1,2]

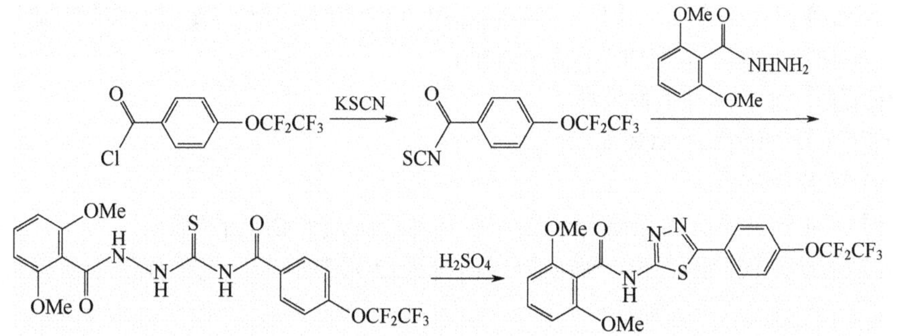

中间体合成：

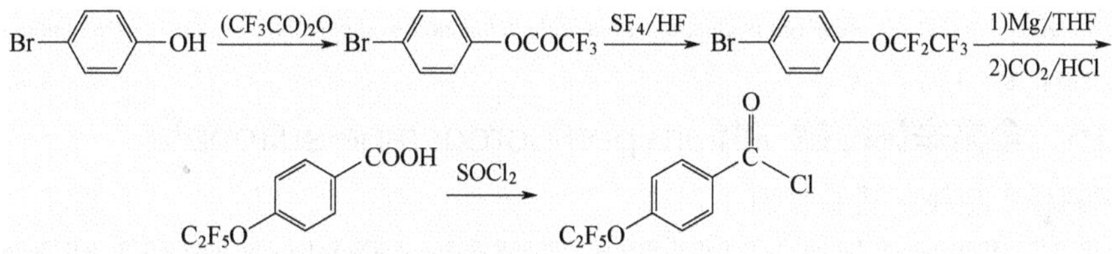

【参考文献】

[1] Ward J S. *N*-(1,3,4-Thiadiazol-2-yl)benzamides. US4141984.

[2] Crouse G D，Demeter D A，Sparks T C，et al. Pesticidal trifluorophenyl-triazolyl derivative compositions and processes for their preparation and use in pest control. WO2013009791.

3.17.1.14 联氟螨 fluenetil

【商品名称】Lambrol，Montecatini

【化学名称】联苯-4-基乙酸-2-氟乙酯

IUPAC 名：2-fluoroethyl biphenyl-4-yl acetate

CAS 名：2-fluoroethyl [1,1′-biphenyl]-4-acetate

【化学结构式】

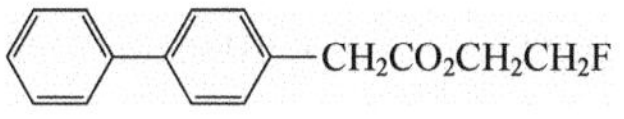

【分子式】$C_{16}H_{15}FO_2$

【分子量】258.29

【CAS 登录号】4301-50-2

【理化性质】无色晶体，熔点 60.5℃；密度（68℃）1.139g/cm^3；水中溶解度（25℃）2.5mg/L，有机溶剂溶解度：丙酮＞850g/L，乙腈 810g/L，苯 760g/L，乙醇 630g/L，己烷 10g/L，甲醇 80g/L，橄榄油＜0.7g/L。

【研制和开发公司】由 Montecatini Edison S.p.A.开发

【上市国家和年份】1965 年首次报道

【合成路线】[1]

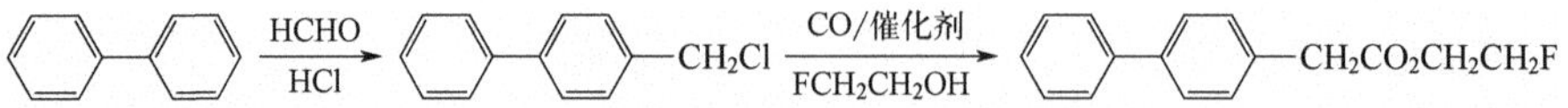

【哺乳动物毒性】急性经口 LD_{50}：大鼠 8.7mg/kg，小鼠 57mg/kg，兔急性经皮 LD_{50}（10d）7.5mg/kg；NOEL（90d）大鼠 0.3mg/kg 饲料。

【作用机理】选择性和非系统性。

【分析方法】气相色谱（GC）

【制剂】乳油（EC）

【应用】用防治谷类、水果等作物螨卵以及冬季阶段作物上的螨。

【代谢】[2] 动物代谢：二斑叶螨主要代谢物为 2-羟基联苯，老鼠尿液中主要代谢产物是联苯乙酸。

【参考文献】

[1] Cassar L，Chiusoli G P，Foa M，et al．Acaricidal fluoroethyl *p*-biphenylylacetate．DE2036015．

[2] Johannsen F，Knowles C O．Metabolism of fluenethyl acaricide in the mouse，housefly，and two-spotted spider mite．J Econ Entomol，1974，67（1）：5-12．

3.17.1.15 全氟辛磺酸锂 lithium perfluorooctane sulfonate

【化学名称】全氟辛基磺酸锂

IUPAC 名：lithium 1,1,2,2,3,3,4,4,5,5,6,6,7,7,8,8,8-heptadecafluorooctane-1-sulfonate

CAS 名：Lithium（perfluorooctane）sulfonate

【化学结构式】

$$CF_3(CF_2)_7SO_3Li$$

【分子式】$C_8F_{17}LiO_3S$

【分子量】506.06

【CAS 登录号】29457-72-5

【理化性质】白色粉末，密度 0.56g/cm^3；K_{ow}lg$P$ 4.13；308℃加热分解。

【用途类别】杀虫剂

【合成路线】[1]

$$CH_3(CH_2)_6CH_2Br \xrightarrow{Na_2SO_3} CH_3(CH_2)_6CH_2SO_3Na \xrightarrow{POCl_3} CH_3(CH_2)_6CH_2SO_3Cl \xrightarrow{KF} CH_3(CH_2)_6CH_2SO_3F \xrightarrow[\text{电解}]{HF}$$

$$CF_3(CF_2)_7SO_2F \xrightarrow{LiOH} CF_3(CF_2)_7SO_2OLi$$

【哺乳动物毒性】大鼠急性经口 LD_{50}＞154mg/kg。

【生态毒性】美洲蒙面雉 LD_{50} 42mg/kg，绿头鸭 LD_{50}81mg/kg，美洲蒙面雉饲喂 LC_{50}（5d）220mg/kg，绿头鸭饲喂 LC_{50}（5d）324mg/kg；蓝鳃太阳鱼 LC_{50}（96h）49mg/L，虹鳟 LC_{50}（96h）4.2mg/L；大型蚤 EC_{50}（48h）67mg/kg。

【参考文献】

[1] 田伟生，汪昀，许成功，等．一种通过共生互惠反应制备环氧环己烷及氟烷基磺酸盐的方法．CN101108836.

3.17.1.16 三氟甲吡醚 pyridalyl

【商品名称】Pyridalyl 10EW，Overture

【化学名称】[2,6-二氯-4-(3,3-二氯烯丙氧基)苯基]-3-[5-(三氟甲基)-2-吡啶氧基]丙醚

IUPAC 名：2,6-dichloro-4-(3,3-dichloroallyloxy)phenyl]-3-[5-(trifluoromethyl)-2-pyridyloxy) propylether

CAS 名：2-[3-[2,6-dichloro-4-[(3,3-dichloro-2-propen-1-yl)oxy]phenoxy]propoxy]-5-(trifluoromethyl)pyridine

【化学结构式】

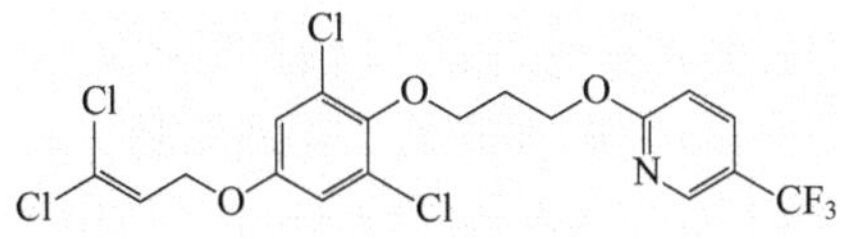

【分子式】$C_{18}H_{14}Cl_4F_3NO_3$

【分子量】491.11

【CAS 登录号】179101-81-6

【理化性质】常温下微弱恶臭浅黄色液体，熔点＜17℃；沸点 227℃（分解）；蒸气压（20℃）6.24×10^{-5}mPa；密度（20℃）1.44g/cm^3；K_{ow}lg$P$（20℃）8.1；水中溶解度（20℃）0.15μg/L，有机溶剂中溶解度（20℃）：二甲基甲酰胺、丙酮、三氯甲烷、乙酸乙酯、己烷、正辛醇、乙腈和二甲苯中均＞1000g/L，甲醇＞500g/L。

【研制和开发公司】由 Sumitomo Chemical Co.，Ltd.（日本住友化学株式会社）开发

【上市国家和年份】日本，2004 年

【用途类别】杀虫剂

【合成路线】[1-4]

路线 1：

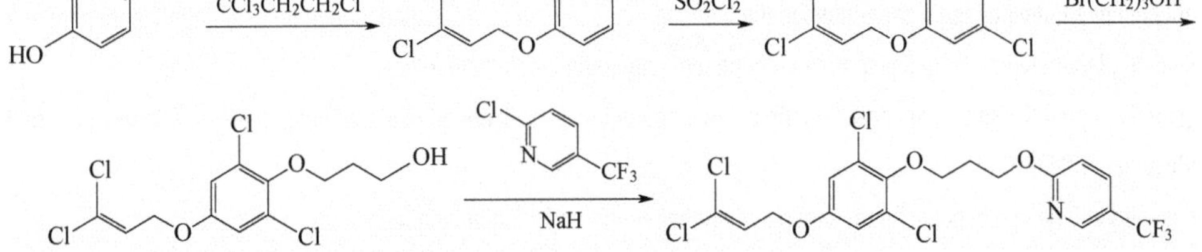

路线 2：

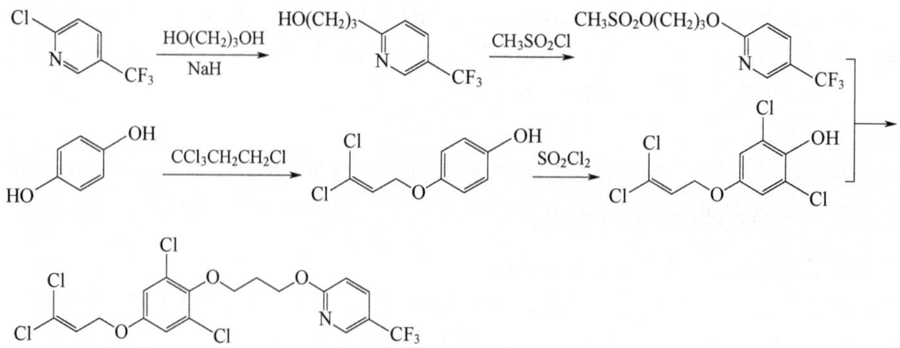

【哺乳动物毒性】雌、雄大鼠急性经口 LD_{50}>5000mg/kg，急性经皮 LD_{50}>5000mg/kg；对兔眼睛有轻微刺激，对皮肤无刺激，对豚鼠皮肤有致敏；大鼠吸入 LC_{50}>2.01mg/L；两代大鼠 NOAEL 2.8mg/(kg・d)；ADI/RfD（FSC）0.028mg/kg[2004]。

【生态毒性】山齿鹑饲喂 LC_{50} 1133mg/kg，野鸭饲喂 LC_{50}>5620mg/kg；虹鳟鱼急性 LC_{50}（96h）0.5mg/L；水蚤 EC_{50}（48h）3.8mg/L；中肋骨条藻 EC_{50}（72h）>120μg/L；蜜蜂（48h，经口和接触）LD_{50}>100μg/只；蚯蚓急性 LC_{50}（14d）>2000mg/kg（土）。其他有益生物：对各种有益节肢动物低毒；100mg/L 时赤眼蜂、普通草蛉、异色瓢虫、东亚小花蝽和智利小植绥螨不受影响，烟蚜茧蜂 LR_{50}（48h）457.6g/hm^2（使用 10EW 制剂），梨盲走螨 LR_{50}（48h）>600/hm^2（使用 10EW 制剂）。

【作用机理】作用方式不明。

【分析方法】高效液相色谱-紫外（HPLC-UV），气相色谱-质谱（GC-MS）

【制剂】乳油（EC），悬浮剂（SC），可湿粉剂（WP）

【应用】[5] 作用方式：害虫接触药剂后先失去活力，并在 2～3h 内死亡。用途：对棉花和蔬菜上广泛存在的各种鳞翅目害虫幼虫阶段的鳞翅目害虫具有卓越活性，对蓟马和双翅目的潜叶蝇也具有杀虫活性，使用剂量 83～300g/hm^2。

【代谢】动物：大鼠和山羊经口给药后主要通过粪便快速排出，代谢主要通过二氯烯丙基醚的裂解进行（见 FSC Eval.Rep.）。植物：用于白菜、番茄、草莓后，药剂在植物体内转移到其他部分的作用不显著，局部代谢，主要是发生二氯甲醚的裂解（见 FSC Eval.Rep.）。土壤/环境：土壤中 DT_{50} 93～182d，降解主要通过二氯烯丙基醚的裂解，苯酚的甲基化和吡啶的裂解等途径进行（见 FSC Eval.Rep.）。迁移性低，K_d 2473～3848mL/g，K_{oc} 4020002060000mL/g（EPA Fact Sheet）。

【参考文献】

[1] Sakamoto N，Matsuo S，Suzuki M，et al. Dihalopropene compounds insecticidal/acaricidal agents containing same，and intermediates for their production．WO9611909.

[2] Matsuo S，Iwamoto K．Production method for phenol compound．JP2006036739.

[3] Ikegami H，Izumi K，Suzuki M，et al. Dihalopropene compounds，their use as insecticides/acaricides and intermediates for their production．US6140274.

[4] Sakamoto T，Seko S．Process for production of alcohol compound．EP2039671.

[5] Wang R，FangY，Zhang J S，et al. Characterization of field-evolved resistance to pyridalyl in a near-isogenic line of diamondback moth，Plutella xylostella．Pest Manag Sci，2021，77（3）：1197-1203.

3.17.1.17 三氟咪啶酰胺 fluazaindolizine

【商品名称】Reklemel，锐根美

【化学名称】8-氯-*N*-[(2-氯-5-甲氧基苯基)磺酰基]-6-(三氟甲基)咪唑[1,2-*a*]并吡啶-2-甲酰胺

IUPAC 名：8-chloro-*N*-[(2-chloro-5-methoxyphenyl)sulfonyl]-6-(trifluoromethyl)imidazo(1,2-*a*)pyridine-2-carboxamide

CAS 名：8-chloro-*N*-((2-chloro-5-methoxyphenyl)sulfonyl)-6-(trifluoromethyl)imidazo(1,2-*a*) pyridine-2-carboxamide

【化学结构式】

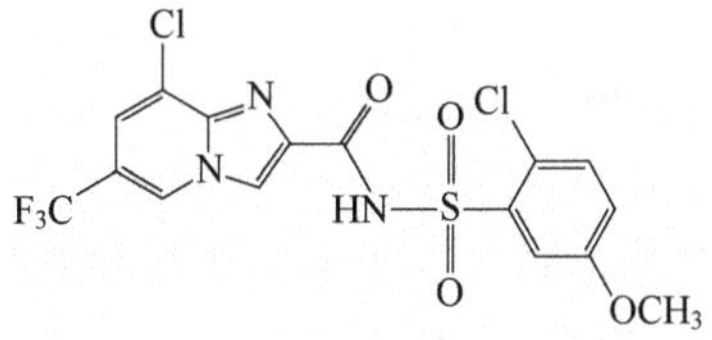

【分子式】$C_{16}H_{10}Cl_2F_3N_3O_4S$

【分子量】468.23

【CAS 登录号】1254304-22-7

【理化性质】原药为白色固体，无特殊气味，熔点 218.5℃，260℃分解；密度（20℃）（1.6818±0.1079）g/cm^3；K_{ow}lg*P* 5.60±0.07；有机溶剂溶解度（20℃）：乙腈 35.05g/L，甲醇 3.47g/L，丙酮 99.76g/L，乙酸乙酯 27.62g/L，1,2-二氯乙烷 19.29g/L。

【研制和开发公司】美国 E. I. du Pont de Nemours and Co.（杜邦公司）（现为美国科迪华）

【上市国家和年份】加拿大，2021 年

【用途类别】杀线虫剂

【合成路线】[1,2]

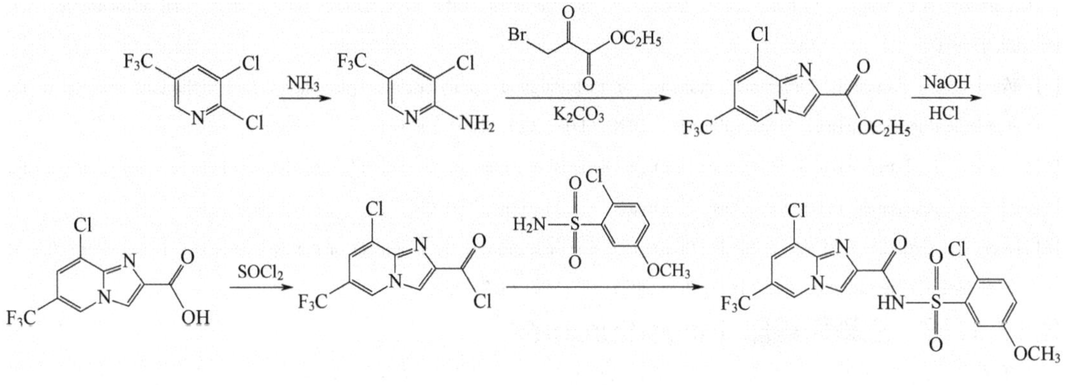

中间体合成：

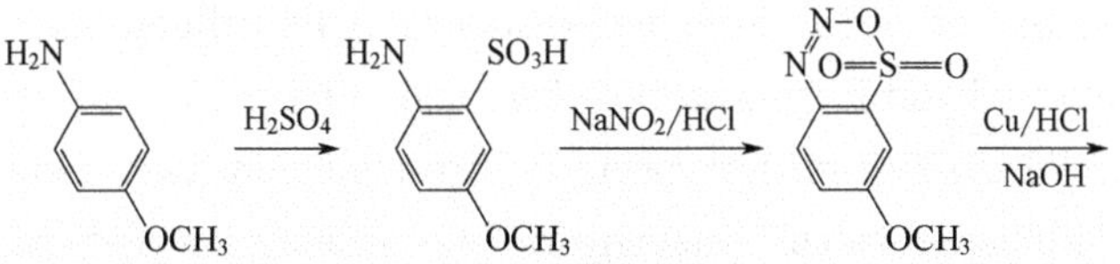

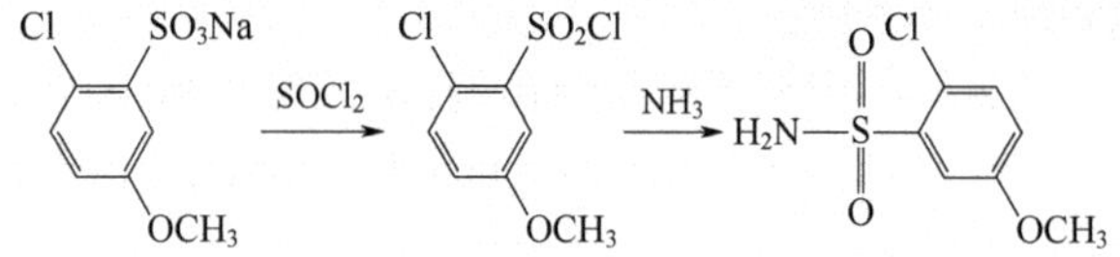

【哺乳动物毒性】三氟咪啶酰胺低毒，雌大鼠经口 LD_{50} 3129mg/kg，雌、雄大鼠急性经皮 LD_{50}＞5000mg/kg，雌、雄大鼠急性吸入 LC_{50}＞5.8mg/L；对眼睛刺激性小，对皮肤无刺激性，无致敏作用。

【作用机理】尚未明确

【分析方法】高效液相色谱-紫外（HPLC-UV）

【制剂】悬浮剂（SC）

【应用】[3-5] 三氟咪啶酰胺防治谱较广，主要用于果树和蔬菜（包括番茄、草莓、葫芦、葡萄、柑橘、核果等）、马铃薯、草坪、烟草以及其他大田作物等，防治植物寄生性线虫；该产品对烟草根结线虫、大豆胞囊线虫、草莓滑刃线虫、马铃薯茎线虫、松材线虫、粒线虫、短体（根腐）线虫、肾形线虫、剑线虫、螺旋线虫等均有很好的防治效果，从而保护作物根系，提高作物产量和品质；三氟咪啶酰胺可以更好地管理土壤和作物，成为线虫防治的有效工具，且较传统防治方式更具环境友好特性，对有益节肢动物、传粉昆虫和土壤生物无害；三氟咪啶酰胺施用方式灵活，滴灌、喷雾、土壤施用均可。根据不同的施药方式，其有效成分用药量为 0.25～2kg/hm^2。

【代谢】土壤吸附系数 K_{foc} 为 128mL/g（平均值），土壤中降解半衰期 DT_{50} 约为 35d。

【参考文献】

[1] Lahm G P，Lett R M，Smith B T，et al. Preparation of sulfonamides as nematocides useful for controlling parasitic nematodes．WO2010129500．

[2] Casalnuovo A L，Wagerle T，Jun Y，et al. Process and intermediates for the preparation of certain nematicidal sulfonamides．WO 2020072616．

[3] Wram C L，Zasada I．Differential response of meloidogyne，pratylenchus，globodera，and xiphinema species to the nematicide fluazaindolizine．Phytopathology，2020，110（12）：2003-2009．

[4] Groover W L，Lawrence K S．Evaluation of a new chemical nematicide，fluazaindolizine（Reklemel active），for plant-parasitic nematode management in bermudagrass．J Nematol，2021，53：e2021-43．

[5] Matera C，Grundler F M W．Sublethal fluazaindolizine doses inhibit development of the cyst nematode Heterodera schachtii during sedentary parasitism．Pest Manag Sci，2021，77（7）：3571-3580．

3.17.1.18 三氟杀线酯 trifluenfuronate

【化学名称】3,4,4-三氟-3-丁烯(2*RS*,3*RS*)-2-(2-甲氧基苯基)-5-羰基四氢呋喃-3-甲酸酯 60%～80%反式异构体和 40%～20% 顺式异构体混合物。

IUPAC 名：mixture of 60%～80% *trans-isomers* 3,4,4-trifluorobut-3-enyl(2*RS*,3*RS*)-2-(2-methoxyphenyl)-5-oxotetrahydrofuran-3-carboxylate and 40%～20% of the *cis-isomers* 3,4,4-trifluorobut-3-enyl(2*RS*,3*SR*)-2-(2-methoxyphenyl)-5-oxotetrahydrofuran-3-carboxylate

CAS 名：3,4,4-trifluoro-3-buten-1-yltetrahydro-2-(2-methoxyphenyl)-5-oxo-3-furancarboxylate

【化学结构式】

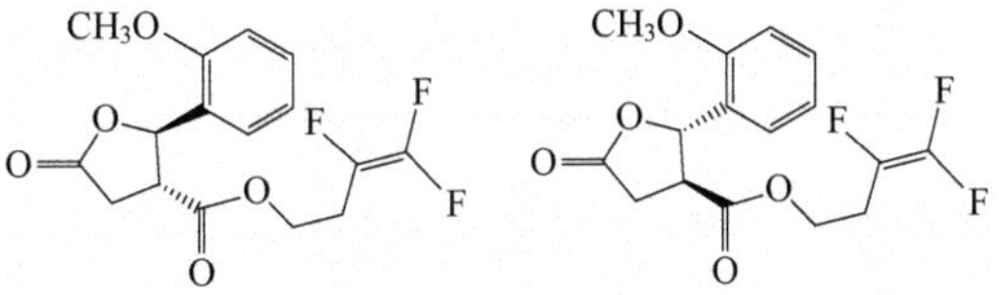

反式异构体(2个主要成分)

【分子式】$C_{16}H_{15}F_3O_5$

【分子量】344.29

【CAS登录号】2074661-82-6

【理化性质】95%原药为棕黄色至棕红色油状液体，有淡淡的芳香气味，不溶于水，易溶于甲醇、二氯甲烷、乙腈、丙酮等有机溶剂。

【研制和开发公司】由山东省联合农药工业有限公司开发

【上市国家和年份】中国，开发中

【用途类别】杀线虫剂

【合成路线】[1,2]

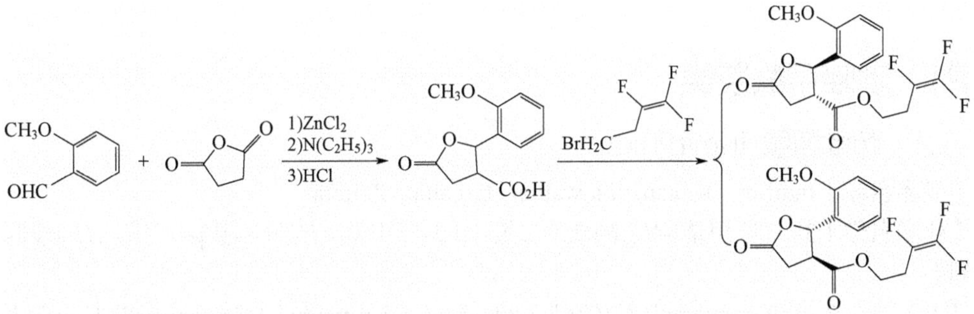

【哺乳动物毒性】大鼠急性经口毒性 LD_{50}：雌大鼠 583.1mg/kg，雄大鼠 792.7mg/kg。大鼠急性经皮毒性 LD_{50}＞2000mg/kg。大鼠急性吸入毒性 LC_{50}＞2000mg/m^3。对兔眼睛无刺激性，对兔皮肤无刺激性，对豚鼠皮肤无致敏性。此外，细菌回复突变试验结果表明，使用鼠伤寒沙门氏菌为试验菌株的细菌回复突变试验中无致突变作用。

【参考文献】

[1] Tang J F，Pan G M，Liu J，et al. Nematicide containing lactone ring and preparation method and use thereof. WO2017054523.

[2] 唐剑峰，赵宝修，迟会伟，等. 一种含氟丁烯酯类衍生物及其制备方法与用途. CN113912495.

4

杀菌剂篇

4.1 琥珀酸脱氢酶抑制剂

4.1.1 吡唑甲酰胺类

4.1.1.1 茚吡菌胺 inpyrfluxam

【商品名称】Indiflin，Kaname Flowable，Excalia，Zeltera

【化学名称】3-(二氟甲基)-*N*-[(*R*)-2,3-二氢-1,1,3-三甲基-1*H*-茚-4-基]-1-甲基-1*H* 吡唑-4-甲酰苯胺

IUPAC 名：3-(difluoromethyl)-*N*-[(*R*)-2,3-dihydro-1,1,3-trimethyl-1*H*-inden-4-yl]-1-methyl- 1*H*-pyrazole-4-carboxamide

CAS 名：3-(difluoromethyl)-*N*-[(3*R*)-2,3-dihydro-1,1,3-trimethyl-1*H*-inden-4-yl]-1-methyl-1*H*-pyrazole-4-carboxamide

【化学结构式】

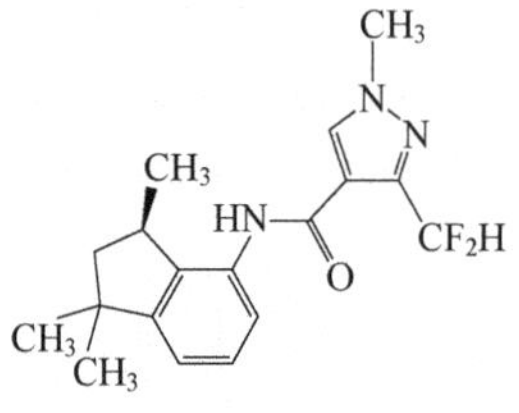

【分子式】$C_{18}H_{21}F_2N_3O$

【分子量】333.38

【CAS 登录号】1352994-67-2

【理化性质】蒸气压 3.79×10^{-8}Pa（20℃）、1.197×10^{-7}Pa（25℃）；$K_{ow}\lg P$（25℃，pH7.1～7.3）5.65；水中溶解度（20℃）：16.4mg/L。

【研制和开发公司】由日本 Sumitomo Chemical Co.，Ltd（日本住友化学株式会社）开发

【上市国家和年份】日本，2020 年

【合成路线】[1-3]

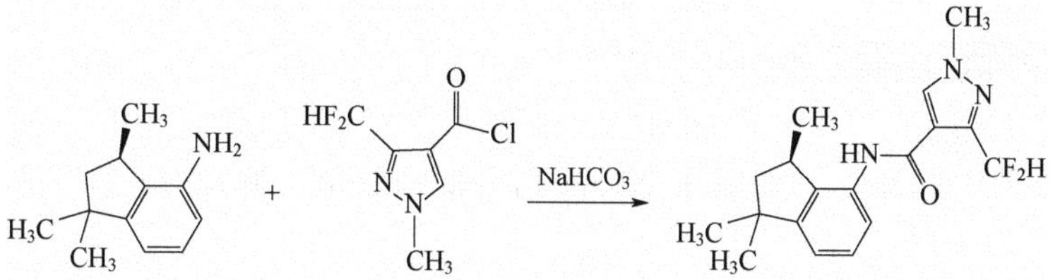

中间体合成[4-8]：

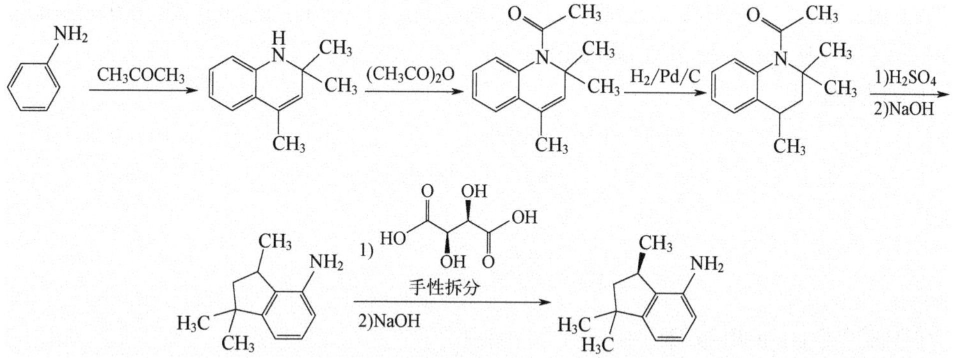

中间体 1-甲基-2-二氟甲基-5-吡唑甲酸合成参见“苯并烯氟菌唑 benzovindiflupyr”。

【哺乳动物毒性】鼠急性经口 LD_{50} 180mg/kg；吸入 LD_{50}（4h）≥2.61mg/L。

【生态毒性】山齿鹑 LD_{50}≥2250mg/kg；虹鳟 LC_{50}（96h）＞31μg/L，呆鲦鱼 LC_{50}（96h）＞47μg/L；大型蚤 LC_{50}（48h）1100μg/L；糠虾 LC_{50}（48h）1100μg/L；中肋骨条藻 EC_{50}＞730μg/L；浮萍 EC_{50}＞56mg/L；蜜蜂 LD_{50}（经口）≥113μg/只，蜜蜂 LD_{50}（接触）≥100μg/只。

【作用机理】琥珀酸脱氢酶抑制剂（SDHI）类杀菌剂，作用于病原菌线粒体呼吸电子传递链上的复合体Ⅱ，通过干扰病原菌细胞线粒体呼吸作用，进而导致生物体衰竭死亡。

【分析方法】高效液相色谱-紫外（HPLC-UV）

【制剂】悬浮剂（SC），种子处理悬浮剂（FS）

【应用】茚吡菌胺广谱、高效，用于许多作物防治多种病害，如水稻纹枯病、亚洲大豆锈病、谷物锈病、大麦网斑病、苹果黑星病、甜菜根腐病和叶枯病等；作为种子处理剂，用于谷物、玉米、水稻、高粱、豆科植物、大豆、油菜、甜菜等，防治丝核菌引起的病害及其他真菌病害。

【参考文献】

[1] Matsuzaki Y，Sakaguchi H．Plant disease control composition and method of controlling plant disease．WO2011162397．

[2] Matsuzaki Y．Carboxamide composition for controlling plant disease and application therefor．WO2014013842．

[3] Lutete L，Hagiya K．Method for producing optically active compound．WO2022014414．

[4] Matsunaga T．Method for producing purified form of amine compound．WO2014103811．

[5] Umetani H，Kakimoto T，Aoki Y．Method for producing fluorine-containing acylacetic acid derivative，method for producing fluorine-containing pyrazolecarboxylic acid ester derivative，and method for producing fluorinecontaining pyrazolecarboxylic

acid derivative. WO2009116435.
[6] Schmitt E, Jaunzems J. Process and intermediate for the manufacture of difluoroacetyl chloride. WO2019043238.
[7] Takada N, Okamoto M, Imura H. Purification of difluoroacetyl chloride. US8785689.
[8] Oharu Ka, Kumai S. Preparation of difluoroacetic acid fluoride and difluoroacetic acid esters. US5710317.

4.1.1.2 异丙氟吡菌胺 isoflucypram

【商品名称】Iblon

【化学名称】*N*-(5-氯-2-异丙基苄基)-*N*-环丙基-3-(二氟甲基)-5-氟-1-甲基-1*H*-吡唑-4-甲酰胺

IUPAC 名：*N*-(5-chloro-2-isopropylbenzyl)-*N*-cyclopropyl-3-(difluoromethyl)-5-fluo-1-methyl-1*H*-pyrazole-4-carboxamide

CAS 名：*N*-[[5-chloro-2-(1-methylethyl)phenyl]methyl]-*N*-cyclopropyl-3-(difluoromethyl)-5-fluoro-1-methyl-1*H*-pyrazole-4-carboxamide

【化学结构式】

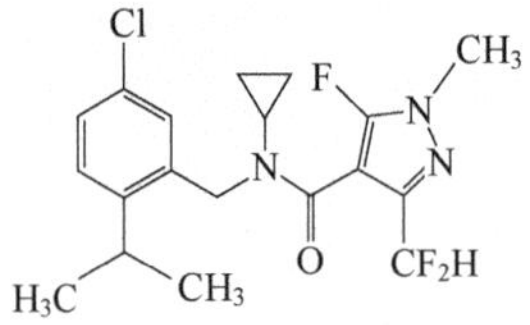

【分子式】$C_{19}H_{21}ClF_3N_3O$

【分子量】399.84

【CAS 登录号】1255734-28-1

【理化性质】纯品为无味白色粉末，原药为具有轻微气味的浅米色粉末；熔点 108.8℃，在 215℃开始分解；密度（20℃）1.22g/cm^3（纯品），1.31g/cm^3（原药）；蒸气压：1.2×10^{-7}Pa（20℃）、2.8×10^{-7}Pa（25℃）、1.5×10^{-5}Pa（50℃）；$K_{ow}\lg P$（25℃）4.0；水中溶解度（20℃，蒸馏水，pH5.8）1.8mg/L；有机溶剂中的溶解度（20℃）：正庚烷 1.2g/L，甲苯＞260g/L，二氯甲烷＞260g/L，甲醇 97g/L，丙酮＞260g/L，乙酸乙酯＞260g/L，二甲亚砜＞260g/L。

【研制和开发公司】由德国 Bayer CropScience（德国拜耳公司）开发

【上市国家和年份】新西兰，2019 年

【合成路线】[1-3]

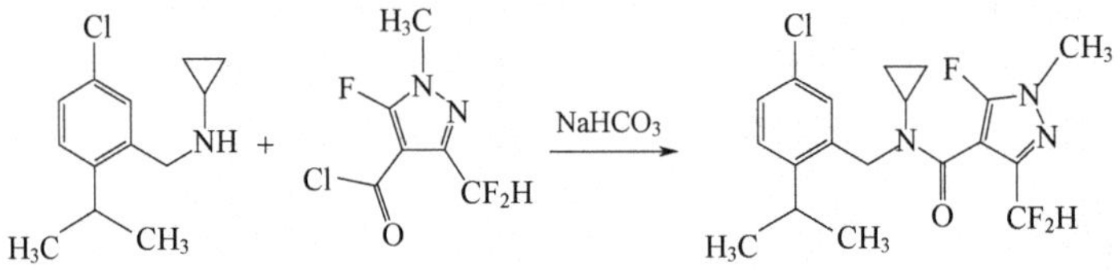

中间体合成：

中间体 1：

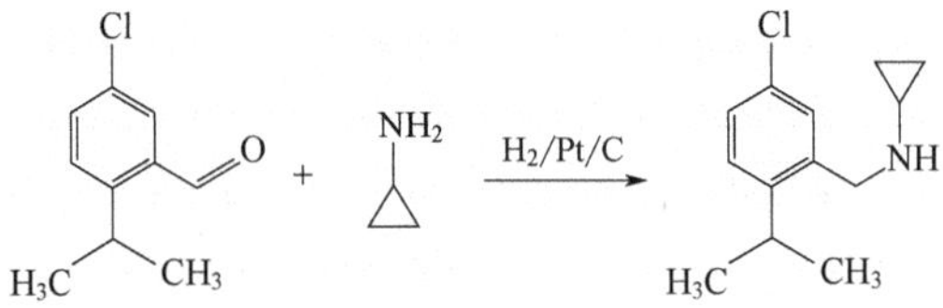

中间体 2：

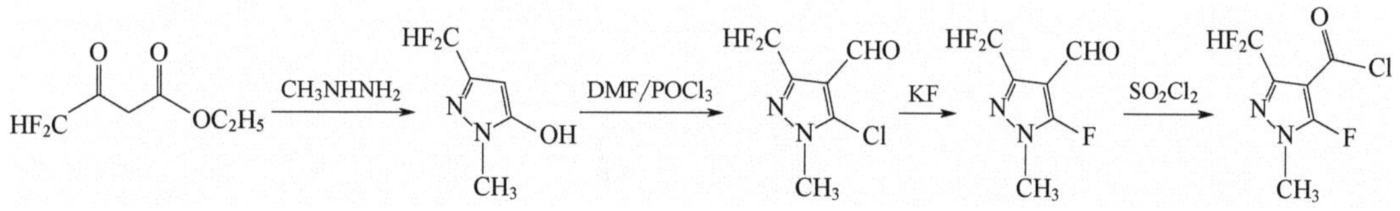

【哺乳动物毒性】原药（94.2%）：大鼠急性经口 LD_{50}＞2000mg/kg，大鼠急性经皮 LD_{50}＞2000mg/kg；雄性大鼠急性吸入 LC_{50} 3.131mg/L，雌性大鼠急性吸入 LC_{50} 2.209mg/L；对兔皮肤无刺激性，对兔眼睛没有刺激作用，会引起小鼠皮肤过敏反应；对哺乳动物没有基因毒性、致癌性，对发育、繁殖没有影响，没有神经毒性。

【生态毒性】山齿鹑急性经口 LD_{50}＞2000mg/kg，绿头鸭的急性经皮 LD_{50}＞1360mg/kg；黑头呆鱼 LC_{50}（96h）0.0861mg/L，虹鳟 LC_{50}（96h）0.104mg/L；大型蚤 EC_{50}（48h）0.201mg/L；羊角月牙藻 EC_{50}（72h）＞2.02mg/L；浮萍 EC_{50}（7d）＞2.48mg/L；异丙氟吡菌胺对水生生物毒性高，而且作用时间长；蜜蜂接触毒性 LD_{50}（48h）＞100.0μg/只，经口毒性 LD_{50}（48h）＞106.3μg/只；赤子爱胜蚓 LC_{50}＞1000mg /kg（土）。

【作用机理】[4] 异丙氟吡菌胺的生化构效关系表明其与 SDH 辅酶 Q 结合，2 个独特的结构基团 *N*-环丙基、甲酰胺和苯基间的 C1 链使异丙氟吡菌胺成为 FRAC 复合体Ⅱ抑制剂类的子类。

【分析方法】高效液相色谱-紫外（HPLC-UV）

【制剂】乳油（EC）

【应用】异丙氟吡菌胺于 2019 在新西兰首获登记，用于防治大麦网斑病、叶斑病、叶锈病，小麦条锈病、叶锈病、叶枯病，黑麦条锈病和叶锈病等，可提高谷物产量和品质。田间试验表明其对叶斑病、网斑病、条锈病和叶锈病等主要叶面病害具有极好的功效。出色的病害防治效果可延长绿叶保持期，使作物获得最大产量潜力。

【参考文献】

[1] Bartels G，Becker A，Benting J，et al. Preparation of fungicide pyrazole carboxamides derivatives. WO2010130767.

[2] Dahmen P，Desbordes P，Krieg U. Active compound combinations comprising a（thio）carboxamide derivative and fungicidal compound（s）. WO2016096782.

[3] Xu T M，Hu W Q，Kong X L，et al. Pyrazole amide compounds as agrochem. antifungal agents and their preparation, pharmaceutical compositions and use in the treatment of plant fungal infection. WO2017008583.

[4] Desbordes P，Essigmann B，Gary S，et al. Isoflucypram，the first representative of a new succinate dehydrogenase inhibitor fungicide subclass：Its chemical discovery and unusual binding mode. Pest Manag Sci，2020，76（10）：3340-3347.

4.1.1.3 吡炔虫酰胺 pyrapropoyne

【化学名称】(*Z*)-*N*-{2-[3-氯-5-(环丙基乙炔)-2-吡啶基]-2-(异丙氧基亚氨)乙基}-3-(二氟甲基）-1-甲基-1*H*-吡唑-4-甲酰胺

IUPAC 名：(*Z*)-*N*-{2-[3-chloro-5-(cyclopropylethynyl)-2-pyridyl]-2-(isopropoxyimino)ethyl}-3-(difluoromethyl)-1-methyl-1*H*-pyrazole-4-carboxamide

CAS 名：*N*-[(2*Z*)-2-[3-chloro-5-(2-cyclopropylethynyl)-2-pyridinyl]-2-[(1-methylethoxy)imino] ethyl]-3-(difluoromethyl)-1-methyl-1*H*-pyrazole-4-carboxamide

【化学结构式】

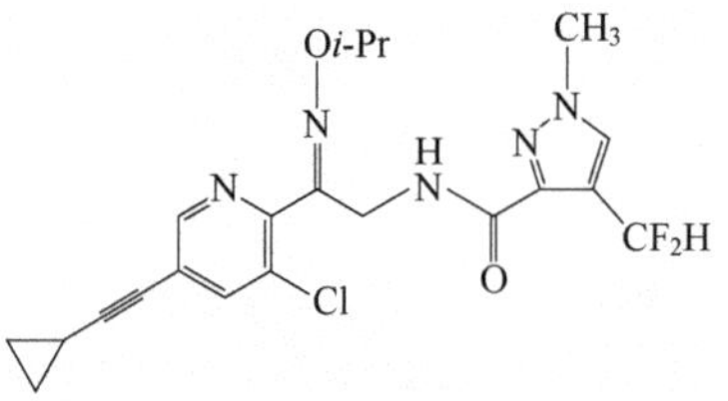

【分子式】$C_{21}H_{22}ClF_2N_5O_2$

【分子量】449.89

【CAS登录号】1803108-03-3

【研制和开发公司】日本 Nissan Chemical Co.（日本日产化学株式会社）

【上市国家和年份】日本，开发中

【合成路线】[1-3]

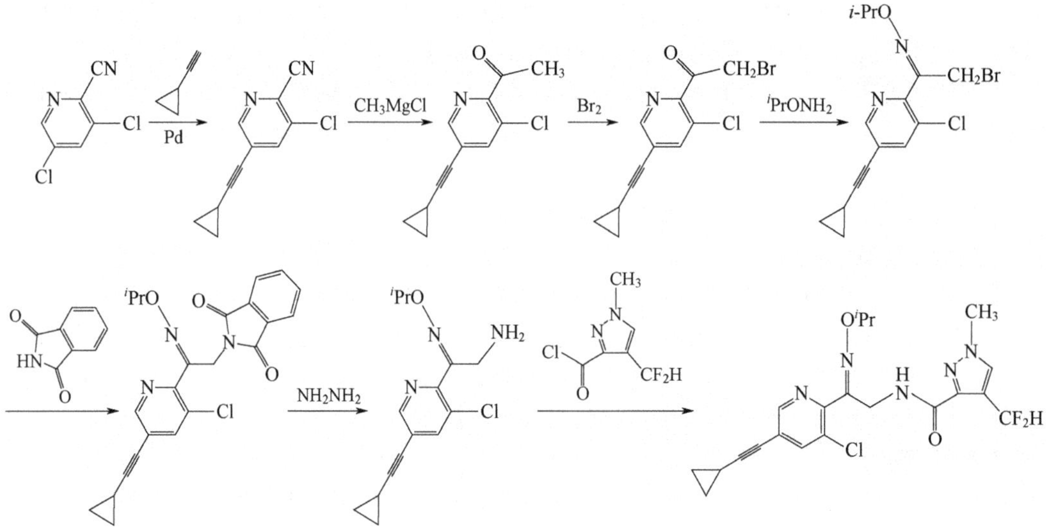

【参考文献】

[1] Kuwabara H，Hasunuma N，Fukami Y．Synergistic antimicrobial and pesticidal compositions and method for controlling plant diseases．WO2015119246．

[2] Tanima D，Kusuoka Y，Tsuji K．Method for producing geometric isomers of an oximino compound．WO2018147368．

[3] Saito H，Iba S，Ebihara Y．Process for preparation of 5-alkynyl pyridine compounds．US20190382372．

4.1.1.4 苯并烯氟菌唑 benzovindiflupyr

【商品名称】Solatenol Aprovia，Trivapro，Elatus，Ascernity，Solatenol

【化学名称】*N*-[(1*RS*,4*SR*)-9-(二氯亚甲基)-1,2,3-四氢-1,4-亚甲基萘-5-基]-3-(二氟甲基)-1-甲基吡唑-4-甲酰胺

IUPAC 名：*N*-[(1*RS*,4*SR*)-9-(dichloromethylene)-1,2,3,4-tetrahydro-1,4-methanonaphthalen-5-yl]-3-(difluoromehyl)-1-methylpyrazole-4-carboxamide

CAS 名：*N*-[9-(dichloromethylene)-1,2,3,4-tetrahydro-1,4-methanonaphthalen-5-yl]-3-(difluoromethyl)-1-methyl-1*H*-pyrazole-4-carboxamide

【化学结构式】

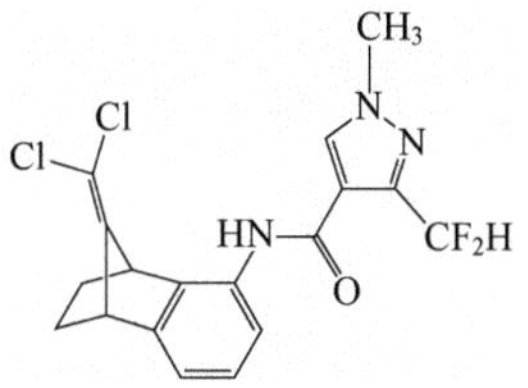

【分子式】$C_{18}H_{15}Cl_2F_2N_3O$

【分子量】398.23

【CAS 登录号】1072957-71-1

【理化性质】原药含量 97.0%，白色粉末；密度（20℃）1.466g/cm^3；熔点 148.4℃；蒸气压（25℃）3.2×10^{-9}Pa；K_{ow}lg$P$（pH5～9，20～25℃）2.3～2.9；水中溶解度（20℃）0.98mg/L，有机溶剂溶解度（20℃）：甲醇 76g/L，正己烷 270g/L，甲苯 48g/L，丙酮 350g/L，二氯甲烷 450g/L，乙酸乙酯 190g/L，辛醇 19g/L。

【研制和开发公司】中国 Syngenta（先正达公司）

【上市国家和年份】玻利维亚和巴拉圭，2012 年

【合成路线】[1-4]

路线 1：

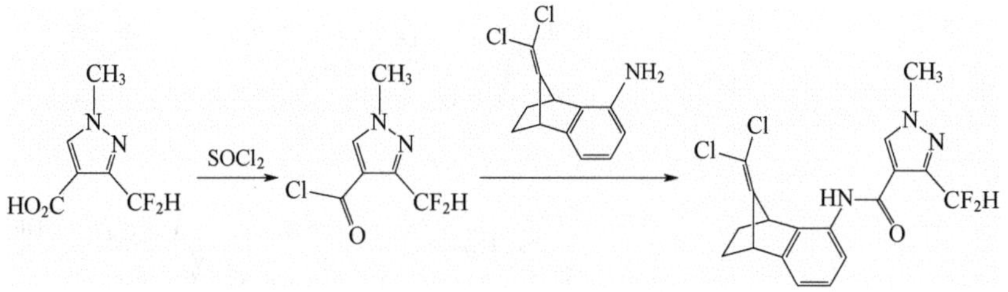

路线 2：

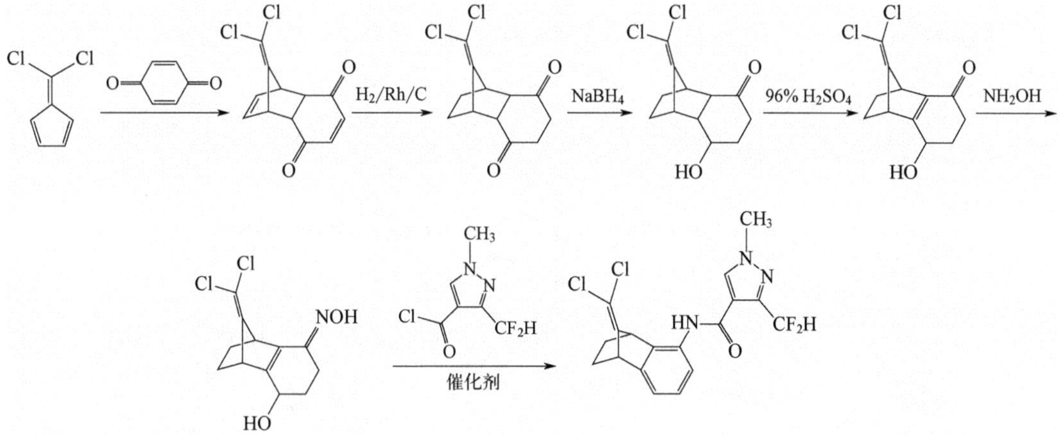

中间体合成[5-9]：

中间体 1：

方法 1：

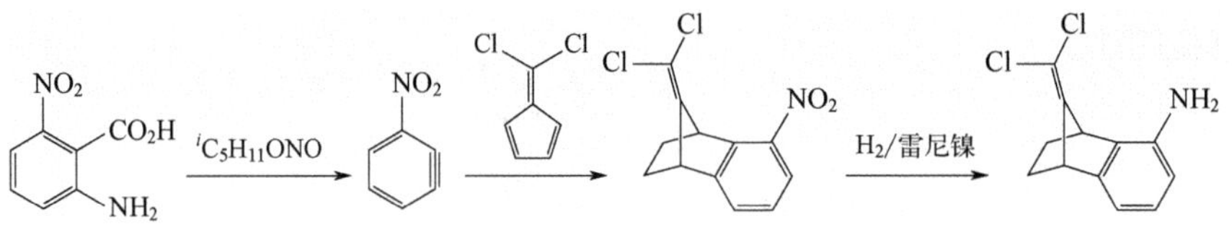

方法 2：

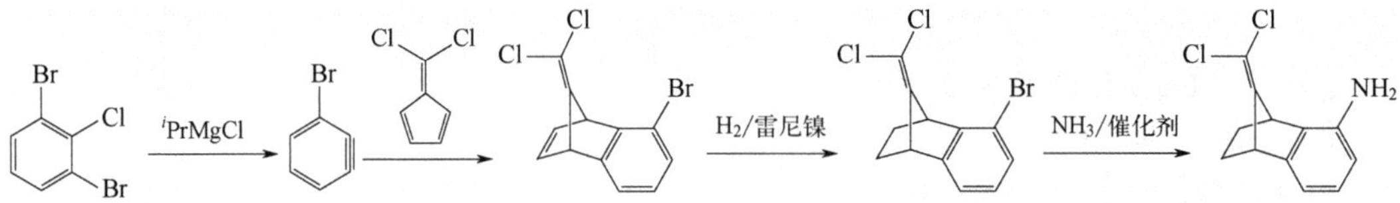

中间体 2：

方法 1：

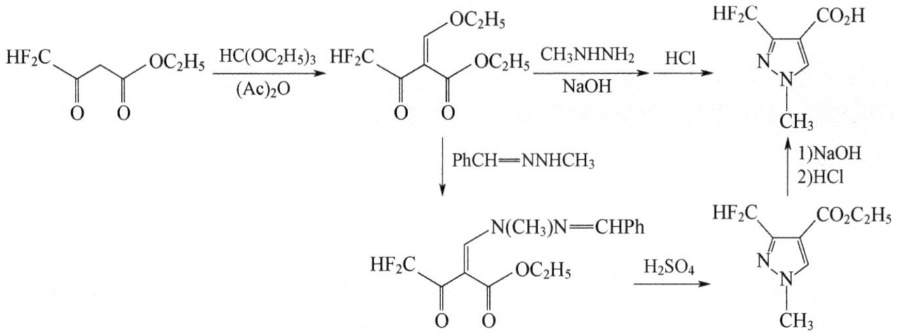

方法 2：

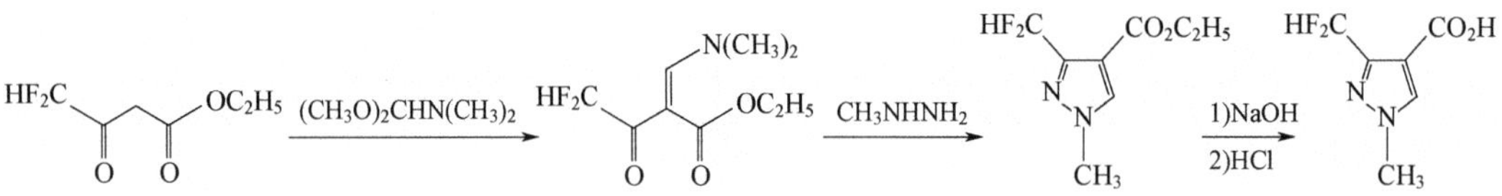

方法 3：

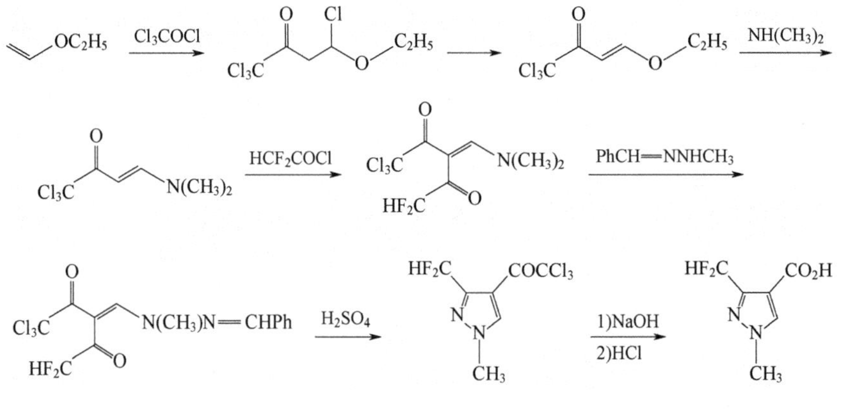

中间体 3：

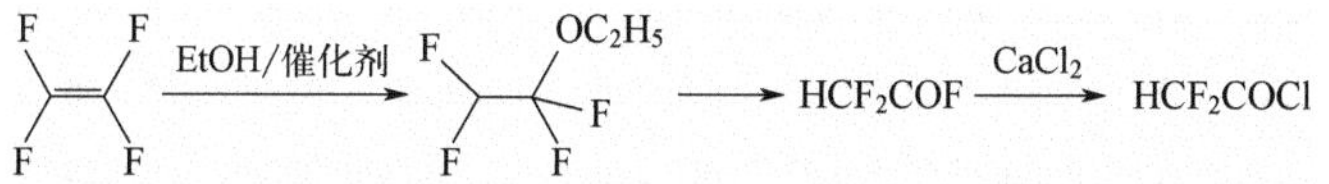

【哺乳动物毒性】大鼠急性经口 LD_{50} 55mg/kg（高毒），大鼠急性经皮 LD_{50}＞2000mg/kg。对兔眼睛有微弱刺激，对兔皮肤有微弱刺激，对小鼠皮肤无致敏。大鼠急性吸入 LC_{50}（4h）＞0.56mg/L（微毒）。NOEL：小鼠（15.6/19.0）mg/kg（28d 饲喂），小鼠（17.0/20.9）mg/kg（80 周饲喂），大鼠（36/36）mg/kg（28d 饲喂），大鼠（7.6/8.2）mg/kg（90d 饲喂），大鼠（4.9/6.7）mg/kg（104 周饲喂），狗 30mg/kg（90d 胶囊），狗 25mg/kg（1 年胶囊）。Ames 试验为阴性，小鼠骨髓细胞微核、生殖细胞染色体畸变试验均为阴性，未见致突变作用。

【生态毒性】[10] 急性经口 LD_{50}：鹌鹑 1014mg/kg，野鸭 3132mg/kg。虹鳟 LC_{50}（96h）0.0091mg/L。水蚤 EC_{50}（48h）0.085mg/L。绿藻 EC_{50}（96）＞0.89mg/L。蚯蚓 LC_{50}（14d）406.4mg/kg（土）。蜜蜂 LD_{50}（48h）（经口和接触）＞100μg/只。

【作用机理】琥珀酸脱氢酶抑制剂，作用于病原菌线粒体呼吸电子传递链上的蛋白复合体Ⅱ，即琥珀酸脱氢酶或琥珀酸-泛醌还原酶，影响病原菌的呼吸链子传递系统，阻碍其能量代谢，抑制病原菌的生长，导致其死亡，从而达到防治病害目的。

【分析方法】高效液相色谱-紫外（HPLC-UV）

【制剂】乳油（EC），悬浮剂（SC），可湿粉剂（WP）

【应用】[11] Aprovia（含 100g/L 苯并烯氟菌唑）用量 500～750mL/hm^2 可防治块茎植物早疫病，马铃薯黑痣病，豆类的叶斑病、炭疽病和亚洲大豆锈病，大豆斑枯病、大豆灰斑病、荚秆枯腐病，白粉病等。A15457TO（含 100g/L 苯并烯氟菌唑，EC）以 7.5mL/hm^2 防治草坪币斑病、炭疽病和褐斑病，50～75mL/100L[5.0～7.5g(a.i.)/100L]用于防治温室或室外花卉白粉病、链格孢属菌引发的病害和锈病。Mural 和 Elatus 都是苯并烯氟菌唑（15%）和嘧菌酯（30%）的复配可溶粒剂，Mural 用于防治温室或室外花卉白粉病、炭疽病、霜霉病、灰霉病和黑斑病等，Elatus 用于防治多种食用作物的上述病害。A18993 为苯并烯氟菌唑（75g/L）和丙环唑（125g/L）复配乳油，用于防治多种食用作物的白粉病、炭疽病、霜霉病、灰霉病和黑斑病等。Aprovia Top 是苯并烯氟菌唑（78g/L）和苯醚甲环唑（117g/L）的乳油制剂，防治对象与 Mural 等相似。Ascernity 是苯并烯氟菌唑（24g/L）和苯醚甲环唑（79g/L）的复配产品，用于防治草坪炭疽病、红丝病、褐斑病和币斑病等多种病害。Instrata ⅡA 为苯并烯氟菌唑和苯醚甲环唑的桶混制剂，防治草坪灰霉病和雪霉病等多种病害。

【使用注意事项】本产品在土壤中稳定，可在土壤中存数年，不易消解或转化，被土壤牢牢吸附，不迁移或迁移作用微弱，不易被淋溶，在田间条件下不易挥发，在水中的溶解度很小，不易水解或生物转化，光转化速度慢；另外对鱼毒性高。

【其他】与嘧菌酯复配是近年来对巴西亚洲大豆锈病防效最好的产品，在巴西上市的第一年销售额就超过了 3 亿美元，是先正达有史以来增长最快、开发最成功的产品，获得了 2015 年第八届 Agrow Awards “最佳新作物保护产品奖”。

【参考文献】

[1] Ehrenfreund J，Tobler H，Walter H，et al．Heterocyclocarboxamide derivatives．WO2004035589．

[2] Hodges G R，Mitchell l，Robinson A J，et al．Methods for the preparation of fungicides．WO2010072631．

[3] Schleth F，Vettiger T，Rommel M，et al．Process for the preparation of pyrazole carboxylic Acid Amides．WO2011131544．

[4] Gribkov D, Muller A, Lagger M, et al. Process for the preparation of pyrazole carboxylic acid amides. WO2011015416.
[5] Sawaguchi M, Matsumura Y. Process for the preparation of 3-halogenated alkyl pyrazole derivatives. WO2016158716.
[6] Umetani H, Kakimoto T, Aoki Y. Method for producing fluorine-containing acylacetic acid derivative, method for producing fluorine-containing pyrazolecarboxylic acid ester derivative, and method for producing fluorinecontaining pyrazolecarboxylic acid derivative. WO2009116435.
[7] Schmitt E, Jaunzems J. Process and intermediate for the manufacture of difluoroacetyl chloride. WO2019043238.
[8] Takada N, Okamoto M, Imura H. Purification of difluoroacetyl chloride. US8785689.
[9] Oharu Ka, Kumai S. Preparation of difluoroacetic acid fluoride and difluoroacetic acid esters. US5710317.
[10] He F L, Wan J Q, Li X X, et al. Toxic effects of benzovindiflupyr, a new SDHI-type fungicide on earthworms (Eisenia fetida). Environ Sci Pollut Res, 2021, 28 (44): 62782-62795.
[11] Hagerty C H, Klein A M, Reardon C L, et al. Baseline and temporal changes in sensitivity of Zymoseptoria tritici isolates to benzovindiflupyr in Oregon, U. S. A., and cross-sensitivity to other SDHI fungicides. Plant Dis, 2021, 105 (1): 169-174.

4.1.1.5 吡噻菌胺 penthiopyrad

【商品名称】Aphet，Affet，Fontelis，Vertisan，Velista，Gaia

【化学名称】(*RS*)-*N*-[2-(1,3-二甲基丁基)噻吩-3-基]-1-甲基-3-(三氟甲基)-1*H*-吡唑-4-甲酰胺

IUPAC 名：(*RS*)-*N*-[2-(1,3-Dimethylbutyl)-3-thienyl]-1-methyl-3-(trifluoromethyl)pyrazole-4-car-boxamide

CAS 名：*N*-[2-(1,3-dimethylbutyl)-3-thienyl]-1-methyl-3-(trifluoromethyl)-1*H*-pyrazole-4-car-box-amide

【化学结构式】

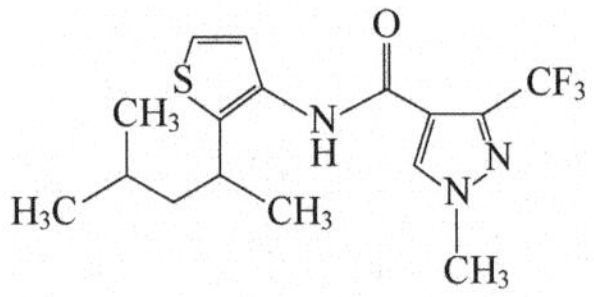

【分子式】$C_{16}H_{20}F_3N_3OS$

【分子量】359.41

【CAS 登录号】183675-82-3

【理化性质】白色粉状，熔点 107.5～107.9℃；密度（20℃）1.3g/cm^3，蒸气压（20℃）6.43×10^{-4}mPa；K_{ow}lg$P$（20℃）4.62；水中溶解度（20℃）1.375mg/L，有机溶剂中溶解度（20℃）：甲醇 402g/L，丙酮 557g/L，乙酸乙酯 349g/L，甲苯 67g/L。

【研制和开发公司】由日本 Mitsui Chemicals，Inc.（日本三井化学株式会社）开发

【上市国家和年份】2003 年

【合成路线】[1,2]

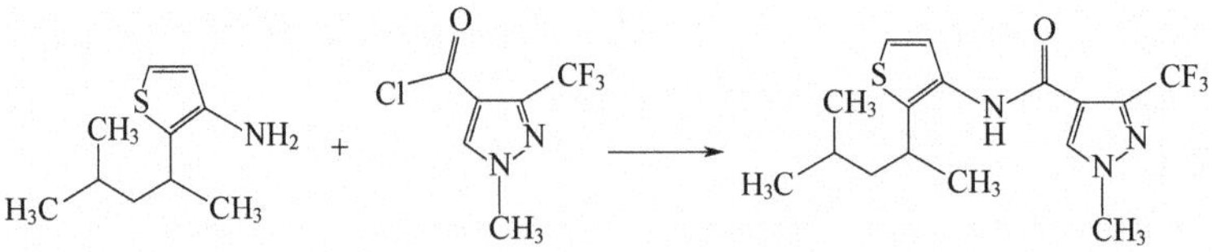

中间体合成[3,4]：

中间体 1：

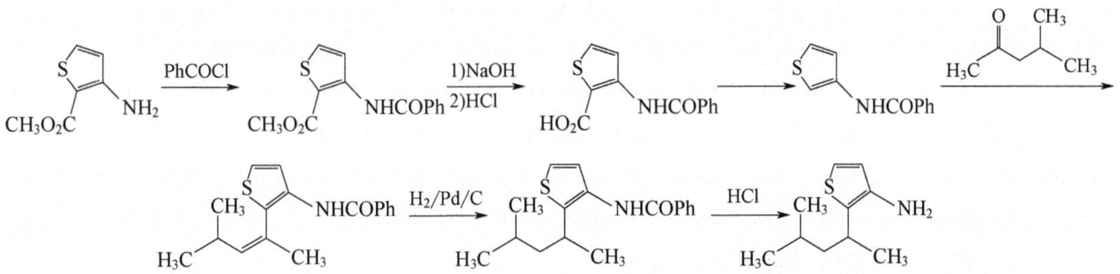

中间体 2：

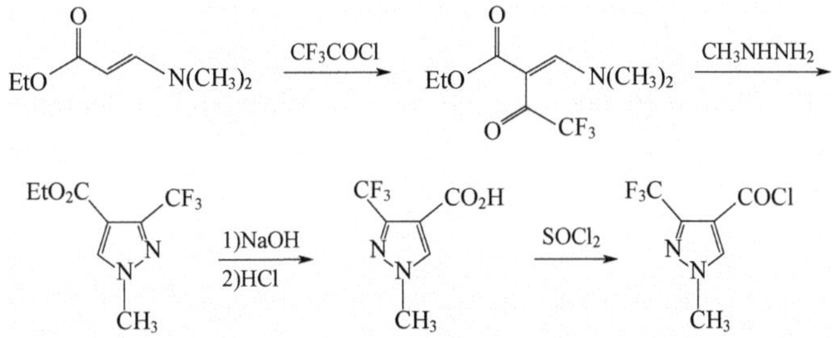

【哺乳动物毒性】吡噻菌胺对雌、雄大鼠急性经口 LD_{50}>2000mg/kg，急性经皮 LD_{50}>2000mg/kg，急性吸入 LD_{50}>5669mg/L；对兔眼睛有轻微刺激，对兔皮肤无刺激性和无致敏性；Ames 试验为阴性、无致癌、致突变性。

【生态毒性】山齿鹑急性毒性 LD_{50}>2250mg/kg；黑头呆鱼 LC_{50} 0.29mg/L；大型蚤 EC_{50}（48h）>1.38mg/L；糠虾 LC_{50}（96h）1.7mg/L；浮萍 EC_{50}（7d）1.21mg/L；羊角月牙藻 EC_{50}（72h）>1.58mg/L；赤子爱胜蚓 LC_{50}（14d）>500mg/kg；对蜜蜂无毒。

【作用机理】琥珀酸脱氢酶抑制剂，作用于线粒体呼吸链复合体Ⅱ中的琥珀酸脱氢酶，抑制其活性，进而抑制真菌病原菌孢子的萌发，芽管和菌丝体的生长。

【分析方法】高效液相色谱-紫外（HPLC-UV）

【制剂】乳油（EC），悬浮剂（SC），水分散剂（WG）

【应用】[5,6]该类产品主要用于控制或抑制油菜籽、芥末（油和调料类型）、玉米和大豆土壤和种子中的真菌疾病，开发的制剂有 20%和 15%的悬浮剂，吡噻菌胺与常规的保护性杀菌剂具有较好的可混性；室内和田间试验结果均表明，不仅对锈病、菌核病有优异的活性，对灰霉病、白粉病和苹果黑星病也显示出较好的杀菌活性。三井化学授予杜邦公司在美洲、欧洲和澳大利亚、新西兰等地区的市场开发权。三井化学向杜邦提供吡噻菌胺，而杜邦公司负责登记和销售其制剂产品；杜邦公司在美国、加拿大等推广登记的产品为 20.6%（200g/L）吡噻菌胺乳油、20.4%吡噻菌胺悬浮剂、50%吡噻菌胺水分散剂、350g/L 吡噻菌胺·百菌清悬浮剂（1∶2.5）；日本三井化学株式会社、日本曹达株式会社在日本推广的产品为 15%、20%吡噻菌胺水和剂、50%吡噻菌胺水分散粒剂、46.4%吡噻菌胺·百菌清水和剂（6.4%+40%）、吡噻菌胺·代森锰锌水和剂（4.25%+65%）、18%吡噻菌胺·嘧菌胺水和剂（8%+10%）。

【参考文献】

[1] Katsuta H，Ishii S，Tomiya K，et al．Preparation of 3-acylamino-2-alkylthiophenes．EP1036793．

[2] Katsuta H，Ishii S，Tomiya K，et al．Process for preparing 2-alkyl-3-aminothiophene derivative and 3-aminothiophene

derivative. US6239282.
[3] Fukazawa Y, Aoki Y, Mita H, et al. Process for preparation of 2-alkyl-3-aminothiophenes. US20100267963.
[4] Walter H, Corsi C, Ehrenfreund J, et al. Process for the preparation of pyrazoles. WO2006045504.
[5] Liu Y X, Qi A M, Haque M E, et al. Combining penthiopyrad with azoxystrobin is an effective alternative to control seedling damping-off caused by Rhizoctonia solani on sugar beet. Crop Prot, 2021, 139: 105374.
[6] Culbreath A K, Brenneman T B, Kemerait R C, et al. Effect of DMI and QoI fungicides mixed with the SDHI fungicide penthiopyrad on late leaf spot of peanut. Crop Prot, 2020, 137: 105298.

4.1.1.6 氟苯醚酰胺 flubeneteram

【化学名称】 2′-[2-氯-4-(三氟甲基)苯氧基]-3-(二氟甲基)-1-甲基-1*H*-吡唑-4-甲酰苯胺

IUPAC 名：2′-[2-chloro-4-(trifluoromethyl)phenoxy]-3-(difluoromethyl)-1-methyl-1*H*-pyrazole-4-carboxanilide

CAS 名：*N*-[2-[2-chloro-4-(trifluoromethyl)phenoxy]phenyl]-3-(difluoromethyl)-1-methyl-1*H*-pyrazole-4-carboxamide

【化学结构式】

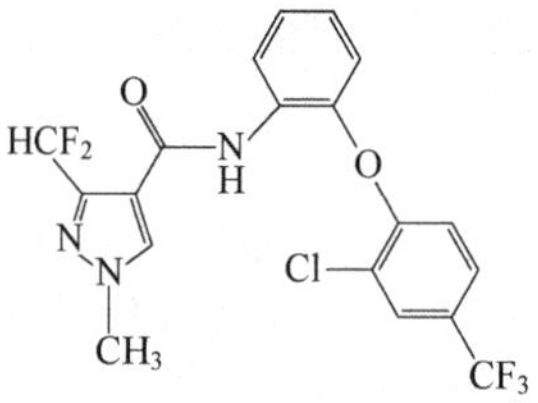

【分子式】 $C_{19}H_{13}ClF_5N_3O_2$

【分子量】 445.77

【CAS 登录号】 1676101-39-5

【研制和开发公司】 华中师范大学

【上市国家和年份】 中国，开发中

【合成路线】 [1-6]

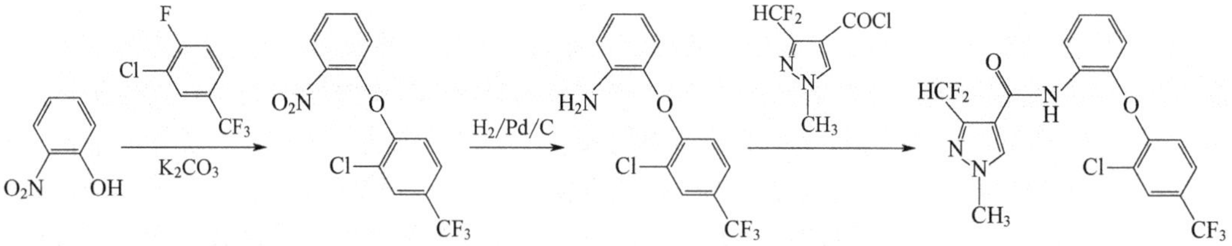

中间体 1-甲基-2-二氟甲基-5-吡唑甲酸合成参见“苯并烯氟菌唑 benzovindiflupyr”。

【防治对象】 可防治水稻纹枯、作物白粉病等。

【参考文献】

[1] 杨光富，陈杰，胡伟群．一种杀菌剂组合物和制剂及其应用．CN104872136.
[2] 李义涛，林健，伍阳，等．一种氟苯醚酰胺的制备方法．CN111138364.
[3] Umetani H, Kakimoto T, Aoki Y. Method for producing fluorine-containing acylacetic acid derivative, method for producing fluorine-containing pyrazolecarboxylic acid ester derivative, and method for producing fluorinecontaining pyrazolecarboxylic acid derivative. WO2009116435.

[4] Schmitt E，Jaunzems J．Process and intermediate for the manufacture of difluoroacetyl chloride．WO2019043238．

[5] Takada N，Okamoto M，Imura H．Purification of difluoroacetyl chloride．US8785689．

[6] Oharu Ka，Kumai S．Preparation of difluoroacetic acid fluoride and difluoroacetic acid esters．US5710317．

4.1.1.7 氟茚唑菌胺 fluindapyr

【商品名称】Zaltus（混剂，与四氟醚唑混合），Kalida（混剂，与粉唑醇混合），Onsuva（混剂，与苯醚甲环混合）

【化学名称】3-(二氟甲基)-*N*-[(3*RS*)-7-氟-2,3-二氢-1,1,3-三甲基-1*H*-茚-4-基]-1-甲基-1*H*-吡唑-4-甲酰胺

IUPAC 名：3-(difluoromethyl)-*N*-[(3*RS*)-7-fluoro-2,3-dihydro-1,1,3-trimethyl-1*H*-inden-4-yl]-1-methyl-1*H*-pyrazole-4-carboxamide

CAS 名：3-(difluoromethyl)-*N*-(7-fluoro-2,3-dihydro-1,1,3-trimethyl-1*H*-inden-4-yl)-1-methyl-1*H*-pyrazole-4-carboxamide

【化学结构式】

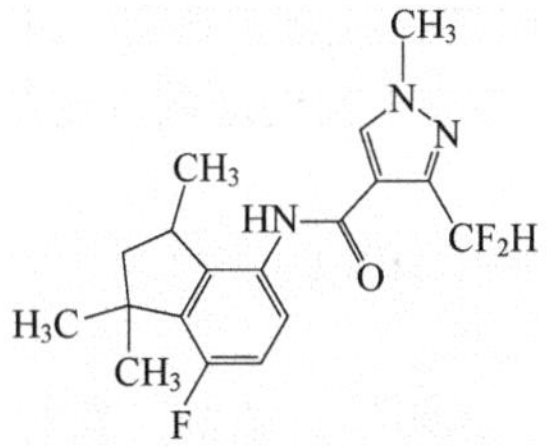

【分子式】$C_{18}H_2F_3N_3O$

【分子量】351.37

【CAS 登录号】1383809-87-7

【理化性质】蒸气压（20℃）2.84×10^{-8}Pa；K_{ow}lg*P* 4.2；水中溶解度（20℃）1.63mg/L。

【研制和开发公司】意大利 Isagro S.P.A（意大利意赛格），2020 年美国富美实公司购买该化合物的专利权

【上市国家和年份】巴拉圭，2019 年

【合成路线】[1-6]

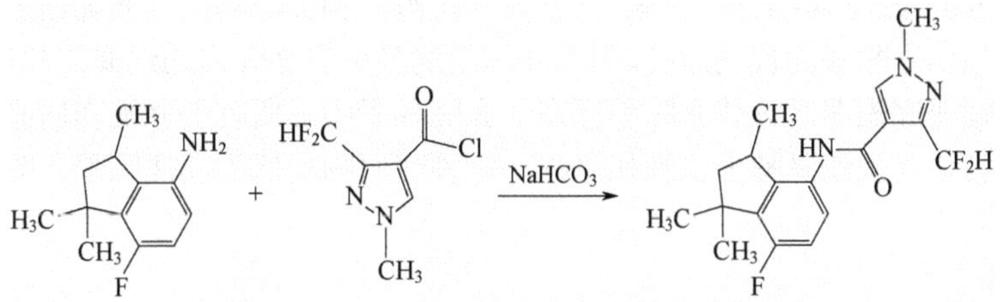

中间体合成：

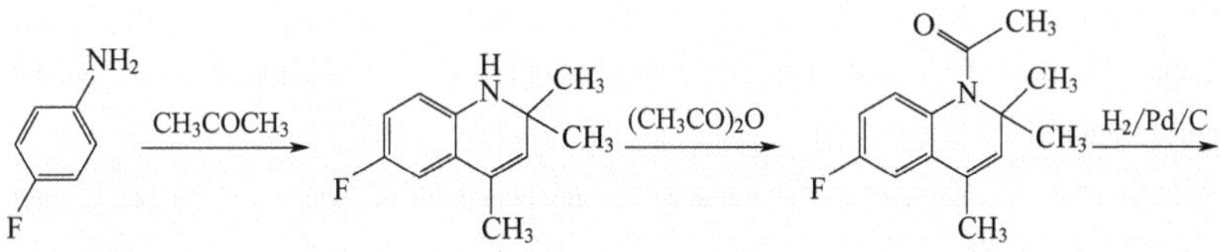

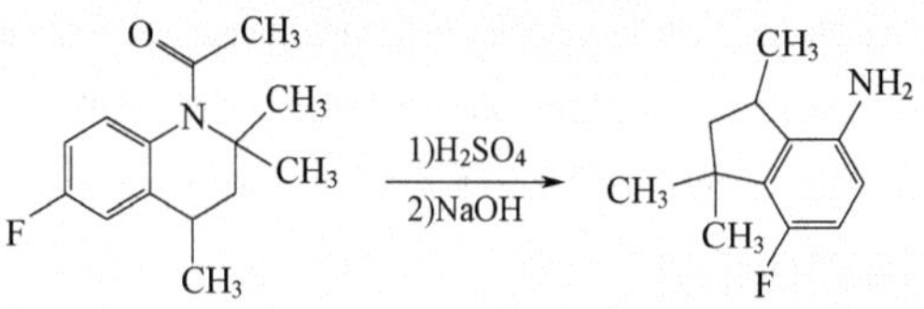

中间体1-甲基-2-二氟甲基-5-吡唑甲酸合成参见“苯并烯氟菌唑 benzovindiflupyr”。

【哺乳动物毒性】大鼠急性经口LD_{50}>2000mg/kg，大鼠急性经皮LD_{50}>2000mg/kg。对皮肤和眼睛无刺激，对皮肤致敏。鼠吸入LC_{50}>5.19mg/L。NOAEL：21d 饲喂大鼠1000mg/(kg·d)，1年8mg/(kg·d)。无致畸和无致突变。

【生态毒性】山齿鹑LD_{50}（14d）>2250mg/kg，绿头鸭饲喂LC_{50}（8d）>5766mg/kg；斑马鱼LC_{50}（96h）364μg/L，虹鳟鱼LC_{50}（96h）121μg/L，蓝鳃太阳鱼LC_{50}（96h）286μg/L；大型水蚤EC_{50}（48h）414μg/L，大型水蚤NONEC（21d）120μg/L；东方牡蛎EC_{50}（96h）416μg/L；浮萍EC_{50}（7d）>2000μg/L；羊角月牙藻EC_{50}（96h）4060μg/L；蜜蜂（经口）LD_{50}>143.3μg/只，蜜蜂（接触）LD_{50}>300μg/只。

【作用机理】氟茚唑菌胺为琥珀酸脱氢酶抑制剂（SDHI）类杀菌剂，作用于病原菌线粒体呼吸电子传递链上的复合体Ⅱ，通过干扰病原菌细胞线粒体呼吸作用，进而导致生物体衰竭死亡。

【分析方法】高效液相色谱-紫外（HPLC-UV）

【制剂】悬浮剂（SC）

【应用】[7] 氟茚唑菌胺为广谱、内吸性杀菌剂，具有保护、治疗、铲除活性，持效期长，对许多重要病害展现出优异的防效，尤其是严重影响作物产量的锈病。其适用作物众多，可广泛用于谷物、大豆、水稻、坚果树、油菜、玉米、棉花、果蔬、草坪和观赏植物等，防治由壳针孢属、链格孢属、尾孢属、棒孢属等病原菌引起的病害，如大豆亚洲锈病、叶枯病、纹枯病、稻瘟病、花枯病、菌核病、炭疽病、灰霉病和白粉病。氟茚唑菌胺高效防治病害的同时，还能提高作物产量。同时，氟茚唑菌胺为广谱琥珀酸脱氢酶抑制剂（SDHI）类杀菌剂，该有效成分对其他化学类型的杀菌剂产生抗性的真菌病害也有效。此外，还有研究表明，氟茚唑菌胺不仅自身广谱、高效，兼容性好，而且可以与其他许多杀菌剂复配或预混，提供一流的病害防治方案。

【代谢】动物：在啮齿动物（大鼠）、家禽（蛋鸡）和反刍动物（哺乳期山羊）中进行的代谢研究结果显示出相似的代谢途径，大部分施用剂量可在24h内通过粪便和尿液迅速排泄。植物：大豆代谢研究表明，该化合物不存在于大豆种子中。所有五种植物均显示出可比较的代谢途径，其特征是快速降解为多种代谢物，每种代谢物均低于关注水平。关注的残留物仅是氟茚唑菌胺。

【参考文献】

[1] Pellacini F，Vazzola M S，Gusmeroli M，et al. Synergistic compositions for the protection of agrarian crops and the use thereof. WO2013186325.

[2] Bellandi P，Zanardi G，Datar R V，et al. Process for the preparation of 4-aminoindane derivatives and related aminoindane amides. WO2017178868.

[3] Umetani H，Kakimoto T，Aoki Y. Method for producing fluorine-containing acylacetic acid derivative，method for producing fluorine-containing pyrazolecarboxylic acid ester derivative，and method for producing fluorinecontaining pyrazolecarboxylic

acid derivative. WO2009116435.

[4] Schmitt E, Jaunzems J. Process and intermediate for the manufacture of difluoroacetyl chloride. WO2019043238.

[5] Takada N, Okamoto M, Imura H. Purification of difluoroacetyl chloride. US8785689.

[6] Oharu Ka, Kumai S. Preparation of difluoroacetic acid fluoride and difluoroacetic acid esters. US5710317.

[7] Hagerty C H, Klein A M, Reardon C L, et al. Baseline and temporal changes in sensitivity of *Zymoseptoria tritici* isolates to benzovindiflupyr in Oregon, U. S. A., and cross-sensitivity to other SDHI fungicides. Plant Dis, 2021, 105 (1): 169-174.

4.1.1.8 氟唑环菌胺 sedaxane

【商品名称】 Vibrance，VibranceExtreme，Cruiser Maxx Vibrance，Helix Vibrance，Vibrance Integral，Vibrance Gold，Vibrance XL，Vi- bmnceExtreme

【化学名称】 2-顺式 2′-[(1*RS*,2*RS*)-1,1′-双向环丙-2-基]-3-(二氟甲基)-1-甲基吡唑-4-甲酰苯胺；2-反式 2′-[(1*RS*,2*SR*)-1,1′-双向环丙-2-基]-3-(二氟甲基)-1-甲基吡唑-4-甲酰苯胺

IUPAC 名：mixture of 2-*cis*-isomers 2′-[(1*RS*,2*RS*)-1,1′-bicyclopropyl-2-yl]-3-(difluoromethyl)-1-methylpyrazole-4-carboxanilide and 2-*trans*-isomers 2′-[(1*RS*,2*SR*)-1,1′-bicyclopropyl-2-yl]-3-(difluoromethyl)-1-methylpyrazole-4-carboxanilide

CAS 名：*N*-[2-[1,1′-bicyclopropyl]-2-ylphenyl]-3-(difluoromethyl)-1-methyl-1*H*-pyrazole-4-carboxamide

【化学结构式】

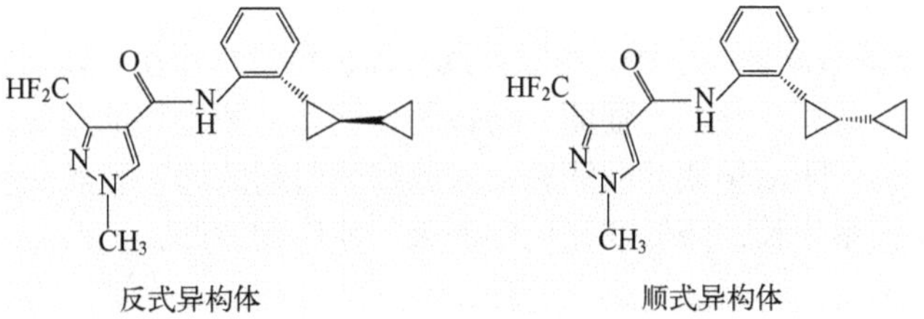

【分子式】 $C_{18}H_{19}F_2N_3O$

【分子量】 331.37

【CAS 登录号】 874967-67-6（顺反异构体混合物），599197-38-3（反式），599194-51-1（顺式）

【理化性质】 白色固体，熔点 121.4℃，沸点＞270℃；密度（25℃）1.23g/cm^3；K_{ow}lg$P$（pH 7，20℃）3.3；蒸气压（25℃）6.5×10^{-5}mPa；水中溶解度（20℃）：670mg/L，1380mg/L（pH5），570mg/L（pH7），550mg/L（pH9）；有机溶剂中溶解度：丙酮 410mg/L，二氯甲烷 500mg/L，乙酸乙酯 200mg/L，已烷 0.41mg/L，甲醇 110mg/L，辛醇 20mg/L，甲苯 70mg/L；稳定性：氮气或空气中稳定，水解 50℃，pH4、5、7 及 9 时至少 5 天水解稳定，25℃，pH5、7 及 9 时至少 30 天水解稳定。

【研制和开发公司】 由 Syngenta AG（中国先正达公司）发现

【上市国家和年份】 阿根廷，2011 年

【合成路线】 [1,2]

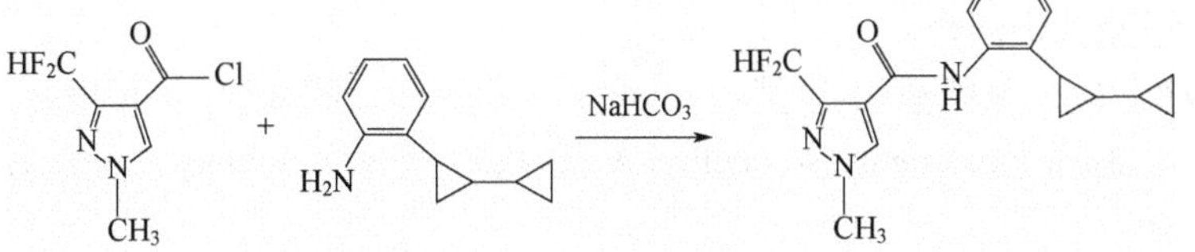

中间体合成[3-8]：

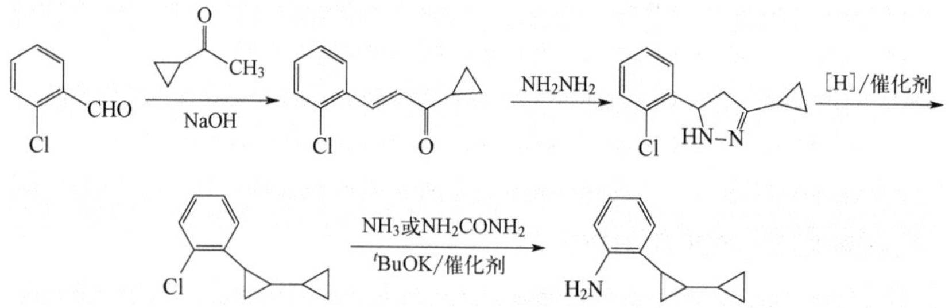

中间体1-甲基-2-二氟甲基-5-吡唑甲酸合成参见“苯并烯氟菌唑 benzovindiflupyr”。

【哺乳动物毒性】雌/雄大鼠 LD_{50} 2000～5000mg/kg，雌/雄大鼠 LD_{50}＞5000mg/kg；雌/雄大鼠 LC_{50}＞5.25mg/L；对家兔眼睛无刺激性，对家兔皮肤无刺激性，对豚鼠皮肤不致敏或弱致敏。

【作用机理】与其他SDHI类杀菌剂作用机理一样，氟唑环菌胺通过作用于细菌体内连接氧化磷酸化与电子传递的枢纽之一——琥珀酸脱氢酶（Succinate dehydrogenase，SDH），导致三羧酸循环（tricarboxylic acid cycle）障碍，阻碍其能量的代谢，进而抑制病原菌的生长，导致其死亡，从而达到防治病害的目的。

【分析方法】高效液相色谱-紫外（HPLC-UV），气相色谱-质谱（GC-MS）

【制剂】悬浮剂（SC）

【应用】氟唑环菌胺高效、广谱、内吸，具有保护和治疗作用，以保护作用为主。适用于谷物、大豆、玉米、蔬菜、甘蔗、葡萄、马铃薯、棉花、梨果和油菜等众多作物，防治多种土传和种传病害，也可防治早期叶面病害，对丝核菌引起的病害和丝黑穗病防效优异。氟唑环菌胺能促进作物根系生长，降低非光化学淬灭，使作物增产。

【参考文献】

[1] Reichert W，Koradin C，Smid S P，et al. Preparation of 1-methyl-1*H*-pyrazole-4-carboxamides. WO2009135860.

[2] Zierke T，Rheinheimer J，Rack M，et al. Preparation of *N*-phenyl-1*H*-pyrazole-4-carboxamides. WO2008145740.

[3] Walter H，Nettekoven Ul. Process for the production of aromatic amines in the presence of a palladium complex comprising a ferrocenyl biphosphine ligand. WO2008017443.

[4] Fuerst M，Vettiger T. Process for the production of anilines. WO2009007033.

[5] Umetani H，Kakimoto T，Aoki Y. Method for producing fluorine-containing acylacetic acid derivative，method for producing fluorine-containing pyrazolecarboxylic acid ester derivative，and method for producing fluorinecontaining pyrazolecarboxylic acid derivative. WO2009116435.

[6] Schmitt E，Jaunzems J. Process and intermediate for the manufacture of difluoroacetyl chloride. WO2019043238.

[7] Takada N，Okamoto M，Imura H. Purification of difluoroacetyl chloride. US8785689.

[8] Oharu Ka，Kumai S. Preparation of difluoroacetic acid fluoride and difluoroacetic acid esters. US5710317.

4.1.1.9 氟唑菌酰胺 fluxapyroxad

【商品名称】Xemium，Systiva，Intrex，Adexar（混剂，与氟环唑混合），Ceriax（混剂，与氟环唑、吡唑醚菌酯混合）

【化学名称】3-(二氟甲基)-1-甲基-*N*-(3′,4′,5′-三氟联苯-2-基)吡唑-4-甲酰胺

IUPAC名：3-(difluoromethyl)-1-methyl-*N*-(3′,4′,5′-trifluorobiphenyl-2-yl)-1*H*-pyrazole-4-carboxamide

CAS 名：3-(difluoromethyl)-1-methyl-*N*-(3′,4′,5′-trifluoro[1,1′-biphenyl]-2-yl)-1*H*-pyrazole-4-carboxamide

【化学结构式】

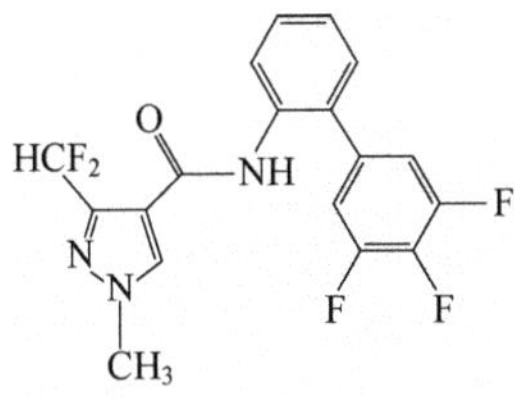

【分子式】$C_{18}H_{12}F_5N_3O$

【分子量】381.31

【CAS 登录号】907204-31-3

【理化性质】原药（纯度 99.3%）为白色到米色固体，无味，熔点 156.8℃；密度（20℃）1.42g/cm^3，约在 230℃分解；蒸气压（推算）：2.7×10^{-9}Pa（20℃），8.1×10^{-9}Pa（25℃）；去离子水 K_{ow}lg$P$ 3.08，K_{ow}lg$P$ 3.09（pH4），K_{ow}lg$P$ 3.13（pH7），平均 K_{ow}lg$P$（3.10±0.02）；水中溶解度（20℃）：3.88mg/L（pH5.84），3.78mg/L（pH4.01），3.44mg/L（pH7.00），3.84mg/L（pH9.00）；有机溶剂中溶解度（原药纯 99.2%，20℃）：丙酮>250g/L，乙腈（167.6±0.2）g/L，二氯甲烷（146.1±0.3）g/L，乙酸乙酯（123.3±0.2）g/L，甲醇 53.4g/L，甲苯 20.0g/L，正辛醇（4.69±0.1）g/L，正庚烷（0.106±0.001）g/L；在黑暗和无菌条件下，在 pH 4、5、7、9 水溶液中稳定；光照稳定。

【研制和开发公司】由德国 BASF（德国巴斯夫公司）开发

【上市国家和年份】2011 年，英国

【合成路线】[1-4]

路线 1：

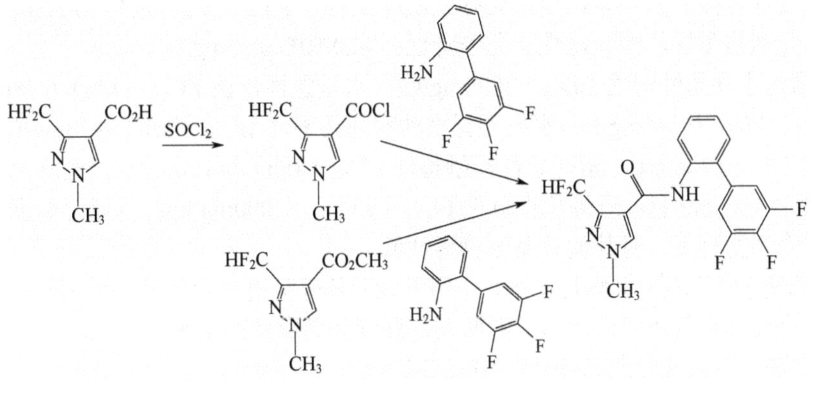

路线 2：

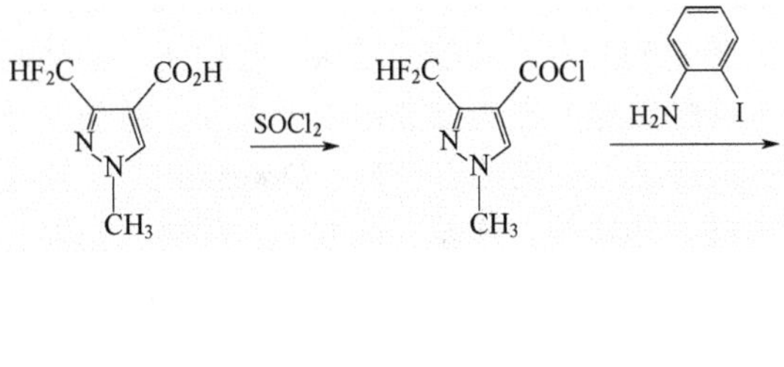

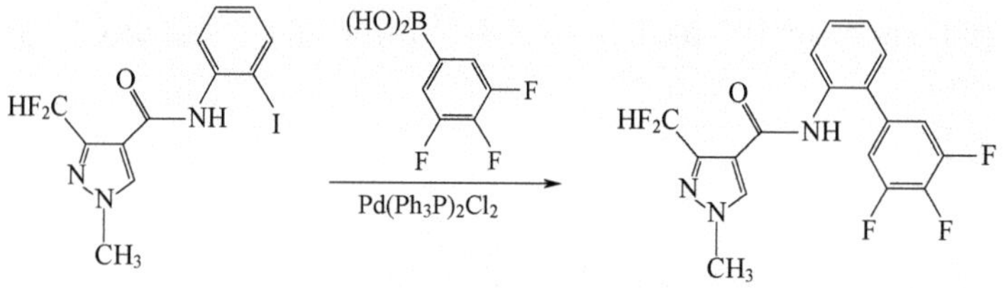

中间体合成[5-10]：

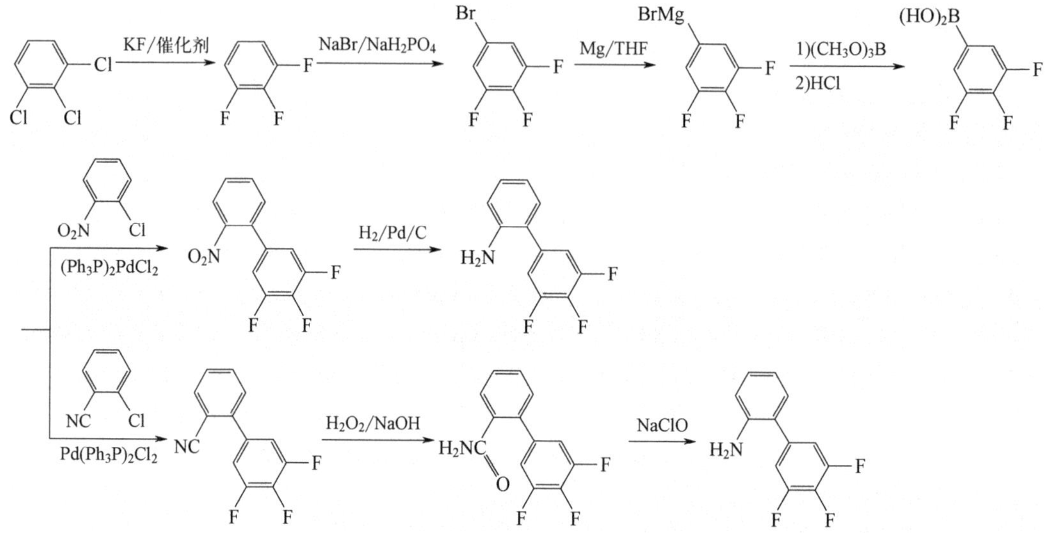

中间体 1-甲基-2-二氟甲基-5-吡唑甲酸合成参见“苯并烯氟菌唑 benzovindiflupyr”。

【哺乳动物毒性】大鼠（雌性）急性经口毒性 LD_{50}≥2000mg/kg，大鼠（雌雄）急性经皮毒性 LD_{50}＞2000mg/kg；大鼠（雌雄）急性吸入毒性 LC_{50}＞5.1mg/L；对兔眼睛有微弱的刺激作用，对兔皮肤有微弱的刺激作用，对豚鼠皮肤没有致敏性；无致癌性，无致畸性，对生殖无副作用，无遗传毒性、神经毒性和免疫毒性；ADI/RfD 0.02mg/kg。

【生态毒性】鸟急性毒性 LD_{50}＞2000mg/kg；水蚤急性毒性 EC_{50}（48h）6.78mg/L；鱼急性毒性 LC_{50}（96h）0.546mg/L；水生无脊椎动物急性毒性 EC_{50}（48h）6.78mg/L；水藻急性毒性 EC_{50}（72h）0.70mg/L；蜜蜂急性接触毒性 LD_{50}（48h）＞100μg/只，蜜蜂急性经口毒性 LD_{50}（48h）＞110.9μg/只；蚯蚓急性毒性 LC_{50}（14d）＞1000mg/kg；由以上数据可知，氟唑菌酰胺对水生生物有毒，对其他有益生物毒性低。

【作用机理】琥珀酸脱氢酶抑制剂，作用于线粒体呼吸链复合体Ⅱ中的琥珀酸脱氢酶，抑制其活性，进而抑制真菌病原菌孢子的萌发，芽管和菌丝体的生长。

【分析方法】高效液相色谱-紫外（HPLC-UV）

【制剂】乳油（EC），悬浮剂（SC），水悬浮型种衣剂（FS）

【应用】[11] 氟唑菌酰胺适配性强，有多种复配产品；Adexar（氟唑菌酰胺＋氟环唑）用于小麦、大麦、黑小麦、黑麦和燕麦，防治白粉病、叶枯病、颖枯病、条锈病和叶锈病等；Priaxor（氟唑菌酰胺＋吡唑醚菌酯）在美国登记用于大豆、番茄、马铃薯和其他大田作物，对大豆褐斑病（*Septoria glycines*）的防治有特效；Orkestra SC（氟唑菌酰胺＋吡唑醚菌酯）在巴西登记用于大豆、柑橘、马铃薯、洋葱、胡萝卜、苹果、芒果、甜瓜、黄瓜、甜椒、番茄、油菜、花生、菜豆、向日葵、高粱、玉米、小麦和花卉（菊花和玫瑰）等，能防治亚洲大豆锈病，增强作物的光合作用，用于病害的抗性管理；Priaxor D（氟唑菌酰胺＋吡唑醚菌酯＋四氟醚唑）在美国登记用于防治对甲氧基丙烯酸酯类杀菌剂产生抗性的大豆灰斑病等；种子处理剂 Obvius（氟唑菌酰胺＋吡唑醚菌酯＋甲霜灵）在美国登记，能防治许多作物的多种难治苗期病害。

【代谢】动物：氟唑菌酰胺给药后 3d 内通过胃肠迅速吸收和排泄，尿液中的排泄低于粪便。氟唑菌酰胺的吸收转化主要通过联苯环系统的羟基化，吡唑环系统的 *N*-脱甲基化，联苯环系统氟原子的丢失和与葡萄糖醛酸或谷胱甘肽衍生物的共轭进行。植物：氟唑菌酰胺主要残留在植物中。代谢过程主要通过吡唑环系统的 *N*-脱甲基形成 3-二氟甲基-*N*-（3′,4′,5′-三氟联苯-2-基）-1*H*-4 吡唑酰胺，随后由糖苷接合在该位点形成 3-二氟甲基-1-（*β*-*D*-吡喃葡萄糖基）-*N*-（3′,4′,5′-三氟联苯-2-基）-1*H*-4-吡唑酰胺。3-二氟甲基-4-吡唑羧酸的少量存在被认为是由土壤代谢吸收造成的。土壤/环境：土壤 DT_{50}（田间）39～370d；土壤 DT_{90}（田间）＞1 年，水解稳定。K_{foc} 320～1101mL/g（空气）；DT_{50} 0.7d。

【参考文献】

[1] Rack M, Smidt S P, Loehr S, et al. Preparation of difluoromethylpyrazolyl carboxylates. WO2008053043.

[2] Kurihara Y, Sato K, Wasuzu A, et al. Production method for pyrazole-4-carboxamide derivative. WO2019044266.

[3] 程彦霓，邓博远，等. 一种基于铃木反应的氟唑菌酰胺的合成方法. CN113402464.

[4] Gribkov D, Muller A, Lagger M, et al. Process for the preparation of pyrazole carboxylic acid amides. WO2011015416.

[5] 李振华，张旭超，谭志勇. 一种 3′,4′,5′-三氟-[1,1′-联苯]-2-胺的化学合成方法. CN109761820.

[6] Sawaguchi M, Matsumura Y. Process for the preparation of 3-halogenated alkyl pyrazole derivatives. WO2016158716.

[7] Hideki U S, Takeshi K C. Method for producing fluorine-containing acylacetic acid derivative, method for producing fluorine-containing pyrazolecarboxylic acid ester derivative, and method for producing fluorinecontaining pyrazolecarboxylic acid derivative. US2011015406.

[8] Schmitt E, Jaunzems J. Process and intermediate for the manufacture of difluoroacetyl chloride. WO2019043238.

[9] Takada N, Okamoto M, Imura H. Purification of difluoroacetyl chloride. US8785689.

[10] Oharu Ka, Kumai S. Preparation of difluoroacetic acid fluoride and difluoroacetic acid esters. US5710317.

[11] Mello F E, Mathioni S M, Fantin L H, et al. Sensitivity assessment and SDHC-I86F mutation frequency of Phakopsora pachyrhizi populations to benzovindiflupyr and fluxapyroxad fungicides from 2015 to 2019 in Brazil. Pest Manag Sci, 2021, 77（10）: 4331-4339.

4.1.1.10 氟唑菌酰羟胺 pydiflumetofen

【商品名称】Adepidyn、Miravis，Miravis Duo（混剂，苯醚甲环唑），Saltro，Posterity

【化学名称】3-(二氟甲基)-*N*-甲氧基-1-甲基-*N*-[(*RS*)-1-甲基-2-(2,4,6-三氯苯基)乙基]-1*H*-吡唑-4-甲酰胺

IUPAC 名：3-(difluoromethyl)-*N*-methoxy-1-methyl-*N*-[(*RS*)-1-methyl-2-(2,4,6-trichlorophenyl) ethyl]-1*H*-pyrazole-4-carboxamide

CAS 名：3-(difluoromethyl)-*N*-methoxy-1-methyl-*N*-(1-methyl-2-(2,4,6-trichlorophenyl)ethyl)-1*H*-pyrazole-4-carboxamide

【化学结构式】

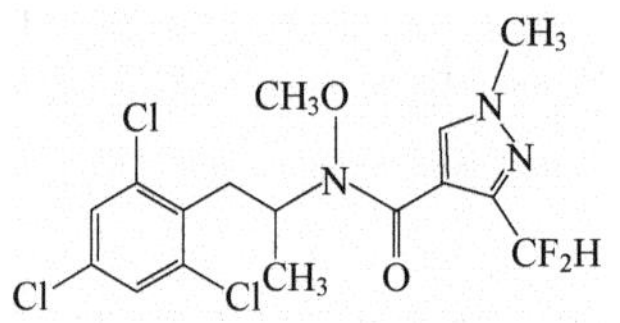

【分子式】$C_{16}H_{16}Cl_3F_2N_3O_2$

【分子量】426.67

【CAS 登录号】1228284-64-7

【理化性质】灰白色粉末固体，熔点 113℃；蒸气压（20℃）1.84×10^{-4}mPa；K_{ow}lg$P$（20℃）3.8；水中溶解度（20℃，pH7）1.5mg/L；有机溶剂中溶解度（20℃）：甲醇 26g/L，正辛醇 7.2g/L，丙酮 220g/L，乙酸乙酯 130g/L。

【研制和开发公司】中国 Syngenta Participations AG（中国先正达公司）

【上市国家和年份】阿根廷，2016 年

【合成路线】[1-7]

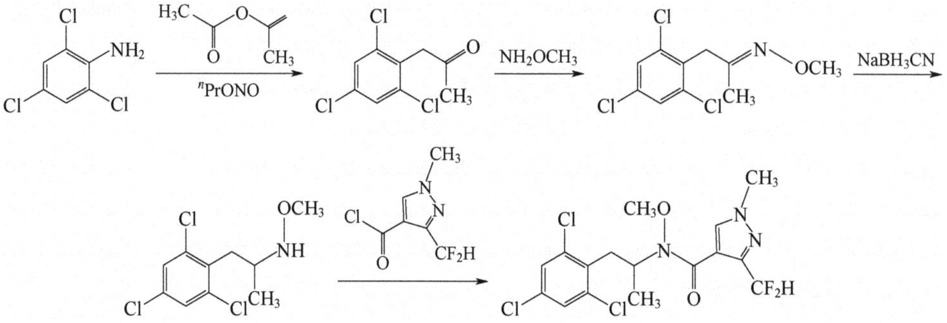

中间体 1-甲基-2-二氟甲基-5-吡唑甲酸合成参见“苯并烯氟菌唑 benzovindiflupyr”。

【哺乳动物毒性】大鼠急性经口 LD_{50}＞500mg/kg，大鼠急性经皮 LD_{50} 500mg/kg；大鼠急性吸入 LC_{50}（4h）＞5.11mg/L（鼻子）；对兔皮肤无刺激性，对兔眼睛没有刺激作用，皮肤无致敏反应；对哺乳动物没有基因毒性、致癌性，对发育、繁殖没有影响，没有神经毒性。

【生态毒性】山齿鹑急性经口 LD_{50}＞816mg/kg；虹鳟 LC_{50}（96h）0.18mg/L；大型溞 EC_{50}（48h）0.42mg/L；摇蚊 LC_{50}（96h）0.69mg/L；羊角月牙藻 EC_{50}（72h）＞5.9mg/L；浮萍 EC_{50}（7d）＞6.3mg/L；蜜蜂接触毒性 LD_{50}（48h）＞100.0μg/只，经口毒性 LD_{50}（48h）＞100μg/只；赤子爱胜蚓 LC_{50}（14d）＞1000mg/kg（干土）。

【作用机理】[8] 氟唑菌酰羟胺为病原菌呼吸作用抑制剂，通过干扰呼吸电子传递链复合体Ⅱ上的三羧酸循环来抑制线粒体的功能，阻止其产生能量，抑制病原菌生长，最终导致其死亡。

【分析方法】高效液相色谱-紫外（HPLC-UV）

【制剂】悬浮剂（SC）

【应用】氟唑菌酰羟胺高效、广谱，用于谷物（包括小麦、大麦、燕麦、黑麦、黑小麦等）、玉米、大豆、蔬菜、花生、油菜、藜麦、瓜类、干豌豆和豆类、果树、特种作物、草坪、观赏植物等，防治由镰刀菌、尾孢菌、葡萄孢菌、链格孢菌等许多病原菌引起的病害，如白粉病、叶斑病、褐斑病、靶斑病、网斑病、云纹病、叶枯病、灰霉病、赤霉病、恶苗病、菌核病、黑胫病、早疫病、黑星病、疮痂病等。主要通过叶面喷雾，也用于种子处理。在所有化学类型的产品中，氟唑菌酰羟胺对叶斑病和白粉病活性最高，而这两种病害是农业生产中最常见的病害；对难以防治的由葡萄孢菌、核盘菌、棒孢菌等病原菌引起的病害高效，这些病害的发生会造成葡萄、花生和马铃薯等作物严重减产；防治谷物上由镰刀菌引起的病害，如赤霉病等，是目前 SDHI 类杀菌剂中唯一高效防治赤霉病的药剂，并能显著降低 DON 毒素；而且具有植物健康作用，提供持久的绿叶保持作用，保叶更保穗，显著提高作物产量和品质。

【参考文献】

[1] Rajan R，Walter H，Stierli D. Preparation of pyrazolecarboxylic acid alkoxyamides as agrochem- ical microbiocides. WO 2010063700.

[2] Stierli D, Walter H, Rommel M, et al. Process for the preparation of phenyl substituted 3-difluoro methyl-1-methyl-1*H*-pyrazole-4-carboxylic*N*-methoxy-（1-methyl-2-phenylethyl）amides and their intermediates. WO2013127764.

[3] 刘安昌，黄时祥，汪焱鲁，等. 一种氟唑菌酰羟胺的制备方法. CN108610290.

[4] Umetani H，Kakimoto T，Aoki Y. Method for producing fluorine-containing acylacetic acid derivative，method for producing fluorine-containing pyrazolecarboxylic acid ester derivative，and method for producing fluorinecontaining pyrazolecarboxylic acid derivative. WO2009116435.

[5] Schmitt E，Jaunzems J. Process and intermediate for the manufacture of difluoroacetyl chloride. WO2019043238.

[6] Takada N，Okamoto M，Imura H. Purification of difluoroacetyl chloride. US8785689.

[7] Oharu Ka，Kumai S. Preparation of difluoroacetic acid fluoride and difluoroacetic acid esters. US5710317.

[8] Shao W Y，Wang J R，Wang H Y，et al. Fusarium graminearum FgSdhC1 point mutation A78V confers resistance to the succinate dehydrogenase inhibitor pydiflumetofen. Pest Manag Sci，2022，78（5）：1780-1788.

4.1.1.11 联苯吡菌胺 bixafen

【商品名称】Avoator 235Xpro（混剂，与丙硫菌唑混合），Skeyway Xpro（混剂，与丙硫菌唑、戊唑醇混合）

【化学名称】*N*-(3′,4′-二氯-5-氟二苯-2-基)-3-(二氟甲基)-1-甲基吡唑-4-甲酰胺

IUPAC 名：*N*-(3′,4′-dichloro-5-fluoro[1,1′-biphenyl]-2-yl)-3-(difluoromethyl)-1-methyl-1*H*-pyraz-ole-4-carboxamide

CAS 名：*N*-(3′,4′-dichloro-5-fluoro-1,1′-biphenyl-2-yl)-3-(difluoromethyl)-1-methyl-1*H*-pyrazole-4-carboxamide

【化学结构式】

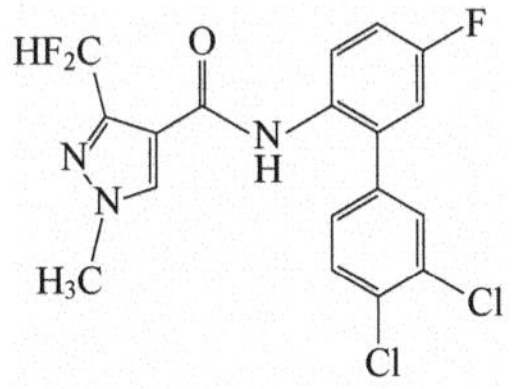

【分子式】$C_{18}H_{12}Cl_2F_3N_3O$

【分子量】414.21

【CAS 登录号】581809-46-3

【理化性质】白色粉末，纯度 98.9%，熔点 146.6℃，纯度 95.8%，熔点 142.9℃；密度（95.8%，

20℃）1.51g/cm^3、密度（98.9%，20℃）1.43g/cm^3；蒸汽压（25℃）4.6×10^{-7}Pa；K_{ow}lg$P$（20℃）3.3；水中溶解度（20℃）：0.49mg/L，有机溶剂中溶解度（20℃）：甲醇 32g/L，正庚烷 0.056g/L，甲苯 16g/L，丙酮＞250g/L，二氯甲烷 102g/L，乙酸乙酯 82g/L，二甲亚砜＞250g/L；对光和水稳定。

【研制和开发公司】德国 Bayer（德国拜耳公司）

【上市国家和年份】英国、德国、法国，2011 年

【合成路线】[1-4]

路线 1：

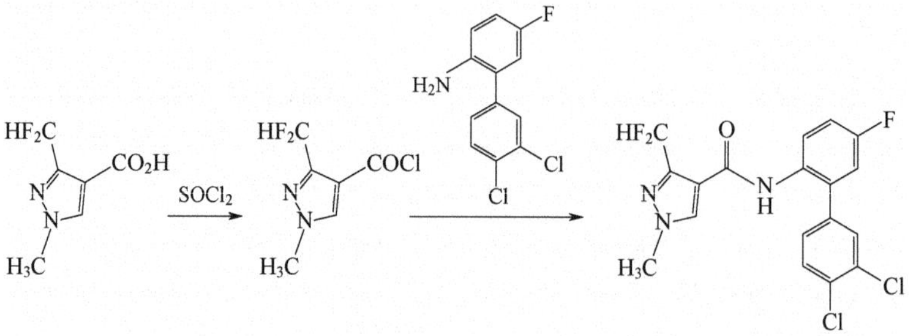

路线 2：

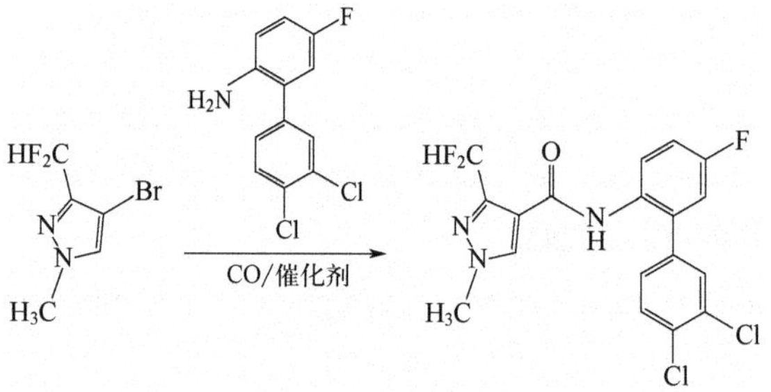

中间体合成[5]：

方法 1：

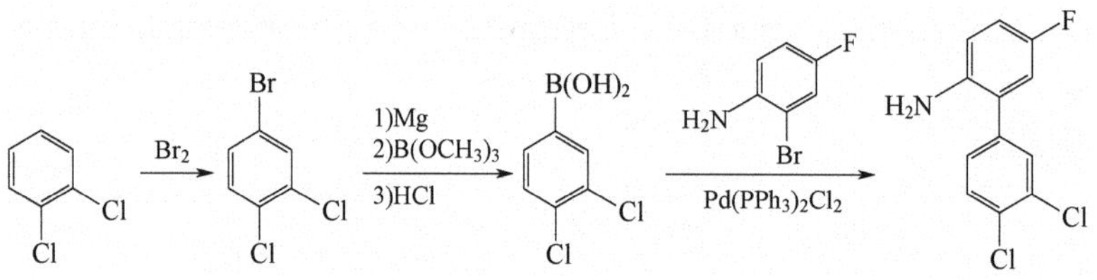

方法 2：

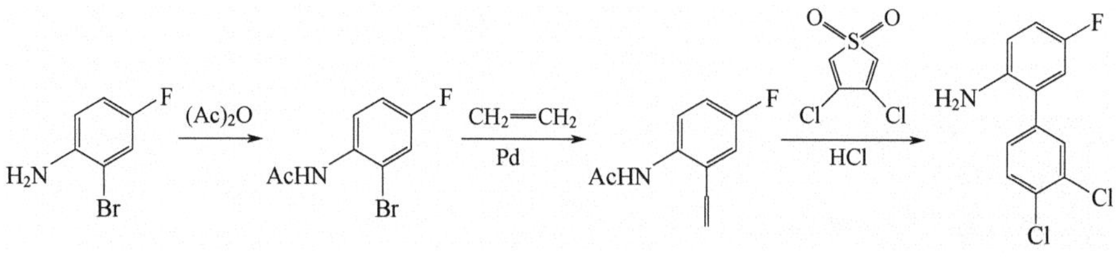

方法3：

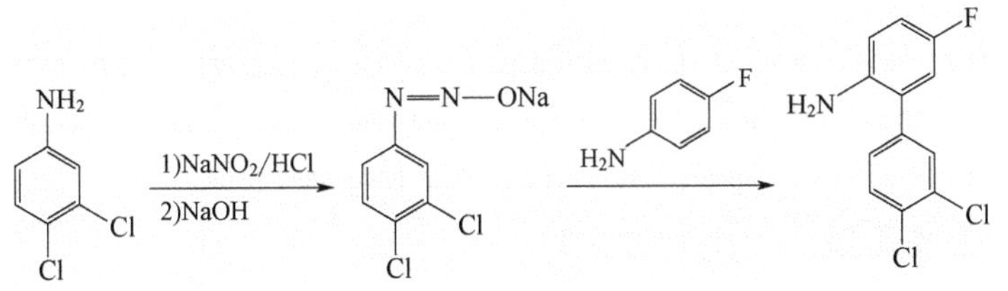

中间体1-甲基-2-二氟甲基-5-吡唑甲酸合成参见“苯并烯氟菌唑 benzovindiflupyr”。

【哺乳动物毒性】雄性大鼠急性经口 LD_{50}＞2000mg/kg，大鼠急性经皮 LD_{50}＞2000mg/kg；大鼠急性吸入 LD_{50}＞5383mg/kg；对兔眼睛和皮肤没有刺激，对小鼠皮肤无致敏；Ames 试验为阴性，小鼠骨髓细胞微核、生殖细胞染色体畸变试验均为阴性，未见致突变作用。

【生态毒性】山齿鹑急性经口 LD_{50}＞2000mg/kg；大型蚤 EC_{50}（48h）1.2mg/L；虹鳟 LC_{50}（96h）0.00949mg/L；蜜蜂 LD_{50}（48h）（接触）＞121.4μg/只；蚯蚓 LC_{50}（14d）1000mg/kg（土）。

【作用机理】琥珀酸脱氢酶抑制剂，作用于病原菌线粒体呼吸电子传递链上的蛋白复合体Ⅱ，即琥珀酸脱氢酶或琥珀酸-泛醌还原酶，影响病原菌的呼吸链子传递系统，阻碍其能量的代谢，抑制病原菌的生长，导致其死亡，从而达到防治病害的目的。

【分析方法】高效液相色谱-紫外（HPLC-UV）

【制剂】乳油（EC），悬浮剂（SC），可湿粉剂（WP）

【应用】作用方式：联苯吡菌胺是用于防治子囊菌、担子菌、半知菌纲真菌引起的多种谷物病害的内吸性广谱杀菌剂。用途：防治小麦壳针孢、叶锈菌、条锈病、眼点病、云纹病、柄锈菌和大麦网斑病、柱隔孢叶叶斑病、柄锈病；专用于叶面喷雾；研究证明，联苯吡菌胺对麦类作物的诸多病害具有优良防效，如小麦叶枯病、叶锈病、条锈病、眼斑病和黄斑病等，以及大麦网斑病、柱隔孢叶斑病、云纹病和叶锈病等；也可有效防治玉米叶枯病、灰叶斑病、褐斑病和白霉病；马铃薯的早疫病和白霉病；油菜白霉病以及花生茎腐病、叶斑病、叶锈病和丝核菌病；并能防治对甲氧基丙烯酸酯类杀菌剂产生抗性的壳针孢属病原菌引起的叶斑病等。

【代谢】动物：大鼠对联苯吡菌胺的吸收、消化和排泄（主要通过粪便）很快。没有发现在动物体内有残留积聚。对蛋鸡和哺乳山羊的代谢分解研究显示，在动物组织、乳汁和蛋中有较高含量未分解的母体化合物。大鼠、家禽和反刍动物的主要代谢反应是吡唑环上的去甲基化，导致产生去甲基联苯吡菌胺。植物：研究作物为春小麦和大豆。主要降解过程是去甲基化、酰胺裂解、苯胺环羟基化和共轭。所有研究结果都表明联苯吡菌胺始终是主要的组成部分。主要代谢物是吡唑环上去甲基化产生的去甲基联苯吡菌胺。土壤/环境：实验室研究表明联苯吡菌胺在土壤中降解缓慢，无迁移性。阳光照射可能会使小部分联苯吡菌胺在土壤表面降解。所有研究都没在土壤中检测到主要的代谢物。在黑暗的实验室测试中，有氧和无氧条件下、土壤中联苯吡菌胺的半衰期＞1 年。在整个欧洲的实地消散研究中，联苯吡菌胺的 DT_{50} 为200d（几何平均值）。认为联苯吡菌胺在环境条件下对水解稳定，且在水中不易光解。在有氧条件下，在两个水/沉积物系统的水相中 DT_{50} 值分别为2.2d和25.5d（最佳匹配动力学）。由于观察限制，不能确定整个系统的准确的 DT_{50}、DT_{90} 值。

【其他】水生生物毒性高

【参考文献】

[1] Michael D．Process for preparing substituted biphenylanilides．US2011092736．

[2] Zierke T，Rheinheimer J，Rack M，et al．Method for the production of *N*-Substituited（3-dihalomethyl-1-methyl-pyrazole4-yl）carboxamides．WO2008145740．
[3] Reichert W，Koradin C，Smidt S P，et al．Method for manufacturing aryl carboxamides．US2001054183．
[4] Dockner M，Rieck H，Moradi W A，et al．Process for preparingsubstituted biphenylamilides．WO2009106234．
[5] Straub A，Himmer T．Preparation of biphenylamines as fungicides．DE102006016462．

4.1.1.12 吡唑萘菌胺 isopyrazam

【商品名称】Seguris Flexi，Reflect，Bontima（混剂，与嘧菌环胺混合），Seguris（混剂，与氟环唑混合），Reflect Xtra（混剂，嘧菌酯）

【化学名称】3-(二氟甲基)-1-甲基-*N*-[(1*RS*,4*SR*,9*RS*)-1,2,3,4-四氢-9-(1-甲基乙基)-1,4-亚甲基萘-5-基]-1*H*-吡唑-4-甲酰胺

IUPAC 名：a mixture of 2 *syn*-isomers 3-(difluoromethyl)-1-methyl-*N*-[(1*RS*,4*SR*,9*RS*)-1,2,3,4-tetrahydro-9-isopropyl-1,4-methanonaphthalen-5-yl]pyrazole-4-carboxamide and 2 *anti*-isomers 3-(difluoromethyl)-1-methyl-*N*-[(1*RS*,4*S*,9*SR*)-1,2,3,4-tetrahydro-9-isopropyl-1,4-methanonaphthalen-5-yl]pyrazole-4-carboxamide

CAS 名：3-(difluoromethyl)-1-methyl-*N*-[1,2,3,4-tetrahydro-9-(1-methylethyl)-1,4-methanonaphthalen-5-yl]-1*H*-pyrazole-4-carboxamide

【化学结构式】

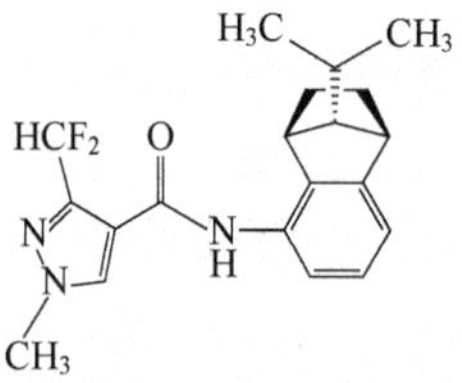

顺式异构体

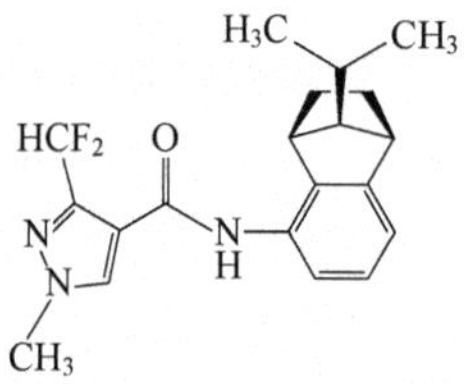

反式异构体

【分子式】$C_{20}H_{23}F_2N_3O$

【分子量】359.42

【CAS 登录号】881685-58-1（非特定异构体），683777-13-1（顺式），683777-14-2（反式）

【理化性质】灰白色粉末，熔点 130.2℃（顺式），144.5℃（反式）；密度（25℃）1.322g/cm^3（混合物）；蒸气压顺式 2.4×10^{-7}mPa，5.6×10^{-7}mPa（25℃），反式 2.2×10^{-7}mPa（20℃），5.7×10^{-7}mPa（25℃）；顺式 K_{ow}lg$P$（25℃）4.1，反式 K_{ow}lg$P$（25℃）4.4；水中溶解度顺式（25℃）1.05mg/L，反式（25℃）0.55mg/L；有机溶剂溶解度（25℃，混合物）：甲醇 119g/L，己烷 17g/L，二甲苯 77.1g/L，丙酮 314g/L，二氯甲烷 330g/L；在 50℃下，pH4、5、7、9 时 5d 不水解。

【研制和开发公司】由中国 Syngenta（中国先正达公司）开发

【上市国家和年份】英国，2010 年

【合成路线】[1-3]

路线 1：

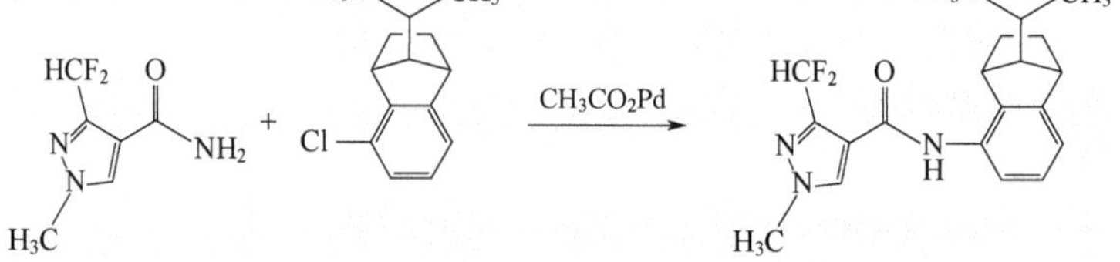

路线 2：

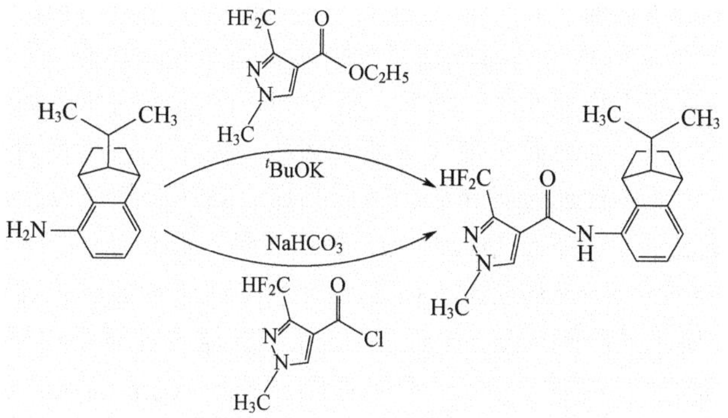

中间体合成[4-9]：

方法 1：

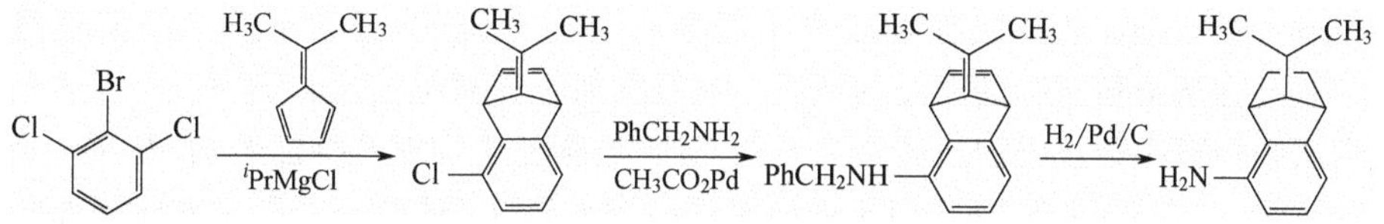

方法 2：

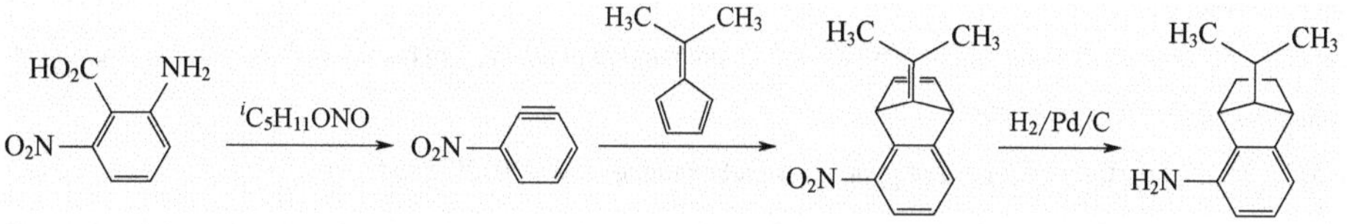

中间体 1-甲基-2-二氟甲基-5-吡唑甲酸合成参见“苯并烯氟菌唑 benzovindiflupyr”。

【哺乳动物毒性】大鼠急性经口 LD_{50} 2000mg/kg，大鼠急性经皮 LD_{50}＞5000mg/kg。大鼠急性吸入 LC_{50}（4h）＞5.28mg/L。NOEL：大鼠（2 年）5.5mg/(kg·d)，狗（1 年）25mg/(kg·d)；无遗传毒性。ADI/Rf D0.055mg/(kg·d)。

【生态毒性】山齿鹑急性经口 LD_{50}＞2000mg/kg，饲喂 LC_{50}＞5620mg/kg。LC_{50}（96h）：虹鳟 0.066mg/L，鲤鱼 0.026mg/L。水蚤 EC_{50}（48h） 0.044mg/L。近头状伪蹄形藻 E_bC_{50}（72h）2.2mg/L。蜜蜂 LD_{50}（48h）（经口）＞192μg/只，蜜蜂 LD_{50}（48h）（接触）＞200μg/只；蚯蚓 LC_{50} 1000mg/kg（土）。

【作用机理】琥珀酸脱氢酶抑制剂，作用于病原菌线粒体呼吸电子传递链上的蛋白复合体Ⅱ，即琥珀酸脱氢酶或琥珀酸-泛醌还原酶，影响病原菌的呼吸链子传递系统，阻碍其能量的代谢，抑制病原菌的生长，导致其死亡，从而达到防治病害的目的。

【分析方法】高效液相色谱-紫外（HPLC-UV），毛细管气相（GC）

【制剂】乳油（EC），悬浮剂（SC）

【应用】作用方式：通过琥珀酸脱氢酶（SDHI）抑制病原体的线粒体膜中的复合物Ⅱ的呼吸酶发挥作用。用途：广谱杀菌剂，可以防治谷物叶斑病（小麦壳针孢）、褐锈病（叶锈菌）和黄锈病（条锈菌），防治大麦网斑病、喙孢霉病和柱隔孢病，使用剂量 75～125g/hm^2。在其他作物上亦有杀菌活性，如果树（苹果黑星病、白粉病）、蔬菜（白粉病、叶斑病、锈病）、油料油菜（菌核病和茎点病）和香蕉（香蕉黑条叶斑病）。

【代谢】动物：大鼠经口摄入后被广泛代谢，主要过程是环异丙基羟基化，然后进一步氧化形成羧酸和（或）产生多羟基后再形成葡萄糖醛酸或硫酸盐共轭物。动物经口吸收量在85%左右。没有显示该药具有生物累积性。植物：在果树、绿叶作物和谷类作物中的基本代谢研究表明，残留物中有相当一部分是未变化的萘吡菌胺。在3个有代表性的作物上的研究证明代谢过程基本相似，主要的代谢途径是异丙基羟基化、双环羟基化以及代谢物的进一步羟基化。土壤/环境：土壤试验中，平均DT_{50}257d，形成2种主要代谢物。1年以后发现相当数量的非萃取残留物，但在试验中发现最终23%的萘吡菌胺残留物被矿化并放出CO_2。在大田条件下，萘吡菌胺在土壤中的降解明显加快，从13个试验结果计算得出平均DT_{50}77d。在上述试验中2种主要代谢物的残留量非常低，且处在距离地表10cm以内。在浸出和吸附/脱附试验中，该药在土壤中不迁移。

【其他】2022年5月19日，欧盟委员会发布了（EU）2022/782号法规，根据欧洲议会和理事会植物保护产品法规（EC）No1107/2009，撤销了对杀菌剂活性物质吡唑萘菌胺（isopyrazam）的批准，该法规自2022年6月8日生效。各成员国需要在2022年9月8日前撤销对含有吡唑萘菌胺的制剂产品的授权，吡唑萘菌胺在欧盟被全面禁用。

吡唑萘菌胺被撤销登记的主要原因是其GHS危害分类为生殖毒性类别1B类。在欧盟，致癌、致突变、有生殖毒性1A和1B类活性物质均不能取得批准，除非企业能够证明对人体的暴露可以忽略不计。

【参考文献】

[1] Hodges G R，Mitchell L，Robinson A J. Process for the preparation of *N*-aryl 4-pyrazole- carboxamides using copper-catalyzed arylation as key step. WO2010072632.

[2] Braun M J. Method for the preparation of pyrazole-4-carboxamides. WO2012055864.

[3] Ehrenfreund J, Obler H, Walter H. Preparation of heterocyclocarboxamides and tricyclic amines as fungicides. WO2004035589.

[4] Gtobler H，Walter H，Corsi C，et al. Process for the preparation of aminobenzonorbornenes by reduction of benzylaminobenzonorbornenes. WO2007068417.

[5] Sawaguchi M，Matsumura Y. Process for the preparation of 3-halogenated alkyl pyrazole derivatives. WO2016158716.

[6] Hideki U S，Takeshi K C. Method for producing fluorine-containing acylacetic acid deriv-ative，method for producing fluorine-containing pyrazolecarboxylic acid ester derivative，and method for producing fluorine-containing pyrazolecarboxylic acid derivative. US2011015406.

[7] Schmitt E，Jaunzems J. Process and intermediate for the manufacture of difluoroacetyl chloride. WO2019043238.

[8] Takada N，Okamoto M，Imura H. Purification of difluoroacetyl chloride. US8785689.

[9] Oharu Ka，Kumai S. Preparation of difluoroacetic acid fluoride and difluoroacetic acid esters. US5710317.

4.1.1.13 戊苯吡菌胺 penflufen

【商品名称】Evergol Prime，Evergol Xtend（混剂，与肟菌酯混合），Prosper EverGol（混剂，与甲霜灵、噻虫胺、肟菌酯混合），Emesto Quantum（混剂，与噻虫胺混合）

【化学名称】2′-[(*RS*)-1,3-二甲基丁基]-5-氟-1,3-二甲基吡唑-4-甲酰苯胺

IUPAC名：2′-[(*RS*)-1,3-dimethylbutyl]-5-fluoro-1,3-dimethylpyrazole-4-carboxanilide

CAS名：*N*-[2-(1,3-dimethylbutyl)phenyl]-5-fluoro-1,3-dimethyl-1*H*-pyrazole-4-carboxamide

【化学结构式】

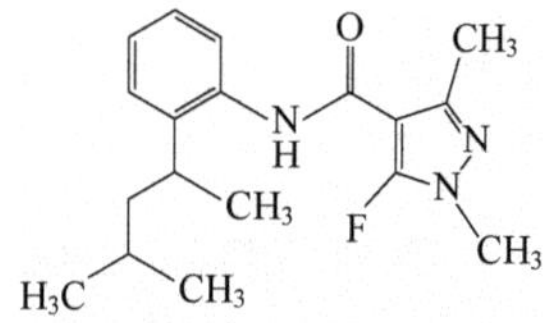

【分子式】$C_{18}H_{24}FN_3O$

【分子量】317.41

【CAS 登录号】494793-67-8

【理化性质】白色粉状固体，熔点 111.1℃，密度（20℃）1.21g/cm^3，蒸气压（20℃）4.1×10^{-4}mPa；K_{ow}lg$P$（pH7，25℃）3.3；水中溶解度（20℃，pH7）：10.9 mg/L（pH7）；在酸性、中性、碱性下稳定。

【研制和开发公司】由德国 Bayer CropScience（德国拜耳公司）开发

【上市国家和年份】欧洲，2012 年

【合成路线】[1,2]

路线 1：

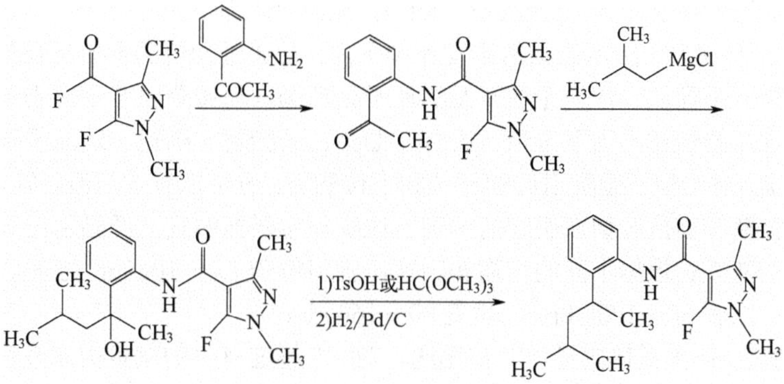

路线 2：

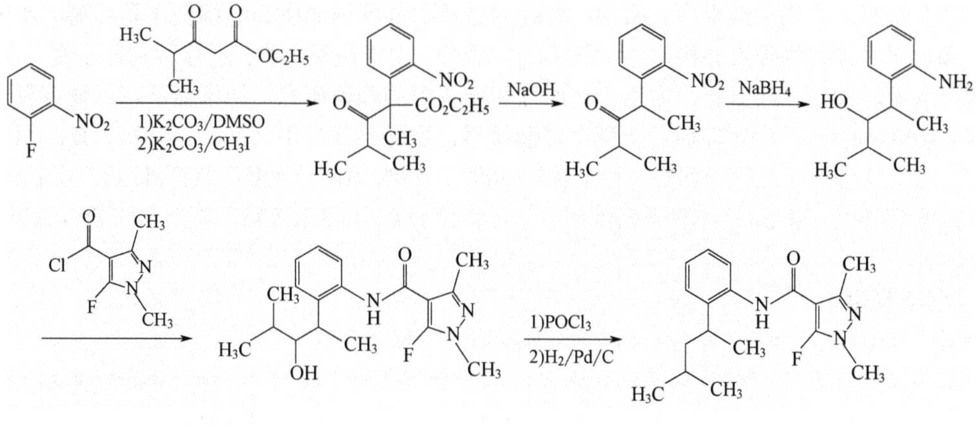

中间体合成[3,4]：

中间体：

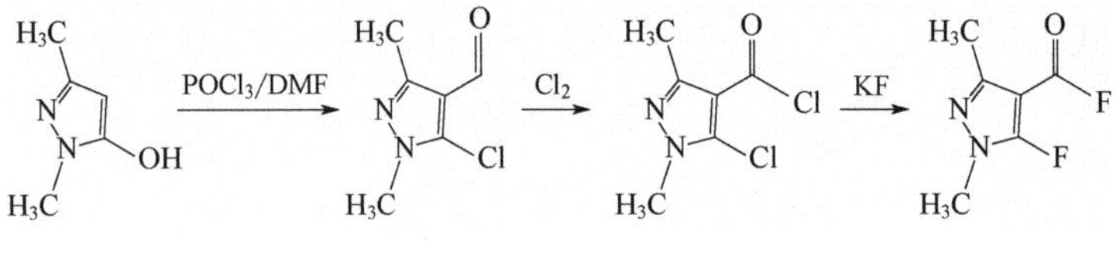

【哺乳动物毒性】大鼠急性经口毒性 LD_{50}＞2000mg/kg，兔急性经皮毒性 LD_{50}＞2000mg/kg，大鼠急性吸入毒性 LC_{50}＞2.022mg/L；对皮肤无刺激作用；ADI/RfD 0.04mg/(kg・d)。

【生态毒性】山齿鹑急性毒性 LD_{50}＞4000mg/kg，金丝雀急性毒性 LD_{50}＞2000mg/kg，山齿鹑饲喂 LC_{50}＞8962mg/kg。LC_{50}（96h）：虹鳟＞0.31mg/L，蓝鳃翻车鱼＞0.45mg/L，普通鲤鱼＞0.103mg/L，羊头鲷＞1.15mg/L，黑头呆鱼＞0.116mg/L。水蚤急性毒性 EC_{50}＞4.7mg/L（48h）。淡水绿藻 EC_{50}＞5.1mg/L。其他水生生物如美国糠虾 EC_{50}＞2.5mg/L（96h）。蜜蜂经口 LD_{50}（24h，48h）＞100μg/只，接触 LD_{50}（24h，48h）＞100μg/只。其他有益生物如捕食螨 LR_{50}＞250g/hm^2，谷物蚜虫寄生虫 LR_{50}＞250g/hm^2，在 250g/hm^2 条件下发现繁殖率显著减少，分别减少 37.2%和 64.3%。

【作用机理】琥珀酸脱氢酶抑制剂，作用于线粒体呼吸链复合体Ⅱ中的琥珀酸脱氢酶，抑制其活性，进而抑制真菌病原菌孢子的萌发，芽管和菌丝体的生长。

【分析方法】高效液相色谱-紫外（HPLC-UV）

【制剂】颗粒剂（GR），可分散液剂（DC），悬浮种衣剂（FS）

【应用】种子处理剂，应用后渗透到发芽种子内，并通过幼苗的木质部吸收分布，实现对生长中幼苗的高水平保护。作为正在开发的种子处理剂，马铃薯块茎/种子处理和土壤应用，对籽苗提供高水平的保护，用于玉米、大豆、油菜、马铃薯、棉花、地面坚果、洋葱、多汁豌豆和其他豆类，防治担子菌类引起的种传和土传病害。也可以有效防治谷物的腥黑粉菌属、黑粉菌属、丝核菌和旋孢腔菌属引起的病害。在实验室研究中它已经显示出对丝核菌水稻纹枯病和稻曲病的防效。根据不同的作物和国家，施用量在 1.4～10g/hm^2 之间。马铃薯上推荐的施用量较高：欧洲 50～100g/hm^2，北美 80～160g/hm^2。

【代谢】动物：在大鼠体内排泄非常迅速，72h 内超过 90%的剂量由尿液或粪便排出。大鼠经口摄入后有一个非常复杂的代谢过程，产生大量代谢物。对山羊和蛋鸡的代谢进行了研究。戊苯吡菌胺在山羊和鸡体内的代谢与大鼠类似，大部分放射性药剂被排出，仅很少一部分保留在组织、牛奶和鸡蛋中。植物：发现通过放射性标记的戊苯吡菌胺在马铃薯、小麦、大豆和水稻中被植物吸收并代谢为大量不同的成分，主要是配合物。进行了它在小麦、玉米、水稻、木薯、棉花、向日葵、大豆、食用豆和豌豆中的残留研究，结果显示在谷物或种子中残留＜0.005mg/kg。土壤/环境：土壤中降解缓慢，实验室条件下（20℃，有氧）DT_{50} 117～458d。田间条件下（几何平均数，标准化至 20℃，100%田间持水量）DT_{50} 113d。在 pH4、7 和 9 时水解稳定。在 50℃水沙研究体系中，在水中 DT_{50} 3.9d 和 93d，整个系统 DT_{50} 301d 和 333d。

【参考文献】

[1] Straub A. Preparation of pyrazole-4-carboxamides as fungicides. WO2006092291.

[2] Neeff A，Pazenok S. Amidation method for producing 1,3-dimethyl-5-fluoro-1*H*-pyrazole-4-carboxanildes from anilines and 1,3-dimethyl-5-fluoro-1*H*-pyrazole-4-carbonyl fluoride in the absence of acid acceptors. WO2006136287.

[3] Eynard T，Franc C. Process for the preparation of a carboxamide derivative. WO2006120031.

[4] Lui N，Heinrich J D，Straub A，et al. Preparation of pyrazole-4-carbonyl chlorides. WO2008086962.

4.1.2 苯甲酰胺类

4.1.2.1 氟吡菌酰胺 fluopyram

【商品名称】Luna Privilege，Verango，Luna Experrience（混剂，与戊唑醇混合），Raxil Star（混剂，与丙硫菌唑+戊唑醇混合）

【化学名称】*N*-{2-[3-氯-5-(三氟甲基)吡啶-2-基]乙基-*α*,*α*,*α*-邻三氟甲基苯甲酰

IUPAC 名：*N*-{2-[3-chloro-5-(trifluoromethyl)-2-pyridyl]ethyl}-*α*,*α*,*α*-trifluoro-*o*-toluamide

CAS 名：*N*-[2-[3-chloro-5-(trifluoromethyl)-2-pyridinyl]ethyl]-2-(trifluoromethyl) benzamide

【化学结构式】

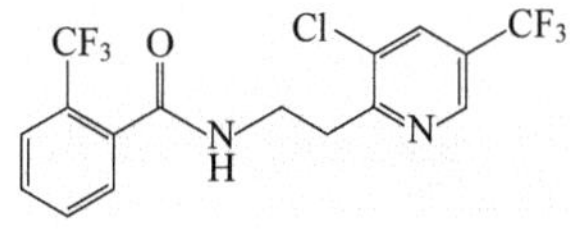

【分子式】$C_{16}H_{11}ClF_6N_2O$

【分子量】396.72

【CAS 登录号】658066-35-4

【理化性质】白色粉末，无明显气味；熔点 117.5℃；沸点 318～321℃；蒸气压 1.2×10^{-6}mPa（20℃）、3.1×10^{-6}mPa（25℃）、2.9×10^{-4}mPa（50℃）；K_{ow}lg*P*（pH6.5，20℃）3.3；密度（20℃）1.53g/cm^3；水中溶解性（20℃）：蒸馏水 16mg/L、15mg/L（pH4）、16mg/L（pH7）、15mg/L（pH 9）；有机溶剂中溶解性：庚烷 0.66mg/L，甲苯 62.2mg/L，二氯甲烷、甲醇、丙酮、乙酸乙酯、二甲亚砜均＞250mg/L；稳定性：水中稳定，50℃下，pH 4、7、9 溶液中均稳定；光解 DT_{50} 为 52～97d；pK_a 为 0.5（23℃）。

【研制和开发公司】由 Bayer AG（德国拜耳公司）开发

【合成路线】[1-5]

路线 1：

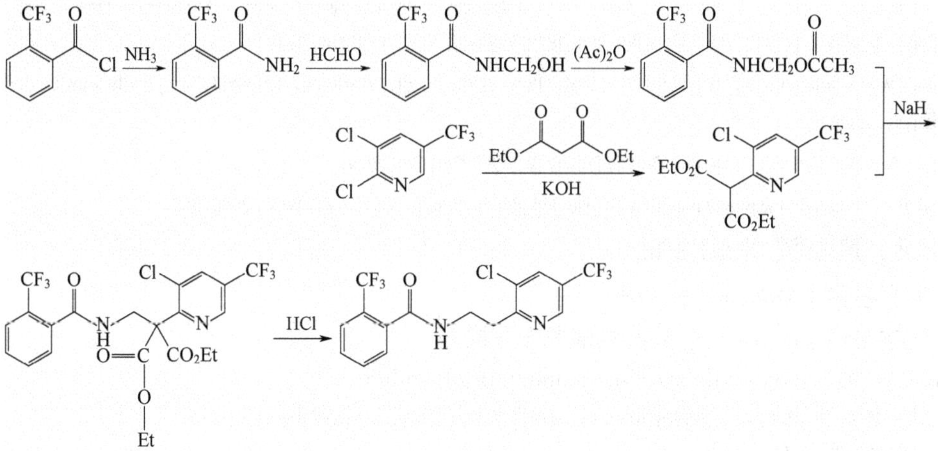

路线 2：

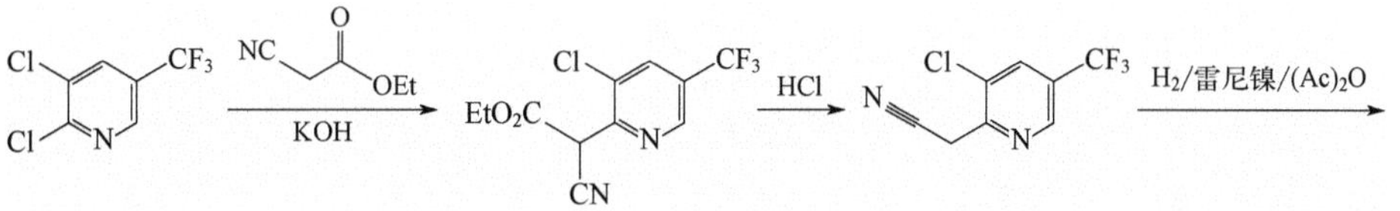

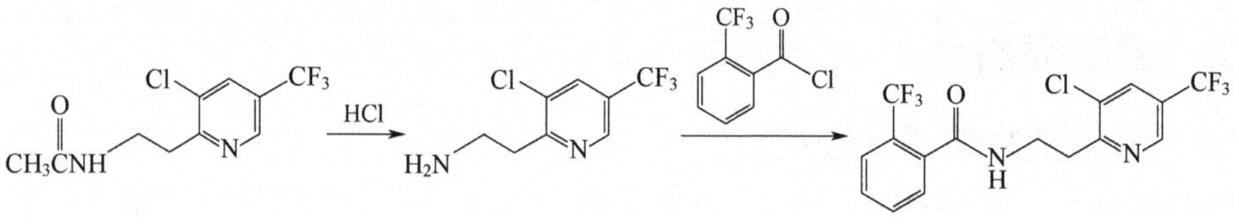

【哺乳动物毒性】大鼠急性经口 LD_{50}>5000mg/kg，大鼠急性经皮 LD_{50}>2000mg/kg；大鼠吸入 LC_{50}>5112mg/m^3（空气）；兔皮肤和眼睛无刺激；ADI/RfD 0.012mg/kg。

【生态毒性】鹌鹑急性经口 LD_{50}>2000mg/kg，短期饲喂野鸭 LD_{50}>1643mg/kg；鱼：鲤鱼 LC_{50}（96h）>0.98mg/L、鲤鱼 NOEC（21d）0.135mg/L；水蚤 EC_{50}（48h）>100mg/L；中肋条骨藻 EC_{50}（72h）>1.13mg/L；蜜蜂 LD_{50}（接触）>100μg/只；蚯蚓 LC_{50}（14d）>1000mg/kg（干）。

【作用机理】通过破坏呼吸电子传递链中的复合物Ⅱ（SDHI）来抑制线粒体功能。

【分析方法】高效液相色谱-紫外测（HPLC-UV），高效液相色谱-质谱（HPLC-MS）

【制剂】悬浮剂（SC），悬乳剂（SE），水悬浮型种衣剂（FS）

【应用】用于葡萄、坚果、梨、蔬菜和大田作物，防治灰霉病、白粉病、菌核病和念珠菌引起的病害等，也可用于防治香蕉叶斑病。

【代谢】动物：氟吡菌酰胺残留物从饲料转移到畜产品、鸡蛋、牛奶、肉和内脏中的量很低。在大鼠体内的代谢包括环间脂肪链的羟基化、脱水形成烯烃代谢物和分子裂解。植物：在不同目标作物群和轮作作物中的代谢是普通代谢，代谢包括环间脂肪链的水解、共轭与分子裂解。残留物的主要成分为母体化合物。氟吡菌酰胺在植物体内主要是通过木质部发生部分传导。土壤/环境：实验室中，50℃无菌水溶液中稳定，25℃无菌溶液中发生的光解转移有限。土壤平均 DT_{50}（大田）119d，平均 K_{oc} 279mL/g。

【其他】可以用作杀线虫剂。

【参考文献】

[1] Mansfield D J，Cooke T，Thomas P S，et al．Novel 2-pyridylethylbenzamide derivative．WO2004016088.

[2] 王俊春，王荣良，徐德胜，等．一种氟吡菌酰胺的改进合成工艺．CN110437138.

[3] Jmoradi W，Schnatterer A，Bielefeldt D，et al．Process for the preparation of a 2-pyridyl ethylcarboxamide derivative．WO2018114484.

[4] 樊明，李仓珍，谌敦国．一种氟吡菌酰胺及其合成方法．CN108822024.

[5] Olenik B．Process for the preparation of a 2-pyridylethylcarboxamide derivative．WO2020020897.

4.1.2.2 氟酰胺 flutolanil

【商品名称】Moncut，Prostar

【化学名称】*α,α,α*-三氟-3′-异丙氧基苯甲酰胺

IUPAC 名：*α,α,α*-trifluoro-3′-isopropoxy-*o*-toluanilide

CAS 名：*N*-[3-(1-methylethoxy)phenyl]-2-(trifluoromethyl)benzamide

【化学结构式】

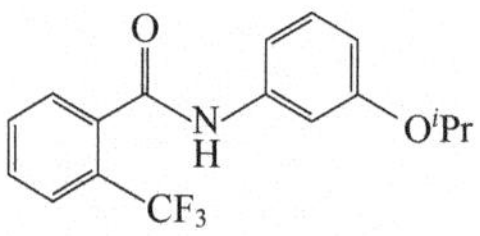

【分子式】$C_{17}H_{16}F_3NO_2$

【分子量】323.32

【CAS 登录号】66332-96-5

【理化性质】纯品为无色无味晶体，熔点 104.7～106.8℃；密度（20℃）1.32g/cm^3；蒸气压（25℃）4.1×10^{-4}mPa；K_{ow}lg$P$ 3.7；水中溶解度（25℃）8.01mg/L，有机溶剂中溶解度（20℃）：丙酮 606.2g/L，乙腈 333.8g/L，二氯甲烷 377.6g/L，乙酸乙酯 364.7g/L，正己烷 0.395g/L，甲醇 322.2g/L，甲苯 35.4g/L，正辛醇 42.3g/L。

【研制和开发公司】由 Nihon Nohyaku Co.，Ltd.（日本农药株式会社）发现

【上市国家和年份】日本，1986 年

【合成路线】[1,2]

方法 1：

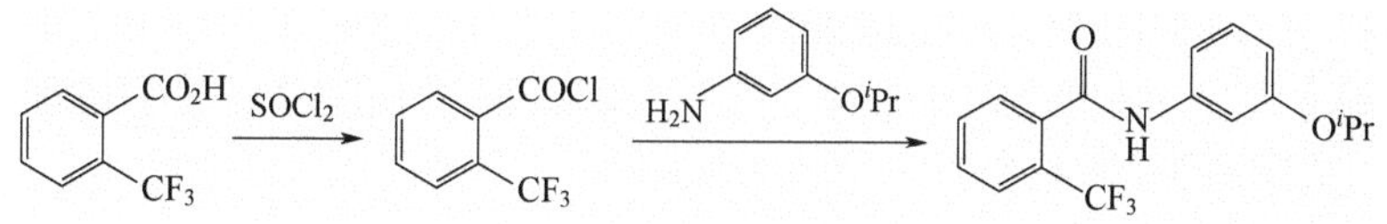

方法 2：

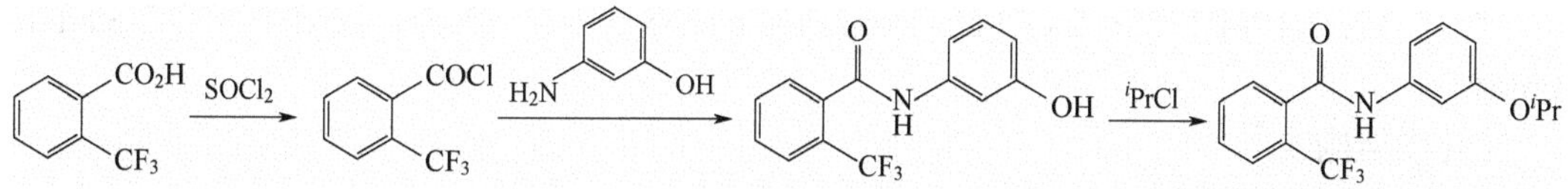

【哺乳动物毒性】大鼠和小鼠急性经口 LD_{50}＞10000mg/kg，大鼠和小鼠急性经皮 LD_{50}＞5000mg/kg。大鼠吸入 LC_{50}＞5.98mg/L。兔皮肤和眼睛无刺激，对豚兔皮肤无致敏。NOEL：雄大鼠（2 年）8.7mg/(kg・d)，雌大鼠（2 年）10.0mg/(kg・d)。Ames 试验，没有致突变作用。ADI/RfD（JMPR）0.09mg/kg[2002]。毒性等级：U。

【生态毒性】[3] 野鸭和山齿鹑急性经口 LD_{50}＞2000mg/kg。LC_{50}（96h）：虹鳟 5.4mg/L，蓝色翻车鱼＞5.4mg/L，黑头呆鱼 4.8mg/L，鲤鱼 3.21mg/L。水蚤 EC_{50}（48h）＞6.8mg/L。近头状伪蹄形藻 E_bC_{50}（72h）0.97mg/L。对蜜蜂无毒，蜜蜂经口 LD_{50}（48h）＞208.7μg/只，接触＞200μg/只。蚯蚓 LC_{50}（14d）＞1000mg/kg（土）。

【作用机理】琥珀酸脱氢酶抑制剂（Ⅱ），作用于呼吸电子传递链，抑制天冬氨酸和谷氨酸的合成。

【分析方法】气液相色谱（GLC）

【制剂】悬浮剂（SC），颗粒剂（GR），可湿粉剂（WP），超低容量粒剂（UL），粉剂（DP）

【应用】[4] 作用方式：内吸性杀菌剂，具有保护和治疗作用。抑制病菌生长和穿透侵染垫层，主要是破坏菌丝和侵染垫层。用途：使用剂量 300～1000g/hm^2（叶面喷洒）、1.5～3.0g/kg（种子处理）、2.5～10.0kg/hm^2（土壤处理），可防治以下病害：水稻纹枯病、谷物雪腐病和纹枯病、马铃薯早疫病、甜菜白绢病和立枯病、蔬菜丝核菌引起的病害；花生白绢病、核果类锈病、观赏植物白绢病和丝核菌引起的病害，草坪褐斑病、白绢病、黄斑病和腐生菌。在使用剂量下对谷物、水稻、蔬菜和果树安全。与多硫化钙和波尔多液不相容。

【代谢】植物：花生中的主要代谢包括游离的与共轭的母体，以及 *N*-(3-羟苯基)-2-(三氟甲基)苯甲酰胺。土壤/环境：DT_{50} 190～320d（淹过水土壤），160～300d（高地）。

【参考文献】

[1] Yabutani K，Kurono H．*m*-Isopropoxy-*α*,*α*,*α*-trifluoro-*o*-toluanilide．JP59172448．

[2] Tanaka K，Maesawa M．Wood preservative containing 3′-isopropyl-2-trifluoromethyl benzoic acid anilide and wood processing method．WO2010074129．

[3] Teng M M，Zhou Y M，Song M，et al．Chronic toxic effects of flutolanil on the liver of zebrafish(*Danio rerio*)．Chem Res Toxicol，2019，32（6）：995-1001．

[4] Zhao C，Zhang X F，Hua H H，et al．Sensitivity of rhizoctonia spp．to flutolanil and characteri- zation of the point mutation in succinate dehydrogenase conferring fungicide resistance．Eur J Plant Pathol，2019，155（1）：13-23．

4.1.3 吡啶甲酰胺类

4.1.3.1 三氟吡啶胺 cyclobutrifluram

【商品名称】TYMIRIUM，VICTRATO

【化学名称】80%～100% *N*-[(1*S*,2*S*)-2-(2,4-二氯苯基)环丁基]-2-(三氟甲基)吡啶-3-甲酰胺和 20%～0%(1*R*,2*R*)-异构体混合物

IUPAC 名：mixture comprised of 80%～100% *N*-[(1*S*,2*S*)-2-(2,4-dichlorophenyl)cyclobutyl]-2-(trifluoromethyl)pyridine-3-carboxamide and 20%～0% of the(1*R*,2*R*)-enantiomer

CAS 名：*rel*-*N*-[(1*R*,2*R*)-2-(2,4-dichlorophenyl)cyclobutyl]-2-(trifluoromethyl)-3-pyridinecarboxamide

【化学结构式】

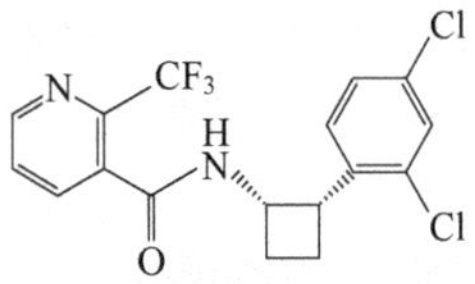

【分子式】$C_{17}H_{13}Cl_2F_3N_2O$

【分子量】389.20

【CAS 登录号】1460292-16-3

【研制和开发公司】由 Syngenta Participations AG（中国先正达公司）发现

【上市国家和年份】萨尔瓦多，2022 年

【合成路线】[1,2]

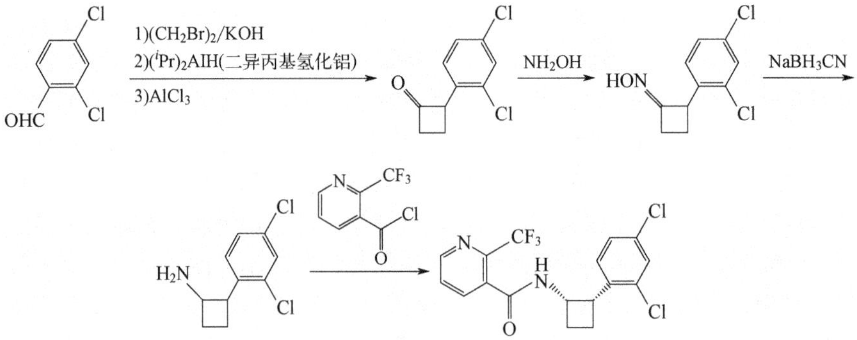

中间体合成[3]：

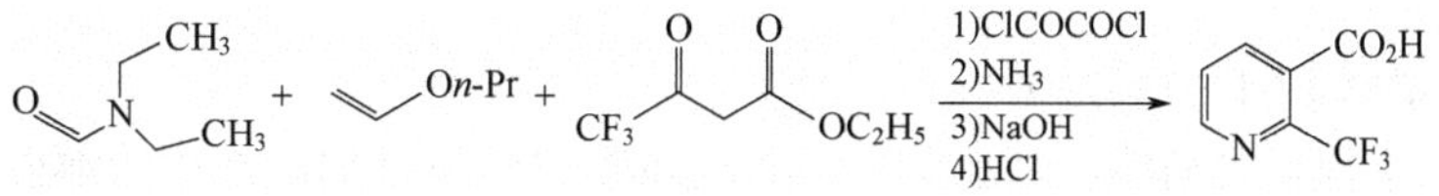

【哺乳动物毒性】急性经口 LD_{50}>5000mg/kg，大鼠急性经皮 LD_{50}>2000mg/kg；大鼠吸入 LC_{50}（4h）4.08mg/m^3；眼睛无刺激，对皮肤无刺激，对皮肤无致敏；Ames 为阴性，无致突变和致癌作用。

【应用】三氟吡啶胺可防治所有主要农作物和各地形中的各类线虫病虫害。对线虫和土传病害，尤其是镰刀菌具有优异的防治效果。通过保护根系，实现免耕和保护性耕作实践中发挥了关键作用。先正达于 2020 年 5 月推出了基于三氟吡啶胺的 TYMIRIUM 技术品牌，VICTRATO 即采用 TYMIRIUM 技术。这种技术可长效防治包括大豆、玉米、谷物、棉花和水稻等主要作物上的所有植物寄生线虫和主要真菌病害。线虫这种寄生物种，以根或植物为食，并消耗其养分，它几乎存在于所有农业土壤中，攻击作物并为进一步的真菌感染提供方便。线虫的破坏性影响造成全球每年高达 12%的产量损失，相当于农民每年损失 1500 亿美元。VICTRATO 将为受到破坏性线虫问题困扰的种植者带来新的希望。先正达注意到澳大利亚对控制谷物冠腐病病害的迫切需求。在西澳大利亚，免耕种植系统迅速普及，据估计，镰刀菌冠引起的腐病造成的产量损失每年使该行业损失约 1.15 亿美元。应用 TYMIRIUM 技术处理谷物冠腐病的试验显示，VICTRATO 可有效控制冠腐病并提供小麦和大麦中根部病变线虫管理，该产品将成为管理镰刀菌冠腐病的另一个工具。另外，VICTRATO 可优化植物对水和养分的吸收，同时提高植物耐受胁迫的能力和产量，为农民带来更大的利益。通过保护根部，VICTRATO 在实现免耕和保护性耕作方面发挥关键作用。由于不会伤害益虫、授粉者和微生物群，VICTRATO 还有助于保护生物多样性。

【参考文献】

[1] O'Sullivan A C，Loiseleur O，Staiger R，et al. Preparation of *N*-cyclylamides as nematicides. WO2013143811.

[2] Décor A，Greul J，Heilmann E K，et al. *N*-(phenylcycloalkyl)carboxamides and *N*-(phenylcyclo- alkyl)thiocarboxamides as nematicides and their preparation. WO2014177487.

[3] Erver F，Brohm D. Process for producing 2-(fluoroalkyl)nicotinic acids. WO2019224174.

4.1.4 哒嗪甲酰胺类

4.1.4.1 联苯吡嗪菌胺 pyraziflumid

【商品名称】Parade

【化学名称】*N*-(3′,4′-二氟二苯基-2-基)-3-(三氟甲基)吡嗪-2-甲酰胺

IUPAC 名：*N*-(3′,4′-difluorobiphenyl-2-yl)-3-(trifluoromethyl)pyrazine-2-carboxamide

CAS 名：*N*-(3′,4′-difluoro[1,1′-biphenyl]-2-yl)-3-(trifluoromethyl)-2-pyrazinecarboxamide

【化学结构式】

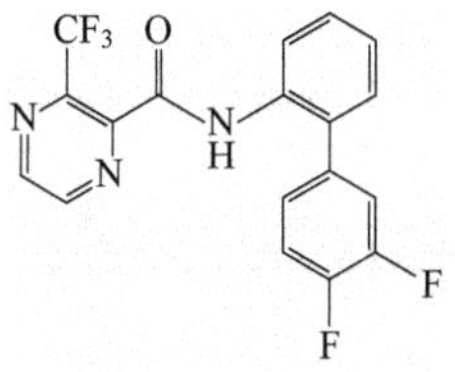

【分子式】$C_{18}H_{10}F_5N_3O$

【分子量】379.29

【CAS 登录号】942515-63-1

【理化性质】浅黄色晶体，熔点 119℃；$K_{ow}\lg P$（25℃）3.51；水中溶解度（20℃，pH7）2.32mg/L。

【研制和开发公司】由日本 Nihon Nohyaku Co.，Ltd（日本农药株式会社）开发

【上市国家和年份】日本，2018 年

【合成路线】[1-5]

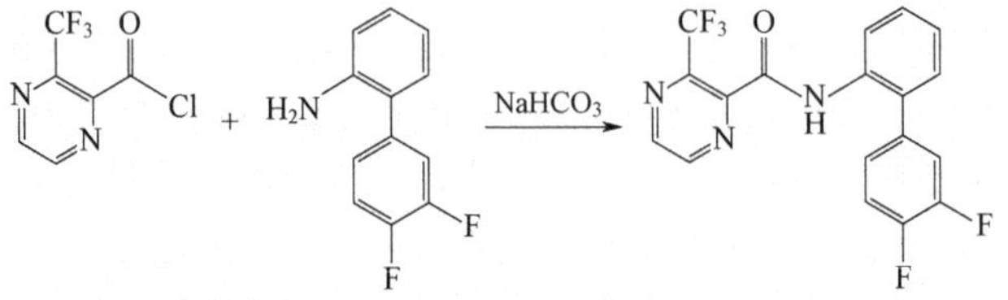

中间体合成：

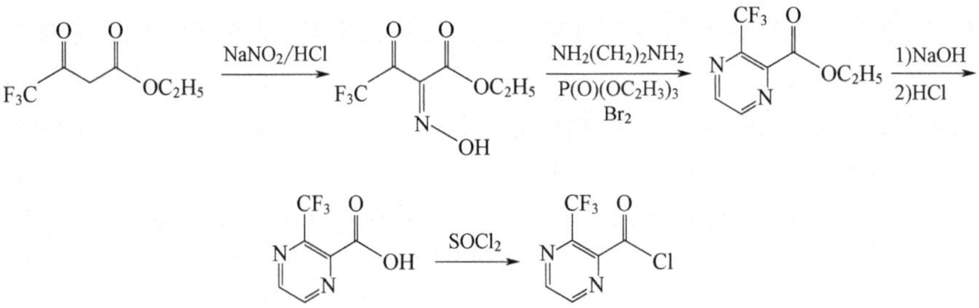

【作用机理】作用机制为一种线粒体呼吸抑制剂，为琥珀酸脱氢酶抑制剂（SDHI），它通过抑制线粒体电子传递链上琥珀酸辅酶 Q 还原酶（也称为复合物Ⅱ）而起作用。

【分析方法】高效液相色谱-紫外（HPLC-UV）

【制剂】悬浮剂（SC）

【应用】离体活性测试表明，联苯吡嗪菌胺对灰葡萄孢、瓜枝孢、山扁豆生棒孢、泻根亚隔孢壳、苹果双壳、柑橘痂囊腔菌、痂囊腔菌、苹果链核盘菌、葡萄假尾孢、白腐小核菌、核盘菌、苹果黑星菌和细盾壳霉等子囊菌的 EC_{50} 低于 0.1mg/L；田间试验结果表明联苯吡嗪菌胺对甘蓝菌核病、草莓灰霉病、黄瓜白粉病和番茄叶霉病有较好的防护效果；联苯吡嗪菌胺对叶菜、果菜类、蔬菜、豆类和洋葱作物菌核病具有高活性。此外，对苹果和其他水果作物的其他病害，例如疮痂病、褐腐病和环腐病有活性。

【参考文献】

[1] Oda M, Furuya T, Hasebe M, et al. Preparation of biphenyl pyrazinecarboxamides as agrochemical fungicides. WO2007072999.

[2] Oda M，Morishita Y. Process for preparation of pyrazinecarboxylic acid derivatives and intermediates. WO2010122794.

[3] Oda M，Furuya T，Morishita Y，et al. Synthesis and biological activity of a novel fungicide，pyraziflumid. J Pestic Sci(Tokyo，Jpn)，2017，(42) 4：151-157.

[4] Zaragoza F，Taeschler C，Carreira E. Process for the preparation of 3-(trifluoromethyl)pyrazine-2-carboxylic acid esters. WO 2018041853.

[5] Zaragoza F，Gantenbein A. Short and safe synthesis of ethyl 3-(trifluoromethyl)pyrazine-2-carboxylate. Org Process Res Dev，2017，21 (3)：448-450.

4.1.5 噻唑甲酰胺类

4.1.5.1 噻呋酰胺 thifluzamide

【商品名称】Greatam G，Pulsor，Ikaruga

【化学名称】2′,6′-二溴-2-甲基-4′-三氟甲氧基-4-三氟甲基-1,3-噻二唑-5-羧酰苯胺

IUPAC 名：2′,6′-dibromo-2-methyl-4′-trifluoromethoxy-4-trifluoromethyl-1,3-thiazole-5-carboxanilide

CAS 名：*N*-[2,6-dibromo-4-(trifluoromethoxy)phenyl]-2-methyl-4-(trifluoromethyl)-5-thiazolecarboxamide

【化学结构式】

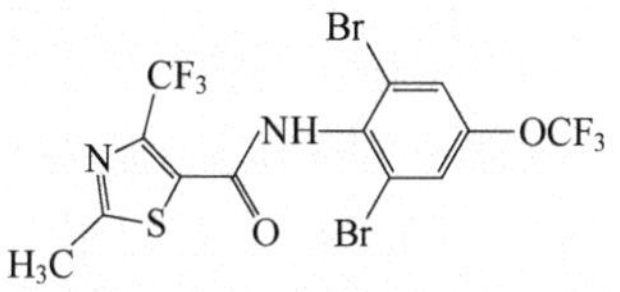

【分子式】$C_{13}H_6Br_2F_6N_2O_2S$

【分子量】528.06

【CAS 登录号】130000-40-7

【理化性质】原药含量 96.4%，白色至浅棕色粉末；熔点 177.9～178.6℃；密度（26℃）2.0g/cm^3；K_{ow}lg$P$（pH7）4.16；蒸气压（20℃）1.008×10^{-6}mPa；水中溶解度（20℃）：1.6（pH5.7），7.6（pH9）；pH5～9 水解稳定，水中光解 DT_{50} 3.6～3.8d；pK_a 9.13（20℃）。

【研制和开发公司】由 Monsanto（美国孟山都公司）开发

【上市国家和年份】亚洲，1997 年

【合成路线】[1-3]

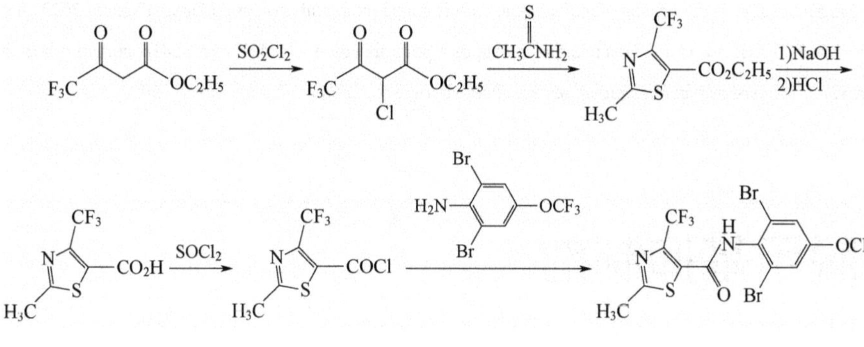

中间体合成：

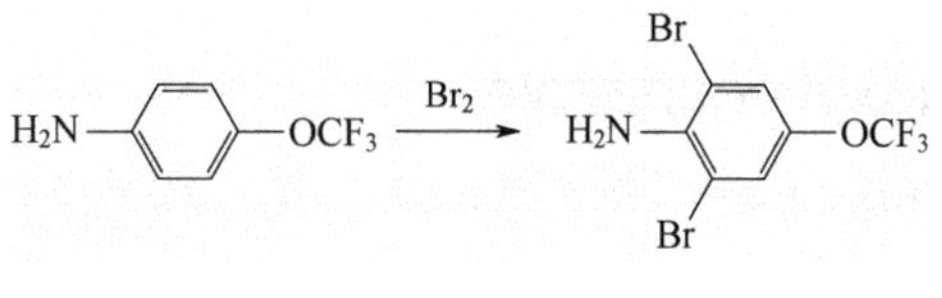

【哺乳动物毒性】大鼠急性经口 LD_{50}＞6500mg/kg，兔急性经皮 LD_{50}＞5000mg/kg。对兔眼睛和皮肤有轻微刺激，对皮肤无致敏性；雄大鼠吸入 LC_{50}（4h）＞5g/L。NOEL：大鼠（2

年）1.4mg/(kg・d)，小鼠 9.2mg/(kg・d)，狗 10mg/(kg・d)。Ames 试验结果为阴性，致癌性试验结果为阴性。ADI/RfD（日本，RfD）0.014mg/kg。毒性等级：U。

【生态毒性】[4] 山齿鹑和野鸭 LC_{50}＞5620mg/kg；蓝鳃太阳鱼 LC_{50}（96h）1.2mg/L；虹鳟鱼 LC_{50}（96h）1.3mg/L；鲤鱼 LC_{50}（96h）2.9mg/L；水蚤 LC_{50}（48h）2.9mg/L。

【作用机理】[5]与其他 SDHI 类杀菌剂作用机理一样，氟唑环菌胺通过作用于细菌体内连接氧化磷酸化与电子传递的枢纽之一——琥珀酸脱氢酶（Succinate dehydrogenase，SDH），导致三羧酸循环（tricarboxylic acid cycle）障碍，阻碍其能量的代谢，进而抑制病原菌的生长，导致其死亡，从而达到防治病害的目的。

【分析方法】高效液相色谱-紫外（HPLC-UV），气相色谱-质谱（GC-MS）

【制剂】悬浮剂（SC）

【应用】作用方式：叶面喷雾或土壤浇灌使用时，迅速被植物根和叶吸收，并在整个植物体的木质部和质外体传导。用途：用于水稻、马铃薯、玉米和市容草，主要防治担子菌，特别是由丝核菌属引起的特定病害。水稻叶面喷雾，用量为 50～150g/hm^2，防治纹枯病；用于水稻育苗箱处理时，需更高剂量 200～300g/hm^2。登记用于水稻（日本、中国、韩国、越南、哥伦比亚、巴拿委内瑞拉）、市容草（日本、韩国）、马铃薯（墨西哥、巴西）、玉米（委内瑞拉）、咖啡（巴西）和草莓（韩国）。

【代谢】动物：通过 5 个主要途径广泛代谢。植物：噻呋酰胺在植物叶片上的残留主要是母体化合物。土壤/环境：土壤中的微生物降解缓慢：土壤 DT_{50}（实验室，有氧，25℃）992～1298d。在土壤中的迁移可能性低；K_{oc} 404～980mL/g（7 个土样）。光解 DT_{50} 95～155d（实验室，25℃）。水解速率不快；光解 DT_{50} 18～27d（实验室，pH7，25℃）；在稻田水中 DT_{50} 3～4d。

【参考文献】

[1] Smith F D．5-Carboxanilido-2,4-bistrifluoromethylthiazoles and their use to control rice blast．US6372769．

[2] Hollis A H，Srouji G H．Process for the preparation of 2- methylthiazole-5-carboxylates．US5880288．

[3] Ladner D W，Cross B．Aniline intermediates．US4404402．

[4] Yao X F，Liu Yu，Liu X，et al．Effects of thifluzamide on soil fungal microbial ecology．J Hazard Mater，2022，431：128626．

[5] Miao J Q，Mu W J，Bi Y，et al．Heterokaryotic state of a point mutation（H249Y）in SDHB protein drives the evolution of thifluzam5．2 ideresistance in *Rhizoctonia solani*．Pest Manag Sci，2021，77（3）：1392-1400．

4.2 甾醇脱甲基抑制剂

4.2.1 三唑类

4.2.1.1 氟吡菌唑 fluoxytioconazole

【化学名称】4-({6-[(2*RS*)-2-(2,4-二氟苯基)-1,1-二氟-2-羟基-3-(5-巯基-1*H*-1,2,4-三唑-1-基)丙基]-3-吡啶基}氧)苯甲腈

IUPAC 名：4-({6-[(2*RS*)-2-(2,4-difluorophenyl)-1,1-difluoro-2-hydroxy-3-(5-mercapto-1*H*-1,2,4-triazol-1-yl)propyl]-3-pyridyl}oxy)benzonitrile

CAS 名：4-[[6-[2-(2,4-difluorophenyl)-3-(2,5-dihydro-5-thioxo-1*H*-1,2,4-triazol-1-yl)-1,1-difluoro-2-hydroxypropyl]-3-pyridinyl]oxy]benzonitrile

【化学结构式】

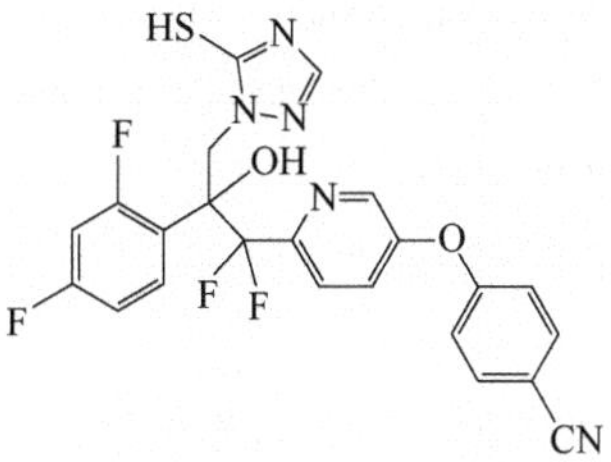

【分子式】$C_{23}H_{15}F_4N_5O_2S$

【分子量】501.46

【CAS 登录号】2046300-61-0

【研制和开发公司】由 Viamet Pharmaceuticals，Inc.，USA，Dow AgroSciences（美国陶氏益农公司）发现

【上市国家和年份】2021 年首次报道，开发中

【合成路线】[1-7]

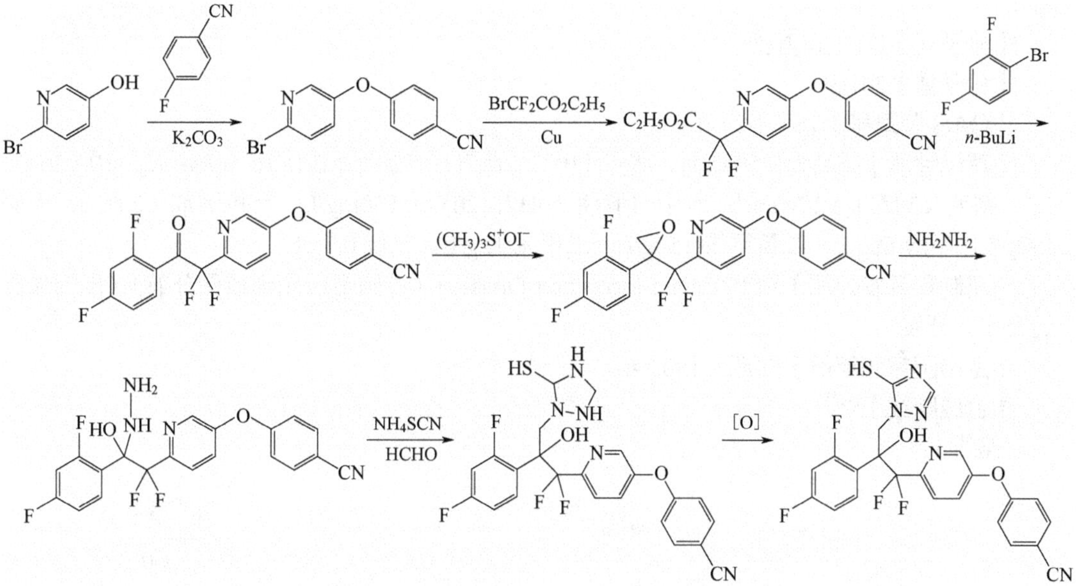

【参考文献】

[1] Gray K，Yang Q，Babij N R．Process for preparing 4-((6-(2-(2,4-difluorophenyl)-1,1-difluoro-2-hydroxy-3-(5-mercapto-1*H*-1,2,4-triazol-1-yl)propyl)pyridin-3-yl)oxy)benzonitrile．WO2018094129．

[2] Gray K，Yang Q，Ryan S，et al. Process for preparing 4-((6-(2-(2,4-difluorophenyl)-1,1-difluoro-2-hydroxy-3-(5-mercapto-1*H*-,2,4-triazol-1-yl)propyl)pyridin-3-yl)oxy)benzonitrile．WO2018094132．

[3] Ryan S，Yang Q，Babij N R，et al．Process for preparing 4-((6-(2-(2,4-difluorophenyl)-1,1-difluoro-2-hydroxy-3-(5-mercapto-1*H*-1,2,4-triazol-1-yl)propyl)pyridin-3-yl)oxy）benzonitrile．WO2018094139．

[4] Babij N R，Yang Q，Ryan S，et al．Process for preparing 4-((6-(2-(2,4-difluorophenyl)-1,1-difluoro-2-hydroxy-3-(5-mercapto-1*H*-1,2,4-triazol-1-yl)propyl)pyridin-3-yl)oxy)benzonitrile．WO2018094138．

[5] Gray K, Yang Q, Babij N R, et al. Process for preparing 4-((6-(2-(2,4difluorophenyl)-1,1-difluoro-2-hydroxy-3-(5-mercapto-1*H*-1,2,4-triazol-1-yl)propyl)pyridin-3-yl)oxy)benzonitrile. WO2018094133.
[6] Yang Q, Gray K, Babij N R, et al. Process for preparing 4-((6-(2-(2,4-difluorophenyl)-1,1-difluoro-2-hydroxy-3-(5-mercapto-1*H*-1,2,4-triazol-1-yl)propyl)pyridin-3-yl)oxy)benzonitrile. WO2018094127.
[7] Hoekstra W J, Yates C M, Schotzinger R J, et al. Preparation of pyridinyloxybenzonitrile compounds as metalloenzyme inhibitors useful as antifungal agents. WO2016187201.

4.2.1.2 粉唑醇 flutriafol

【商品名称】 Impact，Vincit

【化学名称】(*RS*)-2,4′-氟-*α*-(1*H*-1,2,4-三唑-1-基甲基)二苯基甲醇

IUPAC 名：(*RS*)-2,4-difluoro-*α*-(1*H*-1,2,4-triazol-1-ylmethyl)benzhydrylalcohol

CAS 名：(*RS*)-2,4-difluoro-*α*-(1*H*-1,2,4-triazol-1-ylmethyl)benzhydrylalcohol

【化学结构式】

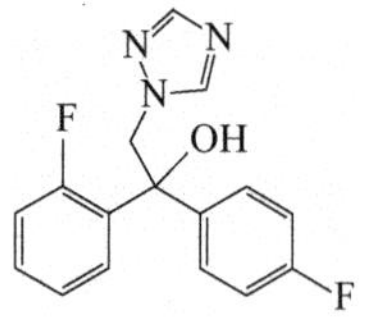

【分子式】 $C_{16}H_{13}F_2N_3O$

【分子量】 301.30

【CAS 登录号】 76674-21-0

【理化性质】纯品为白色结晶，熔点 130℃；蒸气压（20℃）7.1×10^{-6}mPa；K_{ow}lg*P*（20℃）2.3；密度（20℃）1.17g/cm^3；水中溶解性（pH7，20℃）130mg/L，有机溶剂（20℃）：丙酮 190g/L，甲醇 69g/L，二氯甲烷 150g/L，二甲苯 12g/L，己烷 0.3g/L。

【研制和开发公司】由 ICI Plant Protection Division（英国帝国化学植保分部）（现为先正达公司）开发

【上市国家和年份】欧洲，1983 年

【合成路线】[1-4]

路线 1：

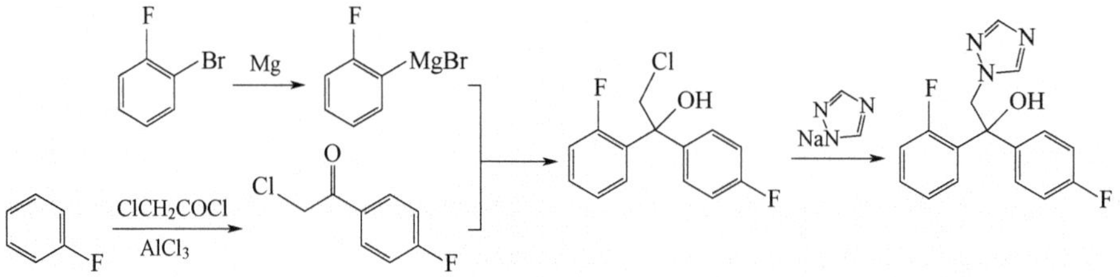

路线 2：

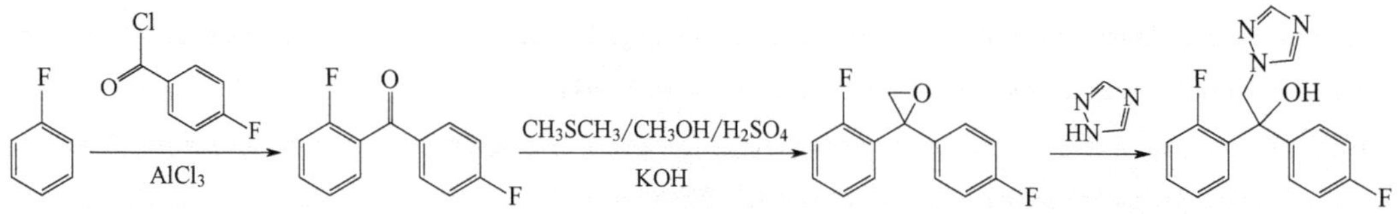

【哺乳动物毒性】急性经口 LD_{50}：雄大鼠 1140mg/kg，雌大鼠 1480mg/kg。急性经皮 LD_{50}：大鼠＞1000mg/kg，兔＞2000mg/kg。对兔眼睛有中等刺激，对皮肤无刺激、无致敏。大鼠吸入 LC_{50}（4h）＞3.5mg/L。无作用剂量 90d 饲喂试验，大鼠每天摄入 2mg/kg 饲料，狗每天摄入 5mg/kg 饲料，无病理表现。对大鼠和兔无致畸作用。活体试验无致癌、致突变作用。ADI/RfD（BfR）0.01mg/kg[2007]。毒性等级：U。

【生态毒性】雌野鸭急性经口 LD_{50}＞5000mg/kg。饲喂 LC_{50}（120h）：野鸭 3940mg/kg，日本鹌鹑 6350mg/kg。LC_{50}（96h）：虹鳟 61mg/L，镜鲤 77mg/L。水蚤 LC_{50}（48h）78mg/L。对蜜蜂低毒，急性经口 LD_{50}＞5μg/只。蚯蚓 LC_{50}（14d）＞1000mg/kg。

【作用机理】影响甾醇的生物合成，使病原菌的细胞膜功能受到破坏，最终导致细胞死亡。

【分析方法】高效液相色谱-紫外（HPLC-UV），气液相色谱（GLC）

【制剂】悬浮剂（SC）

【应用】作用方式：触杀型、内吸性杀菌剂，具有铲除和保护作用。叶面吸收，在木质部向顶传导。用途：防治谷物叶和穗的大部分病害（包括白粉病、叶枯病、壳针孢菌病、叶锈病、网斑病和褐斑病），使用剂量 125g/hm^2。也可用作非汞种子处理剂，防治主要的谷物土传、种传病害。

【代谢】土壤/环境：粉唑醇对微生物种群无影响，或在土壤中转化成碳或氮。

【参考文献】

[1] Parry K P，Rathmell W G，Worthington P A．Triazole compounds，their use as plant fungicides and plant growth regulators and compositions containing them．EP47594．

[2] 余志强，周耀德，余强．杀菌剂粉唑醇的制备方法．CN101429168．

[3] Jones R V．Isomerization of 4*H*-substituted 1,2,4-triazoles using basic catalysts at elevated temperatures．EP326241．

[4] Silva de Souza A．Preparation of(1*H*-1,2,4-triazol-1-yl)alkanols via，hydrazinylalkanol intermediates．WO2015058272．

4.2.1.3 呋菌唑 furconazole/*cis*-furconazole

（1）**Furconale**

【化学名称】(2*RS*,5*RS*;2*RS*,5*SR*)5-(2,4-二氯苯基)四氢-5-(1*H*-1,2,4-三唑-1-基甲基)-2-呋喃基 2,2,2-三氟乙基醚

IUPAC 名：(2*RS*,5*RS*;2*RS*,5*SR)*5-(2,4-dichlorophenyl)tetrahydro-5-(1*H*-1,2,4-triazol-1-ylmethyl)-2-furyl 2,2,2-trifluoroethyl ether

CAS 名：1-[[2-(2,4-dichlorophenyl)tetrahydro-5-(2,2,2-trifluoroethoxy)-2-furanyl]methyl]-1*H*-1,2,4-triazole

（2）***cis*-Furconale**

【化学名称】(2*RS*,5*RS*)5-(2,4-二氯苯基)四氢-5-(1*H*-1,2,4-三唑-1-基甲基)-2-呋喃基 2,2,2-三氟乙基醚

IUPAC 名：(2*RS*,5*RS*)-5-(2,4-dichlorophenyl)tetrahydro-5-(1*H*-1,2,4-triazol-1-ylmethyl)-2-furyl 2,2,2-trifluoroethyl ether

CAS 名：*rel*-1-[[(2*R*,5*R*)-2-(2,4-dichlorophenyl)tetrahydro-5-(2,2,2-trifluoroethoxy)-2-furanyl]methyl]-1*H*-1,2,4-triazole

【化学结构式】

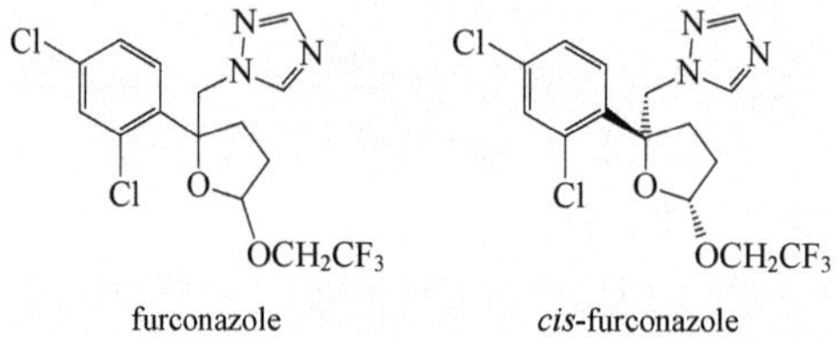

【分子式】$C_{15}H_{14}Cl_2F_3N_3O_2$

【分子量】396.19

【CAS 登录号】112839-33-5(furconazole),112839-32-4(*cis*-furconazole)

【理化性质】(*cis*-Furconazole)无色晶体，熔点 86℃；蒸气压(25℃)0.0145mPa；水中溶解度(20℃)21mg/L。

【研制和开发公司】由 Rhone-Poulenc Agrochimie(法国罗纳普朗克)开发

【上市国家和年份】1988 年报道

【合成路线】[1,2]

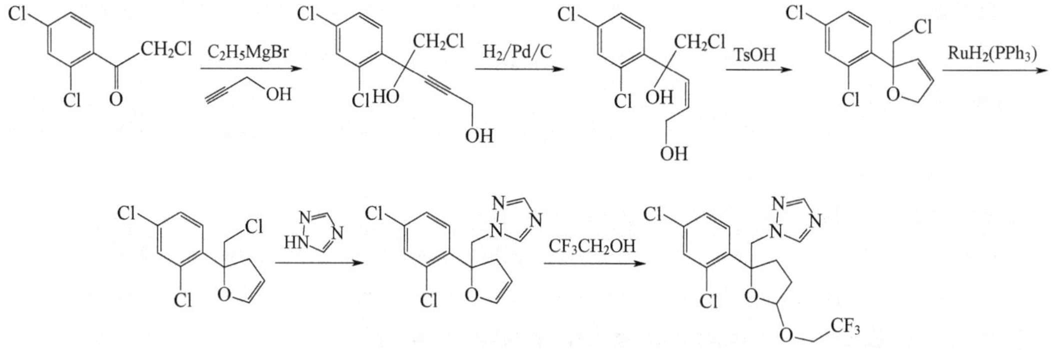

【作用机理】C14-脱甲基酶的甾醇生物合成抑制剂

【制剂】乳油(EC)，可湿粉剂(WP)

【应用】对子囊菌、担子菌等真菌类有效；对谷物、藤本植物、果树和热带作物的主要疾病，尤其是白粉病、锈病、疮痂、叶斑和其他叶面病原体具有保护和治疗活性。

【参考文献】

[1] Corbet J P，Mas J M．Preparation of 2,3-dihydrofurans as intermediates for fungicidal 2-(triazolylmethyl)tetrahydrofurans．EP 258160.

[2] Greiner A，Souche J L，Merindol B．Fungicides comprising triazole and oligo ether groups，and mixtures thereof. EP0230844A1.

4.2.1.4 氟硅唑 flusilazole

【商品名称】Capitan，Nustar，Olymp，Punch，Sanction，Bariton

【化学名称】双(4-氟苯基)甲基-(1*H*-1,2,4-三唑-1-基亚甲基)硅烷

IUPAC 名：bis(4-fluorophenyl)(methyl)(1*H*-1,2,4-triazol-1-ylmethyl)silane

CAS 名：1-[[bis(4-fluorophenyl)methylsilyl]methyl]-1*H*-1,2,4-triazole

【化学结构式】

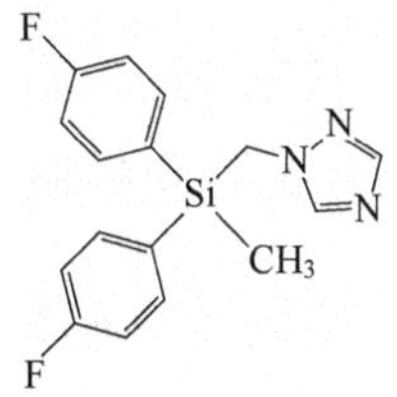

【分子式】$C_{16}H_{15}F_2N_3Si$

【分子量】315.40

【CAS 登录号】85509-19-9

【理化性质】白色无味结晶，熔点 53～55℃；蒸气压（25℃）3.9×10^{-2}mPa（饱和气体法）；K_{ow}lg$P$（pH7，25℃）3.74；密度（20℃）1.30g/cm^3；水中溶解性（20℃）：水 45mg/L（pH7.8）、54mg/L（pH7.2）、900mg/L（pH1.1），易溶于多种有机溶剂（＞2kg/L）；在常规条件下稳定储藏 2 年，对光和高温稳定；pK_a 2.5。

【研制和开发公司】由 E. du. Pont de Nemours & Co.（美国杜邦公司）开发

【上市国家和年份】法国，1985 年

【合成路线】[1-3]

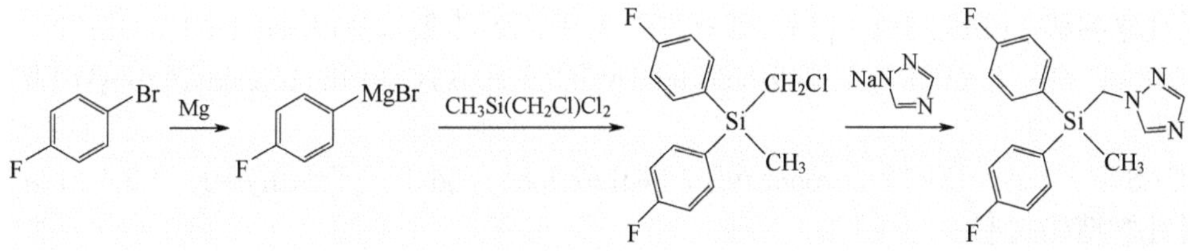

中间体合成[4]：

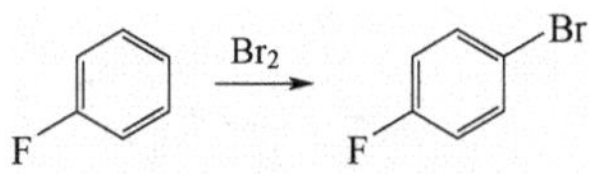

【哺乳动物毒性】急性经口 LD_{50}：雄鼠＞1100mg/kg，雌大鼠 674mg/kg。兔急性经皮 LD_{50}＞2000mg/kg。对兔皮肤和眼睛有中等刺激，对豚鼠皮肤无致敏。LC_{50}：雄鼠 27mg/L，雌鼠 3.7mg/L。NOEL：大鼠（2 年）10mg/kg（饲料），狗（1 年）5mg/kg（饲料），小鼠（1.5 年）25mg/kg。无致突变作用。ADI/RfD（JMPR）0.007mg/kg[2007]。毒性等级：Ⅲ。

【生态毒性】野鸭急性经口 LD_{50}＞1590mg/kg。LC_{50}（96h）：虹鳟 1.2mg/L，蓝鳃翻车鱼 1.7mg/L，普通鲤鱼 0.57mg/L，鲈鱼 1.37mg/L。水蚤（48h）LC_{50} 3.4mg/L。对蜜蜂无毒，LD_{50}＞150μg/只。

【作用机理】麦甾醇生物合成抑制剂

【分析方法】高效液相色谱-紫外（HPLC-UV）

【制剂】乳油（EC），悬浮剂（SC），悬乳剂（SE），水分散剂（WG），水乳剂（EW）

【应用】[5] 作用方式：内吸性杀菌剂，具有保护和治疗活性。耐雨水冲刷，随着降雨和蒸气进行再分配，这是该药剂发挥生物活性的重要部分。用途：具有广谱、内吸、预防和治疗活性的杀菌剂，可有效防治多种真菌（子囊菌、担子菌和半知菌纲）引起的病害，使用剂量 50～200g/hm^2。适用于多种作物如苹果（黑星病、白粉病）、桃（白粉病、褐腐病）、谷物（所有主要病害）、葡萄（白粉病、黑腐病）、甜菜（褐腐病、白粉病）、玉米（大斑病）、向日葵（茎溃疡病）、油菜（白斑病、叶斑病）和香蕉（叶斑病）。

【代谢】土壤/环境：研究结果表明，在不同的环境条件下平均 DT_{50} 95d。

【参考文献】

[1] Thust U，Kemter P，Ruehlmann K，et al．Preparation of bis(4-fluorphenyl)methyl(*1H*-1,2,4-triazol-1-yl-methyl)silane．DE 4105538．

[2] 赵国锋，张建锋，马红雨，等．双（4-氟苯基）-（1H-1,2,4-三唑-1-基甲基）甲硅烷的制备方法．CN101824045．

[3] Moberg W K．Fungicidal 1-(silylmethyl)-1,2,4-triazole derivatives．US4510136．

[4] Oren J．Preparation of *p*-bromofluorobenzene．EP761627．

[5] Wang Y，Wang M M，Xu L T，et al．Baseline sensitivity and toxic action of the sterol demethylation inhibitor flusilazole against *Botrytis cinerea*．Plant Dis，2020，104（11），2986-2993．

4.2.1.5 氟环唑 epoxiconazole

【商品名称】Opal，Opus，Rubric，Soprano，Allegro（混剂，与醚菌酯混合），Champion（混剂，与啶酰菌胺混合），Opera（混剂，与吡唑醚菌酯混合），Opusteam（混剂，与丁苯吗啉混合），Swinggold（混剂，与嘧菌酯混合），Adexar（混剂，与氟唑菌酰胺混合），Ceriax（混剂，与吡唑醚菌酯、氟唑菌酰胺混合）

【化学名称】(2*RS*,3*SR*)-1-[3-(2-氯苯基)-2,3-环氧-2-(4-氟苯基)丙基]-1*H*-1,2,4-三唑

IUPAC 名：(2*RS*,3*RS*)-1-[3-(2-chlorophenyl)-2,3-epoxy-2-(4-fluorophenyl]propyl)-1*H*-1,2,4-triazole

CAS 名：*cis*-1-([3-(2-chlorophenyl)-2-(4-fluorophenyl)oxiranyl]methyl)-1*H*-1,2,4-triazole

【化学结构式】

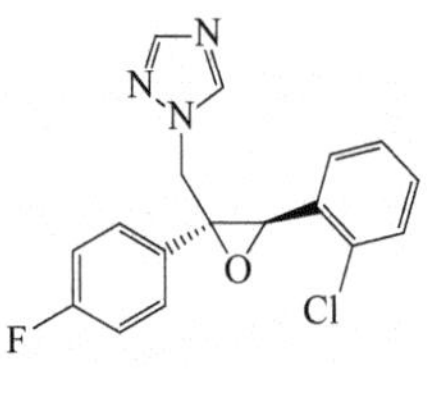

【分子式】$C_{17}H_{13}ClFN_3O$

【分子量】329.76

【CAS 登录号】133855-98-8

【理化性质】原药（2*R*,3*S*-2*S*,3*R*）对映体，无色晶体，密度（25℃）1.384g/cm^3；熔点 136.2～137℃；蒸气压（25℃）＜0.01mPa；K_{ow}lg$P$ 3.33（pH7）；水中溶解度（20℃）6.63×10^{-4}g/100mL，有机溶剂中溶解度：丙酮 14.4g/100mL，二氯甲烷 29.1g/100mL，庚烷 0.04g/100mL；pH（5）和 pH（7）12d 内不水解。

【研制和开发公司】由德国 BASF SE 研发

【上市国家和年份】1993 年

【合成路线】[1-3]

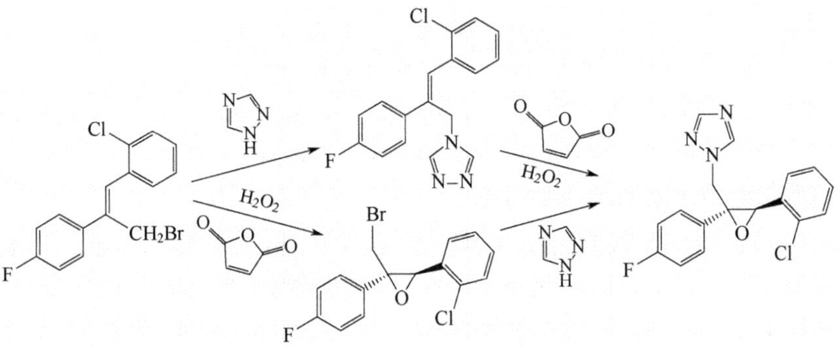

中间体合成[4-5]：

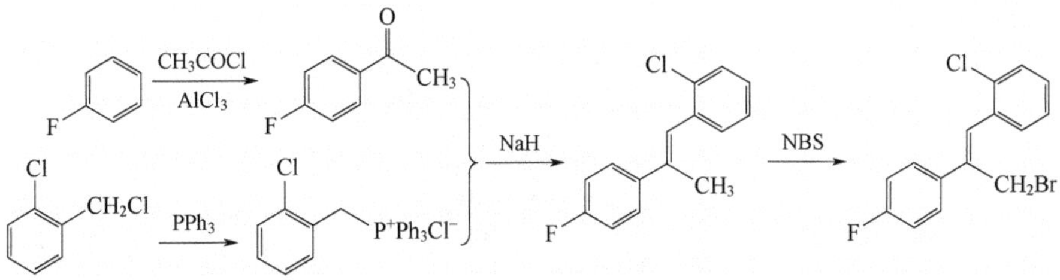

【哺乳动物毒性】大鼠急性经口 LD_{50}>5000mg/kg，大鼠急性经皮 LD_{50}>2000mg/kg；大鼠吸入 LD_{50}(4h)>5.31mg/kg(空气)；兔皮肤和眼睛无刺激；小鼠 NOEL(致癌性)0.81mg/kg；ADI/RfD（EC）0.008mg/kg[2008]。

【生态毒性】[6] 鹌鹑急性经口 LD_{50}>2000mg/kg，鹌鹑饲喂 LC_{50} 5000mg/kg。LC_{50}（96h）：虹鳟 2.2～4.6mg/L，蓝色翻车鱼 4.6～6.8mg/L。水蚤 LC_{50}（48h）8.7mg/L；蜜蜂 LD_{50}>100μg/只；蚯蚓 LC_{50}（14d）>1000mg/kg（土）。

【作用机理】抑制醇生物合成中的 C14-脱甲基酶

【分析方法】气相色谱-氢火焰离子检测（GC-FID）

【制剂】乳油（EC），悬浮剂（SC），悬乳剂（SE）

【应用】作用方式：预防和治疗性杀菌剂。用途：广谱性杀菌剂，具有预防和治疗功能，用于香蕉、谷类、咖啡、水稻、玉米、花生和甜菜，防治由子囊菌、担子菌和半知菌引起的病害，施用剂量通常为 125g/hm^2。与吗啉、MBC-衍出物、唑类、甲氧基丙烯酸酯类和酰胺类农药相容。

【代谢】动物：活性物通过粪便很容易排出。没有主要代谢物，但鉴定出大量的次要代谢物。重要的代谢反应是环氧乙烷环的开裂、苯环羟基化和络合。植物：在植株内充分降解。土壤环境：在土壤中通过微生物降解，DT_{50} 2～3 个月。K_{oc} 957～2647mL/g。

【参考文献】

[1] Hickmann E，Seele R，Kober R，et al. Preparation of *cis*-2-(1*H*-1,2,4-triazol-1-ylmethyl)-2,3-di(halophenyl)oxirane. US5245042.

[2] Hickmann E，Seele R，Kober R. et al. Process for the preparation of *cis*-2-(1*H*-1,2,4- triazol-1-yl-methyl)-2-(halophenyl)-3-(halophenyl)-oxirane. EP0427061.

[3] Seele R，Eicken K，Hickmann E，et al. Process for the preparation of *cis*-2-(1*H*-1,2,4-triazol-1-yl-methyl)2-(halophenyl)-3-(halophenyl)-oxirane. EP0515876.

[4] 徐宗跃，吴家全，杨英，等．一种稳定的氟环唑原药制备方法．CN101513183．
[5] 姜鹏，孟志．一种催化空气或氧气环氧化合成氟环唑的方法．CN104140419．
[6] Xue P F，Liu X W，Zhao L Q，et al．Integrating high-throughput sequencing and metabolomics to investigate the stereoselective responses of soil microorganisms to chiral fungicide *cis*-epoxiconazole．Chemosphere，2022，300：134198．

4.2.1.6 氟喹唑 fluquinconazole

【商品名称】 Flamenco，Galmano，Jockey，Jockey F，Jockey Flexi，Sahara，Flamenco Plus（混剂，与咪鲜胺混合），Galmano Plus（混剂，与氯化铜复合物、咪鲜胺混合）

【化学名称】 3-(2,4-二氯苯基)-6-氟代-2-(1*H*-1,2,4-三氮唑-1-基)喹唑啉-4(3*H*)-酮

IUPAC 名：3-(2,4-dichlorophenyl)-6-fluoro-2-(1*H*-1,2,4-triazol-1-yl)quinazolin-4(3*H*)-one

CAS 名：3-(2,4-dichlorophenyl)-6-fluoro-2-(1*H*-1,2,4-triazol-1-yl)-4(3*H*)-quinazolinone

【化学结构式】

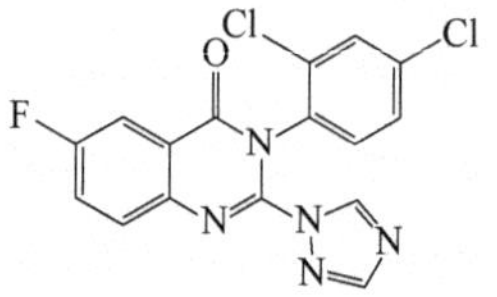

【分子式】 $C_{16}H_8Cl_2FN_5O$

【分子量】 376.17

【CAS 登录号】 136426-54-5

【理化性质】 纯品为灰白色结晶固体，有轻微气味；熔点 119.9～193℃；蒸气压（20℃）6.4×10^{-6}mPa；K_{ow}lg$P$（20℃，pH5.6）3.24；密度（20℃）1.58g/cm^3；水中溶解性（20℃）：1.15（pH6.6）；有机溶剂中溶解度（20℃）：丙酮 38～50g/L，二甲苯 9.88g/L，乙醇 3.48g/L，二甲基亚砜 150～200g/L，二氯甲烷 120～150g/L；水中 DT_{50}（25℃）21.8d（pH7）。

【研制和开发公司】 由 Schering AG（德国先灵公司）and Hoechst Schering AgrEvo GmbH（德国赫司特先灵艾格福有限公司）[现为 Bayer Cropscience（拜耳公司）]开发

【上市国家和年份】 欧洲，1995 年

【合成路线】[1,2]

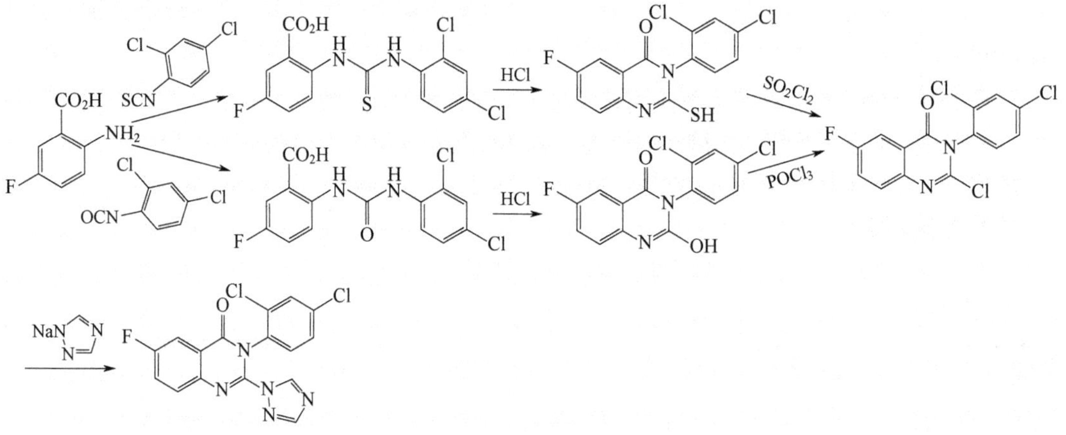

中间体合成[3,4]：

方法 1：

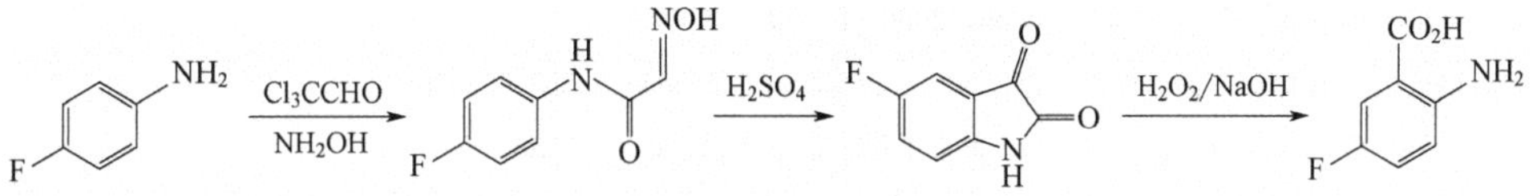

方法 2：

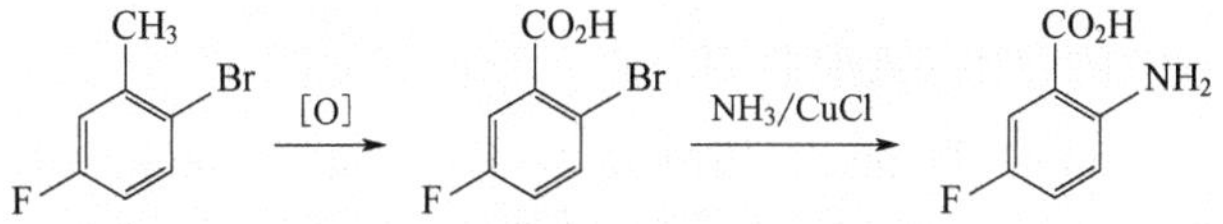

【哺乳动物毒性】急性经口 LD_{50}：雌雄 112mg/kg，雄小鼠 325mg/kg，雌小鼠 180mg/kg。急性经皮 LD_{50}：雄 2679mg/kg，雌大鼠 625mg/kg。对兔眼睛和皮肤无刺激，对豚鼠皮肤无致敏。大鼠吸入 LC_{50}（4h）＞0.754mg/L。NOEL（1 年）：大鼠 0.31mg/(kg・d)，小鼠、狗 0.5mg/(kg・d)。Ames 试验呈阴性，对胚胎无毒性，无致畸作用。ADI/RfD（BfR）0.005mg/kg[2000]。

【生态毒性】山齿鹑和野鸭急性经口 LD_{50}＞2000mg/kg。LC_{50}（96h）：虹鳟 0.44mg/L，蓝鳃翻车鱼 1.34mg/L。水蚤 LC_{50}（48h）＞5.0mg/L。羊角月牙藻 E_rC_{50} 46μg/L，E_bC_{50} 14μg/L。浮萍 NOEC 0.625mg/L。蚯蚓 LC_{50}（14d）＞1000mg/kg（土）。对蚜茧蜂、梨盲走螨、七星瓢虫、普通草蛉和土鳖虫无毒。

【作用机理】甾醇脱甲基化（麦角甾醇生物合成）抑制剂

【分析方法】高效液相色谱-紫外（HPLC-UV）

【制剂】悬浮剂（SC），悬乳剂（SE），水分散剂（WG），可湿粉剂（WP），悬浮种衣剂（FS）

【应用】[5] 作用方式：具有保护、治疗和内吸活性的杀菌剂，通过木质部传导，也可反向传导。用途：防治子囊菌、担子菌和半知菌引起的多种病害。叶面喷洒用于谷物（小麦、大麦和黑麦），使用剂量 125～150g/hm^2，防治小麦颖枯病菌、壳针孢属、柄锈菌、散黑穗病菌、腥黑穗病菌、小麦矮化腥黑穗病菌、隐条黑粉菌、网斑病菌、麦类核腔引起的病害；大豆田防治尾孢属引起的病害，用剂量 125～500g/hm^2，白粉病使用剂量 60g/hm^2，大豆锈病使用剂量 60～125g/hm^2；防治梨果黑星病、白粉病，使用剂量 50～75g/hm^2；防治葡萄白粉病，使用剂量 25～70g/hm^2。种子处理防治全蚀病、麦类散黑穗病菌、腥黑穗病菌、小麦矮腥黑粉菌、隐条黑粉菌、小麦壳针孢和叶锈病。

【代谢】动物：大鼠、小鼠和狗经口给药后，氟喹唑主要通过粪便排出体外。这三种动物中，主要是氟喹唑，还有少量的二酮和次级代谢物。植物：在植株表面稳定，检测到水解后的一些二酮化合物。少量氟喹唑及二酮化合物被果实吸收，没有发现残留物传导至果实附近的叶片中。在小麦中只有极少量被裂解和进一步代谢。土壤：土壤中在好氧和厌氧条件下降解，消散过程主要是水解过程，但是进一步降解和矿化涉及微生物作用，代谢产物最终转化成土壤界面残留物和 CO_2，降解速率取决于温度、土壤湿度、土壤 pH 和有机质含量。田间典型 DT_{50} 50～300d。土壤强烈吸附，K_{oc}＞875mL/g；土柱淋洗研究和浸出试验表明氟喹唑不会浸到深层土壤污染地下水。

【参考文献】

[1] Green D E，Percival A．Fungicidal imidazolyl and triazolylquinazolinones．US4731106.

[2] Bilokin Y V，Kovalenko S M．Solution and solid-phase approaches to quinconazole and fluquinconazole inhibitors of fungal ergosterol biosynthesis．Heterocycl Commun，2000，6（5）：409-414．
[3] Roehrscheid F，Rapp J，Papenfuhs T．Preparation of 5-fluoroanthranilic acid．EP647614．
[4] 陈卫东，钱旭红，宋恭华．等．2-氨基-5-氟苯甲酸的制备方法．CN1477097．
[5] Vera Palma C A，Madariaga Burrows R，Gonzalez M G，et al．Integration between Pseudomonas protegens strains and fluquinconazole for the control of take-all in wheat．Crop Pro，2019，121：163-172．

4.2.1.7 氟醚唑 tetraconazole

【商品名称】Buongiorno，Domark，Emerald，Eminent，Hokuguard，Lospel（种衣剂）

【化学名称】(*RS*)-2-(2,4-二氯苯基)-3-(1*H*-1,2,4-三唑-1-基)丙基-1,1,2,2,-四氟乙基醚

IUPAC 名：(*RS*)-2-(2,4-dichlorophenyl)-3-(1*H*-1,2,4-triazol-1-yl)propyl-1,1,2,2-tetrafluoroethyl ether

CAS 名：(±)-1-[2-(2,4-dichlorophenyl)-3-(1,1,2,2-tetrafluoroethyloxy)propyl]-1*H*-1,2,4-triazole

【化学结构式】

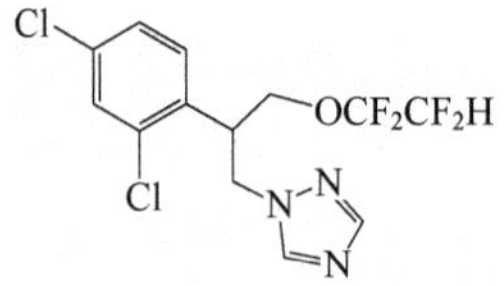

【分子式】$C_{13}H_{11}Cl_2F_4N_3O$

【分子量】372.14

【CAS 登录号】112281-77-3

【理化性质】无色黏稠状液体（原药为黄色至黄褐色液体），熔点流动点 6℃，沸点 240℃分解；密度（20℃）1.432g/cm^3；K_{ow}lg$P$（20℃）3.56；蒸气压（20℃，气体饱和蒸气压法，推断）0.18mPa；水中溶解度（pH7，20℃）138.8mg/L，易溶于丙酮、甲醇和 1,2-二氯乙烷。

【研制和开发公司】由 Agrimont S.P.A. [现为 Isagro S.P.A.（意大利意赛格公司）]发现

【上市国家和年份】欧洲，1990 年

【合成路线】[1-5]

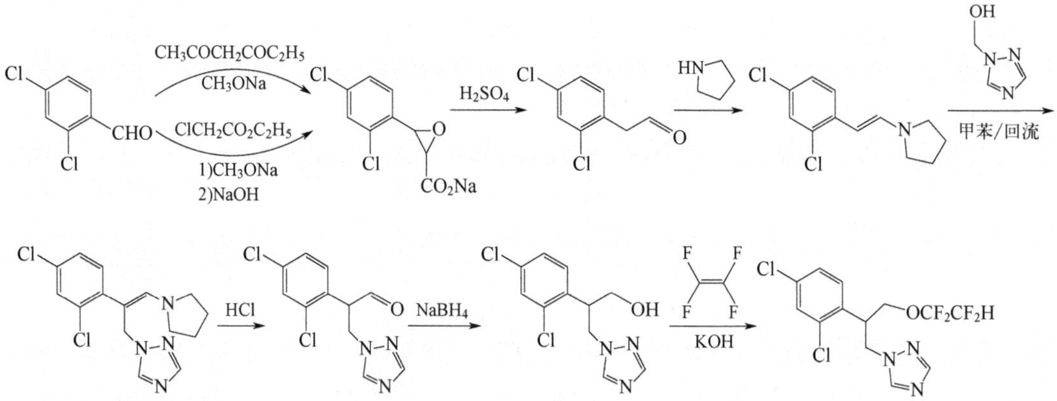

【哺乳动物毒性】急性经口 LD_{50}：雄大鼠 1248mg/kg，雌大鼠 1031mg/kg。大鼠急性经皮 LD_{50}＞2000mg/kg。对兔眼睛有轻微刺激，对皮肤无刺激，对豚鼠皮肤无致敏。大鼠吸入 LC_{50}（4h）＞3.66mg/L。大鼠（2 年）NOAEL 3.9mg/(kg・d)，大鼠 NOAEL 约 0.5mg/(kg・d)，雄

狗（1 年）NOAEL 2.95mg/(kg • d)，雌狗（1 年）NOAEL 3.33mg/(kg • d)，雌狗 NOAEL 约 0.7mg/(kg • d)；无致突变性。

【生态毒性】山齿鹑经口 LD_{50} 132mg/kg，野鸭经口 LD_{50}＞63mg/kg。饲喂 LD_{50}（5d）：山齿鹑 650mg/kg，野鸭 442mg/kg。LC_{50}（96h）：虹鳟 5.1mg/L，蓝鳃翻车鱼 5.8mg/L，鲤鱼 0.41mg/L。水蚤 LC_{50}（48h）3.0mg/L。EC_{50}（96h）：维吉尼亚美东牡蛎 1.1mg/L，糠虾 0.42mg/L。浮萍 E_rC_{50} 0.56mg/L，E_bC_{50} 0.56mg/L。蜜蜂（48h，经口）LD_{50}＞130μg/只；对蚯蚓 LC_{50}（14d）71mg/kg（土）。

【作用机理】C14-脱甲基酶的甾醇生物合成抑制剂。

【分析方法】高效液相色谱-紫外（HPLC-UV），气相色谱-质谱（GC-MS）

【制剂】乳油（EC），悬浮剂（SC），微浮剂（ME），悬乳剂（SE），水分散剂（WG），可湿粉剂（WP）

【应用】作用方式：广谱性内吸杀菌剂，具有保护、治疗和铲除特性。通过根部、茎、叶吸收后，在植物内部向顶传导到各部位，包括新生组织。用途：叶面喷雾，防治谷物上的白粉病、柄锈菌属、锈病和黑粉病（壳针孢叶斑病），用量 100～125gh/m^2；甜菜上的白粉病、褐斑病和单孢锈菌（锈病），用量 100gh/m^2；梨果上的白粉病和黑星病，用量 25～30g/hm^2；葡萄白粉病，用量 25～30g/hm^2；葫芦科上的瓜类白粉病，用量 50g/hm^2；番茄、辣椒和朝鲜蓟白粉病，用量 40～50g/hm^2；草莓白粉病，用量 50g/hm^2；蔬菜、观赏植物和热带果树上的白粉病、锈病和病斑，用量 50g/hm^2。作种衣剂防治腥黑粉菌（腥黑穗病），用量 3g/100kg 种子，黑粉菌（三黑穗病）用量 10～12g/100g（种子）。

【代谢】动物：氟醚唑易被哺乳动物吸收、代谢和排泄，在动物组织中无显著残留。大鼠尿液中已确定的主要代谢物为 1,2,4-三唑。植物：在植物体内广泛代谢。代谢物为四氟醚唑酸（tetraconazole acid）、四氟醚唑醇（tetraconazole alcohol）、三唑基丙氨酸和三唑基。土壤/环境：在土壤中无富集。在标准土中无渗滤。K_{oc} 531～1922mL/g（4 个土样）。

【参考文献】

[1] Bonetti R，Zanardi G．Process for the preparation of tetraconazole．WO2016092573．

[2] Roberuto K，Furanchesuko K，Jiobanni K，et al．Preparation of *N*-(2-phenylethyl)imidazole and -triazole derivatives as agricultural fungicides．JP62169773．

[3] Tanimura K，Tanaka Y，Morita T，et al．1-(3-Substituted 2-phenylpropyl)-1*H*-1,2,4-triazoles as fungicides．JPH02152972．

[4] 陈志敏，吴文雷，张建林，等．一种 2,4-二氯苯乙醛的合成方法．CN102992974．

[5] De R S，Delogu P，Sechi A．Synthesis of 3-triazolyl-2-aryl-1-propanols useful in the preparation of agrochemicals．IT 2006MI2386．

4.2.1.8 硅氟唑 simeconazole

【商品名称】Mongarit；Sanlit

【化学名称】(*RS*)-2-(4-氟苯基)-1-(1*H*-124-三唑-1-基)-3-(三甲基硅基)丙-2-醇

IUPAC 名：(*RS*)-2-(4-fluorophenyl)-1-(1*H*-1,2,4-triazol-1-yl)-3-(trimethylsilyl)propan-2-ol

CAS 名：*α*-(4-fluorophenyl)-*α*-[(trimethylsilyl)methyl]-1*H*-1,2,4-triazole-1-ethanol

【化学结构式】

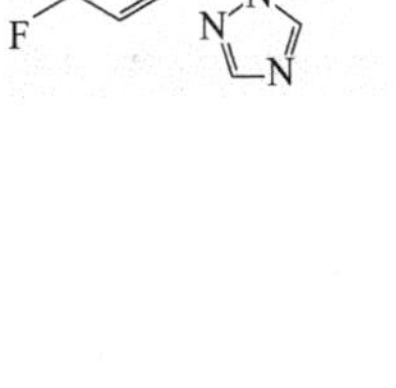

【分子式】$C_{14}H_{20}FN_3OSi$

【分子量】293.42

【CAS 登录号】149508-90-7

【理化性质】白色结晶体，熔点 118.5～120.5℃；蒸气压（25℃）5.4×10^{-2}mPa；密度（20℃）1.56g/cm^3；K_{ow}lg$P$ 3.2；水中溶解度（20℃）：57.5g/L。

【研制和开发公司】由 Dow AgroSciences（美国陶氏益农公司）发现

【上市国家和年份】日本，2001 年

【合成路线】[1-4]

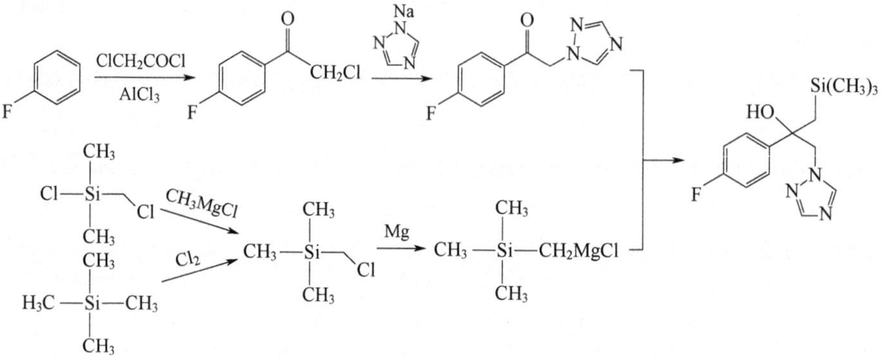

【哺乳动物毒性】急性经口 LD_{50}：雄大鼠 611mg/kg，雌大鼠 682mg/kg，雄小鼠 1178mg/kg，雌小鼠 1018mg/kg。大鼠急性经皮 LC_{50}＞5000mg/kg。对兔皮肤和眼睛无刺激。大鼠吸入 LC_{50}＞5.17mg/L。Ames 试验结果无诱变性，对兔和大鼠试验无致畸性。ADI/RfD（FSC）0.0085mg/kg。

【生态毒性】鹌鹑急性毒性 LD_{50}（14d）＞2000mg/kg，凫 LD_{50}（14d）＞2000mg/kg；鲤鱼 LC_{50}（96h）9.08mg/L；蜜蜂经口和接触 LD_{50}（48h）＞100mg/只。

【作用机理】抑制真菌体内 CytP450 单加氧酶的活性，破坏麦角甾醇生物合成，导致细胞膜损伤而死亡。

【分析方法】高效液相色谱-紫外（HPLC-UV），气相色谱-质谱（GC-MS）

【制剂】颗粒剂（GR），可湿粉剂（WP）

【应用】作用方式：内吸性杀菌剂。用途：最先用于防治水稻纹枯病。防治苹果黑星病、花腐病、锈病和苹果白粉病的正在开发。用于防治草坪纹枯病和币斑病。也用于种子处理，防治裸黑粉菌（大麦散黑穗病），用量 4～10g/kg 种子；还用于防治纹枯病菌（纹枯病）、禾谷丝核菌（小麦纹枯病）、禾本科布氏白粉菌（白粉病），用量 50～100g/kg 种子。

【代谢】植物：在水稻中的代谢主要通过甲硅烷基甲基羟基化、氧化为甲硅烷醇代谢物和脱甲硅基反应，羟甲基代谢物随后与糖苷共轭进行。

【参考文献】

[1] Kajino H，Ito H，Takeshiba H. Preparation of fungicidal triazolylalkanol derivatives from triazolylalkanone derivatives. JP 06329636.

[2] Itoh H，Furukawa Y，Tsuda M，Takeshiba H. Synthesis and fungicidal activity of enantiomeri-cally pure(*R*)-and(*S*)-silicon-containing azole fungicides. Bioorg Med Chem，2004，12（13）：3561-3567.

[3] Koetzsch H J，Mueller G，Vahlensieck H J. Chloromethylsilanes. DE2614197.

[4] Hollfelder H，Pflaum S，Riener F．Procedure for chlorination of methylsilanes．US 6720440．

4.2.1.9 氯氟醚菌唑 mefentrifluconazole

【商品名称】Belanty，Revysol，Revystar（混剂，与氟唑菌酰胺混合）

【化学名称】(2*RS*)-2-[4-(4-氯苯氧基)-2-(三氟甲基)苯基]-1-(1*H*-1,2,4 三唑-1-基)-2-丙醇

IUPAC 名：(2*RS*)-2-[4-(4-chlorophenoxy)-2-(trifluoromethyl)phenyl]-1-(1*H*-1,2,4-triazol-1-yl) propan-2-ol

CAS 名：*α*-[4-(4-chlorophenoxy)-2-(trifluoromethyl)phenyl]-*α*-methyl-1*H*-1,2,4-triazole-1-ethanol

【化学结构式】

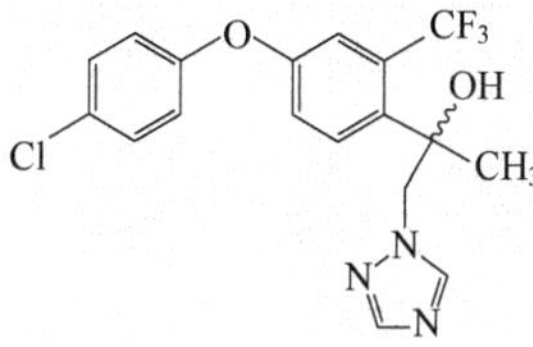

【分子式】$C_{18}H_{15}ClF_3N_3O_2$

【分子量】397.78

【CAS 登录号】1417782-03-6

【理化性质】白色粉末，熔点 126℃；蒸气压（20℃）3.2×10^{-3}mPa；K_{ow}lg*P*（20℃）3.4；水中溶解度：0.81mg/L（20℃，pH7）；有机溶剂中的溶解度（20℃）：二甲苯 8.5g/L，二氯甲烷 55.3g/L，丙酮 93.2g/L，乙酸乙酯 116.2g/L。

【研制和开发公司】德国 BASF SE（德国巴斯夫公司）开发

【上市国家和年份】韩国，2018 年

【合成路线】[1-3]

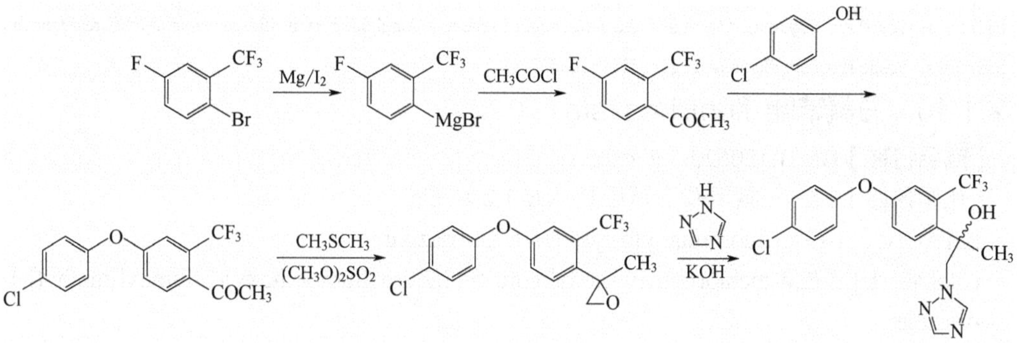

【哺乳动物毒性】大鼠急性经口 LD_{50}＞2000mg/kg，大鼠急性经皮 LD_{50}＞5000mg/kg；大鼠急性吸入 LC_{50}＞5.31mg/L（鼻子）；对兔皮肤无刺激性，对兔眼睛无刺激作用，会引起小鼠皮肤过敏反应；对哺乳动物没有基因毒性、致癌性，对发育、繁殖没有影响，没有神经毒性。

【生态毒性】山齿鹑急性经口 LD_{50}＞816mg/kg；虹鳟 LC_{50}（96h）0.532mg/L；大型蚤 EC_{50}（48h）0.944mg/L；羊角月牙藻 EC_{50}（72h）＞1.352mg/L；浮萍 EC_{50}（7d）＞2.02mg/L；蜜蜂接触毒性 LD_{50}（48h）＞100.0μg/只，经口毒性 LD_{50}（48h）＞100μg/只；赤子爱胜蚓 LC_{50}（14d）＞2.65mg/kg（干土）。

【作用机理】[4] 与其他三唑类杀菌剂一样，氯氟醚菌唑为 C14-脱甲基化抑制剂，通过阻止麦角甾醇的生物合成，抑制细胞生长，破坏菌体细胞膜功能。与其他三唑类杀菌剂不同的是，其分子中含有的异丙醇基团，使其能从游离态自由旋转与靶标结合成为结合态，减少病菌突变，延缓抗性的产生和发展，因此，其对多种抗性菌株始终保持高效，可以解决常规三唑类杀菌剂不能解决的抗性问题，将为种植者提供病害防治和抗性治理的新工具。

【分析方法】高效液相色谱-紫外（HPLC-UV）

【制剂】乳油（EC），悬浮剂（SC）

【应用】氯氟醚菌唑高效广谱，速效性好，持效期长，具有选择性和内吸传导性，兼具保护、治疗、铲除作用。其适用于大田作物、经济作物、特种作物以及草坪、观赏植物，防控许多难以防治的真菌病害，如锈病及壳针孢菌引起的病害等。氯氟醚菌唑对谷物上的许多病害高效，如小麦叶斑病、锈病以及大麦上由柱隔孢菌引起的病害等；对水稻纹枯病和穗腐病表现出出色的保护作用。其既可用于叶面喷雾，也能用于种子处理。另外，氯氟醚菌唑还能够提升作物活力，提高作物产量和品质。巴斯夫欧洲公司开展的田间药效试验结果显示：35% 氯氟醚菌唑悬浮剂在有效量 90～60 g/hm^2 时，对番茄早疫病防效为 75%～85%，于病害发病前或初期喷雾，间隔 7d 左右，施药 3 次；制剂稀释 3000～6000 倍，对苹果树褐斑病防效为 85%～95%，于病害发生前或初期喷雾，间隔 20d 左右 1 次，连续 3～4 次；制剂稀释 2500～4500 倍，对芒果炭疽病防效为 75%～90%，于芒果长梢期、幼果期喷雾。

【参考文献】

[1] Dietz J，Riggs R，Boudet N，et al．Preparation of halogenalkylphenoxyphenyltriazolylethanol derivatives for use as fungicides．WO2013007767.

[2] Gebhardt J，Ehresmann M，Chiodo T，et al．Process for the preparation of substituted oxiranes and triazoles．WO2016005211.

[3] Lohmann J K，Haden E，Strobel D，et al．Composition comprising a triazole compound and their use in controlling phytopathogenic fungi known to cause plant diseases．WO2014095994.

[4] Ishii H，Bryson P K，Kayamori M，et al．Cross-resistance to the new fungicide mefentriflu-conazole in DMI-resistant fungal pathogens．Pestic Biochem Physiol，2021，171：104737.

4.2.1.10 三氟苯唑 fluotrimazole

【商品名称】BayBUE0620，Persulon

【化学名称】1-(3-三氟甲基三苯甲基)-1*H*-1,2,4-三唑

IUPAC 名：1-(3-trifluoromethyltrityl)-1*H*-1,2,4-triazole

CAS 名：1-[[2-(2,4-dichlorophenyl)tetrahydro-5-(2,2,2-trifluoroethoxy)-2-furanyl]methyl]-1*H*-1,2,4-triazole

【化学结构式】

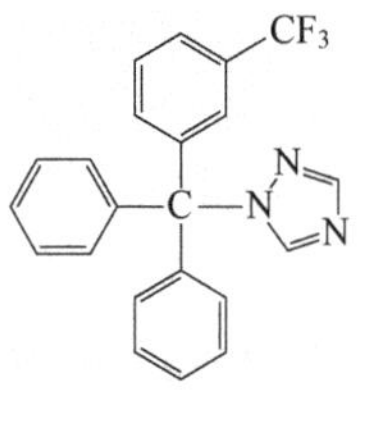

【分子式】$C_{22}H_{16}F_3N_3$

【分子量】379.39

【CAS 登录号】31251-03-3

【理化性质】无色结晶固体，熔点 132℃；水中溶解度 0.0015mg/L；有机溶剂中溶解度：环己酮 200g/L，二氯甲烷 400g/L，异丙醇 50g/L，甲苯 100g/L。

【研制和开发公司】由 Bayer AG（德国拜耳公司）开发

【上市国家和年份】欧洲，1973 年

【哺乳动物毒性】大鼠急性经口 LD_{50}＞5000mg/kg，大鼠急性经皮 LD_{50}＞1000mg/kg；NOEL：大鼠（2 年）50mg/kg（饲料），大鼠（90d）800mg/kg（饲料），狗＞5000mg/kg（饲料）。

【合成路线】[1]

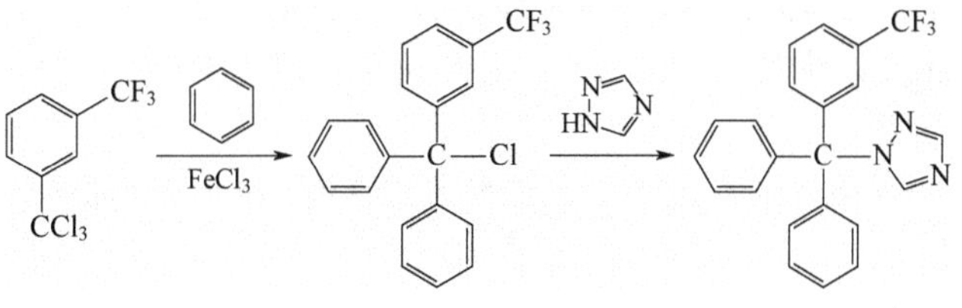

【参考文献】

[1] Buechel K H，Singer R J．Diphenyl-(3-trifluoromethylphenyl)methyl chloride．DE2553301．

4.2.2 咪唑类

4.2.2.1 氟菌唑 triflumizole

【商品名称】Procure，Trifmine，Viticure，PanchoTF（混剂，与环氟菌唑混合）

【化学名称】(*E*)4-氯-*α*,*α*,*α*-三氟甲基-*N*-[1-(咪唑-1-基)-2-丙氧基亚乙基]-邻甲苯胺

IUPAC 名：(*E*)-4-chloro-*α*,*α*,*α*-trifluoro-*N*-(1-imidazol-1-yl-2-propoxyethylidene)-*o*-toluidine

CAS 名：(*E*)-1-(1-((4-chloro-2-(trifluoromethyl)phenyl)imino)-2-propoxyethyl)-1*H*-imidazole

【化学结构式】

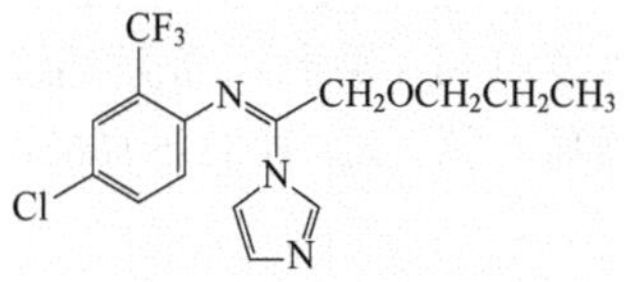

【分子式】$C_{15}H_{15}ClF_3N_3O$

【分子量】345.75

【CAS 登录号】99387-89-0

【理化性质】无色结晶，熔点 62.4℃；蒸气压（25℃）0.191mPa；K_{ow}lg*P* 5.06（pH6）、5.1（pH7）、5.12（pH8）；密度（20℃）1.3473g/cm^3；溶解性（20℃）：水 0.0125g/L（pH7），氯仿 2220g/L，己烷 17.6g/L，二甲苯 639g/L，丙酮 1440g/L，甲醇 493g/L；在强碱和酸性下不稳定，水溶液在阳光下降解，DT_{50} 29d（25℃）；pK_a 3.7。

【研制和开发公司】由日本 Nippon Soda（日本曹达株式会社）开发

【上市国家和年份】日本，1986 年

【合成路线】[1]

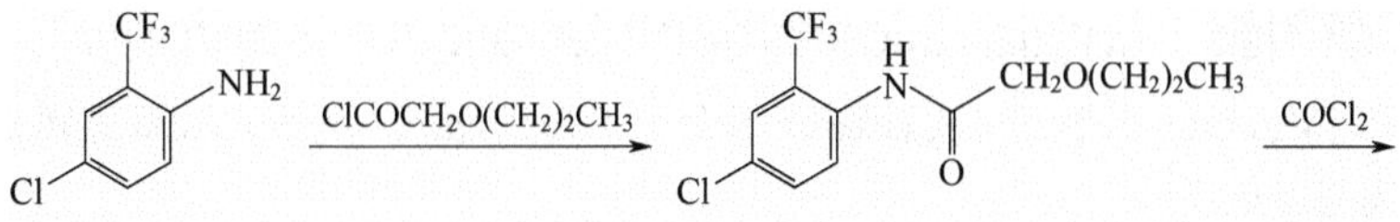

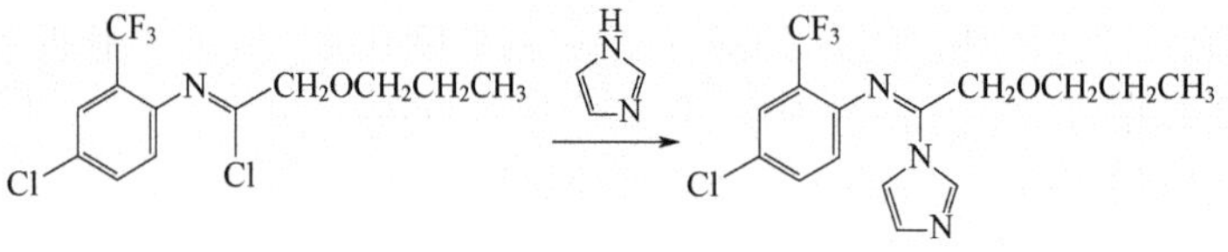

【哺乳动物毒性】急性经口 LD_{50}：雄鼠 715mg/kg，雌大鼠 695mg/kg。大鼠急性经皮 LD_{50}>5000mg/kg。对兔眼睛有刺激，皮肤无刺激。大鼠吸入 LC_{50}（4h）>3.2mg/L（空气）。大鼠 NOEL（2 年）3.7mg/kg（饲料）。ADI/RfD（日本）0.00085mg/kg。毒性等级：Ⅲ。

【生态毒性】急性经口 LD_{50}：雄性日本鹌鹑 2467mg/kg，雌性日本鹌鹑 4308mg/kg。LC_{50}（96h）：鲤鱼 0.869mg/L。水蚤（48h）LC_{50} 1.71mg/L。藻类 E_rC_{50}（72h）1.91mg/L。对蜜蜂无毒，LD_{50}>0.14mg/只。

【作用机理】抑制真菌体内 CytP450 单加氧酶的活性，破坏麦角甾醇生物合成，导致细胞膜损伤而死亡。

【分析方法】[2] 高效液相色谱-紫外（HPLC-UV），高效液相色谱-电导检测（HPLC-ELCD），气相色谱-电子俘获检测（GC-ECD）

【制剂】乳油（EC），悬浮剂（SC），可湿粉剂（WP），烟剂（FU）

【应用】作用方式：具有预防、治方作用的内吸性杀菌剂。用途：用在梨果上防治胶锈菌属和黑星菌属病害；用于果树和蔬菜上防治白粉菌，也可防治镰孢属、褐孢霉和链核盘菌属病害。使用剂量：蔬菜 180～300g/hm^2，果园 700～1000g/hm^2。也可作种子处理剂，防治谷物上的稻平脐蠕孢、腥黑粉菌属和黑粉菌属病害，如每 100kg 种子用 30%可湿性粉剂 500g 拌种，可防治麦类条纹病和黑穗病；用 30%可湿性粉剂 20～30 倍液浸种 10min，可防治水稻恶苗病、稻瘟病、胡麻叶枯病；此外，还可防治茶树炭疽病、桃褐腐病、瓜类和蔬菜的立枯病、炭疽病等。

【代谢】[2] 植物：主要残留是未变化的氟菌唑和通过咪唑基裂解产生的一个主要代谢物，参照光解。土壤/环境：土壤中 DT_{50} 为 14d（黏土）。光解通过咪唑环的裂解而形成代谢物（*E*）-（4-氯-2-三氟甲基苯基）-2-正丙氧基乙脒。K_{oc} 1083～1663mL/g。

【参考文献】

[1] Ikura K，Katsuura K，Kataoka M，et al．Imidazole derivatives having fungicidal activity．US4208411．

[2] Yu J Z，Xu Z L，Zhang C P，et al．Dissipation behavior，residue distribution，and risk assessment of triflumizole and FM-6-1 in greenhouse strawberries and soil．Environ Sci Pollut Res，2020，27（13）：15165-15173．

4.3 细胞壁合成抑制剂

4.3.1 氨基甲酸酯类

4.3.1.1 苯噻菌胺 benthiavalicarb/benthiavalicarb-isopropyl

【商品名称】Valbon（混剂，与代森锰锌混合），Betofighter（混剂，与霜脲氰混合），Vincare（混剂，与敌菌丹混合）

【化学名称】[(*S*)-1-[(*R*)-1-(6-氟苯并噻唑-2-基)乙基氨基甲酰基]-2-甲基苯基]氨基甲酸异丙酯

IUPAC 名：isopropyl[(*S*)-1-(6-fluorobenzothiazol-2-yl)ethylcarbamoyl]-2-methylpropyl]carbamate

CAS 名：1-methylethyl[(1*S*)-1-[[[(1*R*)-1-(6-fluoro-2-benzothiazolyl)ethyl]amino]carbonyl]-2-methylpropyl]carbamate

【化学结构式】

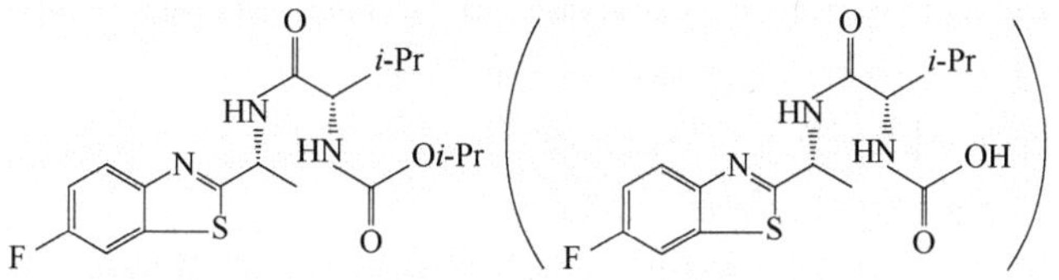

【分子式】$C_{18}H_{24}FN_3O_3S$（$C_{15}H_{18}FN_3O_3S$）

【分子量】381.47（酸：339.39）

【CAS 登录号】177406-68-7（酸：413615-35-7）

【理化性质】原药含量≥91.0%，纯品为白色粉末，密度（20℃）1.25g/cm^3；熔点 153.1℃，169.5℃（多态），沸点 240℃分解；蒸气压（25℃）＜3.0×10^{-1}mPa；K_{ow}lg*P*（pH5～9，20～25℃）2.3～2.9；水中溶解度（20℃）：13.14mg/L（无缓冲液）、1.96mg/L（pH5）、12.76mg/L（pH9）；有机溶剂中溶解度（20℃）：甲醇 41.7g/L，庚烷 2.15×10^{-2}g/L，二甲苯 0.501g/L，丙酮 25.4g/L，二氯甲烷 11.5g/L，乙酸乙酯 19.4g/L；水解稳定；DT_{50}＞1 年（pH 4、7、9，25℃），自来水中光解 DT_{50} 301d，蒸馏水（24.8℃，400W/m^2，300～800nm）131d，pK_a 在 20℃、pH1.12～12.81 时无解离。

【研制和开发公司】日本 Kumiai Chemical（日本组合化学工业株式会社）和 Ihara Chemical Industry Co.，Ltd（庵原化学工业株式会社）共同开发

【上市国家和年份】日本，2003 年

【合成路线】[1-3]

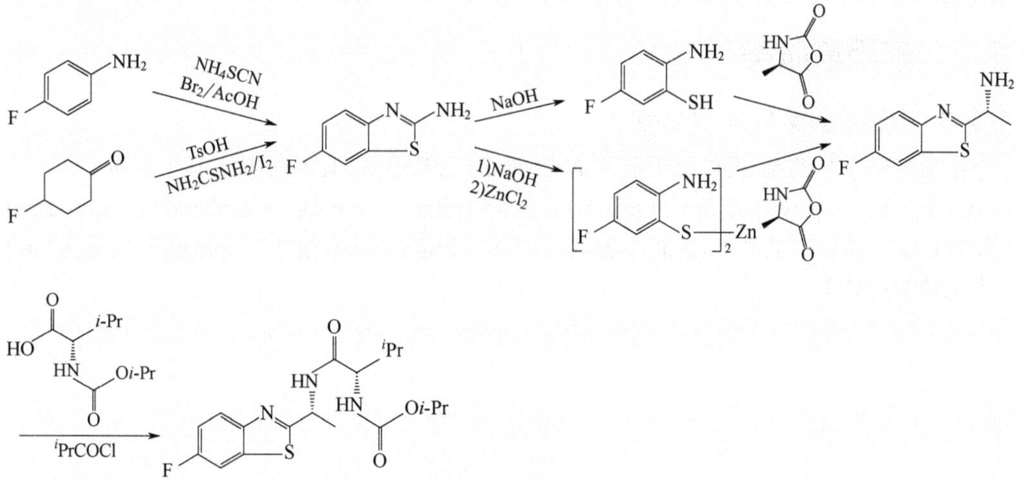

【哺乳动物毒性】雌雄大鼠和雌雄小鼠急性经口 LD_{50}＞5000mg/kg，雌雄大鼠急性经皮 LD_{50}＞2000mg/kg；对兔眼睛有轻微刺激，对兔皮肤无刺激，豚鼠皮肤无过敏；雌雄大鼠吸

入 LD_{50}（4h）>4.6mg/L（空气）；NOEL 数据：雄大鼠（2 年）9.9mg/(kg • d)，雌大鼠（2 年）12.5mg/(kg • d)；Ames 试验为阴性，对大鼠和兔无致畸和无致癌。

【生态毒性】山齿鹑和野鸭急性经口 LD_{50}>2000mg/kg，山齿鹑和野鸭饲喂 LD_{50}>5000mg/kg；鲤鱼、蓝鳃翻车鱼和虹鳟 LC_{50}（96h）10mg/L；水蚤 EC_{50}（48h）10mg/L；羊角月牙藻 E_rC_{50} 10mg/L；蜜蜂 LD_{50}（经口和接触）>100μg/只；蚯蚓 LC_{50}（14d）>1000mg/kg；家蚕 NOEL 150mg/kg；小黑花椿象、智利小植绥螨和草蛉 LC_{50}（14d）>150mg/kg。

【作用机理】磷脂生物合成和细胞壁合成抑制剂，抑制与细胞壁生化合成相关的纤维素的纤维化，抑制菌丝生长、孢子和孢子囊的萌发和形成。

【分析方法】高效液相色谱（手性柱）-紫外（HPLC-UV）

【制剂】悬浮剂（SC），水分散剂（WG）

【应用】[4] 作用方式：具有保护和治疗活性的杀菌剂，持效期长，耐雨水冲刷。抑制菌丝的生长、孢子和孢子囊的萌发和形成。与触杀型杀菌剂联合使用，如代森锰锌和灭菌丹。防治蔬菜、马铃薯和葡萄霜霉病（如霜霉病菌、古巴假霜霉菌和寄生霜霉），使用剂量 25～75g/hm^2。

【代谢】动物：大鼠经口给药后，168h 通过胆汁完全排泄。代谢物比较复杂；主要的代谢途径有谷胱甘肽共轭，或苯或部分缬氨酰羟基化。植物：植物中代谢缓慢，主要的代谢物与动物中代谢类似，残留物包括苯噻菌胺。土壤/环境：实验室中苯噻菌胺在土壤中迅速降解，DT_{50}11～19d（20℃，有氧），40d（20℃，厌氧）。K_{oc} 121～258mL/g。

【参考文献】

[1] Shibata M，Sugiyama K，Yonekura N，et al．Preparation of amino acid amide derivatives as agrohorticultural fungicides．WO9604252．

[2] Umezu K，Taniguchi S，Ogawa M，et al．Process for producing substituted α-(2-benzothiazolyl)alkylamines or salts thereof by cyclocondensation of 2-aminothiophenol derivative metal salts with amino acid-N-carboxy anhydride．WO9916759．

[3] 王晓娟，周艳丽，李高伟，等．苯噻菌胺的合成工艺．CN103333135．

[4] Pejchalova M，Havelek R，Kralovec K，et al．Novel derivatives of substituted 6-fluorobenzo thiazole diamides：synthesis，antifungal activity and cytotoxicity．Med Chem Res，2017，26（9）：1847-1862．

4.3.2 苯甲酰胺类

4.3.2.1 氟酰菌胺 flumetover

【化学名称】*N*-乙基-3′,4′-二甲氧基-*N*-甲基-5-(三氟甲基)-1,1′-联苯-2-基甲酰胺

IUPAC 名：*N*-ethyl-3′,4′-dimethoxy-*N*-methyl-5-(trifluoromethyl)[1,1′-biphenyl]-2-carboxamide

CAS 名：*N*-ethyl-3′,4′-dimethoxy-*N*-methyl-5-(trifluoromethyl)[1,1′-biphenyl]-2-carboxamide

【化学结构式】

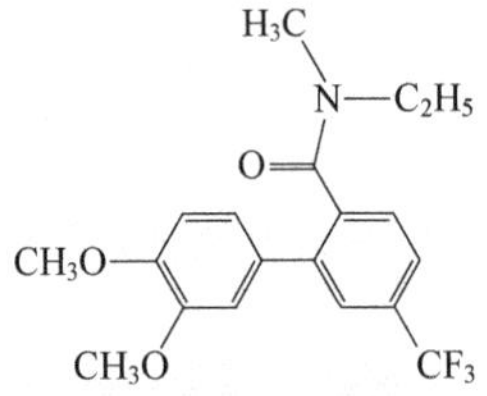

【分子式】$C_{19}H_{20}F_3NO_3$

【分子量】367.37

【CAS 登录号】154025-04-4

【研制和开发公司】由法国 Rhone-Poulenc Agrochimie（法国罗纳普朗克）开发

【合成路线】[1,2]

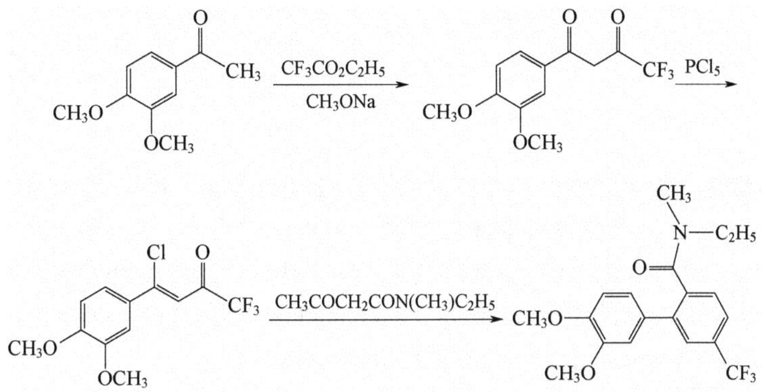

【参考文献】

[1] Schmitz C，Latorse M P．Preparation of phenylbenzamide derivatives as agrochemical fungicides．EP578586.

[2] Schmitz C．Process for preparation of(dimethoxyphenyl)benzamide-derivative agrochemical fungicides．EP611232.

4.3.3 肉桂酰胺类

4.3.3.1 氟吗啉 flumorph

【商品名称】Mike（混剂，与代森锰锌混合）

【化学名称】(*E,Z*)4-[3-(3,4-二甲氧基苯基)-3-(4-氟苯基)丙烯酰]吗啉

IUPAC 名：(*E,Z*)-4-[3-(3,4-dimethoxyphenyl)-3-(4-fluorophenyl)acryloyl]morpholine

CAS 名：4-[3-(3,4-dimethoxyphenyl)-3-(4-fluorophenyl)-1-oxo-2-propenyl]morpholine

【化学结构式】

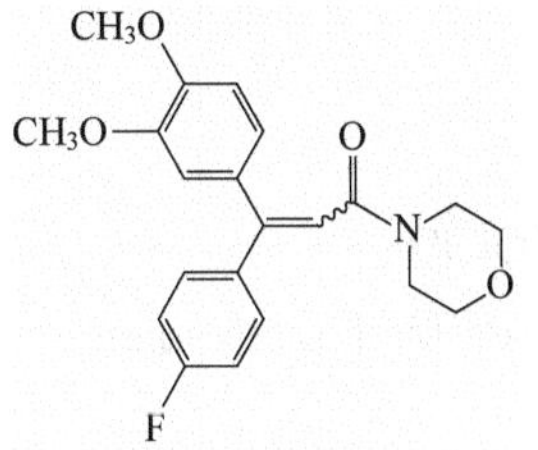

【分子式】$C_{21}H_{22}FNO_4$

【分子量】371.41

【CAS 登录号】211867-47-9

【理化性质】该物质为反式与顺式各为 50%，浅黄色固体，纯品为无色晶体；熔点 105～110℃；$K_{ow}\lg P$ 2.2；水中溶解度（25℃）1.8mg/L，易溶于丙酮和乙酸乙酯。

【研制和开发公司】辽宁沈阳化工研究院有限公司开发

【上市国家和年份】中国，2002 年

【合成路线】[1]

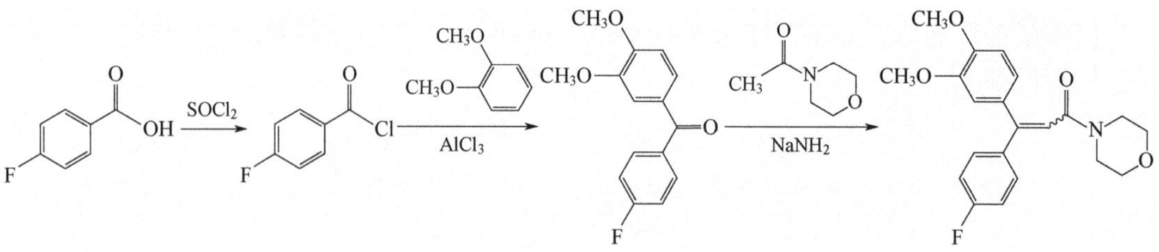

【哺乳动物毒性】大鼠急性经口 LD_{50}：雄鼠＞2710mg/kg，雌鼠＞3160mg/kg。大鼠急性经皮 LD_{50} 2150mg/kg。对兔皮肤和眼睛无刺激。NOEL（2 年）：雄大鼠 16.65mg/(kg·d)，雌大鼠 63.64mg/(kg·d)，Ames 试验和微核试验表明无致畸、致突变和致癌作用。

【生态毒性】日本鹌鹑急性经口 LD_{50}＞5000mg/kg；鲤鱼 LC_{50}（96h）45.12mg/L；蜜蜂（48h，接触）LD_{50}＞170μg/只；柞蚕 LC_{50}＞10000mg/L。

【作用机理】抑制磷脂生物合成和细胞壁合成。

【分析方法】高效液相色谱-紫外（HPLC-UV）

【制剂】乳油（EC），分散剂（WG），可湿粉剂（WP）

【应用】作用方式：其有保护、治疗和抗孢子活性的杀菌剂。用途：用于防治黄瓜霜霉病、甘蓝型油菜霜霉病、葡萄霜霉病、番茄晚疫病、马铃薯晚疫病。使用浓度 100～200mg/L。

【代谢】动物：饲喂大鼠后 48h 内，大于 90%的带放射性标记物通过粪便和尿液排出。

【参考文献】

[1] Li Z C，Liu C L，Liu W C．Fluorine-containing diphenyl acrylamide antimicrobial agents．US6020332．

4.4 线粒体呼吸作用抑制剂

4.4.1 二氢二噁嗪类

4.4.1.1 氟嘧菌酯 fluoxastrobin

【商品名称】Bariton（混剂，丙硫菌唑），Fandango（混剂，丙硫菌唑），Scenic（种子处理，丙硫菌唑+戊唑醇）

【化学名称】(*E*)-{2-[6-(2-氯苯氧基)-5-氟嘧啶-4-基氧基]苯基}(5,6-二氢-1,4,2-二噁嗪-3-基)甲酮 *O*-甲基肟

IUPAC 名：(*E*)-(2-{[6-(2-chlorophenoxy)-5-fluoropyrimidin-4-yl]oxy}phenyl)(5,6-dihydro-1,4,2-dioxazin-3-yl)methanone *O*-methyloxime

CAS 名：(1*E*)-[2-[[6-(2-chlorophenoxy)-5-fluoro-4-pyrimidinyl]oxy]phenyl](5,6-dihydro-1,4,2-dioxazin-3-yl）methanone *O*-methyloxime

【化学结构式】

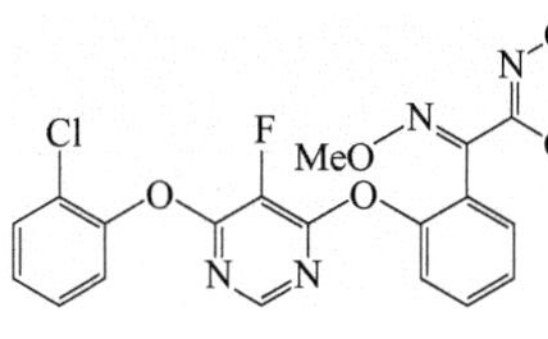

【分子式】$C_{21}H_{16}ClFN_4O_5$

【分子量】458.83

【CAS 登录号】361377-29-9

【理化性质】白色结晶固体，有轻微气味；熔点 103～108℃；蒸气压（20℃，计算值）6.0×10^{-6}mPa；$K_{ow}\lg P$（20℃）2.86；密度（20℃）1.422g/cm^3；水中溶解性（20℃）：2.56mg/L（无缓冲）、2.29mg/L（pH7）；有机溶剂中溶解度（20℃）：庚烷 0.04g/L，二甲苯 38.1g/L，二氯甲烷＞250g/L，异丙醇 6.7g/L；水解 DT_{50}（pH4、7、9，50℃）1 年，光解实验 DT_{50}（在无菌磷酸盐缓冲液中，pH7，25℃）3.8～4.1d，预测环境 DT_{50}（太阳光下，美国亚利桑那州凤凰城，6 月）18.6～21.6d；pK_a pH4～9 条件下不解离。

【研制和开发公司】由 Bayer AG（德国拜耳公司）开发

【上市国家和年份】英国，2004 年

【合成路线】[1,2]

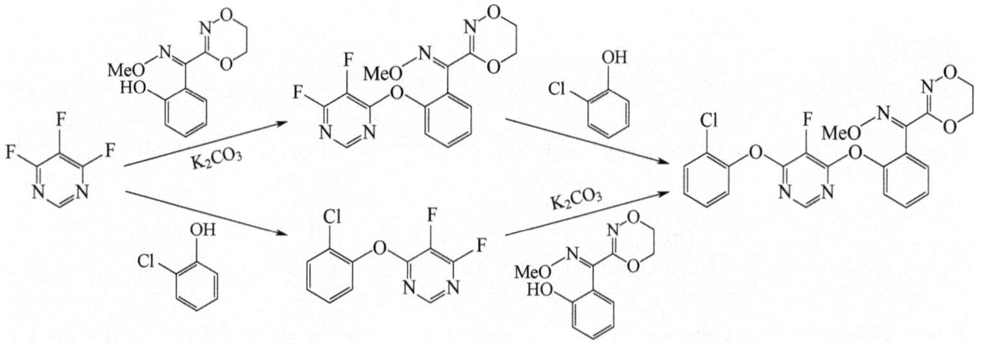

中间体合成[3-9]：

中间体 1：

方法 1：

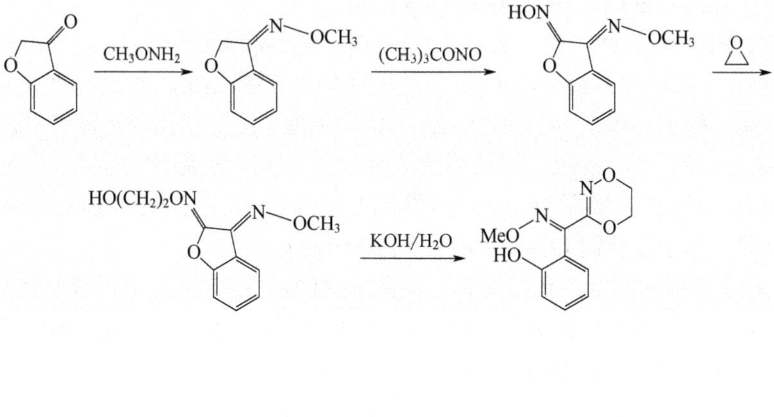

方法 2：

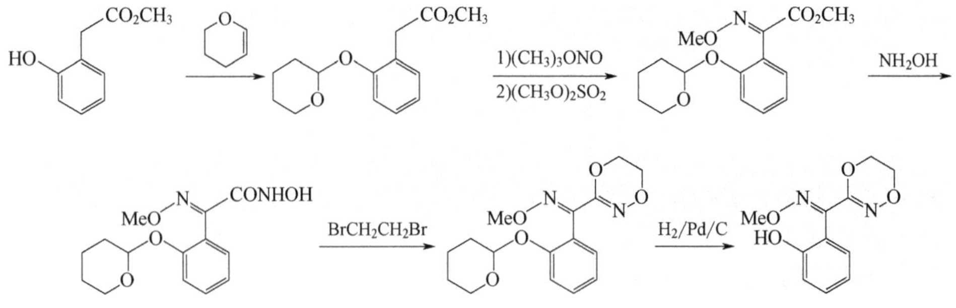

方法 3：

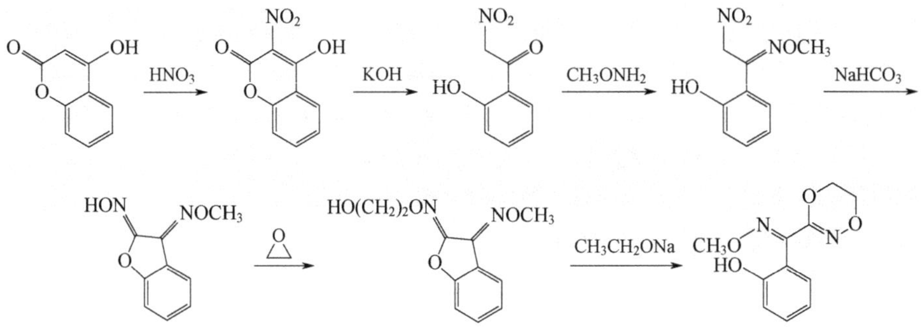

中间体 2：

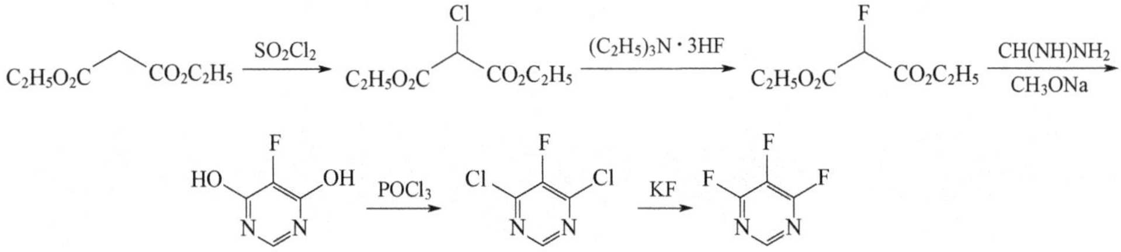

【哺乳动物毒性】大鼠急性经口 LD_{50}＞2000mg/kg，大鼠急性经皮 LD_{50}＞2000mg/kg。对兔眼睛有中等刺激（EPA），对兔眼睛有轻微刺激（EC），兔皮肤无刺激对豚鼠皮肤无致敏。大鼠吸入 LC_{50}＞4998mg/m^3（空气）。亚慢性 NOAEL：雄大鼠饲喂 125mg/kg，雌大鼠饲喂 2000mg/kg，狗 100mg/kg，小鼠＜450mg/kg 饲料。慢性饲喂 NOAEL：狗（1 年）1.5mg/(kg·d)。ADI/RfD（EC）0.015mg/kg，aRf D 0.3mg/kg [2007]。

【生态毒性】山齿鹑急性经口 LD_{50}＞2000mg/kg，鹌鹑和野鸭饲喂 LC_{50}＞5000mg/kg 饲料。急性 LC_{50}（静止，96h）：虹鳟 0.44mg/L，蓝鳃翻车鱼 0.97mg/L，普通鲤鱼 0.57mg/L，鲈鱼 1.37mg/L。水蚤（静止，48h）EC_{50} 0.48mg/L。标准浓度，近头状伪蹄形藻 E_rC_{50}（静止，72h）2.10mg/L，E_bC_{50}（72h）0.45mg/L，平均测定浓度 EC_{50}（96h，细胞相对密度）0.30mg/L。LC_{50}：端足目钩虾状溞 120μg/L，糠虾 51.6μg/L。浮萍 EC_{50} 1.2mg/L。蜜蜂经口 LD_{50}＞843μg/只，接触 LD_{50}＞100μg/只；赤子爱胜蚓 LC_{50}（14d）＞1000mg/kg（土）。

【作用机理】呼吸抑制剂，在位置Ⅲ（泛醌氧化酶，Qo 位置）干扰线粒体呼吸链。

【分析方法】高效液相色谱-紫外（HPLC-UV），高效液相色谱-质谱（HPLC-MS）

【制剂】乳油（EC），液状乳膏（FC）

【应用】作用方式：具有保护和治疗功能的局部内吸杀菌剂。喷洒到叶面后向上传导，作为孢子萌发和菌丝生长的抑制剂。用途：作为谷物叶面喷施剂（$200g/hm^2$），可防治壳针孢叶斑病、小麦和大麦的锈病、长蠕孢属病害、白粉病、小麦纹枯病。作为种子处理剂（5～10g/100kg种子）：可防治雪霉病、小麦腥黑穗病、大麦黑穗病。还可用于其他多种作物防治重要经济病害：如防治葡萄的霜霉病、马铃薯和番茄的晚疫病、马铃薯和蔬菜的链格孢菌病害、蔬菜的白粉病、豆类的单胞锈菌病害、花生的立枯丝核菌和白绢病、香蕉黑条叶斑病。

【代谢】动物：哺乳动物经口给药后，氟嘧菌酯的相关残留物主要通过胆汁和粪便迅速排出。许多代谢物已经得到证实，包括不同的羟基、羟基-甲氧基和聚羟基代谢物，以及与葡萄糖醛酸的轭合物（胆汁中）或与相应糖苷配基的非轭合物（粪便中）。植物：代谢过程非常复杂。主要降解过程有氯苯环的异构化和羟基化，氧化开环和二嗪环解、醚基和肟的裂解、氯苯部分的亲核取代以及羟基和硫醇基团的共轭。没有形成大量的代谢物。土壤/环境：有氧环境下土壤中的降解是缓慢的，大田 DT_{50} 范围从几天到几周。$K_{oc\ ads\text{-}des}$ 424～582mL/g。氟嘧菌酯无明显挥发性。水中 DT_{50}>1 年（任何 pH 温度，估计值），因此在自然环境条件下，水解不是一种重要的降解途径，在一定程度上太阳辐射是水中的主要降解方式。在水中需氧条件下水沉积物系统，水层 DT_{50} 为几天。

【参考文献】

[1] Heinemann U，Gayer H，Gerdes P，et al．Halogen Pyrimidines and its use thereof as parasite abatement means．US6103717.

[2] Rama M H，Avinash S M，et al．Process for preparing fluoxastrobin．US2015011753.

[3] Gallenkamp B，Gerdes P，Gayer H，et al．Method for preparing optionally substituted benzofuranones．US6194590.

[4] Gallenkamp B, Rohe R, Gayer H, et al. Process for preparing 3-(1-hydroxyphenyl-1-alkoximinomethyl)dioxazines. US6005104.

[5] Koln A P，Leverkusen A M．Process for preparing ring fluorinated aromatics．US20060009643.

[6] Cushman M，Mathew J．Nitration of the lithium potassium dianions of phenolic alkyl aryl ketones with propyl nitrate：synthesis of 1-nitroalkyl hydroxyphenyl ketones．Synth Commun，1982，5：397-399.

[7] Harsanyi A，Sandford G．2-Fluoromalonate esters．Fluoroaliphatic building blocks for the Life sciences．Org Process Res Dev，2014，18（8）：981-992.

[8] Guenther A，Weintritt H，Boehm S．Fluorination method for producing α-fluoromalonic acid dialkyl esters from α-chloromalonates using HF and Et_3N．WO2005019154.

[9] Hagiya K，Sasaki K．Potassium fluoride dispersion solution，and process for production of fluorinated organic compound using the dispersion．WO2007126142.

4.4.2 甲氧基丙烯酸酯类

4.4.2.1 啶氧菌酯 picoxystrobin

【商品名称】Acanto，Acapela，Aproach，Credo（混剂，与百菌清混合），Approach Prima（混剂，与环丙唑混合）

【化学名称】(*E*)-3-甲氧基-2-{2-[6-(三氟甲基) 吡啶-2-基氧甲基]苯基}丙烯酸甲酯

IUPAC 名：Methyl(*E*)-3-methoxy-2-{2-[6-(trifluoromethyl)-2-pyridyloxymethyl]phenyl}acrylate

CAS 名：methyl(αE)-α-(methoxymethylene)-2-{[6-(trifluoromethyl)-2-pyridinyl]oxy}methyl benzeneacetate

【化学结构式】

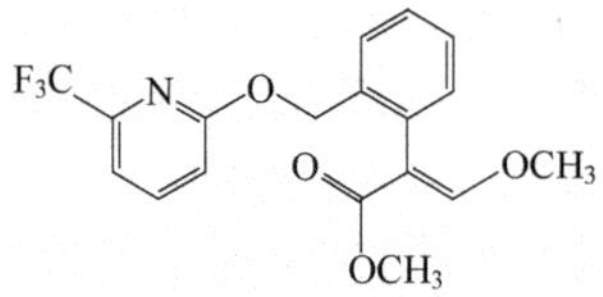

【分子式】$C_{18}H_{16}F_3NO_4$

【分子量】367.32

【CAS 登录号】117428-22-5

【理化性质】无色粉末，熔点 75℃；蒸气压（20℃）5.5×10^{-3}mPa；K_{ow}lg$P$（20℃）3.6；密度（20℃）1.4g/cm^3；水中溶解性（20℃）3.1mg/L，有机溶剂中溶解度（20℃）：甲醇 96g/L，1,2-二氯乙烷、丙酮、二甲苯、乙酸乙酯＞250g/L；pH5 和 7 稳定，DT_{50}（pH9，50℃）15d。

【研制和开发公司】由 Zeneca Agrochemicals（现 Syngenta AG）开发，2006 年授权 E. I. Du. Pont.

【上市国家和年份】欧洲，2001 年

【合成路线】[1-4]

路线 1：

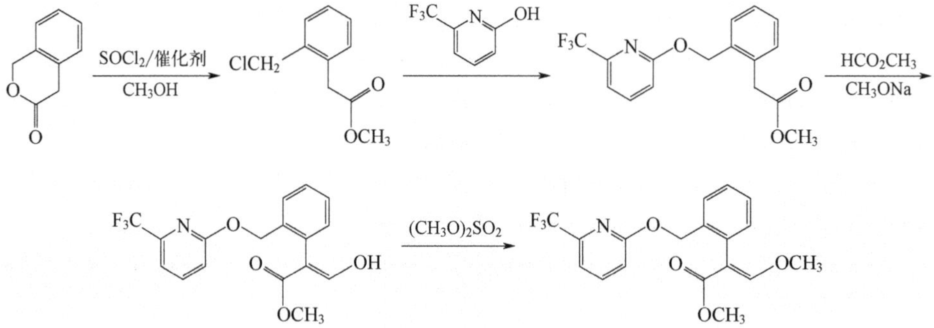

路线 2：

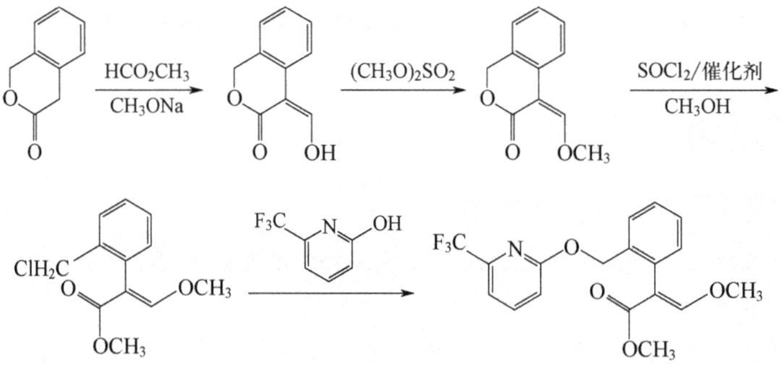

中间体合成[4-7]：

方法 1：

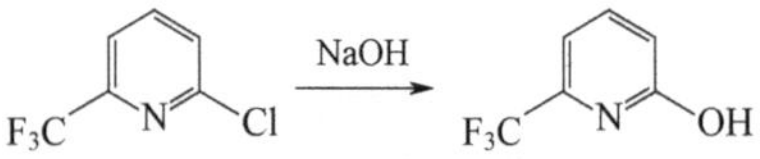

方法 2：

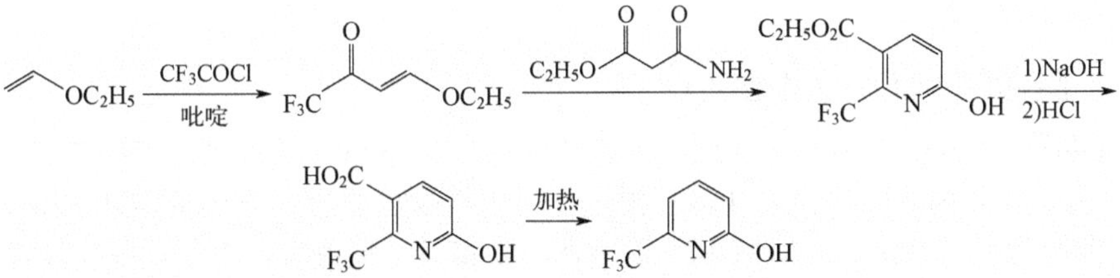

【哺乳动物毒性】大鼠急性经口 LD_{50}＞5000mg/kg，大鼠急性经皮 LD_{50}＞2000mg/kg；对兔眼睛和皮肤无刺激，对豚鼠皮肤无致敏；大鼠吸入 LC_{50}＞2.21mg/L；NOAEL（1 年和 90d）狗 4.3mg/(kg・d)；无遗传毒性，无发育毒性可能性（大鼠和兔），无生殖毒性可能性（大鼠），无致癌可能性（大鼠和小鼠）；ADI/RfD（EC）0.04mg/kg[2003]。

【生态毒性】山齿鹑急性经口 LD_{50}＞2250mg/kg，山齿鹑饲喂 LC_{50}（8d）＞5200mg/kg 饲料。野鸭 NOEC（21 周）1350mg/kg。鱼 LC_{50}（96h，两种物种）：65～75μg/L。水蚤 EC_{50}（48h）18μg/L。羊角月牙藻 E_bC_{50}（72h）56μg/L。其他水生生物：摇蚊幼虫 EC_{50} 19mg/kg（28d，沉积物），140μg/L（25d，水中）。蜜蜂：LD_{50}（48h，经口）200μg/只，LD_{50}（48h，接触）＞100μg/只。赤子爱胜蚓 LC_{50}（14d）6.7mg/kg（干土）。六种非目标节肢动物的实验室和田间试验表明，对人低风险。LR_{50}：梨盲走螨（7d）12.6g/hm^2，蚜茧蜂（2d）280g/hm^2。

【作用机理】呼吸抑制剂，在位置Ⅲ（泛醌氧化酶，Qo 位置）干扰线粒体呼吸链。

【分析方法】高效液相色谱-紫外（HPLC-UV）

【制剂】悬浮剂（SC）

【应用】作用方式：具有独特分布特性的预防性和治疗性杀菌剂，包括内吸性向顶的运动和平移运动，在叶蜡中扩散与空气中分子再分配。用途：广谱，可防治小麦的叶枯病、颖枯壳针孢、叶锈病（褐锈病）、褐斑长蠕孢霉（黄褐斑病）、小麦白粉病，特别是甲氧基丙烯酸酯类敏感的白粉病；大麦中的大麦网斑长蠕孢（网斑病）、叶枯病、叶锈病（褐锈病）和白粉病，特别是大麦中对甲氧基丙烯酸酯类敏感的白粉病；燕麦中的冠锈病和黄瓜角斑长蠕孢以及黑麦中的叶锈病和叶枯病。典型的使用剂量为 250g/hm^2。

【代谢】动物：本品在大鼠体内被很好地吸收、深度代谢并快速排出。代谢过程主要是酯水解，与葡萄糖醛酸共轭。在牛肉和牛奶中不累积。植物：谷类食品中的残留量低（＜0.01～0.20mg/kg）。土壤/环境：土壤中快速分解，主要产物为 CO_2。实验室 DT_{50}（有氧）19～33d；田间消散 DT_{50} 3～35d。在田间条件下的土壤中不易迁移：K_{oc} 790～1200mL/g。水中快速消散，表明水生生物无慢性病问题，水相 DT_{50} 7～15d（实验室和户外水沉积物体系）。

【参考文献】

[1] Schirmer U，Karbach S，Pommer E H，et al. Stilbene derivatives，and fungicides which contain these compounds. US4723034.

[2] Zamir S，Faktorovitch I. Polymorphs of methyl 3-(*E*)-2-3-methoxyacrylate. US2015057152.

[3] Williams A G，Standen M C H，Foster N R，et al. Process for preparing 3-isochromanone. US6008381.

[4] Kamaraj P，Satam V S，Ajjanna M S，et al. An Improved process for the synthesis of strobilurin fungicides viz trifloxystrobin and kresoxim-methyl. WO2013144924.

[5] Ryuzo N，Kanichi F，Isao Y，et al. Trifluoromethylpyridines. US4563529.

[6] Bailey，Thomas D. 2-Chloro-5-(trifluoromethyl)pyridine. US4249009.

[7] Singh R，Kumar S，Kumar M，et al. Process for producing 2-fluoro-6-(trifluoromethyl)pyridine compounds by fluorination of chloropyridines or chlorofluoropyridines. WO2015151116.

4.4.3 肟醚类

4.4.3.1 肟菌酯 trifloxystrobin

【商品名称】Flint，Nativo（混剂，与戊唑醇混合），Sphere（混剂，与环丙唑醇混合），Stratego（混剂，与丙环唑混合），Fox（混剂，与丙硫菌唑混合），EVERGOL Xtend（混剂，与戊苯吡菌唑混合），Prosper EverGol（混剂，与甲霜灵、噻虫胺、戊苯吡菌唑混合）

【化学名称】(*E*)-甲氧基亚氨基-{(*E*)-*α*-[1-(*α*,*α*,*α*-三氟间甲苯基)亚乙基氨基氧基]-邻甲苯基}乙酸甲酯

IUPAC 名：methyl(*E*)-methoxyimino-{(*E*)-*α*-[1-(*α*,*α*,*α*-trifluoro-m-tolyl)ethylideneaminooxy]-*o*-tolyl}acetata

CAS 名：methyl(*αE*)-*α*-(Methoxyimino)-2-[(*E*)-[1-[3-(trifluoromethyl)phenyl]ethylidene]amino]oxy]methylbenzeneacetate

【化学结构式】

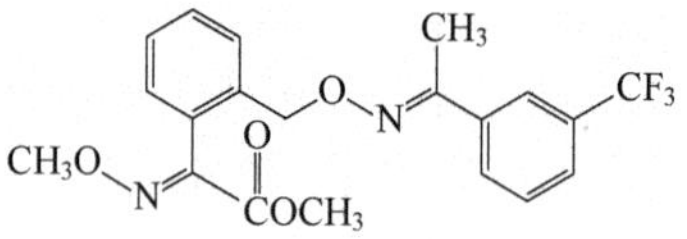

【分子式】$C_{20}H_{19}F_3N_2O_4$

【分子量】408.38

【CAS 登录号】141517-21-7

【理化性质】纯品外观为无味白色至灰色结晶粉末，熔点 72.9℃，沸点约 312℃；蒸气压（25℃）3.4×10^{-6}Pa；水中溶解度（25℃）0.61mg/L；有机溶剂中溶解度（25℃）：丙酮 g/L、二氯甲烷乙酸乙酯中＞500g/L，甲苯中 500g/L，正己烷 11g/L，辛醇 18g/L，甲醇 76g/L；K_{ow}lg*P*（20℃）4.5；肟菌酯在 25℃中性和弱酸性条件下稳定，不易水解，在碱性条件下水解速率会随 pH 的增加而增加，对不锈钢、聚乙烯等无腐蚀。

【研制和开发公司】由德国 Bayer CropScience（德国拜耳公司）开发

【上市国家和年份】南非和美国，1999 年

【合成路线】[1-4]

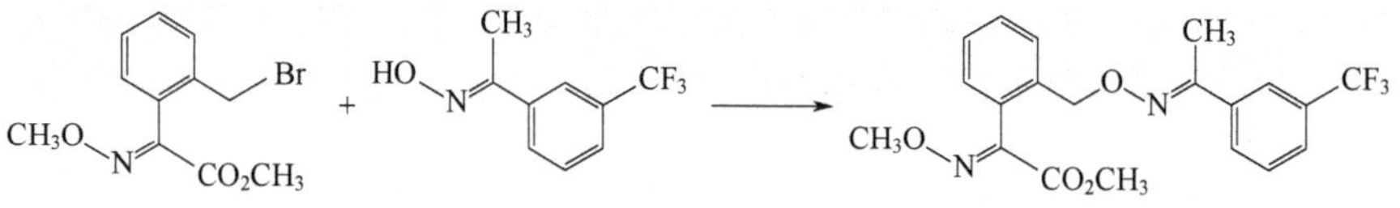

中间体合成[5-9]：

中间体 1：

方法 1：

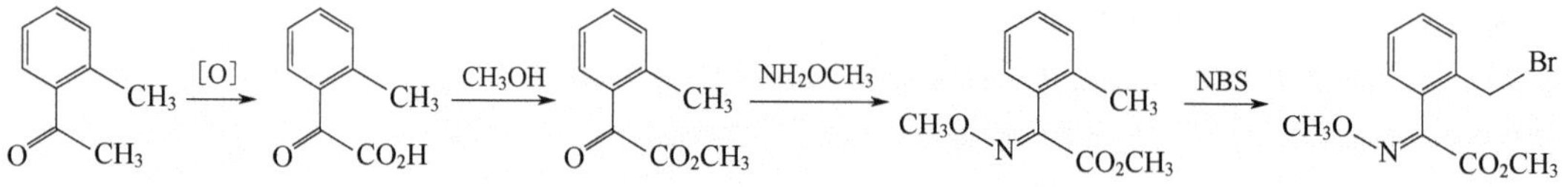

方法 2：

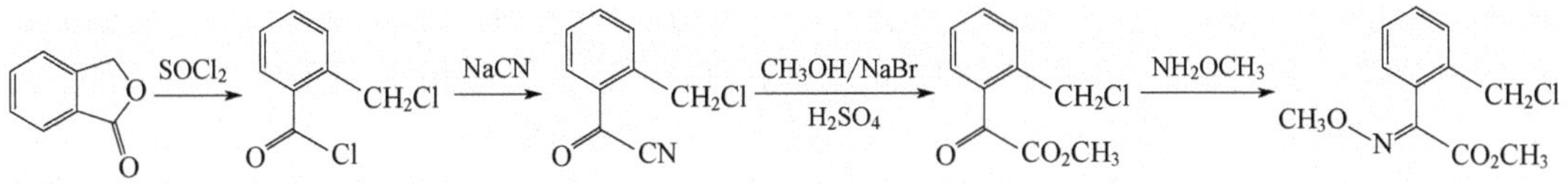

方法 3：

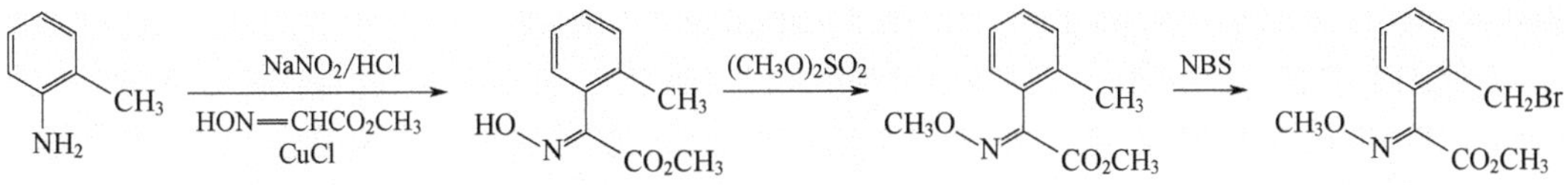

中间体 2：

方法 1：

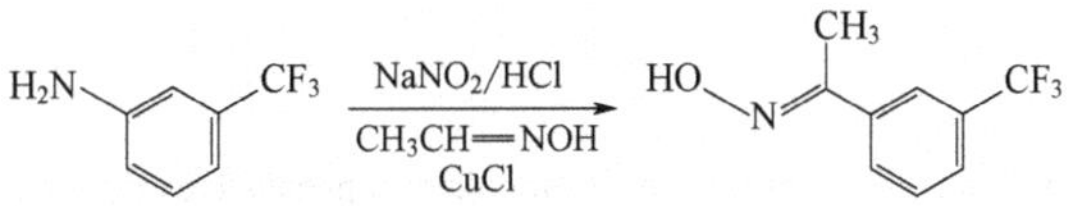

方法 2：

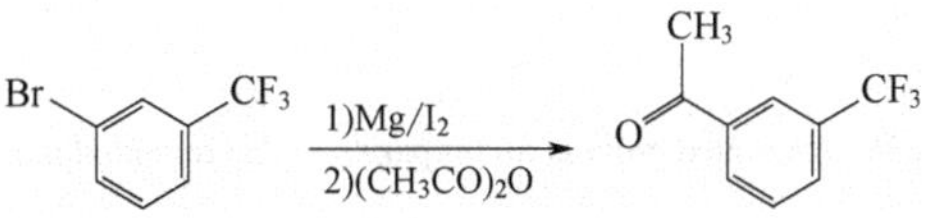

【哺乳动物毒性】大鼠急性经口 LD_{50}＞5000mg/kg，急性经皮 LD_{50}＞2000mg/kg；急性吸入 LC_{50}＞4.65mg/L；对家兔皮肤有轻度刺激性，眼睛有轻度至中度刺激性，豚鼠皮肤致敏试验结果为无致敏性；长期毒性试验，大鼠 3 个月亚慢性喂养毒性试验 NOEL：雄性大鼠为 6.44mg/(kg・d)，雌性大鼠为 6.76mg/(kg・d)；Ames 试验、小鼠骨髓细胞微核试验、体外哺乳动物细胞染色体畸变试验等多项致突变试验均为阴性，未见致突变性；二代繁殖和致畸试验、致癌试验结果均未见致畸性、致癌性。肟菌戊唑醇 75%水分散粒剂，大鼠急性经口 LD_{50}：雌性＞5000mg/kg，雄性为 3830mg/kg，急性经皮 LD_{50}＞2000mg/kg；家兔眼睛和皮肤均无刺激性，豚鼠皮肤致敏试验结果为无致敏性；ADI/RfD（JMPR）0.04mg/kg[2004]；毒性等级：Ⅲ。

【生态毒性】北美鹌鹑 LD_{50}＞2000mg/kg；虹鳟鱼 LC_{50}（96h）0.015mg/L，鲤鱼 LC_{50}（96h）0.039mg/L；淡水藻 E_rC_{50}（72h）0.016mg/L；大型蚤 EC_{50}（48h）0.025mg/L；蜜蜂经口、接触 LD_{50}＞200g/只；家蚕 LC_{50}（96h）178mg/kg 桑叶；蚯蚓 LC_{50}＞1000mg/kg（土）；肟菌戊唑醇 75%水分散粒剂对鲤鱼 LC_{50}（96h）0.3168mg/L，罗非鱼 LC_{50}（96h）0.5365mg/L；绿藻 E_rC_{50}（72h）＞150g/L；大型蚤 EC_{50}（48h）0.0138mg/L；蜜蜂经口 LD_{50} 406.16μg/只，接触 LD_{50}＞133.5μg/只；家蚕 LC_{50}（96h）＞500 mg/kg 桑叶；对蚯蚓，在使用药量为 1310g/hm^2 下，28d 无死亡；肟菌酯对鱼类和水生生物高毒、高风险；对鸟类、蜜蜂、家蚕、蚯蚓均为低毒。

【作用机理】呼吸链抑制剂，通过锁住细胞色素 b 与 c1 之间的电子传递而阻止细胞三磷酸腺苷 ATP 酶合成，从而抑制其线粒体呼吸而发挥抑菌作用。

【分析方法】高效液相色谱-紫外（HPLC-UV），气相色谱-氮磷检测（GC-NDP）

【制剂】乳油（EC），悬浮剂（SC），水分散剂（WG），悬浮种衣剂（FS）

【应用】作用方式：半内吸性、广谱杀菌剂，具有保护作用。具体特性有：通过表面蒸气和地表水的移动，实现药剂在植株上的再分配；耐雨水冲刷，有残留活性。用途：对四类真菌-子囊菌类、半知菌类、担子菌类和卵菌纲都有良好活性。在病菌的早期阶段（包括孢子萌发、芽管延伸和附着胞形成）可有效防治白粉病、叶斑病和果树病害。主要用于大田作物，包括谷物、大豆、玉米、水稻、棉花、花生、甜菜、向日葵、园艺作物、梨果、核果、热带水果、香蕉、葡萄、软果和多种蔬菜等作物，也可用于观赏植物和草坪。用量根据作物、病害种类和使用方法不同从 50 g(a.i)/hm^2 到 500g(a.i)/hm^2 不等。

【代谢】动物：在哺乳动物体内迅速被吸收（48h 内吸收 60%），并很快通过尿液和粪便排出（48h 内达到 96%）。通过 *O*-去甲基化、氧化和共轭等途径广泛和迅速代谢，并迅速、彻底排出体外。植物：在大部分作物体内的代谢途径是类似的。基于小麦、苹果、黄瓜和甜菜的代谢数据，认为肟菌酯是在植物来源的食品、饲料中的残留物。土壤/环境：在土壤和地表水中迅速消散，土壤 DT_{50} 4.2～9.5d，K_{oc} 1642～3745mL/g，没有渗滤问题。水中 DT_{50} 0.3～1d，DT_{90} 4～8d。

【参考文献】

[1] Horst W，Bernd W，Remy B，et al．Preparation of *E*-Oxime ethers of phenylglyoxylic esters．US5221762.

[2] Wenderoth B，Sauter H，Hepp M，et al．Oxime ethers and fungicides containing same．US5145980.

[3] Assercq J M，Pfiffner A，Pfaff W，et al．Process for the preparation of *o*-chloromethyl-phenylglyoxylic acid derivatives．US 5756811.

[4] Wiegand J M，Luettgen K，Skranc W．Improved process for preparing *o*-chloromethylphenyl glyoxylic esters，improved process for preparing(*E*)-2-(2-chloromethylphenyl)-2-alkoximinoacetic Esters，and novel intermediates for their preparation．WO 2008125592.

[5] Korte A，Kearns M A，Smith J，et al．Method for producing 2-halogenomethylphenyl acetic acid derivatives．WO2010089267.

[6] Stamm A，Henkelmann J，Wolf B，et al．Method for producing *o*-chloromethyl benzenecarbonyl chlorides．US6734322.

[7] Isak H，Wettling T，Keil M，et al．Preparation of halomethylbenzoyl cyanides and novel halomethylbenzoyl cyanides．US5446199.

[8] Nakaya J．Method for the preparation of 3'-trifluoromethyl-substituted aromatic ketone．JP2019104702.

[9] Wegmann A，Moore T L，Wang L H．Process for the preparation of phenyl alkyl ketones and benzaldehydes．US6211413.

4.5 黑色素生物合成抑制剂

4.5.1 烟酸酰胺类

4.5.1.1 吡啶菌酰胺 florylpicoxamid

【商品名称】Adavelt

【化学名称】[(1*S*)-2,2-二(4-氟苯基)-1-甲基乙基]*N*-[(3-乙酰氧基-4-甲氧基吡啶-2-基)羰基]-L-丙氨酸酯

IUPAC 名：(1*S*)-2,2-bis(4-fluorophenyl)-1-methylethyl*N*-[(3-acetoxy-4-methoxy-2-pyridyl)carbonyl]-L-alaninate

CAS 名：(1*S*)-22-bis(4-fluorophenyl)-1-methylethyl*N*-[[3-(acetyloxy)-4-methoxy-2-pyridinyl]carbonyl]-L-alaninate

【化学结构式】

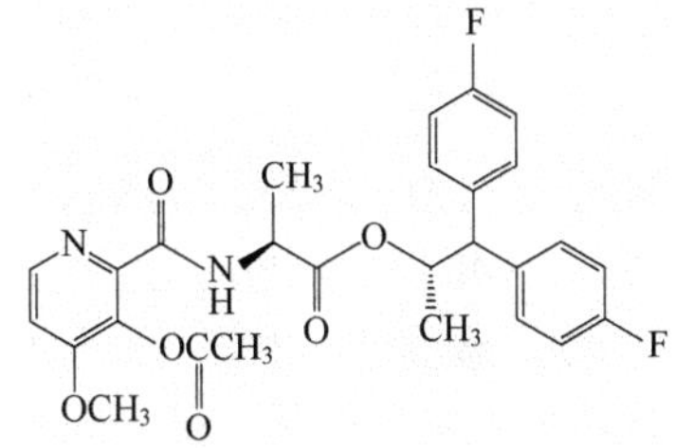

【分子式】$C_{27}H_{26}F_2N_2O_6$

【分子量】512.51

【CAS 登录号】1961312-55-9

【理化性质】K_{ow}lg$P$（pH7，20℃）4.57

【研制和开发公司】由 Dow AgroSciences LLC（美国陶氏益农公司）发现

【上市国家和年份】计划 2023 年上市

【合成路线】[1-3]

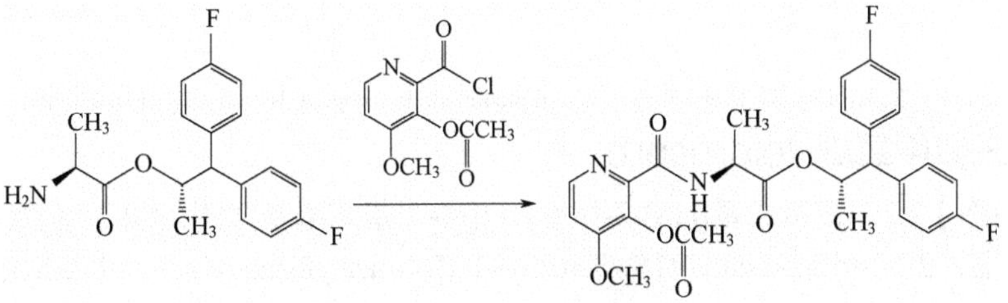

中间体合成：

中间体 1：

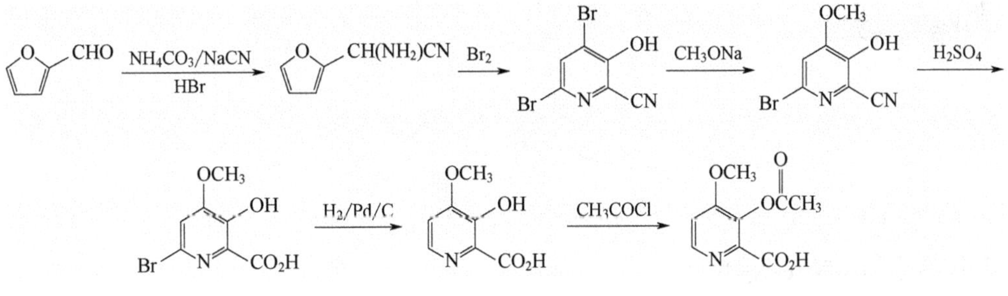

中间体 2：

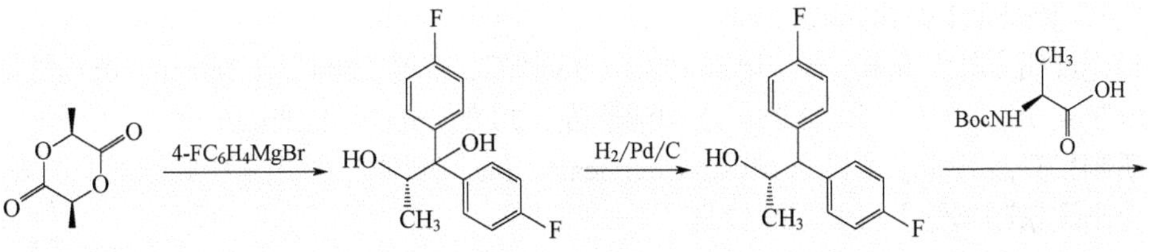

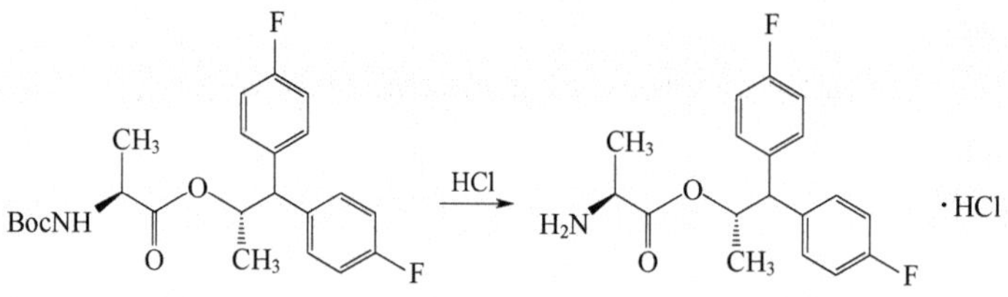

BOC=叔丁氧羰基

【哺乳动物毒性】大鼠急性经口 LD_{50}＞2000mg/kg，雌雄性大鼠急性经皮 LD_{50}＞2000mg/kg；雌雄大鼠急性吸入 LC_{50}（4h）＞4.48mg/L；对兔眼睛和皮肤无刺激，对豚鼠皮肤无致敏；对哺乳动物没有基因毒性、致癌性，对发育、繁殖没有影响，没有神经毒性。

【应用】烟酸酰胺类是第二代新型吡啶酰胺类（picolinamide）杀菌剂，其作用机理与第一代产品烟酸酰胺类相同。烟酸酰胺类主要靶标谷物和香蕉等，烟酸酰胺类将成为靶标病原菌的新作用机理的化合物。烟酸酰胺类主要用于谷物、葡萄、果树、坚果树、蔬菜等，防治白粉病、炭疽病、疮痂病以及由壳针孢菌、葡萄孢菌、链格孢菌、链核盘菌等病原菌引起的病害。烟酸酰胺类可用于作物多个生长阶段，并能提高作物产量和品质。

【参考文献】

[1] Babij N R，Choy N，Cismesia M A，et al．Design and synthesis of florylpicoxamid，a fungicide derived from renewable raw materials．Green Chem，2020，22（18）：6047-6054.

[2] Whiteker G T，Choy N，Borromeo P，et al．Processes for the preparation of 4-alkoxy-3-(acyl or alkyl)oxypicolinamides．WO 2018009618.

[3] Bravo-Altamirano K，Yu L，Loy B，et al．Preparation of picolinamide compounds with fungicidal activity．WO2016122802.

4.5.1.2 三氟甲氧威 tolprocarb

【化学名称】2,2,2-三氟乙基[(1*S*)-2-甲基-1-{[(4-甲基苯酰基)氨]甲基}丁基]氨基甲酸酯

IUPAC 名：2,2,2-trifluoroethyl[(1*S*)-2-methyl-1-{[(4-methylbenzoyl)amino]methyl}propyl]carbamate

CAS 名：2,2,2-trifluoroethyl *N*-[(1*S*)-2-methyl-1-{[(4-methylbenzoyl)amino]methyl}propyl]carbamate

【化学结构式】

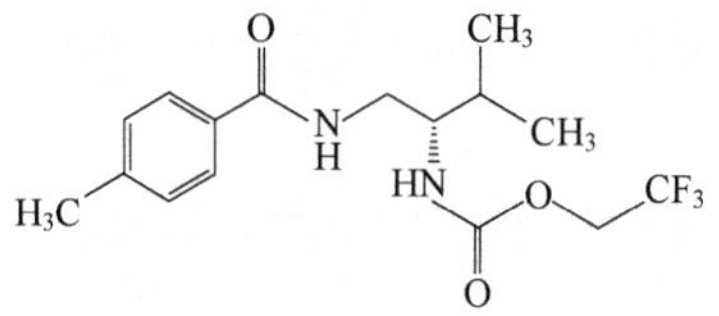

【分子式】$C_{16}H_{21}F_3N_2O_3$

【分子量】346.35

【CAS 登录号】911499-62-2

【理化性质】白色粉末固体，熔点 133.7～135.0℃；密度（20℃）1.3g/cm^3；蒸气压（20℃）1.84×10^{-6}Pa；K_{ow}lg*P*（25℃）3.25；水中溶解度（20℃，pH7）41.2mg/L。

【研制和开发公司】由日本 Mitsui Chemicals，Inc.（日本三井化学株式会社）开发

【上市国家和年份】日本，2012 年

【合成路线】[1-4]

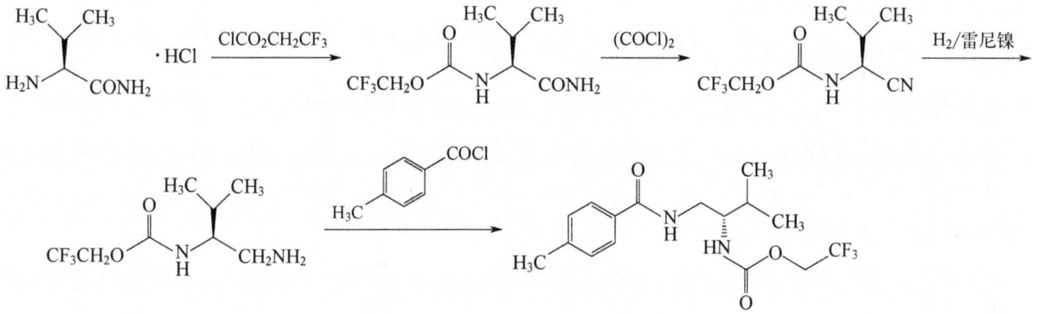

【哺乳动物毒性】大鼠急性经口 LD_{50}＞2000mg/kg；大鼠急性经皮 LD_{50}＞2000mg/kg；雌、雄大鼠急性吸入 LC_{50}＞5.12mg/L；对兔眼睛和皮肤有轻微刺激，对豚鼠皮肤无致敏；对哺乳动物没有基因毒性、致癌性，对发育、繁殖没有影响，没有神经毒性。

【生态毒性】鲤鱼 LC_{50}（96h）＞18mg/L，大型蚤 EC_{50}（48h）＞22.6mg/L；羊角月牙藻 E_rC_{50}（72h）＞17.9mg/L。

【作用机理】稻瘟病的侵入与病原菌附着胞黑色素的形成有关，黑色素促进了附着胞膨胀压的产生，有利于病原菌侵入植物体内。三氟甲氧威是具有内吸活性的新颖杀菌剂，其可使稻瘟病菌的菌丝体褪色，这种褪色是通过加入单体[3,6,8-(三羟基四氢萘)或 1,3.6,8-四羟基萘（1,3,6,8-THN）]逆转的说明三氟甲氧威的作用位点为黑色素生物合成中调控聚酮化合物合成和酮内酯(pentaketide)环化的多聚酮合酶(PKS)。此外，研究者获得了 1 株携带稻瘟病菌 PKS 基因的转基因米曲毒(*Aspergillus oryzae*)，并利用转基因米曲霉的膜片段进行 PKS 离体试验。研究结果表明，与一些传统的黑色素生物合成抑制剂（cMBIs）相比，三氟甲氧威只能在离体条件下抑制 PKS 活性，说明了该杀菌剂不同于其他黑色素生物合成抑制剂，由于此作用机制，杀菌剂抗性行动委员会（FRAC）把三氟甲氧威分为 MBI-PKS（MBI-P）类别。

【制剂】颗粒剂（GR），水分散剂（WG）

【应用】三氟甲氧威对水稻稻瘟病有优异的防效。同时，对梨黑星病、桃炭疽病、桃灰星病及众多果树、蔬菜等作物灰霉病、菌核病有效；三氟甲氧威是从异丙菌胺类似物衍生的，但其作用机制完全不同于 MBI-P。三氟甲氧威也能诱导拟南芥和水稻产生 SAR，通过诱导 SAR 活性而对细菌病害和稻瘟病有很强的活性。由于这两个作用机制和防效高，抗性不易产生。在水稻田，三氟甲氧威颗粒剂对稻瘟病有高的防效，对穗颈瘟也有特别高的防效，包括对 MBI-D 或 Qol 杀菌剂有抗性的菌株。根据这些特点，三氟甲氧威不仅对稻瘟病，也对被细菌病害的水稻病害有稳定的、强的防效。三氟甲氧威用于作物生产将会有很好的前景。

【参考文献】

[1] Umetani H, Kohno T. Process for production of ethylenediamine derivative having halogenated carbamate group and acyl group, and their intermediates. WO2007111024.

[2] Umetani H，Kohno T，Kamekawa H. Amino acid amide derivative having fluorine-containing carbamate group as synthetic intermediate for ethylenediamine derivative and method for the preparation thereof. WO2012039132.

[3] Hagiwara H，Ezaki R，Hamada T，et al. Development of a novel fungicide，tolprocarb. J Pestic Sci（Tokyo，Jpn），2019，（44）3：208-213.

[4] Hagiwara H，Ogura R，Fukumoto T，et al. Novel bacterial control agent tolprocarb enhances systemic acquired resistance in Arabidopsis and rice as a second mode of action. J Gen Plant Pathol，2020，86（1）：39-47.

4.5.2　三唑磺酰胺类

4.5.2.1　吲唑磺菌胺 amisulbrom

【商品名称】Leimay，Oracle（土壤处理），Vortex（种子处理）

【化学名称】3-(3-溴-6-氟-2-甲基吲哚-1-基磺酰基)-*N,N*-二甲基-1*H*-1,2,4-三唑磺酰胺

IUPAC名：3-(3-bromo-6-fluoro-2-methylindol-1-ylsulfonyl)-*N,N*-dimethyl-1*H*-1,2,4triazole-1-sulfonamide

CAS名：3-[(3-bromo-6-fluoro-2-methyl-1*H*-indol-1-yl)sulfonyl]-*N,N*-dimethyl-1*H*-1,2,4-triazole-1-sulfonamide

【化学结构式】

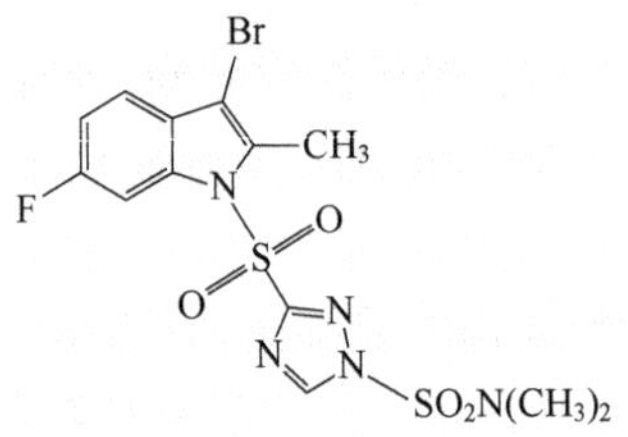

【分子式】$C_{13}H_{13}BrFN_5O_4S_2$

【分子量】466.30

【CAS登录号】348635-87-0

【理化性质】原药含量99.0%，纯品为无味白色粉末，密度（20℃）1.61g/cm^3；熔点128.6～130.0℃；蒸气压（25℃）1.8×10^{-5}mPa；K_{ow}lg$P$ 4.4；水中溶解度（20℃，pH6.9）0.11mg/L；水中DT_{50}（25℃，pH9）5d。

【研制和开发公司】日本Nissan Chemical Industries，Ltd（日产化学工业有限公司）

【上市国家和年份】英国，2007年

【合成路线】[1,2]

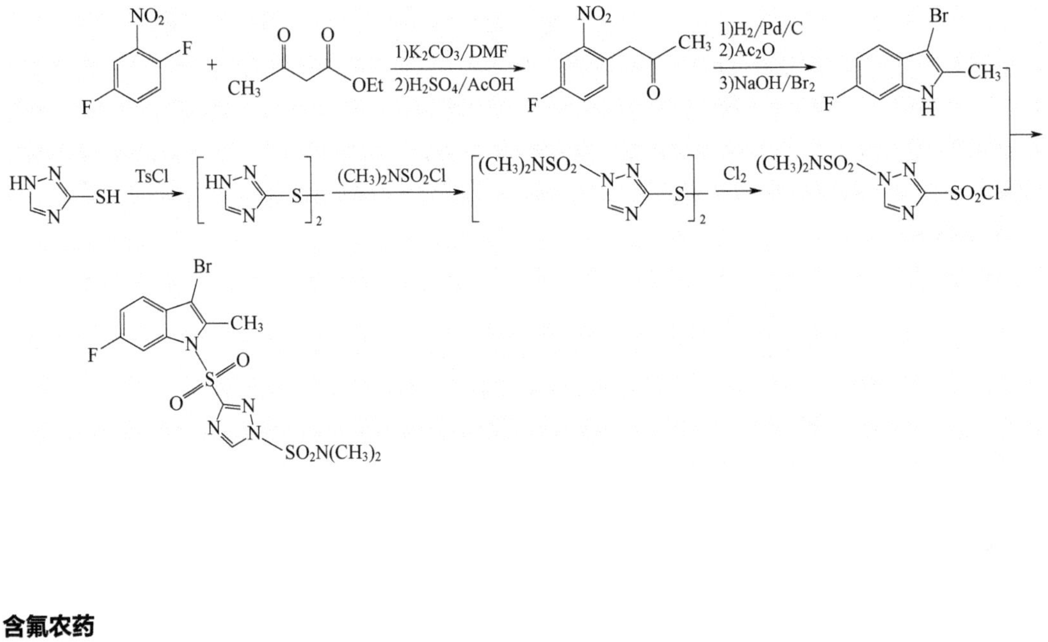

中间体合成[3,4]：

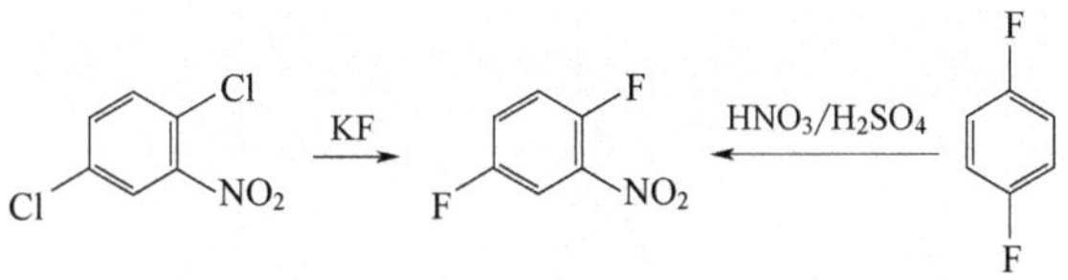

【哺乳动物毒性】大鼠急性经口 LD_{50}＞5000mg/kg，大鼠急性经皮 LD_{50}＞5000mg/kg；大鼠吸入 LD_{50}＞2.85mg/kg（最大实际浓度）。

【生态毒性】对水生生物有剧毒，山齿鹑急性经口 LD_{50}＞2000mg/kg，山齿鹑饲喂 LC_{50}（5d）＞5000mg/kg；鲤鱼 LC_{50}（96h，流动）22.9μg/L；水蚤 EC_{50}（48，静态）36.8μg/L；近头状伪蹄形藻 EC_{50}（96h）22.5μg/L；其他水生生物：摇蚊幼虫 EC_{50}＞111.4μg/L，蜜蜂 LD_{50}（经口和接触）＞100μg/只；蚯蚓 LC_{50}（14d）＞1000mg/kg；有益生物蚜茧蜂 LR_{50}（48h）＞1000mg/hm^2。

【作用机理】生化特性表现在抑制酶的活性方面，这也是选择性的基础，苯醌内部抑制剂。通过作用于细胞色素 bcl（泛醌还原酶）复合物三维结构的 Qi 位点来抑制真菌的呼吸。

【分析方法】高效液相色谱-紫外（HPLC-UV）

【制剂】悬浮剂（SC），水分散剂（WG）

【应用】[5] 作用方式：触杀型杀菌剂，有渗透活性和抗雨水冲刷能力。用途：防治马铃薯疫霉（100g/hm^2）、葡萄霜霉病和黄瓜霜霉病（120g/hm^2）、甘蓝根肿病（600～1500g/hm^2）。

【代谢】在土壤和水中，以及植物上迅速降解；不在土壤和植物上积累。动物：残留物只有母体化合物。植物：残留物只有母体化合物。土壤/环境：田间 DT_{50} 3～13d；DT_{90} 9～42d。

【参考文献】

[1] Fukuda K，Kondo Y，Tanaka N，et al．Preparation of indole derivatives as intermediates for fungicides．WO2003082860．

[2] Li Y T，Lin J，Yao W Q，et al．Preparation of triazole disulfonamide compound and use thereof in agriculture．WO2018184579．

[3] Krenzer J，Stach L J．Preparation of 2-(2,5-difluorophenyl)-4-methyl-1,2,4-oxadiazolidine-3,5-diones as herbicides．US4758263．

[4] 毛联岗，张久峰，姚彤，等．一种制备多氟代芳烃的方法．CN112409169．

[5] Fontaine S，Remuson F，Caddoux L，et al．Investigation of the sensitivity of plasmopara viticola to amisulbrom and ametoctradin in French vineyards using bioassays and molecular tools．Pest Manag Sci，2019，75（8）：2115-2123．

4.6 信号传导干扰剂

4.6.1 吡咯类

4.6.1.1 咯菌腈 fludioxonil

【商品名称】Celest（种子处理），Géoxe，Switch（混剂，嘧菌环胺）

【化学名称】4-(2,2-二氟-1,3-苯并二氧戊环-4-基)吡咯-3-腈

IUPAC 名：4-(2,2-difluoro-1,3-benzodioxol-4-yl)pyrrole-3-carbonitrile

CAS 名：4-(2,2-difluoro-1,3-benzodioxol-4-yl)-1*H*-pyrrole-3-carbonitrile

【化学结构式】

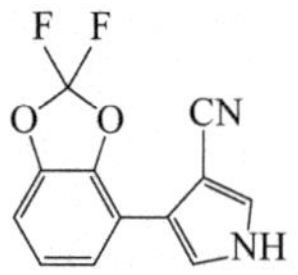

【分子式】$C_{12}H_6F_2N_2O_2$

【分子量】248.19

【CAS 登录号】131341-86-1

【理化性质】纯品为浅黄色晶体，密度（20℃）1.54g/cm^3；熔点 199.8℃；蒸气压（25℃）3.9×10^{-4}mPa；K_{ow}lg$P$（pH7）4.12；水中溶解度（25℃）1.8mg/L，有机溶剂中溶解度（25℃）：丙酮 190g/L，乙醇 44g/L，甲苯 2.7g/L，正辛醇 20g/L，正己烷 0.01g/L；25℃，pH5～9 不易水解。

【研制和开发公司】由瑞士 Ciba-Geigy AG（瑞士汽巴-嘉基公司）[现为 Syngenta AG（先正达）] 开发

【上市国家和年份】法国，1993 年

【合成路线】[1,2]

方法 1：

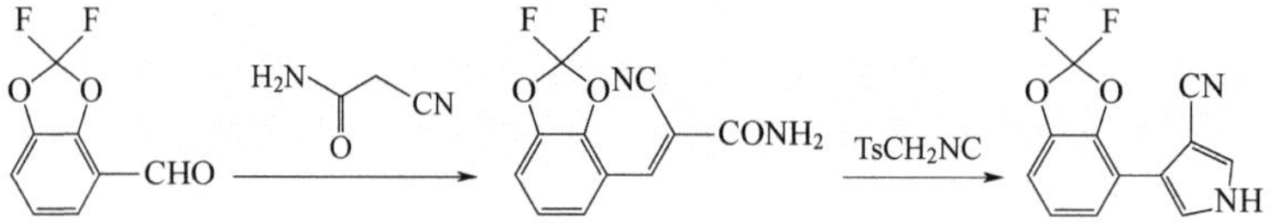

方法 2：

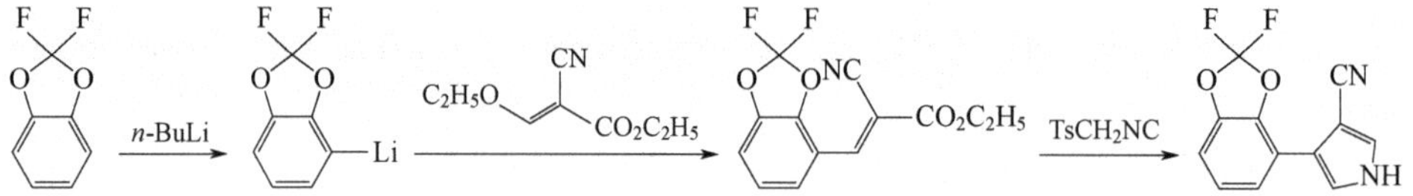

方法 3：

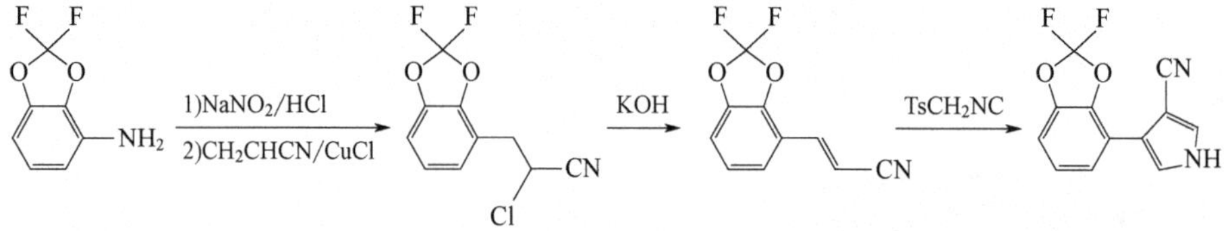

中间体合成[3-5]：

中间体 1：

方法 1：

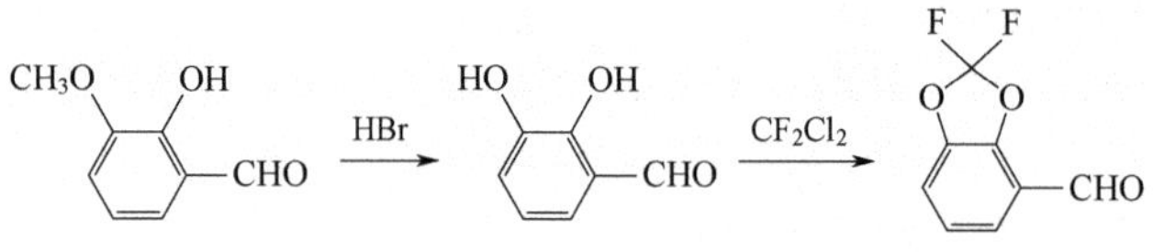

方法 2：

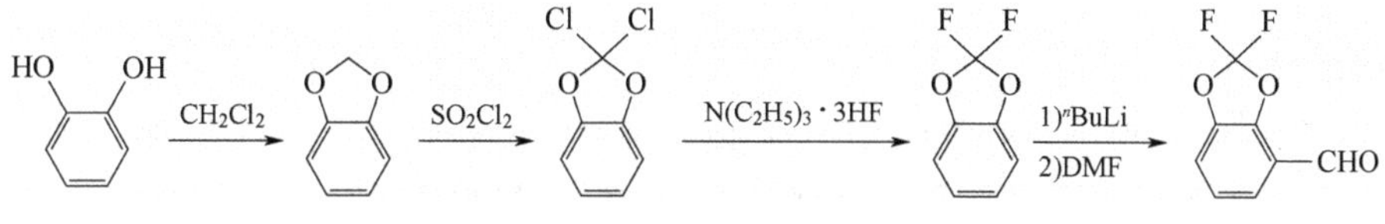

中间体 2：

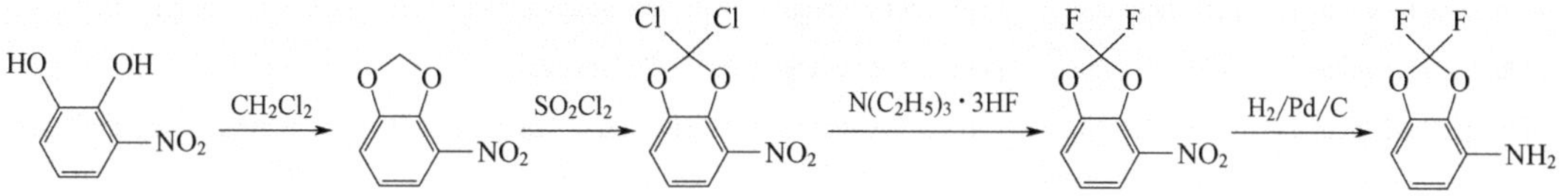

中间体 3：

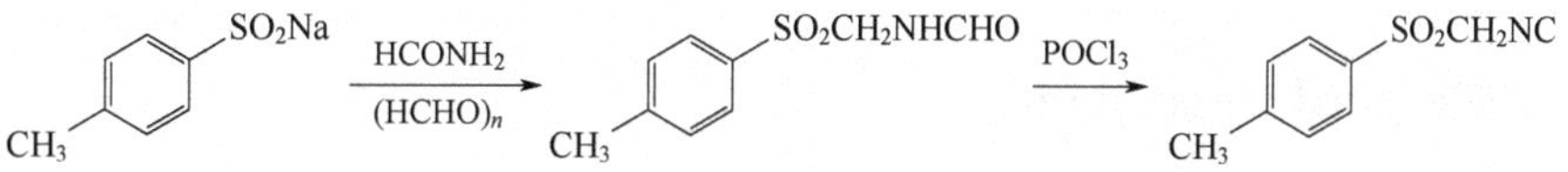

【哺乳动物毒性】大鼠和小鼠急性经口 LD_{50}＞5000mg/kg，大鼠急性经皮 LD_{50}＞2000mg/kg。大鼠吸入 LC_{50}（4h）＞2600mg/m^3。兔皮肤和眼睛无刺激，对豚兔皮肤无致敏。NOEL：大鼠饲喂（2 年）40mg/(kg · d)，小鼠（1.5 年）112mg/(kg · d)，狗（1 年）3.3mg/(kg · d)。无致畸、致突变作用。ADI/RfD（JMPR）0.4mg/kg[2004，2006]。毒性等级：U。

【生态毒性】 野鸭和山齿鹑急性经口 LD_{50}＞2000mg/kg，野鸭和山齿鹑饲喂 LC_{50}＞5200mg/kg。LC_{50}（96h）：虹鳟 0.23mg/L，蓝色翻车鱼 0.74mg/L，鲶鱼 0.63mg/L，鲤鱼 1.5mg/L。水蚤 LC_{50}（48h）0.4mg/L。近具刺链带藻 EC_{50}（72h）0.93mg/L。羊角月牙藻 E_bC_{50} 0.025mg/L。对摇蚊幼虫无毒。对蜜蜂无毒，蜜蜂（48h，接触和经口）LD_{50}＞100μg/只。蚯蚓 EC_{50}（14d）＞1000mg/kg（土）。对有益节肢动物低风险。

【作用机理】信号传导中的蛋白激酶细胞分裂抑制剂。

【分析方法】高效液相色谱-紫外（HPLC-UV），气相色谱-质谱（GC-MS），气相色谱-电子捕获检测（GC-ECD）

【制剂】悬浮剂（SC），水分散剂（WG），可湿粉剂（WP），干拌种剂（DS），悬浮种衣剂（FS）

【应用】[6] 作用方式：非内吸性杀菌剂，残效期长。植物组织吸收后，治疗活性受到限制。主要是抑制孢子的萌发、芽管的伸长和菌丝的生长。用途：作为种子处理剂主要用于谷物和非谷物类作物防治种传和土传病害如链格孢属、壳二孢属、曲霉属、镰孢菌属、长蠕孢属、丝核菌属及青霉属真菌引起的病害。谷物和非谷物使用剂量 2.5～10g/100kg。作为叶面喷洒杀菌剂，可用于葡萄、核果、浆果、蔬菜和观赏植物防治雪腐镰孢菌、小麦网腥黑腐菌、立枯病菌等引起的病害，对灰霉病有特效，使用剂量 250～500g/hm^2。防治草坪病害使用剂量 400～800g（a.i.）/hm^2；防治收获后坚果、梨果、柑橘、猕猴桃和桃等水果病害的使用剂量为 300～600g（a.i.）/m^3。

【代谢】动物：动物由胃肠道吸收后，迅速遍布全身，并完全排泄。主要代谢反应是吡咯环 2 位上的氧化。所有代谢物作为共轭物被排泄，主要是葡糖苷酸。植物：主要通过吡咯环氧化代谢，随后开环形成吡咯烷羧酸。一般来说咯菌腈被代谢成 10～15 种代谢物。土壤/环境：结合残留的形成是土壤中消散的主要途径。叶面喷洒和种子处理后，田间土壤 DT_{50} 约

14d 和 26～54d。吸附浸出试验表明：咯菌腈可以固定于土壤中。水中光解 DT_{50} 9～10d（自然光下）。

【参考文献】

[1] Nyfeler R，Eenfreund J．Preparation of 3-phenyl-4-cyanopyrrole derivatives as bactericides and fungicides．EP0206999.

[2] Andres P，Jelich K，Knueppel P，et al．Process for the preparation of 3-substituted 4-cyano-pyrrole compounds．US5258526.

[3] Andres P，Marhold A．2,2-Difluorbenzo(1,3)-dioxolcarbaldehyden．EP0537517.

[4] Ackermann P，Kanel H R，Schaub B．Process for the preparation of substituted difluorbenzo-1,3-dioxoles．CA1338936.

[5] Robert J，Corbas L，S J M．Synthesis of fluorocarbon compounds．US6316636.

[6] Budde-Rodriguez S，Pasche J S，Mallik I，et al．Sensitivity of alternaria spp．from potato to pyrimethanil，cyprodinil，and fludioxonil．Crop Prot，2022，152：105855.

4.6.2 喹啉类

4.6.2.1 苯氧喹啉 quinoxyfen

【商品名称】Fortress，Legend，Quintec

【化学名称】[5,7-二氯喹啉-4-基]-4-氟苯基醚

IUPAC 名：5,7-dichloro-4-quinolyl-4-fluorophenyl ether

CAS 名：5,7-dichloro-4-(4-fluorophenoxy)-quinoline

【化学结构式】

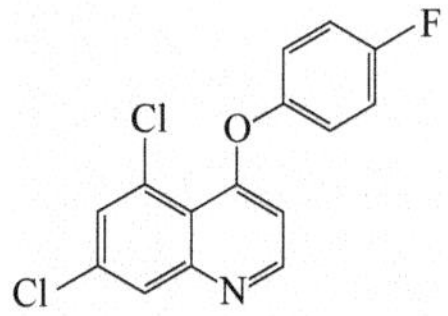

【分子式】$C_{15}H_8Cl_2FNO$

【分子量】308.13

【CAS 登录号】124495-18-7

【理化性质】类白色固体，熔点 106～107.5℃；蒸气压（20℃）1.2×10^{-2}mPa；密度（20℃）1.56g/cm^3；K_{ow}lg$P$(pH6.6，20℃)4.66；水中溶解度(20℃)：0.128g/L(pH5)，0.116g/L(pH6.45)，0.047g/L（pH7），0.036g/L（pH9）；有机溶剂中溶解度（20℃）：丙酮 116g/L，甲醇 21.5g/L，甲苯 272g/L，己烷 9.64g/L，乙酸乙酯 179g/L，正辛醇 37.9g/L，二氯甲烷 589g/L。

【研制和开发公司】由 Dow AgroSciences（美国陶氏益农公司）发现

【上市国家和年份】欧洲，1996 年

【合成路线】[1,2]

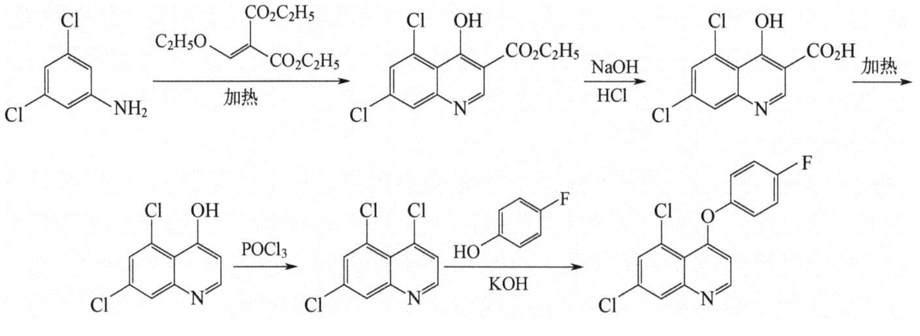

【哺乳动物毒性】大鼠急性经口 LD_{50}＞5000mg/kg，兔急性经皮 LD_{50}＞2000mg/kg；对兔眼睛中度刺激，皮肤无刺激，对豚鼠皮肤致敏性取决于试验；大鼠吸入 LC_{50}＞3.38mg/L；根据对狗 52 周、大鼠 2 年致癌性和大鼠繁殖试验结果可知，NOEL 20mg/(kg·d)；无致畸、致癌、致突变性。

【生态毒性】山齿鹑经口 LD_{50}＞2250mg/kg，山齿鹑和野鸭饲喂 LC_{50}＞5620mg/kg；虹鳟 LC_{50}（96h）0.27mg/L；蓝鳃翻车鱼 LC_{50}（96h）＞0.28mg/L，鲤鱼 LC_{50}（96h）0.41；水蚤 LC_{50}（48h）0.08mg/L；羊角月牙藻 E_bC_{50}（72h）0.058mg/L；摇蚊 NOEC（28d）0.128mg/L（加标水）；蜜蜂（48h，经口或接触）LD_{50}＞100μg/只；蚯蚓 LC_{50}＞923mg/kg（土）；试验表明，对大多数非靶标和有益节肢动物低毒。

【作用机理】主要通过影响病菌生长的整个过程和病菌的侵染，如孢子的萌发、吸器和附着胞的形成等；研究表明其作用机制为改变大麦白粉菌的蛋白激酶 C 的积累，并催化生成了蛋白激酶 A 亚基。

【分析方法】高效液相色谱-紫外（HPLC-UV），气相色谱-质谱（GC-MS）

【制剂】悬浮剂（SC）

【应用】作用方式：一种移动性、保护性杀菌剂，作用机制是抑制附着胞的发育，不是有效的根除剂。施药后，本品通过植株组织向顶和基部传导，并通过蒸气传输。用途：用于谷物防治白粉病（禾白粉菌），剂量最高达 250g/hm^2，持效期长达 70d。与现有的杀菌剂如三唑类、吗啉类或甲氧基丙烯酸酯类无交互抗性。用于葡萄防治白粉病（葡萄钩丝壳），剂量 50～120g/hm^2。本品也用于特定的蔬菜作物、啤酒花和甜菜，防治白粉病。据报道，本品对覆盖种植的葫芦科作物有药害。

【代谢】本品在植物、动物和土壤中生物降解缓慢。但在酸性条件下水解、光解及土壤强吸附性/沉积是重要的降解/消解过程。苯氧喹啉及其残留物的淋洗潜能微不足道，不会对地下水造成威胁。动物：本品进入大鼠体内后，较快被吸收（高达 90%）并迅速排出体外。代谢方式是通过裂解生成 4-氟苯酚和 5,7-二氯-4-羟基喹啉，继而发生共轭。植物：在小麦中少量代谢，在作物中残留低。本品在小麦叶面发生光解，产生多极性降解产物。在温室中生长的葡萄和黄瓜，主要残留物是苯氧喹啉母体。土壤/环境：土壤 DT_{50}（大田）11～454（两相，10 次试验）、DT_{90}（大田）＞1 年，但常规条件下不累积。DT_{50}（实验室，需氧型）106～508d（7 种土壤，20～25℃），DT_{50}（实验室，厌氧型）289d（20℃）。土壤光解最小［估计 DT_{50}（大田）＞1 年］。主要代谢物（2-氧苯氧喹啉；原来误定为 3-羟基苯氧喹啉）由喹啉环氧化形成，次要代谢物（5,7-二氯-4-羟基喹啉，DCHQ）由醚键断裂生成，特别是在酸性土壤中。K_c 15415～75900mL/g。苯氧喹啉及其残留物没有明显的淋洗潜能。水中光解更明显，DT_{50} 1.7d（6 个月）、22.8h（1 个月）。在避光的水/沉积物系统中，苯氧喹啉迅速从水中迁移到沉积物（消解 DT_{50} 3～7d），为中度代谢，系统 DT_{50}（实验室）35～150d，代谢物为 2-氧苯氧喹啉。空气按照推荐使用方法，无挥发性消解。空气中存在少量本品的降解，估计大气 DT_{50} 1.88d。

【参考文献】

[1] Adaway T J，Budd J T，King I R，et al．Preparation of halo-4-phenoxyquinolines．WO9833774．

[2] Krumel K L，Reed R C，Olmstead T A，et al．Process to produce halo-4-phenoxyquinolines．WO2002020490．

4.7 血影蛋白离域效应

4.7.1 芳基酰胺类

4.7.1.1 氟吡菌胺 fluopicolide

【商品名称】 Presidio，Infinito（混剂，与霜霉威混合），Profiler（混剂，与乙磷铝混合），Trivia（混剂，与丙森锌混合）

【化学名称】 2,6-二氯-*N*-[(3-氯-5-三氟甲基吡啶-2-基)甲基]苯甲酰胺

IUPAC 名：2,6-Dichloro-*N*-[3-chloro-5-(trifluoromethyl)-2-pyridylmethyl]benzamide

CAS 名：2,6-Dichloro-*N*-[[3-chloro-5-(trifluoromethyl)-2-pyridyl]methyl]benzamide

【化学结构式】

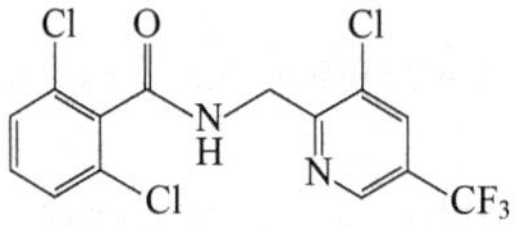

【分子式】 $C_{14}H_8Cl_3F_3N_2O$

【分子量】 383.58

【CAS 登录号】 239110-15-7

【理化性质】 纯品为米色晶体，熔点 150℃，密度（20℃）1.65g/cm^3；蒸气压 3.03×10^{-4}mPa（20℃），8.03×10^{-4}mPa（25℃）；K_{ow}lg*P*（pH7.8，22℃）3.2；水中溶解度（pH7，20℃）2.8mg/L；有机溶剂中溶解度（25℃）：丙酮 74.7g/L，乙醇 19.2g/L，甲苯 20.5g/L，二氯甲烷 126g/L，正己烷 0.2g/L，二甲亚砜 183g/L。

【研制和开发公司】 由 Bayer AG（德国拜耳）开发

【上市国家和年份】 中国，2006 年

【合成路线】 [1]

方法

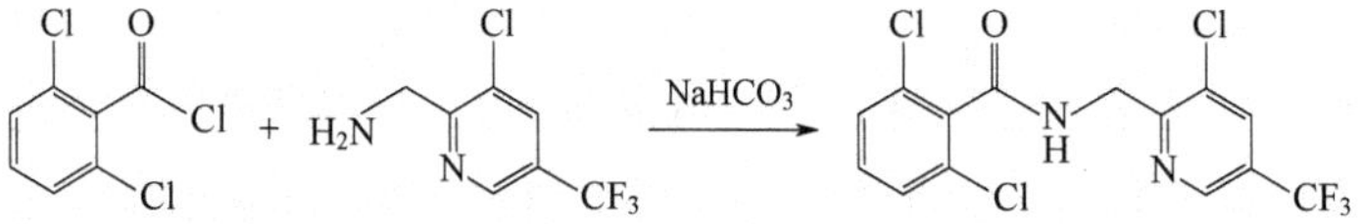

中间体合成[2-12]：

方法 1：

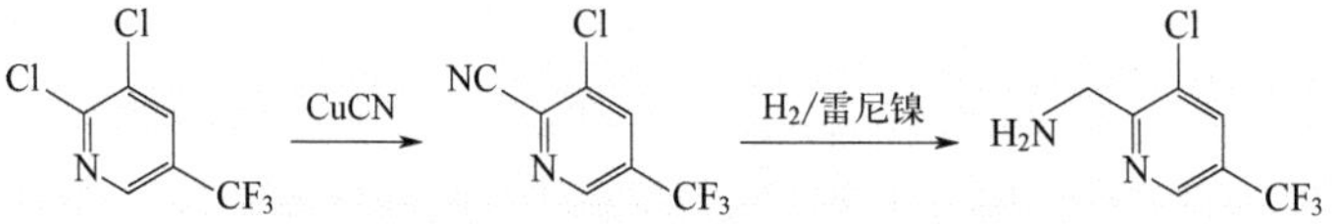

方法 2：

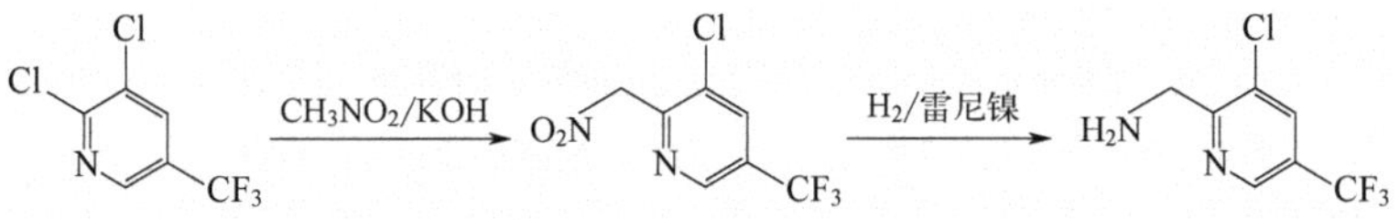

方法 3：

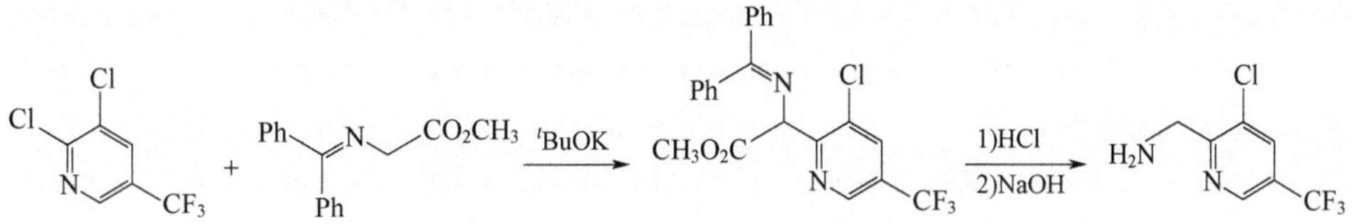

【哺乳动物毒性】大鼠急性经口 LD_{50}>5000mg/kg，大鼠急性经皮 LD_{50}>5000mg/kg。大鼠吸入 LC_{50}>5160mg/m^3（空气）。兔皮肤和眼睛无刺激，对豚兔皮肤无致敏。NOEL：大鼠 20mg/(kg·d)，小鼠（78 周）7.9mg/(kg·d)，狗（1 年）3.3 mg/(kg·d)。无致癌作用，对胚胎无毒，无致畸，无遗毒性。ADI/RfD（EC）0.08mg/kg[2006]。

【生态毒性】野鸭和山齿鹑急性经口 LD_{50}>2250mg/kg。LC_{50}（96h）：虹鳟 0.36mg/L，蓝色翻车鱼 0.74mg/L。水蚤 EC_{50}（48h）1.8mg/L。羊角月牙藻 E_rC_{50}（72h）>4.3mg/L。浮萍 E_rC_{50}（7d）>3.2mg/L。蜜蜂经口 LD_{50}>241μg/只，接触 LD_{50}>100μg/只。蚯蚓 LC_{50}（14d）>1000mg/kg（土）。盲走螨 LR_{50} 0.313kg/hm^2，蚜茧蜂 0.419kg/hm^2。

【作用机理】引起细胞膜到细胞质类蛋白的再分配。

【分析方法】高效液相色谱-紫外（HPLC-UV），气相色谱-电子捕获检测（GC-ECD）

【制剂】悬浮剂（SC），水分散剂（WG），可湿粉剂（WP）

【应用】作用方式：保护性杀菌剂，通过层间传导和木质部传导，影响游动孢子的释放和孢子囊的萌发，还可抑制植物组织孢子的产生和菌丝的生长。用途：可以与其他杀菌剂混用，防治霜霉病（单轴霉属、假霜霉属、霜霉属、盘梗霉属）、晚疫病（疫霉菌属）和各种腐霉病。

【代谢】动物：在雌雄大鼠中，80%药剂随粪便排出，15%随尿液排出。组织中的放射性标记物水平很低，单剂量研究范围在 0.46%～1.25%，重复剂量研究平均只有 0.38%。氟吡菌胺在大鼠中可大量代谢，鸡和牛中的代谢物与大鼠类似，用放射性标记物的主要代谢物被排出体外（75%～95%），只有少部分残留在组织、牛奶或鸡蛋中。植物：已研究氟吡菌胺在葡萄、马铃薯和莴苣中的代谢，葡萄、马铃薯叶面喷洒，莴苣土壤浇灌处理后，氟吡菌胺在植物中缓慢代谢，代谢途径与所有作物中类似，一般情况下氟吡菌胺在收获的作物中大量残留。土壤/环境：氟吡菌胺在一些类型土壤中的降解，主要有三个基本代谢原理，首先通过脂肪链的羟基化，接着进一步代谢形成两个环系统。在田间环境下，氟吡菌胺和苯基代谢物 DT_{50} 欧洲 140d；美国（限定温度和湿度）107d（氟吡菌胺）和 30d（二氯苯基代谢物）。实验室无菌水条件下氟吡菌胺水解和光解稳定。在实验室的水/沉积物系统中氟吡菌胺在水中缓慢消散，主要被沉积物吸附。二氯苯基化合物无农药活性，被认为对水生生物无害，也是被大量检测到的唯一代谢物。

【参考文献】

[1] Moloney B A，Hardy D，Saville-Stones E A．2-Pyridylmethylamine derivatives useful as fungicides．WO9942447．

[2] Vangelisti M. A novel process for the preparation of 2-aminomethylpyridine derivatives via Ni-catalized hydrogenation of 2-cyanopyridine derivatives. EP1422221.
[3] 王俊春，吕超，王雅琪，等. 2-氨甲基-3-氯-5-三氟甲基吡啶醋酸镍络合物的解离方法. CN111170934.
[4] 尚振华，栗晓东，张鹏飞，等. 一种制备 2-氨甲基-3-氯-5-三氟甲基吡啶的方法. CN106220555.
[5] Mihorianu M，Mangalagiu I，Jones P Get al. Synthesis of novel imidazo[1,5-a]pyridine derivatives. Rev Roum Chim，2011，55（10）：689-695.
[6] 孙德明，杨桦，罗汇，等. 一种 2,4-二氯-3,5-二硝基三氟甲苯的制备方法. CN112358401.
[7] Kumai S，Seki T，Matsuo H. Preparation of fluorobenzotrifluoride derivatives as materials for agrochemicals and pharmaceuticals. JP63010739.
[8] Kasahara I，Sugiura T，Inoue T. Method for producing 2,3-dihalo-6-trifluoromethylbenzene derivatives. WO9700845.
[9] 张伟，梁启，邱传毅，等. 一种 2,3-二氯-5-三氟甲基吡啶的制备方法. CN113248423.
[10] Andersen C S. Process for the preparation of 2,3-dichloro-5-(trichloromethyl)pyridine. WO2014198278.
[11] Steiner E，Martin P. Chloropyridines substituted by methyl，trichloromethyl or trifluoromethyl groups. US4469896.
[12] Yu W J，Lin S D，Liu M Y，et al. Method for preparing 2,3-dichloro-5-trifluoromethylpyridine with high selectivity. WO2019109936.

4.7.1.2 氟醚菌酰胺 fluopimomide

【商品名称】卡诺滋，卡塔拉，叶俏

【化学名称】*N*-{[3-氯-5-(三氟甲基)吡啶-2-基]甲基}-2,3,5,6-四氟-4-甲氧基苯甲酰胺

IUPAC 名：*N*-{[3-chloro-5-(trifluoromethyl)-2-pyridyl]methyl}-2,3,5,6-tetrafluoro-4-methoxybenzamide

CAS 名：*N*-[[3-chloro-5-(trifluoromethyl)-2-pyridinyl]methyl]-2,3,5,6-tetrafluoro-4-methoxybenzamide

【化学结构式】

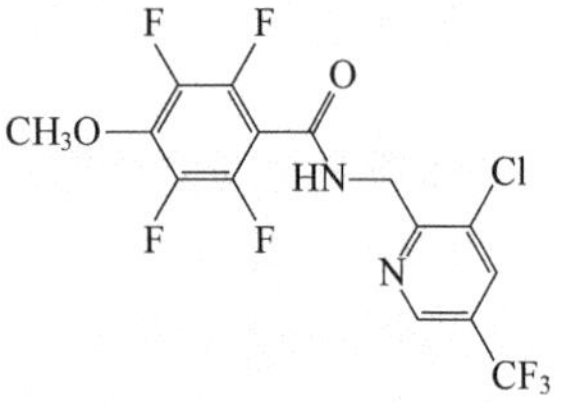

【分子式】$C_{15}H_8ClF_7N_2O_2$

【分子量】416.68

【CAS 登录号】1309859-39-9

【理化性质】氟醚菌酰胺为类白色粉末，无刺激性气味；熔点 115～118℃；蒸气压（25℃）2.3×10^{-6}Pa，堆密度 0.801g/cm^3；水中溶解度（20℃，pH6.5）4.53×10^{-3}g/L。

【研制和开发公司】由山东省联合农药工业有限公司与山东农业大学发现

【上市国家和年份】中国，2017 年

【用途类别】杀菌剂

【合成路线】[1]

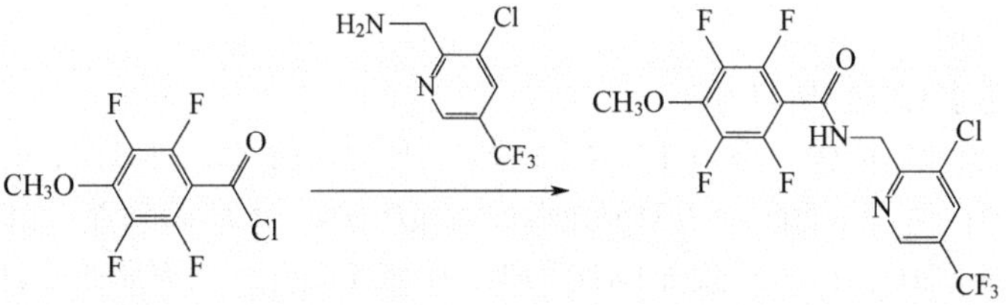

【作用机理】琥珀酸脱氢酶抑制剂（SDHI）类杀菌剂，作用于病原菌线粒体呼吸电子传递链上的复合体Ⅱ，通过干扰病原菌细胞线粒体呼吸作用，进而导致生物体衰竭死亡。

【分析方法】高效液相色谱-紫外（HPLC-UV）

【制剂】水分散粒剂（WDG），悬浮剂（SC）

【应用】[2,3] 对于葡萄霜霉病、辣椒疫霉、马铃薯晚疫病、水稻纹枯病和棉花立枯病等多种真菌性病害都具有较高防效作用，是一种新型广谱杀菌剂。

【参考文献】

[1] 唐剑峰，刘杰，牛芳，等. 一种含氟醚菌酰胺和缬霉威的杀菌组合物. CN103444733.

[2] Yang L H，Zhou X G，Deng Y C，et al. Dissipation behavior，residue distribution，and dietary risk assessment of fluopimomide and dimethomorph in taro using HPLC-MS/MS. Environ Sci Pollut Res，2021，28（32）：43956-43969.

[3] Li J J，Meng Z，Li N，et al. Evaluating a new non-fumigant nematicide fluopimomide for manag-ement of southern root-knot nematodes in tomato. Crop Prot，2020，129：105040.

4.8 氧化固醇结合蛋白同源体抑制

4.8.1 哌啶基噻唑异噁唑啉类

4.8.1.1 氟噁菌磺酯 fluoxapiprolin

【商品名称】Xivana Prime

【化学名称】2-{(5*RS*)-3-[2-(1-{[3,5-(二氟甲基)-1*H*-吡唑-1-基]乙酰基}哌啶-4-基)噻唑-4-基]-4,5-二氢异噁唑-5-基}-3-氯苯基甲磺酸酯

IUPAC 名：2-{(5*RS*)-3-[2-(1-{[3,5-bis(difluoromethyl)-1*H*-pyrazol-1-yl]acetyl}-4-piperidyl) thiazol-4-yl]-4,5-dihydroisoxazol-5-yl}-3-chlorophenyl methanesulfonate

CAS 名：2-[3,5-bis(difluoromethyl)-1*H*-pyrazol-1-yl]-1-[4-[4-[5-[2-chloro-6-[(methylsulfonyl) oxy]phenyl]-4,5-dihydro-3-isoxazolyl]-2-thiazolyl]-1-piperidinyl]ethanone

【化学结构式】

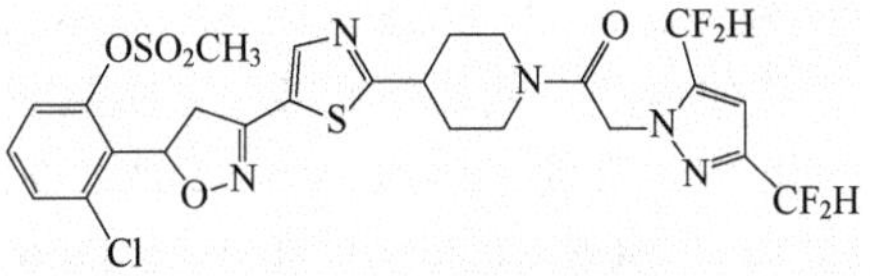

【分子式】$C_{25}H_{24}ClF_4N_5O_5S_2$

【分子量】650.06

【CAS 登录号】1360819-11-9

【理化性质】浅米色固体，熔点 146.4℃；蒸气压 3.0×10^{-5}Pa（20℃）、4.5×10^{-5}Pa（25℃）、2.9×10^{-4}Pa（50℃）；密度（20℃）$1.51g/cm^3$；$K_{ow}\lg P$ 3.4；水中溶解度（20℃）0.081mg/L，有机溶剂中溶解度（20℃）：正己烷 6.1×10^{-5}g/L，甲苯 1.1g/L，二氯甲烷 143g/L，丙酮 84g/L，甲醇 1.3g/L，乙酸乙酯 15g/L，二甲基亚砜＞270g/L。

【研制和开发公司】由 Bayer AG（德国拜耳公司）发现

【上市国家和年份】新西兰，2022 年

【合成路线】[1-5]

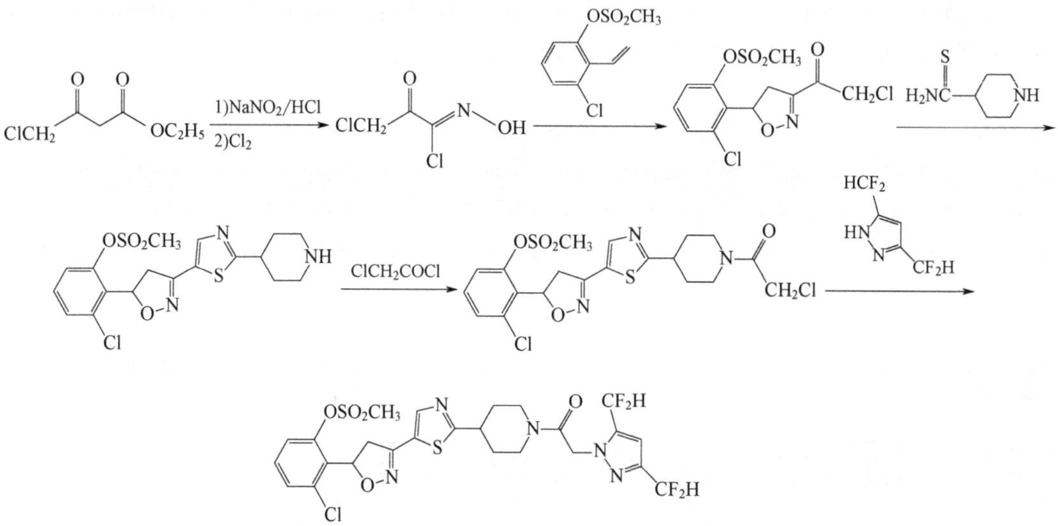

【哺乳动物毒性】鼠急性经口 LD_{50}＞2000mg/kg；兔眼睛有轻微刺激，对皮肤无刺激和无致敏；鼠 NOEL 262mg/(kg·d)；无致突变和致癌作用；ADI：3mg/(kg·d)。

【生态毒性】山齿鹑 NOEL 80mg/(kg·d)；鱼 LC_{50}＞1.0mg/L；摇蚊 EC_{50}＞1.0mg/L；藻类 E_rC_{50}＞0.72mg/L；浮萍 E_rC_{50}＞1.0mg/L；蜜蜂经口 LD_{50}＞218μg/只，蜜蜂接触 LD_{50}＞200μg/只；赤子爱胜蚓 LC_{50}＞500mg/kg（土）。

【作用机理】杀菌作用方式是通过抑制真菌氧固醇结合蛋白相关蛋白 1（ORP1），从而破坏固醇转运蛋白活性，扰乱真菌细胞生存至关重要的脂质生物膜之间的运动、膜维持，复杂的脂质形成以及细胞信号传导等生化过程。

【分析方法】高效液相色谱-紫外（HPLC-UV）

【制剂】悬浮剂（SC）

【应用】防治葡萄、瓜类、番茄和蔬菜等作物卵菌纲病原菌。

【代谢】动物：氟嗯菌磺酯被广泛代谢，大量代谢物通过苯基和哌啶环羟基化，哌啶和噻唑部分的水解、脱氟、氧化、羧化以及与葡萄糖醛酸、半胱氨酸和甲基亚磺酸的结合产生。排泄迅速且完全，在最初的 48h 内，粪便中排泄 80%～90%，尿液中排泄 2%～6%。以母体化合物表示总和（异构体的总和）、BCS-CC26101 和 BCS-DE61185；BCS-DE61185（BCS-CS55621-吡唑丙氨酸）是主要大鼠代谢物 BCS-CS55621 的丙氨酸缀合物。BCS-CC26101

（BCS-CS55621-吡唑乙酸）是尿液中发现的主要大鼠代谢物 BCS-CS55621 的衍生物。植物：主要代谢产物 BCS-CS55621-吡唑丙氨酸（BCS-DE61185）和 BCS-CS55621-吡唑乙酯（BCSCC26101）BCS-CS55621-苯基异噁唑酸。土壤/环境：在 6 种需氧实验室土壤（pH 5.6～7.5，有机碳含量 0.7%～4.7%）中研究了氟噁菌磺酯的降解途径和降解速率，其中 3 个放射性标记位置（苯基、吡唑、噻唑基）。氟噁菌磺酯具有中度持久性，DT_{50} 为 36～81d。对 6 个欧洲地点（北欧 3 个，南欧 3 个）进行了实地研究。降解倾向于遵循双相动力学，但可以用 2 个位点的 SFO 动力学来描述。与北部相比，南部地区的 DT_{50} 为 30～123d，降解速度更快，北部 DT_{50} 为 119～209d。K_f 61～229L/kg。氟噁菌磺酯在与环境相关的水温下水解稳定。在连续照射下，光解产生的 DT_{50} 39d。9～14 种降解产物以少量形成。未观察到降解产物＞10% AR。

【参考文献】

[1] Pazenok S，Lui N，Funke C，et al．Process for preparing 3,5-bis(haloalkyl)pyrazole derivatives from *α*，*α*-dihaloamines and ketimines．WO2015144578．

[2] Hoemberger G，Ford M J．A process for the preparation of thiazole derivatives．WO2015181097．

[3] Schotes C，Massel M D B，Riedrich M. Process for preparing 3-chloro-2-[3-[2-[1-（2-chloro acetyl）-4-piperidyl]thiazol-4-yl]-4，5-dihydroisoxazol-5-yl]phenyl methanesulfonate as an inter mediate for fluoxapiprolin．WO2021122752．

[4] Tsuchiya T，Wasnaire P，Hoffmann S，et al．Heteroarylpiperidine and-piperazine derivatives as fungicides and their preparation．WO2012025557．

[5] Hoemberger G，Ford M J，Huegel A，et al．A process for the preparation of dihydroisoxazole derivatives．WO2015181189．

4.8.1.2 氟噻唑吡乙酮 oxathiapiprolin

【商品名称】Zorvec，Orondis，Segovis，Orondis Opti（混剂，与百菌清混合），Orondis Ultra（混剂，与双炔酰菌胺混合），Orondis Gold（混剂，与甲霜灵混合）

【化学名称】(5*RS*)-5-(2,6-二氟苯基)-4,5-二氢-3-[2-(1-{[5-甲基-3-(三氟甲基)-1*H*-吡唑-1-基]乙酰基}哌啶-4-基)噻唑-4-基]异噁唑

IUPAC 名：(5*RS*)-5-(2,6-difluorophenyl)-4,5-dihydro-3-[2-(1-{[5-methyl-3-(trifluoromethyl)-1*H*-pyrazol-1-yl]acetyl}-4-piperidyl)thiazol-4-yl]isoxazole

CAS 名：(5*RS*)-5-(2,6-difluorophenyl)-4,5-dihydro-3-[2-(1-{[5-methyl-3-(trifluoromethyl)-1*H*-pyrazol-1-yl]acetyl}-4-piperidyl)thiazol-4-yl]isoxazole

【化学结构式】

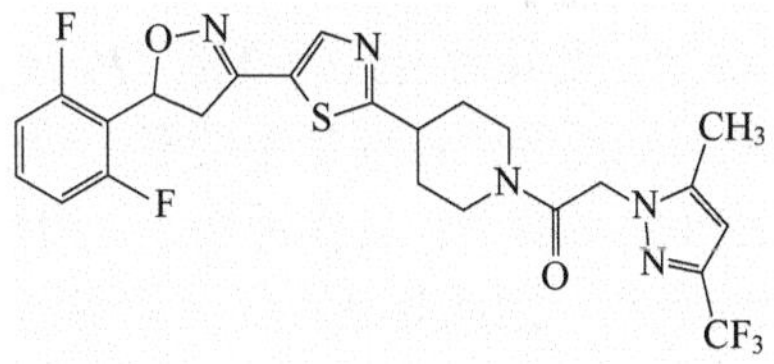

【分子式】$C_{24}H_{22}F_5N_5O_2S$

【分子量】539.53

【CAS 登录号】1003318-67-9

【理化性质】灰白色结晶固体，熔点为 146.4℃，沸点前分解，分解温度为 289.5℃；在 20℃时，水中溶解度 0.1749mg/L，有机溶剂中溶解度：正己烷 10mg/L，邻二甲苯 5.8g/L，二氯甲烷 352.9g/L，丙酮 162.8g/L。在 25℃时，蒸气压为 1.141×10^{-3}mPa。

【研制和开发公司】由美国 E. I. Du Pont De Nemours and Company（美国杜邦公司）开发

【上市国家和年份】美国，2015 年

【合成路线】[1,2]

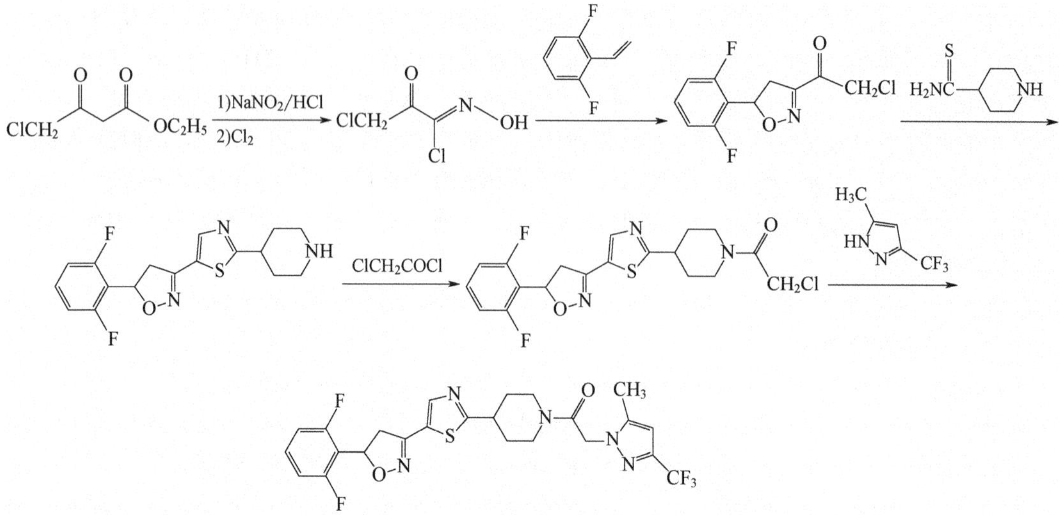

中间体合成：

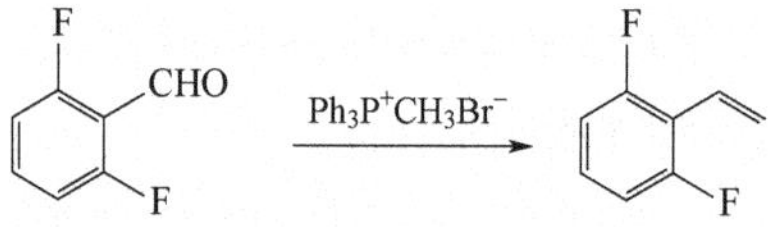

【哺乳动物毒性】大鼠急性经口、经皮 LD_{50}＞5000mg/kg；急性吸入 LC_{50} 5.0mg/L，ADI 1.04mg/kg，AOEL 0.31mg/kg；氟噻唑吡乙酮对皮肤、眼睛、呼吸系统无刺激性，也无致癌、致突变性，无神经毒性。

【生态毒性】山齿鹑急性 LD_{50}＞2250mg/kg，短期饲喂 LC_{50}＞1280mg/kg；虹鳟急性 LC_{50}＞0.69mg/L，慢性 NOEC（21d）＞0.46mg/L；大型蚤急性 EC_{50}（48h）＞0.67mg/L，慢性 NOEC（21d）≥0.75mg/L；藻类 EC50（72h）＞0.351mg/L（生长）。蜜蜂接触 LD_{50}（48h）＞100μg/只，经口 LD_{50}（48h）＞40.26μg/只。赤子爱胜蚓急性 LC_{50}＞1000mg/kg，慢性 NOEC（14d）≥1000mg/kg。

【作用机理】氟噻唑吡乙酮为氧化固醇结合蛋白（OSBP）抑制剂，作用位点新颖，对由卵菌纲病原菌引起的植物病害高效，尤其对由致病疫霉（*Phytophthora infestans*）引起的马铃薯晚疫病有特效。氟噻唑吡乙酮对病原菌生命周期中的多个阶段皆有效，包括游动孢子释放、休眠孢子萌发、孢囊梗发育、孢子形成囊等，且作用快速，用药后 1～3d 即可见效。施用后，氟噻唑吡乙酮被植物蜡质层快速吸收，因此其具有优异的耐雨水冲刷性能。其不仅具有治疗活性，还具有预防保护作用。叶面喷雾用于预防病害时，能够抑制游动孢子释放、休眠孢子萌发；当用于治疗病害时，接种后 1d 或 2d，病害就能够得到控制。氟噻唑吡乙酮还具有良好的移动性及内吸向顶传导作用，可在寄主植物体内长距离输导，不仅能从老叶向新叶转移，也能由根部向叶部移动。

【分析方法】高效液相色谱-紫外（HPLC-UV）

【制剂】可分散油悬浮剂（OD），悬浮剂（SC）

【应用】氟噻唑吡乙酮对马铃薯、葡萄、蔬菜和其他特色农作物上卵菌纲病害具有卓越防效，如黄瓜霜霉病、甜瓜霜霉病、葡萄霜霉病、白菜霜霉病、番茄晚疫病、马铃薯晚疫病、辣椒疫病等。在极低的用量下，即可表现出极好的保护和治疗活性，且持效作用好。其施用量仅为常用杀菌剂的 1/100～1/5，即使在恶劣气候条件下也可有效防治晚疫病。对于葡萄霜霉病、马铃薯晚疫病、番茄晚疫、辣椒疫病、黄瓜霜霉病等，氟噻唑吡乙酮均宜在发病前保护性用药，每隔 10d 左右施用 1 次，共计 29 次。有效成分用量 20～30g/hm^2 时，其能有效抑制葡萄霜霉病，对叶和果实都具有保护作用。有效成分用量 12～30g/hm^2 时，其对马铃薯晚疫病具有出色的预防和治疗活性，持效期长达 7～10d；其对瓜霜霉病和辣椒根腐病均能有效防治，防治效果好于一般市售产品。氟噻唑吡乙酮通常用作种子处理剂。处理过的种子出苗快，根系发达，植株更加健康，处理大豆种子，大豆疫霉病的发生明显降低。相对于常规种子处理杀菌剂，氟噻唑吡乙酮为大豆种子提供了更好的保护作用，从而使其免遭疫霉病的侵害。

【代谢】[3]氟噻唑吡乙酮在土壤中的消解 DT_{50} 值分别为 121.2d（典型）、121.2d（实验室，20℃）、71.3d（大田），DT_{90} 值分别为 503.1d（实验室，20℃）、344.5d（大田）。在 pH7 时，其在水中稳定，水中光解较慢，DT_{50} 值为 15.4d。氨噻唑吡乙酮在土壤中的主要代谢产物为 1-[2-[4-[4-[5-（2,6-二氟苯基）-4,5-二氢异噁唑-3-基]-2-噻唑基]哌啶-1-基]-2-乙酰氧基]-1-3-（三氟甲基）-1*H*-吡唑-5-甲酸（IN-RAB06）。

【参考文献】

[1] Gregory V，Pasteris R J. Heterocyclic compounds as fungicides and their preparation and fungicidal mixtures. WO2009055514.

[2] Hanagan M A，Oberholzer M R，Pasteris R J，et al. preparation of solid forms of an azocyclic amide fungicide and formulations with further fungicides for phytopathogenic fungal control. WO2010123791.

[3] Gonzalez-de-Castro A，Xiao J L. Green and efficient. iron-catalyzed selective oxidation of olefins to carbonyls with O_2. J Am Chem Soc，2015，137（25）：8206-8218.

4.9 二氢乳清酸脱氢酶抑制剂

4.9.1 喹啉芳基醚类

4.9.1.1 异氟苯诺喹 ipflufenoquin

【商品名称】Kinoprol

【化学名称】2-{2-[(7,8-二氟-2-甲基喹啉-3-基)氧基]-6-氟苯基}-2-丙醇

IUPAC 名：2-{2-[(7,8-difluoro-2-methyl-3-quinolyl)oxy]-6-fluorophenyl}propan-2-ol

CAS 名：2-[(7,8-difluoro-2-methyl-3-quinolinyl)oxy]-6-fluoro-*α*,*α*-dimethylbenzenemethanol

【化学结构式】

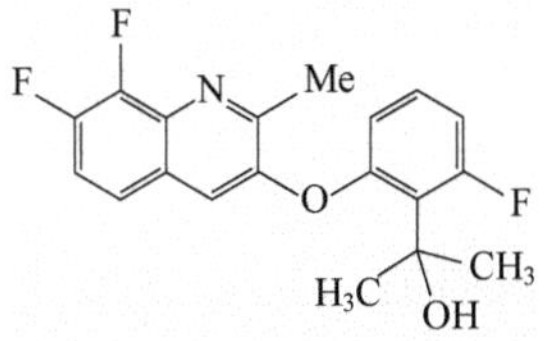

【分子式】$C_{19}H_{16}F_3NO_2$

【分子量】347.34

【CAS 登录号】1314008-27-9

【理化性质】纯品为白色无味粉末，密度（20℃）1.3904g/cm^3；熔点 114.4～115.5℃；蒸气压（20℃）7.26×10^{-6}Pa；$K_{ow}\lg P$（25℃）3.89；水中溶解度 10.8mg/L（pH4，20℃）、10.30mg/L（pH7，20℃）、9.55mg/L（pH9，20℃）。

【研制和开发公司】由日本 Nippon Soda Co.，Ltd.（日本曹达株式会社）发现

【上市国家和年份】日本，2022 年

【合成路线】[1]

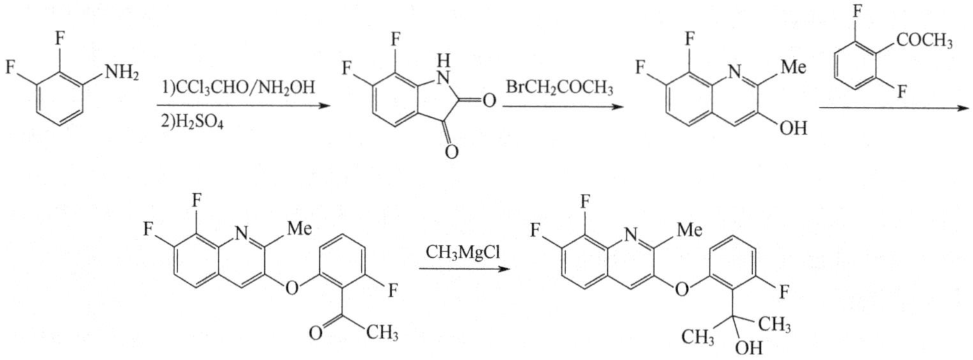

【哺乳动物毒性】雄、雄大鼠急性经口 LD_{50}＞2000mg/kg，雄、雌大鼠急性经皮 LD_{50}＞2000mg/kg；大鼠急性吸入 LC_{50}＞5.06mg/L；对兔眼睛弱刺激，皮肤无刺激，对小鼠皮肤无致敏；对哺乳动物没有基因毒性、致癌性，对发育、繁殖没有影响，没有神经毒性。

【作用机理】二氢乳清酸脱氢酶抑制剂

【分析方法】高效液相色谱-紫外（HPLC-UV）

【制剂】悬浮剂（SC）

【应用】异氟苯诺喹对黑星病、斑点落叶病、灰星病、炭疽病、菌核病，以及水稻叶枯病高效；也用于防治对现有药剂产生抗性的病害，如黑星菌属、葡萄孢属、核盘菌属等病原菌引起的病害。2020 年 5 月 11 日，日本曹达向美国 EPA 提交异氟苯诺喹的登记申请，拟登记用于梨果、核果等，防治梨果上的黑星病、白粉病、杏褐腐病、疮痂病、炭疽病、叶斑病等。

【参考文献】

[1] Shibayama K，Inagaki J，Saiki Y，et al．Preparation of nitrogen-containing heterocyclic compounds as agricultural/horticultural germicides．WO2011081174．

4.10 泛醌氧化还原酶抑制剂

4.10.1 嘧啶氨类

4.10.1.1 氟嘧菌胺 diflumetorim

【商品名称】Pyricut

【化学名称】(*RS*)-5-氯-*N*-[1-[4-(二氟甲氧基)苯基]丙基]-6-甲基-4-嘧啶胺

IUPAC 名：(*RS*)-5-chloro-*N*-[1-[4-(difluoromethoxy)phenyl]propyl]-6-methyl-4-pyrimidinamine

CAS 名：5-chloro-*N*-{1-[4-(difluoromethoxy)phenyl]propyl}-6-methylpyrimidin-4-amine

【化学结构式】

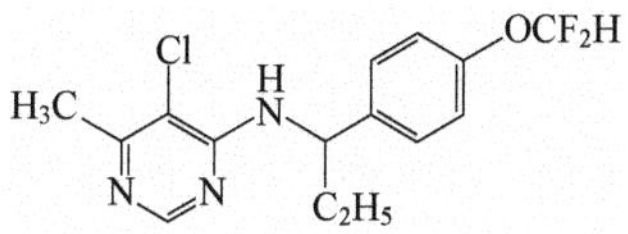

【分子式】$C_{15}H_{16}ClF_2N_3O$

【分子量】327.76

【CAS 登录号】130339-07-0

【理化性质】黄灰色晶体，密度（25℃）1.370g/cm^3；熔点 46.9～48.7℃；蒸气压（25℃）3.21×10^{-1}mPa；K_{ow}lg*P*（pH6.86）4.17；水中溶解度（25℃）33mg/L，易溶于多数有机溶剂，pH（4～9）不水解，pK_a 4.5。

【研制和开发公司】日本 Ube Industries Ltd（宇部兴产株式会社）发现，并与 Nissan Chemical Industries Ltd（日产化学工业有限公司）合作开发

【上市国家和年份】日本，1997 年

【合成路线】[1,2]

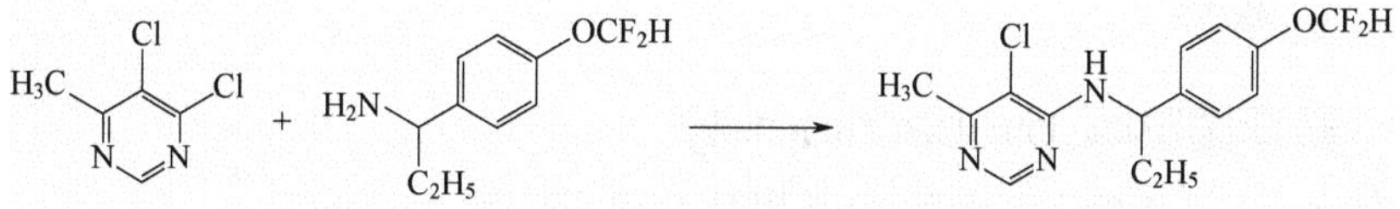

中间体合成[3,4]：

中间体 1：

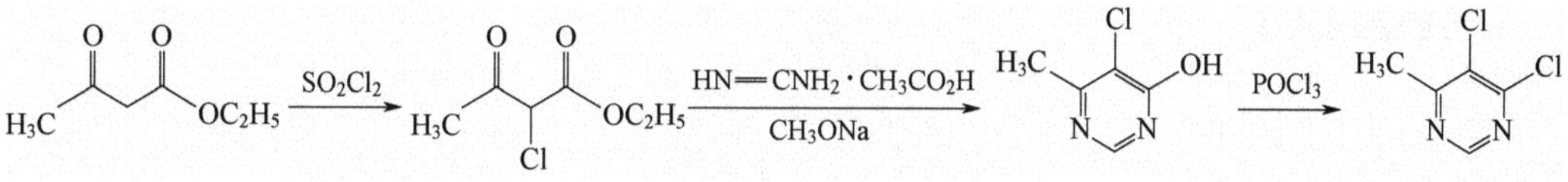

中间体 2：

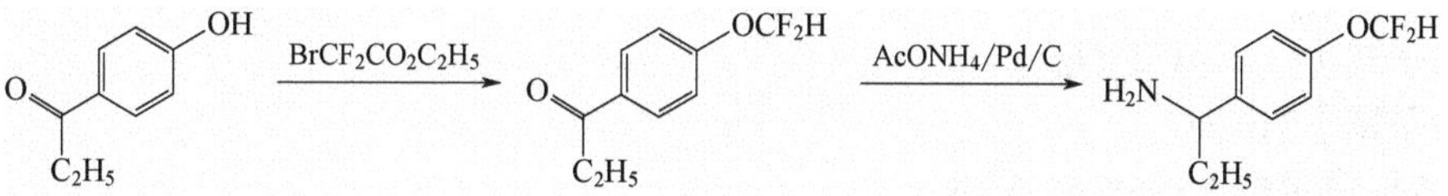

【哺乳动物毒性】急性经口 LD_{50}：雄大鼠 448mg/kg，雌大鼠 534mg/kg，雄小鼠 468mg/kg，雌小鼠 387mg/kg。雌雄大鼠急性经皮 LD_{50}＞2000mg/kg；轻微刺激兔皮肤和眼睛，对豚鼠皮肤有轻微致敏性。雌雄大鼠吸入 LC_{50} 0.61mg/L。Ames、染色体畸变和小鼠微核试验中呈阴性。

【生态毒性】日本鹌鹑急性经口 LD_{50} 881mg/kg。绿头野鸭 LD_{50} 1979mg/kg。LC_{50}（48h）：虹鳟 0.025mg/L，鲤鱼 0.098mg/L。水蚤 LC_{50}（3h）0.96mg/L。蜜蜂 LD_{50}（经口）＞10μg/只，蜜蜂 LD_{50}（接触）29μg/只。

【作用机理】可能抑制呼吸作用中的复合体 1（NADH 氧化-还原酶）

【分析方法】气相色谱-质谱（GC-MS）

【制剂】乳油（EC）

【应用】作用方式：保护性杀菌剂，具有穿透作用。用途：在观赏植物上防治白粉病和锈病。

【代谢】土壤/环境：土壤消解 DT_{50}（田间，日本）60～100d。有氧代谢 DT_{50} 4.5 个月；主要代谢物（任何时候都极少超过 10%）是在嘧啶-2-位羟基化的氟嘧菌胺。光解 K_{oc} 572～1710mL/g。DT_{50}（河水）168h。

【参考文献】

[1] Fujii K，Tanaka T，Fukuda Y. Aralkylamine derivatives，preparation thereof and bactericides containing the same. EP0370704.

[2] Tanaka K，Katsuki R，Shibuya T. Agricultural fungicidal composition，and method for treating agricultural crop by using the same. JP2009161472.

[3] Yoshioka H，Obata T，Fujii K，et al. Preparation of aralkylaminopyrimidine derivatives as insecticides，acaricides and fungicides. EP264217.

[4] Ozawa K，Nakajima Y，T sugeno M，et al. Pyrazoline derivatives. EP58424.

4.11 微管蛋白调节剂

4.11.1 哒嗪类

4.11.1.1 氟苯菌哒嗪 pyridachlometyl

【化学名称】3-氯-4-(2,6-二氟苯基)-6-甲基-5-苯基哒嗪

IUPAC 名：3-chloro-4-(2,6-difluorophenyl)-6-methyl-5-phenylpyridazine

CAS 名：3-chloro-4-(2,6-difluorophenyl)-6-methyl-5-phenylpyridazine

【化学结构式】

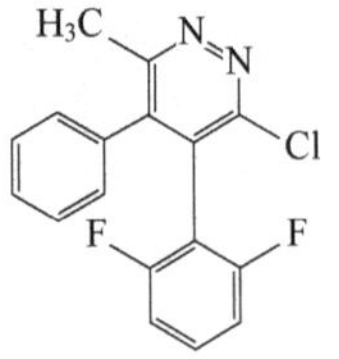

【分子式】$C_{17}H_{11}ClF_2N_2$

【分子量】316.74

【CAS 登录号】1358061-55-8

【研制和开发公司】日本 Sumitomo Chemical Co.，Ltd.（日本住友化学株式会社）开发

【上市国家和年份】2018 年首先报道

【合成路线】[1-4]

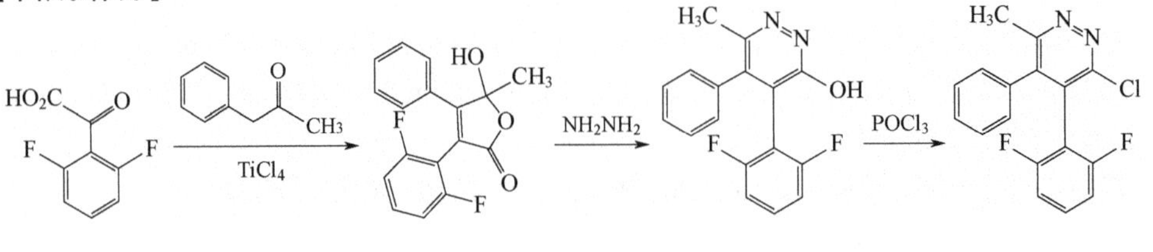

中间体合成：

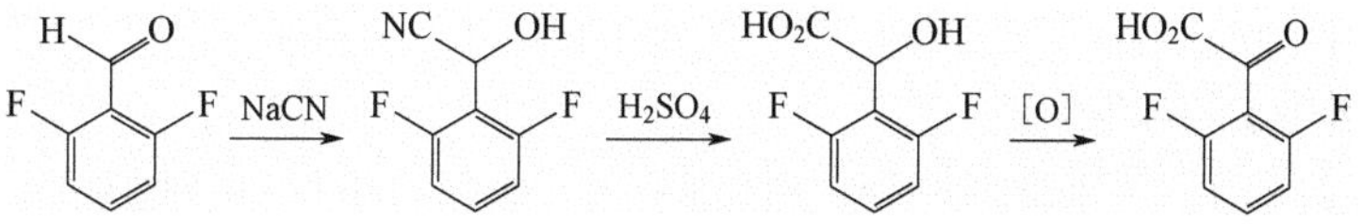

【作用机理】[5]氟苯菌哒嗪是一种新型杀菌剂，它可能属于一类新型的微管蛋白聚合促进剂，对子囊菌门和担子菌门多种真菌具有较强的抗菌活性。实验中没有发现氟苯菌哒嗪与其他类别杀菌剂（如麦角甾醇生物合成抑制剂类、呼吸系统抑制剂类或者微管蛋白聚合抑制剂）存在交互抗性。经紫外突变处理后，观察到某些突变体对氟苯菌哒嗪产生抗性。在所有的实验室突变体中都发现微管蛋白编码基因发生突变，但突变模式与微管蛋白聚合抑制剂（如苯并咪唑类杀菌剂）不同。

【参考文献】

[1] Nakae Y，Wakamatsu T，Miyamoto T．Process for the preparation of pyridazine compounds．WO2014188863．

[2] Matsuzaki Y．Plant disease control composition containing pyridazine compound and anilide fungicide，control method，and plant seed treated with them．WO2013105541．

[3] Matsunaga T，Kataoka Y，Kawamura M，et al．Method for producing benzoylformic acid compound and pyridazine compound．WO2019083001．

[4] Toriumi T．Production method of benzenoid compounds．JP2015214503．

[5] Matsuzaki Y，Watanabe S，Harada T，et al．Pyridachlometyl has a novel *anti*-tubulin mode of action which could be useful in *anti*-resistance management．Pest Manag Sci，2020，76（4）：1393-1401．

4.12 氧化磷酸化解偶联剂

4.12.1 硝基苯胺类

4.12.1.1 氟啶胺 fluazinam

【商品名称】Frowncide，Omega，Shirlan，Tizca，Allegro，Certeza（混剂，与甲基硫菌灵混合）

【化学名称】3-氯-*N*-(3-氯-5-三氟甲基吡啶-2-基)-*α*,*α*,*α*-三氟-2,6-二硝基对苯胺

IUPAC 名：3-chloro-*N*-(3-chloro-5-trifluoromethyl-2-pyridyl)-*α*,*α*,*α*-trifluoro-2,6-dinitro-*p*-toluidine

CAS 名：3-chloro-*N*-[3-chloro-2,6-dinitro-4-(trifluoromethyl)phenyl]-5-(trifluoromethyl)-2-pyridinamine

【化学结构式】

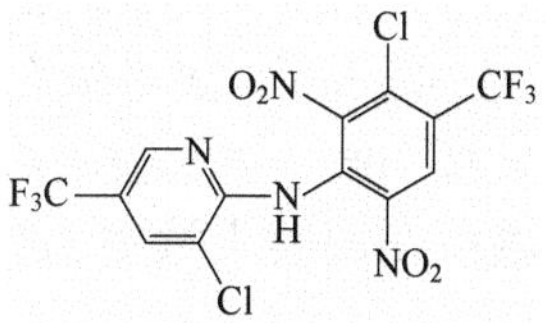

【分子式】$C_{13}H_4Cl_2F_6N_4O_4$

【分子量】465.09

【CAS 登录号】79622-59-6

【理化性质】纯品为黄色结晶固体，熔点 117℃；密度（20℃）1.81g/cm^3；蒸气压（20℃，气体饱和度法）7.5Pa；K_{ow}lg$P$ 4.03；有机溶剂溶解度（20℃）：甲醇 192g/L，甲苯 451g/L，丙酮 853g/L，二氯甲烷 675g/L，乙酸乙酯 722g/L，正己烷 8g/L；在酸碱环境下稳定，对热稳定，水解 DT_{50} 42d（pH7）、6d（pH9），光解 DT_{50} 2.5d（pH5），pK_a 7.34（20℃）。

【研制和开发公司】由日本 Ishihara Sangyo Kaisha，Ltd.（日本石原产业株式会社）开发

【上市国家和年份】日本，1990 年

【合成路线】[1,2]

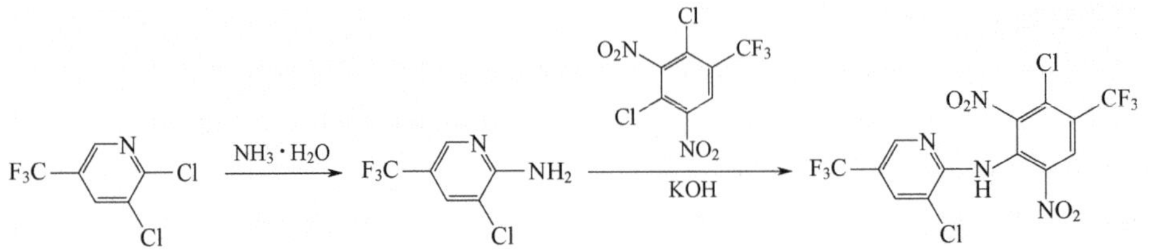

中间体合成[3]：

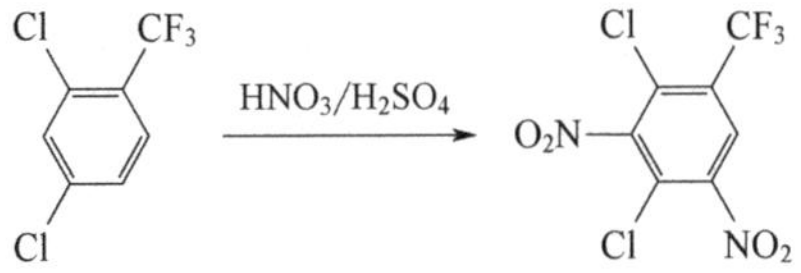

【哺乳动物毒性】雄性大鼠急性经口 LD_{50}＞4500mg/kg，雌性大鼠急性经口 LD_{50}＞4100mg/kg，大鼠急性经皮 LD_{50}＞2000mg/kg；大鼠急性吸入 LC_{50}＞1.1mg/L；对兔眼睛有轻微刺激，对皮肤轻微刺激，原药对豚鼠皮肤有刺激、纯品无刺激；狗 NOEL1.10mg/(kg・d)，雄大鼠 NOEL1.9mg/(kg・d)，对雄小鼠致癌剂量 1.10mg/(kg・d)；ADI/RfD（EC）0.01mg/kg[2008]。

【生态毒性】山齿鹑急性经口 LD_{50} 1782mg/kg，野鸭急性经口 LD_{50}≥4190mg/kg，山齿鹑饲喂 LC_{50}（5d）＞1244mg/kg，野鸭饲喂 LC_{50}（5d）＞1230mg/kg；虹鳟 LC_{50}（96h）0.036mg/L；水蚤 LC_{50}（48h）0.22mg/L；羊角月牙藻 EC_{50}（96h）＞0.16mg/L；牡蛎 EC_{50} 0.0047mg/L；咸水糠虾 EC_{50} 0.044mg/L；蚯蚓 LC_{50}（28d）＞1000mg/kg（土）；蜜蜂急性经口 LD_{50}（48h）＞100μg/只，接触＞200μg/只。

【作用机理】线粒体氧化磷酰解偶联剂，抑制孢子萌发、菌丝生长和孢子形成。

【分析方法】高效液相色谱-紫外（HPLC-UV），气相色谱-电子捕获检测（GC-ECD）

【制剂】悬浮剂（SC），粉剂（DP），可湿粉剂（WP）

【应用】作用方式：具有保护活性，有些治疗活性和内吸性，有良好的抗雨水冲刷能力，持效期长。用途：防治葡萄灰霉病和霜霉病、苹果黑星病、花生疫病和白粉病、马铃薯块茎疫病，剂量 150～750g/hm^2。土壤处理，防治十字花科腐烂病。还可防治果树的白纹羽病、根腐病等，马铃薯炭疽病，剂量 2～2.5kg/hm^2。还可防治苹果害螨。

【代谢】动物：大鼠中氟啶胺只有 30%～40%被吸收，大部分（＞89%）随粪便排出，主要是无变化的母体化合物。土壤：在田间土壤中 DT_{50} 15d（13℃，pH6.1，1.3%有机物质）。

【参考文献】

[1] Shlomi C，Sharona Z．Process for preparing pyridinamines and novel polymorphs thereof．WO2007060662．

[2] Yokomichi I，Haga T，Nagatani K，et al．Preparation of 2-amino-3-chloro-5-trifluoromethyl pyridine．US4349681．

[3] Pastorio A，Mora C．Method for the preparation of fluazinam．WO2011092618．

4.13 多作用位点类

4.13.1 磺酰胺类

4.13.1.1 甲苯氟磺胺 tolylfluanide

【商品名称】Elvaron M，Euparen M，Euparen Multi

【化学名称】*N*-二氯氟甲硫基-*N'*,*N'*-二甲基-*N*-对甲苯磺酰胺

IUPAC 名：*N*-dichlorofluoromethylthio-*N,N*-dimethyl-*N*-*p*-tolylsulphamide

CAS 名：1,1-dichloro-*N*-[(dimethylamino)sulfonyl]-1-fluoro-*N*-(4-methylphenyl)methanesulfenamide

【化学结构式】

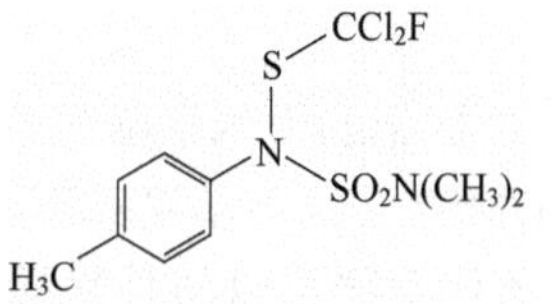

【分子式】$C_{10}H_{13}Cl_2FN_2O_2S_2$

【分子量】347.24

【CAS 登录号】731-27-1

【理化性质】带有小块白色晶状粉末，带有微弱特殊气味，熔点 93℃，200℃以上分解；密度（25℃）1.52g/cm^3；K_{ow}lg$P$（20℃）3.9；蒸气压（25℃）0.2mPa；水中溶解度（20℃）0.9mg/L；有机溶剂溶解度（20℃）：正己烷 54g/L，二甲苯 190g/L，异丙醇 22g/L，正辛醇 16g/L，聚乙二醇 56g/L，丙酮 410g/L，二氯甲烷、丙酮、乙腈、二甲基亚砜、乙酸乙酯＞500g/L。

【研制和开发公司】由 Bayer AG（德国拜耳公司）开发

【上市国家和年份】国家不详，1971 年

【合成路线】[1]

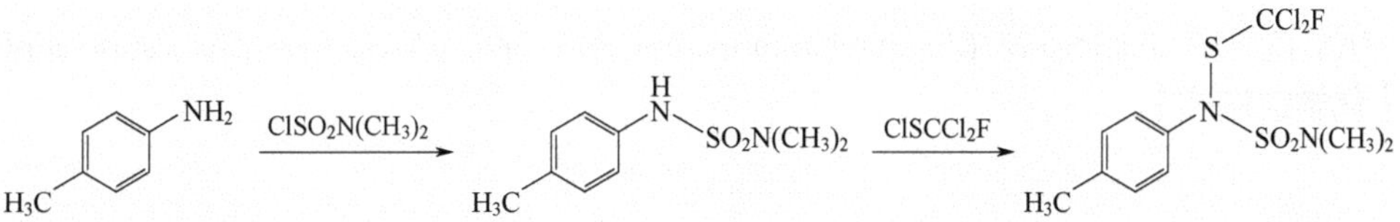

【哺乳动物毒性】大鼠经口 LD_{50}＞5000mg/kg，大鼠经皮 LD_{50}＞5000mg/kg；对兔眼睛和

皮肤有刺激性，对豚鼠皮肤有致敏物；大鼠吸入 LC_{50}（4h）>0.16～1mg/L，取决于粒径大小；NOEL：大鼠（二代试验）12mg/(kg·d)（欧盟，2004），大鼠（二代试验）7.9mg/(kg·d)（美国，1995），大鼠（2 年）3.6mg/(kg·d)（JMPR）；无诱变性，无致畸性，非一级致癌性，对繁殖无不良影响。

【生态毒性】山齿鹑经口 LD_{50}>2250mg/kg，山齿鹑饲喂 LC_{50}（5d）>5000mg/kg；虹鳟 LC_{50}（96h，静态）0.045mg/L，蓝鳃翻车鱼 LC_{50}（96h）>0.28mg/L，鲤鱼 LC_{50}（96h）0.41mg/L；水蚤 LC_{50}（48h，静态）0.69mg/L，LC_{50}（48h，流动）0.19mg/L；近具刺带藻 E_rC_{50}（72h）0.1mg/L；蜜蜂（经口）LD_{50}>197μg/只，蜜蜂（接触）LD_{50}>196μg/只；赤子爱胜蚓 LC_{50}>1000mg/kg（干土）。

【作用机理】多作用点模式，非特异性硫醇反应物。

【分析方法】高效液相色谱-紫外（HPLC-UV）

【制剂】水分散剂（WG）

【应用】作用方式：具有保护作用、外加杀螨效果的叶面杀菌剂。在植物表面上，主要生物作用方式是对孢子萌发的抑制，从而阻止发生感染。对防止菌丝生长的副作用小。用途：用于落叶果树，定期防治黑星病时，通常不需要再额外防治苹果上的白粉病或红蜘蛛。对防治储藏期间病害有很好的活性。建议用于病虫害综合防治。在葡萄上使用时，与对葡萄白粉病、葡萄霜霉病和灰葡萄孢有特异性的杀菌剂轮用。在苹果、葡萄和浆果上的使用剂量最高为 $2.5kg/hm^2$。在蔬菜上使用，防治番茄灰霉病、霜霉病和白粉病，使用剂量为 0.6～$1.5kg/hm^2$。用于观赏植物，防治白粉病、锈病和叶斑病。与液态杀虫剂（EC 和 OD 剂型）和碱性物质（如波尔多液、石硫合剂）不兼容。

【代谢】动物：在动物体内，^{14}C 标记的甲苯氟磺胺迅速被吸收和排泄，在器官和组织中无累积。甲苯氟磺胺迅速水解成 DMST（二甲基氨基磺酰甲苯胺），然后转化成主要代谢物 4-(二甲基氨基磺酰氨基)苯甲酸，该代谢物可以与甘氨酸偶联成 4-(二甲氨基磺酰氨基)马尿酸。植物：在植物中，甲苯氟磺胺迅速水解为 DMST，DMST 进一步发生羟基化和共轭反应。土壤/环境：在土壤中，甲苯氟磺胺迅速水解为 DMST，DT_{50} 为 2～11d。DMST 被进一步降解成甲基氨基磺酰甲苯胺、4-(二甲氨基磺酰氨基)苯甲酸、4-(甲基氨基磺酰氨基)苯甲酸和 *N*,*N*-二甲基磺酰胺，最终为二氧化碳。由于水解迅速，浸出的甲苯氟磺胺不太可能进入更深的土层。

【参考文献】

[1] 王银，亢兴龙，何燕，等. 一种高纯度抑菌灵及其衍生物的合成方法. CN110981776.

4.13.1.2 抑菌灵 dichlofluanid

【商品名称】Elvaron，Euparen，Euparene

【化学名称】*N*-二氯氟甲硫基-*N'*,*N'*-二甲基-*N*-苯磺酰胺

IUPAC 名：*N*-dichlorofluoromethylthio-*N'*,*N'*-dimethyl-*N*-phenylsulfamide

CAS 名：1,1-dichloro-*N*-((dimethylamino)sulfonyl)-1-fluoro-*N*-phenylmethanesulfenamide

【化学结构式】

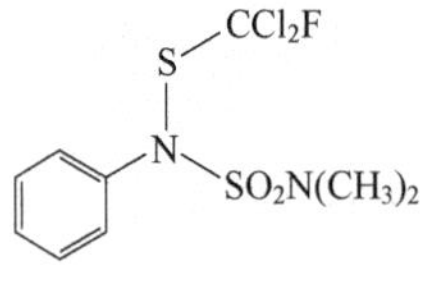

【分子式】$C_9H_{11}Cl_2FN_2O_2S_2$

【分子量】333.22

【CAS 登录号】1085-98-9

【理化性质】白色晶状粉末，带有微弱特殊气味，熔点 106℃；密度（25℃）1.55g/cm^3；K_{ow}lg$P$（20℃）3.7；蒸气压（25℃）3.79×10^{-2}mPa；水中溶解度（20℃）1.3mg/L；有机溶剂中溶解度（20℃）：正己烷 2.6g/L，甲苯 145g/L，异丙醇 10.8g/L，二氯甲烷 200g/L；在碱性介质中分解，DT_{50}（22℃）＞15d（pH4），＞18h（pH7），＜10min（pH9），在多硫化物中分解，对光敏感。

【研制和开发公司】由 Bayer AG（德国拜耳公司）开发

【上市国家和年份】国家不详，1965 年

【合成路线】[1]

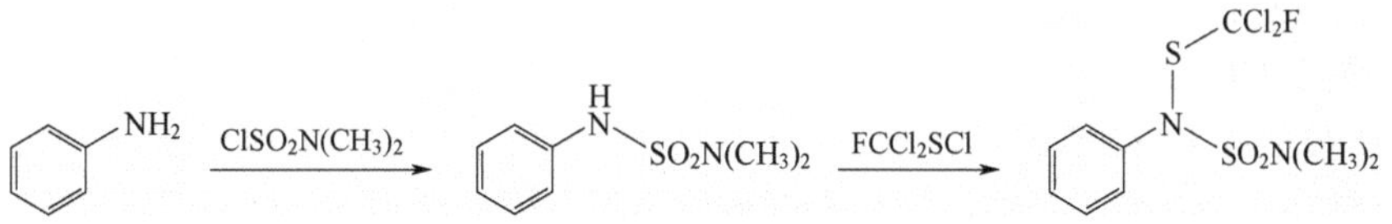

【哺乳动物毒性】大鼠经口 LD_{50}＞5000mg/kg，大鼠经皮 LD_{50} 5000mg/kg；对兔眼睛和皮肤有刺激性；大鼠吸入 LC_{50}（4h）＞1.2mg/L；毒性等级：U。

【生态毒性】山齿鹑经口 LD_{50}＞2226mg/kg；虹鳟 LC_{50}（96h）0.01mg/L；大型蚤 EC_{50}（48h）0.42mg/L；栅藻 E_rC_{50}（72h）1mg/L；蜜蜂（接触）LD_{50}＞16μg/只；赤子爱胜蚓 LC_{50}＞890mg/kg（干土）。

【作用机理】多作用点模式，非特异性硫醇反应物。

【分析方法】气相色谱（GC）

【制剂】粉剂（DP），可湿粉剂（SP）

【应用】作用方式：具有保护作用的接触型叶面杀菌剂。应用：防治草果和梨的黑星病、褐腐病和储存病害；防治葡萄、梨果、核果、浆果、草莓、啤酒花、葫芦科、蔬菜、观赏植物和针叶树苗床的葡萄孢属、链格孢属、桑污叶病菌、霜霉和其他真菌引起的病害。对果树、葡萄和其他作物上的蜘蛛和锈螨具有抑制作用，但对有益螨虫只有轻微影响。推荐在病虫害综合防治计划中使用。某些核果和观赏植物可能会受到轻微伤害。与液体杀虫剂、碱性化合物不相容。不应与润湿剂或黏合剂混合。

【代谢】动物：经口摄入，在大鼠体内抑菌灵被快速吸收并主要通过尿液排出体外，在器官和组织内无积累。抑菌灵被代谢为二甲基磺酰苯胺，进一步被羟基化和/或去甲基化。植物在植物体内，抑菌灵被代谢为二甲基磺酰苯胺，进一步被去甲基化和/或羟基化与共轭。土壤：由于其在土壤中的不稳定性，抑菌灵不渗滤到更深的土层。主要代谢物（二甲基磺酰苯胺）进一步降解，并且根据母土和老年土的渗滤研究，此代谢物也不可能进入到更深的土层。另一个主要代谢物是 *N,N*-二甲基磺酰胺，是在土壤和水中形成的。

【参考文献】

[1] 王银，亢兴龙，何燕，等. 一种高纯度抑菌灵及其衍生物的合成方法. CN110981776.

4.13.2 马来酰亚胺类

4.13.2.1 氟氯菌核利 fluoroimide

【商品名称】Stride

【化学名称】2,3-二氯-*N*-4-氟苯基丁烯二酰亚胺

IUPAC 名：2,3-dichloro-*N*-4-fluorophenylmaleimide

CAS 名：2,3-dichloro-1-(4-fluorophenyl)-1*H*-pyrrole-2,5-dione

【化学结构式】

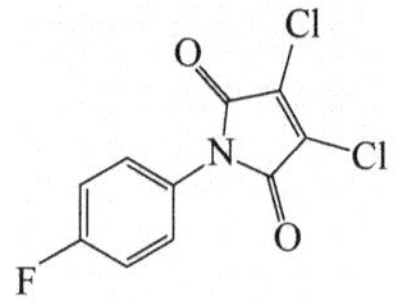

【分子式】$C_{10}H_4Cl_2FNO_2$

【分子量】260.05

【CAS 登录号】41205-21-4

【理化性质】原药含>95%，纯品为淡黄色结晶；熔点 240.5～241.8℃；蒸气压 3.4mPa（25℃）、8.1mPa（40℃）；$K_{ow}\lg P$（25℃）3.04；密度（20℃）1.691g/cm^3；水中溶解性：（pH5.4，20℃）0.611mg/L；有机溶剂中溶解度（20℃）：丙酮 17.7g/L、正己烷 0.073g/L；120℃不分解，水解 DT_{50} 52.9h（pH3），7.5min（pH7），1.4min（pH8）。

【研制和开发公司】由 Mitsubishi Chemical Industries（日本三菱化学株式会社）开发

【上市国家和年份】日本，1978 年

【合成路线】[1-3]

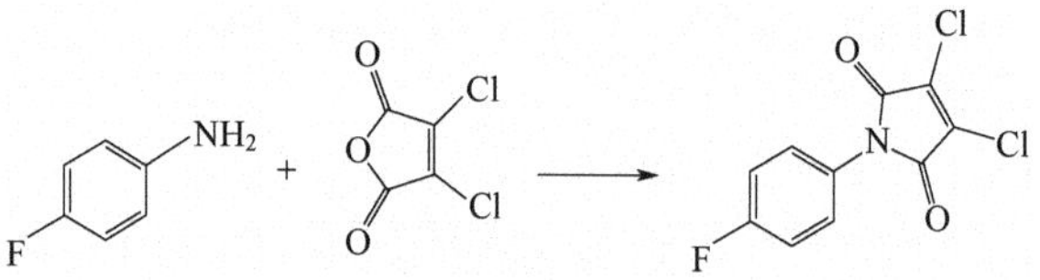

【哺乳动物毒性】大鼠和小鼠急性经口 LD_{50}>15000mg/kg，小鼠急性经皮 LD_{50}>5000mg/kg；雄大鼠吸入 LC_{50}（4h）0.57mg/L，雌大鼠 0.72mg/L；两年喂养试验 NOEL：雄大鼠 9.28mg/(kg · d)，雌大鼠 45.9mg/(kg · d)；毒性等级：U。

【生态毒性】山齿鹑饲喂 LC_{50}>2000mg/kg；鲤鱼 LC_{50}(48h)5.6mg/L、LC_{50}(96h)2.29mg/L；水蚤 LC_{50}（3h）13.5mg/L；EC_{50}（48h）5.48mg/L；羊角月牙藻 EC_{50}（72h）>100mg/L；蜜蜂 LD_{50}（48h）经口>35.5μg/只，接触>66.8μg/只；对家蚕安全期>7d（180g/1000m^2）。

【作用机理】二甲酰亚胺类触杀性杀菌剂，主要干扰细胞核功能，并对细胞膜和细胞壁有影响，改变膜的渗透性，使细胞破裂。

【分析方法】气液相色谱（GLC）

【制剂】水分散剂（WG），可湿粉剂（WP）

【应用】作用方式：叶面使用杀菌剂，具有保护作用，抑制孢子的萌发。用途：防治苹果花腐病和黑星病、柑橘黑星病和疮痂病、橡胶赤衣病（伏革菌属 *Corticiun sp*）、洋葱灰霉病和霜霉病、茶树炭疽病和茶饼病、马铃薯晚疫病，使用剂量 2～5kg/hm^2，防治柿子的柿尾孢

和柿叶球腔菌引起的病害，用量 0.5～2kg/hm^2，对于某些品种的梨树可能有药害。相容性：与碱性物质不相容。

【参考文献】

[1] Kawada S，Ito H，Matsui Kazuo，et al．Fungicidal *N*-(4-fluorophenyl)-2,3-dichloromaleimide．US3734927．

[2] Matsui K，Shigematsu T，Shibahara T，et al．*N*，*N*-(4-fluorophenyl)-2,3-dichloromaleic acid imide．DE2521159．

[3] 范永仙，陈小龙，李福革，等．一种 3,4-二氯顺丁烯二酰亚胺化合物及其制备与应用．CN103113280．

4.14 其他

4.14.1.1 氟菌噁唑 flufenoxadiazam

【化学名称】*N*-2-氟-4-[5-(三氟甲基)-1,2,4-噁二唑-3-基]苯甲酰苯胺

IUPAC 名：*N*-2-fluoro-4-[5-(trifluoromethyl)-1,2,4-oxadiazol-3-yl]benzanilide

CAS 名：*N*-(2-fluorophenyl)-4-[5-(trifluoromethyl)-1,2,4-oxadiazol-3-yl]benzamide

【化学结构式】

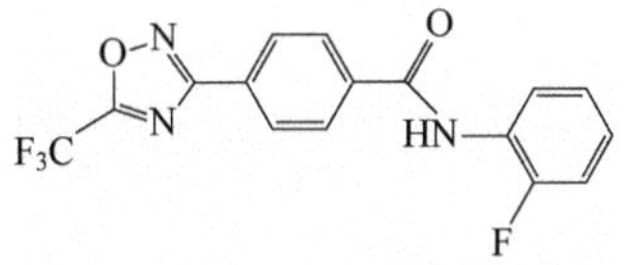

【分子式】$C_{16}H_9F_4N_3O_2$

【分子量】351.26

【CAS 登录号】1839120-27-2

【研制和开发公司】由德国 BASF（德国巴斯夫公司）发现

【上市国家和年份】开发中

【合成路线】[1-3]

路线 1：

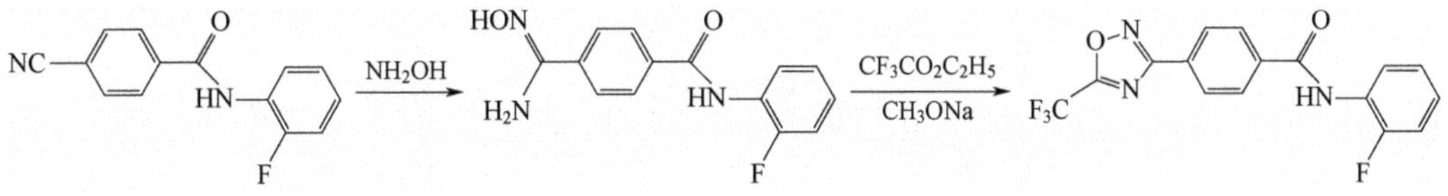

路线 2：

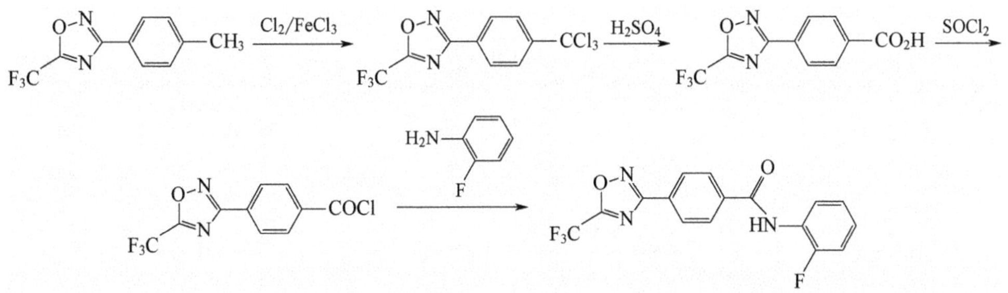

【应用】防治大豆锈病。

【参考文献】

[1] Wieja A，Winter C，Rosenbaum C，et al．Preparation of substituted oxadiazoles for combating phytopathogenic fungi．WO 2015185485.

[2] Vogt F，Borate K，Wolf B，et al．Preparation of substituted 3-aryl-5-trifluoromethyl-1,2,4-oxadiazoles．WO2021156174.

[3] Grammenos W，Rack M，Terteryan-Seiser V，et al．Process for preparing substituted 3-aryl-5-trifluoromethyl-1,2,4-oxadiazoles．WO2019020501.

4.14.1.2 氟磺菌酮 flumetylsulforim

【化学名称】5-氟-4-亚氨基-3-甲基-1-[(4-甲基苯基)磺酰基]-3,4-二氢嘧啶-2(1*H*)-酮

IUPAC 名：5-fluoro-4-imino-3-methyl-1-[(4-methylphenyl)sulfonyl]-3,4-dihydropyrimidin-2(1*H*)-one

CAS 名：5-fluoro-3,4-dihydro-4-imino-3-methyl-1-[(4-methylphenyl)sulfonyl]-2(1*H*)-pyrimidinone

【化学结构式】

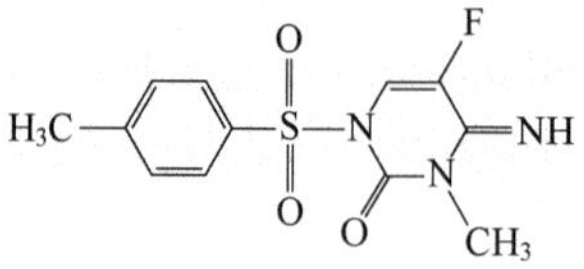

【分子式】$C_{12}H_{12}FN_3O_3S$

【分子量】297.30

【CAS 登录号】1616664-98-2

【研制和开发公司】由 Dow AgroSciences（美国陶氏益农公司）发现

【上市国家和年份】2014 年陶氏益农专利报道

【合成路线】[1-5]

路线 1：

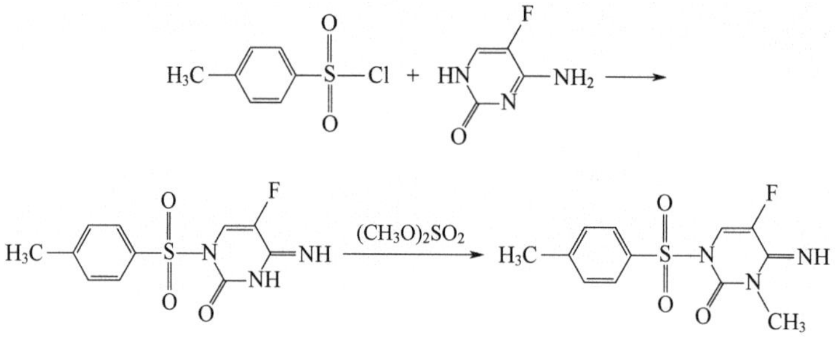

路线 2：

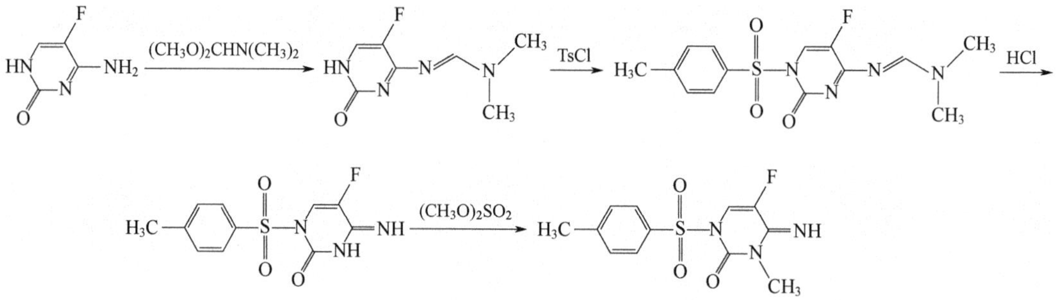

【参考文献】

[1] Lorsbach B，Ross R，Owen W J，et al．3-Alkyl-5-fluoro-4-substituted-imino-3,4-dihydropyrimi din-2(1*H*)-one derivatives as fungicides．WO2014105845．

[2] Suez G，Alasibi S，Mines Y．Process for preparing 5-(fluoro-4-imino-3-methyl)-1-tosyl-3,4 dihydropyrimidine-(1*H*)-one and derivatives．WO2021059160．

[3] Boebel T，Bryan K，Lorsbach B，et al．Preparation of 1-sulfonyl-5-fluoropyrimidinones as fungicides．WO2011017547．

[4] Coqueron P Y，Cristau P，Desbordes P，et al．Preparation of(thio)carboxamide derivatives and mixtures with fungicidal compounds for control of phytopathogenic fungi of plants．WO2017072166．

[5] Alasibi S，Suez G．Process for preparing 5-fluoro-4-imino-3-methyl-1-(toluene-4-sulfonyl)-3,4-dihydro-1*H*-pyrimidin-2-one．WO2021181274．

4.14.1.3 氟菌喹啉 quinofumelin

【化学名称】3-(4,4-二氟-3,4-氢-3,3-二甲基异喹啉-1-基)喹啉

IUPAC 名：3-(4,4-difluoro-3,4-dihydro-3,3-dimethyl-1-isoquinolyl)quinoline

CAS 名：3-(4,4-difluoro-3,4-dihydro-3,3-dimethyl-1-isoquinolinyl)quinolone

【化学结构式】

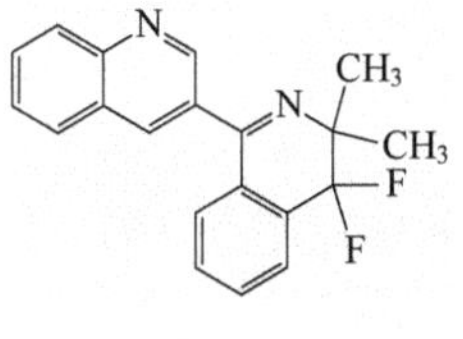

【分子式】$C_{20}H_{16}F_2N_2$

【分子量】322.36

【CAS 登录号】861647-84-9

【研制和开发公司】日本 Mitsui Chemicals Agro，Inc.（日本三井化学株式会社）发现

【上市国家和年份】2016 年首次报道，正在开发中

【合成路线】[1-3]

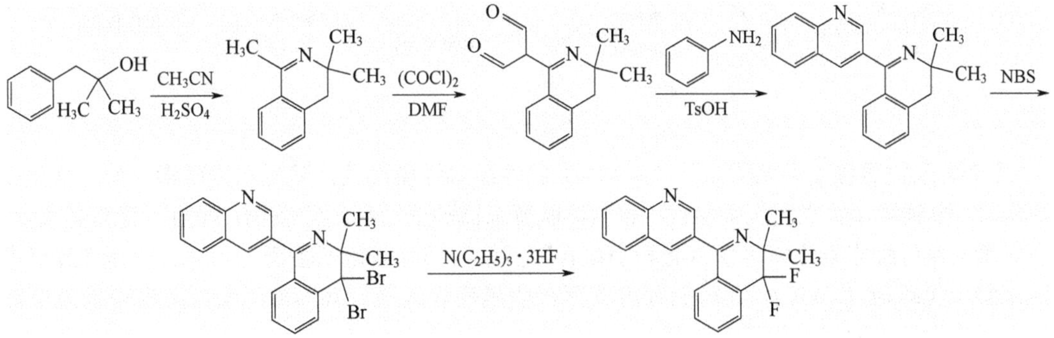

【应用】[4,5]它能有效控制疮痂病、黑霉病、稻瘟病、炭疽病和小麦赤霉病等，可应用于多种作物，如水果、蔬菜、油菜、水稻和小麦等。

【参考文献】

[1] Umetani H，Kondo N，Kajino F．Preparation of 4,4-difluoro-3,4-dihydroisoquinoline derivative．WO2013047749．

[2] Umetani H，Kondo N，Kajino F，et al．Method for preparation of 3,4-dihydroisoquinoline derivatives．WO2013047750．

[3] Umetani H．Preparation of 3,4-dihydroisoquinoline derivatives．WO 2013047751．

[4] Tao X，Zhao H H，Xu H R，et al．Antifungal activity and biological characteristics of the novel fungicide quinofumelin against *Sclerotinia sclerotiorum*．Plant Dis，2021，105（9）：2567-2574．

[5] Xiu Q，Bi Y，Xu H R，et al．Antifungal activity of quinofumelin against Fusarium graminearum and its inhibitory effect on DON biosynthesis．Toxins，2021，13（5）：348．

4.14.1.4 毒氟磷 dufulin

【化学名称】*N*-(4-甲基苯并噻唑-2-基)-2-氨基-2-氟苯基-*O,O*-二乙基膦酸酯

CAS 名：Phosphonic acid,*P*-[(2-fluorophenyl)[(4-methyl-2-benzothiazolyl)amino]methyl]-diethyl ester

【化学结构式】

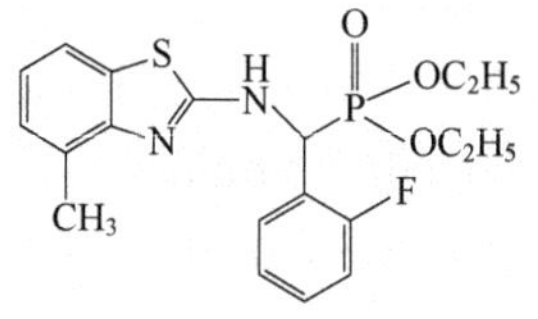

【分子式】$C_{19}H_{22}FN_2O_3PS$

【分子量】408.43

【CAS 登录号】882182-49-2

【理化性质】毒氟磷纯品为无色晶体，熔点 143～145℃；溶解度（22℃）：水 0.04g/L，丙酮 147.8g/L，环己烷 17.28g/L、环己酮 329.00g/L 和二甲苯 73.30g/L；毒氟磷对光、热和潮湿均较稳定；遇酸和碱时逐渐分解。30%毒氟磷可湿性粉剂有效成分含量为 30%，硅藻土 60%，木质素磺酸钠 5%，LS 洗净剂 5%，水分含量≤0.5%，pH7.62。

【研制和开发公司】由贵州大学开发

【上市国家和年份】中国，2013 年

【合成路线】[1,2]

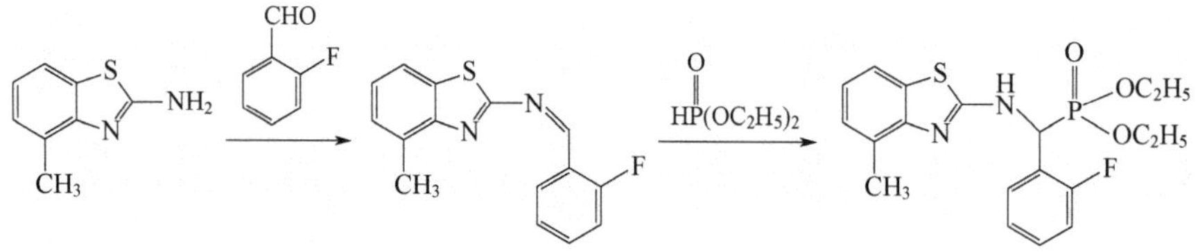

【哺乳动物毒性】毒氟磷原药（≥98%）急性经口经皮毒性试验提示为微毒农药；家兔皮肤刺激、眼刺激试验表明无刺激性；豚鼠皮肤变态试验提示为弱致敏物；细菌回复突变试验、小鼠睾丸精母细胞染色体畸变试验和小鼠骨髓多染红细胞微核试验皆为阴性。亚慢性经口毒性试验未见雌雄性 Wistar 大鼠的各脏器存在明显病理改变。30%毒氟磷可湿性粉剂急性经口、经皮毒性试验提示为低毒农药。

【生态毒性】30%毒氟磷可湿性粉剂对蜂、鸟、鱼、蚕等环境生物的毒性为低毒，对蜜蜂、家蚕实际风险性低。毒氟磷原粉光解、水解和土壤吸附等环境行为试验表明：毒氟磷光解半衰期为 1980min，大于 24h；毒氟磷在 pH 三级缓冲液中水解率均小于 10，其性质较稳定。

【作用机理】毒氟磷抗烟草病毒病的作用靶点尚不完全清楚，但毒氟磷可通过激活烟草水杨酸信号传导通路，提高信号分子水杨酸的含量，从而促进下游病程相关蛋白的表达；通过

诱导烟草 PAL、POD、SOD 防御酶活性而获得抗病毒能力；通过聚集 TMV 粒子减少病毒对寄主的入侵。

【分析方法】高效液相色谱-紫外（HPLC-UV）

【制剂】可溶性粉剂（SP）

【应用】防治水稻黑条矮缩病、番茄病毒病。

【参考文献】

[1] 张青，韦洁玲，李现玲，等. 毒氟磷的合成方法. CN102391307.

[2] 宋宝安，张国平，胡德禹，等. 一类具有抗病毒活性的含苯并噻唑杂环的手性 α-氨基膦酸酯化合物及制备和应用. CN104987350.

4.14.1.5 氟噻唑菌腈 flutianil

【商品名称】Gatten，Pinpoint

【化学名称】(*Z*)-[3-(2-甲氧基苯基)-1,3-噻唑烷-2-亚基]-(*α*,*α*,*α*,4-四氟间甲苯基硫代)乙腈

IUPAC 名：(*Z*)-[3-(2-methoxyphenyl)-1,3-thiazolidin-2-ylidene]-(*α*,*α*,*α*,4-tetrafluoro-*m*-tolythio) acetonitrile

CAS 名：(2*Z*)-2-[[2-fluoro-5-(trifluoromethyl)phenyl]thio]-2-[3-(2-methoxyphenyl)-2-thiazolidinylidene]acetonitrile

【化学结构式】

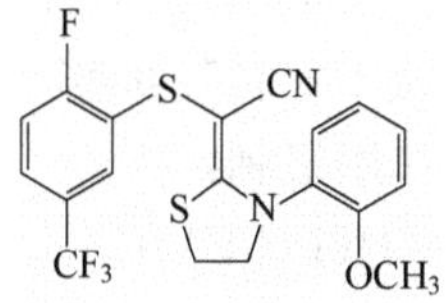

【分子式】$C_{19}H_{14}F_4N_2OS_2$

【分子量】426.45

【CAS 登录号】958647-10-4

【理化性质】纯品为白色无味结晶型粉末，密度（20℃）1.45g/cm^3；熔点 178～179℃；蒸气压（25℃）<1.3×10^{-2}mPa；K_{ow}lg$P$（25℃）2.9；水中溶解度（20℃）0.0079mg/L，有机溶剂中溶解度（20℃）正己烷<0.01g/L，甲苯 11.2g/L，二氯甲烷 169g/L，丙酮 66.4g/L，甲醇 5.62g/L，乙酸乙酯 22.8g/L。

【研制和开发公司】日本大塚化学株式会社

【上市国家和年份】日本，2013 年

【合成路线】[1-3]

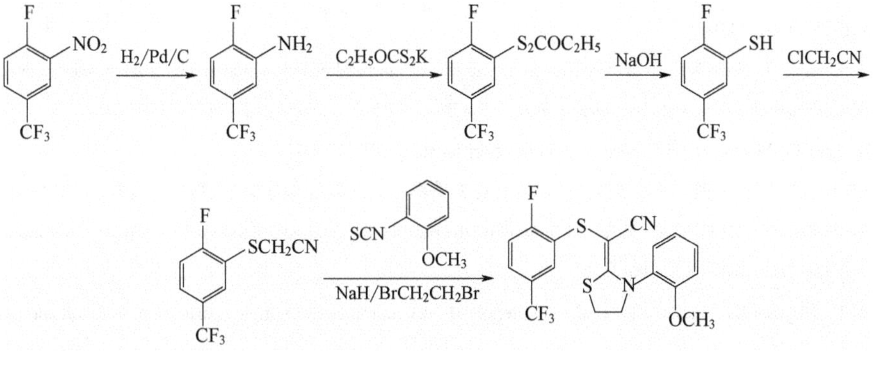

中间体合成[4-6]：

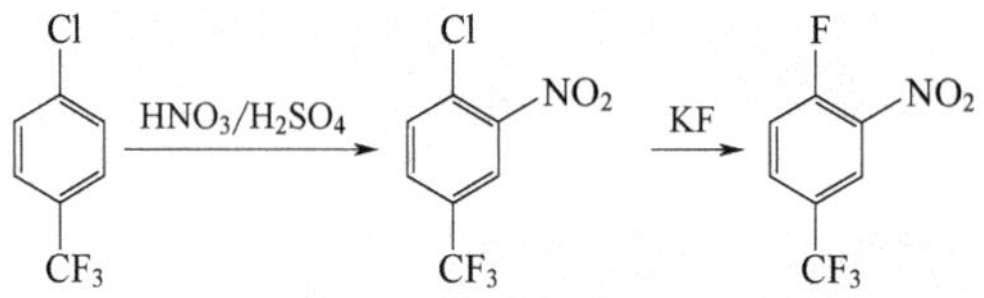

【哺乳动物毒性】大鼠急性经口 LD_{50}＞2000mg/kg，大鼠急性经皮 LD_{50}＞2000mg/kg；大鼠吸入 LC_{50}（4h）＞5.17mg/L（空气）；大鼠 NOEL（2 年）6000mg/kg（饲料）。

【生态毒性】鹌鹑急性经口 LD_{50}＞2250mg/kg，野鸭饲喂 LC_{50}（5d）＞5620mg/kg。LC_{50}（96h）：虹鳟 0.83mg/L，鲤鱼 0.8mg/L。水蚤 EC_{50}（48h）0.91mg/L。藻类 E_rC_{50}（72h）0.085mg/L。蜜蜂经口和接触 LD_{50}＞100μg/只。蚯蚓 LC_{50}＞500mg/kg（土）。

【作用机理】氟噻唑菌腈是日本大冢公司开发的氰基-甲烯基噻唑烷杀菌剂，对不同作物的白粉病菌有活性。其对苍耳单囊壳白粉菌（*Podosphaera xanthii*）有高的残留、跨层转移活性，耐雨水冲刷，在非常低的浓度（10 mg/L）下对黄瓜白粉病也具有治疗作用。氟噻唑菌腈和其他现有杀菌剂不存在交互抗性。形态学表明其不抑制大麦白粉病菌的早期侵染，即分生孢子的释放、初生芽管和附着胞芽管的萌发、附着胞的发育和钩状体的形成，但抑制吸器的形成和真菌的进一步地发育。氟噻唑菌腈抑制吸器吸收营养和随后的次级菌丝的延长。氟噻唑菌腈与除环氟菌胺（cyflufenamid）之外的杀菌剂对白粉病菌的抑制作用明显不同。氟噻唑菌腈和环氟菌胺的不同之处是环氟菌胺不抑制吸器吸收营养和随后的次级菌丝的延长。这些结果表明氟噻唑菌腈可能具有新颖的作用机制。

【分析方法】高效液相色谱-紫外（HPLC-UV）

【制剂】乳油（EC），悬浮剂（SC）

【应用】作用方式：非内吸性。用途：用于果树、蔬菜和观赏植物，防治白粉病。使用剂量 0.02～0.06kg/hm^2。氟噻唑菌腈对白粉病选择性高，可用于蔬菜、观赏植物和果树防治白粉病；5%氟噻唑菌腈乳油在日本登记用于防治黄瓜、茄子、西瓜、甜瓜、南瓜、草莓白粉病，至收获前 1d 均可使用，防治花卉和观叶植物白粉病于发生前至发生初期使用，每公顷用量为 100～300L 5000 倍稀释液，使用次数不超过 2 次。该剂防治葡萄白粉病以有效成分 25g/hm^2 喷雾应用，防效达 78%～99%。

【代谢】该剂可在植物体内迅速分解，在哺乳动物中能很快代谢、排泄，在土壤中也不会残留。

【参考文献】

[1] Hayashi M，Endo Y，Komura T．Preparation of cyanomethylenethiazolidines and microbicides for agriculture and horticulture．WO2001047902．

[2] Zeng F T，Zhang L T，Shao X S，et al．Catalyst-free synthesis of thiazolidines via sequential hydrolysis/rearrangement reactions of 5-arylidenethiazolidin-4-ones at room temperature．Org Biomol Chem，2018，16（11）：1932-1938．

[3] Kumai S，Seki T，Matsuo H．3-Chloro-4-fluorobenzotrifluoride．JP61126042．

[4] 邓建，骆广生，卢凤阳，等．一种连续绝热硝化制备 3-硝基-4-氯三氟甲苯的方法及微反应设备．CN113563197．

[5] Kimura S，Shibata Y，Oi T，et al．Effect of flutianil on the morphology and gene expression of powdery mildew．J Pestic Sci（Tokyo，Jpn），2021，46（2）：206-213．

[6] Miyamoto T，Hayashi K，Ogawara T，et al．First report of the occurrence of multiple resistance to Flutianil and pyriofenone in

field isolates of Podosphaera xanthii，the causal fungus of cucumber powdery mildew. Eur J Plant Pathol，2020，156（3）：953-963.

4.14.1.6 氟烯线砜 fluensulfone

【商品名称】Nimitz

【化学名称】[5-氯-1,3-噻唑-2-基]3,4,4-三氟丁-3-烯-1-基砜

IUPAC 名：5-chloro-1,3-thiazol-2-yl 3,4,4-trifluorobut-3-en-1-yl sulfone

CAS 名：5-chloro-2-[(3,4,4-trifluoro-3-buten-1-yl)sulfonyl]thiazole

【化学结构式】

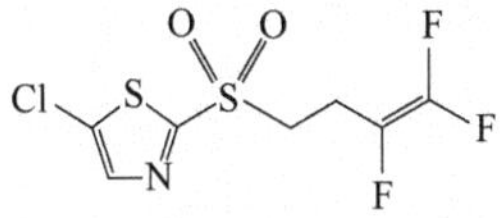

【分子式】$C_7H_5ClF_3NO_2S_2$

【分子量】291.69

【CAS 登录号】318290-98-1

【理化性质】该品纯品为淡黄色液体，熔点 34.8℃；在 215℃分解；pH5.2（1%水溶液）；蒸气压（20℃）2.22mPa；在有机溶剂中的溶解度（20℃）：二氯甲烷 306.1g/L，乙酸乙酯 35.1g/L，正庚烷 19g/L，丙酮 350g/L。

【研制和开发公司】Makhteshim Chemical Works（ADAMA）在 1993～1994 年发现，2014 年在美国取得登记的非熏蒸性杀线虫剂

【上市国家和年份】美国，2014 年

【合成路线】[1-3]

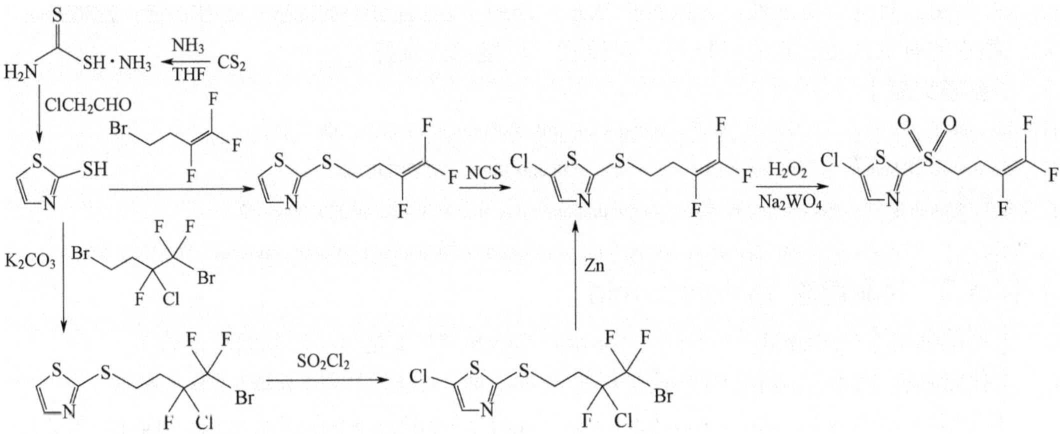

中间体合成[4]：

中间体：

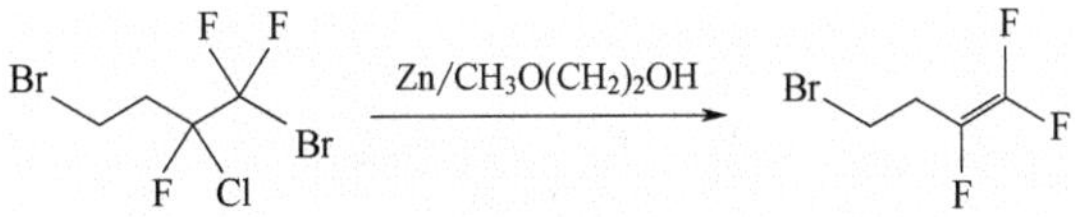

【哺乳动物毒性】氟噻虫砜原药具有中等经口毒性，低等经皮和吸入毒性，对兔皮肤有轻微的刺激性，对兔眼睛没有刺激作用，但对豚鼠皮肤有致敏性，NOAEL 小鼠（雌/

雄）11mg/(kg·d)（90d 饲喂），雄大鼠 8mg/(kg·d)，雌大鼠 12mg/(kg·d)（90d 饲喂），狗 1.7mg/(kg·d)（90d 饲喂）。Ames 试验、小鼠骨髓细胞微核试验、生殖细胞染色体畸变试验均为阴性，未见致突变作用，没有免疫毒性和神经毒性。

【生态毒性】鲤鱼 LC_{50}（96h）：41.0mg/L；大型蚤的 LC_{50}（48h）9.1mg/L；水藻 EC_{50}（72h）0.022mg/L；对非靶标和有益生物无害，对蜜蜂、鸟和蚯蚓无毒。

【作用机理】氟烯线砜为非熏蒸性杀线虫剂，低毒，具有触杀作用，是植物寄生线虫获取能量储备过程的代谢抑制剂。通过与线虫接触，抑制线虫获取脂质能量，抑制线虫能量储备，阻断线虫获取能量通道，从而杀死线虫。

【分析方法】气相色谱（GC）

【制剂】乳油（EC）

【应用】氟烯线砜药剂接触线虫到后，活动减少，进而麻痹，暴露 1h 后停止取食，侵染能力和产卵能力下降，卵孵化率下降，孵化的幼虫不能成活。研究表明，氟烯线砜不同于氨基甲酸酯类、有机磷类、大环内酯类化合物，其杀线虫效果不可逆转，在线虫接触药液的 48h 内死亡，能够真正杀死线虫。氟烯线砜对线虫的卵、幼虫、成虫 3 种形态均有较好的杀灭效果。作用于卵时，干扰卵中幼体的正常发育，降低孵化率及幼虫发育；作用于幼虫时，引起僵直和瘫痪，削弱口针推挤及取食活动，影响其代谢及脂肪积累。氟烯线砜主要用于蔬菜、果树、马铃薯等，防治多种作物线虫，如爪哇根结线虫、南方根结线虫、北方根结线虫、刺线虫、马铃薯白线虫、哥伦比亚根结线虫、玉米短体线虫、花生根结线虫等。氟烯线砜对非靶标生物毒性低，是许多氨基甲酸酯类、有机磷类杀线虫剂的替代品。研究表明，氟烯线砜显著降低爪哇根结线虫、南方根结线虫、花生根结线虫对植物根部感染，且穿透效果显著。与现有杀线虫剂相比，氟烯线砜的优势体现在：全新作用机理，与其他产品无交互抗性；真正杀死线虫，具有不可逆性，降低种群数量；作用于线虫的所有虫态；使用简便，持效期长；对土壤中的有效线虫无伤害；低毒，对植物、环境及人友好。

【参考文献】

[1] Watanabe Y，Ishikawa K，Otsu Y，et al．Nematocidal trifluorobutenes．WO2001002378．

[2] Neumann R，Khenkin A．Process for the preparation of fluensulfone．WO2021024253．

[3] Zell T，Cohen S．Process and intermediates for the preparation of fluensulfone．WO2020065652．

[4] Wolfrum P，Marhold A．Dehalogenation method for the production of substituted trifluoro ethylenes．WO2003095401．

4.14.1.7 环氟菌胺 cyflufenamid

【商品名称】Cyflamid，Pancho，Torino，Pancho TF（混剂，与氟菌唑混合）

【化学名称】(*Z*)-*N*-[α-(环丙甲氧亚氨基)-2,3-二氟-6-(三氟甲基)苄基]-2-苯乙酰胺

IUPAC 名：(*Z*)-*N*-[α-(cyclopropylmethoxyimino)-2,3-difluoro-6-(trifluoromethyl)benzyl]-2-phenylacetamide

CAS 名：(*Z*)-*N*-[α-(cyclopropylmethoxy)amino][2,3-difluoro-6-(trifluoromethyl)phenyl]methylene]benzeneacetamide

【化学结构式】

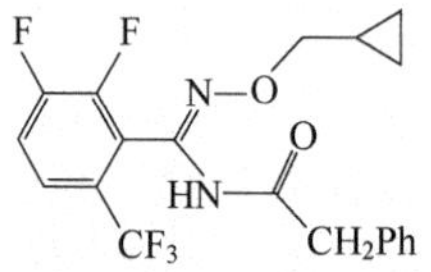

【分子式】$C_{20}H_{17}F_5N_2O_2$

【分子量】412.36

【CAS 登录号】180409-60-3

【理化性质】纯品为白色固体，有轻微芳香气味；熔点 61.5～62.5℃；密度（20℃）1.347g/cm^3；蒸气压（20℃，气体饱和度法）3.54×10^{-2}Pa；$K_{ow}\lg P$（pH6.75，25℃）4.70；水中溶解度（20℃，pH6.5）：0.52mg/L，有机溶剂中溶解度（20℃）：甲醇 653g/L，正庚烷 15.7g/L，甲苯 16g/L，丙酮 920g/L，二氯甲烷 902g/L，乙酸乙酯 808g/L，二甲苯 658g/L，乙腈 943g/L，正己烷 18.6g/L。

【研制和开发公司】由日本 Nippon Soda（日本曹达株式会社）开发

【上市国家和年份】日本，2002 年

【合成路线】[1-4]

路线 1：

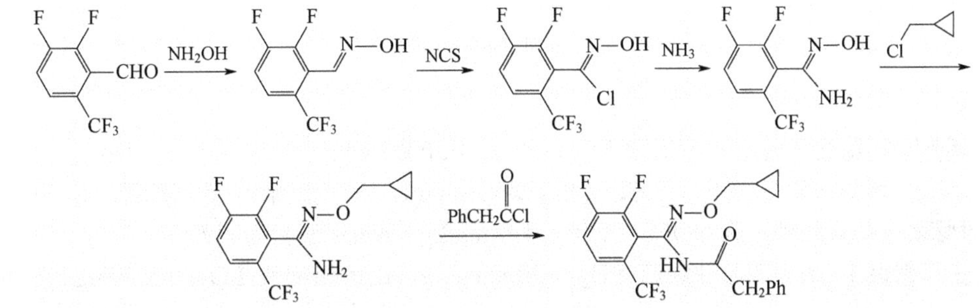

路线 2：

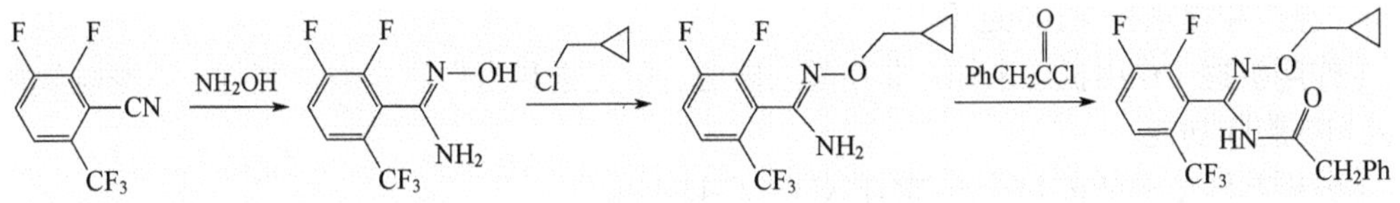

中间体合成[5-8]：

中间体 1：

方法 1：

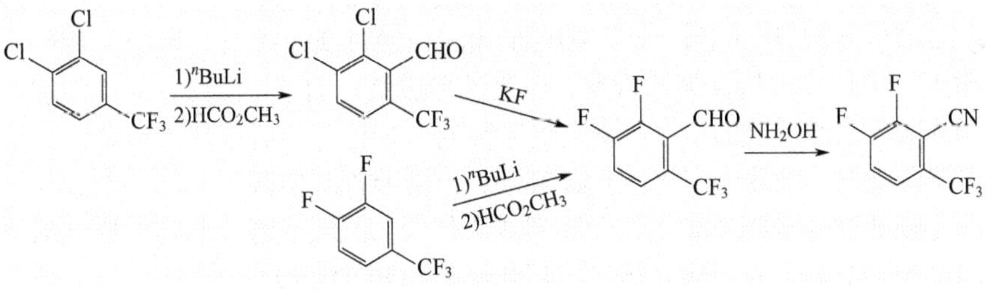

方法 2：

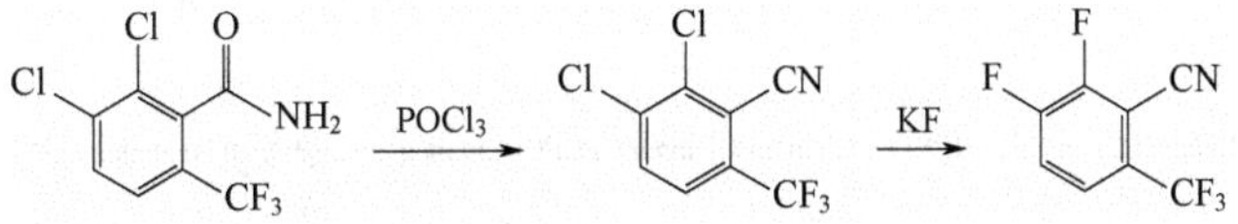

方法 3：

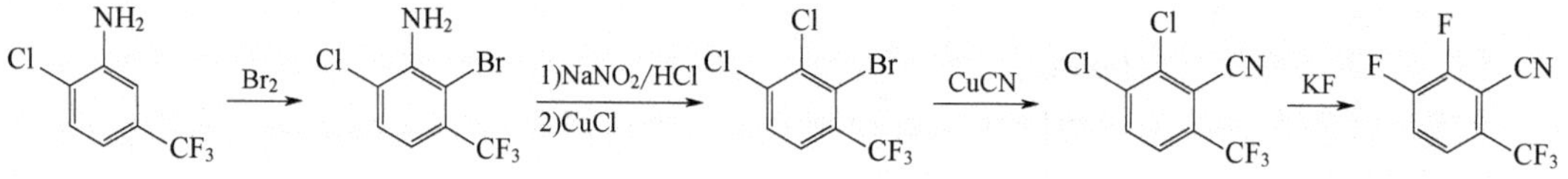

中间体 2：

方法 1：

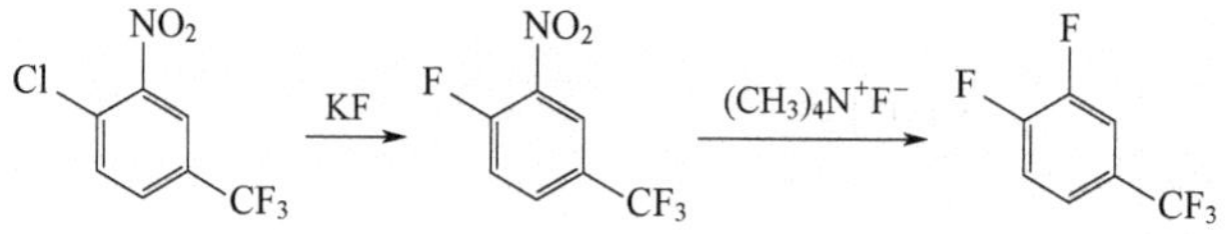

方法 2：

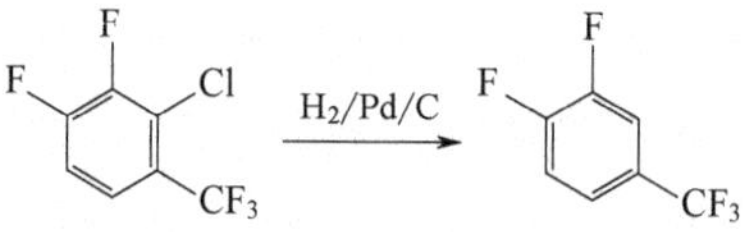

【哺乳动物毒性】雌雄性大鼠急性经口 LD_{50}＞5000mg/kg，雌雄性大鼠急性经皮 LD_{50}＞2000mg/kg；雌雄大鼠急性吸入 LC_{50}（4h）＞4.76mg/L；对兔眼睛有轻微刺激，对皮肤无刺激，对豚鼠皮肤无致敏；狗 NOEL（1 年）4.14mg/kg，Ames 试验为阴性。

【生态毒性】 山齿鹑急性经口 LD_{50}＞2000mg/kg，山齿鹑饲喂 LD_{50}＞5000mg/kg；鲤鱼 LC_{50}（96h）1.14mg/L；水蚤 LC_{50}（48h）＞1.73mg/L；羊角月牙藻 E_bC_{50} 和 E_rC_{50}（72h）＞0.828mg/L；蚯蚓 LC_{50}（14d）＞1000mg/kg（土）；50mg/kg 对南方小花蝽无影响，蜜蜂 LD_{50}（48h，经口和接触）＞100μg/只。

【作用机理】作用机理未知，非甾醇、磷脂、甲壳素和蛋白质合成抑制剂，不影响线粒体呼吸和细胞膜功能。

【分析方法】高效液相色谱-紫外（HPLC-UV）

【制剂】悬浮剂（SC），水分散剂（WG），水乳剂（EW）

【应用】作用方式：具有预防活性的杀菌剂，高剂量使用具有治疗活性。预防次生菌丝和分生孢子的形成。具有良好的层间传导和蒸腾活性，但是在植物体内传导活性较差。用途：登记用于防治小麦、果树和蔬菜白粉病，日本使用剂量 2.5g/100L；英国使用剂量 25g/hm^2。

【代谢】动物：经口给药后，大于 80%在 48h 内通过粪便排出。代谢主要有 3 条途径：胺键脱酰作用，然后 N-O 键断裂形成脒，脱氨基形成氟化的苯甲酰胺；通过裂解和重排形成 2-(环内羰基氨基)-乙酸（ECDAR）；未取代芳环的二羟化，然后甲基化和共轭。植物：主要的残留物是环氟菌胺，未发生变化。土壤/环境：土壤 DT_{50}（实验室）7.1～412d（平均 33.8d，7 种土壤）。主要通过苄基羰基氧化和开环形成取代丙二酰胺或通过动物中描述的第一条途径代谢。K_{oc} 1000～2354mL/g（平均 1595，4 种土壤）（ECDAR）。

【参考文献】

[1] Kasahara I，Sugiura T，Sano S，et al. New benzamidoxime derivative，its production and fungicide for agriculture and horticulture. JP09235262.

[2] Inoue T，Noda K，Takahashi J，et al. *Alpha*-(acylimino)-benzylsulfoxide or *alpha*-(acylimino)-benzylsulfonic acids. JP10273480.

[3] Inoue H. Process for producing organolithium compound and process for producing substituted aromatic compound. WO 2010073714.
[4] Yamanaka H，Kojima S，Kasahara I. Process for producing benzamidoximes as intermediates for pharmaceuticals and agrochemicals. WO9935127.
[5] 褚吉成，李巍. 3,4-二氟三氟甲苯的制备方法. CN1994986.
[6] Kumai S，Seki T，Matsuo H. Preparation of fluorobenzotrifluoride derivatives as materials for agrochemicals and pharmaceuticals. JP63010739.
[7] Takebayashi M，Okabe，T. Preparation of trifluoromethylbenzonitrile. JP10265449.
[8] Kasahara I，Sugiura T，Inoue T. Method for producing 2,3-dihalo-6-trifluoromethylbenzene derivatives. WO9700845.

4.14.1.8 环己磺菌胺 chesulfamide

【化学名称】*N*-(2-三氟甲基-4-氯苯基)-*α*-氧代环己基磺酰胺

CAS 名：*N*-(-trifluoromethyl -4-chlorophenyl-*α*-oxocyclohexyl sulfonamide

【化学结构式】

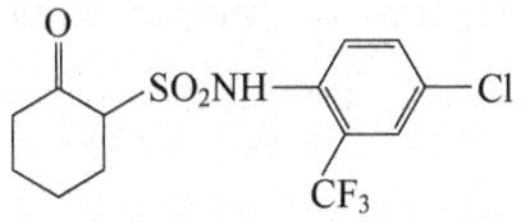

【分子式】$C_{13}H_{13}ClF_3NO_3S$

【分子量】355.76

【CAS 登录号】925234-67-9

【理化性质】纯品为白色至浅黄色粉末状固体，熔点 119～120 ℃；分配系数：K_{ow}lg*P* 2.71；堆密度 0.86g/cm^3；溶解度：水 1.94mg/100mL，甲醇 1.63g/100mL，丙酮 11.37g/100mL，乙酸乙酯 6.15g/100mL，甲苯 2.14 g/100mL。

【研制和开发公司】中国农业大学发现

【上市国家和年份】中国，2004 年发现

【合成路线】[1-3]

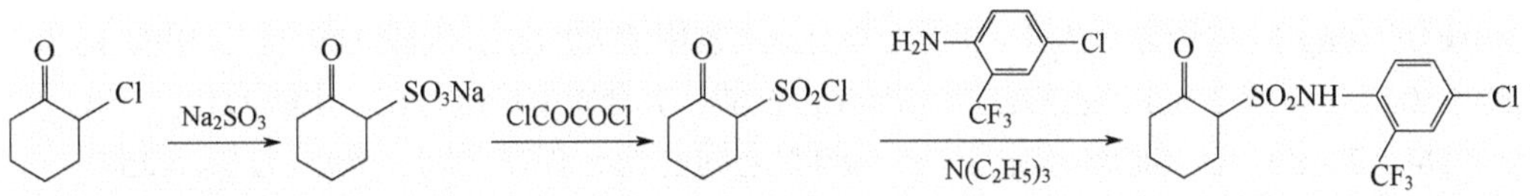

【哺乳动物毒性】大鼠急性经口毒性 LD_{50}：1470mg/kg（雌）、2150mg/kg（雄）。大鼠急性经皮毒性 LD_{50}＞2000mg/kg（雌、雄）。对眼和皮肤均无刺激。Ames 试验、小鼠睾丸染色体致畸试验及小鼠骨髓微核试验表明，均为阴性。

【作用机理】环己磺菌胺主要作用于病原菌的菌丝细胞膜。同时，经就该剂对灰霉病病原菌中生物大分子（DNA、蛋白质、多糖和脂类）的影响和与 DNA 的相互作用的研究表明，环己磺菌胺可使病原菌菌丝中 DNA 和多糖含量降低，且与 DNA 有一定的结合作用。通过对该杀菌剂对番茄植株中水杨酸含量、苯内氨酸解氨酶（PAL）及过氧化物酶（POD）的活性研究，表明环己磺菌胺具有诱导植株产生系统抗病性；环己磺菌胺对于某些抗性菌株（如抗多菌灵、异菌脲、乙霉威和嘧霉胺的灰霉病菌）仍有良好的活性，表明环己磺菌胺的作用机

制不同于现有杀菌剂品种。

【分析方法】高效液相色谱-紫外（HPLC-UV）

【制剂】可湿粉剂（WP）

【应用】环己磺菌胺具有较强的预防、治疗和渗透活性，且有较高的持效性。经田间试验结果表明，环己磺菌胺可有效防治番茄灰霉病、黄瓜褐斑病和黑星病。

【参考文献】

[1] 李江胜，陈超，姜思，等．一种环己磺菌胺的合成方法．CN110343057．

[2] 王道全，李兴海，梁晓梅，等．2-氧代环烷基磺酰胺，其制备方法和作为杀菌剂的用途．CN1900059．

[3] Li X H，Yang X L，Liang X M，et al．Synthesis and Biological Activities of 2-oxocycloalkyl sulfonamides．Bioorg Med Chem Lett，2008，16（8）：4538-4544．

4.14.1.9 磺菌胺 flusulfamide

【商品名称】Nebijin

【化学名称】2′,4-二氯-间 *α,α,α*-三氟甲基-4′-硝基苯磺酰苯胺

IUPAC 名：2′,4-dichloro-*α,α,α*-trifluoro-4′-nitro-*m*-toluenesulfonanilide

CAS 名：4-chloro-*N*-(2-chloro-4-nitrophenyl)-3-(trifluoromethyl)benzenesulphonamide

【化学结构式】

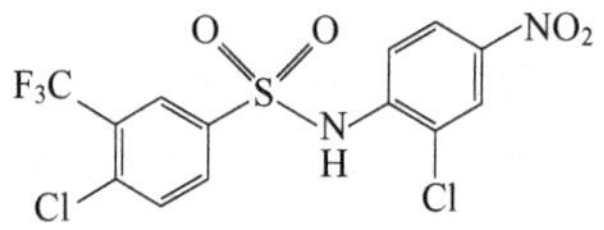

【分子式】$C_{13}H_7Cl_2F_3N_2O_4S$

【分子量】415.16

【CAS 登录号】106917-52-6

【理化性质】纯品为浅黄色晶体，密度（20℃）1.75g/cm^3；熔点 169.7～171.0℃；蒸气压（40℃）9.9×10^{-4}mPa；K_{ow}lg$P$ 2.8±0.5（pH6.5，7.5），3.9±0.5（pH2.0）；水中溶解度（20℃）：501.0mg/L（pH9.0），1.25mg/L（pH6.3），0.12mg/L（pH4.0），有机溶剂溶解度（20℃）：己烷和庚烷 0.06g/L，二甲苯 5.7g/L，甲苯 6.0g/L，二氯甲烷 40.4g/L，丙酮 189.9g/L，甲醇 16.3g/L，乙醇 12.0g/L，甲苯 2.7g/L，乙酸乙酯 105g/L；在酸、碱介质中稳定存在，水解 DT_{50}（25℃）＞1 年（pH4、7、9），在黑暗环境中于 35～80℃之间能稳定存在 90d。光解 DT_{50}（25℃）3.2d（蒸馏水），3.6d（天然水）；pK_a 4.89±0.01。

【研制和开发公司】由 Mitsui Chemicals Agro，Inc.（日本三井化学）开发

【上市国家和年份】美国，1993 年

【合成路线】[1-3]

路线 1：

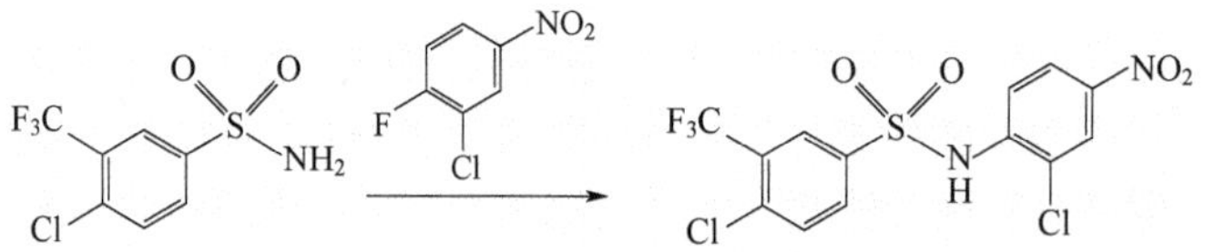

路线 2：

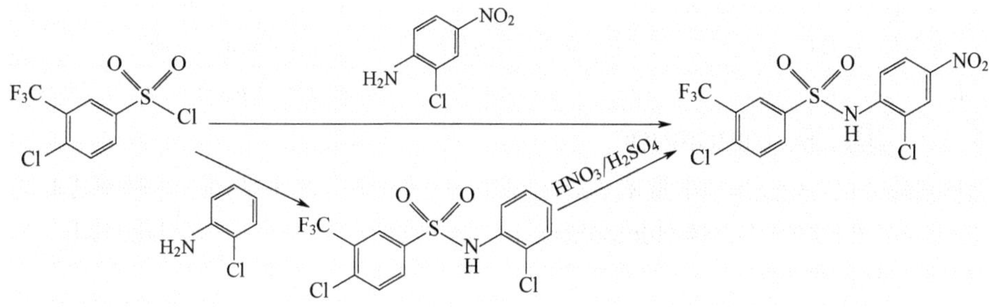

中间体合成[4,5]：

方法 1：

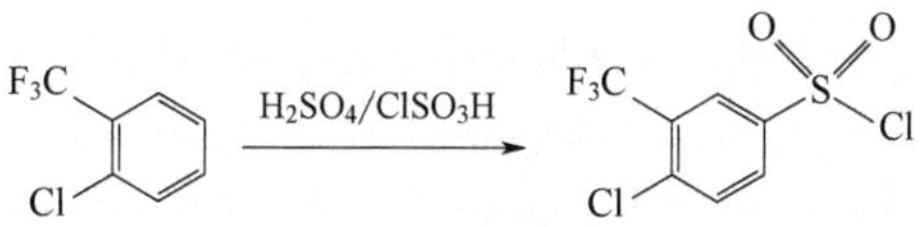

方法 2：

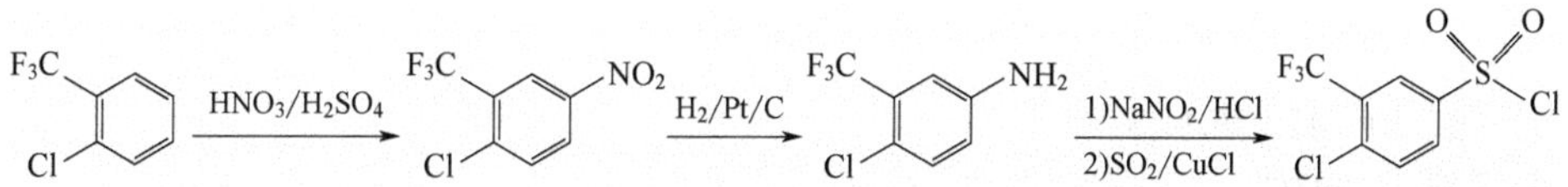

【哺乳动物毒性】急性经口 LD_{50}：雄大鼠 180mg/kg，雌大鼠 132mg/kg。大鼠急性经皮＞2000mg/kg。大鼠吸入 LC_{50}（4h）$0.47mg/m^3$。兔眼睛有轻微刺激，对皮肤无刺激。NOEL1 年：雄狗 0.246mg/(kg・d)，雌狗 0.26mg/(kg・d)。NOEL2 年：雄大鼠 0.1037mg/(kg・d)，雌大鼠 0.1323mg/(kg・d)，雄小鼠 1.999mg/(kg・d)，雌小鼠 0.1985mg/(kg・d)。无致突变和致癌作用。ADI/RfD（FSC）0.001mg/kg。

【生态毒性】山齿鹑急性经口 LD_{50} 66mg/kg；鲤鱼 LC_{50}（96h）0.302mg/L；水蚤 EC_{50}（48h）0.29mg/L；藻类 E_bC_{50}（72h）2.1mg/L；蜜蜂（48h）LD_{50}＞200μg/只。

【作用机理】作用机理不明确。

【分析方法】高效液相色谱-紫外（HPLC-UV）

【制剂】悬浮剂（SC），粉剂（DP），水分散剂（WG）

【应用】[6] 作用方式：抑制孢子萌发；用途：土壤处理剂，防治芸薹根肿病、甜菜丛根病（*Rhizomania*，传毒媒介为多黏菌），使用剂量 0.6～$0.9kg/hm^2$。也可防治腐霉属、丝核菌，疫霉属和镰刀菌属引起的病害。

【代谢】动物：大鼠中，代谢物包括 4-氯-*N*-（2-氯-4-羟苯基）-*α,α,α*-三氟间甲苯基磺酰胺和 4-氯-*α,α,α*-三氟间甲苯基磺酰胺。植物：卷心菜中代谢物包括 4-氯-*α,α,α*-三氟间甲苯基磺酰胺和 4-氯-*α,α,α*-三氟间甲苯磺酸盐。土壤/环境：水中光解（25℃）DT_{50} 3.2d。

【参考文献】

[1] Fukunaga Y，Machino M，Mita R，et al．Production of benzenesulfonamides．JPH0454161A．

[2] Huang Z Y，Liu M，Mao Y J，et al．A microwave-assisted approach to *N*-(2-nitrophenyl)benzenesulfonamides that enhanced peroxidase activity in response to excess cadmium．Tetrahedron Lett，2019，60（8）：626-629．

[3] 尚振华，栗晓东，张慧丽．N-（2-氯-4-苯基）-4-氯-3-三氟甲基苯磺酰胺的制备方法．CN102491924．
[4] Fukunaga Y，Asano T，Ura M．Production of 3-trifluoromethylbenzenesulfonyl chlorides．JPS63104952A，JPH0713053B2．
[5] 尚振华，栗晓东，张慧丽．4-氯-3-（三氟甲基）苯磺酰氯的制备及其精制方法．CN102336689．
[6] Kowata-Dresch L S，May-De Mio L L．Clubroot management of highly infested soils．Crop Prot，2012，35：47-52．

4.14.1.10 噻二呋 thiadifluor

【化学名称】(2*Z*,4*Z*,5*Z*)-3-(4-氯苯基)-N^2-甲基-N^4,N^5-双(三氟甲基)-1,3-噻唑啉-2,4,5-三亚胺

IUPAC 名：(2*Z*,4*Z*,5*Z*)-3-(4-chlorophenyl)-N^2-methyl-N^4,N^5-bis(trifluoromethyl)-1,3-thiazolidine-2,4,5-triimine

CAS 名：*N,N'*-[3-(4-chlorophenyl)-2-(methylimino)-4,5-thiazolidinediylidene]bis(1,1,1-trifluoro methanamine)

【化学结构式】

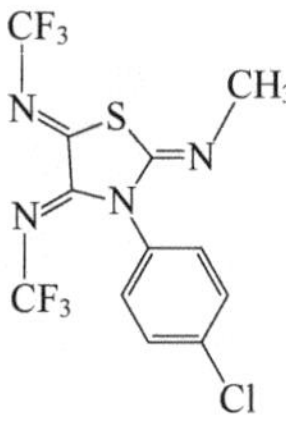

【分子式】$C_{12}H_7ClF_6N_4S$

【分子量】388.72

【CAS 登录号】80228-93-9

【研制和开发公司】由 Bayer AG（德国拜耳）开发

【合成路线】[1]

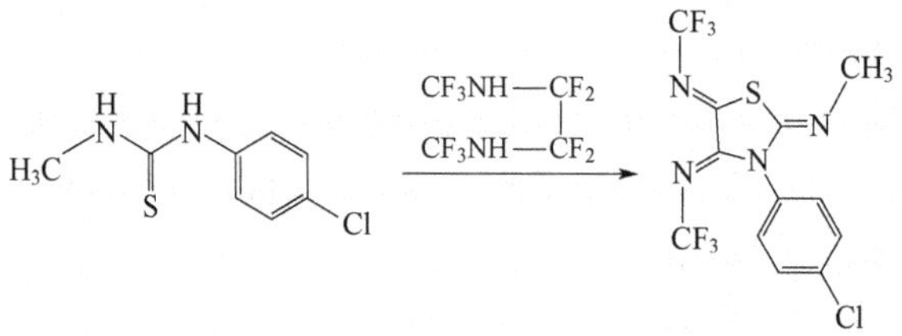

中间体合成：

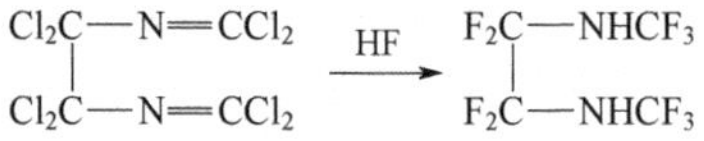

【参考文献】

[1] Lenthe M，Doering F．*N*，*N'*-bistrifluoromethyl tetrafluoroethylene diamine．DE3324905．

4.14.1.11 异丁乙氧喹啉 tebufloquin

【商品名称】Try

【化学名称】6-叔丁基-8-氟-2,3-二甲基喹啉-4-基乙酸酯

IUPAC 名：6-tert-butyl-8-fluoro-2,3-dimethylquinolin-4-yl acetate

CAS 名：6-(1,1-dimethylethyl)-8-fluoro-2,3-dimethyl-4-quinolinyl acetate

【化学结构式】

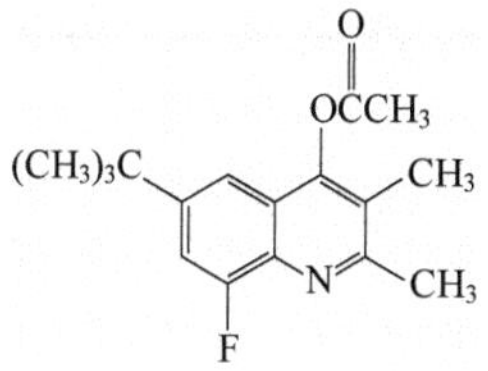

【分子式】$C_{17}H_{20}FNO_2$

【分子量】289.35

【CAS 登录号】376645-78-2

【理化性质】纯品为白色固体，密度（20℃）1.122g/cm^3；K_{ow}lg$P$（25℃）5.12；沸点 378℃；闪点 183℃。

【研制和开发公司】由日本 Meiji Seika Kaisha（明治制果药业株式会社）发现

【上市国家和年份】日本，2000 年发现

【合成路线】[1,2]

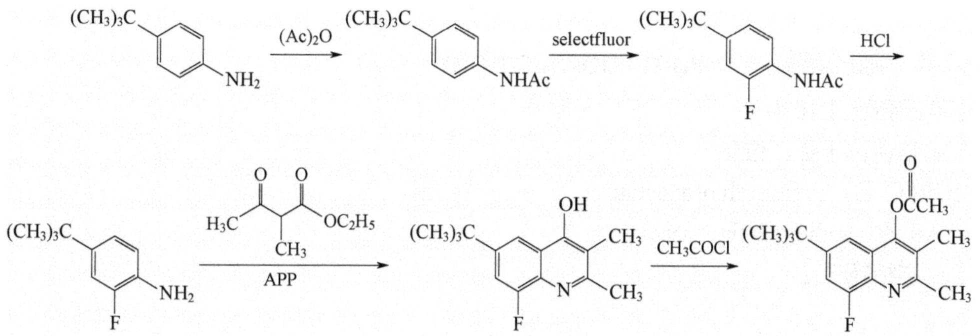

【应用】主要用于防治稻瘟病。

【参考文献】

[1] Teraoka T，Matsumura M．Preparation of quinolines and fungicidal compositions for the control of paddy rice diseases．WO 2004039156．

[2] Yamamoto K，Teraoka T，Kurihara H，et al．Preparation of quinolines as rice blast control agents．WO2001092231．

5

杀鼠剂篇

5.1 柠檬酸代谢循环抑制剂

5.1.1.1 氰乙酸钠 sodium fluoroacetate

【商品名称】1080

【化学名称】氟乙酸钠

IUPAC 名：sodium fluoroacetate

CAS 名：sodium 2-fluoroacetate

【化学结构式】

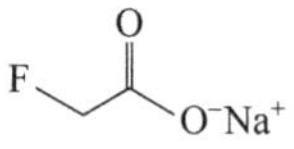

【分子式】$C_2H_2FNaO_2$

【分子量】100.02

【CAS 登录号】62-74-8

【理化性质】纯品为白色结晶，几乎无味，工业品有微弱的醋酸酯味；在空气中易吸湿，易成黏稠状。易溶于水、乙醇、丙酮，不溶于苯、甲苯。110℃以上不稳定，200℃分解。

【合成路线】[1]

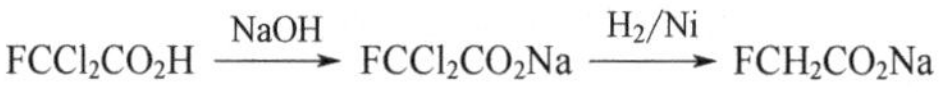

【哺乳动物毒性】急性经口 LD_{50}：褐家鼠 0.22mg/kg，小家鼠 8.0mg/kg，长爪沙鼠 0.65mg/kg，狗 0.06mg/kg，毒饵使用浓度 0.1%～0.3%。

【应用】急性杀鼠剂，由于其对人和动物的毒性太强、药力发作快，又具有二次毒性，中国已明令禁产和禁用。

【参考文献】

[1] Jacquot R，Cordier G．Selective hydrodehalogenation．WO2000035834．

5.1.1.2 氟乙酰胺 fluoroacetamide

【商品名称】Rodex

【化学名称】2-氟乙酰胺

IUPAC 名：2-fluoroacetamide

CAS 名：2-fluoroacetamide

【化学结构式】

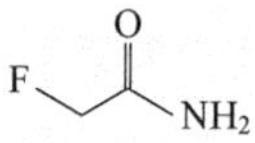

【分子式】C_2H_3FNO

【分子量】77.06

【CAS 登录号】640-19-7

【理化性质】无色晶体粉末，熔点 108℃；易溶于水，溶于丙酮，乙醇中溶解度中等，难溶于脂肪族和芳香烃化合物。

【合成路线】[1]

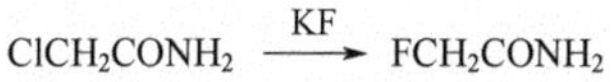

【哺乳动物毒性】褐家鼠急性经口 LD_{50} 约为 13mg/kg；毒性等性：Ib.

【制剂】RB（毒耳饵）

【应用】作用方式：中等速效杀鼠剂，亚致死剂量不太可能导致中毒，主要作用于心脏，其次是对中枢神经系统的影响。用途：防治大鼠和小鼠，只限在下水道、带锁的仓库和无通道的公共设施使用。

【参考文献】

[1] Buisine O，Dejoux M．Method for preparing a fluorinated organic compound．WO2012163905．

5.1.1.3 甘氟 gliftor

【化学名称】(2*RS*)-1-氯-3-氟丙烷-2-醇（甘氟 1）和 1,3-二氟丙烷-2-醇（甘氟 2）的混合物

IUPAC 名：mixture of(2*RS*)-1-chloro-3-fluoropropan-2-ol and 1,3-difluoropropan-2-ol

CAS 名：1-chloro-3-fluoro-2-propanol mixture with 1,3-difluoro-2-propanol

【化学结构式】

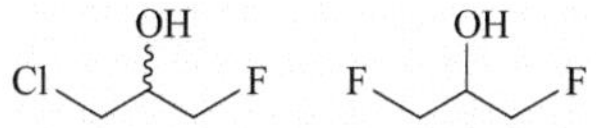

甘氟1　　甘氟2

【分子式】C_3H_6ClFO、$C_3H_6F_2O$

【分子量】208.61（112.53＋96.08）

【CAS 登录号】8065-71-2

【理化性质】固体，熔点 55℃；密度 1.24g/cm^3。

【合成路线】[1]

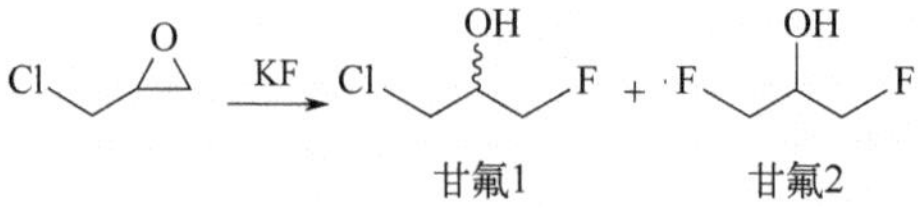

【哺乳动物毒性】大鼠急性经口 LD_{50} 165mg/kg，大鼠急性经口 LC_{50} 66mg/kg；大鼠吸入 LC_{50} 1.26mg/kg。

【作用机理】甘氟在生物体体内代谢成氟乙酸起作用，氟乙酸致毒机理是抑制肌体内的柠檬酸循环，而该循环是所有动物代谢能量的主要来源。

【应用】甘氟是一种剧毒鼠剂，属于有机氟灭鼠剂，除经消化道外，还可通过皮肤吸收和呼吸道吸入引起中毒，是一种具有选择毒力的化合物。甘氟在人体内的代谢物质氟乙酸性质稳定，毒性强烈，易造成二次中毒，对人、畜的危险性很大，我国农业农村部已明令禁止生产和使用（农业农村部第 199 号公告）。

【参考文献】

[1] Dobrota C，Fasci D，Hadade N D，et al. Glycine fluoromethylketones as SENP-specific activity based probes. ChemBioChem，2012，13（1）：80-84.

5.2 维生素 K_1 代谢抑制剂

5.2.1.1 氟鼠灵 flocoumafen

【商品名称】Storm

【化学名称】3-[3-(4′-三氟甲基苄基氧代苯-4-基)-1,2,3,4-四氢-1-萘基]-4-羟基香豆素[顺反异构混合物，顺反比例(60 : 40～40 : 60)]

IUPAC 名：4-hydroxy-3-[1,2,3,4-tetrahydro-3-[4-(4-trifluoromethylbenzyloxy)phenyl]-1-naphthyl] coumarin

CAS 名：4-hydroxy-3-[1,2,3,4-tetrahydro-3-[4-[[4-(trifluoromethyl)phenyl]methoxy]phenyl]-1-naphthalenyl]-2*H*-1-benzopyran-2-one

【化学结构式】

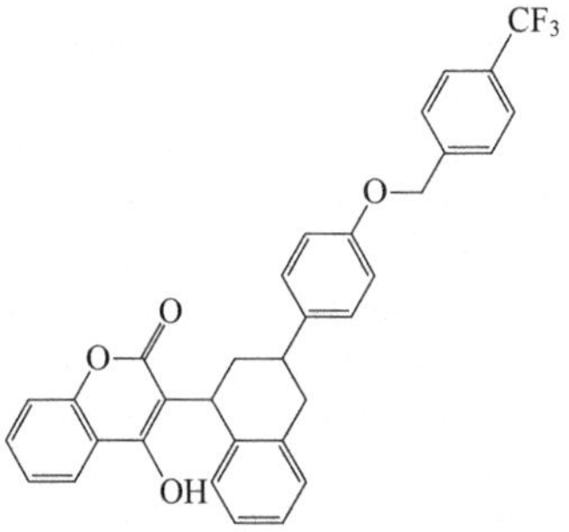

【分子式】$C_{33}H_{25}F_3O_4$

【分子量】542.55

【CAS 登录号】90035-08-8

【理化性质】原药纯度≥95.5%，顺式异构体占 50%～80%，白色固体；熔点：166.1～168.7℃，密度（20℃）1.40g/cm^3；蒸气压＜1mPa（20℃，25℃，50℃）；$K_{ow}\lg P$ 6.12；水中溶解度（20℃）0.114mg/L，有机溶剂中溶解度（25℃）：正庚烷 0.3g/L，乙腈 13.7g/L，正辛醇 17.4g/L，甲苯 31.3g/L，乙酸乙酯 59.8g/L，二氯甲烷 146g/L，丙酮 350g/L，甲醇 14.1g/L。

【研制和开发公司】由 Shell International Chemical Co. Ltd（英国壳牌化学有限公司）[现为 BASF SE（德国巴斯夫公司）]开发

【上市国家和年份】欧洲，1985 年

【合成路线】[1,2]

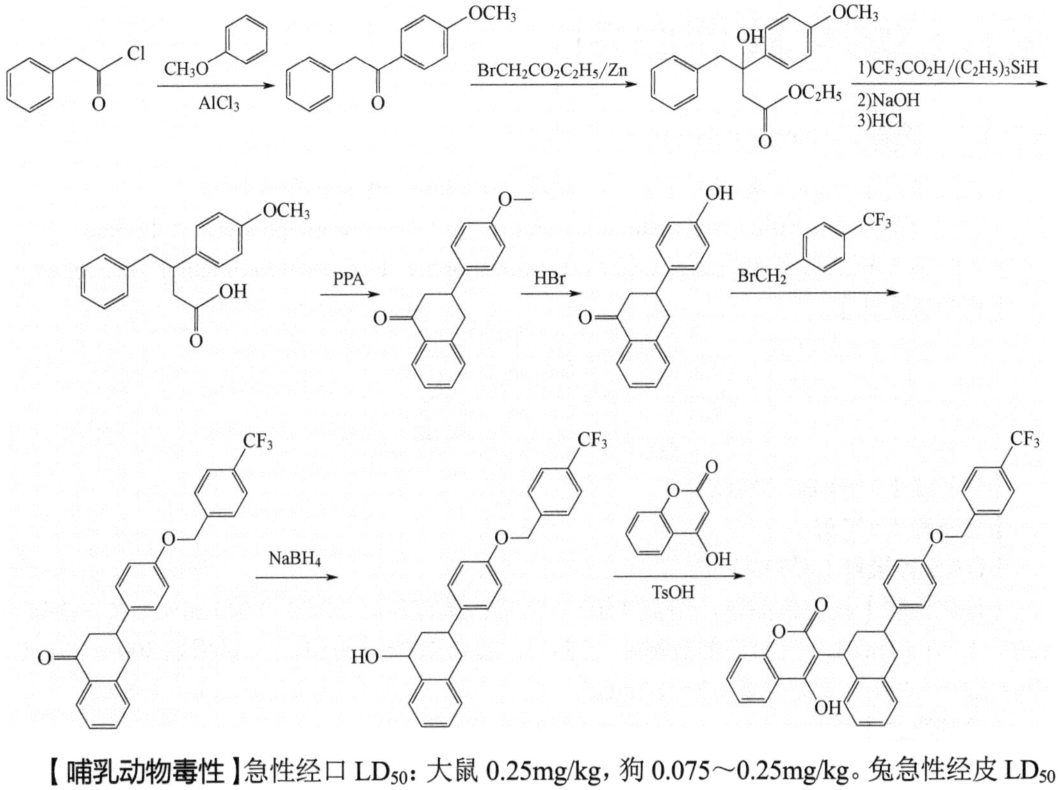

【哺乳动物毒性】急性经口 LD_{50}：大鼠 0.25mg/kg，狗 0.075～0.25mg/kg。兔急性经皮 LD_{50} 0.87mg/kg。大鼠吸入 LC_{50}（4h）0.0008～0.007mg/L（空气）。NOEL（90d）0.025mg/(kg・d)。

【生态毒性】急性经口 LD_{50}：鸡＞100mg/kg，日本鹌鹑＞300mg/kg，野鸭 286mg/kg。饲喂 LC_{50}（5d）：山齿鹑 62mg/kg，野鸭 12mg/kg。LC_{50}（96h）：虹鳟 0.067mg/L，蓝鳃翻车鱼 0.122mg/L。在 50mg/kg 制剂时，对水生生物无毒。水蚤 EC_{50}（48h）0.170mg/L。藻类 E_rC_{50}（72h）＞18.2mg/L。其他水生生物 E_rC_{50}（72h）＞18.2mg/L。

【作用机理】第二代抗凝血剂，抑制维生素 K_1 代谢，在血浆中耗尽凝血因子依赖的维生素 K_1，阻止凝血酶原的形成，啮齿动物摄入足够剂量后死于内脏出血。

【分析方法】高效液相色谱-紫外（HPLC-UV）

【制剂】BB，GB，毒饵（RB）

【应用】用途：主要防治啮齿类动物，包括小家鼠、赫家鼠、黑鼠、尼罗垄鼠、板齿鼠白鼻柔鼠、稻田家鼠、黑家鼠、黄毛鼠、蒂奥曼鼠和刚毛棉鼠。可有效防治对其他抗凝血剂有抗性的鼠类。此外还可以在建筑物周边、种植园和可可、棕榈、棉花、水稻和甘蔗等地方防除鼠类。

【代谢】动物：在大鼠体内主要以本品的立体异构体形式残留。土壤：不易被降解，K_{oc}＞50000mL/g，因此可以忽略其渗滤。

【参考文献】

[1] 姚志牛，赵青霞，朱长武．一种氟鼠酮及其中间体的合成方法．CN102070427.

[2] Entwistle I D，Boehm P．Anti-coagulants of the 4-hydroxycoumarin type，the preparation thereof，and rodenticidal compositions（baits）comprising such anti-coagulants．EP0098629.

5.3 氧化磷酸化解偶联剂

5.3.1.1 溴鼠胺 bromethalin

【化学名称】*α*,*α*,*α*-三氟-*N*-甲基-4,6-二硝基-*N*-(2,4,6-三溴苯基)邻甲苯胺

IUPAC 名：*α*,*α*,*α*-trifluoro-*N*-methyl-4,6-dinitro-*N*-(2,4,6-tribromophenyl)-*o*-toluidine

CAS 名：*N*-methyl-2，4-dinitro-*N*-（2，4，6-tribromophenyl）-6-（trifluoromethyl）-benzenamine

【化学结构式】

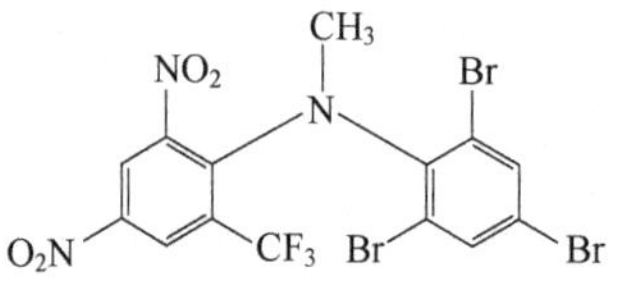

【分子式】$C_{14}H_7Br_3F_3N_3O_4$

【分子量】577.93

【CAS 登录号】63333-35-7

【理化性质】浅黄色晶体，熔点 150～151℃；蒸气压（25℃）0.013mPa；水中溶解度（20℃）＜0.01mg/L；有机溶剂溶解度（25℃）：氯仿 200～300g/L，二氯甲烷 300～400g/L，甲醇 2.3～3.4g/L，重芳烃萘 1.2～1.3g/L。

【合成路线】[1]

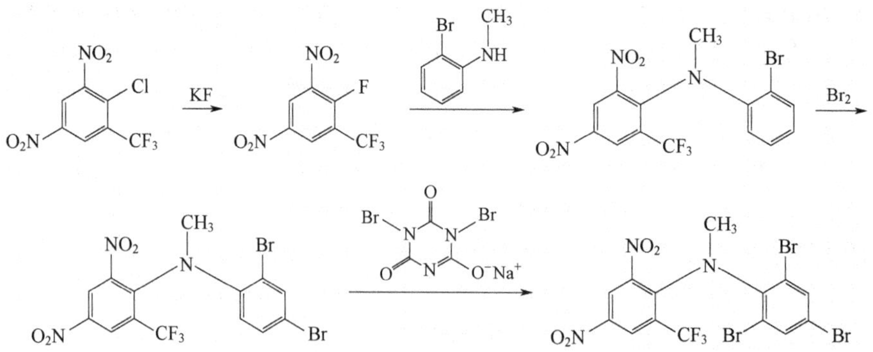

【研制和开发公司】由 Eli Lilly & CO.（美国礼来公司）开发

【哺乳动物毒性】大鼠、猫急性经口 LD_{50} 2mg/kg（原药，在 1,2-丙二醇中），小鼠、狗急性经口 LD_{50} 2mg/kg，雄兔急性经皮 LD_{50} 1000mg/kg；大鼠吸入 LC_{50}（1h）0.024mg/L（空气）；NOEL（90d）0.025mg/(kg · d)。

【作用机理】氧化磷酸化解偶联剂。

【分析方法】HPLC

【使用注意事项】剧毒。

【参考文献】

[1] Clinton A J，O' Doherty G O．P．*N*-Alkyldiphenylamines．US4316988A．

5.4 其他

5.4.1.1 氟鼠啶 flupropadine

【化学名称】4-叔丁基-1-[3-(*a*,*a*,*a*,*a'*,*a'*,*a'*-六氟-3,5-二甲苯基)丙炔基]哌啶

IUPAC 名：4-tert-butyl-1-[3-(*a*,*a*,*a*,*a'*,*a'*,*a'*-hexafluoro-3,5-xylyl)prop-2-ynyl]piperidine

CAS 名：1-[3-[3,5-bis(trifluoromethyl)phenyl]-2-propyn-1-yl]-4-(1,1-dimethylethyl)piperidine

【化学结构式】

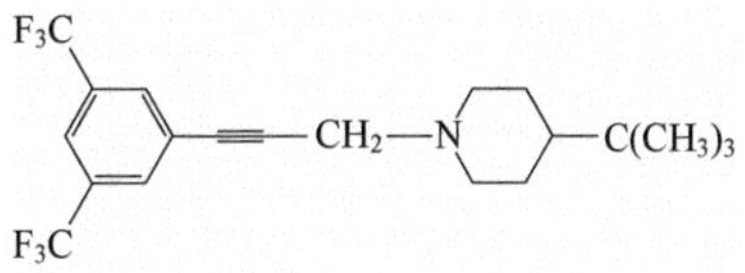

【分子式】$C_{20}H_{23}F_6N$

【分子量】391.40

【CAS 登录号】81613-59-4

【理化性质】其盐酸盐为固体，熔点 201～202℃，蒸气压（30℃）40mPa；K_{ow}lg*P*（20℃）-1.9 乙醚中溶解度（5℃）＞150g/L。

【研制和开发公司】由 May & Baker 和 Rhone-Polenc（法国罗纳-普朗克化学）开发

【上市国家和年份】1985 年首次报道

【合成路线】[1]

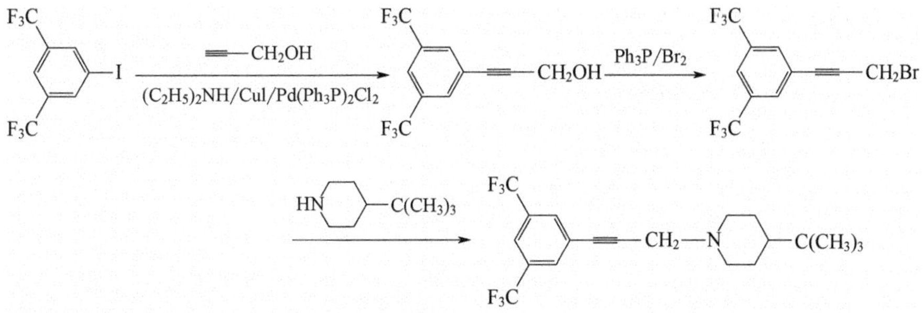

【哺乳动物毒性】小鼠急性经口 LD_{50} 68mg/kg。

【生态毒性】虹鳟 LC_{50}（96h）10000mg/L。

【应用】本品属炔丙胺类杀鼠剂，经口作用的鼠药。可防治广谱害鼠。对于对其他抗凝血鼠剂有抗性的啮齿类有效。可用于城市、工业和农业区防治鼠害，也可用于建筑物周围，防治可可、棉花、油棕、水稻和甘蔗田中的鼠害非常有效。

【参考文献】

[1] Leftwick A P，Parnell E W．Phenylpropargylamine derivative．EP41324．

附 录

附录一 化合物缩写及中英文术语对照表

缩写	中文名称	英文名称	结构式
Ac	乙酰基	acetyl	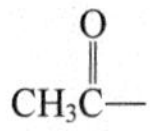
AIBN	偶氮二异丁腈	azodiisobutyronitrile	
Bn	苄基	benzyl	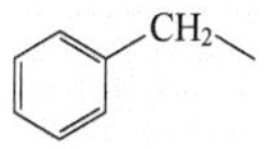
^{n}Bu	正丁基	*n*-butyl	$CH_3CH_2CH_2CH_2$—
^{t}Bu	叔丁基	*t*-butyl	$(CH_3)_3C$—
m-CPBA	间氯过氧化苯甲酸	*m*-chloroperoxybenzoic acid	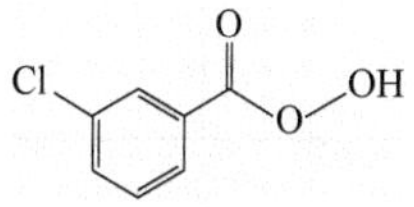
DABCO	三亚乙基二胺	1,4-diazabicyclo[2.2.2]octane	$N(CH_2CH_2)_3N$
DBU	1,8-二氮杂双环[5.4.0]十一碳-7-烯	1,8-diazabicyclo[5.4.0]undec-7-ene	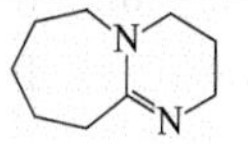
DCC	*N,N'*-二环己基碳二亚胺	dicyclohexylcarbodiimide	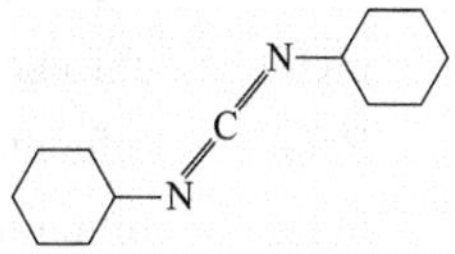
DIEA	*N,N*-二异丙基乙胺	*N*-ethyl-*N*-(1-methylethyl)-2-propanamine	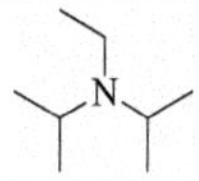
DMAP	4-二甲氨基吡啶	4-dimethylaminopyridine	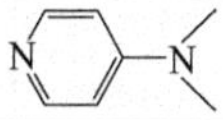
DMF	*N,N*-二甲基甲酰胺	*N,N*-dimethylformamide	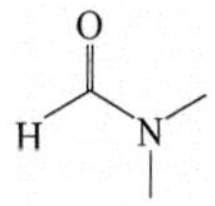
DMSO	二甲基亚砜	dimethyl sulfoxide	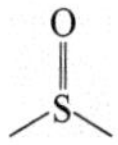
Et	乙基	ethyl	CH_3CH_2—
Me	甲基	methyl	CH_3—
Ms	甲磺酰基	methanesulfonyl	CH_3SO_2—

续表

缩写	中文名称	英文名称	结构式
NBS	*N*-溴代琥珀酰亚胺	*N*-bromosuccinimide	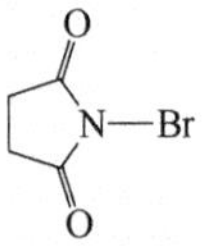
NCS	*N*-氯代琥珀酰亚胺	*N*-chlorosuccinimide	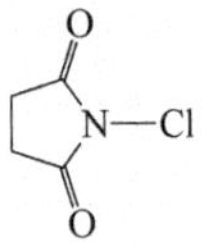
Ph	苯基	phenyl	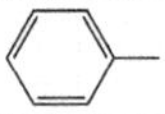
^{i}Pr	异丙基	isopropyl	$(CH_3)_2CH$—
^{n}Pr	正丙基	*n*-propyl	$CH_3CH_2CH_2$—
Py	吡啶	pyridine	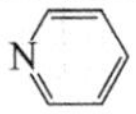
TMSCl	三甲基氯硅烷	chlorotrimethylsilane	$(CH_3)_3SiCl$
Ts	对甲苯磺酰基	*p*-tolysulfonyl	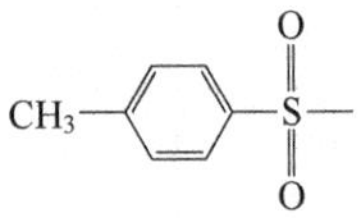

nAChR the nicotinic acetylcholine receptor 烟碱型乙酰胆碱受体

IRAC Insecticide Resistance Action Committee 国际杀虫剂抗性行动委员会

ADI acceptable daily intake 每日允许摄入量

cRfD chronic reference dose 慢性参考剂量

RfD reference dose 参考剂量

DT_{50} time for 50% loss 半衰期

DT_{90} time for 90% loss 衰退 90%时间

EC_{50} median effective concentration 引起 50%个体有效的药物浓度

EC_{70} for 70% effective concentration 引起 70%个体有效的药物浓度

E_rC_{50} median effective concentration(growth rate) 抑制 50%生物生长率浓度

LC_{50} concentration required to kill 50% of test organisms 引起 50%个体死亡浓度

LC_{90} concentration required to kill 90% of test organisms 引起 90%个体死亡浓度

LD_{50} dose required to kill 50% of test organisms 引起 50%个体死亡剂量

LR_{50} the application rate causing 50% mortality 半致死用量

NOAEL no observed adverse effect level 最大无不良反应剂量

NOEL no observed effect level 最大无作用剂量

$K_{ow}\lg P$ distribution coefficient between *n*-octanol and water $\lg P$ value 在正辛醇与水之间分配系数对数值

pK_a $-\log_{10}$ acid dissociation constant 酸解离常数

K_{oc}　soil sorption coefficient，adjusted for the proportion of organic carbon in the soil　土壤吸附系数，随土壤有机碳值而调整

K_d　soil sorption coefficient　土壤吸附系数

K_f　Freundlich soil sorption coefficient used where sorption is non-linear with concentration　弗罗因德利希土壤吸附系数

K_{foc}　Freundlich soil sorption constant adjusted for the proportion of organic carbon in the soil　弗罗因德利希土壤吸附系数，随土壤有机碳值而调整

附录二　按含氟基团分类的农药分子

氟苯类 fluorobenzenes	
单氟苯 monofluorobenzenes	
氟嘧草啶	epyrifenacil
氟丁酰草胺	beflubutamid-M
苯唑磺隆	bencarbazone
氯氟吡啶酯	florpyrauxifen
氟菌噁唑	flufenoxadiazam
氟哒嗪草酯	flufenpyr
氟胺草酯	flumiclorac
氟戊螨硫醚	flupentiofenox
嗪草酸甲酯	fluthiacet
吲哚吡啶酸	indolauxipyr
吲哚吡啶酸虫酯	indolauxipyr-cyanomethyl
米伏拉纳	mivorilaner
modoflaner	modoflaner
唑虫烟酰胺	nicofluprole
吡草醚	pyraflufen
四氟吡草酯	tetflupyrolimet
umifoxolaner	umifoxolaner
苯嘧磺草胺	saflufenacil
苯噻菌胺	benthiavalicarb/benthiavalicarb-isopropyl
苯氧喹啉	quinoxyfen
吡草醚	pyraflufen-ethyl
吡啶菌酰胺	florylpicoxamid
丙炔氟草胺	flumioxazin
毒氟磷	dufulin
多氟脲	noviflumuron

噁唑酰草胺	metamifop
粉唑醇	flutriafol
伏虫隆	teflubenzuron
氟胺草酯	flumiclorac-pentyl
氟吡酰草胺	picolinafen
氟草啶	flufenoximacil
氟虫脲	flufenoxuron
氟除草醚	fluoronitrofen
氟哒嗪草酯	flufenpyr-ethyl
氟丁酰草胺	beflubutamid
氟砜草胺	flusulfinam
氟硅菊酯	silafluofen
氟硅唑	flusilazole
氟环唑	epoxiconazole
氟节胺	flumetralin
氟喹唑	fluquinconazole
氟氯苯菊酯	flumethrin
氟氯吡啶酸	halauxifen
氟氯吡啶酯	halauxifen-methyl
氟氯虫双酰胺	fluchlordiniliprole
氟氯菌核利	fluoroimide
氟氯氰菊酯	cyfluthrin
氟吗啉	flumorph
氟嘧硫草酯	tiafenacil
氟噻草胺	flufenacet
氟噻唑菌腈	flutianil
氟杀螨	fluorbenside
氟酮磺草胺	triafamone
氟茚唑菌胺	fluindapyr
硅氟唑	simeconazole
环丙氟虫胺	cyproflanilide
环戊噁草酮	pentoxazone
联苯吡菌胺	bixafen
硫氟肟醚	thiofluoximate
氯氟吡啶酯	florpyrauxifen-benzyl

麦草氟	flamprop /flamprop-M
嗪草酸甲酯	fluthiacet-methyl
氰氟草酯	cyhalofop-butyl
炔草胺	flumipropyn
三氟草嗪	trifludimoxazin
溴虫氟苯双酰胺	broflanilide
异丙吡草酯	fluazolate
异丁乙氧喹啉	tebufloquin
异噁唑虫酰胺	isocycloseram
异氟苯诺喹	ipflufenoquin
吲唑磺菌胺	amisulbrom
唑草酮	carfentrazone-ethyl
二氟苯 difluorobenzenes	
氟吡菌唑	fluoxytioconazole
联苯吡嗪菌胺	pyraziflumid
氟苯菌哒嗪	pyridachlometyl
吡氟酰草胺	diflufenican
除虫脲	diflubenzuron
多氟脲	noviflumuron
氟吡草腙	diflufenzopyr
氟吡草腙钠盐	diflufenzopyr-sodium
氟虫脲	flufenoxuron
氟啶脲	chlorfluazuron
氟环脲	flucycloxuron
氟铃脲	hexaflumuron
氟螨嗪	diflovidazin
氟噻唑吡乙酮	oxathiapiprolin
氟酰脲	novaluron
环氟菌胺	cyflufenamid
甲硫唑草啉	methiozolin
三唑酰草胺	ipfencarbazone
虱螨脲	lufenuron
双氟磺草胺	florasulam
双三氟虫脲	bistrifluron
乙螨唑	etoxazole

续表

异氟苯诺喹	ipflufenoquin
唑嘧磺草胺	flumetsulam
三氟苯 trifluorobenzenes	
氟唑菌酰胺	fluxapyroxad
四氟苯 tetrafluorobenzenes	
ε-甲氧苄氟菊酯	epsilon-metofluthrin
ε-甲氧氟菊酯	epsilon-momfluorothrin
R-七氟菊酯	kappa-tefluthrin
甲氧氟菊酯	momfluorothrin
氟醚菌酰胺	fluopimomide
甲氧苄氟菊酯	metofluthrin
氯氟醚菊酯	meperfluthrin
七氟甲醚菊酯	heptafluthrin
四氟苯菊酯	transfluthrin
四氟醚菊酯	tetramethylfluthrin
氟代芳杂环 fluorinated aromatic heterocycles	
双氟磺草胺	florasulam
氟苯腺嘌呤	anisiflupurin
氯氟吡啶酯	florpyrauxifen
吲哚吡啶酸	indolauxipyr
吲哚吡啶酸虫酯	indolauxipyr-cyanomethyl
异丙氟吡啶胺	isoflucypram
modoflaner	modoflaner
氟氯氨草酸	fluchloraminopyr
氟嘧菌酯	fluoxastrobin
氟啶草	haloxydine
氯氟吡啶酯	florpyrauxifen-benzyl
氯氟吡氧乙酸丁氧异丁酯	fluroxypyr-butometyl
氯氟吡氧乙酸	fluroxypyr
氯氟吡氧乙酸异辛酯	fluroxypyr-meptyl
氯酯磺草胺	cloransulam-methyl
炔草酯	clodinafop-propargyl
双氯磺草胺	diclosulam
戊苯吡菌胺	penflufen

氟代非芳香杂环 fluorinated non-aromatic heterocycles	
氟磺菌酮	flumetylsulforim
三氟甲基 trifluoromethyl	
Modoflaner	modoflaner
氟戊螨硫醚	acynonapyr
精氟丁酰草胺	beflubutamid-M
苯唑磺隆	bencarbazone
苯嘧虫噁烷	benzpyrimoxan
三氟吡啶胺	cyclobutrifluram
氟苯戊烯酸	difenopenten/difenopenten-ethyl
二甲草磺酰胺	dimesulfazet
氟嘧草啶	epyrifenacil
氟虫碳酸酯	flometoquin
氟菌噁唑	flufenoxadiazam
氟哒嗪草酯	flufenpyr
氟己虫腈	fluhexafon
氟酰菌胺	flumetover
乙羧氟草醚	fluoroglycofen
氟戊螨硫醚	flupentiofenox
氟虫啶胺	flupyrimin
氟吡啶虫酯	flupyroxystrobin
氟啶嘧磺隆	flupyrsulfuron-methyl-sodium
克草啶	fluromidine
氟 噁唑酰胺	fluxametamide
氟吡乙禾灵	haloxyfop-etotyl
氟吡甲禾灵	haloxyfop-methyl
高效氟吡甲禾灵	haloxyfop-p-methyl
三唑草酰胺	iptriazopyrid
R-联苯菊酯	kappa-bifenthrin
R-七氟菊酯	kappa-tefluthrin
米伏拉纳	mivorilaner
唑虫烟酰胺	nicofluprole
噁唑磺酰虫啶	oxazosulfyl
吡唑酰苯胺	pyflubumide
联苯吡嗪菌胺	pyraziflumid

四氟吡草酯	tetflupyrolimet
三氟甲氧威	tolprocarb
三氟啶磺隆钠	trifloxysulfuron
氯吡唑虫胺	tyclopyrazoflor
尤米伏拉纳	umifoxolaner
氟吡唑虫	vaniliprole
阿福拉纳	afoxolaner
氨氟乐灵	prodiamine
氨氟灵	dinitramine
苯嘧磺草胺	saflufenacil
苯唑氟草酮	fenpyrazone
吡氟禾草灵	fluazifop-butyl
吡氟酰草胺	diflufenican
吡噻菌胺	penthiopyrad
氟嘧苯甲酸	flupropacil
调嘧醇	flurprimidol
丁虫腈	flufiprole
丁氟螨酯	cyflumetofen
乙丁烯氟灵	ethalfluralin
啶吡唑虫胺	pyrafluprole
啶磺草胺	pyroxsulam
啶嘧磺隆	flazasulfuron
啶氧菌酯	picoxystrobin
对氟隆	parafluron
多氟脲	noviflumuron
砜吡草唑	pyroxasulfone
呋草酮	flurtamone
呋菌唑	furconazole/cis-furconale
呋氧草醚	furyloxyfen
氟胺磺隆	triflusulfuron-methyl
氟胺氰菊酯	tau-fuvalinate
氟苯醚酰胺	flubeneteram
氟苯戊烯酸	difenopenten
氟吡草酮	bicyclopyrone
氟吡禾灵	haloxyfop

续表

氟吡菌胺	fluopicolide
氟吡菌酰胺	fluopyram
氟吡酰草胺	picolinafen
氟丙嘧草酯	butafenacil
乙丁氟灵	benfluralin
氟草啶	flufenoximacil
氟草磺胺	perfluidone
氟草隆	fluometuron
氟草敏	norflurazon
氟虫腈	fipronil
氟虫脲	flufenoxuron
氟哒嗪草酯	flufenpyr-ethyl
氟丁酰草胺	beflubutamid
氟啶胺	fluazinam
氟啶草酮	fluridone
氟啶虫胺腈	sulfoxaflor
氟啶虫酰胺	flonicamid
氟啶嘧磺隆钠盐	flupyrsulfuron-methyl-sodium
氟啶脲	chlorfluazuron
氟砜草胺	flusulfinam
氟咯草酮	flurochloridone
氟草黄	benzofluor
氟磺胺草醚	fomesafen
氟磺隆	prosulfuron
氟磺酰草胺	mefluidide/ mefluidide-diolamine
氟节胺	flumetralin
氟菌唑	triflumizole
氟乐灵	trifluralin
氟雷拉纳	fluralaner
氟硫草啶	dithiopyr
氟氯草胺	nipyraclofen
氟氯双苯隆	flucofuron
氟螨噻	flubenzimine
氟脒杀	chlorflurazole
氟醚菌酰胺	fluopimomide

氟嘧啶草醚	pyriflubenzoxim
氟嘧硫草酯	tiafenacil
氟噻草胺	flufenacet
氟噻唑吡乙酮	oxathiapiprolin
氟噻唑菌腈	flutianil
氟鼠啶	flupropadine
氟鼠灵	flocoumafen
氟酮磺隆	flucarbazone-sodium
氟酰胺	flutolanil
氟酰脲	novaluron
氯乙氟灵	fluchloralin
氟蚁灵	nifluridide
氟蚁腙	hydramethylnon
氟唑螺	tralopyril
高效氟吡禾灵	haloxyfop-p
高效氯氟氰菊酯	gamma-cyhalothrin
环吡氟草酮	cypyrafluone
环丙氟虫胺	cyproflanilide
环氟菌胺	cyflufenamid
环磺酮	tembotrione
环己磺菌胺	chesulfamide
磺胺螨酯	amidoflumet
磺菌胺	flusulfamide
磺酰草吡唑	pyrasulfotole
几噻唑	
解草胺	flurazole
精吡氟禾草灵	fluazifop-p-butyl
抗螨唑	fenazaflor
联苯菊酯	bifenthrin
氯氟醚菌唑	mefentrifluconazole
嘧虫胺	flufenerim
嘧螨胺	pyriminostrobin
嘧螨酯	fluacrypyrim
七氟甲醚菊酯	heptafluthrin
氰氟虫腙	metaflumizone

乳氟禾草灵	lactofen
噻唑烟酸	thiazopyr
噻二呋	thiadifluor
噻呋酰胺	thifluzamide
噻氟隆	thiazafluron
三氟苯嘧啶	triflumezopyrim
三氟苯唑	fluotrimazole
三氟啶磺隆钠盐	trifloxysulfuron-sodium
三氟噁嗪	flumezin
三氟甲吡醚	pyridalyl
三氟甲磺隆	tritosulfuron
三氟咪啶酰胺	fluazaindolizine
三氟醚菊酯	flufenprox
三氟羧草醚	acifluorfen
三氟羧草醚钠盐	acifluorfen-sodium
杀铃脲	triflumuron
虱螨脲	lufenuron
双苯嘧草酮	benzfendizone
双三氟虫脲	bistrifluron
双唑草酮	bipyrazone
四唑虫酰胺	tetraniliprole
替戈拉纳	tigolaner
氟草肟	fluxofenim
肟菌酯	trifloxystrobin
五氟磺草胺	penoxsulam
溴虫氟苯双酰胺	broflanilide
溴虫腈	chlorfenapyr
溴鼠胺	bromethalin
乙虫腈	ethiprole
乙羧氟草醚	fluoroglycofen-ethyl
乙氧氟草醚	oxyfluorfen
异丙吡草酯	fluazolate
异噁唑草酮	isoxaflutole
异噁唑虫酰胺	isocycloseram
茚虫威	indoxacarb

增糖胺	fluoridamid
三氟甲基苯 trifluoromethyl benzenes	
modoflaner	modoflaner
氟戊螨硫醚	acynonapyr
精氟丁酰草胺	beflubutamid-M
苯嘧虫噁烷	benzpyrimoxan
氟苯戊烯酸	difenopenten/difenopenten-ethyl
氟酰菌胺	flumetover
乙羧氟草醚	fluoroglycofen
唑虫烟酰胺	nicofluprole
四氟吡草酯	tetflupyrolimet
尤米伏拉纳	umifoxolaner
氟吡唑虫	vaniliprole
阿福拉纳	afoxolaner
氨氟乐灵	prodiamine
氨氟灵	dinitramine
吡氟酰草胺	diflufenican
丁虫腈	flufiprole
丁氟螨酯	cyflumetofen
乙丁烯氟灵	ethalfluralin
啶吡唑虫胺	pyrafluprole
对氟隆	parafluron
呋草酮	flurtamone
呋氧草醚	furyloxyfen
氟胺氰菊酯	tau-Fuvalinate
氟苯醚酰胺	flubeneteram
氟苯戊烯酸	difenopenten
氟吡菌酰胺	fluopyram
氟吡酰草胺	picolinafen
乙丁氟灵	benfluralin
氟草隆	fluometuron
氟草敏	norflurazon
氟虫腈	fipronil
氟虫脲	flufenoxuron
氟丁酰草胺	beflubutamid

氟啶胺	fluazinam
氟啶草酮	fluridone
氟砜草胺	flusulfinam
氟咯草酮	flurochloridone
氟草黄	benzofluor
氟磺胺草醚	fomesafen
氟节胺	flumetralin
氟菌唑	triflumizole
氟乐灵	trifluralin
氟氯草胺	nipyraclofen
氟氯双苯隆	flucofuron
氟嘧啶草醚	pyriflubenzoxim
氟噻唑菌腈	flutianil
氟鼠啶	flupropadine
氟鼠灵	flocoumafen
氟酰胺	flutolanil
氯乙氟灵	fluchloralin
氟蚁灵	nifluridide
氟蚁腙	hydramethylnon
环吡氟草酮	cypyrafluone
环丙氟虫胺	cyproflanilide
环氟菌胺	cyflufenamid
环己磺菌胺	chesulfamide
磺菌胺	flusulfamide
磺酰草吡唑	pyrasulfotole
氯氟醚菌唑	mefentrifluconazole
氰氟虫腙	metaflumizone
乳氟禾草灵	lactofen
三氟苯嘧啶	triflumezopyrim
三氟苯唑	fluotrimazole
三氟噁嗪	flumezin
三氟甲磺隆	tritosulfuron
三氟羧草醚	acifluorfen
三氟羧草醚钠盐	acifluorfen-sodium
双三氟虫脲	bistrifluron

续表

双唑草酮	bipyrazone
肟菌酯	trifloxystrobin
五氟磺草胺	penoxsulam
溴虫氟苯双酰胺	broflanilide
溴鼠胺	bromethalin
乙虫腈	ethiprole
乙羧氟草醚	fluoroglycofen-ethyl
乙氧氟草醚	oxyfluorfen
异噁唑草酮	isoxaflutole
三氟甲基芳杂环 trifluoromethyl aromatic heterocycles	
三氟甲磺隆	tritosulfuron
氟戊螨硫醚	acynonapyr
三氟吡啶胺	cyclobutrifluram
氟菌噁唑	flufenoxadiazam
氟吡啶虫酯	flupyroxystrobin
氟啶嘧磺隆	flupyrsulfuron-methyl-sodium
克草啶	fluromidine
氟吡乙禾灵	haloxyfop-etotyl
氟吡甲禾灵	haloxyfop-methyl
高效氟吡甲禾灵	haloxyfop-p-methyl
三唑草酰胺	iptriazopyrid
联苯吡嗪菌胺	pyraziflumid
吡氟禾草灵	fluazifop-butyl
吡噻菌胺	penthiopyrad
啶磺草胺	pyroxsulam
啶嘧磺隆	flazasulfuron
啶氧菌酯	picoxystrobin
砜吡草唑	pyroxasulfone
氟吡草酮	bicyclopyrone
氟吡禾灵	haloxyfop
氟吡菌胺	fluopicolide
氟吡菌酰胺	fluopyram
氟啶胺	fluazinam
氟啶虫胺腈	sulfoxaflor
氟啶虫酰胺	flonicamid

氟啶嘧磺隆钠盐	flupyrsulfuron-methyl-sodium
氟啶脲	chlorfluazuron
氟硫草啶	dithiopyr
氟脒杀	chlorflurazole
氟醚菌酰胺	fluopimomide
氟噻草胺	flufenacet
氟噻唑吡乙酮	oxathiapiprolin
氟唑螺	tralopyril
高效氟吡禾灵	haloxyfop-p
解草胺	flurazole
精吡氟禾草灵	fluazifop-p-butyl
抗螨唑	fenazaflor
嘧螨胺	pyriminostrobin
嘧螨酯	fluacrypyrim
噻唑烟酸	thiazopyr
噻呋酰胺	thifluzamide
噻氟隆	thiazafluron
三氟甲吡醚	pyridalyl
三氟咪啶酰胺	fluazaindolizine
四唑虫酰胺	tetraniliprole
替戈拉纳	tigolaner
溴虫腈	chlorfenapyr
异丙吡草酯	fluazolate
三氟甲基非芳香杂环 trifluoromethyl non-aromatic heterocycles	
氟嘧草啶	epyrifenacil
苯唑磺隆	bencarbazone
氟哒嗪草酯	flufenpyr
苯嘧磺草胺	saflufenacil
氟嘧苯甲酸	flupropacil
氟丙嘧草酯	butafenacil
氟草啶	flufenoximacil
氟哒嗪草酯	flufenpyr-ethyl
氟嘧硫草酯	tiafenacil
双苯嘧草酮	benzfendizone

续表

三氟甲氧基 trifluoromethoxyl	
氟虫碳酸酯	flometoquin
调嘧醇	flurprimidol
氟酮磺隆	flucarbazone-sodium
氟酰脲	novaluron
嘧虫胺	flufenerim
氰氟虫腙	metaflumizone
噻呋酰胺	thifluzamide
杀铃脲	triflumuron
茚虫威	indoxacarb
三氟甲氧基苯 trifluoromethoxyl benzenes	
氟虫碳酸酯	flometoquin
调嘧醇	flurprimidol
氟酮磺隆	flucarbazone-sodium
嘧虫胺	flufenerim
氰氟虫腙	metaflumizone
噻呋酰胺	thifluzamide
杀铃脲	triflumuron
茚虫威	indoxacarb
三氟甲硫基 trifluoromethylthio	
氟戊螨硫醚	flupentiofenox
氟吡唑虫	vaniliprole
三氟甲硫基芳杂环 trifluoromethylthio aromatic heterocycles	
氟吡唑虫	vaniliprole
三氟甲磺酰基 trifloromethanesulfonyl	
二甲草磺酰胺	dimesulfazet
噁唑磺酰虫啶	oxazosulfyl
氟草磺胺	perfluidone
氟磺酰草胺	mefluidide/ mefluidide-diolamine
磺胺螨酯	amidoflumet
增糖胺	fluoridamid
三氟甲基亚磺酰基 trifluoromethanesulfinyl	
丁虫腈	flufiprole

氟虫腈	fipronil
N-三氟甲基 *N*-trifluoromethyl	
氟螨噻	flubenzimine
噻二呋	thiadifluor
三氟乙基 trifluoroethyl	
氟己虫腈	fluhexafon
氟戊螨硫醚	flupentiofenox
三氟甲氧威	tolprocarb
三氟啶磺隆钠盐	trifloxysulfuron-sodium
氯吡唑虫胺	tyclopyrazoflor
尤米伏拉纳	umifoxolaner
阿福拉纳	afoxolaner
苯唑氟草酮	fenpyrazone
呋菌唑	furconazole/cis-furconale
氟胺磺隆	triflusulfuron-methyl
氟磺隆	prosulfuron
氟雷拉纳	fluralaner
环磺酮	tembotrione
三氟啶磺隆钠盐	trifloxysulfuron-sodium
三氟乙氧基 trifluoroethoxyl	
三氟甲氧威	tolprocarb
三氟啶磺隆钠	trifloxysulfuron
苯唑氟草酮	fenpyrazone
呋菌唑	furconazole/cis-furconale
氟胺磺隆	triflusulfuron-methyl
环磺酮	tembotrione
三氟啶磺隆钠盐	trifloxysulfuron-sodium
三氟乙氧基芳杂环 trifluoroethoxyl aromatic heterocycles	
三氟啶磺隆钠	trifloxysulfuron
氟胺磺隆	triflusulfuron-methyl
三氟啶磺隆钠	trifloxysulfuron-sodium
N-三氟乙基 *N*-trifluoroethyl	
尤米伏拉纳	umifoxolaner

续表

阿福拉纳	afoxolaner
氟雷拉纳	fluralaner
三氟乙酰基 trifluoroacetyl	
氟虫啶胺	flupyrimin
五氟乙基 pentafluoroethyl	
替戈拉纳	tigolaner
氟胺草唑	flupoxam
几噻唑	
五氟乙基芳杂环 pentafluoroethyl aromatic heterocycles	
替戈拉纳	tigolaner
五氟乙氧基 pentafluoroethoxyl	
几噻唑	
五氟乙氧基 pentafluoroethoxyl aromatic heterocycles	
几噻唑	
五氟丙基 pentafluoropropyl	
氟胺草唑	flupoxam
六氟异丙基 hexafluoroisopropyl	
氟丙菊酯	acrinathrin
六氟异丙氧基 hexafluoroisopropoxyl	
氟丙菊酯	acrinathrin
七氟异丙基 heptafluoropropyl	
modoflaner	modoflaner
唑虫烟酰胺	nicofluprole
吡氟喹虫	pyrifluquinazon
氟虫双酰胺	flubendiamide
环丙氟虫胺	cyproflanilide
氯氟氰虫酰胺	cyhalodiamide
溴虫氟苯双酰胺	broflanilide
七氟异丙基苯 heptafluoropropyl benzenes	
modoflaner	modoflaner
唑虫烟酰胺	nicofluprole
吡氟喹虫	pyrifluquinazon
氟虫双酰胺	flubendiamide
氯氟氰虫酰胺	cyhalodiamide

溴虫氟苯双酰胺	broflanilide
二氟甲基 difluoromethyl	
氟噁菌磺酯	fluoxapiprolin
茚吡菌胺	inpyrfluxam
异丙氟吡菌胺	isoflucypram
米伏拉纳	mivorilaner
吡草醚	pyraflufen
吡炔虫酰胺	pyrapropoyne
嘧啶草噁唑	rimisoxafen
苯并烯氟菌唑	benzovindiflupyr
吡草醚	pyraflufen-ethyl
吡啶呋虫胺	flupyradifurone
砜吡草唑	pyroxasulfone
氟苯醚酰胺	flubeneteram
氟硫草啶	dithiopyr
氟嘧磺隆	primisulfuron-methyl
氟嘧菌胺	diflumetorim
氟氰戊菊酯	flucythrinate
氟酮磺草胺	triafamone
氟茚唑菌胺	fluindapyr
氟唑环菌胺	sedaxane
氟唑菌酰胺	fluxapyroxad
氟唑菌酰羟胺	pydiflumetofen
甲磺草胺	sulfentrazone
联苯吡菌胺	bixafen
萘吡菌胺	isopyrazam
噻唑烟酸	thiazopyr
五氟磺草胺	penoxsulam
唑草酮	carfentrazone-ethyl
二氟甲基芳杂环 difluoromethyl aromatic heterocycles	
氟噁菌磺酯	fluoxapiprolin
茚吡菌胺	inpyrfluxam
异丙氟吡菌胺	isoflucypram
吡炔虫酰胺	pyrapropoyne
嘧啶草噁唑	rimisoxafen

续表

苯并烯氟菌唑	benzovindiflupyr
氟苯醚酰胺	flubeneteram
氟硫草啶	dithiopyr
氟茚唑菌胺	fluindapyr
氟唑环菌胺	sedaxane
氟唑菌酰胺	fluxapyroxad
氟唑菌酰羟胺	pydiflumetofen
联苯吡菌胺	bixafen
萘吡菌胺	isopyrazam
噻唑烟酸	thiazopyr
二氟甲基非芳香杂环 difluoromethyl non-aromatic heterocycles	
甲磺草胺	sulfentrazone
唑草酮	carfentrazone-ethyl
二氟甲氧基 difluoromethoxyl	
砜吡草唑	pyroxasulfone
吡草醚	pyraflufen
吡草醚	pyraflufen-ethyl
氟嘧磺隆	primisulfuron-methyl
氟嘧菌胺	diflumetorim
氟氰戊菊酯	flucythrinate
二氟甲氧基苯 difluoromethoxyl benzenes	
氟嘧菌胺	diflumetorim
氟氰戊菊酯	flucythrinate
二氟甲氧基芳杂环 difluoromethoxyl aromatic heterocycles	
吡草醚	pyraflufen
吡草醚	pyraflufen-ethyl
砜吡草唑	pyroxasulfone
氟嘧磺隆	primisulfuron-methyl
二氟甲磺酰基 difloromethanesulfonyl	
氟酮磺草胺	triafamone
N-二氟甲基 *N*-difluoromethyl	
甲磺草胺	sulfentrazone
唑草酮	carfentrazone-ethyl
二氟乙基 difluoroethyl	
米伏拉纳	mivorilaner

吡啶呋虫胺	flupyradifurone
五氟磺草胺	penoxsulam
二氟乙氧基 difluoroethoxyl	
五氟磺草胺	penoxsulam
二氟乙氧基苯 difluoroethoxyl benzenes	
五氟磺草胺	penoxsulam
N-二氟乙基 *N*-difluoroethyl	
米伏拉纳	mivorilaner
吡啶呋虫胺	flupyradifurone
四氟乙基 tetrafluoroethyl	
四氟丙酸钠盐	flupropanate-sodium
氟铃脲	hexaflumuron
氟醚唑	tetraconazole
氟蚁灵	nifluridide
四氟丙酸	flupropanate
四氟隆	tetrafluron
四氟乙氧基 tetrafluoroethoxyl	
氟铃脲	hexaflumuron
氟醚唑	tetraconazole
四氟隆	tetrafluron
四氟乙氧基苯 tetrafluoroethoxyl benzenes	
氟铃脲	hexaflumuron
四氟隆	tetrafluron
四氟丙酰基 tetrafluoropropionyl	
氟蚁灵	nifluridide
单氟甲基 monofluoromethyl	
果乃胺	MNFA
啶吡唑虫胺	pyrafluprole
氟乙酸钠	sodium fluoroacetate
氟乙酰胺	fluoroacetamide
甘氟	gliftor
联氟螨	fluenetil
单氟甲硫基 monofluoromethylthio	
啶吡唑虫胺	pyrafluprole
单氟甲硫基芳杂环 monofluoromethylthio aromatic heterocycles	
啶吡唑虫胺	pyrafluprole

单氟乙基 monofluoroethyl	
联氟螨	fluenetil
单氟乙氧基 monofluoroethoxyl	
联氟螨	fluenetil
单氟乙酰基 monofluoroacetyl	
果乃胺	MNFA
氯二氟甲基 chlorodifluoromethyl	
氟硫隆	fluothiuron
氯二氟甲硫基 chlorodifluoromethylthio	
氟硫隆	fluothiuron
氯二氟甲硫基苯 chlorodifluoromethylthio benzenes	
氟硫隆	fluothiuron
溴二氟甲基 bromodifluoromethyl	
溴氟醚菊酯	halfenprox
溴二氟甲氧基 bromodifluoromethoxyl	
溴氟醚菊酯	halfenprox
溴二氟甲氧基苯 bromodifluoromethoxyl benzenes	
溴氟醚菊酯	halfenprox
二氯一氟甲基 dichlorofluoromethyl	
甲苯氟磺胺	tolylfluanide
抑菌灵	dichlofluanid
二氯一氟甲硫基 dichlorofluoromethylthio	
甲苯氟磺胺	tolylfluanide
抑菌灵	dichlofluanid
二氟亚甲基 difluoromethylene	
氟吡菌唑	fluoxytioconazole
氟菌喹啉	quinofumelin
多氟脲	noviflumuron
氟酰脲	novaluron
咯菌腈	fludioxonil
三氟草嗪	trifludimoxazin
虱螨脲	lufenuron
单氟亚甲基 monofluoromethylene	
多氟脲	noviflumuron
氟吡磺隆	flucetosulfuron

氟酰脲	novaluron
三嗪茚草胺	indaziflam
虱螨脲	lufenuron
单氟次甲基 monofluoromethine	
嘧虫胺	flufenerim
三嗪氟草胺	triaziflam
三氟乙烯基 trifluorovinyl	
氟烯线砜	fluensulfone
三氟杀线酯	trifluenfuronate
三氟乙烯基 trifluoroethylene	
多氟脲	noviflumuron
氟酰脲	novaluron
虱螨脲	lufenuron
长氟碳链 polyfluoroalkyl	
氟虫胺	sulfluramid
氟磺酰胺	flursulamid
全氟辛磺酸锂	lithium perfluorooctane sulfonate
杂氟键 hetero-fluoro bond	
冰晶石	cryolite
丙胺氟磷	mipafox
甲氟磷	dimefox
硫酰氟	sulfuryfluoride
手性氟碳 chiral (fluoro/fluoroalkyl)carbon	
米伏拉纳	mivorilaner
尤米伏拉纳	umifoxolaner
异噁唑虫酰胺	isocycloseram

索　　引

中文索引

G

H

J

K

L

M

Q

R

S

T

W

X

Y

Z

英文索引